Gesamtverzeichnis des deutschsprachigen Schrifttums (GV) 1700 – 1910

Bearbeitet unter der Leitung von
Hilmar Schmuck und Willi Gorzny
Bibliographische und redaktionelle Beratung:
Hans Popst und Rainer Schöller

79

Koo - Koy

K · G · Saur München · New York · London · Paris 1983

CIP-Kurztitelaufnahme der Deutschen Bibliothek

Gesamtverzeichnis des deutschsprachigen Schrifttums :
(GV). – München, New York, London, Paris : Saur.
Bd. 1 – 6 bearb. unter d. Leitung von Peter Geils
u. Willi Gorzny.
ISBN 3-598-30000-X

1700 – 1910 / bearb. unter d. Leitung von Hilmar
Schmuck u. Willi Gorzny. Bibliograph. u. red.
Beratung: Hans Popst u. Rainer Schöller

NE: Schmuck, Hilmar [Bearb.]

79. Koo - Koy. - 1983.

Techn. Realisierung und Druck: Norbert Gärtner, Mainz-Kastel
Binden: Karl Schaumann, Darmstadt
Printed in the Federal Republic of Germany
ISBN 3-598-30000-X (Gesamtwerk)

Koob, A[ugust], Assist. an d. techn. Hochsch. München: Das Regulierproblem in vorwiegend graphischer Behandlung. 1903. 22 S. 4° ¶ Aus: Zeitschrift d. Vereines deutscher Ingenieure. Bd 48. 1904, Halbj. 1.
München, Dr.-Ing.-Diss. v. 22. 6. 1903

Koob, Hermann

Koob, H., de mutis quae vocantur personis in Graecorum tragoediis, s. a. Dissertationes philologicae Halenses.

Koob, Hermannus: De mutis quae vocantur personis in Graecorum tragoediis. Halis Saxonum 1882: Karras. 34 S. 8°
Halle-Wittenberg, Phil. Diss. v. [8. Nov.] 1882
Geb. Frankfurt a. M. 6. 12. 1857. V.
Ersch. vollst. in: Dissertationes philologicae Halenses. Vol. 5. Halis Sax. 1883. S. 245—328.

Koob, K. A., das Marken-Wesen im Eisenbahn-Betrieb. Ein Vorschlag zur Umgestaltung d. Billetenwesens. gr. 8. (23 S.) Würzburg 889. (Stahel.) n. — 60

Koobs, Otto, s.: Taschenkalender f. Geflügelzüchter.

Koock, Friedr., über die beste u. zweckmäßigste Behandlung des Weinstock's in Norddeutschland. Auf Veranlassung des Hildesheim'schen Gartenbauvereins mit den neuesten Erfahrungen verm. u. herausg. v. H. W. Palandt. Hildesheim 866. Gerstenberg'sche Buchh. 8. (VII, 58 S. mit 7 Steintaff. Abbild.) n. $7\frac{1}{3}$ ngr.

Koock, Friedr., über die beste und zweckmäßigste Behandlung des Weinstockes in Norddeutschland. Auf Veranlassung des Hildesheimschen Gartenbauvereins mit den neuesten Erfahrungen verm. und hrsg. von H. W. Palandt. 2. Aufl. (VII, 58 S.) 1866. 75 Pf.; 3. Aufl. 8. (VIII, 70 S. mit 7 lithogr. Taf.-Abbild.) Hildesheim 879, Gerstenberg'sche Buchh.

— der kleine Katechismus Lutheri durch Bibelsprüche u. kurze Sätze erklärt u. der evangelisch-luther. Kirche, zunächst seiner Landeskirche dargeboten. 5. Abdr. Altona 868. Haendke & Lehmkuhl. 8. (79 S.) n. 4 ngr.

Koock, Wilhelm

Koock, die Buchhaltungsgenossenschaft. Dem erwerb. Mittelstande u. Freunden desselben, insonderheit den Kreditgenossenschaften dargeboten. (39 S.) 8. Hannover 905. Hahn. n. — 50

Koock, Wilh., Die Notwendigkeit der kaufmännischen Fortbildung, s.: Vortrags-Entwürfe.

Wesselburener koog, eingedeicht im Jahre 1862. Vermessen 1862 v. J. Warnholtz. 1 : 10000. o. O. u. J. Lithogr. 1 zusammengeklebtes Bl. Quer-Fol., 64,6 : 97 cm. Aufgez. a. Leinen.

Kooistra, J., sittliche Erziehung. Aus dem Niederländ. nach der 3. Aufl. übers. v. Ed. Müller. Einzige autoris. deutsche Bearbeitg. gr. 8. (VI, 100 S.) Leipzig 899. E. Wunderlich. n. 1. 60; geb. 2. —

Kook's Reisen um die Welt, s. Volksbücher aus alter u. neuer Zeit.

Kook, A., goldene Zeiten. Ein Bilderbuch f. art. Kinder. Mit 12 bunten Monatsbildern v. K., u. Texten v. Bertha Clément. (32 S.) 4. Nürnberg (905). Th. Stroefer. Geb. n. 3. —

Kooke, Bernh., Festgabe zur Schiller-Feier. Norddeutsche poetische Blätter. 1. Heft. Kiel 859. Akadem. Buchhdlg. gr. 8. (16 S.) n. 2 ngr.

—— die Micheliade. Ein Freimarktstraum. Gedicht in drei Büchern. 16. (XIV und 105 S.) Bremen 858, (Geisler.) *

— die Micheliade. Humoristisch-satyrisches Gedicht. Nebst einer Auswahl neuerer Gedichte desselben Verf. 2. Aufl. Berlin 863. Sandroq & Co. in Comm. 16. (128 S.) n. 15 ngr.

Der durch den Tod des Erlösers beschämte Tod der Weisen dieser Welt, wurde in der Königlichen deutschen Gesellschaft am Charfreytage in einer offentlichen Rede vorgestellet von DAVID KOOKE, ... Königsberg 1751. den 9. April. fol.

Koolwyk, H. van, Centrumspresse u. Centrum. Skizze. gr. 8. (74 S.) Berlin 889. C. Heymann's Verl. n. 1. —

Koolwyk, Max van, Referendar in Münster i. W.: Der kaufmännische Lehrvertrag. Borna-Leipzig 1907: R. Noske. (VIII, 84 S.) 8°
Leipzig, Jur. Fak., Diss. v. 1. Aug. 1907
[Geb. 9. Aug. 80 Haus Wohnung, Kr. Ruhrort; Wohnort: Münster i. W.; Staatsangeh.: Preußen; Vorbildung: Kgl. Gymn. Wesel Reife O. 98; Studium: Freiburg i. B. 1, Berlin 1, Kiel 1, Bonn 4 S.; Rig. 31. Jan. 03.]

Koolwyk, Paul van, Gerichtsref. aus Dinslaken: Hingabe an Erfüllungsstatt nach dem Bürgerlichen Gesetzbuch. *Borna-Leipzig 1902: R. Noske.* (VIII, 46 S.) 8°
Leipzig, Jur. Diss. v. 1902

Koop. Karte der Gemeinde Malente. 1 : 15 000. Hamburg 1880. 1 Bl. c. L.

Koop, Aug., Sammlung englischer Idiome mit gleichbedeutendem Deutsch. 8. (VI, 120 S.) Leipzig 886, A. Twietmeyer. *

Koop, Christian David (Königsb./Preuss.), De judicio duplici. Diss. jur. Präs. Simon Peter Gasser. Halle (Jo. Friedr. Grunert) 12. X. 1736. 48 S. mit Widm. v. Präs. (4.50) 19146

Koop, Gust., Studien f. geübtere Landschaftszeichner. Nach der Natur gezeichnet. gr. 16. (12 lith. Taf.) Chur 843, Grubenmann.

Koop, Hermann. Anatomie des Palmenblattes, mit besonderer Berücksichtigung ihrer Abhängigkeit von Klima und Standort. Diss. Phil. [II.] Univ. Zürich. [Mit Figuren.] 82 S. 8. Zürich, *o. Dr.*, 1906.

Internationale erdmagnetische Kooperation 1902—1903
Erdmagnetische Simultanbeobachtungen während der Südpolarforschung in den Jahren 1902—1903. Gruppe V. [Veröffentlichungen des hydrographischen Amtes der k. u. k. Kriegsmarine in Pola. Nr. 17.] Fol. (34 S.) † K 2.—
Wien: Gerold 1903.

Koopmann, F., Carl Rinck, s.: Für Feste u. Freunde d. inneren Mission.

Koopmann, Ferd. Wilh. Heinr., s.: Worte, die letzten, e. treuen Zeugen Jesu Christi.

Koopmann, G., das prakt. Rechnen m. Potenzen u. Wurzeln nach Tabellen, an zahlreichen Beispielen u. Aufgaben erläutert. Lehrbuch zum Schul- u. Selbst-Unterricht, vervollst. durch Erläutergn. aus der Potenz- u. Wurzellehre u. zahlr. mathemat. u. physikal. Tabellen. (VIII, 133 S.) gr. 8. Leipzig 906. M. Schäfer. n. 2. —; geb. n. 2. 50

Koopmann, Hermann [aus Strohausen in Oldenburg]: Die Erziehung der Jesuiten und der Philanthropisten. Ein Beitrag zur vergleichenden Kritik derselben. . . . Leipzig, Siegismund & Volkening, 1889; 44 S. 8°
1° Freiburg i. B., Phil. Fak., Inaug.-Diss. v. 1889

Koopmann, J., unsere Jugend-Loge. Den Freunden der Jugend gewidmet. 2. Aufl. (15 S.) 8. Flensburg 906. Deutschlands Großloge II. n. — 15

Koopmann, J. Kampf unserem Volksfeind! Erster Teil. Flensburg 1899. 32 S. 8°.

— Kampf unserm Volksfeind! (32 S.) 8. Ebd. 904. n. — 15

Koopmann, J. H. C., Figuren-Zeichnen, s. Zeichenschule, allgemeine.

Koopmann, J. H. C., der evangelische Cultus und die evangelische Kunst. Abdr. aus der „Allgemeinen Kirchenzeitung". Darmstadt 854. (Carlsruhe, Bielefeld.) gr. 8. (54 S.) 6 ngr.

— siehe: Zeichnenschule, allgemeine.

—— Zeichenschule zum Selbststudium und zum Unterricht im Figurenzeichnen vom ersten Anfange bis zu ganzen Figuren. 1. Heft. gr. 4. (18 Stnt.) Carlsruhe 847, Veith. *

—— dass. — 2. Heft. gr. 4. (17 Stnt.) Ebds. 847. *

—— dass. — zum Unterricht etc. im Figurenzeichnen in Umrissen. 3. Heft: Arme, Beine und ganze Figuren nach der Natur enthaltend. Fol. (14 Stnt.) Ebds. 847. *
Auf Vlnp. in Sepiadruck 1—3. Heft *

Koopmann, J. H. C., Zeichenschule zum Selbststudium und zum Unterricht im Figurenzeichnen. 4. Heft: Anleitung zum Schattiren. (Einzelne Theile bis ganzer Kopf.) gr. 4. (12 Stnt.) Carlsruhe 848, Veith. Thlr. *

Koopmann, Karl, d. Bildungsgang d. Gärtners m. bes. Berücksicht. d. Ausgestaltg. d. Potsdamer Gärtner-Lehranst. u. ihrer Reorganisation bei d. geplanten Verlegg. nach Dahlen in d. Auffassg. v. K. gr. 8. (22 S.) Wernigerode 897. (P. Jüttner.) — 50

[Umschlagt.:] [F.] Denkschrift über die Hebung des Obstbaues als Protokoll der Verhandlungen der Garten- und Obstbau-Vereine zu Blankenburg, Gernrode, Halberstadt u. Wernigerode bearb. v. Karl Koopmann, Kgl. Gartenbau-Dir. . . . zu Wernigerode. *(Wernigerode: Dr. v. B. Angerstein)* 1898. (20 S.) 1 Bd 8. [98. 7358

Koopmann, Karl, s.: Gartenbau-Bibliothek.

— Grundlehren d. Obstbaumschnittes. Nach vergleich. Versuchs-Kulturen ausgef. in d. kgl. Gärtner-Lehranst z. Potsdam. [Aus: „Landwirtschaftl. Jahrbücher."] Lex.-8. (IV, 122 S. m. 24 Lichtdr.-Taf.) Berlin 896. P. Parey. n. 6. —

Rosen. Ihre Klassifikation, Kultur u. Vermehrung im freien Lande. Von Karl Koopmann. Mit 17 Abb. *Berlin: K. Siegismund (1900).* (80 S.) 8° [F.]
= Gartenbau-Bibliothek. Bd 26. [00. 8700

Das Weinspalier. Eine Anleitung z. Anzucht, Anlage u. Pflege d. Weinstockes an Mauern u. Freispalieren. Von Karl Koopmann. Mit 17 Abb. *Berlin: K. Siegismund 1900.* (72 S.) 8° [F.]
= Gartenbau-Bibliothek. Bd 23. [illegible]

[F.] Der Zwergobstbau. E. Anleitg z. Anlage, Pflanzg u. Pflege d. Niederstamm-Kulturen. Von Karl Koopmann, Kgl. Gartenbau-Dir. zu Wernigerode. M. Abb. *Berlin: K. Siegismund 1899.* (3 Bl., 73 S., 1 Bl.) 1 Bd 8.
= Gartenbau-Bibliothek. Bd 9. [illegible]

Koopmann, M., de Sardanapalo. 8maj. Amstelodami, Müller et Comp. 820.

Koopmann, Nicolaus [aus Lichtenberg bei Elsfleth (Grossherzogth. Oldenburg)]: Zur Lehre von der Verjährung im Strafrechte . . . . Göttingen, Druck d. Dieterich'schen Univ.-Buchdr. (W. Fr. Kästner), 1888; 79 S. 8°
Göttingen, Jur. Fak., Inaug.-Diss. v. 26. März 1888

Koopmann, Nic., zur Lehre von der Verjährung im Strafrechte. Inaugural-Dissertation. gr. 8. (79 S.) Göttingen 888, (Vandenhoeck und Ruprecht.) *

Koopmann, Rudolf: Verzeichnis der Lehrer und der Schüler der oberen Klassen, die von M. 1854 — M. 1904 dem Gymnasium und Realgymnasium in Rendsburg angehört haben. Rendsburg 1905: D. J. Carstens. (24 S.) 4°
Rendsburg, k. G u. RG P 1905 (337)

Koopmann, Wilhelm

— Raffaels erste Arbeiten. Entgegnung auf Hrn. v. Seidlitz' Besprechg. meiner Raffael-Studien. 8. (32 S. m. 6 Abbildgn.) Marburg i/H. 891. Elwert's Verl. n. 1. 20

Koopmann, W., Entstehung des Kunstwerkes. 8. (183 S.) Hamburg 893. L. Gräfe & Sillem. n. 2. 40

Koopmann, W., Raffaels Handzeichnungen in der Auffassg. v. K. gr. 8. (517 S. m. 1 Abb.) Marburg 897. N. G. Elwert's Verl. n. 9. —

Handzeichnungen aus Raffaels römischer Zeit v. Wilhelm Koopmann. Mit 4 Abbildungen. Separatabdruck aus der 2. Ausg. Marburg. 1895. 4°.

Koopmann, Wilh., die Kunst und das Schöne. 8. (27 S.) Cassel 888, Freyschmidt. *

Koopmann, W. Raffael-Studien m. besond. Berücksicht. der Handzeichnungen d. Meisters. Mit 36 Abbildgn., darunter 21 nach Handzeichgn. Raffaels in der Größe der Originale. gr. 4. (IV, 75 S.) Marb. 890. Elwert. cart. * 16 —

— Raffael-Studien m. besond. Berücksicht. der Handzeichnungen des Meisters. Mit 36 Abbildgn., darunter 21 Abdrücke nach Handzeichnungen Raffaels in der Größe des Originals. 2. Ausg. Mit Nachtrag, enth.: Handzeichnungen aus Raffaels röm. Zeit. Mit 4 Abbildgn gr. 4. (XL, 75 S.) Marburg i/H. 895. Elwert's Verl In Leinw. kart. n. 7. —; geb. in Leinw. n. 8. —; Nachtrag (XL S.) allein n. 1. 60

[F.] Verstand u. Empfindung, keine Streitschrift v. W. Koopmann. *Kassel: (Dr. v. Pöschel & Trepte in Leipzig) 1895.* (119 S.) 1 Bd 8. [97. 7515 [illegible]

Wesen und Bedeutung des Kunstwerks. Von Wilhelm Koopmann. (Separat-Abdruck aus der „Gegenwart" 1892. Nr. 5 u. 6.) (Berlin. 1892.) Bei desselben: Entstehung des Kunstwerks. Hamburg. 1893. 8°.

Koopmann, Wilhelm Heinrich

Koopmann, W. H., Abschiedspredigt gehalten in Heide, am 24. Aug. 1845. 8. (1½ B.) Heide, Dithmarsche Buchh.

Koopmann, W. H., das evangelische Christenthum in seinem Verhältnisse zu der modernen Cultur. Zugleich ein motivirter Protest gegen die Tendenzen des sogenannten deutschen Protestantenvereins. Hamburg 866. Nolte. gr. 8. (IV, 160 S.) n. 18 ngr.

Gedenkblätter an Wilhelm Heinrich Koopmann, weiland Bischof für Holstein. Altona. (1871.) 8°

Koopmann, W., der Heidelberger Katechismus, zum besseren Verständniß zergliedert, durch vollständig abgedruckte Bibelstellen, nebst einer kurzen Einleitung, zum Gebrauch für Katechisation und Hausunterricht bearb. 8. (64 S.) Emden 885, Gerhard. (Leipzig, Wallmann.) *

Koopmann, W. H., der kleine Katechismus Lutheri durch Bibelsprüche und kurze Sätze erklärt und der evangelisch-luther. Kirche, zunächst seiner Landeskirche dargeboten. 1. und 2. Aufl. 8 (VIII und 79 S.) Altona 860, Wendeborn'sche Buchh. *

Koopmann, Wilh. Heinr., der kleine Katechismus Lutheri durch Bibelsprüche und kurze Sätze erklärt und der evangelisch-luther. Kirche, zunächst seiner Landeskirche dargeboten. 5. Abdr. 1868, und 6. Aufl. 8. (79 S.) Gotha 878, Haendcke und Lehmkuhl. *

Koopmann, W. H., der kleine Katechismus Lutheri durch Bibelsprüche und kurze Sätze erklärt und der evangelisch-luther. Kirche, zunächst seiner Landeskirche dargeboten. 7. Abdr. 8. (79 S.) Gotha 875, Haendcke und Lehmkuhl. cart. *

Koopmann, Wilh. Heinr., der Communismus. Eine nachgelassene Schrift. gr. 8. (46 S.) Altona [Hannover] 872 Bauer. — 60

Koopmann, W. H., die grundrechtliche Confusion in Staat, Kirche und Schule, beleuchtet mit besond. Rücksicht auf den neuen Schulgesetz-Entwurf für das Herzogth. Lauenburg. 12. (55 S.) Ratzeburg 850, (Linsen.) *

Koopmann, W. H., Missionspredigt über Philipper 2, 9—11, gehalten am Süderdithmarsischen Missionsfeste in Süderhastedt am 13. Juni 1860. gr. 8. (16 S.) Altona 860, (Wendeborn'sche Buchh.) Thlr. **

Aus: Allgemeines Missionsblatt für Holstein, besonders abgedruckt.

— die Osterbotschaft. Ein Wort an die christl. Gemeinde. 1. Die Beglaubigung. 2. Annahme oder Verwerfung. gr. 8. (48 S.) Altona [Hannover] 872, Bauer.

Aus: Kirchliche Blätter, besonders abgedruckt.

— Phantasie und Offenbarung. Letztes Wort wider Herrn Prof. Dr. Lipsius. gr. 8. (29 S.) Kiel 870, Schwers'sche Buchh.

Koopmann, W. H., Predigt über Hebräer 4, 14—16 bei Eröffnung der 2. allgemeinen luther. Conferenz zu Leipzig am 9. Juni 1870 in der Kirche zu St. Nikolai gehalten. [Aus den Verhandlungen der 2. „Allgemeinen luther. Conferenz" zu Leipzig.] Leipzig 870. Dörffling & Franke. gr. 8. (21 S.) 1½ ngr.

— Predigt über Evangelium Lucas 12, 49. 50. gehalten an 10. Novbr. 1862 zur Feier des 25jähr. Bestehens des Hamburg. Hülfsvereins der evangel.-luther. Missionsgesellschaft zu Leipzig. gr. 8. (16 S.) Hamburg 862, Nolte. *

— die Rechtfertigung allein durch den Glauben an Christum im Lichte der neueren Theologie dargestellt. Kiel 870. Schwers. gr. 8. (87 S.) n. 18 ngr.

Koopmann, W. H., meine Rechtfertigung gegenüber den Verdächtigungen der Kreuzzeitung, in Betreff meiner Stellung zu unserer Landessache. Mit einer Anlage. 1. und 2. Aufl. gr. 8. (14 S.) Altona 864, Mentzel. *

— Rede bei der Introduktion des Herrn Kirchenprobsten u. Hauspredigers Lilie in der Dreifaltigkeitskirche zu Altona gehalten. Altona 865. Haendcke & Lehmkuhl. 8. (14 S.) 3 ngr.

— die Scheidewand zwischen Christenthum u. Widerchristenthum allgemein faßl. beschrieben. Als Vorwort ein Sendschreiben an Harring. gr. 8. (3½ B.) Heide 843, Dithmarsche Bh.

— die Täuschereien des sogenannten Neumünster'schen Programms für die kirchlichen Wahlen. [Aus den kirchl. Blättern.] Altona 870. (Mentzel.) gr. 8. (17 S.) 4 ngr.

— ein Wort zur Verständigung in der Katechismussache. Altona 861. Wendeborn. gr. 8. (15 S.) n. 3 ngr.

— Zeugnisse v. Christo. Predigten. gr. 8. (XVI, 205 S.) Schleswig 876. Bergas. n. 4. —

Koopmann, Wilhelm Nicolaus

Koopmann, Guil. Nicol., Dissertatio medico-chirurg. inaug. de virtute medica foliorum juglandis regiae in scorphulosi. 8maj. (50 S.) Trajecti ad Rhenum 845, Dannenfelser. *

Koopmans, R., S. A. Gabbema ad locum Taciti ann. IV. c. 78. 1817. 10 S. 4°.

Koops, Wilhelm. Ueber die Möglichkeit, das Pferd zur Lieferung eines Immunserums gegen die Schweinepest heranzuziehen. Diss. Vet.-Med. Bern. 55 S. 8. Berlin, G. Heinicke, [1909].

Koorders, *Sijfert Hendrik* [Kgl. Niederl. Ind. Oberförster]: Ueber die Blüthenknospen-Hydathoden einiger tropischen Pflanzen... Leiden, Buchh. u. Druckerei vorm. E. J. Brill, 1897; 2 Bl., 120 S., 2 Bl. 8.

Bonn, Phil. Fak., Inaug.-Diss. v. 30. Juni 1897

— Die Piperaceae v. Java. Resultate v. systemat.-botan. Untersuchgn. üb. die Piperaceae v. Java, insbesondere üb. die in den Herbarien v. Berlin, Buitenzorg, Kew, Leiden u. Utrecht angetroffenen javan. Arten, nebst Angaben üb. die Verbreitg., die Standortsbedinggn., den Nutzen u. die einheim. Namen derselben. (Beitrag zur Kenntnis der Flora v. Java Nr. II.) (Verhandelingen der koninkl. akademie van wetenschappen te Amsterdam. [2. sectie.] Deel XIV. Nr. 4.) (III, 75 S.) Lex. 8. Ebd. 908. 1.60

Koorders, S. H., botan. Untersuchungen üb. einige in Java vorkommende Pilze, besonders üb. Blätter bewohnende, parasitisch auftretende Arten. (Verhandelingen der koninkl. akademie van wetenschappen te Amsterdam. [2. sectie.] Deel XIII. Nr. 4.) (IV, 264 S. m. 61 Fig. u. 12 Taf.) Lex. 8. Amsterdam 907. J. Müller. 10.—

Koordinaten u. Höhen sämmtlicher v. der trigonometrischen Abtheilung der Landesaufnahme bestimmten Punkte im Reg.-Bez. Breslau. [Aus: „Die k. preuss. Landes-Triangulation. Abrisse, Koordinaten u. Höhen. 8. Thl."] Hrsg. v. der trigonometr. Abthlg. der Landesaufnahme. gr. 8. (IV u. S. 411—561.) Berlin 888. (Mittler & Sohn.) cart. n.n. 2.—

Koordinaten u. Höhen sämmtlicher v. der trigonometrischen Abtheilung der Landesaufnahme bestimmten Punkte im Reg.-Bez. Frankfurt. [Aus: „Die königl. preuss. Landes-Triangulation, Abrisse, Koordinaten u. Höhen, hrsg. v. der trigonometr. Abtheilg. der Landesaufnahme".] Lex.-8. (IV u. S. 595—770.) Berlin 894. (E. S. Mittler & Sohn.) Kart. n.n. 2.—

Koordinaten u. Höhen sämmtlicher v. der trigonometrischen Abtheilung der Landesaufnahme bestimmten Punkte im Reg.-Bezirk Liegnitz. Hrsg. v. der trigonometr. Abtheilg. der Landesaufnahme. gr. 8. (IV, S. 409—560.) Berl. 890, (Mittler u. Sohn). cart. ** 2 —

Koordinaten u. Höhen sämmtl. v. d. trigonometr. Abtheilg. d. Landesaufnahme bestimmten Punkte im Reg.-Bez. Magdeburg. [Aus: „Die königl. preuss. Landes-Triangulation", XIV. Thl.] Lex.-8. (IV u. S. 395—527.) Berlin 898. (E. S. Mittler & Sohn.) Kart. n.n. 2. —

Koordinaten u. Höhen sämmtlicher v. der trigonometrischen Abtheilung der Landesaufnahme bestimmten Punkte im Reg.-Bez. Oppeln. Hrsg. v. der trigonometr. Abtheilg. der Landesaufnahme. gr. 8. (IV, 119 S.) Berlin 885. (Mittler & Sohn.) cart. n.n. 2. —

— dasselbe im Reg.-Bez. Posen. [Aus: „Die königl. preuss. Landes-Triangulation, X. Thl."] Lex.-8. (V, u. S. 583—769.) Ebd. 892. Kart. n.n. 2. —

— dasselbe im Reg.-Bez. Potsdam. [Aus: „Die kgl. preuss. Landes-Triangulation", XIII. Thl.] gr. 8. (IV u. S. 717—946.) Ebd. 896. Kart. n.n. 2. 50

Koorevaar, P., Hypoderma bovis und ihre jüngsten Larven. S.-A. a. C. f. B. Jena 98. Fischer.

KOORT, WILHELM. Beitrag zur Kenntniss des Antimonglanzes. (Freiburg i. B.) Berlin, 1884.

Kooscher. Ein neues Lied, — net for e Jüd. 16. (8 S.) Kaiserslautern 891, Gotthold. ** — 10

Koosen, J. H. Heinr., über akademische Lehrmethode mit Bezugnahme auf konversator. Unterricht. gr. 8. (2 B.) Königsberg 846, Bornträgersche Sorth. Thlr.

Koosen, J(oh.) H(einr.), Propädeutik der Kunst. gr. 8. (XXVIII und 372 S.) Königsberg 847, [Koch.] *

—— der Streit des Naturgesetzes mit dem Zweckbegriffe in den physischen u. historischen Wissenschaften. Eine Einleitung in das Studium der Philosophie. gr. 8. (18½ B.) Königsberg 846, Bornträgersche Sorth. *

van Kooten, s. *Epitome* Iliados Homericae.

Kootz, Hermann [pract. Arzt in Laufenselden]: Operation einer Pancreascyste mit Einheilung des umfangreichen Cystensacks in die Bauchwunde während der Schwangerschaft .... Marburg. Univ.-Buchdr. (R. Friedrich), 1896: 22 S. u. 1 Taf. 8°.
Marburg. Med. Fak., Inaug.-Diss. v. 8. Jul. 1896.

Kootz, Julius Gymnasium oder Bürgerschule? Eine lokale Schulfrage. 4 S. 3—20.
Vierklass. ev. G. u. damit verbund. Elementarsch. *Mühlbach* 1894.
Progr.

Kootz, Julius Kirchenvisitationen im siebenbürgisch-deutschen Unterwald. Ein Beitrag zur Kirchen- und Kulturgeschichte des 17. Jahrhunderts. 4 (S. 3—32).
Progr. Ev. G. u. Elementarsch. *Mühlbach* 1890.

Kootz, L., öffentlicher Absagebrief an den Herrn Consistorialrath Prof. Dr. Krabbe in Rostock. Friedland 860. (Richter.) gr. 8. (32 S.) n. 4 ngr.

Kootz, Leberecht *Ernestus Augustus Victor* [Megalopolitanus]: Commentatio de Rib-Addi Byblensis epistolis quibusdam selectis ... (Erscheint vollst. in deutscher Sprache in: Beitr. z. Assyriol. u. semit. Sprachwiss. hrsg. v. F. Delitzsch u. P. Haupt, Bd III.) Lipsiae, impr. A. Pries, 1895; 31 S., 2 Bl. 8.
Breslau, Phil. Fak., Inaug.-Diss. v. 18. März 1895

Kootz, Leber., commentatio de Rib-Addi Byblensis epistolis quibusdam selectis quam sententiis controversis adiectis. Diss. gr. 8. (31 S.) Leipzig 895. Oppeln, G. Maske , n. 1. —

Kop, Anna Catharina Croiset van der, a. Haag, Holland: Altrussische Übersetzungen aus dem Polnischen. 1. De morte prologus. (Berlin-Schöneberg 1907: Langenscheidt.) (VII, 74 S.) 8°
Berlin, Phil. Fak., Ref. Brückner, Diss. v. 27. Juli 1907
[Geb. 3. Nov. 59 Haag (Holland); Wohnort: Berlin; Staatsangeh.: Niederlande; Vorbildung: Privatschule, Lehrerinnen-Examen Haag Mai 78, Staatsdiplome Haag 15. Okt. 80, 15. Dez. 83; Studium: Berlin 8 S.; Rig. 27. Juni 07.]

Koep, C., der Panama-Canal, sein Bau u. seine Zukunft. Ein Wort zur Aufklärg. der Verhältnisse. Mit 2 Plänen. Lex.-8. (23 S.) Dresden 886. v. Grumbkow. n. 1. —

Ⓑ **Koep,** C., der Panama-Canal. 886. (KBL 23.) Jetzt: Dresden-Bl., E. Leonhardi. Ladenpr. aufgeh.

KOPACKI, Ludwig (Lemberg): De febri intermittente. (Titel nach der Urkunde)
28.6.1852 - Urk; F 67
Diss. Ingolst.-Landsh.-Mchn.

KOPÁCSY, JOSEPH: Circularschreiben des Fürsten Reichsprimas von Ungarn und Graner Erzbischofs, Joseph von Kopácsy ..., vom 18. November 1841, an die Dechanten, Pfarrer und Pfarradministratoren der Graner Erzdiöcese, in Gemäßheit des päpstlichen Breve an die ungarischen Erzbischöfe und Bischöfe in Betreff der gemischten Ehen vom 30. April 1841, welches ... das Placetum regium erhielt. Mit lateinischen und ungarischen (auch deutschen) Text. Pressburg 1842: Philipp Korn, Buchhändler im Verlag. 23 S. - 8°

Kopácsy, Jos. v., Circularschreiben vom 18. Novbr. 1841 in Betreff der gemischten Ehen vom 30. April 1841. Mit latein. u. ungar. Text. gr. 12. (1 B.) Preßburg 842, Korn. (Leipzig Kummer.) *

Kopal, Bruno, k. k. Hauptm etc. Andeutungen, über militärische Aufnahme. Zum Gebrauche für Cadetten-Schulen. (Mit 2 Taf.) 8. Gratz 1844.

Kopal, G., s.: Katzenjammer, der.

Kopal, Gust., am Alsterufer. Aus der Chronik e. hans. Patrizierhauses. 8. (328 S.) Berlin 894. O. Janke. n. 4. —

Kopal, Gust., die Buchführung für den kleinen Geschäftsmann. Mit spezieller Anleitung zum Verständniß der Abrechnungen von Volksbanken, Vorschuß-Vereinen u. anderer eingetragenen Genossenschaften. 8. (47 S.) Hamburg 880. J. F. Richter. n. 1. —

— aus dem Hamburg der 60er Jahre. Federzeichnungen aus dem hamburg. Kaufmannsleben. Illustr. v. C. Schildt. 8. (140 S.) Hamburg 898. Verlag der Act.-Ges. „Neue Börsen-Halle". n. 1. 50

Kopal, Gust., aus d. Hamburg d. 60er Jahre. Federzeichngn. aus d. hamburg. Kaufmannsleben. Illustr. v. C. Schildt. 3. Aufl. gr. 8. (134 S.) Hamburg 898. Actien-Gesellschaft „Neue Börsen-Halle". n. 1. 50; geb. n. 2. 50

Kopal, Gust., Hohenheim & Co. Roman aus dem Hamburger Leben. 2 Bde. gr. 8. (244; 262 S.) Hamburg 873, Richter. *

Kopal, Gust., **Kriegsfahrten der Hamburger zu Wasser** u. zu Lande. 2. Aufl. des gleichnam. Werkes v. L. Tegeler. (III, 309 S. m. Abbildgn. u. Taf.) 8. Hamburg 911. F. Dörling. Geb. in Leinw. 3. —

— **Mattler fin Hahnrieder.** Dannenberg u. Döhntjes v. St. Pauli. Mit 6 Vollbildern v. H. de Bruycker, Jak. Gensler, Wilh. Heuer u. C. Suhr. (63 S.) gr. 8. Ebd. 911. 2.—; geb. 2. 40

Kopal, Gust.: D. O h r e n b a l s a m d. Eremiten. od. Der ungehörte Vaterfluch, od. D. Backenstreiches Fluch u. Segen, s. F a s t n a c h t s – B ü h n e.

Kopal, G., der Ohrenbalsam d. Eremiten, s.: **Wallner's Thespiskarren.**

– D. geschund. R a u b r i t t e r , od. Minne u. Hungerturm, od. Das lange verschwieg. u. endlich doch an d. Tag gekommene Geheimnis, s.a. F a s t n a c h t s – B ü h n e.

— **der geschundene Raubritter, od. Minne u. Hungerturm, s.a. Wallner's Thespiskarren.**

Kopal, Gust., der geschundene Raubritter, oder Minne und Hungerthurm, oder das lange verschwiegene und endlich doch an den Tag gekommene Geheimniß. Trauerspiel in 3 Akten. 1. und 2. Aufl. gr. 16. (54 S.) Erfurt 872,76, Bartholomäus.

Kopal, Josephus *[geb. Zásada in Böhm. 13. 10. 1826]*: Theses theologicae .. ad licentiati in ss. theologia honores rite capessendos. Vratislaviae (1851). (2 Bl.) 8°

Breslau, Kath.-theol. Liz.-Thesen v. 17. Mai 1851

Kopal, W. Geschichte der Stadt Efferding [o. d. Enns]. (160) 8. Linz 1876

Kopal, W., Hardegg. Eine historische Studie. [Aus: „Blätter des Vereines für Landeskunde von Niederösterreich".] gr. 8. (133 S. mit 1 Kpfrtaf.) Wien 878. (Lechner's Verl.) • n.n. 4. —

Kopallik, Jos., Cyrillus von Alexandrien. Eine Biographie, nach den Quellen gearb. gr. 8. (VIII, 375 S.) Mainz 881. Kirchheim. n. 6. —

KOPALLIK, Josephus: De electione summi pontificis. — (1878) 120 S. (Handschr.) Diss. :
Diss. Wien, Univ.

Kopallik, Jos., Vorlesungen über die Chronologie des Mittelalters. gr. 8. (III, 60 S.) Wien 885, (Gerold und Comp.) *

Kopallik, Dr. Josef, Vorlesungen üb. die Chronol. d. Mittelalters. gr. 8. (60 S.) Wien. Heinr. Kirsch. 50 kr.
1885

Kopallik, Dr. Joseph, Vorlesungen über die Chronologie des Mittelalters. gr. 8°. (60 S.) Wien, Toeplitz & Deuticke. 6. —.60.
1886

Kopatsch, Joh., die Erledigung u. Wiederbesetzung des heil. röm. apostol. Stuhles nebst den dabei vorgeschriebenen Feierlichkeiten. gr. 8. (12 B.) Innsbruck 843, Wagner'sche Bh. —

Kopatschek, Eman., der chronische Magen- und Darmkatarrh, eine Massenerkrankung der Neuzeit. Ursachen, Erscheinungen und Behandlung der Krankheit nach der Naturheilmethode ohne Zuhilfenahme von Arzneien, unter besond. Berücksicht. der gesellschaftl. Verhältnisse, der Anpreisung von Heilmitteln, Bädern und Curorten, der Volksernährung und der Lebens- und Genussmittel-Verfälschungen. Nach eigenen langjähr. Erfahrungen gemeinverständlich geschildert. gr. 8. (62 S.) Graz 886, (Styria.) *

Kopatschek, W., der Milzbrand. Eine populäre Belehrung für Rindvieh-Besitzer in den Alpenländern. gr. 8. (IV, 34 S.) Wien 871, Gerold's Sohn. *

Köpchen, Katharina: Die figürliche Grabplastik in Württembergisch-Franken im Mittelalter und in der Renaissance. Halle a. S. 1909: Hermann, Berlin. 115 S. 8°
Halle, Phil. Diss. v. 14. Juni 1909, Ref. Goldschmidt
[Geb. 12. März 85 Berlin; Wohnort: Berlin; Staatsangeh.: Preußen; Vorbildung: Luisen-Gymn. Berlin Reife O. 05; Studium: Heidelberg 1, München 1, Berlin 4, Halle 2 S.; Rig. 19. Febr. 09.]

Köpchen, Rev. William. Kurzer Rückblick auf d 50-jhr (1850-1900) Vergangenheit der Ev-Luth St Lukas Gmde, 233-39 W 42 St, NY City ... 7. Okt 1900. NY, 1900.

Kopci, Józ., Dziennik, z rozmaitich nót dorywczych sporządzony. Drugie tanie wydanie. gr. 8. (VIII, 263 S. mit 6 Stnt. und 1 lithogr. und color. Karte in qu. gr. Fol.) Berlin 868, Academische Buchh.

Köpcke, Alfred [Dr.]: Über empirische und idealisierende Raumauffassung. Ottensen, Druck v. C. Adolff (1890); S. 3–10; 4°
Altona-Ottensen, R, OP 1890 (285)

[Umschlagt.:] [A.] Von der Wiege bis zur Kaiserkrone. Dichtg z. Kaiser Wilhelm I. Gedächtnissfeier in Altona am 22. März 1897 vf. v. Dr. Alfred Köpcke. *(Altona: Hammerich & Lesser [1897].)* (24 S.) 16d 8. [illegible]

Köpcke, C: Ein Beitrag zur Beseitigung von Staub und Rauch. Oels 1894

Köpcke, C., gewerbliche Buchführung. Muster u. Entwurf zum Gebrauch in Bürger- u. Gewerbeschulen, auch zum Selbstunterrichte. Schwerin 868. Schmale. br. 8. (63 S.) n. $7\frac{1}{2}$ ngr.

Köpcke, C., und G. Welkner, die steuerfreie Niederlage zu Harburg und deren hydraulische Krahne und Aufzüge. Fol. (120 Sp. mit eingedr. Holzschn. und 11 Stnt. in Fol. und qu. gr. Fol.) Hannover 860, (C. Rümpler.) *
Aus: Zeitschrift des Architecten- und Ingen.-Vereins für das Königr. Hannover, besonders abgedruckt.

Köpcke, Karl

Köpcke, [Carl], Referendar in Schwerin i. M.: **Die Rechtsstellung des** Ersatzerben und des Nacherben nach dem Bürgerlichen Gesetzbuche. *Schwerin i. M. 1902: Bärensprung.* (57 S.) 8° [F.]
Jena, Jur. Diss. v. (29. Juli) 1902

Köpcke, Klaus

Köpcke, Claus, Glockenstühle, s: **Handbuch der Architektur.**

Köpcke, Otto, Die Töpferei im Handelskammerbezirk Dresden und in Königsbrück. Schriften d. Vereins f. Socialpolitik, Bd. 67. gr. 8⁰. Leipzig 1897.

Köpcke, Paula: Zur Kenntnis des Para-Brom-Phenylhydroxylamins. Dresden 1899. 61 S. 8°.
Bern. Phil. Diss. 1898/99.

Kopczynski, Paul, a. Thorn: Über den Bau von Codonocephalus mutabilis Dies. Naumburg a. S. 1906: Lippert & Co. (30 S.) 8° ¶(Aus: Zoologische Jahrbücher Bd 24, Abt. f. Syst. 1907.)
Königsberg, Phil. Fak., Ref. Braun, Diss. v. 28. Febr. 1907
[Geb. 21. Okt. 83 Königsberg i. Pr.; Wohnort: Königsberg; Staatsangeh.: Preußen; Vorbildung: Gymn. Thorn Reife O. 02; Studium: München 1, Königsberg 2, Berlin 2, Königsberg 6 S.; Rig. 9. Febr. 07.]

Kopé, H., die Elektrizität als Urkraft. Eine Darstellg. der Naturerscheingn. als elektr. Erscheingn., das ganze Weltensystem nicht nur inbegriffen, sondern jede Lebenserscheing. überhaupt. gr. 8. (36 S.) Leipzig 890. (Grieben.) n. 1. —

Kopecky, Franz, Rechenbuch für Mädchen-Fortbildungsschulen, höhere Töchterschulen und verwandte Anstalten. 2. verbesserte Auflage. 8. (130 S.) Cart. —.60
Wien: Pichler 1896.

Beobachtungen über die Witterung in Wien im Verlaufe der Jahre 1896 bis 1900. Eine Anregung z. weiteren Forschung f. Freunde d. Meteorologie. Verf. von Heinrich **Kopecký**. (Pardubitz 1907.) (15 S.) 4° [Text autogr.] [08. 6406

Kopecký, Jos., Abhandlung üb. die agronomisch-pedolog. Durchforschung e. Teiles des Bez. Welwarn, s.a. Publikationen des Zentralkollegiums des Landeskulturrates f. das Königr. Böhmen. 4. Heft.

Kopecký, J., Abhandlung über die agronomisch-pedologische Durchforschung eines Teiles des Bezirkes Welwarn. [Publikationen des Zentralkollegiums des Landeskulturrates für das Königreich Böhmen. Heft 4.] Gr.-8°. (110 S.) † K 3.
Prag: Řivnáč 1909.

Kopecky, Jos., die Bodenuntersuchung zum Zwecke der Drainagearbeiten, m. besond. Berücksicht. der Ausführung mechan. Bodenanalysen mittels e. neu combinirten Schlammapparates. Hrsg. m. Unterstützg. des Landesculturrathes f. das Königr. Böhmen. gr. 8. (55 S.) Prag 901. (J. G. Calve.) n. 1.20

Kopecký, Jos., die physikalischen Eigenschaften des Bodens. Wasserkapazität, Porosität, spezif. Gewicht, Luftkapazität u. Durchlässigkeit, ihre Bedeutg u. Bestimmg. Zum Gebrauche für Landwirte u. Kulturingenieure verf. (62 S. m. Abbildgn.) gr. 8. Prag 904. (J. G. Calve.) n. — 90

Kopecky, L. F. Jos. Die attischen Trieren. gr. 8. (IX, 154 S. m. 31 Abbildgn.) Lps. 890, Veit u. Comp. * 5 60

Kopelke, Johs., ein Sommer-Ausflug nach Europa, hauptsächl. Deutschland. 8. (III, 182 u. Reg. 9 S.) Crown Point, Indiana, 895. Selbstverlag. n.n. 2. —

Kopelke, Otto: Beiträge zur Geschichte der öffentlichen Meinung über die Kirche in den deutschen Städten von 1420—1400. Halle a S. 1910: John. 60 S. 8° ¶(Ersch. später vollst.)
Halle, Phil. Diss. v. 26. Jan. 1910, Ref. Lindner
[Geb. 5. April 81 Saarbrücken; Wohnort: Halle a. S.; Staatsangeh.: Preußen; Vorbildung: Gymn. Saarbrücken Reife O. 04; Studium: Heidelberg 2, Berlin 2, Marburg 1, Halle 5 S.; Rig. 11. Nov. 09.] [U 10. 1763

Kriegserlebnisse eines Veteranen von 1870/71 (vom Fus.-Reg. No 40). [Verf.: Otto **Kopelke**.] *Berlin: Liebel 1902.* (151 S.) 8° [F.] [03. 5600

Kopenhagen [Sachl. OW], s.a. Copenhagen

Kopenhagen, d. Hauptstadt Dänemarks. Hrsg. v. d. dän. Touristenverein. gr. 8. (112 S. m. Abb. u. 1 Karte.) Kopenhagen 898. (Berlin, A. Juncker.) n. 2. —

Kopenhagen u. Umgebungen, s.a. Grieben's Reise-Bibliothek.

(Deckelt.: Führer durch) Kopenhagen und Umgebungen. Prakt. Wegweiser. 15. Aufl. neu bearb. v. Dr. A. Hecquet. M. neuen Kt.-Beil. *Berlin: A. Goldschmidt 1895.* (IV, 102 S., 1 Bl., 10 S., 1 Kt., 1 Pl.) 1 Bd 8.
= Reisebücher, Griebens. Bd 57. [96. 2711

Kopenhagen und Umgebungen. Prakt. Wegweiser. 17. Aufl. neu bearb. v. Dr. A. Hecquet. M. [illegible] Kt.-Beil. *Berlin: A. Goldschmidt 1899.* (IV, 1[illegible]7, 8 S., 4 Kt. 1 Bd 8.
= Reisebücher, Griebens. Bd 57. [illegible]

Kopenhagen und Umgebungen. Prakt. Führer f. Reisende. 18. Aufl., neu bearb. von Dr. A. Hecquet. Mit 4 Karten. *Berlin: A. Goldschmidt 1901.* (IV, 170 S.) 8°
= Reisebücher, Griebens. Bd 57. [01. 5918 II

Kopenhagen und Umgebungen. Prakt. Führer f. Reisende. 19. Aufl., neu bearb. von Dr. A. Hecquet. Mit 4 Karten. *Berlin: A. Goldschmidt 1903–04.* (IV, 188 S.) 8°
= Reiseführer, Griebens. Bd 57. [04. 385-

Kopenhagen und Umgebung. Prakt. Führer f. Reisende. 20. Aufl., neu bearb. von Dr. A. Hecquet. Mit 4 Karten. Berlin: A. Goldschmidt 1905–06. (IV, 183 S.) 8° [F. u. Ant.]
= Reiseführer, Griebens. Bd 57. [06. 5235

Kopenhagen und Umgebung. Prakt. Führer f. Reisende. 21. Aufl., neu bearb. von Dr. A. Hecquet. Mit 4 Karten u. 4 Grundr. Berlin: A. Goldschmidt 1907–08. (IV, 192, 20 S.) 8° [F. u. Ant.]
= Reiseführer, Griebens. Bd 57. [07. 8312

Kopenhagen und Umgebung. Kleine Ausg. Nach d. 21. Aufl. d. größeren Führers. Mit 3 Kt. Berlin: Goldschmidt [illegible] 74 S. 8°
(Griebens Reiseführer. Bd 57.) [illegible]

Kopenhagen und Umgebung. Prakt. Reiseführer. 22. Aufl., neu bearb. von Dr. A. Hecquet. Mit 4 Kt. u. 4 Grundrissen. Berlin: Goldschmidt [illegible] 188 S. 8°
(Griebens Reiseführer. Bd 57.) [illegible]

—— und seine Umgebungen. Ein Wegweiser für Fremde. 16. (149 S. mit 12 Ansichten und 1 Karte in 4.) Kopenhagen 847. (Leipzig, Hinrichssche Buchh.)

Kopenhagen und seine Umgebungen. Ein Handbuch für Reisende nach Dänemark. 8. (VIII und 232 S. mit 2 lithogr. Plänen, 1 Kärtchen und 1 Stahlst.) Leipzig 850, Lorck. *

Kopenhagen und seine Umgebungen. Handbuch für Reisende. Kurzgefasst und genau. 8. (X, 52 S. mit 1 lithogr. Karte in qu. gr. 4.) Kopenhagen 875, Salmonsen.

— u. Umgegend. Handbuch f. Reisende, hrsg. v. d. dän. Touristenverein. 8. (VII, 63 S. m. 1 eingedr. Karte u. 1 farb. Plan.) Ebd. 898. Geb. n. 1.50

Kopenhagen [Schlagwort]

— s. a.: Europa. Liebenow.

Kopenhagen, s.a. Westentaschen-Sammlung.

Kopenhagen. Pharus-Plan af København. (Umschlag: Kopenhagen.) 1 : 12,500. 51×69,5 cm. Farbdruck. Mit Strassenverzeichnis. (11 S.) 8. Berlin (909). Pharus-Verlag. 1.25

Kopenhagen. Plan v. Kopenhagen. 29 × 32 cm. Lith. Görlitz, C. A. Starke. n. — 40

— Plan u. Wegweiser v. Kopenhagen. Auf Grund der neuesten Unterlagen gezeichnet 1905. 40,5×52 cm. Farbdr. Nebst Text. (12 S.) kl. 8. Rostock 905. Berlin, C. J. E. Volckmann Nachf. — 60

Kopenhagens illustrirter Wegweiser und Beschreibung der Stadt [illegible] für Reisende. 24. (150 S. mit 52 Abbild. in Holzschn.) Kopenhagen 860. (Altona, Mentzel.) *

Köpenick [Schlagwort]

Köpenick, s.a. Deutschland. Kürschner-Pelp.

Koepenick, s. a.: Friedrichshagen.

– s.a. Spree.

Koepenick. Schwanhäuser, grosser Uebersichts-Plan des gesammten Stadtgebietes Coepenick. Nach grösstenth. eig. Vermessgn. u. theilw. Benutzg. vorhand. Kartenmaterials. Angefertigt in d. J. 1896/97. 1 : 12,500. 78,5 × 76 cm. Farbdr. Berlin 898. (H. Peters.) n.n. 5. —

— Straube, J., Spezialkarte v. Koepenick—Friedrichshagen—Schmöckwitz. [Aus: „S.'s grosser Umgebung v. Berlin u. Potsdam".] 1 : 60,000. Farbendr. Berlin 895. J. Straube. n. — 40

Köpenick. Straube, J., neue Spezialkarte v. Köpenick-Friedrichshagen-Schmöckwitz. 1 : 60,000. In Generalstabsmanier m. 11 Farben ausgeführt. [Aus: „Spezialkarte der Umgegend v. Berlin u. Potsdam".] gr. 4. Berlin 887. Straube. — 50

KOEPER, C., Der Edelweisskönig oder Ein Kind des Volkes. 1903. 8⁰. (4 Mk. Südd. Antiqu., München, 1908, ohne Ortsangabe.)
Sehr seltener erotischer Roman.

KOPERNICZKY, Franciscus: Genetico-historica evolutio festi ss. Cordis Iesu. — (1879) 172 S. 8⁰ (Handschr.) Diss. 324
Diss. Wien, Univ.

Kopernikus, Nikol., geistliche Gedichte, s. **Dantiskus, J.**

Koepert, Herm. Abriß d. Weltgeschichte f. höhere Lehranstalten. 8. verb. Aufl., besorgt v. S. Herrlich. gr. 8. (141 S.) Lpz. 889, Reichardt. * — 80; geb. * 1 —

Koepert, Herm., Abriß der Weltgeschichte f. höh. Lehranstalten. 9., verb. Aufl., besorgt v. S. Herrlich. gr. 8. (144 S.) Leipzig 900. Groitzsch, G. Reichardt. Geb. n. 1. —

Koepert, Herm., Abriß der Weltgeschichte f. höh. Lehranstalten. 10., verb. Aufl., besorgt v. S. Herrlich. (144 S.) 8. Leipzig 907. G. Reichardt. Geb. 1. —

Köpert, H., junge Blätter. Gedichte. 8. (VIII und 169 S.) Halle 853, Mühlmann. *

Köpert, H., Elementar-Cursus der Weltgeschichte für Gymnasien, Real- und höhere Bürgerschulen. 1. Aufl. 1865. und 2., verm. und verb. Aufl. gr. 8. (133 S.) Eisleben 867, Reichardt's Verlag. *

Köpert, Herm., Elementar-Cursus der Weltgeschichte für Gymnasien, Real- und höhere Bürgerschulen. 4. Aufl. gr. 8. (137 S.) Eisleben 874, Reichardt's Verlag.

Köpert, Herm., Elementar-Cursus der Weltgeschichte für Gymnasien, Real- und höhere Bürgerschulen. 5. Aufl., besorgt von Leop. Frank. gr. 8. (137 S.) [Eisleben 877.] Leipzig, Reichardt's Verlag. *

Köpert, Herm., Elementar-Kursus der Weltgeschichte für Gymnasien, Real- und höhere Bürgerschulen. 6. [Parallel-] Aufl. (in neuer Orthographie), besorgt von Leop. Frank. gr. 8. (137 S.) Leipzig 880, Reichardt Verlag. *
geb.

—— Elementar-Kursus der Weltgeschichte für die unteren und mittleren Klassen höherer Lehranstalten. 7. neu durchges. Aufl., besorgt von S. Herrlich. gr. 8. (140 S.) Ebendas. 883. * 80 Pf.; geb.

—— satirische Epigramme der Deutschen von Opitz bis auf die Gegenwart. Nebst einem Anh. über die Theorie und die Geschichte des Epigrammes. 8. (VIII und 220 S.) Eisleben 863, Reichardt's Verlag. *

— Geschichts-Cursus für die mittleren Klassen der Gymnasien. Uebersichtlich dargestellt. 2 Abthlgn. Ebend. 8. Jede Abthlg. 6 ngr.
Inhalt: 1. Abthlg.: Die alte Geschichte. 861. — 2. verb. Aufl. 862. (75 S.)
2. Abthlg.: Mittlere u. neuere Geschichte. 861. (75 S.) — 2. verm. Aufl. 864. (87 S.)

—— Geschichts-Cursus für die mittleren Klassen der Gymnasien und Realschulen. 3. Aufl. 1865. und 4., verb. und verm. Aufl. gr. 8. (180 S.) Eisleben 868, Reichardt's Verlag.

—— Geschichts-Cursus für die mittleren Klassen der Gymnasien und Realschulen. Uebersichtlich dargestellt. 5. verb., mit einem Special-Abriß der preuß. Geschichte verm. Aufl. gr. 8. (192 S.) Ebendas. 870.

—— Geschichts-Cursus für die mittleren Klassen der Gymnasien und Realschulen. Uebersichtlich dargestellt. 6. und 7. neu durchgeseh. Aufl. Besorgt von Leop. Frank. gr. 8. (192 S.) Ebendas. 875,78.

— Geschichts-Kursus f. höhere Lehranstalten u. zum Selbstunterricht. Übersichtlich dargestellt. 8. verb. u. erweit. Aufl., besorgt v. S. Herrlich. gr. 8. (196 S.) Ebend. 883. n. 1. 20; geb. n. 1. 60

Koepert, Herm. Geschichts-Kursus f. die oberen u. mittl. Klassen höherer Lehranstalten u. zum Selbstunterricht. 9. verb. u. erweit. Aufl., besorgt v. S. Herrlich. gr. 8. (206 S.) Lpz. 891, Reichardt. * 1 20; geb. * 1 50

— Geschichts-Kursus f. die oberen u. mittleren Klassen höh. Lehranstalten u. zum Selbstunterricht. Uebersichtlich dargestellt. 10., verb. u. erweit. Aufl., besorgt v. S. Herrlich. gr. 8. (221 S.) Ebd. 900. Geb. n. 1. 50

Köpert: Ueber Götter, Helden und Wieland von Göthe. Beitrag zur Geschichte der komischen Literatur. 29 S. – Eisleben, Progr. 1864

—— Grundriß der deutschen Vaterlandskunde mit besond. Berücksicht. des norddeutschen Bundesgebietes. gr. 8. (VII, 183 S.) Eisleben 869, Reichardt's Verlag. *

—— Lehrbuch der Poetik. Für Unterricht und Selbststudium. gr. 8. (VIII und 144 S.) Leipzig 860, Arnoldische Buchh. *

—— Lehrbuch der Poetik für Unterricht und Selbststudium. 2. verb. und verm. Aufl. gr. 8. (XV, 155 S.) Leipzig 869, Arnoldische Buchh. *

—— Lehrbuch der Poetik für Unterricht und Selbststudium. 3. verb. und verm. Aufl. gr. 8. (XI, 148 S.) Leipzig 876, Arnoldische Buchh. *

— Lehrbuch der Poetik für Unterricht und Selbststudium. 4. durchges. Aufl. gr. 8. (XI, 148 S.) Leipzig 882, Arnoldische Buchh. *M 1,20.; geb. *

Koepert, Hermannus: Merae Aristotelis de tragoedia quae fuerint sententiae.
Halle-Wittenberg, Phil. Diss. v. 4. Dez. 1858
Geb. [Anklam (Pomm.) 8. 5. 1830]
Ms. fehlt.

— über Goethe's „Vögel". Beitrag zur Geschichte der kom. Literatur. gr. 8. (40 S.) Altenburg 874. (Berlin, Calvary und Comp.) *

Koepert, Otto

Koepert, O., Bilder aus d. Tier- u. Pflanzenreiche, s.: Breslich, W.

— Festbericht, s.: Enthüllungsfeier, die, d. Brehm-Schlegel-Denkmals zu Altenburg.

Koepert, Otto, Moritz, Prinz v. Sachsen-Altenburg, Herzog zu Sachsen. Ein Lebensbild. (60 S. m. 7 Abbild.) 8. Altenburg 908. O. Bonde. 1. —

Koepert (Otto). Ueber Niveauveränderungen des Festlandes und des Meeres. (Separat-Abdruck aus: Osterländische Mittheilungen. Neue Folge. IV. Band). Altenburg 1888. 8.

— natürliches Pflanzensystem. Für den botan. Unterricht zusammengestellt. 4. (67 S. u. 3 S. Text.) Altenburg 892. St. Geibel. Geb. n.n. — 60

Koepert, Otto. Der Star (Sturnus vulgaris L.) in volkswirtschaftlicher u. biologischer Beziehung. Ein Beitrag zur Vogelschutzfrage. gr. 8. (115 S.) Altenb. 892, Geibel. * 1 80

— Systemheft f. d. natürl. Pflanzensystem. Für d. botan. Unterricht zusammengest. 2. Aufl. 4. (67 S.) Altenburg 897. St. Geibel. Geb. n. — 75

Koepert, Otto [Dr.]: Die Vogelwelt des Herzogtums Sachsen-Altenburg. Altenburg i. S.-A., Pierer'sche Hofbuchdr., 1896; 38 S. 4.
Altenburg, herz. Ernst-RG, OP 1896 (702)

— d. Vogelwelt d. Herzogtums Sachsen-Altenburg. Progr. 4. (38 S.) Altenburg 896. (Schnuphase.) n. 1. —

Koepert, Otto, über Wachsthum und Vermehrung der Krystalle in den Pflanzen. Inaugural-Dissertation. gr. 8. (21 S.) Halle 885, Tausch und Grosse. *

Kopetsch, Emil [pr. Arzt]: Vierzig Fälle von Eclampsia puerperalis aus der K. gynäkologischen Klinik zu Königsberg ... Königsberg i. Pr., Buch- u. Steindr. E. Erlatis, *1891;* 35 S., 1 Bl. 8°
Königsberg, Med. Fak., Inaug.-Diss. v. 10. Apr. 1891

Kopetsch, Emil. 40 Fälle v. Eclampsia puerperalis aus d. königl. gynäkologischen Klinik zu Königsberg. Diss. gr. 8. (85 S.) Königsberg i. Pr. 891, (Koch). * — 80

Kopetsch, Gustav

Kopetsch, G. De comparationibus vergilianis. 15 S. *Lyck* 1879.
Progr.

Kopetsch, G., De differentia orationis Homericae et posteriorum epicorum in usu epithetorum certis substantivis vel certo substantivorum generi plus minus firmiter adhaerentium. Pr. 1873. 20 S. 4°. 2.—

Kopetsch, Gustav: De verbalibus in τος et τεος Platonicis dissertatio, cui intextae sunt breves de Homericis adnotationes. 30 S. – Lyck, Progr. 1860.

Kopetsch, Johannes: Aus d. anatom. Institut zu Königsberg '(Pr.)'. No. 16. Über das foramen jugulare spurium und den canalis '(meatus)' temporalis am Schädel der Säugetiere ... Königsberg i. Pr., Druck v. M. Liedtke, 1896; 2 Bl., 54 S., 3 Bl. 8.
Königsberg, Med. Fak., Inaug.-Diss. v. 22. Febr. 1896

Kopetsch, Johs, üb. d. foramen jugulare spurium u. den canalis (meatus) temporalis am Schädel der Säugetiere. Diss. gr. 8. (55 S.) Königsberg 896. (W. Koch.) n. 1. —

Kopetschni, Eduard: Studien über 3.5-Dibromanthranilsäure. (Berlin 1910: Ebering.) 59 S. 8°
Berlin, Phil. Diss. v. 13. April 1910, Ref. Gabriel
[Geb. 14. Juli 88 Mödling b. Wien; Wohnort: Charlottenburg; Staatsangeh.: Österreich; Vorbildung: Oberrealsch. Graz Reife O. 05; Studium: Graz 2, Berlin Techn. Hochsch. 2, Univ. 5 S.; Rig. 3. März 10.] [U 10. 193

Kopetschny, Frz., Handbuch f. Infanterie-Nachrichtenpatrouillen-Kommandanten. (80 S. u. 1 Beilage m. 24 Fig.) kl. 8. Trebinje 904. (Wien, L. W. Seidel & Sohn.) Geb. in Leinw. n. 1. 50

Kopetz, Heinr., Versuch einer systemat. Darstellung d. in Böhmen bezügl. d. Juden bestehenden Gesetze u. Verordnungen. gr. 8. (16¾ B.) Prag 816, Haase Söhne, Berl.

Kopetz, Mt. Norb. Ad., kurze Darstell. d. in Rußland 1780 gegründeten Systems d. bewaffneten Neutralität. 8. Prag 810. Widtmann. 10 gr

— Leitfaden zu d. Sonnenfels. Lehrbuch d. polit. Wissenschaften. 3 Thle. 8. Prag 787—89. Widtmann. 1 Rthl 12 gr

Kopetz, Mt. Adf.: Das neue Stempelpatent v. 5. Dec. 1802. alphabet. geordnet. *Prag*, Widtmann. 802. 4.

— das neue Stempelpatent vom 5ten Oct. 1802 für d. k. k. Staat. 4. Prag 803. Widtmann. 18 gr

— Vergleichung d. Systems d. bewaffnet. Neutralität mit d. nord. Convention im J. 1800 u. d. Petersburg. Convention v. J. 1801. 8. Prag 804. Widtmann. 4 gr

— alphabet. Verzeichniß d. über das n. Stempelpatent ersch. Erläuter. rc. 4. Ebend. 805.

Kopetz, W. G., österreich. polit. Gesetzkunde, oder systemat. Darstell. d. polit. Verwaltung in den deutschen, böhmischen, galizischen u. italien. Erbstaaten des österreich. Kaiserthums. 1r Thl. 1r u. 2r Bd. gr. 8. Wien 807 u. 18. Wimmer. 6 Rthl 8 gr

— allgem. österr. Gewerbs-Gesetzkunde, oder systemat. Darstell. d. gesetzl. Verfassung d. Manufactur- u. Handelsgewerbe in den deutschen, böhmischen, gallizischen, italien. u. ungar. Provinzen d. österreich. Kaiserstaates. 1r u. 2r Bd. gr. 8. Wien 829, 30. Volke. 6 Rthl

v. Kopetz, W. Gust. Edler, s. K. Nadherny, Repertorium.

Kopetzki Franz, Rechenbuch für Mädchenfortbildungsschulen, höhere Töchterschulen und verwandte Anstalten. 5., unveränderte, sonach gemäß Min.-Erl. vom 27. April 1903, Z. 6232) zulässige Auflage. Wien 1905. A. Pichlers Witwe & Sohn. Kart. K 1.20.

Kopetzky Artur: Die Errichtung der n.-ö. L. O. R. in Waidhofen a./Y. 12. Waidhofen a./Y. R. 06.
Progr.

Kopetzky, Arth., Führer durch Waidhofen a. d. Ybbs u. Umgebung. Mit 1 Karte der Umgebg. 8. (38 S. m. Titelbild.) Waidhofen 902. C. Weigend. n. — 50

Kopetzky, Arth., Führer durch Waidhofen a. d. Ybbs u. Umgebung, nebst e. Anh.: Die Berge im Gesäuse u. um Eisenerz. Mit e. Karte der Umgebg. u. dem Stadtplane v. Waidhofen. 2. verm. u. verb. Aufl. (49 S. m. Abb.) kl. 8. Waidhofen a. d. Ybbs 908. C. Weigend. 1. —

Kopetzky, Aug., ein Tag in der electrischen Ausstellung. Vortrag für Arbeiter der Maschinenbranche, über Auftrag der Brünner Handels- und Gewerbekammer zusammengestellt. 8. (31 S.) Brünn 883, (Winkler's Buchh.) *
Aus [illegible]-schlesischer Correspondent, besonders abgedruckt.

Kopetzky, August, Vorträge über Wechselkunde Mit 50 Musterwechseln und 50 Musterbriefen. Brünn 1891. Verlag des Verfassers. (Min.-Erl. v. 21. September 1893, Z. 17237) 1.20
„Uebungsheft für den Unterricht in der Wechselkunde" à 20 Blatt — 10

—— neuer allgemeiner Wochentags-Weiser. Eine chronolog. Studie. gr. 8. (16 S.) Ebendas. 882. **

Kopetzky, Benedikt, s. Kopezky

Kopetzky, Fr. J., s. Kopezky

Kopetzky, Frz., Geschichte, s.: Brandeis, Emil.

(10.) Kopetzky, Franz, zur Geschichte und Genealogie der Přemyslidischen Herzoge von Troppau: s. a. Archiv für österreichische Geschichte.

Kopetzky, Frz., zur Geschichte u. Genealogie der Přemyslidischen Herzoge von Troppau. [Aus dem Archiv für Kunde österr. Geschichtsquellen.] Wien 869. Gerold's Sohn in Comm. Lex.-8. (112 S.) n. 16 ngr.

—— Rudolf v. Habsburg, s. Jugend-Bibliothek für Schule und Haus.

Kopetzky, Frz. Die Ruine Maidenburg, gewöhnlich das Pollauer Schloss genannt, in Geschichte u. Sage f. Jung u. Alt dargestellt. 12. (66 S.) Wien 890, Sallmayer'sche Buchh. * — 80

Kopetzky, Frz., Rechenbuch f. Bürgerschulen, s.: Ambros, Jos.

Kopetzky, Frz., Rechenbuch [Aufgabensammlung] für Mädchen-Fortbildungsschulen. gr. 8. (127 S.) Wien 886, Pichler's Wwe. und Sohn. *

— dasselbe, s. a. Ambros, J.

— Rechenbuch f. Mädchen-Fortbildungsschulen, höhere Töchterschulen u. verw. Anstalten. 2., verb. Aufl. gr. 8. (III, 130 S.) Wien 895. A. Pichler's Wwe. & Sohn. Kart. n. 1.20

KOPETZKY, Franz
(F) Rechenbuch für Mädchen-Fortbildungsschulen, höhere Töchterschulen und verwandte Anstalten. Von Franz Kopetzky. 3. Auflage. Unveränderter Abdruck der mit Erlass des hohen k. k. Ministeriums für Cultus und Unterricht vom 23. December 1895, Z. 26.688, zum Unterrichtsgebrauche an Mädchen-Fortbildungsschulen für zulässig erklärten 2. verbesserten Auflage. Wien. 1899. Pichlers W. & S. 8°. 130 S. Cart —.60

— Rechenbuch f. Mädchen-Fortbildungsschulen, höhere Töchterschulen u. verwandte Anstalten. 3. Aufl. Unveränd. Abdr. der 2., verb. Aufl. gr. 8. (III, 130 S.) Wien 899. A. Pichler's Wwe. & Sohn. Kart. n. 1.20

Kopetzky, Franz, Rechenbuch für Mädchen-Fortbildungsschulen, höhere Töchterschulen und verwandte Anstalten. 4. Auflage. Wien 1903. Verlag von A. Pichler's Witwe & Sohn. Preis, kartoniert 1 K 20 h.

— Rechenbuch f. Mädchen-Fortbildungsschulen, höhere Töchterschulen u. verwandte Anstalten. 5. Aufl. Unveränd. Abdr. der 4. Aufl. (II, 130 S.) 8. Wien 905. A. Pichler's Wwe. & Sohn. Kart. n. 1.20

Kopetzky, Frz., Rechenbuch für Mädchen-Fortbildungsschulen, höhere Töchterschulen u. verwandte Anstalten. 6. Aufl. Unveränd. Abdr. der 4. Aufl. (II, 130 S.) 8. Wien 909. A. Pichler's Wwe. & Sohn. Kart. 1.20

— Rechenbuch f. allgem. Volksschulen, s.: Ambros, Jos.

Kopetzky, F., Rechenbuch für Volks- u. Bürgerschulen, s.: Ambros, J.

Kopetzky, Franz, Rechnungen zur Einübung der Unfallversicherung in Oesterreich. Wien 1890 A. Pichler's Witwe und Sohn. (Min.-Erl. 24. September 1890. Z. 16950.) —.25

—— 300 methodisch-geordnete Rechnungs-Aufgaben zum Uebergange aus dem alten in das neue Maß- und Gewichtssystem für die oberen Klassen der Volksschule. 8. (IV, 31 S.) Wien 873, Sallmayer und Comp. *

—— Regesten zur Geschichte des Herzogthums Troppau. [1061—1464.] Lex.-8. (179 S.) Wien 871, (Gerold's Sohn.) *
Aus: Archiv für oesterreichische Geschichte, besonders abgedruckt.

Kopetzky, Frz., d. Lehrers Selbsthilfe, zugleich Antwort auf die Frage: Welchen Nutzen hat die Lehrerschaft v. dem Anschlusse an den Ersten allgemeinen Beamten-Verein der österreichisch-ungar. Monarchie? gr. 8. (30 S.) Wien 883. Verlag d. Beamten-Vereins, IX, Kolingasse 17. n. — 40

—— Josef und Franz von Sonnenfels. Das Leben und Wirken eines edlen Brüderpaares, nach den besten Quellen dargestellt. gr. (VII, 416 S.) Wien 882, Perles. *

—— Graf von Starhemberg, der Vertheidiger der Stadt Wien im J. 1683, s. a. Jugend-Bibliothek.

— Franz Heinrich, Ernst Rudiger Graf von Starhemberg, d. Vertheidiger d. Stadt Wien im Jahre 1683. (Aus Rothaug's Jugendbibliothek III. Abthl.) kl. 8. (88 S. mit 4 Abbild.) Prag, F. Tempsky. In braunem Leinwand-Einbd. 40 kr.
1883

Kopetzky, Joach., succinctum iamatologiae systema. 8maj. (1¾ B. u. 1 Tab., Imp.-Fol.) Vindobonae 839, (libr. Beck.) *

Kopezky, M. J., Unterritt über d. Obstbaumzucht, Wein- u. Essigbereitung. gr. 8. Prag 825. Haase Söhne.

Kopezky, Benedikt

Kopezky, B. Der Boden von Wien, eine topograph. Studie. (Realschulprogr.) Wien. 1858. 4.

Kopetzky, B.: Der Coglio bei Görz. 14 S. 8°. – Görz, Progr. 1850.

Kopezky, Bened., Lehrbuch der Naturgeschichte der Wirbelthiere. Zum Gebrauche für Untergymnasien. gr. 8. (XII und 173 S. mit 152 in den Text gedr. Abbild. in Holzschn.) Leipzig 852, Weber. *

Kopezky, Bened., Naturgeschichte der Thiere in ihrer Anwendung auf Handel und Gewerbe mit vorzügl. Berücksicht. der europ. Säugethiere. gr. 8. (IV und 560 S. mit in den Text gedr. Holzschn.) Wien 851, Haas'sche Buchh. *

Kopetzky, Benedikt, Ueber die Nothwendigkeit, das naturhistorische Prinzip des Mohs in der Mineralogie beizubehalten. Wien 862. (Sallmayer & Co.) 4. (XVII, S.) n. 6 ngr.

—— Uebersicht der Mineralwässer und einfachen Mineralien Steiermarks. 4. (26 S.) Gratz 855, (Hesse's Buchh.) *

—— Warnung vor den schädlichen Wirkungen der Aether-Einathmung nebst einer Vergleichung der Aetherbetäubung mit den Narkosen durch Weingeist, Opium, Tabak und Coca. 8. (42 S.) Wien 847, Haas'sche Buchh.

Kopezky, Fr. J., Anleit. zu dem Verfahren in Grundbuchssachen, nach dem neuen bürgerl. Gesetzbuche, u. den in Oesterreich unter d. Enns noch bestehenden Patenten u. Verordnungen. gr. 8. Wien 817. Gerold. 1 rthl 8 gr

Kopezky, Frz. Joh., der Wohnungs-Bestandvertrag nach d. Grundsätzen d. österr. a. b. Gesetzbuches, u. insbesond. nach d. für d. Haupt- u. Residenzstadt Wien besteh. Patenten u. Verordnn., mit ein. Darstellung d. gerichtl. Verfahrens bei Wohnungs- u. Miethzinsstreitigkeiten. Nebst e. Anh., d. Auszieh-Patent u. die darauf. bezügl. Verordnn. enth. gr. 8. (14 B.) Wien 841, Haas'sche Buchh.

Kopf, der, od. das Herz, u. andere Geschichten. Nach dem Engl. 16. (64 S.) Cleveland 871. (Philadelphia, Schäfer & Koradi.) geb. n. — 80

Kopf, der, von Bronze, oder der ungarische Deserteur. Schauspiel in 3 Aufz. frei nach dem Franz. v. C. W. Schall. 8. Erfurt, Müller. 812.

Kopf, der helle. Launige Lieder u. Gedichte f. fidele Kahlköpfe v. Graf St.! Vice-Präsident u. Kanzler d. „Vereins urfideler Kahlköpfe" zu Berlin. (Von Heinr. Roller.) 12. (78 S. m. 1 Abb.) Berlin 897. (Leipzig, J. H. Robolsky.) Geb. n. 1. —

Kopf u. Herz oder Natur u. Bibel. Philosophische Dichtungen im Geiste Heinr. Heine's. I. Serie: Schöpfungsgedanken von C. Monolith. 12. (123 S.) Nürnberg 882. (Fürth, Kühl.) n. 1. 20

Kopf, Tragischer. [Berlin 1880.]

V: *Michaelis, Adolph.* (Tübz 28, 6)

Kopf, biblische Unterweisungen. 8. Wien, Trattner. 770. -

Kopf, Albert: Die Bewegung eines homogenen Kreiszylinders, mit dem eine Masse fest verbunden ist. Burg 1906: A. Hopfer. (S. 3—12.) 4°
Burg, k. Victoria-G P 1906 (287)

KOPF, Anton (Amberg): Die Grundherrlichkeit in den ältern Bestandtheilen des Königreiches Baiern.- Landshut: Hagen 1809. VIII,136 S.
1808 - Kal 1809
Diss. Ingolst.-Landsh.-Mchn.

Kopf, Ant., d. Grundherrlichkeit in den ältern Bestandtheilen d. Königr. Baiern. Ein Versuch. gr. 8. Landsh. 809. Krüll. 12 gr

Fest-Bericht über die Feier des hundertjährigen Bestehens der Freimaurer-St.-Johannisloge „Zur Harmonie" im Or. Chemnitz am 11. Mai 1899. Voraufgehend Bericht über die Vorfeier am 10. Mai 1899. [Unterz.:] B[ernh.] Kopf. [Chemnitz 1899: Preiss.] 46 S. 8° [Umschlagtit.]
Abgedr. in: Bh. 42 (1899) S. 169—173, 178—182, 186—189, 197—200, 205—207, 213—215.
Auszug in: FZ. 53 (1899) S. 177—181, 185—189.

Kopf, Carl, s. Kopf, Karl

Kopf, Christoph Philipp (Oldenburg), De prohibita appellatione, hoc est: de causis, in quibus appellatio locum non habet ad cameram. Diss. jur. Präs. David Pestel. Rinteln 2. VI. 1667. Jena (I. B. Heller) 1756. 27 S. (6.—) 19147

Kopf, Dav. Traug., Altes u. Neues aus d. Mappe ein. alten Pädagogen. Ein Beitrag zur Geschichte d. Volksschul- u. Erziehungswesens im nördl. Deutschland. 3 Thle. 8. (... B.) Berlin 842, Wohlgemuth's Buchh. *

Kopf, Trgtt., Anweis. zum Rechnen nach naturgemäßen Grundsätzen, ein Leitfaden für Jedermann, der d. Rechnen mit Einsicht u. Bewußtseyn lernen u. lehren will. 1e Hauptabtheil., das reine Kopf- u. Zifferrechnen. 2e Hauptabtheil., d. Lehre von d. Verhältnissen u. Proportionen rc. 3e Abtheil., d. angewandte Proportionsrechnung in ihrem nothwend. Umfange. 8. Frankf. a. d. O. 823. Hoffmann. 1 rthl 8 gr

— s. J. J. J. Berlum, Reise.

Kopf, D. Traug., Handbuch f. Lehrer in Stadt- u. Landschulen beim Unterr. im Rechnen. 8. (30 B. u. 1 Stnt. qu. Fol.) Berlin 832, Wagenführ.

—— Handbuch f. Schüler in Land- u. Stadtschulen z. Gebr. beim Rechnen. 8. (17½ B. u. 1 Stnt. qu. Fol.) Berlin 832, Wagenführ.

—— das Leben d. sorbischen Lehrer Christian u. David Wowanus, ed.: Der Sieg d. Glaubens. — Eine Gesch. uns. Zeit. gr. 8. (27½ B.) Berlin 830, (Wagenführ.)

Kopf, Dav. Traug., Sendschreiben an den Vorsteher des Rauhen Hauses in Horn bei Hamburg Hrn. Cand. Wichern, betreff. einen in Nr. 4. Serie IV. seiner „Fliegenden Blätter" enthalt. Reisebrief rc. gr. 8. (47 S.) Berlin 847, (Lassar.) *

Kopf, Dav. Traug., s. Volks-Schulfreund, der, eine Zeitschrift rc.

Kopf, Emil, Prager Kadettenstreiche. Im 40. Jubelj. der Gründg. der Prager Kadettenschule hrsg. (77 S.) 8. Prag 909. (J. G. Calve.) nn 1. —

Kopf, Jb., der unstudirte Schriftgelehrte, oder bibl. Unterweisung rc. 2 Thle u. Anhang. 8. Augsb. 788. Wolff. (Fischer in Insbr.) 1 rthl

Kopf, Ferdin., Tirocinium s. Scripturae. Augsburg, 1763, 2. Aufl., 1776, 8°.

Kopf, Ferdin., Tirocinium s. Scripturae seu prolegomena in compendium contracta et suis auditoribus oblata. Augsburg, 1776, 8°, 2. verm. u. verbeſſ. Aufl.

— Tirocinium S. scripturae seu prolegomena in compendium contracta. Ed. altera. 8. Augsb. 776. Wolff. 6 *K*

Kopf, Frz., das Hinterlegungsverhältnis. Das Rechtsverhältnis zwischen der öffentl. Hinterlegungsstelle u. den an der Hinterlegg. Beteiligten. (III, 58 S.) gr. 8. Berlin 903. C. Heymann. n. 1. 60

Kopf, Franz, aus Halle a. S.: Das Rechtsverhältnis zwischen der öffentlichen Hinterlegungsstelle und den an der Hinterlegung Beteiligten (Das Hinterlegungsverhältnis). Nach d. Reichsrecht u. d. preuß. Hinterlegungsordnung vom 14. März 1879, sowie d. preuß. Ausführungsgesetze zum Bürgerl. Gesetzbuche Artikel 84. *Berlin: C. Heymann 1903.* (58 S.) 8°
Halle, Jur. Diss. v. 14. März 1903

Kopf, Hermann, approbierter Tierarzt aus Dundenheim (Baden): Über Haptine im Rinderserum und in der Rindermilch. (Aus dem Laboratorium der akademischen Klinik für Kinderheilkunde in Düsseldorf. Direktor Prof. Schlossmann.) Leipzig 1909. 25 S. 8°
S.-A. aus der Zeitschrift für Hygiene und Infektionskrankheiten [12. III. 09.]
Bern, Vet.-med. Diss. 1908/09.

Kopf, Joh., der Curort Johannisbad in Böhmen, vom physikalisch-chemischen u. balneologischen Standpunkte dargestellt. Neustadt a. d. M. 869. (Breslau, Aderholz.) gr. 8. (32 S.) n. 12 ngr.

Kopf, Joh., der Curort Johannisbad in Böhmen. 3. Aufl. Mit 1 (chromolithogr.) Karte vom Riesengebirge (und 1 lithogr. Ansicht von Johannisbad). gr. 8. (99 S.) Neustadt a. Mettau 875. (Breslau, Aderholz' Buchh.) **

Kopf, Jh. Chr., Briefſammlung für Knaben u. Mädchen ꝛc., ſ. Gr. Hold, neuer Briefſteller.

— drei Predigten. 8. Stendal 814. Franzen u. Gr. 4 *K*

Kopf, Joſ. v., Lebenserinnerungen eines Bildhauers. gr. 8. (XXIV, 544 S.) Stuttgart 899. Deutſche Verlags-Anſtalt. n. 8. —; geb. n.n. 9. —

Kopf, Karl

KOPF, Carl (Vilseck): Ueber den Kropf im Allgemeinen und den lymphatischen insbesondere.- Sulzbach: Seidel 1839. 32 S.
20.5.1839 - Urk (Titel: De strma.); F 64
Diss. Ingolst.-Landsh.-Mchn.

Kopf, Mich., Beschreibung des Salzbergbaues zu Hall in Tyrol. gr. 8. (19 B., 3 schw. u. 1 ill. Stnt. u. 1 Tab.) Berlin 811, Reimer.
Aus: Karsten u. v. Dechen, Archiv f. Mineralogie etc., 15. Bd., besond. abgedruckt.

Kopf, Traugott, s. K o p f , David Traugott

KÖPF, Friedrich Kaspar (Anhausen): De arthrophlogosi.- Monachii: Giesser 1839. 24 S.
8.2.1839 - Urk; F 64
Diss. Ingolst.-Landsh.-Mchn.

Johann Leonhard Böhm, Doctor der Philoſophie, l. d. Stud. R. und L. P. zu Kempten, und ſeine Zeitverhältniſſe. Von Johannes Köpf. P. — 1846. K., Dannheimer. — S. 3—24.
Progr. Kempten

Ueber die Heiligthümer in Paläſtina. Von Joh. v. Kreuz Kopf, Religionsl. — 1839. K., Dannheimer. — S. 3—16.
Progr. Kempten

Köpf, Joh., Paläſtina, od.: Topograph. Darſtellung des bibl. Schauplatzes, verbunden m. ein. kurzen Welt- u. Religions-Geſchichte. gr. 8. (37 B. u. 2 Karten.) Kempten 843, Köſel'ſche Buchh.

Köpf, Wilhelm: Beiträge zur Geschichte der Messen von Lyon mit besonderer Berücksichtigung des Anteils der oberdeutschen Städte im 16. Jahrhundert. Ulm 1910: Reiser. 115 S. 8°
Leipzig, Phil. Diss. v. 6. Aug. 1910, Ref. Stieda, Lamprecht
[Geb. 23. Okt. 85 Ulm a. D.; Wohnort: Ulm; Staatsangeh.: Württemberg; Vorbildung: Gymn. Ulm Reife M. 04; Studium: Leipzig Handelshochsch. 4, Univ. 4 S.; Rig. 4. Febr. 10.] [U 10. 3174

Kopf- und Fußbekleidung des Infanteriſten. Ideen u. Erfahrungen eines preußiſchen Offiziers, —l—v—s. Mit 9 Umriſſen auf 2 Steindrucktafeln. gr. 8. Dresden u. Leipzig 841, Arnoldiſche Buchh. 1/3 *ß*

Köpfe, charakteriſtiſche, nach d. vorzügl. Meiſtern, als Vorbilder zum Nachzeichnen. 18 Hefte, mit 72 Kpft. u. kurzer Beſchreib. gr. 4. Prag, Behmanns Erb. (Leipz., Magaz. f. Ind.) 4 *ß*

Köpfe aus Gemälden vorzüglicher Meiſter, nach sorgfältig auf den Originalen durchgezeichneten Umriſſen in der Sammlung von Louiſe Seidler. Zum Gebrauche für Zeichenſchulen lithogr. von J. J. Schmeller. 1e u. 2e Lfrg. à 6 Bl. 1/2 Imp.-Fol. Weimar 836, 37. Landes-Induſtrie-Compt. (à 1 *ß*) 2 *ß*

— aus d. bibl. Geſchichte, 16, zu Examenſtücken f. geübtere Zeichner u. zur Zimmerverzierung. Lithogr. 4. Bresl. 832. (Hentze). 1 *ß*

Kopfer, Ferd., die quantitative Bestimmung des Kohlenstoff- u. Wasserstoff-Gehaltes der organischen Substanzen. Mit 2 lith. Taf. u. (eingedr.) Holzst. [Aus: „Zeitschr. f. analyt. Chemie".] gr. 8. (75 S.) Wiesbaden 877. Kreidel. n. 2. —

KOPFER, FERDINAND. Das Platin als Sauerstoffüberträger bei der Elementaranalyse der Kohlenstoffverbindungen. (Tübingen) Wiesbaden 1877.

Kopfermannus, Albertus: *Quaestionum Frontinianarum specimen. 54 S. 4° (2°)
Halle-Wittenberg, Phil. Diss. v. 14. Jan. 1874
Geb. [Dortmund 15. 1. 1846]

Kopfermann, Fritz, a. Dortmund: Über die Elektrolyse des Glases. Dortmund [1908]: W. Crüwell. (70 S.) 8°
Münster, Phil. Fak., Ref. Heydweiller, Diss. v. 22. Juni 1908
[Geb. 23. Aug. 83 Dortmund; Wohnort: Münster; Staatsangeh.: Preußen; Vorbildung: Oberrealsch. Dortmund Reife O. 03; Studium: Marburg 4, Berlin 1, Marburg 1, Münster 3 S.; Rig. 14 März 08.]

Kopfermann, L(udwig) (geb. am 13 Sept. 1846 in Dortmund): Ueber Geburtsstörungen bei fehlerhafter Bildung und Krankheit der Frucht...
Bonn, Druck v. C. Georgi 1870. 31 S. 8.
Bonn, Med. Fak., Diss. v. 26 Febr. 1870

Kopfermann, Paul, a. Groß-Lichterfelde: Das Wormser Konkordat im deutschen Staatsrecht. (Berlin 1908: E. Ebering.) (75 S.) 8°
Berlin, Phil. Fak., Ref. Schäfer, Diss. v. 4. Aug. 1908
[Geb. 12. Juni 85 Gr. Lichterfelde; Wohnort: Gr. Lichterfelde; Staatsangeh.: Preußen; Vorbildung: Gymn. Gr. Lichterfelde Reife O. 03; Studium: Berlin 2, Tübingen 1, Berlin 6 S.; Rig. 27. Febr. 08.]

Kopff, August, a. Heidelberg: Über die Nebel der Nova Persei. Karlsruhe 1907: G. Braun. (27 S.) 4°
Heidelberg, Naturw.-math. Fak., Ref. Wolf, Diss. v. 11. Febr. 1907
[Geb. 5. Febr. 82 Heidelberg; Wohnort: Heidelberg; Staatsangeh.: Baden; Vorbildung: Oberrealsch. Heidelberg Reife M. 00; Studium: Heidelberg 6 S.; Rig. 26. Juli 06.]

Kopff, August, Dr.: Über den Schweif des Kometen 1892 I (Swift). Karlsruhe 1907: G. Braun. (35 S., 1 Taf.) 4°
Heidelberg, Naturw.-math. Fak., Hab.-Schrift v. 1907

Kopff, Johann Philipp (Oldenburg), De capitatione vulgo vom Kopff=Gelde. Exercit. acad. Präs. Gottfried Strauß. Wittbg. 16. IV. 1681 (Jo. Gottfried Meyer) 1707. 32 Bl. mit Widm. v. Präs. (7.—) 19148

— — Dasselbe. Wittbg. (Hak) 1748. 80 S. ohne Widm. (7.—) 19149

— — (Westfalen), De jure poenitendi in contractibus, et, quae inde jure gentium dantur, condictionibus. Disp. jur. Präs. Heinrich Coccej. Frankfurt a. O. (Christoph Zeitler) 12. IV. 1704. 40 S. (6.50) 19150

Kopff, Paul. Schwaben in A seit d Entdeckung des Weltteils ... (Württembergische Neujahrsblätter ... 10. Blatt). Stuttgart, 1893.

Koepff, Bevölkerungsentwicklung aller Städte des Königr. Bayern seit Gründung des Deutschen Reichs, sowie der 66 grössten in der Zeit von 1840—1880. Nach statist. Quellen bearb. 12. (8 S. auf Carton.) Geislingen 885. (Stuttgart, Metzler'sche Buchh.. Sortiment.) *

Koepff, Bevölkerungsziffern der 20 größten Städte Württembergs von 1818—1880. Nebst der Einwohnerzahl der übrigen 122 Städte als Anhang. Nach den württemberg. Jahrbüchern und statist. Quellen zusammengestellt. 12. (6 S.) Stuttgart 884. (Metzler'sche Sortimentsb.)

Köpff, Friedrich [aus Lübeck]: Ueber die anatomischen Charaktere der Dalbergieen, Sophoreen und Swartzieen ... München, Buchdr. v. V. Höfling, 1892; 1 Bl., V, 143 S., 2 Taf. 8.
Erlangen, Phil. Fak., Inaug.-Diss. v. 1892

Köpfli

— die Licht- u. Schattenseite von New-Switzerland in Nordamerika. 2e Aufl. 12. Bern ... (Dalp) 1/8 ...

Köpfli u. Suppiger, Reise nach St. Louis, s. Reiseberichte.

Köpfli, Spiegel von Amerika. Praktische Grundsätze, Belehrungen und Warnungen für Auswanderer nach Amerika. gr. 8. (91 S. mit 2 Reiseberichten, 1 lithogr. Ansicht der Stadt Highland in qu. Fol. und lithogr. Plan seiner Umgebung, in gr. Fol.) Luzern 849, J. und A. Stocker.

Köpfli, Sal., s. Neu-Schweitzerland, in den Jahren 1831—1841.

Kopfnicker, drollige. Schwarzes Allerlei in 6 bewegl. chromolithogr. Bildern mit netten eingedr. Versen für artige Kinder. gr. 4. Fürth 885, Schaller und Kirn. geb.

Kopfputz, der. Mode-Zeitung für Damen. Hrsg. im Auftrage der Academie für Damenkopfputz von Alvin Klaua. 1. Jahrg. 1878. 12 Nrn. (Bog. mit 2 Chromolithogr.) gr. 4. Berlin, (Hohorst.) *

— dass. — 2. Jahrg. 1879. 12 Nrn. (Bog. mit 2 Stnt.) gr. 4. Berlin, Klaua. *
Große Ausg. mit je 5 Kunstblättern *

— dass. — Mode-Zeitung für Friseur-Geschäfte. Redact.: Alvin Klaua. 2. Jahrg. 1879. 12 Nrn. (Bog. mit 2 Stnt.) gr. 4. Ebendas. *
Große Ausg. mit je 5 Kunstblättern *

— dass. — Mode-Zeitung für Putz-Geschäfte. Redact.: Alvin Klaua. 2. Jahrg. 1879. 12 Nrn. (Bog. mit 2 Stnt.) gr. 4. Ebendas. *
Große Ausg. mit je 5 Kunstblättern *

Kopfrechenmeister, d. neue und gründl. 8. Wien, Ant. Doll. 803. -

— — dass. 8. Wien, Gerold. 804.

Kopfrechnen. Vermischte Aufgaben für diesen Unterricht auf den mittleren Stufen der Volksschule. 1. Heft. Schleswig 870. Schulbuchh. gr. 8. (31 S.) 6 ngr.

Kopfrechnen. Vermischte Aufgaben f. diesen Unterricht auf den mittleren Stufen d. Volksschule. 2. Hft. 8. (51 S.) Schleswig 871. Bergas. (n) — 60

Kopf- und Tafelrechnen. 1. Heft: Die vier Spezies in ganzen Zahlen von 1—100. Im amtlichen Auftrage zusammengestellt von einem Lehrer. Schwelm 856. Scherz. 12. (54 S.) n. 2½ ngr.

Kopfrechner, d., oder gründl. Unterricht rc., s. J. A. Haferkorn.

Kopfrechner, Der, oder gründlicher Unterricht des Rechnens im Kopfe ... Leipzig 1817—18. V: *Haferkorn, J. Andr.* (MGT)

Kopfrechner, der kleine, oder methodisch geordnete Kopfrechen-Aufgaben für Elementarschüler. (Von Ferd. Jäger.) 2 Hefte. 12. Arnsberg 858. 59, (Ritter.) *
Inhalt:
Heft 1. Die vier Species in ganzen Zahlen. (36 S.) * 1⅓ Ngr.
2. Die vier Species in Bruchzahlen, die Regel de Tri, die Gewinn- und Verlust- rc. Rechnung rc. (48 S.) * 2⅓ Ngr.

Kopfrechnungstabellen, neue, zur Erlern. d. Numerirens, Addirens rc. 8. Wien, A. Doll. 795. -

Kopfschmerz, Der, das Kopfreissen und die Kopfgicht ... Quedlinburg 1822. V: *Westphal, Carl.* (MGT) (EngM) »1823« (Ky)

Kopfschmerz, der, das Kopfreißen u. d. Kopfgicht. Was ist dabei zu beobachten u. wie sind diese Uebel gründl. zu heilen? (Von C. Westphal.) 8. Quedlinb. 822, Basse.

Kopfschmerz, der, d. Kopfreißen u. d. Kopfgicht. Was ist dabei zu beobachten u. wie sind diese Uebel gründl. zu heilen? (Von C. Westphal.) 8. Quedlinb. 823. Basse. 12 gr.

Kopfschmerzen, die. Vorschriften u. Maaßregeln z. Verhütung d. Kopfwehes. 8. (8½ B.) Leipzig 816, (47,) Otto Wigand.*

Kopfschmerzen, Die, ihre schnelle Linderung und gänzliche Heilung ... Hamburg [1809]. V: *Albrecht, Joh. Frdr. Ernst.* (Call)

Kopfschmerzen, v. d., und besond. d. Migräne. 8. Prag, Geerl. 794.

Kopfschmerzen, Die, und die Zahnschmerzen ... Leipzig 1802. V: *Niceus, Christian Friedrich.* (Ky) »1815—17« (Call)

— die, s. Albrecht, J. F. E.

Kopfschmerzen, die, u. die Zahnschmerzen; od. Rathgeber f. Leute, welche häufig daran Leiden rc. 8. Leipz. Sommer. 815.

— die, u. d. Zahnschmerzen; oder nützl. Rathgeber für Leute, welche häufig an Kopfschmerzen oder Zahnschmerzen leiden, um sich davon befreien zu können, (v. Chr. Fr. Niceus). 8. Leipz. 802. N. A. 817. (W. Nauck). 18 K

Kopf- u. Zahnschmerzen, über, u. über d. Mittel dagegen. 8. Hannov. 80?. Hahn. 12 K

Kopistein, Felix, Referendar: Über den Zusammenhang der subjektiven öffentlichen Rechte mit der öffentlichen Rechtspflicht. Borna-Leipzig 1909: Noske. IX, 53 S. 8°
Breslau, Jur. Diss. v. 5. Juli 1909, Ref. Brie-Dahn
[Geb. 3. Mai 86 Elbing; Wohnort: Beuthen (O.-S.); Staatsangeh.: Preußen; Vorbildung: Gymn. Beuthen (O.-S. Reife O. 05; Studium: München 1, Berlin 1, Freiburg i. B. 1, Breslau 3 S.; Rig. 10. Juni 08.] [U 09. 496

Kopfstein, M. Geschichte der Synagogen-Gemeinde in Beuthen O.-S. gr. 8. (VII, 65 S.) Beuthen O.-S. 891, (Freund). * 1 50

Kopstein, M., s.: Leitschuh, Friedrich.

Kopstein, Marc., die Asaph-Psalmen, historisch-kritisch untersucht. gr. 8. (VI, 41 S.) Marburg 881. Ehrhardt in Comm. n. — 80

Kopfstein, Sigm., ein Glaubenszwist im Hause Königswarter. gr. 8. (29 S.) Wien 895. (Ch. D. Lippe.) n. — 80

Kopfweh Migräne Gesichtsschmerz
Ueber das Kopfweh, die Migräne und den Gesichtsschmerz in pathologischer und therapeutischer Hinsicht nach G(eorge) Hume Weatherhead, Martin, (Sir) H(enry) Halford u.a. 148 S., gbd.
Weinar: Voigt 1836
JB 4.453

Kopfweh, über das, die Migräne und den Gesichtsschmerz in patholog. u. therapeut. Hinsicht. Nach G. Hume Weatherhead, Dr. Martin, Sir H. Halford u. A. Neue Ausg. 12. Weimar 843, Voigt. 5/12 ℔

Kopfzeichnungen, leichte, für Schulen u. z. Selbstunterricht. gr. 4. Magdeburg 826, Creutz.

Kopfzeugermagazin, Der Madame Beaumont ... lehrreiches, zum Nutzen des schönen Geschlechts in Deutschland eingerichtet. Paris 1763. V: *Marchand, Jean Henri* (pseud. *Beaumont*). (Kat. d. Lipperheide'schen Kostümbibl. Berl. 1895 ff.) S. a. I, 4162.

Kopłamel, Luise

Koptamel, L., Blancheneige, s.: Rahn, Hans, Héditha.

— Blütenflocken. Gedichte. 12. (V, 231 S.) Elberfeld 89t. [Schmitz.] Kiel, Lipsius & Tischer. geb. 4. —; erm. Pr. n.n. 1. 25

— Irmgard, die Sternenbraut. Eine Pensions- u. Backfisch-Geschichte. (Neue [Titel-] Ausg.) 12. (105 S.) Rostock (896). 896. C. J. E. Volckmann. Geb. in Leinw. n. 3. —

Kopien, s. Copien.

3 Kopien alter Karten von Nord-Europa.

Kopien aus d. Menschengallerie unsrer Tage. 8. Leipz. Joachim.

KOPIEN nach der Natur. Cöthen, Aue, 1796. 8°. Karl

— romantische, v. F. A. G. Langbein. 1r Bd. enth. Ritter Gerhard u. seine Getreue. 8. Zwickau, Schumann. 802.

Kopietz, Athanasius *(geb. Strehlen in Schles. 31. 8. 1843)*: Quaestio de incursione per Mongolos in Silesiam facta anno 1241. Suidnicii (1869). (30 S.) 8°
Breslau, Phil. Diss. v. 27. Febr. 1869

Geschichte der deutschen Kultur und ihrer Entwickelung in Frankenstein und im Frankensteiner Lande. Ein Beitrag z. schles. Kulturgeschichte. Von Prof. J[ohannes] A. **Kopietz**. Breslau: Müller & Seiffert 1910 253, XVII S. 8° [10. 1300 2

Kopietz, J. A., Geschichte der deutschen Kultur u. ihrer Entwickelung in Frankenstein u. im Frankensteiner Lande. Ein Beitrag zur schles. Kulturgeschichte. (855 u. XVII S.) 8. Breslau 910. Müller & Seiffert 3.—; geb. 4. —

Geschichte der Propstei, des Hospitals von St. Georg und der damit verbundenen Krankenanstalt in Frankenstein. 1319–1903. Von Prof. Dr. J[ohannes] A. Kopiotz. *Frankenstein (1903): H. Lonsky.* (81 S.) 4° [Festschrift d. Progymnasiums.] [04. 01.0

Kopietz, J. A., Kirchengeschichte des Fürstent. Münsterberg und des Weichbildes Frankenstein. gr. 8. (IV, 691 S.) Frankenstein i. Schl. 885, Philipp's Buchh. [* *M* 7.50.] *

Kopietz, Johannes: Die böhmische Landeshauptmannschaft in Breslau unter dem Könige Johann und dem Kaiser Karl IV. Breslau 1907: Grosser & Co. (80 S.) 8°
Breslau, Phil. Fak., Ref. Kampers, Diss. v. 1. Mai 1907
[Geb. 31. Okt. 81 Nieder-Lazisk, Kr. Pleß; Wohnort: Nieder-Lazisk; Staatsangeh.: Preußen; Vorbildung: Gymn. Beuthen O.-S. Reife O. 03; Studium: Breslau 8 S.; Rig. 9. März 07.]

Kopietz, *Johannes* [Oberl. Dr.]: Die geographischen Verhältnisse Schlesiens im Altertum. Breslau, Druck v. R. Nischkowsky, 1890; 15 S. 4°
Frankenstein i/Schl., st. kath. PG, OP 1890 (175)

Kopirmaschine, s. Copirmaschine.

Kopirmaschine, neuerfund., für Geometer, Maler und Zeichn., m. d. Abbild. 8. Nrnb. Monath. 804.

Kopisch, August

— s. Agrumi, volksthümliche Poesien rc.

Kopisch, Aug., Beschreibung und Erklärung des Denkmales Friedrichs des Zweiten in Berlin. 8. (16 S. und 1 Stahlst.) Berlin 851, Ernst und Korn. *

Kopisch, Aug., s. Dante Alighieri, die göttl. Komödie.

Kopisch, A., Entdeckung der Blauen Grotte, s.a. Meyer's Volksbücher.

— dasselbe, s.a. Volksbücher, Wiesbadener. Nr. 79.

Kopisch, Aug., Entdeckung der blauen Grotte auf der Insel Capri, s.a. Bibliothek, grüne. Nr. 3.

Kopisch, Aug., die Entdeckung der blauen Grotte auf der Insel Capri. Ein Karnevalsfest auf Ischia, s.a. Erzähler, unsere.

Kopisch, A., Entdeckung der blauen Grotte auf der Insel Capri. Eine Geschichte. [Grüne Bibliothek. Nr. 3.] 8°. (88 S.) K —.20
Wien: Weiß 1903.

A(ugust) Kopisch. Die Entdeckung der blauen Grotte auf der Insel Capri. Ein Karnevalsfest auf Ischia. Münster i. W.: Aschendorff [1909]. 00 S. 8°
(Unsere Erzähler. Buch 8.) [10. 3:64

Kopisch, Aug., Erinnerungen aus d. ersten Tagen d. Juni 1840. Drei Gedichte. gr. 8. (1 B.) Berlin 840, Schroeder.

—— Gedichte, s.a. Universal-Bibliothek Nr. 2281—2283.

—— Gedichte. gr. 12. (14⅓ B.) Berlin 836, Duncker u. Humblot.

— ausgewählte Gedichte, s.: Gerlach's Jugendbücherei. 13. Bdchn.

Kopisch, Aug. Ausgewählte Gedichte, s. Meyer's Volksbücher.

— Heitere Gedichte, s.a. Erbe, das. 4. Bd.

Kopisch, August: Heitere Gedichte ausgewählt u. eingeleitet von Ernst Lissauer. Berlin: Concordia 1909. 99 S. 8°
(Das Erbe. Bd.4.)

— Gedichte f. die Jugend. Hrsg. v. der Jugendschriften-Vereinigg. des Bezirks-Lehrervereins, München. (96 S.) 8. München (903). M. Kellerer. Kart. — 50

—— allerlei Geister. Mährchenlieder, Sagen und Schwänke. 1. Ausg. 1848. 1 Thlr. 6 Ngr. und 2. Min.-Ausg. 16. (VIII und 224 S.) Berlin 851(52,) A. Duncker. *

Kopisch, A., ein Carnevalsfest auf Ischia, s.a. Haus-Bibliothek für Stolze'sche Stenographen.

—— dass. — Entdeckung der Blauen Grotte, s.a. Meyer's Volksbücher.

—— Ein Karnevalsfest auf Ischia. Entdeckung der blauen Grotte auf Capri, s.a. Universal-Bibliothek Nr. 2907.

— dasselbe. Entdeckung der blauen Grotte auf der Insel Capri, s.a. Volksbibliothek des Lahrer hinkenden Boten.

— Ein Karnevalsfest auf Ischia, s.a. Schatzgräber, der.

Kopisch, August: Ein Karnevalsfest auf Ischia. Hrsg. v. Dürer-Bunde. Berlin: Koenig (1908). 48 S. 8°
(Der Schatzgräber. N. F. 1907/08. H. 6.)

Kopisch, August & August v. Kloeber. Die Kunstheroen der Vorzeit, ein Geisterzug, bei der 25. Stiftungsfeier des Berliner Künstlervereins am 18. October 1839 ... scenisch vorgeführt von August Kopisch und ... auf Stein gezeichnet von August von Kloeber ... Berlin 1840 Verlag von E. H. Schroeder.
Titelbild, Tit., 2 Bl : 5 Taf. in Lithogr. 4°

— Märchen in Versen, s.: Meister des Märchens. 11. Bd.

—— Ode an Se. Maj. d. König Friedrich Wilhelm IV. Abdr. e. Allerhuldreichst entgegengenomm. Handschr. Juni 1840. gr. 4. (1 B.) Berlin 840, Schröder.

—— italienische Poesieen, s. Agrumi.

Kopisch, August. Die Königlichen Schlösser und Gärten zu Potsdam... Berlin 1854. H: *Bötticher, Carl.* (Kat. d. Bibl. d. Techn. Hochsch. Berlin 1900.)

— die königl. Schlösser und Gärten zu Potsdam. Von der Zeit ihrer Gründung an bis zum J. 1852 auf allerh. Befehl Sr. Maj. des Königs geschichtlich dargestellt. (4 Lfgn.) Imp.-4. (IX und 220 S.) Berlin 854, Ernst und Korn. *

— der Träumer, s.: Haus-Bibliothek, neue, für Stolze'sche Stenographen.

Kopisch, August. Gesammelte Werke, geordnet und herausgegeben ... Berlin 1856. H: *Bötticher, Carl.* (ADB 16, 663) (Ky)

— gesammelte Werke. Geordnet u. herausg. von Freundes Hand (von C. Bötticher). 5 Bde. Berlin 856. Weidmann. 16. (XVI, 440; IX, 322; X, 308; 2 Bl., 400; 4 Bl., 199 S.) n. 2 Thlr. 20 Ngr.

Kopisch, C. G. Der freie Handel und die Schutzzölle. Breslau 1848. 8 S. 8.

Kopisch, C. G., Zwei wichtige Verfassungs-Fragen beleuchtet. Den Deputirten der Berliner und Frankfurter National-Versammlung gewidmet. Breslau, den 20. Mai 1848. 8 S. 8°.

Kopisch, Friedrich [aus Weizenrodau]: Einige Derivate der γ-Phenyl-β-brom-α-γ-dioxybuttersäure und der γ-Phenyltrioxybuttersäure ... Berlin, A. W. Schade's Buchdr., 1894; 44 S., 2 Bl. 8.
Berlin, Phil. Fak., Inaug.-Diss. v. 13. Jan. 1894

Kopisch, Gust., üb. Qualitätsbestimmung v. Getreide durch Ermittelung des effectiven (specif.) Gewichts. 2. Aufl. gr. 8. (16 S.) Breslau 872. Gosohorsky. n. — 40

Kopisch, Rud., s. Aeschylus Eumeniden. — dess. Prometheus.

Kopisch, Rudolphus (*geb. Breslau 30.8.1811*): De Aeschyleae Agamemnonis cantico tertio. Vratislaviae 1839 (32 S.) 8°
Breslau, Phil. Diss. v. 19. Jan. 1839

— s. Volksspiegel.

Kopisch, Titus, der Weg zur vollkommenen Gotteserkenntnis auf Grund okkulter Lehrsätze der hl. Schrift. (40 S.) 8. Leipzig (908). E. Marré. — 70

Kopitar, s.: Briefe, neue, v. Dobrowsky etc.

Kopitar, s. Briefwechsel zwischen Dobrowsky und K.

Kopitar, Bartholom.

– s.a. Anti–Tartar.

(Kopitar, Barthol.,) Anti-Tartar, od. Herstellung d. Thatbestandes in Sachen der wiener Editio princeps (1834) d. ältesten Denkmals d. poln. Sprache, näml. d. poln. Drittels d. (nicht Margarethen- sondern) Elisabeth-Hedwigischen Psalterium trilingue (A. 1300—1370) zu St. Florian in Oesterreich geg. d. plagiar. Roman ein. Tartaren. Als Mspt. f. Freunde hrsg. v. Leber. Hassenschelm. gr. 8. (3 B.) Stockholm 837. (Leipzig, Köhler.) *

—— Glagolita Clozianus, id est cod. Glagolitici inter suos facile antiquiss., olim, dum integer erat veglae in thesauro Frangepaniano, habiti pro S. Hieronymi bibliis Croaticis supparisque ad minimum exarato A ·MLVII· Cyrilliano Ostromiri Novogradensis, *Λειψανον* folior. ·XII· membraneor., servatum in Bibliotheca illmi Comit. Paridis Cloz Tridentini. Litteris totidem Cyrillicis transcript., ampliss. de alphabeti Glagolitici remotiori antiquitate et liturgia Slavica A. D. ·DCCCLXX· prim. coepta in pannonia prolegom. histor. et philolog., monumentis item tribus dialecti Carantanicae sec. ·X· Monachii repertis, itemque speciminibus Slavicarum cis danubium dialector. ab A. ·MLVII· ad ·MDCCCXXXV·; calendario Slavico A. ·MLVII· aliisque ineditis; addito graeco Glagolitae interpretis *Προχειμενοι*, latinaque Slavicorum omnium interpretat., linguae demum Slavorum utriusque ritus ecclesiast. brevi grammatica et lexico illustr. ed. et qualemcumque hanc edit. suo studio et peculio procuratam honoris et grati animi causa, quod in V. tractandum edendumque sibi cod. concredidit. Fol. (42½ B. u. 2 Kpfrt.) Vindobonae 836, (Braumüller et Seidel.) Thlr. *

Köpitar, B., Grammatik d. Slavischen Sprache in Krain, Kärnthen und Steyermark. 8. Laibach. (Beck, Wien.) 808.

– s. Hesychius.

Kopitar's, Barth., kleinere Schriften sprachwissenschaftlichen, geschichtlichen, ethnographischen und rechtshistorischen Inhalts. Hrsg. von Fr. Miklosich. (In 2 Thln.) 1. Thl. gr. 8. (IV und 880 S.) Wien 857, Beck'sche Universitäts-Buchh. *

(Kopitar, B.,) Jahrbücher d. Literatur, s. Jahrbücher rc., Jahrg. 1829.

Kopitsch, Paul: Die Schlacht bei Bicocca. 27. April 1522. (Berlin 1909: Ebering.) 72 S. 8°
Berlin, Phil. Diss. v. 8. Mai 1909, Ref. Delbrück
[Geb. 11. Mai 86 Kaldenkirchen; Wohnort: Posen; Staatsangeh.: Preußen; Vorbildung: Friedrich-Wilhelms-Gymn. Posen Reife O. 05; Studium: Marburg 2, Berlin 6 S.; Rig. 4. März 09.] [U 09. 215

Kopitz, Emil, Uhland-Abend, s.: Dichter- u. Liederabende. 4.

Kopitzsch, Hans: Ueber das Thiodiazol und einige seiner Abkömmlinge. *Jena 1904: G. Neuenhahn.* (27 S.) 8°
Jena, Phil. Diss. v. (28. Jan.) 1904

Kopka, Lehrbuch d. Geographie, s.: Baenitz, C.

Kopka, C., die Bau-Mechanik. Lehrbuch f. prakt. Baugewerk- u. Maschinenmstr. Vorträge, geh. auf der Baugewerkschule zu Holzminden u. in Privatkreisen. Inh.: Statistik. — Dynamik. — Festigkeitslehre. — Hydraulik. gr. 8. (VIII, 343 S. m. eingedr. Holzschn.) Leipzig 872. Scholtze. n. 8. 80; geb. n. 9. 80

—— Formel-Sammlung aus der reinen Mathematik und aus den mechanischen Wissenschaften. Für prakt. Baugewerk- und Maschinen-Meister, sowie für Studirende techn. Lehr-Anstalten. gr. 16. (VIII, 518 S. mit ca. 500 in den Text gedr. Holzschn.) Ebendas. 873. *

Kopka, C., die geometrische Construction der Weichen-Anlagen. gr. 8. (38 S. mit eingedr. Holzschn. und 2 lithogr. Taf. in Fol.) [Halle 876.] Leipzig, Knapp. *

Kopka, Ferdinand [aus Gnesen, Prov. Posen]: The Destruction of Jerusalem, ein mittelenglisches, alliterierendes Gedicht. Einleitung .... Breslau, Druck d. Bresl. Genossenschafts-Buchdr., E. G., 1887; 2 Bl. + 39 + 1 S. + 1 Bl. 8°.
Breslau, Phil. Fak., Inaug.-Diss. v. 22. Jul. 1887.

Kopka, Ferd., the Destruction of Jerusalem, ein mittelengl., alliterier. Gedicht. Einleitung. Inaugural-Dissertation. gr. 8. (39 S.) Breslau 887, (Köhler.) *

Kopka, [Ferdinand]: Die Feier der Einweihung des neuen Gebäudes der Anstalt. Bromberg 1908: Krahl. S. 8—15. 4°
Bromberg, R i. E. P 1908 (230) [S 08. 248

Kopka, (Ferdinand), Dr.: **Die Reformschulen und die ersten drei Jahre des fremdsprachlichen Unterrichts auf denselben.** *Breslau (1888): Grass, Barth & Co.* (S. 101—143.) 8°
Breslau, RG zum heiligen Geist, Festschr. 1899**

Kopka G, die Baumechanik. Vorträge. Leipzig 1873

Kopka v. Lossow, s.a. Lossow, K. v.

Kopka v. Lossow, Hauptm. à la suite des Reg. und Compagnieführer an der Unterofficierschule Marienwerder. **Geschichte des** Grenadier-Reg. König Friedrich I. (4. ostpreussischen) **Nr. 5.** Im Auftrage des Reg. verfasst. I. Bd. Stammgeschichte und Zeitraum 1626—1713. Mit (2) Bildnissen, (2) Uniform- und (1) Fahnen-Abbild. 8. Berlin 1889.

Kopka v. Lossow, Geschichte des Grenadier-Regiments König Friedrich I. (4. ostpreuß.) Nr. 5. 2. Bd. Zeitraum von 1713—1815. Im Auftrage des Regiments verf. Mit Bildnissen, farb. Uniformbildern, Abbildgn. u. Textskizzen. gr. 8. (XXI, 520 u. 178 S.) Berlin 901. E. S. Mittler & Sohn. n. 18.—; geb. in Leinw. n.n. 19.75; (1. u. 2. n. 26.—)

Kopke, Rhold., Aufgaben zum Übersetzen ins Lateinische, s. Haacke, A.

—— die lyrischen Versmasse des Horaz. Für Primaner erklärt. 3. Aufl. gr. 8. (32 S.) Berlin 885, Weidmannsche Buchh. *

—— Die lyrischen Versmasse d. Horaz. Für Primaner erklärt. 4. Aufl. gr. 8. (32 S.) Berl. 889, Weidmann. * — 60

Koepke, A., Leitfaden f. Waisenräte u. Waisenpflegerinnen. (60 S.) 8. Neumark 910. J. Koepke. p 1. —

Tempel: **Dialogus de templo Salomonis sive de tribus sanctorum gradibus, nempe incipientium, proficientium et adultorum per tria atrii templi Salomonaei ferentia ad sanctuarium praefiguratio. [Von Balthas. Koepke. Mit Vorr. von Spener.] Leipzig 1689.**

°[Dasselbe.] Rupin 1695.

°[Dasselbe.] 2. Ausg. Amsterdam 1698.

°[Dasselbe.] Halle 1706.
cf. BZ. 13 (1884) S. 132—139 (W. Begemann). Begemann: Erinnert vielfach in ganz auffallender Weise an die frmrische Symbolik. (BZC. 22 (1893) S. 61.) Ins Holländische 1699, ins Englische 1709 übers.
[Jöcher, Ch. G.: Gelehrten-Lexikon. Forts. 3 (1810) Sp. 670—671.]

Koepke, Carl Adolf Friedrich,
s. Koepke, Karl Adolf Friedrich

Köpke, Er., s. Byron Manfred.

Köpke, Ernst, die homerische Formenlehre. Für Gymnasien bearb. 8. (4 B.) Berlin 841, Besser.

Köpke, Ernst, die homerische Formenlehre. Für Gymnasien. 3. verm. und verb. Aufl. 8. (XII, 107 S.) Berlin 873, F. Duncker. [Stuttgart, Krabbe.] *
Vgl.: Garcke, Herm.

Köpke, Ernst: Über die Gattung der απομνημονευματα in der Griechischen Litteratur. 30 S. Brandenburg R. A., Progr. 1857.

— zu Schiller's Gedächtniß. Eine Rede zur Vorfeier seines 100jährigen Geburtstages am 9. Novbr. 1859, in der Litterarischen Gesellschaft zu Brandenburg a. H. gehalten. Brandenburg 859. Wiesike. gr. 8. (17 S.) n. 2⅓ ngr.

Köpke, Ernst, Gedächtniß-Rede auf Friedrich Gustav Sceppewer, ersten Oberlehrer der Ritterakademie zu Brandenburg a. H., gehalten Mittwoch den 3. Aug. 1864. gr. 8. (13 S.) Brandenburg 865, Wiesike. *.

Köpke, Ernst De hypomnematis Graecis. 38 S. .
Berlin, W. G., Progr. 1842

—— de hypomnematis graecis part. II. gr. 4. (40 S.) Brandenburg 863, (Müller.) *
Part. 1. erschien 1843 und kam nicht in den Buchhandel.

Köpke, E., Jacobus de Cessolis. Pr. 1879. 86 S. 4°. 1.—

—— Charlotte v. Kalb und ihre Beziehungen zu Schiller und Göthe. gr. 12. (IV und 161 S.) Berlin 852, Hertz. *

Köpke, Ernst, a. Borstel ⟨Prov. Hannover⟩: Aus d. Königl. Psychiatrischen u. Nerven-Klinik zu Kiel. Zur Lehre von der traumatischen Tabes. Kiel 1006: H. Fiencke. (19 S.) 8°
Kiel, Med. Fak., Ref. Siemerling, Diss. v. 7. Mai 1907
[Geb. 11. Okt. 75 Borstel, Prov. Hann.; Wohnort: Wendenschloß b. Berlin; Staatsangeh.: Preußen; Vorbildung: Sophien-Gymn. Berlin Reife O. 06; Studium: Heidelberg 3, Göttingen 1, Kiel 1, Wurzburg 1, Kiel 3 S.; Coll. 5. Mai 06; Approb. 25. Mai 07.]

Köpke, Ernst, Mittheilungen aus den Handschriften der Ritterakademie zu Brandenburg a. H. I. Johannes v. Hildesheim. gr. 4. (35 S.) [Brandenburg 878, Müller.] Berlin, Eisenschmidt. *

Köpke, Ernst Mitteilungen aus den Handschriften der Ritterakademie zu Brandenburg a. H. I. Johannes von Hildesheim. 35 S. II. Jacobus de Cessolis. 36 S. III. De progressu et ordine iudicii commentariolus. 16 S. Ri. *Brandenburg a. H.* 1878. 1879. 1882
Progr.

— Studien zu Lessing's Nathan. Ein Vortrag. Brandenburg 865. (Müller.) 4. (39 S.) n. 10 ngr.

Koepke, Ernest., de Chamaeleontis Heracleotae vita librorumque reliquiis disputavit, quaestionem de ratione, quam in enarrandis poetis secutus esset peripateticus, habuit etc. Berolini 856. Hertz. gr. 4. (1 Bl., 48 S.) n. 20 ngr.

Koepke, Ern. Sigofredus (geb. Berlin 1813): De Ionis Chii poetae vita et fragmentis. Berolini (1836). (x, 106 S.) 8°
Berlin, Phil. Diss. v. 4. Mai 1836

Köpke, F. K. Gesch. der Biblioth. des Joach. Gymn., nebst Beilagen. 66 S.
Berlin, J., Progr. 1831

Köpke, Fr. Karl, s. R. v. Montfort, Barlaam u. Josaphat.

Köpke, Friedr. Franz, Der Mittelstreckenlauf im Bild, 14 Lehrbilder. 3. Aufl., Stuttgart, 16°.

Der fachgewerbliche Rechenunterricht in der gewerblichen Fortbildungsschule. Vortrag des Dir. [Fritz] **Köpke**-Hagen 1907 zu Dortmund. Essen: G. D. Baedeker (1907). (14 S.) 8°

Köpke, Fritz, von Zürich: Ueber gewerbliche Schiedsgerichte mit besonderer Berücksichtigung der schweizerischen Verhältnisse. Zürich, Juchli & Beck Dr. [Raustein Verl. 1895. 4 Bl., 153 S., 1 Bl. 8°.
Zürich, Jur. Diss. [v. 16. Febr. 1895].

Köpke, Georg Gustav Samuel

Köpke, (G. G.,) Antiquitates Romanae, in 12 tabulis descriptae in us. schol. gr. Fol. Berl. 808, bei Nauck 9 gr., bei Logier

Köpke, Geo. Gust. Sam., antiquitates Romanae, in XII tabb. descriptae, in usum scholarum. Fol. maj. Berl. 803. Rücker. (Nauck). 16 gr. Hbg. Pr. 9 gr.

Köpke, G. G. S. Einleitungsrede am 24. Juni 1830. . . . .
Berlin, G. K., Progr. 1832

Köpke, G. G. S. Entlassungsrede an die Abgehenden. Ostern 1831. 6 S. .
Berlin, G. K., Progr. 1832

Köpke, G. G. S. Gedächtnißfeier der Wohlthäter des Gymn. z. gr. Kl. 4 S.
Berlin, G. K., Progr. 1834

— über d. Gesetzgebung u. Gerichtsverfassung d. Griechen, s. a. V. F. A. Nitsch, Beschreib. d. Zustandes d. Griechen. 1r Thl.

Köpke, G. G. S., über die Gesetzgeb. u. Gerichtsverfass. d. Griechen. 8. Erf. Keyser. 806.

— über d. Kriegswesen d. Griechen im heroischen Zeitalter. Nebst e. Anh., welcher d. vornehmsten takt. Erfindungen d. nachhomerischen Zeiten enthält. Mit 3 Kpft. gr. 8. Berl. 807. (Rücker). 1 Rthlr 12 gr.

— — über das Kriegswesen der Griechen im heroischen Zeitalter. Mit 3 Kpfrn. 8. Berlin. jetzt Rücker. 808.

— Lustspiele, s. M. A. Plautus.

Köpke, G. G. S. Nekrologe dreier Lehrer: Ch. G. D. Stein, J. F. Schabe, E. G. Fischer. 8 S. . . . .
Progr. Berlin G.K. 1831

– s. Plautus, M. A.: Lustspiele.

Ders. Rede zum Andenken an den verstorbenen Professor der Musik K. F. Zelter. 13 S. . . . .
Berlin, G. K., Progr. 1836

Ders. Rede z. Andenk. des verst. Lehrers Seidel 5 S. . . . . .
Berlin, G. K., Progr. 1836

— Rede bei Veranlassung d. 25jähr. Jubiläums Sr. Maj. d. Königs v. Preußen, als Vorfeier am 15. Nov. 1822 gehalten. Nebst 3 Gedichten von Giesebrecht. gr. 8. Berl. 822. Mittler. 6 gGr.

– s. Ritsch, P. F. A.: Beschreibung d. Zustandes d. Griechen.

Koepke, G. G. S. De statu et condicione Christianor. sub Imperatoribus Rom. alterius p. Chr. seculi. (Diss. inaug. theol.) 31 S. . . . .
Berlin, G. K., Progr. 1828

– s. Terenz: Eunuch u. Phormis.

– s. Wilde, Em.: Über d. Optik d. Griechen.

— **Georg Gustav Samuel** (Director), Zu der öffentlichen Prüfung der Zöglinge des Berlinischen Gymnasiums zum Grauen Kloster . . ladet ein. Bln. (Dieterici) 11. IV. 1829. 54 S. (5.50) 19017

Enth.: Stein, C. G. D., De Christi descensu ad inferos. — Jahresbericht. — Rede des Dr. J. J. Bellermann. — Rede des Directors Köpke.

— — Dasselbe. 26. III. 1831. Bln. (Dieterici). 40 Seiten. (6.—) 19018

Enth.: Giesebrecht, Karl, Einige Worte über die Anforderungen, welche Versmaaß und Reim an den deutschen Dichter jetziger Zeit machen. (Mit besonderer Beziehung auf den fünffüßigen Jambus.) — Jahresbericht.

— — Dasselbe. 22. III. 1834. Bln. (Nauck). 46 S. (6.—) 19019

Enth.: Zelle, Untersuchungen zur Deutschen Metrik. — Jahresbericht.

— — Dasselbe. 26. III. 1836. Bln. (Nauck). 56 S. (6.—) 19020

Enth.: Bonnell, E., De mutata sub primis Caesaribus eloquentiae Romanae condicione, imprimis de Rhetorum scholis. Comment. histor. — Jahresbericht.

— **Georg Wilhelm** (Lüneburg), De advocato injuriante. Disp. jur. Präs. Joh. Joachim Schoepffer. Rostock (Joh. Weppling) 6. II. 1710. 46 S. (6.50) 19021

Köpke, Gerhard, Kammergerichtsref.: Findet in denjenigen Teilen des deutschen Reichsgebietes, in welchen gemeines katholisches Eherecht gilt, noch heute eine Eheauflösung statt kraft des sog. privilegium Paulinum oder per professionem religiosam und per dispensationem Summi Pontificis? *Greifswald 1900: J. Abel.* (56 S.) 8°
Greifswald, Jur. Diss. v. 1900

Der Mensch, sein Wirken, seine Gesetzgebung! Von H[einrich] **Köpke**. T. 1. 2. Kiel: Selbstverl. 1910. 8°
1. Gottes Walten in d. Natur oder: Die Erhaltung d. Gesundheit.
2. Das Rechtsverhältnis in Verbindung m. d. Rechtspflege nebst Anh.: Das Christentum. [11. 11547 B

Köpke, J. G. S., Phormio. Lstspl. in 5 A., nach d. Latein. d. Terenz. gr. 8. Posen 805. Kühn. 14 gGr.

Köpke, Johannes: Altnordische Personennamen bei den Angelsachsen. Einl. T. 1, Kap. 1. 2. (Berlin: Mayer & Müller 1909.) VII, 48 S. 8° ¶ (Ersch. vollst. in: Palaestra.)
Berlin, Phil. Diss. v. 24. Nov. 1909, Ref. Brandl
[Geb. 21. Okt. 84 Steglitz-Berlin; Wohnort: Gr.-Lichterfelde; Staatsangeh.: Preußen; Vorbildung: Friedrichs-Werdersche Oberrealsch. Berlin Reife O. 03; Studium: Berlin 13 S.; Rig. 13. Mai 09.] [U 10. 192

Koepke, Karl, aus Magdeburg: Über den **Mechanismus der Expectoration.** *Greifswald 1899: J. Abel.* (32 S.) 8°
Greifswald, Med. Diss. v. 21. März 1899

Koepke, Carl Adolph Frid. (Staebelov/Mecklenb.-Schwer.), Novam de opii viribus ejusque antidotis theoriam. Diss. med. Bln. (Brüschck) 8. IV. 1829. 56 S. mit Biogr. (M.: A. Seemann.) (6.20) 19016

Oppon.: J. E. Gabler, A. Bollmann, Ernst Fischer. — Gew.: Heinrich Spitta, Carl Strempel.

Köpke, Otto, a. Borstel (Hannover): Über o-Chinolylketone und ihre Derivate. Freiburg i. Br.: Speyer & Kaerner 1906. (43 S.) 8°
Freiburg i. B., Phil. Fak., Ref. Gattermann, Diss. v. 25. Febr. 1906
[Geb. 19. Okt. 81 Borstel; Wohnort: Freiburg i. B.; Staatsangeh.: Preußen; Vorbildung: Köllnisches Gymn. Berlin Reife O. 01; Studium: Berlin 6, Freiburg i. B. 3 S.; Rig. 15. Dez. 05.]

Köpke, R.: Emendationes Andocideae. S. 19-24. – Guben, Progr. 1869.

Köpke, R.: Zu Göthes Iphigenie. S. 23 - 56. – Charlottenburg G., Progr. 1870.

Koepke: De Arati Solensis aetate quaestionum chronologicarum spec. I. 21 S. – Guben, Progr. 1867.

Koepke, Reinhold. (geb. Berlin 18. 7. 1839): De Antigono Carystio. Berolini (1862). (54 S.) 8°
Berlin, Phil. Diss. v. 7. März 1862

Köpke, Rhold., Aufgaben z. Übersetzen ins Lateinische, s.: Haacke, Aug.

Köpke, Rhold., s.: **Monatsschrift f. höh. Schulen.**

Köpke, R., Die lyrischen Versmasse d. Horaz. Für Primaner erklärt. 1883. 1899. 32 S. 1.—

—— die lyrischen Versmasse des Horaz. Für Primaner erklärt. (31 S.); 2. Aufl. gr. 8. (33 S.) Berlin 883, Weidmann'sche Buchh.

— die lyrischen Versmasse d. Horaz. Für Primaner erklärt. 3. Aufl. gr. 8. (32 S.) Berlin 885. Weidmann. n. — 60

Köpke, R., die lyrischen Versmasse d. Horaz. Für Primaner erklärt. 4. Aufl. gr. 8. (32 S.) Berlin 889. Weidmann. n. — 60

Die lyrischen Versmasse des Horaz. Für Primaner erkl. von Dr. Reinhold Köpke. 6. Aufl. *Berlin: Weidmann 1899.* (IV, 32 S.) 8° [4. 859]

— die lyrischen Versmasse des Horaz. Für Primaner erklärt. 5. Aufl. 8. (32 S.) Berlin 894. Weidmann. n. — 60

— die lyrischen Versmasse des Horaz. Für Primaner erklärt. 7. Aufl. 8. (32 S.) Berlin 902. Weidmann. n. — 60

— die lyrischen Versmasse des Horaz. Für Primaner erklärt. 8. Aufl. (32 S.) 8. Berlin 906. Weidmann. n. — 60

— Die lyrischen Versmasse des Horaz. Für Primaner erklärt. 9. Aufl. (32 S.) 8. Berlin 910. Weidmann. — 60

Köpke, Richard

Köpke R, Formularheft (für gewerbliche Fortbildungsschulen). 4° Hanau (1905)

Köpke, (Rich.), Formularheft f. gewerbliche Fortbildungsschulen. 8. Aufl. 35,5×22 cm. Hanau (910). Clauss & Feddersen. — 75

— Die modernen Holz-Beizverfahren. Ein Leitfaden f. die Praxis. (32 S.) kl. 8. Hagen i/W. (909). Gewerbeschul-Direktor R. Köpke. Durchsch. 1. —

Köpke R, der Hufbeschlag. (10 T m. Text) fol Essen 1907

— Der Hufbeschlag. Ein Studien- u. Vorlagewerk f. das Fachzeichnen der Hufschmiede zum Gebrauche an gewerbl., landwirtschaftl. Fortbildungsschulen u. Lehrschmieden, sowie zum Sebststudium f. Hufschmiedelehrlinge u. Pferdeliebhaber. (12 S.) gr. 8. Mit 10 Taf. in Mappe. 45×28 cm. Essen 909. G. D. Baedeker. 4. —

Köpke, Rich., moderne Kunstschmiedearbeiten, I. Entwürfe f. Gitter, Thore u. Thüren z. Gebrauche in der Werkstatt wie im Zeichenunterricht. gr. 4. (20 Taf. m. 1 Bl. Text.) Leipzig 896. (K. F. Koehler Barsort.) In Mappe n. 3. —

Köpke, Rich., moderne Kunstschmiedearbeiten. 1. Hft. Entwürfe f. Gitter, Thore u. Thüren zum Gebrauche in der Werkstatt wie im Fachzeichenunterricht. gr. 4. (20 Taf.) Leipzig (899). P. Schimmelwitz. In Mappe n. 3. —; erm. Pr. n. 1. —

— Lehrgang f. das elementare Fachzeichnen der Bauschlosser. 32 lith. Taf. 35×50,5 cm. Nebst Text. (13 S.) gr. 8. Hagen i/W. (909). Gewerbeschul-Direktor R. Köpke. In Mappe 20. —

— Der fachgewerbliche Rechenunterricht in der gewerblichen Fortbildungsschule. Vortrag auf der V. Generalversammlg. des Vereins zur Förderg. des Fortbildungsschulwesens in der Prov. Westfalen am 2. IV. 1907 zu Dortmund. (14 S.) 8. Essen (907). G. D. Baedeker. — 40

Köpke, Rich., Wandtafeln f. das fachliche Freihandzeichnen. (In 5 Sammlgn.) 1. Sammlg. (Vorlagen f. Schlosser u. Schmiede.) (10 farb. Taf.) 103×71 cm. Leipzig 903. G. Gräbner. In Mappe, Einzelpr. n. 12. —; Subskr.-Pr. n. 10. —

— Wandtafeln f. d. Zeichenunterricht in Mädchenschulen. (1. Tl.) 10 Wandtafeln à 80×60,5 cm. u. 10 Anschauungstafeln à 26×21 cm. Lith. Greifswald 893. Ebd. In Mappe n. 12. 50

— Wandtafeln f. d. Zeichenunterricht in Mädchen-Schulen. Imp.-Fol. (10 Taf. nebst 10 Anschauungstaf. in gr. 4.) Ebd. (899). In Mappe n. 12. —

Briefe an Rudolph Köpke. Für d. Litteraturarchiv-Gesellsch. in Berlin hrsg. Berlin: Litteraturarchiv-Gesellsch. 1900. 84 S. 8°
(Mitteilungen aus d. Litteraturarchive in Berlin. N. F. 1.) [00. 148]

Köpke, Rud., die älteste deutsche Dichterin. Kulturgeschichtl. Bild aus dem 10. Jahrh. Berlin 869. Mittler & Sohn. 8. (III, 127 S.) n. 15 *ngr.*

— das Ende der Kleinstaaterei. Ein Kapitel aus Deutschlands neuester Geschichte. Ebend. 866. gr. 8. (96 S.) 15 *ngr.*

Köpke, Rud., deutsche Forschungen. Die Anfänge des Königsthums bei den Gothen. Berlin 859. Weidmann. gr. 8. (2 Bl., 226 S.) n. 1 *ℛ* 6 *ngr.*

Köpke, Dr. Rudolf, Die deutsche Frage im Anfang März 1849. Ein Vortrag gehalten am 14. März in der Provinzialversammlung der verbundenen monarchisch-constitutionellen Vereine in Potsdam. 16 S. 8°.

—— die Gründung der königl. Friedrich-Wilhelms-Universität zu Berlin. Nebst Anhängen über die Geschichte der Institute und den Personalbestand. gr. 4. (VIII und 300 S.) Berlin 860, (Dümmler's Verlagsh.) *

Köpke, Rud. Anast., Jahrbücher d. deutschen Reichs unt. d. Herrschaft König Ottos I. 936—951, s. a. Jahrbücher etc. 1. Bd. 2. Abthl.

Köpke, Rud. An. und Dönniges, Wilh. Jahrbücher des deutschen Reiches unter Otto I. 2 Th. (23¼ B.) 8. Berlin 1838. 39. 4,50.

Köpke, Kaiser Otto d. Große, s. a. Jahrbücher d. deutschen Geschichte. Dümmler, E.

Köpke, Rud., und Ernst Dümmler, Kaiser Otto der Große. Hrsg. durch die histor. Commission bei der königl. (bayer.) Academie der Wissenschaften. gr. 8. (XIII, 611 S.) Leipzig 876, Duncker und Humblot. *

—— kleine Schriften zur Geschichte, Politik und Literatur. Gesammelt und hrsg. von F. G. Kiessling. Mit dem Bildniss des Verf. (in Stahlst.). gr. 8. (VI, 831 S.) Ebendas. 872. *

—— Ottonische Studien zur deutschen Geschichte im 10. Jahrh. I. Widukind v. Korvei. Ein Beitrag zur Kritik der Geschichtschreiber des 10. Jahrh. Lex.-8. (IX und 185 S.) Berlin 867, Mittler und Sohn. *

— — II. Hrotsuit v. Gandersheim. Zur Litteraturgeschichte des 10. Jahrh. Mit e. photolith. Bilde der Münchener Handschrift (in qu. 4.). Ebend. 869. gr. 8. (XV, 314 S.) n. 1 *ℛ* 25 *ngr.*

Köpke, Rud., Ludwig Tieck. Erinnerungen aus dem Leben des Dichters nach dessen mündlichen u. schriftlichen Mittheilungen. 2 Thle. Leipzig 855. Brockhaus. gr. 12. (XXVI, 384; VIII, 315 S.) n. 3 *ℛ* 10 *ngr.*

Köpke, Rudolf. Die Titulatur der Krone. Ein Vortrag, in der Sitzung des patriotischen Vereins am 19. October gehalten. Druck von J. F. Starcke. 2 Bl. 4.
Flugblatt. Berlin, 18. Okt. 1848.

Koepke, Rud. Anast(asius) (geb Konigsberg i. Pr 23. 8. 1813). Commentationis historicae de Liudprandi episcopi Cremonensis vita et scriptis capita duo. Berolini (1841) (44 S.) 8° ¶ Vollst ... Berolini: Jonas 1842

Berlin, Phil. Diss. v. 8 ...

Koepke, P ... vita et scriptis Liudprandi Episcopi Crem ... mentatio historica. Cum appendice tabularum ... chronologia Paparum a Stephano V usque ad Joannem XIII illustratur. 8 maj. (13 B.) Berolini 842, Jonas's Vrlgsh. *

Köpke, Rudolf. Widukind von Korvei. Ein Beitrag zur Kritik der Geschichtsschreiber des X. Jahrhunderts. 8. Berlin 1867.

Köpke, Rudolf Anastasius, s. Köpke, Rudolf

Köpken, Ad., Spiegel d. Lebens Jesu z. Nachfolge. 8. Prenzl. Ragoczky. 728. •

— Sterbeklugh. s. Speners Schr. zusamm. getr. 8. Berl. Haude. 728. •

Koepken, Arentin (Magdeburg), De consortio imperatoris et statuum imperii in potestate legislatoria et judiciaria, genuino fundamento recursus ad comitia. Diss. jur. publ. Präs. Jo. Ernst Floercke. Halle (Hendel) 10. II. 1756. 106 Seiten. (7.—) 19023
Gew.: Friedrich Georg v. Manstein, August v. Haeseler. — Widm. v. Präs.

Köpken, Balth:, Gehorsam geg. Gott u. alle Oberherrn. 8. Halle, Waisenh. 701. Rthlr. •

— G.fer. v. d. Christen. Heiligung. 8. Ebend. 706. •

Koepken, D.: De nomine Jesu. – Helmst. 1701.

Koepken, D. H., βίβλος γενέσεως Matth. explicatus. Rost. 1722. 4.

Köpken, D. H., ἱστορούμενα quaedam natalitiorum in Messiae memoriam ferias illustrantia. Rost. 1705. 4.

Koepken, D. H., de Servatore acerbissime sub metu et tristitia dolente. Rost. 1723. 4.

Koepken, Dav., de fabulosa Megapoli, v. d. fabelhaft. rc. Mecklenburg. 4. Rost. Wild. 720. •

— de revelatione divina. 4. Ibid. 715. •

Köpken, Fr. v., die obrigkeitliche Behandlung der Privat-Gesellschaften nach den Grundsätzen der Staatswirthschaftslehre. gr. 8. Halle, Waisenhausbuchh. 821. •

— s. Episteln, zum Anh. verm. Gedichte

— Helianth, ein weingeistiges Getränk aus Erdäpfeln (Helianthus tuberosus Linn.) zuerst bekannt gemacht u. bereitet. 8. Halle 827, Waisenhausbuchh.

v. Köpken, Fr., (Vater), († d. 4. Oct. 1811.) Hymnus auf Gott, musik. Gedicht. 8. Magdeb. 792. N. A. 804. Heinrichshofen. 6 K

— s. Stolien.

v. Köpken, (Fr.,) Vorschläge z. Verminderung d. jetzigen Noth sämmtl. Grundbesitzer. 8. Berlin 824, L. Oehmigke.

Köpken, Fr. v. (Sohn), Vorschläge zur Verminderung der jetzigen Noth sämmtlicher Grundbesitzer. 8°. Berlin, L. Oehmigke, 1827.

Köpken, F. von: „Was ist Kornwucher? Und welches sind nach richtigen staatswirthschaftlichen Grundsätzen die Mittel dagegen?" Halle 1818 (Waisenhausbuchh.).

— patriot. Wünsche, d. preuß. Landes-Deputirten-Versammlung zur Beherzigung vorgelegt. 8. Berl. 811.

Kopko Peter. Dr.: *Apostolus Byblicensis Saec. XII*. Grammatisch kritisch analysiert.
D 55:1 . . . . 8.30
Separatabdruck

Kopko Peter: Die Sprache des Nikolaus Rey aus Nagłowice.
H. 1908 PN 2438 Diss. Wien, Univ. 2729

Köpl, Karl, s.: Urkundenbuch der Stadt Budweis.

Kopletz, Athan. Quaestio de incursione per Mongolos in Silesiam facta ao. 1241. (30.) 8. Suidnicii 1869.

Koplhuber, Leop., der Bûl'haubnteufl. Nach den Orig.-Handschriften hrsg. v. Seb. Mayr. 8. (31 S.) Linz 885. Ebenhöch. n. — 80

Kopmann, Johann Gerhard (Hildesheim), Singulares observationes circa processum, praecipue camerae imperialis et judicii aulici. Diss. jur. Präs. D. Jo. Paul Kress. Helmstedt (Hermann Daniel Hamm) 16. XI. 1718. 120 S. (8.50) 19152
Gew.: D. Martin Schrader, Johann Ludolph Kopmann. — Widm. v. Präs.

Köpnick, Gust. vom, die feste Burg. Eine Gabe f. Deutschlands Söhne und Töchter. Mit (2 lith.) Illustr. v. W. Schäfer. gr. 16. (130 S.) Berlin 875. Winckelmann & Söhne. 1. 20

Kopp, Fürstbischof Dr. Georg, von Breslau. Nach biograph. Aufzeichnungen. gr. 16. (7 S.) Freiwaldau 887, Blazek.

Kopp (Pfarrer) auf Schloss Herdern u. seine Widersacher oder Rechtszustände im Bezirk Steckborn, Kanton Thurgau. 1. und 2. Aufl. In-8°, 136 S. Zürich, Selbstverlag des Verfassers, Schöffelgasse 11, Häfelei. 1 —

Kopp, Anleitung f. den bayer. Gemeindeschreiber u. Standesbeamten. Gesetzeskunde nach dem neuesten Stande der Gesetzgebg. Für Bürgermeister, Standesbeamte, Gemeindeschreiber u. Schuldienstexspektanten sowie zum Selbstunterricht. Zugleich e. Leitfaden f. den Unterricht in der Gesetzeskunde an den Schullehrerseminarien Bayerns einschließlich der Pfalz. 2. vollst. umgearb., verm. u. verb. Aufl. gr. 8. (IV, 201 S.) Würzburg 901. Stahel'sche Verl. Kart. n. 3. —

Kopp, Festrede z. Erinnerung an d. 3. Febr. 1813. 16. (1 B.) Demmin 838. (Anclam, Diese.) •

Kopp, Past., Geschichte des deutschen Bauernstandes. 8⁰. Pritzwalk, A. Tienken, 1911.

Kopp, die brandenburgisch-preußische Geschichte bis 1740. Zur Repetition für obere Gymnasialklassen u. für Freunde der nationalen Geschichte. Berlin 857. J. Springer. 8. (VIII, 130 S.) 9 ngr.

Kopp. Grundlinien einer Philosophie der Technik. Braunschweig. 1877.

Kopp, Methode d. mathematisch. Unterrichts. Neustadt E.W. 4 12 .
Schul-/Univ.-Schrift
1864

Kopp, Zahlmeister, neues Militair-Pensions-Reglement für das deutsche Reichsheer und die kaiserl. Marine nebst den nach Chargen und Dienstjahren geordneten Tabellen über die Höhe der Pensionen. Nach amtl. Quellen zusammengestellt und hrsg. gr. 8. (52 S.) Waldenburg i. Schl. 871, (Knorrn.)

Kopp Ueber Patriotismus. Rede z. Feier des 3. Aug. 1826. 12 S. 8.
Boppard, Progr. 1826

Kopp, Past., Der Pfarrer und die ländliche Wohlfahrts- und Heimatspflege. Vortrag. 8⁰. Pritzwalk, A. Tienken, 1911. (Samenkörner, Heft 1.)

Kopp, die vorgeschobenen Postirungen der Franzosen in d. Schlacht von Gravelotte-St. Privat, s.a. Beiheft zum Militär-Wochenblatt. 1901. Hft. 6/7.

Kopp. Die vorgeschobenen Postierungen der Franzosen in der Schlacht von Gravelotte—St. Privat. Berlin 1901. 8⁰. (Bh. z. M. W. B.)

Kopp Ueber Schülerfleiß. Aus einer Rede an die Zöglinge. 8 S.
Progr. Boppard 1829

Kopp, das Taufpaten-Institut, s.: Bericht üb. die 22. allgemeine Pastoralkonferenz evangelisch-lutherischer Geistlicher Bayerns.

Kopp Was wir vorderſamst wollen. Eine Rede. («Wie können und sollen höhere Stadtschulen den großen Zweck unsers Monarchen: Volksbeglückung durch Bildung, befördern helfen, besonders in dieser Zeit?») 14 S. 8. . . . . .
Progr. Boppard 1825

Kopp, Adf., Zehentwesen u. Zehentablösung in Baden, s.a. Abhandlungen, volkswirtsch., der bad. Hochschulen. B. .

Zehentwesen und Zehentablösung in Baden. Von Adolf Kopp, Finanzpraktikant. *Freiburg i. B., Leipzig & Tübingen: J. C. B. Mohr 1899.* (VIII, 151 S.) 8°
= Abhandlungen, Volkswirtschaftliche, d. Badischen Hochschulen. Bd 3. H. 2. [99. 7891

Kopp, Arth., Johann Balhorn. (Druckerei zu Lübeck 1528 bis 1603). Kritisch beleuchtet. (44 S. m. Abbildgn.) 8. Lübeck 906. Gebr. Borchers. n. 1.50

Kopp, Arth., Beiträge zur griechischen Excerpten-Litteratur. gr. 8. (VII, 161 S.) Berlin 887, Gaertner's Verlag. *

Kopp, Arth., de [illegible] aliorum distinctionibus synonymicis earumque communi fonte. Dissertatio inauguralis. gr. 8. (108 S.) Königsberg 883, (Gräfe und Unzer.) *

Kopp, Arth., Eisenbart im Leben u. im Liede, s.a. Beiträge zur Kulturgeschichte. 8. Hft.

Eisenbart im Leben und im Liede. Von Arthur Kopp. *Berlin: E. Felber 1900.* (66 S.) 8° [F.]
= Zeitschrift f. Kulturgeschichte. Erg.H. 3. [00. 7091 3

Festgruß ihrem allverehrten Oheim Herrn Heinrich Gaedertz in Lübeck z. 90. Jahrestage s. Geburt 30. Okt. 1903 in Dankbarkeit u. Liebe gewidmet von Arthur Kopp u. Frau Magda geb. Gaedertz. *Friedenau (1903): L. Schultz.* (2 Bl.) 8° [F.] [03. 13800

Kopp, Arth., Bremberger-Gedichte, s.a. Quellen u. Forschungen der deutschen Volkskunde. 2. Bd.

Bremberger Gedichte. Ein Beitrag z. Brembergersage von Arthur Kopp. Wien: R. Ludwig 1908. (63 S.) 8°
= Quellen u. Forschungen z. deutschen Volkskunde. Bd 2. [08. 527

— ein Sträußchen Liebes-Blüten. Im Garten deutscher Volksdichtg. gepflückt. gr. 16. (83 S.) Leipzig 902. G. Wigand. Geb. in Leinw. n. 2.50

— s.: Lieder, die, der Heidelberger Handschrift Pal. 343.

— ältere Liedersammlungen, s.a. Beiträge zur Volkskunde.

Ältere Liedersammlungen bearb. von Arthur Kopp. 1. Sächs. Bergliederbüchlein. 2. Der Frau v. Holleben (geb. v. Normann) Liederhandschrift. Leipzig: G. Schönfeld 1906. (VI, 213 S.) 8° [F.]
— Beiträge z. Volkskunde. H. 4. [06. 9053

— Franz Anton Graf Sporck, e. deutsch-böhmischer Mäzen, u. seine Streitgedichte gegen die Schurtzer Jesuiten, s.a. Bibliothek deutscher Schriftsteller aus Böhmen. 28. Bd.

Kopp, Arthur: Franz Anton Graf Sporck, ein deutsch-böhmischer Mäzen und seine Streitgedichte gegen die Schurtzer Jesuiten. Mit Portr. Prag: Calve 1910. VI, 220 S. 8⁰ (Bibliothek deutscher Schriftsteller aus Böhmen. Bd.28.)

— deutsches Volks- u. Studenten-Lied in vorklassischer Zeit. Im Anschluß an die bisher ungedruckte von Crailsheimsche Liederhandschrift der königl. Bibliothek zu Berlin quellenmäßig dargestellt. gr. 8. (286 S.) Berlin 899. [Besser.] J. G. Cotta Nachf., Zweigniederlassg. n. 6.—; geb. n. 7.—

Deutsches Volks- und Studenten-Lied in vorklassischer Zeit. Im Anschl. an die bisher ungedr. von Crailsheimsche Liederhs. d. Königl. Bibliothek zu Berlin quellenmässig dargest. von Arthur Kopp. *Berlin: W. Hertz 1899.* (286 S.) 8° [F.]

Kopp, C. Über die Einwirkung von Schwefeldioxyd auf die Natriumverbindungen einiger Phenole. In-8⁰. 50 S. Zürich. Dissertation.

Kopp, C., siehe: *Lehmann.*

Kopp, C. Lehrbuch der venerischen Erkrankungen, für Aerzte u. Studirende. Mit 25 Abbildgn. in Holzschn. gr. 8. (X, 569 S.) Berl. 889, Wreden. * 12 —

Kopp, C., s. F. Nachtegall, Lehrbuch der Gymnastik.

Kopp, Ch., Rapport sur le développement de l'industrie horlogère dans le canton de Neuchâtel, s. Exposition universelle de Vienne. 1873. Suisse.

Kopp, Carl ..., s. Kopp, Karl ...

— Christian Gotthelff (Bautzen), De praesumtionis ex vitae et moribus effectu. Diss. jur. Präs. Johann Gottfried Kraus. Wittbg. (Jo. Ludolph Fincel) 16. X. 1728. 24 S. (6.—) 19156

Kopp, D. Arbeiterfrage, s. Volksschriften d. Nationalvereins, II. 1.

Kopp, Emil. Beiträge zur Kenntnis des p-Dichloranilins und seiner Derivate. Diss. Phil. [II.] Univ. Zürich. 55 S. 8. Basel, Emil Birkhäuser, 1905.

Kopp, E.

— — Ansichten üb. d. Aufgaben d. Chemie 1875. 7.20
(Dient als 3. Stück z. Beitr. z. Gesch. d. Chemie.)

— — Beiträge z. Gesch. d. Chemie.

I. Stück	1869.	4.80
II. —	1869.	6.—
III. —	1875.	7.20

Kopp, E., Bericht über chemische Industrie, s. Welt-Ausstellung, Wiener.

Kopp E., Bericht üb. chem. Industrie a. d. Wiener Weltausstellung 1874 1.02

Kopp, E. und Ad. Krauer. Bericht über die Rebenlaus. 1872.

— — d. Entwicklg. d. Chemie in d. neueren Zeit. 3 Thle. 1871—1874.

Kopp, E., s. Jh. v. Müller, Geschichten schweizer. Eidgenossenschaft, wörtl. Auszug.

— — Sonst u. Jetzt in d. Chemie 1867.

Kopp, E.
Wiener Weltausstellung. Schweiz. Chemische Industrie. Schaffhausen, 1874.

—— chemische Verarbeitung der Pflanzen- und Thierfasern, s. Handbuch der chem. Technologie.

Kopp, Ernst, Ansicht über den von den Vertrauensmännern bearb. Entwurf des deutschen Reichsgrundgesetzes. Nebst Vorschlag dasselbe auf eine andere Weise auszuführen. gr. 8. (21 S.) Jena 848, Hochhausen's Buchh.

Kopp, Ernst, Beitrag z. Darstellung ein. reinen einfachen Baustyls. 1—9. Hft. ½ Roy.-Fol. Stuttgart, [Stoppani.] *

Hft. 1. Entwürfe zu 13 Kirchen im Spitzbogenstyl. (18 Kpfrt. u 2 Bl. Text.) 837. * 6 Thlr.
- 2. Entwürfe zu 4 Synagogen, so wie deren theilweise Umarbeitung zu evangel. u. kathol. Kirchen. (6 Kpfrt. u. 1 Bl. Text.) 837. * 2 Thlr.
- 3. Entwürfe zu ein. Museum u. zu ein. Bildergallerie. (6 Kpfrt. u. 2 Bl. Text.) 837. * 2 Thlr.
- 4. Den Nachtrag zu der im 3. Hfte. d. B. befindl. Kritik üb. d. berliner Museum. (2 Kpfrt. u. 1 Bl. Text.) 837. * 1 Thlr.
- 5. Entwürfe zu 18 einfachen Stadt- u. Landkirchen. (18 Kpfrt. u. 1 B. Text.) 839. * 4 Thlr.
  1—5. Hft. zusamm. genomm. nur * 10 Thlr.
- 6. Entwürfe zu Rathhäusern im spitzbog. Baustyl. (12 Kpfrt. u. 2 Bl. Text.) 840. * 3 Thlr.
- 7. Entwürfe zu 18 Schulgebäuden im spitzbog. Baustyl. (12 Kpfrt. u. 1 B. Text.) 840. * 3 Thlr.
- 8. in 3 Abthln. à * 3 Thlr.
  Abthl. 1. Entwürfe zu 24 Wohngebäuden im spitzbog. Baustyl. (12 Kpfrt. u. 1 Bl. Text.) 841.
  - 2. Entwürfe zu 26 Wohngebäuden im spitzbog. Baustyl. (12 Kpfrt. u. 1 Bl. Text.) 841.
  - 3. 25 Entwürfe zu Wohn-, Land- u. Gartengebäuden im spitzbog. Baustyl, sowie Bemerkn. üb. uns. Baukunst. (12 B. Kpfrt. u. 1 B. Text.) 842.
- 9. Entwürfe zu 8 Kirchen u. ein. Kapelle im Spitzbogenstyl, welche zugleich auch e. Fortsetz. zu den im 1. Hft. befindl. dergl. Entwürfen bilden. (Mit biograph. Skizze d. Verf.) (12 Kpfrt. u. 1 B. Text.) 843. * 4 Thlr.

Kopp, Ernst, Beitrag z. Darstellung eines reinen einfachen Baustyls. 10. Heft enth. Entwürfe zu 4 Kirchen im Spitzbogenstyl etc. Roy.-Fol. (16 Kpfrt. u. 2 Bl. Text.) Jena 845. (Stuttgart, Weise.) *
1—9. Hft. Ebendas. 1837—43. * 29 Thlr. Vgl. 9. Bd. 1. Abthl. S. 508.

—— Beitrag zur Darstellung eines reinen einfachen Baustyls. 11—13. Heft. Enthaltend: 34 Façaden zu städt. Wohngebäuden und 2 Entwürfe zu einem Wohngebäude und einem Krankenhause. Imp.-Fol. (36 Kpfrt. und 4 S. Text.) Jena 847—50. (Leipzig, Kummer.) à Heft * 3 Thlr. *

—— dass. — 14—16. Heft. A. u. d. T.: Pläne zu landwirthschaftl. Höfen. Imp.-Fol. (36 Kpfrt. und 4 Bl. Text.) Ebds. 851. à Heft * 2 Thlr. 20 Ngr. *

—— dass. — 17. Heft. A. u. d. T.: Entwurf zu einer Erziehungs-Anstalt sowie ein Plan zur Anlage einer neuen Haupt-Strasse von dem Hoftheater nach dem Gasteig in München. Imp.-Fol. (6 Kpfrt. und 4 Bl. Text. Ebds. 852. *
1—10. Heft. Ebendas. 1837—45. * 33 Thlr.

Kopp, Ernst, Beitrag zur Darstellung eines reinen einfachen Baustyls. 18. und 19. Heft. Imp.-Fol. Jena 854, Weimar, (Böhlau.) *

Inhalt:
Heft 18. Entwürfe 1. zu einer Knaben-Erziehungs-Anstalt in Jena, 2. zu einer orthopäd. Heilanstalt in Burgel. (7 Kpfrt. und 1 Bl. Text.)
19. Entwurf zu der Votivkirche in Wien nebst einem Plan zu einem National-Museum daselbst. (4 Kpfrt. und 2 Bl. Text.)
1—17. Heft. [Ebendas.] 1837—52. * 52 Thlr.

—— Beitrag zur speciellen Darstellung d. spitzbog. Baustyls. 2., um d. Hälfte Tafeln verm. Aufl. des unt. d. Tit. erschien.: Beitrag z. Construction d. altdeutsch. Bauart. 1. u. 2. Hft. gr. Fol. Stuttgart 839, [Stoppani.] [1. (18 Kpfrt. u. 1 B. Text.), 2. (18 Kpfrt. u. ½ B. Text.) à * 1½ Thlr.] *

— dass. 3.—6. Heft. Inhalt: Dachgesimse, Dachkrönungen und Balkons zu Wohngebäuden. — Fenster mit geraden Stürzen zu Wohngebäuden. — Construirung der Spitzbogen, sowie die Spitzbogenfenster zu Wohngebäuden. — Glasthüren u. Schaufenster z. Kaufläden Thüren u. Thorwegen 2c. Fol. (72 Taf. u. Text.) Weimar 843, 44. (Ebend.) (3.—5. à n. 1½ ₰ 6. n. 4½ ₰) 6 Hefte. n. 12 ₰

— Beitrag zur Construction d. altdeutschen Bauart. 1s Heft. Mit 12 Kpft. gr. Fol. Erfurt 831. (Keyser). 1 ₰ 16 gr

Kopp, Ernst, Beitrag z. Construction d. altdeutschen Bauart. I. Hft. gr. Fol. (2 B. u. 12 Kpfrt.) Erfurt 832, (Winkler.)

—— kritische Blätter besonders über das neuere Bauwesen. 1—3. Heft. gr. 8. (VII und 358 S.) Jena 853—54. [Weimar, Böhlau.] à Heft * 17½ Ngr. * 1

—— dass. — 4. und 5. Heft. A. u. d. T.: Kritische Bemerkungen über die architektonischen Ordnungen der Griechen, Römer und neuern Meister. 2 Abthlgn. Nebst einer näheren Erläuterung zu den Säulen Ordnungen derselben. gr. 8. (IV und 198 S.) Jena 855. (Leipzig, H. Fritsche.) *

Kopp, Er., architekton. Entwürfe. 1e Liefer. Roy.-Fol. Erfurt 831. (Otto). 4 ₰ 2e Lief., 1e Abtheil. (7 Kpft.) Roy.-Fol. Ebd. 832. Keyser. 3 ₰ 4 gr

Kopp, E., Entwürfe zu Wohngebäuden im spitzbogigen Baustyle. 11 aufgezogene Tafeln mit 1 Blatt Text in Mappe. Fol.

— die Säulen-Ordnungen. Nach den Grundsätzen der Griechen für die jetzige Anwendung dargestellt für Schulen, Aesthetiker, Architekten, Bildhauer u. Baugewerke. Jena 855. (Leipzig, H. Schultze.) gr. Fol. (1 Bl. Text u. 7 Kpfrtaf.) n. 1 ₰. 10 ℳ.

— der Tempel Salomo's. N. Ausg. Mit 3 Kpfrtaf. Roy.-Fol. Stuttgart 839. Weise u. Stoppani. n. 1 ₰

Kopp, Fr (tr). Die dt-anische Kanzel; ... Predigten v d berühmtesten Kanzelrednern d eng Spr in's Dte übers, nebst ... in dter Spr geh Vorträge. Cincinnati, 1878.

Kopp, Frz. Lieder- u. Gebet-Sammlung f. d. Gottesdienst. 5., rev. m. Notensatz verseh. Aufl. v. Joh. Patzak. 12. (15 u. 134 S.) Prag (895). G. Neugebauer. Geb. n. — 60

Kopp, Frz. Xav., Generalbericht üb. d. Cholera Epidemie in München einschlüssig d. Vorstadt Au im J. 18³⁶/₃₇. Mit 2 lit. Karten (gr. Fol.) u. 10 Uebersichtstabellen (auf 20 halbe Bog., Fol.) gr. 8. (15 B.) München 837, (Franz.) *

Hierzu gehört noch ein Plan üb. d. Verbreitung d. Cholera in München, der nur auf feste Bestellung u. gegen besondere Berechnung zu haben ist.

KOPP, Franz Xaver (Dürrwangen): De cutis efflorescentiarum mercurialium aliorumque usum sequentium salubritate.- Landishuti: Thomann 1817. 31 S.
9.9.1817 - Pe 358; P 57
Diss.Ingolst.-Landsh.-Mchn.

Kopp, P. Fridolin. Vindiciæ Actorum Murensium Pro & Contra R. D. P. Marquardum Herrgott, Genealogiæ diplomaticæ augustæ gentis Habsburgicæ auctorem, seu Acta fundationis Murensis Monasterij ... vindicata Opera P. Fridolini K'.... [2 partes.] 4. Typis... Monasterij [Murensis]... 1750.
Mit 3 Tafeln

— — caed. 4. maj. Augsb. Wolf. 750.

Kopp, Fridolin., (princ. et Abbatis Murens.) vindiciae actor Murensium pro et cont. Marquard Herrgott etc. 4. Lps. Gleditsch. 751.

Kopp, Friedrich, appr. Arzt a. Freiburg i. B.: Über den Raumzuwachs nach Symphyseotomie und Hebotomie. Freiburg i. B. 1906: Speyer & Kaerner. (42 S.) 8°
Freiburg i. B., Med. Fak., Ref. Krönig, Diss. v. 1907
[Geb. 2. April 80 Freiburg i. B.; Wohnort: Freiburg; Staatsangeh.: Baden; Vorbildung: Gymn. Freiburg i. B. Reife Juli 00; Studium: Tübingen 5, Freiburg i B. 6 S.; Coll. 22. Juni 06; Approb. 1. Juni 06.]

Kopp, G. u. G. Thüring. Festreden an der Schlachtfeier in Sempach vom 10. Juli 1899. 8°. 24 S. Luzern. Räber & Co. — 30
Inhalt: *Thüring, G.* Die Arbeit im Lichte des Christentums, im Lichte des Glaubens.

Kopp, G., Gedächtnißrede, bei der Trauerfeier für Kaiser Friedrich am 24. Juni 1888 in der Neuen Kirche zu Straßburg i. E. gehalten. gr. 8. (8 S.) Straßburg 888, Schmidt's Universitäts-Buchh. *

Kopp, G., Rückblicke auf die Geschichte der neuen Kirche in Straßburg. Eine Conferenz am 6. Febr. 1872 zu Alt St.-Peter gehalten. gr. 8. (43 S.) Straßburg 872, Treuttel und Würtz.

—— Worte bei der Trauerfeier Sr. Exc. des kaiserl. Statthalters von Elsaß-Lothringen Generalfeldmarschalls Frhrn. v. Manteuffel am 21. Juni 1885 in der Neuen Kirche zu Straßburg. gr. 8. (8 S.) Ebendas. 885. *

Kopp, G. Adolf, von Wasslenheim (Unter-Elsass): Ueber Einwirkungs-Produkte von Salpetriger Säure auf Amidoazobenzol. — Ueber Nitrosodiäthylanilin. — Untersuchung der Resina Guayaci odorata. — Ueber die Umwandlung der drei Bromcinchoninen in ihre entsprechenden Oxybasen. Zür. Zürcher u. Furrer Dr. 1875. 74 S. 8°.
Zürich, Phil. Diss. [v. 18. Dec. 1875].

Kopp, Georg

Kopp, Bischof Dr. Eine ungehaltene Herrenhaus-Rede. 1. und 2. Tausend. gr. 8. (23 S.) Berlin 886, Walther und Apolant. *

Kopp, Fürst-Bischof Dr. Geo., Hirtenbrief. Gegeben am Tage Seiner Konsekration den 20. Oktbr. 1887. 8. (16 S.) Breslau 887, Goerlich. *
Aus: Volksfreund für Stadt und Land, besonders abgedruckt.

Kopp, Geo., s. a. Hirtenbrief des Fürstbischofs v. Breslau.

Hirtenbrief des Fürstbischofs von Breslau (Georg Kopp), erlassen zur Fastenzeit 1901. ⟨Mit Fastendispense.⟩ *Breslau 1901: Schles. Volkszeitung.* (22 S.) 8° [F.] [09. 8446 2

Hirtenbrief des Fürstbischofs von Breslau (Georg Kopp), erlassen zur Fastenzeit 1902. ⟨Mit Fastendispense.⟩ *Breslau 1902: Schles. Volkszeitung.* (24 S.) 8° [F.] [09. 8446 2

Kopp, Georg, Priester der Diözese Hildesheim: Die Stellung des hl. Johannes Chrysostomus zum weltlichen Leben. Münster 1905: Edler & Krische, Hannover. (62 S.) 8°
Münster, Theol. Fak., Ref. Mausbach, Diss. v. 12. Jan. 1905
[Geb. 21. Juli 78 Duderstadt; Wohnort: Münster i. W.: Staatsangeh.: Preußen; Vorbildung: Gymn. Josephinum Hildesheim Reife O. 97; Studium: Münster 5, Freiburg i. B. 1, Münster 4 S.; Rig. 3. Jan. 05.]

Kopp, Geo. Trauer-Rede am Sarge Ludwig Windthorst's, geh. am 17. März 1891 in der St. Hedwigskirche zu Berlin. 12. (8 S. mit Portr.) Fulda 891, Fuldaer Actiendruckerei. * — 10

Kopp, Georg Ludwig Karl, s. Archiv für d. kathol Kirchen- u. Schulwesen.

– s. Briefwechsel über „d. kathol Kirche..."

Kopp, Georg Ludwig Carl, s. Cölibatgebot, Das Kirchliche, in seinen Verhältnissen zur Religion ...

– Elementarbuch für den ersten Unterricht in Volksschulen.

– s. Jahrbuch f. d. Geistlichkeit in Frankfurt.

Kopp, Geo. Ludw. Carl, die kathol. Kirche im 19. Jahrh., u. d. zeitgemäße Umgestaltung ihrer äuß. Verfass., mit besond. Rücksicht auf d. in d. ehemal. Mainzer, später Regensburger Erzstifte hierin getroff. Anstalten u. Anordn. gr. 8. (31 B.) Mainz 830, Kupferberg.

– s. Landpfarrer, D., zu Halle.

– s. Volksverfassung in Baiern.

Kopp, H., die Verstaatlichung der preussischen Landmesser, die Reorganisation der Kataster-Verwaltung u. die damit verbundene Verstaatlichg. der Gebühren der Kataster-Kontroleure. [cfr. XI. Sitzg. des Abgeordnetenhauses vom 6./2. 1889.] 8. (39 S.) Berlin 889, N.W. Spenerstr. 2, V. Brocke. n. 1. —

Kopp, Heinr., die Bühnenleitung Aug. Klingemanns in Braunschweig, s. a. Forschungen, theatergeschichtl. XVII.

Kopp, Heinrich, aus Bonn: Die Bühnenleitung Aug. Klingemanns in Braunschweig. Mit einem Anhang: Die Repertoire d. Braunschweiger Nationaltheaters. Ein Beitrag zur deutschen Theatergeschichte d. 19. Jhs. *Hamburg & Leipzig: L. Voss 1901.* (105 S.) 8° [F.] ¶(— Theatergeschichtl. Forschungen, 17.)
Heidelberg, Phil. Diss. v. 1901

Kopp, Heinrich [app. Arzt aus Heidingsfeld]: Aus d. dermatolog. Klinik zu Würzburg. Ueber die Trophoneurosen der Haut im Anschl. an e. Fall v. „neurotic excoriations" nebst Pemphigusblasen auf d. Haut einer Hysterischen ... Würzburg, Buchdr. J. Seelmeyr, 1891; 65 S. 8.
Würzburg, Med. Fak., Inaug.-Diss. v. 1891

Die Alchemie in älteren und neuerer Zeit. Ein Beitr. zur Culturgeschichte von Herm. **Kopp.** Th. 1. 2. Heidelberg: Winter 1886. 8°
1. D. Alchemie bis zum letzt. Viertel d. 18. Jhs. XVII, 260 S.
2. D. Alchemie vom letzt. Viertel d. 18. Jhs. an. VI, 425 S.
cf. L. 9 (1886) S. 196—198 (F. Meyer v. Waldeck); 10 (1887) S. 19—20 (F. Katsch).
Beschäftigt sich auch mit den Rosenkreuzern.

Kopp, H: Ansichten über die Aufgabe der Chemie und über die Grundbestandtheile der Körper bei den bedeutenderen Chemikern von Geber bis G. E. Stahl. Braunschweig 1875

Kopp, Hermann (Hanau)
Ueber Atomvolum, Isomorphismus und specifisches Gewicht. Giessen: Lichtenberger 1841. 32 S.
Habil. phil. 27.3.1841. vorh. 4. Δ.

Kopp, Hermann, appr. Arzt: Beitrag zur Bestimmung des spezifischen Gewichts und der Viskosität des Blutes und des Plasma. Schw.Hall 1909: Hoerger. 25 S. 8° [Umschlagt.]
Straßburg, Med. Diss. v. 8. Juli 1909, Ref. Moritz
[Geb. 31. Mai 83 Stuttgart; Wohnort: Schwäbisch-Hall; Staatsangeh.: Württemberg; Vorbildung: Eberhard-Ludwig-Gymn. Stuttgart Reife M. 01; Studium: Tübingen 5, Kiel 3, Tübingen 1, Straßburg 2 S.; Coll. 30. April 09; Approb. 5. Juli 08.] [U 09. 3805

Kopp, Herm., Beiträge zur Geschichte der Chemie. 1. und 2. Stück. gr. 8. Braunschweig 869, Vieweg und Sohn.] [1. Stück. (VIII, S. 1—239.) * ℳ 8.; 2. Stück. (S. 240—533.) * ℳ 10.] * 18 —
—— dass. — 3. Stück: Ansichten über die Aufgabe der Chemie und über die Grundbestandtheile der Körper bei den bedeutenderen Chemikern von Geber bis G. E. Stahl. Die Entdeckung der Zusammensetzung des Wassers. gr. 8. (IX, 310 S.) Ebendas. 874. * 12 —

Kopp, Herm., Beiträge zur Geschichte der Chemie. 3. Stück. Ansichten über die Aufgabe der Chemie u. über die Grundbestandtheile der Körper bei den bedeutenderen Chemikern v. Geber bis G. E. Stahl. Die Entdeckg. d. Zusammensetzg. d. Wassers. gr. 8. (IX, 310 S.) Braunschweig 875. Vieweg & Sohn. n. 12. – (1—3.: n. 30. —)

Kopp, Herm., physikal.-chem. Beiträge. I. Thl. — A. u. d. T.: Ueber d. Modification d. mittl. Eigenschaft, od. üb. d. Eigenschaften v. Mischungen in Rücksicht auf d. ihrer Bestandtheile. gr. 8. (15 B. u. 4 Taf.) Frankfurt a. M. 841, Kettembeil.

Kopp, Herm., Bemerkungen zur Volumtheorie. Mit specieller Beziehung auf Hrn. Prof. Schröder's Schrift: Die Molekularvolume der chem. Verbindungen. gr. 8. (10¾ B.) Braunschweig 841, Vieweg u. Sohn. *

Aurea Catena Homeri. Von Hermann **Kopp.** Braunschweig: Vieweg & Sohn 1880. IX S., 1 Bl., 52 S.

Kopp, Herm., Einiges über Witterungsangaben. Gemeinfasslich dargestellt. Mit 6 Taf. (in Holzschn., Lith. u. Lichtdr.). gr. 8. (VIII, 142 S.) Braunschweig 879. Vieweg & Sohn. n. 4. —

— Einleitung in die Krystallographie u. in die krystallograph. Kenntniß der wichtigeren Substanzen. Mit einem Atlas von 21 Kpfrtaf. (in qu. 4.) u. 7 lith. Taf. (in Fol.), Netze zu Krystallmodellen enthaltend. gr. 8. (XII u. 346 S.) Ebd. 849. n. 3⅔ ℛ
Hieraus einzeln:
— VII (lith.) Tafeln (in Fol.) mit Netzen zu Krystallmodellen zu der Einleitung in die Krystallographie u. in die krystallograph. Kenntniß der wichtigeren Substanzen. qu. gr. 4. Ebd. 849. n. ⅓ ℛ

Kopp, Herm., Einleitung in die Krystallographie und in die krystallographische Kenntniss der wichtigeren Substanzen. 2. Aufl. gr. 8. (XXVII und 348 S. mit 1 Atlas von 22 Kpfrt. und 7 Stnt., Netze zu Krystallmodellen enth., in qu. gr. 4. und qu. gr. Fol.) Braunschweig 862, Vieweg und Sohn. *
Die 7 Stnt. einzeln *

Kopp, Herm., Einleitung in die Krystallographie u. die krystallograph. Kenntniss der wichtigeren Substanzen. 2. Aufl. Braunschweig 1872. Text 8°. Atlas von 22 Kpfrtfln. u. 6 Tfln. Netze zu Krystallmodellen q. Form.

— Die Entwicklung der Chemie in der neueren Zeit. I. Oldenburg 1871

—— die Entwickelung der Chemie in der neueren Zeit, s. Geschichte der Wissenschaften in Deutschland.

*Entwickelung (Die) der Chemie in der neueren Zeit. München, 1873. pp. xxii-854, 8vo.
Also under the title: Geschichte der Wissenschaften in Deutschland. Neuere Zeit. Auf Veranlassung und mit Unterstützung seiner Majestät des Königs von Bayern, Maximilian II, herausgegeben durch die Historische Commission bei der königl. Academie der Wissenschaften. Vol. x.

—— architekton. Entwürfe. I. u. II. Lfg. Roy.-Fol. Erfurt, (Winkler.) [I. (1½ B. u. 13 Kpfrt.) 829. 4 Thlr., II. (1½ B. u. 7 Kpfrt.) 832. 3 Thlr.]

— Geschichte der Chemie. 1.—3. Thl. Mit Bildn. gr. 8. Braunschweig 843, 44, Vieweg u. Sohn. (1. 2.: à n. 2½ ℛ 3.: n. 2 ℛ) n. 7 ℛ

Kopp, Herm., Geschichte der Chemie. 4. Thl. Mit dem Bildniß Liebig's. gr. 8. (XVI u. 448 S.) Braunschweig 847, Vieweg & Sohn. n. 2½ ℛ (1—4: n. 9½ ℛ)

— über das specifische Gewicht der chemischen Verbindungen. gr. 8. Frankfurt a. M. 841, Kettembeil. 5/12 ℛ

Kopp, Herm., und Heinr. **Will,** Jahresbericht über die Fortschritte der Chemie, s. Jahresbericht.

Kopp, H., Lehrbuch der physikalischen und theoretischen Chemie, s. Buff.

— Lehrbuch der physikalischen u. theoretischen Chemie, s. Graham-Otto's ausführliches Lehrbuch der Chemie.

— Lehrbuch der physikalischen u. theoretischen Chemie, s. Otto, Fr.

— mémoire sur les volumes moleculaires des liquides. Remarques sur un mémoire de M. Bartoli publié dans les Annales de chimie et de physique, 6e série, mars 1886. Avec un avantpropos expliquant pourquoi ce mémoire n'est pas publié dans les mêmes Annales et contenant quelques remarques concernant „les origines de l'alchimie de M. Berthelot et les „Beiträge zur Geschichte der Chemie" de H. Kopp. gr. 8. (XVI, 31 S.) Ebend. 886. n. 1. 20

Kopp, H. Über die Modification der mittlern Eigenschaft. Frankfurt 1841.

*Aus der Molecular-Welt. Eine Gratulations-Schrift an R. Bunsen. Heidelberg, 1885. 8vo.

— aus der Molecular-Welt. Eine Gratulations-Schrift an Rob. Bunsen. 3. (Titel-)Ausg. gr. 8. (IX, 105 S.) Ebend. 886. n. 2. 80

*Remarques concernant "Les Origines de l'Alchimie" de M. Berthelot et les "Beiträge zur Geschichte der Chemie" de H. Kopp. Mémoire sur les volumes moléculaires des liquides. Paris et Heidelberg, 1886. pp. xvi–32, 8vo.

—— die Säulen-Ordnungen. Nach den Grundsätzen der Griechen für die jetzige Anwendung dargestellt für Schulen, Aesthetiker, Architekten etc. Imp.-Fol. (7 Kpfrt. und 2 S. Text.) Jena 855. (Leipzig, H. Schultze.) *

— Sonst und jetzt in der Chemie. Braunschweig 1817. 8.

—— 7 Stnt. in Fol. mit Netzen zu Krystallmodellen zu der Einleitung in die Krystallographie und in die krystallograph. Kenntniß der wichtigeren Substanzen. qu. gr. 4. Ebds. 849. *

—— Sonst und Jetzt in der Chemie. Ein populär-wissenschaftl. Vortrag. gr. 8. (34 S.) Braunschweig 867, Vieweg und Sohn. *

—— sechs Tafeln mit Netzen zu Krystallmodellen zu der Einleitung in die Krystallographie und in die krystallographische Kenntniss der wichtigeren Substanzen. 3. Aufl. 1869. *M* 1., und 4. Aufl. qu. gr. 4. (2 S. mit 6 Stnt. in Fol.) Braunschweig 875, Vieweg und Sohn. * 1 60

— 6 Tafeln m. Netzen zu Krystallmodellen zu der Einleitung in die Krystallographie u. in die krystallographische Kenntniss der wichtigeren Substanzen. 5. Aufl. qu. 4. Braunschweig 885. Vieweg & Sohn. n. 1. 60

—— der Tempel Salomo's. Neue Ausg. Roy.-Fol. (1 B. u. 3 Kpfrt.) Stuttgart 839, [Stoppani.] *

— Untersuchungen über das specifische Gewicht, die Ausdehnung durch die Wärme und den Siedepunkt einiger Flüssigkeiten. (Aus Annal. der Chemie und Pharm. XCIV. Bd., 3. Heft.)

— Untersuchungen über die specifische Wärme der starren und tropfbar-flüssigen Körper. I. Theil: Ueber die specifische Wärme der starren Körper. (Besonderer Abdr. aus dem III. Supplementbd. der Ann. der Chemie und Pharm.) Giessen 1865.

Ueber den Verfall der Alchemie und die hermetische Gesellschaft. Denkschriften der Gesellschaft für Wissenschaft und Kunst in Giessen. Erster Band, erstes Heft. Giessen, 1847. pp. 1–34, 8vo.
A lecture delivered January 31, 1845.

Ueber die Volumänderung einiger Substanzen beim Erwärmen und Schmelzen. (Aus Ann. der Chemie und Pharm. XCIII. Bd., 2. Heft.)

Kopp, Hermann, Ueber die specifische Wärme starrer Körper und Folgerungen bezüglich der Zusammengesetztheit sogen. chemischer Elemente. (Ann. der Chemie und Pharmacie. CXXVI. Bd., 3 Heft.)

Ueber den Zustand der Naturwissenschaften im Mittelalter. Heidelberg, 1869. 4to.

Kopp, J., s. a. Anleitung zur Drainage.

Kopp, J., Anleitung zur Drainage. Verfaßt im Auftrage des landwirthschaftlichen Vereins des Kantons Thurgau. Frauenfeld 865. Huber. gr. 8. (IV, 136 S. mit Holzschn., 2 Tab. u. 10 lith. Taf. in 8., 4. u. Fol.) 24 ngr.

Kopp, J., Anleitung zur Drainage. Verfaßt im Auftrage des landwirthschaftl. Vereins des Kantons Turgau. gr. 8. (IV und 136 S. mit eingedr. Holzschn., 2 Tab. und 10 Stnt. in gr. 8., 4. und qu. Fol.) Frauenfeld 866, Huber. cart.

Kopp, J., Anleitung zur Drainage. Auf Grund des Werkes v. K. im Auftrage d. schweizer. landwirtschaftl. Vereins bearb. v. e. Spezialkommission. 8. (VII, 142 S. m. 40 Fig. u. 3 Taf.) Frauenfeld 897. J. Huber. Geb. in Leinw. n. 2. —

Kopp, J., Anleitung zur Drainage, 3. Aufl., s.: Anleitung zur Drainage.

Kopp, J: Anleitung zur Drainage. 4. Aufl. Frauenfeld 1907

Kopp, J. und J. W. Wiethbach. Bericht über das Forstwesen in der Schweiz. (1860)

Kopp, J., der letzte seines Hauses, August Heinrich v. Quitzow, † 1824, s. a. Volksbücher, Prignitzer. 1. Heft.

Der letzte seines Hauses, August Heinrich von Quitzow † 1824. Von Pastor J. Kopp-Kuhsdorf. Pritzwalk: A. Tienken [1908]. (16 S.) 8° [S.]
= Volksbücher, Prignitzer. H. 1. 08, 5677

Kopp, J., s.: Traité de drainage.

— Die Wehrkirche von Kuhsdorf, s. a. Volksbücher, Prignitzer. 10. Heft.

Die Wehrkirche von Kuhsdorf. Von Pastor (J.) Kopp-Kuhsdorf. Pritzwalk: Tienken [1909]. (16 S.) 8°
(Prignitzer Volksbücher. H. 10.)

Kopp, J. H.: De causis combustionis spontaneae in corpore humano factae. Diss. Jenae. 1800.

Kopp, J. K., die Gemeindeschreiberei (Gesetzeskunde) an d. kgl. bayer. Schullehrer-Seminarien. Unt. Berücksicht. d. prakt. Bedürfnisses f. d. Seminaristen z. Gebr. beim Unterricht, f. Bürgermeister, Gemeindeschreiber u. Schuldienstexspektanten zum Selbstunterricht dargest. gr. 8. (121 S.) Würzburg 898. Stahel'sche Verlagsanst. n. 1. 50

Kopp, Jacob s. Pfyffer, Casimir, und Kopp, Jacob.

Kopp, Jacob. Rede des Herrn Altschultheissen und Grossraths Jak. K., gehalten in der Sitzung des Grossen Raths des Kantons Luzern, den 24. Weinmonat 1844. 8. *o. O.*

Kopp, Jh., über Ehescheidungsgründe u. deren Bekanntmachung mit d. Urtheile. 8. Frankf. 812. (Hermann). 6 *K*

Kopp, J., üb. Entscheidungsgründe u. deren Bekanntmachung mit d. Urtheile. 8. Frankf. Hermann. (in Comm.) 812. Rthlr.

Kopp, Joh., Geschichte des Taubstummenbildungswesens. Geschichte der Kleinkinderschule u. des Kindergartens. Geschichte der Blindenbildung, s.: Schmid, K. A., Geschichte der Erziehung.

— über d. Adoption nach röm. u. französ. Rechte. Ein Versuch. 8. Hanau 811. (Frankf. a. M., Andreä). 8 *K*

— üb. die Novation nach römischen franz. Recht. 8. Frankf. Andreä. (in Comm.) 812.

— **Johann** (Hamburg), De partu dubio, quem scilicet vidua intra dies lugubres enixa est. Diss. jur. Präs. Jo. Wolfgang Kipping. Helmstedt (Paul Dietrich Schnorr) 1. VI. 1744. 45 Seiten. (6.—) 19157
Gew.: Vincenz Rumpf (Hamburg).

Kopp, Joh. Adam: Gründliche Abhandlung von der Association derer vordern Reichs-Kraysse. Franckfurth a. M. 1739.

Kopp, J. Adam, v. d. Association d. vordern Reichskreise rc. 4. Frft. Varrentrapp u. W. 739.

— Ausführ. d. Erbrechts d. hans. Hessenkass. a. d. Herzogthum Brabant. Fol. Marb. (Hermann in Frft.) 748.

KOPP, Johann Adam: Gründlicher Bericht von dem uralten Reichs- und Königsforst zur Drey-Eichen, auch damit verknüpfter Reichsvogtei zu Müntzenberg und besonders dem Wildbann im Heusenstammer und Teutschen Herrenwald, samt beygefügten extractu actorum in Sachen Ysenburg contra Schönborn. - Offenbach 1736. 147 S.

— de insigni differentia int. comites et nobiles immediat. 4. Strasb. (Esslinger, Frft.) 728.

Kopp, J. A., Gegenpromemoria in Sachen Henr. u. Georgen, Gebr. v. Mansbach contra die Schwestern etc., worin gezeiget wird, dass der uralte Mansbachische Burgfriede bis auf heutigen Tag erhalten worden. Mit Urkunden. (ca. 1700.) fol.

Kopp, Jh. Adm., († d. 5. April 1748.) historia juris, quo hodie in Germ. utimur, videlicet Romani, canonici, feudalis Longobardici, feudalis Germanici, Germanici privati et Germani publici, in certas epochas et theses breves reducta. Marb. 748. Et ex editione et cum augmentis J. G. Estoris. 8. ibid. 768. (Brönner in Frankf.) 1 ℔

— historia juris, quo hodie in Germ. utimur. 8. Marb. (Compt. f. Litter. in Leipz.) 750.

Kopp, J. Ad.: Hist. jurisscientiae rom., feud., priv. et publ. (*Marb.* 741.) c. notis ed. J. E. Estor. (*Giessen.* 767. *Marb.* u. *Cassel*, Cramer. 768.) *Frcf. a. M.*, Kessler. 779. (1 Thl.)

— hist. juris scientiae Romanae feudalis, priv. ac. publ. ed. Estor. 8. Frft. Hermann (u. Brönner.) 768.

— **Johann Adam**, De jure pignorandi conventionali apud veteres Germanos, quo pignorationes Germanorum conventionales ex historia medii aevi deducuntur, earumque usus, ad tempora quoque post, restitutam pacem publicam, multis diplomatibus, tum editis, tum ineditis, docetur, constitutionibus imperii publicis confirmatur, & denique usus modernus adjungitur cum supplemento diplomatum nonnullorum adhuc ineditorum, jus istud pignorandi ulterius illustrantium. (Juris Germanici privati specimen I.) Frankfurt a. M. (Joh. Friedrich Fleischer) 1735. 110 S., z. gr. Tl. dtsch. (10.—) 19158
Ab S. 70: Documentum Bretzenheimense oder Weisthum über des hochlöblichen Closters Marien Dahlen vor Mayntz hergebrachte Gerechtigkeiten in Bretzenheim und Zahlbach de ann. 1578.

— jus hassiacum in Brabantiam commune Ser. Landgr. Hassiae utriusq. domus etc. fol. Marb. Müller. 747.

— jus succedendi in Brabantiam q. Dom. Hasso-Cassel, iure opt. sibi asserit. fol. Marb. (Hermann, a. Brönner in Frft.) 747.

— histor. Nachr. von den Herren zu Itter, einem uralten Hause in Hessen, mit Urkunden u. in Kupfer gestoch. Siegeln, herausg. v. sm. Sohne K. P. Kopp. 4. Marb. (Frankf. a. M.) 752. Gebhard u. K. 16 ℊℊ

Kopp, Jo. Adam: Auserlesene Proben des deutschen Lehnrechts mit einem Vorbericht von dem wahren Gebrauch des röm. u. longobardischen Lehnrechts in Deutschland. Th. 1. *Marburg.* 739. Th. 2. mit Vorbericht von d. Unzulänglichkeit des Longobardischen Lehnrechts bei Entscheid. d. deutschen Lehnsstreitigkeiten. *Ebend.* 746. 8. 2e Aufl. 757. *Frankf.* Gebhard u. Körber. (1 Thl. 10 Gr.)

— — **De testamentis Germanorum judicialibus et sub dio conditis vulgò Ungehabt und Ungestabt, quo origo & usus testamentorum apud veteres Germanos ostenditur, nec non differentia inter testamenta Germanorum atque Romanorum exponitur, quatenus jura statutaria moribus Germanorum in re testamentaria principia juris Romani immiscuerint, docetur, & denique usus modernus adjungitur cum supplemento diplomatum nonnullorum adhuc ineditorum, protocollorum judicialium & praejudiciorum novissimorum.** (Juris Germanici privati specimen II.) Frankfurt a. M. (Johann Friedrich Fleischer) 1736. (S. 111—257) z. gr. Tl. dtsch. (10.—) 19159

Kopp, Jh. Adm., von dem Vorzug d. näher gesippten Stammsvettern rc. Fol. Frankf. a. M. 751. Gebhard u. K. 16 ℊℊ

Kopp, Johann Friedrich, Des Herrn von Voltaire // Trauerspiel:// ALZIRE, // Oder //Die Americaner // genannt, // In deutsche Verse // übersetzt, // Und // In einer Vorrede // beurtheilt // von // Johann Friedrich Koppen. // DRESDEN, // bey Gottlob Christian Hilschern, Königl. Pohln. und // Churfl. Sächs. priv. Hof-Buchh. 1738. - 152 S. und noch 1 Blatt (nicht paginiert) Druckfehler, außerdem sind zwischen dem Titelblatt und Seite (3) noch 3 Blatt (nicht paginiert) mit der Widmung eingelegt.
B. S. T. 8°.747.

Kopp, Johann Heinrich

— ärztl. Bemerkk., veranlaßt durch eine Reise in Deutschland u. Frankreich im Frühjahr u. Sommer 1825. 8. Frankf. a. M. 825. Hermann. 1 ℔ 14 ℊℊ

Kopp, Johann Heinrich: Beobachtungen im Gebiete der ausübenden Heilkunde. 349 S., gbd.

Frankfurt a. Main: Hermann 1821

JB 2.443

Johann Heinrich Kopp

Ausführliche Darstellung und Untersuchung der Selbstverordnungen des menschlichen Körpers, in gerichtlich-medizinischer und pathologischer Hinsicht. Von Johann Heinrich Kopp. Frankfurt a.M.: Hermann 1811. 84 S. 8°

Kopp, Johann Heinrich: Denkwürdigkeiten in der ärztlichen Praxis. Bd 1, 375 S., gbd.

Frankfurt am Main: Hermann 1830

JB 2.444

—— dass. 2. Bd. — A. u. d. T.: Erfahrungen u. Bemerkn. bei e. prüfenden Anwend. d. Homöopathie am Krankenbette. 8. (34½ B.) Ebds. 832.

Kopp, Joh. Heinr., Denkwürdigkeiten in d. ärztl. Praxis. 3. u. 4. Bd. 8. Frankfurt a. M. 839, Kettembeil. [3. (26 B.) 836. 2¼ Thlr., 4. (28 B.) 839. 2½ Thlr.] Thlr.
1. u. 2. Bd. Ebendas. 1830, 32. 5 Thlr.

Kopp, Joh. Heinr., Denkwürdigkeiten in der ärztlichen Praxis. 5. Bd. 8. (29 B.) Frankfurt a. M. 844, Kettembeil.
1—4. Bd. Ebendas. 1830—39. 9 Thlr. 22½ Ngr.

Kopp, Joh. Hch., Grundr. d. chem. Analyse mineral. Körper. 8. Ebend. 805.

— Jahrbuch d. Staatsarzneykunde 3 Jahrgänge, gr. 8. Ebend. 808–10. (1r 2 Rthlr. 4 gr. 2r 3 Rthlr. 4 gr. 3r 2 Rthlr. 8 gr.)

Kopp, J. H., Jahrbuch d. Staatsarzneikunde. Mit Kupf. 4r—8r Jahrg. gr. 8. Ebend. 811—15. (IVr 2 Rthlr. 8 gr. Vr 2 Rthlr. 8 gr. VIr 3 Rthlr. VIIr 2 Rthlr. 16 gr. VIIIr 2 Rthlr. 20 gr.)
Auch unt. d. Titel:
Jahrbuch d. Staatsarzneikunde f. d. J. 812—16.

— — Jahrbuch der Staatsarzneykunde. 9r, 10r u. 11r Jahrg. Mit Kupfrn. gr. 8. Ebend. 816—820.
(9r Jahrg. 816. mit 1 Kpfr. 2 Thlr. 4 Gr. 10r Jahrg. mit 4 Kpfr. 817. 3 Thlr. 4 Gr. 11r Jahrg. nebst Register über alle Bände. 820. 2 Thlr. 4 Gr.)
Auch unter dem besondern Titel:
Jahrbuch der Staatsarzneykunde für das Jahr 1817 bis 1819.

– s. Leonhard, K. C. v.: Propädeutik der Mineralogie.

— s. K. C. v. Leonhard, systemat. - tabellar. Uebersicht u. dessen Propädeutik.

— mineralog. Synonymik, oder alphabet. Uebersicht u. Erklärung d. deutschen, französ., engl., italien. u. ungar. oryktognostisch-orolog. Nomenclatur. gr. 8. Frankf. 809. Hermann. 20 gr.

Johann Heinrich Kopp

Mineralogische Synonymik, oder alphabetische Uebersicht und Erklärung der deutschen, franz., engl., ital. u. ungar. oryktognostisch-orologischen Nomenklatur. Von Johann Heinrich Kopp. Frankfurt a. M.: Hermann 1810. VII, 168 S. 8°

— Topographie d. Stadt Hanau, in Beziehung auf den Gesundheits- u. Krankheits-Zustand d. Einwohner. 8. Frankf. 807. Hermann. 18 gr.

— über körperl. Verletzungen, in so weit sie d. Verbrechen d. Tödtung bilden. 8. Frankf. 812. (Hermann). 8 gr.

— Versuch einer Darstellung d. gelben Fiebers rc. 8. Frankf. 805. Hermann. 12 gr.

Kopp, Josef. Chronik des Klagenfurter Männergesangvereines. Klgft., v. Kleinmayr, 1877. 232 S.

Kopp, Jos., s. *Damascii* philosophi.

Kopp, Jos., zur Judenfrage nach den Akten des Prozesses Rohling-Bloch. 1. und 2. Aufl. gr. 8. (VII, 196 S.) Leipzig 886, Klinkhardt. * 1 50
Vgl.: Victor, Clem., Prof. Dr. Rohling, die Judenfrage und die öffentliche Meinung.

Kopp, Joseph: Ueber den Verfasser des Buches: 'de mortibus persecutorum'. *St. Ingbert 1902: F. X. Demetz.* (45 S.) 8° [Ant. u. J.]
München, Phil. Diss. v. 1902

Kopp, Joseph Eutych

Kopp, I. E. König Adolf und seine Zeit. 1292—1298. (XII. 336) 8. Berlin 1862. 5,00.

Kopp, I. E. König Albrecht I. und seine Zeit 1292—1298. [Geschichte der eidgenössischen Bünde. III, 1.] (XXI. 366) 8. Berlin 1862. 5,00.

K[opp], J[oseph] E[utych]. Das Brand-Unglück oder die Schreckensnacht in Luzern vom 12ten auf den 13ten Brachmonat 1833. Nach den Akten und den glaubwürdigsten Aussagen dargestellt. [Mit 2 Tafeln.] quer-4. Luzern 1833.

—— die Gegenkönige Friderich und Ludwig und ihre Zeit, s. a. Geschichtsblätter aus der Schweiz.

Kopp, J. E. Die Gegenkönige Friedrich und Ludwig und ihre Zeit. 1314—1322. [Geschichte der Eidgenössischen Bünde IV. 2.] Basel 1855. 2. Aufl. (495.) 8. ib. 1880. 16,00.

Kopp, J. E., dramatische Gedichte. 1. Bdchn.: Graf Bero v. Lenzburg. Das Lager vor Basel. 8. (XVI und 193 S.) Lucern 855, J. und A. Stocker. Thlr. *

—— dass. — 2. Bdchn.: Rudolf v. Habsburg. Dramatisches Gedicht in 2 Abthlgn. 8. (VIII und 335 S.) Ebds. 856. *

Kopp, J. E., dramatische Gedichte. 3. Bdchn. Mit den (lith.) Bildnisse des Verf. Lucern 859. Bertschinger. 8 (VIII, 270 S.) n. 27 ngr.
(1—3. Bdchn. n. 2 ₰ 17 ngr.
Inhalt: Harald u. Sigrith. Herzog Karl von Burgund.
1. Bdchn. kostet nur n. 18 ngr.

Kopp, J. E., dramatische Gedichte. 4. Bdchn. König Manfred oder Sieg des Kreuzes über den Halbmond. — Die Fischer. — Roth und Schwarz oder die Sühne. — Kindleins Mord. 8. (XII und 266 S.) Lucern 866, (Bertschinger.) *
1.—3. Bdchn. Ebendas. 1855—59. * 2 Thlr. 17 Ngr.

Kopp, J(oseph) E(utych). Geschichte der eidgenössischen Bünde. Mit Urkunden. Von J. E. K' (*°Bd. 2. 2. Hälfte. 3. Abschnitt:* Nach J. E. Kopps Tode [bearbeitet]...). 5 Bände. — *A. u. d. T.:* Der Geschichten von der Wiederherstellung und dem Verfalle des heiligen römischen Reiches 12 Bücher. 8. 1845–1882.' A 4339
Band 1 = Buch 1 und 2: König Rudolf und seine Zeit. Abtheilung 1: Die allgemeinen Zustände des römischen Reichs. Leipzig 1845.
Band 2 = Buch 3–5: König Rudolf und seine Zeit. Abtheilung 2: Die besondern Zustände der obern Lande. 2 Hälften. 1847–1871.
1. Hälfte [1. Abschnitt] = Buch 3 (Die alemannischen Lande zwischen Rhein und Are: 1273–1291). Leipzig 1847.
(2. Hälfte [2. Abschnitt =]) Buch 4: Die burgundischen Lande ... bis zum Jahre 1291. Leipzig 1849.
2. Hälfte. 3. Abschnitt = Buch 5: Des Reiches Verhältnisse in Italien und des Königs Ausgang. Nach J. E. Kopps Tode [bearb.] von (*Titelbl. 1:* Alois Lütolf und) Arnold Busson. Berlin 1871.
Band 3, Abtheilung 1 = Buch 6: König Adolf und seine Zeit. J. 1292–1298. Berlin 1862.
Band 3. Abtheilung 2 = Buch 7 und 8: König Albrecht und seine Zeit. J. 1298–1308. Berlin 1862.
(Band 4. Abtheilung 1 =) Buch 9: Heinrich der Siebente als König und Kaiser und seine Zeit. (1308–1313.) [Mit 1 Tafel.] Lucern 1854.
Band 4. Abtheilung 2 = Buch 10: Die Gegenkönige Friderich und Ludwig und ihre Zeit. J. 1314–1322. Lucern 1856.
Band 5. Abtheilung 1 = Buch 11: Die Gegenkönige Friderich und Ludwig und ihre Zeit. J. 1322–1330. Berlin 1858.
Band 5, Abtheilung 2 = Buch 12: Ludwig der Baier und seine Zeit 1330–1336. 1. [einzige] Hälfte 1330–1334. [Von] J. E. K'. Bearb. von Alois Lütolf. Nach seinem Tode hrg. von Franz Rohrer. Basel 1882.

Kopp, J. E., Geschichte der eidgenössischen Bünde. Mit Urkunden. 1. Bd. A. u. d. T.: Der Geschichten von d. Wiederherstellung u. dem Verfalle d. heil. röm. Reiches 1. u. 2. Buch. König Rudolf u. seine Zeit. 1. Abthl. Die allgem. Zustände des röm. Reichs. gr. 8. (59 B.) Leipzig 845, Weidmann'sche Buchh. *

—— dass. 2. Bd. 1. u. 2. Lfg. A. u. d. Ttl.: Die Geschichten von d. Wiederherstellung rc. 3. Buch. König Rudolph rc. 2. Abth.: Die besond. Zustände d. obern Lande. 1. Hälfte. gr. 8. (47½ B.) Ebds. 847. *

Kopp, J. E., Geschichte der eidgenössischen Bünde. (2. Bd. 2. Hälfte:) 4. Buch. Die burgundischen Lande: Die Grafen von Kiburg, von Buchegg, und von Neuenburg (mit Arberg, Nidau und Straßberg); Gotteshäuser und Freie; die Städte Solothurn, Freiburg, und Bern; Bischof und Stadt Basel (mit Froburg und Pfirt), Lausanne, und Genf; die Waadt, Savoien mit Faucigny, und Hochburgund mit Mömpelgard und dem Delfinate; bis zum J. 1291. gr. 8. (XII und 468 S.) Leipzig 849, Weidmann'sche Buchh. *

1. Bd. und 2. Bd. 1. Abthl. Ebendas. 1845—47. * 7 Thlr. 10 Ngr.

—— Geschichte der eidgenössischen Bünde. (1. Bd. 1. Abthl. oder) 9. Buch: Heinrich VII. als König und Kaiser und seine Zeit. J. 1308—1313. gr. 8. (XIV und 362 S. mit 1 Stnt.) Lucern 853—54, Stocker'sche Buchh. *

—— dass. — 4. Bd. 2. Abthl. oder 10. Buch: Die Gegenkönige Friderich und Ludwig und ihre Zeit. J. 1314—1322. gr. 8. (XV und 495 S.) Ebds. 855—56. *

Das 5—8. Buch dieses Werkes erschien zur Zeit noch nicht. Vgl. Geschichtsblätter.

— Geschichte der eidgenössischen Bünde. Mit Urkunden. 5. Bd. 1. Abth. A. u. d. T.: Die Geschichte von der Wiederherstellung u. dem Verfalle des heil. röm. Reiches 11. Buch. Die Gegenkönige Friderich u. Ludwig u. ihre Zeit. J. 1322—1330. Berlin 858. Weidmann. gr. 8. (XVI, 503 S.) n. 2 ℛ 10 ngr.

Vgl.: Geschichtsblätter aus der Schweiz.

— Geschichte der eidgenössischen Bünde. Mit Urkunden. 3. Bd. 1. Abthl. A. u. d. T.: Der Geschichten von der Wiederherstellung und dem Verfalle des heiligen römischen Reiches 6. Buch. König Adolf und seine Zeit. J. 1292—1298. gr. 8. (XII und 336 S.) Berlin 862, Weidmann'sche Buchh. *

—— dass. — 3. Bd. 2. Abthl. A. u. d. T.: Der Geschichten von der Wiederherstellung und dem Verfalle des heiligen römischen Reiches 7. und 8. Buch. König Albrecht und seine Zeit. J. 1298—1308. gr. 8. (XVI und 417 S.) Ebendas. 862. *

Kopp, J. E., Geschichte der eidgenössischen Bünde. Mit Urkunden. Nach Kopp's Tode von Alois Lütolf und Arnold Busson. 2. Band. Der Geschichten von der Wiederherstellg. u. dem Verfalle d. heil. römisch. Reiches 5. Buch. König Rudolf und seine Zeit. 2. Abth.: Die besond. Zustände d. obern Lande. 2. Hälfte. 3. Abschnitt: Des Reiches Verhältnisse in Italien u. d. Königs Ausgang. Von Arnold Busson. gr. 8. (XV, 339 S.) Berlin 871. Weidmann n. 6. —

Kopp, J. E., Geschichte der eidgenössischen Bünde. Mit Urkunden. 4. Bd. 2. Abth. Die Gegenkönige Friedrich u. Ludwig u. ihre Zeit. J. 1314—1322. A. u. d. T.: Der Geschichten von der Wiederherstellung u. dem Verfalle des heiligen römischen Reiches 10. Buch. 2. Aufl. gr. 8. (XIV, 495 S.) Basel 880. Schneider. n. 16. —

— dasselbe. 5. Bd. 2. Abth. Ludwig der Baier u. seine Zeit, 1330—1336. 1. Hälfte 1330—1334. Bearb. von Alois Lütolf. Nach seinem Tode hrsg. von Frz. Rohrer. A. u. d. T.: Der Geschichten von der Wiederherstellung u. dem Verfalle des heiligen römischen Reiches 12. Buch. gr. 8. (XXII, 688 S.) Ebend. 882. n. 14. — (1—V, 2.: n. 84. —)

(Kopp. [Joseph] Eutych.) Hat Rath und Hundert der Stadt und Republik Luzern durch die unter'm 27sten Christmonat 1827... getroffene Wahl... die Verfassung verletzt? Als Antwort auf die... Broschüre, betitelt: Kann Herr Professor E' K'... verfassungsgemäss Mitglied des Grossen Raths der Stadt und Republik Luzern sein? 8. Luzern 1828.

—— Lebensbild, s. Episkopat, der, der Gegenwart.

Kopp, Jos. Eutych, s. Lütolf, Al.

Kopp, J. E., Roth und Schwarz oder die Sühne. Schauspiel. Luzern 1850.
Progr.

Kopp, Joseph Eutych s. Sammlung, Amtliche S' der ältern eidgenössischen Abschiede. Lucern 1839.

—— Schwarz und Roth, s. Bibliothek vaterländischer Schauspiele.

Kopp, J. E., eidgenössische Urkunden, s. Urkunden.

—— Urkunden zur Geschichte der eidgenöss. Bünde, s. Urkunden.

Kopp, J[oseph] E[utych]. Urkunden zur Geschichte der eidgenössischen Bünde. Hrg. und erläutert von J. E. K'.... 2 Bändchen. 8. 1835–1851.
[Bändchen 1.] Lucern 1835. — Bändchen 2. (SA.) Wien 1851.

Kopp, J[oseph] E[utych]. Urkunden zur Geschichte der eidgenössischen Bünde. Hrg. und erläutert von J. E. K'.... 8. (Wien 1851.)
(Archiv für Kunde österreichischer Geschicht-Quellen.... Jahrgang 1851. Band 1 Heft 1 u. 2.)

Kopp, Jul., ein neues deutsches Rückladungssystem „Stahl". [Patent.] Nach dem Original beschrieben. gr. 8. (VII, 47 S. mit 16 erläut. Abbild. auf 1 Stnt. in qu. Fol.) Leipzig und Berlin 874, Luckhardt'sche Verlagsb. * 2 —

Kopp, K., König Albrecht d. Erste. Trspl. in 5 Aufz. gr. 8. Bern 824. Jenni. 16 gr

Kopp, K. A., Maffeo Vegio, ein Humanist und Pädagoge des XV. Jahrhunderts. Münster 1887.
Progr.

Kopp, K. A., Die Mittelschule von Münster, ihre geschichtliche Entwicklung und Organisation. Münster 1882.
Progr.

Kopp, Karl

Kopp, (Carl), die Arbeiterfrage, s.: Volksschriften des Nationalvereins f. das liberale Deutschland. 1. Heft. (Erkelenz.)

Kopp, Karl: Atlas der Geschlechtskrankheiten, s.a. Lehmann's medicin. Hand-Atlanten.

Atlas der Geschlechtskrankheiten. Mit 53 farb. u. 4 schwarzen Abb. Hrsg. von Dr. Karl **Kopp**, Privatd. München: J. F. Lehmann 1894. (88 S.) 8°
— Handatlanten, Lehmann's medizinische. Bd 6. [07. 13415 6

– Atlas der Hautkrankheiten, s.a. Lehmann's medicin. Hand-Atlanten.

Atlas der Hautkrankheiten. Mit 90 farb. u. 17 schwarzen Abb. Hrsg. von Dr. Karl **Kopp**, Privatd. München: J. F. Lehmann 1893. (140 Bl.) 8°
— Handatlanten, Lehmann's medizinische. Bd 5. [07. 13414 6

Kopp, Carl, aus Mainz: Ueber die Einwirkung von Schwefeldioxyd auf die Natriumverbindungen einiger Phenole. Uster-Zür. A. Diggelmann Dr. 1893. 50 S. 8°.
Zürich, Phil. Diss. [v. 1. Nov. 1893].

Kopp, Karl, Referendar: Der Erbverzicht im deutschen Recht. Göttingen 1905: Dieterich. (67 S.) 8°
Heidelberg, Jur. Fak., Ref. Schröder, Diss. v. 20. Nov. 1905
[Geb. 1. April 80 Duderstadt; Wohnort: Osnabrück; Staatsangeh.: Preußen; Vorbildung: Gymn. Josephinum Hildesheim Reife O. 00; Studium: Freiburg i. B. 1, Göttingen 4, Heidelberg 1 S.; Rig. 10. Mai 05.]

— s.: **Fürsorgewesen.**

— **Das Geschlechtliche in der Jugenderziehung, s.a. Flugschriften der deutschen Gesellschaft zur Bekämpfung der Geschlechtskrankheiten.**

Das Geschlechtliche in der Jugenderziehung. Vortrag, geh. in d. Ortsgruppe München d. Deutschen Gesellsch. z. Bekämpfung d. Geschlechtskrankh. zu München 1904 von Univ.Prof. Dr. Carl **Kopp**. Leipzig: J. A. Barth 1904. (35 S.) 8°
— **Flugschriften** d. Deutschen Gesellschaft z. Bekämpfung d. Geschlechtskrankheiten. H. 4. [08. 1570]

Kopp, K.: Das Geschlechtliche in der Jugenderziehung. 2. Aufl. Leipzig 1908. 32 S. (Flugschr. der Deutschen Gesellsch. z. Bekämpfung d. Geschlechtskrankh. 4.)

KOPP, Karl (München): De irrigatione textus cellulosi subcutanei secundum Sontheyi rationem instituenda. (Titel nach der Urkunde)
14.11.1879 - Urk; Chr 1879/80,14
Diss.Ingolst.-Landsh.-Mchn.

Kopp, Karl *Friedrich Ludwig* [aus Herford]: Aus d. medizin. Klinik zu Bonn. Ueber Lumbalpunktion bei Meningitis tuberkulosa ... Bonn, Buch- u. Steindr. J. Bach Wwe, 1896; 21 S. 8.
Bonn, Med. Fak., Inaug.-Diss. v. [20. Febr.] 1896

Kopp, Karl, Nekrolog auf hochw. Hrn. Custos Rölly sel., s.: **Jahresbericht** üb. d. höh. Lehranst. zu Luzern.

Kopp, Karl: Der Tempel Salomon's. Neue Ausg. Stuttgart 1839. Kl. 3880.

Kopp, Karl [aus Odenheim '(Amt Bruchsal)']: Ueber Thioverbindungen von Aldehyden der aromatischen Reihe und deren Ueberführung in Stilbenderivate ... Freiburg i. B., Univ.-Buchdr. v. H. M. Poppen & Sohn, 1893; 52 S., 2 Bl. 8.
Rostock, Phil. Fak., Inaug.-Diss. v. [17. Juni] 1893

Kopp, Carl, die Trophoneurosen der Haut. Historisch-krit., klin. und histolog. Studien über die Beziehungen des Nervensystems zu Erkrankungen der Haut. gr. 8. (215 S.) Wien 886, Braumüller. *

Kopp, Karl Alexander, appr. Arzt a. Wellerswalde bei Oschatz: Beiträge zur Casuistik der Tuberkulinbehandlung. Greifswald 1906: H. Adler. (62 S.) 8°
Greifswald, Med. Fak., Ref. Minkowski, Diss. v. 26. Juli 1906
[Geb. 18. Febr. 81 Wellerswalde bei Oschatz; Wohnort: Hamburg; Staatsangeh.: Sachsen; Vorbildung: Fürstenschule St. Afra Meissen Reife O. 00; Studium: Freiburg i. B., Leipzig, Jena, Straßburg, Greifswald; Coll. 27. Juni 05; Approb. 15. Dez. 05.]

Kopp, C[arl] A[lois]. Zur Biographie des Chorherrn Ludwig Helmlin (1596–1640). Mitgeteilt von Prof. K. A. K'. [SA.] 8. [Stans 1896.]

Kopp, C(arl) A(lois). Zur Geschichte der Buchdruckerei von Beromünster, von K. A. K', Kanonikus und Professor. Mit artistischen Beilagen [Illustrationen]. 4.
Ausg. A: (Jahresbericht über die Mittel-Schule [Bero-]Münster ⟨Kt. Luzern⟩ für das Schuljahr 1905/06. Luzern, J. Schill's Erben, 1906. Beilage.) 29 S.
Ausg. B, sep. II + 29 S. Luzern, J. Schill's Erben. 1906.

Kopp, C(arl) A(lois). Die Investitur des Stiftspropstes von Beromünster. Nach urkundlichen Quellen von K. A. K', Kanonikus. 4.
Ausg. A: (Jahresbericht über die Mittel-Schule [Bero-]Münster ⟨Kt. Luzern⟩ für das Schuljahr 1908/09. Beilage.... Luzern, J Schills Erben, 1909.) 26 S.
Ausg. B: Programm zum Jahresbericht der Stiftsschule von Beromünster. II + 26 S. L', J. Schills Erben, 1909.

(Kopp, Carl Alois.) (Nachruf auf) † Professor Josef Häller (1840–[1906], von Prof. K. A. K'). 11 S. 4.
Jahresbericht über die Mittel-Schule [Bero-]Münster ⟨Kt. Luzern⟩ für das Schuljahr 1906/07. Beilage.... Luzern, J. Schills Erben, 1907.

(Kopp, C[arl] A[lois].) Joseph Ignaz Rölly (1806–1894), Chorherr und Professor. [Necrolog. A. Progr.] 4. [Luzern 1895.]

Kopp, C(arl) A(lois). Die Stiftsbibliothek von Beromünster. Historisch-bibliographische Skizze von K. A. Kopp, Kanonikus und Professor. I. Geschichtliches. 4.
Ausg. A: (Jahresbericht über die Mittel-Schule zu Bero-Münster ⟨Kt. Luzern⟩ für das Schuljahr 1902/03. Luzern, Buchdr. J. Schill, 1903.) Beilage. 21 S.
Ausg. B: sep. II+24 S. Luzern, Dr. und Komm. J. Schill, 1903. [fr. 1. –]

Kopp, C(arl) A(lois). Die Stiftsbibliothek von Beromünster. Historisch-bibliographische Skizze von K. A. K', Kanonikus und Professor. II. Die Manuskripte und ältesten Druckwerke. 4.
Ausg. A: **(Jahresbericht über die Mittel-Schule zu Bero-Münster ⟨Kt. Luzern⟩ für das Schuljahr 1903/04. Luzern, Buchdr. J. Schill, 1904, (Beilage.) 32 S.**
Ausg. B: sep. **II + 32 S. Luzern, Dr. und Komm. J. Schill, 1904 [fr. 1. –]**

Kopp, Carl Alois. Pietro Paolo Vergerio (geb. 1349), der erste humanistische Pädagoge. [SA. aus: Festschrift zur Eröffnung des neuen Kantonsschul-Gebäudes in Luzern.] 4. Luzern 1893.

Kopp, Karl August

Kopp, K. A., s.: **Adreß- u. Geschäfts-Handbuch der Stadt Heilbronn.**

Kopp, Karl Aug., der **Bezirksrath**, dessen Ernennung, Amtsthätigkeit, Befugnisse u. Pflichten. Eine systematische Zusammenstellung der sämmtlichen in Gesetzen u. Verordnungen enthaltenen Vorschriften, welche die Zuständigkeit des Bezirksraths begründen u. von ihm anzuwenden sind [mit Ausnahme des Wasser-Gesetzes]. Unter Hinweisung auf Entscheidungen des Verwaltungs-Gerichtshofes u. des Bundesamts für das Heimathwesen. 8. (VII, 468 u. XXI S.) Mannheim 878. Bensheimer. n. 6. —

Kopp, K. A. Der Bürgerfreund. Eine Zusammenstellg. der wichtigsten Bestimmgn. aus der Reichs-, Landes- u. Gemeindeverfassg., dem Verwaltungsrecht, der Volkswirthschaft [der Kranken-, Unfall- 2c. -Versicherung], dem Unterrichts-, dem Militär- u. Verkehrswesen 2c. 12. (VII, 221 S.) [Tauberbischofsheim.] Karlsr. 890, Lang. geb. * 1 60

Kopp, K. A., die Gesetze u. Verordngn. üb. d. Organisation d. **inneren Verwaltung,** d. Verfahren in Verwaltungssachen u. d. Verwaltungsrechtspflege im Großherzogth. Baden. Mit e. Einleitg. üb. d. Entwicklg. d. Verwaltungsorganisation verf. u. erläut. gr. 8. (VII, 463 S.) Emmendingen 896. Emmendinger Druck- u. Verlags-Gesellschaft vorm. Dölter. n. 8. —; geb. n. 10. —

Kopp, Karl Aug., die Gewerbeordnung für das Deutsche Reich in der Fassung vom 1. Juli 1883, nebst den von Reichswegen und im Großherzogth. Baden zum Vollzug erlassenen Gesetzen und Verordnungen. Hrsg. und erläutert. gr. 8. (IV, 203 S.) Mannheim 884, Löffler. *

Kopp, Karl Aug., die badische Volksschul-Gesetzgebung, enth. das Gesetz vom 8. März 1868 über den Elementarunterricht in seiner jetz. durch nachgefolgte Gesetze abgeänderten Gestalt, das Gesetz vom 18. Febr. 1874, den Fortbildungsunterricht betr. und die zum Vollzuge beider Gesetze erlassenen Vorschriften zusammengestellt. gr. 8. (II, 231 S.) Tauberbischofsheim 874, Lang. 2 50

Kopp, K. A., die badische Volksschul-Gesetzgebung, enth. das Gesetz üb. den Elementarunterricht in der Fassg. vom 30. Mai 1892, das Gesetz üb. den Fortbildungsunterricht vom 18. Febr. 1874, die zum Vollzuge dieser Gesetze erlassenen Vorschriften u. andere auf das Volksschulwesen bezügl. Gesetze u. Verordngn., besonders das Beamtengesetz vom 24. Juni 1888 m. seinen Vollzugsbestimmgn. 3. Ausg. 8. (VII, 644 u. Reg. VII S.) Karlsruhe 893. J. Lang. Geb. in Leinw. n. 5.—

— die badische Volksschul-Gesetzgebung nebst den z. Vollzuge dieser erlass. Vorschriften u. and. auf d. Volksschulwesen bezügl. Gesetzen u. Verordngn. nach d. Stande v. 1. VIII. 1898. 4. Aufl. 8. (XII, 695 S.) Karlsruhe 898. Tauberbischofsheim, J. Lang. Geb. in Leinw. n.5. –

Kopp, K. A., die badische Volksschul-Gesetzgebung, nebst den zum Vollzuge dieser erlassenen Vorschriften u. anderen auf das Volksschulwesen bezügl. Gesetzen u. Verordnungen nach dem Stande v. 1. II. 1908. 5. Aufl. Neu bearb. v. K. Asal. (XII, 649 S.) 8. Karlsruhe 908. J. Lang. 6.75; geb. 7.50

— das Wichtigste aus dem Reichsrecht u. aus dem badischen Landesrecht. Kurzgefaßte Belehrg. üb. die Rechte u. Pflichten in Staat, Gemeinde u. Familie, üb. die Verwaltg. v. Staat, Kreis, Gemeinde, üb. Gerichtsverfassg., Prozeßverfahren u. üb. einige Grundsätze d. bürgerl. Rechts. 24. (VIII, 98 S) Emmendingen 893. A. Dölter. n.n. — 50

—— Wörterbuch zum Nachschlagen der im Großherzogth. Baden geltenden Gesetze, Staatsverträge und Verordnungen. gr. 8. (514 S.) Ebendas. 873. * 6 90

—— Wörterbuch zum Nachschlagen der für das Großherzogth. Baden wichtigen Gesetze, Staatsverträge und Verordnungen. 2. Aufl. gr. 8. (IV, 660 S.) Tauberbischofsheim 882, Lang. *

— Wörterbuch zum Nachschlagen der f. das Großherzogth. Baden wicht Gesetze, Staatsverträge u. Verordnungen. 3. Aufl. gr. 8. (IV, 628 S.) Karlsruhe 894. J. Lang. n. 10.—; geb. in Halbfrz. n.n. 11.50; u. durchsch. n.n. 14.—

Kopp, K. A., Wörterbuch zum Nachschlagen der f. das Großherzogth. Baden wichtigen Gesetze, Staatsverträge, Verordngn., Bundesrathsbeschlüsse, Bekanntmachgn. des Reichskanzlers rc. 4. Aufl. Hrsg. v. Karl Baur. gr. 8. (IV, 662 S.) Karlsruhe 901. J. Lang. n. 11.—; geb. n. 13.—; u. durchsch. n. 14.50

Kopp, Carl Ludwig (Mainz), De eo quod justum est circa religionis mutationem in imperio. Diss. jur. publ. Erfurt (Jo. Christ. Goerling) 27. VIII. 1795. 48 S. (6.—) 19153

Kopp, Carl Martin. Versuch, Freiheit und Gleichheit aus praktischen Vernunftprinzipien abzuleiten. An Volksaufklärer und Wahrheitsfreunde. 8. Luzern 1798.

Kopp, Karl Philipp

—Diss. inaug. de clausula: rebus sic stantibus, tum secund. jus naturale, tum civile. 4. Marb. 750. Kresler. 4 gl

— — (Birstein/Ysenburg), De clausula, rebus sic stantibus, secundum jus, cum naturale, tum civile. Diss. jur. Marburg (Philipp Casimir Müller) 27. VIII. 1750. 96 S. (8.—) 19155

— **Carl Philipp**, De fundata in foro rei sitae per arrestum jurisdictione quamvis actor caussam agendi a principe suo habeat et status cujusdam imperii quodammodo referre videatur reum non succumbere. Diss. jur. Präs. Emil Ludw. Hombergk zu Vach. Marburg (Müller) Juni 1748. 42 S. (6.50) 19154

— s. J. A. Kopp, histor. Nachricht.

Kopp, K. Ph.: Ausführl. Nachr. v. d. ältern u. neuern Verfass. d. geistl. u. Civilgerichte in d. Fürstl. Hess. Landen; mit ein. prakt. Theile. *Cassel*, Cramer. 769—71. 2 Thle. 4. (3 Thl. 12 Gr.)

Kopp, Karl Ph., († d. 6. Oct. 1777.) Nachr. von d. ältern u. neuern Verfassung d. geistl. u. Civil-Gerichte in d. fürstl. Hessen-cass. Landen. 2 Thle. 4. Cassel 769—71. (Krieger in Marb.) 3 ℛ 12 gl

— über d. Verfassung d. heiml. Gerichte in Westphalen, vollendet u. herausg. v. U. Fr. Kopp. gr. 8. Götting. 794. Dieterich. 1 ℛ 14 gl

Kopp, Kasp. u. Gust. Thüring, Festreden an der Schlachtfeier in Sempach vom 10. VII. 1899. 8. (24 S.) Luzern 899. (Räber & Co.) n. — 40

Kopp, Leop., Versuch einer allgemein-verständlichen (Liturgik) Abhandlung über die Gebräuche u. Ceremonien der röm.-kathol. Kirche sammt ihrer tiefen Bedeutung. Wels 854. Haas in Comm. gr. 8. (1 Bl., 196 S.) n. 20 ngr

Kopp, Mich., das ehrsame Handwerk einst u. jetzt. Kurze Betrachtg. über eine zeitgemäße Frage vom Standpunkte der Sozialpolitik u. Volkswirtschaft. (38 S.) gr. 8 Luzern 903. Räber & Co. n. — 55

Kopp, N., die Volksschulverfassung im Königr. Baiern, od. Sammlung aller über das Volksschulwesen im K. Baiern erlassenen königl. Gesetze u. Verordnungen. gr. 8. Würzburg, Stahel. 816.

Kopp, Otto, aus Elberfeld, Referendar am Kgl. Landgericht zu Elberfeld: Die Aufnahme eines neuen Gesellschafters nach B.G.B. unter besonderer Berücksichtigung der Subsidiarität dieser Vorschriften für die offene Handels- und die Kommanditgesellschaft. *Elberfeld 1902: F. Unverzagt.* (54 S.) 8° [F.]
Erlangen, Jur. Diss. v. 17. Febr. 1902

Kopp, Otto: Ueber die elektrolytische Reduktion einiger aromatischen Nitrokörper. *Berlin 1898: A. W. Schade.* (38 S.) 8°
Giessen, Phil. Diss. v. 1898

Kopp, Paul. Antwort auf die Frage: Ist es Nachtheil oder Vortheil, wenn die Leitung der Lehranstalt zu Luzern den Jesuiten übergeben würde? Von P. K.... Empfohlen von Chorherrn Fr(anz) Geiger. 2. Aufl. 8. Luzern 1840.

Kopp, Paul, Selma Lagerlöf. Ein Vortrag, geh. am 14. XII. 1909 in der Abteilg. f. Literatur der deutschen Gesellschaft f. Kunst u. Wissenschaft in Bromberg. (45 S.) 8. Bromberg 910. (E. Hecht Nachf.) nn — 75

Kopp, Paul, Referendar in Bromberg: Das völkerrechtliche Verfahren und die Rechtswirkungen bei Herstellung von Eisenbahn-Verbindungen an den Grenzen souveräner Staaten. Greifswald 1907: J. Abel. (128 S.) 8° [F.]
Greifswald, Jur. Fak., Ref. Stoerk, Diss. v. 3. Mai 1907
[Geb. 25. Juli 82 Bromberg; Wohnort: Bromberg; Staatsangeh.: Preußen; Vorbildung: Kgl. Gymn. Bromberg Reife O. 01; Studium: Freiburg i. B. 1, Berlin 3, München 1, Greifswald 2 S.; Rig. 27. Febr. 06.]

Kopp, Phpp., die Schlachtviehversicherung, ihre Bedeutung, Organisation u. Verwaltung. Zugleich e. Mahnwort zur Errichtg. v. lokalen, zu e. Landesverbande zusammengefassten Schlachtviehversicherungsvereinen, entgegengesetzt den Bestrebgn. nach Einführg. e. rein staatl. Zwangsschlachtviehversicherg. auf Grund e. Zwangsschlachtviehversicherungsgesetzes. Allen Abgeordneten, Tierärzten, Landwirten u. Metzgern gewidmet. gr. 8. (60 S. m. 3 Tab.) Metz 902. (Leipzig, R. C. Schmidt & Co.) n. 2. —

Kopp, Philipp. Ueber die Verteilung und das topographische Verhalten der Nerven an der Hand der Fleischfresser, nebst einer vergleichenden Zusammenstellung der Verschiedenheiten in dem Verlaufe dieser Nerven bei Mensch, Hund und Katze. Diss. Vet.-Med. Bern. Mit sechs Abbildungen. *Kopftitel:* Aus dem anatomischen Institut der Königl. Tierärz(t)lichen Hochschule zu Stuttgart. 31 S. 8. Metz, ⟨Georg Lang⟩, 1901.

Kopp, P. Pius. Der Tag der heil. Osterkommunion mit den... Kommunizirenden der löbl. Pfarre Herdern im Thurgau gefeyert und... der ganzen löbl. Pfarre gewidmet zur Erinnerung an ... Herrn Joseph Benedikt Keller, Pfarrer.... 8. Konstanz (1811).

Kopp, R., siehe: *Jahresbericht.*

Kopp, R., Messungen an Accumulatoren verschiedener Systeme, s.: Jahresbericht, 3., der physikalischen Gesellschaft in Zürich.

Kopp, Raph., die landwirthschaftliche Verwerthung städtischer Abfallstoffe. gr. 8. (21 S.) Aarau 887, Wirz-Christen. * — 50
Aus: Schweiz. landwirthschaftliche Zeitschrift, besonders abgedruckt.

Kopp, Robert, von Münster '([Kt.] Luzern)': Untersuchungen über die Gültigkeit des Joule'schen Gesetzes für Electrolyte. Zür. Zürcher u. Furrer Dr. 1884. 40 S. 8°.
Zürich, Phil. Diss. [v. 15. Dec. 1884].

Kopp, Rudolf: Königl. Kaiser-Wilhelms-Gymnasium in Strehlen, Schl. Katalog der Schülerbibliothek. Strehlen 1905: Paul Schwarzer. (56 S.) 4°
Strehlen, k. Kaiser-Wilhelms-G P 1905 (249)

Kopp, Rudolf: Katalog der Schülerbibliothek. T. 2. Strehlen 1906: P. Schwarzer. (20 S.) 4° ¶(Forts. d. P-Beil. 1905.)
Strehlen Schl., k. Kaiser-Wilhelms-G P 1906 (250)

Kopp, Rudolf [cand. math.]: Zur Theorie der Elektrostriction kugelförmiger Condensatoren.... Leipzig, Druck v. O. Brandstetter, 1890; 1 Bl., 41 S. 8°
Leipzig, Phil. Fak., Inaug.-Diss. v. [28. Sept.] 1890

Kopp, Rud., zur Theorie der Electrostriction kugelförmiger Condensatoren. Diss. gr. 8. (41 S.) Leipzig 890. (G. Fock.) n. — 80

— populaire Vorträge üb. Electricität, geh. vor dem Heizer- u. Maschinisten-Verein Zürich u. Umgebg. 8. (119 S. m. 70 Fig.) Andelfingen 893. (Zürich, Buchh. d. schweizer. Grütlivereins.) Kart. n. 1. 60

Kopp, Theodor, Medizinalprakt.: Beitrag zur Entstehungsweise der Oesophagusdivertikel. Leipzig: Hirzel 1909. S. 291—305. 8° ¶(Aus: Arbeiten auf d. Gebiete d. pathol. Anat. u. Bakteriol. aus d. pathol.-anat. Inst. zu Tübingen. Bd 7.)
Tübingen, Med. Diss. v. 4. Febr. 1910, Ref. v. Baumgarten
[Geb. 20. Nov. 79 Stuttgart; Wohnort: Stuttgart; Staatsangeh.: Württemberg; Vorbildung: Eberhard-Ludwigs-Gymn. Stuttgart Reife M. 99; Studium: Tübingen Theol. 8, Med. 10 S.; Coll. 9. Juni 09; Approb. 25. Jan. 10.]
[U 10. 4160

Kopp, Ulr. Friedr., über d. Aussprache d. Lateinischen. Sendschreiben an Gymnasien. 8. Mannheim 834, [Schwan u. Götz'sche Hofbuchh.]

Kopp, Ritter Ulr. Fr., († Ende März 1834.) Beitrag zur Geschichte d. Salzwerks in den Soden bei Altendorf an d. Werra. gr. 8. Marb. 788. Keßler. 10 gl

— Bemerkk. über einige Punische Steinschriften aus Karthago. Mit 2 Holzschn. (Aus d. Heidelb. Jahrb. d. Lit. abgedr.) gr. 8. Heidelb. 824. Oßwald. 6 gl

Kopp, Ulr. Frdr., Bilder und Schriften der Vorzeit. Bd. 1. 2. Mannheim 1779—1822. 8. (Mit Abbild. aus dem Sachsenspiegel.)

Kopp, Ulrich Friedrich. Bilder und Schriften der Vorzeit dargestellet von Ulrich Friedrich Kopp ... Mannheim 1819—1821. Auf Kosten des Verfassers.
2 Bde. 8°.
I 1819: VIII + 296 S. m. 3 Abb.; 34 Taf. in Kupferst., davon 26 kol.
II 1821: X + 422 S. m. 1 Abb.; 13 Taf. in Kupferst., davon 4 kol.
Behandelt die Heidelberger und Wolfenbütteler Sachsenspiegel-Handschr.

Kopp, (Ulr. Fr.,) Bilder u. Schriften d. Vorzeit. 2 Bde. mit Kpfrn. u. Holzschn. 8. Mannheim 821. (Frankf. Varrentrapp.)

— Bruchstücke zur Erläuterung d. deutschen Geschichte u. Rechte. 2 Bde. 4. Cassel 799—801. Keßler. (Krieger in Marb.) 2 ℞ 16 gl

Kopp, Ulr. Fr., s. Capella Martiani Minei felicis de nuptiis etc.

Kopp, Ulrich Friedrich. Ueber Entstehung der Wapen im allgemeinen und des Badischen insbesondere. Freiburg im Breisgau 1831 *s.* Leichtlen, Ernst Julius. Die Zähringer. Freiburg im Breisgau 1831.

—— Epistola critica de inscriptione bilingui Cyrenaica. C. 1 tab. aen. 8. Manhemii 824, [libr. aul. Schwan et Goetz.]

(Kopp, Ulr. Frider.,) Explicatio inscriptionis obscurae in amuleto insculptae. 4 maj. (1 B.) Heidelbergae 832, Mohr.

Kopp, U. F.: Handbuch d. Hessen-Casselschen Landesverfass. u. Rechte, in alphabet. Ordn. entworfen. *Cassel*, (Krieger in *Marburg*.) 1.—6. Th. 796—804. (d. 6. v. K. F. Wittich.) .. (5 Thl.) 7r Bd. (b. Rauchtabak) v. ersten Verf. 804.

– s. K o p p, K. Ph.: Über Verfass.

Kopp, Ul. Frid., Palaeographia crit. P. I. II. contin. Tachygraphiam veterum expos. et illustr. Vol. I. II. Cum fig. 4maj. Manhem. sumt. auct. 817. (Lips. Weigel.) Rthlr.

—— Palaeographia critica. Ps. III et IV. — E. s. t.: De difficultate interpretandi ea quae aut vitiose vel subobscure, aut alienis a sermone literis sunt scripta. Vol. I et II. 4 maj. (156 B. u. gest. Bildn. d. Verf.) Mannhemii 829, Auctor. (Francofurti ad M., Varrentrapp.)
Ps. I. II. Ebendas. 1817. 43 Thlr. 8 Gr.

(——) de varia ratione inscriptiones interpretandi obscuras. 8 mai. (1½ B. u. 2 Vign.) Francofurti ad M. 827, Varrentrapp.

Kopp, U. F. v., s. Schrifttafeln.

—— über d. Ursprung d. Wapen etc., s. Leichtlen, E. J.

– s. De V a r i a rat. inscriptionis.

Kopp, Ulricus Fridoricus, Viris doctis literarumque cultoribus. Mannhemii 1823.

Kopp, Vital, leichtfassliche, methodische Anleitung zur doppelten Buchhaltung und den Conto-Correnten. Zum Gebrauche für Gewerbe-, Real- und Handelsschulen, sowie für angehende Kaufleute und Gewerbetreibende. gr. 8. (IV, 140 S.) Luzern 888, Doleschal's Buchh. *

Kopp, V[ital]. Lehrbuch für das praktische Rechnen an Sekundar-, Realschulen und Gymnasien, wie auch zum Selbstunterrichte. Systematische Entwicklung der Grundlagen und Methoden des Rechnens anhand typischer Aufgaben. IV + 204 S. 8. Luzern, E. Haag, 1909. [geb. fr. 3. —]

Kopp, V., Lehrbuch f. das prakt. Rechnen an Sekundar-, Realschulen u. Gymnasien, wie auch zum Selbstunterrichte. Systemat. Entwicklg. der Grundlagen u. Methoden des Rechnens anhand. typ. Aufgaben. 2. Aufl. (IV, 204 S.) 8. Luzern 911. E. Haag. Geb. in Leinw. 2. 40

(Kopp, Vital.) (Architekt) Gustav Mossdorf (1831—[1907]), Professor des technischen Zeichnens und der darstellenden Geometrie (... in Luzern) 1856—1873. (Nekrolog.) 3 S. 8.

Jahresbericht für die Höhere Lehranstalt zu Luzern für das Schuljahr 1906/07. Beilagen: III.... Luzern, J. Schills Erben, 1907.

(Kopp, V[ital].) † Professor Alexander Ruedin (1840–1897). [Necrolog. A. Progr.] 4. [Luzern 1898.]

Kopp, Waldemar

Kopp, W., Bilder aus der Mark. Dichtungen. 16. (26 S.) Freienwalde 875, (Dräseke.) *

Kopp, Waldemar, Gedichte. 8. (IV, 208 S.) Stavenhagen 878. Beholtz. n. 2. 50; geb. m. Goldschn. n. 3. 50

Kopp, W., Geschichte der Jahre 1813—1815. gr. 8. (VIII, 224 S. mit 16 Specialkarten in eingedr. Holzschn.) Berlin 874. G. W. F. Müller. *ℳ 3,50.; geb. * 4 50

— Geschichte der griechischen Literatur, für höhere Lehranstalten und für das Selbststudium bearb. 2. durchgeseh. Aufl. 8. (VII, 192 S.) Berlin 878, Springer. *

Kopp, W., Geschichte der griechischen Litteratur für höhere Lehranstalten und zum Selbststudium. 3. gänzlich umgearb. Aufl., hrsg. von F. G. Hubert. 8. (XII, 230 S.) Berlin 882, Springer. *

Kopp, W., Geschichte der griechischen Litteratur. In kurzer Übersicht zusammengestellt. In 4. Aufl. neubearb. von F. G. Hubert. 8. (XIV, 232 S.) Berlin 886, Springer. * 3 —

Kopp, W., Geschichte der griechischen Litteratur. 5. Aufl., nach der Umarbeitg. v. F. G. Hubert besorgt v. Gerh. Heinr. Müller. 8. (XII, 239 S.) Berlin 893. J. Springer. n. 3. —

Kopp, W., Geschichte der griechischen Litteratur. 6. Aufl., nach der Umarbeitg. v. F. G. Hubert besorgt v. Gerh. Heinr. Müller. 8. (XII, 248 S.) Berlin 901. J. Springer. n. 3. —

Geschichte der griechischen Literatur. Begründet von Dr. W[aldemar] Kopp, fortgeführt von F[riedrich] G[otthard] Hubert u. G[erhard] H[einrich] Müller. 7. Aufl. umgearb. von Dr. Otto Kohl, Prof. Berlin: J. Springer 1908. (VIII, 300 S.) 8°

—— Geschichte der römischen Literatur, für höhere Lehranstalten und für weitere Kreise. 3. gänzlich umgearb. Aufl. 8. (VIII, 120 S.) Ebendas. 874. * 1 60

— Geschichte der römischen Literatur, f. höhere Lehranstalten u. f. weitere Kreise. 3. gänzlich umgearb. Aufl. 8. (VIII, 120 S.) Berlin 875. Springer's Verl. n. 1. 60

— Geschichte der römischen Literatur, für höhere Lehranstalten u. für den Selbstunterricht bearb. 4., erweit. Aufl. 12. (VIII, 120 S.) Ebend. 879. n. 1. 60

—— Geschichte der römischen Litteratur für höhere Lehranstalten und zum Selbststudium. 5. gänzlich umgearb. Aufl. von F. G. Hubert. 8. (VIII, 149 S.) Ebendas. 885. * 2 —

Vgl.: Hubert, F. G., römische Staatsaltertümer.

Kopp, W. Geschichte der römischen Litteratur f. höhere Lehranstalten u. zum Selbststudium. 6. Aufl., nach der Umarbeitg. v. F. G. Hubert besorgt v. O. Seyffert. 8. (VIII, 142 S.) Berl. 891, Springer. * 2 —

— Geschichte der römischen Litteratur f. höh. Lehranstalten u. zum Selbststudium. 7., nach der Umarbeitg. von F. G. Hubert 2. verb. Aufl., besorgt von O. Seyffert. 8. (VIII, 147 S.) Ebd. 901. n. 2. —

— Geschichte der römischen Literatur f. höhere Lehranstalten u. zum Selbststudium. Begründet v. K., fortgeführt v. F. G. Hubert u. O. Seyffert. 8. Aufl., bearb. v. Max Niemeyer. (VIII, 155 S.) 8. Ebd. 909. 2.—; geb. n 2. 50

Kopp, s.a. Geschichts-Tabelle.

— Geschichts-Tabelle begrenzt für den dreijährigen Cursus der beiden mittleren Stufen höherer Lehranstalten. 3., von neuem durchgeseh. u. bis auf die Gegenwart fortgeführte Aufl. 8. (28 S.) Freienwalde a/O. 878. Draeseke. n. — 50

— Geschichts-Tabelle, begrenzt f. den 3jährigen Cursus der beiden mittleren Stufen höherer Lehranstalten. 4., von neuem durchgeseh. u. bis auf die Gegenwart fortgeführte Aufl. gr. 8. (28 S.) Hildburghausen 892. Kesselring. n. — 50

Kopp: Das erste Hirtenlied des Virgil.
Übers. Freienw. 1863.
Schul/Univ.-Schrift.

—— die zehn Hirtenlieder des Virgil in freier Uebertragung. 8. (53 S.) Berlin 873, Springer's Verlag. * 1 60

— der Krieg Kaiser Wilhelms 1870—1871. Mit e. Umschlags-Illustr. (in Holzschn.) v. H. Lüders u. 8 (lith.) Specialkarten (in gr. 8. u. 4.) gr. 8. (XI, 214 S.) Berlin 872. van Muyden. n. 2. 50

—— die Kriege König Wilhelms von 1864 und 1866 zur Wiederherstellung der deutschen Einheit. Gedenkblätter für das deutsche Volk. 2. revid. und erweit. Aufl. gr. 16. (VI, 107 S. mit 2 Kärtchen auf 1 Steintaf.) Ebendas. 870. cart. — 75

—— dass. — Wohlfeile Schulausg. gr. 16. (IV, 77 S. mit 1 lithogr. Karte.) Ebendas. 870. — 30

—— die Kriege König Wilhelms zur Wiederherstellung der deutschen Einheit. Für die Jugend nach den Quellen erzählt. gr. 8. (VIII, 87 S.) Freienwalde a. O. 869, Fritze. [Draeseke.] — 60

— griechische Kriegsaltertümer, für höhere Lehranstalten u. für den Selbstunterricht bearb. Mit 18 (eingedr.) Holzschn. 12. (VII, 48 S.) Berlin 881. Springer. n. — 60

Kopp, Dr W., Director des Gymnasiums zu Freienwalde a. O. — Römische Kriegsalterthümer für höhere Lehranstalten und für weitere Kreise bearbeitet. Mit 32 Holzschnitten. 2. erweiterte Auflage. (Donation Liechtenstein.) 8. Berlin 1873.

—— griechische Literaturgeschichte für höhere Lehranstalten und für weitere Kreise bearb. 8. (VI, 203 S.) Berlin 873, Springer's Verlag. 2 40

Kopp, römische Literaturgeschichte und Alterthümer, für höhere Lehranstalten bearb. 4 Hefte. 8. Berlin 858, Springer's Verlag.

Inhalt:

Heft 1. Römische Literaturgeschichte für höhere Lehranstalten bearb. (VII und 50 S. mit 1 Tab. in qu. 4.) 6 Ngr.
» 2. Römische Staatsalterthümer. (VIII und 90 S. mit 1 lithogr. Plane von Rom.) 10 Ngr.
» 3. Römische Kriegsalterthümer. (VIII und 31 S. mit 30 eingedr. Holzschn.) 7½ Ngr.
» 4. Römische Privatalterthümer. (X und 82 S. mit 5 eingedr. Holzschn.) 10 Ngr.

—— römische Literaturgeschichte und Alterthümer, für höhere Lehranstalten und für weitere Kreise bearb. 4 Hefte. 2. erweit. Aufl. gr. 16. Ebendas. 4 20

Inhalt:

Heft 1. Römische Literaturgeschichte. (VII, 64 S. mit 1 Tab. in qu. 4.) 872. * 80 Pf.
» 2. Römische Staatsalterthümer und Religionsalterthümer. (VII, 104 S. mit 1 lithogr. Plan von Rom.) 873. *ℳ 1,20.
» 3. Römische Kriegsalterthümer. (VII, 48 S. mit 32 eingedr. Holzschn.) 873. *ℳ 1.
» 4. Römische Privatalterthümer. (VII, 98 S. mit 5 eingedr. Holzschn.) 873. *ℳ 1,20.

— römische Literaturgeschichte und Alterthümer für höhere Lehranstalten und für den Selbstunterricht bearb. 1.—3. Heft. 16. Berlin, Springer. *

Inhalt:

Heft 1. Geschichte der römischen Literatur. 4. erweit. Aufl. (VIII, 120 S.) 879. *ℳ 1,60.
» 2. Römische Staatsalterthümer und Sacralalterthümer. 3. umgearb. Aufl. (124 S. mit lithogr. Plan von Rom.) 880. *ℳ 1,60.
» 3. Römische Kriegsalterthümer. 3. erweit. Aufl. (VIII, 54 S. mit 32 eingedr. Holzschn.) 878. *ℳ 1.
4. (Schluss-)Heft. Ebendas. 1873. *ℳ 1,20.

—— Lorbeer und Cypresse. Neue poet. Gedenkblätter an 1870—1871. 8. (38 S.) Freienwalde a. O. 874, Draeseke. * 1 —

— Lorbeer u. Cypresse. Neue poet. Gedenkblätter an 1870—1871. 8. (38 S.) Freienwalde a. d. O 875. Draeseke. n. 1. —

—— Repetitorium der alten Geschichte auf Grund der alten Geographie. Zum Gebrauch in höheren Lehranstalten und zum Selbstunterricht. 8. (50 S.) Ebendas. 880. *

—— griechische Sakralaltertümer für höhere Lehranstalten und für den Selbstunterricht bearb. 12. (VII, 92 S.) Ebendas. 881. *

Kopp, W[aldemarus] E[dmundus]: *Schedae criticae in Horatii Satiras, quaestione de poëtae moribus praemissa. 54 S. 4°
Halle-Wittenberg, Phil. Diss v. 8. Jan. 1848
Geb. [Demmin 8. 9. 1825]

—— griechische Staatsalterthümer für höhere Lehranstalten und den Selbstunterricht bearb. gr. 16. (VI, 98 S.) Ebendas. 880. *

— griechische Staatsaltertümer f. höhere Lehranstalten u. zum Selbststudium. 2., gänzlich umgearb. Aufl., besorgt v. Vict. Thumser. 8. (X, 147 S.) Berlin 898. J. Springer. n. 2. —

— römische Staatsalterthümer u. Sacralalterthümer für höhere Lehr-Anstalten u. für den Selbstunterricht bearb. Mit einem (lith.) Plan von Rom. 3., umgearb. Aufl. 12. (VIII, 124 S.) Ebend. 880. n. 1. 60

Kopp, W, Charakteristische Stellen aus römischen Dichtern in freier Uebertragung. 1874. 18 S. 4°.

— Aus Sturmeszeit. 1813—1815. Nationale Dichtungen. gr. 8. (53 S.) Ebendas. 875. *

Kopp, W., die Waldensergemeinde Pérouse in Württemberg, s.: Geschichtsblätter des deutschen Hugenotten-Vereins.

Kopp, Wilh. Die Arbeiten d. Schlossers, s. Graef sen., A.

Kopp, Wilhelm, aus Odenheim (Baden): Ueber Imidazole und Oxydationsprodukte von Ortho-Diaminen. *Erlangen 1903: E. Th. Jacob.* (27 S.) 8°
Erlangen, Phil. Diss. v. 20. Jan. 1903

Kopp, Wilh.: Ch. G. Barth's Leben und Wirken, s. Familienbibliothek, Calwer.

Kopp, Wilhelm [aus Crefeld '(Rheinprov.)']: Über Leukocytose bei Ovarialtumoren ... Würzburg, Druck d. Köhl & Hecker'schen Buchdr., 1894; 20 S. 8.
Würzburg, Med. Fak., Inaug.-Diss. v. 1894

– Katholische Zeugen evangelischer Wahrheit, s. Familienbibliothek, Calwer.

Köpp, A.: Versuche mit Injektionen Koch'scher Lymphe bei Rindern, angestellt auf Initiative d. Dorpater Veterinär-Institutes. Dorpat 1891. 17 S.

Aus: Baltische Wochenschrift für Landwirthschaft. 1891, No 31.

Köpp, Arthur, aus Leipzig: Ueber Carvonpinakon und Fenchonpinakon. *Leipzig 1899: B. Georgi.* (43 S.) 8°
Erlangen, Phil. Diss. v. 27. Juli 1898

Koepp, Ernst, approb. Arzt aus Dramburg: Aus d. pathol. Institute zu Kiel. Ein Fall von Magencarcinom um ein altes Magenulcus mit Pleura- u. Peritoneumcarcinose. *Kiel 1901: P. Peters.* (14 S.) 8°
Kiel, Med. Diss. v. [30. Aug.] 1901

Koepp, Friedrich

Koepp, Fr., Alexander der Große, s. a. Monographien zur Weltgeschichte. IX.

Alexander der Grosse. Von Prof. Dr. Fr[iedrich] Koepp. Mit 1 Kunstbeilage u. 85 Abb. *Bielefeld & Leipzig: Velhagen & Klasing 1899.* (94 S.) 4°(8°) [F.]
= Monographien zur Weltgeschichte. 9.

Koepp, Frdr., üb. das Bildnis Alexanders d. Grossen, s.: Programm, 52., zum Winckelmannsfeste der archaeolog. Gesellschaft zu Berlin.

— Herakles u. Alkyoneus. S.-A. 1884. 8 S. m. 2 Taf. 4°.

— Die Herstellung der Tempel nach den Perserkriegen. S.-A. 1890. 11 S. 4°.

Koepp, F., Isokrates als Politiker. Gel. s. a. 20 S. 1.50

Koepp, F., Ueb. d. syrischen Kriege d. ersten Ptolemaier und d. Bruderkrieg d. Seleukos Kallinikos u. Antiochos Hierax. 1884. 23 S. 1.—

Koepp, Frdr., über die römische Niederlassung bei Haltern an der Lippe. Vortrag, geh. im westfäl. Prov.-Verein f. Wissenschaft u. Kunst zu Münster i. W. am 28. I. 1901. (28 S.) 8. Münster (901). (Aschendorff.) — 50

Koepp, F., Ein Problem der griechischen Geschichte. (Cimon. Friede.) S. A. s. a. 27 S. 1.—

— Das histor. Relief d. römisch. Kaiserzeit. S.-A. 1900. 12 S.

Koepp, Frdr., die Römer in Deutschland, s. a. Monographien zur Weltgeschichte. XXII.

Die Römer in Deutschland. Von Prof. Dr. Friedrich **Koepp**. Mit 18 Karten u. 136 Abb. Bielefeld & Leipzig: Velhagen & Klasing 1905. (153 S.) 4° (8°) [F.]
= **Monographien** z. Weltgeschichte. 22. [05. 1755] 9

— Sage u. Geschichte in d. griechischen Kunst. Vortr. 1898. 24 S.

— Schlachtenbilder in Athen. Vortr. 1891. 1894. 19 S.

— Der Ursprung des Hochreliefs bei den Griechen. S.-A. 1887. 7 S. 4°.

Koepp, Fridericvs (geb. am 3 Febr. 1860 in Biebrich a. Rh.): De gigantomachiae in poeseos artisqve monvmentis vsv ... Bonnae, typ. C. Georgi 1883. 8 S. 8. ¶ Nur Titel- u. Widmungsbl., Vita u. Thesen.
Bonn, Phil. Fak., Thes. v. 10 März 1883

Koepp, Fridericvs (geb. am 3 Febr. 1860 in Biebrich a. Rh.): De gigantomachiae in poeseos artisqve monvmentis vsv ... Bonnae, typ. C. Georgi 1883. 66 S., 2 Bl. 8. ¶ Erschien zugleich selbständig bei Strauss in Bonn.
Bonn, Phil. Fak., Diss. v. 10 März 1883

Koepp, Friedr., de gigantomachiae in poeseos artisque monumentis usu. gr. 8. (66 S.) Bonn 883, Strauss' Verlag. *

Die Wandgemälde des Professors Fritz Roeber in der Aula der Königlichen Akademie zu Münster i. W. [Verf.: Prof. Dr. Friedrich **Koepp**.] *Münster i. W. 1901: J. Bredt.* (8 S.) 8° [01. 1778 6

Köpp, Georg

Köpp, G., kurze Anleitung zur Kenntniß u. zum Gebrauche des neuen Maaßes u. Gewichtes, für Volks- u. Fortbildungsschulen im Großherzogthum Hessen. 1—3. Aufl. Bensheim 870. Lehrmittelanstalt. 8. (16 S.) n. 2 ngr.

Köpp, G., kurze Anleitung zur Kenntniß u. zum Gebrauche d. neuen Maßes u. Gewichtes f. Volks- u. Fortbildungsschulen im Großherzogth. Hessen. 5. Aufl. 8. (16 S.) Bensheim 872. Lehrmittelanstalt. n. — 20

— und W. Fr. Landmesser, praktische Anleitung zur einfachen Buchführung für Gewerbtreibende, nebst einem Anhang, enth. das Wichtigste über die Wechsel. Zum Gebrauche beim Unterricht in den Fortbildungsschulen, Handwerkerschulen und zum Selbstunterricht bearb. gr. 8. (VI, 72 S.) Ebendas. 886. *

Köpp, Geo., die Anwendung der vier Grundrechnungsarten im Drei-, Fünf- und Vielsatz, sowie in den Zins-, Gewinn- und Verlust-, Theilungs- oder Gesellschafts-, Durchschnitts- und Mischungsrechnungen. Aufgabensammlung: 4. Heft. 12. (48 S.) Worms 851, Rahke. Thlr. *

Köpp, Geo., die Anwendung der vier Grundrechnungsarten im Drei-, Fünf- u. Vielsatz, sowie in den Zins-, Gewinn- u. Verlust-, Theilungs- oder Gesellschaftsrechnungen rc. Aufgabensammlung: 4. Heft. 2. verm. Aufl. 855. — 3. Aufl. Worms 858. Rahke. 12. (48 S.) 2½ ngr.

Köpp, Geo., Aufgabensammlung. 1.—4. Heft. 8. Worms 862—68, Rahke. *

Inhalt:

Heft 1. Die vier Grundrechnungsarten in unbenannten ganzen Zahlen. 8.—11. Aufl. (24 S.) * 2 Ngr.
„ 2. Die vier Grundrechnungsarten in gleich- und ungleichbenannten ganzen Zahlen. 7.—10. Aufl. (48 S.) * 2½ Ngr.
„ 3. Die vier Grundrechnungsarten in unbenannten, sowie in gleich- und ungleichbenannten Brüchen. (Gemeine und Decimalbrüche.) 5.—7. Aufl. (48 S.) * 2½ Ngr.
„ 4. Die Anwendung der vier Grundrechnungsarten im Drei-, Fünf- und Vielsatz, sowie in den Zins-, Gewinn- und Verlust-, Theilungs- oder Gesellschafts-, Durchschnitts- und Mischungsrechnungen rc. 5.—9. Aufl. (48 S.) * 2½ Ngr.

— Auflösungen dazu. 1.—4. Heft. 8. Worms 862,67, Rahke. [1. und 2. Heft 3. Aufl. (20 S.) * 4½ Ngr., 3. und 4. Heft 2., verb. Aufl. (28 S.) * 4½ Ngr.] *

— neue Aufgabensammlung zum schriftlichen Rechnen nach der metr. Maß- u. Gewichtsordnung. 2. Heft. Bensheim 870. Lehrmittelanstalt. 8. (24 S.) n. 1⅓ ngr.
1. Heft erscheint später.

— neue Aufgabensammlung zum schriftlichen Rechnen nach der metrischen Maß- u. Gewichtsordnung. 1—5. Hft. 8. Ebend. 871. 72. n. — 90
1. (24 S.) n. — 15. — 2. 2. Aufl. (24 S.) n. — 15. — 3. 5. Aufl (48 S.) n. — 20. — 4. 3. Aufl. (48 S.) n. — 20. — 5. 4. Aufl (49 S.) n. — 20.

— Auflösungen zu der neuen Aufgabensammlung zum schriftlichen Rechnen nach der metrischen Maß- u. Gewichtsordnung. 3—5. Hft. 8. Bensheim 871. 72. Lehrmittelanstalt.. n. — 73
3. (16 S.) n. — 25. — 4. (16 S.) n. — 28. — 5. (10 S.) n. — 20.

— Aufgabensammlung zum schriftlichen Rechnen nach der metrischen Maß- und Gewichtsordnung. 5 Hefte. 8. Ebendas. 868—73. [1. Heft. 12.—15. Aufl. (24 S.); 2. Heft. 11.—18. Aufl. (24 S.) à * 12 Pf.; 3. Heft. 6.—17. Aufl.; 4. Heft. 10.—13. Aufl.; 5. Heft. 1.—5. Aufl. (à 48 S.) à * 20 Pf.] *

— dass. — Auflösungen dazu. 2.—5. Heft. 8. Ebendas. 872. 2. Heft. (31 S.) * 45 Pf.; 3. Heft. (16 S.) * 25 Pf.; 4. Heft. (16 S.) * 28 Pf.; 5. Heft. (10 S.) * 20 Pf.] *

Köpp, Geo., Aufgabensammlung zum schriftlichen Rechnen nach der neuen Münz-, Maß- und Gewichtsordnung. 5 Hefte. 8. Bensheim 873,74, Lehrmittelanstalt. * — 84

Inhalt:

Heft 1. Die vier Grundrechnungsarten im Zahlenraume von 1 bis 100. 16.—19. Aufl. (24 S.) * 12 Pf.
„ 2. Die vier Grundrechnungsarten in unbenannten und gleichbenannten größeren und ganzen Zahlen. 19.—25. verb. Aufl. (24 S.) * 12 Pf.
„ 3. Uebersicht der Münzen, Maße und Gewichte. Das Resolviren und Reduciren der Münzen, Maße und Gewichte. Die vier Rechnungsarten in ungleichbenannten ganzen Zahlen, die Anwendung derselben im Lösen der gewöhnl. Geschäftsrechnungen. Die röm. Zahlzeichen. 18.—24. Aufl. (47 S.) * 20 Pf.
„ 4. Die vier Grundrechnungsarten in unbenannten, gleich- und ungleichbenannten Decimalbrüchen und gewöhnl. [gemeinen] Brüchen. 14.—19. Aufl. (48 S.) * 20 Pf.
„ 5. I. Die gewöhnlichen Geschäftsrechnungen, insbesondere Ein- und Verkaufs-, Arbeits-, Erwerbs-, Ertrags- und Gewichts-Berechnungen, Verwandlungs- und Tauschrechnungen in Drei-, Fünf- und Vielsatzaufgaben. II. Die gewöhnlichen Handelsrechnungen, insbesondere Procent-, Zins- oder Interessen-, Termin-, Rabatt-, Tara-, Gewinn- und Verlust-, Gesellschafts- oder Theilungs-, Durchschnitts- und Mischungsrechnungen. III. Anhang: Quadratzahlen. Quadratwurzeln. Zinses-Zins-Rechnungen. 6.—19. Aufl. (48 S.) * 20 Pf.

— dass. — Auflösungen dazu. 2.—5. Heft. 1. und 2. Aufl. 8. Ebendas. 874. [2. Heft. (31 S.) * 40 Pf.; 3.—5. Heft. (16; 16; 10 S.) à * 30 Pf.] * 1 30

Köpp, Geo., Aufgabensammlung zum schriftlichen Rechnen nach der neuen Münz-, Maß- und Gewichtsordnung. 5 Hefte. 8. Bensheim 874—79, Lehrmittelanstalt. *

Inhalt:

Heft 1. Die vier Grundrechnungsarten im Zahlenraume von 1 bis 100. 20. Aufl. (24 S.) * 12 Pf.
„ 2. Die vier Grundrechnungsarten in unbenannten und gleichbenannten größeren und ganzen Zahlen. 26.—31. verb. Aufl. (24 S.) * 12 Pf.
„ 3. Uebersicht der Münzen, Maße und Gewichte. Das Resolviren und Reduciren der Münzen, Maße und Gewichte. Die vier Rechnungsarten in ungleichbenannten ganzen Zahlen, die Anwendung derselben im Lösen der gewöhnlichen Geschäftsrechnungen. Die röm. Zahlzeichen. 25.—31. Aufl. (48 S.) * 20 Pf.
„ 4. Die vier Grundrechnungsarten in unbenannten, gleich- und ungleichbenannten Decimalbrüchen und gewöhnlichen [gemeinen] Brüchen. 20.—25. Aufl. (48 S.) * 20 Pf.
Heft 5. I. Die gewöhnlichen Geschäftsrechnungen, insbesondere Ein- und Verkaufs-, Arbeits-, Erwerbs-, Ertrags- und Gewichts-Berechnungen, Verwandlungs- und Tauschrechnungen in Drei-, Fünf- und Vielsatzaufgaben. II. Die gewöhnlichen Handelsrechnungen, insbesondere Procent-, Zins- oder Interessen-, Termin-, Rabatt-, Tara-, Gewinn- und Verlust-, Gesellschafts- oder Theilungs-, Durchschnitts- und Mischungsrechnungen. III. Anhang: Quadratzahlen. Quadratwurzeln. Zinses-Zins-Rechnungen. 20.—33. Aufl. (48 S.) * 20 Pf.

— dass. — Auflösungen zum 2.—5. Heft. 8. Bensheim 879, Lehrmittelanstalt. [2. Heft. 2. Aufl. (31 S.) * 40 Pf.; 3.—5. Heft. 2. und 3. Aufl. (16; 16; 10 S.) à * 30 Pf.] *
Auflösungen zum 1. Heft sind nicht erschienen.

Köpp, Geo., Aufgabensammlung zum schriftlichen Rechnen nach der neuen Münz-, Maß- und Gewichtsordnung. 5 Hefte. 8. Bensheim 880—82, Ehrhard und Comp. *

Inhalt:

Heft 1. Die vier Grundrechnungsarten im Zahlenraume von 1 bis 100. 20. Aufl. (24 S.) * 12 Pf.
„ 2. Die vier Grundrechnungsarten in unbenannten und gleichbenannten größeren und ganzen Zahlen. 30. verb. Aufl. (26 S.) * 12 Pf.
„ 3. Uebersicht der Münzen, Maße und Gewichte. Das Resolviren und Reduciren der Münzen, Maße und Gewichte. Die vier Rechnungsarten in ungleichbenannten ganzen Zahlen, die Anwendung derselben im Lösen der gewöhnlichen Geschäftsrechnungen. Die röm. Zahlzeichen. 32.—37. Aufl. (48 S.) * 20 Pf.
„ 4. Die vier Grundrechnungsarten in unbenannten, gleich- und ungleichbenannten Decimalbrüchen und gewöhnlichen [gemeinen] Brüchen. 26.—36. Aufl. (48 S.) * 20 Pf.
Heft 5. I. Die gewöhnlichen Geschäftsrechnungen, insbesondere Ein- und Verkaufs-, Arbeits-, Erwerbs-, Ertrags- und Gewichts-Berechnungen, Verwandlungs- und Tauschrechnungen in Drei-, Fünf- und Vielsatzaufgaben. II. Die gewöhnlichen Handelsrechnungen, insbesondere Procent-, Zins- oder Interessen-, Termin-, Rabatt-, Tara-, Gewinn- und Verlust-, Gesellschafts- oder Theilungs-, Durchschnitts- und Mischungsrechnungen. III. Anhang: Quadratzahlen. Quadratwurzeln. Zinses-Zins-Rechnungen. 34. und 35. Aufl. (48 S.) *20 Pf.

Köpp, G., Buchstaben, Interpunktions-Zeichen und Ziffern in deutscher Schrift zur Lesemaschine. 5 Hefte. Fol. Bensheim 888, Lehrmittelanstalt J. Ehrhard und Comp. *

Inhalt:

Heft 1. (175 Buchstaben.) * 60 Pf.
„ 2. (350 Buchstaben.) * ℳ 1.20.
„ 3. (525 Buchstaben.) * ℳ 1.80.
„ 4. (700 Buchstaben.) * ℳ 2.40.
„ 5. (875 Buchstaben.) * ℳ 3.—.

Köpp, Georg, die vier Grundrechnungsarten in unbenannten (gleich- u. ungleichbenannten) ganzen Zahlen. 1. u. 2. Hft. 8. Worms 846, Rahke. [1. (1⅓ B.) 1¾ Ngr., 2. (2 B.) * 2½ Ngr.] *.

— die vier Grundrechnungsarten in unbenannten, sowie in gleich- u. ungleichbenannten Brüchen. [Gemeine u. Decimalbrüche.] Aufgabensammlung: 3. Hft. 12. (48 S.) Ebd. 851. n. 1/12 ℳ

—— dass. Auflösungen hierzu. (Aufgabensammlung. 1. u. 2. Hft.) 12. (⅚ B.) Ebds. 847. *

—— Auflösungen zu den vier Grundrechnungsarten in Brüchen und der Anwendung der vier Grundrechnungsarten im Drei-, Fünf- und Vielsatz rc. Auflösungen: 3. und 4. Heft. 12. (28 S.) Worms 851, Rahke. *
Auflösungen 1. und 2. Heft. Ebendas. 1847. * 5 Ngr.

Köpp, Geo., die 4 Grundrechnungsarten in unbenannten ganzen Zahlen. Aufgabensammlung: 1. Hft. 2. verm. Aufl. 12. (24 S.) Worms 847, Rahke. — 3. verb. Aufl. 12. (24 S.) Ebd. 851. — 2. Hft. 12. (48 S.) Ebd. 847. — 2. verb. Aufl. 12. (48 S.) Ebd. 851. (1. Hft.: n. 2 ngr 2. Hft.: n. 1/12 ℳ) n. 4½ ngr

—— dass. — (Gemeine und Decimalbrüche.) Aufgabensammlung: 3. Heft. 12. (48 S.) Ebds. 851. *

—— die vier Grundrechnungsarten in unbenannten ganzen Zahlen. Aufgabensammlung: 1. Heft. 4., verm. Aufl. und 2. Heft. (Aufgabensammlung.) 3., verb. Aufl. 12. Worms, Rahke. [Heft 1. (24 S.) 856. * 2 Ngr., 3. (40 S.) 855. * 2½ Ngr.] *.

—— die vier Grundrechnungsarten in gleich- und ungleichbenannten ganzen Zahlen. (Aufgabensammlung. 2. Heft.) 3., verb. Aufl. 12. (48 S.) Worms 855, Rahke.

— die vier Grundrechnungsarten in gleich- u. ungleichbenannten ganzen Zahlen. Aufgabensammlung. 1. Heft. 4. sehr verm. Aufl. 856. — 5. Aufl. Worms 858. Rahke. 12. (24 S.) n. 2½ ngr

— — Aufgabensammlung. 2. Heft. 3. verb. Aufl. 855. — 4. Aufl. Ebend. 858. 12. (48 S.) n. 2½ ngr

— — (Gemeine u. Decimalbrüche.) Aufgabensammlung. 3. Heft. 2. verb. Aufl. Ebend. 855. 12. (40 S.) n. 2½ ngr

— illustrirtes Hand- und Nachschlagebuch der vorzüglichsten Lehr- und Veranschaulichungsmittel aus dem Gesammtgebiete der Erziehung und des Unterrichts für Fachleute an Lehranstalten und Instituten jeder Art, insbesondere an Volksschulen, Fortbildungsschulen, höheren Bürgerschulen, Lehrerseminarien, Realschulen, Gymnasien etc. Mit 576 eingedr. Holzschn. 8 Lfgn. gr. 8. Ebendas. [1.—6. Lfg. (S. 1—480.) 875,76. à 80 Pf.; 7. und 8. Lfg. (XI, S. 481—764.) * ℳ 3,20.] *

— illustrirtes Hand- u. Nachschlagebuch der vorzüglichsten Lehr- u. Veranschaulichungsmittel aus dem Gesammtgebiete der Erziehung u. des Unterrichts für Fachleute an Lehranstalten u. Instituten jeder Art, insbesondere an Volksschulen, Fortbildungsschulen, höheren Bürgerschulen, Lehrerseminarien. Realschulen, Gymnasien etc. Mit 576 eingedr. Holzschn. 7. u. 8. Lfg. bis Schluss. gr. 8. (XI u. S. 481—764.) Ebend. 877. n. 3. 20 (cplt.: n. 10. —)

— Kanzleischrift-Vorlagen zum Gebrauche in Gymnasien, Realschulen, Seminarien rc., sowie zur Selbstübung. 1. Hft. qu. gr. 8. (8 Steintaf.) Bensheim 880. Pädagog. Institut. n. — 50

—— geometrische Körpernetze zum Anfertigen von Körper-Modellen für den Unterricht in der Geometrie. 1. Heft. Fol. (2 Stnt.) Ebendas. 887. *

Koepp, G. Unsere Lehrmittel. Illustriertes Hilfsbuch bei Wahl u. Anschaffg. v. Lehrmitteln f. Schule u. Haus. Ein Führer auf dem Gebiete d. gesamten Lehrmittelwesens der Gegenwart. gr. 8. (IV, 235 S. m. 44 eingedr. Abbildgn.) Bensheim 890, Lehrmittelanstalt Ehrhard u. Comp. geb. * 2 —

—— Leitfaden zur Kenntniß des neuen Maßes und Gewichts. Eine Anleitung zur Einführung in das richt. Verständniß und den prakt. Gebrauch desselben für Lehrer und Gewerbtreibende im Großherzogth. Hessen. 1.—3. verm. und verb. Aufl. 8. (48 S. mit 1 Holzschntaf. in qu. 4.) Ebendas. 870—72. * — 40

—— Liedertempel. Eine Sammlung zwei- und dreistimmiger Lieder für Schul- und Kirchenchöre zum Gebrauche beim Gottesdienste des ganzen Kirchenjahres. In Verbindung mit mehreren Musikfreunden bearb. 1. Heft: (27 dreistimm. Lieder rc.) 8. (24 S.) Mainz 854, Fr. Schott.

—— der neue Maß- und Gewichtsumrechner für das Großherzogth. Hessen. 1.—3. Aufl. 8. (24 S.) Ebendas. 871—73. * — 20

—— der Meter und seine Eintheilung. Fol. (2 Bog.) Ebendas. 887. *
Auf Leinw. mit Stäben *

—— der neue Münzberechner, eine ausgeführte Umrechnung der Reichsmünze, der Thalerwährung, der süddeutschen Währung, der österreich. Währung, der französ. Währung unter einander von der kleinsten bis zu 100,000 Stück der größten Münze der betr. Währung, nebst dem neuen Münzgesetze. 8. (26 S.) Ebendas. 872. — 25

—— der neue Münzberechner, eine ausgeführte Umrechnung der Reichsmünze in Thaler-Währung, süddeutsche, österreich. und französ. Währung rc. und umgekehrt von der kleinsten bis zu einer Million Stück der größten Einheits-Münze der betr. Währung nebst dem neuen Münzgesetze. 3.—8. verm. und verb. Aufl. 8. (32 S.) Ebendas. 872,73. 40 Pf.; cart. * — 50

—— ausführliches Münztableau, eine genaue Umrechnung der Reichsmünze in Thaler-Währung, süddeutsche, österreich., französ., Lübische, Hamburger und Bremer Währung und umgekehrt von der kleinsten bis zu einer Million Stück der größten Einheits-Münze der betr. Währung, nebst dem neuen Münzgesetze. qu. 4. (1 Bl. in Imp.-Fol.) Ebendas. 872. — 40

— Muster-Alphabete einfacher u. verzierter Schreib- u. Druckschriftarten, für Calligraphen, Zeichner, Architekten etc. zusammengestellt. 1—8. Hft. qu. gr. 8. (à 6 Bl.) Ebend. 880. à n. — 30

Koepp, G., Muster-Alphabete einfacher u. verzierter Schreib- u. Druckschriftarten f. Kalligraphen, Zeichner, Architekten, Dekorationsmaler, Goldarbeiter, Graveure, Lithographen etc. 1.—3. Hft. 2. Aufl. qu. gr. 8. (à 6 Blatt.) Leipzig (900). Kössling. à n. — 30

Köpp, G., s. a. **Quadratmeter**, das, u. s. Einteilg.

—— der Quadratmeter und seine Eintheilung. Fol. (4 Bog.) Ebendas. 887. *
Auf Leinw. mit Stäben *

—— Rechenfibel oder Vorbereitungsheft zu den vier Grundrechnungsarten, umfassend den Zahlenkreis von 1 bis 10 und von 10 bis 100 in über 30000 Aufgaben. 8. (8 S.) Worms 855, Rahke. *

— **Rechenfibel** u. Vorbereitungsheft zu den vier Grundrechnungsarten, umfassend den Zahlenkreis von 1 bis 10 u. von 10 bis 100 in über 30,000 Aufgaben. 2. Aufl. Worms 867. Rahke. 8. (8 S.) n. 1 ngr.

— **Rundschrift-Vorlagen** zum Gebrauche in Gymnasien, Realschulen, Seminarien etc., sowie zur Selbstübung. 1. Hft. qu. gr. 8. (8 Bl.) Ebend. 880. n. — 50

— Neuester illustr. **Special-Katalog** üb. geometr. Modelle: Linien, Flächen, Körper u. Sammlgn. von denselben zur Veranschaulichg. planimetr., stereometr. u. trigonometr. Begriffe u. Lehrsätze. gr. 8. (VI, 125 S. m. 416 Illustr.) Bensheim 898. Lehrmittelanstalt J. Ehrhard & Co. n.n. — 50

— Special-Verzeichniss der 9 Sammlungen geometrischer Körper zur Veranschaulichung stereometrischer Begriffe und Lehrsätze zusammengestellt und verfertigt von der Lehrmittelanstalt. 8. (31 S. mit eingedr. Holzschn.) Ebendas. 875. *

Köpp, Gust., organische Entwickelung der ebenen u. körperlichen Trigonometrie. Zum Gebrauche auf Realschulen, Gymnasien u. anderen höheren Lehranstalten. Eisenach 863. Baerecke. gr. 8. (XIX, 245 S. mit Holzschn. im Text u. 6 lith. Taf. in gr. 8. u. 4.) n. 1 ℛ 18 ngr.

Köpp, Gust., Schularithmetik. Eisenach 867. Baerecke. gr. 8. (XVII, 479 S.) n. 1 ℛ 10 ngr.

Koepp, Gustavus Adolphus: De integralibus definitis. Brunsvigae 1841: Orphanotropheum ducale. 28 S. 8° (4°)
Halle, Wittenberg, Phil. Diss. v. 7. Juli 1841
Geb. Braunschweig 7. 2. 1819. V.

Köpp, Joh. Ulrich Christian. Die Reine Lehre und Unschuld Des in Gott ruhenden hochberühmten Theologi D. PHILIP JACOB SPENERS, Wider die falschen Beschuldigungen Hn. Erdmann Neumeisters ... Vornehmlich aus den Neumeisterischen Schrifften selbst erwisen ... Berlin. A. Haude, 1727. 4°. 6 Bl. 208 S. mit einigen Zieraten in Holzschnitt.

Koepp's, (R.), chemisch-concentrirter Dünger [nach Bickes System] zum Nutzen f. rationelle Landwirthe veröffentlicht. 4. m. Attesten üb. d. Wirksamkeit u. Vortheile dieses Düngers verm. Aufl. gr. 8. Berlin 851, Schroeder in Comm. Versiegelt. — 5. Aufl. gr. 8. Berlin 852, Barthol. Versiegelt. baar n. 3 ℛ

Koepp, R., System der Samen-Düngung. Nach Bickes. 6. Aufl. gr. 8. Berlin 854, Klaehr. **

Koepp, R., die Vortheile eines Central-Credit-Instituts zur Hebung von Handel und Industrie, Vermehrung des Umsatzes in allen Geschäftsbranchen und Begründung eines unverzinslichen Credits. 1. und 2. Aufl. Mit Anhang: Prospect der Waaren-Credit-Gesellschaft. gr. 8. (42 S.) Berlin 856, Barthol. *

Koepp, Wilhelm: Theologische Thesen ... zur Erwerbung des Grades eines Lizentiaten der Theologie ... Berlin (1910): G. Schade. 2 Bl. 4°
Berlin, Theol. Thesen v. 11. Aug. 1910, Ref. Seeberg
[Geb. 1. Nov. 85 Zoppot; Wohnort: Berlin; Staatsangeh.: Preußen; Vorbildung: Humboldt-Gymn. Berlin Reife M. 03; Studium: Berlin 8 S.; Rig. 23. Juli 10.] [U 10. 6

Köpp v. Felsenthal, s. a. Felsenthal, Köpp von.

Köpp v. Felsenthal, Gebr. Ant. u. Cph., histor.-maler. Darstell. v. Oesterreich. 12 Hfte, mit schwarz. Kpf. Fol. Wien 814—21. Mayer u. Comp. 78 ℛ ill. 126 ℛ Gräffer u. Schm., braune Kpf. Holl. P. 106 ℛ 16 ℊ Velinp. ill. 169 ℛ Dass. ins Französ. übers. (v. B. Fr. v. Haller): description pittoresque et historique de l'Autriche etc.

Köpp von Felsenthal, Anton, & Christoph Köpp von Felsenthal.
Description pittoresque et historique de l'Autriche. S. l. [ca. 1815]. Ü: *Haller, Berchth. Frdr. von.* (Ky)

— d. Feier d. Fürsten. 8. Wien 814.

KOPPAUER, IGN(AZ) Studiosus: Lob- und Pflicht-Rede auf das unbegreifliche Geheimniss der Allerhöchsten Dreyeinigen Gottheit, an dem hohen Titular-Fest des Barfüsser-Ordens und einer Hochlöblichen englischen Erz-Bruderschaft der Allerhöchsten Dreyfaltigkeit von Erlösung gefangener Christen bey Bestättigung deren Würdens-Wahlen vor zahlreicher Anwesenheit, in dem Löbl. Gottes-hause zu klein Maria-Zell nächst Alt-Ofen den 10-ten des Brachmonats im Jahre 1770. Ofen 1770. Gedr. bey Leop. Franz Landerer. 19, 7 S. - kl. 4°

KOPPAUER, IGN(AZ)· Signum Dei vivi. Das Dreyfärbige Schulterkleid, als ein Himmlisches Zeichen Göttlicher Dreyeinigkeit in einer Pflichtmässigen Lob-Rede Am hohe Titular-Fest Des ganzen heil. Ordens, und derselben einverleibten englischen Erz-Bruderschaft Der Allerheiligsten Dreyfaltigkeit, da selbst ihre best-getroffene Würdens-Wahlen zu klein Maria-Zell nächst Alt-Ofen feyerlich bestättiget den 29-ten May im Jahre 1768 vorgetragen Der Ehr- und Tugendsame Jüngling Ignatius Koppauer. Pest o. J. (1768). Gedr. mit Eizenbergerischen Schriften (20 S.) - kl. 4°

Koppay, J.

— u. Br. **Piglhein**, Jahreszeiten. Frei nach Pastellen von K. u. P. (Grosse Ausg.) Fol. (4 farb. Bl.) Teplitz 894. Willner & Pick. n. 8. —; einzelne Blätter 3. —

— dasselbe. (Kleine Ausg.) hoch 4. (4 farb. Bl.) Ebd. 894. n. 4. —; einzelne Blätter 1. 50

Koppay, J., der Kuss. 10 Bilder in Photogr. nach Pastellgemälden von J. K., m. Gedichten von Paul v. Schönthan (auf der Rückseite). gr. 8. Berlin 891. Hanfstaengl's Nachf. In Leinw.-Mappe. n. 10. —; in Fol.-Format 25. —

Koppe, Jh. Benj.; über ihn, e. biograph. Fragment (von T. L. Hoppenstedt). gr. 8. Hannov. 791. Hahn. 6 ℊ (Leipz., W. Vogel). 4 ℊ

Koppe, üb., e. biogr. Fragment. gr. 8. Hannov. Hahn. 792.

Koppe, J. G., sein Leben u. Wirken. Mit dem Portr. Koppe's (in Holzschn.) Wittenberg (Leipzig) 863. Reichenbach. gr. 8. (15 S.) 6 ngr.

kleine Koppe (589 Meter) bei Gräfenberg, Rundschau von der, nach d. Natur gezeichnet v. Ed. Zelenka. 4 Bl. Freiwaldau, A. Blažek. Ausg. A. in feiner Decke m. Golddr. 3 fl. 20 kr.; B m. Schwarzdr. 3 fl.; C. in Kapsel 2 fl. Jus. 10 2

1885

Ankündigungen wider das Verkündigungsblatt der A. B. L. [d. h. Allgemeine Bürger-Loge]. [Von Koppe.]
Zit. in: Eberhardt, A. P.: Winkellogen. S. 37.

Koppe: Über das körperliche Dreieck. 14 S. und Fgt. – Soest, Progr. 1853.

Marschalk v. Ostheim, Friedr. Aug. Christian Aegidius: [Ehrenkranz.] Dem unvergesslichen Andenken ihres entschlafenen Brs. Friedr. Aug. Christian Aegidius Marschalk v. Ostheim widmete die nachstehenden maurerischen Arbeiten bey einer gehaltenen feyerlichen Trauer Versammlung die Loge Augusta zu den 3 Flammen in Göttingen den 27ten Nov. 1782. [Hrsg. von Koppe.] Als Ms. f. Brr. [Göttingen 1782.] 44 S. 8°

Koppe: Der mathem. Lehrplan für das Gymnasium. 24 S.–Soest,Progr. 1866

Koppe B. die Vorarbeiten für den Bau der Gotthardbahn. (Sammlung populärer Schriften der Gesellschaft Urania 31) Berlin 1894

Koppe, C. F., praes. Jo. Chr. **Stock,** De coxagra sivo passiono ischiadica. 29 pp. Jen. 4°. 1731

Koppe, C. F. A. Commentatio trigonometrica de theoremate:
sin (A + B) = sin A cos B + cos A sin B
cos (A + B) = cos A cos B — sin A sin B.
14 S. . . . .
Marienwerder, Progr. 1828

Koppe, C. G., de jure principiis circa immutanda emendandaque ea, quae in fundationibus ad pias causas specialiter a fundatoribus determinata sunt. 4. Helmst. 798. Fleckeisen. 9 gl

[**Köppe,** C. W.]: Briefe in die Heimath, geschrieben zwischen October 1829 und Mai 1830 während einer Reise über Frankreich, England und die Vereinigten Staaten von Nordamerica nach Mexico. Stuttgart u. Tübingen 1835. X. 201 S.
= Reisen und Länderbeschreibungen der älteren und neuesten Zeit. Lfg. 6. 8°

[**Koppe,** C. W.]: Mexicanische Zustände aus den Jahren 1830 bis 1832. Bd. 1. 2. Stuttgart u. Tübingen 1837. 2 Bde. XXXVI. 492: VII. 343 S.
= Reisen und Länderbeschreibungen der älteren und neuesten Zeit. Lfg. 10 u. 13. 8°.

Koppe, Carl, s. K o p p e , Karl

Koppe, Frid. Guil. Armin. (geb. Cottbus 20. 7. 1834): De variis labii fissi formis et operandi methodis. Berolini (1858). (35 S.) 8°
Berlin, Med. Diss. v. 30. März 1858

Koppe, Fritz, a. Elberfeld, Referendar am kgl. Amtsgericht zu Langenberg: Das Recht am eigenen Körper; insbesondere seine Gestaltung bezüglich der Bestandteile, die vom Körper getrennt werden. Elberfeld 1907: E. Dick. (VIII, 92 S.) 8°
Erlangen, Jur. Fak., Ref. Oertmann, Diss. v. 21. Febr. 1907
[Geb. 13. Sept. 84 Elberfeld; Wohnort: Langenberg, Rheinl.; Staatsangeh.: Preußen; Vorbildung: Gymn. Elberfeld Reife 03; Studium: Marburg 2, München 2, Bonn 2 S.; Rig. 7. Dez. 06.]

Koppe, Gust. Henr. (geb. Cottbus 16. 11. 1821): De typho exanthematico quaedam. Berolini (1847). (30 S.) 8°
Berlin, Med. Diss. v. 12. Okt. 1847

Koppe, H., der Jacobische Multiplicator für die Differentialvergleichungen der Mechanik bei Existenz einer auch von den ersten Derivirten nach der Zeit abhängenden Kräftefunction. Inaugural-Dissertation. gr. 8. (43 S.) Jena 879, (Neuenhahn.) *

Koppe, Heinr., mathematische Modelle zum Selbstanfertigen. (9 Taf. m. 11 S. Text.) gr. 8. Nordhausen (910). J. Koppe. In Umschlag 1. 50

Koppe, Herm., neuester Führer durch die königl. Museen, die Wagener'sche, Raczynski'sche und Ravené'sche Gemälde-Sammlung in Berlin. 16. (198 S.) Berlin 866, [Cohn.] *

Koppe, J. G., s. Plauderer, der.

Koppe, J. F., Vers. e. poet. Uebers. d. Tassolsch. Heldengedicht: Gottfried, od. d. befreyte Jerusalem. 8. Lpz. Breitkopf. 744.

Koppe, Johann Benjamin

Koppe, Jh. Benj., († d. 12. Febr. 1791.) genauere Bestimmung des Erbaulichen in Predigten. gr. 8. Götting. 778. Dieterich. 2 gl

Koppe, J. B., Bestimm. d. Erbaulichen in Predigten. gr. 8. Gött. Dieterich. 779. Rthlr.

Koppe, Jo. Benj.: Foederatarum rerumpublicarum coalitio vix unquam satis fida exemplis ex antiquitate illustratur. Gottingae 1783.

— de critica veteris Testamenti caute adhibenda. 4. Danzig 769.

Koppe, (J. B.,) Gesangbuch, s. Gesangbuch.

— christl. Gesangbuch. 8. Götting. 780. Dieterich. 4 gl N. A. für Schulen bearb. von J. C. Westenbostel. gr. 8. Hannov. 823. Hahn. 6 gl

Koppe, Joh. Benj., christl. Gesangbuch. Neue durchaus umgeänd. u. f. Schulen bearb. Ausg. v. Fr. Chr. Westenbostel. 2., verb. Aufl. — A. u. d. T.: Geistl. Lieder f. Schulen u. zur häusl. Erbauung. gr. 8. (11¾ B.) Hannover 839, Hahn'sche Hofbuchh.

-- s. J e s a i a s .

Koppe, J. B., interpretatio orat. Chr. cum Nicodemo. Gotting. 1778. 4; rep. in Pott syll. commentt. 4. p. 31—59.

Koppe, J. B., Marcus non epitomator Matthaei. Gotting. 1783. 4; rep. in Pott syll. comentt. theol. 1. p. 35—69.

Koppe, Johann Benjamin.
Predigten . . . Göttingen 1792—93. H: *Spittler, Ludw. Timotheus.* (BrMm) (Ky) (Winer)

— Predigten; nach seinem Tode herausg. (v. L. T. Spittler). 2 Sammll. gr. 8. Götting. 792, 93. Dieterich. 3 ß

Koppe, J. B., de regno Messiae. Gotting. 1780. 4.

– s. T e s t a m e n t u m novum.

— vindiciae oraculorum a daemonum aeque imperio ac sacerdotum fraudibus. 8. Götting. 774.

Koppe, Joh. Chr., s.a. A l m a n a c h , Juristischer.

Koppe, Jh. Chr., († d. 2. Nov. 1827.) jurist. Almanach, (oder Jahrb. d. Rechtsgelahrtheit) für 1792—96. 8. Rostock, Stiller. (1r 18 gr 2r 1 Thlr 3r 1 Thlr 8 gr 4r 1 Thlr 6 gr 5r 1 Thlr 4 gr) 5 Thlr 12 gr

KOPPE, J. Ch.: Jurist. Almanach a. d. J. 1792 b. 96. — Seit 1794 auch u. d. T.: Jahrb. d. Rechtsgelahrtheit von 17.. *Rostock* und *Lpz.*, Koppe. 792—97. 8. (f. 792. 18 Gr., f. 793—95. à 1 Thl., f. 796. 1 Thl. 6 Gr.)

— niedersächs. A r c h i v f. Jurisprud. s.a. A r c h i v.

KOPPE's, J. Ch.: Niedersächs. Archiv f. Jurisprud. u. jurist. Liter. In Gesellsch. mehr. herausg. 2 Bde. *Lpz.*, Gräff, 788. 8. (1 Thl. 8 Gr.)

Koppe, Jh. Chr., aus Scherz kann Ernst werden. Lstspl. in 1 A. gr. 8. Berl. 780. (Sander). 2 gr

— Götting. jurist. Bibliothek, oder chronolog. Verzeichniß aller seit d. Stiftung d. Universität zu Göttingen bis zu Ende d. J. 1801 herausgekomm. jurist. Schriften; nebst kurzen Biographien etc. 1e Lief. d. J. 1734—1774. 8. Rostock 805.

– s. B u c h w a l d , Frau v.

— Darstell. einer alphabet. Folge d. Mecklenburg. Schriftsteller älterer u. neuerer Zeit. 8. Schwerin 796. (Wienbrack in Lpz.) 4 gr

Koppe, J. Ch.: „Kurze Darstellung der landwirthschaftlichen Verhältnisse in der Mark Brandenburg. Zur Bewillkommnung der Theilnehmer an der Versammlung der deutschen Land- und Forstwirthe zu Potsdam", Berlin 1839.

– s. D r e y e r : Nachrr von seinem Leben.

– s. E r s c h , J. G.: Literatur d. Jurisprudenz.

— wissenschaftl. Jahrbuch d. Herzogth. Mecklenburg. 4. o. O. 808.

KOPPE, J. Ch.: Ueb. d. nothw. Kultur u. Erlern. d. deutschen Privatrechts. *Rost.*, 789. Adler. 4. (4 Gr.) [auch in F. E. K. MERRAU's Miscellan. z. deutsch. Staats- u. Privatrecht. Th. 1. Nr. 2. *Gotha.* 791. gr. 8.]

— Lexikon d. jetzt in Deutschland lebenden jurist. Schriftsteller. 1r Thl. gr. 8. Leipz. 793. Kummer. 1 Thlr 12 gr

— jurist. Magazin. 1s, 2s Stück. gr. 8. Leipz. 793, 94. (à 12 gr) 1 Thlr

Ebend. Magazin f. d. gesammte Rechtsgelahrth. I. Jahrg. 2 Stücke. *Neu-Strel.*, Hofbuch. 789. 8. (1 Thl.)

— Magazin für d. gesammte Rechtsgelahrtheit. 2 Stücke. 8. Rostock 789, 90. Stiller. 1 Thlr

— jetzt lebendes gelehrtes Mecklenburg. 3 Stücke. 8. Rostock 783, 84. Koppe. 1 Thlr 12 gr

– s. M o n a t s s c h r i f t , Rostockische.

— S a m m l. d. Aufsätze, rechtswiss. Inh., w. als Beytr. z. d. Mecklenb. Schwerin. Nachr. gelief. s. 1r Bd. 1r Thl. 8. Schwer. Bödner. 798.

— — dasselbe. 1r Bd. 8. Lpz. Gräff. 798.

Samml. derj. Aufsätze rechtswissenschaftl. Inh., welche v. verschied. Verfassern, grösstenth. v. Rostock. u. Bützowschen Rechtsgelehrten, als gel. Beitrr. zu d. Mecklenburg-Schwerin. Nachr. d. J. 1749—88. geliefert sind; h. v. J. Ch. KOPPE. (*Schwerin*, Bärensprung, u.) *Lpz.* Gräff. In B. 1r. Th. 798. 8. (20 Gr.)

— Mecklenburgs Schriftsteller von d. ältesten Zeiten bis jetzt, mit Vor- u. Zunamen, Bedienung u. Wohnort, in alphabet. Folge dargestellt. 8. Rostock 816. (Leipz., Schmidt). 10 gr

– s. S o n n t a g s l e b e n im Dobberan.

— Dr. Adolf Dietrich Weber, weil. Rostockscher Rechtsgelehrter, nach seinem Leben u. Wirken. gr. 8. Ebd. 818. (Ebd.) 9 gr

— **D. Johann Christian** (Universitäts=Bibliothekar zu Rostock), Ueber die nothwendige Kultur und Erlernung des deutschen Privatrechts nebst einer Anzeige seiner Vorlesungen. Rostock (Adler) April 1789. 20 S. (5.—) 19161

Koppe, Johann Gottlieb

Koppe, J. G., Anleitung zu einem vortheilhaften Betriebe der Landwirthschaft. 5. gänzlich umgearb. Aufl. 3 Thle. Mit 8 Kpfrn. A. u. d. T.: Unterricht im Ackerbau und in der Viehzucht. 8. verm. Aufl. Berlin 856. Rücker u. Püchler. 8. (XXXII, 292; VIII, 412; VIII, 284 S.) 4 Thlr. 22½ ngr.
Inhalt: 1. Thl.: Allgem. Verhältnisse des landwirthschaftlichen Gewerbes. — 2. Thl.: Der Ackerbau. — 3. Thl.: Die Viehzucht.

Koppe, J. G., Anleitung zu einem vortheilhaften Betriebe der Landwirthschaft. 3 Thle. 7. gänzlich umgearb. Aufl. A. u. d. T.: Unterricht im Ackerbau u. in der Viehzucht. 3 Thle. 9. verm. Aufl. Mit 8 Kpfrn. (in 8. u. 4.) Berlin 861. Rücker & Püchler. 8. (XLVIII, 988 S.) 4 Thlr 22½ ngr.

— Anleit. zur Zucht d. Merinos, zum Waschen u. Schur d. Schafe etc. gr. 8. Berl. 827. Rücker. 1 Thlr

Koppe, J. G., Beiträge zur Beantwortung der Frage: sind große oder kleine Landgüter zweckmäßiger für das allgemeine Beste? gr. 8. (IV und 102 S.) Berlin 847, Hold. *

—— Betrachtungen über die Grundsteuer. 8. (47 S.) Berlin 849, Hold.

Koppe, J. G., kurze Darstellung d. landwirthschaftl. Verhältnisse d. Mark Brandenburg. Zur Bewillkomnn. d. Theilnehmer an d. dritten Versamml. deutscher Land- u. Forstwirthe. gr. 8. (1¾ B.) Berlin 839, (Hold.) *

—— über d. Erzeugung d. Rübenzuckers in ihren staatswirthschaftl. u. gewerbl. Beziehungen. gr. 8. (3¾ B.) Berlin 841, Hold.

— s. Mittheilungen aus d. Gebiete d. Landwirthschaft.

Koppe, J. G., Mittheilungen über die Geschichte des Ackerbaues in Nord-Deutschland, besonders in Preußen, im 18. und 19. Jahrhundert, zur Prüfung der Frage: ob Gründe vorliegen, der neueren Landwirthschaft Schuld zu geben, daß sie ein Raub-System befolge? br. 8. (37 S.) Berlin 860, Rücker und Püchler.

— Nachtrag zu seiner Schrift: Revision d. Ackerbausysteme etc. 8. Berlin 819. Rücker. 12 gr

—— und C. W. H. Klebe, Oekonomie, od. d. Lehre v. d. Verhältnissen d. einzel. Theile d. Landwirthschaft zu einander u. z. Ganzen. 2 Thle. M. 2 Kpfrtaf. (qu. Fol.) 8. (39½ B. u. 6 Tab.) Leipzig 831, Baumgärtner.
Aus der „Allgem. Encyklopädie d. gesammt. Land- u. Hauswirthschaft ꝛc. hrsg. v. Putsche" besond. abgedruckt.

Koppe, J. G., Revision der Ackerbausysteme. gr. 8. Berlin, Reimer. 818.

Koppe, J. G., Unterricht im Ackerbau u. in der Viehzucht, s.a. Bibliothek landwirthschaftlicher Classiker.

Koppe, J. G., Unterricht im Ackerbau u. in d. Viehzucht. Ein Handbuch f. Landleute, herausg. v. A. Thaer. 2 Bde. gr. 8. Berl. Achenwall u. Comp. 813.

—— Unterricht im Ackerbau und in der Viehzucht. Ein Handbuch für den Landmann. Herausgeg. von Thaer. 2te verb. u. verm. Aufl. 2 Thle. gr. 8. Ebend. 818.

Koppe, Joh. Geo., Unterricht im Ackerbau u. in d. Viehzucht. 1. Thl. 3., gänzl. umgearb. Aufl. — A. u. d. T.: Anleitung zu e. vortheilhaften Betriebe d. Landwirthschaft. 1. Thl. Allgem. Verhältn. d. landwirthschaftl. Gewerbes. M. 3 Kpfrt. 8. (19¼ B.) Berlin 829, Rücker.

—— dass. 2. Thl. 3., gänzl. umgearb. Aufl — A. u. d. T.: Anleitung ꝛc. 2. Thl. Der Ackerbau. M. 5 Kpfr. 8. (25 B.) Berlin 830, Rücker.

—— dass. 3. Thl. — A. u. d. T.: Anleitung zu e. vortheilhaften Betriebe d. Landwirthschaft. 3. Thl. Die Viehzucht. 8. (18 B.) Berlin 831, Rücker.

—— Unterricht im Ackerbau u. in d. Viehzucht. — A. u. d. T.: Anleitung zu ein. vortheilhaften Betriebe d. Landwirthschaft. 3 Thle. Unveränd. Abdruck d. 3., gänzl. umgearb. Aufl. (62 B. u. 8 Kpfrt.) 836. 5., gänzl. umgearb. Aufl. 8. (63¼ B. u. 8 Kpfrt.) Berlin 841, 42, Rücker u. Püchler. à Aufl.

Koppe, J. G., Unterricht im Ackerbau u. in d. Viehzucht. 3 Thle. 6. Aufl. A. u. d. T.: Anleitung zu ein. vortheilhaften Betriebe der Landwirthschaft. 3 Thle. 8. (64 B. u. 8 Kpfrt.) Berlin 845, Rücker u. Püchler.

—— Unterricht im Ackerbau und in der Viehzucht. 3 Thle. 7. Aufl. Mit 8 Kpfrn. A. u. d. T.: Anleitung zu einem vortheilhaften Betriebe der Landwirthschaft. 3 Thle. 5., gänzlich umgearb. Aufl. 8. (1. Thl. XVI und 291 S. mit 3 Kpfrn. in 4.) Berlin 851, Rücker und Püchler.

Koppe, J. G. Unterricht im Ackerbau und in der Viehzucht. 9. A. Berlin 1861. 3 Thle.

Koppe's, J. G., Unterricht im Ackerbau und in der Viehzucht. Mit Koppe's Portr. und Biographie. 10. Aufl., hrsg. und durch Zusätze verm. von Emil v. Wolff. 15 Lfgn. gr. 8. (XXXII, 909 S. mit 1 Holzschntaf.) Berlin 873, Wiegandt, Hempel und Parey. à Lfg. *ℳ 1. * 15 —

Koppe's, Joh. Glieb., Unterricht im Ackerbau und in der Viehzucht. Anleitung zu vorteilhaftem Betriebe der Landwirtschaft. 11. Aufl., von neuem durchges. und mit Zusätzen hrsg. von Emil Wolff. gr. 8. (XXIV, 646 S. mit Koppe's Holzschn.-Bildniß und Lebensbeschreibung.) Berlin 885, Parey. geb. * 10 —

—— über die Verwaltung der Landgemeinden. gr. 8. (44 S.) Berlin 851, Hold. *

— Vorschläge z. Rettung d. durch den Krieg verunglückten Grundbesitzer in Sachsen, mit 1 Tabelle. 8. Berlin, Akadem. Buchh. 814.

— — Vorschläge zur Rettung der durch den Krieg Verunglückten ꝛc. 8. Berlin. 814. Jetzt Rücker u. d. Preis.

— wohlgemeinte Winke u. Rathschläge f. diejenigen Landwirthe, deren Wirthschaften durch d. Krieg gelitten haben. 8. Ebend. 814.

Koppe, K.

Koppe, (Regierungsrath.) Bemerkungen über Verfassung. 4. Hamm, Schulze u. Wundermann. 816.

— d. Stimme e. preuß. Staatsbürgers in den wichtigsten Angelegenheiten dieser Zeit. 8. Köln 815. Du-Mont-Schauberg. 14 gr

Koppe, Karl

Koppe, C. Die Absteckung der Axe im Gotthardtunnel. Zürich 1880. 4.

Koppe, Carl, d. interessantesten Alpen- u. Bergbahnen vornehml. der Schweiz, s.a. Sammlung populärer Schriften, hrsg. v. d. Gesellschaft Urania.

Die interessantesten Alpen- und Bergbahnen vornehmlich der Schweiz. Von Prof. Dr. Carl Koppe in Braunschweig. M. Ill. *Berlin: H. Paetel 1896.* (SA. a. 'Himmel u. Erde' Jg. VIII. H. 4. 5. 7. 8.) (56 S., 1 Taf., 1 Kt.) 1 Bd 4.(8.)
= Sammlung populärer Schriften hrsg. v. d. ... Urania. No 40. [97. 8066

Koppe, C[arl]. Der neue Berner Alpen-Durchstich und die Lötschbergbahn. [Mit Textfiguren, 2 Tafeln und 1 Karte.] gr.-8.
In: Himmel und Erde. Illustrierte naturwissenschaftliche Monatsschrift. Hrg. von der Gesellschaft «Urania» .... Jahrg. 20, Heft 7. April 1908. Berlin, Hermann Paetel. M. 1.60. S. 289 — 304.

Koppe, C. Die niedere Analysis. Essen. 1838.

Koppe, Karl (II.), die Aneroid-Barometer von Jacob Goldschmid und das barometrische Höhenmessen. Aus dem Nachlasse des Erfinders bearb. gr. 8. (96 S. mit eingedr. Holzschn. und 2 Stnt.) Zürich 877, Schulthess. *

Koppe, C. Über die verbesserten Goldschmid'schen Aneroide von Hottinger & Cie. in Zürich. Zurich 1882. 4.

Koppe, Carl, Anfangsgründe der algebraischen Analysis nebst Ergänzungen zur Arithmetik für den Schul- u. Selbst-Unterricht bearb. Mit e. (lith.) Fig.-Taf. Essen 870. Bädeker. gr. 8. (IV, 123 S.) n. 20 ngr.

—— Anfangsgründe der analytischen Geometrie und der Lehre von den Kegelschnitten für den Schul- und Selbst-Unterricht. gr. 8. (IV, 135 S. mit 12 lithogr. Fig.-Taf.) Ebendas. 868. * 2 40
geb. * 3 —

Koppe, Karl, Anfangsgründe der reinen Mathematik, für den Schulunterricht bearbeitet. 1r Thl. A. u. d. T.: Die Arithmetik, Algebra u. allgemeine Größenlehre. gr. 8. Essen 836. Bädeker. ⅔ ₰

— dass. 2r Thl. Mit 6 Steindrucktaf. A. u. d. T.: Die Planimetrie und Stereometrie. gr. 8. Ebd. 836. ⅞ ₰

— dass. 3r Thl. A. u. d. T.: Die ebene und sphärische Trigonometrie. Mit 3 Steindrucktaf. gr. 8. Ebd. 837. ½ ₰

— dass. 4r Thl. A. u. d. T.: Die Niedere Analysis, leicht faßlich dargestellt und durch Beispiele mehrfach erläutert. gr. 8. Ebd. 838. ½ ₰

Koppe, Karl, Anfangsgründe der reinen Mathematik, für den Schul- und Selbst-Unterricht. 2. Thl. Planimetrie und Stereometrie. 2. umgearb. u. verm. Aufl. Mit 6 Figurentaf. gr. 8. Essen 846, Bädeker. 27 ngl

Koppe, Carl, Anfangsgründe der reinen Mathematik für den Schul- und Selbstunterricht bearb. 1. Thl. 3. Aufl. A. u. d. T.: Die Arithmetik und Algebra. 3. Aufl. gr. 8. (VIII und 248 S.) Essen 852, Bädeker.

—— dass. — 2. Thl. 3. Aufl. (XII und 163 S. mit 6 Stnt. in qu. Fol.) 1851. und 4., verb. Aufl. A. u. d. T.: Die Planimetrie. 3. und 4., verb. Aufl. gr. 8. (XII und 163 S. mit 9 Stnt.) Ebds. 852.

—— dass. — 3. Thl. 4. Aufl. A. u. d. T.: Die Stereometrie. 4., durch Aufgaben verm. Aufl. gr. 8. (VI und 98 S. mit 6 Figurentaf. in Holzschn.) Ebds. 852.

—— dass. — 4. Thl. 2. Aufl. A. u. d. T.: Die ebene Trigonometrie. 2., umgearb. und durch Aufgaben verm. Aufl. gr. 8. (VI und 126 S. mit 5 Holzschnt.) Ebds. 853. *

Koppe, Karl, Anfangsgründe der reinen Mathematik für den Schul- und Selbst-Unterricht bearb. 4 Thle. Essen, Bädeker. gr. 8.
1. Thl.: Die Arithmetik u. Algebra. 5. Aufl. 858. (VIII, 248 S.) 27 ngr.
2. Thl.: Die Planimetrie. Mit 9 Figurentaf. (in Holzschn.) 6. verb. Aufl. 856. (VIII, 144 S.) 18 ngr. — 7. verb. Aufl. Mit 9 (lith.) Figurentaf. 858. (VIII, 148 S.) n. 18 ngr.
3. Thl.: Die Stereometrie. Mit 7 (lith.) Figurentaf. 5. verb. Aufl. 855. (VIII, 96 S.) 12 ngr.
4. Thl.: Die ebene Trigonometrie. 2. gänzlich umgearb. u. durch Aufgaben verm. Aufl. 853. (VI, 126 S. u. 5 Taf. in Holzschn.) n. 16 ngr.

Koppe, Karl, Anfangsgründe der reinen Mathematik für den Schul- u. Selbst-Unterricht. Essen, Bädeker. gr. 8.
1. Theil: Arithmetik u. Algebra. 6. Aufl. 862. (VIII, 248 S.) n. 27 ngr.
2. Theil: Planimetrie. 8. verb. Aufl. Mit 10 Fig.-Taf. (Holzschn.) 862. (VI, 154 S.) n. 18 ngr.
3. Theil: Stereometrie. 6. verb. Aufl. Mit 8 Fig.-Taf. (Holzschn.) 863. (IV, 106 S.) n. 12 ngr.
4. Theil: Die ebene Trigonometrie. 3., verb. Aufl. 860. (VI, 122 S. mit 5 Holzschntaf.) n. 16 ngr.

— Anfangsgründe der reinen Mathematik für den Schul- u. Selbstunterricht. 4. Thl. Die ebene Trigonometrie. 4., verb. Aufl. Ebend. 866. gr. 8. (VI, 119 S. mit 15 Steintaff.) n. 16 ngr.

Koppe, Karl, Anfangsgründe der reinen Mathematik. 1.—4. Thl. gr. 8. Essen, Baedeker. *

Inhalt:
Thl. 1. Die Arithmetik und Algebra für den Schul- und Selbst-Unterricht bearb. 7.—10. verb. Aufl. (258 S.) 868—74. * M 2,70.
" 2. Die Planimetrie für den Schul- und Selbst-Unterricht bearb. 9.—12. Aufl. (156 S. mit 10 lithogr. Fig.-Taf.) 873. * M 2,10.
" 3. Die Stereometrie für den Schul- und Selbst-Unterricht bearb. 7.—9. vielfach verb. Aufl. (132 S. mit 8 lithogr. Fig.-Taf.) 869—74. M 1,60.
" 4. Die ebene Trigonometrie. 5. verb. Aufl. (VI, 119 S. mit 6 lithogr. Fig.-Taf.) 871. * M 1.60.
5. Thl. Die niedere Analysis. Ebendas. 1838. M 1,50.

Koppe, Karl (I.), Anfangsgründe der reinen Mathematik. 4 Thle. gr. 8. Essen, Baedeker. *

Inhalt:
Thl. 1. Die Arithmetik und Algebra für den Schul- und Selbst-Unterricht bearb. 11. verb. Aufl. bearb. von W. Dahl. (IV, 260 S.) 876. * M 2,70.
" 2. Die Planimetrie für den Schul- und Selbst-Unterricht bearb. 13. Aufl. bearb. von W. Dahl. (VI, 157 S. mit 10 lithogr. Fig.-Taf.) 876. * M 2,10.
" 3. Die Stereometrie für den Schul- und Selbst-Unterricht bearb. 10. vielfach verb. Aufl. (132 S. mit 8 lithogr. Fig.-Taf.) 879. * M 1,60.
" 4. Die ebene Trigonometrie. 6. und 7. verb. Aufl. (VI, 119 S. mit 5 lithogr. Fig.-Taf.) 878,79. * M 1,60.

Koppe, Karl, Anfangsgründe der reinen Mathematik. Bearb. von W. Dahl. 1.—3. Thl. gr. 8. Essen, Baedeker. geb.

Inhalt:
Thl. 1. Die Arithmetik und Algebra für den Schul- und Selbst-Unterricht bearb. 12. Aufl. (IV, 254 S.) 882. * M 2,70.; geb. ** M 3,70.
" 2. Die Planimetrie für den Schul- und Selbst-Unterricht bearb. 14. verb. Aufl. (VI, 157 S. mit 10 lithogr. Fig.-Taf.) 880. * M 2,10.; geb. ** M 2,70.
" 3. Die Stereometrie für den Schul- und Selbst-Unterricht bearb. 11. Aufl. (IV, 134 S. mit 9 lithogr. Fig.-Taf.) 883. * M 1,60.; geb. ** M 2,20.
4. Thl. Ebendas. 1879. * M 1,60.; geb. ** M 2,20.

Koppe, C. Anfangsgründe der Physik. Essen, 1855.
dgl. 7. Auflage. Ebend., 1861.
dgl. 20. Auflage. Bd. I, II. Ebend., 1894.

Koppe, Karl, Anfangsgründe der Physik. 2. u. 7. Aufl. Essen 1850. (7751—55)

Koppe, K. Anfangsgründe der Physik. 5. A. Essen 1855.

Koppe, K., Anfangsgründe der Physik. 8. Aufl. Essen 1864. 8°.

—— Anfangsgründe der Physik m. Einschluß der Chemie u. mathematischen Geographie f. den Unterricht an höheren Lehranstalten, sowie zur Selbstbelehrg. 18. Aufl., bearb. v. H. Koppe. Mit 383 in den Text eingedr. Holzschn. gr. 8. (X, 504 S.) Ebd. 892. * 4 80; geb. in Hlbfrz. * 5 40

Koppe's Karl, Anfangsgründe der Physik m. Einschluß der Chemie u. mathematischen Geographie. Für den Unterricht an höheren Lehranstalten, sowie zur Selbstbelehrg. Ausg. A. 19. Aufl., bearb. v. H. Koppe. gr. 8. (X, 504 S. m. 383 Holzschn.) Essen 894. G. D. Baedeker. n. 4. 80; geb. in Halbldr. n. 5. 45

Koppe's, K., Anfangsgründe d. Physik m. Einschluß der Chemie u. mathemat. Geographie. Für d. Unterricht an höh. Lehranst., sow. z. Selbstbelehrg. Ausg. A. 20. Aufl., bearb. v. A. Husmann. Mit 429 in d. Text eingedr. Holzschn. u. 1 Sternkarte. gr. 8. (IX, 582 S.) Essen 898. G. D. Baedeker. Geb. in Leinw. n. 6. —

Koppe's, K., Anfangsgründe der Physik m. Einschluß der Chemie u. mathematischen Geographie. Für den Unterricht an höh. Lehranstalten, sowie zur Selbstbelehrg. 25. Aufl. 21. Aufl. der Ausg. A, bearb. von A. Husmann. Mit 481 in den Text eingedr. Holzschn. u. 1 Sternkarte. gr. 8. (VIII, 687 S.) Essen 901. G. D. Baedeker. Geb. in Leinw. n. 6. —

[Karl] Koppe- (Albert) Husmann, Anfangsgründe der Physik mit Einschluß der mathem. Geographie. Für d. Unterr. an höh. Lehranst., sowie z. Selbstbelehrung. 29. Aufl. (Ausg. A.) Mit 434 Holzsch., 1 Taf., sowie 1 Sternkarte. Essen: G. D. Baedeker 1905. (VIII, 552 S.) 8° [F.]

— u. Husmann's Anfangsgründe der Physik m. Einschluß der mathematischen Geographie u. Chemie. Für den Unterricht an höheren Lehranstalten sowie zur Selbstbelehrg. 31. Aufl. Mit 462 in den Text eingedr. Holzschnitten, 1 mehrfarb. Taf. der Spektren verschied. Elemente u. Himmelskörper, sowie 1 mehrfarb. Sternkarte. Bearb. v. Karl Knops. (Ausg. A.) (VIII, 604 S.) gr. 8. Ebd. 906. Geb. n. 6. —

— dasselbe. 20. Aufl. Ausg. B in 2 Lehrgängen. Für höhere Lehranstalten nach den preuß. Lehrplänen von 1892 bearb. von A. Husmann. 2 Tle. gr. 8. Ebd. 894. Geb. in Leinw. n. 6. —
I. Vorbereit. Lehrgang. (IX, 205 S. m. 178 Holzschn.) n. 2. 20
II. Hauptlehrgang. (VIII, 859 S. m. 238 Holzschn.) n. 3. 80

— dasselbe. Ausg. B. in 2 Lehrgängen. Für höh. Lehranst. nach d. preuß. Lehrplänen v. 1892 bearb. v. A. Husmann. 2 Tle. gr. 8. Ebd. Geb. in Leinw. n. 7. —
1. Vorbereit. Lehrgang. 22. Aufl. (IX, 213 S. m. 173 Holzschn.) 897. Geb. n. 2. 20
2. Hauptlehrgang. 21. Aufl. (d. neuen Bearbeitg. 2. Aufl.) M. 318 in d. Text eingedr. Holzschn. u. 1 Sternkarte. (X, 472 S.) 898. Geb. n. 4. 80

K[arl] Koppe's Anfangsgründe der Physik mit Einschl. d. Chemie u. mathemat. Geogr. Ausg. B in 2 Lehrgängen. Für höh. Lehranst. nach d. preuss. Lehrpl. von 1892 bearb. von Dr. A[lbert] Husmann, Prof. zu Brilon. T. 1. 2. *Essen: G. D. Baedeker 1900.* 2 Bde 8° [F.]
1. Vorbereitender Lehrgang. 24. Aufl. (d. neuen Bearb. 5. Aufl.)
2. Hauptlehrgang. 22. Aufl. (d. neuen Bearb. 3. Aufl.) [01. 5974

— dasselbe. Ausg. B in 2 Lehrgängen. Neu hrsg. u. bearb. v. A. Husmann. gr. 8. Ebd. Geb. in Leinw. n. 7.40
1. Vorbereitender Lehrgang. 6. Aufl. (27. Aufl. des ursprüngl. Werkes.) (VIII, 226 S. m. 176 Holzschn.) 903. n. 2. 20
2. Hauptlehrgang. Größere Ausg.: Lehrbuch der Physik. Mit 296 in d. Text gedr. Holzschn. u. e. farb. Sternkarte. 23. Aufl. (der neuen Bearbeitg. 4. Aufl.) (VIII, 452 S.) 902. n. 5. 20

Koppe's, K., Anfangsgründe der Physik m. Einschluß der Chemie u. mathematischen Geographie. Ausg. B in 2 Lehrgängen. Für höhere Lehranstalten nach den preuß. Lehrplänen von 1901 bearb. v. A. Husmann. II. Tl. Hauptlehrgang. Kürzere Ausg.: Grundriß der Physik. Mit 252 in den Text eingedr. Holzschn. u. 1 farb. Sternkarte. gr. 8. (VIII, 360 S.) Essen 902. G. D. Baedeker. Geb. in Leinw. n. 4. 60

[Karl] Koppe- (Albert) Husmann, Anfangsgründe der Physik mit Einschluß der Chemie und mathem. Geographie. 28. Aufl. d. ursprüngl. Werkes. Ausg. B. in 2 Lehrgängen. Neu hrsg. u. bearb. von Dr. A. Husmann. 7. Aufl. T. 1. Essen: G. D. Baedeker 1904. 8° [F.] 05. 4401

— — dasselbe. Ausg. B in 2 Lehrgängen. Für höhere Lehranstalten bearb. v. A. Husmann. gr. 8. Ebd. Geb. in Leinw. n. 7. 40
1. Vorbereitender Lehrgang. (30. Aufl. des ursprüngl. Werkes.) 8. Aufl. Mit 200 in den Text eingedr. Holzschn. u. 1 farb. Sternkarte (VIII, 255 S.) 906. n. 2. 20
2. Hauptlehrgang. Größere Ausg.: Lehrbuch der Physik. (25. Aufl. des ursprüngl. Werkes.) Mit 322 in den Text eingedr. Holzschnitten., 1 mehrfarb. Taf. der Spektren verschied. Elemente u. Himmelskörper u. 1 farb. Sternkarte. 5. Aufl. (VIII, 440 S.) 904. n. 5. 20

— Anfangsgründe der Physik für den Unterricht in den oberen Klassen der Gymnasien, so wie auch für gebildete Leser überhaupt. Mit zahlr. eingedr. Holzschn. (2 Thle.) gr. 8. (VIII u. 528 S.) Ebd. 847. (1 : n. 2/3 ₰ 2 : n. 1/2 ₰) n. 1 1/6 ₰, — Mit 195 in den Text eingedr. Holzschn. u. 1 (lith.) Karte (in qu. 4.) 2. verm. u. verb. Aufl. gr. 12. (VIII u. 550 S.) Ebd. 850. n. 1 1/6 ₰ — Mit 217 in den Text eingedr. Holzschn. u. 1 (lith.) Karte. 3. verb. Aufl. gr. 8. (VIII u. 471 S.) Ebd. 852. n. 1 1/6 ₰

Koppe, Karl, Anfangsgründe der Physik für den Unterricht in den obersten Klassen der Gymnasien u. Realschulen, sowie zum Selbstunterricht. 4. verb. Aufl. 853. (VIII, 479 S. mit 236 Holzschn. im Text u. 1 lith. Karte in 4.) — 5. verb. Aufl. 855. (VIII, 412 S. mit 252 Holzschn. im Text u. 1 lith. Karte in 4.) — 6. verb. Aufl. Mit 286 in den Text gedr. Holzschn. u. 1 (lith.) Karte (in 4.). Essen 858. Bädeker. gr. 8. (VI, 430 S.) n. 1 ₰. 5 ngr.

— Anfangsgründe der Physik für den Unterricht in den oberen Klassen der Gymnasien u. Realschulen, sowie zur Selbstbelehrung. 7. Aufl. Mit 297 Holzschn. 861. (IV, 410 S.) n. 1 ₰ 5 ngr. — 8. verb. u. verm. Aufl. Mit 329 in den Text eingedr. Holzschn. u. 1 (lith.) Karte (in 4.). Essen 864. Bädeker. gr. 8. (IV, 456 S.) n. 1 ₰ 8 ngr.

— Anfangsgründe der Physik für den Unterricht in den oberen Klassen der Gymnasien u. Realschulen, sowie zur Selbstbelehrung. 9. Aufl. 1866 u. 10., verb. u. verm. Aufl. Ebend. 869. gr. 8. (1. Hälfte. S. 1—240, mit ca. 330 in den Text gedr. Holzschn. u. 1 lith. Karte.) n. 1 ₰ 8 ngr.

Koppe, Karl, Anfangsgründe der Physik f. den Unterricht in den oberen Klassen der Gymnasien u. Realschulen, sowie zur Selbstbelehrg. Mit 338 in den Text eingedr. Holzschn. u. e. (lith.) Karte (in qu. 4.) 11., vielfach verb. Aufl. gr. 8. (IV, 460 S.) Essen 871. Bädeker. n. 3. 50

—— dass. — 12. verb. Aufl. 1874, und 13. [unveränderte] Aufl. gr. 8. (IV, 466 S. mit 345 in den Text eingedr. Holzschn.) Ebendas. 874. 3 M. 4,20.; geb. *

—— Anfangsgründe der Physik für den Unterricht in den oberen Klassen der Gymnasien und Realschulen, sowie zur Selbstbelehrung. 13. [unveränd.] Aufl. gr. 8. (IV, 466 S. mit 345 in den Text eingedr. Holzschn.) Ebendas. 875. geb. *

—— dass. — 14. Aufl., bearb. von W. Dahl. gr. 8. (IV, 471 S. mit 341 in den Text eingedr. Holzschn.) Ebendas. 878. * geb. *

Koppe, Karl, Anfangsgründe der Physik für den Unterricht in den oberen Klassen der Gymnasien u. Realschulen, sowie zur Selbstbelehrung. 15. Aufl., bearb. von W. Dahl. Mit 348 in den Text eingedr. Holzschn. gr. 8. (IV, 452 S.) Essen 881. Bädeker. n. 4. 20; geb. n. 4. 70

Koppe, Karl, Anfangsgründe der Physik f. den Unterricht in den oberen Klassen der Gymnasien u. Realschulen, sowie zur Selbstbelehrg. 16. Aufl., bearb. v. H. Koppe. Mit 350 Holzschn. gr. 8. (VIII, 462 S.) Essen 884. Bädeker. n. 4. 20; Einbd. n.n. — 55

Koppe, K., Anfangsgründe der Physik f. den Unterricht in den oberen Klassen d. Gymnasien u. Realschulen, sowie zur Selbstbelehrg. 17., veränd. Aufl., bearb. von H. Koppe. Mit 359 in den Text eingedr. Holzschn. gr. 8. (VIII, 458 S.) Essen 888. Baedeker. n. 4. 20; geb. n.n. 4. 75

Koppe, Karl, Anfangsgründe d. ebenen u. sphär. Trigonometrie, f. d. Schulunterr. bearb. M. 2 Figtaf. (qu. Fol.) 8. (9¼ B.) Soest 833. (Hannover, Hahn.)

Koppe's, K., Arithmetik u. Algebra z. Gebr. an höh. Unterrichtsanst., neu bearb. v. Jos. Dieckmann. 13. Aufl., m. zahlr. Übgn. u. Aufgaben. 2 Tle. gr. 8. Essen, G. D. Baedeker. Geb. in Leinw. n. 4. 40
1. D. 4 Grundrechngn. — D. linearen Gleichgn. — D. Potenzrechngn. — D. einfachen quadrat. Gleichgn. (VIII, 176 S.) 896. Geb. n. 2. —
2. Lösbare Gleichgn. höh. Grades. — Die Reihen. — Kub. u. biquadrat. Gleichgn. — Numer. Gleichgn. — Größte u. kleinste Werte. (VI, 204 S.) 897. Geb. n. 2. 40

—— die Arithmetik und Algebra für den Schul- und Selbst-Unterricht bearb. 2., umgearb. und durch zahlreiche Aufgaben verm. Aufl. gr. 12. (X und 302 S.) Essen 849, Bädeker.

Koppe (K.), Die Arithmetik und Algebra. 3. Aufl. Essen 1852. 8.

— die Arithmetik u. Algebra für den Schul- u. Selbst-Unterricht bearb. [Anfangsgründe der reinen Mathematik. 1. Thl.] 8., verb. u. verm. Aufl. Ebend. 869. gr. 8. (III, 252 S.) n. 27 ngr.

— die Arithmetik u. Algebra f. den Schul- u. Selbstunterricht. [Anfangsgründe d. reinen Mathematik. 1. Thl.] 11. verb. Aufl., bearb. v. W. Dahl. gr. 8. (IV, 260 S.) Ebend. 876. n. 2. 70

— die Arithmetik u. Algebra, für den Schul- u. Selbst-Unterricht bearb. [Anfangsgründe der reinen Mathematik. I. Tl.] 12. Aufl., bearb. von W. Dahl. gr. 8. (IV, 254 S.) Ebend. 882. n. 2. 70; geb. n. 3. 70

[F.] K[arl] Koppe's Arithmetik und Algebra z. Gebr. an höhern Unterrichtsanst. neu bearb. v. Prof. Dr. Jos. Dieckmann, Dir. ... in Viersen. 13. Aufl. m. zahlr. Übgn u. Aufg. Tl 1. II. *Essen: G. D. Bädeker 1896. 97.* 2 Bde 8.
I. D. 4 Grundrechngn. — D. linearen Gleichgn. — D. Potenzrechngn. — D. einfachen quadrat. Gleichgn. 1896. (VIII, 176 S.)
II. Lösbare Gleichgn höh. Grades. — D. Reihen. — Kub. u. biquadrat. Gleichgn — Numer. Gleichgn. — Grösste u. kleinste Werte. 1897. (VI, 204 S.) [97. 1033

Koppe, C., die Ausgleichungsrechnung nach der Methode der kleinsten Quadrate in der praktischen Geometrie. gr. 8. (VIII, 222 S.) Nordhausen 885. Koppe. n. 6. —

Koppe, C., der Basisapparat des General Ibanez und die Aarberger Basismessung. gr. 4. (11 S. mit eingedr. Fig.) Zürich 881. (Nordhausen, Eigendorf's Buchh.)

Koppe, Carl   Zwei Beiträge zur Elementar-Mathematik. 10 S.
Soest, Progr. 1845

Koppe, Carl, von Soest, Westphalen: Bestimmung der Achse des Gotthardtunnels. Ausgeführt in den Jahren 1874 1875 von C. Koppe, Geometer der Gotthardbahn. [I. (Trigonometrische Höhenmessung zur Tunneltriangulation. — Bestimmung der Axe des Gotthardtunnels. II). ([A. aus:] Zeitschrift f. Vermessungswesen. 1875. VIII. Heft, S. 369—444; 1876, 4. Heft, S. 129—145; 8. Heft, S. 353—382; Beilage A. B. Tafel IV). ([Stuttg. Wittwer] 1875. 76). S. 369—444, 129—145, 353—382, 2 Beil., 1 Taf., 1 Bl. 8°.
[Zürich, Phil. Diss. v. 6. Febr. 1877].

—— und W. Fix, Flora von Soest. Als 2. Aufl. der von Koppe hrsg. Schrift: Standorte in und bei Soest wachsender Pflanzen. gr. 16. (XIV und 136 S.) Soest 865, Nasse's Verlag. *

Koppe, C., die Fortschritte auf dem Gebiete des Vermessungswesens in Preußen unter d. Regierung König Wilhelm I., s. a. Sammlung gemeinverständlicher wissenschaftlicher Vorträge

Koppe C, die Fortschritte auf dem Gebiete des Vermessungswesens in Preussen. (Samml. gemeinverständlicher wissenschaftlicher Vortr. N F 91) Hamburg 1889

—— die mathematische Geographie und die Lehre vom Weltgebäude für den Unterricht in höheren Schulen sowie auch zur Selbstbelehrung. gr. 8. (180 S. mit 45 in den Text eingedr. Holzschn. und 1 lithogr. Sterncharte in qu. 4.) Ebendas. 872. *

—— die mathematische Geographie und die Lehre vom Weltgebäude für den Unterricht in höheren Schulen sowie auch zur Selbstbelehrung. gr. 8. (V, 127 S. mit 46 in den Text eingedr. Holzschn. und 1 lithogr. Sterncharte in qu. 4.) Ebendas. 875. *

— die mathematische Geographie u. die Lehre vom Weltgebäude f. den Unterricht in höheren Schulen, sowie auch zur Selbstbelehrung. 3., umgearb. Aufl. v. H. Koppe. Mit 60 in den Text eingedr. Holzschn. u. 1 Sternkarte. gr. 8. (VIII, 162 S.) Ebd. 889. n. 2. —; in Halbfrz. geb. n. 2. 50

— Geometrie zum Gebr. an höh. Unterrichtsanst., neu bearb. v. Jos. Dickmann. 17. Aufl. 1. u. 2. Tl. Ausg. f. Gymnasien. gr. 8. Ebd. 895. Geb. in Leinw. n. 5. 60
I. 1. Tl. d. Planimetrie, Stereometrie u. Trigonometrie. M. 155 Fig., u. zahlr. Übgn. u. Aufg. (VIII, 190 S.) Geb. n. 2. 40
II. 2. Tl. d. Planimetrie, Stereometrie u. Trigonometrie. M. 133 Fig. u. zahlr. Übgn. u. Aufg. (VI, 279 S.) Geb. n. 3. 20

[F.] K[arl] Koppe's Geometrie z. Gebr. an höh. Unterrichtsanst., neu bearb. v. Prof. Dr. Jos. Dickmann, Dir. . . . in Viersen. Ausg. f. Gymnasien. Tl 1 — III. *Essen: G. D. Badeker 1895 — 97.* 3 Bde 8.
I. der Planimetrie, Stereometrie u. Trigonometrie. 18. Aufl. (2. Aufl. d. neuen Bearb.)' m. 155 Fig. u. zahlr. Übgn u. Aufgaben. 1897. (VIII, 190 S.)
II. der Planimetrie . . . 17. Aufl. m. 143 Fig. . . . 1895. (VI, 279 S.)
III. [Ohne Bezeichng d. Ausgabe] D. Koordinatenbegriff. Analyt. Geometrie d. Ebene. M. 35 . . . Fig. u. 1 Figurentaf. . . . 1897. (IV S., 1 Bl., 110 S., 1 Taf.)
[98. 11326

— dasselbe. 1. Tl. 18. Aufl. Ergänzungsheft. gr. 8. (62 S. m. Fig.) Ebd. 903. n. — 60

— Geometrie zum Gebrauche an höh. Unterrichtsanstalten, vollständig neu bearb. v. Jos. Dickmann. 3 Tle. Ausg. f. Gymnasien. gr. 8. Ebd. 902. Geb. in Leinw. n. 6.60
I. Planimetrie. 19. Aufl. (3. Aufl. der neuen Bearbeitg.) m. 176 Fig., 8 Fig.-Taf. u. zahlr. Übgn. u. Aufgaben. (VI, 208 S.) n. 2. 40
II. Trigonometrie. 18. Aufl., (2. Aufl. der neuen Bearbeitg.) m. 49 Fig. u. zahlr. Übgn. u. Aufgaben. (II, 137 S.) n. 2. —
III. Die Stereometrie. — Der Koordinatenbegriff. — Die Kegelschnitte. 2. Aufl. (der neuen Bearbeitg.), m. 75 Fig., e. Fig.-Taf. u. zahlr. Übgn. u. Aufgaben. (IV, 145 S.) n. 2. 20

Koppe, K., u. Dickmann's Geometrie zum Gebrauche an höhern Unterrichtsanstalten. (20. Aufl.) Ausg. f. Gymnasien. 1. Tl.: Planimetrie. 4. Aufl. der neuen Bearbeitung v. Jos. Dickmann. (IV, 208 S. m. 176 Fig. u. 8 Taf.) 8. Essen 904. G. D. Baedeker. Geb. in Leinw. n. 2. 40

Koppe, (K.), u. Dickmann's Geometrie zum Gebrauche an höheren Unterrichtsanstalten. Ausg. f. Gymnasien. I. u. III. Tl. 8. Essen, G. D. Baedeker. Geb. 5. 20
I. (21. Aufl.) Planimetrie. 5. Aufl. der neuen Bearbeitg. v. Karl Knops. Mit 8 Taf., 177 Fig. u. zahlreichen Übgn. u. Aufgaben. (VI, 196 S.) 909. Geb. 2. 40
III. Die Stereometrie. — Der Koordinatenbegriff. — Die Kegelschnitte. 3. Aufl., bearb. v. Karl Knops. Mit 110 Fig. u. zahlr. Übgn. u. Aufgaben. (IV, 168 S.) 909. Geb. 2. 80

— dasselbe. 17. Aufl. 1. u. 2. Tl. Ausg. f. Reallehranstalten. gr. 8. Ebd. 895. Geb. in Leinw. n. 5. 60
I. 1. Tl. d. Planimetrie, Stereometrie u. Trigonometrie. M. 178 Fig. u. zahlr. Übgn. u. Aufg. (VIII, 222 S.) Geb. n. 2. 40
II. 2. Tl. d. Planimetrie, Stereometrie u. Trigonometrie. M. 129 Fig. u. zahlr. Übgn. u. Aufg. (VI, 300 S.) Geb. n. 3. 20

— dasselbe. 3. Tl. D. Koordinatenbegriff. — Analyt. Geometrie der Ebene. M. 35 in d. Text gedr. Fig. u. 1 Fig.-Taf., sow. m. zahlr. Übgn. u. Aufgaben. gr. 8. (V, 110 S.) Ebd. 897. Geb. in Leinw. n. 1. 60

— dasselbe. 1. u. 2. Tl. der Planimetrie, Stereometrie u. Trigonometrie. Ausg. f. Reallehranstalten. gr. 8. Ebd. Geb. in Leinw. à n. 2. 40
1. (21. Aufl.) 5. Aufl. der neuen Bearbeitg. v. Jos. Dickmann. Mit 8 Taf., 184 Fig. u. zahlr. Übgn. u. Aufgaben. (IV, 248 S.) 903.
2. (18. Aufl.) 2. Aufl. der neuen Bearbeitg. v. Jos. Dickmann. Mit 114 Fig. u. zahlr. Übgn. u. Aufgaben. (IV, 268 S.) 903.

— dasselbe, III. Tl. (2. Aufl.) Grundlagen der darstell. Geometrie. — Die wichtigsten Sätze über Kegelschnitte in elementar-synthet. Behandlg. Von K. Knops. — Analytische Geometrie der Ebene. Von Jos. Dickmann. (VI, 240 S. m. 187 Fig.) gr. 8. Ebd. 903. Geb. in Leinw. n. 3. 20

— — dasselbe. Ausg. f. Reallehranstalten. 1. u. 2. Tl. der Planimetrie, Stereometrie u. Trigonometrie. gr. 8. Ebd. Geb. in Leinw. à n. 2. 40
1. (22. Aufl.) 6. Aufl. der neuen Bearbeitg. v. Jos. Dickmann. Mit 8 Taf., 184 Fig. u. zahlreichen Uebgn. u. Aufgaben. (VI, 248 S.) 904.
2. (19. Aufl.) 3. Aufl. der neuen Bearbeitg. v. Jos. Dickmann. Mit 114 Fig. u. zahlr. Uebgn. u. Aufgaben. (IV, 270 S.) 905.

— dasselbe. Ausg. f. Reallehranstalten. 3 Tle. 8. Ebd. Geb. 12. —
I. (24. Aufl.) 1. Tl. der Planimetrie, Stereometrie u. Trigonometrie. 8. Aufl. der neuen Bearbeitg. v. Karl Knops. Mit 8 Taf., 184 Fig. u. zahlreichen Übgn. u. Aufgaben. (IV, 272 S.) 908. Geb. 2. 40
II. (20. Aufl.) 2. Tl. der Planimetrie, Stereometrie u. Trigonometrie. 4. Aufl. der neuen Bearbeitg. v. Karl Knops. Mit 122 Fig. u. zahlr. Übgn. u. Aufgaben. (IV, 250 S.) 908. Geb. 2. 40
III. Grundlehren der darstellenden Geometrie. Die wichtigsten Sätze üb. Kegelschnitte in elementar-synthet. Behandlg. Analytische Geometrie der Ebene. 3. Aufl., bearb. v. Karl Knops. Mit 230 Fig. u. zahlr. Übgn. u. Aufgaben. (VII, 288 S.) 907. Geb. 3. 20

Die interessantesten Höhen- und Bergbahnen vornehmlich der Schweiz. Von Prof. Dr. Carl Koppe in Braunschweig. M. Ill. *Berlin: H. Paetel 1896.* (SA. a. 'Himmel u. Erde' Jg. VIII. H. 4—8.) (56 S., 1 Taf., 1 Kt.) 1 Bd 4.(8.)
= Sammlung populärer Schriften hrsg. v. d. . . . Urania. No 40. [97. 487

Koppe, C., die neuere Landes-Topographie, die Eisenbahn-Vorarbeiten u. der Doctor-Ingenieur. gr. 8. (VIII, 64 S.) Braunschweig 900. F. Vieweg & Sohn. n. 2. —

Koppe, C. Lehrbuch der Mathematik. Bd. I–IV. Essen. 1853–1858.

— u. Husmann's Lehrbuch der Physik m. Einschluß der mathematischen Geographie u. Chemie. Ausg. A in 1 Lehrgang. Für den Unterricht an höh. Lehranstalten sowie zur Selbstbelehrg. 34. Aufl. Mit 523 in den Text eingedr. Holzschn., 1 mehrfarb. Taf. der Spektren verschiedener Elemente u. Himmelskörper, sowie 1 mehrfarb. Sternkarte. Bearb. v. Karl Knops. (X, 610 S.) gr. 8. Ebd. 909. Geb. 6. —

— — dasselbe. Ausg. B in zwei Lehrgängen. 2 Tle. Von Karl Knops. gr. 8. Ebd. 909. Geb. 7. 40
I. Lehrgang f. die Unterstufe der höh. Lehranstalten. 10. Aufl. 32. Aufl. des ursprüngl. Werkes. Mit 228 in den Text eingedr. Holzschn. u. 1 farb. Sternkarte. (VIII, 296 S.) Geb. 2. 20
II. Lehrgang f. die Oberstufe. (Größere Ausg.) Mit 354 in den Text eingedr. Holzschn., 1 mehrfarb. Taf. der Spektren verschiedener Elemente u. Himmelskörper u. 1 farb. Sternkarte. 7. Aufl. 28. Aufl. des ursprüngl. Werkes. (VIII, 440 S.) Geb. 5. 20

Koppe, Carl, ein neuer Lehrsatz der Stereometrie. Eine Beilage zu allen stereometr. Lehrbüchern. gr. 8. (3 B. u. 1 Figurentaf.) Essen 843, Bädeker. Thlr. -

—— method. Leitfaden f. d. Unterr. im Rechnen in d. unt. Classen d. Gymnasien u. höh. Bürgerschulen, nebst ein. Beispielsamml. gr. 12. (11 B.) Essen 841, Bädeker.

—— methodischer Leitfaden für den Unterricht im Rechnen in den untern Classen der Gymnasien und höh. Bürgerschulen nebst einer Beispielsammlung. 2., verm. und verb. Aufl. gr. 8. (XII und 216 S.) Essen 850, Bädeker. *

—— Leitfaden für den Unterricht in der Naturgeschichte. gr. 8. (VIII und 180 S.) Essen 854, Bädeker. *

— Leitfaden für den Unterricht in der Naturgeschichte. 854. (VIII, 180 S.) — 2. verb. Aufl. Ebend. 857. gr. 8. (X, 181 S.) n. 15 ngr.

— Leitfaden für den Unterricht in der Naturgeschichte. 3. u. 4., verb. Aufl. Ebend. 866. gr. 8. (VIII, 184 S.) n. 15 ngr.

—— Leitfaden für den Unterricht in der Naturgeschichte. 4. verb. Aufl. gr. 8. (VIII, 176 S.) Ebendas. 870. *

— Leitfaden f. den Unterricht in der Naturgeschichte. 5. verb. u. verm. Aufl. bearb. v. Fr. Craemer. gr. 8. (VI, 177 S.) Ebend. 874. n. 1. 80; geb. n. 2. 40

— Leitfaden für den Unterricht in der Naturgeschichte. 6., verb. u. verm. Aufl., bearb. von Fr. Craemer. gr. 8. (VI, 178 S.) Ebend. 878. n. 1. 80

— dasselbe. 7., verb. u. verm. Aufl., bearb. von Fr. Craemer. Mit in den Text eingedr. Abbildungen. gr. 8. (VIII, 195 S.) Ebend. 882. n. 2. —; geb. n. 2. 50

— Leitfaden für den Unterricht in der Naturgeschichte. 8., verb. u. verm. Aufl., bearb. v. H. Koppe. gr. 8. (VIII, 223 S. m. Abbildgn.) Ebd. 891. n. 2. —; geb. in Halbfrz. n. 2. 50

— die Messung des Feuchtigkeitsgehaltes der Luft mit besonderer Berücksichtigung des neuen Procenthygrometers m. Justirvorrichtung. Mit einem (eingedr.) Holzschn. u. 2 lith. Taf. gr. 8. (57 S. mit 1 Tab.) Zürich 878. Schulthess. n. 2. —

— die Photogrammetrie od. Bildmesskunst. gr. 8. (XII, 88 S. mit 7 Taf.) Weimar 889. Verlag der Deutschen Photographen-Zeitung. n. 6. —

— Photogrammetrie u. internationale Wolkenmessg. gr. 8. (IX, 108 S. m. Abb. u. 5 Taf.) Braunschweig 896. F. Vieweg & Sohn. n. 7. —

——— Die Planimetrie. 4. Aufl. Essen 1852. 8.

— die Planimetrie f. den Schul- u. Selbst-Unterricht. [Anfangsgründe der reinen Mathematik. 2. Thl.] 13. Aufl., bearb. v. W. Dahl. Mit 10 (lith.) Fig.-Taf. gr. 8. (VI, 157 S.) Ebend. 876. n. 2. 10; geb. n. 2. 70

—— die Planimetrie, für den Schul- und Selbstunterricht bearb. [Anfangsgründe der reinen Mathematik. 2. Tl.] 15. Aufl., bearb. von W. Dahl. gr. 8. (VI, 158 S. mit 10 Fig.-Taf.) Ebendas. 885. *M 2.10.; geb. * 2 70
1., 3. und 4. Tl. Ebendas. 1879—83. *M 5.90.; geb. **M 8.10.

Koppe, Carl Über Reibungs-Elektrizität. 20 S. Soest, Progr. 1842

Koppe, C.: Standorte in und bei Soest wachsender Pflanzen. 31 S. – Progr. Soest 1859.

Koppe (K.), Die Stereometrie. 4. Aufl. Essen 1852. 8.

— die Stereometrie für den Schul- u. Selbst-Unterricht bearb. 7., verb. Aufl. Ebend. 867. gr. 8. (IV, 108 S. mit 8 lith. Fig.-Taff.) n. 12 ngr.

— die Stereometrie f. den Schul- u. Selbstunterricht. [Anfangsgründe der reinen Mathematik. 3. Thl.] 9., vielfach verb. Aufl. Mit 8 (lith.) Fig.-Taf. gr. 8. (132 S.) Ebend. 874. n. 1. 60

— die Stereometrie f. den Schul- u. Selbst-Unterricht. [Anfangsgründe der reinen Mathematik. 3. Tl.] 11. Aufl., bearb. v. W. Dahl. Mit 9 Fig.-Taf. gr. 8. (IV, 184 S.) Ebend. 888. n. 1. 60; geb. n.n. 2. 20

—— die sphärische Trigonometrie für den Schul- und Selbstunterricht bearb. gr. 8. (IV, 40 S. mit 2 lithogr. Fig.-Taf.) Ebendas. 870. *

— der erste Unterricht in der Naturlehre für mittlere Schulanstalten, so wie auch zur Selbstbelehrung. 2. Aufl. 867. u. 3., verb. Aufl. Ebend 869. 8. (VIII, 98 S. mit 80 in den Text eingedr. Holzschn.) n. 12 ngr.

—— der erste Unterricht in der Naturlehre für mittlere Schulanstalten, sowie auch zur Selbstbelehrung. 3. Aufl. 1869, und 4. verb. Aufl. 8. (VIII, 98 S. mit 80 in den Text eingedr. Holzschn.) Ebendas. 873. *

—— der erste Unterricht in der Naturlehre für mittlere Schulanstalten, sowie auch zur Selbstbelehrung. 5. Aufl. gr. 8. (VII, 98 S.) Ebendas. 877. *

—— der erste Unterricht in der Naturlehre für mittlere Schulanstalten, sowie auch zur Selbstbelehrung. 6. Aufl. Bearb. von H. Koppe. gr. 8. (98 S. mit 80 in den Text eingedr. Holzschn.) Ebendas. 886. *M 1.20.; geb. * 1 50

Koppe, C., die Vorarbeiten f. den Bau der Gotthardbahn, s. Sammlung populärer Schriften, hrsg. von der Gesellschaft Urania zu Berlin.

Koppe, Prof. Dr. C., am Polytechnikum in Braunschweig. Die Vorarbeiten für den Bau der Gotthardbahn. Absteckung und Durchschlag des Gotthard-Tunnels Mit Illustrationen. Aus: „Sammlung populärer Schriften herausgegeben von der Gesellschaft Urania zu Berlin" Nr. 31. 8. Berlin 1894.

— Wesen u. Bedeutg. d. graph. Künste f. d. Illustrations- u. Kartendruck, s.a. Sammlung gemeinverständl. wissenschaftl. Vorträge.

[J.] Wesen und Bedeutung der Graphischen Künste für den Illustrations- und Kartendruck. Vortr., geh. bei d. öffentl. Preisvertheilg am 11. Dez. 1896 in d. Aula d. Herzogl. techn. Hochschule. Von Dr. Carl Koppe, Prof. am Polytechnikum zu Braunschweig. *Hamburg: Verlagsanst. u. Dr. A.-G. 1898.* (40 S.) 8.
= Sammlung gemeinverständl. wiss. Vorträge. N. F. Ser. 13. H. 300.
(98. 8364

Koppe, Dr. Carl Wilhelm. Drei Berichte des General-Capitäns von Neu-Spanien, Don Fernando Cortes, an Kaiser Carl V. (1520, 1522, 1524). Mit einer Karte. 8. Berlin 1834.

Koppe, K. W., s.a. histor. Berichtigung d. öffentl. Urtheils über die durch d. franzöf. Occupation rc.

(Koppe, K. W.) Historische Berichtigungen des öffentlichen Urtheils über die durch die franz. Occupation des Kurfürstenthums Hannover veranlaßten militärischen Maaßregeln. Niedersachsen (d. i. Helmstedt) 1803. 8°. (Verm. Jähns.)

Koppe, Carl Wilhelm (Hannover), De jure principis circa immutanda emendandaque ea, quae in fundationibus ad pias causas specialiter a fundatoribus determinata sunt. Diss. jur. Helmstedt (C. G. Fleckeisen) 12. III. 1798. 61 S. (6.—) 19160
Gew.: Georg Heinrich Nieper.

Koppe, Max, Prof.: Die Ausbreitung einer Erschütterung an der Wellenmaschine, darstellbar durch einen neuen Grenzfall der Besselschen Funktionen. Mit 1 Taf. *Berlin: R. Gaertner 1899.* (28 S.) 4°
Berlin, Andreas-RG, OP 1899 (96)

Koppe, Max, die Ausbreitung e. Erschütterung an der Wellenmaschine, darstellbar durch e. neuen Grenzfall der Besselschen Funktionen. Progr. 4. (28 S. m. 1 Taf.) Berlin 899. [R. Gaertner.] Weidmann. n. 1. —

Die Bahnen der beweglichen Gestirne im Jahre 1905. Eine astron. Taf. nebst Erkl. von Prof. M[ax] Koppe in Berlin. Berlin: J. Springer 1905. (8 S.) 4° [Umschlagt.] [04. 1755

Koppe, M., die Bahnen der beweglichen Gestirne im J. 1906. Eine astronomische Tafel (27×44,5 cm) nebst Erklärung. (8 S. m. 1 Fig.) schmal Lex.-8. Berlin 906. J. Springer. n. — 40

Koppe, (Max), die Bahnen der beweglichen Gestirne im J. 1907. Eine astronom. Tafel nebst Erklärg. (8 S.) 27,5×12 cm. Berlin 907. J. Springer. p — 40

Koppe, Max: Die Behandlung der Logarithmen und der Sinus im Unterricht. M. 5 Fig. Berlin, R. Gaertner, 1893; 34 S. 4.
Berlin, Andreas-RG, OP 1893 (93)

Koppe, Max [aus Berlin]: Beitrag zur Kenntniss des Pikrylchlorids.... Rostock, Druck v. F. Ahrens jun. (1886); 48 S. 8°.
Rostock, Phil. Fak., Inaug.-Diss. v. 13. Jul. 1886.

Koppe, Max, Beitrag zur Kenntniss des Pikrylchlorids. Diss. Rostock 1886, G. B. Leopolds Univ.-Buchh. 8°. 48 S.

Koppe, Max: Die Iteration des Sinus und anderer Funktionen. Mit 3 Taf. Berlin: Weidmann 1909. 28 S. 4°
Berlin, Luisenstädtisches RG OP 1909 (115) [S 09. 260

Koppe, Max [app. Arzt aus Cottbus]: Aus d. Poliklinik f. Ohrenkrankheiten zu Kiel. Ueber adenoide Vegetationen und deren Entfernung ... Kiel, Druck v. C. Böckel, 1893; 18 S., 1 Bl. 8.
Kiel, Med. Fak., Inaug.-Diss. v. [3. Juli] 1893

Koppe, Oscar, Ophthalmoscopisch-ophthalmologische Untersuchungen aus dem Dorpater Gymnasium und seiner Vorschule. Diss. Dorpat. 8°. 52 pp. + XXXVII mit 3 lithographirten Tafeln.
1876

Koppe, (Gust. Ludw.) Paul (geb. Berlin 18. 2. 1855): Ueber die Bestandtheile des Buchenholztheerkreosots. Berlin 1882. (47 S.) 8°
Berlin, Phil. Diss. v. 20. März 1882

Koppe, Paul: Über die elektrolytische Reduktion von Acetophenon und Benzophenon. ⟨Beitrag zur Theorie der Überspannungswirkung.⟩ 1911. 70 S. 8°
¶ Vgl. Zeitschrift f. Elektrochemie. Jg. 16. 1910. S. 236 ff.
Stuttgart, Dr.-Ing.-Diss. v. 15. 12. 1910

Koppe, Richard, Die Atropinvergiftung in forensischer Beziehung. Diss. Dorpat. 8°. 82 pp.
1866

Koppe, Robert

Koppe, R.: Alkohol und Staatsfinanzen. Lissner & Göschele. Moskau. 1898.

Koppe, Rob., der Alkohol u. die Staatsfinanzen. (19 S.) gr. 8. Moskau 905. (A. Lang.) n. 1. —

Koppe, R.: Alkoholkachexie und Kurzlebigkeit der heutigen Menschheit. Lissner & Raman. Moskau. 1899.

Koppe, Rob., das Alkoholsiechthum u. die Kurzlebigkeit d. mod. Menschengeschlechts. 4. (49 S.) Glarus 894. B. Vogel. — 50

Koppe, Rob., das Alkoholsiechthum u. die Kurzlebigkeit d. modernen Menschengeschlechts. Lex.-8. (50 S.) Moskau 894. (A. Lang.) n. 1. 50

Koppe, Robert, Dr. med. in Moskau. Der Missbrauch des Alkohols in Therapie und Hygiene. Sonderabdruck a. d. Berliner klin. Wochenschrift. Berlin 1891. 18 S.

Koppe, R., das Muscarin, s. Schmiedeberg, O.

Koppe, Robert, Untersuchungen über die pharmakologischen Wirkungen des Digitoxin, Digitalin und Digitalein. Diss. Dorpat. 8°. 63 pp.
1874

Koppe, Siegfr. Walter, das Glycerin. Seine Darstellung, seine Verbindungen und Anwendung in den Gewerben, in der Seifenfabrication, Parfumerie und der Spreng-Technik. Für Techniker und Industrielle geschildert. 8. (IV, 189 S. mit 3 eingedr. Holzschn.-Abbild.) Wien 883, Hartleben's Verlag.

Koppe, Siegfried Walter, Das Glycerin. Seine Darstellung, seine Verbindungen und Anwendung in den Gewerben, in der Seifenfabrikation, Parfümerie und der Spreng-Technik. Für Chemiker, Parfümeure, Seifenfabrikanten, Apotheker, Sprengtechniker und Industrielle. (Chem.-techn. Bibliothek. Bd. IC.) 8. (192 S. mit 3 Abbildungen) geh. 1 fl. 35 kr.
Wien: Hartleben 1882.

Koppe, das Gesetz üb. den Unterstützungswohnsitz, s.a. Taschen-Gesetzsammlung.

Koppe, U., Das Gesetz über den Unterstützungswohnsitz vom 30. Mai 1908. Unter Berücks. der für Preußen erlassenen Ausführungsbestimmungen. 2. Aufl. Berlin, 1909. 220 S.

Koeppe

— s. a. **Köppen.**

Koeppe, A., zur Lehre vom Besitz. Eine Abhandl. gr. 8. (5½ B.). Berlin 839, Alex. Duncker.

Koeppe, Augustus Herm. (geb. Torgau 10. 4. 1838): De febre puerperali. Berolini (1860). (44 S.) 8°
Berlin, Med. Diss. v. 29. März 1860

Koeppe, Christianus Godofredus: 1. * Scriptionem De variis libros sacros interpretandi generibus ... exhibuit. 76 S. 8° (4°) 2. * Num in Actis apostolorum de absoluta primae ecclesiae bonorum communione sermo sit? periculum exegeticum. 30 S. 8° (4°)
Halle-Wittenberg, Phil. Diss. v. [13. Sept. 1828]
Geb. [Gölzau (Anhalt-Köthen) 24. 10. 1804]
Verf. erlebte die Diplomerneuerung 1878 u. das 60jährige Dr.-Jubiläum 1888 als Pastor emer. in Berlin, vgl. Anh. Nr. 570.

Köppe, Ernst: Über Farbe und Konstitution der p-Oxyazoverbindungen. Weida i. Th. 1909: Thomas & Hubert. 47 S. 8°
Leipzig, Phil. Diss. v. 15. April 1909, Ref. Hantzsch, Beckmann
[Geb. 19. Dez. 82 Gera R.; Wohnort: Gera; Staatsangeh.: Reuß j. L.; Vorbildung: Realgymn. Gera Reife O. 01; Studium: München 3, Leipzig 10 S.; Rig. 9. Febr. 09.] [U 09. 3003

Köppe, Fr. Aug., († d. 10. od. 11. Juli 1820.) Katechismus d. Natur u. Religion, zum Gebrauch d. Schulen. 8. Halle 799. (Reinicke u. H.) 4 gr

— katechet. Unterr. v. d. Werken u. Geschöpf. Gottes. 8. Bautzen, Deinzer. 786.

Koeppe, Fridericus Guilielmus: De mammarum inflammatione. Halae (1820): Grunert. 55 S. 8°
Halle-Wittenberg, Med. Diss. v. 19. Sept. 1820
Geb. Löberitz (Kr. Bitterfeld) 29. 10. 1798. V.

Koeppe, Hans, die physikalisch-chemische Analyse d. Mineralwässer, s. a. Archiv d. Balneotherapie u. Hydrotherapie.

Die physikalisch-chemische Analyse der Mineralwässer. Von Dr. med. Hans Koeppe ... *Halle a. S.: C. Marhold 1898.* (32 S.) 8.
= Archiv d. Balneotherapie u. Hydrotherapie. Bd 1, H. 8. [4.8. 11.10.11.

Koeppe, Hans, die physikal.-chem. Analyse des Liebensteiner Stahlwassers, s. a. Archiv der Balneotherapie.

Die physikalisch-chemische Analyse des Liebensteiner Stahlwassers von Hans Koeppe. *Halle a. S.: C. Marhold 1900.* (24 S.) 8°
= Archiv d. Balneotherapie u. Hydrotherapie. Bd 2, H. 4. [... 3

Köppe, (Hans), der Arbeitstarifvertrag als Gesetzgebungsproblem. Eine sozialpolit. Studie. (IV, 395 S.) gr. 8. Jena 908. G. Fischer. 9. —

— die Bedeutg. d. Salze als Nahrungsmittel. E. Vortrag, geh. z. 68. Versammlg. deutscher Naturforscher u. Aerzte in Frankfurt a/M. In erweit. Form hrsg. gr. 8. (16 S.) Giessen 896. J. Ricker. n. — 50

— physikal. Chemie in der Medicin. Einführung in die physikal. Chemie u. ihre Verwertg. in der Medicin. gr. 8. (V, 170 S. m. 10 Abbildgn.) Wien 900. A. Hölder. n. 3. 60

Köppe, Hans, Gerichtsassessor a. D. aus Rostock: Freie oder Zwangstilgung der Staatsschulden? *Rostock 1901: C. Hinstorff.* (105 S.) 8° [A.]
Rostock, Phil. Diss. v. [18. Okt.] 1901

Köppe, Hans, die Reichsfinanzreform. gr. 8. (187 S.) Leipzig 902. C. L. Hirschfeld. n. 3. —

Koeppe, Hans: Vergleichende Untersuchungen über den Salzgehalt der Frauen- und Kuhmilch. *Leipzig 1898: B. G. Teubner.* (48 S.) 8°
Giessen, Med. Hab.-Schr. v. 1898

— Am Vorabend der neuen Reichsfinanzreform. (119 S.) gr. 8. Leipzig 908. Duncker & Humblot. 2. —

Köppe, (J. J.,) Ihr seyd theuer erkauft; werdet nicht der Menschen Knechte. E. Predigt. gr. 8. Dessau 826, Ackermann.

Köppe, J. Ulr. C., s. **Köppen, Joh. Ulr. Chr.**

Köppe, Jak. Heinr., der verewigte Herzog Leopold Friedrich Franz ein tüchtiger Regent. Pred. z. 100jähr. Gedächtnißfeier Sr. Geburt gehalten. gr. 8. (1 B.) Deßau 840, Fritsche u. Sohn. *

— Johann Carl Friedrich (Koettliz), Perlustratur sexus sequioris divaricatis pedibus instituta equitatio epistola hac summos in arte medica honores viro clar. doct. Ludwig Carl Cauer nomine societatis disputatoriae sub auspiciis Johann Ehrenfried Pohl florentis gratul. Lpz. (Sommer) 16. VI. 1780. 12 S. (4.—) 19025
Gratul.: G. G. Rockstroh (Peg. Misn.), I. H. Freytag (Saxo Tenstad.), B. G. Knothe (Zittau), I. I. Billing (Krakau), C. F. Richter (Zittau), G. G. Heinsse (Gera), C. G. Nieman (Merseburg).

— — De pelvi feminea metienda. Diss. med. Präs. D. Carl Christian Krause. Lpz. (Sommer) 23. XI. 1781. 46 S. u. Abb. (6.—) 19026
Gew.: Johann Ehrenfried Pohl, Carl Gottlob Schmorl.

— Johann Moritz (Sorbigensis [= Zörbig]), **De cholerae epidemicae propagationis natura ac ratione. Diss. med. Halle (Otto Hendel) 9. VII. 1856. 32 S. mit Biogr. (M.: Ch. Sonntag.) (5.—) 19027**
Oppon.: F. Siegert, A. Schaeffer. — Gew.: Ernst Delbrück.

Koeppe, Karl

Koeppe, Carl (geb. am 13 Nov. 1850 in Zell a. d. Mosel): Die Homöopathie Hahnemann's und der Neuzeit ... Berlin, gedr. bei L. Schumacher 1880. 1 Bl., 80 S. 8. ¶ Erschien 1881 bei Hirschwald in Berlin verm. um einen II Abschn.: Praktisches.
Bonn, Med. Fak., Diss v. 12 Okt. 1880

Koeppe, Carl, die Homöopathie Hahnemann's u. die der Neuzeit. Eine vergleich. Studie. gr. 8. (III, 100 S.) Berlin 881. Hirschwald. n. 2. —

Köppe, Karl, aus Magdeburg: Das Verhältnis von Cibbers 'Papal Tyranny in the reign of King John' zu Shakespeares 'King John'. *Halle a. S. 1901: (E. Baensch jun., Magdeburg).* (100 S.) 8°
Halle, Phil. Diss. v. 1901

Köppe, Ludw., Polen und seine Erhebungen. 5 Lfgn. 8. (XII und 292 S.) Sondershausen [Thonberg vor Leipzig] 864, Neuse. à Lfg. 5 Ngr.

Koeppe, Mauritius: De haematomate cartilaginum nasi (rhinaematomate) ex permutationibus laesionibusque telae cartilagineae vel ex perichondritide nasali orto. Halis Saxonum (1869): Orphanotropheum. 18 S. 4°
Halle-Wittenberg, Med. Hab.-Schr. v. 28. Apr. 1869

Köppe, Nik.

— Kern u. Saft d. ordentl. Sonn- u. Fest. Evangel. 4. Hamb. (Walther, Dresd.) 727.

Köppe, Nic., fascic. commentat. antirabb. de Messia. 4. Gryph. (Loeffler, Mannh.) 733.

Koeppe, Osc., Permanent-Briefmarken-Album europ. Staaten. Nach Ford. Moyer's Handbuch f. Postmarken-Sammler hrsg. v. A. Larisch. 2. Aufl. gr. 4. (111 S. u. 221 Bl.) München 892. A. Larisch. n. 10. — ; geb. in Halbfrz. n. 15.—

Köppe, Otto: • (De L. Aelio Stilone.) 25 Bl. 8° (4°)
Halle-Wittenberg, Phil. Diss. v. 5. Aug. 1869
Geb. [Berlin 12. 11. 1846]

Koeppe, Otto (Samuel) (geb. Drognitz bei Torgau 16. 12. 1829): De partu arte praematuro. Berolini (1852). (31 S.) 8°
Berlin, Med. Diss. v. 7. Mai 1852

Köppe, Paul, die Triebwerke (Getriebe, Transmissionen), s.: Ratgeber beim Fabrikbetriebe. I.

Köppe, Rudolf (Hrsg.), s. Anzeiger der chemischen Industrie.

Köppe, Salomo Albertus: Paucula de remediis nauseam vomitumque excitantibus. [Praeses:] Curtius Sprengel. Halis (1826): Grunert. 24 S. 8°
Halle-Wittenberg, Med. Diss. v. 20. Apr. 1826
Geb. Torgau 18. 4. 1802. V.
[Beigedr.:] Sprengel, Curtius: Libelli Hippocratici, de ossium natura aetatem originemque excussurus. (1826).
Geb. Magdeburg 1803. [V. in Sprengel's Progr., vgl. Nr. 731. Bei Hartmanns Trauung am 17. 7. 1838 gibt das KB Dedeleben als sein Alter 37 Jahre an.]

Koeppe, W., der Abdominaltyphus in Torgau im J. 1843, in Bezug auf Entstehung, Erscheinung und Verlauf zum grossen Theile ein Widerspruch bekannter Ansichten, mit nothwend. Rücksicht auf die epidem. Verhältnisse der Gegend geschildert. 1. Abdr. 1847. und 2. Abdr. gr. 8. (72 S.) Eilenburg 852, Schreiber. Thlr.

Koppeheel, *Wilhelm* *Aus der Festrede zum Geburtstage des Landesherrn.* 4 (S. 5—7). Progr. Rsch. *Arnstadt* 1890 (705).

Koppeheel, W., Schön- u. Schnell-Schreibschule. Ein Lehrgang zur Erlerng. e. schönen u. gewandten Handschrift durch Selbstunterricht. Für Private, Kaufleute, Beamte, Militärpersonen bearb. — Die einfachste u. schönste Rundschrift. Theoretisch-prakt. Lehrgang f. Schule u. Selbstunterricht. Von J. J. Alexandre. 8. (VIII, 120 u. 30 S. m. 82 S. Vorlagen.) Berlin 894. Aug. Schultze's Verl. 3. — ; kart. n. 3. 50

— dasselbe, s. a. Müller, A., Handbuch f. Militär-Anwärter.

— dasselbe, s. a. Ubelacker, M., die Fortbildungsschule.

Koppeheel, W., Schön- u. Schnell-Schreibschule. E. Lehrgang z. Erlerng. e. schönen u. gewandten Handschrift durch Selbst-Unterricht. Für Private, Kaufleute, Beamte, Militärpersonen bearb. 3. Aufl. 8. (VIII, 120 S.) Berlin 896. Braunschweig, Friedr. Euler's Verl. n. 1. —

— Große Schön-Schnell-Schreibschule nebst Rundschrift u. Stenographie. Ein Lehrgang, um durch Selbst-Unterricht e. schöne u. gewandte Handschrift zu erlangen. Enth.: Deutsche u. latein. Schrift. Rundschrift. Stenographie. 12. Aufl. (VIII, 120, 30, 82 u. 64 S.) 8. Berlin (907). Aug. Schultze, Verl. 3.—; kart. 3. 50

Koppeheel, W., die Schön-Schnell-Schreibschule f. den Selbstunterricht. Ein Lehrgang zur Erlangg. e. schönen u. gewandten Handschrift. Für Private, Kaufleute, Beamte, Militärpersonen bearb. 14. Aufl. (VIII, 120 S.) 8. Berlin 910. F. Euler. 1. —

Koppeheel [Wilh.], deutsche Schreibschule. Uebungsbücher zu Koppeheel's Schreibunterricht. 1. Stufe: Vorübungen. Die kleinen und großen Buchstaben der deutschen Schrift. Nr. 1—7. qu. 4. (à Nr. 24 S.) Gera 888, Hofmann. à Nr. ** 10 Pf. ** — 70
—— dass. — Nr. 8—13. qu. 4. Ebendas. 888. * — 80
Inhalt:
Nr. 8. Musterbuch zu den Uebungsbüchern 1—5 gehörig. (43 S.) * 20 Pf.
" 9—12. Die großen deutschen Buchstaben. Uebungsbuch 6—9. (à Nr. 24 S.) à Nr. * 10 Pf.
" 13. —— dass. — Musterbuch 2. (43 S.) * 20 Pf.

—— der Schreibunterricht. Theoretisch-prakt. Lehrgang zur Erteilung des Schreibunterrichtes in Volksschulen und höheren Lehranstalten, sowie zum Selbstunterricht. gr. 8. (XVI, 208 S.) Ebendas. 889. * 3 50

Koppeheel, (W[ilhelm]): (Ursprung und Anfänge der Kunst. Auszug aus seiner am Geburtstage des Kaisers 1898 gehaltenen Festrede.) *Arnstadt 1898: A. Busjaeger.* (5—6 S.) 4° [F.]
Arnstadt, fürstl. R, OP 1898 (759)

Koppehele, Carolus Hugo: • De vita, moribus, scriptis C. Sallustii Crispi. 36 Bl. 2°
Halle-Wittenberg, Phil. Diss. v. 1. Juni 1875
Geb. [Markröhlitz (Kr. Querfurt) 10. 10. 1849]

Koppehl, Fritz [aus Neundorf in Anhalt]: Das Verhalten des Pulses im normalen Wochenbett ... Halle a. S., Hofbuchdr. v. C. A. Kaemmerer & C., 1895; 23 S., 2 Taf. 8.
Halle, Med. Fak., Inaug.-Diss. v. 15. Juni 1895

Koppehl, Hermann: Die Verwandtschaft Leibnizens mit Thomas v. Aquino in der Lehre vom Bösen ... Jena, Frommannsche Hof-Buchdr., 1892; 1 Bl., IV, 124 S. 8.
Jena, Phil. Fak., Inaug.-Diss. v. 1892

Koppehl, Herm. Die Verwandtschaft Leibnizens m. Thomas von Aquino in der Lehre vom Bösen. gr. 8. (IV, 124 S.) Jena 892. (Lpz., Fock.) * 1 60

Koppel, A., in Berlin.
Transportable und feste Eisenbahnen. Verlade-Vorrichtungen für Massengüter. System Temperley.

Koppel A, transportable und feste Eisenbahnen. (19 T) qu 4° Berlin 1897

Koppel, A: Transportable und feste Eisenbahnen. Berlin und Bochum 1900

Koppel, A: Transportable und feste Eisenbahnen für Landwirthschafts-, Industrie- und Bau-Zwecke. Berlin 1891

Koppel, A: Feld- und Industrie-Bahnen mit elektrischem Betriebe. Berlin . . . (1898)

Koppel, A: Transportable und feste Gleis-Anlagen für Landwirthschafts-, Industrie- und Bau-Zwecke. Berlin 1898. 1903

Koppel, A: Katalog für Klein- und Straßenbahnen. Berlin und Bochum (1905)

Koppel, A: Patent-Rollenlager für Gleisfahrzeuge aller Art. Berlin . . . (1904?)

Koppel A, Verladevorrichtungen für Massengüter. System Temperley. (34 S) qu 8° Berlin (1901)

Koppel, Adolf, Medizinalprakt.: Ueber die operative Behandlung der Patellarfracturen. Letmathe [1909]: Schäfers. 73 S. 8°
München, Med. Diss. v. 20. Juli 1910, Ref. v. Angerer
[Geb. 21. Nov. 84 Letmathe; Wohnort: Letmathe; Staatsangeh.: Preußen; Vorbildung: Realgymn. Iserlohn Reife O. 04; Studium: Freiburg i. B. 1, Würzburg 4, München 2, Berlin 1, München 2 S.; Coll. 20. Juli 10; Approb. 27. Juni 10.] [U 10. 3531

Koppel, Aug., Heimarbeit u. Hausindustrie in Deutschland, s.: Heiss, Cl.

Koppel, A., die Lage der Gemeindebeamten Preußens. Im Auftrage u. auf Grund e. Erhebg. des Zentralverbandes der Gemeindebeamten Preußens. Mit e. Vorwort des Verbandsvorstandes. (VIII, 311 S. m. 1 Tab.) gr. 8. Berlin 907. (R. Kühn.) 4. 50

— für u. wider Karl Marx, s. Abhandlungen, volkswirtschaftl., der badischen Hochschulen. VIII, 1.

Koppel, August: Für und wider Karl Marx. Prolegomena zu einer Biographie. Karlsruhe 1905: G. Braun. (135 S.) 8° ¶(Volkswirtschaftliche Abhandlungen der Badischen Hochschulen, Bd 8 Heft 1.)
Heidelberg, Phil. Fak., Ref. Rathgen, Diss. v. 27. Febr. 1905
[Geb. 7. Apr. 79 Sprendlingen i. Rheinhessen; Staatsangeh.: Hessen; Vorbildung: Realschule Alzey; Studium: Heidelberg 4. München 1, Berlin 1 S.; Rig. 29. Febr. 04.]

Koppel, B., s.: Kultur u. Industrie südamerikanischer Völker.

Koppel, Carl, s. Koppel, Karl

Koppel, Ernst, Gedichte. 8. (VI, 158 S.) Bernburg 876, Schmelzer's Hofbuchh. *

—— Savonarola. Trauerspiel in 5 Aufzügen. Den Bühnen gegenüber Mscr. 8. (136 S.) (Ebendas.) 875. *

Koppel, Ernst, der Schatz, s. Universal-Bibliothek Nr. 1156.

Koppel, Frz., zwei Brüder in Jesu. Roman. Stuttgart 867. Kröner. br. 8. (VII, 460 S.) 1 ₰ 10 ngr.

— Cervantes auf der Fahrt. Ein Gedicht. Ebend. 865. 16. (76 S.) 15 ngr.

[F.] Ein Don Juan-Examen. '(1880.)' Humoreske v. Franz Koppel-Ellfeld. *Breslau: S. Schottlaender 1896* (a. d. Umschl.: *1897*). (134 S.) 1 Bd 8.
(Unterwegs u. Daheim.) [97. 6649

Koppel, Friedrich [Gerichts-Referendar zu Breslau]: Haftet der Auftraggeber dem Beauftragten für den zufälligen Schaden, welchen dieser bei Ausführung des Auftrages erlitten hat? ... Breslau, Th. Schatzky, Buch- & Steindr., 1886; 43 S. 8°.
Breslau, Jur. Fak., Inaug.-Diss. v. 26. Jan. 1886.

Koppel, Friedr., haftet der Auftraggeber dem Beauftragten für den zufälligen Schaden, welchen dieser bei Ausführung des Auftrages erlitten hat? Inaugural-Dissertation. gr. 8. (41 S.) Breslau 886, (Köhler.) * 1 —

Koppel, H. Otto, Gedanken eines Praktikers zum neuen österreichischen Strafgesetzentwurf vom Standpunkte der allgemeinen Gesetzgebung, des allgemeinen d. Gesetzes und der Strafproceßordnung insbesondere. gr. 8. (40 S.) Teschen 878, Malik. *

Koppel, Heinr., litterarische Zusammenstellung der v. 1880—1890 in der Weltlitteratur beschriebenen Fälle v. Vergiftungen v. Menschen durch Blutgifte. Diss. gr. 8. (164 S.) Jurjew (Dorpat) 891. (E. J. Karow.) n. 3. —

Koppel, J., die Chemie des Thoriums. gr. 8. (VI, 112 S.) Stuttgart 901. F. Enke. n. 3. 60
Sonderabdruck aus: „Sammlg. chem. u. chem.-techn. Vortr."

Koppel, J. Thom., Anw. z. Erlern. e. flücht. Handschr. 4. Nürnb. 756.

Koppel, Jakob, Referendar: Die Rechtsstellung des Treuhänders im Falle der §§ 1187/9 B.G.B. Hildesheim 1909: Lax. 48 S. 8°
Leipzig, Jur. Diss. v. 26. März 1909
[Geb. 8. Aug. 82 Norden; Wohnort: Norden; Staatsangeh.: Preußen; Vorbildung: Gymn. Norden Reife O. 01; Studium: Freiburg i. B. 1, Berlin 1, Heidelberg 1, Berlin 1, Göttingen 2 S.; Rig. 27. Febr. 09.] [U 09. 2572

Koppel, Joh., Handbuch der österreichischen Strafgesetze über Vergehen und Uebertretungen. 1. Aufl. 1850. und 2., unveränd. Aufl. gr. 8. (XLVIII und 567 S.) Olmütz 851, Hölzel.

Koppel, Isaac (Warendorf/Westfal.), De faciei in nonnullis morbis mutationibus. Diss. med. Bln. (Ferdinand Nietack) 5. XII. 1829. 40 S. mit Biogr. (M.: B. Elzbacher.) (6.50) 19162
Oppon.: E. Kemper, H. Münnich, E. Schlesinger. — Gew.: A. Haindorf (Münster).

Koppel, Jul., allein aus Gnaden. 10 Predigten. gr. 8. (III, 118 S.) Reval 894. F. Kluge. n. 2. 50

Koppel, Ivan: Die Kobaltdoppelnitrite und ihre Beziehungen zu den Kobaltaminen und den Kobaltdoppelcyaniden. *Leipzig 1898: Metzger & Wittig.* (70 S.) 8°
Berlin, Phil. Diss. v. 16. Febr. 1898

Koppel, Ivan, ein Verfahren zur Registrierung anorganischer Stoffe, s.: Zeitschrift f. anorganische Chemie (Rosenheim, Arth.).

Koppel, Karl

Koppel, Carl [Assistenzarzt an d. medic. Univ.-Klinik]: Ueber einen Fall von Lebercirrhose mit einem über der collateral erweiterten Braune'schen vena parumbilicalis-xyphoidea gehörten Geräusch . . . . Marburg, Univ.-Buchdr. (R. Friedrich), 1885; 42 S. 8°.
Marburg, Med. Fak., Inaug.-Diss. v. 17. Okt. 1885.

Koppel's, Karl, Geschichts-Atlas in 27 (chromolith.) Karten (auf 19 Blatt). 3., verb. u. verm. Aufl. qu. gr. 4. Hof 880. Büching. n. 1. —

Koppel, Leop., über die Enstehung des Massagekatarakt. (Diss.) (14 S.) 8. Strassburg 907. J. Singer. — 80

Koppel, Leopold, pr. Arzt: Ueber die Entstehung der Massagekatarakt. Strassburg: Singer 1909. 14 S. 8°
Straßburg, Med. Diss. v. 7. Juli 1909, Ref. Schirmer
[Geb. 26. Dez. 82 Norden; Wohnort: Straßburg; Staatsangeh.: Preußen; Vorbildung: Lyz. Straßburg Reife Aug. 02; Studium: Straßburg 7, München 1, Freiburg i. B. 2 S.; Coll. 28. Mai 09; Approb. 26. Febr. 08.] [U 09. 3806

Koppel, Louis, Referendar aus Hoerde i. W.: Die rechtliche Grundlage der Haftung des Gastwirts ex recepto nach gemeinem Rechte und nach dem Bürgerlichen Gesetzbuch. *Hoerde 1903: L. Halbach.* (48 S.) 8°
Jena, Jur. Diss. v. (13. Okt.) 1903

Koppel, Paul A., die Cholera. Wesen, Vorbeugungs- u. Verhaltungsmaßregeln. 12. (16 S.) Mühlhausen i/Th. 892. G. Danner. n. — 40

Koppel, Paul A. [app. Arzt aus Mühlhausen in Th.]: Aus d. Patholog. Institut zu München. Ueber die Häufigkeit der Nierenentzündungen und ihrer Complicationen. . . . München, Buchdr. v. M. Ernst, 1891; 61 S., 1 Bl. 8°
München, Med. Fak., Inaug.-Diss. v. 1891

Koppel, Rich., Shakespeare-Studien. gr. 8. (122 S.) Berlin 896. E. S. Mittler & Sohn. n. 1. 50

Shakespeare-Studien v. Richard Koppel. Reihe (1.) 2. *Berlin: E. S. Mittler & Sohn 1896–99.* 2 Bde 8°
1. 1896. 2. Verbesserungsvorschläge zu den Erläuterungen u. d. Textlesung d. 'Lear' 1899. [99. 8550

Koppel, Rich., textkritische Studien über Shakespeare's „Richard III." u. „King Lear". Zur Habilitation am königl. sächs. Polytechnikum Dresden. gr. 8. (102 S.) Dresden 877. Gilbers' Verlag. n. 2. 25

Koppel, Rich., Verbesserungsvorschläge zu d. Erläuterungen u. der Textlesung des „Lear". 2. Reihe der Shakespeare-Studien. gr. 8. (156 S.) Berlin 899. E. S. Mittler & Sohn. n. 2. —; geb. in Leinw. n.n. 3. —

Koppel, Rudolf, Medizinalprakt.: Ueber traumatische Wirbeltuberkulose. München 1907: Kastner & Callwey. 26 S. 8°
München, Med. Diss. v. 22. Juni 1908, Ref. v. Bollinger
[Geb. 3. März 82 Gelsenkirchen; Wohnort: Düsseldorf; Staatsangeh.: Preußen; Vorbildung: Realgymn. Düsseldorf Reife O. 01; Studium: Freiburg i. B. 4, Berlin 3, Straßburg 1, München 2 S.; Coll. 22. Juni 08; Approb. 6. Juni 08.] [U 09. 3351

Koppel, Wilhelm, Referendar in Hamburg: Das Interesse eines Dritten beim Schadenersatz aus Verträgen. Borna-Leipzig 1906: R. Noske. (VIII, 47 S.) 8°
Jena, Jur. Fak., Ref. Thon, Diss. v. 14. Juni 1906
[Geb. 9. Aug. 84 Hamburg; Wohnort: Hamburg; Staatsangeh.: Hamburg; Vorbildung: Wilh.-Gymn. Hamburg Reife M. 02; Studium: Berlin 1, Freiburg i. B. 1, München 2, Göttingen 2 S.; Rig. 29. Mai 06.]

Koppel-Ellfeld, Frz. Albrecht der Beherzte. Romantisches vaterländ Schauspiel in 4 Aufzügen. Lex.-8. (III, 100 S.) Lpz. 889, Verlag d. Literar. Gesellschaft Nachf. * 2 —; Pracht-Ausg. * 3 —; geb. * 6 —

Koppel–Ellfeld, Franz, Die gold'ne Eva, s. Schönthan, Franz v.

Koppel-Ellfeld, Frz., die Feuertaufe. Festspiel zur Feier d. 50jähr. Offizier-Jubiläums Sr. Maj. des Königs Albert. (22. Oktbr. 1893.) [Aus: „Nord- u. Süd".] gr. 8. (36 S. m. Bildnis.) Breslau 893. Schles. Verlags-Anstalt. n. — 50

– Florio u. Flavio, s. Schönthan, Franz v.

— der süße Fratz, s.: Unterwegs u. Daheim.

Koppel-Ellfeld, F., Gorilla oder Chimpanse, s. Theater-Correspondenz.

– Komtesse Guckerl, s. Schönthan, Franz v.

— Hanns im Glück, s.: Grube, M.

Koppel-Ellfeld, Franz: Hochzeitmorgen, s. Kaskel, Karl von.

Koppel-Ellfeld, F., ein Don Juan-Examen, s. Schalk-Bibliothek.

Koppel-Ellfeld, Frz., ein Don Juan-Examen. (1880.) Humoreske. (Unterwegs u. Daheim.) schmal 8. (134 S.) Breslau 896. Schles. Buchdruckerei rc. n. — 75; geb. n. 1. —

– Frau Königin, s. Schönthan, Franz v.

Koppel-Ellfeld, Frz., Marguerite. Schauspiel in 5 Aufzügen. 8. (VII, 106 S.) Dresden 887, Pierson's Verlag. * 2 —

— Renaissance, s.: Schönthan, Frz. v.

— Spartakus. Ein Trauerspiel in 5 Aufzügen. gr. 16. (134 S.) Wien 876, Wallishausser'sche Buchh. *

Koppel, Geschichte d. 4. Oberschlesischen Infanterie-Regiments Nr. 63. Im Auftrage d. Regiments verf. Mit 5 Karten u. Plänen. gr. 8. (VI, 179 S.) Berlin 885. Mittler & Sohn. n. 5. —

Köppel, Aus der Kleinwelt in den Gewässern von Lindau und Umgebung.
Schr. Ver. Gesch. Bodensee, H. 39.
Lindau 1910

Köppel, Prem.-Lieut., Preußens letzte Kriege. Für die Instruktionsstunde so wie zum Selbstunterricht für Unteroffiziere und Soldaten. 8. (32 S.) Neisse 873, Hinze.

—— das Militär-Strafrecht und die Kriegsartikel. Nach den neuesten Bestimmungen für den theoret. Unterricht in der preuß. Armee so wie zur Selbstbelehrung. 8. (29 S.) Ebendas. 873.

Koeppel, deutsche Regimentsschule, s.: Soldatenbibliothek im Tornister.

(Koeppel, Hauptm. und Compagniechef im 4. oberschlesischen Inft.-Reg. Nr. 63.) Der Rekrut. Kurze Anleitung zur Ausbildung des Infanteristen bis zur Einstellung in die Compagnie. Nach allgemeinen Gesichtspunkten und in systematischer Uebersicht bearbeitet. 8. Berlin 1872.

—— der Rekrut. Kurze Anleitung zur Ausbildung des Infanteristen bis zur Einstellung in die Kompagnie. 2. nach den neuesten Vorschriften umgearb. Aufl. 8. (31 S.) Berlin 877, Mittler und Sohn. *
Die 1. Aufl. erschien 1871 anonym.

—— der Rekrut. Kurze Anleitung zur Ausbildung des Infanteristen bis zur Einstellung in die Kompagnie. 3. nach den neuesten Vorschriften umgearb. Aufl. 8. (30 S.) Berlin 883, Mittler und Sohn. *

Koeppel, der Rekrut. Kurze Anleitung zur Ausbildung des Infanteristen bis zur Einstellung in die Kompagnie. 4. nach den neuesten Vorschriften umgearb. Aufl. 8. (32 S.) Berlin 888, Mittler und Sohn. * — 50

Koeppel, der Rekrut. Kurze Anleitg. zur Ausbildg. d. Infanteristen bis zur Einstellg. in die Kompagnie. 5., nach den neuesten Vorschriften umgearb. Aufl. gr. 8. (32 S.) Berlin 890. Mittler & Sohn. n. — 50

Koeppel, Albert. (geb. Oderberg in d. Mark 31. 7. 1833): De hernia inguinali. Berolini (1859). (31 S.) 8°
Berlin, Med. Diss. v. 14. Mai 1859

Köppel, August: Vergleichende Bestimmungen des Innenvolumens der Rückgrat- und Schädelhöhle bei Menschen und Thieren. *Braunschweig 1897: F. Vieweg & Sohn.* (16 S.) 4°
München, Phil. Diss. v. 1898

Köppel, C. F., Lieder-Kranz f. deutsche Schulen. Eine Sammlung ein-, zwei- u. dreistimm. Schullieder, nebst Anh. zweist. Choräle. gr. 8. (10¼ B.) Halle 846, Schwetschke u. Sohn.*

Koeppel, Emil, s.: Abhandlungen, germanistische, Hermann Paul dargebracht.

Koeppel, Emil, Laurents de Premierfait und John Lydgates Bearbeitungen von Boccaccios De casibus virorum illustrium. Ein Beitrag zur Litteraturgeschichte des 15. Jahrh. Habilitationsschrift. gr. 8. (112 S.) München 885, (Buchholz und Werner.) * 2 —

Koeppel, E., s.: Beiträge, München., zur roman. u. german. Philologie.

— Lord Byron, s.a. Geisteshelden. 44. Bd.

Lord Byron. Von Emil Koeppel, Prof., Strassburg. Mit Bildn. *Berlin: E. Hofmann & Co. 1903.* (260 S.) 8° [F.]
— Geisteshelden. Bd 44.

Koeppel, Emil. Die Fragmente von Barbour's Trojanerkrieg, s. Studien, englische. 10. Bd. 3. Heft.

Koeppel, Emil, Quellen-Studien zu d. Dramen George Chapman's, Philip Massinger's u. John Ford's, s.a. Quellen u. Forschungen zur Sprach- u. Culturgeschichte d. germ. Völker.

Quellen-Studien zu den Dramen George Chapman's, Philip Massinger's u. John Ford's v. Emil Koeppel. *Strassburg: K. J. Trübner 1897.* (5 Bl., 229 S.) 1 Bd 8.
— Quellen u. Forschgn z. Sprach- u. Culturgeschichte d. german. Völker. H. 82.

— **zur Semasiologie des Englischen.** gr. 8. (S. 49—67.) Strassburg 901, K. J. Trübner. n. — 80
Sonderabdruck aus: „Strassb. Festschrift z. 46. Versammlg. deutscher Philologen u. Schulmänner".

— **Spelling-Pronunciations,** s.a. Quellen u. Forschungen zur Sprach- u. Culturgeschichte der german. Völker. 89.

Spelling-pronunciations: Bemerkungen über d. Einfluss d. Schriftbildes auf d. Laut im Englischen. Von Emil Koeppel. *Strassburg: K. J. Trübner 1901.* (71 S.) 8°
— Quellen u. Forschungen z. Sprach- u. Culturgeschichte d. german. Völker. H. 89.

Koeppel, Emil, Lydgate's Story of Thebes. Eine Quellenuntersuchung. Inaugural-Dissertation. gr. 8. (78 S.) München 884, Oldenbourg.

Koeppel, Emil, Dr., o. Prof. d. engl. Philol.: **Deutsche** Strömungen in der englischen Literatur. Straßburg: Heitz 1910. 20 S. 8°
Straßburg, Rede am Geburtstage d. Kaisers 1910 [U 10. 4130

— **Studien zur Geschichte der italienischen Novelle in der englischen Litteratur d. 16. Jahrh.,** s.: Quellen u. Forschungen zur Sprach- u. Culturgeschichte der germanischen Völker.

— Studien über Shakespeare's Wirkung auf zeitgenöss. Dramatiker, s.a. Materialien zur Kunde des älteren engl. Dramas. IX.

Studien über Shakespeare's Wirkung auf zeitgenössische Dramatiker. Von E[mil] Koeppel. Louvain: A. Uystpruyst; Leipzig: O. Harrassowitz 1905. (XI, 103 S.) 8°
— Materialien z. Kunde d. älteren engl. Dramas. Bd 9.

— Tennyson, s.a. Geisteshelden. 32. Bd.

[F.] Tennyson. Von Emil Koeppel. M. Bildn. *Berlin: E. Hofmann & C. 1899.* (4 Bl., 175 S., 1 Portr.) 1 Bd 8.
— Geisteshelden. Bd 32. (Samml. VI. Bd 2.)

Koeppel, E., Visions of Petrarch and Visions of Bellay, s.: Studien, englische. 15. Bd.

Koeppel, E., Ben Jonson's Wirkung auf zeitgenössische Dramatiker u. andere Studien zur inneren Geschichte des englischen Dramas, s.a. Forschungen, anglistische. 20. Hft.

Ben Jonson's Wirkung auf zeitgenössische Dramatiker u. andere Studien z. inneren Geschichte d. engl. Dramas. Von E[mil] **Koeppel.** Heidelberg: C. Winter 1906. (238 S.) 8° [F.]
— Forschungen, Anglistische. H. 20.

Köppel, Emmy, s.a. Hartwig, Geo.

Koeppel, Emmy

Alpenrosen. Roman. Von Georg Hartwig [d.i. Emmy Koeppel]. Bd 1.2.
Stuttgart, Berlin, Leipzig: Dt. Verl.-Anst. 1896. 8°

Koeppel, Emmy

Im Banne der Ehe. Roman. Von Georg Hartwig [d.i. Emmy Koeppel].
Berlin: Janke 1890. 300 S. 8°
Titelbl. fehlt.

Der blaue Diamant. Roman von Georg Hartwig ⟨Emmy Koeppel⟩. Stuttgart, Berlin, Leipzig: Union [1909]. 428 S. 8°

Koeppel, Emmy

Anno Domini. Roman. Aus der Zeit des 30jährigen Krieges. Von Georg Hartwig [d.i. Emmy Koeppel]. Th. 1.2.
Berlin: Janke 1890. 8°

Koeppel, Emmy

Die Generalstochter. Roman. Von Georg Hartwig [d.i. Emmy Koeppel]. Bd 2.
Stuttgart, Berlin,
Leipzig: Union Dt. Verl.-Ges. 1895. 259 S. 8°

Neues Vaterland. Roman von Georg Hartwig ⟨Emmy Koeppel⟩. Bd 1–3. *Berlin: O. Janke 1901.* 3 Bde 8° [F.]

Wenn du mich liebst. Roman von Georg Hartwig ⟨Emmy Koeppel⟩. Bd 1. 2. *Stuttgart, Berlin, Leipzig: Union [1904].* 2 Bde 8° [F.]

Koeppel, Ernst: **Beiträge zur Kenntnis der Gattung Amphion.** Hierzu 2 Taf. *Berlin: Nicolai 1902.* (45 S.) 8° ¶(Aus: Archiv f. Naturgesch., 1902.)
Leipzig, Phil. Diss. v. [5. Nov.] 1902

Köppel, F. L., kleine Religionsgeschichte f. Mittelklassen gehobener Bürgerschulen u. Oberklass. in Armen- u. Landschulen. gr. 8. (3¼ B.) Quedlinburg 846, Basse.

Koeppel, Friedrich Fürchtegott (Treviensi / Vogtland), Nonnulla de typho abdominali ratione praesertim habita exspectative eum curandi. Diss. med. Lpz. (Sturm & Koppe [A. Dennhardt]) 17. XI. 1856. 16 S. mit Biogr. (M.: E. Hirsch.) (5.—) 19028
Gew.: Theodor Bernhardt Haussner (Leipzig).

Köppel, Jh. Cph., Anleit. zur Dezimalrechnung. 8. Bayr. ... 2t A. 810. Lübecks Erb. (Grau in Hof). 5 gr

— Vorschriften für Anfänger im Schreiben. 8. Bayr. 810. Lübecks Erb. 12 gr

Köppel, Jh. Gf., († d. 19. Aug. 1793.) flüchtig geschwungene Anfangsbuchstaben. 4. Ansb. 799. Gassert. 3 gr

— prakt. Anweis. im Schönschreiben für Geübtere. 4. Ansb. 783. N. A. 799. (Gassert). 6 gr

— Beschr. e. statist. Reise d. Bayr. u. Ansp. 1r Bd. ist dess. Briefe üb. Bayr. u. Ansp. 1s - 3s.

— Beschr. d. Rosenmüllers- u. and. Höhlen d. Muggendorf in Frank. m. K. gr. 8. Ebend. 795.

— Briefe über d. zwei Fürstenth. Ansbach u. Bayreuth, auf einer Sommerreise in d. J. 1792 u. 93. 5 Hfte, mit Kpf. (1s—3s H. A. u. d. T.: Beschreib. e. histor.-statist. Reise rc. 794, 95. 1 Thlr 16 gr) gr. 8. Erlang. 794—98. (Heyder). 2 Thlr 20 gr Daraus apart: Beschreib. d. Rosenmüller- u. and. Höhlen bei Muggendorf in Franken. Mit 7 Kpft. gr. 8. Ebd. 795. (Ebd.) 1 Thlr

— d. Eremitage zu Sanspareil, als Anfang e. malerischen Reise durch d. Fürstenth. Ansbach u. Bayreuth. 3 Hefte, mit 12 Kpf. qu. Fol. Erlang. 793—95. (Heyder). 3 Thlr getuscht 4 Thlr 12 gr ill. 9 Thlr

Köppel, J. G., d. Eremitage z. Sanspareil, nach d. Natur gezeichnet u. beschrieben. 3 Hfte mit 12 Kpf. gr. 4. Erlangen, 1793. Walther. (Palm.) 1. — ill. 3. —

— malerische Reise durch d. beiden fränk. Fürstenth. Bayreuth u. Ansbach. In antiquar.-naturhistor.-statist. Hinsicht. 2 Thle, mit 19 Kpf. in 8. u. 4. 2e Aufl. gr. 8. Erl. 817. Heyder. 3 Thlr

— Vorübungen in d. Kalligraphie. 4. Ansb. 791. N. A. 799. 3e A. 808. (Gassert). 10 gr

Koeppel, Johann Michael

— — Methodus fines divinos ex creaturarum contemplatione eruendi rigorosiusque probandi traditur. Diss. acad. Präs. Heinrich Gottfried Haferung. Wittbg. (Ephraim Gottlob Eichsfeld) 20. V. 1738. 48 S. mit Widm. v. Präs. (6.50) 19030

— **Johann Michael** (Salisburgensis), De philologis quibusdam praestantioribus recentioris maxime aevi. Präs. M. Gottfried Wagener (Jüterbog). Wittbg. (Scheffler) 1738. 20 S. (6.—) 19029
Widm. v.: M. Johann Frid. Goessgen (Witgendorff/Zeitz).

Köppel, Jh. Thom., († d. 21. Juli 1762.) fernerweite Anweis. zur Erlernung e. netten u. flüchtigen Handschrift, (in Kupfer gestochen), dann wieder Current- u. Canzleischrift. 4. Hildburgh. 772. ... 6 gr

Koeppel, Johannes, aus Sachsendorf (Küstrin): Ein Fall von Melanosarkom der Bindehaut. *Halle a. S. 1898: C. A. Kaemmerer & Co.* (28 S.) 8°
Halle, Med. Diss. v. 14. Dez. 1898

Grammatisches aus Ausonius. — Von Lorenz Koeppel. — 1879, Aschaffenburg, ibid. S. 3—26⁸.
Progr. Aschaffenburg. K. Gymn.

Koeppel, Maximil. (geb. Neu-Strelitz 18. 8. 1836): De tumorum inter graviditatem incremento observationibus nonnullis illustrato. Berolini (1861). (31 S.) 8°
Berlin, Med. Diss. v. 18. März 1861

Koeppel, Paul *Wilhelm Heinrich* [aus Brandenburg a. H.]: Ueber Schädelverletzungen ... Berlin, C. Vogts Buchdr., *1896*; 28 S., 2 Bl. 8.
Berlin, Med. Fak., Inaug.-Diss. v. 14. Aug. 1896

Koeppel, Paul Karl Eduard Emil (geb. Oderberg in d. Mark 22. 3. 1844): Ueber die Verschmelzung der Augen bei einfachen und Doppel-Missgeburten. Berlin [1868]. (32 S.) 8°
Berlin, Med. Diss. v. 20. Jan. 1867 [vielmehr 1868]

KOEPPEL, Peter (Nürnberg): De pleuritide chronica.- Norimbergae 1836. 24 S.
12.8.1836 - Urk; F 63
Diss. Ingolst.-Landsh.-Mchn.

[Autogr.] Festrede gehalten bei Einweihung des neuen Logenhauses [der Loge zur Kette] am 8. Dec. 1888. [Von] Sigismund **Köppel**. [München 1888.] 3 Bl. 4° [Kopftit.]
Rückblick auf die Gesch. der Loge, Aufgabe der Frmrei.

Koeppel, Werner [cand. med. aus Münster in Westf.]: Ueber primäre Sarkome der Bauchhöhle ... München, J. G. Weiss'sche Buchdr., 1893; 21 S. 8.
München, Med. Fak., Inaug.-Diss. v. 1893

Köppel, Wilhelm, Gerichtsass.: Die Rechtsstellung des befreiten Vorerben im Grundbuchverkehr. **Borna-Leipzig** 1909: Noske. IV, 50 S. 8°
Marburg, Jur. Diss. v. 2. Nov. 1909, Ref. Leonhard
[Geb. 26. Sept. 80 Mittelbuchen; Wohnort: Langenselbold; Staatsangeh.: Preußen; Vorbildung: Gymn. Hanau Reife O. 01; Studium: Marburg 4, München 1, Berlin 1 S.; Rig. 22. Mai 09.] [U 10. 3303

Köppel, Wilhelm [Cand. d. Theol. aus Halle a./S.]: Thesen ... behufs Erlangung der Würde eines Licentiaten der Theologie am 3. Dec. ... Kiel, Druck v. Schmidt & Klaunig, 1886; 2 Bl. 1°.
Kiel, Theol. Fak., Thes. v. 3. Dez. 1886.
(Nicht für den Austausch.)

Koppelche und Liebetche, Schauspiel in 5 Acten. Nooch Schillerche sein Kabale und Liebe verarbeitet vun Mausche Worscht. Hamburg 854. B. S. Berendsohn. 8. (32 S.) 7½ ngr

Koppelmann Lieben. Gal - Ed. Grabsteininschriften des Prager israelitischen alten Friedhofes mit biographischen Notizen herausgegeben von —. Prag, 1856. Buchdruckerei des M. I. Landau. (LIV. 84 S. Adnotationen. 71 S. XX, 8.)

Koppelmann, Wilh., die **Ethik Kants.** Entwurf zu e. Neubau auf Grund e. Kritik des Kantischen Moralprinzips. (VIII, 92 S.) gr. 8. Berlin 907. Reuther & Reichard. 2.80

Koppelmann, W., Glaubenslehre auf Grund der Lehre Jesu, s. a. **Hilfsmittel** zum evang. Religionsunterricht.

Glaubenslehre auf Grund der Lehre Jesu. Nebst einleit. Darstellung d. natürl. Gotteserkenntnis. Von Lic. Dr. W[ilhelm] Koppelmann, Oberl. in Leer. *Berlin: Reuther & Reichard 1901.* (VI, 62 S.) 8° [F.]
= Hilfsmittel z. evangelischen Religionsunterricht f. ev. Religionslehrer. H. 21. [01. 10252

— **Jesus.** Drama in 5 Akten. (211 S.) 8. Dresden 910. E. Pierson. 8. —

Koppelmann, W., Immanuel **Kant** und die Grundlagen der christlichen Religion. gr. 8. (XII, 118 S.) Gütersloh 890. Bertelsmann. n. 1.80

Koppelmann, Wilh., Kritik des sittlichen Bewusstseins vom philosoph. u. histor. Standpunkt. (VIII, 385 S.) gr. 8. Berlin 904. Reuther & Reichard. n. 6. —; geb. n. 7. —

Koppelmann, Wilhelm Kants Lehre vom kategorischen Imperativ (Umschlagtitel: ... dargestellt und beurteilt). 4 (S. 3—18). Progr. Rg. *Lippstadt* 1888 (352).

— Kant's Lehre vom kategorischen Imperativ, dargestellt u. beurteilt. gr. 8. (36 S.) Leipzig 888. Fock. n. — 75

Koppelmann, Wilh., die Sittenlehre Jesu, s. a. Hilfsmittel zum evangelisch. Religionsunterricht. Hft. 7/8.

Die Sittenlehre Jesu, von W[ilhelm] Koppelmann. (Hälfte) 1. 2. *Berlin: Reuther & Reichard 189*4. (76, II, 45 S.) 8° [F.]
— Hilfsmittel z. evangelischen Religionsunterricht. H. 7. 8. [94. 6366 11

Die Sittenlehre Jesu nebst einleitender Erörterung der sittlichen Grundbegriffe. Von Lic. Dr. W[ilhelm] Koppelmann, Gymn.Prof. 2., verb. Aufl. Berlin: Reuther & Reichard 1906. (VIII, 66 S.) 8° [F.]
— Hilfsmittel z. evang. Religionsunterricht. H. 7/8. [06. 11918

— deutsche Synopse &c., } s. a. Hilfsmittel z. evang. Religionsunterricht.

[F.] Deutsche Synopse. Vergleichende Zsstellg d. drei ersten Evangelien '(Die Leidensgesch. m. Beifügg des Joh.-Ev.)'. In genauen Anschluss an die revidierte Lutherbibel geordnet u. m. erläut. Stellen des Urtextes vers. v. Lic. Dr. W[ilhelm] Koppelmann, Oberl. ... in Ilfeld. *Berlin: Reuther & Reichard 1897.* (VII, 192 S.) 1 Bd 8.
— Hülfsmittel z. evang. Religionsunterricht f. ev. Religionslehrer. H. 12.—14. [97. 161]

[F.] Koppelmann, Wil*helm* [Lic. Dr.]: Versuch einer Darstellung der Sittenlehre Jesu auf Grund der synoptischen Evangelien für die Prima. Lippstadt, E. Hegener, *1894;* 2—26 S. 4.
Lippstadt, RG, OP 1894 (373)

Koppelschmid, de. Lustspiel in sauerländischer Mundart vom Verfasser der „Sprickeln un Spöne." Soest 861. Nasse. 8. (63 S.) n. 7 ngr.

Koppelwirthschaft, über d. Mecklenburg. &c., (v. K. C. F. v. Ferber). gr. 8. Berl. 793. Haude u. Sp. 4 gr.

Koppen, A., Bibliothek des Unteroffiziers. 1.—4. Bdchn. 12. Znaim, (Fournier und Haberler.) à Bdchn. * — 50

Inhalt:

Bdchn. 1. Der Schwarmführer. Verhaltungen für den Unteroffizier und Soldaten im Gefechte nach den Vorschriften des Exerzier-Reglements für die k. k. Fußtruppen vom J. 1880, sammt Belehrung über die Ausbildung des Soldaten zum Plänkler. 7. Aufl. (66 S.) 885.

" 2. Der Wachkommandant. Verhaltungen für den Unteroffizier und Soldaten der Infanterie auf Wachen und Posten in der Garnison und im Felde nach den Vorschriften des Dienst-Reglements für das k. k. Heer. 1. und 2. Thl. 3. Aufl. (IV, 68 S.) 884.

" 3. Der Schütz. Behelf für den Unteroffizier bei Ausbildung des Soldaten im Schießen. Nach den Bestimmungen der Schieß-Instruction und Waffen-Instruction für die Infanterie und die Jäger-Truppe, sowie des Exerzier-Reglements für die k. k. Fußtruppen. (III, 70 S.) 884.

" 4. Rathgeber für die Chargen vom Zugsführer abwärts hinsichtlich ihres Verhaltens in den verschiedenen Dienstesfällen. Zusammengestellt nach dem Dienstreglement. 1. und 3. Thl. (80 S.) 885.

Koppen, A., Bibliothek des Unterofficiers. 1. Bändchen. Inh.: Der Schwarmführer. Verhaltungen für den Unterofficier und Soldaten im Gefechte. 7. Auflage. 12°. (66 S.) Znaim, Fournier & Haberler. Baar fl. —.25.
— — Dasselbe ungarisch. Ebd. Baar fl. —.25.
— — Dasselbe czechisch. Ebd. Baar fl. —.25.
— — 2. Bändchen. Inh.: Der Wachcommandant. V[erhaltungen] für den Unterofficier und Soldaten der Infanterie [auf] Wachen und Posten in der Garnison und im Felde. 3. Aufl. 12°. (66 S.) Ebd. Baar fl. —.25.
— — Dasselbe ungarisch. Ebd. Baar fl. —.25.
— — 3. Bändchen. Inh.: Der Schütz. Befehl für den Unterofficier bei Ausbildung des Soldaten im Schiessen. 12°. (70 S.) Ebd. Baar fl. —.25.
— — Dasselbe ungarisch. Ebd. Baar fl. —.25.
— — 4. Bändchen. Inh.: Rathgeber für die Chargen vom Zugführer abwärts hinsichtlich ihres Verhaltens in den verschiedenen Dienstesfällen. 12°. (80 S.) Ebd. Baar fl. —.25.

Koppen, A., Rathgeber für d. Chargen v. Zugsführer abwärts hinsichtlich ihr. Verhaltens in d. verschied. Dienstesfällen. Zusammengestellt nach d. Dienstreglement, I. und III. Theil. (Bibliothek d. Unterofficiere, 4 Bändchen.) 12. (80 S.) Wien, L. W. Seidel & Sohn. 25 kr.
1885

Koppen, A., Rathgeber f. die Chargen vom Zugsführer abwärts hinsichtlich ihres Verhaltens in den verschiedenen Dienstesfällen. Zusammengestellt nach dem Dienstreglement. 1. u. 3. Thl. 16. (80 S.) Znaim 885. (Fournier & Haberler.) n. — 50

— der Schwarmführer. Verhaltungen f. den Unteroffizier u. Soldaten im Gefechte nach den Vorschriften d. Exerzir-Reglements f. die k. k. Fußtruppen v. J. 1880, sammt Belehrg. üb. die Ausbildg. d. Soldaten zum Plänkler. 5. Aufl. 16. (66 S.) Wien 883. Ebend. n. — 50

— der Wachkommandant. Verhaltungen f. den Unteroffizier u. Soldaten der Infanterie auf Wachen u. Posten in der Garnison u. im Felde, nach den Vorschriften d. Dienst-Reglements f. das k. k. Heer. 1. u. 2. Thl. 16. (74 S.) Kaschau 883. (Wien, Seidel & Sohn.) n. — 60

Koppen, Albert [aus Allendorf a/W.]: Über die Einwirkung von Säurechloriden auf Ketoxime ... Erlangen, k. b. Hof- u. Univ.-Buchdr. v. F. Junge, 1896; 30 S., 1 Bl. 8.
Erlangen, Phil. Fak., Inaug.-Diss. v. 10. März 1896

Koppen, Alfred, approb. Arzt aus Berlin, z. Z. Volontärassist. an d. Augenklinik zu Marburg: ⟨Aus d. Kgl. Universitäts-Augenklinik zu Marburg.⟩ Ein Beitrag zur Kenntnis der pathologischen Anatomie der Retina bei chronischer Nephritis mit besonderer Berücksichtigung der Sternfigur in der Macula lutea. *Marburg a. d. L. (1902).* (21 S.) 8° ¶(Aus: Zeitschr. f. Augenheilkunde, Bd 8.)
Marburg, Med. Diss. v. 7. Nov. 1902

Koppen, August, aus Cassel: Ueber die rechtliche Natur der Enteignung unter besonderer Berücksichtigung des preussischen Rechts. *Cassel 1899: Weber & Weidemeyer.* (49 S.) 8°
Göttingen, Jur. Diss. v. [3. Juni] 1899

Koppen, Aug., über die rechtliche Natur der Enteignung unter besond. Berücksicht. des preuss. Rechts. Diss. gr. 8. (II, 49 S.) Cassel 899. (Göttingen, Vandenhoeck & Ruprecht.) n. 1. 20

Koppen, Conrad, s. Koppen, Konrad

Koppen, Heinr., Verzeichniss der Idiotismen in plattdeutscher Mundart, volksthümlich in Dortmund u. dessen Umgegend. Veröffentlicht von seinen Freunden u. Verehrern am Tage seiner goldenen Hochzeit 1. Novbr. 1877. Als Mscr. gedr. gr. 8. (67 S.) Dortmund 877. Köppen. n.n. 1. 20

Koppen, Hermann, approb. Zahnarzt aus Heiligenstadt, Eichsfeld: Ueber Epithelien mit netzförmig angeordneten Zellen und über die Flossenstacheln von Spinax niger. Mit 3 Taf. u. 1 Textfig. *Jena: G. Fischer 1901.* (50 S.) 8° ¶(Aus: Zool. Jahrbücher, Abth. f. Anat. u. Ontogenie d. Thiere, Bd 14, H. 3.)
Tübingen, Naturw. Diss. v. 1901

Koppen, Karl, aus Heiligenstadt ⟨Eichsfeld⟩: Beitrag zur Kenntnis der traumatischen Peroneuslähmung. *Heiligenstadt 1898: Brunn.* (59 S.) 8°
Göttingen, Med. Diss. v. [27. Juni] 1899

Koppen, Karl, Gerichtsassessor aus Hanau a. M.: Das Verhältnis des § 823 zu den §§ 616, 617 des Bürgerl. Gesetzbuchs. *Frankfurt a. M. 1903: Schirmer & Mahlau.* (29 S.) 8°
Freiburg i. B., Rechts- u. staatswiss. Diss. v. 1903

Koppen, Konrad

Koppen, Conrad, approb. Arzt aus Heiligenstadt: Über das psychische Moment bei den Beschäftigungsneurosen, im besonderen beim Schreibekrampf. *Heiligenstadt 1903: Brunn.* (31 S.) 8° [F.]
Göttingen, Med. Diss. v. [15. Juni] 1903

Koppen, Conr., über das psychische Moment bei den Beschäftigungsneurosen, im besonderen beim Schreibkrampf. Diss. (31 S.) gr. 8. Heiligenstadt 903. (Göttingen, Vandenhoeck & Ruprecht.) n. — 80

Koppen, Luise, heitere Bilder aus dem Bodenstedter Pfarrhause. 1.—4. Aufl. (250 S.) 8. Berlin 904—907. Trowitzsch & Sohn. n. 2.40; geb. in Leinw. n. 3.—

Koppen, Luise, das Dorli. E. Geschichte f. Kinder v. 10 bis 15 Jahren. M. 4 Illustr. v. Fritz Bergen. gr. 8. (VII, 316 S.) Stuttgart 898. Levy & Müller. Geb. in Leinw. n. 4.50

Koppen, Luise, das Dorli. Eine Geschichte f. Kinder von 9 bis 14 Jahren. Mit 4 Illustr. v. Fritz Bergen. 2. Aufl. gr. 8. (VII, 316 S.) Stuttgart (900). Levy & Müller. Geb. in Leinw. n. 4.50

Koppen, Luise, das Dorli. Eine Erzählg. f. Kinder. Mit 4 Vollbildern v. Fritz Bergen. 7. Aufl. (VII, 316 S.) 8. Stuttgart (909). Levy & Müller. Geb. in Leinw. 4.50

— Erinnerungsblätter an Elisabeth Fürstin z. Lippe, geb. Prinzessin v. Schwarzburg-Rudolstadt. 8. (VII, 104 S. m. Abb. u. Bildn.) Detmold 897. Hinrichs. n. 1.50; geb. m. Goldschn. n. 2.25

Koppen, Luise, Freddy u. s. Freunde. E. Geschichte f. Kinder. 8. (III, 129 S. m. Titelbild.) Leipzig 896. G. Wigand. Kart. n. 2.40

— Freddy u. seine Freunde. Eine Geschichte f. Kinder. 2. Aufl. (VII, 150 S. m. 3 farb. Vollbildern.) 8. Ebd. (910). Geb. in Leinw. 3.—

Koppen, Luise, das Haus der Kobolde. Eine Geschichte f. Kinder. Mit 4 Farbdr.-Bildern nach Aquarellen von Fritz Bergen. 2. Aufl. gr. 8. (283 S.) Stuttgart (902). Levy & Müller. Geb. in Leinw. n. 4.50

— Jung-Wilhelm u. sein Bruder. 14 Bilder nach Photographien, m. Versen. (III S. u. 14 Bl.) gr. 8. Ebd. 909. 1.20

— Jung-Wilhelm, unseres Kaisers Enkel. 12 Bilder nach Photographien, m. Versen. (13 Bl. u. Titelbl.) gr. 8. Berlin 909. Trowitzsch & Sohn. 1.20

— Kleinstadtzauber. Erzählungen. (234 S.) 8. Ebd. 908. 2.40; geb. in Leinw. 3.—

— wachsende Kräfte, s.: Schanz, Frida.

— im Lindenbaume. E. Geschichte f. Kinder von 8—12 Jahren. 8. (III, 155 S. m. Titelbild.) Ebd. 897. Kart. n. 2.40

(B) — Im Lindenbaum. 897. (KBL 29.) Jetzt: Stuttgart, Levy & Müller.

— Mauerpflänzchen. Eine Geschichte f. Kinder. Mit 4 Farbdr.-Bildern nach Aquarellen v. O. Meyer-Wegner. gr. 8. (V, 264 S.) Ebd. (901). Geb. in Leinw. n. 4.50

— die Schloßkinder. Eine Geschichte f. Kinder von 10 bis 15 Jahren. Mit 4 Farbdr.-Bildern nach Aquarellen v. Fritz Bergen. gr. 8. (V, 280 S.) Ebd. (899). Geb. in Leinw. n. 4.50

— Die Schloßkinder. Eine Erzählg. f. die Jugend. Mit 4 Farbdr.-Bildern nach Aquarellen v. Fritz Bergen. 3. Aufl. (281 S.) 8. Stuttgart (910). Levy & Müller. Geb. in Leinw. 4.50

— Waldkind u. Weltkind, s.: Schanz, Frida.

— vier Wildfänge auf Reisen. Eine Geschichte f. Kinder von 8 bis 12 Jahren. Mit 4 Farbdr.-Bildern nach Aquarellen von O. Meyer-Wegner. gr. 8. (283 S.) Stuttgart (900). Levy & Müller. Geb. in Leinw. n. 4.50

Köppen, J. H. J., Rector des Lyceums in Hannover. [Hannover 1792.]
V: *Süstermann, Anton Ulrich Ludwig.* (ML)

Köppen

— s. a. **Koeppe.**

Köppen, s.: Forschungsreise S. M. S. „Planet".

v. **Köppen,** das erste Regierungs-Jahrzehnt des deutschen Kaisers Wilhelm II. Eine vaterländ. Festschrift. Minden 898.

Dortmund: [Gedicht.] Der „Alten Linde". [Unterz.:] A. **Köppen.** [Dortmund] o. J. 2 Bl. 8° [Umschlagtit.]
„Allwo ich gehe und wo ich auch sei, ..."

Koeppen, A., Preussische Mädchen. Brandenburg 1901. M. Evenius. Geb.

Köppen, Albert, s.a. Koeppen, Karl F. Albert

Koeppen, Alb., der Fruchterwerb d. bonae fidei possessor. Zur Lehre v. der Pendenz der Rechtsverhältnisse. Festschrift im Namen u. Auftrag der Straßburger Juristen-Fakultät. gr. 8. (108 S.) Jena 872. Dufft. n. 3.50

Koeppen, Albert, aus Strassburg: Ueber das Nonodilacton. *Strassburg: Schlesier & Schweikhardt 1902.* (32 S.) 8°
Strassburg, Math.-naturw. Diss. v. 1902

—— der obligatorische Vertrag unter Abwesenden. Eine civilist. Abhandlung. gr. 8. (VII, 256 S.) Ebendas. 871. *
Aus: Jhering's Jahrbücher, besonders abgedruckt.

Köppen, Alb. A. D., Dorf-Kirchen-Zeitung, s. Dorf-Kirchen-Zeitung.

—— Kirchenordnung u. Disciplin, s. Kirchenordnung.

—— ein Pastoral-Votum üb. Kirchen-Reform an die jetzt versammelte General-Synode in Berlin ꝛc. ausgesprochen. 8. (1⅜ B.) Reichenbach 846, George.

Köppen, Albert, Predigt am 1. Advent über Römer 13, V. 11—14. 8. (14 S.) Berlin 848, Wohlgemuth. *

—— eine Unterweisung z. Seligkeit aus heil. Schrift. 2. Aufl. 8. (8 B.) Reichenbach 846, George.

Koeppen, Alfr., u. Curt **Breuer**, Geschichte des Möbels unter Berücksicht. der architektonisch. u. tektonisch. Formen. Eine Stillehre f. Bau- u. Möbeltischler. Die Entwicklung des Möbels von den Anfängen des menschl. Wohnhauses bis zur röm. Kaiserzeit unt. Einbeziehg. des Mobiliars in den ostasiat. Ländern. (VIII, 309 S. m. 423 Abbildgn.) Lex.-8. Berlin 904. B. Hessling. Geb. in Leinw. n. 24.—

(B) — u. C. **Breuer**, Geschichte d. Möbels. 904. (KBL 33.) Erm. Pr. 12.—

Koeppen, Alfr., Kunstabende u. ihre praktische Ausgestaltg. Vortrag, geh. auf der 36. Hauptversammlg. der Gesellschaft f. Verbreitg. v. Volksbildg. am 1. X. 1906 in Nürnberg. (28 S.) kl. 8. Berlin 906. Gesellsch. f. Verbreitg. v. Volksbildg. —50

Koeppen, Alfr., die moderne Malerei in Deutschland, s.a. Sammlung illustr. Monographien. 7. Bd.

Koeppen, Alfred. Die moderne Malerei in Deutschland. Mit 136 Abbildungen und einem Einschaltbild. IV + 146 S. gr.-8. Bielefeld und Leipzig, Velhagen & Klasing, 1902. [geb. M. 4. —]

Sammlung Illustrierter Monographien. Hrg.... von Hanns von Zobeltitz. [Band] 7....

Köppen, Alfred [aus Berlin]: Der Teufel und die Hölle in der darstellenden Kunst von den Anfängen bis zum Zeitalter Dante's und Giotto's ... Berlin, Druck v. B. Berkowitz, 1895; 79 S. 8.
Jena, Phil. Fak., Inaug.-Diss. v. [3. Juli] 1895

Koeppen, Alfred, Kammergerichtsref. zu Berlin: **Vertragsschluss durch Unterschrift und durch Urkundenbegebung.** *Greifswald 1901: J. Abel.* (91 S.) 8°
Greifswald, Jur. Diss. v. [1. Juli] 1901

Koeppen, Arnold, s. Arno, Herm.

– (Hrsg.), s. Schüller, Unser.

Köppen, August, prakt. Arzt aus Norden: **Der Pyloruskrampf** im Säuglingsalter. *Bonn 1902: J. Bach Wwe.* (38 S.) 8°
Bonn, Med. Diss. v. 10. Dez. 1902

Köppen, A., über Verstopfung durch rissigen After im Säuglingsalter. gr. 8. (5 S.) Leipzig 900. B. Konegen. n. 1.—
Sonderabdruck aus: „Der Kinderarzt".

Ein Wort der Liebe für Konfirmanden von [Benjamin] Koeppen, Pastor in Schartau. *Burg b. M.: A. Hopfer [1902].* (8 S.) 8° [Umschlagt. 54]

Koeppen, C. u. F. Lünse. Der Gast- u. Schankwirthschafts-Betrieb u. d. Kleinhandel mit geistigen Getränken im Königr. Preußen. gr. 8. (VIII, 544 S.) Kiel 889, Lipsius u. Tischer. * 6 —; geb. * 7 —

Koeppen, C., die Gesinde-Ordnung für die Herzogthümer Schleswig u. Holstein vom 25. Febr. 1840, nebst den dieselbe abänd. resp. erweiternden Gesetzen, Verordnungen ꝛc., sowie den wichtigsten Entscheidungen der höchsten Gerichtshöfe. Für den prakt. Gebrauch der Behörden, sowie für Jedermann zusammengestellt u. m. Anmerkungen versehen. gr. 8. (VIII, 58 S.) Rendsburg 878. (Ehlers.) n. 1.—

Koeppen, C., die Gesinde-Ordnung für die Herzogthümer Schleswig und Holstein vom 25. Februar 1840, nebst den dieselbe abändernden resp. erweit. Gesetzen, Verordnungen ꝛc., sowie den wichtigsten Entscheidungen der höchsten Gerichtshöfe. Für den prakt. Gebrauch der Behörden sowie für Jedermann zusammengestellt und mit Anmerkungen versehen. 3. neubearb. Ausg. gr. 8. (VII, 71 S.) Rendsburg 881, Schneider's Verlag.

Koeppen, C., die Gesinde-Ordnung für die Herzogth. Schleswig und Holstein vom 25. Febr. 1840, nebst den dieselbe abändernden resp. erweit. Gesetzen, Verordnungen ꝛc., sowie den wichtigsten Entscheidungen der höchsten Gerichtshöfe. Für den prakt. Gebrauch der Behörden sowie für Jedermann zusammengestellt und mit Anmerkungen versehen. 4. neubearb. und verm. Aufl. gr. 8. (79 S.) Kiel 887, Lipsius und Tischer. *M 1.—; geb. * 1 50

—— die Kreis- und Provinzial-Ordnung für die Provinz Schleswig-Holstein mit Motiven, Landtagsverhandlungen, Entscheidungen des Oberverwaltungsgerichts, Ausführungsbestimmungen ꝛc., nebst der Landgemeindeordnung in der aus dem Zuständigkeitsgesetze vom 1. Aug. 1883 sich ergebenden Fassung. gr. 8. (IX, 299 S.) Schleswig 888, Bergas. * 4 —

—— die Sabbathordnung für Schleswig-Holstein vom 10. März 1840 mit Motiven und den dieselbe abändernden resp. erweit. Gesetzen, Verordnungen ꝛc., sowie den wichtigsten Entscheidungen der höchsten Gerichtshöfe. Für den prakt. Gebrauch der geistl. und weltl. Behörden, sowie für Jedermann unter Benutzung amtl. Materials zusammengestellt und mit Anmerkungen versehen. gr. 8. (44 S.) Kiel 888, Lipsius und Tischer. *M 1.—; geb. * 1 50

– (Hrsg.), s. Tischler- u. Kunstgewerbe- Zeitung, Allgemeine.

Köppen, C. F. H., die deutsche Rechtschreibung in 175 Arbeiten. Ein Hülfsbuch für den orthograph. Unterricht. br. 8. (107 S.) Brandenburg 870, Müller.

Köppen, C. F. H., die deutsche Rechtschreibung in 180 Arbeiten. Ein Hülfsbuch f. den orthograph. Unterricht. 2. verb. u. verm. Aufl. 8. (92 S.) Brandenburg 874. Müller. — 75

Köppen CFH, die deutsche Rechtschreibung in 180 Arbeiten. 3. A. Brandenburg 1876

Köppen, C. F. H., die deutsche Rechtschreibung in 180 Arbeiten. Ein Hülfsbuch für den orthograph. Unterricht. 3. und 4. Aufl. (94 S.) 1879,80; 5. unter Berücksicht. der neuen Orthographie umgearb. Aufl. 8. (100 S.) Berlin 880, Eisenschmidt.

Köppen, C. F. H., die deutsche Rechtschreibung in 180 Arbeiten. Ein Hülfsbuch für den orthograph. Unterricht. 6. verb. Aufl. 8. (94 S.) Berlin 886, Eisenschmidt. — 75

Köppen, C. F. H., d. deutsche Rechtschreibung in 180 Arbeiten. E. Hilfsbuch f. d. orthograph. Unterricht. 7., verb. Aufl. 8. (96 S.) Berlin 896. R. Eisenschmidt. — 75

Koeppen, Carl F. Albert, s. Koeppen, Karl F. Albert

Koeppen, Daniel Joachim

Köppen, Dan. J., d. Bibel e. Werk d. göttl. Weish. 2 Thl. gr. 8. Rost. Stiller. 797. 98. (1r 1 Rthl. 16 gr. 2r 2 Rthl.)

Köppen, Dn. Joach., († d. 2. Juni 1807.) d. Bibel, e. Werk d. göttl. Weisheit. 2 Thle. gr. 8. Rostock ... 2e verb. Aufl. 797, 98. Stiller. 3 ₰ 16 ℊ

Köppen, Dan. Joach., die Bibel, e. Werk d. göttl. Weisheit. 3. Aufl. Nach d. Tode d. Verf. hrsg. u. mit nöthigen Anmerkn. vers. v. J. G. Scheibel. 2 Bde. (5 Lfgn.) gr. 8. (66⅓ B.) Leipzig 836, 37, Fr. Fleischer.

— d. Christenthum nach seinen unterscheidenden oder wesentl. Stücken betrachtet. 8. Norden 813. 1 ₰ 2e wohlf. Ausg., mit e. Vorr. u. Anh. von Past. G. C. Anschminck. Hamb. 816. (Perthes u. B.) 1⅓ ℊ

Köppen, Daniel Joachim (Lübeck), Specimen de rationali religionis electione, quod viro Balthasar Münter jam ampl. philos. ord. adjuncto design. huncce honorem eidem gratul. offert collegium illud sub ejus praesidio excolendae Romanorum linguae artisque disputandi causa institutum. Jena (Marggraf) 1759. 28 S. mit Namen d. Gratul. (5.50) 19031

— d. christl. Frei- u. Gleichheit. 8. Leipz. 795. Compt. f. Lit. 8 gr

— d. Hauptzweck d. Predigtamts. 8. Leipz. 778. Compt. f. Liter. 12 gr

Köppen, D. I., historia juris. 8. Lps. Comt. f. Lit. 750.

— s. d. Recht d. Fürsten.

Köppen, Dan. J., Recht d. Fürsten, d. Religionslehrer a. ein feststehend. Symbol z. verpflicht. 8. Leipz. Comt. f. Lit. 789. Rthlr.

— über einige Recensionen d. Buchs: d. Bibel, e. Werk ꝛc. gr. 8. Rostock 790. Stiller. 9 gr

— Unterricht für Schulmeister niederer Schulen. 8. Rostock 782. 2e A. 789. (Stiller). 14 gr

— wer ist ein Christ? 8. Leipz. 800. Compt. f. Liter. 1 ℛ 4 gr

Koeppen E v & Co., Eisengiesserei. Musterbuch. (94 S) 4° Ehrenfeld-Köln

Köppen, Ernst, erstes deutsches Kochbuch der bürgerl. Küche. Ein Koch- u. Lehrbuch f. jedermann. Ein Ratgeber für die rationelle Zubereitung der tägl. Gerichte. Nach der deutschen Kochmethode hrsg. (XXIII, 167 S.) 8. Oldenburg 905. G. Stalling's Verl. Geb. in Leinw. n. 2 50

Koeppen, F., Die Heuschrecken in der Krym, 1859. Moskau 1859.

Köppen, F. v., s.: In d. Königs Rock.

Köppen, F. v., K. G. v. Berneck u. a. Die Welt in Waffen im 19. Jahrhundert. 4. Ausg. (T.) 2. Leipzig 1876. 8°. — 2. (1861—75).

Köppen, Fedor v., König Albert u. das Haus Wettin, s.: Jugendbibliothek, neue.

Köppen, Fed. v., Ernst Moritz Arndt u. Friedrich Ludwig Jahn, s.a. Flemming's, Carl, vaterländ. Jugendschriften.

[F.] Ernst Moritz Arndt und Friedrich Ludwig Jahn. Zwei Vorkämpfer deutscher Einheit und Freiheit. Zwei Lebensbilder in einem Rahmen v. Fedor v. Köppen. M. 4 Orig.-Ill. v. Ludwig Berwald. *Glogau: C. Flemming 1897.* (151 S., 2 Portr., 2 Taf.) 1 Bd 8.
= Jugendschriften, C. Flemmings Vaterländische. Bd 52. (98. 1072

Köppen, Fed. v., Bilder aus den deutschen Alpen, s.: Land u. Volk, unser deutsches.

— Bilder aus d. schwäbisch-bayer. Hochfläche, d. Neckar- u. Maingegenden, s.: Land u. Volk, unser deutsches.

Köppen, Fedor v., Fürst Otto v. Bismarck, der deutsche Reichskanzler. Ein Zeit- und Lebensbild für das deutsche Volk. Mit dem Portr. des Fürsten in Stahlst., 6 Tonbildern und eingedr. Holzschn. nach Herm. Lüders, Ludw. Burger u. A. 15 Hefte. gr. 8. (XIV, 730 S.) Leipzig 875, Spamer. (à Lfg. * 75 Pf.) * M 12.; geb. *

— — Köppen, Fedor v. — Fürst . . . . ., der deutsche Reichskanzler. Ein Zeit- und Lebensbild für das deutsche Volk. Mit 175 Illustrationen und 8 Tondruckbildern nach Originalen von H. Lüders, L. Burger und F. Baumgarten, nebst 1 Stahlstichportrait des Fürsten. (Und 1 Stammtafel.) gr. 8. Leipzig 1876.

Köppen, Fed. v., Fürst Bismarck, der deutsche Reichskanzler. Ein Zeit- und Lebensbild für das deutsche Volk. 2., bis auf die neueste Zeit fortgeführte Ausg. Mit 175 (eingedr. Holzschn.-) Illustr. und 8 Tondr.-Bildern nach Originalen von H. Lüders, L. Burger und F. Baumgarten nebst 1 Stahlst.-Portr. des Fürsten. Lex.-8. (XIII, 730 S. mit 1 genealog. Tab.) Leipzig 878, Spamer. * M 12.; geb. *

Köppen, Fed. v. Fürst Bismarck, der deutsche Reichskanzler. Ein Zeit- u. Lebensbild. Volks-Ausg. Mit zahlreichen Text-Abbildgn., Tonbildern u. dem Bildnis Bismarcks in Stahlst. 4 Abtlgn. gr. 8. (X, 470 S.) Lpz. 889, Spamer. à Abtl. * 2 —; * 8 —; geb. * 10 —
Die 2. große Ausgabe, ebendas. 1878, geb., ist im Preise [* 15 —] erhöht auf * 20 —.

v. Köppen, Fürst Bismarck, der deutsche Reichskanzler. Ein Zeit- und Lebensbild. Volks-Ausg. Leipz. 890.

— Fürst Bismarck, d. deutsche Reichskanzler. E. Zeit- u. Lebensbild f. d. deutsche Volk. Volks-Ausg. Mit 95 Illustr. nach Originalen v. H. Lüders, L. Burger u. F. Baumgarten, nebst 12 Vollbild. u. 1 Stahlst.-Portr. d. Fürsten. gr. 8. (X, 470 S.) Leipzig 895. O. Spamer. 4. 50; geb. in Leinw. n. 6. —

— der deutsche Reichskanzler Fürst Otto v. Bismarck u. die Stätten seines Wirkens. Mit 1 Titelbild nach dem Ölgemälde v. Frz. Lenbach im Leipziger Museum, 115 authent. Abbildgn., sowie 16 allegor. Zeichngn. v. Wold. Friedrich. Imp.-4. (VII, 259 S.) Leipzig 889. Titze. geb. m. Goldschn. n. 25. —

– Fürst Bismarck und seine Zeit, s.a. Jugendbibliothek, Neue.

— Fürst Bismarck u. seine Zeit. Ein Volksbuch. Lpzg. 895.

— Blücher, s.: Flemming's, C., vaterländische Jugendschriften.

Köppen, Fed. v., Blücher, s.: Jugendschriften, vaterländische.

Köppen, Fedor v., Colberg 1807. Ein vaterländisches Gedicht. Colberg 857. Post. gr. 8. (5 Bl., 78 S.) n. 25 ngr

— Preußens Erhebung 1813, s.: Aus dem Reiche f. das Reich!

Köppen, Fedor v., Feld- und Federzüge. Erinnerungen aus dem Jahrzehnt vor Einführung der neuen Heeres-Organisation in Preußen 1850—1860. 8. (VIII, 168 S.) [Leipzig 882, Reißner.] Gera, Griesbach's Verlag. * M 2,50.; geb. *

Köppen, Fedor v., die Freiheitskriege. 1. Gesang. A. u. d. T.: Preußens Erhebung. Ein vaterländ. Gedicht. gr. 8. (71 S.) Berlin 855, Herbig. *

—— dass. — 2. Gesang. A. u. d. T.: Groß-Görschen. Ein vaterländ. Gedicht. gr. 8. (71 S.) Berlin 856, Mittler's Sortimentsb. *

— Kaiser Friedrich III., s.: Hohenzollern-Kaiser, drei.

— unf. Fritz u. f. Vetter Friedrich Karl, f.: Jugendbibliothek, neue.

— Geschichts- u. Kriegsbilder aus 5 Jahrzehnten 1816—1860, f.: Jugend- u. Hausbibliothek, illustr.
— Geschichts- u. Kriegsbilder aus der alten u. neuen Welt im 7. Jahrzehnt 1861—1870, f.: Jugend- u. Hausbibliothek, illustr.

Köppen, F. v. Groß-Görschen. Gedicht. Berlin 1856. 8°. (Köppen: Die Freiheitskriege. 2.)

—— Preußens Heer in Bild und Wort, f. Knötel, R.

— Heerschau über die Kriegsvölker Europas, f.: Knötel, Rich.

— preußische Hofgeschichten. gr. 8. (III, 115 S.) Leipzig 890. Reißner. n. 1. 50; geb. n. 2. 50

PREUSSEN. — Köppen, Fr. v. Preußische Hofgeschichte. Leipzig (ca. 1905). 8°. 115 S.

— Hohenzollern u. Brandenburg, f.: Flemming's, Carl, vaterländische Jugendschriften.

— Hohenzollern u. Brandenburg, f.: Jugendschriften, vaterländische.

— die Hohenzollern u. das Reich. Zwei Jahrhunderte brandenburgisch-preußischer Geschichte. Illustrirt von L. Burger, W. Camphausen, A. Schmitz u. anderen Meistern. (In 25 Lfgn.) 1—4. Lfg. hoch 4. (120 S. m. eingedr. Holzschn. u. 4 Stahlst.) Darmstadt 879. 80. Literar.-artist. Anstalt. à n. — 80

Köppen, Fed. v., die Hohenzollern u. das Reich. Von der Gründg. d. brandenburgisch-preuß. Staats bis zur Wiederherstellg. d. deutschen Kaisertums. 1—41. Hft. Lex.-8. (1. Bd. XI, 474; 2. Bd. VIII, 544 S. u. 3. Bd. S. 1—440 m. eingedr. Holzschn., Vollbildern u. Karten.) Glogau 884—86. Flemming. à — 50

Köppen, Fedor v., die Hohenzollern und das Reich. Von der Gründung des Brandenburgisch-Preuß. Staats bis zur Wiederherstellung des deutschen Kaisertums. 3. und 4. Bd. gr. 8. [Glogau, Flemming.] Gera, Griesbach's Verlag. [3. Bd. (VIII, 640 S. mit 24 Holzschn. und 3 Karten.) 886; 4. Bd. (VIII, 538 S. mit 60 Holzschn., 1 Farbendr. und 7 Karten.) 887.] geb. à Bd. *M 11.—. *
1. und 2. Bd. Ebendas. 1884,85. geb. à *M 11.—.

— vor 25 Jahren. E. vaterländ. Denkschrift. M. Illustr. v. Rich. Knötel. 8. (VIII, 150 S.) Leipzig 895. Abel & Müller. Kart. n 1. —; geb. in Leinw. n. 2. —

– Kaiser Wilhelms I. Jugendjahre, s.a. Flemming's, Carl, vaterländ. Jugendschriften.

[F.] Kaiser Wilhelms I. Jugendjahre. E. Erzählg f. d. deutsche Jugend v. Fedor v. Köppen. M. 4 Ill. *Glogau: C. Flemming [1897].* (143 S., 2 Portr., 2 Taf.) 1 Bd 8.
— Jugendschriften, C. Flemmings Vaterländische. Bd 51. [98. 1073

—— deutsche Kaiserbilder aus dem Mittelalter. gr. 8. (VI, 360 S. mit 40 Abbild.) [Kreuznach 885.] Leipzig, Voigtländer's Verlag. geb. *

— deutsche Kaiserbilder. 2., bis auf die Gegenwart fortgeführte Aufl. Mit 45 Abbildgn. von A. v. Werner, W. Friedrich u. A. 8. (VII, 407 S.) Leipzig 893. Geibel & Brockhaus. Geb. in Leinw. n. 5. —

—— Kämpfe und Helden, f.a. Schmidt's, F., deutsche Jugend-Bibliothek.

— Kämpfe u. Helden, f.a. Jugendbibliothek, deutsche.

Kämpfe und Helden. Erzählungen aus d. deutschen Geschichte von Fedor v. Köppen. Mit 17 Abb. 5. Aufl. *Berlin: Neufeld & Henius [1903].* (325 S.) 8° [F.]
— (Jugendbibliothek, Deutsche. Bd 68. 69.] [04. 655

— die Katastrophe v. Sedan, f.: Aus dem Reiche f. das Reich!

Köppen, Fed. v., die preußische Königskrone u. der König v. Preußen. Eine vaterländ. Denkschrift zur 200 jähr. preuß. Krönungsfeier am 18. I. 1901. 8. (68 S. m. Abbildgn.) Leipzig (900). Schulze & Co. — 50

— Theodor Körner, f.: Aus dem Reiche f. das Reich.

—— der große Kurfürst und das Reich, f. Aus dem Reiche für das Reich!

—— unser deutsches Land und Volk, f. Kloeden, G. A. v.

— Lebensbilder der drei Kaiserinnen Augusta, Victoria u. Augusta Victoria. Den deutschen Frauen gewidmet. 8. (124 S. m. 3 Bildnissen.) Berlin 889. H. Peters. n. 2. 40; geb. n. 3. 60

—— drei Lebensbilder Hohenzollern'scher Fürstinnen. 8. (121 S. mit 3 Portr. in Tondr.) Glogau 883, Flemming. geb.

— Männer u. Thaten. Vaterländische Balladen. Mit Holzschn. nach Orig.-Zeichnungen von W. Camphausen, W. Friedrich, H. Lüders, Ant. v. Werner u. A. gr. 8. (IV, 79 S.) Leipzig 881. A. Dürr. geb. n. 6. —

— Graf Helmuth v. Moltke, f. Jugendbibliothek, neue.

—— Helmut v. Moltke. Ein Lebensbild für das deutsche Volk, insbesondere für die deutsche Jugend. gr. 8. (VI, 248 S. mit Stahlst.-Portr. von H. Bürckner.) Glogau 888, Flemming. geb.

— Helmuth v. Moltke. E. Lebensbild f. d. deutsche Volk, insbes. f. d. deutsche Jugend. M. 1 Stahlst.-Portr. v. H. Bürkner u. zahlr. Abb. im Text. 2., verm. Aufl. gr. 8. (VIII, 260 S.) Glogau 897. C. Flemming. Geb. in Leinw. 4. —

—— Moltke in Kleinasien. gr. 8. (31 S. mit 5 eingedr. Holzschn.-Illustr.) Hannover 883, Helwing'sche Verlagsh. +
Aus: Allgemeine illustrirte Militärzeitung, besonders abgedruckt.

— Joachim Nettelbeck, Bürger zu Kolberg, f.: Aus dem Reiche f. das Reich.

— d. Opfer f. d. Vaterland. E. vaterländ. Roman. 8. (236 S.) Breslau 896. Schles. Buchdruckerei 2c. n. 3. —; geb. n. 4. —

— das alte Ordensland, f.: Flemming's, C., vaterländische Jugendschriften.

— Das alte Ordensland, f.: Jugendschriften, vaterländische.

— d. erste Regierungs-Jahrzehnt d. deutschen Kaisers Wilhelm II. E. vaterländ. Festschrift. gr. 8. (IV, 76 S. m. Abb., 1 Bildn. u. 1 Taf.) Minden 898. W. Köhler. — 75

— das Deutsche Reich. Von der Maas bis an die Memel — Von den Alpen bis zum Belt. Volks- u. Vaterlandskunde f. die deutsche Jugend. gr. 8. (IV, 244 S.) Leipzig 894. Abel & Müller. Geb. in Leinw. n. 4. —

Köppen, Fedor v., das deutsche Reich. Von der Maas bis an die Memel. — Von den Alpen bis zum Belt. Volks- u. Vaterlandskunde f. die deutsche Jugend. Neu bearb. v. J. Vogel. Mit 12 Bildertaf. 2. Aufl. (255 S.) gr. 8. Leipzig 905. Abel & Müller. Geb. in Leinw. n. 4. —

– Albrecht v. Roon u. d. deutsche Heeresschöpfung, s.a. Flemming's, Carl, vaterländ. Jugendschriften.

[F.] Albrecht von Roon und die deutsche Heeresschöpfung. Von Fedor v. Köppen. M. 4 Ill. *Glogau: C. Flemming [1896].* (153 S., 4 Taf.) 1 Bd 8.
= Jugendschriften, C. Flemmings Vaterländische. Bd 49. [97. 7513]

Köppen, Fedor v., die Schlacht bei Schleswig am ersten Ostertage 1848. Ein vaterländ. Gedicht. 8. (67 S.) Breslau 851, Korn.

Köppen, Fed. v., ein Strauß für Schleswig. Berlin 865. Gebr. Paetel. Lex.-8. (111 S.) n. 25 ngr.

— — Illustr. von Max v. Falckenstein. Ebend. 866. hoch 4. (98 S. mit eingedr. Holzschn.) cart. n. 1 ℛ 25 ngr.

— u. F. Kühn, in Sturm u. Not. 2 Erzählgn. (VII, 279 u. 91 S. m. 7 Vollbildern.) kl. 8. Berlin (910). Verlag Jugendhort. Geb. in Leinw. 3. —

— Wilhelm d. Große. E. vaterländ. Heldengedicht. M. 48 Orig.-Illustr. v. Herm. Lüders. gr. 8. (IV, 215 S.) Leipzig 896. Abel & Müller. Geb. in Leinw. n. 2. 50; in 9farb. Deckelpressg. m. Goldtitel n. 4. —; m. Goldschn. n. 5. —

—— Wrangel. Gedicht. gr. 8. (III und 87 S.) Berlin 855, Herbig.

—— Wrangel. Ein Lebensbild. 8. (XI, 126 S. mit 1 Holzschn.-Portr.) Glogau 884, Flemming.

— Wrangel. Ein Lebensbild. [Neue Ausg.] 8. (XI, 126 S. m. 1 Holzschn.-Portr.) Glogau 888. Flemming. 1. 20; geb. 1. 50

Köppen, Fedor, u. F. Kühn

— — Aus eiserner Zeit. 3 Erzählgn. (VII, 97, 99 u. 89 S. m. 11 Vollbildern.) kl. 8. Ebd. (910). Geb. in Leinw. 3. —

Köppen, Friedrich

Köppen, Fr. (J. F.), Abschiedspredigt in d. Kirche zu St. Ansgar in Bremen, d. 21. Juni 1807 gehalten. 8. Brem. 807.

Köppen, F.: Freimüthige Ansichten u. Vorschll. üb. d. Mängel d. jur. Lehrmeth. u. d. nothwend. unserer Zeit entsprechend. Einrichtt. ders. *Landshut*, Weber. 820. 8.

Köppen, Fr., vertraute Briefe über Bücher u. Welt. 8. Leipzig, G. Fleischer. 820.

Köppen, (Fr.,) vertraute Briefe über Bücher u. Welt. 2r Thl. 8. Lpz. 823, G. Fleischer. 2 Rthlr. 12 gr. Beide Thle.

F. **Köppen's** Darstell. d. Wesens d. Philos. *Nürnb.*, Stein. 810. gr 8° 1ß 14 gl

— über den Einfluß richtiger Begriffe ꝛc. Befindet sich in d. Preispredigten v. J. 1796—1801.

— unpartheiische Gedanken über d. Project e. Vereinigung aller Landesschulden ꝛc. 8. Götting. 808. Dieterich. 4 gl

F. **Köppen's** Grundr. z. Vorless. üb. d. Naturrecht. *Landsh.*, Krüll. 809. 8° 6 gl

Köppen, Fr., Leben meines Vaters, J. G. Köppen. 8. Leipz. Benj. Fleischer. 815.

F. **Köppen's** Lebenskunst in Beyträgen. *Hamb.*, Perthes. 801. 8° 1ß 8 gl

F. **Köppen**: Schelling's Lehre, od. d. Ganze d. Philos. d. absoluten Nichts, nebst 3 Briefen verwandten Inhalts v. F. H. **Jacobi**. *Hamb.*, Perthes. 803. 8° 1ß

F. **Köppen's** Leitfaden f. Logik u. Metaphysik. *Landsh.*, Krüll. 809. 8° 8 gl

— üb. Offenbarung, in Beziehung auf Kant'sche u. Fichte'sche Philosophie. 8. Lübeck 797. 2e umgearb. Ausg. 802. Niemann u. N. 12 gl

F. **Köppen** üb. Offenbar. in Bezug auf Kant. u. Ficht. Philosophie. *Lüb.*, Bohn. (797.) 804. 8° 12 gl

Eb. Philosophie d. Christenthums. *Lpz.*, (Ghd. Fleischer, jetzt) E. Fleischer. (813. 815.) 2e vb. u. vm. Ausg. 825. 2 Thle. gr 8° 2ß

F. Köppen's Politik nach platon. Grundsätzen m. Anwend. auf unsre Zeit. *Lpz.*, Fleischer. 818. 8° 1ß 16 gl

Eb. Rechtslehre nach platon. Grundsätzen m. Anwend. auf unsre Zeit. *Lpz.*, Fleischer. 819. gr 8° 2ß

— — offene Rede über Universitäten. gr. 8. Landshut, (Krüll.) 820.

— — dieselbe 2te Aufl. 8. Leipzig, G. Fleischer. 820.

Köppen, Frdr. (d. Z. Rektor d. Univ. Landshut), Rede bey der 25jähr. *Regierungsfeyer* .... *Königs* .... *Maximilian Joseph*, am 16. Febr. 1824. Landshut, gedr. in der Jos. Thomann'schen Officin. 4°. Velinp. Cart.
15 S. Lat. Lett.

— Reden über d. christl. Religion. gr. 8. Lübeck u. Leipz. 802. Niemann. 16 gl

— vermischte Schriften. 8. Hamb. 806. Fr. Perthes. 1ß 8 gl

— über d. Unternehmen des Kriticismus 2c., s. Unternehmen.

— Versuch zur Bestimmung d. Verhältnisse e. Offenbarung zu den Menschen. 8. Götting. 797. Schneider. 6 K

F. **Köppen** über d. Zweck d. Philosophie. (Antrittsrede.) *Münch.*, Fleischmann. 807. 8° 6 gl

Köppen, Frdr. Thdr., Bibliotheca zoologica rossica. Litteratur über die Tierwelt Gesammtrusslands bis zum J. 1885 incl. Hrsg. v. der kaiserl. Akademie der Wissenschaften. I. Bd. Allgemeiner Thl.: I. Bd. (XVI, 552 S.) gr. 8. St.-Pétersbourg 905. (Leipzig, Voss' Sort.) n. 7.50

Köppen, Frdr. Thdr., Bibliotheca zoologica rossica. Litteratur üb. die Thierwelt Gesammtrusslands bis zum J. 1885 incl. Hrsg. v. der kaiserl. Akademie der Wissenschaften. II. Bd. Allgemeiner Thl. II. Bd. (VI, III, 533 S.) gr. 8. St. Pétersbourg 907. 08. (Leipzig, Voss' Sort.) 8.70
Bd. I. Ebd. 905. 7.50.

Köppen, F. Theod., die schädlichen Insekten Russlands, s. Beiträge zur Kenntniss des russischen Reiches.

Köppen, F. Th., geographische Verbreitung der Holzgewächse d. europäischen Russlands u. d. Kaukasus, s. a. Beiträge zur Kenntniss d. russischen Reiches u. der angrenzenden Länder Asiens.

KÖPPEN, Friedrich Theodor: Geographische Verbreitung der Holzgewächse des Europäischen Rußlands und des Kaukasus. - St. Petersburg, Leipzig 1888 u. 1889. 2 Tl. 1. Tl.: XXVI, 668 S. - 2. Tl.: IV, 592 S., 5 Kt. - (Beitr. z. Kenntnis d. Russ. Reiches Folge 3, Bd. 5, 6)

Köppen, Georg. D dt-franz Krieg, 1870 u 1871. Milw, 1890.

Koeppen, Hans, im Auto um die Welt. (VII, 355 S. m. 177 Abbildgn. im Text u. auf Taf. u. 9 farb. Karten.) gr. 8. Berlin 908. Ullstein & Co. Geb. in Leinw. 8.—

Im Auto um die Welt. Von Hans **Koeppen,** Oberlt. Mit 177 Abb. u. 9 Kt. Berlin: Ullstein 1909. 355 S. 8° [09. 17099

Köppen, Heinr., Verzeichniss der Idiotismen in plattdeutscher Mundart, volksthümlich in Dortmund und dessen Umgegend. Veröffentlicht von seinen Freunden und Verehrern am Tage seiner goldenen Hochzeit 1. Novbr. 1877. Als Mscr. gedr. gr. 8. (67 S.) Dortmund 877, Köppen'sche Buchh. **

Köppen, Hnr. Fr., Achtung d. Scheintodten. 1r Thl. 8. Halle 799. Dreyssig. 21 K

Köppen, H. Achtung den Scheintodten. Halle a. S. 1800.

— d. Freund d. Erholung. 8. Halle 800.

— Gedanken bei Todesfällen. 16 Stück. 8. Halle 800.

— Nachricht von Menschen, welche lebendig begraben worden. 2 Thle. 8. Halle 801. Dreyssig. 18 K

Koeppen, Herman, appr. Arzt a. Berlin, Unterarzt b. 1. Thüringischen Feldart.-Reg. Nr. 19: Über habituelle Patellarluxationen. Berlin (1907): G. Schade. (29 S.) 8°
Berlin, Med. Fak., Ref. Hildebrand, Diss. v. 5. Jan. 1907
[Geb. 2. Okt. 80 Berlin; Wohnort: Berlin; Staatsangeh.: Preußen; Vorbildung: Königstädt. Gymn. Berlin Reife O. 00; Studium: Berlin Universität 1, K. W. A. 9 S.; Coll. 18. Dez. 06; Approb. 31. Dez. 06.]

Sommerfeld in Vergangenheit und Gegenwart. In Einzelbildern f. d. Mittelstufe dargeboten von H[ermann] **Köppen,** Lehrer. Sommerfeld: H. Mertsching (1908). (16 S.) 8° [F.] [08. 9541

Köppen, I., s.a. K o e p p e n, Daniel Joachim

Köppen, I., decisiones, in quibus questiones illustrantur in Germania quotidie occurrentes etc. 4. Lips. W. Vogel. 712.

Köppen, J. C., jetzt lebendes gelehrtes Meklenburg. 3 Stck. 8. Rostock, Stiller. 783. (à 12 gr.)

Johann Friedrich Koeppen

Universa vulneribus et ulceribus medendi Ratio. Auctore Io[anne] Fried[erico] Koeppen. Marburgi 1789: In Officina Libr. Acad. Nova. 34 S. 8°

Köppen, I. Fr., universa vulneribus et ulceribus medendi ratio. 4. Marb. Krieger. 789.

Köppen, Jh. Gerh., († d. 29. März 1813.) Handbuch für Communikanten. 8. Lübeck 784. Niemann u. N. 12 K

Köppen, Johann Heinrich Justus

— **Joh. Heinr. Just.** (Director), Animadversiones in scriptores graecos exhibet et praelectiones in prima classe Andreanei hab. indicit. o. O. 1787. 32 S. (5.50) 19033

— animadversiones in scriptores Graecos exhibet et praelectiones in prima classe Andraeanei habendas indicit. 8. Hildesh 787.

Köppen, J. H. J., Erklärende Anmerkungen zum Homer nebst Einleitung. Hannov. 787-92. 6 B. 8. 4 rthl. 16 gr. Neu herausgeben von Heinrich u. Krause. Ebend. 794-800. 6 B. 8 5 rthlr. 16 gr. Vermehrt von F. E. Ruhkopf. B. I. 820. 8. 18 gr.

— erklärende Anmerk. z. Homer, 5 Bde. 8. Hannov. Hahn, 792-804. (1r u. 2r à 18 gr. 3r u. 4. à 20 gr. 5r 1 Rthlr.)

— — derselben 6r Bd. herausg. v. J. C. H. Krause. 8. Ebend. 810.

Köppen, Johann Heinrich Just. Erklärende Anmerkungen zum Homer. 2. Ausg. O. O. 1794—1810. 3. Ausg. 1820—23. H (2. A.): *Heinrich, Carl Frdr.* H (3. A.): *Ruhkopf, Frdr. Ernst* & *Ernst Frz Heinrich Spitzner.* (Hoff)

Köppen, J. H. J., erklärende Anmerkungen zu Homers Ilias. 1r 2r Bd. 3te Aufl. neu herausgegeben von F. E. Ruhkopf. 8. Hannover, Hahn. 818 u. 820. (1r Bd. 20 Gr. 2r Bd. 1 Thlr.)

Köppen, (J. H. J.,) erklärte Anmerkk. zu Homers Ilias. 3r u. 4r Bd. 4e Aufl. v. Fr. Spitzner. 8. Hannover 822 u. 23. 3r Bd. 20 gr. 4r Bd. 1 Rthlr. 8 gr.

Köppen, J. H. J. Erklärende Anmerkungen zu den . . . Oden und Liedern von Horaz. Braunschweig 1791–93. MV: *Boettiger, Carl August.* (BrMm)

— krit. Anmerkk. über Xenophons Hellenika. 2 Stücke. 8. Hildesh. 784, 85.

— Anmerkk. zu Horaz Oden. 1r Bd., s. Encyklopädie d. latein. Classiker. 3r Thl.

— Progr. Ad Xenophontis Cyropaediam adnotationes. 8. Hildesh. 784.

— Progr. Ad Xenophontis historiam Graecam adnotationes et dubia. 8. Hildesh. 784.

Köppen, Johann Heinrich Justus (Bearb.), s. Aristoteles: Skolion auf Hermeias.

– s. Aufsätze, Vermischte. E. Lesebuch f. Gymnasien.

— Biographie (von A. U. L. Süstermann). Mit Köppens Portr. 8. Hannov. 793. Hahn. 4 gr

Köppen, Jh. Hnr. Just., († d. 9. Nov. 1791.) griech. Blumenlese, mit Anmerkk. 3 Thle. gr. 8. Braunschw. 785–87. Schulbuchh. 1 Thlr 12 gr

— Einleitung in d. erklärenden Anmerkk. zum Homer. A. u. d. T.: über Homers Leben u. Gesänge. 8. Hannov. 788. N. A., verb. u. herausg. von F. E. Ruhkopf. 8. Ebd. 821. Hahn. 16 gr

— Einleitung in die Anmerkungen zu Homer oder über Homers Leben und Gesänge. Durchgesehen von F. E. Ruhkopf. Hannov. 820. 8.

— üb. Homers Leb. u. Gesänge. 8. Ebend. 786.
(h. a. d. Tit: Einleit. in d. Anmerk. z. Homer.)

— — über Homers Leben und Gesänge, herausgeg. von F. E. Ruhkopf. 8. Ebend. 821.
Auch unter dem Titel:
Einleitung in die erklärenden Anmerkungen zum Homer.

— lectiones historicorum latinorum, in usum scholar. 8. Hannov. 788. Hahn. 10 gr

Köppen, Joh. Ulr. Chr., d. reine Lehre u. Unschuld Ph. J. Speners wid. d. falsch. Beschuld. Neumeisters &c. 4. Berl. Haude u. Spener. 727.

— Progr. Ad Xenophontis Agesilaum notae et emendationes. 8. Hildesh. 788.

– s. Plato: Alcibiades d. Zweite. – Menexenus.

– s. Sophocles: Philoctetes.

Köppen, Karl von: Bildungsgeschwindigkeit und Dissociation von Schwefelsäureanhydrid bei Anwesenheit von Platin. 1903. 61 S. 8⁰ ¶ S. 1–36 zuerst in: Zeitschrift f. Elektrochemie. Jg. 9.
Braunschweig, Dr.-Ing.-Diss. v. 22. 7. 1903

Köppen, Karl F. Albert, s.a. Köppen, Albert

Koeppen, C. F. Alb., die Erbschaft. Eine civilistische Abhandlung. gr. 8. (VIII und 168 S.) Berlin 856, Weidmannsche Buchh. *

Koeppen, C. F. A., Grundriss zu Vorlesungen über die Institutionen und Geschichte des römischen Privatrechts. gr. 8. (XV, 69 S.) Strassburg 879, Trübner. *

Koeppen, Alb., Lehrbuch des heutigen römischen Erbrechts. 1. und 2. Abthl. gr. 8. Würzburg, Stuber's Verlag. [1. Abth.: (VII, S. 1–286.) 886. *ℳ 6.–; 2. Abthl. (V, S. 287–418.) 888. *ℳ 3.60.] * 9 60

Koeppen, Alb., Lehrb. d. heut. röm. Erbrechts. 8. (Schluß-) Abtlg. gr. 8. (VIII u. S. 419–846.) Würzburg 895. A. Stuber's Verl. n. 9. — (kplt.: n. 18. —)

Koeppen, C. F. Alb.: De natura hereditatis nondum aditae. Berolini (1850). (88 S.) 8⁰
Berlin, Jur. Diss. v. 11. Mai 1850

Koeppen, C. F. A., System des heutigen römischen Erbrechts. 1. u. 2. Liefg. Jena 862, 64. Mauke. gr. 8. (XIX, S. 1–448.) Jede Liefg. 1 Thlr

—— System des heutigen römischen Erbrechts im Grundrisse. (Statt handschriftl. Mittheilung an die Zuhörer.) gr. 8. (92 S.) Würzburg 867, Stuber. *

Koeppen, C. F. Alb.: De vi, quam retro exerceat aditio hereditatis commentatio. Jenae 1853.

Andenken an Br. Stahl von [Karl Friedr.] K[öppen] und E[isenberg]. Berlin 1769. 8⁰
Kl. 1314 b.

Andenken ihres vortreflichen [!] Bruders des Herrn Joh. Ernst Stahls. Den würdigen Brüdern v. Z[innendorf] u. S. zugeeignet [von Karl Friedr. Köppen]. Berlin, den 22sten Heumonats 1769. [Berlin 1769]: Decker. XXXI S. 8⁰
Abgedr. in: D. entdeckten Trümmer d. Bauherren-Loge. 1790 S. 95–116; 2. Aufl. 1794; D. entdeckte Orden d. afrik. Bauherren-Loge. 1806 S. 95–116.
Kl. 1311. 2 Reden zum Lobe des Verstorbenen in der Berliner Loge der Afrikanischen Bauherrn gehalten.

— s. Correspondenzen mit d. Observanz. – s.a. Crata Repoa.

Crata repoa. Oder Einweihungen in der alten geheimen Gesellschaft der Egyptischen Priester. [Verf.: Karl Friedrich **Köppen** & Johann Wilhelm Bernhard v. Hymmen.] 1785. [Neudr. o. O. um 1907.] (32 S.) 8⁰ [Ant. u. F.]
07. 14684

Koeppen, Carl Friedr., literar. Einleitung in d. nordische Mythologie. gr. 8. (13¼ B.) Berlin 837, Bechtold u. Hartje. (?)

Allerneueste Entdeckung der verborgensten Geheimnisse der hohen Stuffen der Freimåurerei, oder Der wahre Rosencreutzer; aus d. Engl. ůbers., nebst dem Noachiten, oder preussischen Ritter, ingleichen einem Schreiben eines Profanen [ůber die glůckliche und långst gewůnschte Entdeckung der Freymåurerey. Hrsg. von Karl Friedr. Köppen. Uebers. von J. G. Krünitz]. Mit Kupfern. [Th. 1]—3. Jerusalem [Berlin: Haude & Spener] 1768. [3:] Frankfurth u. Leipzig [Berlin: Haude & Spener] 1770. 8°

[1.] XX, 156 S. u. 2 Taf. 1768.
2. Zweytes u. drittes Schreiben eines Profanen. 101 S. 1768.
3. Viertes bis achtes Schreiben eines Profanen. XXIV, 80 S. 1770.

cf. Birkholz, A. M.: D. Compass d. Weisen. 1779 S. 44, Fussnote. 2. Ausg. 1782 S. 43, Fussnote.

Kl. 1899, 1900, Tt. 1357. 1358. Kloss gibt auch Ausg. 1781 u. 1788 an.

—— Friedrich d. Gr. u. seine Widersacher. Eine Jubelschrift. gr. 8. (11 B.) Leipzig 840, Otto Wigand.

Geschichte des Ordens nach dem afrikanischen System. [Von Br Karl Friedr. Köppen. Hrsg. von Friedr. Ludw. Schröder.] [Rudolstadt ca 1805 bis 1806: Geheimdr.] 46 S. 8°

Tt. 867. Nr 9 B der Schröderschen Ritualsamml., nur für die Geheimakten des Engbundes gedruckt.

Köppen, K. F., Hexen und Hexenprozesse. Zur Geschichte des Aberglaubens u. des inquisitorischen Prozesses. 2. Aufl. Leipzig 858. O. Wigand. 16. (119 S.) 5 ngr.

Koeppen, Carl Friedrich: Die lamaische Hierarchie und Kirche. Berlin 1859. XI, 408 S. 8°.

Die Lamaische Hierarchie und Kirche. Von Carl Friedrich Koeppen. 2., unveränd. Aufl. Berlin: H. Barsdorf 1906. (XI, 407 S.) 8°
— Koeppen: Die Religion d. Buddha u. ihre Entstehung. Bd 2. [16. 9305

Introductionen und Aufnahmen in den vier schottischen Graden der afrikanischen Freymaurerey. [Von Karl Friedr. Köppen. Hrsg. u. mit Anm. vers. von Friedr. Ludw. Schröder.] [Rudolstadt ca 1805—1806: Geheimdr.] 80 S. 8°

Tt. 868. Nr 9 A der Schröderschen Ritualsamml., nur für die Geheimakten des Engbundes gedruckt. Enth. Introduktion eines Dienst-Brs (Frère servant). Aufnahme zum 1. Gr. des schottischen Lehrlings (Armiger). Vorbereitung u. Aufnahme zum 2. Gr. des schottischen Brs (Socius). Aufnahme zum 3. Gr. des schottischen Meisters (Miles). Aufnahme zum 4. Gr. des schottischen Ritters (Eques).

Wichtige Korrespondenzen mit der Strikten Observanz- oder mit der sogenannten rektificirten Loge, dedicirt an den Hrn Kammergerichts Rath Krůger, und zusammengetragen von Karl Friedr. Kȍppen. Th. 1. o. O. 1771. 56 S. 4°

cf. Beytrag z. Reichs-Postreuter. (Altona) 1771 St. 96; D. Wandsbecker Bothe. 1771 No 203. 204.

Kl. 2295. Nicht mehr erschienen. Betr. Köppens Streitigkeiten als Grmstr. der Loge der afrikanischen Bauherren mit Krüger als Gr.mstr. der zur Strikten Observanz gehörenden Mutterloge zu den drei Weltkugeln.

Les plus secrets Mystères des hauts grades de la maçonnerie dévoilés ou Le vrai rose-croix, trad. de l'anglois; suivi du Noachite, trad. de l'allemand. [Hrsg. von Karl Friedr. Köppen.] Jerusalem [Berlin: Haude & Spener]. 1766. XVI, 149 S., 2 Kpfr. 8°

[Dasselbe.] Ebendas. 1767. XVI, 152 S. 2 Kpfr. 8°

[Dasselbe.] Ebendas. 1768. XVI, 152 S. 2 Kpfr. 8°

[Dasselbe.] Avec fig. [Ohne d. Angabe: trad. de l'allemand.] Ebendas. 1768. XVI, 160 S. 2 Kpfr. 8°

[Dasselbe.] Trad. de l'allemand. Nouv. éd. augm. Ebendas. 1774. XVI, 163 S. 2 Kpfr. 8°

Les plus secrets Mystères des hauts grades de la maçonnerie dévoilés; ou le vrai rose-croix, trad. de l'anglois; suivi du noachite, trad. de l'allemand. [Hrsg. von Karl Friedr. Köppen.] [Berlin: Haude & Spener.] 1774. XV, 170 S. 8°.

Cit. bei F. 1213. — Es wird dort ausdrücklich darauf hingewiesen, dass diese Ausgabe nicht identisch ist mit der bei Kloss 1898 aufgeführten aus demselben Jahre mit 163 S.

[Dasselbe.] Ebendas. 1778. XVI, 152 S. 2 Kpfr. 8°

[Dasselbe.] Ebendas. 1778. X, 167 S. 8°.

Cit. bei F. 1215.

[Dasselbe.] Trad. de l'allemand [par Bérage]. Jérusalem. De l imprimerie des Amis de la Vérité 1782. 143 S. 8°.
Cit. bei F. 1216.

[Dasselbe.] Ebendas. 1786. 143 S. 1 Kpfr. 8°

[Dasselbe.] Jérusalem [Berlin: Haude & Spener] 1787. XI, 167 S., 2 Stiche. 8°.
Cit. bei F. 1218.
Alle sehr selten. – Vgl. W. 29989.

°[Dasselbe.] 1788.
Kl. 1898. Enth. die von Th. H. Baron de Tschoudy für die chevaliers d'orient ausgearb. Hochgrade.
1766 in 25; 1767 in 23; 1768, XVI, 152 S. in 109; 1768 XVI, 160 S. in 25; 1774 in 23; 1778 in 281; 1786 in 4; °1788 in 472.

Tous les secrets Mystères des grades de la maçonnerie entière, dévoilés, ou le vrai rose-croix, traduit de l'anglais; suivi du noachite, traduit de l'allemand. [Hrsg. von Karl Friedr. Köppen.] 6. édit. Jérusalem [Berlin: Haude & Spener]. 1768. 84 S. 8°.
Cit. bei F. 1212.

Koeppen, Carl Friedr., die Religion des Buddha und ihre Entstehung. Lex.-8. (VIII und 616 S.) Berlin 857, F. Schneider. *

—— dass. — 2. Bd. A. u. d. T.: Die lamaische Hierarchie und Kirche. Lex.-8. (XI und 408 S.) Ebendas. 859. *

Koeppen, Carl Frdr., die Religion des Buddha u. ihre Entstehung. 2 Bde. 2. unveränd. Aufl. (Anastat. Neudr.) (VIII, 616 u. XI, 408 S.) gr. 8. Berlin 906. H. Barsdorf. n. 20. —

Viertes bis achtes Schreiben eines Profanen über die glückliche Entdeckung der Freymäurerey, als der dritte und letzte Theil der allerneuesten Entdeckung der verborgensten Geheimnisse der hohen Stufen der Freymäurerey [von Karl Friedr. Köppen]. Frankfurth und Leipzig [Berlin: Haude & Spener.] 1770. XXIV, 80 S. 8°
Kl. 1901, Tt. 1359. Enth. u. a. Bruchstücke aus dem Rituale der Afrik. Bauherren. Vgl. Bd 2 No 29989.

Köppen, K. Friedr., Zweytes und drittes Schreiben eines Profanen uber die gluckliche Entdeckung der Freimaurerey. Nebst einer Uebersetzung des Franzos. Werkchens: La Muse Maçonne des Herrn Lassy (Tschoudy) Ritter des Bauorttens. Als der 2. Theil und Beschlass der allerneuesten Entdeckung etc. Jerusalem (Berlin, Haude & Spener) 1768. 8. Tt. 191 S.

Sendschreiben des Kriegesraths [Karl Friedr.] Köppen an die strikte Observanz. [o. O. circa 1771.] 8 S. 4° [Kopftit.]
Kl. 2295b. Streitschrift; betrifft den 1770 zwischen Köppen (Afrik. Bauherrnloge) u. Krüger (Strikten Observanz) geschlossenen Frieden. Verf. nimmt Zinnendorf gegen die Loge „Zu den drei Weltkugeln" in Schutz.

Köppen, Karl Fr., († d. 11. Juli 1798.) u. G. G. Wagener, Universal-Lexikon d. Länder- u. Völkergeschichte von d. ältesten bis auf d. gegenwärt. Zeiten. 5 Thle. gr. 8. Berl. 806—8. Magdorf. (Achenwall). 5 ₰ 12 K

Köppen. Tibet und der Lamaismus bis zur Zeit der Mongolenherrschaft. 27 S.
Berlin, Friedr. G., Progr. 1859

Koeppen, Kurt, Stabsarzt a. D.: Das Knochenpanaritium und seine Behandlung. Berlin 1910: Ebering. 50 S. 8°
Berlin, Med. Diss. v. 26. Juli 1910, Ref. Bier
[Geb. 19. Nov. 75 Berlin; Wohnort: Charlottenburg; Staatsangeh.: Preußen; Vorbildung: Leibniz-Gymn. Berlin Reife O. 94; Studium: Berlin 4, Freiburg i. B. 1, Berlin 4 S.; Coll. 21. Juli 10; Approb. 15. April 01.] [U 10. 56

[F.] ... Drei Monate im Irrenhaus 'Lindenhaus' im Fürstentum Lippe-Detmold unter dem Direktorium Roller v. Kurt v. Köppen, Kaiserl. Marinestabsarzt a. D. ... *Hannover: Selbstv.; Komm.: F. Rehtmeyer (1896).* (37 S.) 1 Bd 8. [94. 139]

Köppen, Kurt v., drei Novellen. 12. (68 S.) Kiel 895. Gnevkow & v. Gellhorn. Geb. in Leinw. n. 2. —

Köppen, Ludw. Vide: Fränkel (Alb.)

Köppen, Ldw., s. Skizzen, Berliner. — Billegarbelle, Geschichte der socialen Ideen vor der französ. Revolution.

Leute vom Moorrand. Charakterbilder aus Ostfrieslands Dorf u. Heide von M. Köppen-Bode. Mit Buchschmuck von Anna List. Berlin: M. Warneck 1907. (134 S.) 8° [F.] [07. 16769

Koeppen, Martin: Ueber das Verhalten der Rinde unserer Laubbäume während der Thätigkeit des Verdickungsringes... (Aus: Nova Acta Acad. C. L. C. G. Nat. Cnr. Vol. LIH.) Dresden. Druck v. E. Blochmann (1889). 1 Bl., 56 S., 2 Bl. u. 1 Taf. 4°
Berlin, Phil Fak., Inaug.-Diss. v. 29. Jul. 1889.

Koeppen, M., über das Verhalten der Rinde unserer Laubbäume während der Thätigkeit d. Verdickungsringes. [Aus: „Nova acta der kaiserl. Leop.-Carol. Deutschen Akademie der Naturforscher".] gr. 4. (56 S. m. 1 Taf.) Halle. Leipzig 889. (Engelmann.) n. 3. —

Köppen, Max

Köppen, M., s.: Archiv f. Psychiatrie u. Nervenkrankheiten.

Köppen, M., u. A. Kutzinski, systematische Beobachtungen üb. die Wiedergabe kleiner Erzählungen durch Geisteskranke. Ein Beitrag zu den Methoden der Intelligenzprüfgn. (V, 233 S.) Lex. 8. Berlin 910. S. Karger. 7. —

Koeppen, M., s.: Medizin, gerichtliche.

Sammlung von Gerichtlichen Gutachten aus der Psychiatrischen Klinik der Kgl. Charité zu Berlin. Hrsg. von M[ax] Köppen. I. Assist. Mit e. Vorw. von d. Dir. d. Klinik Geh. Med.R. Prof. Dr. [Friedrich] Jolly. *Berlin: S. Karger 1904.* (VIII, 546 S.) 4°(8°) [03. 16036

Köppen, Max [prakt. Arzt aus Dortmund]: Ueber die histologischen Veränderungen der multiplen Sklerose .... Berlin, gedr. bei L. Schumacher, 1886; 22 S. 8°.
Strassburg, Med. Fak., Inaug.-Diss. v. 1886.

Köppen, Max, über die histologischen Veränderungen der multiplen Sklerose. Diss. Strassburg i. Els. 1886, Trübners Sort. 8°. 22 S.

Köppen, N., de apparitionibus Chr. post resurrectionem earumque ordine. Gryph. 1701. 4.

Koeppen, N., de Christo ex mortuis redivivo. Gryph. 1728. 4.

Koeppen, N., de Messia propheta. Gryph. 1719. 4.

Koeppen, N., de tribus personis in benedictione sacerdotali. Gryph. 1735. 4.

Koeppen, N., de phrasi: sedere ad dextram Dei. Gryph. 1704. 4.

Köppen, Otto, aus Itzehoe (Holst.): I. Über fluorierte saure Jodate und über ein fluoriertes Cäsiumperjodat. II. Über Doppelsalze vom Ferrifluorid bezw. Aluminiumfluorid mit Fluoriden zweiwertiger Metalle. *Leipzig 1899: Metzger & Wittig.* (27 S.) 8°
München, Phil. Diss. v. 1899

Koeppen, Otto Walter [aus Stralsund]: Ueber das Verhalten des Zellkerns im ruhenden Samen .... Jena, Frommannsche Buchdr. (Hermann Pohle), 1887; 1 Bl. + 52 S. 8°
Leipzig, Phil. Fak., Inaug.-Diss. v. 26. Nov. 1887

Koeppen, Paul, Textausgabe der Unfallversicherungsgesetze v. 30. VI. 1900. In 6 Bdn. 12. Berlin (900). E. Prager. n. 3.—; in 1 Leinw.-Bd. (863 S.) n. 2. 80
1. Gesetz, betr. die Abänderung der Unfallversicherungsgesetze (Mantelgesetz). (VII, 21 S.) n. — 30
2. Gewerbe-Unfallversicherungsgesetz. (VII, 92 S.) n. — 60
3. Unfallversicherungsgesetz f. Land- u. Forstwirthschaft. (VII, 100 S.) n. — 70
4. Bau-Unfallversicherungsgesetz. (VII, 33 S.) n. — 40
5. See-Unfallversicherungsgesetz. (VII, 94 S.) n. — 70
6. Ges., betr. d. Unfallfürsorge f. Gefangene. (VII, 21 S.) n. — 30

Köppen, Peter v.

— über Alterthum u. Kunst in Rußland. 8. Wien 822.

v. Köppen, Pt., Alterthümer am Nordgestade d. Pontus. Mit 2 Kpft. 8. Wien 823. (Gerold. (107 S.) Aus d. Jahrb. d. Literatur abgedr.

— literar. Blätter. (Ganz russisch.) 1r Bd. gr. 4. St. Petersb. 827. (Fr. Fleischer in Leipz.) 5 ℛ 12 ℊ

Köppen, P. v. Ueber den Briefverkehr in Russland. 4°. St. Petersburg 1841.

Koeppen, P. v., über die Deutschen im St. petersburger Gouvernement. Mit einem Vorworte über die ethnograph. Karte des genannten Gouvernements und einem Anhange über die auf derselben vorkommenden Dorfnamen. gr. 8. (45 S. mit 1 in Kpfr. gest. und ill. Karte in Imp.-Fol.) St. Petersburg 850. Leipzig, Voss. **

von Koeppen, P.: Finnland in ethnographischer Beziehung. ([S.-A.] Memoires de l'Academie Imperiale des Sciences de St. Petersbourg. Ser. 6. Sciences politiques etc. T. 7.) St. Pétersbourg 1847. 33 S., 1 Krt. 4°.

(Koeppen, P[eter] von): Rußlands Gesamt-Bevölkerung im Jahre 1838. — St. Petersburg 1843: Kaiserl. Akademie der Wissenschaften. 260 S.
Aus: Mémoires de l'Académie Impériale des sciences de St. Pétersbourg. Sciences politiques. Serie 6, T. 6.

— d. dreigestaltete Hekate u. ihre Rolle in den Mysterien. Mit 1 Kpf. gr. 4. Wien 823. (Leipz., Fr. Fleischer). 16 ℊ

— Hekate die dreigestaltete u. ihre Rolle in d. Mysterie. gr. 4. (Leipz. 823, Fr. Fleischer.)

Koeppen, P., Ethnographische Karte des St. Petersburgischen Gouvernements. St. Petersburg 1849

v. Köppen, P. Ethnographische Karte des Europäischen Russland. Petersburg 1851. 4 Bl. c. K. nebst 2 Heften Erläuterungen.

— Literärnotizen, betreffend die magyar. u. sächs. Dialekte in Ungarn u. Siebenbürgen. gr. 8. St. Petersburg 826. (Fr. Fleischer in L.)

— s. Nachhall am Nordgestade.

— Nachricht von einigen in Ungarn u. Siebenbürgen u. Polen bisher noch nicht gekannten Alterthümern. Mit 3 Kpf. gr. 8. Wien 823. (Leipz., Fr. Fleischer). 16 ℊ

— Nachricht von einigen in Ungarn u. Siebenbürgen, u. Polen bisher noch nicht gekannten Alterthümern. Mit Kupf. gr. 8. (Leipz. 824, Fr. Fleischer.)

Köppen, Pet. v., statistische Reise in's Land der donischen Kosaken durch die Gouvernements Tula, Orel und Woronesh im J. 1850. Lex.-8. (XXIII und 362 S. mit 1 in Kpfr. gest. und ill. Karte in Fol.) St. Petersburg 852. (Leipzig, Voss.) Thlr. **

Köppen, Peter v., erklärender Text zu der ethnographischen Karte des St. Petersburger Gouvernements. Imp.-4. (VII und 150 S.) St. Petersburg 867. Leipzig, Voss. *
Die Karte. Ebendas. 1849. * 1 Thlr. 20 Ngr.

Köppen, P. v., Ueber den Wald- und Wasservorrath im Gebiete der oberen und mittleren Wolga. [o. O. u. J.]

Köppen, Robert [app. Arzt aus Mützel, Prov. Sachsen]: Aus d. patholog. Institut zu Kiel. Beitrag zur Aetiologie der Blasendilatation. ... Kiel, Druck v. Schmidt & Klaunig, 1891; 14 S., 1 Bl. 8°
Kiel, Med. Fak., Inaug.-Diss. v. [2. Apr.] 1891

Köppen, Rob. Beitrag zur Aetiologie der Blasendilatation. Diss. gr. 8. (14 S.) Kiel 891, (Gnevkow u. v. Gellhorn). * — 60

Koeppen, Rud., zur Kenntniss der Alcaloide des Sabadillsamens mit besond. Berücksicht. des Veratrin. Chemische Inaugural-Dissertation. gr. 8. (42 S.) Halle 876. (Jena, Deistung's Buchh.) *

Koeppen, Thdr., Anleitung zur Züchtung und Ansiedelung von Nachtigallen auf Grund eigener Erfahrungen. 1. Aufl. (VII, 112 S.) 1885; 2. verm. Aufl. 8. (IV, 120 S.) Berlin 886, Janke. *ℳ 1.—.; cart. *

Köppen, V. M. Die Rinde unserer Laubbaume, s. Acta, nova, academiae caesareae Leopoldino-Carolinae.

— W., Anthropologisches aus der Krim. (Aus: Russ. Revue, Bd. XX.)

Köppen, W., Beiträge zur Geschichte der deutschen Weihnachtsspiele. gr. 8. (132 S.) Paderborn 893. F. Schöningh. n. 2. 40

Köppen, W., Ueber öffentliche Laienbibliotheken und über die Eimsbütteler Volksbibliothek insbesondere. [Sonder-Abdr. aus dem Hamburger Correspondenten, Mai 1897.] Hamburg 1897.

Köppen, Waldemar, Kammergerichts-Ref.: Die successive Berufung zur Erbschaft nach BGB. im Vergleich mit dem gemeinen Rechte. *Rostock 1902: C. Hinstorff.* (67 S.) 8° [J.]
Rostock, Jur. Diss. v. [10. Dez.] 1902

Köppen, Wilhelm [aus Altona]: **Beiträge zur Geschichte der deutschen Weihnachtsspiele ... [Erschien vollst. 1893 im gl. Verl.] Marburg, Druck v. F. Schöningh, Paderborn, 1892;** 48 S., 1 Bl. 8.
Marburg, Phil. Fak., Inaug.-Diss. v. [28. Jan.] 1893

Koeppen, Wilhelm, Kammergerichtsref.: **Das negotium mixtum** cum donatione nach Pandektenrecht und **Reichsgesetzen.** *Berlin 1901: W. Pilz.* (80 S.) 8°
Berlin, Jur. Diss. v. 8. Juli 1901

Koeppen, Wilh.. das negotium mixtum cum donatione nach Pandektenrecht u. Reichsgesetzen. gr. 8. (III, 78 S.) Berlin 901. Struppe & Winckler. n. 2. —

Koeppen, Wilhelm von: Deutsche Kornhauskommission. Genossenschaftliche Getreideverwertung mit bes. Berücks. der Kornhäuser. Darmstadt 1903.

Köppen, Wladimir

Köppen, W., Anleitung zu klimatischen Untersuchungen. gr. 8. (46 S.) Braunschweig 886, H. Bruhn. *
Aus: J. Braun's Lehrbuch der Balneotherapie, 5. Aufl., hrsg. von Dr. B. Fromm, besonders abgedruckt.

Köppen, Wladimir, Die Aufeinanderfolge der unperiodischen Witterungs-Erscheinungen nach den Grundsätzen der Wahrscheinlichkeits-Rechnung untersucht. (Repertorium für Meteorologie. Herausgegeben von der Akademie der Wissenschaften, St. Petersburg. Band II).
[St. Petersburg 1871.]

Bericht über die Erforschung der freien Atmosphäre mit Hülfe von Drachen. Im Auftr. d. Dir. d. Seewarte erstattet von Prof. Dr. W[ladimir] **Köppen.** Mit 6 Taf. *Hamburg 1901: Hammerich & Lesser in Altona.* (104 S.) 4°
= **Archiv,** Aus dem, d. Deutschen Seewarte. Jg. 24, No 1

Köppen, W., Bericht üb. die Erforschung der freien Atmosphäre m. Hülfe v. Drachen. Im Auftrage der Direktion der Seewarte erstattet. gr. 4. (IV, 104 S. m. 6 Taf.) Hamburg 902. (L. Friederichsen & Co.) n.n. 10. —

Neuere Bestimmungen über das Verhältniss zwischen der Windgeschwindigkeit und Beaufort's Stärkeskala. Von Prof. Dr. W **Köppen.** *Hamburg 1898: Hammerich & Lesser in Altona.* (21 S.) 4°
= **Archiv,** Aus dem, d. Deutschen Seewarte. Jg 21, No 5.

— neuere Bestimmungen üb. das Verhältniss zwischen der Windgeschwindigkeit u. Beaufort's Stärkeskala. gr. 4. (21 S.) Ebd. 899. n.n. 2. —
Sonderabdruck aus: „Aus d. Archiv d. deut. Seewarte".

— Ueber die Bewölkung in Russland. (Aus: Russ. Revue, Bd. XX.)

— Grundlinien der maritimen Meteorologie, vorzugsweise f. Seeleute dargelegt. Mit e. Beilage, enth. 2 synopt. Karten vom nordatlant. Ocean, 1 durchsicht. Tafel der Luftwirbel u. 2 Weltkarten der Isobaren u. Winde in Farbendr. 8. (VII, 83 S.) Hamburg 899. G. W. Niemeyer Nachf. Geb. in Leinw. n. 3. 20

Koeppen, W., Grundriß der landw. Pflanzenbaulehre, s.: Römer, B.

Köppen, Wladimir: Die Häufigkeit der verschiedenen Bewölkungsgrade als klimatologisches Element. Von –. u. Dr. H(einrich) Meyer. Hamburg: Hammerich & Lesser 1893. (27 S.) 4°
= Archiv, Aus dem, d. Deutschen Seewarte. Jg. 16, No 5.

Köppen, W., drei Jahre gleichzeitiger meteorologischer Drachenaufstiege bei Hamburg, Berlin u. St. Petersburg. In amtl. Auftrage bearb. (12 S. m. 1 Fig. u. 18 Taf.) Lex. 8. Hamburg 908. (L. Friederichsen & Co.) nn 8. —
Sonderabdruck aus: **„Aus d. Archiv d. deut. Seewarte."**

Köppen, W., Klimakunde, s.a. Sammlung Göschen.

Klimakunde von Prof. Dr. W[ladimir] **Köppen.** 2. verb. Aufl. 1. Leipzig: Göschen **1906.** 8°
(Sammlung Göschen. 114.)

— Klimalehre. s.a. Sammlung Göschen.

Köppen, W., Klimalehre. Leipzig 1899. 16°.

— Ueber vieljährige Perioden der Witterung. (Deutsche Rundschau für Geographie und Statistik. Unter Mitwirkung hervorragender Fachmänner herausgeg. v. C. Arendts. II. Jahrg. 1879, Heft 3.) München.

Köppen, W., Ueber die Regen- und Wind-Verhältnisse Tauriens. St. Petersburg 1869.

Köppen, W., die Schreibung geographischer Namen. Vorschlag an den deutschen Geographentag v. 1893. gr. 8. (39 S.) Hamburg 893. G. W. Seitz Nachf., Besthorn Gebr., Verl. n. 1. 20

— Studien über die Bestimmung der Lufttemperatur und des Luftdruckes. Erste Abhandlung: Untersuchungen über die Bestimmung der Lufttemperatur. (Aus dem Archiv d. D. S., Bd. XI.) Hamburg 1888.

Köppen, W., Dr., Tafeln zur Ableitung der Mitteltemperatur aus den gebräuchlichsten Combinationen von 2 und 3 Beobachtungsstunden am Tage, für das Russische Reich und die angrenzenden Länder. (Repertorium für Meteorologie, Theil III, No. 7.) Catharinburg 1873.

Köppen, Wladimir, Tafeln zur Ableitung der Mitteltemperatur aus den gebräuchlichsten Combinationen von zwei und drei Beobachtungsstunden am Tage, für das Russische Reich und die angrenzenden Länder. Im Auftrage des Physik. Central-Observatoriums zusammengestellt. St. Petersburg 1873.

Köppen, Wladimir, Die Temperatur-Verhältnisse des Winters 1879—80. Mittheilung der Deutschen Seewarte. (Deutsche Gärtnerzeitung, 1880, No. 9.) Erfurt und Leipzig.

Köppen, W. Dr., Untersuchungen über die Witterungs-Verhältnisse zwischen dem Felsengebirge und dem Ural in den Monaten Januar-März 1878. (Aus dem Archiv der D. Seew. 1880, No. 3.) Hamburg 1880.

— Versuch e. Klassifikation der Klimate vorzugsweise nach ihren Beziehungen zur Pflanzenwelt. gr. 8. (45 S. m. Fig. u. 2 farb. Karten.) Leipzig 901. B. G. Teubner. n. 1. 60
Sonderabdruck aus: „Geograph. Zeitschr."

Versuche über den Stau und Sog an den Oberflächen halbeingetauchter, schräg durch das Wasser geführter, drachenähnlicher Körper. Von Prof. Dr. W[ladimir] **Köppen.** (Mit 1 Taf. u. 2 Textfig.) Hamburg 1904: Hammerich & Lesser in Altona. (10 S.) 4°
= **Archiv,** Aus dem, d. Deutschen Seewarte. Jg. 27, No 1.

— Wärme und Pflanzenwachsthum. Untersuchungen über die Abhängigkeit der Wachsthums-Geschwindigkeit der Keimtheile von den Wärmeverhältnissen mit besonderer Rücksicht auf die Bedeutung von Temperatur-Schwankung u. Wärmemenge. Inaug.-Dissertation; Leipzig. Moskau 1870.

Köppen, W. Wolken-Atlas, s. Hildebrandsson, H. H.

Köppen, W., sieh: Meteorologische Zschr. 1885.

Köppen, W., Die Zugstrassen der barometrischen Minima in Europa und auf dem nordatlantischen Ocean und ihr Einfluss auf Wind und Wetter bei uns. Zwei Vorträge, gehalten in den Sitzungen der Geographischen Gesellschaft zu Hamburg am 6. Januar und 3. Februar 1881. (Sep.-Abdr. aus den Mittheilungen der Geographischen Gesellschaft in Hamburg 1880—1881). Hamburg [1881].

Köppen-Bode, M., Leute vom Moorrand. Charakterbilder aus Ostfrieslands Dorf u. Heide. Mit Buchschmuck v. Anna List. 2. Taus. (III, 134 S.) 8. Berlin 907. M. Warneck. 2.—; geb. in Leinw. 3. —

Koppenhagen, Benno [Dr. Arzt in Schleusingen]: Ueber operative Behandlung der primären Syphilis ... Würzburg, F. Scheiner's Buchdr., 1893; 38 S. 8.
Würzburg, Med. Fak., Inaug.-Diss. v. 1893

Koppenhagen, Benno, aus dem Tagebuche e. Thüringer Landarztes. Heitere Skizzen v. der Höhe „des Waldes". (XI, 259 S.) 8. Hildburghausen 910. Thüringische Verlags-Anstalt. 2.50

Koppenhagen, M. L., Zephyrath Typhara. Die Vorschriften über Tephilin und Zizith, hebräisch und deutsch. 2., verb. und verm. Aufl. 8. (III und 63 S.) Posen 862, (Sußmann.) *

Koppenhagen, Max, aus Breslau, Referendar bei d. Kgl. Oberlandesgericht daselbst: Die Immunität der deutschen Reichstags- und Landtags-Abgeordneten gegen Strafverfolgung und Verhaftung. *Breslau: Schletter 1899.* (40 S.) 8°
Erlangen, Jur. Diss. v. 15. Dez. 1898

Koppens, Jul., die Entwickelg. der Moorcultur in Österreich. Lex.-8. (18 S.) Wien 899. (M. Perles). n. —40
Sonderabdruck aus: „Geschichte d. öst. Land- u. Forstwirtschaft u. ihrer Industrien 1848 bis 1898".

Koppens, Jul., s.: Zeitschrift f. Moorkultur u. Torfverwertung.

Koppenstätter, Joseph: Anleitung zu Rettungsversuchen bey Scheintodten, Verunglückten und zur Verhütung des Lebendigbegrabens, mit Beschreibung eines Rettungs-Etuis, Transportwagens und einer Badevorrichtung. Nebst einem Anhange, eine neue Methode, Pseudo-Bildungen ohne Messer zu entfernen, und der Beschreibung eines expellirenden Cpmpressiv-Verbandes, um bey Amputirten tödtliche Blutungen zu verhüten. 112 S., gbd., 2 Taf.

München: Central-Schulbücher-Verlag 1831

JB 5.246

Koppenstätter, Jos., Anleitung zu Rettungsversuchen bei Scheintodten, Verunglückten u. zur Verhüt. d. Lebendigbegrabens, mit Beschreib. e. Rettungs-Etuis, Transportwagens u. e. Badevorrichtung. Nebst e. Anh., e. neue Methode, Pseudo-Bildungen ohne Messer zu entfernen, u. d. Beschreib. e. expellirenden Compressiv-Verbandes, um bei Amputirten tödtl. Blutungen zu verhüten. 2. Aufl. M. 2 Stnzeichn. 4. (16 B.) München 831. (Regensburg, Manz.) Thlr.

Koppenstätter, Joseph: Beschreibung und Abbildung neuer Maschinen und Verbände für Bein- und besonders für complicirte Röhrenknochenbrüche, nebst einer Anleitung zur getrennten Behandlung des Knochens und der Weichgebilde mittelst eines bloß expellirenden Compressiv-Verbandes. 3.sehr verm.und gänzlich umgearb.Aufl. 193 S., gbd., 1 Taf.

Wien: Gerold 1833

Josef Koppenstaetter

Beschreibung einer neu erfundenen und verbesserten Maschine für alle Arten Beinbrüche der obern u. untern Gliedmaßen, ohne Binden, Schienen u. Strohladen, nebst ausführl. Anleitung zur unfehlbaren Anwendung derselben. Von Joseph Koppenstätter. 2. Aufl. Augsburg u. Leipzig: Bäumer 1823. VIII, 40 S. 8

—— nützl. Erfindung e. Dampf- u. Wasser-Heiz-Apparats, nebst Abbild. u. e. kurzen Gebrauchs-Anweis. Ein zuverläss. Heilmittel geg. d. oriental. Cholera sowie gegen viele acut- u. chron. Krankheiten. Ferner die Beschreib. nebst Abbild. mehr. and. Vorrichtn. zu russ., amerikan. u. ordin. Wasserdampfbädern. M. 7 lith. Taf. gr. 12. (3½ B.) München 831, Franz.

Koppenstätter, Max, Bericht über die VII. Hauptversammlung des bayer. Volksschullehrer-Vereins zu Passau am 4., 5. u. 6. Septbr. 1878. gr. 8. (238 S.) Fürth 878. (Kühl.) n. 1. 50

Koppensteiner, Ant., die Namen d. Kriegsschiffe, erl. 1. Heft. Russland u. Japan. (Nach d. Flottenstande zu Beginn d. J. 1907.)(V, 151 S.) gr.8. Wien 907. C.Gerold's Sohn. 3. 40

Koppensteiner, Hans: Katalog der Lehrer-Bibliothek des k. k. Carl Ludwig-Gymnasiums in Wien. I. Theil. 8 (S. 21—38). II. Theil. (Nach dem Stande vom 1. Juni 1900.) (Umschlagtitel: ..., II. Theil.) 8 (S. 3—32).
K. k. Carl Ludwig-G. im XII. Bezirke *Wien (Unter-Meidling)* 1899. 1900.
Progr.

Koppensteiner, Hans, Lehrbuch der Gabelsbergerschen Stenographie, s.: Engelhard, Karl.

— Lesebuch f. angehende Gabelsberger-Stenographen, s.: Engelhard, Karl.

Kopper, A., Der Wachcommandant. Verhaltungen für d-n Unterofficier u. Soldaten d. Infanterie auf Wachen u. Posten in der Garnison u. im Felde, nach d. Vorschriften d. Dienst-Reglements für d. k. k. Heer I.—II. Thl. kl. 8. (74 S.) Wien, L. W. Seidel & Sohn. 25 kr. N. b.

1883

Kopper, Ferdinand.
Die quantitative Bestimmung des Kohlenstoff und Wasserstoffgehaltes der organischen Substanzen. Wiesbaden, 1877. pp. 75. 8vo.

Köpper, C., Blumen-Zeichnungen, s. Zeichen-Schule, neueste.

Koepper, Gust., Handwerks Art, Handwerks Recht. (156 S.) 8. Gotha 904. F. A. Perthes. n. 2. 40

— Handwerks Art, Handwerks Recht. 2. [Titel-]Aufl. (156 S.) 8. Leipzig [904] 910. O. Himly. 2.40; geb. in Leinw. 3. —

Koepper, Gust., der Befähigungsnachweis im Handwerk. (52 S.) 8. Gotha 905. F. A. Perthes. n. — 60

Koepper, Gust., der Befähigungsnachweis im Handwerk. 2. [Titel-]Aufl. (52 S.) kl. 8. Leipzig [905] 910. O. Himly. — 60

– die Entwicklung der Müllverbrennung u. der Dörr'sche Ofen zur Verbrennung v. Hausmüll u. Strassenkehricht. Hrsg. auf Veranlassung der Stettiner Chamottefabrik, A.-G. (vorm. Didier) zu Stettin. (V, 121 S. m. 11 Taf.) gr. 8. Dresden (906). E. Pierson. n. 4. – ; geb. n. 5. —

Ⓑ — Entwicklung d. Müllverbrennung, 906. (KBL 33.) Jetzt: Berlin, Verlag Berlin-Wien.

— Prakt. Geschäftshandbuch f. Handwerker, Gewerbe- u. Geschäftstreibende. Ein zuverläss. Ratgeber bei Geschäftsvorfällen, sowie schriftl. Arbeiten u. Rechtsangelegenheiten aller Art. Briefmuster f. Handel u. Gewerbe u. d. Verkehr m. Behörden u. Gerichten. Unter besond. Berücksicht. d. Bankverkehrs, d. Buchführg., d. Vorschr. f. Lehrlingswesen, Gesellen- u. Meisterprüfg., d. gesetzl. Vorschriften f. Handel u. Gewerbe, des Klageverfahrens, d. Patent-, Muster- u. Markenschutzes, d. Raumlehre u. Rechenkunde, d. Titulaturen, d. Versicherungswesens, d. Warenkunde, d. Wechsel-, Scheck- u. Postscheckverkehrs u. v. ander. Wissenswertem. Nebst Formularen d. verschied. Art, Fremdwörterbuch, Münz-, Zins-, Maß-, Gewichts-, Porto- u. anderen Tabellen. 7.—16. Taus. (IV, 414 S.) gr. 8. Reutlingen (909). Enßlin & Laiblin.
Geb. in Leinw. 3. 50

— Geschäftsnotizen (Buchungsgänge) f. sämtl. verbreiteteren Handwerke, s.: Wewer, J.

Koepper, Gust., die Gesellenprüfung. Eine leichtfassl. Darstellg. dessen, was der Handwerker bei der Gesellenprüfg. an allgemeinen Kenntnissen nachweisen muss. (Dr. Ludw. Huberti's prakt. gewerbl. Bibliothek.) gr. 8. (VII, 92 S.) Leipzig 902. H. Klasing. Geb. in Leinw. n. 2. 20

Koepper, Gust., schwankender Grund. Roman. 8. (331 S.) Jena 895. H. Costenoble. n. 5. —

— Handwerker-Bibliothek. 1.—10. Bd. kl. 8. Leipzig, B. F. Voigt. Kart. à — 50
Bier, Geo., der Maurer-Lehrling. Prakt. Ratgeber f. die Lehrzeit, nebst Anleitung zur Gesellen-Prüfung. Mit 96 Textabbildgn. (80 S.) 905. (Bd. 3.)
— der Zimmerer-Lehrling. Prakt. Ratgeber f. die Lehrzeit, nebst Anleitg. zur Gesellen-Prüfg. Mit 144 Textabbildgn. (69 S.) 906. (Bd. 6.)
Dachdecker-Lehrling, der. Praktischer Ratgeber f. die Lehrzeit, nebst Anleitg. zur Gesellen-Prüfg., bearb. v. Mitgliedern des S.W.D. Dachdecker-Verbandes. Mit 92 Textabbildgn. (34 S.) 905. (Bd. 2.)
Eisenach, Jos., der Tischler-Lehrling. Praktischer Ratgeber f. die Lehrzeit, nebst Anleitg. zur Gesellen-Prüfg. Mit 49 Textabbildgn. (58 S.) 904. (Bd. 1.)
— u. Leop. Vonsens, der Drechsler-Lehrling. Praktischer Ratgeber f. die Lehrzeit nebst Anleitung zur Gesellenprüfg. Mit 49 Textabbildgn. ('6 S.) 906. (Bd. 4)
Heinze, Emil, der Anstreicher-Lehrling. Praktischer Ratgeber f. die Lehrzeit, nebst Anleitg. zur Gesellen-Prüfg. Mit 25 Textabbildgn. (62 S.) 906. (Bd. 7.)
Nixdorf, C. J., der Buchdrucker-Lehrling. Ein prakt. Hülfsbüchlein f. Buchdrucker-(Maschinen-)Lehrlinge. Zusammengestellt u. bearb. Mit 27 Textabbildgn. u. e. Korrektur-Taf. (59 S.) 906. (Bd. 8.)
— der Schriftsetzer-Lehrling. Ein prakt. Hilfsbüchlein f. den Setzerlehrling vom Tage des Eintritts in die Lehre bis zur Gehülfenprüfg. Mit zahlr. Textabbildgn., Satzbeispielen u. e. Korrektur-Schema. (67 S.) 906. (Bd. 5.)
Ohlig, Pet., der Schlosser-Lehrling. Praktischer Ratgeber f. die Lehrzeit, nebst Anleitg. zur Gesellen-Prüfg. Mit 94 Textabbildgn. (85 S.) 906. (Bd. 10.)
Pape, R., der Schuhmacher-Lehrling. Praktischer Ratgeber f. die Lehrzeit, nebst Anleitg. zur Gesellen-Prüfung. Mit zahlr. Textabbildgn. (74 S.) 906. (Bd. 9.)

— Handwerkerbibliothek. 1. 3. u. 10.—19. Bd. kl. 8. Leipzig, B. F. Voigt. Kart. à — 50
Bier, Geo., der Maurer-Lehrling. Prakt. Ratgeber f. d. Lehrzeit nebst Anleitg. z. Gesellen-Prüfg. 2. Aufl. (4.—6. Taus.) Mit 96 Textabb. (80 S.) 908. (Bd. 3.)
Eisenach, Jos., der Tischler-Lehrling. Praktischer Ratgeber f. d. Lehrzeit, nebst Anleitg. z. Gesellen-Prüfg. 2. verm. u. verb. Aufl. (4.–6. Taus.) Mit 61 Abb. (70 S.) 907. (Bd. 1.)
— u. Jul. Caspary, d. Glaser-Lehrling. Prakt. Ratgeber f. die Lehrzeit, nebst Anleitg. zur Gesellen-Prüfg. Mit 122 Textabb. (80 S.) 908. (Bd. 13.)
Gronemann, Karl, der Schmiede-Lehrling. Prakt. Ratgeber f. d. Lehrzeit nebst Anleitg. zur Gesellen-Prüfg. (58 S. m. 57 Abb.) 910. (Bd. 18.)
Herbig, Rich., der Barbier-, Friseur- u. Perückenmacher-Lehrling. Prakt. Ratgeber f. d. Lehrzeit nebst Anleitg. z. Gehilfen-Prüfg. Mit 72 Textabb. (74 S.) 909. (Bd. 17.)
Kindgen, M., u L. Danulat, d. Bäcker-Lehrling. Prakt. Ratg. f. d. Lehrzeit nebst Anleitg. z. Gesellen-Prüfg. Mit 50 Textabb. (64 S.) 908. (Bd. 14.)
Marquardt, Paul, der Stellmacher-Lehrling. Prakt. Ratgeber f. d. Lehrzeit nebst Anleitg. zur Gesellen-Prüfg. Mit 65 Textabb. (92 S.) (908.) (Bd. 11.)
Ohlig, Pet., der Schlosser-Lehrling. Prakt. Ratgeber f. d. Lehrzeit, nebst Anleitg. z. Gesellen-Prüfg. 2. verb. Aufl. (4.–6. Taus.) Mit 94 Abb. (85 S.) 907. (Bd. 10.)
Pastré, Gust., d. Tapezierer-, Polsterer- u. Dekorateur-Lehrling. Prakt. Ratgeber f. d. Lehrzeit nebst Anleitg. zur Gesellen-Prüfg. Mit 68 Textabb. (75 S.) 909. (Bd. 16.)
Peters, E., der Schneider-Lehrling. Prakt. Ratgeber f. d. Lehrzeit nebst Anleit. z. Gesellen-Prüfg. Mit 17 Textabb. (78 S.) 908. (Bd. 12.)
Schiffer, Hub., der Steinmetz-Lehrling. Prakt. Ratgeber f. die Lehrzeit nebst Anleitg. zur Gesellen-Prüfg. (64 S. m. 119 Abb.) 910. (Bd. 19.)
Weis sen., Frz., der Klempner-Lehrling. Prakt. Ratgeber f. d. Lehrzeit nebst Anleitg. zur Gesellen-Prüfg. Mit 77 Textabb. (70 S.) 908. (Bd. 15.)

— die Kalkulation im Handwerksbetriebe, s.: Wewer, J.

— Kalkulation u. Steuerberechnung im Handwerksbetriebe. Lehr- u. Uebungsbuch zum Gebrauch in gewerbl. Fortbildungsschulen, Meisterkursen sowie zum Selbstunterrichte. A. Ausg. f. Preußen. (72 S.) Lex.-8. Wittenberg 905. [R. Herrosé.] Dortmund, F. W. Ruhfus. n. 1. 20

— Kalkulationsmuster f. sämtl. verbreiteteren Handwerke, s.: Wewer, J.

[J.] Das Gussstahlwerk Fried. Krupp und seine Entstehung v. Gust. Koepper. M. 41 Ill. *Essen (Ruhr): Günther & Schwan (1897).* (4 Bl., 139 S., 17 Taf.) 1 Bd 8. [98. 7357

— das Gußstahlwerk Friedr. Krupp u. s. Entstehg. gr. 8. (V, 139 S. m. 41 Illustr.) Essen 898. Günther & Schwan. Geb. n. 5. —

— Lehrplan f. gewerbliche Fortbildungsschulen. Nebst Ortsstatut, Schulordng., Dienstanweisg. u. den gebräuchl. Formularen. (61 S.) schmal Fol. Leipzig 904. [Th. Hofmann.] B. G. Teubner. n. 2. 40

Koepper, Gust., Lesebuch f. gewerbl. Fortbildungsschulen. Nach den ministeriellen Bestimmgn. bearb. (VII, 470 S.) 8. Trier (909). Kunst- u. Verlagsanst. Schaar & Dathe. Geb. nn 2.25

— Litteraturgeschichte des rheinisch-westfäl. Landes. gr. 8. (243 S. m. 1 Bildn.) Elberfeld 898. S. Lucas. n. 3. —; geb. in Leinw. n. 4. —

— die Müllverbrennung nach Dörr'schem System. Ein Beitrag zur Hygiene der Grossstadt. gr. 8. (59 S. m. 8 Abbildgn.) Köln (900). P. Neubner. n. 1. —

Handwerks Art, Handwerks Recht von Gustav Koepper, Sekr. d. Handwerkskammer zu Coblenz. *Gotha: F. E. Perthes 1904.* (156 S.) 8° [J.] [04. 3749

Koepper, Gust., in Plutos Reich, s. a. Veröffentlichungen d. Vereins der Bücherfreunde. VIII. 8.

In Plutos Reich. Wanderungen durch Schacht u Hütte im Rheinisch-Westfäl. Industriebezirk von Gustav Koepper. Mit 49 Bild. *Berlin: A. Scholl [1899].* (273 S.) 8° [J.]
= Verein d. Bücherfreunde. 8, 8 [99 10359

Grosslogentoast: Trinkspruch auf die Grossloge. Gehalten in der Loge „Friedrich zur Vaterlandsliebe" im Or. Koblenz durch [Gust.] K[öpper].
in: Bh. 53 (1910) S. 325—327.

— ein Universalgenie u. andere Humoresken. (III, 123 S.) 8. Dresden (906). E. Pierson. n. 1. 50; geb. n. 2. 50

(8) — E. Universalgenie. 906. (KBL. 83.) Jetzt: Berlin, Verlag Berlin-Wien.

— was muss der Handwerker bei der Meisterprüfg. v. unseren Gesetzen wissen? Eine leichtfassl. Darstellg. der f. das Handwerk wicht. Gesetze zur Vorbereitg. auf die Meisterprüfg. (Dr. Ludw. Huberti's prakt. gewerbl. Bibliothek.) gr. 8. (VII, 108 S.) Ebd. 902. Geb. in Leinw. n. 2. 20

Koppermann, E., die Lehre v. Christus in d. Theologie d. 19. Jahrh., s. a. Sendboten d. modernen Theologie.

Die Lehre von Christus in der Theologie des 19. Jahrhunderts. Von E. Koppermann. Friedenau-Steglitz: L. Burmeister 1907. (24 S.) 8° [J.]
→ Sendboten d. modernen Theologie. 4. [07. 16033

Köppern, Heinrich: Aus d. med. Klinik in Bonn. Über einen Fall von Skorbut. . . . Bonn, Univ.-Buchdr. v. C. Georgi, 1891; 34 S. 8°
Bonn, Med. Fak., Inaug.-Diss. v. [14.] März 1891

Koeppern, Heinr. (geb. Limburg an d. Lahn 1820): De perspiratione cutanea. Berolini (1845). (30 S.) 8°
Berlin, Med. Diss. v. 6. Okt. 1845

Koppers, B. Die Verbindung d. Grundbuches m. der Katasterkarte. Winke zu §§ 6, 7, 9 d. Entwurfs der deutschen Grundbuchordng. im Hinblick auf die amtlich veröffentlichten Motive. gr. 8. (VII, 63 S.) Berl. 892, Vahlen. * 1 80
Aus: Beiträge z. Erläuterg. d. deutschen Rechts, besonders abgedruckt.

Koppers, Ed. Zusammenstellung der in den einzelnen ausländischen Staaten geltenden Bestimmungen üb. die Verpflichtung d. Klägers zur Sicherheitsleistung f. die Prozeßkosten, üb. Gewährg. d. Armenrechts an Ausländer u. Vollstreckg. ausländ. Civilurtheile. gr. 8. (103 S.) Berl. 891, Vahlen. * 2 —

Koppers, Heinrich [pr. Arzt in Straelen a. Niederrh.]: Beitrag zur Wirkung des Trionals ... Würzburg, P. Scheiner's Buchdr., 1893; 24 S. 8.
Würzburg, Med. Fak., Inaug.-Diss. v. 1893

Koppers, J. L., rein mathemat. Auflösung d. Aufgabe: jeden geradlin. Winkel in drei gleiche Theile zu theilen. 8. (1¼ B. u. 1 Stnt.) Münster 827, (Theissing.)

Koppert, Adam: Zur Kasuistik des Carcinoms der äusseren Genitalien des Weibes. M. 4 lithogr. Taf. *Jena 1898: Frommann.* (24 S. mit Taf.) 8°
Jena, Med. Diss. v. [17. März] 1898

Koppert, Karl *Ludwig* [aus Oftersheim in Baden]: **Ueber die elektrolytische Reduktion aromatischer Nitrokörper ... Heidelberg, Univ.-Buchdr. v. J. Hörning, 1894; 35 S. 8.**
Heidelberg, Naturw.-math. Fak., Inaug.-Diss. v. [21. Febr.] 1894

Köppert, Herm.: Göthe's Triumph über die Empfindsamkeit. 38 S. 4°.– Eisleben, Progr. 1871.

Koppes, Jean Joseph: Bischöfliche Anweisungen zur Ausführung des Primär-Schulgesetzes von 1898 nebst den Gesetzestexten und den reglementarischen Bestimmungen, welche für die geistlichen Mitglieder der Lokalkommissionen noch Geltung haben. Aus dem „Kirchlichen Anzeiger". Luxemburg: St. Paul.-Ges. 1898. 64 S. 8°

Koppes, Jean Joseph: Erscheinung unserer Lieben Frau von Salette. Luxemburg: Wwe. M. Bourger [1871]. 29 S. 16°

Koppes, Jean Joseph: Fasten-Hirtenbrief für das Jahr 1899. (Gegen den Alkoolismus). Luxemburg: St. Paul.-Ges. 1899. 31 S. 8°

Koppes, Jean Joseph: Römisch-katholischer Katechismus für das Bisthum Luxemburg. Luxemburg: St. Paul.-Druck 1885. XXII,118,2 S. 8°

– Dass. Ebd. 1887. XXII,118,2 S. 8°

– Dass. Ebd. 1897. XXII,118,2 S. 8°

Koppes, Jean Joseph: Leben der heiligen Juliana von Cornillon, von einer Klosterfrau desselben Ordens. Mit bischöflicher Genehmigung. Luxemburg: St. Paul-Ges. 1893. 205 S. 8°

Koppetsch, Ewald: Die Metapher bei André Chénier. Königsberg i. P. 1908: Hartung. 77 S. 8°
Königsberg, Phil. Diss. v. 4. Dez. 1908, Ref. Schultz-Gora
[Geb. 13. Nov. 83 Willenberg; Wohnort: Königsberg i. P.; Staatsangeh.: Preußen; Vorbildung: Altstädt. Gymn. Königsberg Reife O. 04; Studium: Königsberg 4, Marburg 1, Berlin 1, Königsberg 2 S.; Rig. 21. Juli 08.] [U 09. 2403

Koppetsch, Walther, Referendar: Das hessische Denkmalschutzgesetz vom 16. Juli 1902 und seine Eingriffe in die bürgerlich-rechtlichen Eigentumsrechte. Borna-Leipzig 1909: Noske. IX, 35 S. 8°
Jena, Jur. Diss. v. 21. Sept. 1909, Ref. Thon
[Geb. 19. Febr. 84 Labiau; Wohnort: Halle a. S.; Staatsangeh.: Preußen; Vorbildung: Friedrichs-Koll. Königsberg i. P. Reife M. 02; Studium: Königsberg 1, München 2, Heidelberg 1, Berlin 1, Kiel 1, Königsberg 2 S.; Rig. 20. Juli 09.] [U 10. 2254

Koppl, v., die Runkelrüben-Zucker-Fabrikation. 8. Bresl. G. Korn. 810.

Koppier, P. H., Observata philolog. in loca quaed. Antiphanis Theocriti etc. 8. Leid. (Gleditsch. Lps.) 771.

Koppin, (Bau-Commissions-Rath), Karte von dem Thale der Oder u. dessen Umgebung von Frankfurt bis Schwedt, in 2 Sectionen. Nach den neuesten Messungen u. mit vorzüglicher Rücksicht auf die hydrotechnischen Anlagen zusammengetragen u. gezeichnet in den Jahren 1828 u. 1829. Gestochen von A. Brose. Schrift von Jäck. (Sehr sauber ausgeführt.) Imp.-Fol. (Berl. 832. Gropius). Subscr.-Pr. 7 ₰ Ladenpr. 9 ₰

Koppin, Harry, Referendar: Die Schadensersatzpflicht der Eisenbahnen für Körperverletzungen nach den §§ 3 und 3a des Reichs-Haftpflichtgesetzes vom 7. Juni 1871 und ihre Voraussetzungen nach § 1 desselben Gesetzes. Stettin 1905: Herrcke & Lebeling. (67 S.) 8° [F.]
Greifswald, Jur. Fak., Ref. Frommhold, Diss. v. 21. Jan. 1906
[Geb. 11. Juli 83 Stade; Wohnort: Uckermünde; Staatsangeh.: Preußen; Vorbildung: Wilh.-Gymn. Stettin Reife O. 01; Studium: Tübingen 1, Leipzig 2, Berlin 2, Greifswald 2 S.: Rig. 20. Nov. 05.]

Koppin, *Karl Friedrich Julius* [Dir. Dr.]: Antrittsrede. Stettin, Druck v. Herrcke & Lebeling, *1894;* 5—11 S. 4.
Stettin, König-Wilhelms-G, OP 1894 (145)

Koppin, Karl, Direktor Dr.: Zur unterrichtlichen Behandlung der griechischen Modi auf wissenschaftlicher Grundlage, namentlich in den Bedingungssätzen. 1. Vorbetrachtung. Stettin 1905: Herrcke & Lebeling. (19 S.) 4°
Stettin, König Wilhelms-G P 1905 (175)

Koppin, Karl, Direktor Dr.: Zur unterrichtlichen Behandlung der griechischen Modi auf wissenschaftlicher Grundlage, namentlich in den Bedingungssätzen. [T.] 2. Grundlinien zur griechischen Moduslehre. Stettin 1907: Herrcke & Lebeling. (36 S.) 4° ¶[Forts. d. P-Beil. 1905.]
Stettin, König-Wilhelms-G OP 1907 (184)

Koppin, Karl, Beitrag zur Entwickelung und Würdigung der Ideen über die Grundbedeutungen der griechischen Modi. I. 4. (58 S.) Wismar 877, (Hinstorff'sche Hofbuchh.) *

Koppin, Karl Beitrag zur Entwickelung und Würdigung der Ideen über die Grundbedeutungen der griechischen Modi. I. 58 S. II. Die psychologischen Grundbegriffe. 40 S. *Wismar* 1877. *Stade* 1880.
Progr.

Koppin, K[arl], Direktor Dr.: Bericht über die Feier des 25jährigen Bestehens des König Wilhelms-Gymnasiums als Beitrag zu dessen Geschichte. Stettin 1906: Herrcke u. Lebeling. (21 S.) 4°
Stettin, König Wilhelms-G OP 1906 (185)

Koppin, [Karl], Dir. Dr.: [Prof. Dr. Karl Blasendorff, gestorben in der Nacht vom 28. zum 29. Juli 1901.] *Stettin (1902): Herrcke & Lebeling.* (S. 26—27.) 4°
Stettin, König-Wilhelms-G, OP 1902 (163)

Koppin, K. Entlassungsrede gehalten am 22. März 1880. Von der Freiheit und ihrem rechten Gebrauche. S. 42—46. *Stade* 1884.
Progr.

Koppin, Car. (Frid. Julius) (geb. Neustadt-Eberswalde 6. 5. 1841): De natura atque usu earum negationum linguae Graecae quae abundare fere dicuntur. Berolini (1865). (43 S.) 8°
Berlin, Phil. Diss. v. 18. Jan. 1865

Koppin, Carol., de natura atque usu earum negationum linguae graecae quae abundare fere dicuntur. 8. (41 S.) Berlin 865, Calvary und Comp. *

(Koppin, K., u. K. Haeckermann) Reden geh. zur Einführung d. Dir. Koppin: a) des Prov.-Schulr. H.; b) des Dir. Koppin. 14 S. *Stade* 1879.
Progr.

Koppin, Karl Vom Wesen der Vaterlandsliebe und ihrer Bedeutung für Deutschlands Gegenwart. Sedanrede 1882. S. 25—35. *Stade* 1884.
Progr.

Koppin, Ludewig. Karte von der Weichsel-Niederung, welche die Danziger, Elbinger und Marienburger Werder enthält. Elbing 1811. 1 Bl. c. K. Ff.
Desgl. Ausgabe von 1840 nebst 1 Nebenkarte, den Weichselstrom nebst Umgegend von Danzig darstellend mit Rücksicht auf den See-Dünen-Durchbruch. 1 Bl. K. Ff.

Koppin, L. Special-Karte von dem Warthe-Bruche und dessen Umgebung 1 : 100 000. Berlin 1 Bl. 1 Ft.

Koppin, Rich. O., s. a.: Neuland.

— zur Kunst empor! Ein Beitrag zum Thema: „Kultur u. Kunst". 8. (III, 18 S.) Dresden 903. E. Pierson. n. — 50

Koppin, Rich. O., der größte Sieg. Schauspiel in 5 Aufzügen. (III, 53 S.) 8. Dresden 903. E. Pierson. n. 1. 50

Köpping, F., Nachbar-, Bau- u. Wegerecht. Nach d. preuß. allgem. Landrecht u. d. bürgerl. Gesetzb. zusammengest. u. m. e. Sachregister verseh. 2. Aufl. (32 S.) kl. 8. Königsberg Nm. (909). F. G. Striese. — 50

Köpping, F., das Reichs-Viehseuchen-Gesetz in der neuen Fassung vom 1. Mai 1894. Mit Anmerkgn. versehen. 12. (132 S.) Neudamm 894. J. Neumann. Kart. n. 1. —

Köpping, F., das Reichs-Viehseuchen-Gesetz in der neuen Fassg. v. 1. Mai 1894, nebst d. neuen Instruktion d. Bundesrates v. 27. Juni 1895. M. Anmerkgn. vers. 2., verb. Aufl. 12. (VIII u. S. 7—162.) Neudamm 895. J. Neumann. Kart. n. 1. 50

Köpping, F., das Reichs-Viehseuchen-Gesetz. vom 23. VI. 1880/1. V. 1894, nebst der Bundesrats-Instruktion v. 27. VI. 1895, den preuß. Ausführungs-Gesetzen u. sonst. Vorschriften. Mit Anmerkgn. u. e. Sachregister versehen. 3. Aufl. gr. 8. (VI, 168 S.) Neudamm 900. J. Neumann. Kart. n. 2. 40

Koepping, Gottfried (Großbothen/Misn.), Dissertatio de Galatia antiqua. Präs. M. Carl Gottlob Hofmann (Schneeberg/Misn.). Lpz. (Breitkopf) 21. VIII. 1726. 32 S. (6.50) 19035
Gew. (v. Präs.): Christoph Heinrich Zeibich, Valent. Ernst Loescher.

Köpping, H., der Unglaube u. die Verweltlichg. in unserer Zeit. Ein Warnungs- u. Weckruf an die Geistlichen, Eltern, Lehrer, Arbeitgeber u. A. gr. 8. (29 S.) Meißen 902. Pastor em. Köpping. n. — 30

Köpping, J. T., catechetische Unterredungen über Gesangbuchs-Lieder zum Gebrauch für Volks-Schullehrer. 1. und 2. Heft. 8. (IV und 180 S.) Leipzig 817—18, Jurany. à Heft 7½ Ngr.

Koepping, Karl, Rembrandt. Rede, bei der 300. Wiederkehr seines Geburtstages am 15. VII. 1906 in der königl. Akademie der Künste zu Berlin geh. (23 S.) gr. 8. Berlin 906. E. S. Mittler & Sohn. n. — 60

— **Sigismund Gottfried** (Kibitio/Misnic.), Dubia circa varias legis actionum actuumque legitimorum interpretationes. Präs. D. Christian Heinr. Breuning. Lpz. (Langenheim) 9. VI. 1775. 20 Seiten. (5.50) 19036
Gew.: Johann Theophil Seger. — Widm. v. Präs.

(— —) De examine testium secundum principia juris Romani. Observ. jur. civ., qua praemissa viro Christian Heinrich Breuning praeceptori pie colendo diem natalem gratul. Lpz. (Langenheim) 1776. 11 S. (4.—) 19038

— — Viro Christian Heinrich Breuning praeceptori pie colendo diem 12. VII. 1775 Henrici nomine insignem nomine auditorum quorumdam, ex animo gratul. — Inest mixtura de tribus. Lpz. (Loeper). 16 S. mit Namen d. Gratul. (4.50) 19037

Koppisch, Alfred: Zur Invariantentheorie der gewöhnlichen Differentialgleichung zweiter Ordnung. Leipzig 1905: B. G. Teubner. (34 S.) 8°.
Greifswald, Phil. Fak., Ref. Engel, Diss. v. 28. Juli 1905
[Geb. 8. Jan. 82 Leipzig; Wohnort: Greifswald; Staatsangeh.: Sachsen; Vorbildung: Thomasschule Leipzig Reife O. 01; Studium: Leipzig 6, Greifswald 2 S.; Rig. 12. Mai 05.]

Koppisch, R.: Turnspiele. Leipzig 1909. 224 S. (Handbuch des ges. Turnunterrichts. 4.)

Koppitz Alfred: Ueber gotische Wortstellung.
D: Zeitschrift f. deutsche Philologie, Bd. 32 und 33.
1899 PN 1191 Diss. Wien, Univ. 89

Koppius, Jo. Ad.: Historia jurisscientiae Rom. — feodalis privatae ac publicae. ed. Estor. Edit. IIa. *Frcf. a. M.* 779. 8.

Koppius, Petr. Adrian., Spec. histor., exhibens historiam reipublicae Boeotorum. 8maj. (15 B. u. 1 Karte, Kpfrst.). Groningae 836, van Boekeren. *

Köppl, W., Handb. f. den Geschichts-Unterr. in d. Volkssch., s.: Vogl, G.

Köppler, Frits [aus Brandenburg]: Über das Antifebrin ...
Greifswald, Druck v. Julius Abel, 1887; 30 S. 8°.
Greifswald, Med. Fak., Inaug.-Diss. v. 30. Jul. 1887.

Köppler, Rich., die Bestrebungen Kerschensteiners u. das Münchener Volksschulwesen, s. Magazin, pädagog. _ _

Die Bestrebungen Kerschensteiners und das Münchener Volksschulwesen. Von Richard **Köppler**, Rektor. Langensalza: Beyer 1910. 41 S. 8°
(Pädagogisches Magazin. H. 405.) [11. 9241

Koeppler, Roland, a. Friedland in Meckl.-Strelitz: Über extragenitale Lokalisationen des ulcus molle. Rostock 1907: Adlers Erben. (72 S.) 8°
Rostock, Med. Fak., Ref. Wolters, Diss. v. 5. März 1907
[Geb. 25. Dez. 81 Friedland i. M.; Wohnort: Friedland; Staatsangeh.: Mecklenburg-Strelitz; Vorbildung: Gymn. Friedland Reife O. 01; Studium: Marburg 2, Rostock 3, Freiburg i. B. 3, Kiel 2 S.; Coll. 2. Febr. 06; Approb. 1. Juni 07.]

Köppler, W., Priester und Opfergabe. Moralisch-canon. Erfordernisse für den Celebrans, nebst einer dogmat. Einleitung. 8. (IV, 165 S.) Mainz 886, Kirchheim.

Kopplin, 250 Lehren der Tugend und Klugheit. Ein Wiederholungsbuch für Schüler, welche emsig streben fromm und gut zu sein. 8. (43 S.) Rogasen 855, Alexander. **
Aus des Verf. „Methodischer Leitfaden" besonders abgedruckt.

—— methodischer Leitfaden zum Gebrauch beim Lese-Schreib-Unterricht mit Rücksicht auf Weckung und Befestigung religiöser Gesinnung. Nebst einer Sammlung von Lehren der Tugend und Klugheit und einer daraus zusammengestellten Wandfibel. 8. (63 S.) Rogasen 855, Alexander. *

—— Wandfibel in 9 Tafeln zum Gebrauch beim Lese-Schreib-Unterricht, mit Rücksicht auf Weckung und Befestigung religiöser Gesinnung. gr. Fol. Rogasen 856, Alexander. *
Aus vorstehendem Werke des Verf. besonders abgedruckt.

Köpplinger, Christiane, Beschreibungen üb. das Wesen d. Gottheit, d. menschl. Natur u. d. christl. Religion. Gewidm. allen christl. gesinnten Freunden unserer Zeit. 2 Thle. in 1 Bde. 2. Aufl. 8. (24 B.) Heilbronn 846, Landherr. *

Kopplow, Georg, aus Bromberg: Shakespeares 'King John' und seine Quelle. *Kiel 1900: P. Peters.* (86 S.) 8°
Kiel, Phil. Diss. v. [3. März] 1900

Kopplstätter, J.

—— die allgemeine Bauordnung für die Landestheile rechts des Rheins mit Ausnahme der Haupt- und Residenzstadt München vom 19. Septbr. 1881. Mit Erläuterungen und den einschlägigen Gesetzesbestimmungen und Verordnungen, ferner unter Anfügung von Grundplänen (4 Stnt.) hrsg. 3. umgearb. und verm. Aufl. 8. (VIII, 94 S.) Ebendas. 884. cart. *

Kopplstätter, J. Die allgemeine Bauordnung f. die Landestheile rechts d. Rheins m. Ausnahme der Haupt- u. Residenzstadt München vom 19. Septbr. 1881. Mit Erläutergn. u. den einschläg. Gesetzesbestimmgn. u. Verordngn., ferner unter Anfügg. v. Grundplänen hrsg. 4. verm. Aufl. 8. (VIII, 103 S.) [Nördl. 889.] Münch., Beck. cart. * 1 20

Kopplstätter, bayerische Bauordnung f. d. Landestheile rechts d. Rheins v. 19. Septbr. 1881. M. Erläutergn. 3. Aufl. Nördlingen 884.

Kopplstätter, J., die revidirte allgemeine Bauordnung für die Landestheile rechts des Rheins m. Ausnahme der Haupt- u. Residenzstadt München vom 1. Septbr. 1881. Mit den einschlägigen Gesetzesbestimmungen u. unter Erläuterung der eingetretenen Abänderungen, ferner unter Anfügung von (4 lith.) Grundplänen hrsg. 1. u. 2. Abdr. 8. (IV, 75 S.) Nördlingen 881. Beck. cart. n. 1. —

Koppmann, Clemens, s. Koppmann, Klemens

Koppmann, Frdr., das bayerische Landtagswahlgesetz vom 9. IV. 1906. Handausg. m. kurzen Erläutergn. der einzelnen Artikel, sowie m. e. die wichtigsten einschläg. Gesetze u. Verordngn. enth. Anh. nebst ausführl. Sachregister. (Bayer. Gesetzesausgaben: I.) (VII, 207 S.) kl. 8. München 906. [C. Haushalter.] Verlag d. Süddeutschen Bauhütte. Kart. n. 4. —

Koppmann, Friedrich, Rechtspraktikant in München: Die Strafbarkeit der Teilnahme von Zivilpersonen an rein militärischen Delikten unter besonderer Berücksichtigung der Teilnahme von Nichtbeamten an reinen Amtsdelikten. *München: C. H. Beck 1903.* (67 S.) 8° [J.]
Erlangen, Jur. Diss. v. 11. Febr. 1903

Koppmann, Karl, s.: Beiträge zur Geschichte d. Stadt Rostock.

Koppmann, Karl, kleine Beiträge zur Geschichte der Stadt Hamburg und ihres Gebietes. 1. und 2. Beitrag. gr. 8. Hamburg, Grüning. *—

Inhalt:
Beitrag 1. Der Billwärder Ausschlag. Mit Benutzung von archival. Quellen und urkundl. Beilagen. (39 S.) 867. * 7½ Ngr.
» 2. Zur Geschichte des Rechts und der Verfassung. (82 S.) 868. * 12 Ngr.

Koppmann, Karl (Bearb.), s. Die Chroniken der niedersächsischen Städte.

Die Einnahme Kopenhagens durch die Hansestädte. 1368 Juni 16. Von Karl Koppmann. [Elberfeld. 1881.] 8° Sonderdruck aus: Festgabe für Wilhelm Crecelius z. Feier d. 25j. Lehrtätigkeit in Elberfeld.

Koppmann, Karl, Geschichte der Stadt Rostock. 1. Thl.: Von der Gründung der Stadt bis zum Tode Joachim Slüters [1532]. 8. (VIII, 151 S.) Rostock 887, Werther. *

— die mittelalterlichen Geschichtsquellen in Bezug auf Hamburg. Drei öffentl. Vorträge. Hamburg 868. Grüning. gr. 8. (IV, 64 S.) n. 7½ ngr.

Koppmann und Comp., Hamburg. Aufgenommen und hrsg. qu. Fol. (32 Photogr.) Hamburg 887, O. Meissner's Verlag. geb.

Koppmann, Karl, Die ältesten Handelswege Hamburgs. Hamburg 1873. 8.

— s. Kämmereirechnungen der Stadt Hamburg.

Koppmann, Karl. Kämmereirechnungen der Stadt Hamburg. 7 Bde. 8°. Hamburg 1869 —1894.

KÄMMEREIRECHNUNGEN DER STADT HAMBURG. Herausgegeben vom Verein für Hamburgische Geschichte.
Bd. 6.: Kämmereirechnungen von 1541—1554. Hamburg 1892. Lucas Gräfe & Sillem. — A. u. d. T.: Kämmereirechnungen der Stadt Hamburg 1541—1554. Von KARL KOPPMANN. ib. 1892. — 8°.
Bd. 7.: Kämmereirechnungen von 1555—1562. ib. 1894. — A. u. d. T.: Kämmereirechnungen der Stadt Hamburg. 1555—1562. Von KARL KOPPMANN. ib. 1894. —

– (Hrsg.), s. Mittheilungen des Vereins für Hamburgische Geschichte.

— s.: St. Johannis-Kloster, das, in Hamburg.

Koppmann, K., das Seebuch, s. Denkmäler, niederdeutsche.

Das Seebuch. Von Karl Koppmann. Mit einer nautischen Einleitung v. Arthur Breusing. Mit Glossar v. Christoph Walther. = Niederdeutsche Denkmäler. Bd. 1. Bremen. 1876. 8°.

Koppmann, Karl, der Verein für Hamburgische Geschichte nach seinen Aufgaben, Leistungen und Wünschen. Vortrag, gehalten im Verein für Hamburgische Geschichte am 10. Dez. 1883. 8. (64 S.) Hamburg 884, Voß. *

—— s. Aus Hamburgs Vergangenheit.

Koppmann, Karl, aus Hamburgs Vergangenheit. Kulturhistorische Bilder aus verschiedenen Jahrhunderten. Mit Abbildgn. gr. 8. (VII, 398 S.) Hamburg 885. Voß. n. 6. —; geb. n. 7. 50

— dasselbe. 1. Folge. gr. 8. (VII, 428 S.) Ebend. 886. n. 6. —; geb. n. 7. 50

– s. Verzeichnis der in der Zeitschrift ... Aufsätze.

— s.: Walthers v. der Vogelweide Sprüche.

—— s. Wisbyfahrt, hansische.

Koppmann, K., Hamburgs kirchliche und Wohlthätigkeits-Anstalten im Mittelalter. 8°. Hamburg 1870.

Koppmann, Klemens

Koppmann, Cl. v., Kommentar zur Militärstrafgerichtsordnung f. das Deutsche Reich v. 1. XII. 1898, nebst dem Einführungsgesetze hiezu u. dem Gesetze betr. die Dienstvergehen der richterl. Militärjustizbeamten ꝛc. v. 1. XII. 1898. gr. 8. (X, 1003 S.) München 900. C. H. Beck. n. 20. —; geb. in Halbfrz. n.n. 22. 50

— — Kommentar zur Militärstrafgerichtsordnung für das Deutsche Reich vom 1. XII. 1898 nebst dem Einführungsgesetze hiezu u. d. Gesetze betr. die Dienstvergehen d. richterl. Militärjustizbeamten ꝛc. vom 1. XII. 1898.
München 1901. 1013 S.

Koppmann, Clem. v., Kommentar zum Militär-Strafgesetzbuch f. das Deutsche Reich. 3. Aufl., bearb. von G. Weigel. 5 Lfgn. (X, 612 S.) gr. 8. München 903. C. H. Beck. n. 14. —; geb. in Halbfrz. n.n. 16. 50

Koppmann, Clem., Militärstrafgesetzbuch u. Militärstrafgerichtsordnung für das Königr. Bayern sammt dem Einführungsgesetze vom 29. April 1869, mit Auslegungsbehelfen aus den Motiven der Gesetzentwürfe u. den Verhandlungen beider Kammern gesammelt u. für den Handgebrauch mit den nothwendigsten Erläuterungen u. e. Anh. der einschlägigen Verordnungen u. Rescripte versehen. München 870. Rieger. gr. 8. (422 S.) n. 1 ₰ 24 ngr.

Koppmann, Clem., das Militärstrafgesetzbuch für das deutsche Reich nebst dem Einführungsgesetze. Mit Commentar hrsg. gr. 8. (VIII, 484 S.) Nördlingen 875, Beck'sche Buchh. *

Koppmann, Clem., das Militärstrafgesetzbuch für das Deutsche Reich, nebst dem Einführungsgesetze. Mit Commentar hrsg. 2. verm. und verb. Aufl. gr. 8. (XXVII, 610 S.) [Nördlingen 885.] München, Beck'sche Verlagsh. *

— — 3. Aufl. u. d. T.: Kommentar zum Militär-Strafgesetzbuch f. d. Deutsche Reich. Bearb. v. Dr. G. Weigel. 1903.

— — Sind Personen des Soldatenstandes den Vorschriften des M. St. G. B. über strafbare Handlungen gegen die Pflichten der milit. Unterordnung auch Vorgesetzten gegenüber unterworfen, welche sich in Zivilkleidung befinden? Hannover 1904. 4 S. 4°

Friedrich KOEPPNER Das Brettspiel auf Vasen

Prag, Phil. Diss. 1889/90.

Köppner, Friedr. Der Dialekt Megaras u. der megarischen Colonien. gr. 8. (S. 529—563.) Lpz. 891, Teubner. * 1 —
Aus: Jahrbb. f. class. Philologie, besonders abgedruckt.

Musaeus. Köppner, Friedrich Die Sage von Hero und Leander in der Litteratur und Kunst des classischen Alterthums. 8 (S. 3—32). Progr. Communal-Oberg. *Komotau* 1894.

Koeppner, Karl: Plückers Bedeutung für die Entwicklung der analytischen Geometrie. 8 (S. 31—91, 1 Taf.). Progr. Deutsche Staats-Rsch. *Karolinenthal* 1898.
Nicht im Tauschverkehr.

Koeppner Karl: Geschichte der Versuche zur Grundlegung einer Psychophysik. 49. Friedek 00.
Progr.

Koppus, F. Xaver, und Horstenau, E. v. Im mohrengrauen Rock. Heiteres aus dem Leben der Künftigen. Mit einem Vorwort von Karl Baron Torresani. Illustriert von Roland. (Aus:) „Militär-belletristische Bibliothek." 3. Bändchen. 8. Wien 1903.

v. Koppy, Frhrr. auf Krayn, die Runkelrübenzucker-Fabrikation, in ökonom. u. staatswirthschaftl. Hinsicht prakt. dargestellt. 8. Bresl. 810. W. G. Korn. 8 gl

Koprivnik, Janez. Domači vrtnar. Celovec, St. Hermagoras-Druck., 1903. 144 S.

Koprivnik, Joh., Grundzüge d. Geologie m. bes. Berücksicht. d. geolog. Verhältnisse Steiermarks f. Lehramtszöglinge u. Lehrer. gr. 8. (XII, 60 S. m. 25 Fig.) Wien 895. A. Pichler's Wwe. & Sohn. n. 1. —

Koprivnik, Joh., Grundzüge d. Geologie m. besond. Berücksicht. d. geolog. Verhältnisse Steiermarks f. Lehramtszöglinge u. Lehrer. 2., durchgeseh. Aufl. m. der neuen Rechtschreibg. (VIII, 60 S. m. Abb.) gr. 8. Wien 907. A. Pichler's Wwe. & Sohn. 1. 20

Koprivšek, Leopold Latinsko-slovenska frazeologija k. I. Knjigi Caesarjevih kommentarjev de bello gallico za naše četrtošolce. 8 (S. 3—36). Progr. K. k. Ober-G. *Rudolfswert* 1891.
Lateinisch-slovenische Phraseologie zum 1. Buche von Caesars Commentarien de bello gallico für unsere Quartaner.

Koprivšek, Leopold Die Gegner des Hellenismus in Rom bis zur Zeit Ciceros. 8 (S. 3—19). K. k. Ober-G. *Rudolfswert* 1887.
Progr.

Kopřiwa, Jos., Geschichte der Stadtgemeinde Neustadtl in Mähren. (Aus den Schriften der histor.-statist. Sektion der k. k. mähr.-schles. Gesellschaft zur Beförderung d. Ackerbaues ꝛc. abgedr.) Brünn 856. (Nitsch u. Große.) Lex.-8. (80 S.) n. 20 ngr.

Kopriwa, W. E., Elementarlehre der Gesangskunst. Für Lehrer u. Schüler beim Einzeln- u. gemeinsamen Unterrichte in Seminarien, Erziehungsanstalten u. bei Gesangs-Vereinen. Preßburg 866. (Wigand.) 8. (IV, 44 u. 7 lith. S.) n. 6 ngr

Kops, Christinus, O. F. M., St. Stephanus. Trauerspiel in 5 Akten. Autoris. Übersetzg. aus d. Holl. v. Salesius Elsner, O. F. M. (106 S. m. 1 Taf.) kl. 8. Paderborn 909. Bonifacius-Druckerei. — 60

Kops, Conrad, s. Kops, Konrad

Kops, G. A., Taschen-Tabellen. Umrechnungen und Berechnungen mit Rücksicht auf alle alten und neuen in Preußen und Sachsen gangbaren Maße und Gewichte. Für Forstleute, Holzhändler, Bauhandwerker, Tischler, Stellmacher, Oekonomen, sowie für jeden Hauswirth und Geschäftsmann. Nebst einem Vorwort von Steinbeck in Merseburg. gr. 16. (X, 316 S.) Merseburg 878. (Halle, Hofstetter.) cart. *

Kops, Konrad

Kops, Conrad *Joseph Robert* [aus Döbeln]: Über die Schussverletzungen des Herzens und der Gefässe ... Berlin, C. Vogts Buchdr., *1895;* 24 S., 4 Bl. 8.
Berlin, Med. Fak., Inaug.-Diss. v. 22. Jan. 1895

Kops, Peter Joseph (Gereonsweiler/Rhld.), De exophthalmo. Diss. med.-chir. Bln. (August Petsch) 24. IX. 1829. 36 S. mit Biogr. (M.: A. Esser) u. 1 Tfl. Abb. (C. L. Müller del., C. Guinand sc.) (6.50) 19164
Oppon.: F. Schiele, C. Hons, G. Lauer. — Gew.: J. C. H. Juengken. — Krankengesch. d. Dorothea Carolina Kühne (Nauen).

Kops, Pet. Jos., de Exophthalmo. Dissert. inaug. med.-chirurg. Acced. tab. aen. 8maj. (2¼ B.) Berolini 829, (Hirschwald.)

Die morphologische Bedeutung des Keimhautrandes und die Embryobildung bei der Forelle. Von Fr[iedrich] Kopsch. Mit 10 Taf. u. 18 Abb. *Leipzig: G. Thieme 1908.* (IV, 166 S.) 8°
— Kopsch: Untersuchungen über Gastrulation u. Embryobildung bei d. Chordaten. 1.

Kopsch, Fr., die Darstellung des Binnennetzes in spinalen Ganglienzellen u. anderen Körperzellen mittels Osmiumsäure. gr. 8. (7 S. m. 1 Abbildg.) Berlin 902. (G. Reimer). n. — 50
Sonderabdruck aus: „Sitzungsber. d. preus. Akad. d. Wiss."

— üb. e. Doppel-Gastrula bei Lacerta agilis. [„Aus: „Sitzungsber. d. Akad. d. Wiss. zu Berlin".] gr. 8. (5 S. m. 1 Fig.) Berlin 897. (G. Reimer.) n. — 50

Kopsch, Fr. u. L. Szymonowicz, Hermaphroditismus verus bilateralis beim Schweine. S.-A. Jena 90. Fischer.

Kopsch, Friedrich [aus Saarbrücken]: '(Aus d. I. Anatom. Institut zu Berlin.)' Iris und Corpus ciliare des Reptilienauges nebst Bemerkgn üb. einige and. Augentheile ... Berlin, Buchdr. v. G. Schade, *1892;* 52 S., 2 Bl., 1 Taf. 8.
Berlin, Med. Fak., Inaug.-Diss. v. 12. März 1892

Kopsch, Fr., Lehrb. d. Anatomie d. Menschen, s.: Rauber, A.

Kopsch, F., s.: **Monatsschrift**, internat., f. Anatomie u. Physiologie.

Kopsch, F., das **Rückenmark** v. Elephas indicus. [Aus: „Abhandlgn. d. Akad. d. Wiss. zu Berlin".] gr. 4. (18 S. m. 1 Doppeltaf.) Berlin 897. (G. Reimer.) Kart. n. 1.50

— Untersuchungen üb. Gastrulation u. Embryobildung bei den Chordaten. I. Die morpholog. Bedeutg. des Keimhautrandes u. die Embryobildg. bei der Forelle. (IV, 166 S. m. 18 Abbildgn. u. 10 lith. Taf.) gr. 8. Leipzig 904. G. Thieme. n. 8.—

Kopsch, Walther: Über den Koeffizienten der inneren Reibung von Wasserstoff und Argon bei niederen Temperaturen. Halle a. S. 1909: Kaemmerer. 41 S. 8°
Halle, Phil. Diss. v. 7. Juli 1909, Ref. Dorn
[Geb. 9. März 85 Naumburg a. S.; Wohnort: Halle a. S.; Staatsangeh.: Preußen; Vorbildung: Gymn. Naumburg Reife O. 03; Studium: Halle 10 S.; Rig. 24. Febr. 09.] [U 09. 1673

Kopsel, Adolf, gepr. Vermessungs- u. Kultur-Ingenieur: Über die Genauigkeit der Längen- und Winkelmessungen in Städten. Auf Grund amtl. Materials d. freien Hansestadt Bremen. *Rostock 1904: Adlers Erben.* (106 S.) 8°
Rostock, Phil. Diss. v. [11. Dez.] 1903

Koepsel, Adolf (geb. Berlin 26. 3. 1856): Bestimmung der Constante für die elektromagnetische Drehung der Polarisationsebene des Natriumlichtes in Schwefelkohlenstoff. Berlin (1885). (34 S.) 8°
Berlin. Phil. Diss. v. 29. Juli 1885

Kopske, Wilhelm

Kopske, Anleitg. z. Retouchieren, 3. Aufl., s.: **Schultz-Hencke, D.**, Anleitg. z. photograph. Retouche etc.

Kopske, Wilh. Die photographische Retouche in ihrem ganzen Umfange. 1. u. 2. Thl. gr. 8. Berl. 890, Oppenheim. * 4 50
1. Thl. Praktische Anleitg. z. Retouchiren. (IV, 80 S.) 890. * 1 50; 2. Thl. Die zur künstler. Retouche nöth. Wissenschaften. (VII, 170 S. mit Abbildgn.) 891. * 3 —.

Kopske, Wilh., die photographische Retouche in ihrem ganzen Umfange. 1. u. 2. Thl. gr. 8. Berlin, R. Oppenheim. n. 4.50
1. Praktische Anleitung zum Retouchiren. 2., verm. Aufl. (IV, 85 S.) 893. n. 1.50
2. Die zur künstler. Retouche nöth. Wissenschaften. (VII 170 S. m. Abbildgn.) 891. n. 3.—

Kopstadt, Alfr., de rerum Laconicarum constitutionis Lycurgeae origine et indole. Dissertatio histor. praemio ornata ab ampl. philosophorum ordine Bonnensi. 8maj. (142 S.) Gryphiae 849, libr. Kochiana.

Kopstadt, B., ein Andenken für Kinder auf d. Lande, bei ihrer Entlassung aus der Schule. 8. Münster 822. Aschendorf. 2½ K

Kopstadt, B., Lehr- u. Gebethbuch zum würd. Empfange d. heil. Sakramente d. Buße u. d. Altars, besond. f. d. Jugend. 8. ... Münster 829, Aschendorff. 8 Gr., Schrbp.

Kopstadt, B., Lehr- u. Gebetbuch z. würdigen Empfange d. h. Sakramente d. Buße u. d. Altars, besond. f. d. Jugend. 2. Ausg. 8. (12 B. u. Titlbild.) Münster 840, Aschendorff'sche Bh.

Kopstadt, H.

— Geschichte der früheren lateinischen Schule in Crefeld. Crefeld (857.) (Kühler.) gr. 8. (20 S.) n. 5 ngr

Kopstadt, H., Geschichte des preußischen Staates. gr. 8. (390 S.) Hagen 855—56, Butz.

Kopstadt, H., Nationalitäten u. Dynastien in dem jetzigen europäischen Staatensystem. Crefeld.
Schul-/Univ.-Schrift 1867

Kopstadt, H., der Unterricht in der preussischen Geschichte auf den höheren Bürgerschulen. Eine Abhandlung. gr. 4. (20 S.) Crefeld 850, Funke'sche Buchh. *

– Über den römischen Ursprung der franz. Sprache, s. Rein, A.

Kopsz, Joannes, Jus matrimoniale novissimum Catholicorum in imperio austriaco per Joannem Kopsz, Dioecesis S.bariensis Presbyterum etc. etc. editum anno Domini 1856. Sabariæ. Typis Emerici Bertalanffy. (78 S. 8.)

Kopsz, Joh., jus matrimoniale novissimum catholicorum in imperio Austriaco. Sabariae 856. (Wien, Wendelin.) gr. 8. (2 Bl., 80 S.) n. 16 ngr

Kopsz, Joa., Jus matrimoniale novissimum catholicorum in imperio Austriaco. gr. 8. (IV und 80 S.) Steinamanger 857. (Wien, Mayer und Comp.) Thlr. *

— presbyter dioecesis Sabariensis in synodali examine seu compendium theologiae dogmaticae, moralis et juris ecclesiastici cum appendice de concilio Tridentino. Ebend. 855. gr. 8. (4 Bl., XVI, 124, 183, 217, 160 S.) n. 2 ₰. 25 ngr

—— Presbyter dioecesis Sabariensis in synodali examine seu compendium theologiae dogmaticae, moralis, pastoralis et juris ecclesiastici cum appendice de concilio Tridentino. gr. 8. (XXIII und 684 S.) Steinamanger 857. (Wien, Mayer und Comp.) *

Kopsz, Joann., Presbyter dioecesis Sabariensis in synodali examine seu compendium theologiae dogmaticae, moralis, pastoralis et iuris ecclesiastici cum appendice de concilio Tridentino. Sabariae (Wien, Wendelin), 1857, gr. 8°, XXIII u. 684 S., 8,50 Mk.

Kopsz, Jod., presbyter in synodali examine, seu compendium theologiae generalis, dogmaticae, moralis et pastoralis, item juris ecclesiastici cum appendice de concilio Tridentino. 4 Tomi. Editio II. auctior. Steinamanger 860. (Seiler.) gr. 8. (V, 1142 S.) n. 3 ₰ 10 ngr

Kopsz, Joann. — Sacrum Psalterium in usum venerabilis cleri editum per — —. Anno Domini 1857. Sabariae. Typis Emerici Bertalanffy. (253 S. 8.)

—— sacrum psalterium in usum venerabilis cleri editum. gr. 8. (VIII und 253 S.) Wien 857, [Mayer und Comp.] *

Kopsz, Joann., Sacrum Psalterium in usum venerabilis cleri editum. Sabariae. (Wien, Wendelin) 1857, gr. 8°, VIII und 253 S., 3,50 Mk.

Kopta, F. P., Bohemian Legends and ballads. 8. (63 S) —.45
Schüttenhofen: Janský 1890.

KOPYCINSKI, Adam: De integritate sacri textus hebraici. — (1879) 170 S. 4° (Handschr.) Diss. 335
Diss. Wien, Univ.

Kopycinski, Adam, De integritate sacri textus Hebraici. Tarnoviae, 1880.
Recens. von Knabenbauer, Stimmen aus M.-Laach 1880, S. 542.

Kopylow, A., offenes Sendschreiben an Pastor Dalton. Kritische Entgegnungen auf das Sendschreiben an d. Oberprocureur des russ. Synods Hrn. wirkl. Geh.-R. Konstantin Pobedonoszeff. [Sep.-Abdr.] 1. u. 2. Aufl. gr. 8. (31 S.) St. Petersburg 889. Kranz. (Leipzig, E. F. Steinacker.) n. 1.—

Kopytko, Szymon: Stosunek Wiriginii Felińskiego do Wiriginii Alfierego. 21 S., 1 Bl. 8.
Progr. K. k. Rudolf-Gymn. *Brody* 1909.
Verhältnis der Virginia Felińskis zur Virginia Alfieris.

Kopytowski, Cos., Ueber die inneren Spannungen in einem freiaufliegenden Balken unter Einwirkung beweglicher Belastung. Mit 1 Figtfl. (Inaug.-Dissert.) Göttingen 1865. 4°.

Kora, kleine Gemälde v Apel, Claudius, Falck, Fülleborn, Forster rc. 12. Leipz. 827, Centr.-Cpt.

Kora die Sonnenjungfrau. Karrikatur-Oper in Knittelreimen, in 3 Aufzugen von J. Perinet. 8. Wien, Wallishauser. 813.

Korab, (Kalikst d'Orzeszko) prince. Guide pour les égarés ⟨Life in a Nutshell⟩ ou Le livre du prince Korab. Volumes 2—5. 3e éd. [Avec des figures.] 8. [Berne, Impr. coopérative.] 1904.
Volume 2. VI + 19 p. + p. 105-238. — Volume 3. p. 239—375. — Volume 4. p. 377—775. — Volume 5. p. 777-841.
(*Le* Vol. 1 a été supprimé, *un* Vol. 6 *n'a pas paru.*)

Korab, (Kalikst d'Orzeszko) prince. Guide pour les égarés ⟨Life in a Nutshell⟩ ou Le livre du prince Korab. Volumes 2—5. 4e éd. ⟨La 3e éd., qui date de la fin de décembre 1904, corrigée.⟩ [Avec des figures et 2 portraits hors texte.] 4. [Berne, H. Jent,] 1906.
Volume 2. IV [+ 5 + 6] + 8 p. + p. 105—186. — Volume 3. p. 189—264. — Volume 4. [Avec 2 portraits h' t'.] p. 265—552. — Volume 5. p. 553-595.
(*Le* Vol. 1 a été supprimé, un Vol. 6 n'a pas été imprimé.)

Korabinsky, Johann Matthias

– s. Abbild. v. Familienwappen.

Korabinsky, J.M., s. Almanach von Ungarn.

Korabinsky, J. Matth., Atlas regni Hungar. portatil. Neue u. vollst. Darstell. d. Königr. Hungarn auf 60 Taf. E. Geogr. Noth- u. Hülfsbuchl. f. gem. reb. Qu. 8. Wien, Schaumburg. 805.

Korabinsky, J. M., Atlas regni Hungariae portatilis, oder: neue und vollständige Darstellung des Königreichs Ungarn auf 60 Landcharten in Taschenformat. N. Aufl. Preßburg, Landes. (Leipzig, Andrä in Comm.) 817.

– s. Beschreib. v. Preßburg.

Korabinsky, historisch-geograph. u. Produkten-Lexikon von Ungarn, m. e. Postcharte. gr. 8. Pest, Eggenberger. 786.

— — dasselbe. gr. 8. Presburg, Weber.

— Versuch e. kleinen türk. Wörterbuchs, mit beigesetzten deutsch-ungarisch.- u. böhmischen Bedeutungen u. einer kurzgefaßten türk. Sprachlehre. 8. Preßb. 783. Wigand. 16 gr.

Korać Zelimir: Graf L. N. Tolstois Weltanschauung und Lehren.
II. 1907 PN 2332 Diss. Wien, Univ. 119

Korach, Berthold, heiße Lippen. Eine Liebesgeschichte. 8. (192 S.) Dresden 902. E. Pierson. n. 3.—; geb. n. 4.—

Korach, Carl, s. Korach, Karl

Korach, Ernst: Das deutsche Privatbankgeschäft. Studien zu seiner Geschichte und heutigen Stellung. ⟨Kap. 1—3, § 1.⟩ (Berlin 1910: G. Schade.) 69 S. 8° ¶(Ersch. vollst. als Buch.)
Berlin, Phil. Diss. v. 9. März 1910, Ref. Wagner
[Geb. 30. Dez. 84 Berlin; Wohnort: Hannover; Staatsangeb.: Preußen; Vorbildung: Sophien-Gymn. Berlin Reife O. 03; Studium: Berlin 7 S.; Rig. 24. Febr. 10.] [U 10. 194

Ernst **Korach**. Das deutsche Privatbankgeschäft. Studien zu s. Geschichte u. heutigen Stellung. T. [1.] 2. (Berlin 1910: Schade; 2: Borna-Leipzig: Noske.) 8° [Umschlagt.]
[1.] ⟨Kap. 1–3, § 1.⟩ 2. ⟨Kap. 3, § 2–9.⟩
T. 1 erschien auch als Inaug.-Diss. Berlin 1910. [11. 14812 II

Korach, G., innere Krankheiten d. Schwangeren u. die Indikationen zur Einleitung d. Aborts. (80 S.) 8. Leipzig 908. B. Konegen. — 70

Korach, Gustav *(geb Posen 27 2. 1854)*: Beiträge zur Pathologie und Therapie des Diabetes insipidus. Breslau 1876. (39 S.) 8°
Breslau, Med. Diss. v. 29. Juli 1876

Korach, über das gleichzeit. Vorhandensein verschied. Erkrankgn., insbesond. v. Carcinom u Diabetes, s.: Festschrift, dem Aerztevereine der Kreise Birnbaum usw. gewidmet.

Korach, Karl

Korach, Carl, Kammergerichtsrefer.: Die Haftung des Reeders im Falle des § 734 HGB., ein Beitrag zur Lehre vom Schiffsgläubigerrecht und von der beschränkten Haftung. Borna-Leipzig 1910: Noske. 75 S. 8°
Heidelberg, Jur. Diss. v. 26. Juli 1910, Ref. Schröder
[Geb. 11. Okt. 87 Berlin; Wohnort: Berlin; Staatsangeb.: Preußen; Vorbildung: Sophien-Gymn. Berlin Reife O. 05; Studium: Leipzig 4, Berlin 2 S.; Rig. 23. Juni 10.] [U 10. 1914

Korach, Ludwig: Über den Wert des Josephus als Quelle für die römische Geschichte. Tl 1. Bis z. Tode d. Augustus ... Breslau, Druck v. E. Trewendt, 1895; 2 Bl., 105 S. 8.
Leipzig, Phil. Fak., Inaug.-Diss. v. [30. Okt.] 1895

Korach, S., der Torfmoos-Verband, s. Leisrink, H.

Korach, S[amuel] *(geb Posen 27 6. 1855)*: Ueber die Entbindung nach Perforation des Schädels. Breslau 1878. (36 S.) 8°
[Im Buchhandel 1878 bei Koebner in Breslau]
Breslau, Med. Diss. v. 13. Aug. 1878

Koradin oder Feen, Helden-Ritter- und Romanspiegel. Wien 1814. V: *Reilly, Franz Johann Joseph von.* (GGr)

Κοραῆ, Ἀδαμαντίου, Βίος συγγραφεὶς παρὰ τοῦ ἰδίου. Πάλιν ἐκδοθεὶς ὑπὸ Αὐγ. Θεοδ. Πεύχερ. gr. 8. (32 S.) Breslau 849, Lucas.

Κοραῆ, *Ἀδαμαντίου, Βίος συγγραφεὶς παρὰ τοῦ ἰδίου. Πάλιν ἐκδοθεὶς ὑπὸ Αὐγ. Θεοδ. Πεύχερ.* gr. 8. (32 S.) Breslau 852. Lucas. 1/3 ₰

Korai, Adomant, († d. 6. April 1833.) polit. Ermahnungen an d. Hellenen, übers. von J. K. v. Orelli, mit d. griech. Text zur Seite. gr. 12. Zürich 823. Ziegler. 1 ₰

— vom alten u. neuen Hellas. Worte an d. griech. Nation gesprochen. Zugleich Einleitungsschrift zur Politik d. Aristoteles. Aus d. Alt- u. Neugriech. übers. v. K. J. L. Iken. 8. Leipz. 823. Er. Fleischer. 1 ₰

Korajac, Vilim., d. Pfahlbauern, s.: National-Bibliothek, allgem.

Koraleczni mor. Powjdka na wystrahu a pouczenj pro bohaté i chudé, pro staré i mladé Překlad z německého. 12. (5⅙ B.) Brünn 846, Winiker.

Koralek: Das Neueste und Interessanteste aus der Logarithmotechnik ..., s. Byrne.

Koralek, das Neueste aus der Logarithmotechnik, s. Lorey.

Koralz u. Zamor, od. d. berühmten Amerikaner, nach d. Frz. 2 Thle. 8. Freyberg, Craz u. G. 790.

Korallus, Johs, Paul, Siona. 12. (III, 352 S.) Berlin 891. (Mother.) n. 2, —; geb. in Leinw. n. 3. —

Korallus, Paul: Fremde Götter im Tempel Michas. . . . Königsberg in Pr., Buchdr. v. R. Leupold, 1889; 20 S. + 1 Bl. 8°
Königsberg, Phil. Fak., Inaug.-Diss. v. 30. Dez. 1889

Korallus, J. P., fremde Götter im Tempel Michas. Nachgewiesen. gr. 8. (29 S.) Königsberg i/Pr. 890, Koch. n. 1. —

KORALLY oder die Liebe in heisseren Zonen, nach d. Engl. von M. Ch. A. von Sassen. Mit TKpf. v. Boettger jun. Neustadt, im Magaz. f. Lit., o. J. (Leipzig, Joachim, 1802). 8°. (1 Mk. 50 Pfg., geles. Expl., Lehmann & Lutz, 1884; jetzt theurer!)
Ziemlich zahm. Gestoch. Tit. u. 200 SS. — *A. E.:* Eisenberg, gedr. bei Joh. Wilh. Schöne.

Koran

—— s.a. Klamroth, Martin. Die 50 ältesten Suren d. K.

— s. auch Kur'an.

Koran, der, s.a. Miniatur-Bibliothek.

Koran, der, im Auszuge übersetzt, s.a. Rückert, F.

Koran, der, übers. v. Arnold, s.a. Alcoran.

Koran, der, übers. v. Thdr. Fr. Grigull, s.a. Bibliothek der Gesamtlitteratur.

Der KORAN, Oder insgemein so genannte Alcoran des Mohammeds, Unmittelbahr aus dem Arabischen Original in das Englische übersetzt, und mit beygefügten, aus den bewährtesten Commentatoribus genommenen Erklärungs-Noten, Wie auch einer Vorläuffigen Einleitung versehen von Georg Sale . . . ins Teutsche verdollmetschet Von Theodor Arnold. Lemgo, J. H. Meyer, 1746. 4°. 4 Bl. 28 u. 232 S., 693 S., 20 Bl. *Mit 5 meist gefalt. Kupfern (Karte v. Arabien, 3 genealog. Tabellen, 1 Plan des Tempels zu Mekka), Brühl sc.* Etwas bestoß. Ld. d. Z., Rücken leicht lädiert. 125.—
Graesse IV. 44. Zenker 1398. Erste deutsche Ausgabe dieser sehr geschätzten, mit großem wissenschaftlichen Kommentar u. vorzügl. Einleitung versehenen Edition.

— der, oder Gesetz f. d. Muselmänner durch Muhamed den Sohn Abdall, übers. v. F. E. Boysen. gr. 8. Halle 773. 2e A. 775. Gebauer. 1 ß 21 gr

Koran, Der, oder Monologen der Vernunft.

Leipzig 1776. V: *Behrisch, Henrich Wolfgang.* (Behrisch, Wiener Autoren. 1784.) (Ky)

— der, oder Monologen d. Vernunft, (v. H. W. Berisch). 8. Leipz. 776. Hilscher. 5 gr

Koran, Der, oder Leben und Meinungen des tria juncta in uno. N. A.

Hamb. 1778. V: *Sterne, Lawrence pseud.* [?] (Heis)

Koran, d., oder Leben u. Meinungen d. Tria Juncta in uno M. N. A. a. d. Engl. e. hinterlass. Werke v. Verfass. d. Tristram Shandy. 3 Thle. 8. Hamb. Herold. (Ernst in Quedlinburg.) 778.

Koran, The, or essays, sentiments, characters, and Callimachus, of Tria juncta in uno, M. N. A. or master of no arts.

Vienna 1798. V: *Griffith, Rich.* (Zuwachsverz. d. Bibl. Zürich 1898 ff. 8.)

Koran, der kleine, oder Uebersetzung d. wichtigsten u. lehrreichsten Stücke d. Korans; mit Anmerkk. v. J. C. W. Augusti. 8. Weißenf. 798. (Weygand in Leipz.) 20 gr

Koran, der, od. d. Gesetz d. Moslemen durch Muhammed d. Sohn Abdallahs. Auf d. Grund d. vormal. Verdeutsch. F. E. Boysen's v. neuem aus d. Arab. übers., durchaus mit erläut. Anmerkn., mit e. histor. Einleit., auch e. vollständ. Register versehen v. S. Fr. G. Wahl. gr. 8. (55 B. u. 1 Stammtaf.) Halle 828, Gebauer.
Vgl. Coran.

Koran, der, aus d. Arabischen wortgetreu neu übersetzt und mit erläuternden Anmerkk. verseh. v. L. Ullmann. 6 Hefte. 16. Crefeld 840. Funcke. 1 ß

— der, aus dem Arabischen wortgetreu übersetzt, und mit erläut. Anmerk. versehen von L. Ullmann. 2. mit Stereotypen gedruckte Aufl. 16. Ebend. 841. n. 1½ ß

Koran, der, aus d. Arab. wortgetreu neu übers., u. mit erläut. Anmerkn. vers., v. L. Ullmann. (6 Hfte.) 1. Aufl. (35½ B.) 840., 2., m. Stereotyp. gebr. A. 16. (35¼ B.) Crefeld 842. [Bielefeld, Velhagen u. Klasing.] à *

Koran, der. Aus dem Arabischen wortgetreu neu übersetzt, u. mit erläut. Anmerkungen versehen v. L. Ullmann. 3., m. Stereotypen gedruckte Aufl. 16. (35½ B.) Bielefeld 844, Velhagen u. Klasing. *

Koran, der. Aus dem Arabischen wortgetreu übersetzt und mit erläuternden Anmerkungen versehen von L. Ullmann. 3. mit Stereot. gedr. Aufl. 853. — 4. Aufl. Mit Stereotypen. Bielefeld 857. Velhagen u. Klasing. 8. (VIII, 550 S.) n. 20 ngr.

Korân, der. Aus dem Arabischen in's Hebräische übers. und erläutert von Herrm. Reckendorf. 1—3. Heft. gr. 8. (240 S.) Leipzig 856, (Gerhard.) à Heft * 16 Ngr. *

(Koran.) אלקוראן או המקרא Der Koran aus dem Arabischen in's Hebräische übersetzt und erläutert von Herm. Reckendorf. Leipzig 857. Gerhard in Comm. 8. (XLVIII, 369 S.) n. 2 ß. 12 ngr.

Koran, der. Aus dem Arab. wortgetreu neu übers. und mit erläut. Anmerkungen versehen von L. Ullmann. 5. Aufl. gr. 16. (VIII und 550 S.) Bielefeld 865, Velhagen und Klasing. *

Koran, der. Aus dem Arab. wortgetreu neu übers. und mit erläut. Anmerkungen versehen von L. Ullmann. 6. Aufl. gr. 16. (VIII, 550 S.) Bielefeld 872, Velhagen und Klasing. *

Koran, der. Aus dem Arab. wortgetreu übers., und mit erläut. Anmerkungen versehen von L. Ullmann. 7. Aufl. gr. 16. (VIII, 550 S.) Bielefeld 877, Velhagen und Klasing. *

Koran, der, nach dem arab. Original-Manuscript von Ali Abkali geschrieben von Hafiz Osman [im J. 1094 der Hedschra]. Phototypograf. Reproduction. 8. (876 S. mit chromolithogr. Titel.) London 881. (München, Franz'sche Buchh.) geb. mit Goldschn. **

—— der. Aus dem Arabischen wortgetreu neu übers. und mit erläut. Anmerkungen versehen von L. Ullmann. 8. Aufl. 12. (VIII, 550 S.) Bielefeld 882, Velhagen und Klasing. *

Koran, der. Nach d. arabischen Original-Manuscript v. Ali Ahkalı geschrieben von Hafir Osman (i. J. 1094 d. Hedschra). Phototypogr. Reproduction. kl. 8. (438 Blatt unpaginirt.) Lpz. 890, Drugulin. geb. zweifarb. 7 50; dreifarb. auf Rosa-Papier 18 —

Koran, der. Aus d. Arab. wortgetreu neu übers., u. m. erläut. Anmerkgn. vers. v. L. Ullmann. 9. Aufl. 12. (VIII, 550 S.) Bielefeld 897. Velhagen & Klasing. n. 2. —

— der, übertr. v. Max Henning, s.: Universal-Bibliothek.

Korb, R., der Gottesgarten bei Zößnitz. 2. Aufl. gr. 8. (20 S.) Leipa 900. (J. Künstner). n. — 40
Sonderabdruck aus: „Mitth. des nordböhm. Excursions-Clubs".

— der kleine, siehe J. C. W. Augusti.

Panyasis. Koranda, Johann Beitrag zu den Untersuchungen über Panyasis. 8 (S. 3—23).
Progr. K. k. deutsches Staats-G. *Kremsier* 1891.

Koranda, Johann: Katalog der Lehrerbibliothek des k. k. Staatsgymnasiums im III. Bezirk in Wien. (Umschlagtitel: . . . Lehrerbibliothek.) S. 1—22. 8. S. 1—26. 8. 24 S. 8. 18 S. 8.
Progr. K. k. Staatsgymn. im III. Bezirke *Wien* 1903. 1904. 1905. 1906.

Koranda, *Johann: Prolog, gesprochen beim Schülerconcert aus Anlass des 50jährigen Regierungsiubiläums Sr. Maj. des Kaisers Franz Josef I.* 8 (S. 70—72).
Progr. K. k. deutsch. Staats-G. *Kremsier* 1898.

Korane; eine morgenländ. Mährchen v. Anton Wall, mit K. 2 Bde. 8. Altenb. Rink. (Hinrichs in Lpz.) 808.
Velinp.

Korányi, A. v., s.: Chemie u. Medizin, physikalische.

Korányi, A. v., die wissenschaftlichen Grundlagen der Kryoskopie, s.a. Bibliothek, moderne ärztliche, 1. Hft.

Die wissenschaftlichen Grundlagen der Kryoskopie in ihrer klinischen Anwendung. Von Prof. Dr. A. v. Korányi, Budapest. *Berlin: L. Simion 1904.* (40 S.) 8°
═ Bibliothek, Moderne ärztliche. II. 1. [04. 3267

Korányi, Friedr., Denkrede auf Prof. K. R. A. Wunderlich. Gehalten in der feierl. Jahres-Sitzung der kön. Gesellschaft der Aerzte in Budapest am 14. Oktbr. 1878. Uebersetzung aus dem Ungar. gr. 8. (39 S.) Budapest 879, Zilahy. *

Korányi, F. v., Hundswut, Rotz- u. Wurmkrankheiten. S.-A. a. Handbuch d. Chirurgie. I. Bd. 2 Abb. 1. Hft. 3. Lfg. Stuttgart 70. Enke. M. 6.80

Korányi, F. v., Zoonosen. 1. Abth. Milzbrand, Rotz, Actinomykosis, Maul- u. Klauenseuche, s.a. Pathologie u. Therapie, spec.

Zoonosen . . . Von Prof Dr. F(riedrich) v. Korányi in Budapest. (Abth. II: v. Prof. Dr A[ndreas] Högyes in Budapest.) Abth. I. II. *Wien: A. Hölder 1897.* 8.
I. Milzbrand, Rotz, Actinomykosis, Maul- u. Klauenseuche . . . M. 6 Abb. im Texte u. 6 Taf. in Farbendr. (VI, 149 S., 6 Taf. m. 3 Erl.-Bl.)
II. Lyssa . . . M. 18 Abb. (XI, 240 S.)
═ Pathologie, Specielle, u. Therapie. Bd v. Th. V, I. II. [97. 2122

Korb, d., eine morgenländisch. Erzähl. v. Geckert. 8. Neiße, Rosenkranz. 805.

Korb, der, Schauspiel in 2 Aufzügen von M. Dilg. gr. 12. Ebend. 820.

Korb, Der, aus Liebe, oder Frauenzimmerlaunen. Lustspiel in einem Aufz. Wien 1792. V: *Hensler (Henseler), Carl Friedrich.* (Ky) (GGr)

Korb, der, aus Liebe, oder Frauenzimmerlaunen, Lstspl. in 1 A. (v. K. F. Hensler). Wien, Wallishausser. 792.

— d. wandernde, . Lstsp. in 1 A. v. F. Lindheimer. 8. Mannh. Schwan u. G. 783.
—
Schreibp. —

Korb, Christian Gottlob

— einige Dichtungen. 2e Ausg. gr. 8. Neubrandenb. 822. Dümmler. 1 ⁄ß

Korb, Chr. Glo., vermischte Gedichte; nebst 1 Schauspiele in 1 Akt. 8. Neustrel. 809. Albanus. 10 gl.

— s. Korb, der, aus Liebe.

Korb, Chr. Gl., der ehrliche Räuber. Singspl. 8. (Wismar) 786. Bödner. 5 gl.

Korb, Ferd., was heißt u. ist das geistige Eigenthum an literarischen Erzeugnissen. Ein Beitrag zur Theorie des Nachdrucks u. Verlagsrechts. Breslau 860. Gosohorsky. gr. 8. (97 S.) 18 ngr.

Korb, Ferd., die allgem. Weltgeschichte in Tabellen f. Gelehrtenschulen, u. zunächst f. d. sächs. Fürstenschulen. Fortges. v. Carl Ramshorn. qu. ½ gr. Fol. (4¾ B.) Grimma 840. Verlags-Comptoir.

Korb, Friedrich: Der Gebrauch des Infinitivus bei Q. Curtius Rufus. (Ein Beitrag zur historischen Syntax der lateinischen Sprache.) (Umschlagtitel: . . . Rufus) 8 (S. 3—19) II. Theil. (Umschlagtitel: . . . Rufus. (II.).) 8 (S. 3—38).
K. k. Staats-Oberg. *Prag-Neustadt* (Stephansgasse) 1896 1898.
Progr.

Korb, Friedr. H., lateinische Uebungssätze zur Casuslehre aus Q. Curtius Rufus, im Anschlusse an die lateinische Schulgrammatik von K. Schmidt und die Memorabilia Alexandri Magni von K. Schmidt und O. Gehlen zusammengestellt. gr. 8. (IV, 42 S.) Prag 887, Dominicus. *

Korb, Fritz, Referendar aus Breslau: Die rechtliche Natur und Bedeutung der Konzessionen und Approbationen insbesondere auf dem Gebiete des Gewerberechts. Borna-Leipzig 1909: Noske. VIII, 37 S. 8°
Breslau, Jur. Diss. v. 5. April 1909, Ref. Brie-Meyer
[Geb. 16. Apr. 87 Rinteln; Wohnort: Goldberg i. S.; Staatsangeh.: Preußen; Vorbildung: Gymn. Frankfurt a. O. Reife O. 05; Studium: Lausanne 1, München 3, Breslau 2 S.; Rig. 30. Okt. 08.] [U 09. 497

Korb, H., die Geldstrafen und die bestehenden Grundsätze über die Berechtigung zu deren Erhebung, so wie über ihre Einziehung und Verrechnung bei den Gerichten. Eine Abhandlung, aus dem Justiz-Ministerial-Blatte abgedr., mit einem die gesetzlichen Bestimmungen und Ministerial-Verfügungen über die Strafen wegen Uebertretungen und deren vorläufige Festsetzung enthaltenden Anhange. gr. 8. (18 S.) Berlin 853, C. Heymann. *

— die Gesetze über das mündliche und öffentliche Verfahren mit Geschworenen in Untersuchungs-Sachen, als Handbuch in selbstständiger Form einer Novelle zur Kriminal-Ordnung. Nebst erläuternden Bemerkungen und einem Anhange. gr. 8. (X und 181 S.) Berlin 852, C. Heymann. *

— der geistliche Sühne-Versuch in Ehescheidungssachen nach der Verordnung vom 28. Juni 1844. Eine Abhandlung mit einer Zusammenstellung der hierauf bezüglichen sowie der die Ehescheidungsgründe betreffenden gesetzlichen Bestimmungen. 8. (31 S.) Berlin 852, C. Heymann. *

Korb, Hermann (Grimma), De uroscopia. Diss. physiol.-chemica. Präs. Otto Bernhard Kuehn. Lpz. (Giesecke & Devrient) 17. II. 1862. 51 S. mit Biogr. (M.: E. Hoffmann.) (6.—) 19165
Oppon.: Haake, Hochmuth, Neumann. — Gew.: Christian Gottlob Lorenz (Grimma).

Korb, Jakob

Korb, J., praktische Anleitung zur Erlernung der Stenographie od. Kurzschrift System Arends zum Selbstunterricht. Nach pädagog. Grundsätzen bearb. u. hrsg. gr. 8. (II, 80 S.) Elberfeld 892. J. Faßbender. n.n. — 60

— Lehrbuch der Arends'schen Stenographie, nach den Beschlüssen des System-Ausschusses bearb. Hrsg. vom Haupt-Verband Arends'scher Stenographen. gr. 8. (20 S. m. 8 Taf.) Magdeburg 894. E. Grudzinski. n. 1. —

Korb, J., Lehrbuch d. Arendsschen Stenographie, nach d. Beschlüssen d. System-Ausschusses bearb. 3., verb. Aufl. gr. 8. (18 S. m. 8 Taf.) Magdeburg 896. E. Grudzinski. n. 1. —

— s.: Lesebuch f. Arends'sche Stenographen.

Joachim Friedrich Gottlob Korb

Ioach[imus] Frider[icus] Gottlob Korb: De Amaurosi. Goettingae 1812: C.G. Korb. 36 S. 8°

Göttingen, Med. Diss. v. 30. Dez. 1811

Korb, Max, die Schmetterlinge Mittel-Europas. Darstellung u. Beschreibg. der hauptsächlichsten mitteleurop. Schmetterlinge, nebst Anleitg., dieselben zu fangen od. zu züchten u. e. Sammlg. anzulegen. Mit 30 farb. Taf., nach der Natur gezeichnet u. gemalt v. Heinr. Deuchert u. A. Slocombe. gr. 4. (XIV, 232 u. XIX S.) Nürnberg 893. Th. Stroefer. Kart. n. 15. —; geb. n. 17. —; auch in 15 Lfgn. à n. 1. —

Korb, Paul [app. Arzt aus Doebeln '(Kgr. Sachsen)']: Drei Fälle von Psychose nach acuten Infectionskrankheiten ... Schmalkalden, Druck v. F. Wilisch, *1894*; 27 S. 8.
Erlangen, Med. Fak., Inaug.-Diss. v. 13. Nov. 1893

KORB, R.
(F) Der Gottesgarten bei Zössnitz von R. Korb. 2. Auflage. (Neudruck aus den Mittheilungen des Nordböhm. Excursions-Clubs, XXI, 209—221; XXIII, 22—27.) Leipa. 1900. Künstner. Gr.-8°. 20 S. K —.40

Korb, W. F., Anti-Carus, od. histor.-krit. Beleuchtung d. Schrift: „Die natürl. Geburt Jesu v. Nazareth, histor. beurk. durch Fl. Josephi jüd. Alterthümer, Buch XVII, Cap. 2. §. 4." Nebst einigen Bemerkn. üb. d. Zeugniß d. Josephus v. Christus. gr. 8. (5½ B.) Leipzig 831, Göschen.

([Hermann] **Korb**-Döbeln.) Ambrosia und Nektar. Enth. 200 ernste u. heitere Fest- u. Tafellieder, Reden, Aufsätze etc. medicin. u. naturwiss. Inhalts, mit mancherlei Ill. Mit 1 Gruppenbilde. [Nebst] Suppl.Bdch. *(Hamburg: Gebr. Lüdeking) 1892.* 2 Bde 8°
= Korb: Liederbuch f. Deutsche Aerzte u. Naturforscher. Abschn. 2.

Korb-Döbeln, Liederbuch f. deutsche Aerzte u. Naturforscher. 1. Abschnitt. 12. Hamburg 890. Gebr. Lüdeking. In Ledertuch cart. n. 3. —
Vivat Bacchus! Enth. Fest-, Tafel- u. Commers-Lieder ernsten u. heiteren Inhalts f. naturwissenschaftl., allgemein- u. specialärztl., sowie auch Doctor-Jubilar- etc. Versammlungen. (292 S.)

Korb-Döbeln, Liederbuch f. deutsche Aerzte u. Naturforscher. 2. Abschn. Ambrosia u. Nektar! Enth.: 200 ernste u. heitere Fest- u. Tafellieder, Reden, Aufsätze etc. medicin. u. naturwissenschaftl. Inhalts m. mancherlei Illustr. 12. (VIII, 510 u. VIII S. m. 1 Lichtdr.) Hamburg 892. Gebr. Lüdeking. n. 3. 50; geb. n. 4. –

— dasselbe. Suppl.-Bdchn. zu dem 2. Abschn. „Ambrosia u. Nektar". Nr. 201—287. 8. (VIII u. S. 513—744 m. Abbildgn.) Ebd. 892. n. 2. —; geb. in Leinw. n. 2. 50 (1, 2 u. Suppl. geb.: n. 9. 50)

([Hermann] **Korb**-Döbeln.) **Vivat Bacchus! Enth. Fest-**, Tafel- u. Commers-Lieder ... f. naturwiss., ... ärztl., sowie auch Doctor-Jubilar- etc. Versammlungen. *(Hamburg: Gebr. Lüdeking) 1890.* (292 S.) 8°
= Korb: Liederbuch f. Deutsche Aerzte u. Naturforscher. Abschn. 1.

Korb-Kimmerle, Bertha, die Sterndeutekunst. „In d. Sternen stehts geschrieben". (20 S.) 8. Leipzig (909). W. Besser. — 40

Korbacher, Joseph [Assistenzarzt im k. b. 2. Chevauxlegers-Reg. „Taxis" aus Waigolshausen in U.-Franken]: Zur Ätiologie der Phthisis intestinalis.... Würzburg, J. M. Richters Buch- u. Kunstdr., 1890; 20 S. 8°
Würzburg, Med. Fak., Inaug.-Diss. v. 1890

Korbball für Frauen. Leipzig 1910. 36 S. (Spielregeln d. technischen Ausschusses. 10 b.)

Korbball für Männer. Leipzig 1910. 33 S. (Spielregeln d. technischen Ausschusses. 10 a.)

Korb-Bienenzucht, die, s.: Studer's, U., Schweizer Bienenfreund.

KORB-BRIEF, Poetischer doch treuhertziger, eines Der Im Creutz Gedultig ist, an die Frau Welt. (In Reimen.) O. O. 1717. 4°. 20 Bll. (4 Mk. Völcker, Frf. a. M., 1909.) Sehr rar!

Körbchen, die drei. Lstspl. in 5 A. (v. A. A. Hannamann). 8. Wien 802. Wallishausser. 6 gr

Körbchen, Die drei. Lustspiel in fünf Akten. Wien 1802. V: *Hannamann, O. A.* (KY) (GGr)

Körbchen, Das verdeckte. ... O. O. 1802. H: *Gleich, Joseph Alois.* (MGT) (NN)

Körbel Dr. Alfred: Beiträge zur Geschichte der jonischen Naturphilosophie mit bes. Betonung der Quellen in den Werken des Aristoteles. 18. Brüx. 03.
Progr.

Körbel Alfred: Die Studien des Aristoteles zu den jonischen Naturphilosophen.
II. 1900 PN 1267 Diss. Wien, Univ. 85

Körbel, Alfred: D'Alemberts „Vorrede zur Enzyklopädie" im Rahmen der philosophischen Auffassungen der Zeit. S. 3—14. 8.
Progr. K. k. Staats-Gymn. *Bielitz* 1907.

Korbelius, V., Beitrag zur Frage über das Verhältnis des Pferdes zur Ankylostomiasis des Menschen. S.-A. a. C. f. B. Jena 99. Fischer.

Korbelius, V. Die erste Hilfe bei Unglücksfällen. Belehrung f. Berg- u. Hüttenarbeiter. Im Auftrage d. hohen k. k. Ackerbau-Ministeriums. Mit e. Beitrage üb. die erste Hilfe bei Verunglückgn. durch Schlagwetter od. Nachschwaden v. O. Andree. 12. (72 S. m. 17 Holzschn.) Wien 890, Manz. cart. * — 36; in böhm. Sprache (68 S.) * — 36

Korber v. Korbern, Gregor Norbert

— Bitte an d. Hrn. Bischöfe in den Oesterreich. Staaten, die Volkssprache im öffentl. Gottesdienste einzuführen. 8. Wien 783.

— Canonicus, seu de vera canonicae vocationis indole. 8. Brünn 781.

— Dialogus inter clericum et militem super dignitate papali et regia. Edidit, praef. est et notas adj. Jos. Wratislaus Monse. 8. Brünn 779.

— sui et dialogi inter clericum et militem super dignitate papali et regia defensio adversus Jos. Franc. Petsch. 8. Brünn 780.

Korber, Ritter v. Korborn, Greg. Norbert, (†...) histor. Erklärung d. Kalkmalerei, welche in dem k. Stift Bruck an der Taya der regulirten Chorherren von Prämenstrat auf die Gewölbe d. dasigen Büchersaales in e. einzigen zusammenh. Platfond Ant. Maulpertsch rc. im J. 1778 verfert. hat. 8. Znaym ...

— histor. Erklärung e. andern Kalkmalerei von demselben Maulpertsch. 4. Znaym 778.

— die Klostergelübde sind nicht unausflöslich. 8. Wien 783.

— Divi Josephi II. — Imperatoris — laudatio funebris perorata coram inclytis Moraviae statibus, die a. 1790 Non. Martii in Cathedrali Brunensi pompa funeralis celebrata. 8maj. Brünn 790.

Körber. Rede zum Geburtsfeste Sr. Majestät des Königs am 14. October 1854 gehalten. 6 S.
Breslau, Elis., Progr. 1855

Körber, Rede, gehalten in der 61. öffentl. Sitzung der bayer. Abgeordneten-Kammer vom 30. März 1882. 1.—3. Aufl. gr. 8. (16 S.) Bamberg 882, Schmidt'sche Buchh. *

v. Koerber, Reform der Bodenverschuldung. Volkswirtschaftl. Studie. Berlin 894.

Koerber, Ueb. d. Rhetor Seneca u. die röm. Rhetorik s. Zeit. Pr. 1864. 66 S.
Schul/Univ.-Schr. Cassel.

Körber, Grenadier-Hauptmann im k. k. Linien-Inf. Reg. Baron Wimpffen Nr. 13. Über militärisches Selbststudium für verschiedene Bildungsgrade. (Aus:) „Österreichische militärische Zeitschrift." Jahrg. 1844, 11. Heft. (Donation Liechtenstein) 8. Wien 1844.

Körber: Vortrag an den Regierungsrat über die Einrichtung einer Musterbrennerei. Bern. 1874.

Koerber, A. v., Reform der Bodenverschuldung. Eine volkswirtschaftliche Studie. 8. (87 S.) Berlin 894. Gergonne & Co. n. — 60

v. Koerber, A. Reform der Bodenversicherung. Berlin 1894.

Körber, Adf., der Kinderfreund. Evangelisches Gebetbuch f. Kinder bis zur reiferen Jugend. Morgen- u. Abend-Andachten auf vier Wochen, sowie auf alle Fest- u. Feiertage im Jahre, sammt Geburtstags-, Confirmations-, Beicht- u. Abendmahlsgebeten, nebst vielen Sprüchen, Liedern u. Gebeten zur Aufmunterung bei der Erkrankg. u. dem Tod v. Eltern, Kindern, Geschwistern rc., sammt besonderen Gebeten f. Confirmanden, Waisen, arme Kinder rc., sowie vor u. nach der Schule, dem Essen, Bibellesen rc. 8. (XII, 148 S.) Stuttgart 876. Schober. n. — 55; geb. n. — 75

Körber, Adf., die Zeugenwolke. Kürzere und längere Gebete von und nach Augustin, Kempis, Luther rc. Morgen- und Abend-Andachten auf 20 Wochen nebst einer Kinderwoche, sowie auf alle Fest- und Feiertage im Jahre, sammt Beicht- und Abendmahlsgebeten. Mit vielen Sprüchen, Seufzern und Gebeten für Schwangere, Gebärende, Kranke rc. zum Selbstgebrauch und Vorlesen, nebst Gebeten bei Verlobungs-, Hochzeits-, Geburtstags- und Confirmationsfesten, sowie bei Hagelschlag, Mißwachs, Theuerung rc., auch für Reisende, Auswanderer, Dienstboten, Vaterland, Kaiser und Reich, verfaßt oder ausgewählt und mit Versen versehen. gr. 8. (XII, 647 S.) Ebendas. 875. *
geb. *

Körber, Ant., († d. 26. Mai 1782.) Poenitentiae Sacramentum, quaestionibus practicis et casuum resolutionibus interstinctum. 8. Prag 750.

Körber, Bernh., Beiträge zur Kenntniss des Ueberganges der Kalk- und Magnesiasalze ins Blut. Inaugural-Dissertation. gr. 4. (48 S.) Dorpat 861, (Gläser's Verlag.) *

Körber, Bernh., Biostatik der im Dörptschen Kreise gelegenen Kirchspiele Ringen, Randen, Nüggen u. Kawelecht in den J. 1834–1859. Dorpat 864. (Gläser's Verlag.) gr. 4. (50 S. mit 2 Tabb. in qu. gr. Fol.) n. 24 ngr.

Körber, B., die Stadt Dorpat (Jurjew) in statistischer u. hygienischer Beziehung. gr. 8. (VIII, 280 S. m. 15 Taf. u. 28 farb. Kartogr.) Jurjew (Dorpat) 902. (J. Anderson). n. 12. —
Sonderabdruck aus: „Acta et commentationes imp. univ. Jurievensis".

K(örber), C. v., die Erdbeben, s. Erdbeben.

K(örber) (C. v.), Die Erdbeben. Populäre Analyse und Darstellung ihrer physikalisch-geologischen Ursachen. Ein Beitrag zur Erdkunde. Wien 1844. 8. Mit 1 Tafel.

Körber, C., kleine ehstnische Hand-Grammatik (nach Hupel, Ahrens, Rosenplänter rc.). (1. Abthl.). Dorpat 867. Gläser's Verlag. 8. (III, 96 S.) n. 15 ngr.

Körber, C. A. Nova trianguli rectanguli analysis. Halae 1738. 4.

* Archimedes defensus, das ist, gründlicher Beweis, dass das Theorema Archimedis von der Verhältniss der Kugel zum Cylinder, so beyde einerley Höhe und Grund-Fläche haben, nicht solo oculorum usu, wie einige meynen, könne erfunden werden. Als die erste Probe, wodurch bestätigt wird, dass nicht alles in der Mathematik in die Sinnen falle, und man daher mit den blossen Sinnen und der Abstraction bey Erfindung mathematischer Wahrheiten nicht auskomme, auf Veranlassung dessen, was Herr D. *Rüdiger*, Herr D. *Hoheisel* und andere hiervon geschrieben, ans Licht gestellet von *C. A. Körbern*. Halle, auf Kosten des Autoris. 4. 28 S. 1731

— novum idque insigne, curvas quadrandi aliaq. problemata mathemat. faciliori negotio solvendi, artificium analyt. etc. c. fig. Halae, Renger. 743.

Körber, C. Ald., Vers. e. Ausmessung menschl. Seelen n. all. einfach. Dinge überh. 3 Thle. 8. Halle, Kümmel. 746.

Körber, C. L., s. Saint-Hilaire, A., der wahre Menschenfreund.

Körber, Carl ..., s. Körber, Karl ...

Körber, Chr. Karl Edw., zu ols Predigten. 8. Offenb. 777.

Koerber, E., De P. Ovidii Nasonis relegationis causis. Pr. 1883. 12 S.

Körber, E., Handbuch zur Repetition für Elementarschüler in Bibelkunde, Geschichte, Geographie, Naturkunde, deutscher Sprache, Raumlehre und Rechnen. 1. und 2. Aufl. gr. 8. (64 S.) Görlitz 875,76, (Wollmann.) **

—— dass. — 3. Aufl. gr. 8. (63 S.) Görlitz 877, Köhler's Buchh. *

— Zur Kasuistik der Appendizitis im Bruchsack, s.: Mitteilungen aus d. hamburg. Staatskrankenanst. VIII, 11.

— Mitteilungen üb. Heilungsresultate bei der operativen Behandlung der perforierten Magen- u. Duodenal-Geschwüre, s.: Mitteilungen aus den hamburg. Staatskrankenanst. 14.

Körber, Emil (Pfarrer). Abschiedsgruss. Zwei Predigten, gehalten im Münster und in der Spitalkapelle zu Bern. In-8°. Bern, K. J. Wyss. — 40
1880

Körber, Emil, in Ernst und Sturm. Vier Predigten. Am Geburtsfest Sr. Maj. des Königs, am allgemeinen Landesbußtag, am Sonntag Exaudi, am Pfingstfest 1887. 8. (63 S.) Stuttgart 887, J. F. Steinkopf. *

Körber, E., die Ergebnisse d. hamburg. Krebsforschung im J. 1908, s.a. Jahrbücher der hamburg. Staatskrankenanst.

— dasselbe, s.a. Mitteilungen aus d. hamburg. Staatskrankenanstalten. XIII. Suppl. IX. Suppl.

Die Ergebnisse der hamburgischen Krebsforschung im J. 1908. Von Dr. med. E[mil] Körber. Mit e. Vorw. von H[ermann] Lenhartz. Mit 21 Tab. u. Kurven u. 1 Taf. Hamburg & Leipzig: Voss 1909. x, 117 S. 8°
(Jahrbücher d. Hamburgischen Staatskrankenanstalten. Bd 13, Suppl.) [10. 2027

Die Ergebnisse der Hamburgischen Krebsforschung i. J. 1908. Von Dr. med. Emil Körber. Mit e. Vorw. von H[ermann] Lenhartz. Mit 21 grossen Tab. u. Kurven u vielen kleinen Tab. u. 1 Taf. Hamburg & Leipzig: Voss 1909. x, 117 S. 4°(8°)
(Mitteilungen aus d. Hamburg. Staatskrankenanstalten. Bd 9. Suppl.) [09. 18190 3

Koerber, Emil, approb. Arzt aus Bern: Kann Nebennierengewebe durch biochemische Reaktionen nachgewiesen werden? *Greifswald 1903: H. Adler.* (43 S.) 8°
Greifswald, Med. Diss. v. 3. Aug. 1903

Körber, Emil, ein Oelblatt des Friedens. Predigten gehalten im Münster zu Bern. 8. (277 S.) Basel 873, Schneider. *

Körber, Emil, ein Oelblatt des Friedens. Predigten, gehalten im Münster zu Bern. 2. durchgeseh. und verm. Aufl. gr. 8. (XIV, 321 S.) Bern 878, Wyß. *

—— Siehe, das ist Gottes Lamm! Predigten gehalten in der Spitalkapelle zu Bern. gr. 8. (V, 283 S.) Ebendas. 874. *

Körber, Ernst, Estländer. Ueber Differenzen des Blutfarbstoffes. Diss. Dorpat. 8°. 80 pp. mit 3 Tabellen.
1866

Koerber, F., Transformator f. sphärische Coordinaten. (1 Bl. auf Karton m. drehbarer Zelluloid-Scheibe u. Text auf dem Umschlag.) Lex.-8. Berlin 906. D. Reimer. n. 1.50; m. Scheibe aus stärkerem Zelluloid n. 3. —

Koerber, F., s.: Wochenschrift, naturwissensch.

Körber, F. O. Phpp., das große Los od. Glückstreffer u. Millionäre, s.: Spamer's, Otto, neue Volksbücher.

Körber, F. O. Ph., s.: Spamer's, O.,
— die Schule des Lebens, neue Volksbücher.

Koerber, Felix [Assistent a. d. Kgl. Sternwarte]: Ueber den Cometen 1865 I .... Breslau, Druck d. Bresl. Genossenschafts-Buchdr., E. G., 1887; 2 Bl. + 58 S. + 1 Bl. u. 3 Taf. 8°.
Breslau, Phil. Fak., Inaug.-Diss. v. 25. Apr. 1887.

Koerber, F., über den Cometen 1865 I. Inaug.-Diss. gr. 8. (58 S. m. 3 Taf.) Breslau 887. (Köhler.) n. 1.—

— über das Meteor vom 15. Oktbr. 1889. (Aus: „Annalen des k. k. naturhistor. Hofmuseums".) Lex.-8. (S. 463—478.) Wien 890. Hölder. n. 1.—

Koerber, Fel., u. Paul Spies, Physik, s.: Potonié's, H., naturwissenschaftliche Repetitorien.

Koerber, Fel., Karl Friedrich Zöllner, s.a. Sammlung pop. Schriften, hrsg. v. der Gesellsch. Urania. Nr. 53.

Karl Friedrich Zöllner. Ein deutsches Gelehrtenleben geschildert von Dr. Felix Koerber. Nebst e. vollstand. alphab. Sachreg. zu d. wiss. Werken F. Zöllners. *Berlin: H. Paetel 1899.* (vi, 123 S.) 8°
= Sammlung populärer Schriften hrsg. v. d. Urania. No 53. [99. 7935

Körber, Ferd., der „Show Homer", seine Zucht u. Pflege, nebst e. Anh.: Der „Show Antwerp". (73 S. m. Abb.) gr. 8. Berlin (907). [F. Pfenningstorff.] Chemnitz, Verlag d. Geflügelwelt. (Urspr. Pr. 3. —)

Körber, Franz [X].: Belehrungen über die für Menschen und Thiere höchst gefährlichen Folgen der Ansteckung durch die ansteckenden Krankheiten der Hausthiere ... Merseburg 1848. 150 S.

Körber, Frz., Belehrungen über die für Menschen und Thiere höchst gefährl. Folgen der Ansteckung durch die ansteckenden Krankheiten der Hausthiere nebst Angabe der geeigneten Mittel und Wege zur Vermeidung ders., besond. den Viehbesitzern und Ortsvorstehern gewidmet. 8. (150 S.) Merseburg 849, Herling.

Koerber, F. X., die Ernährung, Wartung und Pflege der Hausthiere bei ihren verschiedenen oeconomischen Zwecken im Allgemeinen und in ihren prakt. Ausführungen. Nebst einem Anhang über die Dünger-Production der Hausthiere und die zweckmäßigste Conservirung des Stalldüngers. 7 Hefte. gr. 8. (VIII und 461 S.) Glogau 857. 58, Flemming's Verlag. à Heft 6 Ngr.

Körber, F. X., die rationellen Fütterungsversuche bei unseren Hausthieren und ihre Anwendung in der Praxis. Eine von dem Mecklenburg. patriot. Vereine prämiirte Preisschrift. gr. 8. (VI und 201 S.) Halle 863, Pfeffer. *

Körber, F. X., Handbuch d. Seuchen u. ansteck. Krankheiten d. Hausthiere, mit besond. Berücksichtig. d. dabei nöthigen prophylakt. u. polizeil. Vorkehrungen. gr. 8. (17 B.) Quedlinburg 835, Basse.

Körber, F. X., der Hausthier-Arzt. Ein zuverlässiger Rathgeber bei der Behandlung erkrankter Haussäugethiere mit besond. Berücksichtigung des Rindviehs. Nach den bewährtesten Heilmethoden der Wissenschaft und Praxis für Landwirthe, Viehbesitzer und Thierärzte hrsg. Neue, verm. Ausg. 2 Thle. gr. 8. (VIII und 670 S.) Berlin 855, C. Heymann. *

Körber, F. Die Krankhn d. Rindviehs u. d. wichtigen Krankhn d. kleineren Haussäugetiere. Berlin 1843.

—— die Krankheiten des Rindviehs und die wichtigen Krankheiten der kleineren Haussäugethiere. 2. Aufl. 2 Bde. gr. 8. (335 und 320 S.) Berlin 840, C. Heymann. à Bd. 15 Ngr.

Körber, F. X., der Milzbrand der Hausthiere in seinen vielfachen Beziehungen. Für Thierärzte und Viehbesitzer bearb. gr. 8. (VIII und 79 S.) Halle 863, Pfeffer. *

Körber, F. X., specielle Pathologie u. Therapie d. Hausthiere. Für Thierärzte u. Viehbesitzer. 1. Bd. Spec. Pathologie u. Therapie d. Pferdes. gr. 8. (28½ B.) Quedlinburg 839, Basse. Thlr.

Körber, F. X., specielle Pathologie u. Therapie der Hausthiere. Für Thierärzte u. Viehbesitzer. 2. Bd. 1. u. 2. Thl. A. u. d. Ttl.: Die Krankheiten des Rindviehs u. der kleineren Haussäugethiere. 1. u. 2. Thl. gr. 8. (42½ B.) Berlin 843, Heymann.
1. Bd. Quedlinburg 1839, Basse. 1 Thlr. 25 Ngr.

— Veterinär-Pharmakopoe. Verzeichnis der in der Tierheilkunde anzuwendenden Heilmittel nebst Angabe ihrer Abstammung, Kennzeichen und Zubereitungen. Anhang zu jedem Tierarzneibuch 8. (315 S.) Leipzig 61. M. Schäfer. M. 4.—

Körber, Friedrich: Über den Einfluss des Druckes auf das elektrolytische Leitvermögen von Lösungen. Leipzig: W. Engelmann 1909. 41 S. 8° ¶(Aus: Zeitschrift f. physikal. Chemie. Bd 67, H. 2.)
Göttingen, Phil. Diss. v. 23. Nov. 1909, Ref. Tammann
[Geb. 1. April 87 Duisburg; Wohnort: Duisburg; Staatsangeh.: Preußen; Vorbildung: Realgymn. Duisburg Reife O. 05; Studium: Göttingen 4. München 1. Göttingen 3 S.; Rig. 27. Okt. 09.] [U 10. 1431

Körber, Friedrich s. Paroz, J[ules]. Vie et voyages de William Dampier. Berne... (1855).

Körber, Gf. W., († d. 16. Nov. 1827.) observationum in Jakobsii *Ἀττικῶν* Excerptum XXIII Lysiae oratorum funebr. exhiberi partic. prior. und Metagramm zu dem Herbstexamen d. Hirschberger Lycel. 8. Hirschb. 810.

Körber, Gust., die Ausbreitung des Christenthums im südlichen Baden. gr. 8. (VIII, 96 S.) Heidelberg 878, C. Winter's Universitäts-Buchh. *

Körber, Gust., Luther's Leben, dem deutschen Volk erzählt. Jubiläumsschrift zur 400jähr. Gedenkfeier des Geburtstags Luthers. Mit 4 (eingedr. Holzschn.-)Illustr. von Gust. König. 8. (VI, 160 S.) Karlsruhe 883, Reuther. *

Körber, Gust. Die objektive Wahrheit d. Gottesglaubens. Vortrag, auf der Jahresversammlg. d. wissenschaftl. Predigervereins am 30. Juni 1891 geh. gr. 8. (46 S.) Karlsr. 891, Reiff. [* — 30] * — 50

Körber, Gustav Wilhelm

Körber, G. W., **zur Abwehr der Schwendener-Bornet'schen Flechtentheorie.** gr. 8. (30 S.) Breslau 874, Kern's Verlag. *

(G. W. KÖRBER), Fest-Gruss der Schlesischen Gesellschaft für vaterländische Cultur an die 47. Versammlung deutscher Naturforscher und Aerzte. Breslau, den 18. September 1874. Breslau. s. a. G. P. Aderhols' Buchhandlung. 8°.

Koerber, Gust. Guil. (geb. Hirschberg in Schles. 10. 1. 1817): De gonidiis lichenum. Berolini (1839). (75 S.) 8°
Berlin, Phil. Diss. v. 11. Sept. 1839

Körber, Gust. Wilh., **Grundriss der Kryptogamen-Kunde. Zur Orientirung beim Studium der kryptogam. Pflanzen, sowie zum Gebrauch bei Vorlesungen verfasst.** gr. 8. (VIII und 203 S.) Breslau 848, [Trewendt und Granier.]

—— Grundzüge einer allgemeinen Naturgeschichte. Ein method. Leitfaden zum encyklopäd. Unterricht und als Einleitung in speciellere Studien. gr. 8. (XII und 112 S.) Breslau 851, Gosohorsky's Buchh. *

Körber, G. W.: Ideen zur Geschichte der organischen Schöpfung. (Programm des Elisabet-Gymnasiums zu Breslau.) Breslau 1851. 25 S. 8°.

Körber, **Lichenen Spitzbergens und Novaja-Semlja's,** s. Höfer.

Koerber, Gustavus Guilelmus: Lichenographiae Germanicae specimen Parmeliacearum familiam continens. Vratislaviae (1846). (22 S.) 4° *[Bericht. u. erweit. 1855 in d. Verf.: „Systema Lichenum Germaniae"]*
Breslau, Phil. Fak., Hab.-Schr. v. 23. Mai 1846

Koerber, G. W., **parerga lichenologica. Erganzungen zu Systema Lichenum Germaniae. (4 Liefgn.) Breslau 859—63.** Trewendt. gr. 8. (384 S.) n. 4 ℛ

Koerber, G. W., Parerga lichenologica. Ergänzungen zum: Systema Lichenum Germaniae. 5. Liefg. Breslau 865. Trewendt. gr. 8. (XVII u. S. 385—501.) n. 1 ℛ 10 ngr.

Körber, G. W., **Systema Lichenum Germaniae.** Die Flechten Deutschlands [insbesondere Schlesiens] systematisch geordnet und characteristisch beschrieben. gr. 8. (XXXV und 459 S. mit 4 ill. Stnt.) Breslau 854—56, [Trewendt.] *

—— **Systema Lichenum Germaniae. Die Flechten Deutschlands (insbesondere Schlesiens) mikroskopisch geprüft, kritisch gesichtet, charaktoristisch beschrieben und systematisch geordnet. Mit 4 kolor. Taff. Breslau 1855. 8.** . . . . (D.)

Koerber, H., s.: Blätter des deutsch. Monistenbundes.

Koerber, Hans, approb. Arzt aus München: **Ueber primäres Carcinom** der Gallenausführungsgänge. *München 1902: C. Wolf & Sohn.* (47 S.) 8°
München, Med. Diss. v. 1902

Körber, H[ans]. Das Schafloch. Vermessen von A[rthur] Wyttenbach und Ph[ilipp] Gosset, beschrieben von H. K.... [Mit 1 Figur.] SA. 8. [Bern 1885.]

Hans Körber, Buchhandlung.... Bern. Weihnachts- und Neujahrs-Katalog. 38e Année — Jahrg. 38. (1901—)1902. IV + 120 S. 8. (Bern, Buchdr. Körber.)

Koerber, Heinrich (Pipin Julius) *(geb. Breslau 1. 6. 1861)*: Die Dorsalluxation des Daumens. Breslau 1885. (50 S.) 8°
[Im Buchhandel 1885 bei Köhler in Breslau.]
Breslau, Med. Diss. v. 29. Mai 1885

Körber, Har., Miscellen über Lotterien u. deren Entstehung, nebst Tabellen, nach welchen die Gewinne auf ein ganzes, ein halbes u. ein viertel Loos ausgezahlt werden müssen. 8. Hannov. 805. Hahn. 16 gl

Körber, Heinrich, aus Würzburg: **Ueber intramolekulare Wanderung von Atomgruppen.** *Würzburg 1902: C. J. Becker.* (44 S.) 8°
Würzburg, Phil. Diss. v. 1902

Koerber, Hermann: Über Duodenaltumoren, speziell Karzinome der Papilla duodenalis. Würzburg 1910: Staudenraus. 111 S. 8°
Würzburg, Med. Diss. v. 20. Juni 1910, Ref. Schmincke
[Geb. 3. Sept. 83 Lichtenau, Mittelfranken; Wohnort: Würzburg; Staatsangeh.: Bayern; Vorbildung: Neues Gymn. Würzburg Reife Juli 03; Studium: Würzburg 6. Berlin 1. Würzburg 3 S.; Coll. 26. April 10; Approb. 4. Febr. 09.] [U 10. 4357

Koerber, Hermann, approb. Arzt aus Fulda, z. Z. Assistenzarzt an d. Augenklinik zu Marburg: (Aus d. Kgl. Universitäts-Augenklinik zu Marburg a. d. Lahn.) Ueber **Glioma und Pseudoglioma retinae.** *Berlin: S. Karger 1902 (aufgekl.: Marburg 1902).* (23 S.) 8°
Marburg, Med. Diss. v. 30. Juni 1902

Körber, J., Das Geheimnis der Einheit u. Verschiedenheit der vier Evangelien. Regensburg, Manz, jetzt Verl.-Anst., 1866, gr. 8°, IV und 312 S., 3,75 Mk.
Recens. von Langen, (Bonner) Theol. Litt.-Blatt 1866, S. 540—543.

Körber sen., J., Predigten f. d. Sonntage u. Hauptfeste d. Herrn nach d. Episteln u. Evangelien d. Kirchenjahres. 12 Lfgn. gr. 8. (XVI, 552 S.) München 898. R. Abt. à — 45

Körber, J. W., Leitfaden f. das Darstellen v. Maschinen-Elementen an gewerbl. Fortbildungsschulen. Mit Vorwort v. H. Stiller. 12 lith. Taf. m. Text. qu. 4. (34 S. m. 2 Tab.) Düsseldorf 889. A. Bagel. cart. 1.50

Körber, Johann

Das ontologische Argument. — Von Dr. J. Körber, G. P. — 1884, Bamberg, Th. Schmitz. — S. 3—51".
Progr. Bamberg, K. Lyceum

Körber, Joh., lose Blätter aus meines Bruders Leben u. Skripten. Ein Stück Bamberger Geschichte als Scherflein z. 9. Bisthumscentenar. (78 S. m. 1 Bildnis.) 8. Bamberg 907. (Schmidt.) 1. —

Koerber, Joa., **S. Irenaeus de gratia sanctificante. Dissertatio inauguralis. Wirceburgi 865. (Bamberg, Züberlein.) gr. 8. (VI, 250 S.)** n. 27 ngr.

Körber, Joh., das Kirchenjahr. Sein Inhalt u. sein Bau. Entwickelt u. erklärt aus den Episteln u. Evangelien der Hauptfeste des Herrn u. sämmtl. Sonntage. gr. 8. (170 S.) Bamberg 893. (Schmidt.) u.n. 1. 50

Körber, Joh., die katholische Lehre von der Höllenfahrt Jesu Christi. Landshut 860. Krüll. gr. 8. (VIII, 476 S.) 2 ₰

Körber jun., Joh., Maria im System der Heilsökonomie, auf thomist. Basis dargestellt. gr. 8. (VII, 223 S.) Regensburg 883, Manz. *

[F.] **Körber**, Johann [Dr.]: System des Dekalogs, an d. Hand d. hl. Väter u. besonders d. hl. Thomas von Aquin dargest. Bamberg, kath. Genoss.-Druckerei, 1891; 99 S. 8°
Bamberg, k. altes G, P 1891 •

KÖRBER, Johann Baptist (Statten b. Lichtenfels): De sacrificio Jephte. Jud. XI,30 40. (Titel nach der Urkunde.)
3.8.1854 - Urk; F 44 Diss. Ingolst.-Landsh.-Mchn.

Körber, Johann Friedrich von: Auszug aus den ältern sowol als neuern im Russischen Reiche erschienenen Allerhöchsten Manifesten, Ukasen, Publikationen, wie auch Verordnungen und Befehlen, welche das gesammte Medizinalwesen betreffen. Gesammelt und alphabetisch geordnet. 680 S., gbd.

Mitau: typ.Steffenhagen 1816

JB 5.454

Körber, J. F. von, Auszug aus den ältern und neuern in Rußland erschienenen Manifesten, Ukasen, Publicationen ꝛc., welche das gesammte Medicinalwesen betreffen. In alphabet. Ordnung. 8. Mitau. (Leipzig, Voß in Comm.) 818.

— Auszug aus den ältern u. neuern in Rußland erschienenen Manifesten, Ukasen, Publicationen ꝛc., welche das gesammte Medicinalwesen betreffen. In alphabet. Ordn. 8. Mitau 816. (Leipz., Voß). 3 ₰ 12 gr Zusätze u. Berichtigungen, nach des Verf. Tode, herausg. v. H. Bidder. 1e Abtheil. 8. Ebd. 825.

v. *Körber*, Jh. Fr., († d. 19. März 1823.) de nausea ac vomitu gravidarum. 8maj. Götting. 787. Dieterich. 4 gr

Körber, Johann Michael

Koerber, J. M., der Typhus abdominalis auf der Abthl. von Prof. Dr. Jos. v. Lindwurm im Allgemeinen Krankenhause zu München vom J. 1870—1873 incl. gr. 8. (86 S.) München 874, J. A. Finsterlin.

KÖRBER, Johannes: De pentateucho, qui dicitur Samaritanus. — (1878) 122 S. 4° (Handschr.) Diss. 304
Diss. Wien, Univ.

Koerber, Jos.: Die Lehrer der Anstalt von 1835–1885 (S. 1–25). Progr. G. Fulda 1885.

KÖRBER, Joseph (Passau): De iridis prolapsu.- Passaviae: Ambros 1858. 14 S., 1 Bl.
3.11.1858 - Urk (Titel: De prolapsu iridis.); F 64
Diss. Ingolst.-Landsh.-Mchn.

Körber, K., kurze Anleitung für Ehsten zur Erlernung der deutschen Sprache. 1. Thl. 2. Aufl. 8. (73 S.) Dorpat 871, Gläser. [Schnakenburg.] cart. *

Körber, K. F. Paul, s. Körber, Paul

Körber, [Karl], Prof. Dr.: Neue Inschriften des Mainzer Museums. Vierter Nachtrag zum Becker'schen Katalog. Mit über 100 Abb., großenteils nach Facsimile-Zeichnungen von Heinrich Wallau. Mainz 1905: H. Prickarts. (77 S.) 8° ¶ [Forts. d. P-Beil. 1897.]
Mainz, großh. Oster-G OP 1905 (767)

Neue Inschriften des Mainzer Museums. Zsgest. von Prof. Dr. [Karl] **Körber**. Mit über 100 Abb., grossenteils nach Facs.-Zeichn. von Heinrich Wallau. Mainz: Altertumsver. 1905. (S. 373–448.) 8°
[Erschien auch als Progr.-Beil. d. Grossh. Gymn. Mainz 1905.]
— Becker, Jakob: Die röm. Inschriften u. Steinsculpturen d. Mus. d. Stadt Mainz. Nachtr. 4.
— **Zeitschrift** d. Vereins z. Erforschung d. rhein. Geschichte u. Altert. in Mainz. Bd 4, H. 4, [1.] [07. 8693

Körber, *Karl* [Prof. Dr.]: Römische Inschriften des Mainzer Museums. Dritter Nachtrag zum Becker'schen Katalog. Zsgest. M. 100 Zinkätzgn nach Facsimile-Zeichngn v. Heinrich Wallau. (Th. 1.) [III. Nachtr. zu: Jac. Becker, Die röm. Inschriften u. Steinsculpturen d. Museums d. Stadt Mainz. Mainz 1875. — Nachtr. I u. II von Jakob Keller nicht im Buchh.] Mainz, Buchdr. v. H. Prickarts, 1897; 66 S. 8.
Grossh. G, 1897 (660)

Römische Inschriften des Mainzer Museums. Zsgest. von Prof. Dr. K[arl] **Körber**. Mit 100 Zinkätzungen nach Facs.-Zeichn. von Heinrich Wallau. Mainz 1897: H. Prickarts. (S. 155–324.) 8°
Ein T. erschien als Progr.-Beil. d. Grossh. Gymn. Mainz 1897.
— Becker, Jakob: Die röm. Inschriften u. Steinsculpturen d. Mus. d. Stadt Mainz. Nachtr. 3.
— **Zeitschrift** d. Vereins z. Erforschung d. rhein. Geschichte u. Altert. in Mainz. Bd 4, H. 2 u. 3. [07. 8692

Körber, Carl, Arzt in Meiringen: Die Meniskusverletzungen des Kniegelenks. [Mit 12 Figuren im Text.] Leipzig. F. C. W. Vogel. 1910. 38 S. 8°. [2. III. 10.]
Bern. Med. Diss. 1910/11.

Körber, Carl Friedr., Veterinair-Pharmakopöe. Verzeichniss der in der Thierheilkunde anzuwendenden Heilmittel nebst Angabe ihrer Abstammung, Kennzeichen und Zubereitungen. Anhang zu jedem Thierarzneibuch. gr. 8. (III und 315 S.) Leipzig 861, E. Schäfer. •

Körber, *Karl Theodor* Römische Münzen des Mainzer Centralmuseums. [A. Der Mainzer Silbermünzenfund. B. Unedierte Münzen aus dem Mainzer Kabinette.] 4 (S. 3—23).
Progr. G. *Mainz* 1887 (587).

v. **Körber**, Karl, wohlmein. Rath an d. Freunde d. Feldbaues, bes. an jene, d. e. naßkalt. Lehmboden haben. gr. 8. Wien 805. v. Mößle. 12 gr Hbg. Pr. 6 gr

Körber, Carl von, 15jähriges prakt. Wirthschafts-Exempel durch Verbesserung eines vernachläss. Bauerngutes. Herausgeg. von André. gr. 4. Prag, Calve. 819.

Körber, Carl Friedr., Deutung und Erklärung der meisten und vorzüglichsten Tauf- oder Vornamen größtentheils nach ihrer richtigen Abstammung, mit Angabe ihrer Ursprache, nebst einem Anhange enth.: Erläuterung der vorzüglichsten Vor- und Endsylben altdeutscher Tauf- oder Vornamen. gr. 8. (V und 110 S.) Gera 851, Heinsius. *

Körber, Carl Friedr., die Sympathie und ihre Anwendung bei menschlichen Krankheiten und Gebrechen oder der sympathet. Hausarzt. gr. 16. (XX und 348 S.) Leipzig 868, M. Schäfer. *

Körber, Carl Frdr., Veterinair-Pharmakopöe. Verzeichniss der in der Thierheilkunde anzuwendenden Heilmittel nebst Angabe ihrer Abstammung, Kennzeichen u. Zubereitungen. Anhang zu jedem Thierarzneibuch. Leipzig 861: E. Schäfer. gr. 8. (315 S.) n. 1 ₰ 10 ngr

Körber, Leonh., allerlei Herde. Orig.-Entwürfe v. Tischherden, Aufsatzherden, Herden f. Gasthäuser, Krankenhäuser etc., Kaffeehausherden, Backöfen für Konditoreien, Windöfen, Grilliermaschinen, Leimwärmeöfen etc. Mit Mass- u. Preisangaben. 53 Taf. mit kurzem beschreib. Text. Fol. (2 S) Düsseldorf 898. F. Wolfrum. In Mappe 30. —

Koerber, Nordewin von, Referendar: Das Rechtsgeschäft des Stellvertreters mit sich selbst ⟨Selbstkontrahieren⟩ nach dem Bürgerlichen Gesetzbuche. Borna-Leipzig 1907: R. Noske. (VIII, 34 S.) 8° [ℑ.]

Heidelberg, Jur. Fak., Ref. Endemann, Diss. v. 1907

[Geb. 29. März 85 Konitz (Westpr.); Wohnort: Schlachtensee b. Berlin; Staatsangeh.: Preußen; Vorbildung: König-Wilhelms-Gymn. Stettin Reife O. 03; Studium: Heidelberg 3, Berlin 1, Greifswald 2 S.; Rig. 29. Mai 07.]

Körber, P. H., de medicamentis urinam moventibus ex classe sedantium. 4. Nürnb. Lechner. 797.

Körber, Paul, Mutter Agnes, s.: Dilettantenbühne, kathol.

— Der Herrenbur, s.: Dilettantenbühne, kathol.

Körber, K. F. Paul, hie Teufel — hie Engel! s. Volksbücherei.

Koerber, P., Hie Engel — hie Teufel. Eine Schwarzwälder Weihnachtsgeschichte. [Volksbücherei. Nr. 30.] 8°. (80 S.) K —.20

Graz: Styria 1903.

Körber, Paul, Jägersleut, s.: Dilettantenbühne, katholische.

v. Körber, Pt. Fr., († d. 17. Oct. 1799.) Abhandl. von der Pest u. andern hinraffenden Seuchen, sammt den dawider dienenden Präservations- u. Heilungsmitteln. 8. Mitau 771.

— patriot. Gedanken u. Vorschläge über die Kultur d. Naturgeschichte in Ehstland, in Bezieh. auf d. Technologie. 8. Mitau 781.

— Versuch, die gewöhnl. Krankheiten bei dem gemeinen Mann u. besonders d. livländ. Bauern 2c. zu heilen. 8. Reval 761.

Koerber, Pet. Fr., De rarioribus quibusdam visionis vitiis. Erf. 4°. 1756.

Körber, Phil., Jettchen Andersen oder Noth und Hilfe kommt vom Herrn. Eine Erzählung für die Jugend zunächst für Töchter. 16. (112 S. mit 3 ill. Stnt. in Tondr.) Nürnberg 855, Lotzbeck.

-- Die Ansiedler, s.a. Jugend-Bibliothek.

Körber, Phil., die Ansiedler David Cover und seine Söhne. Belehrende und unterhaltende Erzählung nach Cooper für die Jugend bearb. 16. (126 S. und 1 Stahlst.) Nürnberg 847, Lotzbeck.
Aus: Jugendbibliothek, unterhalt., lehrreiche, besonders abgedruckt.

Koerber, Philipp [Bearb.]
Die Ansiedler. David Cover und seine Söhne. Belehrende und unterhaltende Erzählung nach Cooper. Für die Jugend bearb. von Philipp Körber. Mit 1 Stahlstich.
Nürnberg: Zeh 1847. 126 S. 8°

—— Arral-tillo oder Milde gleicht alles aus. Eine Erzählung für die Jugend zunächst für Töchter. 16. (96 S. mit 3 lithogr. und ill. Bildern in Tondr.) Nürnberg 856, Lotzbeck.

Körber, Phil. v., Bilder aus d. Lombardei. Gesammelt in d. J. 1834 u. 1835. gr. 8. (8 B. u. Portr. d. Erzhrzgs. Rainer, Vicekönigs.) Wien 836, [Pichler's sel. Wwe.]

—— die militär. Briefe im untergeordn. u. gleichsteh. Rangverhältnisse. Theoret. u. pract., mit e. Beispielsamml. in deutscher u. französ. Sprache f. hundert verschied. im militär. Leben vorkomm. Fälle. Ein neuer Taschen-Secretär f. k. k. Officiere u. jüng. Militärs. 16. (16½ B.) Wien 840, Volke's Buchh.

—— C. Julius Cäsar. Historische Erzählung, für die Jugend. 8. (122 S. und 1 Stahlst.) Nürnberg 850, Lotzbeck.

Körber, Phil., der Christabend im Waisenhause. Eine Erzählung für die Jugend, zunächst für Töchter. 16. (92 S. mit 3 lithogr. und ill. Bildern in Tondr.) Nürnberg 856, Lotzbeck. Thlr.

—— Christoph Columbus der Entdecker der neuen Welt. Historische Erzählung. Für die Jugend bearb. 8. (VIII und 240 S. mit 1 Stahlst.) Nürnberg 848, Lotzbeck.
Vgl. des Verf.: Pantheon der Weltgeschichte.

—— Diomedes und Clodius. Historische Erzählung aus den letzten Tagen von Pompeji. Für die Jugend. 8. (120 S. und 1 Stahlst.) Nürnberg 850, Lotzbeck.

—— Donaue oder Schicksale eines Negersclaven. Unterhaltende und belehrende Erzählung für die Jugend. (Neue Jugendschriften. 1. Sammlung. V.) br. 8. (86 S. mit 3 lithogr. Bildern in Tondr. und Colorit.) Nürnberg 856, Lotzbeck.

—— Georg Edward ein armer Knabe. Erzählung für die reifere Jugend. 12. (170 S. und 1 Stahlst.) Nürnberg 847, [Lotzbeck.]

—— das Eismeer, od. die Fahrt auf den Wallfischfang. Eine Erzählung f. d. Jugend. gr. 16. (7⅛ B. u. 1 Stahlst.) Nürnberg 843. [Lotzbeck.] —

— das Eismeer, Indien und die Südsee, s. auch Jugend-Bibliothek interessant. Reisen, 3. Bd.

—— El-Dorado. Schilderung einer Reise nach Californien's Goldminen im J. 1848. gr. 16. (192 S. mit 3 ill. Stnt. in Tondr.) Nürnberg 852, Lotzbeck.

—— Emanuel. Historische Erzählung aus der Zeit der Zerstörung Jerusalem's. Für die Jugend. 8. (126 S. und 1 Stahlst.) Nürnberg 850, Lotzbeck.

Körber, Phil., die Entführung oder Gottes Auge wacht. Belehrende und unterhaltende Erzählung für die Jugend und Jugendfreunde. (Neue Jugendschriften. 1. Sammlung. VI.) br. 8. (84 S. mit 3 lithogr. Bildern in Tondr. und Colorit.) Nürnberg 857, Lotzbeck.

—— die Eroberung von Mexiko durch Ferdinand Cortez. Historische Erzählung. Für die Jugend bearb. 8. (228 S. und 1 Stahlst.) Nürnberg 848, Lotzbeck.
Vgl. des Verf.: Pantheon der Weltgeschichte.

Körber, Phil., 100 kleine moralische Erzählungen für gute Kinder. Neues unterhaltendes Geschichtenbuch für die Kinderstube zum Lesen u. Lernen. Mit 32 color. Bildern in Tondruck (auf 8 lith. Taf.) Nürnberg 863. Lotzbeck. qu. 4. (57 S.) 16 ngr.

— Georg Ewald, ein armer Knabe. Erzählung für die reifere Jugend. Mit 1 Stahlst. 12. Nürnberg 846. (Lotzbeck.) 12 ngl

Körber, Phpp.: Faet, der Saffranhändler od. Beharrlichkeit führt z. Ziel (d. Schule d. Lebens I),
s.a. Spamer's, Otto: Neue Volksbücher.

—— Faet der Saffranhändler. Volksschrift. 8. (376 S. mit 1 Stahlst. und 3 ill. Stnt. in Tondr.) Nürnberg 851, Lotzbeck.

— die Fahrt auf den Jahrmarkt. Eine Erzählung für das Volk. (Neue Titel-Ausg.) Ebend. (858.) 8. (100 S.) 5 ngr.
Vgl.: Olivenblätter.

—— Jean Fondeur. Historische Erzählung aus Napoleon's Feldzug nach Rußland im J. 1812. 8. (182 S. mit 3 ill. Stnt. in Tondr.) Nürnberg 852, Lotzbeck.

—— das Försterhaus am Moritzberge, od. die Strafe ereilt den Frevler. Eine Erzählung nach einer wahren Begebenheit aus d. Zeit des 30jähr. Krieges f. d. Jugend u. ihre Erzieher. 8. (9 B. u. 1 Stahlst.) Nürnberg 842, 43. [Lotzbeck.] —

— illustrirter Fremdenführer durch Bamberg, mit Ausflugen nach Pommersfelden, Banz, Vierzehnheiligen u. Coburg. Mit 1 Stahlst. u. 6 Ansichten in Holzschn. Ebend. (858.) 16. (62 S.) n. 15 ngr.

— illustrirter Fremdenführer durch Bayreuth u. das Fichtelgebirg. Mit 1 Stahlst. u. 8 Ansichten in Holzschn. Ebend. (858.) 16. (1 Bl., 60 S.) n. 15 ngr.

— illustrirter Fremdenführer durch die fränkische Schweiz. Mit 7 Ansichten (Holzschn. im Text). Ebend. (858.) 16. (1 Bl., 70 S.) n. 15 ngr.

—— illustrirter Fremdenführer durch die fränkische Schweiz und das Fichtelgebirg, Bamberg, Bayreuth, Erlangen und Coburg. 16. (IV und 192 S. mit 1 Stahlst. und 21 Ansichten in eingedr. Holzschn. und 1 Holzschnt. in 4.) Bamberg 858, Buchner'sche Buchh. *

Mit Karte der fränkischen Schweiz *

Hieraus einzeln:

—— illustrirter Fremdenführer durch Bamberg mit Ausflügen nach Pommersfelden, Banz, Vierzehnheiligen und Coburg. 16. (62 S. mit 1 Stahlst. und 6 Ansichten in eingedr. Holzschn. und 1 Holzschnt. in 4.) Ebendas. 858. *

—— illustrirter Fremdenführer durch Bayreuth und das Fichtelgebirg. 16. (60 S. mit 1 Stahlst. in qu. 4. und 8 Ansichten in eingedr. Holzschn.) Ebendas. 858. *

—— illustrirter Fremdenführer durch die fränkische Schweiz. 16. (70 S. mit 7 Ansichten in eingedr. Holzschn.) Ebendas. 858. *

—— der Führer durch Nürnberg. Zunächst bearb. für die Sänger und Festgäste am großen deutschen Sängerfeste 1861. 16. (VIII und 82 S. nebst lithogr. und ill. Plan von Nürnberg in 4.) Nürnberg 861, Zeiser. *

—— Lord Makartney's Gesandtschaftsreise nach China. Für die Jugend bearb. gr. 16. (164 S. und 1 Stahlst.) Nürn. 848, Lotzbeck.

—— Peter Glückfeld, der gebesserte Müssiggänger, od. die Reise nach einem fremden Stern. Eine unterhaltende Erzählung f. d. Jugend. 8. (12 B. u. 1 Stahlst.) Nürnberg 843. [Lotzbeck.] –

—— der Guckkastenmann. Erzählung zur Unterhaltung und Belehrung für die Jugend. 8. (120 S. mit 3 lithogr. und ill. Abbild.) Nürnberg 863, Lotzbeck. cart.

—— Gutenberg der Erfinder der Buchdruckerkunst. Ein Vorbild für die deutsche Jugend. 8. (172 S. und 1 Stahlst.) Nürnberg 848, Lotzbeck.
Vgl. des Verf.: Pantheon der Weltgeschichte.

—— Hermann der Cherusker, Germaniens Befreier von der röm. Herrschaft. Historische Erzählung. 8. (108 S. und 1 Stahlst.) Nürnberg 850, Lotzbeck.

—— der Hirt von Dambach oder die Rache ist mein; ich will vergelten, spricht der Herr. Unterhaltende und belehr. Erzählung. 8. (98 S. mit 3 ill. Kpfrn. in Tondr.) Nürnberg 863, Lotzbeck. cart.

—— der fliegende Holländer. Unterhaltende Erzählung, nach einer holländ. Sage für die Jugend bearb. gr. 16. (200 S. und 1 Stahlst.) Nürnberg 850, Lotzbeck.
Vgl.: Jugendbibliothek, unterhaltende, lehrreiche.

– Humboldt's, A. v.: Reisen.

—— Indien. Eine Erzählung f. d. Jugend u. ihre Freunde. gr. 16. (12 B. u. 1 Stahlst.) Nürnberg 844. [Lotzbeck.]
Vgl. Jugendbibliothek, unterhaltende.

—— Wilhelm Isbrands, genannt Bontekoe, Reisen in den indischen Meeren. Unterhaltende u. belehrende Schrift für die Jugend. [Mit 1 Stahlst.] (Aus der unterhalt. Jugendbibl. abgedr.) gr. 16. (110 S.) Ebd. 850. 1/3 ℛ

—— unterhaltende Jugend-Bibliothek, s. Jugend-Bibliothek, unterhaltende.

— neue Jugendschriften. Erste Sammlung. 1. (Bdchn.) A. u. d. T.: Guruba der Juwelenhändler. Erzählung zur Belehrung u. Unterhaltung f. Kinder u. Kinderfreunde. Mit 3 (lith. u.) color. Bildern. br. 8. (VI u. 94 S.) Ebd. 852. 1/2 ℛ

— neue Jugendschriften. 1. Sammlung. II—VI. Nürnberg 853—57. Lotzbeck. 16.
II.: Julius Bath's malerisch-romantische Reise nach Calcutta und seinen Umgebungen. Unterhaltende und belehrende Erzählung für die Jugend etc. Mit 3 lith. u. color. Bildern in Tondr. 853. (2 Bl., 95 S. u. 3 lith. u. color. Taf.) 15 ngr.
III.: Die Beduinen der Sahara. Unterhaltende u. belehrende Erzählung f. d. Jugend. Mit 3 (lith.) Bildern in Tondr. u. Colorit. 854. (2 Bl., 100 S.) 15 ngr.
IV.: Der Postmeister von Buytenzorg. Unterhaltende und belehrende Erzählung für die Jugend. Mit 3 (lith.) Bildern in Tondr. u. color. (855.) (2 Bl., 92 S.) 10 ngr.
V.: Dongue oder Schicksale eines Negersklaven. Unterhaltende u. belehrende Erzählungen für die Jugend. (856.) (1 Bl., 86 S.) 10 ngr.
VI.: Die Entführung oder Gottes Auge wacht. Belehrende u. unterhaltende Erzählung für die Jugend u. Jugendfreunde. Mit 3 (lith.) Bildern in Tondr. u. Colorit. (857.) (1 Bl., 84 S.) 10 ngr.

—— Karl der Große. Historische Erzählung, für die Jugend bearb. 8. (146 S. und 1 Stahlst.) Nürnberg 851, Lotzbeck. –

Körber, Phil., das Kinderjahr. Erzählungen in Prosa und Reimklang für die christliche Jugend. (Mit 3 großen u. vielen kleinen in den Text eingedr. Holzschn.) Nürnberg (856.) Raw. 16. (X, 182 S. u. 1 color. Holzschn.) n. 25 ngr.

—— Kosmos für die Jugend. Blicke in die Schöpfung der Welt und in die Kulturgeschichte der Menschheit vom Anfang bis zur Gegenwart. 6 Lfgn. gr. 8. (VIII und 488 S. mit 7 ill., in Ton gedr. Kpfrt. in gr. 8. und qu. gr. 4.) Nürnberg 859, Lotzbeck. à Lfg. 9 Ngr. Thlr.

— Kunz von Kaufungen oder der sächsische Prinzenraub. Geschichtl. Erzählung aus der deutschen Vorzeit für die Jugend. Mit 1 Stahlst. 8. Ebend. 845. 5/12 ℛ

Körber, Phil., Dampier's Leben und Reise um die Welt. Für die Jugend bearb. gr. 16. (184 S. und 1 Stahlst.) Nürnberg 848, Lotzbeck. Thlr.

Körber, Philipp, das große Los, s.: Spamer's, Otto, neue Volksbücherei. Nr. 9.

—— der Lootse der Gefion oder der 9. April 1849 bei Eckernförde. Historische Erzählung für Deutschlands Jugend und das deutsche Volk. 8. (92 S. mit 1 ill. Titelkpfr. in Tondr.) Nürnberg 864, Lotzbeck. cart.

Körber, Phpp., der Lotse der Gefion. Erzählg. f. Deutschlands Jugend u. das deutsche Volk. Mit 4 Farbendr.-Bildern nach Aquarellen von Willy Stöwer. 2. [Titel-] Aufl. 12. (84 S.) Leipzig [899.] (901). O. Spamer. Geb. n. 1.–

—— die Manilla-Galleone. Originalerzählung für die Jugend. gr. 16. (184 S. und 1 Stahlst.) Nürnberg 851, Lotzbeck.

– Der Missionair, s. a. Jugend-Bibliothek.

— der Missionair. Eine Originalerzählung zur Belehrung u. Unterhaltung f. d. Jugend u. ihre Freunde. Mit 1 Stahlst. (Aus der unterhalt. Jugendbibliothek abgedr.) 16. (196 S.) Ebd. 847. 1/3 ℛ

Koerber, Philipp

Der Missionair. Originalerzählung. Zur Belehrung und Unterhaltung für die Jugend und ihre Freunde. Von Ph. Körber. Mit 1. Stahlstich.
Nürnberg: Zeh (1877). 196 S. 8°

— Mohammed der Prophet. Historische Erzählung für die Jugend verfaßt. 8. (220 S. und 1 Stahlst.) Nürnberg 851, Lotzbeck.

– Der Negerhändler,
s.a Jugend - Bibliothek.

— der Negerhändler. Eine Erzählung für d. Jugend u. ihre Freunde. 16. (11⅞ B. u. 1 Stahlst.) Nürnberg 845. [Lotzbeck.]

— der arme Niklas. Eine Erzählung für die Jugend. 16. (90 S. mit 3 ill. Stnt. in Tondr.) Nürnberg 855, Lotzbeck.

— Capitain John Roß's zweite Nordpolexpedition in den J. 1829 bis 1833. Für die Jugend bearb. gr. 16. (120 S. mit 3 ill. Stnt. in Tondr.) Nürnberg 852, Lotzbeck.

Körber, Phil., Nürnberg, s. Weber's illustrirte Reisebibliothek.

Körber, Phil., Pantheon der Weltgeschichte für die Jugend. Cyclus histor. Erzählungen aus der alten, mittlern und neuern Geschichte. In freier Reihenfolge bearb. 1—4. Jahrg. à 6 Hefte. 8. Nürnberg 847—51, Lotzbeck. (à Heft 7½ Ngr.)
à Jahrg. Thlr.

Inhalt:

Jahrg. 1. Christoph Columbus der Entdecker der neuen Welt. (VIII und 240 S mit 1 Stahlst.) — Gutenberg der Erfinder der Buchdruckerkunst. (172 S. und 1 Stahlst.) — Die Eroberung von Mexiko durch Ferdinand Cortez. (228 S. und 1 Stahlst.)

" 2. Diomedes und Clodius. Historische Erzählung aus den letzten Tagen von Pompeji. (120 S. und 1 Stahlst.) — Emanuel. Historische Erzählung aus der Zeit der Zerstörung Jerusalem's. (126 S. und 1 Stahlst.) — Hermann der Cherusker Germaniens Befreier von der röm. Herrschaft. (108 S. und 1 Stahlst.) — Julius Cäsar. (122 S. und 1 Stahlst.) — Tiberius Nero Cäsar, der Tyrann. (118 S. und 1 Stahlst.)

" 3. Mohammed der Prophet. Historische Erzählung für die Jugend. (220 S. und 1 Stahlst.) — König Richard Löwenherz von England. Für die Jugend bearb. (212 S. und 1 Stahlst.) — Karl der Große. Historische Erzählung für die Jugend bearb. (146 S. und 1 Stahlst.)

" 4. Seraphin Schölcher. Historische Erzählung aus der Zeit des siebenjähr. Kriegs. (156 S. mit 1 Stahlst. und 2 ill. Kpfr.) — Peter der Große. Historische Erzählung. (126 S. und 3 lithogr. und ill. Bilder in Tondr.) — Die Familie Wharton. Erzählung aus dem amerikan. Befreiungskriege unter Washington. (143 S. und 3 lithogr. und ill. Bilder in Tondr.) — Jean Fondeur. Historische Erzählung aus Napoleon's Feldzug nach Rußland im J. 1812. (182 S. und 3 lithogr. und ill. Bilder in Tondr.)

— Peter der Große. Historische Erzählung für die Jugend bearb. 8. (126 S. mit 3 ill. Stnt. in Tondr.) Nürnberg 852, Lotzbeck.

— Peter der Savoyard. Unterhaltende Erzählung für die Jugend. 16. (96 S. mit 3 ill. Stnt. in Tondr.) Nürnberg 856, Lotzbeck.

Körber, Phil., Richard Phantom, s. Jugendbibliothek, unterhaltende.

— Phocion. Geschichte einer Fahrt nach dem indischen Archipel. Nach den Papieren eines holländ. Schiffsarztes für die Jugend bearb. gr. 16. (VIII und 232 S. mit 1 Stahlst.) Nürnberg 850, Lotzbeck.
Aus: Jugendbibliothek, unterhalt., lehrreiche, besonders abgedruckt.

Körber, Phil., Capitain James Cook's letzte Reise in das stille Meer u. sein Tod auf den Sandwichsinseln. Eine Erzählung für d. Jugend u. ihre Freunde. gr. 16. (5¾ B. u. 1 Stahlst.) Nürnberg 844. [Lotzbeck.]

— Jakob und Eduard Jefferson's Reise nach Californien. gr. 16. (202 S. mit 1 Stahlst. und 2 ill. Stnt. in Tondr.) Nürnberg 853, Lotzbeck.

— Engelbert Kämpfer's Reise nach Japan. Für die Jugend bearb. gr. 16. (144 S. und 1 Stahlst.) Nürnberg 850, Lotzbeck.
Vgl.: Jugendbibliothek, unterhalt., lehrreiche.

— Karsten Niebuhr's Reise nach Arabien und den umliegenden Ländern. Erzählung nach dem Originalwerk für die Jugend bearb. gr. 16. (II und 212 S. mit 1 Kpfrt.) Nürnberg 848, Lotzbeck.
Vgl.: Jugendbibliothek, unterhalt., lehrreiche.

— Ferdinand Mendez Pinto's Reise in Indien. Für die Jugend nach dem Originalwerke bearb. gr. 16. (224 S. und 1 Stahlst.) Nürnberg 851, Lotzbeck.

— Dr. v. Spix und Dr. v. Martius Reise in Brasilien. Zur Belehrung und Unterhaltung für die Jugend. 16. (142 S. und 1 Stahlst.) Nürnberg 847, Lotzbeck.
Letztere zwei vgl.: Jugendbibliothek, unterhalt., lehrreiche.

— Le Vaillant's Reise, s.a Jugendbibliothek, unterhaltende.

— Le Vaillant's Reise in das Innere v. Afrika. Zur Belehrung u. Unterhaltung f. die Jugend. (Aus d. unterhalt. Jugendbibliothek abgedr.) Mit 1 Stahlst. 16. (110 S.) Ebd. 847. ⅓ ₰

(—) neue Reisebilder in Erzählungen zur Belehrung und Unterhaltung für die Jugend. br. 8. (289 S. mit 9 ill. Stnt. in Tondr.) Nürnberg 855, Lotzbeck.

(—) neue Reisebilder in Erzählungen zur Belehrung und Unterhaltung für die Jugend. (2. Thl.:) Der Postmeister von Buytenzorg. — Dongue oder Schicksale eines Negersclaven. — Die Entführung oder Gottes Auge wacht. 8. (III und 262 S. mit 9 lithogr. und ill. Bildern in Tondr.) Nürnberg 858, Lotzbeck.
1. Bd. Ebendas. 1855. 1 Thlr.

— A. v. Humboldt's Reisen in Amerika. Reise in Neu-Andalusien. Zur Belehrung und Unterhaltung für die Jugend. 16. (194 S. und 1 Stahlst.) Nürnberg 847, Lotzbeck.

— Wilhelm Isbrands, genannt Bentekoe, Reisen in den indischen Meeren. Unterhaltende und belehrende Schrift für die Jugend. gr. 16. (110 S. und 1 Stahlst.) Nürnberg 850, Lotzbeck.
Vgl.: Jugendbibliothek, unterhalt., lehrreiche.

— König Richard Löwenherz von England. Für die Jugend bearb. 8. (212 S. und 1 Stahlst.) Nürnberg 851, Lotzbeck.

Körber, Phil., Dr. Friedrich's Rundreise durch den indischen Archipel. Nach den Papieren eines holländ. Schiffsarztes f. die Jugend bearb. Mit 1 Stahlst. gr. 16. (158 S.) Nürnberg 851, Lotzbeck. 5/12 ₰

– Die Schiffbrüchigen, s.a Jugend - Bibliothek.

— die Schiffbrüchigen. Jugenderzählung. Mit 1 Stahlst. (Aus der unterhalt. Jugendbibliothek abgedr.) 16. (192 S.) Ebd. 847. ⅓ ₰

— Seraphin Schölcher. Historische Erzählung aus der Zeit des siebenjährigen Kriegs. Für die Jugend verfaßt. 8. (156 S. mit 1 Stahlst. und 2 ill. Kpfrt.) Nürnberg 852, Lotzbeck.

— Balthasar Schöpff, der Fiedler. Geschichtliche Erzählung zur Unterhaltung für die Jugend. 8. (150 S. mit 1 Titelstahlst. und 2 ill. Stnt.) Nürnberg 852, Lotzbeck.

– Die Schule des Lebens II. Leonhard Thummet, d. brave Bürger, s. Spamer's, Otto: Neue Volksbücher.

— der Seelenverkäufer oder Ludwig Kiesewetters Schicksale. Originalerzählung zur Belehrung und Unterhaltung für die Jugend und ihre Freunde. Mit 1 Stahlst. 8. Nürnberg 846, Zeh'sche Buchh. Lotzbeck. 12 ngr

KÖRBER. *Der Seelenverkäufer* oder Ludwig Kieseweiter's Schicksale. Originalerzählung ... Mit einem Stahlstich. Nürnberg, C. H. Zeh [ca. 1850]. 12°. Beschäd. Pappbändchen d. Z. 8.—
„Auf Ph. Körbers heute ganz vergessene Abenteuergeschichten lohnt es am ehesten hinzuweisen" (Dyrenfurth). Etwas fleckig.

—— der verlorne Sohn. Eine moralische Erzählung f. d. reifere Jugend aus der Vorzeit unseres deutschen Vaterlandes. 8. (12 B. u. 1 Stahlst.) Nürnberg 844. [Lotzbeck.] –

Körber, Phpp., der verlorene Sohn. Erzählung für die reifere Jugend. 3. Aufl., neu bearb. und hrsg. von C. Michael. 8. (V, 106 S. mit 2 Tonbildern, Kopfleisten und Initialen.) Leipzig 886, Spamer. *M 1.—; geb. *

— der verlorene Sohn. 4. Aufl. von C. Michael, s.: Spamer's, Otto, neue Volksbücher. Nr. 35.

—— Spix u. Martius, Reise, s. Jugendbibliothek, unterhaltende.

—— Aennchen Stainer oder der Armuth Dank. Eine Erzählung für die Jugend, zunächst für Töchter. 16. (IV und 116 S. mit 3 ill. Stnt. in Tondr.) Nürnberg 855, Lotzbeck.

—— Taschenbuch d. Militair-Geschäftstyls f. k. k. Militairs. Im Geiste d. neu. Zeit verfaßt. br. 16. (21 1/4 B.) Wien 838, [Heubner's Verl.]

—— Leonhard Thummet, der Bürger. Volksschrift. 8. (312 S. mit 3 ill. Stnt. in Tondr. und 1 Stahlst.) Nürnberg 851, Lotzbeck.

— Tiberius Nero Cäsar, der Tyrann. Biographische Erzählung. Mit Zugrundelegung Sueton's für die Jugend bearb. Mit 1 Stahlst. (Aus dem Pantheon abgedruckt.) 8. (118 S.) Ebd. 850. 12 ngr

— Schloß Trysels. Unterhaltende Erzählungen f. d. Jugend. Mit 4 (lith. u.) color. Bildern in Tondr. Ebend. (854.) 16. (1 Bl., 148 S.) 10 ngr

—— Turnbuch. Anleitung und Ermunterung zum Turnen. Ein unterhaltendes Bilderbuch für die deutsche Jugend mit erläut. Text. 4. (19 S. mit 14 lithogr. und ill. Bildern.) Fürth 860, Löwensohn.

—— Feodor Golowin's Verbannung nach Sibirien. Unterhaltende und belehrende Erzählung für die Jugend. gr. 16. (112 S. mit 1 Stahlst. und 3 ill. Stnt. in Tondr.) Nürnberg 852, Lotzbeck.

(—) vie et voyages de William Dampier. Ouvrage dédié aux enfants par J. Paroz. D'après l'allemand de F. Körber. Berne (855.) (Basel, Georg.) 8. (231 S.) n. 20 ngr

— Volksbelustigungen der alten Reichsstadt Nürnberg, s. Volksbelustigungen.

— allgemeine deutsche Volksbibliothek zur Belehrung u. Bildung. 1. Bd. (In 2 Abthlgn. od. 7 Lfgn.) 8. 1—4: Faet, der Saffranhändler. Volksschrift. Mit 1 Stahlst. (376 S.) 5—7: Leonhard Thummet, der Bürger. Volksschrift. Mit 1 Stahlst. (312 S.) Ebd. 850. 51. (à Lfg. 1/4 ngr) 1 3/4 ngr

—— Karl Wanderup der Knabe von Schleswig. Eine Erzählung aus Deutschlands Nordmark für Deutschlands Jugend und das deutsche Volk. 8. (112 S. mit ill. Titelkpfr. in Tondr.) Nürnberg 864, Lotzbeck. cart.

—— die Familie Wharton. Erzählung aus dem amerikan. Befreiungskriege unter Washington. Für die Jugend bearb. 8. (143 S. mit 3 ill. Stnt. in Tondr.) Nürnberg 852, Lotzbeck.

—— das Wiedersehen unter den Palmen. Georg und Wilhelm Denis Schicksale. Erzählung für die Jugend. gr. 16. (184 S. und 1 Stahlst.) Nürnberg 848, Lotzbeck.
Aus: Jugendbibliothek, unterhalt., lehrreiche, besonders abgedruckt.

—— der Zögling des Invaliden. Eine Erzählg. aus d. Kriegsjahren 1809—1813 f. d. Jugend. 8. (13 1/2 B. u. 1 Stahlst.) Nürnberg 844. [Lotzbeck.] –

—— die Zwerge in der Pilatusalpe. Eine Erzählung f. die Jugend. 8. (14 1/4 B. u. 1 Stahlst.) Nürnberg 845. [Lotzbeck.] –

Körber, R., Gegenwart und Zukunft der Pharmacie oder Ansichten über die Reform des Apothekerwesens. gr. 8. (50 S.) Posen 850, Heine.

—— Replik auf die Rezension des Medizinal-Raths Dr. Bley über meine Schrift: Gegenwart und Zukunft der Pharmacie. gr. 8. (19 S.) Posen 850, Heine.

Körber, Theod., neues wohlfeiles Schwarz und Braun auf Wolle, Baumwolle, Leinen und Seide ohne Eisen und chromsaures Kali. 8. (20 S.) Quedlinburg 847, Basse.

Koerber, W. Über den Unterricht in lateinischer Prosodie und Metrik. 16 S. Progr. G. *Barmen* 1881

Körber, Walther

Körber's Strahlendiagramm zur vereinfachten Herstellg. perspektiv. Zeichnungen. Zum Gebrauch f. Architekten, Ingenieure, Kunstgewerbetreibende u. Landschaftsgärtner. (1 Bl. auf Pauspap. m. Fig.) 65,5×105 cm. Berlin (905). W. Ernst & Sohn. n. 1.50

Körber's Strahlendiagramm z. vereinfachten Herstellg. perspektivischer Zeichnungen. Zum Gebrauch f. Architekten, Ingenieure, Kunstgewerbetreibende u. Landschaftsgärtner. 2. Aufl. (1 Bl. auf Pauspap. m. Fig.) 65,5×106 cm. Berlin (907). W. Ernst & Sohn. In Rolle 2.—

Körber, Walth. Der Wettstreit der Baustyle. Allegorisches Festspiel in 1 Aufzug. Für das Schinkelfest 1890 verf. gr. 8. (21 S.) Berl. 890, Ernst u. Sohn. * — 50

Koerber, Vilibaldus *(geb. Breslau 27. 5. 1854)*: De Graecorum hymenaeis et epithalamiis. Vratislaviae (1877). (58 S.) 8°
Breslau, Phil. Diss. v. 7. März 1877

Körber, Willib., s. Liederstrauß.

Körber, Willib., Liederstrauß d. R.-G.-V. Eine Sammlung v. Liedern d. Riesen-Gebirgs-Vereins. Im Auftrage der Section Breslau d. R.-G.-V. zusammengestellt. 16. (VII, 103 S.) Breslau 891. M. Woywod. n. — 50

— dasselbe. 2., verm. Aufl. 16. (VII, 133 S.) Ebd. 893. n. — 50

Körber, Willib., Liederstrauß des Riesengebirgsvereins. (Umschlag: R. G. V. Liederbuch.) Zusammengestellt im Auftrage der Ortsgruppe Breslau des R.-G.-V. 3., verm. Aufl. gr. 16. (VIII, 146 S.) Breslau 901. M. Woywod. Kart. n. — 50

(B) Körber, W., Liederstrauß. 901. (KVL 81.) Jetzt: Breslau, F. Goerlich.

Körber, Wolfg. Erziehung, Unterricht u. Idealismus. gr. 8. (70 S.) Bresl. 891, Koebner. 1 —
Aus: Bayreuther Blätter, besonders abgedruckt.

Koerber, (Georgius) Volgangus (geb Breslau 13. 7. 1850): De Philisto rerum Sicularum scriptore. Vratislaviae (1874). (34 S.) 8°
Breslau, Phil. Diss. v. 7. Jan. 1874

Korbers, Jh., geheime Selbstbeschäftigung, mit e. Vorrede von S. J. Baumgarten. 2e A. 8. Leipz. 754. W. Vogel. 1½ ℛ

Korbflechter, der alte, an die Preußen. 8. Berl. 809. Dümmler. 2 ℛ

Korbflechterin, Die bestrafte. Ein Schwank aus England . . . Leipzig 1798. V: *Engelhardt, Carl August.* (Ky) (NN) (GGr)

Korbflechterin, die bestrafte; e. Schwank aus England, (von K. A. Engelhardt). Mit 1 Kpf. 8. Leipz. 798. Andreä. 1 ℛ

Korbflechterin, d. bestrafte, e. Schwank aus England, worin viel v. Körben u. Liebe vorkommt. 8. Lpz. Bauer. (Kleefeld in Lpz.) 798.

Korbgeweit, C.

—— Eisenbahn-Karte von Deutschland, Oesterreich und den angrenzenden Ländern. Nach den neuesten und besten Quellen bearb. 1:2,800,000. Lithogr. und color. qu. gr. Fol. Ebendas. 879. *

Korbgeweit, C., neue Eisenbahn-Karte von Deutschland, Oesterreich und den angrenzenden Ländern. Nach den neuesten und besten Quellen bearb. 1:2,800,000. qu. gr. Fol. Mit der Beilage: Die neuesten Post- und Telegraphen-Bestimmungen. gr. 16. (III, 68 S.) Berlin 877, Goldschmidt. *

Korbgeweit, C., Neue Eisenbahnkarte von Deutschland, Oesterreich und den angrenzenden Ländern. Nach den neuesten u. besten Quellen bearb. M. 1:2800000. Berlin, A. Goldschmidt, 1877, 79. Ausg. 1882. gr. qu.-Fol. Chromolith. (Gr. Ms. 1877.) --, -- Eisenbahnkarte ... Neue Ausg. Ebda 1885—91.

Korbimker, der. Eine gemeinverständl., reich illustr. Anleitg. f. rationelle Korb-Bienenzucht. Hrsg. vom Imkerverein des Amtes Luzern. gr. 8. (VIII, 67 S.) Luzern 893. (C. F. Prell Nachf.) n.n. 1. 80

Korbimker, der. Eine gemeinverständl., reich illustr. Anleitg. f. rationelle Korb-Bienenzucht. Hrsg. vom Imkerverein des Amtes Luzern. 4. Aufl. 8. (VIII, 77 S.) Luzern (901). (Prell & Eberle). n. 1. 50

Koerbin, Gust. [geb Prenzlau 27. 6. 1846]: Zur Statistik des allgemein verengten Beckens Potsdam [1873]. (34 S.) 8° [J.]
Berlin, Med. Diss. v. [4. Okt 1873]

Korb-Industrie-Zeitung. Technisch-commercielles Central-Organ für die gesammte Korb-, Rohr- und Strohwaaren-Fabrikation und sämmtl. mit dieser in Verbindung stehenden Industrie- und Handelszweige, incl. Weidenkultur und Handel, Verschönerung der Waaren durch Schwefeln, Firnissen, Lackiren, Vergolden, Bronciren. [Organ für Korbmacher-Innungen.] Hrsg. von einem Verein von Fachmännern. 1. Jahrg. 1885—1886. 12 Hefte. (Bog. mit 2 Taf.) Lex.-8. Leipzig, G. Weigel. *
Nicht weiter erschienen.

Korb-Industrie u. Weiden-Zeitung. Organ f. die Interessen der Korbmacherei u. der Weidenkultur m. Kunstbeilage. 9. Jahrg. 1894. 12 Nrn. (à ca. 2 Bog.) Fol. Schöneberg b. Berlin, J. G. Talchau. n. 3. —
Der 1. Jahrg. erschien 1885/86 u. d. T.: „Deutsche Korbwaaren-Industrie" in 14 Nrn., Jahrg. 1887—1889 kosteten à n. 2. —, Jahrg. 1890 m. Unterhaltungsbeilage u. Jahrg. 1891—1893 m. Muster-(Kunst-)Beilage à n. 3. —.

Korb-Industrie u. Weiden-Zeitung. Organ für die Interessen der Korbmacherei u. der Weidenkultur m. Kunstbeilage. 10. Jahrg. 1895. à 12 Nrn. (à ca. 10 S. m. Taf.) Fol. Schöneberg b. Berlin, J. G. Talchau. n. 3. —
Vergriffen.

— dasselbe. 11.—13. Jahrg. 1896—1898. à 12 Nrn. (à ca. 10 S. m. Taf.) Fol. Wriezen, W. Hemmerling. à Jahrg. n. 3. —

Korb-Industrie u. Weiden-Zeitung. Organ f. die Interessen der Korbmacherei u. der Weidenkultur m. Kunstbeilage. 14.—17. Jahrg. 1899—1902. à 12 Nrn. Fol. (à ca. 8 S. m. Taf.) Wriezen, W. Hemmerling. (Nur direkt). à Jahrg. n. 3. —

Korb-Industrie u. Weiden-Zeitung. Organ f. die Interessen der Korbmacherei u. der Weidenkultur m. Kunstbeilage. 18.—21. Jahrg. 1903—1906. à 12 Nrn. (à Jhrg. 96 S. m. 12 Taf.) gr. 4. Wriezen, W. Hemmerling. (Nur direkt.) à Jhrg. n. 3. —

Korbinsky, I. C., sententiae proverbiales in usum juventutis scholast. 8. Ienae, Academ. Buchhdl.

Koerbitz, Albert. Rich. (geb. Mittelheinsdorf bei Sorau 21. 8. 1841): De colli uterini affectionibus quae partui impedimento esse possunt. Berolini 1866. (31 S.) 8°
Berlin, Med. Diss.
nachgeliefert v. dem am 7. Aug. 1866 auf Grund gedruckter Thesen promov. Verf.

Körbitz', Alfr., Kursus d. Orthodontie. Nach den Aufzeichngn. v. J. A. W. van Loon. (111 S. m. 171 Abb. u. 2 Taf.) gr. 8. Berlin (S.W. Belle Alliancestr. 87/88) (909). Berliner zahnärztl. Poliklinik. Geb. in Leinw. 6. —

Körbitz, Alfr. (geb. Berlin 24. 12. 1858): Ueber die supracondyläre Osteotomie des Femur zur Heilung des Genu valgum Halberwachsener. Berlin (1882). (30 S.) 8°
Berlin, Med. Diss. v. 4. Febr. 1882

Körbitz, F. W., systematische Anleitung zu französischen Sprachübungen, s. a. Sammlung französ. Lesestücke.

Körbitz, F. W., systematische Anleitung zu französischen Sprechübungen, nebst einem nach den Gegenständen geordneten Vocabular. Dresden 867. Ehlermann. 8. (V, 76 S.) cart. n. 6 ngr

Körbitz, F. W., systematische Anleitung zu französischen Sprechübungen nebst einem nach den Gegenständen geordneten Vokabular. 3. und 4. Aufl. 8. (VI, 98 S.) Dresden 874,77, Ehlermann. *

Körbitz, F. W., systematische Anleitung zu französischen Sprechübungen, nebst einem nach den Gegenständen geordneten Vokabular. 5., v. A. Maillard rev. Aufl. gr. 8. (VI, 98 S.) Dresden 882. Ehlermann. n. — 70

Körbitz, F. W., systematische Anleitung zu französischen Sprechübungen, nebst einem nach den Gegenständen geordneten Vokabular. 6. und 7. von A. Maillard revid. Aufl. gr. 8. (VI, 98 S.) Dresden 883,87, Ehlermann. *

—— Elemente der französischen Sprache für höhere Bürgerschulen. 1. Kursus. gr. 8. (72 S.) Ebendas. 877. *

—— Gelegenheitsgedichte, s. Eichler, G.

—— Lehr- und Uebungsbuch der französischen Sprache für Real- und Bürgerschulen. Eine vollständ. Schulgrammatik zur Beförderung einer rationellen Unterrichtsweise. 2 Curse. 8. Dresden 866, Ehlermann. [1. Curs. (VIII und 98 S.) * 6 Ngr., 2. Curs. (IV und 232 S.) * 12 Ngr.] *

— Lehr- und Uebungsbuch der französischen Sprache für Real- und Bürgerschulen. Eine vollständ. Schulgrammatik zur Beförderung einer rationellen Unterrichtsweise. 1. Cursus. 2.—4. Aufl. 8. (IV, 91 S.) Dresden 870—74, Ehlermann. (* 68 Pf.) *

— dass. — 2. Cursus. 2. verb. Aufl. 8. (IV, 172 S.) Ebendas. 875. *

— Lehr- und Uebungsbuch der französischen Sprache für Real- und Bürgerschulen. Eine vollständ. Schulgrammatik zur Beförderung einer rationellen Unterrichtsweise. 1. und 2. Cursus. gr. 8. Dresden, Ehlermann. [1. Cursus. 5. und 6. Aufl. (IV, 91 S.) 876,78. * 70 Pf.; 2. Cursus. 3. Aufl. (IV, 172 S.) 878. * ℳ 1,20.] *

— Lehr- und Übungsbuch der französischen Sprache für Real- und Bürgerschulen. Eine vollständ. Schulgrammatik zur Beförderung einer rationellen Unterrichtsweise. 1. Kurs. 7. verb. Aufl. 8. (IV, 91 S.) Ebendas. 881. *

— dass. — 2. Kurs. 4. von W. Bartholomäus bearb. Aufl. gr. 8. (IV, 182 S.) Ebendas. 882. *

— Lehr- und Übungsbuch der französischen Sprache für Real- und Bürgerschulen. Eine vollständ. Schulgrammatik zur Beförderung einer rationellen Unterrichtsweise. 1. Kurs. 8.—10. verb. Aufl. 8. (IV, 91 S.) Ebendas. 882—85. *

— dass. — 2. Kurs. 5. und 6. von W. Bartholomäus bearb Aufl. gr. 8. (IV, 182 S.) Ebendas. 883—85. *
Vorstufe dazu, s. Untersohn, J.

— Souvenirs, s. Sammlung französ. Lesestücke.

— Vorschule der französischen Sprache. Ein Vorbereitungscursus zu des Verf. Lehr- u. Uebungsbuch der französ. Sprache für Schüler, welche noch keine schriftl. Arbeiten liefern können. Ebend. 867. 8. (54 S.) cart. n. 4 ngr.

Körbling, Eberhard [cand. med. aus Landau i/Pf.]: Ueber das Verhältniss der Pupillenweite zur Refraction und zum Alter ... München, kgl. Hof- u. Univ.-Buchdr. v. Dr. C. Wolf & Sohn, 1894; 20 S. 8.
München, Med. Fak., Inaug.-Diss. v. 1894

Körbling, Ign., das bayer. Gesetz üb. d. öffentl. Armen- u. Krankenpflege v. 29. IV. 1869 in s. gegenwärt. Wortlaute. M. kurzen Anmerkgn. vers. gr. 8. (36 S.) Passau 897. R. Abt. n. — 50

— s.: Handbibliothek f. die pfarramtl. Geschäftsführg. im Königr. Bayern.

— Handbuch d. öffentl. Armenpflege, s.a. Handbibliothek f. d. pfarramtl. Geschäftsführg. im Königr. Bayern.

— Handbuch der öffentl. Armenpflege im Königr. Bayern. 2. Aufl. (In 9 Lfgn.) 1. Lfg. gr. 8. (S. 1—48.) München [R. Abt.] G. Schuh & Co. n. — 60

Körbling, Ign., Handbuch der öffentlichen Armenpflege im Königr. Bayern. Neu bearb. in 2. Aufl. (XI, 496 S.) gr. 8. München 903. G. Schuh & Co. n. 6. —; geb. n.n. 7. 80

– (Bearb.), s. Laisne, J.

Körbling, Ig., neunundzwanzig Umwandlungs-Tabellen, oder Zusammenstellung u. Vergleichung der bisher. bayer. Maße u. Gewichte mit den neuen Maßen u. Gewichten. 2. ver. Aufl. München 870. Gummi. gr. 8. (XII, 44 S.) cart. n. 8 ngr.

Korbmacher-Zeitung. Central-Organ f. d. Korbwaaren-Industrie, den Weidenhandel u. verw. Zweige. Red.: J. V.: F. Fischer. 1. Jahrg. April—Decbr. 1895. 18 Nrn. (à ca. 1 Bog.) gr. 4. Halle. Apolda, R. Birkner. n. 3. —

— dasselbe. Red.: M. Boerner. 2. u. 3. Jahrg. 1896—1897. à 24 Nrn. (Bog.) gr. 4. Ebd. à Jahrg. n. 4. —

— dasselbe. Red.: Gust. Evers. 4. Jahrg. 1898. 24 Nrn. (Bog.) gr. 4. Ebd. n. 4. —
Kann auch vierteljährlich bezogen werden.

Korbmacher-Zeitung. Central-Organ f. die Korbwaaren-Industrie, den Weidenhandel u. verwandte Zweige. Red.: Gust. Evers. 5.—8. Jahrg. 1899—1902. à 24 Nrn. gr. 4. (à ca. 8 S. m. Abbildg. u. farb. Taf.) Apolda, R. Birkner. à Jahrg. n. 4. —

Korbmacher-Zeitung. Zentral-Organ f. die Korbwaren-Industrie, den Weidenhandel u. verwandte Zweige. Hrsg. unter Verantwortlichkeit v. Rob. Birkner jun. 9.—12. Jahrg. 1903—1906. à 24 Nrn. m. je 1 kunstgewerbl. Beilage. (à ca. 8 S. m. Abbildgn.) gr. 4. Apolda, R. Birkner. à Jhrg. n. 4. —
Die Jhrgge. 9—11 sind v. G. Evers redig.

Korbmacher-Zeitung. Zentral-Organ f. die Korbwaren-Industrie, den Weidenhandel u. verwandte Zweige. Hrsg. unter Verantwortlichkeit v. Karl Lucas. 13.—16. Jahrg. 1907—1910. à 24 Nrn. m. je 1 kunstgewerbl. Beilage. (à ca. 8 S.) 32×24 cm. Apolda, R. Birkner. à Jahrg. 4. —

Korbmacher-Zeitung, deutsche. Organ d. Innungsverbandes „Bund deutscher Korbmacher-Inngn." Red.: Adf. Schulz. 8. Jahrg. 1893. 12 Nrn. (à ca. 1½ Bog.) gr. 4. Berlin, A.-G. Pionier. n. 6. —

— dasselbe. 9. Jahrg. 1894. 12 Nrn. (à ca. 1½ Bog.) gr. 4. Ebd. n. 4. —

— deutsche. Organ d. Innungsverbandes „Bund deutscher Korbmacher-Innungen". Red.: Adph. Schulz. 10.—13. Jahrg. 1895—1898. à 12 Nrn. (à ca. 10 S. m. Abb. u. Taf.) gr. 4. Berlin (s. 53, Blücherstr. 32), Dr. A. Schulz. à Jahrg. n. 4. —
Kann auch vierteljährlich bezogen werden.

— deutsche. Organ des Innungsverbandes „Bund deutscher Korbmacher-Inngn." Nebst Unterhaltungsbeilage: In der Familie. Red.: Geo. E. Nagel. 14.—17. Jahrg. 1899—1902. à 12 Nrn. gr. 4. (à ca. 12 S. m. Taf.) Berlin, Dr. A. Schulz. à Jahrg. n. 4. —

— deutsche. Organ des Innungsverbandes „Bund deutscher Korbmacher-Innungen". Red.: Adph. Schulz. Nebst Unterhaltungsbeilage: „In der Familie" n. „Lose Blätter". Humoristisches Unterhaltungsblatt. Red.: E. Nagel. 18.—21. Jahrg. 1903—1906. à 12 Nrn. (à ca. 12, 4 u. 4 S. m. Abbildgn. u. 1 Taf.) gr. 4. Berlin, Dr. A. L. H. Schulz. à Jhrg. n. 4. —

— deutsche. Organ d. Innungsverbandes „Bund deutsch. Korbmacher-Inngn." Alleiniges Organ des Schutzverb. deutsch. Kinderwagen-Händler. Red.: Adph. Schulz. Nebst techn. u. Unterhaltungsbeilage. 22.—25. Jahrg. 1907 bis 1910. à 12 Nrn. (à ca. 8 S. m. Abb.) 31,5×23,5 cm. Berlin, Dr. A. L. H. Schulz. à Jahrg. 4. —

Körbs, Alfred, a. Kleinneuhausen ⟨S.-Weimar⟩: I. Über die abweichende Lösungsgeschwindigkeit verschiedenartiger Krystallflächen in Wasser. II. Beobachtungen über Variation der Krystalltracht des Chlornatriums. Leipzig: W. Engelmann 1907. (32 S.) 8° ¶ (Aus: Zeitschrift f. Krystallographie Bd 43 H. 5.)

Leipzig, Phil. Fak., Ref. Zirkel-Le Blanc, Diss. v. 20. Juli 1907

[Geb. 13. Dez. 83 Kleinneuhausen (Thüringen); Wohnort: Wechmar b. Gotha; Staatsangeh.: Sachsen-Coburg-Gotha; Vorbildung: Realgymn. Gotha Reife O. 03; Studium: Jena 3, Leipzig 5 S.; Rig. 25. Febr. 07.]

Koerbs, *Carl* Ferdinand [aus Frankfurt am Main]: Untersuchung der sprachlichen Eigentümlichkeiten des altspanischen „Poema del Cid" ... Frankfurt a. M., Druck v. Gebr. Knauer, 1893; 61 S., 1 Bl. 8.

Bonn, Phil. Fak., Inaug.-Diss. v. 10. Aug. 1893

Koerbs, H: Die neue Kunst-Wabe. Berka a. d. Ilm 1888

Korbuly, Michael. Kritische Studien über die Bestimmung des Benzoldampfes im Leuchtgas und Beitrag zur fractionierten Verbrennung. Diss. Phil. [II.] Univ. Zürich. [Mit 2 Figuren.] 55 S. 8. Zürich (Budapest, Druck des Franklin-Verein.) 1902.

Korbwaaren-Industrie, deutsche, Fortsetzg., s.: Korb-Industrie u. Weidenzeitung.

Korchmáros de Kisunyom, Koloman, Montecarlo u. seine Spielsäle. (259 S. m. Abbildgn. u. 4 Taf.) 8. Wien 906. G. Szelinski. n. 3. 50

Korcsek, Sigm., kurzgefaßte Reformations-Geschichte zum Gebrauche f. evangelische Volksschulen in Ungarn. Mit 8 Illustr. nach Cranach, Koch, Werner, Heyn u. A. 2. Aufl. 8. (40 S.) Preßburg 889. C. Stampfel. n. — 48

Korcsek, Sigm., kurzgef. Reformations-Geschichte z. Gebrauche f. evang. Volksschulen in Ungarn. M. 8 Illustr. nach Cranach, Koch, Werner, Heyn u. A. 3. Aufl. 8. (40 S.) Preßburg 898. C. Stampfel. Kart. n. — 50

Korczinski, E., und W. Jaworski, klinische Befunde bei Ulcus und Carcinoma ventriculi, sowie bei Magenblutungen. Mittheilungen über 52 intern untersuchte Fälle der medicin. Klinik in Krakau. gr. 8. (40 S.) Berlin 887, G. Reimer. *
Aus: Deutsche medicinische Wochenschrift, besonders abgedruckt.

Korczyński, Anton von (in d. Vita: Anton Ritter Sas v.), aus Krakau: Studien über Isatin. *Krakau: Univ.-Buchdr. 1902.* (47 S.) 8°
Erlangen, Phil. Diss. v. 4. Juni 1902

Korczyński J.: Haben die Curvenflächen der II. Ordnung mit einem gemeinschaftlichen Mittelpunkte ein gemeinschaftliches System von conjugierten Durchmessern? (p.) I. Th. 22. Rzeszów 76.
Progr.

Korczynski, Ludomil v.

Korczyński, L. Ritter v., Errungenschaften u. gegenwärt. Stand d. Organotherapie, s.a. Klinik, Wiener.

Errungenschaften und gegenwärtiger Stand der Organotherapie. Von Doc. Dr. L[udomil] R^t v. Korczyński in Krakau. *Berlin. Wien: Urban & Schwarzenberg 1903.* (S. 42–112.) 8°
= Klinik, Wiener. 1902, H. 2. 3. [ca. 3326

Korczyński, X. Kassyjan, Katedra Kijowska. Roku pańskiego 1767 wydana w Krakowie w drukarn Seminarium biskupiego akademickiego a teraz na nowo przedrukowana. (Kijow'sche Kathedrale, im Jahre 1767 zu Krakau herausgegeben in der Druckerei des bischöflichen Seminars und jetzt neu gedruckt.) hoch 4. (XIV und 19 S.) Teschen 861, Prochaska. *

—— Katedra Krakowska. Roku 1767 wydana w Krakowie a teraz na nowo przedrukowana. (Krakauer Kathedrale, im Jahre 1767 zu Krakau herausgegeben in der Druckerei des bischöflichen Seminars und jetzt neu gedruckt.) hoch 4. (VIII und 39 S.) Teschen 859, Prochaska. *

—— Katedra Kujawska. Roku 1767 wydana w Krakowie w drukarni Seminarium biskupiego akademickiego a teraz na nowo przedrukowana. (Kujaw'sche Kathedrale, im Jahre 1767 zu Krakau herausgegeben in der Druckerei des bischöflichen Seminars und jetzt neu gedruckt.) hoch 4. (XII und 48 S.) Teschen 860, Prochaska. *

Kord-Lütgert, Siegfried, Medizinalpraktikant a. Bad Oeynhausen: Darmsarkom nach Trauma. München 1907: C. Wolf & Sohn. (45 S.) 8°
München, Med. Fak., Ref. v. Bollinger, Diss. v. 13. Juli 1908
[Geb. 23. Juli 81 Hillegossen; Wohnort: Bad Oeynhausen; Staatsangeh.: Preußen; Vorbildung: Gymn. Herford Reife O. 02; Studium: Marburg 6, München 4 S.; Coll. 13. Juli 08; Approb. 16. Juni 08.]

(Korda, von, Oberst und Kommandant des Regiments.) Geschichte des k. u. k. Husaren-Regimentes Graf Nádasdy Nr. 9. 1688–1903. (Mit 24 Porträts, 7 Abbildungen und 4 Karten.) 8. Sopron 1903.

Kordenbusch v. Buschenau u. Thumenberg, Geo. Fr., (†d. 3. Apr. 1802.) Berechnung d. partialen Mondfinsterniß. 8. Nürnb. 773.

— Berechnung der zahlreichen Zusammenkunft verschied. Planeten, welche d. 7. u. 8. Mai 1774 des Morgens zu beobachten ist. 8. Nürnb. 774.

— Bestimmungen der merkwürd. Durchgänge d. Venus durch die Sonne in d. J. 1761 u. 69. Mit ill. Kpf. gr. 4. Nürnb. 769. Bauer u. R. 12 gr.

— s. P. Leclerc, Beschreib. — Mentelle, Anfangsgründe. — J. G. Paradies. — J. G. Rost, Handbuch. — Trew, tabb. osteolog.

— physikal. u. moral. Untersuchung d. Frage: ob die Erscheinung der Kometen etwas Besonderes zu bedeuten habe? Mit 2 Kpf. 8. Nürnb. 769. Ammermüller.

Kordes, Berend

– s. Agricola aus Eisleben: Schriften.

– s. Ederhardt, J. H.: Über d. Zustand ...

Kordes, B., Lexicon der jetzt lebenden Schleswig-Holstein. u. Eutin. Schriftsteller. gr. 8. Schleswig. 797. Jetzt Hammerich in Altona.

— Noch Etwas über Johan Crato v. Krafftheim. In einem Briefe an den Hrn. Rector und Prof. Scheibel. (Aftr. af Litt. Beilage zu den Schleswigschen Provinzial-Blättern 1806). U. Titelbl. P.

— Observationum in Jonae oracula specimen, ratione potissimum habita versionis Alexandrin. fragment. Hexaplarium. 4. Jena 788.

Kordes, Berend, M. Accius Plautus und Friedr. Wolfgang Reiz. Kiel. 1793.

– s. Plautus Sarsinatis.

– s. Ruth.

(—) M. Joh. Agricolas aus Eisleben Schriften möglichst vollständig verzeichnet. Zur dankbaren Erinnerung an das 3. Jubelfest der lutherischen Kirche. Altona. 1817.

Kordes, Fr. Der Stelle suchende Handlungsgehülfe. Ein Wegweiser zur Stelle-Erlangg. m. Berücksicht. der Ausbildg. v. Handlungslehrlingen. 12. (III, 35 S.) Hamb. 890, W. Temps. * 1 —

Kordes, Johs., Gedichte. (VI, 70 S.) 8. Kaiserslautern 906. H. Kayser. 2.—; geb. 2. 50

Kordes, Rich., Vergleichung der wichtigeren narcotischen Extracte der russischen Pharmacopöe mit den anderer Pharmacopöen unter besonderer Berücksichtigung des Alkaloidgehaltes. Inaugural-Dissertation. gr. 8. (99 S.) St. Petersburg 888. (Dorpat, Karow.) *

Kördesch, Leop., Carniolia, s. Carniolia.

Kordesch, Leop., Denksteine. Novellen für die reifere Jugend gebildeter Stände. Wien 865. Pichler's Wwe. & Sohn. 8. (192 S.) 20 ngr.

Kordesch, Leop. (Hrsg.) s. Faust.

J. Kordeuter, Tabellen zur Repartition der Grundsteuerkapitalien, der Güterpreise u. s. w. (Zum Gebrauch f. die hohenzollernschen Lande.) Sigmaringen 1864.

Kordgien: De plantis in terra arte facta cultis. Rgm. 1863. Schul-/Univ.-Schrift

Kordgien, Gustav C.

— and E. Kanow, Portuguese conversation-grammar. (Method Gaspey-Otto-Sauer.) gr. 8. (VIII, 359 S. m. 2 Karten.) Heidelberg 902. J. Groos. Geb. in Leinw. n. 5. —; key. (44 S.) Kart. n. 1. 60

— Gramática sucinta de la lengua francesa, s.: Otto, Emil.

Kordgien, C. G., Gramática sucinta de la lengua inglesa, s.: Otto, Emile.

Kordgien, G. C., spanische Grammatik. Kurzgefaßte prakt. Methode, um die moderne span. Umgangssprache zu erlernen, mit besond. Berücksicht. des geschäftl. Verkehrs. 8. (IV, 204 S.) Hamburg 887, (Boysen.) *

Kordgien, G. C., spanisch-deutsches u. deutsch-spanisches Handbuch der kaufm. Correspondenz, s.: Castres, G. H. F. de.

— Handelskorrespondenz in portugiesischer und deutscher Sprache, s. Taschenbuch der Handelskorrespondenz.

— deutsch-spanisches Konversationsbuch f. Anfänger. Primer libro de conversacion en aleman. 8. (VIII, 76 S.) Leipzig 888. Jul. Baedeker. cart. n. 1. 80

— deutsch-spanisches Konversationsbuch für Anfänger. Primer libro de conversacion en aleman. 2. ed. [Titel-Aufl.] (VIII, 76 S.) 8. Leipzig [888]. (901). J. Baedeker. Kart. n. 1. 80

(§) — Deutsch-span. Konversationsbuch. 901. — Primeiro libro de conversação. 901. — Primer libro de conversacion. 902. — Logares selectos. 901. (KBL 33.) Jetzt: Leipzig, O. Holtze Nchf.

— portugiesische Konversations-Grammatik, s.a. Sauer, C. M.

— portugiesische Konversations-Grammatik. (Methode Gaspey-Otto-Sauer.) 2. verb. Aufl. gr. 8. (VIII, 408 S.) Heidelberg 899. J. Groos. Geb. in Leinw. n. 4. 80; Schlüssel, 2. verb. Aufl. (IV, 31 S.) Kart. n. 1. 60

— primer libro de conversacion. Spanisches Konversationsbuch f. Anfänger. 8. (VI, 71 S.) Hamburg 885. Boysen. geb. n. 1. 50

— primer libro de conversacion. Spanisches Konversationsbuch f. Anfänger. 2., verm. Aufl. 12. (VI, 71 S.) Hamburg 891. (C. Boysen.) Kart. n. 1. 50

— Primer libro de conversación. Spanisches Konversationsbuch f. Anfänger. 3., erweit. u. verb. Aufl. v. Rob. Eckmann. 8. (VIII, 79 S.) Leipzig 902. J. Baedeker. Kart. n. 1. 80

Kordgien, G. C., primeiro livro de conversação. Portugiesisches Konversationsbuch f. Anfänger. 8. (VIII 67 S.) Iserlohn 886. Bädeker's Verl. cart. n. 1. 80

— Primeiro libro de conversação. Portugiesisches Konversationsbuch f. Anfänger. 2. [Titel-]Aufl. (VIII, 67 S.) kl. 8. Ebd. [886]. (901). Kart. n. 1. 80

— logares selectos dos Classicos Portuguezes e Brasileiros. Portugiesisches Lesebuch m. Anmerkungen. gr. 8. (X, 249 S.) Leipzig 889. Jul. Baedeker. n. 2. 50; cart. n. 2. 80

— Logares selectos des classicos Portugueres e Brasileiros. Portugies. Lesebuch m. Anmerkgn. 2. [Titel]-Aufl. (X, 249 S.) 8. Ebd. [889]. (901). n. 2. 50; kart. n. 2. 80

— Rections-Liste der gebräuchlichen spanischen Zeitwörter, s. Sauer, Ch. M.

— Spanisch. Kurzgefaßte prakt. Methode, um die moderne span. Umgangssprache zu erlernen, m. besond. Berücksicht. d. geschäftl. Verkehrs. (In 12 Briefen.) 1. Brief. 8. (16 S.) Hamburg 886. (Boysen.) pro cplt. n. 4. 50; f. 1 Brief n. — 50

— Spanisch. Praktische kurzgefasste Methode m. Berücksicht. des geschäftl. u. gesellschaftl. Verkehrs. 2., verm. u. verb. Aufl. 8. (IV, 240 S.) Ebd. 893. Geb. in Leinw. n. 3. —

— Spanisch. Praktische kurzgefasste Methode m. Berücksicht. des geschäftl. u. gesellschaftl. Verkehrs. 3. verm. u. verb. Aufl. (VI, 250 S.) 8. Hamburg 906. C. Boysen. Geb. n. 3. 50

Kordgien, Gust. C. u. C. Michaëlis de Vasconcellos, portugiesischer Sprachführer, s. Meyer's Sprachführer.

Kordgien, C. G., u. C. Michaëlis de Vasconcellos, portugiesischer Sprachführer. Konversations-Wörterbuch m. Berücksicht. d. Brasilischen. 16. (VI, 517 S.) Leipzig 895. Bibliograph. Institut. Geb. in Leinw. n. 5. —

Kordgien, G. C., kleine portugiesische Sprachlehre, nach dem Plane der Sprachlehren v. Emil Otto bearb. gr. 8. (V, 130 S.) Heidelberg 883. J. Groos. n. 1. 60

— kleine portugiesische Sprachlehre nach dem Plane der Sprachlehren v. Emil Otto. 2. Ausg. gr. 8. (V, 130 S.) Heidelberg 887. J. Groos. geb. n. 2. —

— kleine portugiesische Sprachlehre. (Methode Gaspey-Otto-Sauer.) 3. umgearb. Aufl. gr. 8. (VIII, 156 S.) Ebd. 900. Geb. in Leinw. n. 2. —

— Kleine portugiesische Sprachlehre. (Methode Gaspey-Otto-Sauer.) 4. Aufl. Korrigiert u .umgearb. v. Luise Ey. (VIII, 243 S. m. 2 Karten.) 8. Heidelberg 908. J. Groos. Geb. in Leinw. 2. 40

Kordgien, Hugo, mathematisch-physikalische Aufgaben-Sammlung f. die oberen Klassen höh. Lehranstalten, m. ausführl. Erläutergn. u. Lösgn. 1. u. 2. Tl. gr. 8. Berlin. G. Grote. à n. 2. 20; geb. à n. 2. 50
1. Mechanik. (VII, 147 S.) 901.
2. Schall. Licht. Wärme. Magnetismus. Elektricität. (V, 132 S.) 902.

Kordgien, Hugo, zur Organisation der Lehrerinnen-Seminare. 4. (22 S.) Nordhausen 878. Haacke. — 60

— das mathematische Pensum f. das Einjährig-Freiwilligen-Examen. Theorie u. Praxis. Aufgaben m. ausführl. Lösgn. u. Erläutergn. 1. u. 2. Tl. gr. 8. Ebd. n. 4. 90; geb. n. 5. 50
1. Arithmetik. (VII, 120 S.) 900. n. 2. 20; geb. n.n. 2. 60
2. Planimetrie. Einleitung in die Stereometrie. Elemente der ebenen Trigonometrie. (VI, 213 S. m. Fig.) n. 2. 70; geb. n.n. 3.—

Kordgien, Hugues, expériences et considérations sur la nutrition des plantes. 4. (20 S. m. 1 Tab. in qu. Fol.) Nordhausen 875. (Haacke.) n. — 60

Kordhanke, Wilhelm, approb. Arzt aus Nienhagen b. Detmold: Über Erythromelie. *Greifswald 1902: J. Abel.* (26 S.) 8°
Greifswald, Med. Diss. v. 19. März 1902

Koerdink, Joh. Ign. Teod.: Rechtsfragen über die eheliche Gesellschaft oder Gemeinschaft der Güter nach der Münsterschen Polizeiordnung. Mit einigen Zusäzzen verm. Uebers. von Joh. Kasp. Ant. Herding. Münster 1784.

Kordkiewicz, C., Rechnungstafeln zur möglichst schnellen Ermittlung der Verzehrungssteuer-Tarifs-Gebühren von Branntwein, Bier, Wein und Fleisch unter besonderer Darstellung des 2% Zuschlages und der Percent-Einlässe; auf Grundlage der neuesten Bestimmungen für alle Kronländer mit Ausnahme des venezianischen Gebietes. (2. Thl. des Werkes: Rechnungs-Hilfsbuch.) 4. (27 Taf.) Tarnow 860, (Milikowski.)

KORDON der Heiligen um den Bettelsack. .... Rom (Salzburg, Mayr), 1790. 8°. (5 Mk. Friedr. Klüber, München, 1898.)
321 S. (incl. 6 Bll. Vorst.), 1 S. Druckf. — Ganz in burlesken Knittelversen abgefasst. Inh.: 1. Leben des grosen (!) Heiligen, Benediktus, Abt u. Ordensstifters (S. 13—106). 2. Leben der heil. Genovefa, geb. Herzogin zu Braband. In zween Gesängen (S. 107 bis 208). 3. Leben d. heil. Franziskus de Paula, Stifters d. Ordens der Mindern Brüder (S. 209—321). — Selten!

Kordon, F., siehe: *Freytag.*

Marina Dorondoff. Ein Trauerspiel in 4 Aufz. von Hans **Kordon.** München: Selbstverl. 1900. (83 S.) 8° [F.] [04. 11,80

Kordon, Hans. Ist Prof. Dr. Max Dessoir sachverständig? Eine kritische Betrachtung von H' K' (Kilchberg, am Zürichersee). 32 S. 8. Lorch ⟨Württemberg⟩, Comm. Karl Rohm, 1904. [M. —.50]

Kordon, Hans, Männer heraus! Weckrufe u. Streitlieder in drangvollen Tagen. gr. 8. (32 S.) Marburg 898. Wien, F. Schalk. n. 1. —

Kordon, Helene, Grüße aus der Sphärenwelt. Dem deutschen Volke v. seinem besten Freunde gesandt durch eine seiner treuesten Anhängerinnen. (XI, 65 S.) 8. Zürich 902. (Th. Schröter Nachf.) Geb. in Leinw. n. 2. —

Kordt, Arnold. De Acusilao. Diss. Phil. Basel. 84 S. 8. Basileae, E. Birkhaeuser, 1903.

Kordt, Arnold, de Acusilao. Diss. (84 S.) gr. 8. Basel 903. B. Wepf & Co. n. 2. —

Korduba Miron: Innere Geschichte und Zustände im Fürstentum Halic bis zur Hälfte des XIII. Jahrhunderts.
1897 PN 1086 Diss. Wien, Univ. 802

Kordül, A., der sichere Führer nach u. in Texas. Ein vollständ. u. unentbehrl. Rathgeber f. Alle, welche in diesem Lande sich eine neue Heimath gründen wollen. Nebst Belehrungen u. Vorsichtsregeln f. den Auswanderer. Nach den besten Quellen hrsg. 8. (25 ½ B.) Rottweil 846, Setzer'sche Vrlgsh.

Kordus und Lessing. [Weimar 1793.] V: *Haug, Johann Chph Frdr.* (MGT)

Korea [Sachliches OW], s.a. Corea

Korea oder Tscho-Sen der Japaner. Mit Benutzung der neuesten Küsten-Aufnahmen gezeichnet nach einer im Jahre 1875 vom Kriegs-Ministerium zu Tōkiō herausgegebenen Karte. 1 : 1 700 000. Gotha 1883. 1 Bl. c. A. Sch.

Korea, das Land der Morgenröte (von Osk. v. Pawlikowski), s.: Projections-Vorträge 63. Hft.

Korea [Schlagwort]

Korea, s.a. Asien, Herrich.

– s.a. China, Scobel. – China, Villaw.

Korea, s.a. Generalkarten.

Korea, Westküste von, s.a. Seekarten.

Korea. Glocker, Adf., neueste Spezial-Karte v. Korea. 1 : 3,750,000. 40×47,5 cm. Farbendr. Nürnberg 895. J. Ph. Raw. n. — 50

Korea. Herrich, A., Spezial-Karte v. Korea, Nordost-China u. Süd-Japan. Mit Plänen der Hauptstädte Söul, Peking, Tokio u. deren weiteren Umgebgn. 1 : 4,500,000. 18.—22. Aufl. 35×46 cm. Farbdr. Glogau (904). Berlin, C. Flemming. n. — 50

— Herrich, A., neue Special-Karte v. Korea, Nordost-China u. Süd-Japan. Mit Plänen der Hauptstädte Söul, Peking, Tokio u. deren weiteren Umgebgn. Nach den neuesten russ., engl., französ. u. deutschen Quellen bearb. 1 : 4,500,000. 34,5×45,5 cm. Farbendr. Glogau 894. C. Flemming. n. — 50

— Spezialkarte der Halbinsel Korea. Mit Plänen v. Seoul u. den Häfen Yuensan, Fusan u. Chemulpo. (Auf Grund der neuesten Vermessgn. entworfen u. ausgearb. von P. O. v. Möllendorff u. A. Nomenklatur in chines. u. [f. alle wichtigeren Punkte] engl. Sprache.) 2 Blatt. 90×62 cm. Farbendr. u. kolor. Shanghai 894. (Leipzig, K. F. Koehler's Antiqu.) n.n. 4. —

Koref, F., Untersuchungen üb. die spezifische Wärme bei tiefen Temperaturen, s.: Nernst, W.

Koref, Fritz: Über das Gleichgewicht bei der Schwefelkohlenstoffbildung. Hamburg & Leipzig: Voss 1910. 30 S. 8°
Berlin, Phil. Diss. v. 9. März 1910, Ref. Nernst
[Geb. 12. Dez. 84 Hanau; Wohnort: Charlottenburg; Staatsangeh.: Preußen; Vorbildung: Gymn. Hanau Reife O. 03; Studium: Berlin 2, Freiburg i. B. 3, Berlin 9 S.; Rig. 18. Nov. 09.] [U 10. 195

Koref, H., Versuch einer neuen Uebersetzung der letzten Capitel 30 und 31 der Proverbien [משלי] des Königs Salomo. gr. 16. (III, 46 S.) Budapest 876, (Tettey und Comp.) *

Koref, Herm., s. Klaber, H., Anweisung zum Kopfrechnen.

Koref, Jak., der Arithmetiker, oder kurze Regeln über verschied. Gegenstände d. Arithmetik, sammt deren Ursachen. gr. 8. Prag 826. (Kronberger u. W.) 1 fl

Koref, Jak., Auflösungslehre, od. algebr. u. arithmet. Auflösungen v. Gleichungen d. 1. u. 2. Grades, mit Einer u. mehr. unbekannten Größen, aus Fichtner, u. d. Brochüre Grätz 1816, nebst e. einzigen Regel f. alle 20 zweyziffr. Primzahlen, ob solche in e. gegeb. Zahl ohne Rest aufgehen, sammt Beweis. gr. 8. (17¼ B.) Prag 830, Verf. (Kronberger u. Weber.)

Koref, Leo: Die verschiedenen Arten von Depots an Wertpapieren juristisch charakterisiert ⟨mit besonderer Rücksicht auf das Depotgesetz vom 5. Juli 1896⟩. *Erlangen 1898: F. Junge.* (51 S.) 8°
Erlangen, Jur. Diss. v. 5. Mai 1898

Koreff, Johann Ferdinand

— Diss. de venenorum actione in organismum animalium. 4. Heidelb. 803.

— Aucassin u. Nicolette. Oper in 4 A. 16. Paris 820.

— lyrische Gedichte. 4. Paris 815.

Koreff, Johann Ferdinand, De regionibus Italiae aëre pernicioso contaminatis. Part. I. Bln. (Joh. Friedr. Unger) 1817. 37 S. (6.—) 19170

Koreff, J. F., de regionibus Italiae aëre pernicioso contaminatis. Pars Ima. 4. Berolini, Dümmler. 817.

Koreff, Jh. Fd., Don Zacagno. Oper in 3 A. 4. Paris 819.

— s. Tibullus, Werke.

Koreff, Richard. Untersuchungen in der Camphergruppe. Ueber einige Abkömmlinge des β-Naphtochinons. (Basel) Zürich, 1886.

Korell, Adolf [Oberl. Dr.]: Zur analytisch-induktiven Methode des französischen Unterrichts. Frankfurt a. O., k. Hofbuchdr. Trowitzsch u. Sohn, 1889; S. 1–89; 4°
Frankfurt a. O., RG, OP 1889 (101)

Korell, A., zur analytisch-induktiven Methode des französ. Unterrichts. gr. 4. (89 S.) Frankfurt a/O. 889. (Leipzig, Fock.) n. 1.—

Korell, A., Student u. Politik, s. Volks-Schriften des Nationalvereins f. das liberale Deutschland.

Korell, Adolf, Student und Politik. München 1908. 8°.
(Volks-Schriften d. Nationalver. f. d. liberale Deutschland, hrsg. von Wilh. *Ohr.* H. 4.)

Korell, D. K., pädagogische Irrwege od. Sadismus? 3. Aufl. (92 S.) 8. Berlin 904. H. Bermühler. n. 1.50
1. Aufl. (96 S.) 904. n. 1.50.

Korella, Wilhelm [aus Tiegenhof]: Ueber das Vorkommen und die Verteilung der Spaltöffnungen auf den Kelchblättern. . . . Königsberg in Pr., Buchdr. v. R. Leupold, 1888; 2 Bl. + 67 + 1 S. + 2 Bl. u. 1 Taf. 8°
Königsberg, Phil. Fak., Inaug.-Diss. v. 30. Nov. 1888

Köremon, (Fr. Sp. v. Scheyb), Natur u. Kunst in Gemälden, Bildhauereien, Gebäuden u. Kupferstichen. 2 Theile. gr. 8. Wien 770. Tl. Blumauer. 2 ₰

Köremond, Natur u. Kunst in Gemäld., Bildhauereyen, Gebäud. u. Kupferstich. 2 Thle. gr. 8. Wien, Gräffer. 770.

Koren, J., M. Sars, D. C. Danielssen, Fauna littoralis Norwegiae, s. Sars, M.

Koren, J., and D. C. Danielssen, Fauna littoralis Norvegiae. Part 3. Fol. (VIII, 163 S. norweg. und engl. Text mit 16 lithogr., zum Theil farb. Taf.) Bergen 877, Beyer. cart. **

Koren, Otto, questiones Symmachianae. gr. 8. (46 S.) Wien 874. Gerold's Sohn. n. — 60

Koreuber, Fritz [aus Treuenbrietzen]: Ueber Endocarditis nach Pneumonie ... Berlin, C. Vogt's Buchdr., *1893;* 27 S., 2 Bl. 8.
Berlin, Med. Fak., Inaug.-Diss. v. 11. Aug. 1893

Koreuber, Gottfr. Benj. (Dresden), Ex doctrina de compensationibus capita selectiora. Präs. Martin Gottlieb Pauli. Wittbg. (Ephraim Gottlob Eichsfeld) April 1764. 8 S. (—.50) 19171

Korew, Ant., kein Charlatanismus mehr! Einfache und faßl. Anleitung zur Kenntniß, Abwehr und schnellen und gründl. Heilung der Syphilis nach Ricord, Dihur und Améda. Mit eigenen Beobachtungen und Erfahrungen verm. und zur Selbstbelehrung und zum Gebrauche für Laien hrsg. 8. (156 S.) Grimma 848, Verlags-Comptoir. Thlr. *

Korew, Jak., Haman der große Judenfresser. Humoristisch-satyr. Purimspiel mit Gesang in 5 Akten. 8. (64 S.) Breslau 862, Schletter'sche Buchh. *

Korewo, N., Vortrag üb. die finnländische Frage. (24 S.) gr. 8. Berlin 910. E. Ebering. — 60

Korf, Bar. de, Essais statist. sur la Monarchie Prussienne. gr. 8. Berlin, Schöne, 792.

Korf, Geo., so werden wir fliegen! Die natürl. Lösg. des Flugproblems. Der Mensch als Segler der Lüfte in naher Zukunft. Mit e. II. Tl.: Wenn wir fliegen. 1.—3. Taus. (87 S. m. 19 Abbild.) gr. 8. Oranienburg 909. Orania-Verlag. 1.50

Chronik der Deutsch-Nationalen Kunstausstellung Düsseldorf 1907. Im Auftr. u. unter Mitw. d. Vorstandes verf. von A[loys] **Koerfer**, Chef-Red. a. D. Düsseldorf [1908]: L. Schwann. (138 S.) 8° (08. 6818 5

Geologische Skizze der Provinz Schantung unter Benutzung der Karte von F. v. Richthofen. Im Auftr. d. Reichs-Marine-Amts aufgen., gezeichn. u. erläut. von F. **Koerfer**, Kgl. Preuss. Bergmeister. *Berlin 1901: Reichsdruckerei.* (4 S., 1 Karte.) 4° [Umschlagt. F.] (02. 11360

Körfer, H., in welcher Weise soll der Erzieher seine Zöglinge zu einer wahren Selbstständigkeit heranbilden? Erkelenz. 1867
Schul-/Univ.-Schrift

Koerfer, Karl

Koerfer, Carolus ⟨geb. am 13 März 1828 in Aachen⟩: De syphiliticis viscerum affectionibus ... Bonnae, impr. I. F. Carthaus (1854). 2 Bl., 26 S., 1 Bl. 8.
Bonn, Med. Fak., Diss. v. 21 Aug. 1854

Koerfer, Paul [appr. Arzt aus Aachen]: Zur Aetiologie der septicopyhaemischen Spatinfection (Pseudospontane Septicopyhaemie.) ... München, k. Hof- u. Univ.-Buchdr. v. Dr. C. Wolf & Sohn, 1887; 27 + 1 S. 8°
München, Med. Fak., Inaug.-Diss. v. 1887

Koerfer, Stef., u. Joh. Sierbán, praktische Milchwirtschaft. Handbuch f. Landwirte u. Milchgenossenschaften. Hrsg. durch die Verlags-Anstalt des ungar. Landes-Agrikultur-Vereins. (203 S. m. Abbildgn.) 8. Budapest 907. Pátria. 1.80

Korff, Baron v. Über Streifcorps, ihren Zweck und Nutzen, belegt durch Beispiele aus der Kriegsgeschichte. Berlin 1864. 8°.

Korff, Frhr. v., meine Theilnahme am Sudanfeldzuge 1883, s. Beiheft zum Militär-Wochenblatt.

Korff, Frhr v. Meine Theilnahme am Sudanfeldzuge 1883. (Berlin 1885.) 8°. (Aus: Bh. z. M. W. B.)

v. Korff, die Thronbesteigung des Kaisers Nicolaus I. Auf Allerhöchsten Befehl Sr. Maj. des Kaisers Alexander II. verfaßt. Officielle deutsche Ausg. 1. u. 2. Aufl. Frankfurt a. M. 857. J. Baer. gr. 8. (XII, 187 S.) 27 ngr.

— — Nach seinen eigenen Aufzeichnungen u. den Erinnerungen der Kaiserl. Familie. Auf Befehl Sr. Majestät des Kaisers Alexanders II. herausg. Deutsche Uebersetzung. Berlin 857. J. Springer. 8. (245 S.) 22½ ngr.

— — Nach seinen eigenen Aufzeichnungen u. den Erinnerungen der Kaiserl. Familie auf Befehl Sr. Maj. des Kaisers Alexander II. herausg. Deutsche Ausg. 1. u. 2. Aufl. 857. n. 1 ₰. — 3. Aufl. Berlin 858. Allgemeine Deutsche Verlagsanstalt. gr. 8. (1 Bl., 143 S.) n. 10 ngr.

Korff, Ed., Choralbuch f. hessische Posaunenchöre. Mit Genehmigg. des königl. Consistoriums nach dem Choralbuch zum evangel. Kirchengesangbuch f. den Consistorialbezirk Kassel bearb. Mit Vorwort v. Werner. (VIII, 122 S.) 12. Kassel (903). E. Röttger. Geb. in Leinw. n.n. 2. —

de Korff, Elis. Charl Ben., geb. Hahn, († d. 24. Nov. 1803.), s. Dusch, moralische Briefe, französ.

Korff, Emanuel Graf von: Die Anfänge der Foederaltheologie und ihre erste Ausgestaltung in Zürich und Holland. Bonn 1908: E. Eisele. (55 S.) 8° [F.]

Bonn, Ev.-theol. Fak., Ref. Ritschl, Diss. v. 22. Juli 1908

[Geb. 14. Jan. 83 St. Petersburg; Wohnort: Godesberg; Staatsangeh.: Preußen; Vorbildung: Gymn. Hannover, Hann.-Münden Reife M. 03; Studium: Marburg, Berlin, Halle, Bonn; Rig. 22. Juli 08.]

Korff's Weltreise. 8 Bde. 8. Berlin, Deutsches Druck- u. Verlagshaus. à n. 2. 25; geb. à n. 3. —

1. Amerika. (III, 212 S.) 895.
2. Japan. China. (240 S.) 896.
3. Indien. (288 S.) 896.
4. Aegypten — Griechenland. (191 S.) 896.
5. 6. Afrika. 2 Tle. (177 u. 119 S.) 896.
7. Australien. Neu-Seeland. Süd-Amerika. (133 S.) 896.
8. Im hohen Norden. (305 S.) 897.

Korff's Weltreise. 9. u. 10. Bd. 8. Berlin, Deutsches Druck- u. Verlagshaus. à n. 2. 25; geb. à n. 3. —

9. Wieder nach Amerika. (138 S.) (900).
10. Rußland. (286 S.) (901).

v. Korff, Frhr. Fr. O., s. Bellac

Korff, Fr. v., neue vollständ. Anleitung f. alle Fächer d. Zeichenkunst, in e. vom Leichten z. Schwereren fortschreit. Reihe zweckmäß. Vorlegeblätter, f. d. Gebr. in Volks- u. Bürgerschulen, so wie in Gymnasien u. Gewerbschulen, besond. aber auch f. d. Selbstunterr. bearb. I. Abthl. — A. u. d. T.: Erste Stufenleiter d. Unterrichts im Zeichnen ꝛc., Geräthschaften enth., besteh. in 36 Vorlegebl. (auf 24 Stnt.) 8. (1 B. Text.) Breslau 832, Pelz.

—— dass. — Ergänzungsheft. gr. 8. (32 lith. B.) Ebds. 835.

—— dass. II. Abthl. 1. Hft. — A. u. d. T.: Erste u. zweite Stufe d. Landschaftzeichnens, besteh. in 35 (lith.) Vorlegebl. 8. (1 B. Text.) Ebds. 832, 35.

—— dass. III. Abthl. Blumenstudien u. Stillleben. 1. Hft. — A. u. d. T.: Neue method. Anweis. z. Blumenzeichnen. 1. Thl. 8. (24 Stnt. u. 1 B. Text.) Ebds. 833.

—— dass. IV. Abthl. 1. Hft. — A. u. d. T.: Uebungen im Zeichnen kl. Genrebilder u. d. gl. in 28 (lith.) Vorlegebl. 1. Hft. 8. (24 Stnt. u. ½ B. Text.) Ebds. 833.

v. Korff, Fr., neue methodische Anweisung zum Blumenzeichnen, zum Gebrauch in Volks- u. Bürgerschulen, so wie in Gymnasien u. Gewerbeschulen, besonders aber für den Selbstunterricht u. mit besond. Rücksicht auf die Unterweisung der Mädchen bearbeitet. 2s Heft, fortgesetzt v. J. C. G. Hampel. 4. Breslau 836. Pelz. ½ ₰ — 1s Heft ½ ₰ (Vgl. Thl. III. S. 397.)

— zweite Stufe des Landschafts-Zeichnens, bestehend in einer Reihe vom Leichten zum Schweren fortschreitend. Vorlegeblättern. Zum Gebrauch in Volks- und Bürgerschulen, so wie in Gymnasien u. Gewerbsschulen, besond. aber für den Selbstunterricht. (11 lithogr. Bl.) gr. 4. Ebd. 835. ½ ₰

Korff, Frid. (Augustus Rob.) (geb. Warendorf in Westf. 24. 12. 1820): De respiratione, nutritione et concoctione notae quaedam. Berolini (1843). (29 S.) 8°

Berlin, Med. Diss. v. 8. Aug. 1843

Korff, Gustav: Einfluss des Sauerstoffs auf Gärung, Gärungsenergie und Vermehrungsvermögen verschiedener Heferassen unter verschiedenen Ernährungsbedingungen. M. 1 Taf. *Jena: G. Fischer 1898.* (45 S. mit Taf.) 8°

Erlangen, Phil. Diss. v. 2. Febr. 1898

Korff, H., schon wieder ein ehrengerichtlicher Prozeß. 8. (88 S.) Mannheim 847, Hoff. [Speyer, Lang.]

Korff, Heinr., Bibliotheca theologiae et philosophiae catholicae. Systemat. Verzeichniss v. deutschen Werken d. kathol. Theologie u. Philosophie u. e. Auswahl der vorzüglichsten in latein. Sprache erschien. theol. u. philos. Werke d. Auslandes v. 1870—1897. gr. 8. (IV, 196 S.) München 897. C. v. Lama's Nachf. 1. 50

Korff, Frhr. Heinr. v., aus meiner Welt. 8. (VIII, 77 S.) Wien 893. L. Weiss. n. 2. —

de Korff, Hur. Ulr. Kas., († d. 20. Nov. 1823.) essais statist. sur la monarchie Prussienne. gr. 8. Berl. 791. Schöne. 16 gr.

Korff, Helene Gräfin v., Lebensstrahlen. Erinnerungen an unvergeßl. Predigten in der Kirche zu Norderney vom verewigten Pastor Weert Börner. (48 S. m. Abbildgn. u. 1 Bildnis.) kl. 8. Hannover 909. H. Feesche. Geb. in Leinw. 1. —

Korff, Hermann A.: Scott und Alexis. Eine Studie zur Technik des historischen Romans. Heidelberg 1907: Hörning & Berkenbusch. (141 S.) 8°

Heidelberg, Phil. Fak., Ref. Braune, Diss. v. 12. Febr. 1907

[Geb. 3. Apr. 83 Bremen; Wohnort: Bremen; Staatsangeh.: Bremen; Vorbildung: Gymn. Bremen Reife M. 01; Studium: Heidelberg 6, Bonn 2 S.; Rig. 5. Dez. 06.]

Korff, Jacob. Kurze Anleitung für Eltern und Lehrer zum Gebrauch der Vorlegeblätter beim Zeichenunterricht. Nebst Vorlegeblättern. 3 Bde. Elberfeld 1816. 8°.

Korff, Jac., vollständ. u. fortschreit. Cursus vorzügl. Zeichnungen. Lith. nach d. Natur, nach Antiquen u. nach Gemälden grosser Meister. 2 Hfte. Fol. (66 Bl. u. 1 Bl. Erklär.) Elberfeld 829. (Iserlohn, Langewiesche.)

—— systemat. Unterricht im Schönschreiben. 50 lith. Vorlegebl. qu. gr. 8. Berlin 829, Müller.

Korff, Jak., neue Vorlegeblätter zum Unterrichte im Zeichnen, für Gymnasien, Real- u. Bürgerschulen. 3 Abthl. 280 lithograph. Blätter. (Neue wohlf. Ausg.) breit 12. Elberfeld 833. Becker. 3½ ₰

Korff, J., Vorlegeblätter zum Unterrichte im Zeichnen in Schulen. 1ste, 2te u. 3te Abth. in 280 Blättern. 12. Essen, Bädeker. 819. Rthlr.

— Vorlegeblätter zum Unterrichte im Zeichnen in Schulen. 1e, 2e u. 3e Abtheil. in 280 Blättern. 12. Essen 819. (Schmachtenberg u. Co. in Mühlheim). 3 ₰ 8 ℊ 4e Abtheil. 52 Blätter. gr. 4. Ebd. 820. 5 ₰ 2e Aufl. in 3 Abtheil. 12. Elberf. 824. Schönian. 4 ₰ 12 ℊ

Korff, (Alexander Nic.) Joseph. baro (geb. St. Petersburg $\frac{11}{23}$ 12. 1843): De natura acidi meconici. Berolini (1865). (47 S.) 8°
Berlin, Phil. Diss. v. 22. Juli 1865

Korff, Iwan, aus Baltien. Kleine Erzählgn. u. Humoresken. 8. (123 S.) Berlin 897. R. Taendler. n. 1. 50

Korff, Iwan, vom Holzballe. Ein Roman aus dem balt. Leben. 2. [Titel-]Aufl. (303 S.) 8. Gotha [900] 907. Leipzig, R. Wöpke. 2.50; geb. 3. 50

v. Korff, Karl [app. Arzt aus Hajen]: Aus d. chirurg. Klinik zu Kiel. Beitrag zur Lehre vom Ulcus corneae serpens ... Kiel, Druck v. A. F. Jensen, 1895; 14 S., 1 Bl. 8.
Kiel, Med. Fak., Inaug.-Diss. v. [23. Aug.] 1895

Korff, K[arl] v., Dr.: Aus d. anat. Institut zu Kiel. Zur Histogenese der Spermien von Phalangista vulpina. Hierzu 2 Taf. *Bonn: F. Cohen 1902.* (II, 28 S.) 8° ¶Aus: Archiv f. mikrosk. Anat. u. Entwicklungsgesch., Bd 60.
Kiel, Med. Hab.-Schr. v. [18. Jan.] 1902
(Nicht für den Austausch)

Korff, Luise. Festgedicht. Zur Erinnerg. an die v. Stader Frauen u. Jungfrauen dem Kriegerverein gewidmete u. am 18. Jan. 1875 im Rathhaussaale überreichte Fahne. gr. 8. (15 S.) Stade 875. Pockwitz. n. — 50

Korff, Luise. Was willst Du vortragen? Eine Sammlg. v. Orig.-Gedichten zu Hochzeiten, Polterabenden u. Familienfesten. 8. (VIII, 175 S.) Berl. 891, Fontane u. Comp. * 1 50

Korff, Baron M. v., die Thronbesteigung des Kaisers Nicolaus I. von Rußland im J. 1825. Nach seinen eigenen Aufzeichnungen und den Erinnerungen der kaiserl. Familie auf Befehl Sr. Maj. des Kaisers Alexander II. hrsg. Deutsche Ausg. 1. und 2. Aufl. à * 1 Thlr. und 3. Aufl. gr. 8. (143 S.) Berlin 857. 58, Allgemeine deutsche Verlagsanstalt. *

—— dass. — Officielle deutsche Ausg. 1. und 2. Aufl. gr. 8. (XII und 187 S.) Frankfurt a. M. 857, J. Baer.

—— dass. — Deutsche Uebersetzung. 3 Lfgn. 8. (245 S.) Berlin 857, Springer's Verlag.

Korff, Mania, Doktor Ortling. Zeitroman aus d. Gegenwart. 8. (184 S.) Berlin 898. F. Dümmler's Verl. n. 2. —; geb. n. 3. —

— Vergebens u. and. Geschichten. 2. Aufl. 8. (XI, 224 S. m. Bildn.) Erfurt 897. Bonn, E. Moos. n. 3. —; geb. n. 4. —; Extra-Ausg. n. 5. —

Kurze Gedanken über die Einheit der Kinder Gottes. Von Graf M[odest] v. Korff. Kassel: Röttger [1909]. 48 S. 8° 1909. 14004

— s.: Jesus ist Sieger.

Lobgesänge und Geistliche liebliche Lieder. (Verf.: Graf M[odest] v. Korff.) Dinglingen: St. Johannis-Dr. [um 1896]. (XVI, 490 S.) 8° [F.]

Korff, Graf M. v., Namen, Titel u. Sachvorbilder (Typen), in der Heiligen Schrift f. unseren Herrn u. Heiland Jesum Christum. Zusammengest. u. alphabet. geordnet. 8. (16 S.) Kassel (900). E. Röttger. n. n. — 10

— kurze Ratschläge u. Winke f. die, welche an der Rettung der Seelen arbeiten. (68 S.) 8. Hildesheim (904). H. Helmke. n. — 75

— zum Sinnen f. stille Stunden. Als Handreichg. den Mitpilgern dargeboten. (30 S.) kl. 8. Ebd. (905). n. — 25

— das Tanzen. Eine Gewissensfrage, durch eigene Erfahrgn. u. gesammelte Zeugnisse beantwortet. 2. verm. Aufl. (IV, 77 S.) 8. Barmen (903). Wupperthaler Traktat-Gesellschaft. Mit Goldschn. n. 1. —

Korff, Paul baro, de actione obligationum nata. Dissertatio inauguralis. gr. 8. (IV, 44 S.) Berlin 865, (Puttkammer und Mühlbrecht.) *

Korff, Paul, Referendar: Fusion ⟨Veräußerung des Gesellschaftsvermögens 'im Ganzen' im Sinne der §§ 305 und 306 HGB⟩. Remscheid 1909: Ziegler. IX, 143 S. 8°
Erlangen, Jur. Diss. v. 6. Mai 1909, Ref. Sehling
[Geb. 29. Juni 85 Remscheid; Wohnort: Elberfeld; Staatsangeh.: Preußen; Vorbildung: Realgymn. Remscheid Reife O. 04; Studium: Bonn 4, Berlin 2 S.; Rig. 24. Febr. 09.] [U 09. 707

Korff, Thdr., die Auferstehung u. Himmelfahrt unseres Herrn Jesu Christi, unter d. Gesichtspunkte e. genauen Unterscheidg. d. in Betracht komm. übersinnl. Glaubens- u. empir. Geschichtsthatsachen neu erörtert. Vorverhandlg. u. Hauptverhandlg. gr. 8. Halle 897. C. A. Kaemmerer & Co. n. 6. 40
Vorverhandlung. A. u. d. T.: Unmittelbar in das himmlische Paradies. Neutestamentl. Untersuchg. üb. d. Aufenthaltsort d. Gerechten alsbald nach d. Tode. (82 S.) n. 1. 40
Hauptverhandlung. (X, 317 S.) n. 5. —

Korff, Thdr., die Auferstehung Christi u. die radikale Theologie. Die Feststellg. u. Deutg. der geschichtl. Tatsachen der Auferstehg. des Herrn durch die fortgeschrittene moderne Theologie (Arnold Meyer u. H. Holtzmann) in krit. Beleuchtg. (VII, 258 S.) gr. 8. Halle 908. Groß-Salze, E. Strien. 4. 50

Korff, Thdr., wie können u. sollen die Presbyter helfen, lebendiges Christenthum in den Gemeinden zu wecken u. zu pflegen, u. sich als Gehülfen d. Pfarrers in Uebung d. Seelsorge erweisen? Vor der Schaumburger Diöcesansynode am 16. Juni 1892 zu Hess. Oldendorf erstattetes Referat. gr. 8. (16 S.) Rinteln 892. C. Bösendahl. n. — 20

Korff-Petersen, Arthur, Medizinalpraktikant a. Husum: Aus d. biochem. Laboratorium d. städt. Krankenhauses Moabit zu Berlin. Ueber die Aufnahme der Salicylsäure in das Blut und die Salicylalbuminurie beim Menschen. Leipzig 1908: B. Georgi. (21 S.) 8°
Leipzig, Med. Fak., Ref. Boehm, Diss. v. 20. Juli 1908
[Geb. 23. Jan. 82 Husum; Wohnort: Berlin; Staatsangeh.: Preußen; Vorbildung: Gymn. Husum Reife O. 02; Studium: Heidelberg 1, Leipzig 5, Kiel 1, Berlin 4 S.; Coll. 29. Juli 08; Approb. März 08.]

Korff-Schmising, Gräfin v., geb. Freiin v. Fürstenberg, s.: Koch-Rezepte, erprobte.

Korff-Schmising-Kerssenbrock, Theresia Gräfin, geb. Gräfin Lažansky, Gedichte. 16. (96 S.) Prag 885. Cyrillo-Method'sche Buchh. n. 1. 20

(Körfgen): Denkschrift zu Gunsten Königlich-Preußischer Unterthanen vom linken Rhein-Ufer, welche in den Jahren 1792—97 etc. . . . Lieferungen und andere Prästationen an die französischen Armeen gegen Baarschaft unternommen haben. (Paris 1819.)

(Körfgen): Denkschrift über die Staats-Schulden-Angelegenheit vom linken Rhein-Ufer. (Königlich-Preußischen Antheils). (Paris 1819.)

Körfgen, Karl, appr. Arzt a. Bad Nauheim: **Pancreasnecrose und Amyloidentartung.** Würzburg 1905: P. Scheiner. (36 S.) 8°
Würzburg, Med. Fak., Ref. v. Rindfleisch, Diss. v. 15. Apr. 1905
[Geb. 14. Mai 79 Bockenheim; Wohnort: Würzburg; Staatsangeh.: Preußen; Vorbildung: Gymn. Mainz Reife Juli 99; Studium: München 2, Würzburg 7 S.; Coll. 1. März 05; Approb. 12. Juli 04.]

Korfi, Ernst, Dr. Bethel Henry Strousberg. Biografische Karakteristik. Mit Portr. (in Holzschn.) Berlin 870. Eichler. gr. 8. (40 S.) 10 ngr.

Korfkamp, J., Tabelle z. schnellen, bequemen u. zuverläss Berechng. der Beitragswochen f. die Invaliditäts- u. Altersversicherg. (unentbehrlich f. Behörden u. Arbeitgeber). Lex.-8. (6 S.) Leipzig 896. (F. Fleischer, Verlag.) n. — 50

[Russ.] Russkaja revoljucija i chuligany pressy. Nabroski i zamětki V. D. **Korganova.** Berlin: G. Štejnic (1906). (32 S.) 8°
[Auf d. Umschl.:] Die russ. Revolution u. die Hooligans d. Presse.
(Sobranie lučšich russkich proizvedenij. Č. 114.) [07. 5615

Korge, Jh. Erdm., (†d. 21. Mai 1790.) Unterricht vom Anbau d. Tabaks. 8. Bresl. 775. N. A. 779. J. F. Korn. 2 gr.

— s. von den Verpflegungen d. Armeen.

Korge, Kurt, Referendar: Die Gotthardbahnverträge im System des Völkerrechts und in ihrer Beziehung zum Landesrecht. Greifswald 1910: Abel. 107 S. 8°
Greifswald, Jur. Diss. v. 26. März 1910, Ref. Hubrich
[Geb. 4. März 85 Küddowtal; Wohnort: Berlin; Staatsangeh.: Preußen; Vorbildung: Luisen-Gymn. Berlin Reife O. 05; Studium: Berlin 4, Greifswald 3 S.; Rig. 10. Febr. 10.] [U 10. 1527

Korger, J., Tabelle für Zusammenstellung von Lohnlisten zum Gebrauche für Bauunternehmer, Fabrikanten, Maurer- und Zimmermeister, Schachtmeister, Werkführer rc. Enthält die gerechneten Beträge für Zeiträume von 1/4 bis 12 Tage, stets um 1/4 Tag steigend; nach Taglöhnen von 20 Kr. bis 2 Fl., stets um 1 Kr. steigend. gr. 8. (20 S.) Graz 874, Ferstl'sche Buchh. *

Korger, Joh. Die Feier der patriotischen Gedenktage Oesterreichs, s. Lehrer-Bibliothek, kleine.

Korger, Johann, Die Feier der patriotischen Gedenktage Oesterreichs. (Kleine Lehrer-Bibliothek. Heft 7 u. 8.) 8. (35 S. mit 1 Tabelle) —.40
Znaim: Fournier & Haberler 1892.

—— Österreichs patriotische Gedenktage. Für Volks- u. Bürgerschulen zusammengestellt. Plakat. 38,5 × 50,5 cm. Znaim 892, Fournier u. Haberler. * — 50; auf Pappe, lackiert u. m. Oesen * — 90

Korger, Isidor: Der innere Anschluss in Korbbögen mittels der komplexen Übergangsparabel. – 1909. 19 S., 1 Taf.
Diss. Graz, TH

Körholz, Frz., die Säkularisation u. Organisation in den preussischen Entschädigungsländern Essen, Werden u. Elten — 1802—1806, s. a. Beiträge, Münstersche, zur Geschichtsforschung. N. F. XIV.

Körholz, Franz, cand. phil. a. Appeldorn ⟨Rhld.⟩: **Die Säkularisation und Organisation in den preussischen Entschädigungsländern Essen, Werden und Elten. 1802—1806.** Münster ⟨Westf.⟩ 1907: Westf. Vereinsdruckerei. (54 S.) 8°
Münster, Phil. Fak., Ref. Meister, Diss. v. 12. März 1907
[Geb. 18. Apr. 82 Appeldorn, Kr. Cleve; Wohnort: Münster i. W.; Staatsangeh.: Preußen: Vorbildung: Gymn. Emmerich Reife O. 02; Studium: Münster 3, Berlin 1, Münster 4 S.; Rig. 19. Dez. 06.]

Die Säkularisation und Organisation in den preussischen Entschädigungsländern Essen, Werden u. Elten, 1802–1806. Von Dr. Franz **Körholz.** Münster ⟨Westf.⟩: F. Coppenrath 1907. (VI, 124 S.) 8°
— **Beiträge,** Münstersche, z. Geschichtsforschung. N. F. 14. [07. 10156 6

Körholz, Leo, a. Düsseldorf: Die Wahl des Prinzen Friedrich von York zum Bischof von Osnabrück und die Regierung des Stiftes während seiner Minderjährigkeit. Rostock i. M. 1908: C. Hinstorff. (134 S.) 8° [F.]
Münster, Phil. Fak., Ref. Spannagel, Diss. v. 3. April 1908
[Geb. 16. Mai 84 Düsseldorf; Wohnort: Münster; Staatsangeh.: Preußen; Vorbildung: Gymn. Düsseldorf Reife O. 04; Studium: Freiburg i. B. 1, Berlin 1, Bonn 1, Münster 5 S.; Rig. 20. Dez. 07.]

Schnee- und Eisverhältnisse in Finnland im Winter 1901–1902 von W. W. [d. i. Vilhelm Viktor] **Korhonen.** Helsinki: Helsingin Uusi Kirjapaino-Osakeyhtiö 1910. 47 S. 4°
(Meteorologisches Jahrbuch f. Finland. Jg. 1902. Beil.) [10. 10317 9

Korhosen, P., Wiisikymmentä runoa ja kousi laulua. 8. Helsingfors 848, (Leipzig, Brockhaus.) n. 21 ngr.

Kori, August Siegismund

Kori, Aug. Siegm.: Abhandlung über die stillschweigende Willens-Erklärung bei rechtlichen Geschäften mit Bez. auf die in Deutschland recipirten fremden, ingleichen auf die Preuß. und Kgl. Sächs. Rechte. Naumburg 1817.

— Abhandl. über stillschweigende Willenserklärung in rechtl. Geschäften. 8. Naumb. 817. Wild. (Gnobloch in Leipz.) 8 gr.

Kori, August Sigismund (Frauenstein/Misnicus), **An servitutes partitionem, causam non perpetuam et voluptatem admittant?** Diss. jur. Lpz. (Klaubarth) 12. XII. 1805. 51 S. (6.—) 19173

— Diss. inaug., an servitutis partitionem, causam non perpetuam et voluntatem admittant? 4. Leipz. 811.

Kori, Aug. Sigism.: Anleit. z. Referiren u. Extrahiren der, vornehmlich im Sächs. Prozess verhandelten Gerichtsacten; nebst einigen Mustern von Acten-Extracten und Relationen. (gr. 8. u. kl. Fol.) *Jena*, Cröker. 824. (16 Gr.)

— — Solemnia inauguralia jur. utr. candidati Carl Sintenis (Zerbst). — Commentatio praemittitur: ad illustrandas §§ 4 et 10 constitutionis Vimariensis de abbreviando et emendando processu d. 1. Decbr. 1775 conditae. Jena (Bran) 10. IX. 1825. 27 S. mit Biogr. S.'s. (M.: D. S. Jung.) (5.50) 19176

Kori, Aug. Siegm., Erörterungen prakt. Rechtsfragen, s. Langenn, Friedr. Albe.

— über den Executivproceß u. d. Wiederklage nach gemeinem u. sächs. Recht. gr. 8. Dresd. 813. Walther. 14 gr. 2e verb. u. mit den Gesetzen der übrigen Lande Sächs. Rechts verm. Aufl. gr. 8. Jena 826. Mauke. 16 gr.

— s. J. A. v. Langen, Erörterungen.

Kori, (Aug. Sigm.,) über d. Nothwendigkeit sich in d. einheim. Rechten der mit dem Oberappellations-Gerichten zu Jena u. Zerbst vereinigten Länder wissenschaftl. auszubilden. 8. Jena 822, Schmid. Rthlr.

— — Solemnia inauguralia jur. utr. candidati Christian Wilhelm Schmitt (Wolfstein/Rheinbayern). — Praefatus de provocatione, quae e Leg. si contendat derivatur, damnanda. Jena (Mauk) 5. IX. 1823. 15 S. mit Biogr. S.'s. (M.: C. Kriger.) (5.—) 19174

— — Solemnia inauguralia jur. utr. candidati Friedrich Bernhard Vermehren (Jena). — Quaestio praemittitur: utrum restitutio in integrum, quam partes litigantes contra fatalia ab ipsis ipsarumve advocatis praetermissa petunt, concedi possit, etsi utilitas actus neglecti in litem redundatura non sit demonstrata? adjunctis nonnullarum terrarum juris Saxonici de hac quaestione recentioribus legibus. Jena (Bran) 25. VI. 1825. 27 S. mit Biogr. V.'s. (M.: Eckardt.) (5.—) 19175

Kori, Aug. Sigism.: System des Concurs-Processes, nebst d. Lehre von d. Classen d. Gläubiger, nach gemeinen und Kön. Sächs. Rechten. 2e verm. u. verb. Aufl. *Leipzig.*, (808.) 828. Weidmann. (1 Thl. 12 Gr.)

Kori, Aug. Siegm., System d. Concurs-Processes, nebst d. Lehre von d. Classen d. Gläubiger, nach gem. u. K. Sächs. Rechten. 2., verm. u. verb. Aufl. gr. 8. (23 B.) Leipzig 823, Weidmann Thlr.

— Theorie des sächs. bürgerl. Processes, nach den Gesetzen der mit den Oberappellationsgerichten z. Jena u. Zerbst verbund. Lande. 1s—3s Buch. gr. 8. Jena 822. Cröker. 2 ₰

— Theorie der sächs. summar. bürgerl. Processe hauptsächl. nach der mit den Oberappellationsgerichten zu Jena u. Zerbst verb. Lande. gr. 8. Jena 824. Cröker. 1 ₰ 18 gr

— Theorie d. Verjährung nach gemeinem u. sächs. Rechte, nebst e. Anhange über d. Civilverjährung nach d. Gesetzbuche Napoleons. gr. 8. Leipz. 811. Weidmann. 1 ₰ 8 gr Schrbp. 1 ₰ 16 gr

— tabellar. Uebersicht der Preuß. allgem. Gerichtsordnung, im systemat. Zusammenhange. 2 Theile. gr. 4. Naumb. 816. N. A. 818. Wild. (a. Cnobloch in Leipz.) 1 ₰ 8 gr Schrbp. 2 ₰

Kori, Aug. Sigism.: Wie hat eine streitende Partei, welche wegen einer von ihrem Anwalt vernachläss. Processhandl. sachfällig geworden ist, die Regressklage gegen diesen auf Schadenersatz zu begründen. *Jena*, 819. (Göthe in *Leipzig*. 4. (3 Gr.)

Kori: Wie hat eine streitende Partei, welche wegen einer von ihrem Anwalt vernachlässigten Proceßhandlung sachfällig geworden ist, die Regreßklage gegen ihren Anwalt auf Schadenersatz zu begründen? [Heidelberg 1822.]
(Ausschn. a.: Archiv f. d. civilist. Praxis. Bd 5.)

Kori, H: Technisches Bureau und Fabrik für Heizungs-, Lüftungs- und Trocken-Anlagen. Berlin (1893?)

Kori, H., Verbrennungsöfen f. Abfälle. gr. 8. (7 S. m. Abbildgn.) Leipzig 902. F. Leineweber. n. — 70
Sonderabdruck aus: „Gesundheit".

Kori H, die Zulässigkeit von gerippten Heizflächen und Chamotte-Ausmauerung bei eisernen Öfen. Berlin 1892

Kori, J. Gf., († d. 21. April 1826.) brevem conspectum historiae religionis et ecclesiae christianae theologiae auctoribus examini publico sese subjecturis scripsit. 8maj. Leipz. 816.

Koriba, K., über die individuelle Verschiedenheit in der Entwickelung einiger fortwachsenden Pflanzen m. besond. Rücksicht auf die Aussenbedingungen. (86 S. m. eingedr. Kurven, 5 Taf. u. 5 Bl. Erklärgn.) Lex. 8. Tokyo 909. (Berlin, R. Friedländer & Sohn.) nn 4. —
Sonderabdruck aus: „Journal of the college of science, imperial university of Tokyo".

KORICSÁNER, JOHANN: Wie müssen wir gottgefällig leben? Pest 1866: Aloys Bucsánszky. 24 S. - 160 mm

Kořínek K.: Čelakovského „Růže stolistá" „die 100-blättrige Rose." 26. Wal.-Meseritsch 86. Progr.

Köring, *Adolf* Gregor [aus Beller in Westf.]: Über Recidive von Ovarialtumoren m. bes. Berücks. zweier in d. Greifswalder gynäkolog. Klinik beobacht. Fälle ... Greifswald, Druck v. C. Sell, 1894; 29 S., 1 Bl. 8.
Greifswald, Med. Fak., Inaug.-Diss. v. 24. März 1894

Koering, Herm. (geb. Beller in Westf. 21. 9. 1823): De chorea St. Viti. Berolini (1848). (32 S.) 8°
Berlin, Med. Diss. v. 14. Okt. 1848

Köring, Karl *Anton Joseph* [aus Brakel in Westf.]: Über Carbolsäurevergiftung nebst e. in hiesiger medicin. Klinik beobacht. Fall ... Greifswald, Druck v. C. Sell, 1894; 31 S., 1 Bl. 8.
Greifswald, Med. Fak., Inaug.-Diss. v. 16. März 1894

Köring, Karl Wlh., Bemerkk. über d. Begriff v. d. Erziehung in Rücks. a. d. Beurtheil. d. Werthes öffentl. u. Privaterziehungsanstalten. 8. Hannov. 795. Hahn. 9 gr

— Grundsätze d. Erziehung u. des Unterrichts in Privatinstituten. 1s Stck. 8. Hannov. 797. Hahn. 8 gr

— s.a. Versuch über d. Ursachen u. Folgen e. gewöhnl. Täuschung.

— Versuch üb. d. Ursach. u. Folg. e. gewöhnl. Täuschung, indem man unbekannte Dinge f. etwas bekanntes hält. ein Beytr. z. Erfahrungsseelenlehre u. Pädagogik. 8. Hannov. Helwing. 794.

Koriolan u. Dümouriez, zwei vergleichende Biographien v. Verf. d. B. „Amaliens Freuden u. Leiden." Mit Kpf. Leipz. 804. Mittler. 1 ₰

Korioth: De ἀπό praepositionis usu Thucydideo. 8 S. –Roessel, Progr. 1862

Korioth, Dominikus, Katholische Apologetik für die obern Klassen der Gymnasien und Realgymnasien, Freiburg, Herder, 1894. 8°, XII, 142 S., 1,40 Mk.
Recensj. v. B. Kehrein, Litt. Hdw. 1894, S 629—32. A. Walther, Litt. Rundsch. 1894, S. 265—6. Aug. Perger, Laacher Stimmen Bd. 47 (1894), S. 465—66.

Korioth, Dominikus, Geographie von Palästina. Zum Schulgebrauche. 1. Aufl. (V, 68 S.) 868. *ℳ 1,20., und 2. Aufl. gr. 8. (IV, 79 S. mit vielen eingedr. Holzschn. und 2 lithogr. und color. Karten in 4. und Fol.) Freiburg im Br. 874, Herder'sche Verlagsh. cart. *

Korioth, Dominikus, Geographie von Palästina. Zum Schulgebrauche. 3. Aufl. gr. 8. (V, 84 S. mit vielen eingedr. Holzschn. und 2 lithogr. und color. Karten.) Freiburg i. Br. 879, Herder'sche Verlagsh. *

Korioth, Dominikus, Geographie von Palästina. Zum Schulgebrauche. 4. Aufl. gr. 8. (V, 84 S. mit vielen Illustr. und 3 Karten.) Freiburg i. Br. 885, Herder'sche Verlagsh. *

Korioth, Dominic., De Atticorum Iove Milichio. Rössel 1858, 4°, Progr. d. Gymn.

Korioth, Domin., de Atticorum Jove Milichio. Dissertatio philologica. gr. 8. (49 S.) Münster 858, (Cazin.)

Korioth, Dominikus, vom Weichselstrand. Ein ost- und westpreuß. Dichterbuch. 12. (338 S.) Danzig 887, Dr. B. Lehmann'sche Buchh. geb. mit Goldschn. *

1870/71. Die Tage von Amiens, an der Hallue, bei Peronne, Vermand und St. Quentin. Von J[osef] Korioth-Oliva. Danzig 1905: Schwital & Rohrbeck. 21 S. 8° A 12. 9032

Koristka, C. R., s. Koristka, Karl.

Kořistka, C. R. v. (Hrsg.), s. Verzeichniss der in den Jahren 1877–1879 vom kk. militär.-geogr. Institut trigonometr. bestimmten Höhen von Böhmen.

Kořistka, Karl

Kořistka, C. Die Arbeiten der topographischen Abtheilung der Landesdurchforschung von Böhmen in den Jahren 1864—1866. Bd 1. 2. Prag 1869—77. 4°.

Kořistka, Prof. Dr. Carl, o. M. der königl. Gesellschaft der Wissenschaften in Prag u. c. M. der kaiserl. Akademie der Wissenschaften in Wien etc. Die Arbeiten der topographischen Abtheilung der Landesdurchforschung von Böhmen in den Jahren 1864 bis 1866. Enthaltend die Terrainverhältnisse, ein Höhenverzeichniss und eine Höhenkarte des Mittelgebirges, dann des Sandstein- und Schiefergebirges im nördlichen Böhmen. Mit 2 chromolithogr. Ansichten, 11 Holzschnitten, 1 Profiltafel und 1 Höhenkarte. (Aus: „Archiv der naturw. Landesdurchforschung von Böhmen". I. Bd. 1. Abth.) gr. 8. Prag 1869.

Kořistka, C., die Arbeiten der topographischen Abtheilung der Landesdurchforschung von Böhmen in den J. 1867—1871, s.a. Archiv der naturwissenschaftlichen Landesdurchforschung von Böhmen.

Kořistka, Carl, s. Archiv für die naturwissenschaftliche Landesdurchforschung von Böhmen.

Koristka, Karl, das östliche Böhmen, enth. das Adler-, das Grulicher u. das Eisengebirge, sowie das ostböhmische Tiefland, orogr. u. hydrogr. geschildert, s.a. Archiv der naturwissensch. Landesdurchforschung v. Böhmen. IX. 5.

Das östliche Böhmen, enth. das Adler-, d. Grulicher- u. das Eisengebirge, sowie d. ostböhm. Tiefland, orograph. u. hydrograph. geschildert von Prof. Dr. Karl Kořistka. ⟨Als Forts. d. Arb. d. topogr. Abt. d. naturw. Landesdurchf. von Böhmen. Section 6.⟩ Mit Ansichten, Profilen u. Kärtchen, 2 Gebirgsansichten u. 1 Höhenkarte. *Prag: F. Řivnáč in Komm. 1903.* (VIII, 203 S.) 4°

— Archiv d. naturwiss. Landesdurchforschung von Böhmen. Bd 9, No 5. [04. 337

Kořistka, Prof. Karl — Ueber einige neue Forschungen im Gebiete der Geographie. Drei populäre Vorträge gehalten im naturwissenschaftlichen Vereine Lotos von ——. Im Auszuge mitgetheilt. Mit einer Tafel. Separatabdruck aus dem sechsten Jahrg. der Zeitschrift „Lotos." (Prag, 1856.) Dr. von Kath. Gerzabek. (35 S. 8.)

Kořistka, Karl, General-Karte des Königr. Böhmen entworfen und nach den neusten Aufnahmen sowie nach eigenen Messungen revid. und berichtigt. 1:432,000. Neue Ausg. 1878, und 2. gänzl. umgearb. und verb. Aufl. Fol. (2 Bl.) Wien 878, Hölzel. Mit oder ohne Bezirksgrenzen * aufgez. in Carton *

Koristka, C. Generalkarte des Königreiches Böhmen, entworfen nach den neuesten Aufnahmen, sowie nach eigenen Messungen revidirt und berichtigt. 1:432000. Wien 1882. 1 Bl. c. L. Ff.

—— und Sommer, Generalkarte von Mähren und Schlesien. Fol. Ebendas. 868. Mit oder ohne Bezirksgrenzen * aufgez. *

—— Generalkarte vom Herzogth. Schlesien. Fol. Ebendas. 868. Mit oder ohne Bezirksgrenzen *

Kořistka (Karl), Höhenkarte Sect. 5. Umgeb. von Prag. Erg. von Prof. Novotný. 1:200000. 1910. *s. Zeit- u. Gesellsch.-Schriften: Archiv f. d. naturwiss. Landesdurchforsch. von Böhmen. Bd 14, No 1.*

Kořistka, C. Ueber einige trigonometrische und barometrische Höhenmessungen in den nordöstlichen Alpen. (Aus dem Jahrbuche der k. k. geolog. Reichsanst. 2. Jahrg.) Wien. 1851. 4.

— Höhenschichten-Karte von Mähren und österr. Schlesien. Wien-Olmütz. 1862. Folio.

Kořistka, Carl, Hypsometrie von Mähren und Österreichisch Schlesien. Die Resultate der Höhenmessungen in Mähren und Ö. Schlesien, und eine Höhenschichtenkarte beider Länder enth. Hrsg. vom Werner-Vereine zur geolog. Durchforschung von Mähren und Ö. Schlesien. 4. (VIII und 151 S. mit 1 chromolithogr. Höhenschichtenkarte in Imp.-Fol.) Brünn 863. Olmüz, Hölzel.

— die Markgrafschaft Mähren u. das Herzogth. Schlesien, s.a. Kronländer, die, der österreichischen Monarchie.

Kronländer, Die, der österreichischen Monarchie in ihren geographischen Verhältnissen dargestellt von einem Vereine vaterländischer Naturforscher und Geographen. Mit grossen Generalkarten der einzelnen Kronländer, mit physikalischen und statistischen Karten in Farbendruck und mit vielen in Lithographie und Holzschnitt ausgeführten Ansichten. 1. Bd. Die Markgrafschaft Mähren und das Herzogthum Schlesien von Carl Kořistka, Prof. in Prag, mit einer grossen Generalkarte von Adolf Sommer. 4 physikalischen und statistischen Karten in Farbendruck und einer Anzahl von Lithographien und Holzschnitten. 8. Wien und Olmütz 1860.

Kořistka, Carl: Die Markgrafschaft Mähren und das Herzogthum Schlesien in ihren geographischen Verhältnissen. Mit e. großen Generalkt. von Mähren u. Schlesien, 4 physik. u. statist. Kt. in Farbendr. u. e. Anzahl von Lithographien u. Holzschnitten. — Wien u. Olmütz: Hölzel 1861. XIII, 522 S.

Kořistka, Karl, Professor Gustav Schmidt. Eine biograph. Skizze, im Auftrage des Professoren-Collegiums der k. k. deutschen techn. Hochschule in Prag verf. gr. 8. (V, 98 S. mit Lichtdr.-Bild.) Prag 886, (Dominicus.) *

—— Studien über die Methoden und die Benützung hypsometrischer Arbeiten, nachgewiesen an den Niveauverhältnissen der Umgebungen von Prag. Ein neuer Beitrag zur Geodäsie und zur Orographie. gr. 4. (X und 107 S. mit 2 chromolithogr. Niveaukarten in Fol. und mehreren eingedr. Holzschn.) Gotha 858, J. Perthes. *

—— die hohe Tatra, s.a. Mittheilungen aus J. Perthes' geographischer Anstalt.

Kořistka, Die hohe Tatra in den Central-Karpathen.

s.a. Petermann, A. Mittheilungen aus Justus Perthes geogr. Anstalt

Kořistka, Carl: Die Hohe Tatra in den Central-Karpaten. Eine geographische Skizze, verfasst auf Grundlage einer Bereisung. Mit einer Terrain-Karte, vier Ansichten in Farbendruck und einem Holzschnitt. Gotha 1864. 36 S., 1 Tf., 1 Krt. — Ergänzungsheft zu Petermann's Geographischen Mittheilungen. No 12. 8°.

Kořistka, K., Übersicht der Thätigkeit der naturwissenschaftlichen Landesdurchforschung v. Böhmen, s.: Archiv der naturwissenschaftlichen Landesdurchforschung v. Böhmen.

—— der höhere polytechnische Unterricht in Deutschland, in der Schweiz, in Frankreich, Belgien und England. Ein Bericht an den hohen Landesausschuss des Königr. Böhmen, und mit dessen Genehmigung veröffentlicht. Lex.-8. (VIII und 167 S. mit 2 lithogr. Plänen in Fol.) Gotha 863, Besser. *

Kořistka, C. R. v., und R. Daublebsky v. Sterneck, Verzeichniss der in den J. 1877—1879 vom k. k. militär-geograph. Institut trigonometrisch bestimmten Höhen in Böhmen, s. Archiv der naturwissenschaftlichen Landesdurchforschung von Böhmen.

Koritkowski, Bruno, aus Berlin: Vier Fälle von Chorea gravidarum. *Greifswald 1904: H. Adler.* (40 S.) 8°
Greifswald, Med. Diss. v. 21. Apr. 1904

Koritnik, Anton: Slovarček k I. spevu Iliade. S. 3—18. 8. [Vokabular zum I. Gesange der Ilias.]
Progr. Fürstbischöfl. Privatgymn. *St. Veit ob Laibach* 1908.

KORITOFFSKY, Alexander (ps.), Die Macht der Rute und die Macht der Frauen. Nach geprüften Dokumenten aus Privatbesitz hrsg. (verfasst). Verlag M. G. Schneider, Budapest, II. Rózsahegy-utcza. I. O. J. (c. 1906). 8°. Illustr. Umschl. (3 Mk. Adolf Weigel, 1908.)
162 S. (incl. Vortit., Tit. u. 4 Bll. Einleitung, sowie S. 155 ff. Verlag der Firma). Antiquasatz.

Koritschan Leopold: Die Palme bei den Arabern und anderen semitischen Völkern.
1893 PN 807 Diss. Wien, Univ. 2855

Koritschoner Eugen: Quellenuntersuchungen zu den dramatischen Wirken Sir Aston Cockains.
II. 1910 PN 3019 Diss. Innsbruck, Univ. 2003

Koritschoner, Frans. Untersuchungen über das Russische Pech und das Harz von Pinus palustris. Diss. Phil. Bern. [Mit 1 Figur.] 64 S. 8. Wien, (Carl Fromme,) 1903.

Köritz, Wilhelm: Ueber das s vor Consonant im Französischen....
Strassburg, Druck v. E. Bauer, 1885; 8 + 135 S. 8°.
Strassburg, Phil. Fak., Inaug.-Diss. v. 1885.

Köritz, Wilhelm, über das s vor Consonant im Französischen. Diss. Strassburg i. Els. 1885, Trübners Buchh. u. Antiqu. (E. d'Oleire). 8°. 135 S.

Koritzius, Johannes: Die Frage der Schlachtviehversicherung, s. Schwerin, Christoph

Gegenwärtiger Stand des lokalen Viehversicherungswesens in der Provinz Pommern, insbesondere die Einrichtung von Kreisviehversicherungen. Von Johannes Koritzius. Stettin 1909: Pommersche Reichspost. 31 S. 4°
(Arbeiten d. Landwirtschaftskammer f. d. Prov. Pommern. H. 5.) 09. 11968

Koritsch, C., Hans Weißack. Eine Geschichte aus Alt-Halle. (127 S.) 8. Halle 910. G. Moritz. 2.—; geb. 3. —

Kork: Lehrplan d. Bürgerschule in Bochum. Bochum 1863.
Schul-/Univ.-Schrift

KORK, Fritz (ps.), Die Damen der Modenwelt, ihre Ansprüche, Lebensart, ihr Thun und Treiben. In Gemälden, Abentheuern und Charakterzügen, nach der Natur gezeichnet. 2 Thle. Düsseldorf bei J. H. C. Schreiner, o. J. (1807). 8°. (1 Rthl.)
I: 375 S. incl. Vorst. II: 3 Bll., 343 S. — Heinsius, B.-Lex., nennt die Jahrzahl. (1 fl. 12 xr. Scheible in e. alten Cat.; jetzt theurer!)
Inh.: Die Siegerin, die Pietistin, die Gelehrte, die Dumme, die Geschickte, die Faule etc. — Ziemlich zahm.

— — Dasselbe. Ebd. 1824. 8°.

— — Gemälde, Abentheuer und Charakterzüge von Damen aus der Modewelt. Nach der Natur gezeichnet. 2 Bde. Frankfurt u. Leipzig 1807. 8°. 375 u. 343 S. (6 Mk. Baer & Co., vor 1885; 12 Mk. Hugo Streisand, Berlin, 1908.)

Kork, M. J.: Zur Geschichte des Progymnasiums zu Dorsten. Dorsten 1867.
Schul-/Univ.-Schrift

Kork, Max, approb. Arzt aus Rietberg i. W.: Aus d. Marburger chirurg. Klinik. Ueber Varicen der unteren Extremitäten und ihre Behandlung, mit besonderer Berücksichtigung der Trendelenburgschen Methode. *Marburg 1901: H. Bauer.* (43 S.) 8°
Marburg, Med. Diss. v. 20. Apr. 1901

(Korkhaus, A.:) Vorschuß-Verein zu Limburg. E. G. m. u. H. 1860—1910. Limburg a. d. Lahn 1910: Goerlach. 20 S. 8°

Kork-Industrie-Zeitung. Offizielles Organ des Verbandes deutscher Kork-Industrieller. Zentral-Organ f. die Kork- u. Korkwaren-Fabrikation u. verwandte Zweige. Red.: M. Boerner. 2. u. 3. Jahrg. 1899 u. 1900. à 24 Nrn. Fol. (à ca. 6 S.) Halle, M. Boerner.
1. Jg. 1898. **à Jahrg. n. 8.—**

Kork-Industrie-Zeitung. Offizielles Organ des Verbandes der deutschen Kork-Industriellen sowie des Verbandes der österreich. Korkindustriellen. Internationale Vereinigg. sämtl. Korkindustriellen (Korken-Fabrikanten, Importeure u. Grosshändler). Zentrale f. Kork-Abfall-Verwertg., An- u. Verkauf v. Korkspänen. Zentral-Organ f. die Kork- u. Korkwaren-, Linoleum-, Korkstein-, Isoliermaterial-Fabrikation u. verwandte Zweige. 11.—13. Jahrg. 1908—1910. à 24 Nrn. (246, 246 u. 240 S. m. Abb.) 35×26,5 cm. Berlin-Zehlendorf (Hauptstr. 35), (vom 1. V. 1911 ab: Eutin) Alfr. Weber. à Jahrg. nn 10. —

Korkisch Erwin: De papyri, qua Phaedonis Platonici partes quaedam continentur, fide et auctoritate. D: Wien, 1907.
1907 PN 2283 Diss. Wien, Univ. 1620

Korkisch, Hubert

Korkisch, Hub., Beiträge u. Erfahrungen in der Pensionsversicherung der Privatangestellten, s.a. Schriften des deutschen Werkmeister-Verbandes. 17. Heft.

Beiträge und Erfahrungen in der Pensionsversicherung der Privatangestellten. Von Dr. Hubert **Korkisch**. (Düsseldorf: Werkmeister-Buchh. 1910.) 30 S. 8°
(Schriften d. Deutschen Werkmeister-Verbandes. H. 17.) [11. 4053

— Gesetz vom 16. XII. 1906 RGBl. 1907 Nr. 1, betr. die Pensionsversicherung der in privaten Diensten u. einiger in öffentlichen Diensten Angestellten. Mit kurzen Erläutergn. (VII, 80 S.) kl. 8. Wien 907. Manz. —85

Korkisch, Hub., Die Pensionsversicherung d. Privatbeamten. Systematische Darstellg. des Gesetzes vom 16. XII. 1906 RGBl. Nr. 1 ex 1907, betr. die Pensionsversicherg. der in privaten Diensten u. einiger in öffentl. Diensten Angestellten. (X, 263 S.) 8. Wien 907. Manz. 3.20; geb. n 4. 10

Korkisch, H., Das Privatbeamtenversicherungsgesetz. 8°. (80 S.) Wien: Manz 1907. K 1.--

Korkisch, Hub. (Red.), s. Sozialversicherung.

Die rechtliche Stellung der Ersatzeinrichtungen für Pensionsversicherung. Von Dr. Hubert **Korkisch**. Wien: Manz 1910. 69 S. 8° [11. 1900

Korkisch, H., Was hat jeder Dienstgeber und Dienstnehmer von der Privatbeamtenversicherung unbedingt zu wissen? 4. Aufl, 8°. (111 S.) Triest: Schimpff 1908. K 1.40

— Was hat jeder Dienstgeber u. Dienstnehmer v. der Privatbeamtenversicherung unbedingt zu wissen? Gemeinverständliche Zusammenstellg. in Frage u. Antwort. 3. Aufl. (111 S.) kl. 8. Triest (909). M. Quidde. 1.—

Korkisch, H., Was hat jeder Dienstgeber u. Dienstnehmer v. der Privatbeamtenversicherung unbedingt zu wissen? Gemeinverständliche Zusammenstellg. in Frage u. Antwort. 3. Aufl. (111 S) kl. 8. Triest, F. H. Schimpff. 1909

Bielefeld: [Lied]. All den lieben Br.·. der ▭ Armin zur deutschen Treue Or.·. Bielefeld am Tage der Einweihung des neuen ▭ Hauses, am 1. Mai 1864, gewidmet von Br.·. **Korlan.** [Bielefeld 1864.] 2 Bl. 8⁰ [Umschlagtit.]
Ohne Noten: „Die Nacht entflieht, die düstern Schatten schwinden . . .“ 157.

Korle und Carlo. Anne äberlaus. Geschichte aus'n Leb'n. Bautzen 1894. V: *Renatus, Johs.* (Berl)

Korlén, Artur (Hrsg.), s. Statwech, Johann: Gereimte Weltchronik.

KORLÉN, Gustav Artur.
Statwechs gereimte Weltchronik Ms. N:o 777 Hannover. Akademische Abhandlung von Artur Korlén. Uppsala 1906. 8:o. x + 287 s. (Ur: Upps. univ. årsskr., 1907.)
Diss. Uppsal. phil.

Korm, Ludw., rotes Gift, s.: Bühne, soziale.

— Ein junger Held, s.: Bühne, soziale.

— Nächstenliebe u. Menschenpflicht, s.: Bühne, soziale.

— Rote Rosen od.: Verschmäht, s.: Mehrakter.

Kormaks Saga, sive Kormaki Oegmundi filii vita. Ex Manuscriptis legati Magnaeani cum interpretat. lat., dispersis Kormaki carminibus ad calcem adjectis et indicibus personar., locor. ac vocum rarior. 8 maj. (22¼ B. u. Titvign.) Hafniae 832, (Gyldendal.)

Kormaks Saga. Hrsg. von Th. Möbius. gr. 8. (208 S.) Halle 886, Buchh. des Waisenhauses. *

Korman, s.: Jugend, gesunde.

Korman, Max, d. **Leipziger Sanitätswachen**, ihre Entstehg., Einrichtg. u. Thätigkeit in d. J. 1883—1893. gr. 8. (VIII, 53 S.) München 895. Seitz & Schauer. n. 1. 50

Sätze aus der Philosophie und Mathematik des ersten Jahres zur öffentlichen Prüfung in dem befreyten Stifte Prifling aufgesetzt, von *Rp. Korman*, Regensp. 51 S. 8. 1785.

Körman-Alzech, J., Offenbarung der Wunder u. Geheimnisse aller Zeiten, s. Bibliothek, occultistische. I.

— künstliche Traum-Erzeugung d. i. die Kunst, das Traumleben nach Wunsch zu lenken u. zu beeinflussen. (16 S.) 8. Leipzig (904). A. F. Schlöffel. n. —60

Kormann, A. H., (Domainen-Sekretair Diesing), Vorschlag u. Beschreib. einer neuen inneren Einrichtung der Getreidespeicher, welche d. Vortheile gewährt, daß 1) das Getreide mit einer großen Ersparung des Raumes luftig aufbewahrt ist; 2) sich nicht erhitzen kann u. nie umgeschaufelt zu werden braucht; 3) gegen Mäuse u. schädliche Insekten gesichert ist, u. daß endlich 4) der Eigenthümer jeden Augenblick wissen kann, wie viel von jeder Getreidegattung sich vorräthig befinde, oder ob etwas und wie viel entfremdet worden sey. Mit 1 Abbild. 8. Brünn 826. Traßler. 4 Kr

Kormann, Alexander Otto (Leipzig), De renuntiatione remediorum in negotiis privatorum usitata. Diss. jur. Lpz. (Staritz) 29. XII. 1836. 35 S. (6.—) 19177
Gew.: D. Carl Friedrich Günther.

Kormann, Bodo, Assistent an der Kgl. S. Tierärztlichen Hochschule zu Dresden: Aus dem Physiologischen Institut der Tierärztlichen Hochschule zu Dresden (Geh. Med.-Rat Prof. Dr. Ellenberger). Über den Bau des Integuments der Regio narium und der Wand des Nasenvorhofs der Haussäugetiere mit besonderer Berücksichtigung der daselbst vorkommenden Drüsen. Gießen 1905: R. Menzel, Zittau. (89 S.) 8°
Gießen, Verein. Med. Fak., Ref. Martin, Diss. v. 14. März 1905
[Geb. 14. Mai 78 Dresden; Wohnort: Dresden; Staatsangeh.: Sachsen; Vorbildung: Wettiner Gymn. Dresden, Reife O. 98; Studium: Dresden 8 S.; Rig. 14. Juli 04.]

Kormann, Ernst, das Buch von der gesunden u. kranken Frau in den ersten Stadien des ehelichen Lebens. 8. (XII, 276 S.) Erlangen 877. Besold. n. 2. 40; geb. m. Goldschn. n. 3. 20

Kormann, Ernst, das Buch von der gesunden und kranken Frau in den ersten Stadien des ehelichen Lebens, nebst Anleitung zur Pflege des Neugeborenen und des Säuglings und zur Erziehung des Kindes bis zum Ende seines ersten Lebensjahres und einem Anhang über Säuglingskrankheiten. 2. Aufl. 8. (XIII, 276 S.) Erlangen 883, Besold. geb. *

—— **Influenza**, s. **Handbuch** der Kinderkrankheiten.

Kormann, E., Compendium der Kinderkrankheiten, neue Bearbeitg., s.a. **Schwechten, Ernst**, die Kinderkrankheiten.

Kormann, Ernst, Compendium der Kinderkrankheiten. Zum Gebrauche für klin. Praktikanten und junge Aerzte. 8. (VI, 816 S.) Leipzig 878, Abel. *

Kormann, Ernst, Compendium der Orthopädie. Zum Gebrauche für klin. Praktikanten und Aerzte. 8. (VIII, 208 S.) Leipzig 874, Abel. *

— **Lehrbuch** der Geburtshilfe f. Aerzte u. Studierende. Mit 106 Holzschn. gr. 8. (XI, 538 S.) Tübingen 884. Laupp. n. 10. —

Kormann, Karl, System der rechtsgeschäftlichen Staatsakte, Verwaltungs- u. prozessrechtliche Untersuchgn. zum allgemeinen Teil des öffentl. Rechts. Von der jurist. Fakultät der Universität Freiburg i. B. m. dem Preis der Dr. Rudolf Schleiden-Stiftg. gekrönt. (XXXI, 422 S.) gr. 8. Berlin 910. J. Springer. 12. —

— Die kirchenrechtlichen Veräusserungsbeschränkungen beim katholischen Kirchengut u. das bürgerliche Recht, s.a. **Abhandlungen**, kirchenrechtliche. 42. Heft.

Kormann, Karl, Referendar: Die kirchenrechtlichen Veräußerungsbeschränkungen beim katholischen Kirchengut und das bürgerliche Recht. Stuttgart 1907: Union. (VI, 42 S.) 8° ¶ (Teil der eingereichten Arbeit; d. Ganze erschien 1907 als Kirchenrechtl. Abhandlungen H. 42.)

Berlin, Jur. Fak., Ref. Seckel u. Kahl, Diss. v. 30. Mai 1907 [Geb. 29. Okt. 84 Ober-Mörlen (Großh. Hessen); Wohnort: Lichterfelde bei Berlin; Staatsangeh.: Preußen; Vorbildung: Gymn. Karlsruhe i. B. Reife M. 02; Studium: Berlin 3, Leipzig 1, Berlin 4 S.; Rig. 5. März 07.]

Die kirchenrechtlichen Veräusserungsbeschränkungen beim katholischen Kirchengut und das bürgerliche Recht. Zugleich e. Beitrag z. Lehre von d. Veräusserungsverboten nach Bürgerl. Gesetzbuch von Dr. jur. Karl **Kormann**. Stuttgart: F. Enke 1907. (XV, 161 S.) 8°
= **Abhandlungen**, Kirchenrechtliche. H. 42. [07. 9896

Kormarten, Christoff

- - , Der // Aller=Durchlauchtigsten Käyserin // STATIRA // Oder // CASSANDRA, // Zweyter Theil /// Mit // Persianisch= Griechisch= Scyth= // und Amazonischen // Staats= und Liebes= // Geschichten /// Welche sich // Unter des Darius und Grossen // Alexanders bestrittenen Re= //gierung begeben /// Nebenst vielen schönen Kupffern // Aus dem Frantzösisch= und Holländischen // ins Teutsche über- setzet // von // D. Christoff Kormarten. // Leipzig/ bey Thomas Fritschen /// 17o2. - Titelblatt und 734 S. (außer den Kupfern). -
Auf dem Einbanddeckel steht in Golddruck:
JOH. CONST. GELLIUS.
DRESD. MISN.
SOCIETATI PHILOTEUT.
POETICAE.
D. D. D.
1 7 2 3.

B. S. T. 8°.381[a].

Der // Aller=Durchlauchtigsten Kayserin // STATIRA // Oder // CASSANDRA, // Vierdter Theil /// Mit // Persianisch= Griechisch= Scyth= // und Amazonischen // Staats= und Liebes= // Geschichten /// Welche sich // Unter des Darius und Grossen Alexanders bestrittenen Regie= // rung begeben /// Nebenst vielen schönen Kupffern // Aus dem Frantzösischen ins // Teutsche übersetzet // von // D. Christoff Kormarten. // Leipzig /// bey Thomas Fritschen / 17o7. - Titelblatt und 716 S.
Auf dem Einbanddeckel steht in Golddruck:
FR. GOTTL. SCHUPPER
DRESD. MISN.
SOCIETATI PHILOTEUT.
POETICAE
D. D. D.
1 7 2 3.

B. S. T. 8°.381[b].

Der // Aller=Durchlauchtigsten Kayserin // STATIRA // Oder // CASSANDRA, // Funffter und letzter Theil /// Mit Persianisch= Griechisch= Scyth= // und Amazonischen // Staats= und Liebes= // Geschichten /// Welche sich // Unter des Darius und Grossen // Alexanders bestrittenen Regierung // begeben /// Nebst vielen schönen Kupffern // Aus dem Frantzösischen Übersetzet // Von // D. Christoph Kormarten. // Leipzig /// bey Thomas Fritsch. // 17o7. - Titelblatt und 632 S. -
Auf dem Einbanddeckel steht dieselbe Widmung wie bei 8°.381[b].

B. S. T. 8°.381[c].

Körmendi, **Joan., Diss. medica sistens quaedam ex medicina forensi. 8maj. Wien 767. Trattner. 2 fl**

Körmigk, Wilhelm: Ueber Erysipelas. Halle (1868): Plötz. 29 S. 8°
Halle-Wittenberg, Med. Diss. v. 18. März 1868
Geb. Raguhn (Anhalt) 24. 7. 1845. V.

Körmöczy, Emerich *v., Dr. Abt v. St. Heinrich, Erzdech., Domherr v. Grosswardein, Ritter des k. k. Leopoldordens.* Flavian, oder: Der Sieg der Wahrheit und der Tugend. — Eine Erzählung aus dem vierten Jahrhundert der christl. Zeitrechnung. ***Wien*** **1858.** Druck v. *A. Schweiger*. VIII, 163 S. 8°.

Körmöczy, Emerich, *Dr., Abt von St. Heinrich, Erzdechant u. s. w.* Flavian. Eine Erzählung aus dem vierten Jahrhundert der christlichen Zeitrechnung. *Wien* 1858. In Commission bei *C. W. Seidel.* Druck von *A. Schweiger.* 30 kr.

Kormos, Thdr., Aufzählung der Weichthiere des Balatonsees, s.: **Weiss, A.**

Korn, goldenes. Ein Buch m. Bildern, Geschichten u. Betrachtgn. f. die Kinder. 4. (56 S. m. 1 Farbdr.) Witten (901). Buchh. der Stadtmission. Geb. — 80

Korn, der Förster von St. Friedrichshausen. 8. Offenb. 814. Brede. 6 Kr

Korn, landwirthschaftliches Vademecum. Ein Führer durch das Gebiet der heutigen Landwirthschaft. Für Oekonomen und solche, die es werden wollen, sowie für Händler, Kunst- und Oelmüller. 2., durchgeseh. Aufl. (IV und 145 S.) Leipzig 849, Spamer. *

Korn (Hrsg.), s. Zeitung, Allgemeine landwirthschaftliche.

Korn, A. Bitten an das so sehr geliebte Ministerium von Camphausen. Druck von L. Schlesinger. 1 Bl. 8.
Flugblatt. Berlin, 24. Juni 1848.

Long Island Deutsche Zeitung: 1885—? East New York, NY
Established as a weekly by A. Korn.

Korn, Adolf

Korn, Adf., Geographie v. Bayern, s.: Bahmer, Dav.

Korn, Adolf, approb. Arzt aus Waiblingen: Ueber Methoden, Pepsin quantitativ zu bestimmen. *Tübingen: F. Pietzcker 1902.* (40 S.) 8°
Tübingen, Med. Diss. v. 1902

Korn, Adf., Sammlg. v. Aufgaben aus allen Fächern bei Aufnahmeprüfgn. in Präparandenschulen. (104 S.) gr. 8. Bayreuth (903). H. Heuschmann jun. n. — 90; geb. n. 1. 20

Korn, Alexand (geb. Kurnik in Posen 12. 2. 1830): De coxarthrocaces diagnosi. Berolini (1855). (30 S.) 8°
Berlin, Med. Diss. v. 12. März 1855

Korn, Alphons, Dr. med., a. Breslau: Ueber die Veränderungen des Mammaparenchyms beim Carcinom der Mamma und über das intracanaliculäre Wachstum des Mammacarcinoms unter Zugrundelegung von 103 Fällen. Würzburg 1904: A. Borst. (40 S.) 8°
Würzburg, Med. Fak., Ref. v. Rindfleisch, Diss. v. 1. Aug. 1904
[Geb. 25. Aug. 73 Breslau; Wohnort: Breslau; Staatsangeh.: Preußen; Vorbildung: Gymn. Treptow Reife M. 93; Studium: Breslau 7, Würzburg 5 S.; Coll. 6. Juli 04; Approb. 15. Juli 03.]

Korn, Alfr.: Ein Blick in die Vergangenheit des Anwaltsstandes der Mark Brandenburg. Berlin 1896.

Korn, Alfr., Bürgerkunde f. Preußen, s.: Glock, A.

Korn, Alfr.: Die Deliktsfähigkeit der juristischen Personen nach dem BGB. Berlin 1900.
(in: Festgabe d. Rechtsanwaltschaft d. Kammergerichts f. Wilke.)

Korn, Alfr., a.: Festgabe der Rechtsanwaltschaft des Kammergerichts f. Dr. Richard Wilke.

Korn, Alfr. (geb. Rosenberg in Westpr. 28. 1. 1861). Der Gerichtsstand der unerlaubten Handlung im Reichscivilprocess. Berlin 1885. (95 S.) 8°
Berlin, Jur. Diss. v. 6. Mai 1885

Korn, Alfr., der Gerichtsstand der unerlaubten Handlung im Reichscivilprocess. gr. 8. (IV, 92 S.) Berlin 885. (Puttkammer & Mühlbrecht.) n. 1. 20

Korn, Alfr., das Gesetz betr. Kaufmannsgerichte vom 6. VII. 1904 u. der kaufmännische Dienstvertrag. Gemeinverständlich dargestellt. (32 S.) gr. 8. Berlin 904. W. Herlet. n. — 75

— s.: Gesetzbuch, das bürgerliche.

— s.: Gesetzbuch, praktisches.

— Handausgabe der Zivilprozeßordnung u. des Gerichtsverfassungsgesetzes in der vom 1. IV. 1910 ab geltenden Fassung nebst Nebengesetzen. (X, 565 S.) 8. Ebd. 910. Geb. in Leinw. 5. 50

— Handbuch des Zivilrechts m. Einschluß des Handels- u. Wechselrechts. (XXIV, 734 S.) gr. 8. Ebd. 908. 12.—; geb. n 13. —

— das neue Handelsgesetzbuch f. das Deutsche Reich im Orig.-Text m. den preisgekrönten gemeinverständlichen Erläuterungen. Mit e. Vorwort v. Riesser. Im Anh.: Seehandel. — Einführungsgesetz zum Handelsgesetzbuch. — Ausführliches Sachregister. 1.—5. Aufl. gr. 8. (à XIX, 819 S.) Berlin 901. W. Herlet. 4. 50; geb. in Leinw. 5. 50

Korn, Alfred [aus Saalfeld]: Ueber Iriscysten und Cilien in der vorderen Augenkammer ... Weimar, Druck v. R. Wagner, 1892; 1 Bl., 18 S. 8.
Jena, Med. Fak., Inaug.-Diss. v. [26. Sept.] 1892

Korn, Alfr., üb. Iriscysten u. Cilien in der vorderen Augenkammer. Diss. gr. 8. (18 S.) Weimar 892. (Rudolstadt, H. Dabis.) n. — 40

Korn, Alfr., ist die Deportation unter den heutigen Verhältnissen als Strafmittel praktisch verwendbar? (Veröffentlichung der Holtzendorff-Stiftg.) Von der Holtzendorff-Stiftg. m. dem Preise gekrönte Arbeit. gr. 8. (VIII, 259 S.) Berlin 898. J. Guttentag. n. 4. 50

Korn, Alfr., die deutsche Rechtsanwaltschaft in Wirklichkeit u. in d. öffentl. Meinung. E. Wort zur Abwehr u. Aufklärg. Zugl. offene Erwiderg. auf die Schrift „D. Untergang d. deutschen Anwaltsstandes". gr. 8. (35 S.) Berlin 896. W. Issleib. n. 1. —

— s.: Rechtsbuch, neuestes, f. das Deutsche Reich.

— Der Strafprozeß, s.: Rechtskatechismen, populäre.

Korn, A[lfred]: Strafrechtsreform oder Sittenpolizei? ⟨Zu § 361 Nr 6 d. Reichsstrafgesetzbuchs.⟩ Leipzig: Duncker & Humblot 1897. 32 S. 8°
Aus: Schmollers Jahrbuch f. Gesetzgebung. 21, 3.

— Wechselordnung nebst Wechselprozeß u. Wechselstempelgesetz sowie Ausführungsverordnungen. erläutert. 2. Abdr. (VIII, 219 S.) 8, Berlin 910. F. Vahlen. Geb. in Leinw. 4. —

Korn, Arth., Abhandlungen zur Elastizitätstheorie. I. Allgemeine Lösg. des elast. Gleichgewichtsproblems bei gegebenen Verrückgn. an der Oberfläche. (S. 37—80.) gr. 8. München 906. (G. Franz' Verl.) n. — 60

— dasselbe. II. Die Eigenschwinggn. e. elast. Körpers m. ruh. Oberfläche. (S. 351—402.) gr. 8. Ebd. 906. n. 1. —

Korn, Arth., Abhandlungen z. Potentialtheorie. 5 Hfte. gr. 8. Berlin, F. Dümmler's Verl. n. 6. —
1. Ein allgem. Beweis der Methoden des alternierenden Verfahrens u. der Existenz der Lösungen des Dirichletschen Problemes im Raume. (34 S.) 901. n. 1. —
2. Eine weitere Verallgemeinerung der Methode des arithmetischen Mittels. (34 S.) 901. n. 1. —
3. Über die zweite u. dritte Randwertaufgabe u. ihre Lösung. (56 S.) 901. n. 1. —
4. Über die Differentialgleichung $\Delta U + k\varphi^2 U = f$ u. die harmonischen Funktionen Poincarés. (55 S.) 902. n. 1. —
5. Über e. Satz v. Zaremba u. die Methode des arithmet. Mittels im Raume. (XVI, 66 S.) 902. n. 2. —

Korn, Arthur: Über die Anwendbarkeit kombinatorischer Methoden zur Reduktion von Problemen der Hydrodynamik, Elektrodynamik und der magnetischen Induktion. . . . Berlin, Druck v. G. Bernstein, 1890; 43 + 1 S. 8°
Leipzig, Phil. Fak., Inaug.-Diss. v. 21. Apr. 1890

Aufreizung! Gedichte aus d. Banat von Arthur **Korn**. München 1905: Kastner & Callwey. (VIII, 72 S.) 8° [F.] [07. 17008

Korn, Arth., Aufreizung! Gedichte aus dem Banat. (VIII, 72 S.) 8. München 905. (J. F. Lehmann's Verl.) n. 1. —

— über die natürliche, elektrische Belegung e. beliebigen, stetig gekrümmten Konduktoroberfläche. gr. 8. (S. 425—434.) München 901. (G. Franz' Verl.) n. — 20

Korn, Arthur [Dr.]: Über die Bewegung kontinuierlicher Massensysteme ... Berlin, Druck v. G. Bernstein, 1895; 49 S. 8.
München, Phil. Fak., Hab.-Schr. v. 1895
(Nicht für den Austausch)

Korn, (Arth.), ein neuer allgemeiner Beweis f. die Gültigkeit der Neumann-Robinschen Methoden des arithmetischen Mittels, s.a. Acta, nova, academiae caesareae etc. naturae curiosorum. 88, II.

Ein neuer allgemeiner Beweis für die Gültigkeit der Neumann-Robinschen Methoden des arithmetischen Mittels. Von A[rthur] Korn. Halle: Deutsche Akad. d. Naturforscher 1908. (S. 151–173.) 4°
— Acta, Nova, Academiae Caes. Leopoldino-Carolinae. T. 88, No 2. [08. 6640

— u. E. Strauss, über e. Beziehung zwischen Wanderungsgeschwindigkeit u. Form der Ionen. (S. 13—19.) gr. 8. Ebd. 905. — 20
3 Sonderabdrucke aus: „Sitzungsber. d. bayer. Akad. d. Wiss."

Die Deutschenverfolgung in Ungarn. Zur Aufklärung d. deutschen Volkes geschrieben von Arthur Korn. München: J. F. Lehmann 1903. (91 S.) 8° [F.] [07. 15497 4

— über e. mögliche Erweiterung des Gravitationsgesetzes. 1. Abhandlg. (S. 383—434.) gr. 8. Ebd. 903. n. 1. 20

— dasselbe. II. Abhandl. (S. 563—590.) gr. 8. Ebd. 903. n. — 60
4 Sonderabdrucke aus: „Sitzungsber. d. bayer. Akad. d. Wiss."

— über den sogenannten semidefiniten Fall in der Theorie der Maxima u. Minima. gr. 8. (S. 235—246.) Ebd. 900. n. — 20

— über den einfachsten semidefiniten Fall in der eigentlichen Variationsrechnung. gr. 8. (S. 75—90.) Ebd. 902. n. — 40
3 Sonderabdrucke aus: „Sitzungsber. d. bayer. Akad. d. Wiss."

— elektrische Fernphotographie u. Aehnliches (66 S. m. 13 Fig.) 8. Leipzig 904. S. Hirzel. n. 1. —

— Elektrische Fernphotographie u. Ähnliches. 2. Aufl. (88 S. m. 21 Fig. u. 1 Taf.) 8. Leipzig 907. S. Hirzel. 2. —

Korn, Arthur: Joseph d. Zweite. Ein Romanzenkranz. (70 S.) 8°. Wien: Carl Pohan's Nachfolger. 80 kr. 1885.

Korn, Arth., Joseph der Zweite. Ein Romanzenkranz. gr. 8. (70 S.) Wien 885, Selbstverlag. *

Lehrbuch der Potentialtheorie. Von Dr. Arthur Korn, Privatd., München. Mit Fig. 1. 2. *Berlin: F. Dümmler 1899–1901.* 2 Bde 8°
1. Allgem. Theorie d. Potentials u. der Potentialfunktionen im Raume.
2. Allgem. Theorie d. logarithm. Potentials u. d. Potentialfunkt. in d. Ebene. [01. 1441

— allgemeine Lösung des Problems der magnetischen Induktion. gr. 8. (S. 435—440.) München 901. (G. Franz' Verl.) n. — 20
Sonderabdruck aus: „Sitzungsber. d. bayer. Akad. d. Wiss."

— Über Minimalflächen, deren Randkurven wenig von ebenen Kurven abweichen. (37 S.) Lex. 8. Berlin 909. G. Reimer. 2. —
Sonderabdr. aus: „Abhandlgn. d. preuss. Akad. d. Wiss.".

— einige Sätze üb. die Potentiale v. Doppelbelegungen. (S. 3—26.) gr. 8. München 903. (G. Franz' Verl.) n. — 40

— Über freie u. erzwungene Schwingungen. Eine Einführg. in die Theorie der linearen Integralgleichgn. (V, 136 S.) Lex. 8. Leipzig 910. B. G. Teubner. 5. 60

Eine Theorie der Gravitation und der elektrischen Erscheinungen auf Grundlage der Hydrodynamik. Von Dr. Arthur Korn. Tl 1. II, Abschn. 1. [Mehr nicht erschienen.] *Berlin: F. Dümmler 1892—94.* 2 Bde 8.
1. Gravitation u. Elektrostatik. 1892. (VIII, 58 S., 1 kl. Bl.)
II. Elektrodynamik. 1. Theorie d. permanenten Magnetismus u. d. konstanten elektrischen Ströme. 1894. (IV, 120 S.) [98. 6853

Korn, Arth., e. Theorie der Gravitation u. d. elektr. Erscheingn. auf Grundlage d. Hydrodynamik. 2. Aufl. 2 Tle. (in 3 Abschn.) gr. 8. Berlin, F. Dümmler's Verl. n. 7. —
1. D. Grundlagen d. Hydrodynamik u. d. Theorie d. Gravitation. (117 S.) 896. n. 3. —
2. Theorie d. elektr. Erscheingn. 1. Abschn.: Ponderomotor. Wirkgn. (S. 119—208 m. Fig.) 897. n. 2. 50
3. dasselbe. 2. Abschn.: Elektromotor. Wirkgn. (VI u. S. 211—280.) 898. n. 1. 50

Eine mechanische Theorie der Reibung in kontinuierlichen Massensystemen. Von Dr. Arthur Korn, Privatd., München. Mit 5 Fig. *Berlin: F. Dümmler 1901.* (XII, 219 S.) 8° [01. 6830

— Untersuchungen zur allgemeinen Theorie der Potentiale v. Flächen u. Räumen. (S. 3—36.) gr. 8. Ebd. 906. n. — 60

— über e. Verfahren der elektrischen Fernphotographie. (Vorläufige Mitteilg.) gr. 8. (S. 39—41.) München 902. (G. Franz' Verl.) n. — 20
Sonderabdruck aus: „Sitzungsber. d. bayer. Akad. d. Wiss."

Korn, Carl, s. Korn, Karl

Korn, Christoph Heinrich

Korn, Chr. Hnr., s. Abendlust im Prater.

– s. Amalia, oder einige Züge rc.

— s. Anekdoten zu Pombal's Leben rc.

Auferstehung, Die, der Bettelmönche (von *Christoph Heinr. Korn*). Mietau (Stettin in Ulm). 1782.
Weller, fing. Dr. — Das Anon.-Lex. I. p. 114 nennt auch Joh. Ferd. Gaum als Verfasser (nach Privat-Mittheilung).

s. Aurelius, oder der Einsiedler rc.

– s. Ausländer, der, in d. Schweiz.

— s.a. Begebenheiten e. Freimaurers.

Die Begebenheiten eines Freymåurers [d. i. Christ. Heinr. Korn], beschrieben von ihm Selbst. Th. 1. 2. Frankfurt u. Leipzig [Ulm]: Stettin 1769. 441 S. [Titelkupfer.] 8°

1. S. 1—237 1 Titelkpfr.; 2. 239—441 S. Kl. 3947, Tt. 2640, TB. 20. Schildert Betrügereien, die unter dem Deckmantel der Frmrei ausgeführt werden. Wahrscheinlich dasselbe wie vorhergehende Nr. 23. 25.

– s. Polit.-histor.-geogr. Beschreibung v. Ungarn &c.

– s. Bramine, der lasterhafte.

Korn, Chr. Hnr., († d. 25. Sept. 1783.) Briefe eines Landedelmannes im Reich an seinen Freund bei Hofe über die jetzige Theuerung u. d. Mangel des Getreides. 8. Frankf. 772.

– s. Charlotte, od. der großmüth. Freund.

– s. Frau, die tugendhafte u. redliche.

– s.a. Geschichte d. engl.-französ.-span. Kriegs

[KORN, Christoph Heinrich] 1726 - 1783
Kurzgefaßte Geschichte des englisch-französisch-spanischen Krieges, aus Veranlassung des Aufstandes der englischen Kolonien in Nordamerika.
Von dem Verfasser der rußisch türkischen Kriegsgeschichte.
Mit einigen Anmerkungen.
Salzburg: Waisenhaus. 1780. 4, 172 S. 8°.
Universitätsbibliothek Salzburg
Ausg. Salzburg 1782 [Frankfurt-Leipziger Meßkatalog, Ostermesse 1782, S. 288] konnte nicht gefunden werden.
Michaelismesse 1780, S. 973.

– s.a. Geschichte d. Kriege in u. außer Europa.

[KORN, Christoph Heinrich] 1726 - 1783
Geschichte der Kriege in und ausser Europa Vom Anfange des Aufstandes der Brittischen Kolonien in Nordamerika an.
Erster [- Dreyßigster] Theil.
Nürnberg: Raspe. 1776 [- 1784]. 4°.
Bayerische Staatsbibliothek München
Sabin 27213: ohne Verfasser. Baginsky 518: mit Verfasser.
Palmer: mit Verfasser u. Anfangsjahr 1777.

– s. Neueste Geschichte d. Welt.

– s. Gespräche im Reiche der Todten zwischen Angelo u. v. Moncada, u. ebendas. zwischen Tottleben u. Ali-Bey.

– s.a. Isabelle v. Miranda.

ISABELLA von Miranda, oder die durch die Bosheit verfolgte Unschuld, eine tragische Geschichte (von *Chp. Heinr. Korn*). Augsburg, Stage, 1773. 8°.
Anon.-Lex. II. p. 338 (nach Meusel u. Kayser).

– s.a. Isabelle, od. die Stiefmutter.

ISABELLE oder die Stiefmutter, eine Spanische Erzählung (von *Chp. Heinr. Korn*). Stuttgart 1770. 8°.
l. c. (nach den Vorigen).

– s. Kanut der Große.

– s. Lotterien, die.

– s.a. Materialien, Ulm.

MATERIALIEN (von *Christoph Heinr. Korn*). Ulm 1768.
Anon.-Lex. III. p. 120 (nach Meusel u. Kayser).

– s. Merkwürdigkeiten von Portugal, 4 Stcke.

— Türkische Merkwürdigkeiten, oder kurzgefaßte Nachrr. von d. Geschichte, Staatsverfassung, Religion u. d. Sitten dieses berühmten Volkes. 8. Tübing. 771.

MIRANDA, Isabelle von, oder die durch die Bosheit verfolgte Unschuld. Eine tragische Geschichte (von *Christoph Heinr. Korn*). Augsburg 1773. 8°.
Bibl. J. J. Schwabii II; Anon.-Lex. II. p. 338 (nach Meusel u. Kayser).

– s. v. Pontis, d. Graf &c.

– s. Thorheit, tausend u. eine.

– s.a. Zemin, oder der Götterausspruch.

ZEMIN, oder der erfüllte Götter-Ausspruch, eine morgenländische Erzählung (von *Chph. Heinr. Korn*). Stuttgart, Metzler, 1770. 8°.
Cat. Monath II. Nürnb. 1783. p. 107; Anon.-Lex. IV. p. 431 (nach Meusel u. Kayser).

Korn, Curt, s. Korn, Kurt

Korn, Edgar, approb. Arzt aus Breslau: Ueber sekundäre septische Infektion bei Typhus abdominalis. *Leipzig 1900: B. Georgi.* (45 S.) 8°
Leipzig, Med. Diss. v. (20. Okt.) 1900

Korn, Emil [pract. Arzt]: Experimentelle Untersuchungen über Kohlenstaubinhalationen bei lungenkranken Thieren .... Leipzig, Druck v. J. B. Hirschfeld, 1886; 1 Bl. + 20 S. 8°.
Königsberg, Med. Fak., Inaug.-Diss. v. 18. Aug. [handschr.] 1886.

Korn, Emil, experimentelle Untersuchungen über Kohlenstaubinhalationen bei lungenkranken Thieren. Diss. Königsberg i. Pr. 1886, Graefe & Unzer. 8°. 20 S.

Korn, Er., Die Entwickelung des Grundsatzes »Hand muss Hand wahren«. Inaug.-Diss. Breslau 1881. 8. . . . . (1881.)

Korn, Erich, Anteros, s.a. Universal-Bibliothek.

Korn, Erich: Anteros. Drama in 5 Aufz. (mit Benutzung v. Beaumont u. Fletchers Drama 'The maid's Tragedy') von –. Musik von Felix Lederer-Prina. Bühneneinrichtung nach d. Berliner Aufführung. Mit 8 Dekorationspl.
Leipzig: Reclam jun. [1909]. 116 S. 8°
(Universal-Bibliothek. 5132.)

Korn, Erich. Ueber Fortbildung der Arten durch Naturtriebe u. Domestikation. Diss. gr. 8. (39 S.) Berl. 890, (Conrad). * — 80

Korn, Erich: Über Fortbildung der Arten durch Naturtriebe und Domestikation. . . . Berlin, Buchdr. H. Mamroth, 1890; 39 S. 8°
Leipzig, Phil. Fak., Inaug.-Diss. v. [24. Nov.] 1890

Korn, Erich, Marius u. Sulla, s.: Grabbe, Ch. D.

Korn, Ernst, a. Essen ⟨Ruhr⟩: Die Technik der Bankdepotgeschäfte, ihre volkswirtschaftliche Bedeutung und ihre gesetzliche Regelung in Deutschland unter besonderer Berücksichtigung des Depotwesens der Reichsbank. München 1906: J. Schweitzer ⟨A. Sellier⟩. (92 S.) 8° [F.]
Erlangen, Phil. Fak., Ref. v. Eheberg, Diss. v. 12. Sept. 1906
[Geb. 19. März 80 Essen (Ruhr); Wohnort: Essen; Staatsangeb.: Preußen; Vorbildung: Oberrealsch. Essen Reife O. 00; Studium: Berlin 2, München 2, Erlangen 2 S.; Rig. 31. Jan. 06.]

Korn, Eug., s.: **Heine-Kalender.**

Korn, F. Ad., die Wege zum Reichthum. Satyr.-didact. Gedicht in 4 Ges. 12. (4 B.) Prag 828, (Kronberger u. Weber.)

Korn, F. C., über das Veredeln des Weinstockes. [Aus: Illustrirte Monatshefte für Obst- u. Weinbau.] Ravensburg 865. (Ulmer.) gr. 8. (7 S.) 1 ngr.

Korn, F. W., die Stellen-Jäger, s. Both's Bühnen-Repertoir des Auslandes.

Korn, F. W., die Wage zum Reichtoum. Satyrisch-didakt. Gedicht in 4 Gesängen. 12. Prag 828. (Kronberger u. W.) 8 gGr

Korn, F. W., Wurst wider Wurst, s. Both's, L. W., Bühnen-Repertoir des Auslandes.

(Korn, Felix,) s. †Nork, F.

Korn, Friedrich

Korn, Fr., s.a. Angelhuber, J. F., (Pseud.)

– s.a. Nork, Fr., (Pseud.)

Korn, Fredericus: *De Aeschyli Agamemnone. 28 Bl. 4° (2°)
Halle-Wittenberg, Phil. Diss. v. 29. Dez. 1856
Geb. Kurnik (Kr. Schrimm) 26. 5. 1833. V.

— — Belial u. Astarte, oder: Die Liebe der Teufel. Ein Sittengemälde d. neun u. funfzigsten Jahrhunderts nach Erschaffung d. Welt (des zwei u. zwanzigsten nach d. christl. Zeitrechnung). Nach dem Höllen-Originale d. diabolischen Gelehrten Katbi Rimmone Taib deutsch bearb. von — —. Ebd., 1831. 8°. VI—208 S. (1 fl. 50 xr. Gilhofer & Ranschburg, c. 1888.)

EUGENIE, oder die Gefahren der Leidenschaft (von *Friedr. Korn*). Mit Titelkpf. Fürth 1802, im Bureau f. Litteratur. 8°.
Tit. gestoch. m. Vign., 2 Bll. Dedic. (an eine Baronin Philippine v. Plessen, vom Verf. unterz.) und 272 S. In Briefen, zahmen Inhalts. — Fehlt im Anon.-Lex.

– s. **Finis Poloniae.**

Leben, Tod u. Höllenfahrt des weltberühmten Doktor Daus. Parodie des Göthe'schen Faust (von *F. Korn*). Leipzig 1841. 8°.
Engel no. 1428; Jos. Baer & Co., Faustbibl., 1904, no. 792. — Nicht im Anon.-Lex.

[**Korn,** Joh. Frdr., u. d. Namen:] **Nork,** Frdr., Mythologie der Volkssagen u. Volksmärchen. Bd. 1—2. Stuttgart 1848.
[Scheible, Kloster Bd. 9 a—b.]

Spiritus Asper u. Lenis (d. i. *Friedr. Korn* [= *F. Nork* ps.], geb. 26. April 1803 zu Prag), Panorama von Ofen u. Pesth, oder Charakter- u. Sittengemälde der beiden Hauptstädte Ungarns. Aufgenommen nach eigener Anschauung v. *Spiritus asper u. Spiritus lenis.* Leipzig, Hartmann, 1833. 8°. $17^1/_2$ Bog. Selten!
U. a.: Badehäuser (S. 15 bis 41), Kaffeehäuser (S. 41 bis 55), Theater (S. 55—74), Geistige Physiognomie der Einwohnerschaft (S. 91—172), Geselliges Leben, Volks- u. Kirchenfeste, Sprachen, Literatur, Kunst- u. Wissensch. — Von den Freiheitsbegriffen d. Ungarn.
Vgl. A. G. Schmidt, Gallerie dtsch. ps. Schriftst., S. 232.

Prag in seiner jetzigen Gestalt. Humoristisches Charaktergemälde vom Verfasser des „Panorama von Pesth" (*Friedr. Korn*). Meissen 1835. 8°. $14^3/_4$ Bog. (3 Mk., br. im Orig.-Umschl., Adolf Weigel, 1909.)
A. G. Schmidt, Gallerie etc.

– s. **Recht, das göttliche, der Könige.**

NORK, F. (d. i. *Friedr. Korn*), Zeriel's des infernalischen Schauspieldirectors Reise auf die Oberwelt. Aus dessen Tagebuche mitgetheilt. Leipzig, literar. Museum, 1830. 8°. 257 S., 1 Bl. Druckf. (7 Mk. 50 Pfg. Südd. Antiqu., München, 1907:)

— — Die Sitten und Gebräuche der Deutschen und ihrer Nachbarvölker, mit Bezugnahme auf die aus den kirchlichen, abergläubischen usw. und Rechtsgebräuchen, hervorgegangenen Mythen und Volkssagen. Stuttgart 1847. 8°. 1188 S. ($3^1/_3$ Rthl.) (6 Mk. Conr. Skopnik, Berlin, 1910.)

Korn, Joh. Frdr., u. d. Namen:: Frdr. **Nork,** Die Sitten u. Gebräuche der Deutschen u. ihrer Nachbarvölker. Stuttgart 1849. kl. 8.
A. u. d. T.: J. Scheible, Das Kloster. Bd. 12. a - b.

Korn, Fritz, das kaufmännische Retentionsrecht nach dem deutschen Handelsgesetzbuch. Inaugural-Dissertation. gr. 8. (IV, 109 S.) Tübingen 881. (Fues.) n. 2.—

Korn, G., Rechenbuch für ländliche Fortbildungsschulen. Unter besond. Berücksicht. der Verhältnisse der östl. Provinzen Preußens bearb. (IV, 93 S. m. Fig.) 8. Lissa 906. F. Ebbecke. n. — 60

Korn, G., Rechenbuch f. ländliche Fortbildungsschulen. Unter besond. Berücksicht. der Verhältnisse der östl. Provinzen Preußen's bearb. 2. erweit. u. verb. Aufl. (120 S. m. Fig.) 8. Lissa (908). [O. Eulitz.] Breslau, F. Goerlich. — 80; Ergebnisse (Fazitbuch). (34 S.) (909.) — 50

Korn, Georg

Korn, Geo., der Arzt, s.: **Buch, das, der Berufe.** VI.

Korn, Georg Dr. d. R. und Landwehr Lieutenant. Hinterlassene Briefe aus dem Feldzuge des Jahres 1866. 8. Berlin 1881.

— **allgemeine Gewerbe-Hygiene.** Ein gemeinverständl. Abriss der gewerbl. Gesundheitslehre. (Dr. Ludw. Huberti's prakt. gewerbl. Bibliothek.) gr. 8. (86 S.) Leipzig 902. H. Klasing. Geb. in Leinw. n. 2. 80

Korn, Georg [aus Berlin]: Joseph-Ignace Guillotin (1738—1814). Ein Beitrag zur Geschichte der Medicin und des ärztlichen Standes. … Berlin, Buchdr. v. G. Schade, *1891;* 80 S., 1 Bl. 8°
Berlin, Med. Fak., Inaug.-Diss. v. 18. Jul. 1891

— die Heilkunde im 19. Jahrh., s.a. **Am Ende des Jahrhunderts.** 11.

Korn, Georg: Die Heilkunde im neunzehnten Jahrhundert. Von Dr. med. –. Berlin: S. Cronbach 1899. (148 S.) 8°
= Ende, Am, d. Jahrhunderts. Bd. 11.

Korn, Georgius: De jure creditoris in personam debitoris, qui solvendo non est, secundum jus aevi medii Germanicum. Vratislaviae [1869]. (37 S.) 8°
Breslau, Jur Fak, Hab-Schr v 10. Apr. [1869]

Korn, Geo., Katechismus d. Kulturmenschen. 12. (VI, 171 u. VII S.) Berlin 891. Conitzer. Geb. n. 2.—; Liebhaber-Ausg. 3. 50

Korn, Georgius (Antonius Wernerus) *(geb. Frankfurt a. O. 15. 9. 1838)*: De obnoxiatione et wadio antiquissimi juris Germanici. Vratislaviae (1863). (42 S.) 8°
Breslau, Jur. Diss. v. 25. Nov. 1863

Korn, Geo., Orthographie und Stil. Stufenmäßig bearb. 2. Heft. 2. Aufl., auf Grund der neuen deutschen Rechtschreibung für die preuß. Schulen. 8. (36 S.) Frankfurt a. M. 880, Jaeger'sche Buchh. *
1. Heft. Ebendas. 1879. * 20 Pf.

Korn, Gg., Raumlehre, s.: Gasser, A.

—— und C. Grünhagen, Regesta episcopatus Vratislaviensis, s. Grünhagen, C.

— Schulrechenbuch, s.: Gasser, A.

Korn, Georg: Aus dem hygienischen Institut der Universität Königsberg i. Pr. Untersuchungen über verschiedene Gelatine-Nährböden hinsichtlich ihres Wertes für die bakteriologische Wasseruntersuchung. *Königsberg i. Pr. [1898]: L. Krause & Ewerlien.* (23 S.) 8°
Königsberg, Med. Diss. v. 31. Jan 1898

Korn, Geo., Untersuchgn. über verschied. Gelatine-Nährböden hinsichtl. ihres Wertes f. d. bakteriolog. Wasseruntersuchg. Diss. gr. 8. (23 S.) Königsberg 898. (W. Koch.) n. — 80

Korn, G., schlesische Urkunden zur Geschichte des Gewerberechts, s. Codex diplomaticus Silesiae.

— Breslauer Urkundenbuch, s. Urkundenbuch, Breslauer.

— Volksgesundheitspflege u. Irrenwesen im 19. Jahrh., s.a. Am Ende des Jahrhunderts. 10.

Korn, Georg: Volksgesundheitspflege und Irrenwesen im neunzehnten Jahrhundert. Von Dr. med. Georg Korn. Berlin: S. Cronbach 1899. (191 S.) 8°
= Ende, Am, d. Jahrhunderts. Bd. 10.

Korn, H., die Maschinen-Elemente, s.a. Lehrhefte, techn.

Korn, H: Die Maschinen-Elemente. T. 1. 2. Hildburghausen 1900—1901 (= Technische Lehrhefte. Abt. B. Maschinenbau. H. 1. 2)

Korn, Heinrich, approb. Arzt aus Berlin: Aus d. chirurg. Klinik in Kiel. Ein Fall von Schussverletzung des Schädels und der Lunge. *Kiel 1902: P. Peters.* (14 S.) 8°
Kiel, Med. Diss. v. [6. Mai] 1902

Korn, Heinrich (Wilhelm Gottlieb) *(geb Breslau 15 12 1859)*: Die rechtliche Stellung des Capitularvicars. Breslau 1882. (61 S.) 8° *[Im Buchhandel 1882 bei Köhler in Breslau]*
Breslau, Jur. Diss. v 4. Marz 1882

Korn, J., über Oser bei Schönlanke. (S. 532—538 m. 1 farb. Karte.) Lex. 8. Berlin (N. 4, Invalidenstr. 44) 908. Vertriebsstelle der kgl. geolog. Landesanstalt. nn — 80
Sonderabdr. a.: „Jahrb. d. kgl. preuss. geol. Landesanst."

Korn, J. Chr. Fr., einige Feldpredigten während d. Feldzuges im J. 1814. gr. 8. Dresd. 181.. Arnold. 6 gr

Auktions-Katalog der Sammlung Korn. [Besitzer: Johann v. Korn-Rudelsdorf, Mitgl. d. Abgeordnetenhauses.] Versteigerung ... 1906 unter Leitung ... d. Experten Rudolf Kube in Berlin. Berlin: R. Kube 1906. (VII, 120 S.) 8° [06. [illegible]]

Korn, Johann Christian (Coburg), De condictionum causa et potestate, (ubi et de condictionibus juris gentium). Disp. jur. Präs. Joachim Friedrich Barthold. Lpz. (Immanuel Titius) 3. IX. 1723. 43 S. (6.50) 19180
Gew.: Marquard Ludwig Frh. v. Printzen (Caro), Bernhard Edl. Herr v. Zech.

— M. Johann Daniel, De bonis vitalitiis Sueviae, Germanice Fall= und Schupff=Lehen, Fall= und Schupff=Lehen=Gütter. Diss. jur. Präs. Wolffgang Adam Schoepf. Tübing. (Hiob Franck) 22. VI. 1718. 76 S., tlws. dtsch. (7.—) 19181

Korn, Johann Friedrich, s. Korn, Friedrich

Korn, Johannes *Gotthilf Moritz Otto* [aus Quedlinburg]: ... Ueber diluviale Geschiebe der Königsberger Tiefbohrungen ... [Aus: Jahrb. d. Kgl. Preuss. geol. Landesanst., Bd XV, 1894.] Berlin, A. W. Schade's Buchdr., 1895; 1 Bl., 66 S., 1 Bl. 8.
Königsberg, Phil. Fak., Inaug.-Diss. v. 15. März 1895

Korn, Johs., s.: Jahrbuch des Kaufmannsgerichts Berlin.

Korn, Karl

Korn, Carl, Adolph und Walburg, s.a. Abendunterhaltungen.

Korn, Karl, Adolph und Walburga oder die Tannenmühle. Eine Erzählung aus dem Anfange dieses Jahrh. für die reifere christl. Jugend und Erwachsene. 2. vollständig umgearb. Aufl. 8. (176 S. mit 1 Stahlst.) [Regensburg 881.] Straubing, Volks- und Jugendschriften-Verlag. cart.

Korn, Karl, die althochdeutsche Bearbeitg. des Psalmes 138. (Textkritische Erörterg.) (15 S.) gr. 8. Radautz (Bukowina) (Kirchengasse 24) 909. Lyc.-Lehrer Korn. 1. 20

Korn, (Karl), Hamlet, Prinz v. Dänemark, Trauerspiel v. Friedrich Hebbel, s.: Volksbühne, die.

— Die bürgerliche Jugendbewegung. Hrsg. v. der Zentralstelle f. die arbeit. Jugend Deutschlands, Berlin S. W. 68. (112 S.) 8. Berlin 910. Buchh. Vorwärts. 1.—; geb. 1. 50

— Maria Magdalene, e. bürgerl. Trauerspiel v. Friedrich Hebbel, s.: Volksbühne, die.

Korn, Kurt

Korn, Curt, Referendar: Die öffentlichrechtliche Stellung des Schiffsmannes nach der Seemannsordnung vom 2. Juni 1902. Borna-Leipzig 1908: Noske. IX, 71 S. 8°
Erlangen, Jur. Diss. v. 2. Okt. 1908, Ref. Rieker
[Geb. 20. Okt. 85 Hamburg; Wohnort: Hamburg; Staatsangeh.: Hamburg; Vorbildung: Johanneum Hamburg Reife O. 04; Studium: Bonn 3, Berlin 1, Kiel 2 S.; Rig. 17. Juli 08.] [U 09. 708

Korn, L., Anfechtung von Rechtshandlungen der Schuldner in u. außer dem Konkurse. gr. 8. (IV, 224 S.) Berlin 882. Hempel. n. 4. —

Korn, L., Anfechtung v. Rechtshandlungen der Schuldner in u. außer dem Konkurse. 2. Aufl. gr. 8. (VIII, 272 S.) Berlin 886. Dümmler's Verl. n. 6. —

—— Anleitung zur formellen Bearbeitung von Urtheilen in Civilprozessen 1. und 2. Instanz. 1. Aufl. [mit dem Zusatz: Für Referendare bearb.] und 2. Aufl. gr. 8. (35 S.) Ebendas. 885,86. *

— das Güterrecht u. Eherecht der Eheleute nach dem brandenburgischen Provinzialrechte. 8. (VIII, 264 S.) Berlin 880. Guttentag. cart. n. 4.—

Korn, L.: Aus dem brandenburgischen Provinzialrechte. [Fünf Abhandlunge (Berlin 1874.) [Rückentit.]

Korn, L.: Die Rechtsverhältnisse der Ehefrauen nach dem Brandenburgischen Provinzialrechte. [Berlin 1874.]

Korn, Leonore, u. Marie Koch, Tante Anstand od. Wie die lieben Eltern wollen, daß Kinder sich benehmen sollen. In Wort u. Bild. gr. 4. (18 farb. Bl.) Breslau 894. W. Koebner. Kart. n. 2. 50

Korn, Matthias G., Hangörg, oder von Einem, der ein freier Mann sein wollte. Eine Erzählung aus dem Volksleben. 8. (36 S.) Berlin 887, Deutsche Evangel. Buch- und Tractat-Gesellschaft. *

Korn, Mauricio A., aus San Vicente (Argentinien): Aus d. pathol. Institut in Zürich. Ein Fall von Gelenkkörper. *Zürich 1900: J. Leemann.* (30 S.) 8°
Würzburg, Med. Diss. v. 1900

Korn, Max, Referendar zu Berlin: Der Vorsatz des Anstifters nach geltendem Recht, insbesondere der Agent provocateur und der Anstifter bei error in obiecto und aberratio ictus. *Göttingen 1902: (W. Büxenstein in Berlin).* (53 S.) 8°
Göttingen, Jur. Diss. v. [25. Juni] 1902

Korn, Max, der Vorsatz des Anstifters nach geltendem Recht, insbes. der Agent provocateur u. der Anstifter bei error in obiecto u. aberratio ictus. Diss. gr. 8. (53 S.) Göttingen 902. (Vandenhoeck & Ruprecht.) n. 1. 20

Korn's, Minna, Häkel-Buch. Für den Selbstgebrauch u. die Schule. Neue Bearbeitung. 1. u. 2. Heft. Leipzig 867. Hartung. gr. 16. Jedes Heft (54 S. mit 8 Holzschntaff. in Buntdr.) 3 ngr.

Korn, Minna, leipziger Moden-Taschenbuch für Damen-Arbeiten. Ein Muster-Album. 1. und 2. Jahrg. Mit Original-Mustern. 8. Leipzig, Hartung. [1. (VI und 108 S. mit 18 Stnt., wovon 1 ill. in 8., qu. 4. und gr. Fol.) 851. 1 Thlr., 2. (VIII und 102 S. mit 16 Stnt. in 8., 4. und gr. Fol. und 1 ill. Kpfrt.) 852. 1 Thlr. 15 Ngr.]

Korn, Minna, Moden-Taschenbuch für Damen-Arbeiten. Ein Muster-Album (für 1853). Mit Orig.-Mustern u. Schnitten (auf 16 lith. Taf. in 16., 4. u. gr. Fol. u. 1 col. Kpfrtaf.). Leipzig, Hartung. 16. (VIII, 102 S.) 1 ℛ. 15 ngr.

— — für 1854. 3. Jahrg. Mit Original-Mustern (auf 26 lith. Taf. in 16., 4. u. gr. Fol. u. 2 Taf. in Farbendr.). Ebend. 16. (IV, 96 S.) 1 ℛ. 15 ngr.

Korn, Minna, das Weiß-Häkelbuch. Ausführl. Anweisung zur Erlernung des Häkelns. 4 Hfte. Mit Mustern. 16. Leipzig 846, 47, Hartung. [1. (5¼ B. u. 12 Taf.) 2. (4¾ B. u. 14 Taf.) 3. (6 B. u. 10 Taf.) 4. (6 B. u. 12 Taf.) 5. u. 6. (10½ B. u. 23 Taf.) à 10 Ngr.] *

—— das Weiß-Häkelbuch. Ausführliche Anweisung zur Erlernung des Häkelns. 1. Heft. 2. und 3. Aufl., 2. Heft. 2. Aufl. und 5. und 6. Heft. Mit Mustern. 16. (310 S. und 47 Stnt.) Leipzig 847, Hartung. à Heft * 10 Ngr. *
3. und 4. Heft. Ebendas. 1847. * 20 Ngr.

—— dass. — 2. und 3. Sammlung. à 6 Hefte. gr. 16. Ebds. [2. Samml. (449 S. und 56 lithogr. Muster.) 849—50., 3. (264 S. mit 45 Stnt.) 851—52. à Samml. * 2 Thlr.] *

Korn, Mauritius *(geb. Koschmin in Pos. 22. 11. 1838)*: De retinae vi sentiendi ejusque finibus. Vratislaviae (1861). (23 S.) 8°
Breslau, Med. Diss. v. 7. [vielmehr 9.] Nov. 1861

Korn, O. L., aus den Thälern. Predigten und Reden, gehalten zu Anfang und Ende des großen Krieges 1870 und 1871. gr. 8. (24 S.) Altenburg 872, Bonde.

Korn, Otto (geb. Magdeburg 5. 10. 1860): Über Abkömmlinge der Naphtochinone. Berlin 1885. (52 S.) 8°
Berlin, Phil. Diss. v. 15. Apr. 1885

Korn, O., Beitr. z. Kritik d. historia evangelica d. Juvencus. I. Die Handschr. d. hist ed. in Danzig, Rom u. Wolfenbüttel. Pr. 1870. 25 S. u. 1 Taf. 4°.

Korn: Bemerkungen zur Handschriftkunde der ovidianischen Bücher ex Ponto. 12 S.–Wesel, Progr. 1866.

Korn, Otto, Bemerkungen zur Handschriftenkunde der Ovidianischen Bücher ex Ponto. Berlin 866. Calvary & Co. 4. (12 S.) n. 8 ngr.

Korn, Otto, Chemie seltener Erden, s.: Herzfeld, J.

Korn, O., De codice archetypo carminum Tibullianorum. S.-A. 1865. 9 S.

Korn, O., de codicibus duobus carminum Ouidianorum ex Ponto datorum Monacensibus. 4. (13 S.) Breslau 874. (Leipzig, Teubner.)

Korn, Otto, Bad Elster und seine Umgebung. Ein Führer für Kurgäste und Touristen. gr. 16. (VI, 40 S. mit 2 lithogr. Karten in Fol.) Danzig 873, Kafemann. * 1 —

Korn, Otto (geb. am 8 Apr. 1842 in Drehna Nieder-Lausitz): De pvblico Aeschyli Sophoclis Evripidis fabvlarvm exemplari Lycvrgo avctore confecto ... Bonnae, typ. C. Georgi (1863). 2 Bl., 34 S., 1 Bl. 8.
¶ Erschien zugleich selbständig bei Marcus in Bonn.
Bonn, Phil. Fak., Diss. v. 5 Aug. 1863

—— de publico Aeschyli, Sophoclis, Euripidis fabularum exemplari Lycurgo auctore confecto. gr. 8. (34 S.) Bonn 863, Marcus. *

— die Handschriften der historia evangelica des Juuencus in Danzig, Rom u. Wolfenbüttel. Ein Beitrag zur Kritik d. Juuencus. Leipzig 870. Teubner. gr. 4. (25 S. mit 1 Steintaf.) n. 10 ngr.

— **Leitfaden f. die chemische Untersuchung v. Abwasser,** s.: **Farnsteiner, K.**

Korn, Otto: Die Rieselfelder der Stadt Freiburg i. B. Chemische und bakteriologische Untersuchungen der Kanalflüssigkeit und der Drainwässer. (M. 1 Plan.) *München 1897: R. Oldenbourg.* (50 S. mit Taf. u. Tab.) 8°
Freiburg i. B., Phil. Diss. v. 1897

Korn P, Programm zur Begründung einer weiblichen Industrie-, Handels- und Ökonomieschule. Cannstatt 1866

Korn, P. A., Authentische Berichte über die Generalversammlung des Allg. Vereins für Volkserziehung und Verbesserung des Frauenlooses, verbunden mit der 2. deutschen Frauenconferenz in Stuttgart 1868. 2. Aufl. 8°. Stuttgart 1870.

Korn, P. A.: Neueste Chronik der Magyaren, s. Korn, Phil.

Korn, P. A., die erste deutsche Frauen-Conferenz in Leipzig. 1. Versammlung den 15. Octbr. 1865. Leipzig 865. (Werner.) gr. 8. (26 S.) n. 5 ngr.

— Vide: Socialreform. Ein Centralorgan etc.

— Versuche zur praktischen Lösung der wichtigsten Culturfragen unserer Zeit in der 1. Jahresversammlung der Vertreterschaft des Allg. Vereins für Volkserziehung und Verbesserung des Frauenlooses. Abgehalten den 18. Mai 1869 in Stuttgart. 2. Abth. 8°. Stuttgart 1870.

Korn, Ph., Kreuzergeschichten, s. Kreuzergeschichten.

Korn, Phil.

Korn, Ph. Antheil der Deutschen an dem ungar. Unabhängigkeitskrieg 1848—1849. (615.) 8. Bremen 1855. 9.00.

Korn, Phil. (Hrsg.), s. Anzeiger, London-Manchester-Liverpooler-Deutsch.

Korn, Phil., neueste Chronik der Magyaren. Geschichtl. Darstellung der Zustände, des Lebens und Wirkens der Ungarn in und außerhalb ihrer Heimath, von der russischen Invasion in Ungarn und Siebenbürgen bis auf die gegenwärt. Tage. Mit Beiträgen von ausgezeichneten, ungar. Staatsmännern, nebst Original-Aktenstücken, Karten und Abbildungen. 1. Bd. A. u. d. T.: Kossuth und die Ungarn in der Türkei. Eine getreue. Schilderung der Schicksale und Erlebnisse der ungar. Emigration im Lande der Osmanen, nebst Darstellung des überwiegenden Einflusses Englands und Rußlands bei der türk. Pforte zu Constantinopel. gr. 8. (325 S. und 3 Stnt.) Hamburg 851, Schuberth und Comp. *

—— dass. — 2. Bd. A. u. d. T.: Die Russen in Ungarn und die Ungarn in Deutschland. gr. 8. (XIV und 336 S. mit einer bildl. lithogr. Darstellung der Katastrophe von Világos, den lithogr. Portr. und Facsimiles von Kossuth und Klapka und 1 Musikbeilage.) Ebds. 852. *

Korn, P. A., neueste Chronik der Magyaren. Von der Zeit der russ. Invasion in Ungarn u. Siebenbürgen 1849 angefangen bis auf die gegenwärtigen Tage. Unter Mitwirkung ausgezeichneter Staatsmänner u. hoher Militärspersonen hrsg. 4. Section. A. u. d. T.: Die Sympathien für die Türken u. die Antipathien gegen die Russen in Ungarn. Nebst den hierauf bezügl. denkwürd. Briefen v. Ludw. Kossuth. 4 Hfte. gr. 8. (VIII, 196 S.) Ung.-Altenburg 878. (Budapest, Tettey & Co.) n. 4. —

Korn, Phil., Ungarn's Recht und Gesetz, ruhmvoll verfochten durch Deutsche, Polen, Italiener, Engländer und Franzosen in den Kriegsjahren 1848—1849. Mit historisch-statistisch-genealogischen Erläuterungen. Mit dem Portrait des Verfassers und den Costümbildern der Fremdenlegionen aus der ehemaligen ungarischen Armee. 1. Bd.: Antheil der Deutschen an dem ungarischen Unabhängigkeitskrieg. (2 Abthlgn.) 2. Ausg. Bremen (853, 55.) Schünemann's Verlhdlg. gr. 8. (615 S.) 3 ℛ.

Korn, R., Handbuch d. gelt. öffentl. u. Privat-Rechts, s.a. Zelle, R.

Korn, R., zwei Weihnachtsabende. Deklamationen zu 8 leb. Bildern. gr. 8. (16 S.) Dresden 898. Verbandsbuchh. (E. Zacharias.) — 20

Korn, R. H.: Mauser-Gewehre und Mauser-Patente. Als Beitrag z. Entwicklung d. Handfeuerwaffen in d. letzten vierzig Jahren zsgest. u. erl. von R. H. Korn. Als Ms. gedr. Berlin: Eckstein 1908. 440 S. 8°

Korn, Richard: Kriegsbaumeister Graf Rochus zu Linar, sein Leben und Wirken. [1905.] XIII, 140 S., 2 Taf. 8°
¶ Auch bei Heinrich in Dresden.
Dresden, Dr.-Ing.-Diss. v. 27. 2. 1905

Korn, Rich., Kriegsbaumeister Graf Rochus zu Linar, sein Leben und Wirken. In d. Hauptsache nach archival. Quellen bearb. Dresden-N. [1906]. 8°.

Korn, Rudolf, appr. Arzt, Unterarzt b. Inf.-Reg. Nr. 125: Aus d. 1. med. Klinik d. Kgl. Charité. Über Hemiatrophia faciei progressiva. Hadersleben 1910: Schütze. 33 S. 8°
Berlin, Med. Diss. v. 18. Febr. 1910, Ref. His
[Geb. 29. Juni 84 Tübingen; Wohnort: Berlin; Staatsangeh.: Württemberg; Vorbildung: Karls-Gymn. Stuttgart Reife Juli 03; Studium: Berlin K. W. A. 10 S.; Coll. 20. Jan. 10; Approb. 15. Febr. 10.] [U 10. 57

Korn, Rudolph: Untersuchungen über die technisch-mikroskopische Unterscheidung einiger Fasern, insbesondere der Hanf- und Leinenfaser. Berlin: Borntraeger 1910. S. 189—234, 1 Taf. 8° ¶ Aus: Jahresbericht d. Vereinigung f. angewandte Botanik. Jg. 7. 1909.
Dresden, Dr.-Ing.-Diss. v. 23. 7. 1909

Korn, Rudolf Hermann Wilhelm, s. Korn, Wilhelm.

Korn, Sept.

— s. Lichtputze.

Korn, Sept., (✝ ...) d. friedsame Religion. 8. Bamb. 772. (Wesche in Frankf.) 16 kr.

Korn, T. M., Predigt bei Gelegenheit d. jährl. Danksonntagsfeier, wegen abgewandter Feindesgefahr im Jahre 1797. gr. 8. Wien 780. Trattner. 2 gr.

Korn, Thdr., über die Betheiligung der Milz u. des Knochenmarks an der Bildung rother Blutkörperchen bei Vögeln. Inaugural-Dissertation. gr. 8. (31 S.) Königsberg 881. (Beyer.) n. 1. —

Korn, Viktor

Korn, Vict., über den dinglichen Mitpatronat nach kathol. Kirchenrechte u. der österreichischen Gesetzgebung. gr. 8. (76 S.) Wien 902. M. Perles. n. 1. 50
Sonderabdruck aus: „Österreich. Zeitschrift f. Verwaltg."

Korn, V., das Propinationsrecht in Galizien und in der Bukowina u. dessen Ablösung. In rechtsgeschichtl. und civilist. Richtg. dargestellt. [Aus: „Allg. österr. Gerichts-Zeitg."] gr. 8. (74 S.) Wien 889. Manz. n. 1. 80

Korn, Vikt., d. Rechtsgeschäfte d. Effektenverkehrs u. d. österr. Effektenumsatzsteuer. In civilist., wirthschaftl. u. steuerrechtl. Richtg. dargest. [1. Thl. aus: „Wochenschrift f. Aktienrecht ec."] gr. 8. (VIII, 162 S.) Berlin 895. C. Heymann's Verl. n. 3. —

Korn, Vikt., der Streit um das Meerauge zwischen Österreich u. Ungarn. Dargestellt auf Grundlage der Verhandlungen des internationalen Schiedsgerichtes in Graz im J. 1902 vom gewesenen österreich. Referenten des Schiedsgerichtes K. (162 S. m. 1 Karte.) gr. 8. Wien 908. Manz. 3. 40
Sonderabdruck aus: „Österr.-ungar. Revue".

Korn Dr. W.: Bericht über die Festfeier am 23. April 1879. 19. Czernowitz R. 79. Progr.

**Korn, W.* Empfiehlt sich für die landwirtschaftlichen Berufsgenossenschaften die Gründung eigener Haftpflichtversicherungs-Anstalten? Breslau 1903.

Korn, W.: Die Habsburgfeier (enthält auch die Festrede v. Prof. E. Nimigean). 9 S. – Czernowitz, Progr. 1883.

Korn, W.: Die Lehre von den unbestimmten Gleichungen des ersten und zweiten Grades mit 2 veränderlichen Grössen. 58 S.–Innsbruck OR., Progr. 1856

Korn, Walter, über Knochencysten. Inaugural-Dissertation. gr. 8. (63 S.) Würzburg 880. (Stuber's Verl.) n. 1. 60

Korn, über Sinneswahrnehmungen u. Sinnestäuschungen. Nach e. am 23. II. 1901 in Hameln geh. Vortrag. gr. 8. (29 S.) Berlin 901. Vogel & Kreienbrink. n. 1. —

Korn, Walt. Achilles, moderne Cavallerie. gr. 8. (53 S.) Wien 902. (L. W. Seidel & Sohn.) n. 1. 20

Korn, Wilh., s. Bericht über die Versammlung der Delegirten aller zum norddeutschen Bundesgebiet gehör. landwirthschaftl. Centralvereine.

Korn, W. (Hrsg.), s.a. Bericht über die 27. Versammlung deutscher Land-u. Forstwirthe zu Breslau. . .

—— Berichte über die in Verbindung mit der 27. Versammlung deutscher Land- und Forstwirthe vom 10.—15. Mai 1869 zu Breslau veranstalteten Ausstellungen. Lex.-8. (L, 208 S.) Breslau 869, Korn.

Korn, Wilh., s.: Breslau, das malerische.

Korn, *Rudolf Hermann* Wilhelm: Tizians Holzschnitte ... Breslau, Druck v. W. G. Korn, *1897;* 4 Bl., 77 S., 1 Bl. 8.
Breslau, Phil. Fak., Inaug.-Diss. v. 17. Juli 1897

Korn, Wlh. Gli., (Buchhändler), Bibliothek d. ökonom. Literatur. 8. Bresl. 789. W. G. Korn. 8 gr.

– (Hrsg.), s. Taschenbuch für die Liebhaber der medicinischen Wissenschaften.

— s.: Verzeichniss e. Auswahl.

Kornacher, C. Beitr. z. Staats-Arzneikunde. Ottingen 1828.

Kornacher, Fr., 12 (lithogr.) Blatt Zeichnungs-Vorlagen zu verschiedenen Gelegenheiten als Neujahrs- Geburts-Namensfesten etc. 1. Heft. gr. 4. Schweinfurt 855, Giegler. *

Kornacher, Johann Christian (Schweinfurt), De modo agendi medicamentorum in corpore vivo animali. Diss. med. Altdorf (Johann Paul Meyer) 16. VII. 1798. 20 S. (5.50) 19182

Kornacker, Otto, approb. Arzt aus Wehrden: Über Initialsklerosen der Augenlider. *Berlin (1904): G. Schade.* (28 S.) 8°
Berlin, Med. Diss. v. 19. Juli 1904

Kornaczewski, R., s.a. Arbeiterfreund.

Kornaczewski, R., s.a. Jahrbuch f. den oberschles. Industriebezirk.

Kornaczewski, R., Jahrbuch für den oberschlesischen Industriebezirk. 1. u. 2. Ausg. (1900 u. 1902.) Kattowitz, 1900—1902.

Kornagel, Georg, a. Leipzig: Über Salz- und Komplexsalzbildung bei Aminosäuren und verwandten Verbindungen. Weida i. Th. 1908: Thomas & Hubert. (47 S.) 8°
Leipzig, Phil. Fak., Ref. Hantzsch-Beckmann, Diss. v. 16. März 1908
[Geb. 21. Juni 81 Leipzig; Wohnort: Leipzig; Staatsangeh.: Sachsen; Vorbildung: Realgym. Leipzig Reife O. 01; Studium: Leipzig 12 S.] 10

Kornalewski, Joach., zur Casuistik der congenitalen Sacralgeschwülste. Inaugural-Dissertration. gr. 8. (29 S.) Königsberg 876. (Leipzig, Kessler.) n. 1. 20

Kornatis, Marie, das Friedhofskreuz zu Baden-Baden. Eine Künstler-Novelle aus der alten Reichsstadt Straßburg. 8. (104 S.) Karlsruhe 891. A. Bielefeld's Hofbuchhandlg. n. 1. 50

Kornatowsky, Franz G.

— Eintheil. d. theoret. Heilkunde, sowohl als Heilkunst oder Regulativ der Physiologie nach ihren Zwecke. Für Aerzte u. Wundärzte. gr. 8. Leipz. 802. Graffé. 12 gr.

Kornatowsky, Frz., Handbuch f. Landvolk, oder vernunftmäßige Hausmittellehre f. Jedermann in gefährl. schnelltödtl. Krankheiten ec. 8. Cob. 803. Sinner. 10 gr.

— Hausmittellehre in gefährl. u. schnell tödl. Krankh. 8. Ebend. 803.

— die Kunst, Krankheiten genau u. gründlich zu untersuchen ec. gr. 8. Cob. 800. Sinner. 18 gr.

— Uebersicht d. gesammten Staatsarzneikunde, theoret.-prakt. dargestellt. 8. Zerbst 808. (Fr. Bruder in Leipz.) 16 gr.

Kornatowsky, Georg Ludw. von (Pol. Adel), De valida emtione venditione inter medicum et aegrotum celebrata quaedam disserens. — Viro Wolffgang Sigismund Müller (Regensburg) medicinae baccalaureo, summos in arte salutari honores ex animo gratul. Lpz. (Langenheim) Mai 1739. 8 S. (5.50) 19183

Kornatz, Ernst, a. Wehlau: Untersuchungen über die Dampfdichte des Wassers. Berlin: R. Trenkel 1908. (43 S., 1 Taf.) 8°
Königsberg, Phil. Fak., Ref. Volkmann-Schmidt, Diss. v. 10. Febr. 1908
[Geb. 17. Febr. 82 Wehlau; Wohnort: Karthaus (Westpr.); Staatsangeh.: Preußen; Vorbildung: Gymn. Rastenburg Reife O. 02; Studium: Königsberg 10 S.; Rig. 18. Nov. 07.]

Kornatzki, v. (Hrsg.), s. Aufruf an die Waffen-Genossen aller deutschen Stämme.

Kornatzki, E. von: Abbildung und Beschreibung der Schmetterlinge Deutschlands, s.a. Assmann, August

v. Kornatzki, E., u. A. Neustädt, Abbildung und Beschreibung der Schmetterlinge Deutschlands, in systemat. Ordnung herausgeg. 1. Bd. Die Schmetterlinge Schlesiens. 1.—21. Liefg. gr. 4. (42 illum. Steintaf. u. Text.) Breslau 842, 43. (Hirt.) 4 ₰ 1¹/₄ ngl

Kornatzki, E. v., Handbuch zur allgemeinen systematischen Zeichenschule. 1. Thl.: Das Elementarzeichnen. gr. 8. (58 S.) Breslau 860, Maruschke und Berendt. **

Kornatzki, E. v., Handbuch zur allgemeinen systematischen Zeichenschule. 2. Thl. Breslau 867. (Maruschke & Berendt.) gr. 8. (IV, 79 S. mit 4 Steintaff. in qu. 4. u. 40 lith. Blatt Vorzeichnungen in gr. 4.) n. 2 ₰ 15 ngr

v. Kornatzki, E., Wandkarte der Provinz Brandenburg, für Gymnasien, Stadt- u. Dorfschulen u. d. Privatunterricht, so wie auch zum Gebrauch in Aemtern, für Beamte, Kaufleute u. Geschäftsmänner jeder Art, mit durchgehender Kulturbezeichnung u. Angabe aller Poststationen nach den neuesten u. besten Hülfsmitteln entworfen u. lithogr. 12 illum. Bl. in gr. Fol. Breslau (Berlin) 839. Hentze. 2 ₰

— Wandkarte des gestirnten Himmels; für Gymnasien, Lyceen, Seminarien, Real- u. höhere Bürgerschulen, sowie Privatanstalten, nach den besten Hülfsmitteln entworfen und lithogr. Nördliche u. südliche Halbkugel à 12 Blätter. gr. Fol. Ebd. 839. à 2 ₰

— Wandkarte des Großherzogth. Posen für denselben Gebrauch. 4 lithogr. u. ill. Blätter. gr. Fol. Ebd. 839. ³/₄ ₰

— Wandkarte der Alten Welt, für Gymnasien, Lyceen, Real- u. höhere Bürgerschulen, Seminarien u. Privatanstalten entworfen. 10 lithogr. u. ill. Blätter in Roy.-Fol. Ebd. 839. 1²/₃ ₰

— Wandtafeln für den Zeichenunterricht. 3. Liefg. Ebend. 869. Imp.-Fol. (5 Steintaff.) n. 25 ngr

Kornatzki's, E. v., allgemeine systematische Zeichen-Schule. 1—8. Heft. (1. Thl.: Elementarzeichnen. 1. Abthl.: Uebung der Linien. 8 Hefte.) (à Heft 20 lithogr. Bl.) qu. gr. 8. Breslau 860, (Maruschke und Berendt.) à Heft ** 10 Ngr. Thlr. **

Kornatzki, Friedrich v., s. Kornatzky, v.

Kornatzki, Oscar. Ueber substituierte Sulfotoluolsäuren. Greifswald, 1883.

Kornatzky, Ed. v., der Phorolyt od. d. magische Doppelscheibe, s. Purkinje.

Kornatzky, Friedrich v.

Kornatzki, Friedr. v., neuester Atlas für die Elementarschulen des preussischen Staates. Nach den neuesten Ansichten gez. qu. gr. 4. (12 lithogr. und ill. Karten.) Berlin 863, (Th. Grieben.) *

Kornatzky, Friedr. v., neuester Elementar-Schul-Atlas für deutsche Schulen. Nach den neueren Ansichten gezeichnet. qu. gr. 4. (10 lithogr. und ill. Karten.) Berlin 861, (Th. Grieben.) *

— neuester Schul-Atlas über alle Theile der Erde. Nach den neueren Ansichten gezeichnet. qu. gr. 4. (16 lithogr. und ill. Karten, wovon 1 in gr. Fol.) Berlin 861, (Th. Grieben.) *

— Schul-Atlas des preussischen Staates. 2. Aufl. qu. gr. 4. (12 lithogr. Karten.) Berlin 868, (Th. Grieben.) ill. *

Kornau, E., Contra! Posse m. Gesang in 4 Acten. Musik vom Theatercapellmeister Edgar Krones. 8. (172 S.) Brünn 887. Karafiat's Verl. n. 2.—

Kornauth, C.: Beiträge zur chemischen und mikroskopischen Untersuchung des Kaffee und der Kaffeesurrogate. . . . München, M. Rieger'sche Univ.-Buchh. (Gustav Himmer.), 1890; 1 Bl. + 55 + 1 S. u. 13 Taf. 8°
Erlangen, Phil. Fak., Inaug.-Diss. v. 1890
10°

Kornauth, C., die landwirthschaftlich wichtigen Rückstände der Oelfabrikation. Eine Darlegung der Eigenschaften, der chem. Zusammensetzung und der mikroskop. Kennzeichen der bei der Oelgewinnung abfallenden Rückstände, ihrer Wirkung und Anwendung in der Landwirthschaft. Lex.-8. (III, 24 S. mit 8 lithogr. Taf.) Wien 888, Frick. *

— Vorschläge zur Durchführung einheitlicher Untersuchungsmethoden bei der Analyse der Handels-Futtermittel. (Internationaler land- u. forstwirthschaftl. Congress zu Wien 1890, 142. Hft.) gr. 8. (9 S.) Ebd. 890. n. — 80

KORNAUTH, Hans: Beitrag zu dem Verhältnisse zwischen Herbstholz und Frühlingsholz im Hochstamme der Coniferen. - Chrudim 1882. 7 S., 2 Tab.

Kornauth, Karl, experimentelle Beiträge zur Lösung der Frage nach der zweckmässigsten gesetzlichen Regelg. des Verkehres m. Hefe, s.: Dafert, F. W.

Kornauth, Karl, Beiträge zur Kenntniss der Morphologie, Biologie u. Pathologie der Nonne etc., s.: Wachtl, Fritz A.

— u. O. Reitmair, die Blattrollkrankheit der Kartoffel u. ihr Auftreten in Österreich. (14 S.) Lex. 8. Korneuburg 909. J. Kühkopf. — 60
Sonderabdruck aus: „Monatshefte f. Landwirtsch."

— — Studien üb. die Blattrollkrankheit der Kartoffel. Mit besond. Berücksicht. ihres Auftretens u. ihrer Verbreitg. 1908 in Oesterreich. (29 S.) 8. Wien (909). (Korneuburg, J. Kühkopf.) — 60
Sonderabdr. aus: „Ztschr. f. d. landw. Versuchswesen in Oesterr."

Kornaz, A., Beschreibung des Gutes Montet im Waadtlande u. Gedanken üb. die Gründung einer Muster-Wirthschaft mit land- u. forstwirthschaftl. Lehranstalt u. einige andere landwirthschaftl. Gegenstände. Aus d. Franz. v. Theod. Mögling. gr. 8. (8 1/8 B.) Stuttgart 845, Becher's Verl.

Koernbach, Moritz (Lemberg/Galizien), De necessitate aeris atmosphaerici ad sorbitionem chyli adjuvandam. Diss. physiol. Halle (Ploetz) 18. IV. 1848. 24 S. mit Biogr. (5.50) 19014
Oppon.: C. Rumpholz, R. Nitzsch. — Gew.: Constantin v. Negri.

Koernbach, Paul, Cours pratique et théorique pour apprendre facilement et en peu de temps la langue italienne d'après la méthode renommée du Dr. F. Ahn, à l'usage des Allemands, des Français, etc. gr. 8. (239 S.) Vienne 851, Seidel.

—— Studien über französische und daco-romanische Sprache und Literatur nebst einem Anhange, enth. historische, statistische, geo- und ethnograph. Skizzen über die Moldau. gr. 8. (VIII und 314 S.) Wien 850, Gerold, Verlag.

Kornbeck, ... u. M. Kornbeck, neue Samml. franzöf. u. deutscher Uebungsstücke zum Uebersetzen in beide Sprachen. Mit Nachweisungen auf die 3 Ausg. d. französ. Sprachlehre d. Abbé Mozin. 8. Tübing. 804. R. A., s. Mozin.

Kornbeck, Wlh. Fr., († ...) mémoire sur une découverte intéressante pour la conservation des vaisseaux, des pilotes, de digues, et autres batimens de bois, soit dans l'eau, soit hors de l'eau, contre la pourriture, les polypes, vers à tuyaux etc. 4. Wien 769.

Kornblum, Albert, approb. Arzt aus Neudorf ⟨Westpreussen⟩: Zur Kenntnis des primären Nierencarcinoms. *München 1898: Knorr & Hirth.* (23 S.) 8°
München, Med. Diss. v. 1898

Kornblum, Arthur [aus Breslau]: Jodirung phenolartiger Körper durch Jod-Stickstoff in statu nascendi. . . . Freiburg i. B., Buchdr. v. Chr. Ströcker, 1888; 54 S. + 1 Bl. 8°
Freiburg i. B., Phil. Fak., Inaug.-Diss. v. 1888

Kornblum, Hermann *(geb. Branitz in Schles 2 3 1854)*: Zur Aetiologie und Therapie des Cephalaematoms Neugeborener. Breslau 1878. (31 S.) 8° *[In Buchhandel 1878 bei Koebner in Breslau.]*
Breslau, Med Diss v. 1. Febr. 1878

Kornblum, Herwarth (Beuthen/O.S.), Zum Stoffwechsel des Eiweisses bei chronischer Nephritis. Diss. med.-chir. Bln. (Gustav Schade [Otto Francke]) 19. III. 1892. 31 S. mit Biogr. (4.50) 19184
Oppon.: A. Albu, W. Brock, W. Schönfeld. — Krankengesch. d. Schlosserlehrlings Wegeleben.

Kornblume, die. Wochenschrift für Frauen und Töchter deutscher Krieger. Hrsgbr.: Alban Horn. Redact.: W. Koch-Conradi. 1. Jahrg. Oktbr. 1883—Septbr. 1884. 52 Nrn. (à Nr. 1—2 Bog.) gr. 4. Berlin, Schwartz'sche Buchh. *

—— Wochenschrift für deutsche Frauen und Jungfrauen. Redact.: W. Koch-Conradi. 2. Jahrg. Oktbr. 1884—Septbr. 1885. 52 Nrn. (à Nr. 1—2 Bog.) gr. 4. Berlin, (Aschenfeldt.) *

Kornblumen. Nr. 1—10. (Je 16 S.) 8. Bremen, Buchh. u. Verlag des Traktathauses. à — 15
Bernlocher, M., Fannys Geheimnis. Eine Begebenheit aus dem Leben. Für die liebe Jugend. (904.) (Nr. 6.)
Blümcke, Ludw., Mutterliebe, s.: Knapp, M., siehe, ich stehe vor der Tür.
Heimatlosen, die. Eine Begebenheit aus dem Anfang des 19. Jahrh. Der lieben Jugend dargeboten. (903.) (Nr. 3.)
Karls-Kapelle, die kleine, nebst einigen anderen Geschichten. Für die liebe Jugend gesammelt v. J. S. (903.) (Nr. 1.)
Knapp, M., der Herr ist reich üb. alle, die ihn anrufen. Eine Erzählg. f. die Jugend. (905.) (Nr. 9.)
— siehe, ich stehe vor der Tür u. klopfe an. — Blümcke, Ludw., Mutterliebe. 2 Erzählgn. f. die Jugend. (905.) (Nr. 10.)
Ninas Missionsarbeit nebst einigen anderen Geschichten. Für die liebe Jugend gesammelt v. J. S. (903.) (Nr. 2.)
Steen, A., immer zu spät oder Aufgeschoben — aufgehoben. Für die liebe Jugend. (904.) (Nr. 5.)
Turmkater, der. Eine Geschichte aus der guten alten Zeit. Der lieben Jugend dargeboten. (904.) (Nr. 4.)
Wilhelmy, A., wie Ludwig das Mogeln verlernte. Eine Erzählg. f. die Jugend. (905.) (Nr. 8.)
Winterfeld, E. v., Dreieichen. Eine Erzählg. f. die Jugend. (905.) (Nr. 7.)

Kornblumen. Schelmische Lieder f. unsere Kleinen. (31 S.) kl.8. Langensalza (908). Schulbuchhandlg. — 90

Kornblumen von Alban. Mit einem Titelkupfer. Marburg 1804. V: *Meusebach, Carl Hartwig Gregor Freih. von.* (Wendeler, Fischart-Studien. S. 49.)

Kornblumen und Edelweiß zu unser's Heldenkaisers Preis. 90 herrl. Züge und Worte aus Kaiser Wilhelm's glorreichem Leben für alte und junge Landeskinder zum 22. März 1887. 8. (32 S.) Halle 887, Petersen. *

Kornbusch, Felix, Referendar aus Barmen: Der Anspruch auf Herausgabe der Vorteile aus einer Sache nach bürgerlichem Recht im Vergleich zum gemeinen Recht. *Rostock 1903: C. Hinstorff.* (91 S.) 8° [F.]
Rostock, Jur. Diss. v. [28. Juli] 1903

Korndörfer, A., Lebensskizze, s.: Farrington, E. A., klinische Arzneimittellehre.

Korndörfer, Georg, Apotheker, aus Michelbach ⟨Nassau⟩: Über einige Acylderivate des Guanidins. ⟨Ein Beitrag zur Kenntnis d. Glycocyamins, Glycocyamidins u. Kreatinins⟩. *Marburg 1903: R. Friedrich.* (80 S.) 8°
Marburg, Phil. Diss. v. [22. Juni] 1903

Korndörfer, Georg Heinr. Ludw. Die Abbildung einer Fläche 3. Ordnung mit einem oder mehreren Knotenpunkten auf einer Ebene. 12 S. Progr. *Neumünster* 1877.

[F.] **Korndörfer,** *Georg Heinrich Ludwig* [Dr.]: Die Fläche 4ter Ordnung mit 2 sich nicht schneidenden Doppelgeraden. Neumünster, R. Hieronymus Buchdr., 1892; 3—8 S. 4.
Neumünster, PG u. RPG, OP 1892 (282)

Ueber geradlinige Flächen 4ter Ordnung v. George **Korndörfer.** Neumünster. 1874. 4°. Realsch.-Progr.

— Zur Geometrie des Tetraeders. 14 S. Progr. *Neumünster* 1882.

Korndörfer, George, s. Korndörfer, Georg Heinrich Ludwig

Korndörfer, J. P., prakt. Forstmann f diejenigen, so Mathematik erlernen. Mit 1 Kpf. u. Tabb. gr. 8. Nürnb. 791. Schneider u. W. 10 gr. N. A. 797. 18 gr.

Korndörffer, Georg, s. Korndörfer, Georg Heinrich Ludwig

Korneck, Gottfried

Korneck, G. Genetische Behandlung des planimetrischen Pensums der Quarta nebst einleitenden Bemerkungen. 30 S. *Kempen Pos.* 1879.
Progr.

Korneck, Gottfried: Geschichte der höheren Unterrichtsanstalt zu Kempen in Posen. 1. T.: Vorgeschichte 1837—1865. *Kempen (1898): P. Amulong.* (3—15 S.) 4° [Ant. u. F.]
Kempen (Posen), st. PG, OP 1898 (165)

Korneck, Gottfried: Geschichte der höheren Unterrichtsanstalt zu Kempen i. Posen. T. 2. Die gehobene Bürgerschule 1865—1874. Kempen 1904: P. Amulongs Erben. (S. 1—14.) 4° [F.] ¶[Forts. d. P-Beil. 1898.]
Kempen in Posen, k. PG OP 1904 (189)

— Mathemat. Kleinigkeiten aus Theorie und Praxis. 32 S. *Kempen Pos.* 1885.
Progr.

Korneck: Über den geometrischen Ort der Mittelpunkte von Kegelschnitten, von denen 3 Tangenten oder 3 Punkte nebst der Fläche gegeben sind. 20 S. u. Tab. – Oels, Progr. 1868.

Korneck, Otto, Dipl.-Ing.: Kritische Untersuchungen über die analytischen Bestimmungsmethoden des Rohkautschuks. Kiel 1910: Schmidt & Klaunig. 65 S. 8°
Kiel, Phil. Diss. v. 8. Aug. 1910, Ref. Harries
[Geb. 31. Aug. 80 Magdeburg-B.; Wohnort: Magdeburg-B.; Staatsangeh.: Preußen; Vorbildung: Gewerbe-Akad. Chemnitz Reife M. 04; Studium: Freiburg i. B. 1, Techn. Hochschulen Dresden 1, Hannover 8, Univ. Kiel 3 S.; Rig. 16. Juli 10.] [U 10. 2510

†Kornelia, Helene [H. Kiesekamp], am Garda-See. Erzählungen, Märchen und Skizzen. 8. (IV, 167 S.) Arco 888, C. Emmert. *ℳ 2.—.; geb. *

Kornelia, Helene [Hedwig Kiesekamp], am Garda-See. Erzählgn., Märchen u. Skizzen. 8. (VI, 167 S.) Arco 889. Emmert. n. 2.—; geb. n. 3.—

Kornelia, Helene, neuer Märchenschatz f. liebe Kinder. Mit 5 fein color. Bildern. 8. (180 S.) Mühlheim 875. Bagel. 1. 50

Kornelius Nepos, des, Lebensbeschreibungen ausgezeichn. Feldherrn; verdeutscht u. erläut. v. K. Reth. 8. (13 B.) Kempten 831, Kösel.
Vgl. Cornelii Nep.

Kornelia Nepota životopisy znamenitých vůdcův vojenských. Z latiny přeložil Kristian Stefan. 12. (III und 104 S.) Prag 851, (Kronberger's Separat-Conto.)

Kornelia Nepota zivotopisy znamenitých vůdcův vojenských. Z latiny přeložil Kristian Stefan. Prag 851. (Rziwnatz.) 12. (2 Bl., 104 S.) 7½ ngr.

Kornelia, Andr., die Entwässerung der Moore f. Kulturzwecke. (86 S. m. 7 Abbildgn. u. 5 Taf.) gr. 8. (Lemberg 905. Gubrynowicz & Schmidt.) n.n. 3.—
Sonderabdruck aus: „Ztschr. f. Moorkultur u. Torfverwertg."

Kornemann, s.a. Kornmann.

Kornemann, Ernst, de civibus romanis in provinciis imperii consistentibus, s.a. Studien, Berliner, f. classische Philologie.

Kornemann, Ernestus [Hassus]: De civibus romanis in provinciis imperii consistentibus ... [= Berl. Stud. f. class. Philol. u. Archäol. 14. Bd. 1. Heft.] Berolini, typ. expr. M. Oldenbourg, 1891; 2 Bl., 114 S., 3 Bl. 8.
Berlin, Phil. Fak., Inaug.-Diss. v. 19. Dez. 1891

Kornemann, E., Ein Erlass Hadrians zu Gunsten aegypt. Kolonen v. J. 117. S.-A. 1908. 15 S. m. 1 Taf. 1.—

Kornemann, Ernst, zur Geschichte der Gracchenzeit, s.a. Beiträge zur alten Geschichte. 1. Beiheft.

Zur Geschichte der Gracchenzeit. Quellenkrit. u. chronol. Untersuchungen von Ernst Kornemann. *Leipzig: Dieterich 1903.* (56 S.) 4°
— Beiträge z. alten Geschichte. Beih. 1.

Kornemann, Ernst, zur Geschichte der antiken Herrscherkulte. Lex.-8. (96 S.) Leipzig (901). Dieterich. n. 4. 80

— Kaiser Hadrian u. der letzte grosse Historiker von Rom. Eine quellenkrit. Vorarbeit. (VII, 136 S.) Lex.-8. Leipzig 905. Dieterich. n. 4. 20

Kornemann, Ernst, s.: Klio.

— die neue Livius-Epitome aus Oxyrhynchus, s.: Beiträge zur alten Geschichte. 2. Beiheft.

Kornemann, E., Nochmals das Monumentum Ancyranum. S.-A. 1904. 10 S.

— s.: Papyri, griechische, im Museum des oberhessischen Geschichtsvereins zu Giessen.

Kornemann, Ernst, die historische Schriftstellerei des C. Asinius Pollio. Zugl. e. Beitrag zur Quellenforschg. üb. Appian u. Plutarch. [Aus: „Jahrbb. f. class. Philol., 22. Suppl.-Bd."] gr. 8. (138 S.) Leipzig 896. B. G. Teubner. n. 4. 40

Kornemann, Ernst, Dr. phil.: Zur Stadtentstehung in den ehemals keltischen und germanischen Gebieten des Römerreichs. Ein Beitrag zum röm. Städtewesen. *Giessen 1898: v. Münchow.* (76 S.) 8° ¶(Teil eines grösseren Werkes über röm. Städtewesen.)
Giessen, Phil. Hab.-Schr. v. 1898

— Zum Streit um die Entstehung des Monumentum Ancyranum. S.-A. 1905. 16 S. 1.—

Kornemann, E., Weiteres zum Monumentum Ancyranum. S.-A. 1908. 11 S. 4°.

— die Zahl der gallischen civitates in der römischen Kaiserzeit. Lex.-8. (18 S. m. 1 Tab.) Ebd. 901. n. 1.—
2 Sonderabdrucke aus: „Beiträge z. alten Geschichte".

Kornemann, Fr. Albr. Ldw., († d. 26. Jan. 1808.) Handbuch d. Abschoßrechts für Preuß. Geschäftsmänner. gr 8, Halle 803. (Reinicke u. G.) 1 ℛ 12 𝔤𝔤 Schrbp. 1 ℛ 16 𝔤𝔤

Kornemann, F. Alb. L.: Handb d. Abschossrechts f. preuss. Geschäftsmänner, *Halle*, Ruff. 803. gr. 8. (1 Thlr. 8 Gr.)

Kornemann, Hermann, pract. Arzt aus Cassel: Über Ankylose des Steissbeins und die dadurch hervorgerufenen geburtshülflichen Störungen. *Strassburg i. E. 1899: Ch. Müh & Co.* (31 S.) 8°
Strassburg, Med. Diss. v. 1899

Kornemann, J. C., theoret.-prakt. Abhandl. v Concursmassen. 8. Marb. 796. Krieger. 6 𝔤𝔤

Kornemann, J. C.: Theor.-prakt. Anleit. zum Concursprocess. *Marb.*, (Krieger in *Cassel.*) 796. (6 Gr.)

Korner, Herm., Chronica novella. Im Auftr. der Wedekindschen Preisstiftung f. deutsche Geschichte hrsg. v. Jak. Schwalm. gr. 4. (V, XXXVI, 650 S.) Göttingen 895. Vandenhoeck & Ruprecht. n. 24. —

Korner, Oscar, von Willisau-Land (Kanton Luzern): Zur Geschichte der Grundhörigkeit in der alamannischen Schweiz. Luzern 1904. 120 S. 8°.
Bern. Jur. Diss. 1904/1905.

Körner, Theodor. Eine Gedenkschrift zur 50jährigen Todesfeier des Dichterhelden am 26. Aug. 1863. Dresden 863. Meinhold & Söhne. 4. (12 S. mit Holzschn. u. 3 Lithogr.) 2 ngr.

— Sein Leben, sein Tod im Gefechte bei Rosenberg und sein Grab bei Wöbbelin in Mecklenburg-Schwerin. Eine Erinnerung an den 26. Aug. 1813, zur 50jährigen Wiederkehr dieses Tages am 26. Aug. 1863, dem deutschen Volke gewidmet. Schwerin 863. Oertzen & Co. 16. (42 S.) n. 6 ngr.; mit 1 Photogr. u. 2 lith. Karten n. 12 ngr.
Allg. Bücher-Lexikon. V. Supplement-Band 1.

Körner, Theodor. Cyclus in acht Blättern nach den Orig.-Cartons von F. Martersteig. Mit einer Biographie Th. Körner's und 10 Sonetten von Herm. Lingg, sowie 8 Liedern aus „Leyer und Schwert". qu. Fol. (24 S. mit 8 Photogr.) München 871, Bruckmann's Verlag. geb. mit Goldschn.

Körner, Theodor. Kurze Geschichte s. Lebens u. s. Grabstätte. M. 1 Brustbild, 1 Handschrift u. 2 Abb. der Grabstätte d. Dichters. 8. (23 S.) Schwerin (885). Bärensprung'sche Hofbuchdr. n. 1. —

Körner, Theodor. Zum 23. Sept. 1891. Leipzig 1891. H: *Brockhaus, Rudolph.* (Ky)

—— Zum 23. September 1891. (Sammlung von Briefen von u. an Körner, hrsg. v. Rud. Brockhaus.) gr. 4. (198 S. m. 8 Bl. Faksims. von Briefen Th. Körner's und seiner Braut Antonie Adamberger.) Lpz. 891, Brockhaus. * 12 —
Facsimiles der drei Briefe von Th. Körner und Antonie Adamberger werden separat abgegeben zum Preise von 3 M. zusammen.

[F.] Theodor Körner. Erinnerungsblätter gesamm. aus Anl. d. Wiederkehr s. 100. Geburtst. v. d. Lese- u. Redehalle d. deutschen Studenten in Prag. *Prag: J. G. Calve 1892.* (56 S., 2 Taf.) 1 Bd 8. [·9. *5*9 11

Körner, s.: Arbeiter-Gesundheits-Kalender.

Körner: Bericht über die Errichtung des Copernicus-Denkmals zu Thorn. 1853.

Körner, gewölbte Decken (Gewölbe), s.: Handbuch der Architektur.

Koerner, Grundzüge u. Beiträge zur systematischen Behandlung d. Religionspolitik im deutschen Staate. gr. 8. (VII, 206 S.) Berlin 873. C. Heymann's Verl. n. 3. —

Körner, Neubau der herzogl. technischen Hochschule zu Braunschweig, s.: Uhde.

Körner's des Aelteren Schriften. Hrsg. von Carl Barth. gr. 16. (VIII und 291 S.) Nürnberg 859, (Korn'sche Buchh.) *

Soll ich Seemann werden? Dargereicht von d. Komitee f. deutsche ev. Seemannsmission, Berlin. (Verf.: Seemannspastor **Körner** in Bremerhaven.) *Bordesholm 1902: H. H. Nölke.* (15 S.) 8° [F.] [03. 3349

Körner, ..., geographisch-statistische Tabellen über d. Schweiz. Fol. Zürich 796. Ziegler. 9 K

Körner's Vortragsbibliothek. 1.—6. Heft. 8. Erfurt, Körner'sche Buchh. * 1 40

Inhalt:
Heft 1. Blume, Osc., der Doppelgeburtstag oder ein Mißverständniß. Schwank in 1 Akt [Vortrag für 2 Damen]. (10 S.) 887. * 20 Pf.
" 2. Kandidat Jobs im Examen. Schwank in 1 Akt [für 3 Herren] von Fr. Th. (15 S.) 889. * 20 Pf.
" 3. Blume, Osc., Turnerfeste. Eine kleine Sammlung von Ansprachen, Vorträgen, Liedern zc. für Vereinsfeste. (21 S.) 888. ** 30 Pf.
" 4. 6. —— Parodien, Travestien und Quodlibets aus deutschen Klassikern. 1. und 2. Heft. (à Heft 40 S.) 889. à 30 Pf.
" 5. Solbrig, C. F., die Dorfschule. Posse in 1 Akt. (16 S.) 888. * 10 Pf.

Körner: Ein Wort an die Freunde u. Gönner der Handelsakademie. Pest. 1865.
Schul-/Univ.-Schrift

Körner, A., die Sage von der weißen Frau, oder Kunigunde, Gräfin von Orlamünde, Nürnberg u. Plassenburg. Ihr bedeutungsvolles Erscheinen an vielen Höfen. Für's Volk erzählt. 1—3. verb. Aufl. Mit 2 Bildern (Holzschn.). Tübingen 859—62. Riecker. 16. (48 S.) 3 ngr.

Körner, A., die Sage von der weißen Frau, oder Kunigunde, Gräfin v. Orlamünde, Nürnberg und Plassenburg. Ihr bedeutungsvolles Erscheinen an vielen Höfen. Für's Volk erzählt. 1. Aufl. 1859. und 2., verb. Aufl. 16. (48 S. mit 2 Bildern in Holzschn.) Tübingen 860, Riecker.

Körner, A., die Sage von der weißen Frau, oder Kunigunde, Gräfin v. Orlamünde, Nürnberg und Plassenburg. Ihr bedeutungsvolles Erscheinen an vielen Höfen. Für's Volk erzählt. 3., verb. Aufl. 16. (48 S. mit 2 Bildern in Holzschn.) Tübingen 864, (Osiander'sche Buchh.)

Körner, Adolf, Rechtsprakt. a. Eichenberg: Das kirchliche Beerdigungsrecht. Würzburg 1906: F. Scheiner. (70 S.) 8°
Würzburg, Jur. Fak., Ref. Meurer, Diss. v. 31. Jan. 1906
[Geb. 22. April 81 Eichenberg; Wohnort: München; Staatsangeh.: Bayern; Vorbildung: Gymn. Aschaffenburg Reife Juli 99; Studium: Würzburg 8 S.; Rig. 13. Juli 05.]

Koerner, Alfr., die Bauten des königl. botanischen Gartens in Dahlem. In amtl. Auftrage bearb. (37 S. m. 79 Abbildgn. u. 7 Taf.) 35,5×27 cm. Berlin 910. W. Ernst u. Sohn. Geb. in Halbleinw. 6. —
Erweit. Sonderdr. aus: „Ztschr. f. Bauwesen".

Körner, Alois

Körner, A., Finanzwissenschaft s. Kaizl.

Körner, Alois, Grundriß des österr. Staatsschuldenwesens. 8. (152 S.) Wien 899. Manz. n. 2. 60

Körner, Alois, Grundriß der Volkswirtschaftslehre. gr. 8. (VIII, 120 S.) Wien 898. Manz. n. 1. 60

— dasselbe. 2., verm. Aufl. gr. 8. (156 S.) Ebd. 898. n. 2. 40

Körner, Alois, Grundriß der Volkswirtschaftslehre. 3., beträchtlich verm. u. nach dem österr. Lehrplane f. höhere Handelslehranstalten umgearb. Aufl. (VIII, 175 S.) 8. Wien 905. Manz. n. 2. 20; geb. in Leinw. n. 2. 60

— **Katechismus** d. Verfahrens m. österreichischen Staatsschuld-Verschreibungen bei Militär-Heirats-Cautionen. Zum Gebrauche der Parteien verf. Mit Formularien, Beispielen u. e. Anh. 12. (IV, 51 S.) Ebd. 893. In Leinw. Kart. n. — 80

Körner, Alois, die Conversion öffentlicher Schulden. Theoretisch dargelegt. gr. 8. (V, 50 S.) Wien 893. W. Braumüller. n. 1. 20

— Staatsschuldentilgung u. Staatsbankerott. Mit besond. Berücksicht. der fundirten Staatsschuld. gr. 8. (104 S.) Wien 893. Manz. n. 2. 40

Körner, Dr. Alois, Unternehmer u. Unternehmergewinn. gr. 8⁰. Wien, Manz, 1893.

Körner, Andr., der Geschäftsaufsatz. Ein Hilfsbuch f. Fortbildungsschüler. 1. Kurs. (23 S.) 8. Nürnberg 907. Heerdegen-Barbeck. n. — 20

Körner, Andr., der Geschäftsaufsatz. Ein Hilfsbuch f. Fortbildungsschüler. 2. u. 3. Kurs. 8. Nürnberg 907. F. Korn. — 65
2. (20 S.) — 25. — 3. Verträge, Eingaben etc. (34 S.) — 40.

Körner, Aug. Em. [aus Lengefeld]: De epistulis a Cicerone post reditum usque ad finem anni a. u. c. 700 datis quaestiones chronologicae .... Misniae, C. E. Klinkicht, 1885; 67 + 1 S. 8⁰.
Leipzig, Phil. Fak., Inaug.-Diss. v. 4. Nov. 1885.

Körner, Aug. Emil, de epistulis a Cicerone post reditum usque ad finem anni a. v. c. 700 datis quaestiones chronologicae. gr. 8. (67 S.) Leipzig 885, Fock. *

Koerner, Bernh., hamburger Geschlechterbuch, s.: Handbuch, genealogisches, bürgerlicher Familien.

Körner, C. A., s. Hübner, Jh., bibl. Historien.

Körner, C. J., bunte Gedichte d. Zeit aus Schleswig-Holstein. 8. (6 B.) Itzehoe 846, Nissen.

Körner, Chr. Dn. E., Versuch in Predigten. Mit e. Vorberichte von Dr. Ammon. 8. Götting. 799. Schröder. 5 gr.

Körner, C. D. E., Vers. in Predigten. 8. Gött. Schröder. 801.

Körner, Chr. Gottlieb, s. Körner, Christian Gottfried

Körner, Christian Gottfried

– s. Ansichten, ästhetische, u. setze hinzu: (v. C. G. Körner.)

Körner, Chr. G., s.: Briefwechsel zwischen Schiller u. Körner.

– s. Deutschlands Hoffnungen.

Körner, Ritter Chr. Gtl., († d. 13. Mai 1831.) f. deutsche Frauen. gr. 8. Berl. 824. Nicolai. 8 gr.

Körner, Chr. Gtl., s. Karl Thdr. Körner, dramat. Beiträge.

– s. K. Th. Körner, verm. Gedichte u. dessen Leyer u. Schwert.

—— biograph. Nachrichten, s. Jonas, Fritz.

Rede am Schlusse des Jahres 1813 in der ger. und vollk. □ zu den drey Schwerdtern und wahren Freunden [in Dresden] gehalten von [Christian Gottfr.] Körner. [Dresden 1813.] 2 Bl. 4⁰ [Umschlagtit.]
Tt. 2092a. Selten. Patriotische Rede, anknüpfend an die polit. Ereignisse d. J. 1813.

Koerner, Christian Gottfried: Quatenus Taciti de Germania libello fides sit tribuenda? , s. Arndt, Gottfr. Aug.

— — Quanti intersit ictorum jurisprudentiam naturalem ab universali vivendi norma distingui. Diss. jur. Lpz. (Breitkopf) 15. IV. 1779. 34 S. (6.—) 19048
Gew.: Christian Gotthelf Frh. v. Gutschmidt (Klein Woellmersdorf).

— — u. **Carl Gottfried Schreiter**, Quem fructum oeconomia politica capiat ex descriptione civium ad ipsius usus accommodata. Specim. I. Lpz. (Breitkopf) 23. IX. 1778. 32 S. (6.—) 19047
Gew.: Johann Gottfried Koerner (Vater).

— **Christian Gottfried** (Leipzig), Dissertatio de rutis caesis. Präs. Josia Ludwig Ernst Püttmann. Lpz. (Breitkopf) 27. VI. 1776. 32 S. (6.—) 19046

– s. F. v. Schiller, sämmtl. Werke.

Körner's, Chrn. Gfr., gesammelte Schriften, hrsg. v. Adf. Stern. gr. 8. (VII, 433 S.) Leipzig 881. Grunow. n. 8. —

[**Körner**, Chn. Gfd.,] Stimme der Warnung bey dem Gerucht von geheimen, politischen Verbindungen im Preussischen Staate. Berlin: Nicolai 1815.

— Versuche über Gegenstände d. innern Staatsverwaltung u. d. polit. Rechenkunst. gr. 8. Dresd. 812. Walther. 18 gr.

Körner, Christian Julius: Bunte Gedichte der Zeit aus Schleswig-Holstein, v. –. Itzehoe. 1846. 8⁰

Körner, Christian Julius: Prolog, gesprochen bei Eröffnung eines Concerts zum Besten Schleswig-Holsteins zu Meldorf den 24. April 1864. (Meldorf. 1864.) 8⁰ [Kopft.]

Körner, E. Offener Brief an die Stimmen aus den Provinzen. — Druck von F. Reichardt. 1 Bl. Fol.
Flugblatt. Berlin, 8. Juli 1848.

Körner, E., Dresden u. d. Dresdener. Kritisch-pikante Plaudereien. gr. 8. (48 S.) Dresden 895. Dresdner Verlagsanstalt (B. M. Esche). n. 1. —

Körner, E., Invalidenkassen u. Hilfskassen für ländliche Arbeiter, s.: Calberla, G. M.

— dasselbe, s. a.: Schriften d. sächs. Volksschriften-Verl.

Koerner, E., über das Wesen der Advocatur. Nach seinem in der 1. Plenarsitzg. des I. böhm. Advocatentages in Prag am 21. V. 1904 geh. Vortrage als Beitrag zur Frage der Reform der Advocatur f. die „Gerichtshalle" bearb. (41 S.) gr. 8. Wien 904. M. Breitenstein. n. — 70

Körner, Egon. Vide: Calberla, G. M.

Körner, Emanuel Felix [approb. Arzt aus Bauerwitz]: **Ueber den Einfluss von Antipyrin und Thallin auf den Stoffwechsel beim gesunden und fiebernden Menschen** .... Breslau, Druck v. Rob. Nischkowsky, 1886; 21 S. 8°.
Erlangen, Med. Fak., Inaug.-Diss. v. 1886.

Körner, Emanuel Felix, über den Einfluss von Antipyrin und Thallin auf den Stoffwechsel beim gesunden und fiebernden Menschen. Diss. Erlangen 1886, Th. Blaesing. 8°. 24 S.

Körner, Emil [pr. Arzt in Pössneck]: Ueber die Behandlung brandiger Brüche ... Jena, Druck v. A. Kämpfe, 1894; 42 S. 8.
Jena, Med. Fak., Inaug.-Diss. v. [15. Juni] 1894

Körner, Emil, der Dom zu Meißen, sein Bau u. seine Geschichte. hoch 4. (58 Sp. m. Abbildgn.) Leipzig (902). A. Strauch. n. 1.—
Sonderabdruck aus: „Neue sächs. Kirchengalerie".

Körner, E., die historische Entwicklung der chilenischen Wehrkraft, s.a. **Militär-Wochenblatt. 1910. Beiheft 5.**

Die historische Entwicklung der chilenischen Wehrkraft. Von E[mil] Körner, chilen. Divisionsgen. Berlin: Mittler 1910. S. 131–174. 8° [Umschlagt.]
(Militär-Wochenblatt. 1910, Beih. 5.) [10. 7702

Körner, Emil, Erasmus Alber, s.a. **Quellen u. Darstellungen aus der Geschichte des Reformationsjahrhunderts. 15. Bd.**

Erasmus Alber. Das Kämpferleben e. Gottesgelehrten aus Luthers Schule, nach d. Quellen dargest. von Emil **Körner**, Domprediger. Leipzig: Heinsius 1910. VII, 203 S. 8°
(Quellen u. Darstellungen aus d. Geschichte d. Reformationsjhs. Bd 15.) [10. 14605

— kleine Missionsagende. Eine Sammlg. alter u. neuer Gebete f. die Mission. 8. (80 S.) Leipzig 900. Verlag der ev. luther. Mission. n. —75; geb. in Leinw. n. 1.—

Körner, E., was soll aus d. Meißner Dome werden? Nach dessen Geschichte u. gegenwärt. Zustande beantwortet. 8. (36 S. m. 3 Abb. u. 1 Grundriß.) Leipzig 896. Sächs. Volksschriftenverl. n. — 40

Körner, Erich: Nachbarskinder. Novellette von E[milie] Kronau [d. i. Erich Koerner]. In vereinf. deutscher Stenogr. ‹System Stolze-Schrey›.
Berlin: F. Schulze [1899]. 16 S. 8° [Text lith.]
= Zehnpfennigbücher, Schulzes. No. 6.

Express guide. Paris in a fortnight by Erich **Koorner**. *Bonn: C. Georgi [1900].* (32 S.) 8° [Umschlagt.] [00. 2794 5

Guide-express. Paris en 15 jours par Erich **Koorner**. *Bonn: C. Georgi [1900].* (32 S.) 8° [Umschlagt.] [00. 2795 5

Führer für Eilige. Paris in 14 Tagen von Erich **Körner**. *Bonn: C. Georgi [1900].* (34 S.) 8° [Umschlagt.] [00. 3853 5

KOERNER, Eugen (München): Die Gelenke der Gehörknöchelchen und die Knorpel des Ohres.- Berlin: Hirschner & Stephan 1878. 28 S.- S.-Abdr.aus: Monatsschrift für Ohrenheilkunde sowie für Nasen-, Rachen-, Kehlkopf- und Luftröhren-Krankheiten. 1878,10.
27.7.1877 - Urk (Titel: De ossium auditivorum articulationibus.); Chr 1877/78,7
Diss. Ingolst.-Landsh.-Mchn.

Körner, F, s. Feuerwehr-Zeitung. sächs.

Körner F.: Die Hausthiere, ihre Leistungen u. Fähigkeiten. Leipz. 1864. 306 S.
(Geschichten aus Feld u. Wald).
(- Die Natur im Dienst d. Menschen. 5. Bd. 3. Abth.). 644.

Körner, F., die weltgeschichtlichen Kämpfe des Altertums, nebst geograph. u. kulturgeschichtl. Bildern. gr. 8. (VIII, 406 S.) Gotha 890. F. A. Perthes. geb. n. 6. —

Körner F.: Lebensweise u. Fang d. besonders in Deutschland einheimischen Jagdtiere. 2 Abth. Leipz. 1862. 172, 185 S.
(Geschichten aus Feld u. Wald),
(= : Die Natur im Dienst d. Menschen. 5. Bd. 1–2. Abth.). 644.

Körner, F.: Schule und Haus. Pesth. 1867.
Schul-/Univ.-Schrift

Körner, F. A., s. Körner, Friedrich A.

— M. Ferdinand, Viro Carl August Heinrich Flemming (Luscaviensis) laetissima muneris sacri per decem lustra administrati solemnia gratul. — Inest commentatio de tribus inhumanitatis fontibus ad locum Matth. V, v. 22. Lpz. (Staritz) 5. XII. 1830. 29 S. (4.80) 19049

Körner, Ferd., die kursächsische Staatsregierung dem Grafen Zinzendorf u. Herrnhut bis 1760 gegenüber. Nach den Acten des Hauptstaatsarchivs zu Dresden dargestellt. gr. 8. (119 S.) Leipzig 878. B. Tauchnitz. n. 4.—

— Tezel, der Ablaßprediger. Sein Leben u. sein Wirken für den Ablaß seiner Zeit, m. besond. Rücksicht auf kathol. Anschauungen neu untersucht u. möglichst nach den Quellen, mehrfach nach bisher noch ungedruckten, dargestellt. gr. 8. (VIII, 153 S.) Frankenberg 880. Roßberg. n. 3. 60

Körner, Fr., (J. Ch. Fr.) über Alkoholometer, Bestimmung d. specifischen Gewichts der Flüssigkeiten, u. Nicholsonsche Wagen. Nebst beigefügten Tafeln enthalt. die specif. Gewichte aller Mischungen aus Alkohol u. Wasser (Branntweine) von 1° unter 0, bis zu 24° über 0, nach Réaumur. 8. Jena 826. Schmid. 18 K Ohne die Tafeln 9 K

Körner, Fr., Anleitung z. Bearbeitung d. Glases an d. Lampe u. z. vollständ. Verfertig. der, durch d. Lampenfeuer darstellbaren, physikal. u. chem. Instrumente u. Apparate. 8. (18¾ B. u. 5 Kpfrt. 4.) Jena 851, Schmid.

– s. **Anleitung z. Verf. d. Fernröhre.**

— Anleit. z. Verfertigung übereinstimmender Thermometer u. Barometer. Nebst e. Anhange, die Beschreib. einer vortheilhaft beurtheilten, vom Verf. gefertigten Luftpumpe u. zweier Wagen enthaltend. Mit 8 Kpfrtaf. 8. Jena 824. Schmid.

Körner, Frz., Lehrbuch d. Physik f. höh. Lehranst. u. z. Selbstunterr. gr. 8. (V, 432 S. m. 642 Abb. u. 2 Farbentaf.) Wien 897. F. Deuticke. n. 6. 60; erm. Preis n. 5. —; geb. n. 5. 50

Körner's Lehrbuch der Physik. Für höh. Lehranstalten bearb. v. Alb. Richter. Mit 734 Abbildgn., 1 Weltkarte f. die Zeitvergleichg., 2 Sternkarten u. 2 Farbentaf. gr. 8. (XVI, 533 S.) Wien 900. F. Deuticke. Geb. in Leinw. n. 6. —

Körner, Lehrbuch der Physik für höhere Gewerbeschulen. 2. Aufl. Wien: Deuticke 1904.

— Naturlehre f. gewerbl. Lehranst. gr. 8. (III, 78 S. m. 152 Abb.) Ebd. 898. Kart. n. 1. 25

Körner, Franz, Naturlehre, Chemie mit einem Anhange über Gesteinskunde und bautechnische Nebenmaterialien für gewerbliche Lehranstalten. Mit 14 Abbildungen. Wien und Leipzig 1903. Franz Deuticke. Preis, geheftet 1 K, gebunden 1 K 20 h.

Körner, Franz, Naturlehre, Physik für gewerbliche Lehranstalten. Mit 156 Abbildungen. 2. Auflage. Wien und Leipzig 1903. Franz Deuticke. Preis, geheftet 1 K 30 h, gebunden 1 K 50 h.

Körner, Frz., Naturlehre für gewerbliche Lehranstalten. Chemie m. e. Anh. üb. Gesteinskunde u. bautechn. Nebenmaterialien. (III, 57 S. m. 14 Abbildgn.) gr. 8. Wien. 904. F. Deuticke. Kart. n. 1. —

— dasselbe. Physik. 2. Aufl. (III, 76 S. m. 156 Abbildgn.) gr. 8. Ebd. 904. Kart. n. 1. 25

Körner, Frz., Naturlehre. Physik f. gewerbl. Lehranstalten. 3. Aufl. (III, 76 S. m. 158 Abbildgn.) 8. Wien 909. F. Deuticke. Geb. 1. 25

— Franz Wilhelm (Spaaro/Misnicus), De natura tendinum sub cute discissorum medicatrice. Diss. med. Lpz. (Staritz) 24. IX. 1841. 26 S. (5.—) 19050
Gew.: Friedrich August v. Ammon.

Körner, Frau Frida, s.: Hüke, Frida.

Körner, Friedr. (A.), practische Anleitung zur Anfertigung deutscher Aufsätze. 3 Hefte. gr. 8. Halle 858, Schroedel und Simon. à Heft * 8 Ngr. *

Inhalt:

Heft 1. Erzählung und Beschreibung. (IV und 80 S.)
" 2. Briefe und Geschäftsaufsätze. (78 S.)
" 3. Abhandlungen. (60 S.)

—— die Aufgabe der Schule im deutschen Reiche. Psychologisch-pädagog. und socialpolit. Abhandlungen über das Schul- und Culturleben der Gegenwart. Für Schulmänner, Eltern und Volksvertreter. gr. 8. (VII, 337 S.) Leipzig 872, Oehmigke's Verlag. *

Körner, Friedr., die Bedeutung der Realschulen für das moderne Kulturleben. Für Lehrer, Schulvorstände und Freunde der Volksbildung. Zugleich eine Entgegnung auf Dr. Heiland's Schrift: Zur Frage über die Reform der Gymnasien. gr. 8. (XII und 180 S.) Leipzig 851, [Costenoble.] *

Körner, Friedr., Bericht über die Verhandlungen der fünften Versammlung deutscher Realschulmänner, welche vom 27. bis 29. Septbr. 1853 zu Braunschweig abgehalten wurde. gr. 8. (40 S.) Leipzig 853, [Gebr. Baensch.]

—— geographische Bilder aus Oesterreich, s. Vaterlandsbuch, das.

— illustrirte geograph. Bilder aus Oesterreich, } s. Vaterlandsbuch, das.
— illustrirte geogr. Bilder aus Preußen, }

Körner, Friedr., Bilder aus dem Natur- und Kulturleben. gr. 8. (V, 242 S.) Hamburg 879, J. F. Richter. cart. *

—— vaterländische Bilder aus Pommern. In Schilderungen aus Natur, Geschichte, Industrie und Volksleben. br. 8. (III und 66 S. mit 28 in den Text gedr. Abbild. und 1 Titelbilde. in Holzschn.) Leipzig 856(57,) Spamer. *
Aus: Geographische Bilder aus Preußen, II., besonders abgedruckt.

—— weltgeschichtliche Bilder aus dem Alltagsleben, s. Weltspiegel.

Körner, Friedr. (L.), durch alle Breiten. Scenen aus dem Städte-, Volks- und Naturleben. Nach Werner, Heine, Junghuhn, Schmarda, Novara-Fahrt, Heuglin u. A. 12. (111 S. mit 1 Chromolithogr.) Düsseldorf 881, F. Bagel. cart.

Körner, Frdr., durch alle Breiten. Scenen aus dem Städte-, Volks- u. Naturleben. Nach Werner, Heine, Junghuhn, Schmarda, Novara-Fahrt, Heuglin u. a. 2. Aufl. 12. (109 S.) Gütersloh (900). C. Bertelsmann, Sep.-Cto. n. — 60; kart. n. — 70; geb. in Bibliotheksbd. — 80; in Leinw. — 90

—— und J. Burow, das Buch der Erziehung, s. Burow.

—— das Buch der Welt, s. Feierstunden, malerische.

—— das Buch der Welt, s. Kinderbuch, das illustrirte goldene.

Körner, Frdr., Charaktergemälde aus dem Geschichts- und Kulturleben des deutschen Volks. Th. 1—3. Leipzig 1855—56. 8. . . . . [illegible]

— Charaktergemälde aus dem Geschichts- und Kulturleben des deutschen Volkes. 1—3. Bdchn. Leipzig 856, 57. Brandstetter. 8. 2 ₰. 10 ngr.
1. Bdchn.: Die Gründung des deutschen Reiches durch die Merovinger und Karolinger. (VII, 200 S.) 21 ngr.
2. Bdchn.: Die Gründung des deutsch-röm. Kaiserthums durch die sächs. u. fränk. Könige. (4 Bl., 228 S.) 24 ngr.
3. Bdchn.: Heldenkampf u. Untergang des Ritter-Kaiserthums der Hohenstaufen. (3 Bl., 260 S.) 25 ngr.

Körner, Frdr., Cortez u. der Untergang des Aztekenreiches. Nach Prescott. 12. (112 S. m. 1 Chromolith.) Düsseldorf 881. F. Bagel. cart. — 60

Körner, Frdr., die Erde, ihr Bau u. organisches Leben. Versuch e. Physiologie des Erdkörpers. Nach den zuverlässigsten Forschgn. dargestellt f. Gebildete aller Stände. 2 Bde. gr. 8. (VIII, 274 u. VIII, 442 S.) Jena 875. Costenoble. n. 10. —

— dasselbe. Ergänzungsband. Die Luft, ihr Wesen, Leben u. Wirken m. Beziehg. auf die geograph. Verbreitg. der Pflanzen, Thiere u. Menschenrassen. Auf Grundlage der zuverlässigsten Forschungen dargestellt. gr. 8. (223 S.) Ebend. 876. n. 4. —

— die Erde, ihr Bau u. organisches Leben. Versuch einer Physiologie des Erdkörpers. Nach den zuverlässigsten Forschungen dargestellt für Gebildete aller Stände. 2., unveränd. (Titel-)Ausl. 2 Bde. gr. 8. (VIII, 274 u. XVI, 412 S.) Jena (875) 879. Costenoble. n. 10. —; in 1 Bd. geb. n. 11. 50

— ein vergessener Erdteil. Grönländisch-normannische Geschichten nach isländischen Sagas u. eine deutsche Grönlandsfahrt. 12. (112 S. mit 1 Chromolith.) Düsseldorf 881. F. Bagel. cart. — 60

— ein vergessener Erdteil. Grönländisch-normann. Geschichten nach isländ. Sagen u. neuen Grönlandsfahrten. 2. Aufl. 12. (112 S.) Ebd. (900). n. — 60; kart. n. — 70; geb. in Bibliotheksbd. — 80; in Leinw. — 90

— die Erdtheile. Natur- u. Kulturgemälde f. Lehrer u. Freunde der Geographie. 8. (193 S.) Leipzig 873. Dehmigke. 2. —; geb. 3. —

—— die Erziehung der Knaben, s. Burow und Körner, das Buch der Erziehung.

—— Prinz Eugen. Ein Lebensbild. 8. (III und 195 S. mit den Portr. des Prinzen Eugen, des Herzogs v. Marlborough und des Fürsten Leopold von Dessau, in Holzschn., gez. von Ludwig Burger.) Berlin 864, Böttcher. *

— Georg Frundsberg u. seine Landsknechte. Schlachtenbilder aus den Kriegen des Kaisers Karl V. gegen Frankreich u. Rom. Nach Dr. Barthold u. Schwarzenau. 12. (112 S. mit 1 Chromolith.) Ebend. 881. cart. — 60

Georg Frundsberg und seine Landsknechte. Schlachtenbilder aus d. Kriegen d. Kaisers Karl v. gegen Frankreich u. Rom. Nach Dr. Barthold u. Schwarzenau. Von Prof. Friedrich **Körner**. Gütersloh: C. Bertelsmann [1907]. (119 S.) 8° [F.]
— **Volks- u. Jugendbibliothek**, G. Nieritz'. No 2. 107. 18379

Körner, Friedr.: Geschäfts-Aufsätze und Contorarbeiten nebst Lesestücken waarenkundlichen Inhaltes. Pest 1870. Druck von G. Heckenast. 8°. 100 S. Pest. Heckenast. 1869.

— Geschichte der Pädagogik von den ältesten Zeiten bis zur Gegenwart. Ein Handbuch für Geistliche u. Lehrer beider christl. Confessionen. Leipzig 857. Costenoble. gr. 8. (VIII, 388 S.) n. 1 Thlr. 10 ngr.

— Geschichte des deutschen Volkes in seinen staats- u. kulturgeschichtlichen Thaten u. Schöpfungen. 1. u. 2. Hft. gr. 8. (S. 1—96.) Berlin 881. Ißleib. à n. — 50

Körner, Friedr., Geschichten aus der Geschichte. Belehrende Erzählungen. 1. u. 2. Thl. 1. u. 2. Abthl. Dresden, Meinhold & Söhne. hoch 4. [1. Thl. (VI, 226 S. mit 4 lith. Illustr. in Tondr.) 865. cart. 1 Thlr. 6 ngr., 2. Bd. 1. Abthl. (III, 169 S. mit 4 lith. Illustr. in Tondr.) 866. cart. 1 Thlr., 2. Bd. 2. Abthl. (III, 159 S. mit 4 lith. Illustr. in Tondr.) 867. cart. 1 Thlr.] 3 Thlr. 6 ngr.

— Geschichten aus Wald u. Feld. Bilder aus dem Pflanzen-, Thier- u. Menschenleben. gr. 8. (III, 213 S.) Hamburg 879. J. F. Richter. cart. n. 4. —

— deutsche Götter u. Göttersagen, soweit sie sich in Dichtung, Sprüchwort und Brauch lebendig erhalten haben. Eine Vorschule zum Verständniß der deutschen Literatur. gr. 8. (IV, 412 S.) Leipzig 876. Douffet. n. 5. —; geb. n. 6. —

KÖRNER, FRIEDR. *Deutsche Götter und Göttersagen*, soweit sie sich in Dichtung, Sprüchwort und Brauch lebendig erhalten haben ... Hamburg, Berendsohn, 1877. IV, 412 S. 8°. Farbig illustr. Orhlwd. Titel gestempelt. 7.—

Körner, Friedr. Deutsche Götter- und Heldensagen. Leipzig 1877. 8°.

— — Grundriß der deutschen Sprachlehre nebst einer Sammlung gemeinnütziger und vorbereitender Aufsätze über Handelswissenschaften. (Encyklopädie für Gewerbe- und kaufmännische Sonntagsschüler. 1. Heft.) 1870. kl. 8. (VII u. 95 S.) Ebd. 50 kr

— Handelsgeographie. Zum Schul- und Privatgebrauche. 2 Bde. 8. (... S.) Pest 860, Osterlamm.

– Handels- und Industrie- Geographie. Pest 1870. Druck von G. Heckenast. 8°. 105 S. Ebds.

— Handels-Geographie f. Mittel- u. Handelsschulen. 2. gänzlich umgearb. Aufl. 3 Abthlgn. br. 8. Preßburg 870. Heckenast. n. 8. 80
1. Einleitende Uebersicht der Handels-Geographie. (136 S.) n. 1. 60
2. Specielle Handels-Geographie der außer- u. südeuropäischen Länder, m. Einschluß der Waaren-Statistik. d. Großhandels. (304 S.) n 3. 60
3. Handels-Geographie Europa's, m. Anschluß d. Südens u. die vereinigten Staaten Nordamerikas. (319 S.) n. 3. 60

— die Hauptbegebenheiten der Weltgeschichte in Charakterskizzen, mit besond. Berücksichtigung der Fortschritte in Kultur, Literatur, Handel und Industrie. Zum Gebrauch an Gymnasien, Handels- und Realschulen. 3 Hefte. gr. 8. (1. Heft 96 S.) Pest 863, Kilian's Universitäts-Buchh. *

— Heldenleben. Geschichtliche Erzählungen zu belehr. Unterhaltung der Jugend. 12. (VI, 361 S. mit 3 Chromolith.) Düsseldorf 881. F. Bagel. cart. 1. 50

— Industrie- u. Handelsgeschichte. In Uebersichten f. Handelsschulen, Handelsbeflissene u. Freunde d. Handels. gr. 8. (VIII, 250 S.) Leipzig 875. Schlicke. n. 5. 50

— Instinkt u. freier Wille. Beiträge zur Thier- u. Menschenpsychologie. Lex.-8. (IV, 209 S.) Leipzig 875. Scholtze. n. 5. —

— Instinkt u. freier Wille. Beiträge zur Thier- u. Menschenpsychologie. 2. (Titel-)Aufl. gr. 8. (V, 209 S.) Leipzig (1875) 878. Scholtze. n. 2. 80

— der Kampf um die Freiheit. Ein Cyclus Romanzen aus dem Befreiungskrieg der Griechen. gr. 8. (IV und 68 S.) Halle 849, (Berner.) *

Körner, Friedr. Die weltgeschichtlichen Kämpfe d. Altertums, neoß geograph. u. kulturgeschichtl. Bildern. gr. 8. (VIII, 406 S.) Gotha 890, F. A. Perthes. geb. * 6 —

— dos neie Kirchnkascheedl, s.: Familien- u. Vereinstheater, erzgebirg. 3. Hft.

— — Correspondenz, doppelte Buchführung und Handelsgesetz. Lesestücke volkswirthschaftlichen Inhaltes. Pest 1870. Druck von G. Heckenast. 8. (91 S.) Ebd. 50 kr.

— Kulturbilder und Humoresken aus dem Alltags- und Modeleben der Völker. gr. 8. (V, 228 S.) Hamburg 879, J. F. Richter. cart. *

— Lehrbuch der Handelsgeschichte. 2 Abthlgn. Lex.-8. (450 S.) Prag 861, Credner's Verlags-Conto. *

— — Lehrbuch der Naturgeschichte und Waarenkunde. Zum Gebrauche für Real-, Handels- und Gewerbeschulen und Lehrer Bildungsanstalten. 8. (XV u. 622 S.) Ebd. 1869. 3 fl.

— Lehrstoffe, Unterrichtsziele und Erziehungsmittel. Untersuchungen und Rathschläge für Lehrer und Eltern. gr. 8. (VI, 344 S.) Köthen 878, Schettler's Verlag. *

— deutsches Lesebuch für Gymnasien, Handels- u. Realschulen. 2. Abthl. Für die mittleren Klassen. Beschreibungen. Pest 865. Kugler. 8. (297 S.) n. 1 Thlr.

— die Luft, ihr Wesen, Leben u. Wirken, m. Beziehung auf die geographische Verbreitung der Pflanzen, Thiere u. Menschenrassen. Auf Grundlage der zuverlässigsten Forschungen dargestellt. 2., unveränd. (Titel-)Aufl. Ergänzungsband zu „Die Erde, ihr Bau u. organisches Leben". gr. 8. (XVI, 223 S.) Jena (1876) 879. Costenoble. n. 4. —; geb. n. 5. 50

— große Männer, große Zeiten. Geschichte des letzten Jahrh. in Biographien. 1. und 2. Thl. gr. 8. Leipzig 869, Fr. Fleischer. cart.
Inhalt:
Thl. 1. Friedrich der Große und seine Zeitgenossen. Die Zeit der Aufklärung. (VII, 333 S.) M 4,50.
" 2. Die Zeiten Napoleons und Steins. (IV, 424 S.) M 6.

— der Mensch und die Natur. Skizzen aus dem Kultur- und Naturleben. br. 8. (IX und 281 S.) Leipzig 853, Brandstetter.

— der Menschengeist in seiner persönlichen u. weltgeschichtlichen Entwickelung. Eine naturwissenschaftl. Seelenkunde u. darauf begründete Weltanschauung. 1. u. 2. Abthl. Leipzig 870. Thomas. gr. 8. (XI, 584 S.) Jede Abthl. 1 Thlr. 15 ngr.

—— die Natur im Dienst des Menschen. Für die erwachsene Jugend und alle Freunde der Natur dargestellt. gr. 8. (III und 208 S.) Leipzig 854(55,) Schlicke.

— — 2—4. Bd. Ebend. 856—58. 8. Jeder Bd. 27 ngr.
2. Bd.: Das Feuer, seine Wirkungen und deren Benutzung. (VIII, 183 S.)
3. Bd.: Das Wasser, seine Wirkungen und deren Benutzung. (VI, 181 S.)
4. Bd.: Die Benutzung einiger Eigenschaften der Luft, der Erdschwere, des Magnetismus, der Elektrizität und des Galvanismus. (VI, 144 S.)

—— die Natur im Dienst des Menschen. Für die erwachsene Jugend und alle Freunde der Natur dargestellt. 4. und 5. Bd. 1. und 2. Abthl. gr. 8. Leipzig, Schlicke. à 27 Ngr.

Inhalt:
Bd. 4. Die Benutzung einiger Eigenschaften der Luft, der Erdschwere, des Magnetismus, der Elektrizität und des Galvanismus. (VI und 144 S.) 858.
" 5. Geschichten aus Feld und Wald. Lebensweise und Fang der besonders in Deutschland einheimischen Jagdthiere. 1. Abthl.: Lebensweise und Fang des Federwildes. (VIII und 172 S.) (861)62.
" 5. —— dass. — 2. Abthl.: Lebensweise und Fang des Haarwildes. (VI und 185 S.) 862.
1—3. Bd. Ebendas. 1854—56. 2 Thlr. 21 Ngr.

—— die Natur im Dienst des Menschen. Für die erwachsene Jugend und alle Freunde der Natur dargestellt. 5. Bd. 3. Abthl.: Geschichten aus Feld und Wald. Die Hausthiere, ihre Geschichte, Leistungen und Fähigkeiten. 3. Abthl.: die Hausthiere. gr. 8. (V und 306 S.) Leipzig 864, Schlicke.
1.—4. Bd. und 5. Bd. 1. und 2. Abthl. Ebendas. 1854—62. 5 Thlr. 12 Ngr.

— aus Nord u. Süd. Geographische Charakterbilder zu belehrender Unterhaltung der Jugend. 12. (VI, 333 S. mit 3 Chromolith.) Düsseldorf 881. F. Bagel. cart. 1.50

Körner, Friedr., Oben und Unten. Wanderungen zu den Schöpfungswundern des Festlandes. Die feste Erddecke, die Großartigkeit der Gebirgsnatur und die Geheimnisse der Unterwelt. In Schilderungen für die Jugend hrsg. gr. 8. (VIII, 296 S. mit über 70 Text-Illustr., 4 Tonbildern und 1 bunten Titelbilde.) Leipzig 879, Spamer. * *M.* 3.; cart. *

—— Oben und Unten. Wanderungen zu den Schöpfungswundern des Festlandes. Die feste Erddecke, die Großartigkeit der Gebirgsnatur und die Geheimnisse der Unterwelt. In Schilderungen für die Jugend hrsg. 2. wohlf. (Titel-)Ausg. gr. 8. (VIII, 296 S. mit über 70 Text-Illustr., 4 Tonbildern und 1 bunten Titelbild.) Leipzig 882, Spamer. cart. *

—— „Panorama." Erzählungen und belehrende Unterhaltungen aus dem Natur- und Menschenleben. 1—3. Bdchn. 8. Leipzig 857. 58, Schlicke. à Bdchn. 18 Ngr.

Inhalt:
Bd. 1. Georg Frundsberg. Scenen aus dem Leben der deutschen Landsknechte. (VIII und 112 S. mit 1 Titelbilde in Holzschn.)
" 2. Winrich von Kniprode. Bilder aus dem Leben des deutschen Ritterordens. (III und 176 S. mit 1 Titelbilde in Holzschn.)
" 3. Eine Polarfahrt. Geographische Skizzen und Scenen aus dem Seemanns- und Jägerleben. (V und 103 S. mit 1 Titelbilde in Holzschn.)

Körner, Friedr., Francisco Pizarro, seine Brüder, Gehülfen und Zeitgenossen bei der Eroberung des Goldlandes Peru. Nach Peschel, Külb, Prescot u. A. 12. (IV, 231 S.) Halle 885, Hendel. cart. *

Körner, Friedrich (Hrsg.), s. Real- und Bürger schule, Die.

—— die zur Selbstanklage gewordene Rechtfertigung des Oberschulraths Dr. Rost, an dessen neuester Schrift: „Friedr. Körner als Kritiker, oder die Umtriebe auf dem Gebiete der pädagog. Kritik" nachgewiesen. gr. 8. (36 S.) Halle 817, Heynemann.

—— Schule und Leben. Psychologisch-pädagog. und socialpolit. Abhandlungen über das Schul- und Culturleben der Gegenwart. Für Schulmänner und Eltern. Neue (Titel-)Ausg. von: Die Aufgabe der Schule im deutschen Reiche. gr. 8. (VIII, 337 S.) Ebendas. (872)74. *

— Schule u. Leben. Psychologisch-pädagog. u. socialpolit. Abhandlgn. üb. das Schul- u. Culturleben der Gegenwart. Für Schulmänner u. Eltern. Neue Ausg. von: Die Aufgabe d. Schule im deutschen Reiche. gr. 8. (VIII, 337 S.) Leipzig 875. Oehmigke. n. 3. —

— die Seele u. ihre Thätigkeiten. Nach den neuesten Forschungen auf Grund physiologischer Gesetze für Theologen, Pädagogen, Juristen u. Gebildete dargestellt. gr. 8. (VIII, 295 S.) Leipzig 880. Rudolstadt, Hartung & Sohn. n. 5. 40

Körner, F., die Seele u. ihre Thätigkeiten. Nach den neuesten Forschungen auf Grund physiolog. Gesetze f. Theologen, Pädagogen, Juristen u. Gebildete dargestellt. 2. (Titel-)Aufl. gr. 8. (VIII, 295 S.) Leipzig 890. Hartung & Sohn. n. 3. 60

—— deutsche Sprach- und Styllehre. Für den Schul- und Privatgebrauch. 1. Abthl.: Wort- und Satzlehre. gr. 8. (124 S.) Pest und Wien 860, Hartleben's Verlagsexpedition.

Körner, Friedr., deutsche Sprach- und Stillehre. Für den Schul- und Privatgebrauch. 2. und 3. Abthl. gr. 8. Pest und Wien 861, Hartleben's Verlag.

Inhalt:
Abthl. 2. Stillehre. 18 Ngr.
" 3. Der künstlerische oder poetische Stil, nebst einer Uebersicht der deutschen poetischen Literatur. 12 Ngr.
1. Abthl. Ebendas. 1860. 12 Ngr.

Körner, Friedr., deutsche Sprach- und Stillehre für Mittel- und Handelsschulen. 2. umgearb. Aufl. 4 Abthlgn. br. 8. Pest 870, Heckenast. à Abthl. * *M.* 1,60. *

Inhalt:
Abthl. 1. Wort- und Satzlehre der deutschen Sprache. (144 S.)
" 2. Theorie der Erzählungen, Beschreibungen und Briefe. (110 S.)
" 3. Der kaufmännische und Geschäftsstil. (135 S.)
" 4. Der künstlerische und poetische Stil nebst einer Uebersicht der poet. Literatur. (167 S.)

—— keltische Studien. Abhandlung über die Wohnsitze der Kelten, über deren Sprachverwandschaft mit den indogerman. Völkern und über den Einfluß ihrer Mythologie auf die Sagenbildung des Mittelalters. 4. (32 S.) Halle 849, Heynemann.

— Süd-Afrika. Natur- u. Kulturbilder m. e. besond. Einleitg. u. e. ausführl. Uebersicht der neueren Reisen. Mit 121 Illustr. in (eingedr.) Holzschn. u. 28 in Holzschnitt. u. Farbendr. ausgeführten Tafeln, sowie e. Karte (Kpfrst. in 4.) die Reiserouten angebend. gr. 8. (XII, 312 S.) Leipzig 874. Hirt & Sohn. geb. n. 12. —

— dasselbe. 2. wohlf. Ausg. Mit 28 in Holzschn. u. Farbendr. ausgeführten Taf., 121 Holzschn. im Text u. e. (chromolith.) Karte, die Reiserouten angebend. (in qu. gr. 4.) gr. 8. (XII, 312 S.) Ebend. 877. n. 6. —; geb. n. 7. —

— Thierseele u. Menschengeist. Ein Versuch zum Ausgleich der materialist. u. idealist. Weltanschauung. gr. 8. (VIII, 292 S.) Leipzig 872. O. Wigand. 4. 50

— unter den Tropen. Bilder aus dem Natur- u. Volksleben in Peru u. Mejico. Nach Tschudi, Darwin, Sartorius, Müller u. a. entworfen. 12. (96 S. mit 1 Chromolith.) Düsseldorf 881. F. Bagel. cart. — 60

Körner, Friedrich: Unter den Tropen. Bilder aus d. Natur- u. Volksleben in Peru u. Mexiko. Nach Tschudi, Darwin. Sartorius. Müller u. a. entworfen von Prof. –. 2. Aufl. Gütersloh: C. Bertelsmann [1900]. 103 S. 8°
= Nieritz. Gustav: Jugendbibliothek. No. 6.

—— Unterrichts- und Erziehungs-Kunst, nach physiologisch-psychologischen Gesetzen und den Forderungen des Kulturlebens. Für Lehrer, Eltern und Freunde einer zeitgemäss. Volksbildung. gr. 8. (XII, 484 S.) Pest 870, Heckenast.

—— das deutsche Vaterland. Eine Sammlung von Erzählungen, Schilderungen, Beschreibungen und Briefen für die reifere Jugend zur Förderung der Kenntniß des Vaterlandes. 2 Abthlgn. br. 8. Berlin, Winckelmann und Söhne. [1. (VIII und 327 S. mit 7 ill. Stnt. in Tondr.) 852., 2. (IV und 332 S. mit 8 ill. Stnt. in Tondr.) 853. à 1 Thlr. 10 Ngr.]

— unser Vaterland, s.a. Vaterland.

—— Unser Vaterland, Land und Leute, geschildert für Schule und Haus. Im Verein mit mehreren Schriftstellern herausg. Bd. 1. Leipzig 1853—54. 8. . . . . . . (D.)
[Geschichte, Topographie, Volksleben.]

— die Volksbildung als Grundlage des modernen Staats- u. Kulturlebens. Beiträge zu einer zeitgemäßen Organisation des gesammten Unterrichts- u. Erziehungswesens. Für Lehrer, Eltern, Landtagsabgeordnete &c. Jena 866. Hermsdorf. gr. 8. (VII, 249 S.) n. 1 ₰ 15 ngr

—— der Volksschullehrer. Pädagogik der Volksschule. Practisches Lehrbuch für Erziehung und Unterricht. Zum Handgebrauch für Geistliche, Stadt- und Landschullehrer, Hauslehrer und Seminaristen. gr. 8. (XVI und 243 S.) Leipzig 853, Costenoble. *

—— der Volksschullehrer. Pädagogik der Volksschule. Praktisches Lehrbuch für Erziehung und Unterricht. Zum Handgebrauch für Geistliche, Stadt- und Landschullehrer, Hauslehrer und Seminaristen. 2., sehr verm. und verb. Aufl. gr. 8. (XVIII und 255 S.) Jena 864, Costenoble. *

—— Hie Waiblingen! Deutsche Lieder zu Trutz und Schutz. 8. (VI, 58 S.) Leipzig 875, Webel.

—— im Walde. Bilder aus dem Natur- und Menschenleben. 8. (208 S.) Leipzig 873, Oehmigke's Verlag. *M.* 2.; geb. 3 —

— Wanderungen nach Nord und Süd &c., s. Feierstunden, malerische.

Körner, Friedr., die alte Welt, s. Welt, die alte u. neue.

—— und Jul. Moritz, die alte und neue Welt. Wanderungen nach Nord und Süd, Ost und West, zu den Wohnstätten der Gesittung und den Bewohnern der Wildniß. 2 Bde. [Die alte Welt. Hrsg. von Friedr. Körner. — Gesittetes und wildes Leben in der neuen Welt. Geschildert von Jul. Moritz.] 2. Ausg. br. 8. (IV und 190; IV und 182 S. mit 195 in den Text gedr. Abbild., einem Titelbilde und 3 Buntbildern.) Leipzig 856(57,) Spamer. à Bd. * 25 Ngr.
Haben gleichen Inhalt mit dem 5. und 6. Thl. der malerischen Feierstunden.

—— Welt und Lied. Gedichte. 16. (IV und 138 S.) Wien 867, Hartleben's Verlag. cart.

—— die Weltgeschichte in Lebensbildern und Charakterschilderungen der Völker, mit besonderer Beziehung auf Cultur und Sitten. Ein Handbuch für Lehrer, erwachsene Schüler und Freunde geschichtlicher Bildung. 3 Bde. oder 10 Lfgn. gr. 8. Leipzig 857. 58, Costenoble. [1. Bd. (248 S.) 2. (284 S.) 3. (XII und 228 S.)] à Lfg. * 8 Ngr. Thlr. *
Vgl.: Bibanko's theoret. und prakt. Anleitung zur kaufmänn. Stylistik.

—— die Weltgeschichte in Uebersichten und Schilderungen der wichtigsten Begebenheiten vom Wiener Congreß bis zur Wiederherstellung des deutschen Kaiserreichs. Ein Handbuch für Lehrer, erwachsene Schüler und Freunde geschichtl. Bildung. gr. 8. (VIII, 266 S.) Jena 874, Costenoble. *M. 2,70.; geb. *

— das Werden u. Wachsen des menschlichen Geistes. Versuch zur Begründung einer naturwissenschaftl. Seelenkunde u. Erziehungskunst. Für Lehrer, Eltern u. Freunde der Naturwissenschaft. 2 Bde. Jena 865. Hermsdorf. gr. 8. (VIII, 243 u. IV, 272 S.) n. 2 ₰ 15 ngr

—— das Werden und Wachsen des menschlichen Geistes. Versuch zur Begründung einer naturwissenschaftl. Seelenkunde und Erziehungskunst. Für Lehrer, Eltern und Freunde der Naturwissenschaft. 2 Bde. gr. 8. (VIII, 243; IV, 272 S.) Jena 869, Hermsdorf. *

Körner, F. A., das Wesen der Realschule. gr. 8. (4 B.) Sondershausen 844, Eupel.

—— die Wunder der Winterwelt, s. Weltspiegel.

Körner, Frdr., Feldmarschall Graf York v. Wartenburg, s.a. Nieritz', G., Jugendbibliothek.

— Feldmarschall Graf York v. Wartenburg. Bilder aus dem Kriegsleben während der Jahre 1806—1814. Nach Droysen u. Beitzke. 12. (112 S. mit 1 Chromolith.) Ebend. 881. cart. — 60

[F.] Feldmarschall Graf York von Wartenburg. Bilder aus d. Kriegsleben während d. J. 1806—1814. Nach Droysen u. Beitzke. Von Prof. Friedrich Körner. 2. Aufl. *Gütersloh: C. Bertelsmann [1895].* (112 S.) 1 Bd 8.
= Nieritz, G.: Jugendbibliothek. No 3. [96. 3401

Körner, Fritz, Habuttn, s.a. Gedichte u. Geschichten in erzgebirgischer Mundart.

Habuttn. Im Arzgebirg zesammgetrogn von Fritz Körner. Annaberg: Graser 1909. 48 S. 8°
(Gedichte u. Geschichten in erzgebirgischer Mundart. H. 25) [09. 16031

Körner, Fritz, a Hauptprub in Klaawurzelbach, s.a. Vereinstheater, erzgebirgisches. 8. Hft.

A Hauptprub in Klaawurzelbach. Schwank in erzgebirg. Mundart von Fritz Körner. Annaberg: Graser 1905. (29 S.) 8° [F.]
= Vereinstheater, Erzgebirgische. H. 8. [05. 7352

Dos neie Kirchnkascheedl. Schwank in 1 Aufz. in erzgebirg. Mundart von Fritz Körner. *Annaberg: Graser 1904.* (29 S.) 8° [F.]
= Familien- u. Vereinstheater, Erzgebirgisches. H. 3. [04. 1051

Körner, G., des Markgrafen Brautfahrt, s. Bibliothek, neue, für das deutsche Theater.

—— Sängerkranz, s. Sängerkranz.

Körner, G. A., Predigt am ersten Sonntage nach d. großen Brandunglücke zu Auerbach am 12. Oct. 1834 &c. gehalten. gr. 8. Dresden, (Arnold.)

Koerner, G.H.R., I. Die Mehlmotte (Ephestia Kuehniella. Schmarotzer des Mehles). Ihre Entwickelg. u. Bekämpfg. — II. Die Feinde des Getreides, Mehles u. Brotes u. deren Bekämpfg. Unter Mitwirkg. v. Beobachtern, Fachmännern u. Insektenkennern; die hierauf bezügl. Erfahrgn. gesammelt, zusammengestellt, bearb., illustr. u. hrsg. Mit vielen naturgetreuen photographisch künstlerisch ausgeführten u. gezeichneten Abbildgn. (99 S.) gr. 8. Budapest 910. (Leipzig, H. A. L. Degener.) 3. 20

Körner, Georg

Körner, Geo., († 1772.) Abhandl. vom Alterthum des Böhmischen Bergwerks, u. einigen Bergenzenten Redensarten auf dem Meißnischen Obererzgebirge, aus d. Slavonischen Sprache. 8. Schneeb. 758.

— philolog. krit. Abhandl. v. d. Wendischen Sprache u. ihrem Nutzen in den Wissenschaften. 8. Leipz. 767. Büschel. 3 gr

Körner. Geo., Abr. einig. Nachr. v. d. Bergflecken Bockau. 9 Stck. 8. Schneeb. Richter. 752—57.

— histor.-theolog. Betracht. über d. Jubeljahr d. Papstes zu Rom, nach seinem Anfange, Fortgange, gegenwärt. Zustande u. d. sonderbaren Schicksalen desselben. 8. Schneeb. 750.

— histor.-theolog. Betracht. über d. Nachjubiläum d. röm. Kirche, oder Afterjubeljahr. 8. Schneeb. 751. Fulde. 3 gr.

— Biga diplomatum Schoenburgicorum e lingua Bohemica in vernaculam translatorum, cum Diss. de re diplomatica. 4. Schneeb. 760.

— alte u. neue Nachrr. von d. Bergflecken Bockau. 9 Stcke. 8. Schneeb. 752—66. Richter. 15 gr.

— das wegen seiner Bergspitzen u. Bortenwerke im Segen liegende Meißnische Obererzgebirge. 4. Schneeb. 765.

— Origines Schoenburgicae. 4. Schneeb. 758.

Körner, Gotthilf Wilhelm

Körner, Gotthilf Wilh., evangelisches Choral-Melodienbuch. Auszug aus M. G. Fischer's 4stimmigem, mit Vor- u. Zwischenspielen versehenem Choralbuch, durch einen Anhang von 54 Choral-Melodien vervollständigt, die gangbarsten Choräle mit untergelegtem Urtexte, zum Gebrauch für Schullehrer-Seminarien, Gymnasien, Singchöre rc. 2. bedeutend verm. Aufl. Erfurt (855.) Körner's Verlag. 4. (66, XXVI S.) n. 10 ngr.

— die Kunst des Orgelspiels, s. Ritter, A. G.

Körner, Gthl. Wilh., der angeh. Organist. Samml. v. kurzen u. leichten Orgelstücken u. Chorälen, mit u. ohne Pedal zu spielen, durch d. gebräuchl. Dur- u. Moll-Tonarten. Ein prakt. Hand- u. Hülfsbuch, sowohl z. Gebr. beim öffentl. Gottesdienste, so wie auch als Schule z. Vervollkomm. f. Organisten, etc., besond. auch z. Gebr. in Seminarien. 2. u. 3. Aufl. 10. Werk. qu. gr. 4. (37 B.) Leipzig 840, 42, [Friedlein u. Hirsch.]

Körner, G. W., der katholische und protestantische Organist, s.a. Organist.

Körner, Gotth. Wilh., der katholische und protestantische Organist oder der prakt. Organist, enth.: 646 kurze, leichte und gefällige Orgelcompositionen verschiedener Art etc. Zur Uebung, Fortbildung und zum Gebrauch beim öffentl. Gottesdienste für Präparanden, Seminaristen, Schullehrer etc. In Verbindung mit A. W. Gottschalg, J. N. W. Kühne und J. G. Lehmann hrsg. qu. 4. (XI und 185 S.) Erfurt 863, Körner's Verlag.

—— der praktische Organist. 2. Thl.: Auswahl von Orgel-Nachspielen, Orgelfantasien etc. in den gebräuchlichsten Dur- und Moll-Tonarten der neueren Zeit. Zur Uebung, Fortbildung und zum Gebrauch beim Schlusse des Gottesdienstes für Präparanden, Seminaristen, Schullehrer etc. qu. 4. (78 S.) Erfurt 862, Körner's Verlag. *

—— der vollkommene Organist, od. Mustersammlung d. verschiedenartigsten Orgelcompositionen älterer u. neuerer Zeit. 2 Bde. qu. gr. 4. Erfurt, Körner. [1. (14¾ B.) 844. * 1 Thlr. 15 Ngr., 2. (6 B.) 847. * 1 Thlr.] *

—— der wohlgeübte Organist. Auswahl v. Nachspielen verschied. Meister aus d. gewöhnl. vorkomm. Tonarten. Ein prakt. Hand- u. Hülfsb. z. weitern Ausbild. u. z. kirchl. Gebr. f. Organisten, Seminaristen u. Präparanden. 16. Werk. qu. gr. 4. (18¾ B.) Leipzig 840, [Friedlein u. Hirsch.]
Auch als Supplement zum vorhergehenden Werke.

— der wohlgeübte Organist. Auswahl von Nachspielen verschiedener Meister aus den gewöhnlich vorkommenden Tonarten. Ein praktisches Hand- und Hülfsbuch zur weitern Ausbildung und zum kirchlichen Gebrauche für Organisten, Seminaristen und Präparanden. 3. ganz umgearb. Aufl. (Supplement zum angehenden Organisten.) 16. Werk. Leipzig (853.) (Hirsch.) gr. 4. (2 Bl., 111 S.) 1 Thlr. 15 ngr.

— s.a. Präludien-Buch zu evangel. Choralbüchern.

Körner, G(otth.) W(ilh.), und A. G. Ritter, Präludienbuch zu jedem evangel. Choral-Buche. Enthaltend leichte und kurze Choralvorspiele in allen nur mögl. Formen, namentlich: Trio's und ausgeführte Choräle, im einfachen und doppelten Contrapunkt, so dass zuweilen der Cantus firmus im Sopran, oder im Alt, im Tenor und auch im Bass liegt etc. Ein Hilfs-Buch zum Gebrauch beim öffentl. Gottesdienste, wie auch als Schule zur weitern Ausbildung in der Kunst des Orgelspiels. 1. Bd. 3. Aufl. qu. 4. (VI und 192 S.) Erfurt 850, Körner. Thlr. *
2. und 3. Bd. Ebendas. Preis aller 3 Bde. * 8 Thlr.
Vgl.: Rinck-, Fischer-, Mendelssohn-Bartholdy-Album.

— Präludien-Buch zu jedem evangelischen Choral-Buche. Enthaltend leichte und kurze Choralvorspiele in allen nur möglichen Formen, namentlich Trio's und ausgeführte Chorale etc. Ein Hilfs-Buch zum Gebrauche beim öffentl. Gottesdienste, wie auch als Schule zur weiteren Ausbildung in der Kunst des Orgelspiels. 5. Bd. A. u. d. T.: Orgel-Vorspiele zu den gangbarsten Chorälen der evangelischen Kirche. Componirt u. herausg. von H. W. Stolze. Musikdir. etc. in Celle. Op. 49. Erfurt (856.) Körner's Verlag. 4. (IV, 216 S.) n. 4 Thlr.

— Rinck-, Fischer-, Mendelssohn-Bartholdy-Album, s.a. Rinck- etc. Album.

—— Rinck-, Fischer-, Mendelssohn-Bartholdy-Album. Mit Orig.-Beiträgen der verschiedenartigsten Gattungen der Orgelmusik von den kunstsinnigsten Organisten Deutschlands und des Auslandes. (In 4 Thln.) 1.—3. Thl. à 2 Hefte. qu. gr. 4. Erfurt 863, Körner's Verlag. à Heft * 15 Ngr. *

Inhalt:
Thl. 1. Vorspiele in den gangbarsten Dur- und Moll-Tonarten. (64 S.)
» 2. Choralvorspiele und Choräle. (48 S.)
» 3. Nachspiele, Fughetten, Fugen und Trios. (76 S.)

—— Urania, s. Urania.

Körner, Gustav

Bei Schiller und Goethe in Weimar. Genrebild nach e. wahren Begebenheit in 1 Aufz. von Gustav Körner. Leipzig: G. Körner [1892]. (31 S.) 8° [F.]
— Körner: Aus Weimar's schönen Tagen. 1.

Körner, Gust., Beleuchtung d. Duden'schen Berichtes üb. d. westl. Staaten Nordamerika's, v. Amerika aus. — A. u. d. T.: Schilderung d. gegenwärt. Zustandes d. westl. Staaten Nord-Amerika's. Ein Schriftchen f. d. gebild. Auswanderer. gr. 8. (4 B.) Frankfurt a. M. 834, Körner.

Körner, Gust., s.: Büchersammlung, allgemeine, der freien Vereinigung v. Schriftstellern, Literatur- u. Kunstfreunden.

--Die dte Einwanderung der neueren Zeit. NY, n. d.

Körner, Gustav: Das deutsche Element in den Vereinigten Staaten von Nordamerika, 1818—1848. *Cincinnati, O.: A. E. Wilde & Co. 1880. 461 S.*

Körner, Gust., das deutsche Element in den Vereinigten Staaten v. Nordamerika 1818—1848. 2. Ausg. m. Zusätzen u. Berichtiggn. gr. 8. (468 S.) New York 884. Steiger & Co. geb. 10.—

Körner, G. P. - Mems of Gustav Körner, 1809-96. Life-sk wr at the suggestion of his children. Ed: Th. B. McCormick. 2v. Cedar Rapids, 1909.

(Koerner, Gustav): Der Netzdistrikt. Bilder aus d. Vergangenheit u. Gegenwart. Bromberg 1868. 4°

Körner, Gustav: Die norddeutsche Publizistik und die Annexionsfragen im Jahre 1870 (vom 15. Juli bis zum 24. November). Hannover 1907: Göhmann. (97 S.) 8° [F.]
Heidelberg, Phil. Fak., Ref. Marcks, Diss. v. 5. Nov. 1907
[Geb. 9. Jan. 79 Irmseul; Wohnort: Rittergut Limmer b. Alfeld (Leine); Staatsangeh.: Preußen; Vorbildung: Gymn. Goslar Reife O. 02; Studium: München 1, Berlin 1, Heidelberg 1, Paris 1, Heidelberg 5 S.; Rig. 16. Nov. 06.]

— Die norddeutsche Publizistik u. die Reichsgründung im J. 1870. (344 S.) 8. Hannover 908. Göhmann'sche Buchdr. 8.—

Körner, Gust., aus Spanien. gr. 8. (III und 331 S.) Frankfurt a. M. 867, Sauerländer's Verlag.

Körner, Gust., aus Weimars schönen Tagen. I. Bei Schiller u. Goethe in Weimar. Genrebild nach e. wahren Begebenheit in 1 Aufzuge. gr. 8. (31 S.) Leipzig (892). G. Körner. n. — 50

Körner, H., Anstalt für galvanische Vernickelung: Muster-Buch über Haushaltungs-Artikel. Berlin (1891?) Fol.

Koerner, H., s.: Gesetzbuch, das bürgerliche.

Das neue Deutsche Handelsrecht unter Ausschluss des Seerechts gemeinverständlich f. d. gesamten Handelsstand u. z. Gebrauche junger Juristen dargest. von H. Koerner, Gerichtsref. in Wiesbaden. *Hannover: Helwing 1901.* (XII, 292 S.) 8° [F.] [ei. 1909 7

Körner, H., reichsrechtliche Verjährungs-, Fristen- u. Zeittafel. Ein Wegweiser f. jedermann durch das ganze Gebiet der Gesetzgebg. des Deutschen Reiches. 2. völlig umgearb. Aufl. der „Reichsrechtl. Verjährungstafel" v. W. Coermann. (XVI, 158 S.) gr. 16. Hannover 903. Helwing. n. 1.25

Koerner, Hans [Dr. med., pr. Arzt u. Zahnarzt]: Über die Beziehungen der Erkrankungen der Zähne zu den chronischen Schwellungen der regionären Lymphdrüsen. Experiment. u. klin. Arbeit ... Berlin, gedr. bei Dobrzynski & Walter, 1897; 58 S. 8.
Halle, Med. Fak., Hab.-Schr. v. [29. Juli] 1897

Über die Beziehungen der Erkrankungen der Zähne zu d. chron. Schwellgn der regionären Lymphdrüsen. Experimentelle u. klin. Arbeit. Von Dr. med. Hans Koerner, Privatdoc. a. d. Univ. Halle. *Berlin: J. Guttentag 1897.* (58 S.) 1 Bd 8. [97 7138

Kautschuk- oder Metalldrahtschienen bei Kieferbrüchen von Dr. med. [Hans] Koerner-Halle. *[Berlin 1894.]* (10 S.) 8°
Aus: Verhandlungen d. deutschen odontolog Gesellsch. Bd 6, H. 1. 2. [94 nr 3

Koerner, Hans [pract. Arzt in Leutenberg i. Th.]: Zehn vaginale Totalexstirpationen des carcinomatösen Uterus .... Jena, Druck v. G. Neuenhahn, 1887; 32 S. 8°
Jena, Med. Fak., Inaug.-Diss. v. [9. Dez.] 1887

Koerner, Heinrich *(geb Breslau 29. 12 1847)*: Beiträge zur Temperatur-Topographie des Säugethierkörpers. Breslau 1871. (85 S.) 8°
Breslau, Med. Diss., nachgeliefert von dem am [23. Juli 1870] auf Thesen promovierten Verf.

Körner, Hnr., († d. 6. Aug. 1822.) kurze Erdbeschreibung d. Schweiz, nach ihrer neuen Eintheilung, zum Gebrauch der Jugend. 8. Winterthur 805. Steiner. 18 Kr. 2e A. Ebd. 817. 1 Rthlr

Körner, H., Handbuch d. Erdbeschreib. d. Schweiz, nach ihr. neuen Einth. 8. Winterth. Steiner. 805.

— Helvet.-geograph. Kartenspiel f. Kinder. 12. Zürich 789.

—s.a. Tabellen, geogr.-statistische.

K[örner]. H[einrich]. Geographisch-statistische Tabellen über die Schweiz. [Mit 1 Vignette.] fol. Zürich 1795.

Körner, Heinrich *[geb. Breslau 29 12. 1847]*: Thesen ... behufs Erlangung der medicinischen Doctorwürde. Breslau (1870). (1 Bl.) 2°
Breslau, Med Thesen v. 23. Juli 1870

Körner, Heinr. Aug. Theod., Beleuchtung d. Frage: ob d. geistl. Zehnte d. Ablösungszwange nach Maßgabe d. k. sächs. Ablösungsgesetzes v. 17. März 1832 zu unterwerfen sei? gr. 8. (3 B.) Leipzig 839, Köhler.

Körner, Herm. u. Sophie, Benutze Alles und laß in der Wirthschaft nichts umkommen! Oder wie man aus den Resten der Mahlzeiten schmackhafte Gerichte nochmals u. mit aller Nettigkeit auf den Mittags- u. Abendtisch bringen kann. Nebst practischen Vorschlägen zur bedeutenden Ersparniß in jedem Artikel des hauswirthschaftlichen Bedarfs ꝛc. In langjähriger Erfahrung gesammelt u. herausg. Weimar 862. Voigt. 12. (XXIV, 212 S.) 25 ngr.

Körner, Herm., u. Sophie **Körner,** benutze Alles u. laß in der Wirthschaft nichts umkommen! Oder wie man aus den Resten der Mahlzeiten schmackhafte Gerichte nochmals u. mit aller Nettigkeit auf den Mittags- u. Abendtisch bringen kann. In langjähr. Erfahrung gesammelt u. hrsg. 2. unveränd. (Titel-)Aufl. Weimar (862) 869. B. F. Voigt. 8. (XXII, 242 S.) 25 ngr.

Die Chronica Novella des Hermann Korner. Hrgg. v. Jakob Schwalm. Göttingen. 1895. 4°.

Körner, Hermann [app. Arzt]: Ueber einen Fall von primärem Scheidensarcom im Kindesalter ... Göttingen, Druck d. Dieterichschen Univ.-Buchdr., 1892; 27 S. 8.
Göttingen, Med. Fak., Inaug.-Diss. v. [7. Mai] 1892

Körner, Herm., üb. e. Fall v. primärem Scheidensarcom im Kindesalter. Diss. gr. 8. (27 S.) Göttingen 892. (Vandenhoeck & Ruprecht.) n. — 60

Körner, Herm., über Paranormaldipropylbenzol u. dessen Haupt-Abkömmlinge. Inaugural-Dissertation. gr. 8. (31 S.) Göttingen 881. (Vandenhoeck & Ruprecht.) n. — 80

Körner, Hermann: Die Warenhäuser. Ihr Wesen, ihre Entstehung und ihre Stellung im Wirtschaftsleben. Tübingen 1908: Kirschmer. XI, 151 S. 8°
Heidelberg, Phil. Diss. v. 17. Aug. 1908, Ref. Gothein
[Geb. 1. Febr. 81 Berlin; Wohnort: Berlin; Staatsangeh.: Preußen; Vorbildung: Kaiser-Wilhelms-Realgymn. Berlin Reife M. 02; Studium: Berlin 5, München 2, Tübingen 2, Heidelberg 1 S.; Rig. 26. Febr. 08.] [U 09. 2003

Körner, Hermann Josef Aloys

Körner, H. J. A., allgemein-christliche Glaubens-, Sitten-, und Kirchenlehre. 2. (Titel-)Ausg. 8. (XXIV und 419 S.) Elberfeld 851. [Iserlohn,] Bädeker. *

Körner, Herm. Jos. Aloys, Lebenskämpfe in der Alten u. Neuen Welt. Eine Selbstbiographie. 1. Bd. Leipzig 865. Keil. br. 8. (IV, 432 S.) 1 Rthlr 27 ngr.

— — 2. Bd. Zürich 866. Meyer & Zeller's Verlag. br. 8. (IV, 603 S.) 2 Rthlr 3 ngr.

Körner, Herm. Jos. Al., Natur-Ethik. 2 Bde. gr. 8. (VII, 486 u. VI, 606 S.) Hamburg 873. O. Meissner. n. 12. —

Körner, H. J. A., Vorfragen z. e. allgem.-christl. Glaubens-, Sitten- u. Kirchenlehre. gr. 8. (28¾ B.) Elberfeld 846, Bädeker. *

Koerner, Hugo, über Storesin, ein Gemengtheil des flüssigen Storax, u. einige Derivate desselben. Inaugural-Dissertation. gr. 8. (42 S.) Stuttgart 880. Wittwer. n. 1. —

Körner, (J.) Beschreibung einer neuerfundenen Vorrichtung zu den Feuerspritzenschläuchen, vermittelst welcher man bei einem entstehenden Brande das Wasser in jede erforderliche Höhe u. Richtung von außen ohne Leiter u. d. mindeste Gefahr in jedes brennende Gebäude bringen kann. Nebst der Beschreib. einer ganz neuen Art Gewinde zu den Spritzenschläuchen. Mit Zeichnungen. 8. Rotweil, Herder.

Körner, J. A., die sicherste Heilung der hitzigen fieberhaften Krankheiten mit gründlicher Anweisung für Jedermann, nebst Mittheilung vieler glücklicher Kuren nach den Grundsätzen des Schroth'schen Heilverfahrens. gr. 8. (XVI, 126 S.) Wolgast 881. Reinecke. n. 2. —

Koerner, J. C., De superstitione circa terminum mortis. Lps. 4°. 1742

Körner, I. G., s.a. Körner, Johann Gottfried

Körner, J. G., Rede bei Beerdigung eines Verunglückten, gesprochen in d. Kirche zu Langenhennersdorf. gr. 8. Dresd. 812. Arnold. 2 ℊ

Körner, Jh. Chr., († ...) exercit. theologicarum promulsis argumentis de indole generorum Lothi, de velamine Sarae; de causis, ob quas miraculis Mosis a Pharaone et magis illudi Deus permiserit etc. 4. Weissenf. 755 ... 8 ℊ

— M. Johann Christian, Natalitia Romanorum privata ex auctoribus, ut vocantur, classicis descripta. — Viro Johann Caspar Koerner (Sangerhausen) patri honor., amant. natalem sexagesimum 16. X. 1740 celebr. adplaudit filius obsequ. Lpz. (Langenheim). 24 S. (6.50) 19051

— Johann Christoph (Leipzig), Epistolam Pauli apostoli ad Ephesios, analysi logica cum spicilegio observationum philologicarum instructam. Präs. M. Johann Friedrich Burg (Breslau). Lpz. Andreas Barthel) 18. IV. 1708. 43 S. (6.50) 19052

Körner, Johann David

Körner, J. D. Ueber Euripides Andromache v. 1138—42. 18 S. . . .
Züllichau, Progr. 1826

Körner, Jh. Dav., s. *Euripidis* Andromache.

Körner, J. D. In memoriam C. E. Güntheri, Gymn. Oelsnic. Directoris. P. I. 15 S. . . . .
Progr. Oels 1835

Körner, J. D. Oratio de schola bene instituta, quam munus auspicaturus V. Non. Mart. 1827 habuit. 8 S. . . .
Progr. Oels 1831

— s. Platon's Phädon.

Körner, J. D. De vocabuli μουσική cognatorumq. ejusd. generis verbor. ap. Platonem vi et potestate. 8 S. . .
Oels, Progr. 1827

Körner, Johann Gottfried

— M. Johann Gottfried, De Metropolitanorum in ecclesia veteri auctoritate disserit atque simul viro Christian Gottlob Eichler summos in theologia honores gratul. Lpz. (Joh. Gottl. Imman. Breitkopf) 1751. 20 S. (4.80) 19053

— s. Biblia. Leipzig.

— epitome controversiarum theologicar. 8. Leipz. 769. Breitkopf u. H. 12 ℊ

Koerner, J. G., de die natali Servatoris. Lips. 1778. 4.

Koerner, Johann Gottfried [Praes.], s. Hund, Christian Gottlieb: De restitutione et compensatione damni illati non temere urgenda.

— — u. M. Johann August Wolf, Jejunium Christi nec legem esse nec exemplum propositum. Lpz. (Breitkopf) 14. III. 1776. 62 S. (6.20) 19054

(— —). — Memoria viri D. Johann Gottfried Koerner 4. I. 1785 placide defuncti commendata ab rectore universitatis litter. Lips. Lpz. (Breitkopf) 1788. 26 S. mit Bio-Bibliographie. (6.50) 19057

— einige Predigten den Freunden des Verstorbenen gewidmet. gr. 8. Leipz. 786. Göschen. 12 ℊ

Koerner, J. G., quot paschata Chr. post baptismum celebraverit? Lips. 1779. 4.

— tract. de provocatione ad sedem romanam. 8maj. Leipz. 785. Weidmann. 1 Rthlr

— — Panegyrin ad solennem trium candidatorum dignissimorum disputationem eorumque s. theologiae licentiatorum et doctorum renuntiationem. — Exhibetur spec. I. de allegorica interpretandi ratione. Lpz. (Breitkopf) 20./21. III. 1782. 38 Seiten. (6.20) 19056
Biogr. v.: Samuel Friedrich Nathanael Morus (Lauban; M.: J. Weis), Moritz Wilhelm Schlesier (Fienstaedt/Eisleben; M.: S. Ch. Reichenbach), Johann Gottlob Richter (Niederwerbig/Wittenberg; M.: Kuerzel).

— Samml. etlicher Predigten. gr. 8. Leipz. 759. Breitkopf u. H. 12 ℊ

— s. Sendschreiben üb. Tellers Lehrbuch.

— — De sermonibus Christi *ΑΓΡΑΦΟΙΣ* praefatur. Lpz. (Breitkopf) 28. III. 1776. 30 Seiten. (5.—) 19055

Körner, Jh. Gfr., († d. 4. Jan. 1785.) vom Cölibat der Geistlichen. gr. 8. Leipz. 784. Weidmann. 1 Rthlr 6 ℊ

Körner Josef: Nibelungen-Hypothesen der Romantiker.
1910 PN 2912 Diss. Wien. Univ. 350

Koerner, Joseph Alois, aus Sufflenheim i. Els.: Beitrag zur Kenntnis der Elsässer Thone. *Strassburg 1900: J. H. E. Heitz.* (53 S.) 8°
Erlangen, Phil. Diss. v. 3. Mai 1899

Körner, Julius

Körner, Julius, Agnes Bernauerin. Trspl. in 5 A. 8. Leipz. 820. (Lehnhold). 18 gr

— s. Berthoud, H., Peter Paul Rubens.

Körner, (J.,) die beiden Bräute Trauersp. in 5 Akten. 8. Leipz. 823, Hartmann.

— die beiden Bräute. Trspl. in 5 A. 8. Leipz. 823. (Lehnhold). 16 gr

— s. Briefe e. Geistlichen.

Körner, Jul., über Christenthum u. d. Anforderungen d. Gegenwart. gr. 8. (10 B.) Schneeberg 836, Schumann. (?)

Körner, (Jul.,) Gedichte. 8. Zwickau 822, Schumann.

Körner, Jul., Grundlinien zu e. Philosophie d. Rationalismus. Voran e. Zuschr. an Hrn. D. Hahn, dess. Sendschreiben an Hrn. D. Bretschneider betr. 8. (15¼ B.) Schneeberg 832, Schumann.

— Hasse, H. G., Geschichte des Anfangs der polit. Einheit Deutschlands.

—— der Liebe Hoffnung. Ein Festgedicht. 4. ... Zwickau 827, Gebr. Schumann.

— der Liebe Huldigung. Ein Festgedicht. 4. Zwickau ... (Gebr. Schumann). 4 gr

Körner, Jul., Interessantes aus der Vergangenheit. Aus glaubwürdigen Quellen mitgetheilt. Schneeberg 864. (Zwickau, Buchhdlg. des Volksschriften-Vereins.) gr. 16. (64 S.) 6 ngr.

Körner, Jul., Johanna od. die Macht frommer Weiblichkeit. 8. (8¾ B.) Chemnitz 843. [Schneeberg, Gödsche'sche Buchh.]

—— Kaiser Julian, der Abtrünnige; od. d. traurigen Folgen d. Verunstaltung d. reinen Christenthums. 8. (25¼ B.) Schneeberg 830, Schumann.

—— unserer Königin. Ein Nachruf d. Liebe u. d. Schmerzes. 4. ... Zwickau 827, (Gebr. Schumann.)

—— Meister Traug. Festmann's Leben, s. Festmann.

Körner, Jul., Liebe u. Prüfung. 8. Leipz. 821. (Lehnhold). 1 Thlr 8 gr

—— Perlenschnuren geschichtl. Denkwürdigkeiten. Zur Unterhalt. u. Belehr. d. Jugend in d. unt. Klassen d. Gymnasien, auf Pro-Gymnasien, in d. obern Klassen d. Bürgerschulen, u. überh. gebild. Familien. 1. u. 2. Stck. 8. (12¾ u. 11½ B.) Zwickau 837, 38, [Leipzig,] Gebr. Schumann. à

—— die französ. Revolution. Dargestellt f. d. Bürger u. Landmann. 2 Thle. gr. 8. (16 B.) Schneeberg 846. (Leipzig, Rein'sche Buchh.) *

Körner, Jul., Sendschreiben an Hofr. Müllner die Albaneserin betreffend. gr. 8. Zwickau, Gebr. Schumann (in Comm.) 821.

— Sendschreiben an Hofr. Müllner die Albaneserin betreffend. gr. 8. Zwickau 831. (Gebr. Schumann). 4 gr

— s. Shakspeare's sämmtl. Werke in 1 Bande.

— Sachsens Thränen. Ein Trauergedicht. 4. Leipzig 827, Hartmann.

— zum Verständniß der Gegenwart u. ihrer religiösen Wirren. Ein Versuch. gr. 8. Schneeberg 845, Gärtner. (Leipzig, Rein'sche Buchh.) n. ⅓ Thlr

—— Wörterbuch zu Gulliver's Reise, s. Swift, Jonath.

— Wörterbuch zu Gulliver's Voyage to Lilliput, s. J. Swift.

Körner, Julius Christian

Beiträge zur Schiller-Feier in Meldorf den 10. November 1859 v. Julius Christian Körner. Meldorf. 1859. 8°.

Körner, Karl, bei Nachbars auf Besuch od. 'Was ich sah in Dänemark, Belgien, Frankreich, Holland u. England. (208 S.) 8. Neunkirchen 909. (Altenburg, Schnuphase.) Kart. 2.25

Körner, Karl [aus Altenburg]: Beiträge zur Geschichte des Geschlechtswechsels der englischen Substantiva .... Greifswald, Druck v. Julius Abel, 1888; 2 Bl. + 51 S. 8°
Greifswald, Phil. Fak., Inaug.-Diss. v. 31. März 1888

Körner, Karl, Beiträge zur Geschichte des Geschlechtswechsels der englischen Substantiva. Inaugural-Dissertation. gr. 8. (49 S.) Greifswald 888, (Leipzig, Fock.) *

Körner, Carl, gewölbte Decken (Gewölbe), s.: Handbuch der Architektur. III. Tl., 2. Bd. Hft. 3b.

Körner, Karl, Einleitung in das Studium des Angelsächsischen. Grammatik, Text, Uebersetzung, Anmerkungen, Glossar. 1. Thl.: Angelsächsische Formenlehre. gr. 8. (VIII, 67 S.) Heilbronn 878, Gebr. Henninger. *

Körner, Karl, Einleitung in das Studium des Angelsächsischen. Grammatik, Text, Uebersetzung, Anmerkungen, Glossar. 2. Thl. A. u. d. T.: Angelsächsische Texte. Mit Uebersetzung, Anmerkungen und Glossar hrsg. gr. 8. (XI, 403 S.) Heilbronn 880, Gebr. Henninger. *
1. Thl. Ebendas. 1878. * ℳ 2.

—— Einleitung in das Studium des Angelsächsischen. Grammatik, Text, Uebersetzung, Anmerkungen, Glossar. 1. Tl. A. u. d. T.: Angelsächsische Laut- und Formenlehre. 2. Aufl., bearb. von Adf. Socin. gr. 8. (VIII, 90 S.) Heilbronn 887, Gebr. Henninger. *
2. Tl. Ebendas. 1880. * ℳ 9.—.

Körner, Carl, Hochschulen im allgemeinen usw., s.: Eggert, Herm.

Körner, K[arl]: Ist die lateinische oder die altfranzösische Fassung der Templerregel als die ursprüngliche anzusehen? Gotha 1901: Perthes. (S. 1—18) 4°
Gotha, Städt. Realschule, O. P. 1901 (769) KB.

— Niobe. Trspl. in 5 A. 8. Leipz. 821. (Lehnhold). 12 gr

Körner, Karl, Sinnen u. Minnen. Gedichte. 8. (87 S.) Hagen i/W. 893. H. Risel & Co. n. 1. —

Die Templerregel. Aus d. Altfranz. übers. und mit erl. Anmerk. vers. von K[arl] Körner. Jena: Doebereiner 1902. XV, 198 S. 8⁰

[Dasselbe.] 2. Ausg. Jena: Schmidt. 1904. XX, 198 S. 8⁰

Recens: H. 13 (1902) No 25; SL. 22 (1902) S. 114—115; R. 29 (1902) S. 71—72; BrL. 20 (1902—1903) S. 7—8.

cf. ML. 30 (1901—1902) S. 195—196 (O. Henckel); Bbl. 16 (1902) S. 312 (G. Diercks); BZC. 31 (1902) S. 375—378 (K. Frey); DrL. 33 (1902—1903) S. 3060 (F. Müller); FZ. 61 (1907) S. 400 (R. Bachmann).

Körner, Karl, Dr.: Die Varianten der Barceloner Handschrift der Templerregel. Aus dem Altfranzösisch-Provenzalischen übersetzt und mit Anmerkungen versehen. Neunkirchen 1904: C. A. Ohle. (28, III S.) 8° [F.]
Neunkirchen, RG OP 1904 (535)

Koerner, Car. Julius Albin (Nischwitz), De seminibus anacardii occidentalis et orientalis. Diss. pharmacognostica. Lpz. (C. W. Vollrath) 15. IV. 1853. 24 S. mit Biogr. (M.: H. J. Struve.) (4.50) 19045
Gew.: Johann Christoph Carl Koerner (Vater).

Körner, Karl Theodor

Körner, Thdr., Alfred der Große. — Der Kampf m. dem Drachen. — Die Bergknappen. Taschenausg. m. großer Schrift. (66 S.) kl. 8. Breslau (904). F. Goerlich. n. — 20

— dasselbe, s.a. Weber's, Frz., Hausbibliothek.

Alfred der Große. Der Kampf mit dem Drachen. Die Bergknappen. Von Theodor Körner. Taschenausg. mit großer Schrift. Berlin: F. Goerlich [1905]. (66 S.) 8° [F.]
= Hausbibliothek, Franz Webers. No 96–97. 07. 8948

Koerner, Karl Theodor

Anthologie von Theodor Körners sämmtlichen Werken. Gedichte. 3. Aufl. Miniatur-Ausg.
Gotha, Neu-York: Bibliograph. Inst. 1828. 96 S. 8°

(Miniatur-Bibliothek d. Dt. Classiker. 5. Lfg.)

Beigeb.:
Bürger, Gottfried August: Bürgers Gedichte. Th. 1.2.

—— die Banditenbraut, s. Universal-Bibliothek.

— dramat. Beiträge. 1r Bd. (enth. Toni; — d. Braut; — d. grüne Domino; — d. Nachtwächter. 2r Bd. d. vierjähr. Posten; — d. Vetter aus Brem.; — Jos. Helderich, od. deutsche Treue; — Hedwig; — die Gouvernante.) 8. Wien, Wallishäuser. 814.

Körner, Karl Thdr., dramat. Beiträge. 2 Bde. gr. 8. Wien 815. 2e A. 12. 3 Bde. Ebd. 819. (1r Bd. Enth.: Karl Thdr. Körners Biographie v. A. Wendt. — Toni. — Die Braut. — Der grüne Domino. — Der Nachtwächter. 2r Bd. Enth.: Rosamunde. — Der vieljährige Posten. — Der Vetter aus Bremen. — Die Gouvernannte. — Joseph Heidenreich od. deutsche Treue. 3r Bd. Enth.: Zrini. — Hedwig. — Haß u. Liebe. — Die Blumen.) Wallishausser. 2 ₰ 8 K Postp. 3 ₰ 8 K

Körner, Carl Th., dramatische Beyträge. 3 Bde. 2te Aufl. 12. Wien, Wallishauser. 819.
Postpap.
(1r Bd. enthält: Carl Th. Körners Biographie von A. Wendt. — Toni. — Die Braut. — Der grüne Domino. — Der Nachtwächter. — 2r Bd. enthält: Rosamunde. — Der vierjährige Posten. — Der Vetter aus Bremen. — Die Gouvernante. — Joseph Heidenreich od. deutsche Treue. — 3r Bd. enthält: Zrini. — Hedwig. — Haß und Liebe. — Die Blumen.)

— — dramatische Beyträge. 2 Bde. Neue verm. u. von dem Vater des Verf. besorgte Ausgabe. 8. Berlin, Nicolai. 821.

—— die Braut, s.a. Bibliothek der Gesamt-Litteratur des In- und Auslandes.

— die Braut, s.a. Bloch's, E., Dilettanten-Bühne.

Körner, Thdr., die Braut. Lustsp. in 1 Aufz. Für d. Darstellg. eingerichtet v. Paul Sonnekalb. 8. (16 S.) Berlin (897). M. Böhm. 1. —

[F.] Die Braut. Lustspiel in 1 Aufz. v. Theodor Körner. F. d. Darstellg eingerichtet v. Paul Sonnekalb ... *Berlin: M. Böhm [1898?].* (16 S.) 1 Bd 8. 98. 8220

Ein Brief Theodor Körners. Dem Münchner Bibliophilen-Abend gewidmet von Erich Ebstein. [Facs.] o. O. 1907. (2 Bl.) 8° [Umschlagt. F.] 07. 26387

Theodor Körners erster Brief vom 26. März 1811 an seine Eltern nach seiner Ankunft in Berlin. Der Gesellsch. d. Bibliophilen aus Anlaß ihrer Generalversamml. 1904 zu Berlin gewidmet von Ernst Frensdorff, Verlagsbuchh., Berlin. *Berlin: E. Frensdorff (1904).* (2 Bl. Facs.) 8° [Umschlagt. F.] 04. 16900

Körner's Briefwechsel mit Schiller, s. Schiller's Briefwechsel mit Körner.

— Briefwechsel m. den Seinen. Hrsg. v. A. Weldler-Steinberg. (XIII, 286 S. m. 24 Abbildgn. im Text u. auf Taf.) 8. Leipzig 910. Quelle & Meyer. Geb. in Leinw. 8. 80

—— sieben Burschenlieder aus Freiberg, Leipzig und Wien. Zum ersten Male in urkundl. Treue nach der eigenen Handschrift des Dichters hrsg. von Friedr. Latendorf. gr. 8. (VIII, 24 S.) München 886, Heinrichs. **

Körner, Thdr., dem Herrn allein die Ehre! Eine Sammlg. christl. Legenden u. Sagen, ausgewählt aus dem Schatze deutscher Dichtg. Mit e. Vorwort von Walther. (VIII, 212 S.) 8. Altenburg 903. Th. Körner. n. 1. 20; geb. n. 1. 75

— der grüne Domino, s.: Bibliothek der Gesamt-Litteratur d. In- u. Auslandes.

– Der grüne Domino,
s. Bloch's, E. Dilettanten-Bühne.

— der grüne Domino. Die Braut. Der Nachtwächter. Die Gouvernante. Der Vetter a. Bremen. Der vierjähr. Posten, s.: Hempel's Klassiker-Bibliothek.

—— Der grüne Domino, s. Meyer's Volksbücher.

—— der grüne Domino, s. Universal-Bibliothek.

— Der grüne Domino. Die Gouvernante, s.: Universal-Bibliothek.

—— Dramen, s. Museum.

— Erzählungen, s.a. Bibliothek der Gesamt-Litteratur d. In- u. Auslandes.

– Erzählungen, nebst e. Anh. bisher ungedruckter Gedichte, s.a. Hempel's Klassiker-Bibliothek.

— Erzählungen, s.a. National-Bibliothek, allgemeine.

— dasselbe, s.a. Meyer's Volksbücher.

— Erzählungen, s.a. Universal-Bibliothek.

— dasselbe, s.a. Volksbibliothek des Lahrer hinkenden Boten.

— dasselbe, s.a. Weber's, Frz., Hausbibliothek.

Erzählungen. Von Theodor **Körner**. Taschenausg. mit großer Schrift. Breslau: F. Goerlich [1904]. (62 S.) 8° [F.]
(Franz Webers Hausbibliothek.) [05. 15169 2

Erzählungen. Von Theodor **Körner**. Taschenausg. mit großer Schrift. Breslau: F. Goerlich [1905]. (62 S.) 8° [F.]
— **Hausbibliothek**, Franz Webers. No 85–86. [07. 8944

(F) **Körner**, Th., Erzählungen. (Allg. National-Bibliothek. Nr. 897.) 8°. (47 S.) Wien: Daberkow 1908. K —.20

—— vier Erzählungen, s.a. Hausbibliothek, kleine, für die Jugend.

— dasselbe, s.a. Meyer's Volksbücher.

— dasselbe, s.a. Volksbibliothek des Lahrer Hinkenden Boten.

— vier **Erzählungen**. (Die Harfe. Hans Heilings Felsen. Die Tauben. Die Rosen.) 12. (52 S.) Leipzig 893. Greßner & Schramm. Kart. n. — 50

— vier **Erzählungen**. 12. (52 S.) Leipzig 893. Berlin, L. Lewin. Kart. — 60

—— das Fischermädchen, s.a. Bibliothek der Gesamt-Litteratur des In- und Auslandes.

Das Fischermädchen. Lyrisches Drama. Der Vetter aus Bremen. Ein Spiel in Versen. Der Nachtwächter. Eine Posse in Versen. Von Theodor **Körner**. (Taschenausg. mit großer Schrift.) Breslau: F. Goerlich [1904]. (23, 22, 24 S.) 8° [Umschlagt. F.]
(Franz Webers Hausbibliothek.) [05. 15175 2

— das Fischermädchen, od. Haß u. Liebe, s.a. Weber's, Frz., Hausbibliothek.

Das Fischermädchen, oder Haß u. Liebe. Lyrisches Drama in 1 Abt. Von Theodor **Körner**. Taschenausg. mit großer Schrift. Breslau: F. Goerlich [1905]. (23 S.) 8° [F.]
— **Hausbibliothek**, Franz Webers. No 46. [07. 8934

– Gedichte, s.a. Hempel's Klassiker-Bibliothek.

– Gedichte, s.a. Museum.

— **dasselbe**, s.a. **Reuter's Bibliothek f. Gabelsberger-Stenographen.**

— dasselbe, s.a. Weber's, Frz., Hausbibliothek.

—— Gedichte. Nebst einer Biographie des Dichters von Friedr. Förster. 2 Thle. gr. 16. (144; 264 S.) Berlin 879, Hempel. geb. in 1 Bd. *

— **Gedichte. Pracht-Ausg., in Gabelsbergersche Stenographie übertr. u. autogr. v. Rich. Preuss. 8 Lfgn. 12. (VII, 338 S. m. Bildnis.) Dresden 893. 894. W. Reuter. Subskr.-Pr. à n. — 60; Einzelpr. à n. — 70 (kplt.: n. 5. 25; geb. in Leinw. n. 6. 50)**

Theodor Körners Gedichte. *Berlin: A. Weichert [1902].* (III, 251 S.) 8° [F.] [03. 5703

Gedichte. Von Theodor **Körner**. Taschenausg. mit großer Schrift. Breslau: F. Goerlich [1904]. (VII, 192 S.) 8° [F.]
(Franz Webers Hausbibliothek.) [05. 15070 2

Gedichte. Von Theodor **Körner**. Taschenausg. mit großer Schrift. Breslau: F. Goerlich [1905]. (VII, 192 S.) 8° [F.]
— **Hausbibliothek**, Franz Webers. No 64–69. [07. 8941

Körner, Karl Thdr., († b. 25. Aug. 1813.) Gedichte vor u. in dem heil. Kriege gesungen. 8. Frankf. a. M. 815. Körner. 6 gr

— die Gouvernante, s.a. Bibliothek der Gesamt-Litteratur des In- u. Auslandes.

—— die Gouvernante, s.a. Bloch's, E., Dilettanten-Bühne.

— die Gouvernante, s.a. Meyer's Volksbücher.

— dasselbe, s.a. Weber's, Frz., Hausbibliothek.

— u. Thdr. Kitte, die Gouvernante. Spieloper in 1 Aufz. Text nach K. Musik v. K. Textbuch. gr. 8. (20 S.) München (898). (Rubinverlag.) n. 1. —

Die Gouvernante. Der vierjährige Posten. Von Theodor **Körner**. Taschenausg. mit großer Schrift. Breslau: F. Goerlich [1904]. (36 S.) 8° [F.]
(Franz Webers Hausbibliothek.) [05. 15076 2

Die Gouvernante. Der vierjährige Posten. Von Theodor **Körner**. Taschenausg. mit großer Schrift. Breslau: F. Goerlich [1905]. (36 S.) 8° [F.]
— **Hausbibliothek**, Franz Webers. No 63. [07. 8940

— Hedwig. Joseph Heyderich od.: Deutsche Treue, s.a. Hempel's Klassiker-Bibliothek.

— dasselbe, s.a. Weber's, Frz., Hausbibliothek.

Hedwig. Ein Drama in 3 Aufz. Von Theodor **Körner**. Taschenausg. mit großer Schrift. Breslau: F. Goerlich [1904]. (53 S.) 8° [F.]
(Franz Webers Hausbibliothek.) [05. 15077 2

Hedwig. Ein Drama in 3 Aufz. Von Theodor **Körner**. Taschenausg. mit großer Schrift. Breslau: F. Goerlich [1905]. (53 S.) 8° [F.]
— **Hausbibliothek**, Franz Webers. No 87–88. [07. 8943

—— Hedwig, die Banditenbraut, s. Volksbibliothek des Lahrer hinkenden Boten.

—— dass. — s. Bibliothek der Gesamt-Litteratur des In- und Auslandes.

—— Joseph Heyderich, s.a. Universal-Bibliothek Nr. 185.

– Joseph Heyderich od. Deutsche Treue, s.a. Weber's, Frz., Hausbibliothek.

Joseph Heyderich, oder Deutsche Treue. Eine wahre Anekdote, als Drama in 1 Aufz. Von Theodor **Körner**. Taschenausg. mit großer Schrift. Breslau: F. Goerlich [1905]. (24 S.) 8° [F.]
= **Hausbibliothek**, Franz Webers. No 45. [07. 8933

Körner, Theod., Deutschlands Hoffnungen, siehe Deutschland.

– Der Kampf mit dem Drachen. Das Fischermädchen od.: Haß und Liebe. Die Bergkappen. Alfred der Große, s. Hempel's Klassiker-Bibliothek.

— Knospen. 8. Leipz. 810. Göschen. 12 gr.

—— Knospen. Gedichtet 1808 u. 1809. 8. (6½ B.) Potsdam 831, Vogler.

[F.] Theodor **Körner** als Sänger des Riesengebirges. Dichtungen a. d. Sommer 1809, zsgest. u. eingel. v. Dr. Alfred v. d. Velde, Prof. ... z. Görlitz ... *Breslau: M. Woywod 1897.* (47 S., 1 Taf.) 1 Bd 8. [97. 4443

Körner, Thdr., deutsches Leben, deutsches Lied, s.a. **Sammlung lebender Bilder.**

Körner, Theodor: Deutsches Leben. Deutsches Lied. Ein Cyklus von 5 lebenden Bild. mit verbind. Text u. Gesang von –. Mühlhausen i. Th.: G. Danner [1898]. 11 S. 8°
= Sammlung lebender Bilder. No 14.

—— Leier und Schwert, s.a. Bibliothek der Gesamt-Litteratur des In- und Auslandes.

—— Leier und Schwert, s.a. Bibliothek der deutschen Nationalliteratur des 18. und 19. Jahrh.

—— dass. — s.a. Büchersammlung, Gabelsberger stenographische.

– Leyer und Schwert, s. Hempel's Klassiker-Bibliothek.

— dasselbe; Knospen, s.a. Klassiker-Bibliothek, illustrirte.

—— dass. — s.a. Miniatur-Bibliothek classischer Dichterwerke.

—— dass. — s.a. Museum.

— dasselbe, s.a. **Reuter's Bibliothek f. Gabelsberger-Stenographen.**

—— Leyer und Schwert, s.a. Universal-Bibliothek.

— dasselbe, s.a. **Volksbibliothek, allgemeine.**

—— dass. — s.a. Volksbibliothek des Lahrer hinkenden Boten.

— dasselbe, s.a. **Volks- u. Jugendschriften, ausgewählte.**

— Leier u. Schwert. Joseph Heyderich. Kriegsbriefe 1818, s.: Von Buch zu Buch.

— dasselbe, s.a. Weber's, Frz., Hausbibliothek.

Körner, Theodor. Leyer und Schwerdt ... Berlin 1814. 2. Ausg. 1814. H: *Körner, Christian Gottfried.* (Adel) (MGT)

— Leyer u. Schwert; rechtmäß. von d. Vater d. Dichters veranstalt. Ausg. 8. Berl, 814. 2e Aufl. 814. 3e Aufl. 815. 4e Aufl. 817. 5e Aufl. 819. 6e Aufl. 824. Nicolai. 12 gr.

—— Leyer u. Schwert. (Gedichte.) 7., rechtmäß. Ausg. (Mit e. Zugabe v. and. Dichtern.) 16. (7 B.) Berlin 834, Nicolai.

—— Leyer und Schwert. 8., rechtmäß. Ausg. gr. 16. (X und 109 S. mit K's. Bildn. in Stahlst.) Berlin 848, Nicolaische Buchh.

—— Leyer und Schwert. 9., rechtmäßige Ausg. Mit dem Bildnisse des Dichters. 16. (X und 95 S. mit Stahlst.) Berlin 858, Nicolai'sche Verlagsbuchh. geb. *

—— dass. — 10., rechtmäß. Ausg. 16. (X und 95 S. mit dem Bildnisse des Dichters in Stahlst.) Berlin 863, Nicolai's Verlag. geb. mit Goldschn. *

—— dass. — Neue illustr. Pracht-Ausg. zur 50jähr. Gedächtnißfeier des Dichters. Mit einem Vorwort von Adph. Stahr. gr. 4. (XI und 102 S. mit eingedr. Holzschn. und Portr. in Stahlst.) Ebendas. 863. geb. mit Goldschn. *

—— dass. — Orig.-Ausg. 16. (VIII und 72 S. mit dem Bildnisse des Dichters in Stahlst. und einer lithogr. Abbild. seiner Grabstätte.) Ebendas. 867. * 5 Ngr.; geb. mit Goldschn.

—— Leyer und Schwert. Gedichte. (Nebst einer Biographie des Dichters von Friedr. Förster.) gr. 16. (144 S.) Berlin 879, Hempel. geb. *

—— Leyer und Schwert. Illustr. Ausg. 2. Aufl. gr. 4. (XI, 102 S. mit eingedr. Holzschn. und Stahlst.-Portr.) Berlin 883, Nicolai'sche Verlagsb. geb. mit Goldschn.

— Leier u. Schwert. Kriegs- u. Freiheitslieder. 16. (65 S.) Leipzig 893. W. Fiedler. Geb. m. Goldschn. n. 1. —

Leier und Schwert. Von Theodor **Körner**. Taschenausg. mit großer Schrift. Breslau: F. Goerlich [1904]. (IV, 43 S.) 8° [F.]
(Franz Webers Hausbibliothek.) [05. 13071 2

Leier und Schwert. Von Theodor **Körner**. Taschenausg mit großer Schrift. Breslau: F. Goerlich [1905]. (43 S.) 8° [F.]
= **Hausbibliothek**, Franz Webers. No 3. 4. [06. 1060] 2

—— Leier u. Schwert u. andere Gedichte, s. Klassiker-Bibliothek, illustr. — Meisterwerke unserer Dichter. — Meyer's Volksbücher.

— zwölf freie deutsche Lieder. 8. Berl. 813. 2e Aufl. 8. Leipz. 814. Weygand. 8 gr.

Körner, Theodor: Lob teutscher Helden, s. Arndt, Ernst Moritz

— Lustspiele, s.a. Handbibliothek, Cotta'sche.

Lustspiele von Theodor **Körner**. Inh.: Der grüne Domino. Die Braut. Der Nachtwächter. Die Gouvernante. Der Vetter aus Bremen. *Stuttgart & Berlin: J. G. Cotta Nachf. [1903].* (128 S.) 8° [F.]
= **Handbibliothek**, Cotta'sche. No 57. [03. 12376

— Nachlaß, od. dessen Gefühle im poet. Ausdrucke. 8. Lpz. Baumgärtner. 814.

— s.a. Aus Th. Körners Nachlaß.

— poet. Nachlaß, oder dessen Gefühle im poet. Ausdrucke. Herausgeg. v. Freymann. 8. Leipz. 814. Baumgärtner. 8 gr

— poet. Nachlaß. 1r Bd. enth. 1) Zrini; 2) Rosamunde, 2 Trauerspiele. 12. Leipz. 815. Hartknoch. 1 Rthlr 8 gr Velinp. 2 Rthlr 12 gr

— — derselbe. 2r Bd. enth. vermischte Gedichte, Charakteristik des Dichters von Tiedge, u. Biographie v. dem Vater desselben, nebst Körners Portrait. gr. 8. Ebend. 815. das Portrait einzeln

— poetischer Nachlaß. 2 Bde. 6e Aufl. 16. Leipz. 823, Hartknoch. (jeder Band einzeln 1 Rthlr. 6 gr.)

—— poet. Nachlaß. 2 Bde. — A. u. d. T. 1.: Zriny u. Rosamunde. — 2.: Vermischte Gedichte u. Erzähln., e. Charakteristik d. Dichters v. C. A. Tiedge u. biograph. Notizen üb. ihn v. d. Vater d. Verewigten. 7. Aufl. Mit K's. Bildn. u. 1 Titkpfr. gr. 12. (26 B.) Leipzig 829, Hartknoch. à 1 Thlr.

— der Nachtwächter, s.a. Bibliothek der Gesamt-Litteratur d. In- u. Auslandes.

— dasselbe, s.a. Bücher-Schätze.

– Dasselbe, s.a. Haus-Bibliothek.

– Dasselbe, s.a. Liebhaber-Theater, Das.

— dasselbe, s.a. Meyer's Volksbücher.

— der Nachtwächter, s.a. Theater-Bibliothek, classische.

— der Nachtwächter, s.a. Universal-Bibliothek.

— der Nachtwächter; Joseph Heyderich, s.a. Universal-Bibliothek.

— der Nachtwächter; Joseph Heyderich od. deutsche Treue, s.a. Volksbibliothek, allgemeine.

— der Nachtwächter, s.a. Weber's, Frz., Hausbibliothek.

Der Nachtwächter. Eine Posse in Versen in 1 Aufz. Von Theodor **Körner**. Taschenausg. mit großer Schrift. Breslau: F. Goerlich [1905]. (24 S.) 8° [F.]
— **Hausbibliothek**, Franz Webers. No 20. [07. 8481]

—— der vierjährige Posten, s.a. Bibliothek der Gesamt-Litteratur des In- und Auslandes.

—— der vierjährige Posten, s.a. Breitkopf und Härtel's Text-Bibliothek Nr. 70.

— dasselbe, s.a. Meyer's Volksbücher.

—— der einjährige Posten, s.a. Universal-Bibliothek.

— der vierjährige Posten. Singspl. in 1 A. Wien 813. Wallishausser. 8 gr

Der vierjährige Posten. Oper in 1 Act von Theodor Körner. Musik von Franz **Schubert**. Eingerichtet u. mit verbindenden Recitativen von Dr. Robert Hirschfeld. [Text.] Leipzig: J. Weinberger (1896). (25 S.) 8° [Umschlagt. F.] [08. 9130]

– Rosamunde, s.a. Hempel's Klassiker-Bibliothek.

– Rosamunde, s.a. Universal-Bibliothek.

— Rosamunde. Trspl. in 5 A. gr. 8. Leipz. 814. Hartknoch. 16 gr

—— die Sühne, s. Bloch's, E., Dilettanten-Bühne.

– Die Sühne. Toni, s. Hempel's Klassiker-Bibliothek.

— Tagebuch u. Kriegslieder aus dem J. 1813. Mit dem Bildniß Thdr. Körner's, Abbildgn. seiner Grabstätte, sowie 6 autotyp. Gedichten u. 1 Briefe Thdr. Körner's. Nach der Orig.-Handschrift veröffentlicht v. W. Emil Peschel. gr. 8. (VIII, 107 S.) Freiburg i/B. 893. F. E. Fehsenfeld. n. 2. —; geb. n. 2. 50

— Toni, s.a. Bibliothek der Gesamt-Litteratur des In- u. Auslandes.

— Toni, s.a. Kollektion Esperanto.

—— Toni, s.a. Universal-Bibliothek.

— Toni, s.a. Volksbibliothek d. Lahrer Hinkenden Boten.

— Toni, s.a. Weber's, Frz., Hausbibliothek.

— Toni. Ein Drama in 3 Aufzügen. — Joseph Heyderich, od. Deutsche Treue. Eine wahre Anekdote, als Drama in 1 Aufzuge. Taschenausg. m. großer Schrift. (38 u. 24 S.) kl. 8. Breslau (904). F. Goerlich. n. — 20

Toni. Ein Drama in 3 Aufz. Von Theodor **Körner**. Taschenausg. mit großer Schrift. Breslau: F. Goerlich [1905]. (38 S.) 8° [F.]
— **Hausbibliothek**, Franz Webers. No 44. [07. 8932]

— deutsche Treue, s.: Bloch's, E., Dilettanten-Bühne.

—— der Vetter aus Bremen, s.a. Bibliothek der Gesamt-Litteratur des In- und Auslandes.

—- Der Vetter aus Bremen, s.a. Meyer's Volksbücher.

— der Vetter aus Bremen, s.a. Theater-Bibliothek, classische.

—— der Vetter aus Bremen, s.a. Universal-Bibliothek.

— der Vetter aus Bremen. Der vierjährige Posten, s.a. Volks-Bibliothek, allgem.

— der Vetter aus Bremen, s.a. Weber's, Frz., Hausbibliothek.

Der Vetter aus Bremen. Ein Spiel in Versen u. 1 Aufz. Von Theodor **Körner**. Taschenausg. mit großer Schrift. Breslau: F. Goerlich [1905]. (22 S.) 8° [F.]
— **Hausbibliothek**, Franz Webers. No 19. [07. 8928]

— der Weg zum Ziele. E. Mitgabe für's Leben, ausgew. aus d. Schatze christl. Dichtkunst. M. e. Vorwort v. L. 8. (VIII, 86 S.) Altenburg 897. Th. Körner. Geb. in Leinw. n. 1. —

– Werke.

— dasselbe, s.a. Klassiker-Bibliothek, deutsche.

Körner's, Thdr., Werke, s.a. Klassiker-Bibliothek, goldene.

— dasselbe. s.: National-Bibliothek der deutschen classischen Dichter.

— dasselbe, s.a. Volksbibliothek, Cotta'sche.

Körner's, Thdr., Werke. Vollständigste Ausg. mit mehreren bisher ungedruckten Gedichten u. Briefen. Nebst einer Biographie des Dichters von Frdr. Förster. 4 Thle. gr. 16. (144, 264, 264 u. 304 S.) Berlin 879. Hempel. In 2 Bde. geb. n. 3. 50

Körner's, Thdr., Werke. 2 Bde. 8. (VIII, 294 u. 563 S.) Elberfeld 884. Friedberg & Mode. Sep.-Cto. geb. n. 3. —

— Werke. 2 Bde. 8. (VIII, 296 u. V, 530 S.) Berlin 891. Friedberg & Mode's Sept.-Cto. Geb. in Leinw. n. 3. —

— dasselbe. Hrsg. v. Hans Zimmer. Kritisch durchgeseh. u. erläut. Ausg. 2 Bde. 8. (28, 398 u. 461 S. m. Bildnis u. 1 Fksm.) Leipzig 893. Bibliograph. Institut. Geb. in Leinw. n. 4. —; in Halbfrz. n. 6. —

— dasselbe. 2 Bde. 8. (VI, 411 u. III, 389 S.) Leipzig 893. Th. Knaur. Geb. in Halbleinw. od. Leinw., in 1 Bd. n. 2. —; in 2 Bde. n. 2. 50; in reich vergold. Leinw., in 1 Bd. n. 2. 50; in 2 Bde. n. 3. 25; in französ. Halbfrz., in 1 Bd. n. 3. —; in 2 Bde. n. 3. 75; in reich vergold. Halbfrz., in 1 Bd. n. 3. 50; in 2 Bde. n. 4. 50; in Liebhaber-Halbfrz. m. Goldschn., in 1 Bd. n. 4. —; in 2 Bde. n. 6. —

Körner's, Thdr., Werke. (Grossherzog Wilhelm Ernst-Ausg.) (Hrsg. v. Wern. Deetjen.) (474 S.) kl. 8. Leipzig 906. Insel-Verlag. Geb. in Ldr. n. 3. 50

(Theodor) Körners Werke in 2 Tlen. Auf Grund d. Hempelschen Ausg. neu hrsg., mit Einl. u. Anm. versehen von Augusta Steinberg. T. 1. 2 [in 1 Bd]. Berlin, Leipzig, Wien, Stuttgart: Bong & Co. [1908]. 2 Bde 8° [F.]
1. Gedichte. Erzählungen. Hrsg. u. mit e. Lebensbild versehen.
2. Trauerspiele. Lustspiele. Briefe.
(Goldene Klassiker-Bibliothek.) [08. 6403]

— ausgewählte Werke. Mit Biographie u. Bildnis des Dichters. Taschenausg. m. großer Schrift. (XII, 612 S.) kl. 8. Breslau (904). F. Goerlich. n. 2. —; geb. in Leinw. n. 3. —

—— Werke in vollständigster Sammlung. Nebst Briefen von und an Körner, sowie biographischen und literar-historischen Beilagen von Adf. Wolff. 4 Thle. Mit dem Bildnisse des Dichters und einem Facs. seiner Handschrift. 8. (1134 S. mit Stahlst.) Berlin 858, Mertens. *

— dasselbe, s.a. Bibliothek, Cotta'sche, der Weltlitteratur.

—— dass. — s.a. National-Bibliothek sämmtlicher deutschen Classiker.

— dasselbe, s.a. National-Litteratur, deutsche.

— dasselbe, s.a. Volksbibliothek, Cotta'sche.

Körner, (Karl) Theod., sämmtl. Werke. Im Auftrage d. Mutter d. Dichters hrsg. u. mit e. Vorw. begl. v. Karl Streckfuß. 1. u. 2., rechtmäß. Gesammt-Ausg. in Einem Bande. Mit d. Bildn. d. Dichters (nach Emma Körner in Stahl gest. v. B. Dörbeck. — Mit d. Zugabe: Gedichte deutscher u. engl. Dichter auf Theod. u. Emma Körner). Schmal gr. 4. (51 u. 50½ B.) Berlin 834, 85, Nicolai. à

Körner, (Karl) Thdr., sämmtl. Werke. Im Auftrage der Mutter des Dichters herausg. u. mit e. Vorworte begleitet von Karl Streckfuß. Einzig rechtmäßige Gesammt-Ausgabe in Einem Bande. Mit d. Bildn. des Dichters. schmal gr. 4. Berlin 834. Nicolai. 3½ Thlr. — 2e rechtmäß. Gesammt-Ausg. in Einem Bde. schmal gr. 4. Ebd. 835. 3½ Thlr. — 3e Aufl. in Einem Bde. In 2 Lfrgg. schmal gr. 4. Ebd. 837, 38. 3½ Thlr.

Körner, (Karl) Thdr., sämmtl. Werke. Rechtmäß. Gesammt-Ausgabe in vier Bänden. Mit dem Bildnisse des Dichters u. e. Facsimile seiner Handschrift. 16. Berlin 838. Nicolai. 3½ Thlr.

Körner's, Thdr., sämmtl. Werke. Im Auftrage der Mutter des Dichters herausgeg. u. mit einem Vorwort begleitet von Karl Streckfuß. 2. rechtmäß. Gesammt-Ausg. in 4 Bänden. Mit d. Bildn. d. Dichters u. e. Facsimile seiner Handschrift. 16. Berlin 842, Nicolai'sche B. Subscr.-Preis n. 2⅚ Thlr.

Körner's, Thdr., sämmtliche Werke. Im Auftrage der Mutter des Dichters hrsg. und mit einem Vorwort begleitet von Carl Streckfuß. 3., rechtmäß. Gesammt-Ausg. in 4 Bdn. gr. 16. (1397 S. mit K's. Bildn. und Facsimile seiner Handschrift.) Berlin 847, Nicolaische Buchh. *

—— dass. — 4., rechtmäß. Gesammt-Ausg. in 1 Bd. hoch 4. (XX und 384 S. mit K's. Bildn. und Facsimile seiner Handschrift.) Ebds. 847. *

— sämmtliche Werke. Im Auftrage der Mutter des Dichters herausg. u. mit einem Vorworte begleitet von Karl Streckfuß. 4. Ausg. 853. — 5. (Titel-)Ausg. Mit dem (in Stahl gest.) Bildnisse des Dichters u. 1 Facsimile seiner Handschrift. 4 Bde. Ebend. 855. (XLVI, 346; 300; 319; 328 S.) 1 Thlr. 18 Ngr.

Körner's, Thdr., sämmtliche Werke. Im Auftrage der Mutter des Dichters hrsg. und mit einem Vorwort begleitet von Carl Streckfuß. 5., rechtmäßige und einzig vollständ. Gesammt-Ausg. in 1 Bde. Mit dem Bildnisse des Dichters und einem Facs. seiner Handschrift. 8. (LXVII und 771 S. mit Stahlst.) Berlin 858, Nicolai'sche Verlagsbuchh.

—— dass. — Einzig rechtmäßige und vollständ. Gesammtausg in 1 Bd. Mit dem Bildnisse des Dichters, einem Facs. seiner Handschrift und einer Abbild. seiner Grabstätte. 8. (LXVII und 837 S. mit Stahlst. und Holzschn.) Ebendas. 861. geb. *

—— dass. — Einzig rechtmäß. und vollständ. Gesammt-Ausg. in 4 Bdn. Neue Ausg. gr. 16. (XLVI und 1361 S. mit Portr. in Stahlst. und 1 Holzschntaf.) Ebendas. 863.

Körner's, Thdr. (II.), sämmtliche Werke. Im Auftrage der Mutter des Dichters hrsg. und mit einem Vorwort begleitet von Karl Streckfuß. Einzig rechtmäß. und vollständ. Gesammt-Ausg. in 1 Bde. 8. (LXXIX und 837 S. mit dem Bildnisse des Dichters in Kpfrst., 1 Facs. seiner Handschrift und 1 Abbild. seiner Grabstätte in Holzschn.) Berlin 866, Nicolai's Verlag. geb. *

—— dass. — Einzig rechtmäß. und vollständ. Gesammt-Ausg. in 4 Bdn. oder 10 Lfgn. gr. 16. (1. Bd. XLVI und 430 S. und 2.—4. Bd. 961 S., mit 1 Stahlst. und 1 Holzschntaf. in Tondr.) Ebendas. 867. à Lfg. 5 Ngr.

—— dass. — 2 Bde. 16. (XI und 817 S.) Berlin 868, Grote'sche Verlagsb. * 10 Ngr.; geb. in 1 Bd. * geb. in 2 Bdn. * *

Körner's, Thdr., sämmtliche Werke. 1—4. Aufl. 2 Bde. Berlin 869. Grote. 16. (VII, 408 u. IV, 409 S.) n. 10 ngr.

— — Ausg. in einem Bde. Leipzig 869. Ph. Reclam jun. gr. 16. (VII, 680 S.) 10 ngr.; in engl. Einb. n. 15 ngr.

— — Mit Einleitung von Ernst Hermann. 2 Bde. Ebend. 870. 8. (XIII, 360 u. III, 358 S.) 12 ngr.; in engl. Einb. 20 ngr.

Körner's, Thdr., sämmtliche Werke. Im Auftrage d. Mutter d. Dichters hrsg. u. m. e. Vorwort begleitet von Karl Streckfuß. Vollständige Orig.-Ausg. in e. Bde. Mit dem Bildnisse d. Dichters, e. Facsm. seiner Handschrift (in Stahlst.) u. Abbildg. seiner Grabstätte in Farbendr. u. e. schönen Holzschn nach e. Zeichnung d. Ed. Bendemann. gr. 8. (LXXIX, 837 S.) Berlin 871. Nicolai's Verl. 3. —; geb. 4. —

— dasselbe. Neue vollständ. Orig.-Ausg. in 4 Bdn. gr. 16. (LXIV, 430; 300; 319 u. 342 S. m. 1 Stahlst. u. 2 Holzschntaf.) Ebend. 871. n. 4. —

— dasselbe. Erste illustr. Ausg. 2 Bde. Mit Zeichngn. v. L. Burger, W. Friedrich u. A., in Holz geschn. von Klitzsch & Rochlitzer u. A. v. Steindel, u. e. Einleitg. v. Ernst Hermann. 8. (XII, 360 u. III, 358 S. m. 11 Holzschntaf.) Berlin 872. Grote. n. 3. 50; geb. n. 5. —

— sämmtliche Werke. Hrsg. von Heinr. Laube. Illustr. Pracht-Ausg. (In ca. 35 Lfgn.) 1. u. 2. Lfg. Lex.-8. (1. Bd. S. 1—88 mit eingedr. Holzschn.) Wien 882. Bensinger. à n. — 50

— sämmtliche Werke. Illustr. Pracht-Ausg. Hrsg. v. Heinr. Laube. 3—35. (Schluß-)Lfg. Lex.-8. (1. Bd. S. 33—440 u. 2. Bd. 408 S. m. eingedr. Holzschn.) Wien 883. 84. Bensinger. à n. — 50

Körner's, Thdr., sämtliche Werke. 2 Bde. 12. (III, 375 u. III, 398 S.) Berlin 887. Warschauer. geb. n. 2. 25; in 1 Bd. n. 1. 60

Körner's, Thdr., sämmtliche Werke. 1. illustr. Ausg. 2 Bde. Mit Zeichngn. v. Alex. Zick, Ludw. Burger, Wold. Friedrich u. A., in Holz geschn. v. Rich. Henkel, A. v. Steindel, u. e. Einleitg. v. Ernst Hermann. 6. Aufl. 8. (XIV, 360 u. V, 358 S.) Berlin 890. G. Grote. Geb. in Leinw. n. 6. —

— dasselbe, in 4 Bdn. 12. (211, 211, 252 u. 191 S. m. Bildn.) Stuttgart (891). J. G. Cotta Nachf. In 2 Leinwbdn. n. 2. —

— dasselbe. Illustr. Pracht-Ausg. Hrsg. v. Heinr. Laube. 2. (Titel-)Aufl. 36 Lfgn. Lex.-8. (à 2—3 Bog.) Wien 891. 892. S. Bensinger. à n. — 50 (kplt. 2 Bde. VII, 440 u. 427 S. geb.: n. 24. —)

Körner's, Thdr., sämmtliche Werke. 2 Bde. Mit Einleitg. v. Ernst Hermann. 13. Aufl. 8. (XVI, 360 u. III, 358 S.) Berlin 892. G. Grote. In 1 Leinw.-Bd. geb. n. 8. —

— dasselbe. 4 Bde. Mit Einleitg. v. Herm. Fischer. 8. (258, 243, 327 u. 247 S. m. Bildnis.) Ebd. 893. In 2 Leinw.-Bdn. n. 4. —

— dasselbe. Vollst. Ausg. in 2 Bdn. M. e. biograph. Einleitg. v. Adf. Kosahl. 12. (VIII, 383 u. 395 S. m. Bildn.) Leipzig 895. Gust. Fock, Verl. Geb. in 1 Leinw.-Bd. n. 1. 60; feine Ausg. auf starkem Papier, geb. in 1 Halbfrz.-Bd. n. 2. 50

Körner's, Thdr., sämmtliche Werke. Erste illustr. Ausg. 2 Bde. Mit Zeichngn. v. Alex. Zick, Ludw. Burger, Wold. Friedrich u. A., in Holz geschnitten v. Rich. Henkel, A. v. Steindel, u. e. Einleitg. v. Ernst Hermann. 7. Aufl. 12. (XIV, 360 u. V, 358 S.) Berlin 897. G. Grote. Geb. in Leinw. n. 6. —

Körner's, Thdr., sämmtliche Werke. 2 Tle. in 1 Bd. Mit Einleitg. v. Ernst Hermann. 14. Aufl. 8. (XVI, 360 u. V, 358 S.) Berlin 899. G. Grote. Geb. in Leinw. n. 3. —

— dasselbe. Vollständige Ausg. in 2 Bdn. Mit Portr., e. Gedicht in Fksm., e. Abbildg. der Grabstätte, sowie Biographie u. Charakteristik Körners v. Eug. Wildenow. 12. (XLVIII, 383 u. 395 S.) Leipzig (899). M. Hesse. In Leinw.-Bd. 1. 60; in 1 Halbfrz.-Bd. 2. 50; in 1 Liebhaberfrz.-Bd. m. Goldsch. 3. 50

— dasselbe. 2 Bde. 8. (VI, 441 u. III, 630 S. m. Bildnis.) Leipzig 902. C. Grumbach. Geb. in Leinw. 5. —; in Halbfrz. 7. 50; Luxusausg. in Halbkalbldr. 11. 50

— dasselbe. Mit e. biograph. Einleitg. v. Otto Frz. Gensichen u. 1 Bildnis d. Dichters. Lex.-8. (XXXII, 431 S.) Stuttgart (902). Deutsche Verlagsanst. Geb. in Leinw. n. 2.—; feine Ausg. geb. n. 4.—; geb. in Halbfrz. n. n. 6.—

— dasselbe in 1 Bde. Mit e. biograph. Einleitg. hrsg. v. Alb. Zipper. (Neue Ausg.) XXII, 760 S. m. Bildnis.) kl. 8. Leipzig (905). Ph. Reclam. jun. n. 1. —; geb. in Leinw. n. 1. 50

— sämtliche Werke. Mit e. biograph. Einleitg. v. Otto Frz. Gensichen u. 1 Bildnis des Dichters. 2.—4. Aufl. (Je XXXII, 431 S.) gr. 8. Stuttgart (906) Deutsche Verlagsanstalt. Geb. in Leinw. n. 2. —; feine Ausg. geb. n. 4. —; geb. in Halbfrz. n. 6. —

Theodor Körner's sämtliche Werke. Neue ill. Ausg. Hrsg. von Prof. Dr. Karl Macke. Ill. von Edmund Brüning. 45. Aufl. Berlin: Herlet [1909]. XIX, 426 S. 8° [09. 13915

— Woldemar, s.: Gabelsberger-Bibliothek.

— ein Wort zur Hebung des Credits der Kreise, zunächst in der Provinz Preußen. Allen Kreisständen gewidmet. Thorn 867 Lambeck. Lex.-8. (III, 32 S.) n. 5 ngr.

— Zriny, s.a. Bibliothek der Gesamt-Litteratur d. In- u. Auslandes.

— Zriny, s.a. Bischoff, Heinr.

— dasselbe, bearb. v. W. Leer, s.a. Dilettantenbühne, katholische.

— dasselbe, s.a. Dilettanten-Theater.

Körner, Thdr., Zriny, s.a. Graeser's Schulausgaben classischer Werke.

— dasselbe, s.a. Handbibliothek, Cotta'sche.

— dasselbe, s.a. Hempel's Klassiker-Bibliothek.

— dasselbe, Bearbeitg. ohne Frauenrollen, s.a. Kayser, Wilh.

— dasselbe, s.a. Klassiker, die deutschen, erläutert u. gewürdigt. 19.

— dasselbe, s.a. Lesebibliothek, österreich., Gabelsberger. 2. Bdchn.

— dasselbe, s.a. Meisterwerke, die, der deutschen Bühne Nr. 28.

— Zriny, s.a. Meisterwerke unserer Dichter.

—— dass. — s.a. Meyer's Volksbücher.

— Zriny, s.a. Reuter's Bibliothek f. Gabelsberger-Stenographen.

— dasselbe, s.a. Sammlung deutscher Dichtgn. u. Prosawerke.

— dasselbe, hrsg. v. Hugo Schladebach, s.a. Schulausgaben, deutsche.

— dasselbe, hrsg. v. J. Dahmen, s.a. Schöningh's Ausgab. deutsch. Klassiker. 22. Bd.

— dasselbe, s.a. Schöningh's Textausgaben alter u. neuer Schriftsteller Nr. 24.

— dasselbe, hrsg. v. Hugo Schladebach, s.a. Schulausgaben, deutsche.

—- Zriny, s.a. Theaterbibliothek, classische.

— dasselbe, s.a. Theaterbibliothek f. Vereine u. Dilettanten.

—— Zriny, s.a. Universal-Bibliothek.

— dasselbe, hrsg. v. O. Carel, s.a. Velhagen & Klasing's Sammlung deutscher Schulausgaben. 34. Lfg.

— dasselbe, s.a. Volksbibliothek des Lahrer hinkenden Boten.

— dasselbe, s.a. Von Buch zu Buch.

— dasselbe, s.a. Weber's, Frz., Hausbibliothek.

— Zrini. Trspl. in 5 A. gr. 8. Leipz. 814. Hartknoch. 16 gl

Körner, Theodor, Zriny. Ein Trauerspiel in fünf Aufzügen. Mit Einleitung und Anmerkungen von Dr. Carl Tomanetz (Graeser's Schulausgab. class. Werke. Bd. 25.) 8°. (82 S.) Wien, Graeser. fl. —.30. 1886.

Körner, Theodor: Zriny. E. Trauersp. in 5 Aufz. v. –. F. d. gesell. Vereinsbühne bearb. v. Anton Dinspel, Pfarrer. Trier: Verl. d. Paulinus-Dr. 1895. 39 S. 1 Bd. 8°
= Theater-Bibliothek. Bdch. 22.

Zriny. Trauersp. in 5 Akten v. Karl Theodor Körner. F. Gesellenvereine od. ähnl. Ver. bearb. v. e. Präs. des kathol. Gesellenver. 2. Aufl. M. 1 Musikbeil. *(Paderborn: F. Schöningh 1896.)* (72 S., 1 Bl.) 1 Bd 8.
= Dilettanten-Theater. H. 15. [96. 510

Körner, Theodor, Zriny. Ein Trauerspiel in fünf Aufzügen. Für den Schulgebrauch herausgegeben von Karl Ludwig. Mit einer Abbildung. 8. (125 S.) Geb. Prag: Tempsky 1896. —.35

— Zriny. Ein Trauerspiel in 5 Aufzügen. Hrsg. u. erläutert v. E. Genniges. 1. Tl.: Text. Mit 2 Karten. 8. (95 S.) Leipzig 901. H. Bredt. n. — 50

Körner, Theodor: Zriny. Ein Trauerspiel von –. Für d. Einführung in d. dramat. Lektüre bearb. von Dr. Heinrich Vockeradt, Dir. zu Recklinghausen. Münster i. W.: Aschendorff 1901. 168 S. 8°
= Ausgaben, Aschendorffs, f. d. deutschen Unterricht. [4.]

Zriny. Ein Trauerspiel in 5 Aufz. von Theodor Körner. Mit erl. Anm. hrsg. von Dr. J[osef] Dahmen. 3., verb. Aufl. Mit 4 Ill. *Paderborn: F. Schöningh 1902.* (146 S.) 8° [F.]
= Ausgaben, Schöninghs, deutscher Klassiker. Bd 22. [03. 4071

Zriny. Ein Trauerspiel in 5 Aufz. von Theodor Körner. *Stuttgart & Berlin: J. G. Cotta Nachf. [1903].* (94 S.) 8° [F.]
= Handbibliothek, Cotta'sche. No 56. [03. 14575

— Zriny. Ein Trauerspiel in 5 Aufzügen. Taschenausg. m. großer Schrift. (87 S.) kl. 8. Breslau (904). F. Goerlich. n. — 80

— dasselbe. Für den Schulgebrauch hrsg. v. Karl Ludwig. 1. Aufl., 2. Abdr. in neuer Rechtschreibg. (125 S. m. 1 Abbildg.) kl. 8. Leipzig 904. G. Freytag. — Wien, F. Tempsky. Geb. n. — 70

Zriny. Ein Trauerspiel in 5 Aufz. von Theodor Körner. Paderborn: F. Schöningh [1904]. (92 S.) 8° [F.]
= Textausgaben, Schöninghs, alter u. neuer Schriftsteller. 24. [03. 1087

Zriny. Ein Trauerspiel in 5 Aufz. von Theodor Körner. Mit erl. Anm. hrsg. von Dr. J[osef] Dahmen, Sem.Dir. 4., verb. Aufl. Mit 4 Ill. u. 1 Kartenskizze. Paderborn: F. Schöningh 1904. (144 S.) 8° [F.]
= Ausgaben, Schöninghs, deutscher Klassiker. Bd 22. [05. 7403

(F) Körner, Th., Zriny. Ein Trauerspiel in 5 Aufzügen. [Freytag's Schulausgaben und Hilfsbücher für den deutschen Unterricht.] 8°. (125 S.) Wien: Tempsky 1904. geb. K —.85

Zriny. Ein Trauerspiel in 5 Aufz. Von Theodor Körner. Taschenausg. mit großer Schrift. Breslau: F. Goerlich [1905]. (87 S.) 8° [F.]
= Hausbibliothek, Franz Webers. No 16–18. [07. 8711

— dasselbe. Mit Einleitg. u. Anmerkgn. versehen v. Karl Tomanetz. (Graesers Schulausgaben klass. Werke.) 9.–11. Taus. (XVI, 71 S.) 8. Leipzig 905. B. G. Teubner. n. — 50

— Zriny. Ein Trauerspiel. Für die Einführg. in die dramat. Lektüre bearb. v. Heinr. Vockeradt. Mit 1 Bilde des Dichters u. 1 Kartenskizze. 3., verb. Aufl. (168 S.) kl. 8. Münster 905. Aschendorff. Geb. — 95

Zriny. Trauerspiel in 5 Akten von Karl Theodor Körner. Für Gesellenvereine oder ähnl. Vereine bearb. von e. Präses d. kath. Gesellenvereins. 4. Aufl. Mit e. Musikbeilage. Paderborn: F. Schöningh [1907]. (72 S.) 8° [F.]
= Dilettanten-Theater. H. 15. [07. 14263

Zriny. Ein Trauerspiel in 5 Aufz. von Theodor Körner. Mit erl. Anm. hrsg. von Dr. J[osef] Dahmen, Sem.Dir. 5., verb. Aufl. Mit 4 Ill. u. 1 Kartenskizze. Paderborn: F. Schöningh 1907. (144 S.) 8° [F.]
= Ausgaben, Schöninghs, deutscher Klassiker. Bd 22. [07. 14306

Körner, Ph., Zriny. Ein Trauerspiel in 5 Aufzügen. [Österreichische Lesebibliothek Gabelsberger. Bd. 2.] 8°. (86 S.) K 1.— Wien: Manz 1909.

Körner, L., 50 Familien-Tischgebete. 8. (31 S.) Quedlinburg 848, Basse.

Körner, Ludw., Fritz, der kleine Seefahrer, oder die Wunder des Nordens. Eine Erzählung für's Volk. Mit 6 (lith. u.) color. Bildern. Berlin (853.) Winckelmann. 8. (112 S.) 17½ ngr.

Körner, L., Fritz, der kleine Seefahrer, oder die Wunder des Nordens. Eine Erzählung fürs Volk. Mit Bildern. 8. (112 S. mit 6 ill. Stnt.) Berlin 855, Winckelmann und Söhne.

Koerner, Ludwig: Wohnsitz und Wahlrecht. Borna-Leipzig 1910: Noske. XVII, 82 S. 8°
Heidelberg, Jur. Diss. v. 3. Mai 1910, Ref. Fleiner
[Geb. 2. Juni 88 Martinikenfelde-Charlottenburg; Wohnort: Berlin; Staatsangeh.: Preußen; Vorbildung: Luisen-Gymn. Berlin Reife O. 06; Studium: Heidelberg 6 S.; Rig. 25. Febr. 10.] [U 10. 1911

Körner, M., Maria Hilf! Ein kathol. Gebet- und Andachtsbuch für die Verehrer der seligsten Jungfrau Maria. Nebst einer Rosenkranz-Andacht und dem heil. Kreuzweg. gr. 16. (VI und 394 S. mit 1 Stahlst.) Würzburg 851, Etlinger'sche Vrlgsb.

Körner, Max, Vogelpflege u. Thierquälerei, s.: **Universal-Bibliothek f. Thierfreunde.**

Historische Volkslieder aus dem sechzehnten und siebenzehnten Jahrhundert ... herausgegeben von Ph. Max Körner. Mit einem Vorworte von J. A. Schmeller. Stuttgart, 1840. 8°.

Körner, Mor., fromme Empfindungen u. Entschließungen des Bergmanns am Tage des Bergfestes. Bergpredigt, gehalten am 21. Sonntage nach Trin. 1864 in der St. Marienkirche zu Zwickau. Zwickau 865. Döhner. gr. 8. (14 S.) n. 2½ ngr.

Körner, Mor., Predigt zur Friedensfeier am 18. Juni 1871 in der Marienkirche zu Zwickau gehalten. gr. 8. (14 S.) Zwickau 871, Werner.

Körner, Mor., 20 im Kirchenjahre 1881—1882 geh. Predigten. Nebst Bildniß m. Facsm. gr. 8. (III, 191 S.) Zwickau 883. (Richter.) n. 2. —

— **Moritz Otto** (Hermsdorf), De sectione caesarea in vivis, addita relatione hujus operationis nuperrime feliciter peractae. Diss. med. Lpz. (Ernst Stange) 25. IX. 1844. 29 S. (4.50) 19058
Krankengesch. v.: Bütter.

Körner, Moritz Robert [aus Lengenfeld]: **Ueber einige Derivate** des o-Amidobenzamids .... **Leipzig, Druck v. Metzger & Wittig,** 1887; 19+1 S. 8°.
Leipzig, Phil. Fak., Inaug.-Diss. v. 9. Aug. 1887.

Körner, Moritz Robert, **über einige Derivate des o-Amidobenzamids. Diss. Leipzig 1887, Gustav Fock. 8°.** 19 S.

Körner, N., der treue Hirte od. Die erlassene Schuld. Nach e. wahren Begebenheit zum Vortrag f. 5 Personen verf. (15 S.) kl. 8. Bordesholm 887. (Hamburg, Bundesbuchh.) n. — 20

Körner, O., Die homerische Tierwelt. Berlin. 80. Nicolai. M. 1.50

Korner, Oscar. Zur Geschichte der Grundhörigkeit in der alamannischen Schweiz. Diss. Jur. Bern. 120 S. 8. Luzern, J. Schill, 1904.

Körner, Otto, die Arbeitsteilung in der Heilkunde. Vortrag, geh. im akadem. Dozentenvereine zu Rostock. (26 S.) Lex. 8. Wiesbaden 909. J. F. Bergmann. — 60

Körner, Otto [aus Frankfurt a/M.]: Beiträge zur vergleichenden Anatomie und Physiologie des Kehlkopfes der Säugethiere und des Menschen. Mit einer Tafel. Frankfurt a. M., Mahlau & Waldschmidt, 1882. 4. 18 S.

Körner, Otto, Beiträge zur vergleichenden Anatomie und Physiologie des Kehlkopfes der Säugethiere und des Menschen. Arbeit aus der Senckenberg. Anatomie. gr. 4. (19 S. mit 1 lithogr. Taf.) Frankfurt a. M. 883, (Diesterweg.)

Körner, Otto, weitere Beiträge z. vergleich. Anatomie u. Physiologie d. Kehlkopfes. [Aus: „Abhandlgn. d. Senckenberg. naturforsch. Gesellsch."] gr. 4. (16 S. m. 1 farb. Taf.) Frankfurt a/M. 883. (Berlin, R. Friedländer & Sohn.) n. 2. — (I. u. II.: n. 4. —; herabges. Pr. n.n. 3. —)

— die eitrigen Erkrankungen des Schläfenbeins, s.a. **Ohrenheilkunde, die, der Gegenwart.** I.

Körner, Otto: Die eitrigen Erkrankungen des Schläfenbeins. Nach klinischen Erfahrgn. dargest. v. Dr. Otto Körner, Prof. ... in Rostock ... M. 3 Taf. u. 20 Textabb. Wiesbaden: J. F. Bergmann 1899. IX, 153 S., 3 Taf. 1 Bd. 4° (8°)
= Ohrenheilkunde, Die, d. Gegenwart u. ihre Grenzgebiete. [Bd.] I.

Körner, Otto, die otitischen Erkrankungen des Hirns, der Hirnhäute u. der Blutleiter, s.a. **Ohrenheilkunde, die, der Gegenwart.** III.

Körner, Otto, die otitischen Erkrankungen des Hirns, der Hirnhäute u. der Blutleiter. Mit e. Vorwort von Ernst v. Bergmann. gr. 8. (VIII, 163 S.) Frankfurt a/M. 894. J. Alt. n. 5. —

Körner, Otto, die otitischen Erkrankungen des Hirns, d. Hirnhäute u. d. Blutleiter. M. e. Vorwort von Ernst v. Bergmann. 2., grossentheils umgearb. Aufl. gr. 8. (IX, 172 S.) Frankfurt a/M. 896. Wiesbaden, J. F. Bergmann. n. 5. —

Die otitischen Erkrankungen des Hirns, der Hirnhäute und der Blutleiter von Dr. Otto **Körner**, Prof. in Rostock. Mit e. Vorw. von Ernst v. Bergmann. 3., vollst. umgearb. u. verm. Aufl. [Nebst] Nachtr. Mit 5 Taf. u. 1 Abb. Wiesbaden: J. F. Bergmann 1902—08. 2 Bde 4° (8°)
— **Ohrenheilkunde** d. Gegenwart u. ihre Grenzgebiete. 3. [07. 18118

Körner, Otto, die otitischen Erkrankungen des Hirns, d. Hirnhäute u. d. Blutleiter. 4., durch Nachträge ergänzte [Titel-]Ausg. (IX, 216 u. VII, 84 S. m. 1 Abb. u. 5 Taf.) Lex. 8. Wiesbaden 908. J. F. Bergmann. 10. —

Körner, Otto, approb. Arzt aus Neustadt a. d. Saale: **Ein seltener Fall** von peritonealem Endotheliom **(sog. Endothelkrebs)**, compliciert mit multipler Cystenbildung. ***Würzburg 1901:*** *A. Boegler.* (32 S.) 8°
Würzburg, Med. Diss. v. 1901

— das Gehörorgan in d. neuen anatom. Nomenclatur. [Aus: „Ztschr. f. Ohrenheilkde."] gr. 8. (11 S.) Wiesbaden 897. J. F. Bergmann. n. — 80

— die Hygiene d. Ohres. 8. (VIII, 36 S. m. 1 Abb.) Ebd. 898. n. — 60

— die Hygiene d. Stimme. Ein populär-medicin. Vortrag. 8. (31 S.) Wiesbaden 899. J. F. Bergmann. n. — 60

Körner, Otto, können die Fische hören? (35 S.) Lex.-8. Berlin 905. J. Springer. n. 1. —
Sonderabdruck aus: „Beiträge zur Ohrenheilkde. Festschrift f. A. Lucae".

— Lehrbuch der Ohrenheilkunde u. ihrer Grenzgebiete. Nach klin. Vorträgen f. Studierende u. Aerzte. Mit 2 photograph. Taf. u. 118 Textabbildgn. (X, 274 S.) Lex.-8. Wiesbaden 906. J. F. Bergmann. Geb. in Leinw. n. 8. —

Lehrbuch der Ohren-, Nasen- und Kehlkopfkrankheiten. Nach klin. Vorträgen f. Studierende u. Ärzte von Dr. Otto **Körner**, Prof. 2. völlig umgearb. u. verm. Aufl. d. Lehrb. d. Ohrenheilkunde. Mit 200 Textabb. u. 1 Taf. Wiesbaden: Bergmann 1909. XII, 409 S. 8° [illegible]

— über die Nothwendigkeit e. Examens üb. Ohrenheilkunde in der Approbationsprüfung der Aerzte, s.: Oppenheim, L., fahrl. Behandlung u. fahrl. Begutachtung von Ohrenkranken.

—s.a. **Ohrenheilkunde, die, der Gegenwart.**

Die Ohrenheilkunde des Hippokrates. Vortr. geh. in d. Abtlg f. Ohrenheilkunde d. 67. Vers. deutscher Naturforscher ... zu Lübeck im Sept. 1895 v. Dr. Otto **Körner**, ... Prof. ... zu Rostock. *Wiesbaden: J. F. Bergmann 1896.* (20 S.) 1 Bd 8. [96. 717

— Eine ärztliche Studienreise im J. 1885. Nach Reisebriefen u. Tagebuchnotizen. (III, 30 S.) gr. 8. Rostock 911. H. Warkentien. — 80
Sonderabdr. aus: „Sitzungsber. u. Abhandlgn. d. naturforsch. Ges. zu Rostock".

Koerner, Otto, die homerische Thierwelt. Ein Beitrag zur Geschichte der Zoologie. gr. 8. (90 S.) Berlin 880. Nicolai's Verl. n. 1. 50

— Tuberculose des Schläfenbeins. Uebergang der Tuberculose auf die Basis des Schläfenlappens. [Aus: „Monatsschr. f. Ohrenheilkde." etc.] gr. 8. (4 S.) Berlin 894. O. Coblentz. n. 1. —

Die Grossherzogliche Universitäts-Klinik für Ohren- und Kehlkopfkranke zu Rostock. Von d. Dir. Prof. Dr. Otto **Körner**. Mit 3 Taf. *Wiesbaden: J. F. Bergmann 1900.* (16 S.) 8°
Aus Zeitschrift f Ohrenheilkunde Bd 36. [03. 1330 4

— Untersuchungen üb. Wachsthumsstörung u. Missgestaltung d. Oberkiefers u. d. Nasengerüstes in Folge v. Behinderung der Nasenathmung. gr. 8. (20 S. m. 8 Taf.) Leipzig 891. F. C. W. Vogel. n. 1. 50

Wesen und Wert der Homerischen Heilkunde. Vortrag geh. im Akad. Dozentenver. zu Rostock 1904 von Dr. Otto **Körner**, Prof., Rostock. *Wiesbaden: J. F. Bergmann 1904.* (29 S.) 8° [04. 6105

— s.: **Zeitschrift f. Ohrenheilkunde.**

Körner, Otto Ernst (geb. Eisenberg in Sachsen-Altenburg 17. 1. 1861)
Ueber die nicht carcinomatösen Geschwülste des Oesophagus. Berlin.
M. Driesner (1884). (31 S.) 8°
Berlin, Med. Diss. v. 15. März 1884

Körner, Paul [aus Friedland in Mecklenb.]: Beitrag zur Casuistik der Dünndarmcarcinome ... Greifswald, Buchdr. C. Sell, 1896; 25 S., 1 Bl. 8.
Greifswald, Med. Fak., Inaug.-Diss. v. 11. Juli 1896

Koerner, Paul [approb. Arzt]: Ein Fall von Schrumpfniere als Beitrag zu den Untersuchungen über das Verhalten der kleinen Arterien bei Nephritis .... Brandenburg a. H., Druck v. J. Wiesike, 1887; 2 Bl. + 31 S. 8°
Freiburg i. B., Med. Fak., Inaug.-Diss. v. Jun. 1887

Körner, Paul [aus Berlin]: Der Versbau Robert Garnier's. 1. Tl ... [Erschien vollst. 1894 im gl. Verl.] Berlin, C. Vogts Buchdr., 1893; 62 S., 1 Bl. 8.
Leipzig, Phil. Fak., Inaug.-Diss. v. [20. Juli] 1894

Der Versbau Robert Garniers v. Dr. Paul **Körner**. *Berlin: C. Vogt 1894.* [S. 1—62 erschien als Leipz. Diss., 1894.] (119 S.) 1 Bd 8. [97. 4904

— Paul Friedrich (Dresden), De facultate denominandi juraturos. Dissertatio. Präs. D. Georg Stephan Wiesand. Wittbg. (Adam Christian Charisius) 6. III. 1782. 16 S. (4.50) 19059

Körner, Phpp., Erinnerungen e. Einjährig-Freiwilligen v. 2. bad. Grenadier-Regiment Kaiser Wilhelm Nr. 110 an d. Feldzug 1870/71, s.a. **Badener i. Feldzug 1870/71.**

Erinnerungen eines Einjährig-Freiwilligen vom 2. bad. Grenadier-Regiment Kaiser Wilhelm Nr. 110 an den Feldzug 1870/71. Von Philipp **Körner**, Gastwirt. *Karlsruhe: J. J. Reiff 1900* (VI, 134 S.) 8° [F.]
= **Badener** im **Feldzug** 1870/71. Bd 15. [00. 13268

Körner, Philipp Max

Körner, Ph. M., s. Passionsblumen.

Körner, Ph. M., s.a. **Volkslieder, historische.**

Körner, Phipp Max, Historische Volkslieder aus dem 16. u. 17. Jahrh. nach den fliegenden in der k. Hof- u. Staats-Bibliothek zu München vorhandenen Blättern. Stuttgart 1840. 8.

Körner, R., die evangelischen Jünglingsvereine. Ihre Bedeutung u. Winke zu ihrer Begründg. u. Belebg. gr. 8. (16 S.) Berlin 874. Beck in Comm. n.n. — 25

Koerner, R., San Remo, e. deutsche Winterkolonie. Mit 2 (lith.) Karten. gr. 8. (VII, 144 S.) Leipzig 883. O. Wigand. 8. —

Koerner, R., San Remo, e. deutsche Winterkolonie. Neu bearb. v. Verf. u. C. Rieth. 3., verb. Aufl. Mit 4 Karten u. e. Temperatur-Tab., sowie 1 Verzeichniss der internationalen Fahrkarten v. u. nach San Remo etc. 8. (XII, 203 S.) Leipzig 892. O. Wigand. Geb. in Leinw. n. 5. —

Körner, R., die Welt der Träume u. deren Deutung. Traumbuch für die Gebildeten aller Stände. (In ca. 15 Hftn.) 1. u. 2. Hft. gr. 8. (S. 1—96.) Friedrichshagen b./Berlin 878. Vollmann. à — 50

Körner, Reinhold [Oberl. Dr.]: Das Bewegungsskelett der Wirbeltiere. Dresden, Rammingsche Buchdr. (1889); S. 3—20; 4°
Dresden-Friedrichstadt, R mit PG, OP 1889 (534)

— Reinhold, Viro Carl August Heinrich Flemming (Luscaviensis) exoptatissima muneris sacri per dimidium seculum administrati solemnia gratul. — De religione ac pietate, firmissimis rerumpublicarum fundamentis ac praesidiis. Lpz. (Staritz) 5. XII. 1830. 27 S. (5.—) 19060

Körner, Reinhold Die Verhältnisse der natürlichen Belastung und Entlastung des Tierkörpers in ihren gesetzmäfsigen Beziehungen zur Ortsbewegung. 20 S. Progr. *Oberstein-Idar* 1885.

Körner, Rob., zur Geschichte der Glockengießer in Hamburg. (42 S.) 8. Hamburg 905. G. Schloeßmann. n. — 60
Sonderabdruck aus: „Hamburg. Kirchenbl."

Jersbeck v. Robert **Körner**. Husum. Ausschnitt aus: Hamburgischer Correspondent. Nr. 289, Morgen-Ausg., u. Nr. 290, Abend-Ausg. Hamburg. 1901. Fol., geb. in 4°.

Nienstedten (a. d. Elbe) v. Robert **Körner**. Separat-Abdruck aus den „Norddeutschen Nachrichten". (Blankenese.) o. J. 8°.

Körner, Rob., historische Streifzüge im Flußgebiet der Bille. (77 S.) 8. Hamburg 907. Leipzig, L. Voß. 1. —

Koerner, Rob., die Unkrautsamen u. and. Beimengungen des Mahl- u. Schäl-Getreides. Kurze Beschreibg., ihre Einwirkg. bei der Vermahlg. auf das Mehl, die Mittel zur Entferng. u. sonst. Schädlich- od. Nützlichkeit. Unter Mitwirkg. v. Fachmännern zusammengestellt u. bearb. (Deutsch u. ungarisch.) (64 S. m. 54 Abbildgn. u. 6 Taf.) gr. 8. Budapest 907. (Leipzig, H. A. L. Degener.) 3. 60

Körner, Rudolph *(geb. Züllichau in d. Mark 2. 1. 1849)*: Zur Casuistik der linealen[!] Leukaemie. Breslau (1873). (30 S.) 8°
Breslau, Med. Diss. v. 24 Okt. 1873

Körner, Sophie, aus Saratow (Russland): Zur Kasuistik der supraduralen Haematome im Kindesalter. ⟨Aus dem Kinderspital Zürich, interne Abteilung. (Prof. Wyss.)⟩ Zürich 1910. 41 S. und eine Tafel. 8°. [16. III. 10.]
Zürich. Univ. Med. Diss. 1909/10.

Maurer Lied zum Gebrauch der Pilger Loge in London 1845. Die Worte von C[arl] Winkler. Die Melodie von T. **Körner.** [London 1845]: Barandon. 2 Bl. 8⁰ [Umschlagtit.]
Ohne Noten. 358.

Körner, Th.

Bund der Landwirte. — I. Die Bedeutung der Landwirtschaft für Stadt und Land. Vortrag des Landtagsabgeordneten FR. SCHREMPF in der Versammlung des Bundes der Landwirte am 2. März in Hall. II. Die Stellung des Bundes der Landwirte zu den Reichstagswahlen. Nach den Beschlüssen des Ausschusses und der Vertrauensmänner zusammengestellt von TH. KÖRNER. Stuttgart 1898. Herausgegeben vom Bund der Landwirte. 8°.

Körner, Th., Beiträge zur Kenntnis der wissenschaftlichen Grundlagen der Gerberei. Progr. gr. 8. (40 S.) Freiberg (899). (Craz & Gerlach). n. 1. 50

— dasselbe. (II). — Bericht über prakt. Versuche m. Gerbstoffen aus Deutsch-Ostafrika. — Bericht über weitere Untersuchgn. v. Mangrove-Gerbstoffen. (Progr.) gr. 8. (50 S.) Ebd. (900). n. 1. 50

Körner, Th., Beiträge zur Kenntnis der wissenschaftl. Grundlagen der Gerberei. III. Tl. Progr. (32 S.) gr. 8. Freiberg 903. Craz & Gerlach. n. 1. 50

Körner, Th. P., was ist der Mensch?!, s.: Scheffler, H.

Körner, Theodor, s.a. K ö r n e r , Karl Theodor

Körner, Theodor, aus Hamburg: Der **Begriff des materiellen Punktes in der Mechanik des 18. Jahrhunderts.** *Gera 1904: T. Hofmann.* (50 S.) 8°
Kiel, Phil. Diss. v. [16. Juli] 1904

Körner, Theodor [aus Cottbus N.-L.]: **Beitrag zur Frage der Behandlung des Genu valgum durch die Osteotomie. . . . Halle a. S.,** Hofbuchdr. v. C. A. Kaemmerer & Co., 1880; 36 S., 2 Bl. 8°
Halle, Med. Fak., Inaug.-Diss. v. 20 Dez. 1880

K o e r n e r, Thdr. (I.), der Beruf des Staates und der Gemeinde in der socialen Frage. Ein Beitrag zur Lösung derselben im deutschen Rechtsstaate, unter Anschluss an besteh. Verhältnisse entworfen. gr. 8. (III, 67 S.) Berlin 872, Guttentag. *

Körner, Theodor [aus Driedorf (Hessen-Nassau)]: **Ueber einige Derivate der Phenyl-αβ-dibromisobuttersäure . . . Frankfurt a. M.,** Druck v. **Gebr. Knauer** 1888); 68 S., + 1 Bl. 8°
Berlin, Phil. Fak., Inaug.-Diss. v. 14. Aug. 1888

— das Dogma d. Unfehlbarkeit d. röm. Papstes vor dem Richterstuhle d. Rechts. Juridische Denkschrift, e. Beitrag zum Verständniß d. Rechts u. zur Wahrg. d. Rechtsbewußtseins im Glaubensstreite. gr. 8. (71 S.) Thorn 871. E. Lambeck. — 75

Koerner, Theo: Zur Frage der Bildung von Alkohol aus celluloschaltigen Stoffen. 1907. 53 S. 8⁰ ¶ Ausz. in: Zeitschrift f. angewandte Chemie. Jg. 21, 2. 1908. S. 2353 ff.
Dresden, Dr.-Ing.-Diss. v. 21. 11. 1907

Körner, Thdr, Grundzüge und Beiträge zur systematischen Behandlung der Religionspolitik im Deutschen Staate. Berlin 1873. 8.

K ö r n e r, Thdr. (II.), Jubelgruß zu Luthers 400jährigem Geburtstage. Sechs Gedichte. 16. (15 S.) Altenburg 883, Schnuphase'sche Hofbuchh. *

Koerner, Thdr., der K r i e g s s c h a d e n u. seine Versicherung. Ein Beitrag zur Einigung deutscher Kraft. Denkschrift zur Begründung einer Kriegsschäden-Versicherungs-Anstalt für Deutschland. Berlin 867. (Burmester & Stempell.) Lex.-8. (IV, 72 S.) n. 10 *ngr.*

Koerner, Thdr., die Landwirthschaft in Grossbritannien. Nach eigener Anschauung dargestellt als ein Beitrag zur Kenntniss ihrer gegenwärtigen Lage. Mit 3 lith. Taf. u. 16 in den Text gedr. Holzschn. gr. 8. (VIII, 150 S.) Berlin 877. Parey. n. 4. —

Koerner, Theodorus *(geb. Breslau 18. 3. 1842)*: De nervis uteri. Vratislaviae (1863). (24 S., 1 Taf.) 8° *[Den Tauschexemplaren fehlt die Tafel. Erweit. deutsche Bearb. mit Taf. in: Studien d. physiol. Instituts zu Breslau. H. 3. 1865.]*
Breslau, Med. Diss. v. 5. Okt. 1863

Körner, Thdr., Posaunenklänge. Anleitung zur Erlernung v. Blechinstrumenten u. Einübung v. Posaunenchören. 1. Hft. 8. (36 S. m. Fig.) Stuttgart 890. (Roth.) n. — 50

Körner, Thdr., Posaunen-Klänge. 2. Hft. Choräle u. Lieder f. Posaunenchöre. 12. (32 S.) Stuttgart 891. R. Roth. n. — 40 (1 u. 2.: n. — 90)

K ö r n e r, Theod. Die darwinsche Theorie an sich und in ihrer Anwendung auf die Erziehung. 38 S. **Progr.** *Neustadt Pr.* 1876.

K ö r n e r, [Thdr.] (II.), Thorn, seine ehemalige Bedeutsamkeit und seine alten Baudenkmäler. Festgabe an den Copernicus-Verein für Wissenschaft und Kunst in Thorn, zur Feier seines 25jähr. Jubiläums. gr. 8. (122 S.) Thorn 879, E. Lambeck. *

Körner, Theodor [aus Neubrandenburg]: **Ueber Tractionsdivertikel des Oesophagus . . . Berlin, gedr. bei L. Schumacher,** 1894; 32 S. 8.
Berlin, Med. Fak., Inaug.-Diss. v. 10. März 1894

Koerner, Thdr. Ed., das unbewegliche Eigenthum nach preuß. Rechte. Eine systemat. Darstellung. Nach Lage der neuesten Gesetzgebung u. mit Rücksicht auf deren Erörterung durch Praxis u. Wissenschaft entworfen. gr. 8. Berlin 843, Heymann. n. 2²/₃ *ℛ*

Koerner, Wilh., über die Bestimmg. des chemischen Ortes bei den aromatischen Substanzen, s.a. **Ostwald's,** Wilh., Klassiker der exakten Wissenschaften.

Über die Bestimmung des chemischen Ortes bei den aromatischen Substanzen. 4 Abhandlungen von Wilhelm **Koerner.** Aus d. Franz. u. Ital. übers. u. hrsg. von G[iuseppe] B r u n i u. B[artolo] L[ino] V a n z e t t i. Leipzig: W. Engelmann 1910. 132 S. 8°
(Ostwald's Klassiker d. exakten Wissenschaften. Nr 174.) [II. 1499

Körner, W., s.: Garschin, W. M., aus den Erinnerungen d. Gemeinen Iwanow; das Märchen von der Kröte u. der Rose.

Körner, Wilh., die Grundzüge der ungarischen Sprache. 4. (24 S.) Berlin 882, [Weidmann'sche Buchh.] Gaertner's Verlag. *

Körner, W., ausführliches Lehrbuch der russischen Sprache (Texte, Grammatik, Uebungsstücke, Wortverzeichnisse). (In 10 Hftn.) 1. Hft. 8. (64 S.) Sondershausen 890. Eupel. n. — 75

Körner, Wilh., ausführliches Lehrbuch der russischen Sprache [Texte, Grammatik, Übungsstücke, Wortverzeichnisse]. gr. 8. (X, 620 S.) Sondershausen 892. F. A. Eupel. n. 7. 80

[F.] Ausführliches Lehrbuch der russischen Sprache '(Texte, Gramm., Übgsstücke, Wortverzeichnisse)' v. Dr. Wilhelm Körner, Prof. ... in Berlin. 2. Stereot.-Aufl. *Sondershausen: F. A. Eupel 1895.* (X, 622 S., 1 Bl.) 1 Bd 8. 1,8. 2136

Ausführliches Lehrbuch der russischen Sprache (Texte, Grammatik, Übungsstücke, Wortverzeichnisse) von Dr. Wilhelm **Körner**. 3. Ster.Aufl. Sondershausen: Eupel 1910. X, 622 S. 8° A 11.1137311

Körner, W., s.: Methode Toussaint-Langenscheidt, russ.

Koerner, Guilielmus: De republica Carthaginiensium. Halae (1867): Ploetz. 38 S. 8°
Halle-Wittenberg, Phil. Diss. v. 6. Aug. 1867
Geb. Jessnitz (Anhalt) 7. 4. 1845. V.

— russische Uebersetzung der deutschen Uebungsbeispiele in dem ausführlichen Lehrbuche der russischen Sprache v. W. K. gr. 8. (II, 58 S.) Berlin 893. A. Bath. n. 2.—

— das russische Zeitwort, s.: Garbell, Adph.

Körner v. Siegringen, Thdr., Kavallerie-Telegraphen-Patrouillen. (22 S.) Lex. 8. Wien 910. (C. Konegen.) 1.—
Sonderabdruck aus: „Kavallerist. Monatsh."

Körner-Museum, das, zu Dresden, Körner-Strasse Nr. 4 im „Körner-Hause". qu. Fol. (6 Lichtdr.-Taf. m. 2 S. Text.) Dresden 876. Burdach in Comm. n. 15. —

Korn- und Broterntе, Die ... zweymal reichere, in einem Jahre, auf den nämlichen Boden ... Leipzig 1772. V: *Reyher, Benj. Gfr.* (WÖ)

Körner's Tod, oder das Gefecht bey Gadebusch, dramat. Gedicht von A. v. Schaden. 2te Aufl. 8. Berlin, Schmidts Wtbe u. S. 821.

Kornerup, Thorvald: Aperçu des „Meddelelser om Grönland" (Communications sur le Grönland) 1876—1899, par la Commission dirigeant les recherches géologiques et géographiques du Grönland. — Traduit par Euch. Baruël. Copenhague 1900. 62 S., 1 Krt. 8°.

Kornet, Der, oder So arg macht's die Eifersucht. Aus einer vaterländischen Sage zu einem Trauerspiele von fünf Aufzügen umgeschaffen von A. F. Zwote, von dem Verfasser selbst verbesserte Auflage. Klagenfurt 1787. V: *Edling, Wolfgang Anselm von.* (Euph XV, 680) (nicht:) *Zwote, A. F.* (GGr V, 346)

A. F. Der Kornet oder So arg macht's die Eifersucht. Aus einer vaterländischen Sage zu einem Trauerspiel von fünf Aufzügen umgeschaffen von A. F. Zwote, von dem Verfasser selbst verbesserte Aufl. Klgft., Walliser, 1787. 156 S. (1. Aufl. 1783!) — Verf.: Anselm v. Edling.)

Kornet, d., od. so arg machts d. Eifersucht; aus einer vaterländischen Sage zu e. Trauersp. v. 5 Aufz. umgeschaffen, v. A. F. 8. Lpz. Crusius. (W. Vogel.) 787.

Kornetkeuche, Die, von Waldenstein. Der Ring des Schärffenberg. Klgft., Leon, 1885. 61 S. (Kärntner Volksbücher Nr. 12.)

Korneyer's Fremdwörterbuch. Alphabetische Zusammenstellung aller in der Geschäfts- und Umgangssprache übl. Fremd-Wörter und Ausdrücke [ca. 15,000] mit kurzer Erklärung. 2. Aufl. 16. (IV, 272 S.) Leipzig 871, Gerbe'sche Verlagsh. cart. *

† Kornfeger, Aug., (Aug. Siebert,) die Hermannsfeier. Progr. nach e. Zeichn. v. Schalk. gr. 12. (2¼ B. u. 1 Stnt., Fol.) Bamberg 839, Dresch.

—— Stuben- u. Reisebilder e. phantast. Mediziners. 8. (12½ B.) Bamberg 838, Dresch.

Kornfeger, A., Stuben- u. Reisebilder eines phantastischen Mediziners. Neue Folge. gr. 12. Bamberg 841, Dresch. 1 ℔

— dass. 3. Folge. — A. u. d. T.: Cerealien und Mutterkorn, Auf vaterländ. Boden gesammelt. gr. 8. Erlang. 842, Ferd. Enke. n. 1 ℔

—— über Verdünnung u. Verdünner. Eine höfl. Erwieder. d. Dr. Eisenmann auf d. höfl. Sendschr. d. Dr. Griesselich. gr. 8. (5½ B.) Bamberg 838, Dresch.

Kornfeind, J. Französische Infinitiv-Constructionen mit Berücksichtigung des Lateinischen. Olmütz, R., 1881. 13 S. Progr.

Kornfeld, Carl, und Louise von Kleborn, ein Beytrag zur Geschichte des weiblichen Herzens, 8. Straßburg, 792. Akademie. 5 ßgl.

Kornfeld, Carl, u. Luise v. Kleborn; e. Beytrag z. Gesch. d. weibl. Herzens. 8. Straßb. (Hinrichs in Lpz.) 792.

Kornfeld, Armin. (geb. Posen 9. 10. 1840): De entozois oculi. Berolini (1863). (32 S.) 8°
Berlin, Med. Diss. v. 30. März 1863

Kornfeld, Aron, Ziunim lediwre Hakabala. (In hebr. Sprache.) Prag 865. (Schaleck.) gr. 8. (72 S.) n. 10 ngr.

Kornfeld, Fel., Bemessungsgrundlagen der Aktienemissionsgebühr. (Nominalwert od. Begebungskurs.) (22 S.) gr. 8. Wien 907. Manz. — 70
Sonderabdruck aus: „Allg. öst. Gerichtsztg."

— u. Gust. Schen, Gesetz üb. Gesellschaften m. beschr. Haftung, s.a. Handausgabe österreich. Gesetze.

Kornfeld, F. und Schen, G., Gesetz über Gesellschaften mit beschränkter Haftung. [Handausgabe österr. Gesetze. I. Bd.] 8°. (XIII, 224 S.) Wien: Szelinski 1906. K 3.—, geb. K 4.—

Kornfeld, Fel., Quellenausgabe d. allgemeinen bürgerlich. Gesetzbuches, s.: Saxl, Ign.

Kornfeld, Ferd., Ätiologie u. Klinik der Bakteriurie. (78 S.) gr. 8. Wien 906. F. Deuticke. n. 2. —

— Gonorrhoe u. Ehe. Eine klin. u. volkshygien. Studie. (VIII, 196 S.) gr. 8. Ebd. 904. n. 5. —

Kornfeld, H., s. Tuke, D. H., Geist und Körper.

Kornfeld, Hans, Kammergerichtsref.: Die **Voraussetzungen** des Gläubigerverzuges nach gemeinem Recht und dem BGB. *Rostock 1903: C. Hinstorff.* (63 S.) 8°
Rostock, Jur. Diss. v. [4. Jan.] 1904

Kornfeld, Heinr., angeklagt. Kriminal-Roman. (314 S.) 8. Berlin (909). C. Duncker. 3. 50

Heinrich **Kornfeld**. Strafsache Kraßnik. Kriminalroman. Berlin: C. Duncker [1906]. (249 S.) 8° [F.] [07. 3318

Kornfeld, Heinr., Moses Mendelssohn u. d. Aufgaben d. Philosophie. gr. 8. (37 S.) Berlin 896. C. Duncker. n. — 80

— der Untersuchungsrichter. Roman. (219 S.) 8. Ebd. (904). n. 3. —

Kornfeld, Herm., Alkoholismus u. § 51 St.G.B., s. a. **Grenzfragen, juristisch-psychiatrische. IV, 3.**

Alkoholismus und § 51 St.G.B. Von Geh. Med.R. Dr. Hermann **Kornfeld**, Gleiwitz. Gerhart Hauptmann's 'Rose Bernd' vom kriminalist. Standpunkte. Von Staatsanw. Dr. [Wolf Hasso Erich] Wulffen in Dresden. Halle a. S.: C. Marhold 1906. (23 S.) 8°
— Grenzfragen, Juristisch-psychiatrische. Bd 4, H. 3. [06. 1114 3

Kornfeld, Herm., die Entmündigung Geistesgestörter. Für Juristen u. Sachverständige. gr. 8. (VII, 64 S.) Stuttgart 901. F. Enke. n. 2. —

— Psychiatrische Gutachten u. richterliche Beurteilung, s. a. **Grenzfragen, juristisch-psychiatrische. V, 1.**

Psychiatrische Gutachten und richterliche Beurteilung. B. G. B. § 104, § 6. St. G. B. § 51. Von Geh. Med.R. Dr. Hermann **Kornfeld**. Halle a. S.: C. Marhold 1907. (22 S.) 8°
— Grenzfragen, Juristisch-psychiatrische. Bd 5, H. 1. [06. 1360 6

Kornfeld, Herm., Handbuch der gerichtlichen Medicin in Beziehung zu der Gesetzgebung Deutschlands und des Auslandes, nebst einem Anhang, enthaltend die einschläg. Gesetze und Verordnungen Deutschlands, Oesterreichs und Frankreichs. gr. 8. (XXIV, 611 S. mit 50 in den Text gedr. Holzschn.) Stuttgart 884, Enke. *

Kornfeld, Herm., über Paralyse der Irren bei dem weiblichen Geschlecht. gr. 8. (39 S.) Berlin 877, Enslin. *

—— über den Sitz der Geistesstörungen beim Menschen und bei den Thieren. Nebst einem Anhang: Hamlet zur Auffassung der Psychosen nach Shakespeare. gr. 8. (26 S.) Ebendas. 878.

— Verbrechen u. Geistesstörung im Lichte der altbiblischen Tradition. (36 S.) gr. 8. Halle 904. C. Marhold. n. — 80

Kornfeld, Jacob (Tangermünde/Altmark), De functionibus nervorum linguae experimenta. Diss. physiol. Bln. (Nietack) 18. XI. 1836. 40 S. mit Biogr. (6.—) 19185
Oppon.: Jul. Waldeck, Valent. Schlochauer, Theod. Schoenemann. — Gew.: Johann Mueller, E. Gurlt.

Kornfeld, Ign., civilprocessuale Grundsätze. Studie zu dem österr. Regierungsentwurfe e. Civilprozeßordng. v. J. 1893, nebst e. vergleich. Uebersicht des neuen ungar. Summarprozeßgesetzes. gr. 8. (154 S.) Leipzig 898. G. Fock. n. 2. —

Kornfeld, Ign., über das mündliche Summarverfahren. Bemerkungen und Abänderungsvorschläge zu dem diesbezügl. in der X. Session des österreich. Abgeordnetenhauses von der Regierung vorgelegten Gesetzentwurfe. gr. 8. (III, 75 S.) Wien 888, Manz'sche Hof-Verlags- und Universitäts-Buchh. *

Kornfeld, Ign., Wort u. Schrift im mündlichen Civilprocesse. E. Beitrag zur österr. Civilproceßreform. [Aus: „Jurist. Blätter".] gr. 8. (79 S.) Wien 895. Manz. n. 1. 20

Kornfeld, K., Bemessungsgrundlagen der Aktienemmissionsgebühr. (Nominalwert od. Begebungskurs.) [Aus: „Allg. öst. Gerichtszeitg."] (22 S.) gr. 8. Wien, Manz. 1907. —. 70.

Kornfeld, Moritz

— der Dichter; ein lyrisch-didakt. Gedicht. 8. Wien 181..

Kornfeld, Mor., biblische Perlen. Zur Belebung u. Veredlung d. sittl. Gefühls d. Jugend. In Versen. Mit e. Vorr. von K. G. Rumi. gr. 12. Wien 826. Ludwig. 8 gr.

Kornfeld, (M.) Carl Reinhold; Tragödie in 5 Akten, nach einer noch ungedruckten Novelle. gr. 8. Augsburg 823, v. Jenisch u. St.

Kornfeld, Vict. Mor., Blüthen der Treue. Pest 866. (Wien, Wachter.) 8. (52 S.) n. 12 *ngr.*

Kornfeld, Erich Wolfgang

Der Schneemann. Pantomime in 2 Bild. Musik von E(rich) W(olfgang) **Korngold**. (Textbuch.) Wien, Leipzig: Universal-Ed. [1910]. 10 S. 8° [11. 19011

Kornhandel, Der freye, als das beste Mittel einen Mangel und Theurung zu verhüten . . . Hannover 1772. V: *Münchhausen, Otto von.* (Holz) »Der freie« (CBH)

Kornhandel, der freie, d. beste Mittel, Theuerung zu verhüten. gr. 8. Hannov. 772. Helwing. 8 gr.

Anonym: „Der Kornhandel in den Hansestädten und den vorzüglichsten Höfen der Ostsee und der Niederlande seit September 1812 bis Juli 1817", Berlin 1817.

Kornhard, W. (Hrsg.), s. Bergery: Anleitung, Theoretisch-praktische, zur Berechnung der gebräuchlichsten Maschinen.

Kornhas, Alb., praktische Anleitung f. den Zeichenunterricht an Volks- u. Mittelschulen, Gewerbe-, Töchter- u. Frauenarbeitsschulen. Ausg. f. die Hand des Lehrers. 6 Hfte. gr. 8. Freiburg i/B. 894. Herder. à n. — 40
1—3. (VIII, 19; 21 u. 15 S. m. 95, 74 u. 45 Fig.)
4. Für Knaben. (17 S. m. 27 Fig.)
5. Für Mädchen. (Mit besond. Berücksicht. des weibl. Handarbeitsunterrichtes.) (15 S. m. 16 Fig.)
6. Das Linear- u. Projektions-Zeichnen. (21 S. m. 29 Fig.)

— Das Zeichnen nach der Natur. Vorschläge zu einer Reform des Zeichenunterrichts an höheren Lehranstalten. (32 S 6 T) Freiburg i. B. 1896

Kornhas, Alb., das Zeichnen nach d. Natur. Vorschläge zu e. Reform d. Zeichenunterrichts an höh. Lehranst. M. 61 Fig. im Texte u. 6 Lichtdr.-Taf. gr. 8. (32 S.) Freiburg i/B. 898. Herder. n. 2. —

— das Zeichnen nach der Natur am Gymnasium in Freiburg i/B. Blätter aus dem Skizzenbuch der Obertertia, gesammelt u. geordnet. gr. 8. (8 S. Text u. 48 S. Abbildgn.) Ebd. 892. n. 1. —

Kornhausfrage

Sächsischer Provinzial-Verein für Getreide- und Produkten-Handel. — DIE KORNHAUSFRAGE BETREFFEND. I. (Halle a. S. 1898. Buchdruckerei des Waisenhauses.) 8°. — II. mit Anhang: (Satzungen des Sächsischen Provinzial-Vereins für Getreide- und Produkten-Handel.) (ib. 1898. —). — III. (ib. 1899. —).

Kornhausgenossenschaften, Wirtschaftliche und finanzielle Erfolge in Preussen. Darmstadt 1901.

Kornhauskeller. Der grosse K' in Bern.... [Mit 1 Tafel.] 8. Bern 1869.

Kornhauskeller. Der grosse K' in Bern.... [Mit 1 Tafel.] 8. Bern 1875.

Kornhauskeller. Der grosse K' in Bern.... [Mit 1 Tafel.] 8. Bern 1877.

Kornhauskeller. Der grosse K' in Bern.... [Mit 1 Tafel.] 8. Bern 1880.

Kornhauskeller. Der grosse K' in Bern vor Zeiten und jetzt; nebst geschichtlichen Notizen über das ehemalige obrigkeitliche Kornmagazin. 8. Bern 1866.

Kornhauskellerbüchlein. Das Kornhauskeller-Büchlein. Bern 1899 s.a. (Greyerz, Otto *II* v[on]).

Kornhauskeller-Büchlein, das. Ein Führer durch d. Kornhauskeller in Bern. (Von O. v. Greyerz.) gr. 8. (95 S. m. Abb.) Bern 899. Neukomm & Zimmermann. 1. 50

§ **HELINKOR,** R. (d. i. *R. Kornheil),* Echotöne aus dem wirklichen Leben u. dem Gebiete der Phantasie. Mit TKpf. (J. Voltz inv. et del., Wunder sc.) Nürnberg u. Leipzig, Verlag von C. H. Zeh. 1826 8°. (In München: P. o. germ. 597 t.)

Tit., 1 Bl. Inh. u. 228 S. — Enth. 9 zahme Erzählungen: 1. Baba u. die 3 Spitzbuben. 2. Die Schwester in Paris. 3. Der flinke Arbeiter. 4. Die wunderbare Errettung. 5. Das Gespenst. 6. Tapsbergiana. 7. Der pommer'sche Bauer. 8. Liebe u. Ehre. Eine Erzählung aus d. Französ. 9. Die Blutschuld oder Leben um Liebe. Eine Criminalgeschichte von *Isidore Grönau.*

Kornhuber, A.

Pressburger Comitates, Karte des. Bearbeitet v. Dr. A. Kornhuber, k. k. Professor am Polytechnicum in Wien. Herausgegeben von der Pressburger Districts-, Handels- u. Gewerbekammer. Hoch-Folio. Pressburg, Carl F. Wigand. 1866. 1 fl.

Kornhuber, Andreas

Kornhuber, A., Carsosaurus Marchesettii, e. neuer fossiler Lacertilier aus den Kreideschichten des Karstes bei Komen, s.a. **Abhandlungen der k. k. geologischen Reichsanstalt.**

Carsosaurus Marchesettii, ein neuer fossiler Lacertilier aus den Kreideschichten des Karstes bei Komen. Von Dr. A[ndreas] **Kornhuber,** Prof. Mit 1 Lichtdr.- u. 1 lithogr. Taf. Wien: K. k. geol. Reichsanst. 1893. (15 S.) 2°
= **Abhandlungen** d. K. k. geol. Reichsanstalt. Bd 17, H. 3.

Kornhuber, Andr., zur Erinnerung an Josef Kolbe (11. V. 1825—27. II. 1897). [Aus: „Zeitschr. f. d. Realschulwesen".] gr. 8. (28 S. m. Bildn.) Wien 897. A. Hölder. n. — 60

Kornhuber, A., Opetiosaurus Bucchichi, e. neue fossile Eidechse a. d. unteren Kreide v. Lesina, s.a. **Abhandlungen der k. k. geolog. Reichsanstalt. XVII. 5.**

Kornhuber, Andreas: Opetiosaurus Bucchichi. Eine neue fossole Eidechse aus d. unteren Kreide von Lesina in Dalmatien. Von —. besprochen in d. Sitzung d. k. k. geol. Reichsanst. in Wien am 16. April 1901. Mit 1 Lichtdr.- u. 2 Steindr.-Taf. Wien: K. k. geol. Reichsanst. 1901. 24 S. 2° (4°)
= Abhandlungen d. k. k. geolog. Reichsanstalt. Bd. 17, H. 5.

Kornhuber, A., Opetiosaurus Bucchichi. Eine neue fossile Eidechse aus der unteren Kreide von Lesina in Dalmatien. Abhandl. d. k. k. geolog. Reichsanst. Bd. 17. Heft 5. Fol. (24 S. mit 3 Tafeln.) † Wien: Lechner 1902. K 10.—

Kornhuber, A., über einen neuen fossilen Saurier aus Lesina, s.a. **Abhandlungen der k. k. geologischen Reichsanstalt.**

Kornhuber, A., über einen neuen fossilen Saurier aus Lesina. Fol. (15 S. mit 2 lithogr. Taf.) Wien 873, (Braumüller.) *
Aus: Abhandlungen der k. k. geologischen Reichsanstalt. besonders abgedruckt.

Kornhuber, G. A., *Prof. Dr., Secretär des Vereins für Naturkunde zu Pressburg.* Beitrag zur Kenntniss der klimatischen Verhältnisse Pressburgs. *Pressburg* 1858. *C.F. Wigand.* 22 S. 4°. Mit 2 chromo-lithographischen Tafeln.
Aus dem achten Jahresprogramme der Pressburger Ober-Realschule besonders abgedruckt.

Jahresprogramm, achtes, der öffentl. Ober-Realschule der königl. Freistadt Presburg. *Presburg* 1858. Schnellpressendruck von *Carl Fr. Wigand.* 63 S., 4°. Mit zwei lith. Karten: Graphische Darstellung der meteorologischen Verhältnisse zu Pressburg (a) im Jahre 1856, (b) im Jahre 1857.
INHALT. Nachtrag zu den deutschen Weihnachtsspielen aus Ungarn. Von *Karl Julius Schröer* (S. 3—14). — Das Meer und seine Wunder. Von Dr. *Robert Leidenfrost* (S. 15—32). — Beitrag zur Klimatologie von Presburg. Von Dr. *G. B. Kornhuber* (S. 33—52).

Kornhuber, G. A. Das Erdbeben vom 15. Januar 1858, besonders rücksichtlich seiner Verbreitung in Ungarn. (Aus d. Schriften d. Vereins f. Naturkunde.) Pressburg. 1858. 8.

Jahres-Programm, Fünftes — der öffentlichen Ober-Realschule der kön. Freistadt Preßburg. Preßburg. 1855. Vormals Schmid'sche Buchdruckerei. In Commission bei K. F. Wigand. (157 S. 4.)
Inhalt: Abenteuer eines ungarischen Schulmannes mit Goethe, Schiller und Wieland, mitgetheilt von K. J. Schröer. — Beitrag zur deutschen Mythologie und Sittenkunde aus dem Volksleben der Deutschen in Ungarn, von K. J. Schröer. — Vorschlag zur Einigung in den Grundsätzen der Rechtschreibung. Von K. J. Schröer. — Uebersicht der phanerogamen Pflanzen in der Preßburger Flora. Dr. Kornhuber. — Barometrische Höhenmessungen und Beobachtungen über Quellen-Temparatur im Preßburger Gebirge. Dr. Kornhuber. — Ueber eine Bestimmungsart der irrationalen Wurzeln biquadratischer Gleichungen. J. Obermüller. — Chemisch-technische Notizen. Eduard Mack.

Kornhuber, Prof. Dr. G. A. Synopsis der Säugethiere mit besonderer Beziehung auf deren Vorkommen in Ungarn. Von — —. Preßburg. Dr. von C. F. Wigand 1857. (42 S. 4.)

Jahresprogramm, siebentes — der öffentlichen Oberrealschule der königl. Freistadt Preßburg. Preßburg, 1857. Schnellpressendruck von C. F. Wigand. (72 S. 4.)
Enthält: 1. Ein Bruchstück des Gedichtes Luarin oder: Der kleine Rosengarten, von K. J. Schröer. — 2. Synopsis der Säugethiere Ungarns, von Dr. G. A. Kornhuber.

Jahres-Programm, Fünftes — der öffentlichen Ober-Realschule der kön. Freistadt Preßburg. Preßburg. 1855. Vormals Schmid'sche Buchdruckerei. In Commission bei K. F. Wigand. (157 S. 4.)
Inhalt: Abenteuer eines ungarischen Schulmannes mit Goethe, Schiller und Wieland, mitgetheilt von K. J. Schröer. — Beitrag zur deutschen Mythologie und Sittenkunde aus dem Volksleben der Deutschen in Ungarn, von K. J. Schröer. — Vorschlag zur Einigung in den Grundsätzen der Rechtschreibung. Von K. J. Schröer. — Uebersicht der phanerogamen Pflanzen in der Preßburger Flora. Dr. Kornhuber. — Barometrische Höhenmessungen und Beobachtungen über Quellen-Temparatur im Preßburger Gebirge. Dr. Kornhuber. — Ueber eine Bestimmungsart der irrationalen Wurzeln biquadratischer Gleichungen. J. Obermüller. — Chemisch-technische Notizen. Eduard Mack.

Kornhuber: Systematische Übersicht d. Vögel Ungarns. 36 S. – Pressburg OR., Progr. 1856.

Kornhuber, G. A. (Red.), s. Verhandlungen des Vereins für Naturkunde zu Preßburg.

Körnich, Adf., der Diluvialgletscher in der Umgebung v. Meissen. Ein Vortrag, geh. am 45jähr. Stiftungstage der „Isis", Verein f. Naturkunde in Meissen. gr. 8. (III, 31 S.) Meissen 890. (Mosche.) n. 1. —

Körnich, Adf., Geologie der Umgegend von Meissen. Ein Vortrag, gehalten in Meissen. Mit einer (lith.) Profilzeichnung (in Fol.). Meissen 870. (Mosche.) gr. 8. (III, 32 S.) n. 10 *ngr.*

Körnich, Adf., geologische Skizze der westlichen Alpen. Ein Vortrag, gehalten am 40jähr. Stiftungstage [16. April 1885] der „Isis", Vereins für Naturkunde in Meissen. gr. 8. (III, 40 S. mit 1 kleinen color. Karte.) Meissen 885, (Mosche.) *

Körnich, J. G., Worte bei Begründung d. Kinderbewahranstalt zu Meißen u. am Schlusse ihres ersten Lebensjahres gespr. rc. Nebst d. Gesetzen d. Vereins. gr. 8. (1³/₄ B. u. 1 Abbild. d. Marienstiftung.) Meißen 838, (Klinkicht u. Sohn.) *

Kornick, J., s. Misrach.

Kornick, Jul., die Heilwirkung der Bäder in Karlsbad u. Anleitg. zu ihrem Gebrauch. gr. 16. (29 S.) Karlsbad 873. Feller. n. — 80

Kornick, M., System d. Zeitrechnung in chronolog. Tabellen. Eine vollständ. Anleit. zur Kenntniß d. Julian., Gregorian., Jüd. u. Muhamedan. Kalenders, besond. zur immerwährenden cyclischen Berechnung d. Osterfestes, nach der Bestimmung der Nicäischen Kirchenversamml., u. mit Bezug auf d. verschied. Kirchen-Kalender. gr. Fol. Berl. 825. Maurers B.; (a. Heinemann in Stolp.) 3 ₰

Koernicke, *Friedrich* Arthur [aus Bonn]: Entstehung und Entwickelung der Bergischen Amtsverfassung bis z. Mitte d. 14. Jhs ... Bonn, Buchdr. v. A. Henry, 1892; 74 S., 1 Bl. 8.
Bonn, Phil. Fak., Inaug.-Diss. v. 13. Aug. 1892

Koernicke, Arth., Entstehung u. Entwickelung der Bergischen Amtsverfassung bis zur Mitte d. 14. Jahrh. Diss. gr. 8. (74 S.) Bonn 892. (H. Behrendt.) n. — 80

Körnicke, Friedrich

Körnicke F.: Mykologische Beiträge. 1877. [Rostr. Saml.].

Körnicke, Frdr., die Entstehung u. das Verhalten neuer Getreidevarietäten. Hrsg. v. M. Körnicke. (S. 389—437.) Lex. 8. Berlin 908. R. Friedländer & Sohn. nn 3. —
Sonderabdruck aus: „Archiv f. Biontologie".

Körnicke, Friedr., und Hugo Werner, Handbuch des Getreidebaues. 2 Bde. Lex.-8. [Bonn 885, Strauss.] Berlin, Parey. geb. in Leinw. [*ℳ 36.—.] *
Inhalt:
Bd. 1. Die Arten und Varietäten des Getreides. Bearb. von Friedr. Körnicke. Mit einem Anhang: Die Unkräuter und thierischen Feinde des Getreides. Bearb. von Hugo Werner. (X, 470 S. mit 10 in Kpfr. rad. Taf.)
» 2. Die Sorten und der Anbau des Getreides. Bearb. von Hugo Werner. (V, 1009 S.)

Koernicke, Frid. (Augustus) (geb. Pratau bei Wittenberg a. E. 29. 1. 1828): Monographia scripta de Eriocaulaceis. Berolini (1856). (30 S.) 8°
Berlin, Phil. Diss. v. 29. Apr. 1856

Koernicke, M., u. F. **Roth**, Eifel u. Venn. s.a. Vegetationsbilder. V, 1. 2.

KOERNICKE, M. u. F. ROTH: Eifel und Venn. Eine pflanzengeographische Skizze. – Jena 1907. 42 S., 15 Taf. – (Vegetationsbilder R. 5, H. 1/2)

Koernicke, Max (Bearb.), s. Strasburger, Eduard: Das botanische Praktikum

Koernicke, Max *Walther* [aus Bonn]: Untersuchungen über die Entstehung und Entwicklung der Sexualorgane von Triticum, m. bes. Berücks. d. Kernteilgn ... (Aus: Verhandl. d. naturhist. Ver. d. preuss. Rheinlande etc., Jg. LIII.) Bonn, Univ.-Buchdr. v. C. Georgi, 1897; 2 Bl., 149—186 S., 1 Bl. 8.
Bonn, Phil. Fak., Inaug.-Diss. v. 10. März 1897

Kornicker's, Max, amerikanischer Dolmetscher oder beste Anleitung für Auswanderer die englische Sprache ganz gründlich ohne Lehrer binnen Kurzem zu lernen. 12. (XVI und 174 S.) Antwerpen 850, Kornicker. *

Kornicker, Max, Nickelchens Tagebuch, od.: Nimm Dich in Acht, sonst lachst Du Dich todt. Die witzigste u. geistreichste Sammlung Anekdoten, Schnacken u. Schnurren, die je ans Tageslicht gefördert hrsg. von seinem besten Freunde. 4., verb. Aufl. gr. 12. (4 B.) Aachen 842, Kornicker.

KORNICKI, Celestinus Ignatius L.: De duellis. — (1848) 150 S. 4° (Handschr.) Diss. 78
Diss. Wien, Univ.

Kornicki, Joh.: Wieslaw. Krakauer Idylle von Kasimir Brodzinski übers. ins Deutsche. 17. u. III. Tarnow 1883. Progr.

Kornig, Th. G. Die Hygiene der Keuschheit. 1. Aufl. (VII, 56 S.) 890; 2. Aufl. gr. 8. (VII, 64 S.) Berl. 891, [Fried u. Comp.] Steinitz. * 2 —

— **dasselbe**, s.a. Buch, das, der jungen Ehe.

— **dasselbe.** 3. u. 4., neu bearb. u. verm. Aufl. gr. 8. (94 S.) Ebd. 894. n. 2. —

Die Hygiene der Keuschheit von Dr. med. Th. G. **Kornig**. 5. neu bearb. Aufl. *Berlin: H. Steinitz [1900]*. (120 S.) 8° [oo. 7918

Kornig, Th. G., die Hygiene der Keuschheit. 6. Aufl. (187 S.) 8. Berlin (909). H. Steinitz. 2. —

Kornig, Th. G.: Die Hygiene der Keuschheit. 7. Aufl. Berlin: Steinitz 1909. 186 S. 8°

—— Umgangshandbuch f. den Verkehr m. Nervösen. gr. 8. (75 S.) Ebd. 892. * 2 —

— **Umgangshandbuch f. den Verkehr m. Nervösen.** 3. u. 4. Taus. gr. 8. (114 S.) Berlin 893. H. Steinitz' Verl. n. 2. —

Kornig, Th. G., wer darf heirathen? Gemeinverständl. beantwortet. gr. 8. (72 S.) Berlin (899). H. Steinitz. n. 1. —

Kornig, Th. G., wer darf heirathen? Gemeinverständl. beantwortet. 3.—5. Taus. gr. 8. (72 S.) Berlin (900). H. Steinitz. n. 1. —

Koernig, Alfred [aus Schlesien]: Die schwierigen Fälle von Blasenscheidenfisteln und ihre Behandlung im Anschl. an e. in d. hiesigen Univ.-Frauenklinik beobacht. Fall ... Greifswald, Druck v. J. Abel, 1895; 36 S. 8.
Greifswald, Med. Fak., Inaug.-Diss. v. 7. Mai 1895

Körnig, Franz [Hilfsl. Dr.]: Erklärungen einzelner Stellen zu Byron's Manfred, Act I und II. Ratibor, Riedinger's Buch- u. Steindr., 1889; 1 Bl., 26 S. 4°
Ratibor, k. G, OP 1889 (194)

Körnig, Frz., der syntactische Gebrauch des Imperfects und des historischen Perfects im Altfranzösischen. Inaugural-Dissertation. gr. 8. (48 S.) Breslau 883, (Köhler.)

Körnig, Frz., die Nebenämter u. Nebenbeschäftigungen der Volksschullehrer u. Volksschullehrerinnen in Preußen. Auf Grund der besteh. Bestimmgn. u. zugleich als Beitrag zur sozialen Stellg. der Volksschullehrer dargestellt. (80 S.) gr. 8. Leipzig 903. Dürr'sche Buchh. n. 1. —

Körnig, J. C., Anleitung zu ein. gründl. Elementarunterrichte im Rechtschreiben. 8. (2 B.) Bautzen 842, Reichel.

Körnig, J. C., Lasowarske Knischki sa sersku Mlodzinu. 8. (3 B.) Bautzen 842, Reichel. Thlr. * .

—— Uebungs- u. Lehr-Buch f. kleine Leseschüler. 4., verm. Aufl. 8. (4 B.) Bautzen 842, Reichel. *

Körnig, J. C., Uebungs- und Lehr-Buch für seine Leseschüler. 5., verb. Aufl. 8. (64 S.) Bautzen 849, Reichel. **

Körnig's, J. C., Uebungs- und Lehr-Buch für kleine Leseschüler. 12. Aufl., aufs Neue durchges. etc. von A. Burckhardt. Bautzen 857. Reichel. 8. (64 S.) n. 2½ ngr.

Körnig's, J. C., Uebungs- und Lehrbuch für kleine Leseschüler. 12 Aufl., auf's Neue durchgesehen und verändert von A. Burckhardt. 8. (64 S.) Bautzeu 858, Reichel. *

Kornilowicz, R. v., einige Worte über die Torsionsqualitätskoeffizienten. (2 S.) 32,5×23,5 cm. Stuttgart 904. (Freiburg i/B., J. Bielefeld.) — 75
Sonderabdruck aus: „Baumaterialienkde."

Kornitzer, Alois

Kornitzer, A. Zu Cicero acc. in Verrem l. IV, c. 42. §. 90, s. Studien, Wiener, 9. Jahrg.

Kornitzer, Alois Textkritische Bemerkungen zu Ciceros Reden. 8 (18 S.) **Progr.** Staats-G *Nikolsburg* 1891.
In Verr. IV 2. 90 V 113; in Cat IV, 11; pr. Mur. 43. 49; pr. Planc 6; pr Mil. 15. 39; pr. Dei 34

Kornitzer, Alois, Chrestomathie a. Xenophon, s.: Schenkl, Karl.

Kornitzer Alois: De scribis publicis Atheniensium.
1883 PN 286 **Diss.** Wien, Univ. 1438

Kornitzer A.: De scribis publicis Atheniensium. 35. Hernals 83. **Progr.**

Kornitzer, Alois: Eine Studienreise nach Italien und Griechenland. 8 (S. 3—56).
Progr. Leopoldstädter Communal-Real- u. Oberg. *Wien* 1896.
Nicht im Tauschverkehr

Kornitzer Alois, Lateinisches Übungsbuch für Obergymnasien. Wien und Leipzig 1907. F. Tempsky. Geh. K 3. , geb. K 3.50.

— **Lateinisches Ubungsbuch f. Obergymnasien.** (252 S.) 8. Wien 908. F. Tempsky. — Leipzig, G. Freytag. Geb. 3. —

Kornitzer Alois, Lateinisches Übungsbuch für Obergymnasien. . berichtigte und umgearbeitete Auflage. Wien und Leipzig 1910. Franz Tempsky. Geh. K 3.—, geb. K 3.50.

Kornitzer, D., Studien zum Meistbotsverteilungsverfahren. (IV, 103 S.) gr. 8. Wien 909. Manz. 1. 90

Kornitzer, Ferd., anatomisch-physiologische Bemerkungen zur Theorie des Herzschlages. gr. 4. (19 S.) Wien 858, (Gerold's Sohn.) * *
Aus: Denkschriften der k. Akademie der Wissenschaften zu Wien, besonders abgedruckt.

Kornitzer Ferdinand, Dr.: Die am lebenden Herzen mit jedem Herzschlage vor sich gehenden Veränderungen, aus den anatomischen Verhältnissen des Herzens abgeleitet (Auszug) 8 24 . . . . ngr.
Separatabdruck

Kornitzer Theodor: Quaestiones criticae de Aelio Aristide rhetore.
H. 1910 PN 2939 **Diss.** Wien, Univ. 1668

Kornke, *Franz:* Über den Eingang des neunten Gesanges der Ilias. Glatz, Druck v. L. Schirmer, 1896; 14 S. 4.
Glatz, k. Kath. G, OP 1896 (186)

Kornman, S.: Komunikacye Galicyi i Bukowiny (1:750 000) Lwów · Altenberg 1898 [Verkehrskarte Galiziens und der Bukowina.]

Kornmann, A. H., Vorschlag u. Beschreibung e. neuen inneren Einricht. d. Getreidespeicher. M. 1 lith. Darstell. 8. (1¼ B.) Brünn 826, Traßler.

Kornmann, E., († d. 14. Mai 1847), Predigten. Ein Andenken aus dem Nachlasse d. verewigten Verf. f. seine um ihn trauernden Freunde. 1. Bdchn. gr. 8. (VIII u. 294 S.) Gotha 848, Thienemann in Comm. 5/6 Thlr.

Kornmann, Eug., Johannes Calvin. Ein Lebens- u. Charakterbild. Zum 400. Geburtstag des Reformators am 10. VII. 1909. (VII, 267 S. m. 1 Bildnis.) 8. Straßburg 909. Buchh. der ev. Gesellschaft. 2. —

Kornmann, Eug., Friedensgrüße. Predigten über elsäss. Perikopen. gr. 8. (IV, 268 S.) Straßburg 899. (Buchh. der ev. Gesellschaft). n.n. 2. 40

Kornmann, Eugen, Heimathklänge. Predigten über elsäss. Perikopen. 8. (VII, 144 S.) Straßburg 887, Schmidt's Universitäts-Buchh. *

Kornmann, Frank, approb. Arzt aus Zürich: Ueber einen Fall von cardialer Bradycardie nach Ueberanstrengung. *Freiburg i. B.: Speyer & Kaerner 1901.* (48 S.) 8°
Freiburg i. B., Med. Diss. v. 1901

Kornmann, Friedr. Albr. Ludw.: Handbuch des Abschoßrechtes für Preußische Geschäftsmänner im Justiz- und Kameraldienst nach alphab. Ordnung. Halle 1803.

Kornmann, (F. A. L.) Handb. d. Abschoßrechtes f. Preußische Geschäftsmänner in Justiz- u. Kameraldienst, nach alphabet. Ordnung. gr. 8. 803, ist Verl. v. Reinicke u. C. in Halle.

Kornmann, Ge. H.: Disp. phys.- med. de temperamentorum natura, ... s. Goelicke, Andreas Ottomar (Präs.)

Kornmannus, Henr.: Sibylla Trig-Andriana seu de virginitate, virginum statu et jure tractatus jucundus: ex jura naturali, divino, canonico et civili paratus. Tractatus 1–3. Ed. nova. Coloniae 1765.

Kornmann, H., tract. tres de virginitate, virginum statu et jure etc. 8. Col. König. 765.

Kornmann, J. M., Trifolium medicum od. 3 bewährte Medicamenta: I. wider Podagra, II. wider die Atrophiam et Epilepsiam, III. wider allerley Kopf-Schmerzen. 31 pp. Magdeb. 4°.

1726

KORNMANN, Jac. Mich. Höchstnötiger Unterricht von der Geburth der Menschen, was nehmlich vor, bey und nach derselben in Acht zu nehmen .. Erffurth 1731. 8°.
Hayn, Bibl. gyn. 64.

Kornmann, K., Korreferat in Betreff der hinsichtlich der Ehescheidung und Wiederverheirathung Geschiedener in der evangel.-luther. Kirche Preußens festzustellenden Grundsätze. gr. 8. (182 S.) Breslau 874, (Dülfer's Verlag.) *

Kornmann, Rupert

— Gutachten üb. den Priestermangel an das Ordinariat Regensburg, unter Vorsitz des Fürst Primas v. Dalberg. 8. Landsh. 817. Krüll. 2 gr

Kornmann, Rup., die Huldigung der Jäger. Singstück den 21. März 1806.. ...

— ist der Gedanke e. Hagelableitung vernünftig, möglich, ausführbar? 8. Regensb. 179..

Kornmann, Rup., († d. 23. Sept. 1817.) Sammlung wichtiger Aktenstücke d. Landschaft in Baiern. 8. Frankf. u. Leipz. 800.

— Sätze aus d. Philosophie u. Mathematik. 8. Regensb. 786, 87.

— Sätze aus d. Physik u. prakt. Philosophie. 8. Regensb. 787.

Kornmann, Rupert, Die Sibylle der Religion aus der Welt- u. Menschengeschichte. Nebst einer Abhandlung über das goldene Zeitalter. München, Lindauer in Komm., 1813, gr. 8°, 499 S. Dritte verb. u. verm. Aufl.: Regensburg, Manz, 1843, gr. 8°, 3,35 Mk.

Kornmann, Rupert., die Sybille d. Religion aus d. Welt- u. Menschengeschichte. gr. 8. Regensb. Montag u. W. (in Comm.) 813.

— Sibylle d. Religion aus der Welt- u. Menschengeschichte. Nebst einer Abhandlung üb. die goldenen Zeitalter. 8. München 813. (anonym). 2e Ausg. mit sm. Namen, nebst e. deutschen Uebersetzung d. in fremden Sprachen vorkomm. Stellen. Mit 1 Vign. gr. 8. Regensb. 816. Montag u. W. 1 ß

Kornmann, Rupert, die Sibylle der Religion aus der Welt- u. Menschengeschichte. Nebst ein. Abhandl. über die goldenen Zeitalter. 3., verb. u. verm. Aufl. gr. 8. (32½ B.) Regensburg 843, Manz.

— die Sibylle der Zeit aus der Vorzeit. Oder polit. Grundsätze durch die Geschichte bewähret. Nebst einer Abhandlung üb. die polit. Divination. 2 Thle. 8. Frkf. u. Leipz. 811. (anonym). 2e vergrößerte Ausg. in 3 Theilen, mit d. Verf. Namen. gr. 8. Regensb. 814. 3e Orig.-Ausg., nebst einem Anhange einer deutschen Uebersetzung der in fremden Sprachen vorkommenden Stellen. 3 Thle. Mit 1 Vign. gr. 8. Eb. 825. Montag u. W. 1 ß 20 gr

— — Nachträge zu den beiden Sibyllen der Zeit u. der Religion. gr. 8. Regensburg. (Landshut, Krüll u. Leipzig, Muller.) 818.

——— Nachträge zu den beiden Sibyllen der Zeit u. der Religion. Nebst dem Bildnisse u. der Biographie des Verfassers. Regensburg (Montag), Manz, 1818, gr. 8°, 2,50 Mk.

— Nachträge zu d. beiden Sibyllen der Zeit u. der Religion. Nebst dem Bildniß u. der Biographie des Verfassers. Mit 1 Vign. gr. 8. Regensb. 818. Montag u. W. 20 gr (Fleischmann in München). 16 gr

— u. Jh. Edm. Walberer, das kleine Stammbuch, eine sittl. Erläuterung des beständigen Kalenders, f. denkende Leser u. Leserinnen. 2 Bdchn. 8. Landsh. 816. Krüll. 1 ß 6 gr 3e Aufl. 8. Augsb. 827. Doll. 1 ß

— System d. theoret. Philosophie. 8. Regensb. 786.

— s. Unterthanen rc.

Kornmann, Rup., gesammelte Werke. 10 Bde. 3e Aufl. 12. Grätz 825—26. Ferstl. 4 ß 4 gr Velinp. 5 ß

— sämmtl. Werke. Vollständ. Ausg. in 1 Bde. gr. 8. Rotterd. ... (Hartmann jun.) 2 ß 18 gr

Kornmann-Bartky, Dora, Schatten. Novellen u. Skizzen. (III, 93 S.) 8. Dresden (908). E. Pierson. 1.50; geb. n 2.50

Kornmehl, F., vom Oktanten u. Sextanten. gr. 8. (24 S. m. 7 Fig.) Geestemünde 900. J. H. Henke. n. —75

Kornmeier, J. Geschichte der Pfarrei Fischingen u. der Verehrung der heiligen Idda. In-8°, 96 S. Einsiedeln, Benziger & Cie. 1888.

Kornmesser, Ernst: Die französischen Ortsnamen germanischer Abkunft. I. Teil. Die Ortsgattungsnamen. . . . Strassburg, Verl. v. Karl J. Trübner, 1888; 2 Bl. + 59 S. 8°
Strassburg, Phil. Fak., Inaug.-Diss. v. 1888

Kornmesser, E., die französischen Ortsnamen germanischer Abkunft. 1. Tl. Die Ortsgattungsnamen. gr. 8. (59 S.) Strassburg 889. Trübner, Verl. n. 1.50

Kornmesser, Gustav, Arzt: Die Bedeutung des mütterlichen Alters für den Ablauf der ersten Geburt. Giessen 1919: v. Münchow. 25 S. 8°
Gießen, Med. Diss. v. 16. Juli 1919, Ref. v. Jaschke
[Geb. 2. Okt. 92 Höchst i. O.; Wohnort: Gießen; Staatsangeh.: Hessen; Vorbildung: Ludwig-Georg-G. Darmstadt Reife 11; Studium: Heidelberg 2, Gießen 6, München 1 S.; Coll. 4. Juni 19; Approb. 6. Juni 19.] [U 19. 1367

KORNMESSER, Gustav (Höchst): Ueber den Werth der bei der Strictura urethrae in Betracht kommenden Operations-Methoden.- München: Wolf 1882. 27 S.
18.2.1882 - Urk (Titel: De methodis operationum chirurgicarum in curanda strictura urethrae adhibendarum.); Chr 1881/82,8
Diss.Ingolst.-Landsh.-Mchn.

Kornmesser, Hermann, Turnfahrt des Vereins zur Förderung des Damenturnens in Berlin durch die Sächsische Schweiz am 15.—17. 8. 1897, 1897, 14 S., Kl.-8°.

Kornmesser, Karl: Die versicherungsrechtliche Bedeutung des Magenkrebses. [Maschinenschrift.] 87 S. 4°. — Auszug in: Jahrbuch d. Diss. d. Med. Fak. Berlin. 1922—23. I. S. 170—171.
Berlin, Med. Diss. v. 20. April 1923 [1924] [U 24. 804

Kornmesser, Karl: Die Preispolitik der deutschen Regierung seit der Stabilisierung. Rostock 1928: Adler. VII, 108 S. 8°
Rostock, R.- u. wirtschaftswiss. Diss. v. 28. Febr. 1928 [U 28. 5517

Kornmesser, Siegfried: Kann die Zellzählung als Liquor-Untersuchungsmethode durch die Trübungsmessung ersetzt werden? Untersuchungen mit dem Zeiss'schen Stufenphotometer als Trübungsmesser. Jena 1930: Buchdruck-Werkstätte. 19 S. 8°
Jena, Med. Diss. v. 20. Juli 1930 [U 30. 3926

Kornmesser, Werner: Die Notwendigkeit einer Revision der Bestimmungen über Einziehung und Unbrauchbarmachung. — Coburg 1937: Tageblatt-Haus. 47 S. 8° ⟨U 37. 2518
Erlangen, Jur. Diss. v. 11. Mai 1937

Kornmesser, Wilhelm (Schwachenwalde b. Friedeberg/Neumark), De hydrargyro. Diss. pharmacol.-med. Bln. (Friedlaender) 23. XII. 1837. 32 S. mit Biogr. (M.: D. Runge.) (6.20) 19188
Oppon.: C. Koehler, E. Kiesling, F. Steiner.

Kornmüller, Utto, der katholische Kirchenchor, oder die vorzüglichsten Pflichten der Chorregenten, Organisten u. Sänger. Landshut 868. Thomann. 8. (VII, 116 S.) 9 ngr.

— Lexicon der kirchlichen Tonkunst. Brixen 868. Weger. gr. 8. (496 S.) n. 2 ₰

Kornmüller, Utto, Lexikon der kirchlichen Tonkunst. 2., verm. Aufl. 1. Tl. Sachliches. 8. (XI, 336 S.) Regensburg 891. A. Coppenrath's Verl. n. 4. 50

Kornmüller, Utto, O. S. B., Lexikon d. kirchl. Tonkunst. 2., verb. u. verm. Aufl. II. (Schluss-) Tl. Biographisches. gr. 8. (III, 285 S. m. 1 Bildn.) Regensburg 895. A. Coppenrath's Verl. n. 4. —
(kplt.: n. 8. 50)

—— die Musik beim liturgischen Hochamte. 4. Vereinsgabe pro 1871. hoch 4. (44 S.) Regensburg 871, Pustet.

Kornpointner, Wilh., die falschen Propheten od. des Ex-Kurpfuschers Vermächtnis gegen alle heilbaren Krankheiten. Ein Natur-Heilmittel-Lehrbuch z. Selbsthilfe f. d. Volk. gr. 8. (161 S.) Passau (Eggendobl 3) 897. Selbstverlag. 3. —; geb. in Halbfrz. 4. —

Kornpointner, Wilh., d. Ex-Kurpfuschers Vermächtnis gegen alle heilbaren Krankheiten. Das Geheimnis d. Baunscheidtismus ohne Nadeln, ohne Impfen, ohne Injektion! Ein Natur-Heilmittel-Lehrbuch zur Selbsthilfe f. das Volk. gr. 8. (80 S) Andorf (Ob.-Oesterr.) 892. (Passau, M. Waldbauer.) n. 3. —

Korn-Rechnungs-Tabellen, nützliche, worin augenblicklich zu sehen, was das gekaufte od. verkaufte Korn an Geld ausmacht, sammt Stücktabellen und einem Anhang, worin die geringen Fruchtgattungen berechnet sind. Ravensburg, Gradmann u. Knapp. 1/4 ₰

Kornrumpf, Ernst, biblische Geschichten f. d. Mittelstufe. Zugl. f. d. Oberstufe v. Schulen einfach. Gestaltg. M. e. Anh. v. Gebeten. gr. 8. (VIII, 135 S.) Leipzig 895. F. Brandstetter. n. — 75; geb. n. 1. —

— dasselbe f. d. Unterstufe. M. e. Anh. v. Gebeten. gr. 8. (VI, 55 S.) Ebd. 895. Kart. n.n. — 45

— dasselbe f. d. Oberstufe. M. e. Anh. z. Bibelkunde, e. Übersicht üb. d. Leben Jesu, e. Geschichte d. christl. Kirche bis z. Abschlusse d. apostol. Zeit u. 1 Zeittaf. gr. 8. (VIII, 209 S.) Ebd. 895. n. 1. —

Kornrumpf, Ernst, Biblische Geschichten f. die Mittelstufe. Zugleich f. die Oberstufe v. Schulen einfacherer Gestaltg. Mit e. Anh. v. Gebeten. 2. Aufl. (VIII, 135 S.) gr. 8. Leipzig 906. F. Brandstetter. n. — 75; kart. n. 1. —

Kornrumpf, Ernst, vaterländische Geschichtsbilder. Ein Hilfsbuch f. den Geschichtsunterricht in den Volksschulen des Herzogt. Gotha. gr. 8. (IV, 156 S.) Leipzig 893. F. Brandstetter. n. 1. —

— vaterländ. Geschichtsbilder. E. Hilfsbuch f. d. Geschichtsunterr. in preuß. Volks- u. Bürgerschulen. gr. 8. (IV, 224 S.) Ebd. 896. Kart. n. 1. 35

Kornrumpf, Ernst, vaterländ. Geschichtsbilder. Ein Hilfsbuch f. den Geschichtsunterricht in den Volksschulen des Herzogt. Gotha. 2. verb. u. verm. Aufl. gr. 8. (VI, 196 S.) Leipzig 902. F. Brandstetter. Kart. n. 1. 20

Kornrumpf, der Gustav-Adolf-Verein i. d. Sonntagsschule. (IV, 43 S.) 8. Leipzig 904. A. Strauch. n. — 50

— **methodisches Handbuch f. den deutschen Geschichtsunterricht in der Volksschule.** 3 Tle. gr. 8. Ebd. 893. n. 12. —
1. (XVI, 272 S.) n. 3. 60. — 2. (III, 275 S.) n. 3. 40. — 3. (IV, 384 S.) n. 5. —.

— Methodisches Handbuch f. d. deutschen Geschichtsunterricht i. der Volksschule. (In 3 Tln.) 1. Tl.: Deutsche Geschichte bis zum Ausgang des Mittelalters. 2., verm. Aufl. (XX, 338 S.) gr. 8. Ebd. 906. n. 4. 50; geb. n. 5. —

Kornrumpf, Ernst, methodisches Handbuch f. den deutschen Geschichtsunterricht in der Volksschule. (In 3 Tln.) 2. u. 3. Tl. gr. 8. Leipzig, F. Brandstetter. 10.50; geb. 11. 50
2. Das Zeitalter der Reformation bis einschließlich das Jahrhundert des 30jährigen Krieges. 2., verb. Aufl. (IV, 273 S.) 907. 4.—; geb. 4. 50
3. Preußisch-deutsche Geschichte vom Jahrhundert Friedrichs des Großen bis zur Gegenwart. 2., verm. Aufl. (IV, 523 S.) 907. 6.50; geb. 7. —
1. Tl. Ebd. 906. 4.50; geb. 5. —

— Los von Rom, s. a. Festschriften f. Gustav-Adolf-Vereine. 44.

— dasselbe, s. a. Gut evangelisch allewege 1. Heft.

Kornrumpf: Los von Rom. Reise-Eindrücke von der ev. Bewegung in Böhmen 1902. 1. Lpz. o. J. (Festschr. f. Gust.-Adolf-Ver. 44.)

— **der neue Prophet, s.: Flemming's, Carl, vaterländische Jugendschriften.**

— Quellenbuch, s.: Richter, Alb.

— Deutsches Sprachbuch, s.: Pretzel, C. L. A., A. Rupnow u. J. Tews.

Kornrumpf, wie steht's in Böhmen?, s.: Gut evangelisch allewege. 1. Heft.

Kornrumpf, Frz., die Anfänge der evangelischen Mission in Deutsch-Ost-Afrika. 16. (29 S. m. 1 Abb.) Berlin 891. Buchh. der Berliner evang. Missionsgesellschaft. n. — 10

Kornrumpf, Jo. Valent., De conjunctione seu nexu rerum morali. Diss. philos. II. Präs. Chr. Gottlieb Seydlitz. Lpz. (Langenheim) 19. VIII. 1767. 37 S. (6.20) 19189

Kornrumpf, Jh. Val., (†...) s. C. A. Crusius, gründl. Belehrung etc.

Kornrumpf, P. F., auf den Höhen v. Deutsch-Ostafrika. (24 S. m. Abbildgn.) kl. 8. Basel 905. Basler Missionsbuchh. n. — 10

Kornrumpf, Wolfgang: Aus d. inn. Abt. d. St. Rochushospit. zu Mainz ⟨Oberarzt Curschmann⟩. Über vasomotorische Krampfzustände, intermittierende Dyskinesie und verwandte Erkrankungsformen. Göttingen 1908: Kaestner. 26 S. 8°
Göttingen, Med. Diss. v. 3. Nov. 1908, Ref. Hirsch
[Geb. 17. Jan. 84 Gotha; Wohnort: Gotha; Staatsangeh.: Sachsen-Coburg-Gotha; Vorbildung: Gymn. Gotha Reife O. 02; Studium: Jena 2, Heidelberg 1, Jena 2, Straßburg 1, Göttingen 4 S.; Coll. 20. Juni 08; Approb. 6. Juni 08.] [U 09. 1313

Korn-Schranne, die, in München und der Bau der Maximilians-Getreidehalle. München 853. Franz. gr. 8. (VIII, 120 S., 1 lith. Taf. u. 1 Stahlst. in qu. Fol.) 15 *ngr.*

Kornstaedt, Ernst, aus Koeselitz i. Pomm.: Ueber einige organische Titan- und Siliciumverbindungen. *Rostock 1900: C. Hinstorff.* (38 S.) 8°
Rostock, Phil. Diss. v. [6. Aug.] 1900

Kornstädt, *Friedrich Karl Albert* [pr. Arzt]: Experimentelle Untersuchungen über das in Greifswald eingeführte neue Kübel-Reinigungs-Verfahren ... (Aus: Zeitschr. f. Hyg. u. Infectionskrankh., Bd xv.) Leipzig, Veit & C., 1893; 18 S., 1 Bl. 8.
Greifswald, Med. Fak., Inaug.-Diss. v. 3. Aug. 1893

Freimaurerei und Sozialismus. Vortrag von Herm. **Kornstein.** [ca 1905.]
[Bericht d. Symb. Gr.loge v. Ungarn. 1905 S. 23.]

Korntheuer, Frau (Christine List), Kochbuch, Im besondern f. Anhänger der Pfarrer Kneippschen Lebensweise. 3., verm. u. verb. Aufl. (294 S.) 8. Donauwörth 908. L. Auer. Geb. in Leinw. 2. 50

Korntheuer, Frau, Kochbuch f. Anhänger der Pfarrer Kneipp'schen Lebensweise. 8. (251 S.) Donauwörth 892. (L. Auer.) n. 1. 50; geb. in Leinw. n. 2. 50

Korntheuer, Frau Dr., Kochbuch für Anhänger der Pfarrer Kneipp'schen Lebensweise. 1892. 8. (251 S.) 1 Mk. 50 Pf., in Lwd. geb. 2 Mk. 50 Pf.
Kempten: Kösel (Urbanek, Prag).

Korntheuer (Christine List), Kochbuch f. Anhänger d. Pfarrer Kneipp'schen Lebensweise. 2., verm. u. verb. Aufl. gr. 8. (268 S.) Donauwörth 895. L. Auer. Geb. in Leinw. n. 2. 50

KORNTHEUER, Andreas (Staffelstein): De inspectione et sectione legali funeris infantilis.- Monachii: Roesl 1836. 16 S.
7.8.1834 - Urk; P 61
Diss. Ingolst.-Landsh.-Mchn.

Környei, Joh., die bürgerlichen Rechte und Pflichten. Kurzgefaßte Darstellung der ungar. Staatsverfassung, der Staatsverwaltung und der wichtigsten Gegenstände der Rechtspflege. Für Volks- und Bürgerschulen. Aus dem Ungar. übersetzt von J. H. Schwicker. 8. (78 S.) Pest 870, Lampel. geb. *

Kornzweig, Joh. Heinr. Paul (Simmern, Pfalz)
Dissertatio inauguralis medica de epilepsia a terrore orta.
Giessae August 1713: vidua J.R. Vulpii. (8), 28 S. 4°
pro licentia summum in arte medica doctoratus gradum ... capessendi

Koroboff, Jugement de Dieu (en russe) 103 pages in-8. H. Georg, Genève et Bâle 1876. 1. —

Rektor Ludwig Korodi (Aus: Kronstädter Zeitung vom 10. April 1894.) 4 (S. 45—47).
Progr. Ev. G. A. B. u. damit verbund. Lehranstalten *Kronstadt* 1894.

Korodi, Ludwig Die Einheitsschulfrage in Berlin und Budapest. — Die erziehliche Wirksamkeit des Lehrers. 4 (S. 3—28. 29—37).
Progr. Ev. G. A. B. u. verb. Lehranstalten *Kronstadt* 1892.

Korodi, L., unsere Gymnasien u. die neuesten Bewegungen auf dem Gebiete der Gymnasialfrage. Rede. gr. 8. (15 S.) Kronstadt 889. (Zeidner.) n. — 17

— Deutsches Lesebuch f. höh. Mädchenschulen, s.: Muff, Christian.

Korodi, L. Nausikaa, VI. Gesang d. Odyssee d. Homer, in freie Stanzen übersetzt. Pr. 1868. 18 S. Kronstadt. —.75

Korodi, (Ludwig): Die Neuordnung des höheren Mädchenschulwesens und der Aufbau der II. höheren Mädchenschule zu Schöneberg. Schöneberg 1909: Hartmann. S. 3—14. 4°
Schöneberg, 2. HM OP 1909** [S 09. 261

Korodi, Ludw. Schulreden. 4 (S. 27—46).
Ev. G. A. B. u. verb. Lehranstalt. *Kronstadt* 1888.
I. Rede zur Eröffnung der öffentlichen Prüfungen am 4. Juli 1887. II. Rede zur Eröffnung der öffentlichen Prüfungen im Juli 1888. III. Ansprache an die Schüler bei Eröffnung des Schuljahres 1885/6. IV. Ansprache an die Schüler bei Eröffnung des Schuljahres 1886/7. V. Ansprache an die Schüler bei Eröffnung des Schuljahres 1887/8.
Progr.

Korodi, Ludw., theologischer Schutt. 8. (83 S.) Kronstadt 873, Frank und Dresnandt. *

Korodi, Lutz, die Honterus-Jubelfeier u. d. sächs. Vereinstage in Kronstadt. 19. bis 23. VIII. 1898. E. Festbericht. gr. 8. (114 S. m. 6 Taf.) Kronstadt 898. H. Zeidner. n. 1. —

Korodi, Lutz: Ungarische Rhapsodien, politische u. minderpolitische. Mchn '05. 112 S.

Korodi, Lutz, Siebenbürgen, Land u. Leute, s.a. Sammlung belehrender Unterhaltungsschriften f. die deutsche Jugend.

Siebenbürgen. Land u. Leute. Von Lutz **Korodi**. Mit 14 Abb. von Luise Geifrig-Korodi ... Berlin: H. Paetel 1906. (VI, 188 S.) 8° [J.]
— **Sammlung** belehrender Unterhaltungsschriften f. d. deutsche Jugend. Bd 20. [07. 11428

— Deutsche Vorposten im Karpathenland, s.a. Paetel's, Herm., Bücherei. 2. Bd.

— Deutsche Vorposten im Karpathenland. Bln '08. 107 S. (Herm. Paetels Bücherei. 2.)

Korody, Johann

(F) Korody, J., Der fertige Koch. Hundertfach erprobte, einfache Kochrezepte für Laien. 8°. (VIII, 43 S.) † K 1.— Wien: Seidel 1908.

Korody, Joh., der fertige Koch. Vielfach erprobte, einfache Kochrezepte f. Laien. Unentbehrlich f. Jäger, Touristen, Junggesellen, Offiziere; dann auf Reisen. Überprüfte, verb. u. ergänzte 2. Aufl. (IX, 46 S.) kl. 8. Laibach 910. (J. v. Kleinmayr & F. Bamberg.) Geb. in Leinw. 1.—

KORODY, Petrus: Relatio inter Vetus et Novum Testamentum secundum doctrinam epistolae ad Hebraeos. — (1896) 110 S. 8° (Handschr.) Diss. 519 Diss. Wien, Univ.

Korolenko, Vladimir Galaktionovič

Korolenko, W., At-Davan, s.: Bibliothek der fremden Zungen.

[Russ.] Vl(adimir Galaktionovič) Korolenko Čudnaja. S pis'mami avtora i A[ntona] (P[avloviča]) Čechova otnositeľno vychoda ich iz sostava početnych akademikov. (Hrsg.: I. M.) Berlin: I. Räde 1903. (53 S.) 8°
[Auf d. Umschl.:] Korolenko, Ein seltsames Mädchen. [Mit Briefen d. Verf. u. Čechovs betr. ihren Austritt aus d. Zahl d. Ehrenmitgl. d. Akad.] [04. 6187]

Korolenko, Wladimir, Erinnerungen an N. G. Tschernischewsky. (In russ. Sprache.) (64 S.) 8. Berlin 904. H. Steinitz. n. 1.50

Korolenko, Wladimir G., eine alltägliche Erscheinung. Aufzeichnungen e. Publizisten üb. die Todesstrafe. Mit. e. Brief v. L. N. Tolstoi an Stelle e. Vorwortes. (In russ. Sprache.) (95 S.) 8. Berlin (910). J. Ladyschnikow. 1.50

— Erzählungen, s.: Tolstoi, Leo N., drei Parabeln.

— verbotene Erzählungen, s.: Gorki, M.

— ein gewöhnlicher Fall u. andere Erzählungen, s.: Novellen-Bibliothek, internationale. Nr. 3.

— der Gerichtstag. Novelle a. d. klein-russisch. Leben. Deutsch v. S. Mandelkern. (123 S.) kl. 8. Leipzig 903. (Heidelberg, O. Ficker.) n. 1.—; geb. n. 1.50

Korolenko, Wladimir. Sibirische Geschichten, s.a. Tolstoi, L. N. Realistische Novellen.

Korolenko, W., sibirische Geschichten. [Jaschka, der Klopfer. Der arme Makar.] Aus dem Russ. übers. v. A. Scholz. 8. (96 S.) Berlin 888. S. Fischer's Verl. n. 1.—

—— Der alte Glöckner, s. Meyer's Volksbücher.

— Haus Nr. 13. Episode aus der Kischinewer Massacre. Und Anderes. Aus dem Russ. übers. v. Herm. Paul. (96 S.) 8. Neuweißensee (905). E. Bartels. 2.—

— dasselbe, s.a. Gorki, M., Protest gegen die Gesellschaft.

— im fremden Lande. Erzählung. Deutsch v Adda Goldschmidt u. Helene Aeckerle. (239 S.) 8. Hamburg 905. Gutenberg-Verlag Dr. E. Schultze. n. 2.—; geb. n. 3.—

— im Lande der Verschickten. Neue Erzählgn. aus Sibirien. Autoris. Uebersetzg. von M. Abel. (236 S.) 8. Berlin (904). R. Jacobsthal. n. 2.—

—— Aus dem Leben der sibirischen Flüchtlinge. s. Bibliothek der Gesamt-Litteratur.

— ein seltsames Mädchen. Mit Briefen des Autors u. A. Tschechows, ausgetauscht m. Mitgliedern der Akademie. (In russ. Sprache.) (49 S.) 8. Berlin 903. J. Räde. n. 1.—

— das Meer. In schlechter Gesellschaft, s.: Universal-Bibliothek.

Korolenko, Vladimir Galaktionovič: Der blinde Musiker.

— dasselbe, s.a. Bibliothek der Gesamt-Litteratur d. In- u. Auslandes.

Korolenko, Wladimir, d. blinde Musiker, s.a. Meyer's Volksbücher.

Korolenko, W., der blinde Musiker, s.a. Reclam's Unterhaltungs-Bibliothek.

– Dasselbe, s.a. Univeral- Bibliothek.

— der blinde Musiker. Eine novellist. Studie. Aus dem Russ. übers. v. Hugo Rasel. 8. (144 S.) Leipzig 891. P. Hobbing. n. 1.50

— in d. Nacht u. andere Novellen, s.: Deva-Roman-Sammlg.

— sibirische Novellen, s.: Universal-Bibliothek.

[Ant. u. Russ.] Über die Todesstrafe von W. Korolenko. Vl(adimir Galaktionovič) Korolenko. Bytovoe javlenie. (Zamětki publicista o smertnoj kazni.) S pis'mom L[('va] N[ikolaeviča] Tolstogo, vměsto predisl. Berlin: Ladyschnikow (1910). 95 S. 8°
[Eine alltägl. Erscheinung. Bemerkungen e. Publizisten über d. Todesstrafe. Mit e. Briefe Tolstojs als Einl.] [10. 15440]

— Die Todgeweihten. Nach Mitteilgn. zum Tode Verurteilter, s.a. Kultur u. Fortschritt.

Korolenko W, die Todgeweihten. Deutsch von M Ostrowsky. (50 S) (Kultur und Fortschritt 328-330) Gautzsch 1910

[Russ.] V[ladimir Galaktionovič] Korolenko. Vospominanija o N. G. Černyševskom. Berlin: G. Štejnic (1904). (64 S.) 8°
[Auf d. Umschl.:] Korolenko: [Erinnerungen an] N. Tschernischewsky. (Sobranie lučšich russkich proizvedenij. Č. 101.) [06. 614]

— der Wald rauscht. Deutsche Uebertragung von M. Feofanoff. Buchschmuck v. H. Vogeler-Worpswede. (177 S.) 8. Leipzig 903. Insel-Verlag. n. 2.—; geb. n. 3.—; in Ldr. n. 3.50
Ladenpreis aufgehoben.

– Dasselbe, s.a. Bibliothek der Gesamt-Litteratur.

Korolenko, Wladimir G., s. Korolenko, Vladimir Galaktionovič

Korolik, Zacharias. Beiträge zur Kenntnis der Molybdate des Kupfers. Diss. Phil. Bern. [Mit Figuren.] 43 S. 8. St. Petersbourg, I. Lurie & Co, 1908.

Korolik-Kreinin, Nichama (Nadeschda), aus St. Petersburg: Ueber vagotrope und sympaticotrope Fälle von Basedow. Bern, Verlag „zum Zytglogge", 1910. 24 S. 8°. [26. VII. 10.]
Bern. Med. Diss. 1910/11.

Koroll, Joh., quantitativ-chemische Untersuchungen über die Zusammensetzung der Kork-, Bast-, Sclerenchym- u. Markgewebe. Inaugural-Dissertation. gr. 8. (52 S.) Dorpat 880. (Karow.) n. 1. —

Koromandel, nebenſtünd. Zeitvertreib in deutſch. Gedichten. 8. Danzig, Rüdiger. 747.

Koromandel, Crescentius [Pseud.],
s. Wittekind(t), Hofrat in Danzig

Κορομήλας, Α., λεξικόν, ſ. Βυζάντιος.

Korompa, s.: Brunswik v. Korompa.

Korompay, *Gustav*: Die Märchenallegorie des L. Apuleius „de Psyche et Cupidine" nebst einem Anhang über Ursprung, Alter, Composition und Bedeutung desselben. 8 (S. 5—26).
Progr. K. k. (vereinigtes) Staats-G. *Teschen* 1897.

Korompay, Joſ., ſ. 1) Anna Boley. 2) Siegbert u. Eliane.

Korona [Roſenkranz] von der unbefleckten Empfängniß der allerſel. Jungfrau, unſerer barmherzigſten Mutter. 24. (4 S.) Dülmen 882, Laumann'ſche Verlagsh. *

Korona męki pańskiej ściążka do modlitwy i do rozmyślania etc. gr. 12. (17¾ B. u. 4 Kpfr.) Berlin 843, Behr's Buchh. *

—— für die armen Seelen im Fegfeuer. 24. (8 S.) Ebendaſ. 882. *

Koronato, d. ſchreckliche, Oberhaupt d. Bravos in Venedig; e. Räubergeſch. 8. Eiſenb. Schöne. 804.

Koronato der Schreckliche, Oberhaupt der Bravos in Venedig. Eine Räubergeſchichte. 3te verb. Aufl. 8. Eiſenberg, Schöne. 821.

Koronato der Schreckliche, Oberhaupt der Bravos in Venedig. Eine Räubergeſchichte. 4e Aufl. 8. Eiſenberg 840. Schöne. 1⅓ ℛ︀

Koronato der Schreckliche, Oberhaupt der Bravos in Venedig. Eine Räubergeſchichte. 4., verb. Aufl. 8. (12¼ B. u. 1 Kpfr.) Eiſenberg 844, Schöne'ſche Buchh.

Koronato der Schreckliche, Oberhaupt der Bravos in Venedig. Eine Räubergeſchichte. 5. (Titel-)Aufl. Mit 1 Kpfr. 8. (191 S.) Eiſenberg 852, Schöne. 1 ℛ︀ 9 ngr

Koronelli der Mailänder, oder Treue ohne Gleichen, ein Bild der Liebe. Eisenberg 1804. V: *Gerle, Wolfgang Adolph.* (GGr IX, 132)

Koronelli, der Mayländer, od. Treue ohne Gleichen. 8. Eiſenb. 804. 2e A. 808. Schöne. 16 gr

Koronikolski, Josef

Koronikolski, J.: Die Gymnastik, Anstandslehre und die Tanzkunst. Basel 1846. 258 S. m. Abb.

Koronikolski, Joſ., die Gymnaſtik, Anſtandslehre und die Tanzkunſt. gr. 12. (IV und 258 S. mit 10 Stnt.) Baſel 848, (Schabelitz'ſche Buchh.)

Koronowicz, W., Słowo dziejów polskich. (Ein Wort über polnische Geschichte.) 3 Bde. Lex.-8. (1. und 2. Bd. XI und 1168 S.) Leipzig 858, Gerhard.

Korony Franz, Übungsbuch für stotternde Schulkinder nach der Methode L. Berquands. Wien 1910. Schulbücherverlag. Geb. K 1.35.

Köröshazy, Ferenz, die Vampyrbraut oder die Wirkungen des böſen Blicks. Aus dem Ungariſchen von F. Nork. 8. (XII und 290 S.) Weimar 849, Voigt.

Korösi, Josef, s. Körösy.

Körösi, László. Führer durch Gran (Esztergom), s. Woerl's Reisehandbücher.

Korostelew, N., Von der Vorhersagung der niedrigsten Nacht-Temperaturen. Petersburg 1898. 4°.

Körösy, Jos. v., die Armenpflege der Haupt- u. Residenzstadt Budapest in den J. 1900—1902, s.: Publikationen d. statist. Bureaus der Haupt- u. Residenzstadt Budapest. XXXVII.

Körösi, Jos., Armuth und Todesursachen. Zugleich ein Beitrag zur Methodologie der Statistik. gr. 8. (80 S.) Wien 886, Seidel und Sohn. *
Aus: Wittelshöfer's Wiener medicinische Wochenschrift, besonders abgedruckt.

Körösi J. die Bauthätigkeit Budapests in den Jahren 1873-74. Berlin 1875

—— die Bauthätigkeit Budapest's in den J. 1876—1884, s. Publicationen des statistischen Bureaus der Hauptstadt Budapest.

Körösy, Josef v.: Die Bauthätigkeit in Budapest in den Jahren 1885–1895. Von Dr. Josef v. Körösy, Dir. d. Budapester communal-statist. Bureaus. Mit 1 graphischen Abb. Uebs. a. d. Ungarischen. Berlin: Puttkammer & Mühlbrecht 1898. 1 Taf., 2 Bl., 70 S., 2 Bl. 1 Bd. 4° (8°)
= Publicationen d. Stat. Bureaus d. Hauptst. Budapest. [No] 28.

— die Bauthätigkeit in Budapest in den J. 1896—1900, s.a. Publikationen des statist. Bureaus der Haupt- u. Residenzstadt Budapest. XXXII.

Die Bauthätigkeit in Budapest in den Jahren 1896–1900. Von Dr. Josef v. Körösy, Dir., Budapest. Mit 1 graph. Tab. Übers. aus d. Ungar. *Berlin: Puttkammer & Mühlbrecht 1903.* (67, XXVI S.) 4°(8°)
— Publikationen d. statist. Bureaus d. Hauptst. Budapest. 32. [03. 1903]

Körösi, Jos., die Bauthätigkeit Pest's im J. 1872, s. Publicationen des statist. Bureaus der königl. Freistadt Pest.

Körösi J. Demologische Beiträge. 4° Berlin 1892

Körösi, Jos., demologische Beiträge. Zur Erweiterg. der Natalitäts- u. Fruchtbarkeits-Statistik. — Mortalitäts-Coëfficient u. Mortalitäts-Index. — Über die approximative Berechng. der Sterblichkeit in Grossstädten. Drei Denkschriften an das internationale statist. Institut. [Aus: „Bulletin de l'Inst. internat. de statistique".] Lex.-8. (98 S.) Berlin 893. Puttkammer & Mühlbrecht. n. 2. 80

Körösi, Jos., Beiträge zur Geschichte d. Preise. [Aus: „Statist. Jahrb. d. Stadt Pest."] Uebersetzg. aus dem Ungar. Lex.-8. (92 S.) Budapest 873. Ráth. n.n. 2. 80

Körösi, Jos., neue Beiträge zur Frage d. Impfschutzes. 2. Beobachtungs-Serie 1887—88. Referat an den X. internationalen medicin. Congress. Berlin 1890. gr. 8. (III, 71 S.) Berlin 891. Puttkammor & Mühlbrecht. n. 2. —
Die 1. Beobachtungs-Serie ist enthalten in: Körösi, J., Kritik der Vaccinations-Statistik etc. 1889, s. Bd. XXV.

Körösi, J. Einige Bemerkungen über die Berechnung des Durchschnittsalters der in den ersten fünf Lebensjahren Verstorbenen. Zeitschr. d. Kgl. preuß. stat. Bureaus 1876.

—— vorläufiger Bericht über die Resultate der Pester Volkszählung vom J. 1870. Aus dem Ungar. gr. 8. (24 S. mit 4 graph. Taf.) Pest 872, (Ráth.) *

[Kopft.:] SA. d. Pester medizinisch-chirurg. Presse. xxxII. Jg. 1896. Die statistischen Beweise des Impfschutzes. Von Dr. Josef v. **Körösi**, Dir. d. statist. Bur. d. Haupt- u. Residenzstadt Budapest. (Vortrag, geh. in d. Jenner-Festsitzg d. k. ung. Aerzte-Ver. in Budapest. -- Orvosi Hetilap Nr. 39, 1896.) *[Budapest] (1896)*. (33 S.) 1 Bd 8. [98. 7765 G•

Körösi, Jos., die Hauptstadt Budapest im J. 1881, s.a. Publicationen des statistischen Bureaus der Hauptstadt Budapest.

Körösi, Josef: Die Hauptstadt Budapest im Jahre 1881. Resultate der Volksbeschreibung und Volkszählung. Uebersetzung aus dem Ungarischen. (Publicationen des statistischen Bureaus der Hauptstadt Budapest.) Heft 1, 2, 3. Berlin 1881—1883. 1 Bd. 176; 232, (18); IV, 267 S. 8°.

— u. Gust. **Thirring**, die Hauptstadt Budapest im J. 1891, s.a. Publikationen d. statist. Bureaus d. Haupt- u. Residenzstadt Budapest.

Körösi, Josef, und Gustav **Thirring**: Die Hauptstadt Budapest im Jahre 1891. Resultate der Volksbeschreibung und Volkszählung. Uebersetzung aus dem Ungarischen. Bd. 1. Mit sieben Tafeln. Bd. 8. Mit acht Tafeln. Bd. 3. (Publicationen des Statistischen Büreaus der Hauptstadt Budapest. XXV. 1—3.) Berlin 1894, 1895 u. 1898. 3 Bde. 93, (118); 119, (98); VIII, 182, (162) S. 8°.

— u. Gust. **Thirring**, die Hauptstadt Budapest im J. 1901, s.a. Publikationen des statist. Bureaus der Haupt- u. Residenzstadt Budapest. XXXIII.

Körösy, Josef v.: Die Hauptstadt Budapest im Jahre 1901. Resultate d. Volkszählung u. Volksbeschreibung. Von Josef v. Körösy, Dir., u. Gustav Thirring, Vicedir; Übers. aus d. Ungar. Bd. 1, Hälfte 1. Berlin: Puttkammer & Mühlbrecht 1903. 8°
= Publikationen d. Stat. Bureaus d. Hauptst. Budapest. 33.

Die Hauptstadt Budapest im Jahre 1901. Resultate d. Volkszählung u. Volksbeschreibung. Von Dr. Josef von **Körösy**, Dir., u. Dr. Gustav Thirring, Vicedir. Übers. aus d. Ungar. Mit Taf. u. Abb. Bd 1. 2. Berlin: Puttkammer & Mühlbrecht 1904—05. 4°(8°)
= **Publikationen** d. stat. Bureaus d. Haupt- u. Residenzstadt Budapest. 33, 1. 2. [07. 8803 10

Körösi, Jos., s. Bulletin annuel.

— die Choleraepidemie in Pest in den J. 1872 u. 1873. [Aus: „Die Sterblichkeit in der Stadt Pest in den J. 1872 u. 1873 u. deren Ursachen."] Lex.-8. (22 S.) Berlin 876. Stuhr. n. 1. —

— Einfluss d. Confession, d. Wohlstandes u. d. Beschäftigg. auf d. Todesursachen. [Aus: „Publikation Nr. XXVI d. statist. Bureau's d. Haupt- u. Residenzstadt Budapest".] Uebersetzung aus d. Ungar. Lex.-8. (97 S.) Berlin 898. Puttkammer & Mühlbrecht. n. 2. —

—— über den Einfluss der Wohlhabenheit und der Wohnverhältnisse auf Sterblichkeit und Todesursachen mit besond. Berücksicht. des Auftretens der infectiösen Krankheiten. Vortrag, gehalten am 30. Sept. 1883 an der Berliner Hygiene-Ausstellung. Lex.-8. (63 S.) Stuttgart 885, Enke. *

Körösy, Jos. v., die finanziellen Ergebnisse d. Actiengesellschaften. Kritik u. Reform der einschlägig. Statistik. Denkschrift für den internationalen Werthpapiere-Congress Paris 1900. gr. 8. (45 S.) Berlin 900. Puttkammer & Mühlbrecht. n. 1.—

— dasselbe während des letzten Vierteljahrhunderts, s.a. Publikationen des statist. Bureaus der Haupt- u. Residenzstadt Budapest. XXIX.

Körösy, Josef v.: Die finanzielle Ergebnisse der Actiengesellschaften während des letzten Vierteljahrhunderts (1874—1898) von Dr. Josef v. Körösy, Dir. d. Communalstatist. Bur. (Übers. aus d. Ungar.) (In 2 H.)
Berlin: Puttkammer & Mühlbrecht 1901. XII, 241, 111 S. 4° (8°)
= Publikationen d. statist. Bureaus d. Hauptst. Budapest. 29, 1.2.

— die Finanzen der Stadt Pest. [Aus: „Statist. Jahrb. der Stadt Pest."] Uebersetzg. aus dem Ungar. Lex.-8. (90 S.) Budapest 873. Rath. n.n. 2. 80

Budapest székesfőváros halandósága az 1896—1900 években és annak okai. Irta Dr. **Körösy József**, igazgatója. Die Sterblichkeit d. Haupt- u. Residenzstadt Budapest i. d. J. 1896—1900 u. deren Ursachen. *Budapest: K. Grill; Berlin: Puttkammer & Mühlbrecht 1904.* (VIII, 206 S.) 4°(8°)
= **Publikationen** d. Statist. Bureau's d. Haupt- u. Residenzstadt Budapest. 35. [04. 13166

—— statistisches Jahrbuch der Stadt Pest, s. Publicationen des statist. Bureaus der königl. Freistadt Pest.

Körösi, Jos., influence des habitations sur les causes des décès et sur la durée de la vie. [Aus: „Annales de Démographie internationale".] gr. 8. (13 S.) Paris 877. (Budapest, Ráth.) n.n. — 80

—— die Kindersterblichkeit in Budapest während der J. 1874 und 1875. Lex.-8. (34 S.) Budapest 877. (Berlin, Stuhr'sche Buchh.) *
Aus: Die Sterblichkeit der Stadt Budapest in den J. 1874 und 1875, besonders abgedruckt.

—— die Kindersterblichkeit in Budapest während der J. 1876—1881. Lex.-8. (72 S.) Berlin 885, Puttkammer und Mühlbrecht. *
Aus: Die Sterblichkeit der Stadt Budapest in den J. 1876—1881, besonders abgedruckt.

— die internationale Classificierung der Berufsarten. Bemerkungen zu den Vorschlägen Dr. Bertillon's, e. einheitl. Nomenclatur der Berufsarten betr. gr. 8. (26 S.) Wien 893. A. Hölder. n. — 50

Körösi, Jos. Kritik der Vaccinations-Statistik u. neue Beiträge zur Frage d. Impfschutzes. Denkschrift an den IX. internationalen medicin. Congress zu Washington 1887. 2. erweit. Abdr. gr. 8. (XI, 240 S. m. 1 graph. Taf.) Berl. 889, Puttkammer u. Mühlbrecht. * 6 —

— Mittheilungen über individuale Mortalitäts-Beobachtungen. 4. (55 S. mit 1 graph. lithogr. Abbild.) Budapest 876. (Ebendas.) *

– und Gustav Thirring

Die Natalitäts- und Mortalitäts-Verhältnisse Ungarischer Städte in den Jahren 1878–1895. Anlässl. d. Budapester intern. Congresses f. Hygiene u. Demographie auf Grund der im Budapester Communalstatist. Bureau gesamm. Originalbeobachtgn bearb. v. Dr. Josef v. Körösy, Dir. d. Bur., u. Dr. Gustav Thirring, Vicedir. *Budapest & Berlin: C. Grill; Puttkammer & Mühlbrecht 1897.* 12 Bl., 116 S., 1 Bd 8.

Körösy, Dr. Josef v., und Dr. Gustav Thirring, Die Nationalitäts-Mortalitäts-Verhältnisse ungarischer Städte in den Jahren 1878 bis 1895. Anlässlich des Budapester Internationalen Congresses für Hygiene und Demographie. Auf Grund der im Budapester communalstatistischen Bureau gesammelten Originalbeobachtungen. Gr.-8. (161 S.) 1.— Budapest: Grill 1899.

— z. internationalen Nomenclatur d. Todesursachen. Kritische Bemerkgn. zu Dr. Bertillon's Vorschlägen. gr. 8. (42 S.) Berlin 899. Puttkammer & Mühlbrecht. n. 1.—

— die königliche Freistadt Pest im J. 1870. Resultate der Volkszählung und Volksbeschreibung. Lex.-8. (XV, 344 S. mit 10 lithograph. Zeichnungen.) Ebendas. 872. *

— Plan einer Mortalitäts-Statistik für Grossstädte. Vortrag, gehalten in dem Budapester königl. ungar. Vereine der Aerzte. Uebersetzung aus dem Ungar. gr. 8. (31 S.) Wien 873, Gerold's Sohn. *

Körösi, Jos., s. Publicationen des statistischen Bureaus der Hauptstadt Budapest.

Körösi, Josef, Director des statistischen Bureaus der Hauptstadt Budapest etc. Resultate der am 1. Juli 1886 durchgeführten Conscription der Bevölkerung Budapest's Uebersetzung aus dem Ungarischen. (Aus: „Budapest fováros statisztikai hivatalának közleményei. Német fordítás. Publikationen des statistischen Bureaus der Hauptstadt. Budapest". XXI.) 8. Berlin 1887.

— Resultate d. am 15. XI. 1896 durchgef. Conscription d. Bevölkerung Budapests, s.a. Publikationen d. statist. Bureaus d. Haupt- u. Residenzstadt Budapest.

Resultate der am 15. November 1896 durchgeführten Conscription der Bevölkerung Budapest's. Von Dr. Josef v. Körösy, Dir. d. Statist. Amtes ..., Budapest. Uebs. a. d. Ungarischen. *Berlin: Puttkammer & Mühlbrecht 1898.* (4 Bl., 59 S., 1 Bl.) 1 Bd 4.(8.)
= Publicationen d. Stat. Bureaus d. Hauptst. Budapest [No] 27.

— die Wiener impfgegnerische Schule und die Vaccinationsstatistik. Vortrag, gehalten in der Sitzung am 28. April 1887 des ungar. Landesvereins für Hygiene. gr. 8. (24 S.) Braunschweig 887, Vieweg und Sohn. *
Aus: Deutsche Vierteljahrsschrift für öffentliche Gesundheitspflege, besonders abgedruckt.

— Statistik der infectiösen Erkrankungen in den J. 1881—1891 u. Untersuchg. d. Einflusses der Witterung, s.a. Publicationen d. statistischen Bureaus der Hauptstadt Budapest.

Körösi, Josef, Statistik der infektiösen Erkrankungen in den Jahren 1881—91 und Untersuchung des Einflusses der Witterung. (Publikationen des statistischen Bureaus der Hauptstadt Budapest, XIX.) Uebersetzung aus dem Ungarischen. Berlin 1894.

— Statistik des Unterrichtswesens der Hauptstadt Budapest, s.a. Publikationen des statist. Bureaus der Haupt- u. Residenzstadt Budapest. 30.

— Statistik des Unterrichtswesens der Hauptstadt Budapest, s.a. Publikationen des statist. Bureaus der Haupt- u. Residenzstadt Budapest. XXXIV.

Körösi, Josef, Director des communalstatistischen Bureaus etc. Statistik des Unterrichtswesens der Hauptstadt Budapest. Für die Jahre 1881—1882 und 1884—1885. Uebersetzung aus dem Ungarischen. (Aus den: „Publicationen des statistischen Bureaus der Hauptstadt Budapest", XXIII. Bd.) 8. Berlin 1889.

Statistik des Unterrichtswesens der Hauptstadt Budapest für d. Jahre 1889/90–1894/95. Von Dr. Josef v. Körösy. Übers. aus d. Ungar. *Berlin: Puttkammer & Mühlbrecht 1900.* (89 S.) 4°(8°)
= Publikationen d. stat. Bureaus d. Haupt- u. Residenzst. Budapest. 30.

——s.a. Statistique internationale.

Körösi, Jos. v. Statistique internationale des grandes villes. II. Section: Statistique des finances. T. 1. gr. 8°. Budapest, Paris, Berlin 1877.

— die Sterblichkeit der Haupt- u. Residenzstadt Budapest, s.a. Publikationen des statist. Bureaus der Haupt- u. Residenzstadt Budapest. XXXV. XXXVI.

– D. Sterblichkeit d. Haupt- u. Residenzstadt Budapest in d. J. 1886–1890 u. der. Ursachen, s.a. Publikationen d. statistischen Bureaus d. Haupt- u. Residenzstadt Budapest.

Die Sterblichkeit der Haupt- u. Residenzstadt Budapest in den Jahren 1886–1890 und deren Ursachen. Von Dr. Joseph v. Körösy, Dir. d. Communalstatist. Bureaus. Uebs. a. d. Ungarischen. *Berlin: Puttkammer & Mühlbrecht 1898.* (x, 138, 206 S., 2 Bl.) 1 Bd 4.(8.)
= Publicationen d. Stat. Bureaus d. Hauptst. Budapest. [No] 26.

— die Sterblichkeit der Haupt- u. Residenzstadt Budapest in den J. 1891—1895, s.a. Publikationen des statist. Bureaus d. Haupt- u. Residenzstadt Budapest. 31.

Die Sterblichkeit der Haupt- und Residenzstadt Budapest in d. Jahren 1891–1895 u. deren Ursachen. Von Dr. Josef v. Körösy, Dir. d. Communalstatist. Bur. *Berlin: Puttkammer & Mühlbrecht 1901.* (VIII, 216 S.) 4°(8°)
= Publikationen d. statist. Bureaus d. Hauptst. Budapest. 31.

Die Sterblichkeit der Haupt- und Residenzstadt Budapest in den Jahren 1901–1905 und deren Ursachen. Von Joseph v. Körösy, Dir. T. 2, *Berlin: Puttkammer & Mühlbrecht 1903.* 8°
[Nebent.:] Budapest Székesfőváros halandósága az 1901–1905 években és annok okai. Irta Körösy József.
= Publikationen d. Stat. Bureaus d. Haupt- u. Residenzstadt Budapest. No 36.

— die Sterblichkeit der Stadt Budapest, s.a. Publicationen des statistischen Bureaus der Hauptstadt Budapest.

Körösi J, die Sterblichkeit in der Stadt Budapest in den Jahren 1872-73. Berlin 1876

— die Sterblichkeit der Stadt Budapest in den J. 1874 und 1875 und deren Ursachen. Uebersetzung aus dem Ungar. Lex.-8. (VIII, 155 S.) Budapest 877. (Ebendas.) *

— die Sterblichkeit der Stadt Budapest in den J. 1876—1881 u. deren Ursachen, s.: **Publicationen** des statistischen Bureaus der Hauptstadt Budapest.

— — Die Sterblichkeit der Stadt Budapest in den Jahren 1882 bis 1885 und deren Ursachen. Uebersetzung aus dem Ungarischen. (Aus den „Publicationen des statistischen Bureaus der Hauptstadt Budapest", XXII. Bd.) 8. Berlin 1888.

—— **Untersuchungen** über die Einkommen- und Hauszinssteuer für Budapest. [I. Einkommensteuer für die J. 1873 und 1874. — II. Haussteuer für die J. 1873, 1874, 1875 und 1876.] Uebersetzung aus dem Ungar. Lex.-8. (XXXII, 57 S.) Budapest 877. (Ebendas.) *

Körösi, Jos. Untersuchungen über die Einkommen- und Hauszinssteuer für Budapest. (I. Einkommensteuer f. d. J. 1873 u. 74. II. Hauszinssteuer f. d. J. 1873, 1874, 1875 u. 1876.) Uebersetz. aus d. Ungar. Lex.-8⁰. Budapest 1877. Berlin, Stuhr.

— **Untersuchungen** üb. die Einkommen- u. Hauszins-Steuer der Stadt Pest auf Grund der Ergebnisse f. die J. 1871 u. 1872. s.a. **Publicationen** d. statist. Bureaus der Hauptstadt Budapest.

Körösi, Jos. v. Untersuchungen über die Einkommen- und Hauszinssteuer der Stadt Pest auf Grund der Ergebnisse für die Jahre 1871 und 1872. gr. 8⁰. Berlin 1875.

Körösi, J. Untersuchungen über die Einkommensteuer der Stadt Pest für d. J. 1870. (Uebers. aus d. Ungar.) Publicationen des statist. Bureaus der kgl. Freistadt Pest, VI. 8⁰. Pest 1873.

Körösi, J.: Die öffentlichen Volksschulen von Budapest 1873/4–1880/81 v. –. 2 Hefte. Berl. 1883/4. 4⁰

– Die öffentlichen Volksschulen der Stadt Pest in den Schuljahren 1871–72 u. 1872–1873, s.a. Publikationen d. statist. Bureaus der Hauptstadt Budapest.

Körösi J, die öffentl. Volksschulen der Stadt Pest in den Schuljahren 1871/72. 1872/73.

—— welche **Unterlagen** hat die Statistik zu beschaffen um richtige Mortalitäts-Tabellen zu gewinnen? Denkschrift im Auftrage der internationalen statist. Commission. 4. (70 S. mit 3 lithograph. Abbild.) Berlin 874, Verlag des k. statist. Bureau. *

Die Seculäre Weltzählung vom Jahre 1900. Denkschr. an die St. Petersburger Sektion des Internat. Statist. Institutes v. Dr. Josef v. Körösy, Dir. d. Budap. comm.-statist. Bureaus. *Berlin: Puttkammer & Mühlbrecht 1897.* (37 S., 1 Bl.) 1 Bd 8. [97. 6388

Korotneff, Alexis, Sporozoen als Krankheitserreger. I. Hft.: Untersuchungen üb. den Parasitismus des Carcinoms (Rhopalocephalus carcinomatosus). Mit 4 Taf. in Farbendr. gr. 4. (VI, 33 S.) Berlin 893. R. Friedländer & Sohn. n. 9. —

Korotneva, Alekšeja Alekšeeviča

Korotneff, Alexis, die Comephoriden des Baical-Sees, s.a. Ergebnisse, wissenschaftliche, e. zoologischen Expedition nach dem Baikal-See. 2. Lfg.

[Ant. u. Russ.] Comephoridae Bajkala. Monografičeskij očerk prof. A[lekšeja Alekšeeviča] **Korotneva,** ⟨Kiev⟩. S 3 tab. (u. 9 Abb.) Kiev & Berlin 1905: S. V. Kulženko. (39 S.) 4°
[Die C. d. Baikalsees. Monogr. Skizze.]

— **Ergebnisse,** Wissenschaftl., e. zool. Expedition nach d. Baikal-See. Lfg 2. [06. 1843

Korotneff, Alexis, s.: **Ergebnisse,** wissenschaftliche, e. zoologischen Expedition nach dem Baikal-See.

Korpak, Franz [aus Radzionkau (Schlesien)]: Beiträge zur Electrolyse. . . . Würzburg, Druck d. Ferdinand Röhrl'schen Buchdr., 1889; 50 S. 8⁰
Würzburg, Med. Fak., Inaug.-Diss. v. 1889

Korpatschek, Alfr., das k. k. österreichische **Hinterladungsgewehr-System** kleinen Kalibers mit Werndl-Verschluß. [Anhang zur „Umgestaltung der k. k. österr. Gewehre in Hinterlader."] Nach authent. Quellen verf. Mit 3 (lith.) Taff. (in gr. 8. u. qu. Fol.) Wien 869. Seidel & Sohn. gr. 8. (VII, 135 S.) n. 1 ℛ 6 ngr.

— die **Umgestaltung** der k. k. österreichischen Gewehre in Hinterlader. Nach authent Quellen verfaßt. Ebend. 867. gr. 8. (VIII, 112 S. mit 3 Steintaff. in gr. Fol.) n. 1 ℛ

Korper, C. v., Spuren auf dem Eise, s.: **Diamantidi, D.**

Körper und Geist. Zeitschrift des Centralvereins für Körperpflege in Volk und Schule. Redact.: E. Hartwich. 1. Heft. Mai 1883. gr. 8. (40 S.) Düsseldorf 883, (Voß und Comp.) *
—— dass. — 2. und 3. Heft. Juni und Novbr. 1884. gr. 8. (à Heft 24 S.) Düsseldorf 884, (Leipzig, Siegismund und Volkening.) à Heft * 50 Pf. *

Körper und Geist. Zeitschrift des Zentralvereins für Körperpflege in Volk und Schule. Redact.: E. Hartwich und Schmidt. Juli 1885. gr. 8. (32 S.) Düsseldorf. (Leipzig, Siegismund und Volkening.) *

—— dass. — In zwanglosen Heften. Redact.: Emil Hartwich und Schmidt. April 1886. gr. 8. (24 S.) (Ebendas.) *
Nicht weiter erschienen.

Körper und Geist (früher: Zeitschrift f. Turnen u. Jugendspiel), auf Veranlassung d. Zentralausschusses f. Volks- u. Jugendspiele in Deutschland hrsg. v. E. Kohlrausch, F. A. Schmidt, E. Burgeß, Jg. 1–28 1892 bis 1920 (erscheint nicht mehr), Leipzig, 4° u. 8°. 28 Bde.

Körper und Geist. Zeitschr. f. Turnen, Bewegungsspiel u. verwandte Leibesübungen. Hrsg. v. K. Möller, F. A. Schmidt u. H. Wickenhagen. Leipzig.
Jg. 11—29. 1902—20.

— u. **Geist.** Zeitschrift f. Turnen, Bewegungsspiel u. verwandte Leibesübgn. Fortsetzung der v. H. Schnell u. H. Wickenhagen i. J. 1890 gegründ. Zeitschrift f. Turnen u. Jugendspiel. Hrsg.: Karl Möller, F. A. Schmidt, H. Wickenhagen. Schriftleitung: K. Möller. 11. Jahrg. April 1902—März 1903. 26 Nrn. gr. 8. (à ca. 24 S. m. Abbildgn.) Leipzig, R. Voigtländer. n. 7. 20
Vergl.: Zeitschrift f. Turnen u. Jugendspiel.

Körper u. Geist. Zeitschrift f. Turnen, Bewegungsspiel u. verwandte Leibesübgn. Fortsetzg. der v. H. Schnell u. H. Wickenhagen i. J. 1890 gegründeten Zeitschrift für Turnen u. Jugendspiel. Hrsg.: Karl Möller, F. A. Schmidt, H. Wickenhagen. Schriftleitung: K. Möller. 12. u. 13. Jahrg. April 1903—März 1905. à 26 Nrn. (à ca. 16 S.) Lex.-8. Leipzig, R. Voigtländer. à Jhrg. n. 7. 20

— — dasselbe. Auf Veranlassg. des Zentralausschusses zur Förderg. der Volks- u. Jugendspiele in Deutschland hrsg. v. Karl Möller, H. Raydt, F. A. Schmidt u. H. Wickenhagen. Schriftleitung: K. Möller. 14 u. 15. Jahrg. April 1905—März 1907. à 26 Nrn. (14. Jhrg. 452 S. m. Abb.) Lex.-8. Leipzig. B. G. Teubner. à Jhrg. n. 7. 20

Festnummer Körper und Geist. Emil von Schenckendorf zum 70. Geburtstage gewidmet vom Zentralausschuss für Volks- und Jugendspiele in Deutschland. (Leipzig u. Berlin) 1907. 8°.

Körper u. Geist. Auf Veranlassg. des Zentralausschusses zur Förderg. der Volks- u. Jugendspiele in Deutschland hrsg. v. Karl Möller, F. A. Schmidt, H. Raydt. Schriftleitg.: K. Möller. 16.—19. Jahrg. April 1907—März 1911. à 24 Nrn. (à ca. 16 S. m. Abb.) gr. 8. Leipzig, B. G. Teubner. 16.—18. Jahrg. à 7.20; 19. Jahrg. 8.—

Körper, d. menschliche, nebst Beschreib. s. einzelnen Theile, für angehende Zeichner, Bildhauer rc. m. K. 4. Lpz. Sommer.

Körper, der menschliche, von sein. Geburt an, bis in sein männl. Alter. Nebst Beschreib. d. Schönheit sein. einzelnen Theile. Für angehende Zeichner, Bildhauer rc. Auch als Leitfaden z. Unterrichte in Bürgerschulen. Mit vielen Kupf. Fol. Leipz. Sommer. 815. Rthlr.

Körper, der menschliche, u. seine Verrichtungen, s.: Flugschriften, hygienische. Hft. 19. 20.

Körper, der menschliche, in Wohlsein und Krankheit. Populaire Anweisung zur Erhaltung und Wiederherstellung der Gesundheit durch die Naturheilkunde. Von einem unstudirten Gesundheitsfreunde. 1. Bd. 8. (VIII und 376 S.) Bergedorf 862. Hamburg, Jowien. *

—— dass. — 2. Bd. enthält namentlich: die Naturheillehre nach Schrot'schen Principien. 8. (IV und 427 S.) Ebendas. 863. *

Koerper, J. H., Jubelgesang und Festpredigt zur 40jährigen Thronbesteigung Sr. k. k. Apostol. Maj. unseres allgeliebten Kaisers Franz Joseph I. 8. (15 S.) Weseritz 887. (Mies, Dworžák.) *

Weibliche **Körperbildung** und Bewegungskraft auf Grundlage des Systems Mensendieck, hrsg. v. Fritz Giese u. Hedwig Hagemann, m. Abb., 1. u. 3. verm. Aufl., München o. J. u. 1924, VIII u. 169 S., u. 183 S., 8° u. Gr.-8°. 2 Bde.

Körper-Erziehung u. Schulreform. Von e. rhein. Juristen. gr. 8. (26 S.) Hannover-Linden 891. Manz & Lange. n. — 50

Körperkultur. Künstlerische Monatsschr. f. Hygiene u. Sport. Liebenwerda. 4°
Jg. 1—7. 1906—12.

Körperkultur. (Jg. 3.) 1906, H. 1. Berlin: Corania 1906. 4°
Anf. s. u. d. T.: Der Kulturmensch. (08. 1334)

Körperkultur. Schriftleiter: Karl Noghe. Oktbr. 1906—Septbr. 1907. 12 Hefte. (à ca. 40 S. m. Abbildgn.) Lex.-8. Berlin, Verlagsgesellschaft Corania. n. 3. —
Vergl.: Für die Frauen. — Kulturmensch, der.

Körperkultur, Monatsschr. f. vernünftige Leibeszucht (früh.: Künstlerische Monatsschr. f. Hygiene u. Sport), Organ d. dtsch. Reichsaussch. f. olympische Spiele, Bundesorgan d. Akademischen Sportbundes, Jg. 4—9, Berlin 1909—1914, 4°. 6 Bde.

Körperkultur. Künstlerische Monatsschrift f. Hygiene u. Sport. Organ des deutschen Reichsausschusses f. olymp. Spiele. Bundesorgan des akadem. Sportbundes. Offizielles Organ verschiedener Vereine u. Gesellschaften f. Körperkultur u. Reform. Red.: A. Mallwitz. 5. Jahrg. 1910. 12 Nrn. (à ca. 32 S. m. Abbildgn.) Lex. 8. Berlin [Körperkultur-Verlag.] Liebenwerda, Verlag „Körperkultur". 6. —

Körperpflege, die. Populäre hygienisch-medicinische Wochenschrift. Unter Mitwirkg. ausgewählter Fachkräfte. Red.: Carl Tormin. 2. Jahrg. 1901. 52 Nrn. gr. 4. (à ca. 8 S.) Berlin-Grunewald, Verlagsanstalt Tormin. n.n.n. — 50

— dasselbe. Populäre hygien. Monatsschrift, vereinigt mit „Gesunde Kinder! Gesunde Frauen!" Unter Mitwirkg. hervorrag. Gesundheitslehrer hrsg. u. red. von Wilh. Möller. 3. Jahrg. Jan.—Juni 1902. 6 Nrn. gr. 8. (à ca. 16 S. m. Abbildgn.) Berlin, W. Möller. — 50

Körperpflege, Die, der Jugend in Schule und Haus. Dippoldiswalde [1883]. V: *Stein*, *Ldw.* (Kat. der stat. Bureaus. Dresden 1890.)

20 Jahre **Körper-** und **Jugendpflege** des weiblichen Geschlechts in Jena v. M. 1. G., 4 S., 8°.

Über **Körperpflege** der Kinder, Breslau 1900, 15 S., 8°.

Körperschulung, Prakt. Ziele u. Wege f. d. Körperbildung d. Polizeibeamten (K. S.), m. Abb., 1., u. 2. verb. Aufl., Berlin, 236 S. u. 243 S., Kl.-8°. 2 Bde.

Körperwelt, Die, und ihr Einwohner, der Mensch . . . Frankf. u. Leipzig [Nürnb.] 1758. V: *Leinker*, *Johann Siegmund*. (ML) »1759« (Ky) (will)

Körperwelt, die, u. ihr Einwohner, d. Mensch; zwei Oden, (v. Jh. S. Leinker). 8. Frankf. u. Leipz. (Nürnb.) 759. ... 6 gr.

Korpff, Freiherr Heinrich von, Aus meiner Welt. 8. (77 S.) Wien: Weiss 1893. 1.20

Korpjuhn, Franz A. H. Franckes Bedeutung für die Pädagogik. 35 S. Progr. Rg. *Elbing* 1877.

Korpjuhn, Frz., Lehrplan f. Volksschulen. Neubearbeitg. d. Lehrplans f. d. Schulen d. Kreises Oletzko. hoch 4. (40 S.) Marggrabowa 898. F. W. Czygan. Geb. 2. 50

Korporal, Der Herr. Illustrirtes Militär-Witzblatt. Eigenthümer, Verleger und verantwortlicher Redacteur: E. Zanetti. 1. Bd. gr. 4. (à 1/2 Bogen u. Beilage.) Wien, Geitler. 2 fl. 40 kr. Für die Provinz 3 fl. 20 kr. Einzelne Nrn. 1870. 6 kr.

Korporalschaftsbuch. gr. 16. (92 S.) Wesel 892, Kühler. cart. ** — 30

Korporalschaftsbuch. [Aus: „Unteroffizierkalender", Ausgabe A.] 16. (79 S.) Berlin 894. Liebel. Kart. n. — 40
— 10., verb. Aufl. gr. 16. (108 S.) Wesel 894. C. Kühler. Kart. n.n. — 30

Korporalschaftsbuch. 13., verb. Aufl. 12. (108 S.) Wesel 898. C. Kühler. Kart. n. — 30

Korporalschaftsbuch. 15. u. 16. Aufl. 12. (à 108 S.) Wesel (901. 902). C. Kühler. Kart. n. — 30

— dasselbe. (Ausg. 1901/1902.) gr. 16. (81 S.) Berlin, Liebel. Kart. n. — 40

Korporalschaftsbuch. 19. Aufl. (109 S.) kl. 8. Wesel 907. C. Kühler. Kart. n. — 30

Korporalschaftsbuch für den Infanterie-Unteroffizier, Einjährig-Freiwilligen u. Gefreiten der deutschen Armee. gr. 16. (IV, 80 S.) Leipzig 882. Licht & Meyer. geb. n. 1. —

Korporalschafts-Buch f. den Infanterie-Unteroffizier, Einjährig-Freiwilligen u. Gefreiten der deutschen Armee. 2. Aufl. Mit e. Portr. Sr. Maj. d. deutschen Kaisers. gr. 16. (IV, 80 S.) Leipzig 883. Licht & Meyer. geb. n. 1. —

Korporation, die kaufmännische, und das kaufmännische Direktorium in St. Gallen in den Jahren 1864-80. St. Gallen 1882

Die **Korporation** der Kaufmannschaft zu Magdeburg und die Handelskammer. 1876—1906. Festschr. hrsg. zur Einweihung des Hauses der Handelskammer am 19. Mai 1906. (Magdeburg 1906: Baensch.) 158 S. 4°

Korporation, die, der Kaufmannschaft zu Magdeburg u. die Handelskammer. 1876—1906. Festschrift, hrsg. zur Einweihg. des Hauses der Handelskammer am 19. V. 1906. (Hrsg. v. Behrend.) (V, 158 S.) Lex.-8. Magdeburg (906). (Heinrichshofen's Sort.) n. 3. 50

Korps und Burschenschaften! Fort mit dem Verruf! gr. 8. (15 S.) Leipzig 886, Grunow.
Aus: Grenzboten, besonders abgedruckt.

Korps, die, u. ihre Stellungnahme zur deutschen Studentenschaft, s.: S. C.!

Das **Korps** der Zuaven im französischen Heere. Nach dem Französ. Berlin 1855. 49 S.

Korps-Manöver des I. Armeekorps. [1.] 1902. Königsberg 1903: Ostpr. Dr. 8°

Korps- und Feldmanöver, die, des I., II. und XV. Armeekorps. [Beiheft zum Militär-Wochenblatt. 1879. 10. Heft.] gr. 8. (52 S.) Berlin 879, Mittler und Sohn. *

Korpus. – oder Sammlung d. wichtigsten die Staatsverfassung d. Erzstiftung betreffenden Urkunden. Hrg. v. [Judas Thaddäus] Zauner. Salzburg 1792.

Korr, H., s.: Was der Mond bescheint.

Korrektor, der kleine, oder Anweisung zum Korrigiren. s. Anweisung.

Korrektur-Tabelle. gr. 8. (1 Blatt.) Leipzig 899. W. Fiedler. n. — 30

Korrektur-Tabelle. (1 Blatt.) 8. Leipzig (1900).

Korrespondent, s. a.: Correspondent.

Korrespondent. – Der Korrespondent. – Nürnberg. – 24.XII.1806 – 31.XII.1890.
Vorh. u.d.T.: Der Fränkische Korrespondent.

Der Korrespondent : 1872—? Richmond, IN
Edited & published by Elijah Parker.

Korrespondent, Der. Organ zur Vertretung der gewerblichen Interessen der Maler, Lackirer, Anstreicher, Weißbinder, Tüncher und Vergolder. Zugleich Organ der freien eingeschriebenen Hilfskassen obiger Gewerbe. Herausg. vom Verbande der Maler und verwandter Berufsgenossenschaften Deutschlands. Red.: J. Schmitz. Jhg. 1—3. 1886—88. Hamburg. Fol.

Korrespondent : Jahrgang 1 - 7, no. 6, Oct. 1894—Dec. 1900.
Reformed Church paper, published in English and German. Edited by the Rev. Varnholt. Organ of the Deutsch-Reformirte Kirche in den Vereinigten Staaten. From letter from Dr. Heyl, Aug. 1, 1945.
Cleveland, OH

Korrespondent: Allgemeiner Schweizerischer Korrespondent
③ Hurter'sche Schaffhauser Zeitung ④ Schaffhauser Zeitung (I) ⑤ 1. 1. 1814—29. 9. 1845 ⑥ bis Ende 1826 8°, dann 4° ⑦ wöchentlich 2× ⑧ Schaffhausen: Hurtersche Buchdruckerei (bis 3. 1. 1827), Franz Hurter (bis 4. 8. 1845), J. J. Ziegler ⑨ Der Sammler, ein Unterhaltungsblatt für Ernst und Laune (alle 14 Tage; vom 16. 10. 1837—Ende 1843, dann als Feuilleton mit dem Korrespondenten verbunden); Schaffhauser Abendblatt und Beiblatt zum Allgemeinen Schweizerischen Korrespondenten, Allgemeiner Anzeiger (wöchentlich 3×; vom 1. 1. 1842, Ende 1843 nicht mehr genannt) ⑩ Hurterscher Verlag, dann Franz Hurter, schließlich J. J. Ziegler ⑫ Organ für konservative Lebensanschauung ⑬ BGSZ: 1052. 1053. 1054. 1055; Zeitschrift für Schweiz. Kirchengeschichte 1947. Nr. 1 ⑭ Sh: S, St.

— f. Deutschlands Buchdrucker u. Schriftgießer. Red.: Willy Krahl. 44. Jahrg. 1906. 150 Nrn. (à ca. 6 S.) gr. 4. Leipzig (Salomonstr. 8), Geschäftsstelle n.n. 2. 60

Korrespondent f. Deutschlands Buchdrucker u. Schriftgießer. Red.: Ludw. Rexhäuser u. seit 1. VIII. 1910: Willi Krahl. 45.—48. Jahrg. 1907—1910 à 150 Nrn. (848, 978, 756 u. 950 S.) 36×27 cm. Leipzig (Salomonstraße 8), Geschäftsstelle. à Jahrg. nnn 2. 60

Korrespondent. – Der Fränkische Korrespondent. Nürnberg. – 16.IX.1806 – 23.XII.1806.
Vorh. u.d.T.: Fränkischer Kreis-Correspondent.
Fortges. u.d.T.: Der Korrespondent.

Korrespondent, der kleine kaufmännische, oder Briefe für junge Männer, welche sich dem merkantil. Fache widmen. Nebst einem Anhange, enth. die üblichen Titulaturen für alle Stände und ein Adreß-Tableau, oder von wo und von welcher Firma die vorzüglichsten Weine, Tabake, Farbe- rc. Waaren am vortheilhaftesten zu beziehen sind. 2. Aufl. 12. (71 S.) Berlin 847, [Grobe.]

Korrespondent, der kleine kaufmännische, oder Briefe f. junge Männer, welche sich dem merkantil. Fache widmen. Nebst einem Anhange, enth. die üblichen Titulaturen f. alle Stände u. ein Adreß-Tableau, oder von wo u. von welcher Firma die vorzüglichsten Weine, Tabake, Farbe- rc. Waaren am vortheilhaftesten zu beziehen sind. 2. Aufl. 12. (71 S.) Berlin 847, L. Schlesinger. 1/4 ½

Der Korrespondent f. das Rettungswerk an den Gefallenen und für die Arbeit zur Hebung der Sittlichkeit. (1887–1892:) Organ des christl. Vereins zur Hebung der öffentlichen Sittlichkeit. (1893 ff.:) Hrsg. vom Vorstande des westdt. Sittlichkeitsvereins. Jg. 1882-1912. — Gernsbach: Christl. Colportage-Verein 1882–83; Mülheim a. R.: Buchh. des evang. Vereinshauses 1884–1911; Duisburg: Dietrich & Hermann 1912. 4°

Korrespondent, der, für das Rettungswerk an den Gefallenen u. für die Arbeit zur Hebung der Sittlichkeit. Red.: Jul. v. Gemmingen. Jahrg. 1882. 12 Nrn. (B.) hoch 4. Gernsbach, Christl. Colportage-Verein. n.n. 1.—

Korrespondent, der, f. das Rettungswerk an den Gefallenen u. f. die Arbeit zur Hebung der Sittlichkeit. Red.: Jul. v. Gemmingen. Jahrg. 1883. 12 Nrn. (B.) hoch 4. Gernsbach, Christl. Colportage-Verein. n. 1. 25

— dasselbe. Jahrg. 1884—1886. à 12 Nrn. (B.) hoch 4. Mülheim, Buchh. der evang. Gesellsch. à Jahrg. n n. 1. 50

Korrespondent, der, f. das Rettungswerk an den Gefallenen u. f. die Arbeit zur Hebung der Sittlichkeit. Organ des christl. Vereins zur Hebg. der öffentl. Sittlichkeit. Red.: G. A. Berchter. Jahrg. 1887—1890. à 12 Nrn. (B.) hoch 4. Mülheim, Buchhdlg. d. Evang. Vereinshauses. à Jahrg. n. 1. 50

— der, f. das Rettungswerk an den Gefallenen u. f. die Arbeit zur Hebung der Sittlichkeit. Hrsg. vom Vorstande d. westdeutschen Sittlichkeitsvereins unter Red. v. G. A. Berchter. 10. u. 11. Jahrg. 1891. 1892. à 12 Nrn. (Bog.) hoch 4. Mülheim a/R., Buchh. d. Evangel. Vereinshauses. à Jahrg. n. 1. 50

— dasselbe. 12. Jahrg. 1893. 12 Nrn. (Bog.) hoch 4. Nebst: Aehrenlese. Kollektenbote zur Hebg. der Sittlichkeit 1893. 4 Nrn. (1/2 Bog.) Ebd. n. 1. 50

— dasselbe. Hrsg. unter Red. v. Kruse. 13. Jahrg. 1894. 12 Nrn. (Bog.) hoch 4. Nebst: Aehrenlese. Kollektenbote zur Hebg. der Sittlichkeit. 1894. 4 Nrn. (1/2 Bog.) 8. Ebd. 1. 50

Korrespondent, d., f. d. Rettungswerk an d. Gefallenen u. f. d. Arbeit z. Hebg. d. Sittlichkeit. Hrsg. v. Vorstande d. westdeutschen Sittlichkeitsvereins unt. Red. v. Kruse. 14.—17. Jahrg. 1895—1898. à 12 Nrn. (Bog.) hoch 4. Nebst: Aehrenlese, Kollektenbote z. Hebg. d. Sittlichkeit. 1895—1898. à 4 Nrn. (à 4 S) 8. Mülheim a/R. (Buchh. d. Evang. Vereinshauses). à Jahrg. 1. 50

Korrespondent, der, f. das Rettungswerk an den Gefallenen u. f. die Arbeit zur Hebung der Sittlichkeit. Hrsg. vom Vorstande des westdeutschen Sittlichkeitsvereins unter Red. v. Waubke. 18.—21. Jahrg. 1899—1902. à 12 Nrn. hoch 4. (à ca. 8 S.) Nebst: Aehrenlese. Kollektenbote zur Hebg. der Sittlichkeit. 1899—1902. à 12 Nrn. 8. (à ca. 4 S.) Mülheim a/R., Buchh. des ev. Vereinshauses. à Jahrg. 1. 50

— der, f. das Rettungswerk an den Gefallenen u. f. die Arbeit zur Hebung der Sittlichkeit. Hrsg. vom Vorstand des westdeutschen Sittlichkeitsvereins unter Red. v. Just. Jahrg. 1903—1905. à 12 Nrn. (à ca. 8 S.) Lex.-8. Nebst: Aehrenlese. Kollektenbote zur Hebg. der Sittlichkeit. 1903—1905. à 12 Nrn. (à ca. 4 S.) 8. Mülheim a/R., Buchh. des ev. Vereinshauses. à Jhrg. 1. 50

— der, f. das Rettungswerk an den Gefallenen u. f. die Arbeit zur Hebung der Sittlichkeit. Nebst: Aehrenlese. Kollektenbote f. die Sache zur Hebg. der Sittlichkeit. Hrsg. vom Vorstand d. westdeutschen Sittlichkeitsvereins unter Red. v. Ellger. Jahrg. 1907—1910 à 12 Nrn. (à Jahrg. 96 S.) gr. 8. Mülheim-Ruhr, Buchh. u. Kunsth. des ev. Vereinshauses. à Jahrg. 1. 50

Salzburger Korrespondent. Red. E. David. Druck Oberer. 2. Jahrg. 4. 3spaltig. Wöchentlich 1mal. 3 fl. 30 kr. jährlich. 1853.

Korrespondenz s. a.: Correspondenz.

Korrespondenz der Abteilung für Trinkbranntwein- und Likörfabrikation am Institut für Gärungsgewerbe in Berlin. Jg. 1, Nr 1. Berlin 1910: Unger. 4° [11. 2736

Korrespondenz der Ältesten der Kaufmannschaft von Berlin. Jg. 15—31 (1892—1908). Berlin, 1892—1908 u. ff.

Korrespondenz. — Astronomische Korrespondenz. Hrsg. u. bearb. auf Grund des v. Kgl. Astron. Recheninst. in Berlin ... u. von d. Zentralstelle f. astron. Telegr. in Kiel ... mitgeteilten Materials u. unter Mitw. hervorrag. Fachgelehrter von Arthur Stentzel. Jg. 1. Hamburg 1907: Hermann's Erben. 4°.

Korrespondenz, astronomische, m. der Beilage: Wissenschaft u. Technik. Illustr. Monatsschrift, hrsg. v. Arth. Stentzel. 4. Jahrg. 1910. 12 Nrn. (IV, 168 S.) 31,5×23,5 cm. Hamburg, Verlag der astronom. Korrespondenz. 12.—

Korrespondenz, autographirte. für L. Meister. Herausgegeben von B. Cramer in Leipzig. 1884. 4. Nr. 1—10. 120 S. u. 8 Bl. Circul.
Mit Nr. 10 im Decemb. 1884 wieder eingegangen.

Autographische Korrespondenz für L. Meister. Hrsg.: B[envenuto] Cramer. [Leipzig 1884.] 120 S. 4° [Kopftit.] cf. [Drei Schreiben Benv. Cramers, d. Hrsg. dieses Blattes betr.] [Dat.:] Leipzig 1883. 8 Bl. 4°; AutogrKfLmstr. 1884 S. 84 (O. Kayser), 92 (B. Cramer), 103—104.

Korrespondenz des 'Deutschen Bauernbundes'. Jg. 1, Nr 1. Berlin: Deutscher Bauernbund 1909. gr. 2° [11. 4879

Korrespondenz des Deutschen Bauernbundes. Red.: E. *Wehriede* [später Andere]. Als Ms. gedr. Jg. 1910. 1911. Berlin 1910. 1911. 2° *[Kopftit.]*
1910, Nr 1—45; 1911, Nr 1—9.
[Mehr nicht erschienen.]

Korrespondenz, Berliner kaufmännische, begründet 1876 in Brandenburg a. d. H. Zeitschrift für Volkswirthschaft, Handel und Statistik. Organ des Verbandes deutscher kaufmänn. Vereine, insbesondere Zentral-Organ des Vereins junger Kaufleute von Berlin. 13., neue Folge. 1. Jahrg. 1888. 24 Nrn. (à Nr. ca. 1 Bog.) gr. 4. Berlin, H. Spamer. *
Nicht weiter erschienen. — Frühere Jahrgänge, s. Correspondenz, kaufmännische.

KORRESPONDENZ DES BUNDES DER LANDWIRT(H)E. Verantwortlicher Redakteur, später: Verantwortlicher Redakteur und Verleger: J. HOFFMANN. Als Manuskript gedruckt
1895. Nr. 1—103. — 1896. Nr. 1—83. Berlin. Druck: Wilhelm Issleib (Inhaber Gustav Schuhr). (Ohne bes. Titelbl.) gr. 4°. — 1897. Nr. 1—72. — 1898. Nr. 1—27. ib. —
Verantwortlicher Redakteur und Verleger: V. SCHOULTZ:
1898. Nr. ib. 28—68. ib. —
Verantwortlicher Redakteur und Verleger: V. SCHOULTZ; von Nr. 54 an: O. KASTNER:
1899. Nr. 1—78. ib. — 1900. Nr. 1—72. ib. — 1901. Nr. 1—70. ib. —
Jahrg. 1902. Nr. 1—76. ib. — 1903. Nr. 1—70. ib. — 1904. Nr. 1—70. ib — 1905. Nr. 1—70. ib. — 1906. Nr. 1—75. ib. — 1907. Nr. 1—69. ib. 1907. — 1908. Nr. 1—73. (Verantw. Redakteur und Verleger: O. KASTNER, Berlin. Druck: „Deutsche Tageszeitung", Druckerei und Verlag, Aktienges., Berlin.) 1909. Nr. 1 — Nr. 72. ib. — 1910. Nr. 1 — Nr 65. ib. — 1911. Nr. 1 — Nr. 71. ib. —

Dt.-Brasilische Korrespondenz. Monatsschr. Jg 1—2. — Bln: Paetel 1898—1899. 4°
Forts. s.: Dt.-Brasilische Nachrichten und Dt.-Brasilische Korrespondenz.

[Korrespondenz.] Deutsche volkswirtschaftliche Korrespondenz. Jg. 31—33 (1906 - 1908). Berlin, 1906—1908 u. ff.

Deutsch-evangelische Korrespondenz. Parlamentskorrespondenz. Hrsg.: Kurt Schindowski. Jg. 1. Berlin 1902: Hempel & Co. 2° [F.] [07. 6635 4]

Korrespondenz, erste kaufmännische. Gabelsbergersche Monatsschrift f. Geschäftsstenographen. Lesebuch f. kaufmänn. Schulen. Begründet v. Joh. F. Herget. Hrsg. v. Eduard Schaible. 13. u. 14. Jahrg. 1907 u. 1908. à 12 Nrn. (238 u. 240 S.) 8. Wolfenbüttel, Heckner. à Jahrg. nn 2. 50
Fortsetzg., s.: Geschäftsstenograph, der.

Korrespondenz, Freikonservative. Hrsg. Fritz *Specht*. Als Ms gedr. Jg 2. Berlin 1909. 2°.

Korrespondenz, Freikonservative. *[Schließt mit Jg. 1912, Nr 30 ab.]*

Correspondenz [Korrespondenz] des Handelsvertragsvereins. Erscheint in zwangloser Folge. Nr. 1. Berlin: Liebheit & Thiesen 1900. 4°

KORRESPONDENZ der Heiligen aus dem Mittelalter, und Briefe der Narren aus den neuern Zeiten. 3 Pakete (Theile). Mit 1 Kupfer. Leipzig 1787—88. 8°. (1 fl. 45 xr. Scheible, vor 1870; 1 fl. 40 xr. Ö. W. Kuppitsch' Wwe., Wien, vor 1885; jetzt theurer!)

– der Erzbischöfe Johann Jakob u. Wolf Dietrich von Salzburg m. den Seckauer Bischöfen Georg IV. Agrikola u. Martin Brenner u. dem Vizedomamte zu Leibnitz, s.: Forschungen zur Verfassungs- u. Verwaltungsgeschichte der Steiermark. V 2.

— kirchliche, für die deutsche Tagespresse. Ausg. für Mitglieder des Evangel. Bundes. Hrsg. von Brecht. 2. Jahrg. 1888. 12 Nrn. (Bog.) gr. 4. Halle, Strien. *
Wochen-Ausg. (2 Bl.) unter Kreuzband *

Korrespondenz, kirchliche, f. die deutsche Tagespresse. Ausg. f. Mitglieder d. Evangel. Bundes. Hrsg. v. Brecht. Jahrg. 1889—1892. à Jahrg. 12 Nrn. (Bog.) gr. 4. Lpz., Buchh. d. Evangel. Bundes. à Jahrg. 3 —
Wird nur direkt an Mitglieder versandt.

Korrespondenz, kirchliche, Beilage, s.: Rundschau, litterar., f. d. evang. Deutschland.

KORRESPONDENZ DER KLASSE DES ACKERBAUES, DER KÜNSTE UND DES HANDELS, mit ihren nicht-residirenden und associirten Mitgliedern. (Ohne bes. Titelblatt. s. l. & a. (1803.)) 8°.

Korrespondenz. – Kolonial-politische Korrespondenz. Organ der Gesellschaft für deutsche Kolonisation und der Deutsch-Ostafrikanischen Gesellschaft. Jahrg. 3. 1887. Berlin 1887. 4°

— kurzschriftliche. Monatsschrift f. Heinsberger'sche Stenografen. Organ des Werbe-Vereins f. Heinsberger'sche Kurzschrift, sowie des Stenografen-Vereins „Heinsberger" in Altenburg, S. A. Schriftleitung: Theo Cämmerer. 2. Jahrg. 1899. 12 Nrn. gr. 8. (à ca. 8 u. 4 S.) Altenburg (Schnuphase). n. 2. —

Korrespondenz der Landwirtschaftskammer für die Provinz Schlesien. Als Ms. gedr. Jg. 1–3. 1905–1907. Breslau: Landwirtschaftskammer 1905–07. 3 Bde 4° [F.] [08. 3960]

Correspondenz, Liberale. Hrsg. H. G. *Erdmannsdörfer*. Jg 20. Berlin 1909. 4°.

Korrespondenz, litterarische, des Pädagogen Friedrich Eberhard v. Rochow mit seinen Freunden. Neu hrsg. und verm. von F. Jonas. gr. 8. (XXX, 274 S. mit 1 Portr.) Berlin 884, Oehmigke's Verlag. *

— litterarische, u. kritische Rundschau. Hrsg. v. Herm. Thom. 1. Jahrg. 1889. 12 Hefte. (à Heft 3 Bog.) 8. Lpz., Bouman. 1 50
— dass. — Monatsschrift zur Hebg. d. Schrifttums. Hrsg. v. Herm. Thom. Redact.: F. Diederich. 2. Jahrg. 1890. 12 Hefte. 8. (à Heft ca. 50 S.) Lpz., G. Körner. 3 —
— dass. — Hrsg. v. Herm. Thom. 3. Jahrg. 1891. 12 Hefte. 8. (à Heft ca. 80 S.) Lpz., Eisert u. Kurtze. * 3 —
Einzelne Hefte à — 25
Nicht weiter erschienen.

— litterarische, Fortsetzg., s.: Thom's litterar. Korrespondenz.

Korrespondenz der Mauriner mit den Emmeramern und Beziehungen der letzteren zu den wissenschaftl. Beweggn d. 18. Jhs. Von Dr. J[osef] A[nton] Endres. *Stuttgart & Wien: J. Roth 1899.* (102 S., 1 Bl.) 1 Bd 8. [99.4473]

Korrespondenz, militärische, des Prinzen Eugen von Savoyen. Aus österreich. Original-Quellen. Hrsg. von F. Heller. 1. Bd. (Jahr 1694 — 1702.) gr. 8. (XVI und 527 S. mit dem lithogr. Portr. des Prinzen.) Wien 848, Gerold, Verlag. *

— dass. — Hrsg. von Dems. 2. Bd. (Jahr 1703 bis Ende Aug. 1705.) gr. 8. (X und 662 S.) Ebds. 848. *

Monatliche Correspondenz [Korrespondenz] zur Beförderung der Erd- und Himmels-Kunde. Hrsg. von (Fr[anz] Frh.) von Zach. Bd 1-28. Gotha: Becker 1800-13. 8°

Bd 1.2: 1800.
Bd 3.4: 1801.
Bd 5.6: 1802.
Bd 7.8: 1803.
Bd 9.10: 1804.
Bd 11.12: 1805.
Bd 13, Jan.-Apr., Juni: 1806.
Bd 14: 1806.
Bd 15.16: 1807.
Bd 17.18: 1808.
Bd 19.20: 1809.
Bd 21.22: 1810.
Bd 23.24: 1811.
Bd 25.26: 1812.
Bd 27.28: 1813.

Korrespondenz, Musikalische- der Teutschen Filarmonischen Gesellschaft .. s.a. Realzeitung.

Musikalische Korrespondenz der teutschen Filarmonischen Gesellschaft für das Jahr 1790 [-1792]. – *Speyer*, 1790 [-1792]. In-8, 208, 416, 416 col. Bossler (Heinrich Philipp Karl)(Hrsg.)

Korrespondenz des Feldmarschalls Graf Peter Boris Petrowitsch Scheremetew mit Peter dem Grossen. [Russisch.] 5 Bde. 8. St. Petersburg 1774—76.

Korrespondenz, photographische. 1883-1900. Wien 1883-1900

Korrespondenz, Photographische. 1901-07 Wien 1901-07

— photographische. Begründet 1864 durch Ludw. Schrank. Eigentum der photograph. Gesellschaft in Wien. Zeitschrift f. Photographie u. verwandte Fächer. Organ des Vereins zur Pflege der Photographie u. verwandter Künste in Frankfurt a. M., des schweizer. Photographen-Vereins usw. Hrsg. unter Mitwirkung bedeut. Fachmänner v. der photograph. Gesellschaft in Wien. Red.-Komitee: Wilh. Burger, J. M. Eder, Art. Frhr. v. Aubl u. a. Red.: Paul Ruh. 40.—43. Bd. Jahrg. 1903—1906. à 12 Hefte. (à ca. 48 S. m. Abbildgn. u. Taf.) gr. 8. Wien, Verlag der photograph. Korrespondenz. à Jhrg. n. 10.—; vierteljährl. n. 3.—

— photographische. Begründet 1864 durch Ludw. Schrank. Eigentum der k. k. photograph. Gesellschaft in Wien. Zeitschrift f. Photographie u. verwandte Fächer. Organ des Vereines z. Pflege d. Photographie u. verwandter Künste in Frankfurt a. M., des schweizer. Photographen-Vereines usw. Hrsg. unter Mitwirkg. bedeut. Fachmänner v. der k. k. photograph. Gesellschaft in Wien. Red.-Komitee: Wilh. J. Burger, J. M. Eder, Art. Frhr. v. Hübl u. a. Red.: Wilh. J. Burger. 44—47. Bd. Jahrg. 1907—1910. à 12 Hefte. (VIII, 608; XII, 592; IX, 606 u. VIII, 614 S. m. Abb. u. Taf.) gr. 8. Wien, Photogr. Korrespondenz. à Jahrg. 10.—; viertelj. 3.—

Korrespondenz, Photographische. 1908-13. Wien 1908-13

Politische Korrespondenz Friedrichs des Grossen. 1.—5. Bd. (XVI. 1932) 8. Berlin 1879—80. 58,00.

* — politische, Friedrich's des Grossen. 32. bis 34. Bd. gr. 8. Berlin-Schöneberg, A. Duncker Verl. 52.—; Quart-Ausg. 74.—

* Der Titel lautet in Wirklichkeit: Correspondenz.

32. (682 S.) 908. 19.—; Quart-Ausg. 27.—
33. (V, 668 S.) 909. 20.—; Quart-Ausg. 28.—
34. (V, 407 S.) 910. 13.—; Quart-Ausg. 19.—

Bd. 1—31. Ebd. 879—908. 428.—, bezw. 606.—

— politische, des Herzogs u. Kurfürsten Moritz v. Sachsen. Hrsg. v. Erich Brandenburg. 1. Bd. (Bis zum Ende des J. 1543.) gr. 8. (XXIV, 761 S.) Leipzig 900. B. G. Teubner. n. 24.—

— politische, des Herzogs u. Kurfürsten Moritz v. Sachsen. Hrsg. v. Erich Brandenburg. II. Bd. (Bis zum Ende des J. 1546.) 2. Hälften. (XVIII, 1064 S.) Lex.-8. Leipzig 903. 904. B. G. Teubner. n. 34.—; geb. n. 38.—

Korrespondenz der Hren. v. Pruntrut, Delsberg, Saignelegier u. Münster mit d. Regierungsrath d. Republik Bern u. d. außerordentl. Hren. Commissarien vor, während u. nach d. militär. Besetzung d. kathol. Jura im März 1836. 3 Hfte. gr. 8. (16½ B.) Solothurn 837. (Thun, Christen.) Thlr. *

Korrespondenz der Sozial-Liga

(1) 1. Untertitel: Organ der Stillen im Lande, die trotz des Materialismus sich das Verständnis für die von den Vätern übernommenen Ideale gewahrt haben zu gegenseitigem Austausch der Anschauungen in Fragen des sozialen Lebens und deren praktischer Lösung (1892) (2) Korrespondenz der Schweizerischen Sozial-Liga (1894—Juni 1897). Schweiz. Aktions-Liga für gemeinnützliche Volkswirtschaft (Juli 1897—25. 11. 1897). Korrespondenz der Schweizerischen Aktions-Liga für gemeinnützliche Volkswirtschaft (15. 2. 1898—?). Die Bibel. Ihr Einfluß auf die sozialen Verhältnisse der Menschen (um 1901—August 1905). Correspondenz der schweizer. Sozial-Liga (November 1905—?) (5) Januar 1892—? (6) 8° (verkleinert um 1901) (7) Monatsblatt (8) Zürich: C. Aschmann (um 1896), G. Morf (15. 2. 1898—25. 4. 1899), G. Morf & Co. (20. 7. ? 1899—15. 9. 1899). H. Wirz (22. 12. 1899—?), Meyer & Hendess (um Juli 1905—?) (10) Bureau der Sozial-Liga, Zürich-Oberstraß (11) E. Suter, Civil-Ingenieur, Zürich (12) christlicher Sozialismus, vertritt die Interessen des Mittel- und Gewerbestandes, Kampf gegen die Sozialdemokratie (14) Be: L (1893—1899, 1901, 1905—Oktober 1907); Zh: SSA (1892—1897, 1906); Zh: Z (1892—1896).

Korrespondenz der Schweizerischen Sozial-Liga
s.a. Korrespondenz der Sozial-Liga.

* — der schweizer. Sozial-Liga üb. den Einfluß der Bibel auf unsere gesellschaftlichen Zustände. Von E. Suter. 6. u. 7. Lfg. (à 32 S.) 8. Zürich (Freiestr. 96) 906. 07. Bibliograph. Verlag. à — 30

* Titel lautet in Wirklichkeit: Correspondenz.

Korrespondenz für die deutschen Sozialisten und Arbeitervereine im Auslande
(3) Der Sozialdemokrat (Zh) (5) Oktober 1890—? (6) 2° (7) Wochenblatt (8) Zürich (10) W. Belles, Zürich (15) Nach einer Annonce in der Zeitung »Der Sozialdemokrat« (Zh), Nr. 39, v. 27. 9. 1891. Ob erschienen?

Correspondenz. K' zwischen den Herren Spezilikus, Langbein, Rizbel, Geizer, Bäckli und Cato. Ein Beitrag zur Tagesgeschichte im Lande Krebsikon. 8. Bern 1841.

— der technischen Stände, nebst Mitteilungen des techn. Hilfsvereins, E. V. Verein f. unentgeltl., nicht gewerbsmäss. Stellenvermittelg. Schriftleitung: Werner Heffter. 4. Jahrg. 1905. 24 Hefte. (à ca. 8 S. m. Abb.) 4. Berlin. Leipzig, C. A. Fischer. n. 5.—
Fortsetzg., s.: Kirchhoff's technische Blätter.

Korrespondenz, statistische. Hrsgbr.: E. Blenck. 12.—14. Jahrg. 1886—1888. à Jahrg. 48 Nrn. gr. 4. (à Nr. ca. 2 Bl.) Berlin, Verlag des k. statist. Bureaus. à Jahrg. **
11. Jahrg., s. Correspondenz.
Weder im Buchhandel, noch im Postvertrieb. — [Kann nur direct vom Verlag des statist. Bureau bezogen werden.

—— statistische. Hrsgbr.: E. Blenck. 15.—18. Jahrg. 1889—1892. à Jahrg. 48 Nrn. gr. 4. (à Nr. ca. 2 Bl.) Berl., Verl. d. k. statist. Bureaus. à Jahrg. ** 25 —

— stenographische. Monatschrift zur Förderung der Gabelsberger'schen Stenographie. Hrsg.: Der deutsche Gabelsberger Stenographen-Verein in Wien. Schriftleiter: Eduard Trigler. 12. u. 13. Jahrg. 1904 u. 1905. à 12 Nrn. (à ca. 8 S. u. 8 autogr. S.) gr. 8. Wien (XVIII/1, Schumanngasse 39), Administration. à Jhrg. n. 3.—

Korrespondenz der Centralstelle der Preussischen Landwirtschaftskammern. Als Ms. gedr. [Hrsg.] *Jürgens* (später von anderen). Jg 1 ff. Berlin 1901 ff. 4°.
1. 1901/02—5. 1906.
[Seit 1907 vereinigt mit d. Mitteilungen d. Centralst. d. Preuss. Landwirtsch. . .]
6. 1907—8. 1909.

Korrespondenz: Zionistische Korrespondenz
(4) Zionistische Monats-Hefte (5) 19. 4. 1903—10. 7. 1903 (4 Nummern) (6) 4° (7) Wochenblatt (8) Bern: Unionsdruckerei (10) D. Pasmanik, Genf, und Lazar Felix Pinkus, Bern-Genf (11) Lazar Felix Pinkus (12) für den zionistischen Gedanken (13) Jüdisches Lexikon IV/I (Berlin, 1930), p. XIV der Preßübersicht (14) Be: L.

Korrespondenzblatt, s.a. Anzeiger für die Ämter Seftigen und Schwarzenburg

Korrespondenzblatt, s.a. Bauernzeitung. – Allgemeine Schweizer Bauernzeitung

Korrespondenzblatt, s. a.: Correspondenzblatt.

Korrespondenzblatt, s.a. Korrespondenzblatt. – Berner Korrespondenzblatt

Korrespondenz-Blatt. Organ für Vertretung der Interessen des Buchhandels im Allgemeinen und der Buchhandlungs-Gehülfen insbesondere. Jhg. 1. 2. 1868—1869. Cassel. 4.

—— Offizielles Organ des deutschen Malerbundes und sämmtlicher Provinzial-Maler-Verbände Deutschlands. Fachblatt für Zimmer- und Dekorationsmaler, Lackirer und deren Fachgenossen. Red.: A. Koenig. Jhg. 6—10. 1882—86.
—— Offizielles Organ des deutschen Malerbundes und der Provinzial-Maler-Verbände. Fachblatt ... [wie oben.] Red.: A. Koenig. Jg. 11—14. 1887—90. Berlin. gr. 4.

Korrespondenzblatt (Be)
⑤ 1883—1885 ⑦ halbmonatlich ⑧ Bern ⑬ BGSZ: 12, 973.

— Organ d. stenotach. korrespond. Lehrer-Vereinigg. 4. u. 5. Jahrg. 1896—1897. à 12 Nrn. (Bog.) gr. 8. Rellinghausen a/R. Lehrer J. Gerkon.
à Jahrg. n.n. 2. 80; f. Mitglieder d. Vereinigg. n.n. 2. 40
1. Jg. 1896.

— dasselbe. 6. Jahrg. 1898. 12 Nrn. (à ca. 8 S) gr. 8. Ebd. n. 2. —; f. Mitglieder d. Vereinigg. n. 1. 60

— Organ der allgem. deutschen stenotach. korrespond. Lehrer-Vereinigung 7. Jahrg. 1899. 12 Nrn. gr. 8. (à ca. 8 S.) Rellinghausen a. d. Ruhr, Lehrer J. Gerken. n. 2. —

— Organ d. Lehrer-Verbandes f. Stenotachygraphie. 8. Jahrg. 12 Nrn. gr. 8. (à ca. 16 S.) Ebd. n. 2. —
Fortsetzung s.: Echo.

Korrespondenzblatt (Zh)
① Organ des Verbandes der in Buchbindereien und in der Papier- und Ledergalanterie-Industrie beschäftigte Arbeiter und Arbeiterinnen der Schweiz ③ Schweizerische Buchbinder-Post ④ Arbeiterstimme (zeitweilige Fusion); später: Der Buchbinder - Le Relieur ⑤ 1. 5. 1899—1. 6. 1901 ⑥ 4° ⑦ Monatsblatt ⑧ Zürich: Buchdruckerei des Schweiz. Grütlivereins ⑩ Centralvorstand des Schweiz. Buchbinderverbandes St. Gallen ⑪ Centralvrstand (1. 5. 1899—1. 7. 1899. 1. 10. 1899—1. 6. 1901), Gg. Knispel, Zürich (1. 8. 1899 —1. 9. 1899) ⑫ Gewerkschaftsbewegung, sozialistisch ⑭ Be: L.

— Amtliche Zeitschrift des kgl. stenograph. Instituts zu Dresden. Schriftleiter: Clemens. 46. u. 47. Jahrg. 1901 u. 1902. à 12 Nrn. gr. 8. (à ca. 32 S.) Dresden (A. Huhle). à Jahrg. n.n. 2. —
Vergl.: Correspondenzblatt des königl. stenograph. Instituts zu Dresden.

— Amtliche Zeitschrift des königl. stenograph. Instituts zu Dresden. Schriftleiter: Clemens. 48.—50. Jahrg. 1903—1905. à 12 Nrn. (1904—1906: VII, 376; VIII, 384 u. VIII, 376 S. m. 4, 6 u. 7 Taf.) 8. Dresden, B. G. Teubner. à Jhrg. n.n. 2. —

— Amtliche Zeitschr. des kgl. stenograph. Landesamts zu Dresden. Schriftleiter: Clemens. 55. Jahrg. 1910. 12 Nrn. (à ca. 32 S. u. 2 autogr. S.) 8. Dresden, B. G. Teubner. 2. —

Correspondenzblatt. K'. Hrg. von Freunden des neuen Wehrgesetzes. 1907. 5 Nrn. Bern, 2.—25. Oktober. [Mit 1 Tabelle zu Nr. 4.] *je* 8 S. 8. (Bern, Haller.)

Korrespondenzblatt des A.H.V. der Studentenverbindung «Halleriana»
② Korrespondenzblatt der Studentenverbindung «Halleriana» (?—24. 7. 1906—?), Korrespondenzblatt der Studentenverbindung Halleriana bernensis und Manessia turicensis (?—19. 10. 1907—12. 12. 1927), Der Hallerianer (30. 5. 1928 cont.) ⑤ 1. 9. 1903 (cont.) ⑥ 8° ⑦ jährlich 2× (1. 9. 1903—1911, 1937 cont.); Quartalschrift (1912—1936) ⑧ Bern: Bühler & Werder, Buchdruckerei zum «Althof» (1. 9. 1903—10. 12. 1903), Hallersche Buchdruckerei (1. 9. 1904—1906—?), Ott & Bolliger (?—1911—14. 12. 1918), Bolliger & Eicher (29. 3. 1919—6. 10. 1928); Solothurn E. Gigandet (8. 12. 1928—Dezember 1942); Biel: Andres & Co. (Juni 1943—November 1953); Pratteln: Früh AG (Mai 1954 cont.) ⑨ Studentenverbindung Halleriana Bern ⑪ Sekretäre der Verbindung ⑬ H. Wagner: 50 Jahre Hallerianer. «Der Hallerianer» Nr. 1 v. Mai 1953 ⑭ Be: L.

Korrespondenzblatt für studierende Abstinenten
v. Correspondenzblatt für studierende Schweizer-Abstinenten

Korrespondenzblatt des Archivs d. schweiz. permanenten Ausstellung in Zürich. In-8°. Zürich, J. Herzog. 1878. I. Jahrg. complet. 1 50

Korrespondenzblatt des Archivs d. schweiz. permanenten Schulausstellung in Zürich. II. Jahrg. 1879. 1/2 pro 4 Nummern. In-8° Zürich, J. Herzog. 1 50

Korrespondenzblatt der deutschen Archive. Organ für die Archive Mittel-Europa's. Redakt.: Burkhardt. Bd. 1. 2. 1878—81. (Jhg. 1—3.) Leipzig. gr. 8. (HRG.; D.)

* — f. die Ärzte der Prov. Hessen-Nassau. Hrsg. v. der Ärztekammer der Prov. Hessen-Nassau. Red.: Seligmann. Jahrg. 1907—1910. à 4 Hefte. (IV. Bd. 13.—16. Heft u. V. Bd. 1.—4. Heft.) (IV. Bd. 13.—16. S. 449—878; V. Bd. 1.—4. S. 1—478.) gr. 8. Frankfurt a/M., H. Minjon. à Jahrg. 3. —

* — für Schweizer Aerzte. Hrsg. v. A. Jaquet u. P. v. der Mühll. 37.—40. Jahrg. 1907—1910. à 36 Nrn. (à ca. 32 S. m. Fig. u. Taf.) Lex. 8. Basel, B. Schwabe & Co. 1907 u. 08 à 9.60; 1909 u. 10 à Jahrg. 11. 20

Korrespondenzbl. d. Ärztekammer u. d. Ärztevereine d. Prov. Brandenburg u. d. Stadtkreises Berlin. Jahrgang 1—5. Berlin 1888—92.

* — bayerisches ärztliches. Organ f. die Interessen des ärztl. Standes. Offizielles Organ vieler ärztl. Bezirksvereine des Königr. Bayern. Hrsg. v. Nobiling u. Frdr. Bauer. 10. u. 11. Jahrg. 1907 u. 1908. à 24 Nrn. (à ca. 12 S.) 31,5×23,5 cm. München, [Seitz & Schauer]. Heidelberg, J. Hörning. à Jahrg. 6. —

* — dasselbe. 12. u. 13. Jahrg. 1909 u. 1910. à 24 Nrn. (276 u. 244 S.) 31,5×23,5 cm. München, Verlag der ärztl. Rundschau. à Jahrg. 6. —

— der Berliner Vereine zur Bekämpfung der öffentlichen Sittenlosigkeit. Red.: Niemann. 1.—4. Jahrg. 1887 —1890. à 12 Nrn. (B.) gr. 4. Berlin, Buchhandlg. d. Berliner Stadtmission. à Jahrg. n. 1. —
Erschien früher u. d. T.: Frauenbund.

— zur Bekämpfung der öffentlichen Sittenlosigkeit. Verbands-Zeitg. der Sittlichkeitsvereine in Berlin, Dresden, Breslau rc. Red.: Niemann. 5.—8. Jahrg. 1891—1894. à 12 Nrn. (Bog.) gr. 4. Berlin. (Leipzig, R. Werther.) à Jahrg. n. 1. —

— z. Bekämpfg. d. öffentl. Sittenlosigkeit. Verbands-Zeitg. d. Sittlichkeitsvereine in Berlin, Dresden, Breslau rc. Red.: Niemann. 9.—12. Jahrg. 1895—1898. à 12 Nrn. (Bog.) gr. 4. Berlin. (Leipzig, H. G. Wallmann.) à Jahrg. n. 1. —

— zur Bekämpfung der öffentlichen Sittenlosigkeit. Verbands-Zeitg. der Sittlichkeitsvereine in Berlin, Braunschweig, Breslau rc. Red.: Niemann. 13.—16. Jahrg. 1899—1902. à 12 Nrn. gr. 4. (à ca. 8 S.) Berlin. (Leipzig, H. G. Wallmann.) à Jahrg. n. 1. —

Korrespondenzblatt zur Bekämpfung d. öffentlichen Sittenlosigkeit. Hrsg. vom Vorstand der Allgemeinen Konferenz der deutschen Sittlichkeitsvereine unter Red. v. Niemann u. dem derzeit. Generalsekretär der Vereine Bohn. Verbands-Zeitg. der Sittlichkeitsvereine in Berlin, Breslau, Dresden usw. 17.—20. Jahrg. 1903—1906. à 12 Nrn. (à ca. 8 S.) Lex.-8. Berlin. (Leipzig, H. G. Wallmann.) à Jhrg. n. 1. —

— zur Bekämpfg. der öffentl. Sittenlosigkeit. Hrsg. v. Vorstand der Allgemeinen Konferenz der deutsch. Sittlichkeitsvereine unter Red. v. Niemann u. dem derzeit. Generalsekretär der Vereine Bohn. Verbands-Zeitung der Sittlichkeitsvereine in Berlin, Breslau, Dresden usw. 21. Jahrg. 1907. 12 Nrn. (à ca. 8 S.) Lex. 8. Berlin. (Leipzig, H. G. Wallmann.) 1. —
Fortsetzg., s.: Zeitschrift der deutsch-evangel. Vereine zur Förderung der Sittlichkeit.

Berner Korrespondenzblatt
(5) 1894 (cont.) (6) 4° (7) unregelmäßig (8) Bern (10) Centralvorstand der freisinnig-demokratischen Partei (12) freisinnig (13) BGSZ: 973.

Korrespondenzblatt der Schweizerischen Buchdrucker-Gewerkschaft
(1) Heute: Organ der Schweizer Buchdrucker-Gewerkschaft und des Christlichen Buchbinder-Verbandes (1. 4. 1936 cont.) (2) Graphische Rundschau (1. 1. 1921 cont.) (5) Dezember 1908 (cont.) (6) 2° (7) Monatsblatt (Dezember 1908—Juni 1909); monatlich 2× (15. 7. 1909—15. 6. 1936); alle 14 Tage (3. 7. 1936 cont.) (8) Zürich: Buchdruckerei Berichthaus (vorm. Ulrich & Co.) (Dezember 1908—15. 12. 1910; 15. 8. 1914—1. 4. 1915); Basel: Frobenius AG (1. 1. 1911—1. 8. 1914); Winterthur: Konkordia (15. 4. 1915 cont.) (10) Schweizerische Buchdrucker-Gewerkschaft (Dezember 1908—15. 12. 1920), Graphischer Industrie-Verband der Schweiz (1. 1. 1921—15. 3. 1936), Schweizer Buchdrucker-Gewerkschaft und Christlicher Buchbinder-Verband (1. 4. 1936 cont.) (11) E. Hartmann-Pfenninger, Zürich (Dezember 1908—15. 12. 1910, 15. 8. 1914—15. 3. 1915), L. Klethi, Basel (1. 1. 1911—1. 8. 1914), G. Pichler, Zürich (1. 4. 1915—1. 1. 1916), Viktor Glattfelder, Luzern (15. 1. 1916—27. 1. 1939), E. N. Dällenbach, Zürich (14. 7. 1939—19. 7. 1946), H. Schmieder, Winterthur (24. 2. 1939—30. 6. 1939, 2. 8. 1946 cont.) (12) christlichsozial (14) Bs: WA; Be: L (1925 cont.); Zh: SA (1921 cont.).

Korrespondenzblatt des Bernisch-kantonalen Bureaulisten-Vereins
v. **Korrespondenzblatt** des stadtbernischen und des Bernisch-kantonalen Bureaulistenvereins.

Korrespondenzblatt des stadtbernischen und des Bernisch-kantonalen Bureaulistenvereins
(1) 1. Untertitel: Organ des Bernisch-kantonalen Bureaulisten-Vereins (ab 1. 1. 1889) (2) Korrespondenzblatt des Bernisch-kantonalen Bureaulisten-Vereins (26. 1. 1898—23. 11. 1898), Bernische Bureau-Zeitung (I) (1. 1. 1899—1. 8. 1905), Schweizerische Bureau-Zeitung - Journal suisse des Employés de Bureau (15. 8. 1905—15. 9. 1908), Bureau-Zeitung (1. 10. 1908—1. 6. 1913) (4) Bernische Bureau-Zeitung (II) (5) Probenummer am 23. 5. 1896; 23. 6. 1896—1. 6. 1913 (6) 4°; 2° (ab 26. 1. 1898) (7) Monatsblatt (23. 5. 1896—23. 11 1898 u. 1. 10. 1908—1. 6. 1913); halbmonatlich (1. 1. 1899—15. 9. 1908) (8) Bern: Neukomm & Zimmermann (23. 5. 1896—23. 11. 1898), Stalder & Sieber (1. 1. 1899—1. 10. 1903), Karl Baumann (ab 15. 10. 1903) (10) die Vorstände des stadtbernischen und des Bernisch-kantonalen Bureaulistenvereins — in der Folge die Vorstände weiterer im Untertitel angeführter Verbände (v. sub 12) (11) S. Marti, G. Horrisberger, Dr. Aug Faasl, J. Weibel, Chr. Jenzer-Eicher, J. Kaderli (12) Verbandsorgan von· Stadtbernischer Bureaulistenverein, Bernisch-kantonaler Bureaulistenverein, Schweizerischer Bureau- und Handelsangestellten-Verband, Bernischer Beamten- und Angestelltenverband (14) Be: L (15) Verbandsnachrichten, daneben Tagespolitik. Deutscher und französischer Text.

Korrespondenzblatt der Comenius-Stiftung zu Leipzig. 1. Bd. 12 Nrn. (B.) gr. 8. Leipzig 873. Siegismund & Volkening in Comm. n. 1. 50

— der Diaconissen v. Neuendettelsau. Red.: Herm. Bezzel. 44. u. 45. Jahrg. 1901 u. 1902. à 12 Nrn. gr. 4. (à 4 S.) Nördlingen (C. H. Beck). à Jahrg. n. 1. 40

— der Diakonissen von Neuendettelsau. Red.: Herm. Bezzel. 46.—49. Jahrg. 1903—1906. à 12 Nrn. (à Jahrg. 48 S.) gr. 4. Nördlingen, (C. H. Beck). à Jhrg. n. 1. 50

— der Diakonissen v. Neuendettelsau. Red.: Herm. Bezzel u. seit 1910: Wilh. Eichhorn. 50.—53. Jahrg. 1907—1910. à 12 Nrn. (à Jahrg. 48 S.) Lex. 8. Nördlingen, C. H. Beck. à Jahrg. 1.50

— für Fischzüchter, Teichwirte u. Seenbesitzer. Red.: Paul Vogel. 14.—17. Jahrg. 1907—1910. à 24 Nrn. (532, 528, 494 u. 492 S.) gr. 8. Bautzen, E. Hübner. 1907. 08 à 6. —; 1909. 10 à Jahrg. 8. —

Korrespondenzblatt zur Förderung der Feuerbestattung. Organ für Mittheilungen u. Berichte aller in deutscher Sprache correspondirenden Vereine für Feuerbestattung. Herausg. von R. Jacob. Jhg. 1—2. H. 1. Weilburg 1875—76. (Berlin.) gr. 8.
Später: Die Urne.

— für die evang. luth. Geistlichen in Bayern. Im Auftrage d. Ausschusses der Pastoralkonferenz. Red.: Beck. 10. u. 11. Jahrg. 1885 u. 1886. à 52 Nrn. (1/2 B.) gr. 8. Rothenburg o/d. Tbr., (Peter). à Jahrg. n.n. 3. —
1. Jg. 1875.

— für die evang.-luther. Geistlichen in Bayern. Red.: Pachelbel. 12. Jahrg. 1887. 52 Nrn. (1/2 B.) gr. 8. Rothenburg o/d. Tbr., (Peter). n. 3. —

— dasselbe. Jahrg. 1888—1890. à 52 Nrn. (1/2 B.) gr. 8. Ebd. à Jahrg. n. 3. 60

— für die evang. luth. Geistlichen in Bayern. Red.: Pachelbel. 16. Jahrg. 1891. 52 Nrn. (1/2 Bog.) gr. 8. Rothenburg o/d. Tbr. (Peter). n.n. 3. 60

— dasselbe. Red.: Sperl. 17.—19. Jahrg. 1892—1894. à 52 Nrn. (1/2 Bog.) gr. 8. Ebd. à Jahrg. n.n. 3. 60

— für die evang.-luth. Geistlichen in Bayern. Red.: Sperl. 20. u. 21. Jahrg. 1895—1896. à 52 Nrn. (à ca. 8 S.) gr. 8. Rothenburg o/d. Tbr. (Peter.) à Jahrg. n.n. 3. 60

— dasselbe. Red.: Ph. Bachmann. 22. Jahrg. 1897. 52 Nrn. (Bog.) hoch 4. Rothenburg o/d. Tbr. (Nürnberg, G. Löhe.) n.n. 3. 60

— dasselbe. Red.: Ph. Bachmann. 23. Jahrg. 1898. 52 Nrn. (Bog.) gr. 4. (Nürnberg, G. Löhe). n.n. 3. 20
Kann auch halbjährlich bezogen werden.

— für die evangelisch-lutherischen Geistlichen in Bayern. Red.: Ph. Bachmann. 24. Jahrg. 1899. 52 Nrn. gr. 4. (à ca. 8 S.) Nürnberg (G. Löhe). n.n. 3. 20

Korrespondenzblatt für die Gelehrten- und Realschulen Württembergs. 1859. 60 und 1888-1900. Tübingen, Stuttgart 1859. 60 und 1888-1900

— für die Gelehrten- u. Realschulen Württembergs. Hrsg. v. H. Bender u. Fr. Ramsler. 32. u. 33. Jahrg 1885 u. 1886. à 12 Hfte. gr. 8. (1. u. 2. Hft. 96 S.) Tübingen, Fues. à Jahrg. n. 10. —
1.:

— f. die Gelehrten- u. Realschulen Württembergs. Hrsg. v. H. Bender u. Fr. Ramsler. 34.—37. Jahrg. 1887—1890. à 12 Hfte. gr. 8. (à Hft. ca. 50 S.) Tübingen, Fues. à Jahrg. n. 10. —

— dasselbe. 36. Jahrg. 1889. Jubiläums-Heft. gr. 8. Ebd. n. 1. 50
Ludwig Uhland u. seine Stellung im deutschen Geistesleben v. B. Pfeiffer. (49 S.)

— für die Gelehrten- u. Realschulen Württembergs. Hrsg. v. H. Bender u. Fr. Ramsler. 38.—40. Jahrg. 1891—1893. à 12 Hfte. gr. 8. (à Hft. ca. 48 S.) Tübingen, F. Fues. à Jahrg. n. 10. —

Korrespondenzblatt der Apostolisch-Christlichen Gemeinden in Brasilien, Nordamerika und Deutschland: 1895 - 1900?
Weekly. Sub-title. Sonntagsblatt
Joinville

Korrespondenzblatt der Generalkommission der Gewerkschaften Deutschlands. Hamburg 1891 ff.

Korrespondenzblatt der Generalkommission der Gewerkschaften Deutschlands. 1902-07. 4° Hamburg 1902-07

Korrespondenzblatt der Generalkommission der Gewerkschaften Deutschlands. 1908-13. Berlin 1908-13

*Korrespondenz-Blatt der Generalkommission d. Gewerkschaften Deutschlands. Red.: P. Umbreit. 20. Jahrg. 1910. 52 Nrn. (à ca. 16 S.) Lex. 8. Berlin, (Buchh. Vorwärts). 10. —

Genossenschaftliches Korrespondenzblatt. Jg.3, 1908. Jg.5, 1910. Berlin: Hauptverband dt. gewerblicher Genossenschaften 1908-10.

— des Gesammtvereins der deutschen Geschichts- u. Alterthumsvereine. Hrsg. v. dem Verwaltungsausschusse d. Gesammtvereins in Berlin. Red.: R. Béringuier. 33. u. 34. Jahrg. 1885 u. 1886. à 12 Nrn. (B. m. lith. Beilagen.) gr. 4. Berlin, (Mittler & Sohn). à Jahrg. n. 5. —

— des Gesammtvereins der deutschen Geschichts- und Alterthumsvereine. Hrsg. v. dem Verwaltungsausschusse d. Gesammtvereins in Berlin. Red.: R. Béringuier. 35.—38. Jahrg. 1887—1890. à 12 Nrn. (à 1—1½ B.) gr. 4. Berlin, (Mittler & Sohn). à Jahrg. n. 5. —

— des Gesammtvereins der deutschen Geschichts- u. Alterthumsvereine. Hrsg. v. dem Verwaltungsausschusse d. Gesammtvereins in Berlin. Red.: R. Béringuier. 39. u. 40. Jahrg. 1891. 1892. à 12 Nrn. (à ca. 1½ Bog.) gr. 4. Berlin, (E. S. Mittler & Sohn). à Jahrg. n. 5. —

— dasselbe. Red.: Fr. Meinecke. 41. Jahrg. 1893. 12 Nrn. (à ca. 1½ Bog.) gr. 4. Ebd. n. 5. —

— dasselbe. Red.: E. Berner. 42. Jahrg. 1894. 12 Nrn. (à ca. 1½ Bog.) gr. 4. Ebd. n. 5. —

— d. Gesammtvereins d. deutschen Geschichts- u. Alterthumsvereine. Hrsg. v. d. Verwaltungsausschusse d. Gesammtvereins in Berlin. Red.: E. Berner. 43. Jahrg. 1895. 12 Nrn. (à ca. 12 S.) gr. 4. Berlin (E. S. Mittler & Sohn). n. 5. —

— dasselbe. Red.: P. Bailleu. 44.—46. Jahrg. 1896—1898. à 12 Nrn. (à ca. 2 Bog.) gr. 4. Ebd. à Jahrg. n. 5. —

— des Gesammtvereins der deutschen Geschichts- u. Alterthumsvereine. Hrsg. v. dem Verwaltungsausschusse des Gesammtvereins in Berlin. Red.: P. Bailleu. 47.—50. Jahrg. 1899—1902. à 12 Nrn. gr. 4. (1900: 228 S.; 1901: 212 S.) Berlin (E. S. Mittler & Sohn). à Jahrg. n. 5. —
Die Jahrgge. 1899 u. 1902 sind vergriffen.

— des Gesamtvereins d. deutschen Geschichts- u. Altertumsvereine. Hrsg. von dem Verwaltungsausschusse des Gesamtvereins in Berlin. Red.: P. Bailleu. 51.—54. Jahrg. 1903—1906. à 12 Nrn. (IX, 252 S.; VIII, 504; VIII, 484 u. VIII, 552 Sp.) 4. Berlin, (E. S. Mittler & Sohn). à Jhrg. n. 5. —

— des Gesamtvereins der dtschn. Geschichts- u. Altertumsvereine. Hrsg. v. dem Verwaltungsausschusse des Gesamtvereins in Berlin. Red.: P. Bailleu. 55.—58. Jahrg. 1907—1910. à 12 Nrn. (à ca. 48 Sp.) 30,5 × 23 cm. Berlin, (E. S. Mittler & Sohn). à Jahrg. 5. —

Korrespondenzblatt d. ges. deutsch. Geschichts- u Altert.-Ver. 1882. Darmstadt 1882

Korrespondenz-Blatt der Deutschen Gesellschaft für Anthropologie. Ethnologie u. Urgeschichte. Jg. 1—35. 1870/71—1904. — Braunschweig: Vieweg 1874—1905. 8° u. 4°

Korrespondenzblatt der Deutschen Gesellschaft für Anthropologie, Ethnologie und Urgeschichte. Hrgg. v. Georg Thilenius. (Jg 36 v. Johannes Ranke, Jg. 37—39 v. Johannes Ranke u. Georg Thilenius.) Jg. 36, 1905 — Jg. 51, 1920. Braunschweig. (Jg. 36: München.) 1906—20. 4°

— der deutschen Gesellschaft für Anthropologie, Ethnologie u. Urgeschichte. Hrsg. v. Johs. Ranke u. Geo. Thilenius. 37. Jahrg. 1906. 12 Nrn. (IV, 168 S.) Lex.-8. Braunschweig, F. Vieweg & Sohn. n. 4. —
Erschien bisher nur als Beilage des „Archiv f. Anthropologie".

Korrespondenz-Blatt der deutschen Gesellschaft f Anthropologie, Ethnologie u. Urgeschichte. Hrsg. v. Geo. Thilenius. 38.—41. Jahrg. 1907—1910. à 12 Nrn. (IV, 189; IV, 149; IV, 103 u. IV, 129 S. m. Abb.) Lex. 8. Braunschweig, F. Vieweg & Sohn. à Jahrg. 4. —

Korrespondenzblatt der deutschen Gesellschaft für Psychiatrie und gerichtliche Psychologie. Herausg. von deren Vorstand Bergmann, Mansfeld, Erlenmeyer, Eulenburg. Redig. von Erlenmeyer. Jhg. 1—9. 1854—1862. — Herausg. von Kelp u. A. Jhg. 10—20. 1863—71. — Herausg. u. red. von A. Erlenmeyer. Jhg. 21—23. 1875—77. Neuwied. gr. 4.
Später: Archiv d. deut. Gesellsch. Jhg. 16—17. 1869—70 [illegible]: Archiv d. deut. Ges. ... verbunden mit dem Correspondenzblatte. Herausg. von Kelp. u. a. m.

Korrespondenzblatt der Studentenverbindung Halleriana bernensis und der Manessia turicensis
v. Korrespondenzblatt des A.H.V. der Studentenverbindung «Halleriana».

Korrespondenzblatt der Handwerkskammer zu Düsseldorf f. d. Reg.-Bez. Düsseldorf. Jg. 6 ff. 1905/06. Düsseldorf 1905 ff. 4°.

Korrespondenz-Blatt für gewerbliche Interessen von u. für Niederbayern. Hrsg. von dem Kreis-Gewerbe-Verein f. Niederbayern in Landshut. 1 u. 2. Jahrg. 1849 u. 1850. à ca. 12 Nrn. Imp. 4. (B.) Landshut, Rietsch. à Jahrg. n. ⅔ ℔

Korrespondenzblatt des evangelischen Kirchengesangvereins für Deutschland. Herausg. von dem Vorstande des Central-Ausschusses. Jhg. 1—9. 1887—95. Darmstadt. gr. 8.

— des evangelischen Kirchengesangvereins f. Deutschland. Hrsg. v. dem Vorstande des Zentralausschusses. Red.: Herm. Sonne. 17.—20. Jahrg. 1903—1906. à 12 Nrn. (à ca. 16 S.) 8. Leipzig, Breitkopf & Härtel. à Jhrg. n. 2. —

— des evangelisch. Kirchengesangvereins f. Deutschland. Hrsg. v. dem Vorstande des Zentralausschusses. Red.: Herm. Sonne. 21.—24. Jahrg. 1907—1910. à 12 Nrn. (VIII, 172; VIII, 164; VIII, 168 u. VIII, 184 S.) 8. Leipzig, Breitkopf & Härtel. à Jahrg. 2. —

Correspondenz-Blatt für den kath. Clerus Oesterreichs. Redig. v. Berthold Anton Egger, Chorherr von Klosterneuburg. 4. I. Jahrg. 1882. (24 Nrn. à 1½—2 Bogen) 75 kr. netto baar. Wien: Fromme 1882.

Correspondenz-Blatt für den katholischen Clerus Oesterreichs. Redigirt vom Chorherrn Berthold Anton Egger. 10. Jahrgang. 1891. 24 Nrn. (B.) Gr.-4. Wien: Fromme 1891. * 2.50

Correspondenz-Blatt für den katholischen Clerus Oesterreichs 21. Jahrg. 1902. Fol. ercheint in 24 Nrn. compl. K 6.— Wien: Fromme 1902.

— für den katholischen Klerus Oesterreichs. Begründet v. B. A. Egger. Red. v. Roman G. Himmelbauer. 22.—25. Jahrg. 1903—1906. à 24 Nrn. (IV, 554; IV, 496; IV, 508 u. IV, 512 Sp.) Nebst: Hirtentasche. Pastoralblatt. Red. v. R. Breitschopf. Verantwortlich: Arth. Kirchner. 25.—28. Jahrg., der neuen Folge. 16.—19. Jahrg. à 12 Nrn. (à 8 Sp.) u. Augustinus. Literaturblatt. Chefred.: Roman G. Himmelbauer. Verantwortlich: Arth. Kirchner. 12 Nrn. (à 8 Sp.) gr. 4. Wien, C. Fromme. à Jahrg. n.n. 6. —

Korrespondenzblatt für den katholischen Klerus Österreichs. 26. Jahrg. 1907. 4°. Erscheint in 24 Nrn. kompl. K 6.—

Korrespondenzblatt für den katholischen Klerus Österreichs. 27. Jahrg. 1908. 4°. Erscheint in 24 Nrn. kompl. K 6.—

— für den kathol. Klerus Österreichs. Begründet v. B. A. Egger. Red. v. Roman G. Himmelbauer. 26.—29. Jahrg. 1907—1910. à 24 Nrn. (à ca. 50 Sp.) Nebst: Hirtentasche. Pastoralblatt. Red. v. R. Breitschopf. 28.—32. Jahrg., der neuen Folge 19.—23. Jahrg. à 12 Nrn. (à 8 Sp.) u. Augustinus. Literaturblatt. Chef-red.: Roman G. Himmelbauer. Verantwortlich: Arth. Kirchner. à 12 Nrn. (à ca. 8 Sp.) 33,5×26,5 cm. Wien, C. Fromme. à Jahrg. nn 6. —

— für die Evangelische Konferenz in Baden. Red.: Reinmuth. Jahrg. 1889. 1890. à 12 Nrn. (1/2 B.) gr. 4. Karlsruhe, (Evang. Schriftenverein f. Baden). à Jahrg. n. 1.40

— für die Evangelische Konferenz in Baden. Red.: Reinmuth. 4.—7. Jahrg. 1891—1894. à 12 Nrn. (1/2 Bog.) gr. 4. Karlsruhe, (Evang. Schriftenverein). à Jahrg n. 1.40

— f. d. Evangel. Konferenz in Baden. Red.: Reinmuth. 8.—11. Jahrg. 1895—1898. à 52 Nrn. (à ca. 4 S.) gr. 4. Karlsruhe (Evang. Schriftenverein). à Jahrg. n. 1.40

— für die Evangelische Konferenz in Baden. Red.: Reinmuth. 12. u. 13. Jahrg. 1899 u. 1900. à 52 Nrn. gr. 4. (à ca. 8 S.) Karlsruhe (Ev. Schriftenverein). à Jahrg. n. 2. —
138

Korrespondenzblatt für die Evangelische Konferenz in Baden. Red.: Mühlhäußer. 14. u. 15. Jahrg. 1901 u. 1902. à 52 Nrn. gr. 4. (à ca. 8 S.) Karlsruhe (Ev. Schriftenverein). à Jahrg. n. 3. —

— für die Evangelische Konferenz in Baden u. die kirchlich-positive Vereinigung im Großh. Hessen. Red.: Mühlhäußer u. seit 1905: Wurth. 16.—19. Jahrg. 1903—1906. à 52 Nrn. (à Jhrg. IV, 416 S.) 4. Karlsruhe, (Ev. Schriftenverein). à Jhrg. n. 3. —

— für die Evangelische Konferenz in Baden, der Rheinpfalz u. die kirchlich-positive Vereinigg. im Großh. Hessen. Red.: Wurth. 20.—23. Jahrg. 1907—1910. à 52 Nrn. (IV, 368; IV, 368; IV, 416 u. IV, 416 S.) Lex. 8. Karlsruhe, Ev. Schriftenverein. à Jahrg. 3. —

Korrespondenzblatt der ärztlichen Kreis- u. Bezirks-Vereine im Königr. Sachsen. Unter Mitwirkung der Kreisvereins-Vorstände hrsg. von Burckhardt u. G. Gräbner. Jahrg. 1881 u. 1882. 30—33. Bd. à 12 Nrn. (B.) gr. 4. Leipzig, Gräbner. à Bd. n. 2. 80

— der ärztlichen Kreis- u. Bezirks-Vereine im Königr. Sachsen. Unter Mitwirkg. der Kreisvereins-Vorstände begründet v. G. Gräbner u. hrsg. v. E. Burkhardt. Jahrg. 1883—1886. 34—41. Bd. à 12 Nrn. (B.) gr. 4. Leipzig, (F. Fleischer). à Bd. n. 2. 80

Korrespondenzblatt der ärztlichen Kreis- u. Bezirks-Vereine im Königr. Sachsen. Hrsg. unter Mitwirkung der Kreisvereins-Vorstände. Hrsg. von E. Burkhardt. Jahrgang 1887. 1888. 42.—45. Bd. à 12 Nrn. (B.) gr. 4. Dresden. (Leipzig, F. Fleischer.) à Bd. n. 3. —

— dasselbe. Red.: Chalybäus. Jahrg. 1889. 1890. Bd. 46—49. à 12 Nrn. (B.) gr. 4. Ebd. à Bd. n. 3. —

— der ärztlichen Kreis- u. Bezirks-Vereine im Königr. Sachsen. Hrsg. unter Mitwirkg. der Vereins-Vorstände v. Th. Chalybäus. Jahrg. 1891—1894. 50.—57. Bd. à 12 Nrn. (à ca. 3 Bog.) gr. 4. Dresden. (Leipzig, F. Fleischer.) à Bd. n. 3. —

Korrespondenzblatt d. ärztl. Kreis- u. Bezirks-Vereine im Königr. Sachsen. Hrsg. unt. Mitwirkg. d. Vereins-Vorstände v. Th. Chalybäus. Jahrg. 1895—1898. 58.—65. Bd. à 12 Nrn. (à ca. 20 S.) gr. 4. Dresden. (Leipzig, F. Fleischer, Verlag.) à Bd. n. 3. —

— der ärztlichen Kreis- u. Bezirks-Vereine im Königr. Sachsen. Hrsg. unter Mitwirkung der Vereins-Vorstände v. Th. Chalybäus. Jahrg. 1899—1902. 66.—73. Bd. à 12 Nrn. gr. 4. (à ca. 20 S.) Dresden (Leipzig, J. A. Barth.) à Bd. n. 3. —
Nicht mehr im Buchhandel.

KORRESPONDENZBLATT DER ÄRZTLICHEN KREIS- UND BEZIRKS-VEREINE IM KÖNIGREICH SACHSEN.
Herausgegeben von dem Verein „Korrespondenzblatt".
Schriftleitung: Med.-Rat Dr. TH. CHALYBÄUS in Dresden.
Bd. 74. ib. 1903. Druck der Buchdruckerei Arthur Schönfeld.
Schriftleitung: (San. Rat) Dr. med. SCHNEIDER in Zittau.
Bd. 75—85. ib. 1904—1914. —

— für katholische Lehrer, Lehrerinnen u. Schulfreunde. 9.—11. Jahrg. 1904—1906. à 12 Nrn. (à 16 u. 16 S.) gr. 8. Trier, Löwenberg. à Jahrg. n. 2. —
Jg. 1—10. Trier: Disteldorf 1896—1905.

— für kathol. Lehrer, Lehrerinnen u. Schulfreunde. 12. u. 13. Jahrg. 1907 u. 1908. à 12 Nrn. (à ca. 16 u. 16 S.) gr. 8. Trier, Löwenberg. à Jahrg. 2. —

— f. den akademisch gebildeten Lehrerstand. Schriftleitung: A. Kannengiesser. 8.—10. Jahrg. 1900—1902. à 24 Nrn. hoch 4. (à ca. 16 S.) Schalke, E. Kannengiesser. à Jahrg. n. 12. —
Vergl.: Korrespondenz-Blatt f. die Philologen-Vereine Preussens.

— für den akademisch gebildeten Lehrerstand. Schriftleitung: A. Kannengiesser. 11. u. 12. Jahrg. 1903 u. 1904. à 24 Nrn. (IV, 404 u. IV, 440 S.) hoch 4. Schalke. Gelsenkirchen, E. Kannengiesser. à Jhrg. n. 12. —

— dasselbe. Freiwilliges Organ des Vereinsverbandes akad. gebildeter Lehrer Deutschlands. Schriftleitung: A. Kannengiesser. 13. u. 14. Jahrg. 1905 u. 1906. à 48 Nrn. (1905: IV, 428 S.) hoch 4. Gelsenkirchen, E. Kannengiesser. à Jhrg. n. 12. —

— für den akademisch gebildeten Lehrerstand. Schriftleitung: A. Kannengießer. 15. Jahrg. 1907. 48 Nrn. (à ca. 8 S.) Lex. 8. Gelsenkirchen, E. Kannengießer. 12. —

— dasselbe. (Pädagog. Wochenblatt.) Schriftleitung: R. Werner u. seit 1910: Rud. Grosse. 16.—18. Jahrg. 1908—1910. à 48 Nrn. (IV, 522 u. 46 S.; VIII, 570 u. 52 S. u. VIII, 676 u. 112 S.) Lex. 8. Dresden, C. A. Koch. à Jahrg. 12. —
Erschien bis April 1908 noch in Gelsenkirchen.

— f. d. akadem. gebildeten Lehrerstand. Jetzt: Dresden, C. A. Koch's Verl.

Korrespondenz-Blatt für den Lehrerstand an den preußischen öffentlichen höheren Mädchenschulen. Hrsg. im Auftr. d. Ver. d. Direktoren an preuß. höh. Mädchenschulen von Dir. Dr. K[arl] Hessel, Koblenz, u. Dir. E[duard] Meyer, Mülheim <Ruhr>. Jg. 1. 2. [Mehr nicht ersch.] — Bonn: A. Marcus & E. Weber 1904-05. 8°

— Leipziger. Central=Organ für die Interessen der Gehilfenschaft des deutschen Buchhandels. 1. Jahrg. April 1881—März 1882. 24 Nrn. (à 1/2—1 B.) gr. 4. Leipzig, Rühle & Rüttinger. n.n. 3. —

— dasselbe. 2. Jahrg. Apr. 1882—März 1883. 52 Nrn. (à 1/2—3/4 B.) gr. 4. Ebend. n.n. 4. —; in Monatsheften à n.n. — 40

— Leipziger, Zentral=Organ f. die Interessen der Gehilfenschaft d. deutschen Buchhandels. Offizielles Organ d. Allgemeinen Deutschen Buchhandlungs=Gehilfen=Verbandes u. d. Buchhandlungs=Gehilfen=Vereins zu Leipzig. 3. u. 4. Jahrg. Apr. 1883 — März 1885. à 52 Nrn. (à 1/2—1 B.) gr. 4. Reudnitz=Leipzig 884. Rühle. n.n. 4.—

—— Leipziger. Zentralorgan für die Interessen der Gehilfenschaft des deutschen Buchhandels. Offizielles Organ des Allgem. Deutschen Buchhandlungs-Gehilfen-Verbandes und des Buchhandlungs-Gehilfen-Vereins zu Leipzig. 5. bis 7. Jahrg. April 1885 — März 1888. à Jahrg. 52 Nrn. (à Nr. 1—2 Bog.) kl.-Fol. Leipzig, Rühle. à Jahrg. **

—— dass. — 8. Jahrg. April — Dezember 1888. Nr. 1—39. (à Nr. 1—2 Bog.) Kl.-Fol. Ebendas. **

—— dass. — Zentralorgan für die Interessen der Gehilfenschaft des deutschen Buchhandels. Hrsgbr.: Carl Rühle. Redact.: H. Thom. 8. Jahrg. Januar — März 1889. Nr. 40 — 52. (à Nr. 1—2 Bog.) kl.-Fol. Ebendas. **

— Leipziger. Zentral=Organ f. die Interessen des gesammten deutschen Buchhandels. 10. Jahrg. April 1890 — März 1891. 52 Nrn. kl. Fol. (à 1—2 B.) Leipzig, Geschäftsstelle des Leipz. Korresp.=Blattes (J. Fromm). n. 4. —

— Lutherisches, für Kirche u. Theologie. Eine literar. Beilage zum luther. Gemeindeblatt. Red.: Vetter, im Verein mit Maydorn. 1—4. Jahrg. 1849 — 1852. à 10 Nrn. 8, (1/2 B.) Jenkau. Breslau, Dülfer & Geiser. à Jahrg. n. 16 ngr.

Korrespondenz-Blatt, Lutherisches, für Kirche u. Theologie. Eine literarische Beilage zum lutherischen Gemeindeblatt. (5—10.) Jahrg. 1853—58. à 10 Nrn. (à 1/2 Bgn.) Jenkau (Breslau, Dülfer.) 8. Jeder Jahrg. n. 16 ngr.
Vgl.: Gemeinde=Blatt, evangelisch=lutherisches.

Korrespondenz=Blatt, lutherisches, für Kirche und Theologie. Eine literar. Beilage zum luther. Gemeindeblatt. (9—11.) Jahrg. 1857 — 59. à Jahrg. 10 Nrn. (1/8 Bog.) gr. 8. Jenkau. Breslau, Dülfer. à Jahrg. ** -

Korrespondenzblatt für den deutschen Maler-Bund. Officielles Organ des deutschen Malerbundes. Fachblatt f. seine Untervorbände, für Maler-Innungen u. Vereine u. für Zimmer-, Schrift- u. Dekorationsmaler u. Lackirer. Red.: Aug. Koenig. Jhg. 15. 1891. — Red.: A. Nothnagel. Jhg. 16. 1892. — Berlin. gr. 4.

Korrespondenzblatt zum dtsch. Malerjournal. 1877-92. Fol u 4° Stuttgart 1877-92

—— zum deutschen Maler-Journal. Organ des deutschen Maler-Bundes. Red.: Aug. König. Jhg. 1. 1877, Stuttgart. 8.

——, —— Fachblatt für Zimmer- und Dekorationsmaler, Lackirer und deren Fachgenossen. Red.: A. König. Jhg. 2—5. 1878—81. Stuttgart. 8.

*— medizinisches. Monats-Revue f. die Krankenhäuser, Kliniken u. Aerzte Deutschlands. Red.: Rich. Rosen. 14. Jahrg. 1907. 3 Nrn. (à ca. 12 S. m. Abb.) gr. 8. Berlin, Fischer's medicin. Buchh. 1. —
Hat sein Erscheinen eingestellt.

*— medicinisches, des württemberg. ärztl. Landesvereins. Hrsg.: A. Deahna. 77.—80. Bd. 1907—1910. à 52 Nrn. (XV, 1048; XV, 1014; XVI, 1052 u. XVI, 1088 S. m. Abb.) Lex. 8. Stuttgart (C. Grüninger). à Jahrg. 12. —

Korrespondenzblatt: Monatliches Korrespondenzblatt
① Weltkomitee der Christlichen Vereine Junger Männer — Weltbund der Christlichen Vereine junger Männer zur Verbrüderung der Völker (?—1918). Weltkomitee der Christlichen Jünglings-Vereine und Christlichen Vereine junger Männer (1919—?) ⑤ 1903—1919—? ⑥ 4° (?—1917); 8° (1918—1919) ⑦ Monatsblatt (1903—?). Quartalschrift (?—1917—1919) ⑧ Genf: P. Richter ⑩ C.V.J.M. ⑪ Exekutivkommission der C.V.J.M. ⑫ christliche Friedensbewegung, Gefangenenhilfe ⑭ Be: L (März 1918—Juni 1918, 1919) ⑮ Französische Ausgabe: Correspondance mensuelle [du] Comité des Unions Chrétiennes de Jeunes Gens.

Korrespondenzblatt des Naturforscher-Vereins (Anf.: Correspondenzblatt des naturforschenden Vereins) zu Riga. Jg 1 ff. — Riga: (Naturforscher-Verein) 1845/46—1924, 1927 ff.

—— des Naturforscher-Vereins zu Riga. XXVI. und XXVII. gr. 8. (IV, 122; 113 S. mit 1 Stnt.) Riga 883,84, (Kymmel's Buchh.) à Bd. *

— d. Naturforscher-Vereins zu Riga. Red. von G. Schweder. XXVIII—XXXVIII. gr. 8. Riga (J. Deubner.) à n.n. 2. 50
XXVIII. (52 S. u. Anh.: Meteorolog. Beobachtgn. in Riga u. Dünamünde f. 1884 m. 1 Taf.) 885.
XXIX. (48 S. u. Anhang: dasselbe f. 1885.) 886.
XXX. (58 S. u. Anhang: dasselbe f. 1886.) 887.
XXXI. (68 S. u. Anhang f. 1887 u. 1 Nachtrag apart, enth. 4 Gravüren e. Schädels von Bos Pallesii Dekay.) 888.
XXXII. (85 S. u. Anhang f. 1888.) 889.
XXXIII. (52 S. u. Anhang f. 1889.) 890.
XXXIV. (76 S. u. Anhang f. 1890.) 891.
XXXV. (68 S. u. Anhang f. 1891 u. Register zu XVI—XXIV m. 4 Abb.) 892.
XXXVI. (84 S. u. Anhang f. 1892.) 893.
XXXVII. (114 S. u. Anhang f. 1893 m. 2 Taf. e. Schädels von Rhinoceros tichorhinus u. 2 Abb. im Text.) 894.
XXXVIII. (147 S. u. Anhang f. 1894 m. 2 Taf.) 895.

— dasselbe. XXXIX. gr. 8. (V, 166 u. 28 S. m. 1 Karte u. 35 S. Tab.) Ebd. 896. n.n. 3. 25

— dasselbe. XL. gr. 8. (V, 213 u. 28 S. m. Abb. u. 8 Taf.) Ebd. 898. n n. 4. —

— dasselbe. XLI. gr. 8. (V, 120 u. 28 S. m. Abb. u. 3 Taf.) Ebd. 898. n. 3. —

— des Naturforscher-Vereins zu Riga. Red. v. G. Schweder. XLII—XLV. gr. 8. Riga (J. Deubner). n.n. 14. —
XLII. (IX, 226 u. 28 S. m. 1 Taf.) 899. n.n. 4. —
XLIII. (XI, 282 u. 28 S. m. 1 Bildnis.) 900. n.n. 4. 50
XLIV. (IV, 86 u. 28 S.) 901. n.n. 1. 50
XLV. (VI. 168 u. 27 S.) 902. n. 4. —

— des Naturforscher-Vereins zu Riga. Red. von G. Schweder. XLVI—XLVIII. gr. 8. Riga, (J. Deubner). n. 11. —
XLVI. (V, 134 u. 22 S. m. Abb. u. 1 farb. Karte.) 903. n. 3. —
XLVII. (IV, 179 u. 28 S.) 904. n. 3. —
XLVIII. (IV, 302 u. 35 S. m. Abbildgn. u. 1 Karte.) 905. n. 5. —

— des Naturforscher-Vereins zu Riga. Red. v. G. Schweder. IL—LIII. gr. 8. Riga (J. Deubner). 19,10
IL. (V, 185 u. 33 S. m. Abb. u. 2 Karten.) 906. 3.—
L. (VI, 297 u. 33 S. m. Abb., 1 Bildn. u. 1 Tab.) 907. 4.—
LI. (V, 180 u. 31 S.) 908. 4.—
LII. (V, 228 u. 27 S. m. 1 Bildnis u. 1 Karte.) 909. 4.50
LIII. (IV, 148 u. 30 S. m. Abb., eingedr. Kartenskizzen u. 1 Taf.) 910. 3.60

— neues, f. die Gelehrten- u. Realschulen Württembergs. Hrsg. v. H. Bender u. Fr. Ramsler. 1. Jahrg. 1894. 12 Hfte. gr. 8. (à Hft. ca. 48 S.) Stuttgart, W. Kohlhammer. n. 10.—

Korrespondenzblatt, neues, f. d. Gelehrten- u. Realschulen Württembergs. Hrsg. v. H. Bender u. Fr. Ramsler. 2.—5. Jahrg. 1895—1898. à 12 Hfte. (à ca. 3 Bog.) gr. 8. Stuttgart, W. Kohlhammer. à Jahrg. n. 10.—
Kann auch vierteljährlich bezogen werden.

— neues, f. die Gelehrten- u. Realschulen Württembergs. Hrsg. v. Th. Klett u. O. Jaeger. 6.—9. Jahrg. 1899—1902. à 12 Hfte. gr. 8. (VII, 480; VII, 484; VII, 492 u. VII, 480 S.) Stuttgart, W. Kohlhammer. à Jahrg. n. 10.—

Korrespondenzblatt, neues, f. die Gelehrten- u. Realschulen Württembergs. Hrsg. v. Th. Klett u. O. Jaeger. 10. u. 11. Jahrg. 1903 u. 1904. à 12 Hefte. (VII, 478 u. VII, 481 S.) gr. 8. Stuttgart, W. Kohlhammer. à Jhrg. n. 10.—
Fortsetzg., s.: Korrespondenz-Blatt f. die höheren Schulen Württembergs.

— neues, f. die höheren Schulen Württembergs. Hrsg. v. H. Grotz u. O. Jaeger. 12. u. 13. Jahrg. 1905 u. 1906. à 12 Hefte. (VIII, 480 u. VII, 479 S.) gr. 8. Stuttgart, W. Kohlhammer. à Jhrg. n. 10.—
Vergl.: Korrespondenzblatt, neues, f. die Gelehrten- u. Realschulen Württembergs.

— f. die Philologen-Vereine Preussens. Red.: A. Kannengiesser. 1. Jahrg. 1893. 24 Nrn. (à ca. 1/2 Bog.) gr. 4. Gelsenkirchen, C. Bertenburg. n. 4.—

— f. die Philologen-Vereine Preussens. Schriftleitung: A. Kannengiesser. 3. Jahrg. 1895. 24 Nrn. (à ca. 1 Bog.) gr. 4. Gelsenkirchen. Schalke, Verlag d. Korrespondenzblattes. n. 4.—

— dasselbe. 4.—6. Jahrg. 1896—1898. à 24 Nrn. (à ca. 1 Bog.) gr. 4. Schalke, Verlag d. Korrespondenzblattes. à Jahrg. postfrei 4.50

— für die Philologen-Vereine Preussens. Schriftleiter: A. Kannengiesser. 7. Jahrg. 1899. 24 Nrn. hoch 4. (à ca. 10 S.) Schalke, Expedition (E. Kannengiesser). n. 4.50
Fortsetzg. s.: Korrespondenzblatt f. d. akad. gebild. Lehrerstand.

— für die Präsides der kath. Jugend-Vereinigungen. Organ der kathol. Jugend-Vereiniggn. Deutschlands. Begründet v. Jos. Drammer. Hrsg. u. red. v. Pasc. Pirnay. 9.—11. Jahrg. 1904—1906. à 12 Nrn. (IV, 96; IV, 96 u. VI, 88 S.) Lex.-8. Köln, J. P. Bachem. à Jhrg. n. 3.—
1.–5. Jg. 1896–1900.

— f. die Präsides der kath. Jugend-Vereinigungen. Organ des Verbandes der kath. Jugend-Vereinigungen Deutschlands. Begründet v. Jos. Drammer. Red.: C. Mosterts. 13. Jahrg. 1908. 12 Nrn. (à ca. 8 S.) Lex. 8. Mainz, Druckerei Lehrlingshaus. 3.—

Korrespondenzblatt f. die Präsides der kathol. Jugendvereinigungen. Jetzt: Mainz, Druckerei Lehrlingshaus.

—— für kirchliche Reform. Begründet vom Protestant. Reform-Verein zu Berlin. Redact.: Kalthoff. 1.—4. Jahrg. 1881—1884. à Jahrg. 12 Nrn. (Bog.) gr. 4. Berlin, Barthel. à Jahrg. *

— römisch-germanisches. (Fortsetzg. des Korr.-Bl. d. westd. Ztschr. f. Gesch. u. Kunst.) Nachrichten f. die römisch-german. Altertumsforschg. Hrsg. v. E. Krüger. 1.—3. Jahrg. 1908—1910. à 6 Nrn. (VIII, 84; VIII, 96 u. VIII, 96 S. m. Abb.) Lex. 8. Trier, J. Lintz. à Jahrg. 3.—

— für die höheren Schulen Württembergs. 1905-07 Stuttgart 1905-07

— für die höh. Schulen Württembergs. Hrsg. v. H. Planck u. O. Jaeger. 14.—17. Jahrg. 1907—1910. à 12 Hefte. (à Jahrg. IX, 488 S.) gr. 8. Stuttgart, W. Kohlhammer. à Jahrg. 10.—

—— des allgemeinen deutschen Schul-Vereins in Deutschland. Jahrg. 1882 6 Nrn.; 1883 und 1884 à 4 Nrn. gr. 8. (à Jahrg. ca. 40—50 S.) Berlin, (Gebr. Fickert.) à Jahrg. *

Korrespondenzblatt des Allg. Dt. Schulvereins in Deutschland ([Jg 1]: . . . des Dt. Schulvereins zu Berlin). Jg 1883—1888. — Bln.: Verl. der Dt. Post (1883 bis 1885, Nr 2: Fickert; 1885, Nr 3—1887, Nr 3: Selbstverl.) 1883—1888.
Forts. s.: Mitteilungen des Allg. Dt. Schulvereins . . . .

Korrespondenzblatt des Nationalen Deutsch-Amerikanischen Schul-Vereins zu Chicago: Jahrgang I, no. 1—4, Nov. 1885—Nov. 1886
Irregular. Octavo, each issue 32—128 pages. Sub-title: Organ des Central-Vorstandes der Centralstelle des Vereins zu Chicago. Edited by Hermann Schuricht, no. 1, Nov. 1885; by H. M. Lick, no. 2—4, Feb.—Nov. 1886; printed by Franz Gindale Printing Co., no. 1—4.
Chicago, IL

— des akademischen Schutzvereins. Im Auftrage des Vereins hrsg. v. L. Beer u. J. Plenge unter Mitwirkg. v. E. Friedberg. 1. Jahrg. Juli 1906—Juni 1907. 4 Nrn. (à ca. 20 S.) Lex.-8. Leipzig, Akadem. Schutzverein. n.n.n. 2.—

— des akadem. Schutzvereins. Im Auftrage d. Vereins hrsg. v. L. Beer u. J. Plenge unt. Mitwirkg. v. E. Friedberg. 2.—4. Jahrg. 1908—1910. 4, 4 u. 10 Nrn. (IV, 136; IV, 96 u. VI, 128 S.) gr. 8. Leipzig, J. Wörner. à Jahrg. 4.—

Correspondenzblatt für studierende Schweizer-Abstinenten
① 1. Untertitel. Offizielles Organ des Centralverbandes der schweiz. akademischen Abstinentenvereine und der «Helvetia» Abstinentenverbindung an den schweiz. Mittelschulen (Juni 1896—Februar 1899); letzter Untertitel. Offizielles Organ der Schweizerischen Akademischen Studentenverbindung Libertas, der Helvetia. Abstinentenverbindung an den schweiz. Mittelschulen, des schweiz. Bundes abstinenter Mädchen und des Sekretariats der abstinenten Jugend (Oktober 1922—November 1925) ② Correspondenzblatt für studierende Abstinenten (November 1896—April 1912), Korrespondenzblatt für studierende Abstinenten (Mai 1912—November 1925), Libertas (auf dem Umschlagsblatt Oktober 1925) ④ Junge Schweiz – La Jeune Suisse (Fusion mit «Schweiz. Mittelschüler-Zeitschrift» und «Jugendleben») ⑤ Juni 1896—November 1925 ⑥ 8° ⑦ zuerst in freier Folge, dann Monatsblatt ⑧ Basel. Emil Birkhäuser (Juni 1896—Juni 1898); Zürich: Buchdruckerei des «Volksrecht» (Juli 1898—Dezember 1901—?), Kirsten & Zeisberg (?—März 1902—September 1908), J. Leemann (vorm. Schabelitz) (Oktober 1908—Dezember 1915), Roth & Leemann (Januar 1916—September 1917), H. Roth (Oktober/November 1917—September 1918); Schaffhausen: Joos-Bäschlin (Oktober 1918—November 1925) ⑩ Centralverband der schweiz. akademischen Abstinentenvereine, später Schweizerische Akademische Studentenverbindung Libertas ⑪ 1. Redaktor: Arnold Koller, med., Basel ⑬ Correspondenzblatt für studierende Abstinenten. Oktober 1905 ⑭ Be: L.

Korrespondenzblatt der deutsch-schweizerischen Sonntagsvereine
v. Christlicher Volksbote aus Basel.

Korrespondenzblatt für den Verband kath. kaufm. Gehülfinnen u. Beamtinnen Deutschlands. Hrsg. v. Vorort Köln. Jg. 1-15, 8. (Köln ? 1916: Pohl.) 4°

KORRESPONDENZ-BLATT des Verbandes der Deutschen Juden. Für die Korrespondenten des Verbandes herausgegeben vom Geschäftsführenden Ausschuss.
No. 1. Oktober 1907. Als Manuskript gedruckt. Berlin. Berthold Levy. (Ohne bes. Titelblatt.) gr. 8°.
... herausgegeben von dessen Generalsekretär Justizrat LÖVINSON in Berlin.
No. 2. Mai 1908. (o. O. o. V.)
No. 3. Oktober 1908. Berlin. Berthold Levy.
No. 4. Mai 1909. ib. —.
... herausgegeben von dessen Generalsekretär R.-A. Dr. MAX J. LOEWENTHAL-Berlin.
No. 5. (Apologetische Sondernummer.) Juli 1909. (o. O. o. V.)
No. 6. Januar 1910. (o. O. o. V.)
No. 7. (Apologetische Sondernummer.) Juni 1910. (o. O. o. V.)
No. 8. Oktober 1910. (o. O. o. V.)
No. 9. (Apologetische Sondernummer.) Oktober 1911. Berlin. Berthold Levy.
No. 10. Oktober 1911. ib. —
No. 11. Juni 1912. ib. —

Korrespondenzblatt des Verbandes der Lebens- und Genußmittelarbeiter der Schweiz.
③ Arbeiterstimme ④ Der Proletarier; Alimentation ⑤ November 1904—15. 6. 1909 ⑥ 4°; 2° (ab 1. 8. 1907) ⑦ zuerst unregelmäßig; halbmonatlich (ab 1. 6. 1905) ⑧ Bern: Unionsdruckerei ⑪ Carl Hakenholz, J. Stickel, Karl Erdmann, Chr. Haberreiffer ⑫ Verbandsorgan sozialistischer Färbung ⑭ Be: L ⑮ Das Blatt soll der Unterbringung der speziellen Kundgebungen des Verbandes dienen, die in der mehr allgemein gehaltenen «Arbeiterstimme» nicht aufgenommen werden können. — In der Rubrik «Internationale Rundschau» orientiert das Blatt über die Ereignisse in der Politik. — Gelegentlich Feuilleton.

KORRESPONDENZ-BLATT DES ENTOMOLOGISCHEN VEREINS zu Halle.
Redigiert vom Vorsitzenden ... G. OERTEL.:
Jahrg. I. Nr. 1—3. Halle (Saale). Januar — März 1886. (Halle a. S. Druck von Otto Hendel.) 8°.
Redigiert vom Vorsitzenden Dr. v. SCHLECHTENDAL.:
Jahrg. I. Nr. 4—10. Halle (Saale). April — October 1886. (ib. —)

Korrespondenzblatt des Vereins für Kunst und Alterthum in Ulm und Oberschwaben. 1. und 2. Jahrg. 1876 und 1877. à Jahrg. 12 Nrn. (Bog.) hoch 4. Ulm, Frey. à Jahrg. **
Nicht weiter erschienen.

ULM OBERSCHWABEN. KORRESPONDENZBLATT DES VEREINS FÜR KUNST UND ALTERTHUM IN ULM UND OBERSCHWABEN. Redigirt von F. PRESSEL.
Jahrg. 1—2. 1876—1877 Ulm, 1876—1877. Druck der Wagner'schen Buchdruckerei. 4°.

— des Vereins für siebenbürgische Landeskunde. Redig. von Frz. Zimmermann und Joh. Wolff. 1. und 2. Jahrg. 1878 und 1879. à Jahrg. 12 Nrn. (à Nr. 3/4 Bog.) gr. 8. Hermannstadt, (Michaelis.) à Jahrg. **
— dass. — Redig. von Joh. Wolff. 3.—7. Jahrg. 1880—1884. à Jahrg. 12 Nrn. (à Nr. 3/4 Bog.) gr. 8. (Ebendas.) à Jahrg. **

— des Vereins für siebenbürgische Landeskunde. Redig. von Joh. Wolff. 8. und 9. Jahrg. 1885 und 1886. à Jahrg. 12 Nrn. (à Nr. 1/2—3/4 Bog.) gr. 8. Hermannstadt, (Michaelis.) à Jahrg. **

— dass. — Redig. von Joh. Roth. 10. und 11. Jahrg. 1887 und 1888. à Jahrg. 12 Nrn. (à Nr. 1/2—3/4 Bog.) gr. 8. Ebendas. à Jahrg. **

— des Vereins f. siebenbürgische Landeskunde. 12.—14. Jahrg. redig. v. Joh. Roth; 15. Jahrg. redig. v. A. Schullerus. 12.—15. Jahrg. 1889—1892. à Jahrg. 12 Nrn. (à Nr. 3/4—1 Bog.) gr. 8. Hermannstadt, [Michaelis.] Krafft. à Jahrg. ** 2 —

— dasselbe. Red. v. A. Schullerus. 15.—17. Jahrg. 1892—1894. à 12 Nrn. (à 3/4—1 Bog.) gr. 8. Ebd. à Jahrg. n.n. 2. —

— des Vereins für siebenbürgische Landeskunde. Red. v. A. Schullerus. 18.—21. Jahrg. 1895—1898. à 12 Nrn. (à ca. 1 Bog.) gr. 8. Hermannstadt, W. Krafft. à Jahrg. n.n. 2. —

— des Vereins für siebenbürgische Landeskunde. Red. v. A. Schullerus. 22.—25. Jahrg. 1899—1902. à 12 Nrn. gr. 8. (à ca. 16 S.) Hermannstadt, W. Krafft. à Jahrg. n.n. 2. —

— des Vereins f. siebenbürgische Landeskunde. Red. v. Adf. Schullerus. 26.—29. Jahrg. 1903—1906. à 12 Nrn. (VIII, 164 S.; VIII, 148 S. m. 1 Taf.; VIII, 160 S. u. VIII, 168 S. m. 2 Taf.) gr. 8. Hermannstadt, W. Krafft. à Jhrg. n.n. 2. —

Korrespondenz-Blatt d. Vereins f. siebenbürgische Landeskunde. In Verbindg. m. Hans Connert, red. v. Adf. Schullerus. 30.—33. Jahrg. 1907—1910. à 12 Nrn. (VI, 112; VI, 160; VI, 152 u. VIII, 172 S.) gr. 8. Hermannstadt, W. Krafft. à Jahrg. nn 2. —

Korrespondenzbl. d. Niederrhein. Vereins f. öffentl. Gesundheitspflege. Red. Lent. Bd. 1—10. Köln 1872—81. 4. 10 Bde.
Fortges. u. d. T.: Zentralblatt für allgemeine Gesundheitspflege.

— des Vereins zur Pflege kirchlicher Musik in Schleswig Holstein. 2. Jahrg. 1888. 12 Nrn. (à Nr. 1/4—1/2 Bog. mit Musikbeilagen.) Lex.-8. Flensburg, Westphalen. *
Der 1. Jahrg. — in autograph. Druck — ist nicht in den Handel gekommen.
1. Jg. 1887.

— des Vereins zur Pflege kirchlicher Musik in Schleswig-Holstein. 2. u. 3. Jahrg. 1888. 1889. à 12 Nrn. (à 1/4—1/2 B. m. Musikbeilagen.) Lex.-8. Flensburg, Westphalen. à Jahrg. n. 2. 50

— des Vereins für niederdeutsche Sprachforschung. Hrsg. im Auftrage des Vorstandes. 1. Jahrg. Mai 1876—Mai 1877. 12 Nrn. gr. 8. (III, 100 S.) Hamburg. Norden, Soltau. n. 2. —

— dasselbe. 2. Jahrg. Juni—Decbr. 1877. gr. 8. (100 S.) Ebend. n. 2. —

— dasselbe. 3—5. Jahrg. 1878—1880. gr. 8. (à 118 S.) Ebend. à Jahrg. n. 2. —

— des Vereins f. niederdeutsche Sprachforschung. Red.: W. H. Mielck. 6—9. Jahrg. 1881—1884. gr. 8. (à ca. 102 S.) Norden, Soltau. à n. 2. —

— des Vereins f. niederdeutsche Sprachforschung. Jahrg. 1885—1888 = 10.—13. Hft. gr. 8. (110, 102, 105 u. 96 S.) Hamburg 887—890. Norden, Soltau. à Jahrg. n. 2. —

— des Vereins f. niederdeutsche Sprachforschung. Hrsg. im Auftrage d. Vorstandes. Jahrg. 1889 u. 1890. Hft. XIV. gr. 8. (101 S.) Hamburg. Norden 891. D. Soltau. n. 2. —

— dasselbe. Jahrg. 1891. Hft. XV. gr. 8. (III, 106 S.) Ebd. 892. n. 2. —

— dasselbe. Jahrg. 1892. Hft. XVI. gr. 8. (III, 110 S.) Ebd. 894. n. 2. —

— d. Vereins f. niederdeutsche Sprachforschung. Hrsg. im Auftr. d. Vorstandes. Jahrg. 1893. Hft. XVII. gr. 8. (II, 98 S.) Hamburg 894. Norden, D. Soltau. n. 2. —

— dasselbe. Red.: W. H. Mielck u. C. H. F. Walther. Jahrg. 1894/1895. XVIII. Hft. gr. 8. (II, 106 S.) Ed. 896. n. 2. —

— des Vereins f. niederdeutsche Sprachforschung. Hrsg. im Auftrage des Vorstandes. Red.: C. Walther. Jahrg. 1896/1897, 1898, 1899/1900, 1901. XIX.—XXII. Hft. gr. 8. (II, 108, II, 71; 104 u. 110 S.) Hamburg 898—902. Norden, D. Soltau. à n. 2. —

— des Vereins f. niederdeutsche Sprachforschung. Hrsg. im Auftrage des Vorstandes. Red. v. C. Walther. Jahrg. 1902—1905. XXIII.–XXVI. Heft. (101, 101, 100 u. 103 S.) gr. 8. Hamburg 903—906. Norden, D. Soltau. à n. 2. —

— des Vereins f. niederdeutsche Sprachforschung. Hrsg. im Auftrage d. Vorstandes. Red. v. C. Walther. Jahrg. 1906—1909. 27.—30. Heft. (97, 111, 113 u. 100 S.) gr. 8. Hamburg 907—10. Norden, D. Soltau. à 2. —

Korrespondenzblatt des württembergischen landwirtschaftlichen Vereins. 1822-48. Nebst Inhaltsverzeichnis. Stuttgart 1822-48

KORRESPONDENZ-BLATT, später: CORRESPONDENZ-BLATT DES ZOOLOGISCH-MINERALOGISCHEN VEREINES IN REGENSBURG.

Jahrg. 1—8. 1847—1854. (Mit Karten und Tafeln.) Regensburg bei Friedrich Pustet. 8°.

Jahrg. 9. 1855. (Mit Tafeln.) ib. 1855. Druck von Friedrich Pustet.

Jahrg. 10—19. (Mit Tafeln.) ib. 1856—1865. —

Jahrg. 20—26. (Mit Tafeln.) ib. 1866—1872. Druck der Neubauer'schen Buchdruckerei (Krug's Wittwe).

Jahrg. 27—36. (Mit 1 Tafel.) ib. 1873—1882. Druck der Neubauer'schen Buchdruckerei (F. Huber).

CORRESPONDENZ-BLATT DES NATURWISSENSCHAFTLICHEN VEREINES (früher zoologisch-mineralogischer Verein) in Regensburg.

Jahrg. 37—38. Mit 2 Tafeln. ib. 1883—1884. —

In Jahrg. 10. 1856: Uebersicht der in den zehn ersten Jahrgängen des Correspondenzblattes und den ersten 7 Heften der Abhandlungen erschienenen Aufsätze.

In Jahrg. 20. 1866: Uebersicht der in den zwanzig Jahrgängen unseres Correspondenzblattes und den neun Heften unserer Abhandlungen erschienenen Aufsätze und Notizen. Zusammengestellt von SINGER.

— der ärztlichen Vereine des Grossh. Hessen. Organ des ärztl. Landesvereins. Red.: Karl Heil. 13.—16. Jahrg. 1903—1906. à 12 Nrn. (V, 196; V, 200; VI, 196 u. V, 204 S.) gr. 8. Darmstadt, J. Waitz. à Jhrg. n. 3. —

— der ärztlichen Vereine des Grossh. Hessen. Organ des ärztl. Landesvereins. Red.: Karl Heil. 17.—20. Jahrg. 1907—1910. à 12 Nrn. (VI, 208; VI, 200; VI, 196 u. VIII, 208 S.) 8. Darmstadt, J. Waitz. à Jahrg. 3. —

Korrespondenzblatt der Berliner Vereine zur Bekämpfung der öffentlichen Sittenlosigkeit, s. Korrespondenzblatt zur Bekämpfung ...

Korrespondenzblatt der Vereinigung der Züchter eines schweren Arbeitspferdes in Deutschland. Schriftleitung: E. Kaiser Lauenburg i. Pom. Jg. 1. Lauenburg i. Pomm. 1908: (Badengoth). 4°

Korrespondenzblatt für Werkstatt und Schule. 1888-90. Pforzheim 1888-90

*— für Zahnärzte. Ein vierteljährl. Bericht üb. die neuesten Erfahrgn. u. Erfindgn. der Zahnheilkunde u. Zahntechnik. Hrsg. v. C. Ash & Sons. 36.—39. Bd. Jahrg. 1907—1910. à 4 Hefte. (1908—10. 376, 378 u. 370 S. m. Abb.) gr. 8. Berlin, C. Ash & Sons. Jahrg. 1907 ist vergriffen. à Jahrg. 5. —

— der Westdeutschen Zeitschrift für Geschichte u. Kunst, s.a. Zeitschrift, westdeutsche, f. Geschichte u. Kunst.

— der Westdeutschen Zeitschrift f. Geschichte u. Kunst, zugleich Organ der historisch-antiquarischen Vereine zu Backnang, Birkenfeld, Dürkheim etc. Redact. v. Hettner u. Lamprecht. Jhg. 1—13. 1882—94. Trier. gr. 8. . . . . (D.)

— der Westdeutschen Zeitschrift f. Geschichte u. Kunst, zugleich Organ d. historisch-antiquar. Vereine zu Backnang, Birkenfeld, Dürckheim etc. 8.—11. Jahrg. 1889—1892. Redact. 8.—10. Jahrg.: Hettner u. Lamprecht; 11. Jahrg.: Hettner u. J. Hansen. à Jahrg. 12 Nrn. (Bog.) gr. 8. Trier, Lintz. à Jahrg. * 5 —
Vgl.: Zeitschrift, westdeutsche, f. Geschichte u. Kunst.

— dasselbe. Red. v. Hettner u. Hansen. 11. Jahrg. 1892. 12 Nrn. (Bog.) gr. 8. Ebd. n. 5. —

— dasselbe. Red. v. Hettner, Lehner u. Hansen. 12. u. 13. Jahrg. 1893 u. 1894. à 12 Nrn. (Bog.) gr. 8. Ebd. à Jahrg. n. 5. —

— d. Westdeutschen Zeitschrift f. Geschichte u. Kunst, zugl. Organ d. historisch-antiquar. Vereine zu Birkenfeld, Düsseldorf, Frankfurt a/M. etc. Red. v. Hettner, Lehner u. Hansen. 14.—17. Jahrg. 1895—1898. à 12 Nrn. (à ca. 16 Sp.) gr. 8. Mit Beilage: Limesblatt. Jahrg. 1895—1898. à 5 Nrn. Trier, J. Lintz. à Jahrg. n. 5. —

— der Westdeutschen Zeitschrift f. Geschichte u. Kunst, zugleich Organ der historisch-antiquar. Vereine zu Birkenfeld, Düsseldorf, Frankfurt a/M. etc. Red. v. Hettner u. Hansen. 18.—21. Jahrg. 1899—1902. à 12 Nrn. gr. 8. (VIII, 120; VIII, 128; VIII, 112 u. VIII, 104 S.) Trier, J. Lintz. à Jahrg. n. 5. —

— der Westdeutschen Zeitschrift f. Geschichte u. Kunst, zugleich Organ der historisch-antiquar. Vereine zu Birkenfeld, Frankfurt a. M., Karlsruhe usw. Red. v. Krüger u. Hansen. 22.—25. Jahrg. 1903—1906. à 12 Nrn. (VI, 224; VI, 224; VI, 224 u. VI, 192 Sp m. Abbildgn.) gr. 8. Trier, J. Lintz. à Jhrg. n. 5. —

— der Westdeutschen Zeitschrift f. Geschichte u. Kunst, zugleich Organ der histor.-antiquar. Vereine zu Birkenfeld, Frankfurt a. M., Karlsruhe usw. Red. v. Krüger u. Hansen. 26. Jahrg. 1907. 12 Nrn. (VIII, 192 Sp. m. 11 Abb.) gr. 8. Trier, J. Lintz. 5. —
Fortsetzg., s.: Korrespondenzblatt, röm.-german.

KORRESPONDENZ-BLÄTTER DES ALLGEMEINEN ÄRZTLICHEN VEREINS VON THÜRINGEN.

Unter Redaktion von BINSWANGER (und) L. PFEIFFER.

Jahrg. XXXIII. 1904. ib. 1904. —

Jahrg. XXXIV. 1905. (Mit 1 Tafel.) ib. 1905. —

Unter Redaktion von BINSWANGER, C. SCHRADER, L. PFEIFFER.

Jahrg. XXXV. 1906. (Mit 1 Tafel.) ib. 1906. —

Jahrg. XXXVI—XL.[1]) 1907—1911. ib. 1907—1911. —

NAMEN- UND SACHREGISTER der Correspondenz-Blätter des Allgemeinen ärztlichen Vereins von Thüringen.

Jahrg. I—XXXIV.[1]) ib. 1906. Druck von R. Wagner Sohn. 8°.

[1]) In Jahrg. 1907: Namen- und Sachregister der Korrespondenz-Blätter des Allgemeinen ärztlichen Vereins von Thüringen. Jahrg. XXXV—XXXVI.

Korrespondenz-Blätter des allgem. ärztlichen Vereins v. Thüringen. Unter Red. v. O. Binswanger u. L. Pfeiffer. 33.—35. Jahrg. 1904—1906. à 12 Hefte. (1904 u. 1905: VII, 617 u. VII, 515 S.) 8. Jena, G. Fischer. à Jhrg. n. 6. —

— dasselbe. Namen- u. Sachregister zu Jahrg. 1—34. (80 S.) 8. Weimar (906). (Jena, G. Fischer.) n. 1. —

Korrespondenz-Blätter des allgemein. ärztl. Vereins v. Thüring., unt. Red. v. O. Binswanger, C. Schrader u. L. Pfeiffer. 36.—39. Jahrg. 1907—1910. à 12 Nrn. (à ca. 32 S.) 8. Jena, G. Fischer. à Jahrg. 6. —

Korrespondenzen des deutschen milchwirtschaftlichen Vereins, Fortsetzg., s.: Mitteilungen des deutschen milchwirtschaftl. Vereins.

Korrodi, Eduard, Enrica v. Handel-Mazzetti. Die Persönlichkeit u. ihr Dichterwerk. (V, 177 S. m. 1 Bildnis.) kl. 8. Münster 909. Alphonsus-Buchh. Geb. 2.50

Korrodi, Hermann

Korrodi, H., die strafrechtl. Bekämpfg. des unlaut. Wettbewerbes, s.a. Beiträge, Zürcher, zur Rechtswissenschaft.

Korrodi, Hermann. Die strafrechtliche Bekämpfung des unlauteren Wettbewerbes. Nach kantonalem Recht und dem Vorentwurf zu einem schweizerischen Strafgesetzbuch. 149 S. 8. Zürich, Schulthess & Co.
Ausg. A: Diss. Staatsw. Univ. Zürich ... von Herm' K'.... 1907.
Ausg. B: Von Dr. jur. H. K'. 1908. [fr. 3.60.] — Zürcher Beiträge zur Rechtswissenschaft... . [Heft] 20.

Korrodi, H., Unlauterer Wettbewerb, s. Beiträge, Zürcher, z. Rechtswiss.

Korrodi, Karl, kurzer Lehrgang d. deutschen Stenographie (System Korrodi) f. den Schul- u. Selbstunterricht. gr. 8. (48 S.) Vevey 896. (Zürich, A. Müller's Verl.) Kart. n. 1. 50

— kurzer Lehrgang d. vereinfachten Stenographie (System Korrodi.) gr. 8. (II, 16 S.) Vevey 898. F. Pfister. n. — 80

Korrodi, Karl, System-Urkunde der „Vereinfachten Stenographie" (System Korrodi). Abänderungsvorschläge zur Systemurkunde des Einigungssystems Stolze-Schrey. 2. Aufl. (8 autogr. S.) 8. Zürich 907. (A. Bürdeke.) — 30

Körroglou's, des Räubers u. Dichters, Gesänge, s. Abentheuer u. Gesänge.

Korruption im bayer. Volksschulwesen. Bearb. u. hrsg. auf Grund vieljähr. Beobachtg. u. Erfahrg. von Paul Thunichtgut, Magister a. D. gr. 8. (III, 108 S.) Bamberg 896. Handelsdruckerei. n. 1. —

Korsaki, Juliana. Poezye. 4. ($9^3/_4$ B.) Poznaniu 836, Szerka.

Korsar, der; eine Erzählung aus d. Engl. d. Lord Byron. 12. Berlin, Maurer'sche Buchh. 816.

— — dasselbe in deutsche Dichtung übertragen von Elise von Hohenhausen. 8. Altona, Hammerich. 820.

Korsar: Oct. 7, 1854 – Jan. 1856.
Weekly. Advertised in Milwaukee Flugblätter as having been established Oct. 7, 1854, a political "Reformzeitung," to be issued weekly, and edited by Bernhard Domschcke, assisted by I. Wittig.
Milwaukee, WI

Korsaren, die, aus Morgenland, od. Zwei Mütter u. ihre Söhne. Eine Erzählung f. die reifere Jugend. Von d. Verf. der Glocke der Andacht. 2., veränd. u verb. Aufl. 8. ($13^1/_4$ B. u. 1 Stahlst.) Augsburg 845, Lampart u. Comp.

Korsaren, die, aus Morgenland, oder zwei Mütter und ihre Söhne. Eine Erzählung für die reifere Jugend und Erwachsene. Von dem Verf. der Glocke der Andacht rc. 3., unveränd. Aufl. 8. (192 S. mit 1 Stahlst.) Augsburg 853, Lampart und Comp. (Leipzig, Hübner.)

Korsaren, die, aus Morgenland, oder zwei Mütter und ihre Söhne. Eine Erzählung für die reifere Jugend und für Erwachsene. Von dem Verf. „Die Glocke der Andacht". 4. verb. Aufl. 8. (171 S. mit 1 Stahlst.) Regensburg 876, Volks- und Jugendschriften-Verlag. cart.

Korsch, kriegschirurgische Erfahrgn. aus dem griechisch-türkischen Kriege 1897. Unter Mitwirkung v. Velde. gr. 8. (70 S. m. Abbildgn.) Berlin 899. E. S. Mittler & Sohn. n. 1. 50
Sonderabdruck aus: „Deutsche militärärztl. Zeitschrift".

Korsch, Bruno, Referendar: Die Haftung des Tierhalters nach dem Bürgerlichen Gesetzbuche. Hanau a. M. [1908]: Waisenhaus. (VIII, 56 S.) 8°
Heidelberg, Jur. Fak., Ref. Endemann, Diss. v. 1908
[Geb. 18. Jan. 81 Danzig; Wohnort: Straßburg i. E.; Staatsangeh.: Preußen; Vorbildung: Gymn. Saarburg (Lothr.) Reife M. 99; Studium: Straßburg 4, Jena 1, Straßburg 2 S.; Rig. 3. Mai 07.]

Korsch, Carl, s. Korsch, Karl

Korsch, D., die Waldschutzgesetze Rußlands. Sammlg. der Gesetzesbestimmgn. betr. die Schonung u. Erhaltg. der Wälder. Uebers. m. Genehmigg. d. Hrsg. von C. Jürgens. gr. 8. (83 S.) Reval 890. Kluge. n. 1. 60

Korsch, H., Methodik des geographischen Unterrichts in der Volksschule. Ein Hilfsbuch f. Lehrer u. Seminaristen. Mit Abbildgn. u. 1 farb. Taf. Terraindarstellg. (VIII, 139 S.) gr. 8. Braunschweig 903. [H. Wollermann.] Leipzig. List & v. Bressensdorf. Geb. in Leinw. n. 2. 40

Korsch, H., Methodik d. geograph. Unterrichts in d. Volksschule. Ein Hilfsbuch f. Lehrer u. Seminaristen. Mit Abb. u. 1 farb. Taf. Terraindarstellg. 2. neubearb. Aufl. (VIII, 152 S.) gr. 8. Leipzig 910. List & v. Bressensdorf. Geb. in Leinw. 2. 40

Korsch, (Heinr. Rich.) Feodor (geb. Mohrungen in Ostpr. 28. 9. 1856): Beiträge zur Lehre von der Entstehung und Entwicklung der motorischen Ganglienzellen der Grosshirnrinde. Berlin (1881). (32 S.) 8°
Berlin, Med. Diss. v. 19. Febr. 1881

Korsch, Karl

Korsch, Carl. Handbuch d. gemeinen Privatrechts. Ein Lehr- u. Nachschlagebuch f. Justizanwärter, Gerichtsbeamte u. Rechtsbeflissene überhaupt. gr. 8. (XI, 365 S.) Cassel 889, Brunnemann. * 4 —
geb. * 5 —

Korsch, Thdr., de versu Saturnio. Mosquae 868. (Leipzig, Kittler.) 8. (IV, 140 S.) n. 20 *ngr.*

Korschann, Frz., am Isonzo. Gedichte. gr. 8. (VI, 174 S.) Görz 882. (Znaim, Fournier & Haberler.) n. 4. —

Korschann, Frz., ideale Liebe. Eine Dichtung mit lyr. Anhange. 12. (VIII, 140 S.) Dresden 888, Pierson's Verlag. * 2 —
geb. * 3 —

Korschann I.: Beiträge z. Kenntnis d. seuchenhaften Blutharnens d. Rinder auf Grund eigener Beobachtungen u. Untersuchungen. Diss. Wien 1910. 20 S. (Særtr.). P.

Korschann, Karl: Erzherzog Albrecht (Gedicht.) (1 Blatt.) Brünn 1895. 8°

Korschann, Carl. Seine Majestät der Kaiser Franz Joseph I. als Urgrossvater bei der Taufe Seines ersten Urenkels des Prinzen Joseph Franz, am 2. April 1895 in Brünn. (Ein Gedicht auf 1 Blatt.) Brünn 1895.

Korschann, Rudolph —. Trifolium. Von — —. 1. Des Kaisers Thronbesteigung. 2. Des Kaisers Rettung. 3. Des Kaisers Vermählung. Der Rein-Ertrag ist der Royal-Invaliden-Stiftung in Znaim gewidmet. 4. (4 Blätter.) Znaim. Schnellpressendruck von Martin Hofmann. 1854.

Korscheck, Johann Carl (Halle), De retroverso utero. Schediasma medic. Präs. Johann Christian Reil. Halle (I. C. Hendel) 26. IV. 1799. 31 S. (5.50) 19190
Gew.: Johann Görke.

Korscheit, G. Geschichte von Oderwitz. (271) 8. Neu-Gersdorf 1869. 2,25.

Korschelt, G. Geschichte von Olbersdorf bei Zittau. (191) 8. Zittau 1864. 1,50.

Korschel, die märkischen Pflanzengattungen, s. Pflanzengattungen.

Korschel, F. A., s. Bary's, M. E., neue physikalische Probleme.

Korschel, F. A., der Buchstabenrechnung und Decimalbruchrechnung 1. Cursus. 8. (16 S.) Crossen 862, (Ehrlich und Comp.) * *

Korschel: Die Function $(m+1)^2 x^m (1-x)$ u. d. Integral $\int_0^1 (m+1)^2 x^m (1-x)$. Crossen. 1863.
Schul-/Univ.-Schrift

Korschel, F. A., M. E. Bary's neue physikalische Probleme. Für die oberen Klassen höherer Lehranstalten, Gymnasien, Realschulen, so wie für Studirende u. Lehrer der Mathematik u. Physik. Mit 3 Kpfrtaf. Halle 857. Schmidt. gr. 8. (VIII, 184 S.) n. 1 ₰. 6 ngr.

Korschel, F(ridericus): • De calculi integralis theorematibus tribus primariis. 20 Bl. 8° (4°)
Halle-Wittenberg, Phil. Diss. v. 23. Sept. 1856
Geb. Kottbus 9. 10. 1824. V.
Ersch. deutsch u. d. T.: Die Function $(m+1)^2 x^m (1-x)$ und das Integral $\int_0^1 (m+1)^2 x^m (1-x)$ als Beispiel, daß die Gültigkeit a) der Integrirung durch convergente Reihen b) der Differenzirung unter dem Integralzeichen c) der Umkehrung der Integrirung der Doppelintegrale nicht unbeschränkt besteht. Crossen 1863: Arnold. S. 9—20. 8° (4°) Höh. Bürgerschule, Progr.

Korschel, Friedr. Aug. Entwickelungsgeschichte der höheren Bürgerschule zu Strausberg. 6 S. Progr. *Strausberg* 1876.

Korschelt, Eugen

Korschelt, E., s.: Abhandlungen, zoologische, August Weismann gewidmet.

Korschelt, Eug., s.: Anzeiger, zoologischer.

Korschelt, Eugen [Dr., Privatdocent u. Assistent]: Zur Bildung der Eihüllen, der Mikropylen und Chorionanhänge bei den Insekten.... (Sep.-Abdr. aus d. Nova Acta der Ksl. Leop.-Carol. Deutschen Akad. d. Naturforscher. Bd. LI.) Halle, Druck v. E. Blochmann & Sohn in Dresden, 1887; 65 S. 4°.
Freiburg i. B., Phil. Fak., Hab.-Schr. v. 1887.

Korschelt, Eug., zur Bildung der Eihüllen, der Mikropylen und Chorionanhänge bei den Insekten. gr. 4. (72 S. mit eingedr. Holzschn. und 5 Taf.) Halle 887. (Leipzig, Engelmann.) * 9 —
Aus: Nova Acta der kaiserl. Leopold.-Carolinischen deutschen Akademie der Naturforscher, besonders abgedruckt.

— über Doppelbildungen bei Lumbriciden, s.: Jahrbücher, zoologische. VII. Suppl.-Bd.

Korschelt, E. Funktionen der Wanderzellen im tierischen Körper. s. Abhandlungen, allgemein-verständl. naturwissenschaftliche.

Lehrbuch der vergleichenden Entwicklungsgeschichte der wirbellosen Thiere von E[ugen] Korschelt, Prof., Marburg, u. K[arl] Heider, Prof., Berlin. Specieller Theil. H. 1–3. *Jena: G. Fischer 1890–93.* 3 Bde 8°
1. 1890. 2. 1892. 3. 1893. [01. 20073]

— u. K. Heider, Lehrbuch der vergleichenden Entwicklungsgeschichte der wirbellosen Thiere. Allgemeiner Thl. 1. Lfg. 1. u. 2. Aufl. gr. 8. (X, 538 S. m. 318 Abbildgn.) Jena 902. G. Fischer. n. 14.—; (spezieller Thl. u. Allg. Thl. 1. Lfg. n. 48.—)

— u. K. Heider, Lehrbuch der vergleichenden Entwicklungsgesch. der wirbellosen Thiere. Allgemeiner Thl. 2. Lfg. 1. u. 2. Aufl. (IV u. S. 540—750 m. Abbildgn.) gr. 8. Jena 903. G. Fischer. n. 5. 50

— u. K. Heider, Lehrbuch der vergleichend. Entwicklungsgeschichte der wirbellosen Thiere. 1. u. 2. Aufl. Allgemeiner Thl. 3. Lfg. 4. Lfg. 2 Hälften. (896 S. m. Abb.) gr. 8. Jena 909. 10. G. Fischer. 23. —

— Regeneration u. Transplantation. (VI, 286 S. m. 144 Fig.) gr. 8. Jena 907. G. Fischer. 7. —

— s.: Verhandlungen der deutschen zoolog. Gesellschaft.

Korschelt, G., Führer durch Zittau u. Umgebung u. das sächsisch-böhmische Grenzgebirge. Mit 11 Übersichts- u. Spezialkarten, 1 Panorama der Lausitzer Gebirgskette, gezeichnet v. R. Müller, u. 1 Stadtplan. 2., neubearb. u. verm. Aufl. 12. (VI, 111 S.) Zittau 894. Pahl. n. 1.20

Führer durch Zittau und Umgebung u. d. sächs.-böhm. Grenzgebirge von G. Korschelt. Vollst. neu bearb. durch Oberl. Richard Kramer. Mit 12 Vollbild., 1 Stadtpl. u. 1 Umgebungskarte. 3. Aufl. Zittau: A. Graun (1907). (123 S.) 8° [07. 13693]

Korschelt, G., Führer durch Zittau u. Umgebg. u. das sächsisch-böhmische Grenzgebirge. Vollständig neu bearb. v. Rich. Kramer. 4. Aufl. (XII, 135 S. m. 1 Plan u. 1 Karte.) kl. 8. Zittau (909). A. Graun. 1.25; m. farb. Karte 1. 75

Korschelt, G., Geschichte von Berthelsdorf. 2 Lfgn. gr. 8. (134 S.) Berthelsdorf bei Herrnhut 852. Leipzig, Kummer in Comm. n. 12 ngr

— Geschichte von Berthelsdorf, *bearbeitet und herausgegeben . . . Berthelsdorf bei Herrnhut: Selbstverlag des Herausgebers; Leipzig: in Commission bei E. Kummer; Löbau: Gedruckt in der Hohlfeld'schen Offizin 1852. 131 S.*

—— Geschichte von Herrnhut. gr. 8. (170 S.) Berthelsdorf 853. (Leipzig, Kummer.) *

Korschelt, G.: Geschichte von Herrnhut, *bearbeitet und herausgegeben . . . Berthelsdorf: Selbstverlag des Herausgebers; in Commission bei E. Kummer; Zittau: Gedruckt bei J. G. Seyfert 1853. 167 S.*

— Geschichte von Oberwitz. 1—7. Liefg. Neu-Gersdorf 870. Trommer. 8. (S. 1—224.) Jede Liefg. n.n. 2½ ngr.

Korschelt, G., Geschichte v. Oberwitz. 8. u. 9. Lfg. 8. (S. 225—272.) Neu-Gersdorf 870. Trommer. à n.n. — 25

Korschelt, G., Geschichte von Olbersdorf bei Zittau. Preisschrift. 2 Hefte. Zittau 864. (Breitschuch.) gr. 8. (191 S.) 15 ngr.

Korschelt, O., das japanisch-chinesische Spiel „Go", ein Concurrent des Schach. Mit 84 Taf. [Aus: „Mittheilgn. d. deutschen Gesellsch. f. Natur- u. Völkerkde. Ostasiens".] Fol. (35 S.) Yokohama 881. (Dresden, Axt.) n. 4. —

Korschelt, O., Joseph Wallace's Heilsystem u. seine Anwendung auf Kinderkrankheiten, besonders Diphtheritis. gr. 8. (43 S.) Zittau 890. (Oliva.) n. — 60

Korſchelt, O., Markrechnung. Rechenknecht für den allgemeinen Geſchäftsverkehr in 3 Tabellen. Mit Anleitung zum Gebrauche. gr. 16. (112 S.) Leipzig 875, Siegismund und Volkening. cart.

Korschelt, Osk., die Nutzbarmachung der lebend. Kraft d. Aethers in der Heilkunst, der Landwirthsch. u. der Technik. gr. 8. (III, 182 S. m. Abbildgn.) Berlin 892. Verlag d. Neuen Heilkunst, L. Volkmar. 2.—

Korschelt, Paul [Dr.]: Über die Eibe und deutsche Eibenstandorte. Zittau, Druck v. M. Böhme, 1897; 1—30 S. 4. Zittau, k. RG m. h. Handels-S, OP 1897 (577)

Körschelt, G. Kriegsdrangsale der Oberlausitz. zur Zeit des 7jährigen Krieges (66.) 8. Görlitz. 1878.

Körschelt, G. Der Ueberfall bei Hochkirch. 8. Löbau 1858.

Korschenewsky, Ludw. Ossipowitsch, orthopädische Praxis oder heilsame Andeutungen für von engl. Krankheit Befallene und an jeder Art Verkrümmungen des Körpers, angeborenen sowohl als auch zufälligen, Leidende. Nach der 2. russ. Aufl. übersetzt. gr. 8. (VII, 108 S. mit 2 Stnt. in 8. und Fol.) Wien 873, Kirsch.

Korschilgen, J. P., u. E. L. Selleger, Technik u. Praxis der Papierfabrikation. Vollständ. Lehr- u. Handbuch der gesamten Papier- u. Rohstoff-Fabrikation. Im Verein m. mehreren Technikern u. Fachgelehrten bearb. Gratis-Beilage des „Papier-Fabrikant". 1.—61. Lfg. (S. 1—496 m. Abb.) Lex. 8. Berlin 906—10. O. Elsner. à —50

Korschinek: Ueber die Eintheilung der Weltgeschichte. 14 S.–Warasdin, Progr. 1855

Korschmann, Karl

-- -- Des Kaisers Grossvaterbild. (Ein Gedicht auf 1 Blatt.) Brünn (1895)

Korseck, Car (Frid. Armin) (geb. Greifenberg in Schles. 1. 11. 1816): Historia de diabete. Berolini (1840). (32 S.) 8°
Berlin, Med. Diss. v. 3 März 1840

Korselt [Dr.]: Über die Ursachen der täglichen Oscillation des Barometers. *Annaberg, Druck v. C. E. Kästner, 1891;* 24 S. 4° Annaberg, k. RG nebst PG, OP 1891 (544)

Korselt, Alwin: Über die Möglichkeit der Lösung merkwürdiger Dreiecksaufgaben durch Winkelteilung. *Plauen i. V. 1901: Neupert.* (67 S.) 4° ¶(Erweit. Umarbeitung d. Aufsatzes in: Archiv f. Math. u. Physik, Bd 17.)
Plauen i. V., st. RG m. R u. handelswiss. Oberkl., OP 1901 (629)

Korselt, Ernst [wiss. Lehrer am K. Realgymn. in Annaberg]: Untersuchungen über das Gesetz der Temperaturabnahme in der Verticalen auf Grund verschiedener Formeln zur barometrischen Höhenmessung. . . . (Aus: Exner's Repertorium d. Phys. Bd. XXVI.) München, Druck v. R. Oldenbourg, 1890; 53 S. 8°
Jena, Phil. Fak., Inaug.-Diss. v. 1890

Korselt, Ernst, Untersuchungen üb. das Gesetz der Temperaturabnahme in der Verticalen auf Grund verschiedener Formeln zur barometrischen Höhenmessung. Diss. [Aus: „Exner's Repertorium d. Physik".] gr. 8. (53 S.) München 890. (Rudolstadt, H. Dabis.) n. 1.—

Korselt, *Ernst* Über die Ursachen der täglichen Oscillation des Barometers. 4 (24 S.). Kgl. Rg. nebst Prg. *Annaberg* 1891 (544). Progr.

Korſemka, Ant., Unterricht v. der Bienenzucht in Baiern. Mit Kpf. 8. München 771. (v. Jeniſch u. St. in Augsb.) 4 𝔤

Korſemka, Ant., Unterr. v. d. Bienenzucht in Bayern. m. K. 8. Augsb. Stage. 775.

Korsopa, Ant., Instruction éradicative à dresser toutes sortes de chevaux opiniâtres, écrite d'après le cours théoret. et prat. tenu de l'auteur à l'école d'équitation militaire. gr. in-8. ($4\frac{1}{8}$ B. u. 15 Stnt.) Berlin 837, Logier.

— Unterweiſung widerſetzl. Pferde in jeder Art gründl. abzurichten, nach dem v. Verf. bei d. kgl. Lehr-Escadron ertheilten Unterricht theoret.-prakt. dargeſt. 8. ($4\frac{1}{8}$ B. u. 15 Stnt.) Berlin 836, Logier. *

Korſettgeſchichten v. Doloroſa. (165 S.) 8. Leipzig (907). Leipziger Verlag. 3.—

Korshinsky, S., tentamen florae rossicae orientalis, i. e. provinciarum Kazan, Wiatka, Perm, Ufa, Orenburg, Samara partis borealis atque Simbirsk. gr. 4. (XIX, 566 S. m. 2 farb. Karten.) St.-Pétersbourg 898. (Leipzig, Voss' Sort.) n. 20.—
Sonderabdruck aus: „Mémoires de l'acad. imp. des sciences de St.-Pétersbourg".

Korshinsky, S., Übersicht der Leistungen auf dem Gebiete der Botanik in Russland, s.: Famintzin, A.

— Untersuchungen üb. die russischen Adenophora-Arten, s.: Mémoires de l'académie impériale des sciences de St.-Pétersbourg.

Korſinsky, Album d. kgl. württemberg. Hof-Theaters. Mit dem Feſtſpiel zur 25jähr. Regierungs-Feier d. Königs Wilhelm v. Feod. Löwe. Lex. 8. ($9\frac{1}{2}$ B., 1 Illuſtrat. u. 7 Bild.) Stuttgart 843. [Rommelsbacher.] * 2 Thlr., — ohne Portr.*

Korsinsky, Bernhard

— ſ. Ernſt u. Krobſann.

Korſinsky, Bhrd., königl. Würtemb. Hoftheater-Taſchenbuch auf d. J. 1816, 17, 18, 19. Mit Kpf. gr. 12. Stuttg., Sattler. à 1 ℛ 10 𝔤

LOHMAR-FREIHOLD (d. i. *Bernhard Korsinsky*), Nachtbilder. Historisch-romantische Biographieen berüchtigter Giftmörder. Leipzig und Stuttgart: J. Scheible's Verlags-Expedition. 1833. 8°. VII—386 S. (2 Mk. 50 Pfg. Paul Neubner, Cöln, 1892.)

Lohmar-Freihold [d. i. **Korsinsky,** Bernh.]: Verbrechen auf Verbrechen oder Auswürflinge der Menschheit. Gallerie tragischer Ereignisse, ausgezeichneter Bösewichter [usw.]. Bd 1. Ludwigsburg 1833.

Korsör [Schlagwort]

Korsör, s.: Europa. Liebenow.

Kort over de danske Stats-Telegraflinier imellem Helsingör og Hamborg. o. O. 1853. Lithogr. 1 Bl. Fol., 42/34,5 cm.

Zur Geologie und Hydrologie von Daressalam und Tanga (Deutsch-Ostafrika). Von W. Koert u. F[ritz] Tornau. Mit 10 Taf. Berlin: Kgl. Preuß. Geol. Landesanst. 1910. 77 S. 4°(8°)
(Abhandlungen d. Kgl. Preuß. Geol. Landesanstalt. N. F. H. 63.)

Koert (W.), Meeresstudien und ihre Bedeutung für den Geologen. 4°
Aus: Naturwiss. Wochenschrift. N. F. Bd 3, No 31. 1904.

Koert, Willi: Geologische und paläontologische Untersuchung der Grenzschichten zwischen Jura und Kreide auf der Südwestseite des Selter. Von der philosophischen Fakultät der Universität Göttingen gekrönte Preisschrift. *Göttingen 1898: Dieterich.* (57 S.) 8°
Göttingen, Phil. Diss. v. [3. Mai] 1898

Kortau, K., die vergrabenen Kanonen, s. Familien-Bibliothek.

— Sagen des Rhöngebirges u. der Umgegend. 8. (III, 94 S.) Kissingen 889. Weinberger. n. 1.—

Kortazzi, J., Bestimmung der Längen-Differenz zwischen Pulkowa, Helsingfors, Abo etc., s.a. **Mémoires** de l'Acad. impér. des sciences de St. Pétersbourg.

Kortazzi, J.: Bestimmung der Längen-Differenz zwischen Pulkowa, Helsingfors, Åbo, Lowisa und Wiborg. (Memoires de l'Academie Imperiale des Sciences de St.-Pétersbourg. Sér. 7. T. 17. No. 1.) St.-Petersbourg 1871. 69 S. 4°.

Kortazzi, J., catalogue de 5954 étoiles etc. déduit des observations faites au cercle méridien de l'observatoire de la marine impériale à Nicolajew, s.a. **Catalog der astronomischen Gesellschaft. 15.**

Catalogue de 5954 étoiles entre – 2° 10' et + 1° 10' de déclinaison 1855 pour l'équinoxe de 1875 déduit des observations faites au cercle méridien de l'Observatoire de la marine impériale à Nicolajew pendant les années 1876 à 1899. Par J. **Kortazzi**. *Leipzig: W. Engelmann in Comm. 1900.* (196 S.) 4°
— **Katalog** d. astronom. Gesellschaft. Abth. 1, Stück 15. [01. 8114

Herforder Teppich-Fabrik Korte & Co., Ges. m. b. H., Herford. — (Berlin: Eckstein o. J. [um 1910].) 2 Bl. gr. 2° [Umschlagt.] Aus: Histor.-biogr. Blätter: Die Provinz Westfalen. 1. 38 A.

Korte, A. M. C.: Praktische Anweisung holzsparende Stubenöfen ... zu bauen, s. Körte, A. M. C.

Korte, *Albano* [Dr. jur., Kammerger.-Ref.]: Die Vertragslehre im Bürgerlichen Gesetzbuche für das Deutsche Reich ... *Berlin, Druck v. W. Pilz, 1896*; 40 S. 8.
Erlangen, Jur. Fak., Inaug.-Diss. v. 1896

Korte, Ary, Medizinalprakt.: Aus d. Psychiatr.- u. Nervenklinik zu Kiel. Ein Fall von Akromegalie mit Diabetes und psychischen Störungen. Rostock 1909: Adler. 18 S. 8
Kiel, Med. Diss. v. 30. April 1909, Ref. Siemerling
[Geb. 4. Sept. 82 Kiel; Wohnort: Wiesbaden; Staatsangeh.: Preußen; Vorbildung: Gymn. Wilhelmshaven Reife O. 02; Studium: Freiburg i. B. 3, Berlin 1, Freiburg i. B. 2, Kiel 3, München 1, Kiel 2 S.; Coll. 27. Febr. 08; Approb. 15. Febr. 09.] [U 09. 2272

Korte, Aug., die Konzilspolitik Karls V. in den J. 1538—1543, s.a. **Schriften des Vereins f. Reformationsgeschichte. Nr. 85.**

Korte, August, a. Allerdorf: Die Konzilspolitik Karls v. in den Jahren 1538—1543. Halle a. d. S. 1905: E. Karras. (IV, 87 S.) 8° [F.]
Göttingen, Phil. Fak., Ref. Brandi, Diss. v. 10. Mai 1905
[Geb. 10. Okt. 72 Allerdorf; Wohnort: Allerdorf; Staatsangeh.: Preußen; Vorbildung: Gymn. Steglitz Reife M. 00; Studium: Berlin 1, Göttingen 6 S.; Rig. 1. Aug. 04.]

Die Konzilspolitik Karls v. in den Jahren 1538–1543 von August **Korte**. Halle a. d. S.: Ver. f. Reformationsgesch. 1905. (87 S.) 8° [F.]
— **Schriften** d. Vereins f. Reformationsgeschichte. No 85. [05. 7907 9

Korte, C., Polizeiordnung f. d. Schifffahrt u. Flösserei auf d. Rhein in ihrer jetz. Gültigkeit. Neue Ausg., nebst Anmerkgn., unt. Berücksicht. d. auf Beschluss d. Regiergn. d. Rheinuferstaaten seit d. 1. Febr. 1888, d. Tage d. Inkrafttretens d. Polizeiordng., bewirkten Abändergn. M. Anh., enth. polizeil. Vorschriften, soweit sie spec. f. d. Transport von ätz., gift. Stoffen, Petroleum, Sprengstoffen, feuergefährl. nicht zu den Sprengstoffen gehör. Gegenständen u. v. Gasen, auf d. Rhein od. f. d. ges. Wasserverkehr im Staatsgebiet gegeben sind. Nach amtl. Material zusammengest. u. hrsg. 8. (63 S.) Duisburg 896. (H. Bautzmann.) — 75

Korte, Carl, s. Korte, Karl

Korte, Carl Gustav, s. Korte, Karl Gustav

Korte, E., Karoline Mathilde. E. Lebensbild (e. unglückl. Königin). gr. 8. (32 S.) Celle 897. (Schulze.) — 75

Korte, Ernst, appr. Arzt a. Scharnhorst (Hannov.): Ein Beitrag zur Unfallsentschädigung von Augenverletzungen im Baugewerbe. Braunschweig 1904: F. Hess. (87 S.) 8°
Freiburg i. B., Med. Fak., Ref. Axenfeld, Diss. v. 1904
[Geb. 22. Jan. 81 Scharnhorst; Wohnort: Freiburg; Staatsangeh.: Preußen; Vorbildung: Gymn. Celle Reife M. 99; Studium: München 5, Erlangen 1, Freiburg 4 S.; Coll. 21. Juli 04.]

Korte, Franz Josef: Das westfälische Marschallamt. Münster i. W.: Coppenrath 1909. VIII, 48 S. 8° ¶(Ersch. vollst. als: Münstersche Beiträge z. Geschichtsforschung. N. F. 21.)
Münster, Phil. Diss. v. 4. März 1909, Ref. Meister
[Geb. 17. Nov. 84 Deutmecke; Wohnort: Münster i. W.; Staatsangeh.: Preußen; Vorbildung: Gymn. Attendorn Reife O. 03; Studium: Münster 2, Freiburg i. B. 1, Leipzig 2, Münster 3 S.; Rig. 28. Nov. 08.] [U 09. 3597

Korte, Heinrich [app. Arzt aus Aschendorf in Hannover]: Aus d. Augenklinik zu Kiel. Ein Beitrag zur Diagnose von Fremdkörpern in der vorderen Augenkammer ... Kiel, Druck v. L. Handorff, 1892; 15 S. 8.
Kiel, Med. Fak., Inaug.-Diss. v. [20. Sept.] 1892

Korte, Herm. Rob., s. Luther-Buch.

Korte, Hugo. **Ueber die Haltbarkeit des Phosphoröles. Experimentelle Beiträge zum Artikel Oleum phosphoratum der Pharmacopoea Helvetica IV. Diss. Phil. Bern. 85 S. 8. Bern, Neukomm & Zimmermann, 1906.**

Korte, Joh., Reise nach d. gelobt. Lande, n. 5 Supplem. 8. Alt. Korte. 751.

Korte, Jos., das westfälische Marschallamt, s.a. Beiträge, Münstersche, zur Geschichtsforschung. N. F. XXI.

Das westfälische Marschallamt. Von Dr. Josef **Korte**. Münster (Westf.): Coppenrath 1909. VII, 114 S. 8°
[Ein T. erschien als Inaug.-Diss. Münster 1909.]
(Münstersche Beiträge z. Geschichtsforschung N. F. 21.) [09. 16475

Korte, Joseph [aus Ostercappeln]: Über Phlorhizin-Diabetes, insbes. b. Menschen ... Halle a. S., Druck d. Buchdr. d. Waisenhauses, 1890; 21 S., 1 Bl. 8.
Halle, Med. Fak., Inaug.-Diss. v. 16. Mai 1890

Korte, Julius (geb. Schwelm in Westf. 30. 10. 1818): De causis proximis generibusque mortis. Berolini (1841). (36 S.) 8°
Berlin, Med. Diss. v. 11. Jan. 1841

Korte, Julius: Die beziehungslosen Relativsätze im Französischen. Göttingen 1910: Dieterich. XV, 166 S. 8°
Göttingen, Phil. Diss. v. 12. Mai 1910, Ref. Stimming
[Geb. 12. April 85 Tengern; Wohnort: Osnabrück; Staatsangeh.: Preußen; Vorbildung: Realgymn. Osnabrück Reife O. 03; Studium: Göttingen 8 S.; Rig. 16. Febr. 10.] [U 10. 1432

Korte, K. G., s. Blüthen d. Poesie.

Korte, Karl

Korte, Carl: **Über die Beziehungen zwischen der Angina und dem acuten Gelenkrheumatismus.** *Göttingen 1898: E. Hofer.* (24 S.) 8°
Göttingen, Med. Diss. v. [18. Dez.] 1897

Korte, Carl [app. Arzt aus Marten]: Ein Fall von Carcinoma vesicae urinariae ... Würzburg, J. M. Richter's Buch- u. Kunstdr., 1892; 23 S. 8.
Würzburg, Med. Fak., Inaug.-Diss. v. 1892

Korte, Karl Gustav

Korte, Carl Gust., Konradin, der letzte Hohenstaufe. Ein Trauerspiel. 8. (11½ B.) Schwelm 843, Scherz.

Korte, Karl Gust., König Vollmar auf Hardenstein. Vaterländ. Trauersp. in 5 Aufz. 8. (20¼ B.) Schwelm 833, Scherz.

Korte, Paul, Referendar: Die Pflichten des Spediteurs. Borna-Leipzig 1909: Noske. 64 S. 8°
Leipzig, Jur. Diss. v. 2. Dez. 1909
[Geb. 12. Febr. 80 Bochum; Wohnort: Dortmund; Staatsangeh.: Preußen; Vorbildung: Gymn. Bochum Reife O. 99; Studium: Freiburg i. B. 2, Bonn 1, Berlin 1, Straßburg 2, Kiel 6, Münster 2 S.; Rig. 17. Dez. 06.] [U 10. 2766

Korte, Reinhold, aus Siegburg: Ueber die Reduktion von p-Isopropylbenzaldazin ⟨Cuminaldazin⟩ in alkalischer Lösung. *Heidelberg 1903: C. Pfeffer.* (53 S.) 8°
Heidelberg, Naturw.-math. Diss. v. 1903

Korte, Th., Trude Friedwald, s.: Jugend-Bücherei des Vereins kathol. deutscher Lehrerinnen.

Korte, W., Altes und Neues über Würzburg. Ansbach 1869. 8.

Korte, Walter, Assistenzarzt an d. med. Universitätspoliklinik: ⟨Aus d. med. Universitätspoliklinik zu Breslau.⟩ ⟨Director: Prof. Dr. R. Stern.⟩ Ein Beitrag zur Kenntniß des Paratyphus. *Leipzig: Veit & Co. 1903.* (32 S.) 8° ¶ (Aus: Zeitschrift f. Hygiene u. Infectionskrankh., Bd 44.)
Breslau, Med. Diss. v. 7. Aug. 1903

Korte, Wilhelm, appr. Arzt: Aus d. chirurg. Univ.-Poliklinik zu München. Metastasenbildung eines latenten Magencarcinoms in einer Nabelhernie. München 1904: Kastner & Callwey. (22 S.) 8°
München, Med. Fak., Ref. v. Angerer, Diss. v. 14. Sept. 1904
[Geb. 1. März 81 Bad Reichenhall; Wohnort: Bad Reichenhall; Staatsangeh.: Bayern; Vorbildung: Wilhelmsgymn. München Reife Juli 99; Studium: München 10 S.; Coll. 21. Sept. 04; Approb. 2. Juli 04.]

Körte. Beiträge zur Kenntniß der Fortpflanzung der Vögel in der Mark Brandenburg. 18 S.
Spandau, Progr. 1860

Körte, A.: Abhandlung über die Idee von Ackerbauschulen, s. Lips, A.

Körte, A., die Branntweinbrennerei nach praktischen Erfahrungen wissenschaftlich erläutert. Mit besond. Berücksicht. der Mittel, den größtmögl. Spiritus-Ertrag regelmäßig zu erzielen. Ein Lehr- und Hilfsbuch für Brenner und Brennereibesitzer. gr. 8. (VIII und 222 S.) Breslau 861, Kern.

Körte, A., die Branntweinbrennerei nach prakt. Erfahrungen wissenschaftlich erläutert. Mit besond. Berücksichtigung der Mittel, den grösst-möglichsten Spiritus-Ertrag regelmässig zu erzielen. Ein Lehr- u. Hilfsbuch für Brenner u. Brennereibesitzer. 2. verb. Aufl. Breslau 870. Kern's Verlag. gr. 8. (VIII, 240 S.) 1 ₰ 15 ngr.

Körte, A., die Branntweinbrennerei nach praktischen Erfahrungen wissenschaftlich erläutert. Mit besond. Berücksicht. der Mittel, den grösstmöglichsten Spiritus-Ertrag regelmässig zu erzielen. Ein Lehr- und Hilfsbuch für Brenner und Brennereibesitzer. 3. verb. Aufl. gr. 8. (VIII, 234 S. mit 4 in den Text gedr. Holzschn.) Breslau 876, Kern's Verlag.

Körte, A., das Fleischschaf, seine Züchtung und Haltung. gr. 8. (VI, 164 S.) Breslau 885, Korn. * 3 —

Körte, A., neue Forschgn. im nordwestl. Kleinasien, s: Diest, W. v.

Körte, A., landwirthschaftliche Kulturbilder. Skizzen aus dem wirthschaftl. Leben u. Treiben des In- u. Auslandes. gr. 8. (VIII, 287 S.) Breslau 878. Kern's Verl. n. 5. —

—— das deutsche Merinoschaf. Seine Wolle, Züchtung, Ernährung und Pflege. 2 Thle. gr. 8. (XII und 491 S. mit eingedr. Holzschn., 10 Stnt. und 3 Tab. in qu. gr. 4. und gr. Fol.) Breslau (861)62, Kern. *

Körte, A., das Wollschaf. Seine Wolle, Züchtung, Ernährung und Wartung. 2. Aufl. gr. 8. (XII, 434 S. mit 38 in den Text gedr. Holzschn. und 10 lithogr. Taf.) Breslau 880, Kern's Verlag. *ℳ 11.; geb. *

Körte, A., Wörterbuch der Schafzucht und der Wollkunde. gr. 8. (75 S.) Breslau 863, Kern's Verlag.

Körte, A. M. C., prakt. Anweis., holzsparende Stubenöfen, Kochheerde u. Bratöfen zu erbauen. Mit 7 Kpft. gr. 8. Hamb. 799. Gundermann; (Aue in Altona). 20 K

Körte, Alfredus: Inscriptiones Bureschianae. *Greifswald 1902: J. Abel.* (42 S.) 8°
Greifswald, Beil. zum Verz. d. Vorl. f. d. SS 1902

Körte, Alfr., der Kothurn im 5. Jahrh. (S. 198—212 m. 1 Abb.) gr. 8. Basel 907. (Leipzig, A. Beck.) — 75
Sonderabdr. a.: „Festschr. z. 49. Vers. deut. Philologen u. Schulmänner".

— s.: Menandrea.

Koerte, Alfredus [Berolinensis]: Metrodorea ... (Aus: Jahrb. f. class. Phil. Suppl. Bd. XVI) Lipsiae, typ. B. G. Teubneri, 1890; 2 Bl. S. 531—556 + 1 Bl. 8°
Bonn, Phil. Fak., Inaug.-Diss. v. 3. März 1890

Koerte, Alfr., Metrodori Epicurei fragmenta collegit, scriptoris incerti Epicurei commentarium moralem subiecit A. K. [Aus: „Jahrbb. f. class. Philologie". 17. Suppl.-Bd.] gr. 8. (S. 531—597.) Leipzig 890. Teubner. n. 2. 40

— C. Vial's Rindviehmast. Deutsch bearb. u. hersg. Ebend. 867. gr. 8. (IV, 194 S.) 1 ₰

— d. sidonischen Sarkophage d. kaiserl. ottomanischen Museums zu Constantinopel. Vortrag, geh. in d. Gesellschaft „Teutonia" am 4. Jan. 1895. gr. 8. (28 S.) Constantinopel 895. O. Keil. n. 1. —

— anatolische Skizzen. gr. 8. (VII, 90 S.) Berlin 896. J. Springer. n. 1. —

Körte, A[lfred]. Über die akademische Vorbildung des Gymnasiallehrers. Vortrag. Separatabdruck aus dem 36. Jahresheft des Vereins schweizerischer Gymnasiallehrer. S. 36—44. 8. Aarau, H. R. Sauerländer & Co., [1906].

Körte, Frz., chemische Blätter, zusammengestellt behufs seiner Vorlesungen üb. den anorganischen Theil der Agriculturchemie. 4. (20 B.) Berlin 845, Rücker u. Püchler. *

Körte, Franc., Flora Erlangensis, vide Schweigger, Aug. Fr.

— s. J. F. L. Hausmann, Vers. e. geolog. Begründung des Acker- u. Forstwesens.

Körte, Frz., möglinische Jahrbücher d. Landwirthschaft ꝛc., s. Jahrbücher.

— über die Idee v. Ackerbauschulen, s. A. Lips.

— der Katholikometer. Ein eben so zweckmäßiges, leicht selbst zu verfertigendes, als wohlfeiles Instrument f. d. prakt. Forst- u. Landmann ꝛc. Mit 1 Kpf. 4. Berl. 815. (Reimer). 12 ℊ

Körte, Frz., die Strich-, Zug- od. Wander-Heuschrecke, ihre Beschreib., Verheerung in jetzigen u. früh. Zeiten, u. d. Mittel zu ihrer Vertilgung. 2. Aufl. M. 1 ill. Kpfrt. 8. (3 B.) Berlin 828, Rücker.

Koerte, Franc. (Frid. Ern.) (geb. Möglin in d. Mark 24. 8. 1821): Utrum Spongiae officinalis tela fibrosa animali an vegetabili sit natura. Berolini (1848). (44 S.) 8°
Berlin, Phil. Diss. v. 22. Juli 1848

Körte, Friedrich

Koerte, (Franc.) Frid. (geb. Aschersleben 16. 1. 1818): De purpura. Berolini (1841). (32 S.) 8°
Berlin, Med. Diss. v. 6. Aug. 1841

Körte, Gustav

— u. Alfr. Körte, Gordion, Ergebnisse der Ausgrabgn. im J. 1900, s.a. Jahrbuch des kaiserl. deutschen archäolog. Instituts.

Gordion. Ergebnisse d. Ausgrabung im J. 1900 von Gustav Körte u. Alfred Körte. Mit e. Anh. von R[udolf] Kobert. Mit 235 Abb., 3 Beil. u. 10 Taf. *Berlin: G. Reimer 1904.* (XV, 240 S.) 4°(8°)
— Jahrbuch d. Kais. Deutschen archäol. Instituts. Erg.H. 5. [04. 3652

Körte, Gust., s.: Glyptothèque, la, Ny-Carlsberg.

Koerte, Gust., über Personificationen psychologischer Affekte in der spaeteren Vasenmalerei. gr. 8. (90 S.) Berlin 874, Vahlen. *

Körte, Gust., s.: Rilievi, i, delle urne etrusche.

— Scavi di Montifiascone. S.-A. 1876. 16 S. 4°.

Körte, Gust., die antiken Sculpturen aus Boeotien beschrieben. gr. 8. (122 S. mit 2 phototyp. Taf.) Athen 879, Wilberg. **
Aus: Mittheilungen des deutschen archäolog. Institutes in Athen, besonders abgedruckt.

— etruskische Spiegel, s.: Gerhard, Ed.

— archäologische Studien, s.: Furtwängler, Adf.

— Tazza di Corneta con rappresentanza riferibile al mito di Meleagro. S.-A. 1881. 14 S. u. 1 kol. Taf.

Körte, G., Der „alte Tempel" u. das Hekatompedon auf d. Akropolis zu Athen. S.-A. s. a. 81 S. 1.20

Körte, Gust., das Volumniergrab bei Perugia, s.a. Abhandlungen der königl. Gesellschaft der Wissenschaften zu Göttingen. Philol.-histor. Kl. XII, 1.

Körte, Gustav: Das Volumniergrab bei Perugia. Ein Beitrag z. Chronologie d. etrusk. Kunst. Mit e. Exkurs über d. Kottabos-Spiel. Von –. Mit 7 Taf. u. 2 Textabb. Berlin: Weidmann 1909. 47 S. 4°
(Abhandlungen d. Kgl. Gesellsch. d. Wiss. zu Göttingen. Phil.-hist. Kl. N. F. Bd. 12, Nr. 1.)

— Ein Wandgemälde von Vulci als Document zur röm. Königsgeschichte. S.-A. 1897. 28 S. 1.20

Körte, Ludwig, Kammergerichtsreferendar: Die Voraussetzungen des Schadensversicherungsvertrages, insbesondere der Begriff des Interesses. Berlin 1908: L. Schumacher. (32 S.) 8°
Rostock, Jur. Fak., Ref. Hübner, Diss. v. 25. Mai 1908
[Geb. 25. Jan. 83 Berlin; Wohnort: Berlin; Staatsangeh.: Preußen; Vorbildung: Askanisches Gymn. Berlin Reife O. 03; Studium: Freiburg i. B. 4, Berlin 3 S.; Rig. 18. März 08.]

Körte, Osw., Laute u. Lautenmusik bis zur Mitte des 16. Jahrh., s.a. **Publikationen der internationalen Musikgesellschaft. 3. Hft.**

Laute und Lautenmusik bis zur Mitte des 16. Jahrhunderts. Unter bes. Berücks. d. deutschen Lautentabulatur. Von Dr. Oswald Körte. *Leipzig: Breitkopf & Härtel 1901.* (164 S.) 8°
(Erschien teilweise als Berl. phil. Diss.)
— Publikationen d. Internat. Musik-Gesellschaft. Beih. 3. [01. 9745

Körte, (Werner), s.: Archiv f. klinische Chirurgie.

Körte, W., Beitrag zur chirurg. Behandlg. d. Pankreas-Entzündgn., nebst Experimenten über Fettgewebs-Necrose, s.a. Klinik, Berliner.

Beitrag zur chirurgischen Behandlung der Pankreas-Entzündungen, nebst Experimenten über Fettgewebs-Necrose. Von Dr. W[erner] Körte, Dir. . . . d. Städt. Krankenh. am Urban, Berlin. *Berlin: Fischer 1896.* (27 S.) 8.
— Klinik, Berliner. H. 102. [96. 894

Körte, W., Beitrag zur Lehre vom Ileus, s.: Klinik, Berliner.

Körte, Werner [appr. Arzt]: Beitrag zur Lehre vom runden Magen-Geschwür. Strassburg. Buchdruckerei von R. Schultz u. Comp., Berger-Levrault's Nachfolger, 1875. 8. 48 S.

— Beiträge zur Chirurgie der Gallenwege u. der Leber. (XII, 440 S. m. 16 Abbildgn u. 11 [8 farb.] Taf.) Lex.-8. Berlin 905. A. Hirschwald. n. 18.—

—– Ueber die Chirurgie der Gallenwege u. der Leber, s. Sammlung klinischer Vorträge.

— s.: Chirurgie des Unterleibes.

— d. chirurg. Krankheiten u. d. Verletzgn. d. Pankreas s.a. Chirurgie, deutsche.

Die chirurgischen Krankheiten und die Verletzungen des Pankreas. Von Dr. W[erner] Körte. M. 18 Abb. *Stuttgart: F. Enke 1898.* (XXIV, 234 S.) 1 Bd 8.
= Chirurgie, Deutsche. Lfg 45d. [98. 1074

Körte, Wilh., vom Armenwesen. 8. Halberst. Büreau f. Lit. u. Kunst. 811.

Körte, Wlh., vom Armenwesen. 8. Halberst. 811. Vogler. 4 ℊ

Bericht, Wahrhaffter, vom Zauber-Sabbathe der St. Walpurgis-Nacht des dritten Reformations-Jubel-Jahres, enthaltend Satans Reden an die auf dem Blocksberge versammelten Unholde Teutschlands, nebst vielen Parallel-Stellen von Dr. Martin Luther. (Vf.: *Wilhelm Körte.*) Brockenhaus (Halberstadt) 1817. 8°. 52 S. (4 Mk. A. Buchholz, München, 1906; 3 Mk. Völcker, 1906.)
Anon.-Lex. I. p. 192 (nach Meusel u. Weller).

— wahrhafter Bericht vom Zauber-Sabbath, enthaltend Satans Reden an die auf den Brocken versammelten Unholde Deutschlands. 8. Brockenhaus 817. (Vogler in Potsd.) 6 ℊ

– s.a. Beurtheilung d. Vossischen Schrift: Wie ward Friz Stolberg ein Unfreier!

Beurtheilung der Voßischen Schrift: „Wie ward Friz Stolberg ein Unfreier?" und einiger andern damit verwandten Schriften. [Verf.: Wilhelm **Körte.**] 〈Aus dem 6. noch nicht ausgegebenen Stück des Hermes besonders abgedruckt.〉 Amsterdam. 1820. 8°
[Umschlagt.:] Johann Heinrich Voss der Freie 〈?〉.

Körte, Wilhelm (Hrsg.), s. B o d m e r : Briefe der Schweizer ...

— Briefe der Schweizer: Bodmer, Sulzer, Geßner, s. Briefe deutscher Gelehrten.

— Soll auch Verf. sein von: D e u t s c h l a n d lebe hoch.

— abgesonderte Erklärung an Hrn. Karl van Eß. Schlußwort. gr. 8. Halberst. 819. Vogler in Potsd. 4 gGr.

— Vater Gleims Fabeln u. Erzählungen, s.a. J. W. L. Gleim.

— Vater G l e i m s F a b e l n u. Erzählungen, f. Kinder. 16. Ebend. 811.

– s. J. W. L. G l e i m, Leben.

Körte, Wlh., s. G l e i m's, J. W. L., sämmtl. Werke.

— — kleiner K a t e c h i s m u s der Lehre v. Büchernachdruck. gr. 8. Ebend. 819.

– s. K a t e c h i s m. d. Lehre v. Büchernachdruck.

– s. v. K l e i s t, Ew. Chr., sämmtliche Werke rc. 2 Thle.

— Kritik der Ehre, Sittlichkeit u. des Rechts in F. H. Jacobi's Schrift: Was gebieten Ehre, Sittlichkeit u. Recht in Absicht vertraul. Briefe. 8. Zürich 806. Geßner. 7 gGr.

— das Leben L. N. M. Carnots. Mit e. Anhang. 8. Leipz. 820. Brockhaus. 2 Thlr. 6 gGr.

— L e b e n J o h. W i l h. L. G l e i m s. Aus sein. Schriften u. Briefen. gr. 8. Ebend. 811. Druckp. Schreibp.

K ö r t e, Wilh., Leben u. Studien Friedr. Aug. Wolf's, d. Philologen. 2 Thle. gr. 8. (43½ B.) Essen 833, Bädeker.

— Dr. Mart. Luther, nicht Lutheraner, noch weniger Päpstler, sondern wahrhaft evangel. Katholik. gr. 8. Halberstadt 818. (Vogler in Potsd.) 6 gGr.

S a t a n s r e d e a u f d e m B l o c k s b e r g e a n d i e U n h o l d e D e u t s c h l a n d s (von *Wilh. Körte).* Brockenhaus (Halberstadt) 1817.
Anon.-Lex. IV. p. 24 (nach Weller, fing. Druckorte).

— Schule d. Humanität, s.a. J. W. L. Gleim.

— G l e i m s Schule der Humanität. 4. Ebend. 816.

K ö r t e, Wilh., die Sprichwörter u. sprichwörtl. Redensarten d. Deutschen. Nebst d. Redensarten d. deutschen Zech=Brüder u. Aller Praktik Großmutter, d. i. der Sprichwörter ewigem Wetter=Kalender. Gesammelt u mit viel. schön. Versen, Sprüchen u. Historien in e. Buch verfaßt. (4 Lfgn.) gr. 8. Leipzig 837, Brockhaus. *

K ö r t e, Wilh., die Sprichwöiter und sprichwörtlichen Redensarten der Deutschen. Nebst den sprichwörtlichen Redensarten der deutschen Zechbrüder und aller Praktik Großmutter, d. i. der Sprichwörter ewigem Wetterkalender. Gesammelt und mit vielen schönen Versen, Sprüchen und Historien in ein Buch verfaßt. 2., verb. und verm. Aufl. gr. 8. (XXXII und 579 S.) Leipzig 861, Brockhaus. *

——, Albrecht Thaer. Sein Leben u. Wirken, als Arzt u. Landwirth. Aus Thaer's Werken u. literar. Nachlasse dargest. gr. 8. (26¾ B. u. Th's. Bildn.) Leipzig 839, Brockhaus. *

K ö r t e, W., Johann Heinrich Voß. Ein pragmatisches Gegenwort. 8. Halberst. Büreau f. Liter. u. K. 808.

— Johann Heinrich Voß. Ein pragmat. Gegenwort. 8. Halberst. 808. Vogler in Potsd. 9 gGr.

– s. Fr. A. W o l f, über Erziehung Schule, Universitat.

K o r t e g a r n, Arthur Bemerkungen über den fremdsprachlichen Unterricht im Realgymnasium. 39 S. Wöhl. Sch. *Frankfurt a M.* 1883. Progr.

K o r t e g a r n, Arth., de tabula Archelai. Dissertatio inauguralis. Accedit tab. lithogr. gr. 4. (III und 46 S.) Bonn 862, Marcus. *

K o r t e g a r n, F. W. Th., Unterrichts- und Erziehungsordnung des Kortegarn'schen Instituts zu Bonn. 2. Abthl.: Instruction für die Erzieher der Anstalt. gr. 4. (III und 76 S.) Bonn 861, Marcus. *

K o r t e g a r n, F. W. Th., Versuch e. Organisations-Plans d. höh. Bürgerschulen in kleinen Städten, d. Lehrern als Anweis. zu gesegn. Amtsführung, d. Verständen u. Aeltern als Maßstab zu Beurtheilung d. Lehrerbestrebungen. Ein Beitr. z. Volksschulwesen. 8. (7 B. u. 2 Tab.) Schwelm 830, Scherz. Thlr.

Kortemeier, Alfred

Kortemeier, A., die Entwickelung des Pflichtbewußtseins Kaiser Wilhelms II. Eine pädagogisch-psycholog. Studie. (36 S.) 8. Leipzig 910. Dürr'sche Buchh. — 75

Korten: Der Einfluß des Bergbaues auf Straßenbahngleise und seine Bekämpfung. Essen (Ruhr) 1909

Korten, Carolus Ludovicus Leopoldus, s. K o r t e n , Karl Ludwig Leopold

Korten, Ernst: Ratgeber für Schulaufführungen. *Elberfeld 1899: Baedeker.* (76 S.) 8°
Elberfeld, OR, OP 1899 (521)

Korten, Ernst: Albrecht R o s e r , ein badischer Held. Oper in 4 Akten. Text u. Musik von –. Mit freier Benutzg. d. Romans: 'Die Vierhundert von Pforzheim' von A. v. Tromlitz. Elberfeld: S. Lucas [1896]. (33 S.) 8°
= Operntexte, Lucas'. Ser. II, H.

Korten, Friedrich, a. Wesel: Beiträge zur Kenntnis der Iridiumverbindungen. Bonn 1905: J. Trapp. (56 S.) 8°
Bonn, Phil. Fak., Ref. Anschütz, Diss. v. 28. Juni 1905
[Geb. 5. Aug. 79 Wesel; Heimatsort: Wesel; Staatsangeh.: Preußen; Vorbildung: Realgymn. Duisburg Reife O. 99; Studium: Zürich 1, Bonn 3, Straßburg 1, Charlottenburg, T.H. 1 S.; Rig. 24. Mai 05.]

Korten, G. H. Ueber d. griech. u. lat. Unterricht auf unsern Gymn. 10 S. Progr. Aachen 1836

GV79
11

Korten, H., Über die bergpolizeilichen Verordnungen und die baulichen Vorkehrungen zum Schutze des Rhein-Herne-Kanals gegen die Einwirkungen des Bergbaues. Wiesbaden, 1910. 7 S. mit 12 Abb.

Korten, Heinrich (aus Barmen (Rheinland)]: Über das ω-Monochlor-, das ω-Monobrom- und das m-Nitro-ω-Monobromacetophenonoxim und einige Derivate derselben. Karlsruhe 1899. 40 S. 8°.
Freiburg i. Schw. Math.-naturw. Diss. 1899/1900.

Korten, Henricus Ludovicus: Quomodo Schopenhauer ethicam fundamento metaphysico constituere conatus sit. Halis Saxonum (1864): Duncker Berolini. 28 S. 8°
Halle-Wittenberg, Phil. Diss. v. 29. Okt. 1864
Geb. Wesel 4. 6. 1833. V.

Korten, Karl Ludwig Leopold

Korten, Carolus Ludovicus Leopoldus (geb. am 16 Jan. 1831 in Aachen): De pelvi ubique iusto minore eiusque genesi ... Bonnae, form. C. Krueger 1853. 24 S., 1 Bl., 2 Taf. 4.
Bonn, Med. Fak., Diss. v. 18 Aug. 1853

Korten, L.: Quomodo Schopenhauer ethicam fundamento metaphys. constituere conatus sit. Halis. 1864. 25 S.
Schul-/Univ.-Schrift

Korten, Max [Real-Gymnasiallehrer aus Köln]: Über die spezifische Brechung, Volum- und Refraktions-Äquivalente von 7 aus C, H und O bestehenden Flüssigkeiten nach den Formeln von Beer (Landolt), Lorenz und Ketteler. . . . Köln, Druck v. J. P. Bachem, 1890; 44 S. + 6 Bl. 8°
Bonn, Phil. Fak., Inaug.-Diss. v. 22. Febr. 1890

Korten, *Max* [Dr.]: Spezifische Brechung, Volum- und Refraktions-Äquivalente einiger Flüssigkeiten. Köln, Druck v. J. P. Bachem, *1891*; 44 S., 6 Bl. 8°
Köln, RG u. VS, P 1891 (470)

Korten, Max: Elementare Darstellung des Brückenbaues mit besonderer Berücksichtigung des Baues der Bonner Rheinbrücke. *Bonn 1898: C. Georgi.* (48 S. mit Taf.) 4°
Bonn, OR m. G (in Entw.), OP 1898 (512)

Korten, W. Comment. in locum mathemat. in Plat. Menone. 8 S.
Aachen, Progr. 1830

Kortenbach, J(ulius), a. Marburg a. Lahn: Chlorierungsprodukte des o-Kresols und ihr Verhalten gegen Brom und Salpetersäure. Marburg 1905: Köster & Schell. (53 S.) 8°
Marburg, Phil. Fak., Ref. Zincke, Diss. v. 24. März 1905
[Geb. 30. Nov. 79 Burbach, Westfalen; Wohnort: Marburg; Staatsangeh.: Preußen; Vorbildung: Gymn. Marburg Reife O. 98; Studium: Marburg 4, München 1, Marburg 8 S.; Rig. 22. Okt. 04.]

Kortenbeitel, C. F., Hülfsbuch beim biblischen Geschichtsunterricht. 2., verm. Aufl. Berlin 868. Stubenrauch. 8. (VIII. 155 S.) n. 5 ngr.

— Hülfsmittel beim biblischen Geschichtsunterricht. Eine Handreichung für Kinder bei dem vermittelst der Bibel zu bewirk. häusl. Repetiren der bibl. Geschichten. Neustadt-Eberswalde 867. (Lemme.) 8. (VIII, 88 S.) n. 5 ngr.

Kortenbeil, C. F., Leitfaden beim biblischen Geschichtsunterricht. 3. Aufl. gr. 8. (VIII, 120 S.) Berlin 872, Stubenrauch. *

Kortenbeitel, C. F., Leitfaden beim biblischen Geschichtsunterricht. 3. Aufl. gr. 8. (VIII, 120 S.) Berlin 873. Stubenrauch. n — 60

Kortenbeitel, C. F., Leitfaden beim biblischen Geschichtsunterricht. 4. Aufl. gr. 8. (VIII, 120 S.) Berlin 876, Stubenrauch. *

Kortenbeitel, C. F., Leitfaden beim biblischen Geschichtsunterricht. 5. Aufl. Mit der amtlich angeordneten Rechtschreibung für preuß. Schulen. gr. 8. (VIII, 120 S.) Berlin 880. Stubenrauch. n. — 60

Kortenbeitel, C. F., Leitfaden beim biblischen Geschichtsunterricht. 6. Aufl. gr. 8. (VIII, 120 S.) Berlin 885, Stubenrauch'sche Buchh. *

Kortenbeitel, C. F., Leitfaden beim biblischen Geschichtsunterricht. 8. Aufl. gr. 8. (VIII, 120 S.) Bielefeld 892. Velhagen & Klasing. n. — 60; geb. n. — 80

Kortenbeitel, C. F., Leitfaden beim biblischen Geschichtsunterricht. 10. Aufl. gr. 8. (VIII, 120 S.) Bielefeld 897. Velhagen & Klasing. n. — 60; geb. n. — 80

Kortenbeitel, C. F., Leitfaden beim biblischen Geschichtsunterricht. 11. Aufl. gr. 8. (VIII, 120 S.) Bielefeld 902. Velhagen & Klasing. Geb. n. — 80

Kortenbeitel, C. F., Leitfaden beim biblischen Geschichtsunterricht. 12. Aufl. (VIII, 120 S.) gr. 8. Bielefeld 907. Velhagen & Klasing. — 60; geb. — 80

—— kleine deutsche Sprachlehre. 2. Aufl. 8. (III, 48 S.) Langensalza 883, Schulbuchh. von Greßler. cart.
1. Aufl. erschien im Selbstverlage des Verfassers.

—— kleine deutsche Sprachlehre. 3. Aufl. 8. (IV, 48 S.) Langensalza 886, Schulbuchhandlung. cart.

— kleine deutsche Sprachlehre. 4. Aufl. 8. (III, 48 S.) Langensalza 893. Schulbuchh. Kart. — 40

— kleine deutsche Sprachlehre. 6. Aufl. 8. (III, 48 S.) Langensalza 902. Schulbuchh. Kart. — 40

— Kleine deutsche Sprachlehre. 7. Aufl. (III, 48 S.) kl. 8. Langensalza 906. Schulbuchh. — 40

—— und O. H. Kortenbeitel, kurze Uebersicht der alten Geschichte. 8. (85 S.) Berlin 883, Wiegandt und Grieben. *

— kurze Uebersicht der preußischen Geschichte. 2., verm. u. verb. Aufl. Ebend. 867. 8. (24 S.) n. 2½ ngr.

— — 3. u. 4. verm. u. verb. Aufl. Berlin 868, 70. Wiegandt & Grieben. gr. 8. (48 S.) 3 ngr.

—— kurze Uebersicht der preußischen Geschichte. 4. Aufl. (48 S.) 1870. * 30 Pf., und 5. und 6. Aufl. gr. 8. (54 S.) Berlin 873,75, Wiegandt und Grieben. *

Kortenbeitel, C. F., kurze Uebersicht der preußischen Geschichte. 7. und 8. Aufl. gr. 8. (52 S.) Berlin 876,77, Wiegandt und Grieben. *

—— kurze Uebersicht der preußischen Geschichte. 9. und 10. Aufl. gr. 8. (52 S.) Berlin 879,80, Wiegandt und Grieben. *

Kurze Übersicht der preussischen Geschichte, zsgest. von C. F. Kortenbeitel, Lehrer. 22. verb. Aufl. (Mit d. amtl. Rechtschreibung). *Berlin: Wiegandt & Grieben 1901.* (60 S.) 8° [F.] [04. 1047.]

Kortenbeitel, Otto: Zur Kasuistik der Uterus-Fibromyome während der Schwangerschaft, im Anschluss an einen in der Greifswalder Universitäts-Frauenklinik zur Behandlung gekommenen Fall. *Greifswald 1898: C. Sell.* (35 S.) 8°
Greifswald, Med. Diss. v. 27. Mai 1898

Kortens, Jonas [ehemal. Buchhändlers zu Altona]. Reise nach dem weil. *Gelobten,* nun aber seit 1700 Jahren unter dem Fluche liegenden *Lande,* wie auch nach *Egypten,* dem *Berg Libanon, Syrien* u. *Mesopotamien,* von ihm selbst aufrichtig beschrieben .... Mit 5 Kpftaf. (incl. merkw. TKpf). Im Verlag des Autoris. 1741. 9 Bll. Vorst. (incl. roth u. schwarz gedr. Tit.), 544 S., 11 Bll. Reg. — *Suppl. I.* Halle, gedr. bey Joh. Chrn. Grunerten, o. J. 32 S. — *Suppl. II.* (zur 1. Aufl. gehörig, wie d. Titel anzeigt). Ibid. 1743. 8°. 6 Bll., 132 S. Zus. in 1 saub. Hpgmtb.
Handelt u. a. vom Fall der Juden; von dem Vorzuge der warmen Länder vor den kalten; von dem Unterschied des Caffee's; von der arabischen Sprache; Mahomet's Charakter etc. — Erschien noch Suppl. III u. IV. Ibid. 1751. 8°.

Korteweg D. J.: Über die von Prof. Wolf vermutete Doppelperiode der Sonnenfleckenhäufigkeit (mit 1 Taf.). S. 88. II. 1901 . . . . K —.70
Separatabdruck

Korteweg, D. J., über die von Prof. Wolf vermuthete Doppelperiode der Sonnenfleckenhäufigkeit. Lex.-8. (14 S. mit 1 lithogr. Taf.) Wien 883, (Gerold's Sohn.) **

Korteweg, D. J. Ueber Faltenpunkte. Lex.-8. (38 S. m. 1 Taf.) Wien 889, (Tempsky). * 1 10
Aus: Sitzungsberichte d. k. Akademie d. Wissensch., besonders abgedruckt.

—— und V. A. Julius, über das Grössenverhältniss der elektrischen Ausdehnung bei Glas und Kautschuk. Lex.-8. (8 S. mit 1 eingedr. Holzschn.) Wien 881, (Gerold's Sohn.) *
Vorstehende zwei Schriften sind aus: Sitzungsberichte der k. Akademie der Wissenschaften, besonders abgedruckt.

Korteweg, Prof. Dr. D. J., Ueber Stabilität periodischer ebener Bahnen. (Sitzber. der k. Akad. der Wissensch.) gr. 8°. (46 S.) Wien, Gerold's Sohn. In Comm. fl. —.40. 1866.

Korteweg, D. J., über Stabilität periodischer ebener Bahnen. Lex.-8. (46 S. mit 2 Holzschn.) Wien 886, (Tempsky.) *
Aus: Sitzungsberichte der k. Akademie der Wissenschaften, besonders abgedruckt.

Körtge, [Gustav], Dr.: Homer als Erzieher. Essen 1906: W. Girardet. (S. 13—21.) 4°
Essen, st. G P 1906 (547)

Körtge, Gust., in Suetonii de viris illustribus libros inquisitionum capita tria, s.a. Dissertationes philologicae Halenses. XIV. 3.

Körtge, Gustavus, Loitschensis: In Suetonii de viris illustribus libros inquisitionum caput primum. *Halis Sax. 1899: E. Karras.* (48 S.) 8° (Erscheint vollst. in: Dissertationes Philologicae Halenses, Vol. 14.)
Halle, Phil. Diss. v. 1899

Körtge, H., das Nibelungenlied nebst der Klage, s.a. Volksbücher, deutsche.

Körtge, H., das Nibelungenlied nebst der Klage, s.a. Vom Jahrmarkt d. Lebens.

Körtge, H., das Nibelungenlied nebst der Klage. Für die Jugend erzählt. 8. (112 S.) Braunschweig 874, Zwißler. *

Korth, Carl, s. Korth, Karl

Korth, Chas. O. Yorkville Männer Chor, 1856-1906. Fest-Souvenir. NY, 1906.

Korth, D., s. Korth, Johann Wilhelm David

Korth, David, s. Korth, Johann Wilhelm David

Korth, H., die Destillation auf kaltem Wege oder die leichte u. schnelle Bereitg. der verschied. Branntweine u. Liqueure durch äther. Oele u. Essenzen. Ein Handbuch für Gast- u. Schankwirthe ꝛc. Nach eigenen prakt. Erfahrgn. bearb. u. mit vielen Recepten versehen. Berlin 868. Nauck & Co. 8. (72 S.) n. 10 ngr.

Korth, H. (Hrsg.), s. Tauben-Zeitung ...

Korth, H. (Hrsg.), s. Tauben- und Hühner- Zeitung ...

Korth, H., die Zucht, Pflege u. Wartung der jungen Cochin-china- u. Brahma-putra-Hühner u. der damit verwandten Arten. Ein Leitfaden diese Thiere sicher, kräftig u. gesund aufzuziehen. Berlin 858. (Voß.) 8. (48 S.) n. 10 ngr.

Korth, H., die Zucht, Pflege u. Wartung der jungen Cochin-china- u. Brahmaputra-Hühner u. der damit verwandten Arten. Ein Leitfaden diese Thiere sicher, kräftig u. gesund aufzuziehen. Mit einem Anhang: Die Krankheiten der Hühner. 3. verm. u. verb. Aufl. Berlin 860. Nicolai'sche Sortbdlg. (Posen, Jagielski.) 8. (58 S.) n. 10 ngr.
vgl. Korth, D.

— die Zucht, Pflege u. Wartung der in- u. fremdländischen Hühner. Ein Leitfaden diese Thiere sicher, kräftig u. gesund aufzuziehen, nebst e. Beschreibung der beliebtesten Hühnerracen, der Krankheiten derselben u. deren Heilung. 4., verm. u. verb. Aufl. Berlin 868. Rücker & Püchler. 8. (VIII, 100 S.) n. 12½ ngr.

Korth, Johann Wilhelm David

– s.a. Blumengärtner, d. kleine künstliche.

Korth, Jh. Wlh. Dav., der kleine künstliche Blumengärtner, für den Haus- und Zimmergarten. 8. Berl. 814. (Hasselberg; a. Hinrichs in Leipz.) 9 gr.

— Blüthen. 12. Berl. 817. Mittler. 16 gr.

— Chów drobiu etc.
— Chów kur etc.
— Chów i pielegnowani gesi,
} s. Biblioteczka gospodarcza.

Korth, Joh. Wilh. Dav., Encyklopädie, s. Krünitz, J. G.

— die Gartengesellschaft. 1r Zirkel. 8. Berl. 816. (Dümmler). 18 gr.

KORTH, Dr. D(avid), Neuestes topographisch-statistisches (u. moralisch-satyr.) Gemälde von Berlin u. dessen Umgebungen. Mit Titelkupfer (Schauspielhaus) u. 1 Titelvign. (Hauptwache). Berlin, Schlesinger, o. J. (Vorr. dat. 1821). 8°. Orig.-Cartonbd. (Ldpr. 1 Rthl. 21 gr.) (Expl. in Berlin, Magistrats-Bibl.) (3 Mk. G. Priewe; jetzt theurer!)
XVI—568 S. — Das längst vergriffene Buch bringt auch eingehende, mit Wärme verfaßte Sittenschilderungen, stellenweise recht unverblümt. (Unter den „nothwendigen Uebeln" werden S. 504—508 „Freudenhäuser" u. „Freudenmädchen" besprochen).

— Neuestes topographisch-statistisches Gemälde von Berlin und dessen Umgebungen. Mit 2 Kpf. 8. Berl. 820. Schlesinger. 1 Thlr 8 gr.

— der Hund, od. Anweis., wie man die Hunde in Hinsicht d. Fütterung, d. Bewegung ꝛc. halten soll, um das Tollwerden derselben zu verhüten ꝛc. 8. Berl. 815. Hayn. 12 gr.

— Hygea, s.a. Hygea.

— Hygea, Taschenbuch f. Jünglinge u. Jungfrauen. 12. Berl. 812. (Rücker). 16 gGr.

Korth, D., die seuchenartigen Krankheiten des Federviehs, besonders der Hühner, Tauben etc. und deren Heilung. Nach den bewährtesten Mitteln von Aerzten, Hühnerzüchtern und Liebhabern des Geflügels mitgetheilt und mit eigenen Beobachtungen und Erfahrungen bereichert. 1. und 2. Aufl. 8. (62 S.) Berlin 860, (H. Müller.) *

— s. J. G. Krünitz, Encyklopädie.

— der engl. Möbelpolirer, oder zuverlässige Anweis. zur Zubereitung aller engl. Möbelpolituren etc. 8. Berl. 814. (Hasselberg). 14 gGr.

— der engl. Möbelpolirer, od. zuverlässige Anweisung z. Zubereitung aller engl. Möbelpolituren etc. 8. Berl. Salfeld. 814.

— der kleine Savoyarde, od. aufgedeckte Recepte aller engl. Stiefelwichsen, Klappenpolituren u. Klappenreinigungsmittel, für Liebhaber blanker Stiefeln u. Klappen. 2e Aufl. Berl. 825. Hasselberg. 12 gGr.

Korth, Jh. Wlh. Dav., d. Schaf u. die Schafzucht in allen ihren Zweigen. 2 Thle. Mit 12 Kpf. gr. 8. Berl. 825. Paulische B. 3 Rthlr. 16 gGr.

Korth, Jh. Wlh. Dav., das Schaf und die Schafzucht in allen ihren Zweigen. 2 Thle. Mit 12 Kpfr. .. Berlin 825, Pauli; jetzt G. Bethge. statt $3^2/_3$ Rthlr. für $1^1/_2$ Rthlr.

Korth, Dr. J. W. D. Die Schiffbaukunst, oder die Kunst den Bau der Kriegs-, Kauffarthei- und anderer Schiffe nach theoretischen und praktischen Regeln auszuführen. Nebst Anweisung zur Aus- und Zurüstung der Schiffe. Mit 16 Kupfertafeln und 8 Bogen Tabellen. 8. Berlin 1826.

— die Schiffsbaukunst, od. die Kunst, den Bau d. Kriegs-, Kauffarthey- u. anderer Schiffe nach theoret. Regeln auszuführen. Mit 16 Kpft. u. 8 Bog. Tabb. Berl. 827. Pauli. 3 Rthlr. 18 gGr.

— die Schiffbaukunst oder die Kunst den Bau der Kriegs-, Kauffarthei u. anderer Schiffe nach theoret. Regeln auszuführen. Mit 16 Kpfrtaf. u. 8 B. Tabellen. .. Berlin 827. Pauli. $3^1/_4$ Rthlr. jetzt G. Bethge. $1^1/_2$ Rthlr.

— die Chocolade etc. s. Chocolade.

— Chokoladenfabrikant, d. uneigennützige, od. aufgedeckte Recepte der engl., span., italien. u. wiener Chokolade, nebst e. Anweis. d. bequemsten Zubereitung. Berl. 825. Hasselberg. 6 gGr.

— Taschenbuch f. Technologen, Architekten, Kaufleute, Maler etc. 8. Ebend. 814.

— Taschenbuch f. Technologen, Architekten, Kaufleute, Maler, Zeichner u. Liebhaber dieser Wissenschaften u. Künste, od. zuverlässige Anweisung z. Zubereitung aller Arten Dinte, der gedlten u. gefirnißten Papiere, der Copierp. aller Arten Farben, des Siegellacks u. Siegelwachses etc. 8. Berl. 817. (Brandenburg). 1 Rthlr. 12 gGr. Hbg. Pr. 1 Rthlr.

— — Taschenbuch f. Technologen, Architekten, Kaufleute, Maler, Zeichner u. Liebhaber dieser Wissenschaften u. Künste, oder zuverlässige Anweisung zur Zubereitung aller Arten Dinte, der gedlten und gefirnißten Papiere, der Copierp. aller Arten Farben, des Siegellacks und Siegelwachses etc. 2te Aufl. 8. Berlin, Sommerbrodt. 817. Rthlr.

Korth, D. (Hrsg.), s. Tauben-Zeitung ....

Korth, D. (Hrsg.), s. Tauben- und Hühner- Zeitung.

Korth, D., die Taubenzucht zum Vergnügen oder die Flug- und die Hoftauben, nach ihrer Natur, ihren Eigenschaften u. ihrer Haltung, um den genannten Zweck zu erreichen. Eine Anweisung für Taubenliebhaber, worin der An- u. Einkauf, die Paarung, Zucht, innere u. äußere Einrichtung der Schläge oder Böden etc. genau nach der Erfahrung beschrieben worden. Berlin 855. Janke. 8. (XX, 136 S.) 20 ngr.

— Wanzen-, Fliegen-, Motten- u. Mückenjagd, oder sichere Anweis., die famös. blutgierigen Bettwanzen auf die leichteste Art gänzlich in die Flucht zu schlagen, u. ihre Lager in d. Wänden, Bettstellen etc. auf immer zu stören. Nebst e. Zugabe d. lästigen Stubenfliegen, Motten u. Mücken zu tödten u. zu vertreiben. Berl. 812. (anonym). (Leipz., Lauffer). 6 gGr. N. Aufl. mit f. Namen. 825. Hasselberg. 8 gGr.

— die Zimmer-Flora, oder natur- u. kunstgemäße Behandlung der Zimmerpflanzen, um ihnen die schönsten Blumen zu entlocken, für Liebhaber d. Flora. 12. Berl. 818. Schlesinger. 1 Rthlr. 16 gGr. Hbg. Pr. 1 Rthlr. 6 gGr.

— die schädlichen u. lästigen Zimmer-Insekten, nebst gründl. Anweisung zu deren Vertilgung. Zum Nutzen e. jeden Haushaltung. 12. Berl. 818. Schlesinger. 16 gGr. Hbg. Pr. 10 gGr.

·· Die Zucht, Pflege und Wartung der jungen Cochinchina- u. Brahmaputra-Hühner und der damit verwandten Arten. Ein Leitfaden, diese Tiere sicher, kräftig und gesund aufzuziehen. Mit einem Anhang: Die Krankheiten d. Hühner. (III.) 8. (58 S.) Berlin 60. (Posen, Jagielski.) M. 1.—

vgl. Korth, H.

Korth, Karl

Korth, Carl [app. Arzt aus Grabow]: Ein seltener Fall von innerer Incarceration.... München, Buchdr. v. M. Ernst, 1891; 23 S., 1 Taf. 8°
München, Med. Fak., Inaug.-Diss. v. 1891

Korth, L., Joseph v. Görres, s. Compaß für das katholische Volk.

Korth, L., liber privilegiorum maioris ecclesiae Coloniensis, s. Zeitschrift, westdeutsche, für Geschichte und Kunst.

Korth, Leon., das gräflich v. Mirbach'sche Archiv zu Harff, s.a. Annalen d. historischen Vereins f. den Niederrhein.

Korth, L., Das gräflich von Mirbach'sche Archiv zu Harff. Urkunden und Akten zur Geschichte rheinischer und niederländischer Geschichte. 1. Bd. 1144—1430. Köln 1892. 8.

⊙ Das gräflich von Mirbach'sche Archiv zu Harff. Urkunden und Akten zur Geschichte rheinischer und niederländischer Gebiete. Im Auftrage des Grafen Ernst von Mirbach-Harff bearb. v. Leonard Korth. Bd. 1. 1144—1430. Köln 1892; Bd. 2. 1431—1599. (Verz. der Orts- u. Personennamen.) Köln. 1894. = Annalen des Histor. Vereins für den Niederrhein. H. 55 u. 57, 2. 8°.

Korth, L., Köln im Mittelalter. [Aus: „Annalen des histor. Vereins f. d. Niederrhein".] gr. 8. (V, 91 S.) Köln 890. J. & W. Boissorée. n. 1.50

— Altkölnisches Leben, s.: Wolf, Joh. Wilh.

— Markgraf Ludwig Wilhelm v. Baden, der Türkenlouis. Ein Zeit- u. Lebensbild. (VII, 104 S. m. Abb., 5 Taf. u. 2 Karten.) 8. Ebd. 905. 1.20; geb. in Leinw. 1.50.

Korth, Leonard, die Patrocinien der Kirchen u. Kapellen im Erzbist. Köln. Ein Beitrag zur Geschichte des religiösen Lebens u. der kirchl. Organisation in den Rheinlanden. (VIII, 280 S. m. 1 Stahlst.) gr. 8. Düsseldorf 904. Köln, J. P. Bachem. n. 3.50; geb. n. 4.20

Korth, Leon., das Pfarrhaus. Nach dem Franz. d. R. Töpffer. 16. (828.) Leipzig 877. B. Köhler. cart. n. 2.50

Korth, Leonard, Thomas Anshelm v. Baden-Baden. Ein Beitrag zur Geschichte des Buchdruckes im Zeitalter des Humanismus. (23 S.) 8. Baden-Baden 904. P. Weber. — 40

Korth, Leonard, s.: Urkunden, die, des Heiliggeistspitals zu Freiburg im Breisgau.

Korth, Leonard: Die Urkunden des Heiliggeistspitals zu Freiburg im Breisgau, s. Poinsignon, Ad.

— Verzeichniss d. Namen etc., s.: Schau-in's-Land.

Korth, Marra, geb. Götz, s.: Hausfrauen-Kalender, livländ.

Korth, Max (Glogau), Beitrag zur Kasuistik der Uterusruptur. Diss. med.-chir. Bln. (Gustav Schade [Otto Francke]) 13. VIII. 1885. 32 S. (5.—) 19191
Oppon.: J. Pfannenstiel, H. Philipp, J. Scheller.

Korth, Paul, pract. Arzt aus Neustettin i. P.: Ueber Myxoedem. *Greifswald 1902: J. Abel.* (29 S.) 8°
Greifswald, Med. Diss. v. 26. März 1902

Korthals, Petrus Guilelmus (geb. am 1 Sept. 1807 in Amsterdam): Observationes de Naucleis Indicis ... Bonnae, typ. C. Georgii 1839. 20 S. 8.
[Bonn, Phil. Fak., Diss. v. 22 Apr. 1839]

Korthals, Wilhelm: Der Lauf von Fahrzeugen durch Krümmungen sowie das Verhalten der Lenkachsen. 1909. 47 S. 8°
¶ Der 1. Teil einer Abhandlung über das im Titel angegebene Thema; mehr bis 1913 nicht ersch.
Berlin, Dr.-Ing.-Diss. v. 26. 2. 1909

Korthaus, C. J., die Rohstoff- u. Werkgenossenschaft der Tischler zu Osnabrück. gr. 8. (16 S.) Köln 899. J. P. Bachem. n. — 25
Sonderabdruck aus: „Arbeiterwohl".

Korthold, s. Kortholt

Kortholdt, s. Kortholt

In funere nobilissimae matronae ... [Trauergedichte d. Professoren d. Universität Kiel auf Anna Kortholt, geb. Kirchhof, † 28. Jan. 1713.] — Kiloni 1713: Reuther. 4 Bl. 4°

Kortholt, Christian

Kortholt, C., de apotheosi papaea. Kil. 1690; rec. 1727. 4.

Kortholt, Chr., († d. 21. Sept. 1751.) gründl. Beweise d. Wahrheit d. christl. Religion u. d. wichtigsten Lehren, welche in selbiger vorausgesetzt werden. 8. Liegnis 737. Mit e. Vorr. Jonath. Krause'ns. 8. Ebd. 752. Siegert. 6 gl.

KORTHOLT, CHR., (II), Commentatio hist.-ecclesiastica de ecclesiis suburbicariis. Sectiones priores et posteriores. Lipsiæ. 1730—31. 4. [Sectio I. Resp. Jo. Georg Walther].

Kortholt, C., de ecclesiis suburbicariis. I—III. Lips. 1730—31. 4.

Korthold, C., de enthusiasmo Mahomedis. 4. Götting. Vandenhök. 745.

Christian Kortholten Femaria desolata oder Historische Beschreibung, wasgestalt für drittehalb hundert Jahren die Insel Femern vom König Erichen jämmerlich zerstöret worden. Zum andern Mal aufgelegt. Hamburg. 1695. Neuer Abdruck. Burg. 1858. 8°

Kortholt, Chr. (Präs.), s. Großgebauer, Joh. Val.: Consideratio theol. gloriae corporum beatorum.

Kortholt, C., de hostiis s. placentulis orbicularibus, quibus ecclesiae Aug. Conf. addictae in s. coenae administratione utuntur, num verus panis sint? Jen. 1707. 4.

Kortholt, Christian [Praes.], s. Möller, Johann Gottlieb: De actionibus forensibus exercitatio theol.

— paganus obtrectator. 4. Lub. 703.

— pastor fidelis, s. de officio ministrorum ecclesiae. 8. Lemgov. Meyer. 748.

Kortholt, Christian, De philosophia orientali primis p. C. n. saeculis ecclesiam christianam turbante. Diss. philos. Lpz. (Breitkopf) 20. VI. 1733. 24 S. (6.50) 19192
Gew.: Philipp Ludwig Boehmer.

Kortholt, C., de Simone Petro, primo apostolorum et ultimo. Gotting. 1748. 4.

Kortholt, Christian [Praes.], s. Sivers, Heinrich: De atheismo, veteribus Christianis, ob templorum inprimis aversationem, objecto, inque eosdem a nostris retorto, exercitatio.

Kortholt, Christian [Praes.], s. Stökken, Christian von: De virga Aaronis florida, ex Numer. c. XVII.

Kortholt, Christian [Praes.], s. Trunk, Johann Jakob: De imperio principis in rebus ecclesiae disciplinaribus.

— Unitatem regiminis monarchici in ecclesiam universam exponet. Disp. II. Lipsiæ. 1730. (S. 37—74). [Præs. Salom. Deyling].

Kortholt, Franc. Just. [Präs.] u. Markus Tobias Miller (Ulm) [Auct. et Resp.]
Dissertatio inauguralis juridica de advocatia liberarum S.R.I. civitatum monastica.
Giessae 22. Juni 1769: Braun. 96 S. 4°
pro gradu doctoris.

— ed. 2. Giessae 1779.

Kortholt, Franc. Just. [Präs.] u. Joh. Adam Horn (Frankfurt a. M.) [Auct. et Resp.]
Dissertatio inauguralis juridica de anno decretorio CIↃIↃCXXIIII quatenus in collegia opificum praecipue in libera imperii republica Francofurtensi conveniat.
Gissae 19. April 1770: Jo. Jak. Braun. 36 S. 4°
pro gradu doctoris rite et more majorum obtinendo.

Kortholt, Franz Justus [Praes.], s. A r n o l d i, Johann Friedrich: De simultanea investitura Hassiaca in primis in feudis Cattimelibocensibus tam in curte quam extra curtem.

Kortholt, Franz Justus [Praes.], s. B u c k, Georg Wilhelm: De pactis dotalibus secundum jus commune et statutum Francofurtense consideratis.

Korthold, F. J. Vide: Buri, F. C.: Abhandlung.

Kortholt, Frz. Justus, († d. 11. Febr. 1771.) s. F. K. v. Buri, Erläuterung.

Kortholt, Franz Justus [Präs.] u. Ludw. Wilh. Feyerabend (Heilbronn) [Auctor et Resp.]
Dissertatio inauguralis juridica differentiis juris Romani et statutarii Heilbronnensis in tutelis.
Giessae 25. 7. 1763: Braun. (2), 46 S. 4°
pro gradu doctoris

— — Commentatio de divisione parentum inter liberos correspectiva ejusque donec uterque conjux decesserit prohibita apertura imprimis secundum reformationem Francofurtensem. Ed. II. Giessen (Braun) 1774. 30 S. (6.—) 19200

Kortholt, Franc. Just. [Präs.] u. Jo. Henr. Heise (Hamburg) [Auct. et Resp.]
Dissertatio inauguralis juridica de eo quod justum est circa conditionem, quam testator inserere destinavit neque tamen inseruit ad L. 9. §. 5. ff. de heredib. instit. et L. 8. C. de institut. et substitut.
Giessae 19. Sept. 1766: Jo. Jac. Braun. 43 S. 4°
pro summis in jure honoribus et privilegiis doctoralibus rite obtinendis.

— — Commentatio de expunctis in pace Westphalica ad illustrandum artic. IIII. sect. I. instrumenti pacis Osnabrugensis. — Viro Sebastian Kortholt (Kiel) cum die 22. Febr. 1751 quinquagesimum muneris professorii annum feliciter absolveret gratulat. caussa oblata. Giessen (Eberh. Heinr. Lammers). 48 S. (6.50) 19199

Kortholt, Franz Justus [Praes.], s. F e s t e r, Johann Georg: De jure salarii advocatorum in concursu creditorum.

Kortholt, Franz Justus [Praes.], s. F o l l e n, Johann Christoph: De abusu doctrinae quod in caussis pacis Westphalicae exsecutio citra processum locum habeat.

Kortholt, Franz Justus [Praes.], s. H o r n, Johann Adam: De anno decretorio 1624 quatenus in collegia opificum praecipue in libera imperii republica Francofurtensi conveniat.

Kortholt, Franz Justus [Präs.] u. Joh. Aug. Buchholz (Lübeck) [Auctor et Resp]
Dissertatio juridica inauguralis de imperativis juris Lubecensis: Soll, Muss, Gebühret zu theilen, eorumque maxime neglectorum quibusdam effectibus.
Gissae 16. August 1763: Joh. Jac. Braun. 48 S. 4°
pro gradu doctoris

Kortholt, Franz Justus u. Joh. Fridr. Arnoldi (Giessen) [Resp.]
Exercitatio academica de simultanea investitura Hassiaca inprimis in feudis Cattimelibocensibus, tam in curte, quam extra curtem.
Giessae Jan. 1755: Braun. 106 u. 124 S. 4°

Kortholt, Franz Just. [Präs.] u. Johannes Georg Fester (Frankfurt a. M.) [Auct. et Resp.]
Dissertatio inauguralis juridica de jure salarii advocatorum in concursu creditorum. [Diss. v. 28. Juli 1764]
Recusa. Gissae 1770: Jo. Jak. Braum. 40 S. 4°
pro gradu doctoris rite et more majorum obtinendo.

— — Oratio cum ipsis calendis Januar 1748 fasces academicos deponeret de jurisdictione immediata supremorum in imperio tribunalium decernendi mandata de liberandis bonis judicialiter impeditis s. c. perperam negata a viro celeb. Frid. Carolo von F r i c c i u s. Giessen (Eberh. Heinr. Lammers). 56 S. (6.80) 19198
Ab S. 45: Kayserl. Mandatum de non arrogando sibi jurisdictionem nullo modo competentem, nec via facti sed juris in foro competente procedendo, cassandoque decretum aresti nulliter latum, ut & inhibitionem violenter impositam, non ulterius in antiquissima possessione bonorum & redituum turbando, edendo documenta spoliative ablata, nec non resarciendo damnum frivole causatum, cum expensis & omni causa, desuperque cavendo s. c. In Sachen Ihro Hochfürstl. Durchl. des Herrn Landgrafen zu Hessen=Darmstadt / und Dero Universität zu Giessen / wider des Herrn Statthalters in denen Hessen=Casselischen Landen Hochfürstl. Durchl. wie auch Dero Regierung und Universität zu Marburg. / Die anmasliche Ablösung derer im Oberfürstenthum Hessen, Casselischen Theils, gelegenen Universitäts=Vogteyen und Gefälle betreffend.

Kortholt, Franz Just. [Präs.] u. Joh. Noachus de Neufville (Frankfurt a. M.) [Auct. et Resp.]
Dissertatio inauguralis juridica de justitia et prudentia poenarum in sanctione poenali novissima utriusque circuli Rhenani.
Giessae [9.] Dez. 1751: E. H. Lammers. 48 S. 4°
pro summis in jure honoribus rite et more majorum capessendis.

Kortholt, Franz Justus [Praes.], s. M i l l e r, Markus Tobias: De advocatia liberarum S. R. I. civitatum monastica.

Kortholt, Franz Justus [Praes.], s. N e u f v i l l e, Johann Noachus: De justitia et prudentia poenarum in sanctione poenali novissima utriusque circuli Rhenani.

KORTHOLDT, Fr. Just.: Opuscc. jur. civ. coll., praef. praem. et notulas adj. Ph. F. WEIS. *Ibid.* 790. gr. 8.

Kortholt, Franz Justus: De aequali statuum imperii o r i g i n e et progressu, s.a. K a y s e r, Joh. Friedr. (Präs.)

— Franz Justus (Giessen), De aequali statuum imperii origine et progressu. Diss. jur. publ. Präs. D. Jo. Friedr. Kayser. Gießen (Eberh. Heinr. Lammers) 28. VIII. 1732. 40 S. (6.80) 19193
Widm. v.: H. T. Sartorius, I. P. Hombergk (dtsch.).

— — Dasselbe. Germanis: Rechtliche und historische Untersuchung derer Meynungen von gleichem Ursprung der Stände des R. Reiches. Ed. II. Giessen 1746. 80 Bl. (6.80) 19194
Widm. nur v. S.

— — De Philippo Magnanimo Hassiae landgravio injuste captivo quaedam commentatur, et oration. publ. qua vir D. Gottlob August Jenichen prof. jur. ord. design. demand. sibi provinciam auspic. indicit. Giessen (E. H. Lammers) 28. XII. 1747. 23 S., tlws. dtsch. (6.—) 19197

Kortholt, Franz Just. (Giessen)
Dissertatio inauguralis de possessione ea lege, ne contra tradentem, dum vivit, exerceatur, tradita.
Giessae Aug. 1738: Eb. Henr. Lammers. (8), 48 S. 4°
pro summis in utroque jure honoribus ac privilegiis doctoralibus rite obtinendis

Kortholt, Franz Just. [Präs.] u. Karl Theophil Wilh. Meyer [Auct. et Resp.]
Dissertatio inauguralis de rescissione transactionis ob reperta nova instrumenta.
Giessae Mai 1756: Braun. (8), 74, (2) S. 4°
pro summis in jure honoribus rite et more majorum capessendis.

— — Schedion de processu arresti in caussis pacis Westphalicae prohibito. Giessen (Eberh. Heinr. Lammers) 1747. 52 S. (6.50) 19196

— — Sicilimenta ad historiam magistri Conradi Marpurgensis, clarissimi sec. XIII. viri. Präs. Christoph Friedr. Ayrmann. Giessen (Eberh. Heinr. Lammers) 23. XII. 1733. 34 S. (6.—) 19195
Widm. v.: A. E. Mogen/geb. Pachelbl v. Gehag (dtsch.), I. E. Thom.

— **Joel Johann** (Kiel), De in jus vocatione. Ad lib. ff. 2. Tit. 4. & tres seqq. Disp. jur. Präs. Nicolaus Martini. Kiel (Barthold Reuther) 6. VII. 1701. 8 Bl. (6.—) 19201

Kortholt, Matthias Nikolaus

Kortholt, M. N., de apotheosi Christi a Tiberio flagitata. Giess. 1707. 4.

— **Matthias Nicolaus** (Präs.), Illuminare, sive disputatio solemnis. Giessen (Wwe. Joh. Reinhard Vulpius) 30. XII. (1717). 32 S. (6.20) 19202
Respond.: Georg Clemens Draud (Dauernheim/Wetterau), Joh. Heinrich Nebel (Grünberg/Hess.: Past. Watzeborn.), Jo. Christoph Eckhard (Megalinda / Hessen), Christoph Ludwig Rüdiger (Giessen), Wilhelm Adam Goebel, Heinrich Andreas Walther (Regio Montano / Hessen), Franz Carl Arnoldi (Birckenfeld / Mosel).

Exercitatio historica de Primo Principe Christiano, et caelestis lucis, creperae, clarae, in Domo Augusta exortu. Quam ... praeside Christophoro **Cellario.** Pro Magistri Philosophiae et humaniorum litterarum privilegiis rite impetrandis 1698. d. 26 Januarii cum eruditis disputabit Matthias Nicolaus Kortholt. Halae Magdeburgicae. 1705. 4° k.

Kortholt, Sebastian

— Diss. de Bibliotheca Academiæ Kiloniensis. Kilonii. 1705. 4. P.

— **Cantata, welche an dem zweyten Evangelischen Jubel-Fest 1730 höchstfeyerlich begangen und mit verschiedenen Doctoral-Promotionen und dabey gehaltenen Reden aufgeführet worden, Nahmens der Holsteinischen Universität entworffen von Sebastian Kortholt. Kiel. Fol. P.**

[Mutmaßl. Verf.: Sebastian Kortholt]: Pro-Rector et senatus academicus Kiloniensis, ad funus ... [Einladung des Pro-Rectors u. Senats der Universität Kiel zum Begräbnis des Johann Friedrich **Jensen**, Geistlichen, † 1727.] — Kilonii 1727: Reuther. 4 Bl. 4°

D. M. Domini Friderici IV. Heredis Norvagiae etc. etc. ... XIIII. Kl. Sext. 1702. in pugna prope Cracoviam fortissime occumbentis. Quum XIX. Kl. Jan. eiusdem anni Mausoleo Maiorum reliquiae Slesvici inferrentur. Epicedium hoc consecrabant Professores Academiae Kiloniensis, interprete Sebastiano **Kortholto.** Kilonii. 1705. Fol.

Super Obitu Principis Friderici Quarti. Heredis Norvagiae etc. etc. ad Henricum Muhlium Epistola Sebastiani **Kortholti.** Kilonii. 1705. 2 Bl. Fol.

Kortholt, Sebastian [Praes.], s. Flye, Andreas: Utrum de poetica recte judicare possit qui non est poeta.

Kortholtus, Sebastianus: Heroi togato, mæcenati summo ... [Gedicht zur Kircheneinweihung auf Joachim **Brocktorff**, Geh. Konferenz- u. Landrat, 15. Dez. 1737.] — Kilonii (1737): Bartsch. 2 Bl. (2°) 4°

Kortholt, Seb., hist. eccles. Nov. Test. 4. Hamb. 709.

Kortholt, Sebastian [Praes.], s. Hudemann, Wilhelm Ludwig: Poeticam veteram Romanam aeque ac Graecam.

Kortholti, Seb., de latinitate pura diss. duae. Kilon. 731. 733. 4.

— **Lob- und Glückwünschungs-Rede bei dem Krönungs-Feste der Fürstin Elisabeth der Ersten, Kaiserin aller Reussen, als solches d. $\frac{\text{25. April}}{\text{6. Mai}}$ 1742 in Moskau begangen ward, Nahmens der Holst. Universität gehalten Kiel. 1742. 4. P.**

— Ὀψιμαθής s. de studio senili diss. Kilonii. 1701. 4. P. [Resp. Arp Thiling].

— Poëtica vetus Romana æque ac Græca, a contemptu scriptoris Parrhasianorum vindic[ata]. Kilonii. 1703. 4. P. [Resp. Wilh. Lud. Hudemann].

Kortholt, Sebast., Disqv. de poetriis puellis omissis ab Adriano Bailleto celeb. Galliæ polyhistore, et scriptore libri cujus est titulus: Des enfans devenus celebres par leurs études ou par leurs écrits. Kilonii. 1700. P. [Resp. Warner Eric. Tonnemacher].

— Diss. de scriptoribus, quorum virtus singularibus in morum doctrinam meritis illustratur. Kilonii. 1706. 4.

Kortholtus, Sebastianus: Memoriae ... [Trauergedicht auf Friederike Albertine von **Clausenheim**, † 10. Dez. 1730.] — Kilonii (1730): Lüder. 2 Bl. 2°

Kortholt, Sebastian: Anna, gebohrne Lobedantzen, vermählte Kortholtinn ... [Trauergedicht auf Anna **Kortholt**, geb. Lobedantz, † 3. März 1711.] — o. O. (1711). 9 Bl. 4°

Kortholtus, Sebastianus: Anna, nata Lobedantzia, corporis, ingenii, et animi laude cumulata ... [Trauergedicht auf Anna **Kortholt**, geb. Lobedantz, † 3. März 1711.] — o. O. (1711). 4 Bl. 4°

(Kortholtus, Sebastianus:) Memoriae viri maxime reverendi ... [Trauergedicht auf Heinrich Opitius [Opitz], Prof. d. Theol., † 24. Jan. 1712.] — Kiloni [1712]: Reuther. 2 Bl. 4°

Kortholtus, Sebastianus: Monumentum maecenatis summi ... [Trauergedicht auf Friedrich Rantzau, Geheimrat, † 8. Febr. 1723, beigesetzt am 6. April 1723.] — Kilonii (1723): Reuther. 2 Bl. 4°

Kortholtus, Sebastianus: Ad virum summe reverendum ... [Trauergedicht auf Wilhelmine von Reventlow, geb. Brockdorff, † 15. Dez. 1706.] — Kiloni (1706): Reuther. 3 Bl. 4°
[Unvollständig.]

— Viros cujuscunque ordinis litteratos in Bibliothecam academicam insigni supollectilis librariæ accessione auctam et ornatam invitat. Kilonii. 1709. 4. P.

Alefeld, Georg Ludwig [Präs.] u. Sebast. Christian Kortholt (Göttingen) [Resp.] Diss. de haemorrhagiis in genere.
Giessae 1767. 4°

Korting, Gebr.: Anlagen von Wasser- und Kanalisationswerken. Hannover 1908

Körting, alphabetische Anordnung der bei der Untersuchung Wehrpflichtiger in Betracht kommenden Fehler u. Bezugnahme auf die Rekrutirungsordnung vom 28. Septbr. 1875 u. die Dienstanweisung vom 8. Apr. 1877. Zum Gebrauch beim Ersatzgeschäft u. bei Einstellungen zusammengestellt. 8. (12 S.) Berlin 880. Mittler & Sohn. n. — 35

Körting, alphabetische Anordnung der bei der Untersuchung v. Militärpflichtigen u. Rekruten in Betracht kommenden Fehler m. Bezugnahme auf die Heerordnung vom 22. Novbr. 1888 u. ihre Abänderungen vom J. 1893. Zum Gebrauch beim Ersatzgeschäft u. bei Einstellgn. zusammengestellt. 4., umgearb Ausg. gr. 8. (17 S.) Berlin 894. E. S. Mittler & Sohn. n. — 35

— dasselbe, s.a. Dienstanweisung zur Beurtheilung der Militär-Dienstfähigkeit u. s. w.

Körting, alphabet. Anordng. d. bei d. Untersuchung von Militärpflichtigen u. Rekruten in Betracht komm. Fehler m. Bezugnahme auf die Heerordng. v. 22. Novbr. 1888 u. ihre Abändergn. v. Jahre 1893, sow. auf die Dienstanweisg. v. 1. Febr. 1894. Zum Gebrauch beim Ersatzgeschäft u. bei Einstellgn. zusammengest. 5., umgearb. Ausg. gr. 8. (17 S.) Berlin 896. E. S. Mittler & Sohn. n. — 35

Körting, alphabet. Anordnung der bei der Untersuchung v. Militärpflichtigen u. Rekruten in Betracht kommenden Fehler m. Bezugnahme auf die Heerordnung v. 22. XI. 1888 u. ihre Abänderungen v. J. 1893, sowie auf die Dienstanweisung v. 1. II. 1894. Zum Gebrauch beim Ersatzgeschäft u. bei Einstellgn. zusammengestellt. 6. Aufl. 8. (17 S.) Berlin 900. E. S. Mittler & Sohn. n. — 35

Körting, alphabetische Anordnung der bei der Untersuchung v. Militärpflichtigen u. Rekruten in Betracht kommenden Fehler nach Anlage 1 der Heerordnung u. nach der Dienstanweisung zur Beurteilg. der Militärdienstfähigkeit vom 13. X. 1904. Zum Gebrauch beim Ersatzgeschäft u. bei Einstellgn. zusammengestellt. 8. Aufl. (18 S.) 8. Berlin 906. E. S. Mittler & Sohn. n. — 35

Körting u. Mathiesen, das Bogenlicht u. seine Anwendung. Eine gemeinfassl. Darstellung der Eigenschaften des Lichtbogens, der Konstruktion, Schaltg. u. Verwendung der Bogenlampen etc. Lex.-8. (VII, 152 S. m. Abbildgn. u. 16 Taf.) Leutzsch-Leipzig (899). (Leipzig, Hachmeister & Thal.) Geb. in Halbfrz. n. 12.—

Korting Gebruder, 1871-96. Festgabe zur Feier des 25 jährigen Bestehens der Firma. (119 S) 4° Hannover 1896

Körting, Gebr.: Hauptpreisbuch der Abtheilung Strahlapparate nebst kurzen Beschreibungen und Preislisten der Abteilungen: Centralheizungen, Verbrennungs-Kraftmaschinen, Elektrizität. Körtingsdorf bei Hannover 1898

Korting, Gebr.: Katalog der Abteilung Heizung. Körtingsdorf bei Hannover (1901 ?)

Körting, Gebr.: Ill. Catalog der Fabrik von Strahl-Apparaten und Eisengießerei. Hannover 1879. 1893

Korting, Gebr.: Kataloge über Körting's Dampfstrahl-Apparate zur Luftverdünnung und Luft-Compression usw. Hannover (1881)

Körting, Gebr: Der Nutzen der Verbrennungskraftmaschinen, insbesondere im Dienste der Städte. Hannover 1899

Korting & Mathiesen: Preislisten über Gleichstrom-Bogenlampen usw. Leutzsch b. Leipzig 1903

Korting, Gebr., A.-G: Preislisten über Strahlapparate, Centralheizungen usw. Körtingsdorf bei Hannover (1901 ?)

Körting, Gebr: Prospekt über Sanders continuirliche und automatische Bremse. Hannover o. J. (um 1880)

Körting. Der Revierdienst. (S. A.) Hamburg 1906.

Körting, Gebr., A.-G: Körtings Sicherheits-Injektor, Modell 1906 ohne Spindelkopf (selbsttätig wieder ansaugend). Körtingsdorf b. Hannover 1906

Körting. Gebr., in Körtingsdorf bei Hannover.
Elektrische Zentralanlagen und Bahnen.

Körting, Gebr., Centralheizungs- und Ventilations-Anlagen und Gasmotoren-Fabrik: Katalog. Hannover (1891 ?)

Körting, Alfred: 5 Fälle von traumatischer Osteomyelitis ohne Durchtrennung der Haut. *München [1898]: Schaumberg.* (22 S.) 8°
München, Med. Diss. v. 1898

Körting, Alfr., Ziel u. Methode d. Turnens, s.a. Uebungen, die, des deutschen Turnens. 8. Heft.

Körting, A.: Ziel und Methoden des Turnens. Krefeld 1910. 19 S. (Die Übungen des Deutschen Turnens. 8.)

Körting, G. C. O., s. Körting, Gustav

Körting, Georg, s. Körting, Georg Ehrenfried

Körting, Georg Ehrenfried

[F.] Alphabetische Anordnung der bei der Untersuchung von Militärpflichtigen und Rekruten in Betracht kommenden Fehler m. Bezugnahme auf d. Heerordng v. 22. Nov. 1888 u. ihre Abändergn v. J. 1893, sowie auf d. Dienstanweisg v. 1. Febr. 1894. Z. Gebr. beim Ersatzgeschäft u. bei Einstellgn zsgest. v. Dr. [Georg Ehrenfried] Körting, ... Chefarzt d. Garnisonlazareths Metz. 5. umgearb. Ausg. *Berlin: E. S. Mittler & Sohn 1896.* (17 S.) 1 Bd 8. [96. 2068

Alphabetische Anordnung der bei der Untersuchung von Militärpflichtigen und Rekruten in Betracht kommenden Fehler mit Bezugnahme auf d. Heerordnung, sowie auf d. Dienstanweisung vom 1. Febr. 1894. Zum Gebrauch beim Ersatzgeschäft u. bei Einstellungen zsgest. von Dr. [Georg Ehrenfried] Körting, Generalarzt. 6. Aufl. *Berlin: E. S. Mittler & Sohn 1900.* (17 S.) 8° [F.] [04. 2110

Alphabetische Anordnung der bei der Untersuchung von Militärpflichtigen und Rekruten in Betracht kommenden Fehler nach Anlage 1 der Heerordnung. Zum Gebr. beim Ersatzgeschäft u. bei Einstellungen zsgest. von Dr. [Georg Ehrenfried] Körting, Generalarzt. 7. völlig umgearb. Aufl. *Berlin: E. S. Mittler & Sohn 1904.* (18 S.) 8° [F.] [24. 9879

Alphabetische Anordnung der bei der Untersuchung von Militärpflichtigen und Rekruten in Betracht kommenden Fehler nach Anl. 1 d. Heerordnung u. nach d. Dienstanweisung z. Beurteilung d. Militärdienstfähigkeit v. 13. Okt. 1904. Zum Gebr. beim Ersatzgeschäft u. bei Einstellungen zsgest. von Dr. [Georg] **Körting**, Gen.Arzt a.D. 8. Aufl. Berlin: E. S. Mittler & Sohn 1906. (18 S.) 8° [F.]

Körting, Geo., aus der Literatur des Militärsanitätswesens 1907, s.a. Klinik, medizin. 1908. 3. Beiheft.

Körting, G., Aus der Literatur des Militärsanitätswesens 1907. [Beihefte zur medizinischen Klinik. IV. Jahrg. 1908. 3. Heft.] Gr.-8°. (88 S.) Wien: Urban & Schwarzenberg 1908. K 1.20

Koerting, Georg. Ehrenfr. (geb. Berlin 13. 5. 1844): De medicamentis, quae in tetano curando adhibita sunt, pauca afferuntur. Berolini (1867). (32 S.) 8°

Berlin, Med. Diss. v. 6. Juli 1867

— Das Sanitätswesen in Deutsch-Südwestafrika während des Aufstandes 1904—1906, s.a. Klinik, medizin. 1907. 3. Beiheft.

Das Sanitätswesen in Deutsch-Südwestafrika während des Aufstandes 1904 bis 1906. Von Dr. Georg **Körting**, Gen.-Arzt a. D. Berlin: Urban & Schwarzenberg 1907. (S. 65–88.) 8°
= **Klinik**, Medizinische. Beihefte. Jg. 3, H. 3.

Körting, G. Das Sanitätswesen im russisch-japanischen Kriege. Sammelreferat aus „v. Löbell's Jahresbericht", 32. Bd., 1905.

Körting, G. Die Tätigkeit der Mitglieder des Roten Kreuzes, besonders der weiblichen, in der Lazarettverwaltung zu Kriegszeiten. Berlin 1906.

Unterrichtsbuch für die weibliche freiwillige Krankenpflege. Im Auftr. d. Zentralkomitees d. Preuß. Landesver. v. Roten Kreuz nach d. Unterrichtsbuch f. freiwill. Krankenpfleger von 1903, bearb. von Dr. [Georg] **Körting**, Generalarzt a. D. Mit 55 Abb. Berlin: E. S. Mittler & Sohn 1907. (XVI, 284 S.) 8° [F.]

— Unterrichtsbuch f. die weibliche freiwillige Krankenpflege. Im Auftrage des Zentralkomitees des preuß. Landesvereins vom roten Kreuz bearb. 2., vervollständ. Aufl. (XVIII, 292 S. m. 55 Abbildgn.) 8. Berlin 910. E. S. Mittler & Sohn. 1.—; geb. n 1.50

Körting, Gustav

Körting, Gust., Bemerkungen üb. den Begriff u. die Teile des grammatischen Satzes. (26 S.) gr. 8. Kiel 905. Lipsius & Tischer. n. — 60

Körting, Gust., Dictys und Dares. Ein Beitrag zur Geschichte der Troja-Sage in ihrem Uebergange aus der antiken in die romant. Form. gr. 8. (IV, 119 S.) Halle 874, Lippert'sche Buchh.

Körting, Gust., Encyklopädie und Methodologie der englischen Philologie. gr. 4. (XX, 464 S.) Heilbronn 888, Gebr. Henninger. * 8 —

Körting, Gust., Encyklopädie u. Methodologie der französischen Philologie. Sep.-Ausg. aus dem 1886 erschienenen 3. Thl. der Encyklopädie u. Methodologie der roman. Philologie. gr. 8. (X, 421 S.) Leipzig, 894. O. R. Reisland. n. 6. —

Körting, Gust., Encyklopädie u. Methodologie der romanischen Philologie, m. besond. Berücksicht. d. Französischen u. Italienischen. 1—3. Thl. gr. 8. Heilbronn, Henninger. n. 21. —
1. 1. Buch. Erörterung der Vorbegriffe. 2. Buch. Einleitung in das Studium der romanischen Philologie. (XVI, 244 S.) 884. n. 4. —
2. Die Encyklopaedie der romanischen Gesammtphilologie. (XVIII, 505 S.) 884. n. 7. —
3. Encyklopädie der roman. Einzelphilologien. (XX, 833 S.) 886. n. 10. —

— Encyklopädie u. Methodologie der romanischen Philologie. m. besond. Berücksicht. d. Französischen u. Italienischen. Zusatzheft. Register u. Nachträge zu den Litteratur-Angaben. gr. 8. (190 S.) Ebd. 888. n. 3. — (I—III m. Zusatzhft.: n. 24. —)

—— neuphilologische Essays. gr. 8. (III, 184 S.) Ebendas. 887. * 4 —

Der Formenbau des französischen Nomens in seiner geschichtlichen Entwickelung dargest. v. Gustav **Körting** ... *Paderborn: F. Schöningh 1898.* (XII, 336 S., 1 Bl.) 1 Bd 8.
= **Körting**, G.: Formenlehre d. französ. Sprache. Bd 2.

— Formenlehre der französischen Sprache. 1. Bd. Der Formenbau d. französ. Verbums in seiner geschichtl. Entwickelg. Lex.-8. (LVI, 378 S.) Paderborn 893. F. Schöningh. n. 8. —

Körting, Gust., Formenlehre d. französ. Sprache. 2. Bd. A. u. d. T.: D. Formenbau d. französ. Nomens, in s. geschichtl. Entwickelg. dargest. Lex.-8. (XII, 337 S.) Paderborn 898. F. Schöningh. n. 8. —

Körting, Gust., Gedanken u. Bemerkungen über das Studium der neueren Sprachen auf den deutschen Hochschulen. gr. 8. (83 S.) Heilbronn 882. Henninger. n. 1. 40

— Geschichte der Litteratur Italiens im Zeitalter der Renaissance. 1. u. 2. Bd. gr. 8. Leipzig 878. 80. Fues. n. 30. —
1. Petrarca's Leben u. Werke. (XI, 722 S.) n. 14. —
2. Boccaccio's Leben u. Werke. (XI, 741 S.) n. 16. —

— Geschichte der Litteratur Italiens im Zeitalter der Renaissance 3. Bd. Die Anfänge der Renaissancelitteratur. 1. Thl.: Einleitung. Die Vorläufer der Renaissance. Die Begründer der Renaissance. gr. 8. (VII, 449 S.) Leipzig 884. Fues. n. 10. — (I—III, 1.: n. 40. —)

[F.] Geschichte des Theaters in seinen Beziehungen zur Entwickelung der dramatischen Dichtkunst. Von Gustav **Körting**. Bd 1. *Paderborn: F. Schöningh 1897.* 8.

[F.] Geschichte des griechischen und römischen Theaters. Von Gustav **Körting**. *Paderborn: F. Schöningh 1897.* (IX, 381 S.) 1 Bd 8.
= **Körting**, G.: Geschichte d. Theaters in s. Beziehgn z. Entwickelg der dramat. Dichtkunst. Bd 1.

—— Wilhelm's v. Poitiers Gesta Guilelmi ducis Normannorum et regis Anglorum. Ein Beitrag zur anglonormann. Historiographie. gr. 4. (41 S.) Dresden 875, (v. Zahn's Verlag.) *

—— französische Grammatik für Gymnasien. gr. 8. (XVI, 460 S.) Leipzig 872, Fues's Verlag. *

— Grundriss der Geschichte der englischen Litteratur von ihren Anfängen bis zur Gegenwart, s.a. Sammlung v. Kompendien f. das Studium u. die Praxis.

Grundriss der Geschichte der englischen Litteratur von ihren Anfängen bis zur Gegenwart von Dr. Gustav **Körting**, Prof. zu Kiel. 3. verm. u. verb. Aufl. *Münster i. W.: H. Schöningh 1899.* (XV, 409 S.) 8°
Sammlung v. Kompendien f. d. Studium u. d. Praxis. Serie 1, 1.

Grundriß der Geschichte der englischen Litteratur von ihren Anfängen bis zur Gegenwart von Dr. Gustav **Körting**, Prof., Kiel. 4., verm. u. verb. Aufl. Münster i. W.: H. Schöningh 1905. (XV, 445 S.) 8°
(Sammlung von Kompendien f. d. Studium u. d. Praxis. Ser. 1, 1.)

Grundriss der Geschichte der englischen Literatur von ihren Anfängen bis zur Gegenwart. Von Dr. Gustav **Körting**, Prof. 5. verm. u. verb. Aufl. Münster i. W.: H. Schöningh 1910. XV, 443 S. 8°
(Sammlung von Kompendien f. d. Studium u. d. Praxis. Ser. 1, 1.)

-- Handbuch d. romanischen Philologie. (Gekürzte Neubearbeitg. d. „Encyklopädie u. Methodologie der roman. Philologie".) gr. 8. (XX, 647 S.) Leipzig 896. O. R. Reisland. n. 10. —

—— s. Jacques d'Amiens, l'art d'amors.

-- Scriptorum et graecorum et latinorum, quos Joannes Malala chronographus Byzantinus laudavit, index. Pr. 1879. 24 S. 4°. 1.20

BOCCACCIO. — Koerting, G. Boccaccios Leben und Werke. Leipzig 1880. (Auch titulo: Geschichte der Litteratur Italiens in der Renaissance. Bd. 2.) Gr. 8°. 741 S. (9 Mk. H. Streisand, Berlin, 1907.)

Methode Toussaint-Langenscheidt. Etymologisches Lehn- und Fremdwörterbuch von Gustav Körting, Prof. Berlin-Schöneberg: Langenscheidt (1910). LXX, 222 S. 8°
(Taschenwörterbuch d. deutschen Sprache. T. 1.)
(Langenscheidts Taschenwörterbücher f. Reise, Lektüre, Konversation u. d. Schulgebrauch.) [10. 1468]

Neugriechisch u. Romanisch. E. Beitr. z. Sprachvergleichg. Von Gustav Körting. *Berlin: W. Gronau 1896.* (3 Bl., 165 S.) 1 Bd 8. [96. 6944]

Körting, Gustavus: Dissertatio patrio sermone scripta de enuntiati et notione et partibus. (Nebent.: Bemerkungen über den Begriff und die Teile des grammatischen Satzes.) Kiliae: Lipsius & Tischer 1905. (26 S.) 8°
Kiel, Progr. zum Geburtstage d. Kaisers 1905

Index lectionum, quae . . . per m. aest. a. 1889 inde a d XXIV m. Apr. . . . habebuntur. De verborum Neo-Latinorum andare, an(n)ar, aller originatione scripsit G Koerting. Monasterii . . . (1889); 36 S. 4°

—— s. Ovid, Remedia amoris.

Koerting, Gust., über die Quellen des Roman de Rou. Inauguraldissertation. Leipzig 867. Fues' Verlag. gr. 8. (67 S.) n. 12 ngr.

— s.: Studien, französische.

— s.: Studien, neuphilologische.

— Taschenwörterbuch der deutschen Sprache. 1. Tl. Etymolog. Lehr- u. Fremdwörterbuch, s.: Langenscheidt's Taschenwörterbücher.

— Adolf Turold. Roman. (V, 520 S.) 8. Kiel (906). R. Cordes. n. 6. 50; geb. n. 7. —

—— französisches Uebungsbuch für Gymnasien. 1. und 2. Heft. gr. 8. Leipzig 874, Fues's Verlag. 3 25
Inhalt:
Heft 1. Für Quinta. (95 S.) *ℳ 1,25.
" 2. Für die Mittelklassen. (IV, 172 S.) *ℳ 2.

— Uebungsbuch z. Uebersetzen aus d. Deutschen in d. Französische f. Studier. d. neueren Philologie. gr. 8. (IV, 192 S.) Paderborn 898. F. Schöningh. n. 3. 60

Körting, G., De vocibus latinis, quae apud Joannem Malalam chronographum Byzantinum inveniuntur. Pr. 1879. 20 S. 4°. 1.20

— Etymologisches Wörterbuch der französ. Sprache. (IV, 414 S.) Lex. 8. Paderborn 908. F. Schöningh. 11.—; geb. 13. 40

— lateinisch-romanisches Wörterbuch. (In ca. 9 Lfgn.) 1.—6. Lfg. Lex.-8. (Sp. 1—780.) Paderborn 890. F. Schöningh. à n. 2. —

— lateinisch-romanisches Wörterbuch. 7.—10. Lfg. Lex.-8. (VII S., Sp. 781—828 u. Wortverzeichnisse 174 S.) Paderborn 891. F. Schöningh. à n. 2. — (kplt.: n. 22. —; geb. n. 25. —)

— lateinisch-romanisches Wörterbuch. 2., verm. u. verb. Ausg. Lex.-8. (VII S. u. 1252 Sp.) Paderborn 901. F. Schöningh. n. 22. —

— Lateinisch-romanisches Wörterbuch. (Etymologisches Wörterbuch der roman. Hauptsprachen.) 3. verm. u. verb. Ausg. (VII S. u. 1374 Sp.) Lex. 8. Ebd. 907. 26.—; geb. 29. —

— s.: Zeitschrift f. französ. Sprache u. Litteratur.

Körting, H. L., der Rechenschüler. Methodisch geordnete Aufgabensammlung für den Rechenunterricht in Land- u. Stadtschulen. 1. Thl. 1. Abthlg.: Aufgaben für's Zifferrechnen. 8. (64 S.) Wolfenbüttel 852, Holle. 1/12 ℛ

— Auflösungen der Aufgaben im Rechenschüler. Nebst Aufgaben zum Diktiren, vielen Erläuterungen u. 1 (lith.) Figurentaf. 1. Thl.: 1. Abth. Ebend. 853. 8. (56 S.) 2½ ngr.

Körting, H. L., der Rechenschüler. Methodisch geordnete Aufgabensammlung für den Rechenunterricht in Stadt- u. Landschulen. 1. Thl. 2. Abth.: Aufgaben für's Kopfrechnen. Nebst Auflösungen. Wolfenbüttel 853. Holle. 8. (XVI, 100 S.) 7½ ngr.

— — 2. Thl.: Aufgaben für die bürgerl. u. kaufmännische Arithmetik. Mit lith. Figuren (auf 1 Taf.). Ebend. 853. 8. (4 Bl., 172 S.) 6 ngr.

Körting, H. L., der Rechenschüler. Aufgabensammlung für den Rechenunterricht in Volksschulen. Gänzlich umgearb. Aufl. von J. F. C. Behrens. Wolfenbüttel 861. Holle. gr. 8. (174 S.) 6 ngr.

Koerting, Heinr., Geschichte d. französischen Romans im XVII. Jahrh. 1—5. Lfg. gr. 8. (1. Bd. XVI u. S. 1—501.) Oppeln 885. 86. Franck. à 2. —

Koerting, H., Geschichte d. französischen Romans im XVII. Jahrh. 2. (Schluss-)Bd.: Der realist. Roman. gr. 8. (XII, 285 S.) Oppeln 887. Franck. n. 6. — (cplt.: n. 16. —)

Koerting, Heinr., Geschichte d. französischen Romans im XVII. Jahrh. 2., durch e. Vorwort u. e. kurzen Lebensabriss d. verstorbenen Verf. verm. Ausg. 2 Bde. gr. 8. (XXIV, 501 u. XIV, 285 S.) Oppeln 891. Franck. n. 10. —

— französische Grammatik f. Gymnasien. gr. 8. (XVI, 480 S.) Leipzig 872. Fues. n. 2. 80

— Grundriss der Geschichte der englischen Litteratur, s.: Sammlung von Kompendien f. das Studium u. die Praxis.

Koerting, Heinr., über zwei religiöse Paraphrasen Pierre Corneille's: L'imitation de Jésus-Christ und die Louanges de la Sainte Vierge. Ein Beitrag zur Corneille-Forschung. gr. 8. (56 S.) Oppeln 883, Franck's Buchh. *

Körting, Johs., Heizung u. Lüftung, s. a. Sammlung Göschen.

Heizung und Lüftung. Von Johannes **Körting**. Mit Fig. 2. verb. Aufl. 1. 2. Leipzig: Göschen 1910. 8°
1. Das Wesen u. d. Berechnung d. Heizungs- u. Lüftungsanlagen.
2. Ausführung d. Heizungs- u. Lüftungsanlagen.
(Sammlung Göschen. 342. 343.) A 12. 125, 11

Johannisgruss. Ansprache des Br. [Leonh.] **Körting** am Johannisfeste der Loge zum schwarzen Bär in Hannover 1907. Als Ms. gedr. Hannover [1907]: Culemann. 15 S. 8°
Mahnung zur Duldsamkeit gegen religiöse Meinungen.

Körting, Otto, biblische Geschichten des alten und neuen Testaments. Mit einem Anhang: „Die Hauptapostel" und „die Zerstörung Jerusalems". Für die Volksschule, einschl. der Taubstummenschule, in leichtfaßl. Weise erzählt. 8. (IV, 163 S.) Oppeln 886, Franck's Buchh. *

Körting, Otto, Religionsbuch nach dem Luther'schen Katechismus für die Volksschule, einschließlich der Taubstummenschule. 8. (VIII, 181 S.) Leipzig 876, Klinkhardt. *

Körting, Otto, Wegweiser durch's Leben. Rathschläge zur Erlangg. guter Lebensart u. zur Führg. d. rechten Lebenswandels. Für die konfirmirte Jugend beiderlei Geschlechts u. ohne Unterschied religiösen Bekenntnisses. 8. (XIV, 461 S.) Weimar 890. Jüngst & Co. geb. in Leinw. n. 5. —; in Prachtbd. n. 6. —

Körting, Otto, Wegweiser durch's Leben. Rathschläge zur Erlangg. guter Lebensart u. zur Führg. d. rechten Lebenswandels. Für die konfirmirte Jugend beiderlei Geschlechts u. ohne Unterschied religiösen Bekenntnisses. 2. unveränd. (Titel-)Aufl. 8. (XIV, 461 S.) Leipzig 893. B. Franke. Geb. in Leinw. n. 5. —; in Prachtbd. n. 6.—

Körting & Mathiesen, s. Körting

Körtinger, Anello. Trspl. 8. Warschau 798. Wilke. 8 gr.

Kortkampf, Fr.

Kortkampf, F., s.a. Handbuch, parlamentarisches.

Kortkampf, Fr.: Parlamentarisches Handbuch für den Preußischen Landtag. Ausg. für die 13. Leg.-Per. des Preuß. Landtags. (4. Aufl.) Berlin 1877.

— s. Landtags-Almanach.

Körtke, somatische Medizin u. Psychologie in der Psychiatrie, s.: Mitteilungen aus den hamburg. Staatskrankenanstalten. XI, 1.

Körtke, Heinrich, cand. med. aus Hamburg: **Ueber den Einfluss des Saccharins auf die Zuckerreactionen, besonders in Hinsicht auf die praktische Bedeutung.** *München 1899: Kastner & Lossen.* (22 S.) 8°
München, Med. Diss. v. 1899

Kortländer, Herm., verbund. Kopf- u. Tafelrechnen. 1. Bdchn., welches die vier Grundrechnungs-Arten in ganzen u. gebroch. Zahlen enthält. Auch ist die Lehre von d. sogen. Regel Detri (in Brüchen) mit aufgenommen, u. nach drei Auflösungs-Arten, auch nach d. Verhältniß- u. Kettensatze gründl. bearb. 8. (3½ B.) Aachen 840, Roschütz'sche Buchh.

Kortlang, Mart. Chrst., Gedichte. 1. Thl. u. 2. Thl. 1. Hft. 8. (11½ B.) Mülheim 833, 34. (Köln, Renard u. Dübyen.)

Kortleitner, Franc. Xav., canticum canticorum explicatum et praecipue ad historiam ecclesiae applicatum. gr. 8. (VIII, 102 S.) Innsbruck 892. Vereins-Buchh. u. Buchdr. n. 2. —

Kortleitner, Franciscus Xav., de Hebraeorum ante exsilium babylonium monotheismo. (XXVII, 191 S.) gr. 8. Innsbruck 910. Wagner. 5. —

— De polytheismo universo et quibusdam eius formis apud Hebraeos finitimasque gentes usitatis. (XXXI, 343 S. m. 3 Karten.) gr. 8. Ebd. 908. 6. —

Kortleitner, Francisc. Xav., Archaeologiae biblicae summarium. Praelectionibus academicis accommodatum a K. (XX, 418 S.) gr. 8. Innsbruck 906. Wagner. n. 6. —

Körtling, C., das Orakel. Sensation erreg., sehr interessantes u. höchst amusantes Spiel f. Jung u. Alt. Mit Illustr. v. Johanna Körtling. gr. 8. (16 S.) Kassel 896. C. Körtling. n 1. —

Körtling, Geo., Ratgeber f. ländliche Bauweise. 10 Gehöftsentwürfe m. Text u. Tabellen, entworfen, gezeichnet u. verf. (28 S. m. 30 Bl. Fig.) gr. 8. Cassel (906). G. Dufayel. n. 3. —

Kortmann, C., s. Ohmann, C., histor.-geograph. Handatlas d. alten Welt.

Kortmann, H., kleiner Führer durchs Leben f. Kinder, die aus der Schule entlassen werden. 32. (12 S.) Dülmen 894. A. Laumann. 100 Stück 3. —

Kortmann, Heinrich, approb. Arzt aus Bochum: Die Lehre vom Placentarpolypen. *Leipzig 1901: B. Georgi.* (30 S.) 8°
Leipzig, Med. Diss. v. (5. Aug.) 1901

Kortmann, Jodokus [cand. med. aus Münster i. W.]: Ueber die Anwendung des Antipyrin bei akutem Gelenkrheumatismus .... Würzburg, Köhl & Hecker'sche Buchdr., 1886; 24 S. 8°.
Würzburg, Med. Fak., Inaug.-Diss. v. 1886.

Kortmann, Jodokus, über die Anwendung des Antipyrin bei akutem Gelenkrheumatismus. Diss. Würzburg 1886, Stahelsche Univ.-Buchh. 8°. 24 S.

Kortschak, Ernest K., strafrechtliches Taschenbuch. Prakt. Kommentar der f. den Seelsorge-Klerus wicht. Materien der österreich. Strafgesetzgebg. (IV, 119 S.) 8. Graz 907. U. Moser. Geb. in Leinw. 1. 40

Kortschak, Johann

Kortschak, J., Chorgesang-Uebungen für Männerstimmen. Sammlung von technischen Uebungen und Solfeggien zur Bildung der Stimme und Erlangung einer gewissen Treffsicherheit. Graz 1893. Verlag von Hans Wagner. (Min.-Erl. v. 3. Juni 1893, Z. 9986.) Geheftet —.60

Kortschak, Johann, Praktische Elementar-Violinschule. Neue, gänzlich umgearbeitete Ausgabe in drei Bänden. Verlag von Hans Wagner in Graz. (Min.-Erl. v. 26. August 1894, Z. 19208.) Ein Band —.30 = 60 h

Kortschak, Paula, Neue Kartoffelküche. Eine Sammlung praktisch erprobter Recepte für den einfachsten und feinsten Haushalt. Durchgelesen und empfohlen von Katharina Prato. Kl.-8. (IV, 128 S.) Graz: Moser 1889. —.50

Kortschak, Paula, neue Kartoffelküche. Eine Sammlung praktisch erprobter Recepte f. den einfachsten u. feinsten Haushalt. Durchgelesen u. empfohlen v. Katharina Prato. 2., verm. Aufl. 12. (VIII, 135 S.) Graz 891, Moser. n. —80; cart. n. 1.—

Kortschak, Paula, Obstspeisen. gr. 16. (IV, 76 S.) Graz 893. U. Moser. n. —60

KORTSCHELT, Paul: Ueber die Eibe und deutsche Eibenstandorte. - Zittau 1897. 30 S.

Kortte, Gottlieb [Praes.], s. Hecht, Johann Benjamin: De usu orthographiae latinae.

— — Ad aud. orationem de optimis mediis interpretandi jus Romanum . . . invitata. Lpz. (Barthel) 1726. 6 Bl. (3.—) 19206

Kortte, Gottlieb [Praes.], s. Richey, Johann: Vindiciae praetoris Romani et juris honorarii.

Kortte, Gottlieb [Praes.], s. Schellhaffer, Heinrich Gottlieb: Vindiciae leg. I. § IV. D. de i. et i. de iure quod natura omnia animalia docuit.

Kortte, G., de usu orthographiae latinae diss. tres. Lips. 720-22. 4. Sie stehen in Harles Ausgabe von Cellarii Orthographia. Tom. II.

Kortte, M. Gottlieb, De usu orthographiae latinae. Diss. critica II. Lpz. (Immanuel Titius) 1721. (S. 41—72.) (6.—) 19204
S. 1—40 (Tl. I) s. Nr. 13734.

— — Dasselbe. III. Lpz. (Immanuel Titius) 1722. (S. 73—112.) (6.—) 19205

Kortte, Gli. (resp. J. Richey): Vindiciae praetoris Romani et jur. honorarii. *Lips.* 730. 4.

Koerttge, Alb., malerische Ansichten aus dem Elsass. 12 Orig.-Radiergn. gr. Fol. Strassburg 897. C. A. Vomhoff. Auf Kpferdr.-Pap. n. 36.—; Mappe dazu n.n. 4.—; auf holländ. Pap. n. 48.—; Mappe dazu n.n. 6.—; auf Japanpap. n. 56.—; erhöht. Pr. n. 80.—; Mappe dazu n.n. 6.—; feine Mappe n.n. 8.—

Kortum, Carl Wilhelm. Ein Lebensbild. Den Freunden und Verehrern. gr. 8. (92 S.) Berlin 860, G. Reimer. *
s.a. Kortüm.

Kortum

— **s. a. Corthum.**

Kortum, Benj. Karl Gf., (†...) Confirmationsreden. 8. Magdeb. 798. Hessenland. (W. Nauck in Leipz.) 6 gr.

Kortum, B. C. G., Confirmationsreden. 8. Magdeburg, Hessenland. (a. Sommer in Lpz.) 798.

— neue Confirmatiosreden. 8. Magdeb. 801. Heinrichshofen. 8 gr.

— Predigt am Siegesfeste, den 14. Nov. 1813. 8. Halberst. 813. (Vogler in Potsd.) 2 gr.

— zweckmäß. Sprüche u. Liederverse üb. d. Katechismus Lutheri ꝛc. 8. Magdeb. 807. Heinrichshofen. 3 gr.

— kurzer Unterr. üb. Confirmation, Abendmahlsfeier u. Beichte. 8. Magdeb. 810. Heinrichshofen. 6 gr.

Kortum, C. A., De epilepsia. 44 pp. Duisb. 4°. *Baldinger*, I, 18. 1766

Kortum, C. G. T.

— — Kaiser Friedrich I. mit seinen Freunden und Feinden, ein geschichtl. Versuch. gr. 8. Aarau, Sauerländer. 818.
s.a. Kortüm, Friedrich

— — zur Geschichte hellenischer Staatsverfassungen, hauptsächlich während des peloponnesischen Krieges. Bruchstück einer historisch politischen Einleitung in das Studium des Thukydides. gr. 8. Heidelberg, Groos. 821.
s.a. Kortüm, Friedrich

— — Skizze einer Zeit- und Literärgeschichte der Arzneykunst. Wohlfeile Ausg. gr. 8. Leipzig, (J. Müller.) 819.
s.a. Kortum, Karl Arnold

Kortum, (C. L.,) Comment. de regeneratione ossium observation. et experimentis illustr. Acced. 1 tab. lithogr. 4 maj. Berol. 824, Maurersche Buchh.

Kortum, Carl Arnold, s. Kortum, Karl Arnold

Kortum, Carl Georg Theodor, s. Kortum, Karl Georg Theodor

Kortum, Carl Leonhard, s. Kortum, Karl Leonhard

Kortum, Eduardus Ernestus: De tracheotomia. Halis (1867): Lipke. 30 S. 8°
Halle-Wittenberg, Med. Diss. v. 24. Mai 1867
Geb. Stolberg bei Aachen 30. 4. 1842. V.

Kortum, Ernst, s. Kortum, Ernst Traugott

Beiträge zur philosophischen Geschichte der heutigen geheimen Gesellschaften. [Von Ernst Traugott v. Kortum. Hrsg. u. mit Anmerk. vers. von Heinr. Gottfr. v. Bretschneider. Lemberg: Piller] 1786. 208 S. 8°
cf. Anzeiger d. Teutschen Merkur. 1786. S. CXXIX—CXXXIII; D. neuesten Religionsbegebenheiten. 9 (1786) S. 652—676.
Kl. 2328. 5 Briefe üb. Begriff, Grundsätze, Zweck der Frmrei, vor dem Wilhelmsbader Konvent abgefasst. Schröder 3 S. 96 hält J. P. v. Kalm (a Leone nigro) für den Verf.; nach Lennings Encyclopädie. 1 (1822) S. 358, Fussnote, wäre J. J. Chr. Bode der Hrsg. Brief 1 u. 3 an v. Haugwitz (nebst Antwort auf 1), 4. u. 5. an L. v. Wächter.

Drey Freymaurer Reden, nicht im freymaurerischen Styl, gehalten vor dem 12 ten Dez. 1785. In der Loge Zum Biedermann zu Lemberg. [Von Ernst Traugott v. Kortum.] [Lemberg u. Wien: Hartl] 1786. 92 S. 8°
Recens: WJ. 3, 3 (1786) S. 210—212.
Kl. 1074. WJ. erwähnt e. Ausg. mit 80 S. 193.

v. Kortum, Er. Traug., († d. 2. Febr. 1811.) s.a. Judenthum.

Judenthum u. Juden (über), hauptsächl. in Rücksicht ihres Einflusses auf bürgerlichen Wohlstand (von *Ernst* Frhrn. *von Kortum*, 1742—1811). Nürnberg, Raspe, 1795. 8°. Ppb.
100 S. Selten! Verf., gemässigter Antisemit, nicht genannt. Handelt u. a. von dem polit. Zustande der Juden in Galizien, ein Paar Worte über Dohm's bürgerl. Verbess. der Juden (S. 104—11).

— s. *Magna* Charta.

Projét d'un code général de police, pour l'o[rdre] des f[rancs-] m[açons] réunis et rectifiés. Comme Ms., à l'usage des ff. [Von Ernst Traugott v. Kortum?] [Braunschweig] 1783: [Kolb]. 46, 8, 34 S. 2° [Umschlagtit.]
cf. FZ. 23 (1869) S. 20—22 (F. H. A. Lachmann).
Kl. 169. Selten. Nach dem Allgem. Handbuch der Frmrei 2 (1865) S. 150 wäre nicht Kortum Verf., sondern Graf v. Virieu (a Circulis) aus Lyon. 65.

Kortum, Friedr. Wilh. (geb. Stolberg bei Aachen 10. 8. 1850). Ueber Enterophthise. Berlin (1870). (20 S.) 8°
Berlin, Med. Diss. v. 5. Juli 1870

Kortum, Ge. Th., De vitio scrophuloso etc. Lemgo. 8°. 1789

Kortum, Ch. Mich., neue Vers. d. Färbekunst, betr. d. bisher unter dem Namen sans pareille de Saxe bek. blauen und grünen Farben. 4. Bresl. W. G. Korn. 749.

Kortum, Herm., über geometrische Aufgaben des dritten u. vierten Grades. Zwei Abhandlungen aus dem Gebiete der neueren Geometrie. [Im J. 1868 mit dem Steiner'schen Preise gekrönt.] Bonn 869. Weber. gr. 8. (VI, 73 S.) n. 20 ngr.

Kortum, Hermannus (geb. am 29 Sept. 1836 in Muffendorf bei Bonn): De proprietatibus curvarum tertii ordinis synthetica methodo deductis. Pars prior [un.] ... Bonnae, form. Carthausianis (1861). 2 Bl., 54 S., 1 Bl. 8.
Bonn, Phil. Fak., Diss. v. 24 Juli 1861

Kortum, Jos. Augustus (geb. Stolberg bei Aachen 22. 7. 1820): Quaedam de morborum haereditariorum prophylaxi. Berolini (1844). (31 S.) 8°
Berlin, Med. Diss. v. 29. Apr. 1844

Kortum, Jh. Cph. Paschen, († d. 3. Oct. 1800.) Aufsätze über die Bienenzucht. 8. Neustrelitz 796. Albanus. 7 gr.

— Beschreib. eines neulich bei Neu-Brandenburg gefund. wendischen Monuments, mit histor. Erläuterr. zur nähern Bestimm. der Lage d. alten Rhetra. 8. Neu-Brandenb. 798.

— üb. die Einführung d. allgem. Beichte. 8. Neu-Brandenb. 799.

— vorläuf. Gedanken üb. die Erbkontrakte der Prediger. gr. 8. Neustrelitz 797. Albanus. 5 gr.

Kortum, Johann Karl Arnold, s. Kortum, Karl Arnold

Kortum, K. H. T., s. Kortum, Karl Georg Theodor

Kortum, Karl Arnold

Kortum, K. A. (Hrsg.), s. Allerhand macht dies Blatt bekannt

* *C. A. Kortum.* D. Arzn. Dokt. Anfangsgründe der Entzifferungskunst deutscher Zifferschriften. Duisburg, im Verlage der Helwingschen Universitätsbuchhandl. 8. 144 S. 1782.

— Anfangsgründe der Entzifferungskunst deutscher Zifferschriften. 8. Hannov. 782. Helwing. 8 gr.

— Anweis., wie man sich vor allen ansteckenden Krankheiten verwahren könne. 8. Wesel 779. Röder. 7 gr.

— Beantwortung an Riem, über Bienenzucht. 8. Münster 781. Coppenrath. 3 gr.

Kortüm, K. A., Beschreibung einer neu entdeckten alten germanischen Grabstätte, nebst Erklärung der darin gefundenen Alterthümer. Dortm. 801. 8.

— Beschreib. e. neu entdeckten alten german. Grabstädte; nebst Erklärung d. darin gefund. Alterthümer. Mit Holzschnitt. 8. Dortm. 805. (Wundermann in Hamm). 10 gr.

— Bienenkalender. 8. Wesel 776.

— Einfälle in froh. jugendl. Stund. rc. 8. Duisburg, Bädecker u. K. 802.

Kortum, J. K. A., Gesundheitsbüchlein f. Bergleute. 8. Dortm. Mallinkrodt. 798. Rthlr.

Kortum, Jh. Karl Arnold, († d. 15. Aug. 1824.) Gesundheitsbüchlein f. Bergleute. 8. Dortm. 798. (Schulz in Hamm; a. Central-Cpt. in Leipz.) 4 gr

— Grundſ. d. Bienenzucht, beſ. f. d. Weſtphäl. Gegend. 8. Weſel, Röder. 776.

Kortum, Karl Arn., Adams Hochzeitfeier, ſ. Laterne, magiſche, Anhang.

– Die Jobside

— daſſelbe, s.a. Bibliothek der Geſamt-Litteratur d. In- u. Auslandes.

—— daſſ. — s.a. Bibliothek der deutſchen Nationalliteratur des 18. und 19. Jahrh.

K(ortum,) C. A., die Jobſiade ꝛc., s.a. Jobſiade.

Kortum, K. A., die Jobſiade, s.a. Meiſterwerke unſerer Dichter.

— daſſelbe, s.a. Meyer's Volksbücher.

Kortum's Jobſiade, s.a. National-Litteratur, deutſche.

Kortum, C. A., die Jobſiade, s.a. Univerſal-Bibliothek Nr. 398—400.

Kortum, C. A., die Jobſiade. Ein groteſk-komiſches Heldengedicht in 3 Theilen. 6. Aufl. A. u. d. T.: Leben, Meinungen u. Thaten von Hieronimus Jobs ꝛc. 3 Thle. 6., neu revid. u. mit 1 Titelkpfr. verm. Aufl. (Mit Holzſchn.) 8. (33½ B.) Bielefeld 845, Velhagen u. Klaſing. *

Kortum, Carl Arn., die Jobſiade. Ein groteſk-komiſches Heldengedicht in 3 Thln. 7. Aufl. gr. 16. (XXIV und 508 S. mit eingedr. Holzſchn.) Leipzig 854, Brockhaus.

Kortum, Carl Arn., die Jobſiade. Ein groteſk-komiſches Heldengedicht in 3 Thln. 8. Aufl. 1857., 9. Aufl. 1860. und 10. Aufl. gr. 16. (XXVI und 508 S. mit eingedr. Holzſchn. und 4 Holzſchnt., wovon 1 in 4.) Leipzig (861)62, Brockhaus. geb. *

Kortum, Carl Arn., die Jobſiade. Ein groteſk-kom. Heldengedicht in 3 Thln. 11. Aufl. Leipzig 865. Brockhaus. gr. 16. (XXII, 508 S. mit eingedr. Holzſchn.) 24 ngr; geb. n. 1 ℛ

— — Neue verb. u. wohlf. Ausg. Leipzig 868. Dpl. 16. (IV, 410 S. mit eingedr. Holzſchn. u. 1 Holzſchntaf.) cart. n. 7 ngr

Kortum, C. A., die Jobſiade. Ein kom. Heldengedicht in 3 Thln. 14. Aufl. Mit Einleitg. u. Anmerkgn. 8. (XXII, 370 S. m. Illuſtr.) Leipzig 888. Brockhaus. 2. 40; geb. 3. 50

Kortum, Carl Arnold, die Jobſiade. Ein kom. Heldengedicht in 3 Tln. (Titel, Zierſtücke u. Einbd. v. Walt. Tiemann.) (XII, 503 S. m. Abbildgn.) kl. 8. Leipzig 906. Inſel-Verlag. Geb. in Pappe n. 6. —; Luxusausg. auf echt Bütten, in Schweinsldr. n. 25. —

— d. Kaffee u. ſeine Stellvertreter. 8. Elberf. 809. (Schönian). 8 gr

– s.a. Laterne, d. magiſche.

— die magische Laterne, eine von seinem Enkel in dem Nachlasse aufgefundene Reliquie, nebst einer Beilage, „50 Jahre später" vom Herausgeber. 16. (24 S.) Frankfurt a/M. 878. (Bochum, Hengstenberg.) n. — 95

Kortum, des Jobſiadendichters Carl Arnold, Lebensgeſchichte, v. ihm ſelbſt erzählt, u. hrsg. v. K. Deicke. (IX, 82 S. m. 1 Silhouette.) kl. 8. Dortmund 910. Fr. W. Ruhfus. Geb. 1. 50

– s. Martyrer d. Mode.

— ausführl. Nachricht von d. Bereitung d. Rumford'ſchen Suppe. 8. Duisb. 803. Bädeker. 3 gr

*Noch ein Paar Worte über Alchimie und Wiegleb, oder erster Anhang der Vertheidigung der Alchimie wider die Einwürfe der neuesten Gegner. Duisburg, 1791. pp. 80, 8vo. Bädeker

An earnest and honest defense of alchemy by a credulous physician, in reply to the attacks of Wiegleb, J. C., q. v.

Kortum, Karl Arnold.

* Noch ein Paar Worte über Alchimie und Wiegleb, oder erster Anhang der Vertheidigung der Alchimie wider die Einwürfe der neuesten Gegner. Duisburg, in Commission der Helwingschen Universitäts-Buchhandlung, 1791. pp. 80, 8vo.

— Skizze einer Zeit- u. Literär-Geſchichte d. Arzneikunſt von ihrem Urſprunge an bis z. Anfange d. 19ten Jahrh. Mit ſ. Portrait. 8. Unna 810. Heſſelmann. 2 ℛ (Leipz. 819. J. Müller). 1 ℛ

— der Thee u. ſein Stellvertreter. 8. Eſſen u. Duisb. 811. Bädeker. 10 gr

— üb. d. Unſchädlichkeit d. Kirchhöfe ꝛc. 8. Oſnabr. Blothe. (Göthe, Lpz.) 801.

Karl Arnold Kortum. Vom Urin als einem Zeichen in Krankheiten und von den Kunstgriffen der Harnärzte, wenn sie daraus die Krankheiten sagen. ... Duisburg am Rhein: Helwing 1793. 142 S. 8°

[Unvollst., S. 143 ff. fehlen.]

— vom Urin, als e. Zeichen in Krankheiten. 8. Unna 793. Heſſelmann; (Bädeker in Eſſen). 8 gr

* Verteidiget die Alchimie gegen die Einwürfe einiger neuen Schriftsteller besonders Herrn Wieglebs. Duisburg, in der Helwingschen Universitäts-Buchhandlung, 1789. pp. [iv]–360, 8vo.

— Vertheidigung d. Alchymie gegen die Einwürfe neuerer Schriftſteller, beſonders Wieglebs. gr. 8. Duisb. 789. Bädeker. 20 gr

Kortum, Karl Georg Theodor

Kortum, Carl Georg Theodor. Abhandlung von den Scrofeln und von den Folgekrankheiten . . . a. d. Latein. . . . Lemgo 1793. V: *Focke, Johann Ludwig Albert.* (KY) (MGT) *Focke, Ludolph Albr.* (Rotermund, Gel. Hann. Bremen 1823.)

— Abhandl. von d. Scropheln u. von den Folgekrankheiten, welche davon ihren Urſprung nehmen; aus d. Latein. (von J. L. A. Focke). 2 Bde. gr. 8. Lemgo 793. Meyer. 1 ℛ 16 gr

Vollständige physikalisch-medicinische Abhandlung über die warmen Mineralquellen und Bäder in Aachen und Burdscheid. Von Carl Georg Theodor Kortum. ([Nebst] Nachtr.) Dortmund: Blothe (Nachtr.: Mallinckrodt) 1798–1817. 1 Bd 8°

[Hauptw.:] 1798.
(Nachtr. [u.d.T.]:) Kortum: Die warmen Mineralquellen und Bäder in Aachen und Burdscheid. 1817.

Kortum, C. G. T., physikal. medicin. Abhandlung über die warmen Mineralquellen und Bäder in Aachen und Burscheid. Mit Zusätzen. gr. 8. Hamm, Schulz und Wundermann. 817.

Kortum, Karl Geo. Thdr., vollst. medicin.-physikal. Abhandl. üb. die wahren Mineralquellen u. Bäder in Aachen u. Burtscheid. 8. Dortm. 798. Mit neuen Zusätzen 818. (Schulz in Hamm). 1 ℛ 4 ℊℊ Hbg. Pr. 20 ℊℊ Zusätze dazu besond. 4 ℊℊ

Kortum, C. G. Th., De apoplexia nervosa. 48 pp. Gott. 4°.
Ludwig, IV, 379–401. *Frank*, Del. op. med. 8°. Ticin. 1789, VI, 1–77. *Doering*, I, 156. *Blumenbach*, Bibl. II, 729. Erl. Beytr. 85. XLIX, p. 777. *Schlegel*, X, p. 267.

1785

Kortum, Karl Georg Theodor: Beiträge zur praktischen Arzneiwissenschaft. 383 S., gbd.

Göttingen: Vandenhoeck & Ruprecht 1796

JB 2.274

— u. J. C. Schäffer, medicin.-prakt. Bibliothek für Aerzte u. Wundärzte. 9 Stücke in 3 Bden. 8. Münster 789–92. Coppenrath. 3 ℛ 18 ℊℊ

Kortum, Karl Georg Theod(or): Commentarius de vitio scrofuloso quique inde pendent morbis secundariis, qui nuper illustris Societatis Regiae Medicorum quae Parisiis est plausum tulit. Tom. 1 – 2, gbd.

Lemgoviae: Meyer 1789 – 1790

JB 2.273

— medicin.-chirurg. Handbuch d. Augenkrankheiten. 2 Bde. gr. 8. Lemgo 791 — 94. Meyer. 2 ℛ 8 ℊℊ

— s. J. Kampf, enchiridion.

Die warmen Mineralquellen und Bäder in Aachen und Burdscheid. Eine physikalisch-medizinische Abhandlung. Von Carl Georg Theodor Kortum. Mit neuen Zusätzen u. Verb. Dortmund: Mallinckrodt 1817. IV, 28 S. 8°

(=Kortum: Vollständige physikalisch-medicinische Abhandlung über die warmen Mineralquellen und Bäder in Aachen u. Burdscheid. Nachtr.)

— v. d. Skrofeln u. von d. Folgekrankh. etc. a. d. Lat. 2 Bde. gr. 8. Lemgo. Meyer. 793. (à 20 gr.)

— über die Unschädlichkeit d. Kirchhöfe u. Begräbnisse in Städten u. Dörfern. 8. Osnabrück 801. (Andrä in Leipz.) 6 ℊℊ

Kortum, Karl Leonhard

Kortum, Carl Leonhard (Stolberg/Rheinland), Experimenta et observationes circa regenerationem ossium. Diss. physiol. Bln. (Kraus) 17. IV. 1824. 53 S. mit Biogr. (M.: S. M. W. Schleicher) u. 1 Lith.-Tfl. Abb. (6.50) 19207
Oppon.: Carl Heinr. Ebermaier, Heinr. Jos. Hahn, Casp. Theob. Tourtual. — Gew.: Christ. Friedr. Harless, Friedrich Günther. — Krankengesch. d. C. Bosold.

[Experimenta et observationes circa regenerationem ossium.] Commentatio de regeneratione ossium observationibus et experimentis illustr. Auctore C[arolo] L[eonhardo] Kortum. Berolini: Maurer 1824. 125 S. 8°

[Erschien zuerst als Med. Diss. Berlin v. 17. Apr. 1824.]

Kortum, Konrad Arnold

– Einfälle

— — in frohen jugendlichen Stunden, im Kreise seiner Freunde. Vom Verf. der Jobsiade *(Konrad Arnold Kortum)*. Essen, gedr. b. G. D. Bädeker. 1803. 8°. (2 Mk. W. H. Kühl, Berlin, c. 1882; jetzt theurer!)
Selten! 104 SS. Inh.: 1) 56 Räthsel in Versen, nebst Auflös. 2) Verschiedene Endreime. 3) Adams Hochzeitfeier. (59 Str. in Blumauer's Manier.)

(Kortum, Dr. med. Konr. Arnold, geb. 5. Juli 1745 zu Muhlheim a. d. Ruhr, † 15. Aug. 1824 zu Bochum), Leben, Meinungen u. Thaten von *Hieronimus Jobs*, dem Kandidaten, und wie Er sich weiland viel Ruhm erwarb, auch endlich als Nachtwächter zu Schildburg starb.
Vorn, hinten u. in der Mitten
Geziert mit schönen Holzschnitten.
Eine Historia, lustig und fein,
In neumodischen Knittelverselein.
3 Thle. (in 1 Bde.). 4., neu revid. u. . . . . vermehrte Aufl. Hamm. Schulz u. Wundermann. 1824. 8°. Hübsch. Hpgtmb., wie neu.
I: 4 Bll (incl Tit Silhouette d Vf. nach Ramberg) u [illegible] S. II: 5 Bll (incl. Tit-Silhouette des Helden) u. [illegible] S. III: 3 Bll (incl. TKpf) u. [illegible] S. – Die ed. princeps dieses popular geword. grotesk-komischen Gedichts erschien Munster 1784. rep. Dortmund 1799 u. 1800. – 13. Aufl. m. Einleit. u. Anmerk. v. Ebeling. Leipzig [illegible]. 8°.

Kortum, Ren. Andr.

— das Buch Hiob auf vorgemeldete Art. 4. Leipz. Fritsch. 708.

— d. Mensch, d. glücklichste Kreatur, wenn er nur will etc. 8. Bresl. 743.

— Salomonische Moral, od. Lebenslehre d. l. Auflös. d. Spr. Salom. nach ihr. Connex. etc. 4. Leipz. u. Görlitz. 736.

— hist. Nachr. v. alt. Bisth. Lebus, m. Landkart. 4. Frkft. 740.

Kortum, Ren. Andr., d. Psalm. und Lieder Davids, nach d. Grundtext übers. m. e. Paraphrase. 4. Frkft. 716.

— die Weissag. Jesaiä, auf vorgemeld. Art. 4. Ebendas. 709.

— **Wilhelm Theodor** (Stolberg/Rheinland), De purgantibus oleosis. Diss. med. Bln. (Ferdinand Nietack) 14. IX. 1830. 31 S. mit Biogr. (M.: Schleicher.) (6.20) 19208
Oppon.: K. Beckhaus, K. Meysenburg, W. Flume. — Gew.: C. Lonh. Kortum (Bruder).

Kortüm, Karl Wilhelm. Ein Lebensbild. Den Freunden u. Verehrern. Berlin 860. G. Reimer. 8. (92 S.) n. 10 ngr.
s.a. Kortum.

Kortüm, A.

Kortüm, Anleitung zum Gebrauch des Seebades mit besond. Berücksicht. der Ostseebäder Heringsdorf, Misdroy, Ahlbeck, Swinemünde, Divenow. 8. (24 S.) Stettin 885, Dannenberg.

Kortüm, A., fliegende Blätter vom Heiligen Damm. gr. 8. (VI und 54 S.) Rostock 864, Stiller'sche Hofbuchh.

Kortüm, A., fliegende Blätter vom Heiligen Damm. (2. Heft.) Die Retention von Exspirationsgas in den Luftwegen. Anhang. Das Brunnentrinken im Seebad. [Aus: Memorabilien von Fr. Betz.] Rostock 865. Stiller'sche Hofbuchh. gr. 8. (78 S.) n. 10 ngr.

Kortüm, A., über Frühlingskuren im Seebad, speciell im Ostseebad Heiligendamm. 1. Aufl. *M 1., und 2. wesentlich unveränd. Aufl. gr. 8. (40 S. mit Ozontaf. in eingedr. Holzschn. und lithogr. Grundriß von Heiligendamm in qu. Fol.) Rostock 874, Stiller'sche Hofbuchh. *

Kortüm, A., üb. Frühlingskuren im Seebad, speciell im Ostseebad Heiligendamm. Mit Ozontaf. gr. 8. (40 S.) Rostock 875. Stiller. n. 1. —

— dasselbe. 2. wesentlich unveränd. Aufl. Mit Ozontaf. (in eingedr. Holzschn.) u. (lith.) Grundriß v. Heiligendamm (in qu. Fol.) gr. 8. (40 S.) Ebend. 875. n. 1. 30

—— das Ostseebad Heiligendamm als klimatischer Kurort. Als Mscr. gedr. 16. (22 S.) Ebendas. 874. *

Kortüm, A., das Doberaner Seebad, der heilige Damm, seine Curmittel und ihre Verwendung. Für Curgäste u. Aerzte dargestellt. Rostock 858. Stiller. gr. 8. (VII, 143 S. u. 2 Lithogr. in 8. u. 4.) n. 15 ngr.

— das Seebad u. die Seebade-Cur. Ebend. 865. gr. 8. (IV, 75 S.) n. 12½ ngr.

— das System der Medicin. Berlin 868. Sacco Nachf. gr. 8. (VIII, 400 S.) n. 2 ℛ

Kortüm, Alb., Bibliotheken, s.: Handbuch der Architektur. IV.

Kortüm, Alb., u. Ed. Schmitt, Gebäude f. Bibliotheken, s.: Handbuch der Architektur.

Kortüm, Alb., Gebäude f. Ministerien, Botschaften u. Gesandtschaften, s.: Handbuch der Architektur. IV. 7.

Kortüm, Aug., von der Cholera. Ein Votum über ihre Natur und Behandlung. Der verehrl. medicin. Facultät zu Rostock überreicht als Programm pro venia legendi. gr. 8. (IV und 68 S.) Rostock 849, Stiller'sche Hofbuchh. *

Kortüm, A., die Lebenskraft. Ein Beitrag zur medicin. Biologie. gr. 8. (VI und 114 S.) Berlin 856, G. Reimer.

Kortüm, Aug., Studien zur Heilkunst. gr. 8. (29¾ B.) Waren 846, Kaibel. (Leipzig, Hermann.) *

Kortüm, C. A. K.: Die Jobsiade ...,
s. Kortum, Karl Arnold

Kortüm, E. [Autorname] = Strehle, Frau Pfarrer [in Nehringen, Pommern].

Kortüm, E., Heini und seine Geige. Erzählung für die Jugend. 12. (79 S. mit 1 Bild.) Basel 885, Spittler. *

Kortüm, E. Heini und seine Geige. Erzählung für die Jugend. Mit einem Bild. 2. Aufl. 798. 8. Basel, Kober, 1901. [fr. —.50]

—— unsträflich, s. Trewendt's Jugendbibliothek.

Kortüm, Fr., de societatis Atticae origine atque institutis. Commentationis historicae pars I. 4maj. Heidelbergae 844, Mohr. 1/6 ℛ

Kortüm, Friedrich s. Daffner, Max. Geschichte der nordamerikanischen Revolution.... Bern 1847.

Kortüm, Fr., die Entstehungsgeschichte der freistädtischen Bünde im Mittelalter und in der neuern Zeit, in vier Büchern. 1r Bd. 1s u. 2s Buch. Mittelalter u. 16. Jahrhundert. — 2r Bd. 3s Buch. Geschichte der englischen Revolution unter den Stuarts des 17. Jahrh. — 3r Bd. 4s Buch. Geschichte d. nordamerikanischen Revolution oder des zweiten engl. Bürgerkriegs. gr. 8. Zürich 827—29. (Leipzig, Fr. Fleischer. (à Bd. 1 ℛ) 3 ℛ

Kortüm, Fr., die Entstehungsgeschichte der freistädtischen Bünde im Mittelalter u. in d. neuern Zeit. Vier Bücher. (1r Bd., 1s, 2s Buch.) gr. 8. Zürich 827. Geßner. 1 ℛ 16 gℊ (2r Bd.) 3s Buch. — Auch u. dem T.: Geschichte der englischen Revolution unter den Stuarts des 17ten Jahrhunderts. Ursprung, Ausbildung, Verfall, Untergang u. Folgen des engl. Freistaats. gr. 8. Ebd. 827. 2 ℛ 8 gℊ (3r Bd.) 4s Buch. Auch u. dem T.: Geschichte d. nordamerik. Revolution, oder des zweiten engl. Bürgerkrieges. gr. 8. Ebd. 829. 2 ℛ

Kortüm, (Joh.) Friedr. (Chrstph.), die Entstehungsgeschichte d. freistädt. Bünde im Mittelalter u. in d. neuern Zeit. In 4 Büchern. 3. Buch (od. 2. Bd.) — A. u. d. T.: Geschichte d. engl. Revolution unt. d. Stuarts d. 17. Jahrh. Ursprung, Ausbildung, Verfall, Untergang u. Folgen d. engl. Freistaats. gr. 8. (27 B.) Zürich 827, [Siegfried.] 2 Thlr. 8 Gr., hrbgs. Pr.

—— dass. 4. Buch (od. 3. Bd.) — A. u. d. T.: Geschichte d. nordamerikan. Revolution, od. d. zweiten engl. Bürgerkrieges. gr. 8. (27½ B.) Ebds. 829. 2 Thlr., hrbgs. Pr.
1. u. 2. Buch (od. 1. Bd.) Ebendas. 1827. 1 Thlr. 16 Gr., hrbgs. Pr. 1 Thlr.

Kortüm, Friedr., die Entstehungsgeschichte des Jesuiten-Ordens, nebst einem Schlußwort üb. die neuern Jesuiten. Nach d. Quellen dargestellt. gr. 8. (6½ B.) Mannheim 843, Bassermann.

Kortüm, Frdr., geschichtliche Forschungen im Gebiete des Alterthums, des Mittelalters u. der Neuzeit. Nach des Verf. Tode herausg. von Karl Alex. v. Reichlin-Meldegg. Leipzig 863. C. F. Winter. gr. 8. (VIII, 376 S.) n. 2 ℛ 10 ngr.

— Kaiser Friedrich I., mit seinen Freunden u. Feinden. Ein geschichtl. Versuch. gr. 8. Aarau 818. Sauerländer. 1 ℛ 4 gℊ

— u. Karl Alex. v. **Reichlin-Meldegg**, Geschichte Europa's im Uebergange vom Mittelalter zur Neuzeit. 2 Bde. Leipzig 861. T. O. Weigel. gr. 8. (XXIV, 503 S.; XVI, 544 S.) n. 5 ℛ 20 ngr.
1. Bd. n. 2 ℛ 20 ngr.; 2. Bd. n. 3 ℛ

Kortüm, Friedr., Geschichte Griechenlands von der Urzeit bis zum Untergang des Achäischen Bundes. Fünf Bücher. 3 Bde. Heidelberg 854. Mohr. gr. 8. 6 Thlr. 10 ngr.
1. Bd.: Von der Urzeit bis zum Ende des peloponnesischen Krieges. (VIII, 575 S.)
2. Bd.: Vom Ende des peloponnesischen Krieges bis zum Tode des Demosthenes. (VI, 387 S.)
3. Bd.: Vom Tode des Demosthenes bis zum Untergang des achäischen Bundes. (VI, 352 S.)

Kortüm, Friedrich. Die Geschichte des Mittelalters. sechs Bücher. 2 Bände u. Register. 8. Bern 1836.
Band 1 u. 2. (Buch 1–6.)
[Band 3] u. d. T.: Register zu der Geschichte des Mittelalters von Dr. Friedr K.

Kortüm, Friedr., die Geschichte d. Mittelalters, sechs Bücher. 2 Bde. Mit Register. gr. 8. (67¼ B.) Bern 836, Jenni Sohn.

Kortüm, Joh. Frdr. Geschichte der englischen Revolution unter den Stuarts d. 17. Jahrh. Ursprung, Ausbildung, Verfall, Untergang des englischen Freistaats. (67 B.) 8. Zürich 1827. 7,00.

Kortüm, Fr. Geschichte der Nordamerikan. Revolution. 8. Zürich 1829. 6,00.

— römische Geschichte von der Urzeit Italiens bis zum Untergang des abendländischen Reichs übersichtlich und mit steter Beziehung auf die Quellen für den Privat- u. Lehrgebrauch dargestellt. gr. 8. Ebend. 843. 2½ Thlr

— zur Geschichte Hellenischer Staatsverfassungen, hauptsächlich während des peloponnesischen Krieges. Bruchstück einer histor.-polit. Einleit. in das Studium des Thukydides. gr. 8. Heidelb. 821. Groos. 1 Thlr 8 Gr

— Grundriß der neuesten politisch-militärischen Geschichte Europa's. Vom Ausbruch der französ. Revolution bis zum 2. Sturz der spanischen Cortes (1789—1823.) gr. 8. Ebend. 845. n. ¼ Thlr

— Königthum, Dienstmannschaft, Landestheilung. Erster Beitr. zur altgerman. Verfassungsgeschichte. gr. 8. Basel 822. Neukirch. 5 Gr

Kortüm, Fr., Register zu der Geschichte des Mittelalters. gr. 8. Bern 836. Jenni, Sohn. ¼ Thlr Das nun vollst. Werk: 6¼ Thlr

— s. A. Rengger, kleine Schriften.

— Rückblick auf Johann Heinrich Pestalozzi nebst etlichen ungedruckten Blättern desselben. Zur Säcularfeier. Nebst 1 Facsimile. gr. 8. Heidelberg 846, J. C. B. Mohr. ⅙ Thlr

— von scheinbaren u. wirkl. Rückschritten im Entwickelungsgange d. Völker. Eine Rede. gr. 8. Basel 821. Neukirch. 3 Gr

—— die Stellung d. Geschichtsschreibers Thukydides zu d. Parteien Griechenlands. Eine Inauguralrede, mit etlich. Anmerkn. Lex.-8. (1¾ B.) Bern 833, Jenni, Sohn.

Kortüm, Friedrich. Unmassgebliches Votum in der Schweizerischen Jesuitensache oder Beantwortung der drei Fragen: welche staatsrechtliche und politische Befugnisse, welche Hindernisse und Gefahren, welche Hülfsmittel und Kräfte, sind für die eidgenössische Tagsatzung als oberste Bundesbehörde vorhanden, wenn der Jesuitenorden in seiner Wirksamkeit beschränkt oder ausgewiesen werden soll? 8. Mannheim 1845.

Kortüm, Friedrich Wilhelm

[F.] Erinnerungen an die Kaisertage in Hannover 2. bis 4. Sept. 1898. M. Abb. ... Zsgest. u. bearb. v. F. W. **Kortüm**, Chef-Redakteur ... *Hannover: Verl. der A. Göhmannschen Buchdr. 1898.* (52 S.) 1 Bd 8.
[98 16145 Go

Kortüm, Frdr. Wilh., Kaiser Wilhelm d. Große. Gedenkbüchl. z. 100jähr. Geburtstags-Feier. gr. 8. (36 S. m. Abb. u. Bildnis.) Hannover 897. Göhmann'sche Buchdr. — 20

Kortüm, Helmuth Friedr. Bernh. (geb. Waren in Meckl. [1. 9.] 1845): Beiträge zur Pathologie der Aderhautentzündung. Berlin (1872). (20 S.) 8°
Berlin, Med. Diss. v. 13. Febr. 1872

Kortüm, J. C. P., Aufsätze üb. d. Bienenzucht. 8. Neu-Strelitz, Albanus. 796.
s.a. Kortum, Karl Arnold

— Gedank. üb. d. Erbcontracte d. Prediger. 8. Ebend. 797.
s.a. Kortum, Karl Arnold

Kortüm, Johann Albrecht, aus Boitin (Meckl.): Das Verwandtschaftsverhältnis der vier Hauptquellen für den Römerzug Ottos I. 961–964. *Rostock 1899: C. Boldt.* (99 S.) 8°
Rostock, Phil. Diss. v. [25. Febr.] 1899

Kortüm, Johann Friedrich, s. Kortüm, Friedrich.

Kortüm, Johann Friedrich Christoph, s. Kortüm, Friedrich

Kortüm, K. Arn., s. Kortum, Karl Arnold

Kortüm, Karl (geb. Zehna in Meckl. [23. 7. 1843]): Thesen. Berlin (1870). (2 Bl.) 8°
Berlin, Med. Thes. v. 28. Juli 1870

Korty, Edith, Gedichte. 8. (VIII, 95 S.) Dresden 900. E. Pierson. n. 1. 50; geb. n. 2. 50

Kortys, Chów drobiu, ⎫
—— Chów kur etc., ⎬ s. Bibliotezka gospodarcza.
—— Chów i pielęgnowani gesi, ⎭

Kortz, Frdr., Abriß der deutschen Grammatik, s.: Führer, Ant.

Kortz, Friedrich: Bericht über die Feier der Einweihung des neuen Schulgebäudes. Cöln-Ehrenfeld 1909: Münch. S. 3—20. 4°
Cöln-Nippes, st. RG i. E. P 1909 (659) [S 09. 262

Kortz, Friedrich, Dr.: Die **Eigentümlichkeiten** der Kallimacheischen Dichtkunst. Eine Studie zum Artemishymnus d. Kallimachus u. Catulls carmen LXVI. *Cöln-Ehrenfeld 1902: Cölner Vereinsdruckerei.* (45 S.) 4°
Cöln-Ehrenfeld, st. PG, P 1902 (504)

Kortz, Friedrich: Entstehung und Auffassung von Lessings Nathan dem Weisen. Als Einführung in d. Lektüre d. Schüler. Cöln-Ehrenfeld: Münch 1908. S. 3—8. 4°
Cöln-Nippes, st. RG i. E., in Festschr. z. Einweihung des Neubaues, P 1908 (636) [S 08. 249

Kortz, Frdr., deutsches Lesebuch, s.: Führer, Ant.

Kortz, Friedrich: Deutsche Nationallitteratur auf der Unterstufe des Gymnasiums. *Neunkirchen (Bez. Trier) 1898: C. A. Ohle.* (27 S.) 4° [Ant. u. F.]
Neunkirchen (Bez. Trier), PG, P 1898 (478)

Korts, Fredericus [Rhenanus]: Quaestiones grammaticae de Julii Frontini operibus institutae ... Iserlohn, ex typogr. Bormanniana, 1893; 110 S., 3 Bl. 8.
Münster, Phil. Fak., Inaug.-Diss. v. [29. Apr.] 1893

Korts, Paul, s.: Assanierung, die, v. Wien.

Korts, Paul, Bericht üb. die aus Anlass des 50jährigen Bestandes des österr. Ingenieur- u. Architekten-Vereines veranstalteten Festlichkeiten. Ueber Auftrag des früheren Vereins-Vorstehers Franz Berger zusammengestellt. (55 u. LI S. m. Abb.) Imp. 4. Wien 899. (Spielhagen & Schurich.) n. 2. —

— Bericht üb. die Vereinsreise nach Berlin. (2. bis 5. VI. 1902.) gr. 4. (18 S. m. Abbildgn.) Wien 902. (Spielhagen & Schurig.) n. 1. —
Sonderabdr. a.: „Ztschr. d. öst. Ingenieur- u. Architekten-Ver."

Korts, Paul, Pariser Verkehrswesen, s.: Reiseberichte über Paris.

— s.: Wien am Anfang des XX. Jahrh.

Kortzfleisch, Gustav v.

Kortzfleisch, v., der Feldzug gegen den Loir u. die Einnahme v. Vendôme am 15. u. 16. Dezbr. 1870. Kriegsgeschichtliche Studie. gr. 8. (VI, 165 S. m. 1 Karte u. 2 Plänen.) Berlin 892. E. S. Mittler & Sohn. n. 8. 60

— Geschichte d. Füsilier-Regiments General-Feldmarschall Prinz Albrecht v. Preußen [Hannoversches] Nr. 73, s.: Breyding.

Kortzfleisch, v., Geschichte des herzogl. braunschweig. Infant.-Regts. u. seiner Stammtruppen 1809—1869. 1. u. 2. Bd. gr. 8. Braunschweig, A. Limbach. Geb. in Leinw. n. 21. —
1. Das schwarze Korps 1809 u. das englisch-braunschweig. Infanterie-Regt. v. 1814. Im Auftr. d. Regts. bearb. Mit e. Bildniß d. Herzogs Friedrich Wilhelm, 1 (farb.) Uniformbild u. 20 Kartenskizzen. (XVIII, 363 S.) 896. Geb. n. 9. —
2. V. d. Errichtg. d. neuen Truppenkorps 1813 bis z. Ausbruch des Krieges 1870. Im Auftr. des Regiments bearb. Mit 1 Bildniß d. Herzogs Wilhelm, 3 (farb.) Uniformbildern, 1 Stammtaf. u. 9 Kartenskizzen. (IX, 450 S.) 898. Geb. n. 12. —

Kortzfleisch, Gust. v., Geschichte des braunschweig. Infanterie-Regiments Nr. 92 u. seiner Stammtruppen 1809—1902. 3. Bd.: Der deutsch-französ. Krieg u. die Friedenszeit seit 1871. 2. Aufl. des Werkes: „Geschichte des herzogl. braunschweig. Infanterie-Regiments Nr. 92 1867—1877", erschienen 1878 in Braunschweig im Verlage v. Ad. Hafferburg von v. Otto im Verständnisse m. dem Verf. überarb. u. fortgeführt. Mit 1 Bildniß S. K. H. des Prinzen Albrecht v Preußen, 1 Uniformtafel u. 7 Kartenskizzen. (XIII, 560 S.) gr. 8. Braunschweig 903. A. Limbach. Geb. in Leinw. n. 10. —

[F.] Geschichte der Familie von Kortzfleisch. M. 1 farb. Wappen, 1 Siegeltaf., 1 Bildn., 1 Unterschrift-Sammlg u. 1 Stammtafel. Bearb v. Gustav v. **Kortzfleisch,** Major... *Braunschweig: Buchdr. A. Limbach 1896.* (4 Bl., 187 S., 2 Taf., 1 Portr., 2 Bl. Facs., 1 Tab.) 1 Bd 8.

Kortzfleisch, G. v., Geschichte des Geschlechts von Kortzfleisch. Autographie. 1881. Nachtrag zu derselben. 1884. 1885. Nicht im Handel.

Kortzfleisch, (Gust.) v., die Hundertjahrfeier des braunschweig. Infanterie-Regiments Nr. 92 am 1. IV. 1909. Mit e. Nachtrage zur Regimentsgeschichte. (III, 73 S. m. 1 Bildnis.) 8. Braunschweig 909. A. Limbach. Kart. 1. —

Das 1. Lothringische Infanterie-Regiment Nr. 130, 1881–1906. Eine Festgabe z. 25jähr. Regts-Jubiläum von [Gustav] v. **Kortzfleisch,** Oberst. Metz: P. Müller 1906. (73 S.) 8° [F.]

— vaterländische u. Regiments-Geschichte f. die Mannschaften des Braunschweigischen Infanterie-Regiments Nr. 92. 3. Aufl. gr. 8. (15 S.) Braunschweig 898. G. C. E. Meyer sen., Sort. — 30

— Vaterländische u. Regiments-Geschichte f. die Mannschaften des braunschweigischen Infanterie-Rgts. Nr. 92. 4., bis zur Gegenwart fortgeführte Aufl. (16 S.) 8. Braunschweig 908. G. C. E. Meyer sen. — 40

— der oberelsäss. Winterfeldzug 1674/75 u. das Treffen bei Türkheim, s. a. Beiträge zur Landes- u. Volkskunde in Elsass-Lothringen. 29. Hft.

Kortzfleisch, (G) v. Der oberelsässische Winterfeldzug 1674/75 und das Treffen bei Türkheim. Nach archivalischen Quellen bearbeitet. Mit 2 Kartenbeilagen. VIII + 178 S. 8. Strassburg, Heitz, 1904. (M. 3. 50)
Beiträge zur Landes- und Volkeskunde in (*Umschlag:* von) Elsass-Lothringen. (Band 6, Heft) 29.
Darin S. 55/7. 68. 85. 92 ff. 107 etc. die Schweiz, Mülhausen *etc. betr.*

— des Herzogs Friedrich Wilhelm v. Braunschweig Zug durch Norddeutschland im J. 1809. Mit 1 Bildniß, 2 Gefechtsplänen, 1 Uebersichtskarte u. 2 Textskizzen. [Aus: „Beiheft zum Militär-Wochenblatt".] gr. 8. (III, 76 S.) Ebd. 894. n. 1. 75

Kortzfleisch, Ida v.

Der freiwillige Dienst in der Wirtschaftlichen Frauen-Hochschule von Ida v. **Kortzfleisch** ⟨J. Pillau⟩. Hannover: C. Meyer 1895. (39 S.) 8° [F.]
Frauen-Bismarck-Spende z. Gedächtnis d. heimgegangenen Fürstin.

— u. Freiin **Pawel-Rammingen,** weibliche Dienstpflicht. 2 Vorträge. (29 S.) 8. Berlin 907. Schöneberg, A. Duncker, Verl. nn — 25

Verein f. wirtschaftl. Frauenschulen auf dem Lande. **Kortzfleisch,** Ida v.: Unsere 12jährigen Erfahrungen in den wirtschaftlichen Frauenschulen auf dem Lande. Vortrag. — Göttingen: Deutsche Haushaltungs- u. Kochschule [1909]. 12 Bl. 8°

Kortzfleisch, Ida v., unsere 12jähr. Erfahrungen in den wirtschaftl. Frauenschulen auf dem Lande. Vortrag, geh. in der Mitglieder-Versammlg. des Vereins f. wirtschaftl. Frauenschulen auf dem Lande am 23. II. 1909 im Reichstagsgebäude zu Berlin. (21 S. m. Abb.) gr. 8. Göttingen (909). E. Kelterborn. — 50

Kortzfleisch, Ida v., Das Maiden-Buch. Zeichnungen v. Elisab. Molter. (32 u. 34 S. m. 6 Taf. u. 1 Stammbaum.) Lex. 8. Gotha (910). R. Schmidt. nn 3. —

v. Kortzfleisch, Sophie Eleon., geb. v. Wundsch, nachher. v. Tigenhofer, († d. 18. Juni 1823.) vermischte Aufsätze in Poesie u. Prosa. 8. Berl. 792, 93. W. Vieweg. 9 gl

— Gedichte. 8. Berl. 792. Belitz. 6 gl 2s Bdchn., nebst einigen pros. Aufsätzen. 8. Ebd. 793.

— frühere Gedichte, s.a. Versuche, poet., e. adel. Frauenzimmers.

— frühere Gedichte (e. n. Tit. d. B.: Poet. Vers. e. adel. Frauenz.) 8. Bresl. (Belitz, Berlin.) 792.

— vermischte Schriften, in Poesie u. Prosa. 8. Berl. 811. (Achenwall). 8 gl

Kortzfleisch-Reifenstein, Ida von, s. Kortzfleisch, Ida v.

Korum, Fel., s. Korum, Michael Felix

Korum, Mich. Fel., die religiösen Bestrebungen der Gegenwart innerhalb der kathol. Kirche. Hirtenbrief vom 28. I. 1902. 1.—3. Aufl. 8. (à 32 S.) Trier 902. Paulinus-Druckerei. n. — 30

Korum, Michael Felix: Briefwechsel ..., s. Weber, Theodor.

Korum, Mich. Felix, Fasten-Hirtenbrief üb. d. gegenseit. Pflichten d. Herrschaften u. Dienstboten v. 25. Febr. 1895. 8. (20 S.) Trier 895. Paulinus-Druckerei. n. — 20

— Gedächtnis-Rede auf Se. Eminenz d. Kardinal Paulus Melchers, geh. im hohen Dome zu Köln am 27. Dezbr. 1895. gr. 8. (16 S.) Ebd. 896. n.n. — 15

— s.a. Hirtenbrief.

Korum, Mich. Fel., Hirtenbrief üb. die gemischten Ehen, vom 26. Jan. 1893. 8. (31 S.) Trier 893. Paulinus-Druckerei. n. — 20

Die religiösen 'Reformbestrebungen' der Gegenwart und die katholische Kirche. Hirtenbrief d. hochw. Herrn Bischofs von Trier Michael Felix Korum v. 28. Jan. 1902. 3. Aufl. *Trier: Paulinus-Dr. 1902.* (32 S.) 8° [Umschlagt. F.] 1902. 2321

Korum u. Mosler, die afrikanische Sklaverei. Reden. 8. (38 S.) Trier 889. Paulinus-Druckerei. — 30

Korum, Unerbauliches aus der Diözese Trier. Darlegung der Verhältnisse höherer Töchterschulen in Trier, St. Johann u. Kreuznach, m. Akten belegt. (48 S.) gr. 8. Trier 903. Paulinusdruckerei. n. — 60

Unerbauliches aus der Diözese Trier. Darlegung d. Verhältnisse höherer Töchterschulen in Trier, St. Johann u. Kreuznach, mit Akten belegt. Von Bischof Dr. (Felix) Korum. 4. unveränd. Aufl. *Trier: Paulinus-Dr. 1903.* (48 S.) 8° [F.] 1903. 1706

— Wunder u. göttliche Gnadenerweise, die sich bei der letzten Ausstellung des hl. Rockes i. J. 1891 zugetragen haben. Aktenmäßig dargestellt. gr. 8. (196 S.) Trier 894. Paulinus-Druckerei. n. 1. 50; geb. n. 2. 50

Korun, Val.: Katalog der Lehrerbibliothek des k. k. I. Staatsgymnasiums in Laibach. Laibach '03. S. 3—20. Laibach, I. Staats-G., Jahresb. 1902/03.

Korun, Val[entin]: Katalog der Lehrerbibliothek des k. k. I. Staatsgymnasiums in Laibach. S. 3—20. 8. Fortsetzung. S. 3—45. 8. (Fortsetzung und Schluß.) S. 3—28. 8.
Progr. K. k. I. Staatsgymn. *Laibach* 1903. 1904. 1905.

Koerver, Willy, appr. Arzt aus Cöln: Ueber die Erfolge der Ovariotomieen an der Kgl. Universitäts-Frauenklinik zu Bonn. *Bonn 1904: J. Trapp.* (103 S.) 8°
Bonn, Med. Diss. v. 3. Febr. 1904

Korvin, Heyso, Heerwesen u. Kriegführung im 19. Jahrh., s.a. Am Ende des Jahrhunderts. 21. Bd.

Korvin, Heyso: Heerwesen und Kriegführung im neunzehnten Jahrhundert. Von —. Berlin: S. Cronbach 1901. (129 S.) 8°
= Ende, Am, d. Jahrhunderts. Bd. 21.

Korvin, W., Schönheitsfehler u. Schönheitspflege v. Haut u. Haar. 12. (69 S.) Wien 889. (Szelinski.) n. 1. —

Korvin, Wilh., das Spiegelbild. Lustspiel in 3 Aufzügen. 8. (III, 91 S.) Dresden 899. E. Pierson. n. 2. —

Körwihn, (S.,) der Bürgermeister Bleibahn zu Bunzlau, oder Heldenmuth u. Vaterlandsliebe erster Größe. Ein hist.-romant. Erzählung. 8. Bunzlau (Leipz., Kummer.)

Korwin-Dzbański, Stanisl. Ritter v., sociale Fragen. — Der Zweikampf. 2., ergänzte Aufl. gr. 8. (V, 82 S.) Wien 900. M. Perles. n. 2. —

Die Gesetzgebende Gewalt Sr. Majestät als Obersten Kriegsherrn. Dargest. von Dr. St[anislaus] R^r v. Korwin-Dzbański. Als Ms. gedr. Wien: Kreisel & Gröger 1895. (34 S.) 8° 1895. 1846

Korwin-Dzbański, St. Rttr. v., die gesetzgebende Gewalt Sr. Majestät als obersten Kriegsherrn. gr. 8. (34 S.) Wien 895. (L. W. Seidel & Sohn.) n. 1. 20

Korwin-Dzbański, Stanislaus Ritter v., Krieg u. Duell. Preisgekrönt. (38 S.) 8. Wien 907. (R. Lechner & Sohn.) n. — 80

— Offiziers-Standesehre. Ein Wort an den Minister. (30 S.) kl. 8. Ebd. 907. n. — 60

— zur Reform d. Militär-Straf- u. ehrenräthl. Verfahrens in Oesterreich-Ungarn. gr. 8. (63 S.) Wien 895. Manz. n. 1. 60

Korwin-Dzbański, Stanislaus Ritt. v. Schutz des Privatlebens im Ehrenbeleidigungsprozesse. Klgft., St. Josefs-Druck., (1907). 16 S.

Korwin-Dzbański, Stanisl. Ritter v., der Zweikampf m. besond. Berücksicht. des neuesten Entwurfes e. österreichischen allgemeinen Strafgesetzes. gr. 8. (55 S.) Wien 893. Verlagsanstalt „Reichswehr". n. 1. 25

Korwin-Dzbański, Dr. Stanislaus Ritter v., k. und k. Major-Auditor. Der Zweikampf, mit besonderer Berücksichtigung des neuesten Entwurfes eines österreichischen allgemeinen Strafgesetzes.
8. Wien 1894.

Korwin-Dzbanski, Dr. S. Rtt. v. Der Zweikampf. 2. erg. Aufl. Wien 1900. 82 S.

Kory Towska, s.: Towska, Kory.

Korybutt-Daszkiewicz, Wacław [aus Litthauen]: Ueber die Degeneration und Regeneration der markhaltigen Nerven nach traumatischen Laesionen. Strassburg. Druck von Gustav Fischbach, 1878. 8. 38 S. u. 1 Taf.

Korytkowski, Joa., brevis descriptio historico-geographica ecclesiarum archidioecesis Gnesnensis et Posnaniensis ad ordinem decanatuum digestarum nec non elenchus universi cleri ecclesiis, sacellis publicis aliisque institutis hoc tempore deservientis. Addita sunt nonnulla scitu digna cultum divinum et utilitatem cleri spectantia, praecedente serie archiepiscoporum Gnesnensium, episcoporum Posnaniensium et archiepiscoporum Gnesnensium et Posnaniensium. gr. 8. (176 u. 305 S.) Gnesen 888. (Lange.) n.n. 5. —

Korzelius, Philipp. Der Usurpator Maximus, seine Empörung und seine Friedens-Unterhandlungen mit dem Kaiser Valentinian II. und Theodosius d. Gr. 382—388 p. Chr.
Trier, Progr. 1859

Korzen, Ant., die neue Gewehrpatrone. Gleichzeitig Nachtrag zu Korzen-Kühn, Waffenlehre, Heft VII: Handfeuerwaffen. (III, 20 S. m. 8 Fig.) gr. 8. Wien 906. (L. W. Seidel & Sohn.) n. 1. —

Korzen, Ant., das neue Maschinengewehr M. 7, System Schwarzlose. (46 S. m. 20 Fig. u. 1 Taf.) 8. Wien 908. (L. W. Seidel & Sohn.) 2. —

Korzen, A., Maschinengewehre. Heft VIII. Korzen-Kühn, Waffenlehre. 2. Aufl. Gr.-8°. (ill. 120 S. mit 6 Tafeln.) † K 5.—
Wien: Seidel 1908.

Korzen, A: Die Richtmittel der Geschütze. Wien 1903

Korzeń Anton, Taschenbuch für k. u. k. Artillerie-Officiere. Mit 16 lithographirten Tafeln. 2. Aufl. 8. (VIII, 295 S.) In Lnwd. geb. 2.20
Wien: Seidel 1895.

Korzeń, Ant., Taschenbuch f. k. u. k. Artillerie-Officiere. Hilfs- u. Nachschlagebuch f. Officiere, Einjährig-Freiwillige u. Unterofficiere. 1. Thl. Feld-Artillerie. Hrsg. v. Ant. Korzeń u. Ludw. David. M. 68 Textfig. 3. Aufl. 12. (X, 327 S. m. 1 Bildn.) Wien 897. (L. W. Seidel & Sohn.) Geb. in Leinw. n. 5. 40

Korzen, Anton: Taschenbuch f.d. K.u.K. Feldartillerie, s.a. Taschenbuch...

— — Taschenbuch für die k. u. k. Feld-Artillerie. 4. neu bearbeitete Auflage. (Mit 1 Titelbilde und 1 Beilage.)
kl. 8. Wien 1899.

Korzeń, Ant., u. Ludw. **David,** Taschenbuch f. die k. u. k. Feld-Artillerie. 5., neu bearb. Aufl. 12. (X, 342 S. m. Abbildgn.) Wien 900. (L. W. Seidel & Sohn.)
Geb. in Leinw. n. 4. 60
4. Aufl. (VII, 311 S. m. Fig. u. 1 Bildn.) 899. Geb. n. 4. 60.

— u. Rud. **Kühn,** Waffenlehre. Heft I, VII—XII u. XIIIa. gr. 8. Ebd. Kart. n.n. 37. —
I. Schiesswesen. Von Rud. Kühn. Mit 6 Fig.-Taf. (IV, VII, 126 S.) 904. n. 4. —
VII. Handfeuerwaffen. Von Ant. Korzen. Mit 10 Fig.-Taf. (IV, VII, 208 S.) 904. n. 5. —
VIII. Maschinengewehre. Von Ant. Korzen. Mit 6 Fig.-Taf. (VIII, 109 S.) 905. n. 4. —
IX. Gebirgsgeschütze. Von Rud. Kühn. Mit 9 Fig.-Taf. (IV, V, 102 S. m. 2 Tab.) 904. n. 4. —
X. Feldkanonen. Von Rud. Kühn. Mit 14 Fig.-Taf. (IV, VI, 248 S. m. 2 Tab.) 905. n. 6. —
XI. Feldhaubitzen. Von Rud. Kühn. Mit 8 Fig.-Taf. (VIII, 108 S. m. 2 Tab.) 905. n. 4. 50
XII. Schwere Geschütze des Feldheeres. Von Rud. Kühn. Mit 8 Fig.-Taf. (VIII, 94 S. m. 2 Tab.) 906. n.n. 4. 50
XIIIa. Belagerungsgeschütze. Von Ant. Korzen. Mit 11 Fig.-Taf. (VIII, 106 S. m. 6 Tab.) 906. n. 5. —
Die Hefte II—VI sind noch nicht erschienen.

— u. Rud. **Kühn,** Waffenlehre. Heft I. IIa. IIb. VIII u. XIIIb. gr. 8. Ebd. Kart. 25. —
I. Schiesswesen. Bearb. v. Kühn. Mit 6 Fig.-Taf. 2. Aufl. (XI, 130 S.) 908. Kart. 4. —
IIa. Geschützrohre. Von Rud. Kühn. Mit 4 Fig.-Taf. (VII, 144 S.) 908. Kart. 6. —
IIb. Geschützrohrverschlüsse. Bearb. v. Kühn. (VIII, 124 S. m. 9 Taf.) 909. Kart. 5. —
VIII. Maschinengewehre. Von Ant. Korzen. Mit 20 Textfig. u. 6 Fig.-Taf. 2. Aufl. (VI, 120 S.) 908. Kart. 5. —
XIIIb. Verteidigungsgeschütze u. deren Panzerungen. Von Ant. Korzen. Mit 10 Fig.-Taf. (VIII, 92 S. m. 3 Tab.) 908. Kart. 5. —

— — dasselbe. X. Heft, Nachtrag, s.: Kühn, R., die 8cm-Feldkanone M. 5.

Korzeniowski, Jos., s.: **Analecta** romana, quae historiam Poloniae saec. XVI illustrant.

Korzeniowski, Jos., catalogus actorum et documentorum res gestas Poloniae illustrantium, quae ex codicibus manu scriptis in tabulariis et bibliothecis italicis servatis expeditionis Romanae cura 1886—1888 depromptasunt. [Aus: „Archivi Collegii historici tom. VI."] gr. 8. (LXIV S.) Krakau 889. (Friedlein.) n. 1. 50

— **catalogus** codicum manu scriptorum musei principum Czartoryski Cracoviensis. Fasc. 1—4. gr. 8. (S. 1—384.) Krakau 887—893. (Buchh. d. poln. Verlags-Gesellschaft.) à n. 3. —

Korzeniowski, Jos., der Dorfadel. Aus dem Poln. 8. (304 S.) Gnesen 875, Lange. *

— **excerpta** ex libris manu scriptis archivi consistorialis romani MCCCCIX—MDXC. expeditionis romanae cura anno MDCCCLXXXVII collecta. Lex.-8. (IV, 151 S.) Krakau 890. (G. Gebethner & Co.) n.n. 4. —

— **informatio** de rebus oeconomicis Poloniae. 1583. [Aus: „Scriptores rerum polonicarum".] Lex.-8. (14 S.) Krakau 891. (Buchh. d. poln. Verlags-Gesellschaft.) n.n. — 60

Korzeniowski, Józef, Komedye, Zarsczyny aktorki w 2 aktach, Mąż i Artysta wjednym akcie. 8. Warschau 845, Orgelbrand. 5/6 *ß*

Korzeniowski, Dr. Joseph, Orichovianu. Opera inedita et epistolae Stanislai Orzeniowski 1543—1566. 8. (XXVIII, 740 S.) 3.60
Krakau: Buchhdlg. d. polnischen Gesellsch. 1891.

— s.: **Regni** polonici, cum adiunctis provinciis descriptio.

Korzeniowski, Jos., der Spekulant. Roman in 2 Thln., aus dem Poln., deutsch v. Hans Max. 8. (338 S.) Wien 880. Manz. n. 4. —

—— unsere Szlachta, s. Universal-Bibliothek Nr. 1123 und 1124.

Korzeniowski, M., nowy pisarz listów powszechny. Wybór wzorowych listów we wrzelkich stosunkach i okolicznościach potocznego życia. Wydanie 3. gr. 8. (X u. 291 S.) Breslau 851, Schletter. 1½ *ß*

Korzeniowski, M., Sekretarz doskonaly. (Oder d. vollständ. Sekretair f. alle Ereignisse im menschl. Leben.) gr. 8. (20½ B.) Breslau 835, Schletter.

Korzeniowski, M., nowy Sekretarz powszechny. Przez X. Osinskiego. gr. 8. (20¾ B.) Wrocławiu 843, Schlettera.

—— nowy sekretarz powszechny czyli książka podręczna dla osób każdego stanu atd. Nowa edycya przejrzana, dopełniana i powiększona atd. przez X. Osińskiego. 3. Wydanie. gr. 8. (X und 291 S.) Breslau 851, Schletter.

Korzeniowski, M., nowy sekretarz powszechny czyli książka podręczna dla osób każdego stanu zawierająca wybór wzorowych listów we wszelkich stosunkach i okolicznościach potocznego życia. (Neuer allgemeiner Secretär oder ein Handbuch für Personen aller Stände etc.) Nowa edycya przejczana etc. Przez X. Osińskiego. 4. wydanie. gr. 8. (XII und 291 S.) Berlin 858(60), Schletter's Verlag.

Korzer-Kirchner, M., Sozialismus u. Spiritualismus! Nebst e. Anh.: Ueber die Organisationsfrage unter den Spiritisten. Allen Wahrheitsliebenden gewidmet. (48 S.) 8. Bitterfeld 904. (Schmiedeberg, F. E. Baumann). — 40

Korzfleisch, Sophie Eleonore v., s. Kortzfleisch.

v. Korzfleisch, Sophie Eleonore, s. v. Titzenhofer.

Korzilius: Der Usurpator Maximus, seine Empörung und seine Friedensunterhandlungen mit dem Kaiser Valentinian II. u. Theodosius d. Gr. 382–388 n. Chr. 24 S.--Trier, Progr. 1859

Kos Franz: Griechisch-makedonische Angelegenheiten während des zweiten punischen Krieges. 1880 PN 168 Diss.Wien, Univ. 657

Koes, G. H. C, comment. de discrepant. quibusd. in odyssea occurrentibus. 8maj. Kopenh. 806. Brummer. 4 ℛ

— Probe e. griech.-deutschen Wörterbuchs üb. den Homer rc. 8. Kopenh. 806. Brummer. 1 ℛ (Schubothe dos.) 22 ℊ

Kosa, A., Bürgerfehden. Trauerspiel in 5 Akten. gr. 8. (118 S.) Zürich 893. Meyer & Zeller. n. 1. 80

— im Elsaß. Trauerspiel in 5 Akten. gr. 8. (139 S.) Ebd. 893. n. 1. 80

— der Unbekannte. Trauerspiel in 5 Akten. gr. 8. (131 S.) Ebd. 898. n. 1. 80

Kosa's A., Werke. IV—VIII. gr. 8. München, Ph. L. Jung. n. 9. 20
IV. Treue. Trauerspiel in 5 Akten. (132 S.) 895. n. 1. 80
V. Szoold. Trauersp. in 5 Akten. (112 S.) 895. n. 1. 80
VI. D. Minnesinger. Trauersp. in 5 Akten. (126 S.) 896. n. 1. 80
VII. Balladen. (V, 156 S.) 897. n. 2. —
VIII. D. Tempelherr. Trauersp. in 5 Akten. (126 S.) 898. n. 1. 80
Bd. 1—3 wurden nur unt. d. Einzeltiteln aufgenommen!
Kosa, der Unbekannte, — Bürgerfehden, — im Elsaß, } s.: Kayser's Bücher-Lexikon. Bd. XXVII.

Kosa's, A., Werke. IX—XII. gr. 8. München, Ph. L. Jung. n. 7.40; (I—XII n. 22.—)
IX. Ein Wendenfürst. Trauerspiel in 5 Akten. (115 S.) 899. n. 1.80
X. Rudolf von Schwaben. Trauerspiel in 5 Akten. (131 S.) (900.) n. 1. 80
XI. Normannennoth. Trauerspiel in 5 Akten. (128 S.) (901.) n. 1.80
XII. Ein Haidestrauß. Lyrik. (187 S.) (902.) n. 2.—

Kosa's, A., Werke. XIII. u. XIV. gr. 8. München, Ph. L. Jung. à n. 1. 80
XIII. Roland. Trauerspiel in 5 Akten. (141 S.) (904).
XIV. Odowakar. Trauerspiel in 5 Akten. (115 S.) (906.)

Kosa's, A., Werke. XV u. XVI. gr. 8. München, Ph. L. Jung. à 1. 80
XV. Rosimunda. Trauerspiel in 5 Akten. (180 S.) (907.)
XVI. Ewald, der Weiße. Trauerspiel in 5 Akten. (105 S.) (909.)

Kosa, Alex., die hundertjährige Lebensdauer. Ein Beitrag zur Geschichte der Makrobiotik oder die Kunst das menschl. Leben zu verlängern. Uebers. u. bearb. 8. (868.) Elbing 882. Ostdeutsche Verlags-Anstalt. n. — 50

Kosa, S., de publica partium Transilvanarum admin. civili atque militari sub Woyvodis. 8maj. Wien 816. Heubner. 10 ℊ

Kosack, Bolesl. (geb. Striegau in Schles. 16. 10. 1843): De ictero. Berolini (1866). (32 S.) 8°
Berlin, Med. Diss. v. 7. Apr. 1866

Kosack, C. R., s. Kosack, K. R.

Kosack, Carl, s. Kosack, Karl

Heinrich Daniel Rühmkorff. Ein Lebensbild zu s. 100. Geburtstage von Emil Kosack, Dipl.-Ing. Hrsg. vom Hannov. Elektrotechniker-Ver. *Leipzig & Hannover: Hahn 1903.* (36 S.) 8° [illegible]

Kosack, Ern. (geb. Schweidnitz 18. 4. 1815): De oncotomia. Berolini (1841). (28 S.) 8°
Berlin, Med. Diss. v. 4. Dez. 1841

Kosack, H., Über Cultur u. Vermehrung des Edelweiss (Gnaphalium leontopodium) in Norddeutschland. Berlin 1880. 8.
[illegible]

– Dasselbe, s.a. Sammlung gemeinnütziger Vorträge auf dem Gebiete d. Gartenbaues.

— Rhododendron ponticum,
— über Volksgärten, s.a. Sammlung gemeinnütziger Vorträge auf dem Gebiete d. Gartenbaues.

Kosack, K. R. Die Auslegung der Gesichtsempfindungen gegenüber dem modernen Sensualismus. 20 S.
Nordhausen, Progr. 1858

Kosack, C. R. Beiträge zu einer systematischen Entwicklung der Geometrie aus der Anschauung. 30 S. und Figuren.
Nordhausen, Progr. 1852

Kosack, Karl

Kosack, Carl, Leitfaden für den Unterricht im Rechnen in Gymnasien, Real- und höheren Bürgerschulen nebst zahlreichen Beispielen. 8. (IV und 163 S.) Nordhausen 861, Haacke. * —

Kosack, Carl, Leitfaden für den Unterricht im Rechnen in höheren Unterrichts-Anstalten nebst zahlreichen Beispielen. 2 Abthlgn. 2., umgearb. u. verm. Aufl. Nordhausen 865. Haacke. 8. (204 S.) n. 12 ngr.

Kosack, C[arolus] R[udolphus]: *Specimen de via ac ratione, qua geometria intuitioni superstruenda sit. 21 Bl. 4° (2°)
Halle-Wittenberg, Phil. Diss. v. 12. Juni 1852
Geb. [Erfurt 22. 8. 1823]
Ersch. in deutscher Uebers. u. verm. um Abschn. 5. Das Dreieck u. d. T.: Beiträge zu einer systematischen Entwickelung der Geometrie aus der Anschauung. Nordhausen 1852: Eberhardt. 30 S., 1 Taf. 4° Gymn.-Progr.

Kosack, *Martin* [aus Frankfurt a/O.]: Das ungedruckte Kantische Werk: „Der Uebergang von den metaphysischen Anfangsgründen der Naturwissenschaft zur Physik", v. Standpunkte d. modernen Naturwissenschaften aus betrachtet ... Göttingen, Druck d. Dieterich'schen Univ.-Buchdr., 1894; 50 S., 1 Bl. 8.
Göttingen, Phil. Fak., Inaug.-Diss. v. [15. Aug.] 1894

Kosacken, die; Lstspl. in 1 A. (v. L. A. de Guchery). gr. 8. Memel 813. (Dresd., Arnold). 2 gr

Kosackenoffizier, der; Singspl. in 1 A.; nach d. Französ. des Cuvelier. 8. Wien 804. Wallishausser. 6 gr

Kosak, Der, in Berlin: Lustsp. in 2 Aufz. v. Jul. v. Voß. 8°. Berlin: Schmidt. 1813.

KOSAK, Franz Seraph (Bietonon): De fumigationibus acidis in morbis contagiosis.- Landishuti: Thomann 1812. 1 Bl., 31 S.
5.8.1812 - Pe 326; F 57
Diss. Ingolst.-Landsh.-Mchn.

Kosak G.: Über den geom. Ort des constanten Quotienten. 3 Wiener-Neustadt R. 77. Progr.

Kosak, Geo., Einrichtung, Betrieb- u. Anschaffungskosten der wichtigsten Motoren f. Kleinindustrie (Kleindampfmaschinen, Petroleum-, Wasserdruck-, Heißluft-, Dampfturbinen, Gaskraft- u. Druckluft-Motoren), f. Kleingewerbetreibende, Maschinisten u. Werkmeister leichtfaßlich dargestellt. 2., neubearb. Aufl. des Katechismus der „Motoren f. Kleinindustrie" desselben Verf. Mit Kesselgesetzen f. Deutschland u. Oesterreich. gr. 8. (V, 117 S. m. 62 Abbildgn.) Wien 894. Spielhagen & Schurich. n. 3. —; geb. n.n. 3. 60

Kosak, Geo., Einrichtg. u. Betrieb d. Elektromotoren f. Industrie u. f. Straßenbahnen (elektr. Kraftübertragg. m. Dampf- u. Wasserbetrieb, Betriebskosten, Betriebsverhältnisse u. Vortheile derselben), f. Industrielle, Maschinisten, Stadtverwaltgn. u. f. Gebildete aller Stände nach Mittheilgn. aus d. Praxis leichfaßl. dargest. Mit Abdruck d. Sicherheits-Vorschriften d. elektrotechn. Vereines in Wien u. 24 Abb. gr. 8. (VIII, 84 S.) Wien 896. Spielhagen & Schurich. n. 2. —

— **Einrichtung u. Betrieb der f. landwirthschaftliche u.** der als Motoren der Klein- u. Großindustrie, sowie elektrischer Lichtmaschinen dienenden Locomobilen. Für Landwirthe, Baumeister, Industrielle, Culturingenieure, Maschinenwärter, Gewerbeschulen leichtfaßlich dargestellt. 4., umgearb. u. erweit. Aufl. der „3. Aufl. des Katechismus f. Locomobilen" desselben Verf. Mit Kesselgesetzen Deutschlands u. Oesterreichs. gr. 8. (V, 137 S. m. 66 Abbildgn.) Ebd. 895. n. 3. —; geb. in Leinw. n.n. 3. 60

Kosak, Geo., Gewerbslehre oder Anleitung zur mechanischen Verarbeitung des Eisens, der Metalle, des Holzes, des Thones, der Pflanzenfasern und der Thierhaare zu Gegenständen der Industrie und des Handels. Leichtfassl. Hand- und Lesebuch für Arbeiter und Alle, die sich für die mechan. Erzeugung der wichtigsten Industrieproducte interessiren. Volksausg. der „Mechanischen Technologie" desselben Verf. gr. 8. (VIII, 302 S. mit 141 Holzschn. und 4 lithogr. Taf.) Wien 888, Spielhagen und Schurich. *

Kosak, Geo., Grundriss der mechanischen Technologie. Mit besond. Berücksicht. der Eisenverarbeitung u. der Werkzeugmaschinen für gewerbl. Fach-Mittelschulen. Mit 141 (eingedr.) Holzschn. u. 4 lith. Taf. gr. 8. (VIII, 302 S.) Wien 878. Spielhagen & Schurich. n. 4. 50

Kosak, Geo., Katechismus des Betriebes stationärer Dampfkessel u. Dampfmaschinen oder Erörtergn. der bei der gesetzl. Prüfg. vorkomm. Fragen für Heizer u. Maschinenwärter, sowie zur Belehrg. für Arbeiter von Dampfmaschinen-Fabriken u. Besitzer stationärer Dampfmaschinen. Wien 869. Lehmann & Wentzel. 8. (61 S.) n. 12 ngr.

—— **Katechismus** des Betriebes stationärer Dampfkessel und Dampfmaschinen oder Erörterung der bei der gesetzl. Prüfung vorkommenden Fragen für Heizer und Maschinenwärter, sowie zur Belehrung für Arbeiter von Dampfmaschinen-Fabriken und Besitzer stationärer Dampfmaschinen. 2. und 3. verm. Aufl. 8. (VIII, 116 S. mit zahlreichen in den Text gedr. Holzschn. und 3 lithogr. Taf. in qu. gr. 4.) Ebendas. 872,76. * geb. *

Kosak G. Katechismus der Einrichtung und des Betriebs stationärer Dampfkessel und Dampfmaschinen. 1. und 8. Auflage. Wien 1869. 92

— **Katechismus** der Einrichtung u. des Betriebes stationärer Dampfkessel u. Dampfmaschinen oder Erörterung der bei der gesetzl. Prüfung vorkomm. Fragen für Heizer u. Maschinenwärter. Handbuch für Besitzer v. stationären Dampfkesseln u. Dampfmaschinen, Gewerbeschulen rc. Mit zahlreichen in den Text gedr. Holzschn. u. 3 (lith.) Taf. (in 4.). 4., umgearb. u. erweit. Aufl. 8. (V, 136 S.) Ebend. 880. n. 2. —

—— dass. — Mit zahlreichen in den Text gedr. Holzschn. und 3 Taf. Kesselgesetze für Deutschland und Oesterreich. 5. umgearb. und erweit. Aufl. 8. (VIII, 147 S.) Wien 884, Spielhagen und Schurich. *M 2.; geb. *

Kosak, Geo., Katechismus der Einrichtung u. d. Betriebes stationärer Dampfkessel u. Dampfmaschinen. Mit Holzschn. u. 3 Taf. Kesselgesetze f. Deutschland u. Oesterreich. 6. Aufl. (VIII, 158 S.) Wien 885. Spielhagen & Schurich. n. 2. —; geb. n. 2. 50

— **Katechismus** der Einrichtung u. d. Betriebes stationärer Dampfkessel u. Dampfmaschinen od. Erörterung der bei der gesetzl. Prüfg. vorkomm. Fragen f. Heizer u. Maschinenwärter. Mit zahlr. in den Text gedr. Holzschn. u. 3 Taf. Kesselgesetze f. Deutschland u. Oesterreich. 7., umgearb. u. erweit. Aufl. 8. (VIII, 168 S.) Ebd. 889. n. 2. —; geb. n. 2. 50

— **Katechismus** der Einrichtung u. d. Betriebes stationärer Dampfkessel u. Dampfmaschinen od. Erörterg. der bei der gesetzl. Prüfg. vorkomm. Fragen f. Heizer, Maschinenwärter u. Besitzer v. Dampfmaschinen-Anlagen. Mit zahlr. in den Text gedr. Holzschn. u. 3 Taf. Kesselgesetze f. Deutschland u. Oesterreich. 8., umgearb. u. erweit. Aufl. 8. (VIII, 185 S.) Ebd. 892. n. 2. 40; geb. in Leinw. n.n. 2. 90

— Katechismus d. Einrichtung d. Betriebes u. d. Kraftübertragg. stationärer Dampfkessel u. Dampfmaschinen od. Erörterg. d. bei d. gesetzl. Prüfg. vorkomm. Fragen f. Heizer, Maschinenwärter u. Besitzer v. Dampfmaschinen-Anlagen. Kesselgesetze f. Deutschland u. Oesterreich. 9., umgearb. u. erweit. Aufl. (20.—40. Taus.) (XI, 201 S. m. 63 Abb. u. 3 Taf.) Ebd. 895. n. 2. 40; geb. in Leinw. n.n. 2. 90

Kosak, Geo., Katechismus der Einrichtung, des Betriebes, der Kraftübertragung u. der praktischen Berechnung stationärer Dampfkessel u. Dampfmaschinen od. Erörterg. der bei der gesetzl. Prüfg. vorkomm. Fragen f. Heizer, Maschinenwärter u. Besitzer v. Dampfmaschinen-Anlagen. Kesselgesetze f. Deutschland u. Oesterreich. 10. umgearb. u. erweit. Aufl. (25.—29. Taus.) Jubiläums-Ausg. m. Portr. des Verf. 8. (XI, 231 S. m. 66 Abbildgn. u. 3 Taf.) Wien 900. Spielhagen & Schurich. n. 2. 40; geb. in Leinw. n.n. 2. 90

Kosak, Geo., Katechismus der Einrichtung, des Betriebes, der Kraftübertragg. u. der praktischen Berechnung stationärer Dampfkessel u. Dampfmaschinen, m. Erörterung der bei der gesetzl. Prüfg. vorkomm. Fragen f. Heizer, Maschinenwärter u. Besitzer v. Dampfmaschinen-Anlagen. Kesselgesetze f. Deutschland u. Oesterreich. 11., umgearb. u. erweit. Aufl. (30—35. Tauf.) (IX, 241 S m. 68 Abbildgn. u. 3 Taf.) 8. Wien 906. Spielhagen & Schurich. n. 2. 40; geb. in Leinw. n.n. 2. 90

—— Katechismus der Einrichtung und des Gebrauches der Locomobilen und transportablen Dampfmaschinen im Allgemeinen für Techniker, Maschinenwärter, Gewerbeschulen ꝛc. 8. (VII, 130 S. mit zahlreichen in den Text eingedr. Holzschn. und 3 lithogr. Taf. in qu. 4.) Ebendas. 871. *

— Katechismus der Einrichtung u. des Betriebes der landwirthschaftlichen Locomobilen für Landwirthe, Baumeister, Industrielle, Maschinenwärter ꝛc. Mit zahlreichen in den Text eingedr. Holzschn. u. 2 (lith.) Taf. (in qu. 4.). 2., verm. u. verb. Aufl. 8. (VIII, 131 S.) Ebend. 877. n. 2. 40

— Katechismus der Einrichtung u. d. Betriebes der landwirthschaftlichen u. als Motoren elektrischer Lichtmaschinen dienenden Locomobilen. Mit 42 Holzschn. u. 2 Taf. 3. Aufl. (VIII, 143 S.) Ebend. 885. n. 2. 40; geb. n. 2. 90

Kosak, Georg, Katechismus der Einrichtung und des Betriebes der Locomotive für Locomotivführer, Heizer und Arbeiter in Locomotivfabriken. 8. (160 S.) Wien, Lehmann & Wentzel. 1869. 1 fl. 20 kr.

Kosak G, Katechismus der Einrichtung und des Betriebes der Lokomotive. 2. Auflage. Wien (1872)

Kosak, G: Katechismus der Einrichtung und des Betriebes der Locomotive. 3. Aufl. Wien (1873)

Kosak, G: Katechismus der Einrichtung und des Betriebes der Lokomotive. 5. Aufl. Wien 1884

—— Katechismus der Einrichtung und des Betriebes der Locomotive für Locomotivführer, Heizer und Arbeiter in Locomotiv-Fabriken. 8. (160 S.) Ebendas. 870. *

—— dass. — für Locomotivführer, Bahnbeamte ꝛc., sowie zur popularen Belehrung für Gebildete jeden Standes. 2. Aufl. 1872, und 3. Aufl. 8. (VI, 197 S. mit zahlreichen in den Text gedr. Holzschn. und 4 lithogr. Taf. in qu. 4. nach Zeichnungen des Verf.) Ebendas. 873. *

Kosak, Geo., Katechismus der Einrichtung u. des Betriebes der Locomotive [Eilzugs-, Personen- u. Güterzugslocomotiven, Berglocomotive, Straßenlocomotive] für Locomotivführer, Bahnbeamte, Studirende techn. Fachschulen, sowie zur populären Belehrung für Gebildete jeden Standes. Mit 28 (eingedr.) Holzschn. u. 4 (lith.) Taf. 4., verm. u. verb. Aufl. 8. (VIII, 224 S.) Wien 879. Spielhagen & Schurich. n. 2. 70; geb. n. 3. 20

—— Katechismus der Einrichtung und des Betriebes der Locomotive [Eilzugs-, Personen- und Güterzugslocomotiven, Berglocomotive, Straßenlocomotive, Tramwaylocomotive] für Locomotivführer, Bahnbeamte, Studirende techn. Fachschulen, sowie zur populären Belehrung für Gebildete jedes Standes. Mit 33 Holzschn., 4 Taf. und dem Bilde von George Stephenson. 5. verm. und verb. Aufl. 8. (VI, 239 S.) Ebendas. 884. * geb. *

—— Katechismus der Einrichtung u. des Betriebes der Locomotive. Mit 35 Holzschn., 4 Taf. u. dem Bilde von George Stephenson. 6. verm. u. verb. Aufl. 8. (VI, 239 S.) Ebd. 892. * 3 60; geb. ** 4 10

— Katechismus der Einrichtung u. des Betriebes der Locomotive (Eilzugs-, Personen-, Lastzugs-, Berg-, Straßen-, Tramway-Locomotiven, automat. Bremsen) f. Locomotivführer, Bahnbeamte, Studirende techn. Fachschulen, sowie zur populären Belehrg. f. Gebildete jeden Standes. Mit 37 Holzschn., 5 Taf. u. dem Bilde v. George Stephenson. Kesselgesetze f. Deutschland u. Oesterreich. 7. verm. u. verb. Aufl. (13., 14., 15. Tauf.) 8. (VI, 286 S.) Ebd. 900. n. 4.—; geb. in Leinw. n. 4. 50

—— Katechismus der Einrichtung und des Betriebes der Motoren für Kleinindustrie [halbstabile Dampfmaschinen, Gaskraft-, Luftexpansions-, Petroleum-, Wasserdruck- und Nähmaschinen-Motoren]. 8. (IV, 104 S. mit zahlreichen in den Text gedr. Holzschn. und 4 lithogr. Taf. in qu. Fol.) Ebendas. 877. * geb. *

— Katechismus der Einrichtung u. des Betriebes der Motoren für Kleinindustrie [halbstabile Dampfmaschinen, Gaskraft-, Luftexpansions-, Petroleum-, Wasserdruck- u. Nähmaschinen-Motoren]. Mit zahlreichen in den Text gedr. Holzschn. u. 4 (lith.) Taf. (in qu. Fol.). 8. (IV, 104 S.) Ebend. 881. n. 3. —

—— Katechismus der Einrichtung und des Betriebes der Wassermühlen. [Mehlfabrication.] Für Mühlenbesitzer und in Mühlen Bedienstete zusammengestellt. 8. (V, 100 S. mit 38 Textfig. und 3 Taf.) Ebendas. 884. * geb. *

— Katechismus der speziellen darstellenden Geometrie f. Maschinen- u. Bau-Constructeure, Real- u. Gewerbeschulen ꝛc. Mit 165 in den Text eingedr. Holzschn. u. 2 (lith.) Taf. (in qu. Fol.) nach Zeichngn. d. Verf. 8. (VIII, 178 S.) Ebend. 872. n. 3. —

— Selbstaufsichts- u. Versicherungs-Vereine für Dampf-Betrieb. Ihr Zweck u. Nutzen; Statuten solcher Vereine; ihr Verhältniss zum Staate. Nach den Berichten u. Statuten der diessbezügl. Gesellschaften zu Mannheim, Manchester, Mühlhausen, Hamburg u. Basel etc. zum Gebrauche für die Industriellen Oesterreichs bearb. Wien 870. Lehmann & Wentzel. gr. 8. (38 S.) n. 8 ngr.

Kosak: Die Ursachen der Dampfkessel-Explosionen und die Mittel zu ihrer Verhütung. 15 S. – W. Neustadt OR., Progr 1869.

Kosak, Geo., die Ursachen der Dampfkessel-Explosionen u. die Mittel zu ihrer Verhütung. Für Heizer, Maschinenwärter, Besitzer von Dampfmaschinen sowie für Gebildete aller Stände. Nach den neuesten Erfahrgn. hierüber zusammengestellt. 2. verb. Aufl. [Mit e. (lith.) Fig.-Taf. (in gr. 4.)] Ebend. 870. gr. 8. (32 S.) n. 8 ngr.

— die Ursachen der Dampfkessel-Explosionen u. die Mittel zu ihrer Verhütung. Für Heizer, Maschinenwärter, Besitzer v. Dampfmaschinen u. Gebildete aller Stände. Nach den neuesten Erfahrgn. u. den Berichten der Kessel-vereins-Ingenieure zusammengestellt. 3. rev. u. erweit. Aufl. [Mit e. (lith.) Fig.-Taf. (in qu. gr. 4.)] 8. (48 S.) Ebend. 876. n. — 80

Kosakaute, K. L. W., Lieder des Leides. Zerstreute Blätter. 8. (V, 83 S.) Berlin 883, Kamlah'sche Buchh. *

—— dass. — Neue Folge. 8. (127 S.) Ebendas. 883. *

Kosakaute, Karl Ludwig [Pseud.], s.a. Arent, Wilhelm [wirkl. Name]

Kosaken, Die, oder historische Darstellung ihrer Sitten . . . St. Petersburg [Erlangen] 1799. V: *Pöhlmann, Johann Paulus.* (Wr) (EngG) (Fiker) (MGT) (BrMm) (Ky)

Kosaken, die, od. histor. Darstell. ihrer Sitten, Gebräuche rc., (v. J. P. Pöhlmann). Mit ill. Kpf. 8. St. Petersb. (Erl.) 799. (Heyder). 8 gr

— die, od. Darstellung ihrer Sitten, Gebräuche, Kleidung rc. 2e Aufl. Mit 1 Kpf. 8. Bamb. 812. (Lachmüller). 4 gr

Kosaken, die, Lustspiel in gereimten Versen, in 1 Akt. gr. 8. Memel u. Polangen. (Dresd. Arnold.) 812. R-hlr.

Die **Kosaken** oder historische Darstellung ihrer Sitten, Gebrauche, Kleidung, Waffen, und Art Krieg zu fuhren . Wien und Prag [um 1812].
Tit., 31 S., 1 Taf. in kol. Kupferst. 8°.

— die, eine kurze Schilderung derselben, mit 1 K. 2te wohlf. Aufl. Dresd. Arnold. 813.

— die, eine Schilderung dieses Kriegsvolkes, Sitten, Lebensweise rc. mit ein. illum. Abbild. in Fol. Dresden, Beger. 813.
ohne Kupf.

Kosaken, Die. Lustspiel in einem Akt . . . Memel u. Polangen [Dresden] 1813. V: *Guehery, Louis Amanley de.* (Ky) (GGr)

Kosaken, die, in ihrer geschichtlichen Entwickelung und gegenwärtigen Zuständen von A. v. B. Berlin 860. Nicolai's Verlag. gr. 8. (VII, 259 S.) n. 1 ₰ 10 ngr.

— Kalmucken und Tartaren auf dem Marsche, mit erklärl. Text. Fol. Wien, Steiner. 808.

Kosaken, Die, nebst einigen Nachrichten von der Verfassung und den Sitten derselben . . . Leipzig 1812. V: *Hammerdörfer, Carl.* (EngG) (Ky)

— die, nebst einigen Nachrichten von d. Verfassung u. den Sitten derselben, (v. K. Hammerdörfer). Nach d. Tode des Verfassers herausgeg. 8. Leipz. 812. Weygand. 18 gr

Kosaken, die,. in d. Schweiz. Schsp. in 1 A. von Reinbeck. gr. 8. Petersburg. (Lübeck. Niemann.) 801.

Kosakenofficier, der,. Ein Sgsp. in 1 Aufz., nach d. Frz. d. Cuvelier. 8. Wien, Wallishaußer. 806.

Kosakow, Izchok, a. Elisabethgrad (Rußl.): Die konservative Behandlung der entzündlichen Adnextumoren. Berlin (1907): E. Ebering. (40 S.) 8°
Berlin, Med. Fak., Ref. Bumm, Diss. v. 26. Okt. 1907
[Geb. 12. Dez. 79 Elisabethgrad; Wohnort: Elisabethgrad; Staatsangeh.: Rußland; Vorbildung: Gymn. Elisabethgrad Reife M. 00; Studium: Heidelberg 4, Berlin 6 S.; Rig. 15. Okt. 07.]

Košan, Johann Slovenischer ABC-Streit mit besonderer Berücksichtigung des Danjko'schen Alphabets. 8 (S. 3—31).
Progr. Staatsg. *Marburg* 1890.

Kosancke, Chrn., Gelegenheitsgedichte. Eine Auswahl Geburtstags-, Neujahrs- und Weihnachtswünsche, sowie Hochzeitsgedichte, Jubiläums-Glückwünsche und Stammbuchverse für die Jugend und ihre Erzieher. 3. Aufl. 8. (VIII, 184 S.) [Elbing 883, Neumann-Hartmann's Verlag.] Hamburg, Mohr.

—— evangelisches Gesang- und Gebetbuch für den Schulgebrauch. 8. (IV und 71 S.) Elbing 866, Neumann-Hartmann. *
geb. *

—— Hilfsbüchlein für den Religionsunterricht in evangelischen Schulen. Enth.: Lieder, Gebete, Luther's Katechismus und Bibelsprüche. 2., verm. Aufl. des Gesang- und Gebetbuches für den Schulgebrauch. 8. (80 S.) Elbing 868, Meissner. *

Kosanin, Nedeljko, a. Vionica in Serbien: Über den Einfluß von Temperatur und Ätherdampf auf die Lage der Laubblätter. Borna-Leipzig 1905: R. Noske. (VI, 70 S.) 8°
Leipzig, Phil. Fak., Ref. Pfeffer, Chun, Diss. v. 29. Aug. 1905
[Geb. 13. Okt. 74 Vionica; Wohnort: Belgrad; Staatsangeh.: Serbien; Vorbildung: Gymn. Belgrad Reife Juni 95; Studium: Belgrad 8, Leipzig 4 S.; Rig. 20. Juli 05.]

Kosanke, Christian

Kosanke, C., der Fest-Cyklus. Eine Sammlung von Gedichten zu Advent, Weihnachten, Neujahr rc. für Schule und Haus. gr. 8. (VIII und 138 S.) Stolp 860. [Wittenberg,] Kölling.

Kosanke, Chrn., der Fest-Cyklus. Eine Sammlung von Gedichten zu Advent, Weihnachten, Neujahr rc. für Schule u. Haus. Stolp 860. Kölling. (Leipzig, Reichenbach.) gr. 8. (VIII, 138 S.) 6 ngr.

Kosanke, Chrn., Gelegenheitsgedichte. Eine Auswahl Geburtstags-, Neujahrs- und Weihnachtswünsche, sowie Hochzeitsgedichte, Jubiläums-Glückwünsche und Stammbuchverse für die Jugend und ihre Erzieher. 8. (VIII und 184 S.) Elbing 864, Neumann-Hartmann.

Kosanke, Chrn., Gelegenheitsgedichte. Eine Auswahl Geburtstags-, Neujahrs- u. Weihnachtswünsche rc. für die Jugend u. ihre Erzieher. 2. (Titel-)Ausg. Elbing (864) 870. Neumann-Hartmann's Verl. 8. (VIII, 184 S.) 10 ngr.

—evangelisches Gesang- u. Gebetbuch für den Schulgebrauch. Ebend. 866. 8. (IV, 71 S.) n. 4 ngr.; geb. n. 5 ngr.

— Hilfsbüchlein für den Religionsunterricht in evangelischen Schulen. Enth.: Lieder, Gebete, Luther's Katechismus u. Bibelsprüche. 2., verm. Aufl. des Gesang- u. Gebetbuches für den Schulgebrauch. Elbing 868. Meissner. 8. (80 S.) n. 4 ngr.

Kosar, Franc. Nebeška hrana. V Celovcu. St. Hermagoras-Druck., 1875—77. 2 Tle. — 2. natis. 1887. Tl. 1.

Kosar, Frz., Anton Martin Ramšek, Fürst Bischof von Lavant, dargestellt in seinem Leben und Wirken. Marburg a. Dr. 863. (Leyrer.) gr. 8. (328 S. u. Portr. in Stahlst.) n. 1 ₰ 2 ngr.

Kosar, Franz. Anton Martin Slomšek, Fürst-Bischof von Lavant, dargestellt in seinem Leben u. Wirken. Mit Slomšek's Porträt. gr. 8. (326 S.) Marburg. Leyrer. 1863 1 fl. 60 kr.

Košář, Josef, Mluvnická cvičení ku potřebě žáků osmitřídních moravských zemských ústavů pro hluchoněmé pro II. až IV. třídu. Wien. K. k. Schulbücher Verlag. 1898. Broschirt —.90, in Halbleinwand gebunden —.95

Kosaroff P.: Beitrag z. Biologie v. *Pyronema confluens Tul.* 1906. [Rostr. Saml.].

Kosaroff, Peter [aus Sliven, Bulgar.]: Einfluss verschiedener äusseren Factoren auf die Wasseraufnahme der Pflanzen ... Leipzig-R., Druck v. O. Schmidt, 1897; 64 S., 1 Bl. 8.
Leipzig, Phil. Fak., Inaug.-Diss. v. [21. Juni] 1897

Kosaroff, Pet., Einfluss verschied. äusseren Factoren auf d. Wasseraufnahme d. Pflanzen. Diss. gr. 8. (64 S.) Leipzig 897. (Kössling.) n. 1. —

Kosch, Geschichte d. Füsilier-Regts. Fürst Karl Anton v. Hohenzollern Nr. 40, s.a. Liebeskind.

Kosch. Geschichte des Hohenzollern'schen Füsilier-Regim. No 40. (339) 8 Trier 1869. 4,00.

Kosch, Geschichte des Hohenzollernschen Füsilier-Regiments Nr. 40. Nach den Akten u. Kriegstagebüchern des Regiments bearb. Trier 870. Gall. gr. 8. (339 S.) n. 1 ⁓ 10 ngr.

Kosch, Bessels letzte Krankheit. gr. 8. (2½ B.) Königsberg 846, Bon'sche Sort.-Buchh. *

Kosch, Albin —, Chordirektor an der Pfarr-Klosterkirche der Rossau in Wien. Ave Maria für eine Altstimme mit Begleitung von 2 Violinen, Viola, Cello und Violon komponirt von — —. Op. 4. Nr. 16326. Fol. (3 Bl.) Wien, C. A. Spina. K. k. Hof-Lith. u. Steindr. von A. Grube. 1857.

Kosch, Albin A., Elementar-Gesang-Schule für Gymnasien, Real-, Bürger- und Volks-Schulen. Wien 862. Dirnböck. gr. 8. (17 S.) 7 ngr.

Kosch, Friedrich: Die Theorie der Trägheits- und Centrifugal-Momente ebener Figuren in elementarer Darstellung. Breslau, Druck v. Grass, Barth & C., *1895*; XXVIII S. 4.
Breslau, k. OR u. Baugewerk-S, OP 1895 (225)

Kosch, Marie, deutsche Volksmärchen aus Mähren 8. (129 S.) Kremsier (899.) (H. Gusek.) Geb. n. 2. —

Kosch, Wilh., die Deutschen in Österreich u. ihr Ausgleich m. den Tschechen. (92 S.) gr. 8. Leipzig 909. O. Gracklauer. 2. —

Kosch, Wilh., s. Eichendorff, Frh. Jos. v., aus dem Nachlaß.

Kosch, Wilhelm (Hrsg.), s. E i c h e n d o r f f, Joseph von: Sämtliche Werke.

— s.: Eichendorff-Kalender.

Kosch, Wilhelm. Martin Greif in seinen Werken. Von W' K' (Freiburg im Üchtland). [Mit Porträt-Tafel.] VIII + 174 S. 8. Leipzig, C. F. Amelang, 1907. [M. 2.50, geb. 3. —]

Kosch, Wilhelm. Martin Greif in seinen Werken. Von W' K' (Freiburg im Üchtland). 2. Aufl. Mit Greifs Bildnis [Tafel] nach einer Büste von Professor Georg Busch. VIII + 174 S. 8. Leipzig, C. F. Amelang, 1909. [M. 2. 50, geb. 3. —]

— s.: Quellen u. Studien, deutsche.

Kosch, Wilhelm: S t i f t e r und die Romantik.
Phil. Diss., Prag 1902/1903.

— Adalbert Stifter. Eine Studie. Mit 1 Portr. Stifters nach dem Aquarell von M. M. Daffinger u. 1 Fksm. (80 S.) 8. Leipzig 906. C. F. Amelang. n. 1. —

— Adalbert Stifter u. die Romantik, s.a. Studien, Prager deutsche.

Adalbert Stifter und die Romantik. Von Dr. Wilhelm **Kosch**. Prag: C. Bellmann 1905. (123 S.) 8°
— Studien, Prager deutsche. H. 1. [05. 4869

Koschak, Aldobrand, systemat. Handbuch üb. die adligen Richteramts-Taxen, das Mortuar, die Erbsteuer u. das Abfahrtgeld in d. österreich. böhmisch-deutschen Erblanden rc. gr. 8. Grätz 807. Tusch 2 ⁓ 16 gr

— das österreich. Wechselrecht, in e. theoret. u. prakt. Abhandlung. gr. 8. Wien 792. v. Mösle. 8 gr Dass. in 2 Theilen. 2e verm. Ausg. gr. 8. Grätz 804. Ferstl. 1 ⁓ 8 gr Hbg. Pr. 1 ⁓

Koschaker, Paul, Translatio iudicii. Eine Studie zum röm. Zivilprozess. (XI, 332 S.) gr. 8. Graz 905. Leuschner & Lubensky. n. 6. —

Koschat's, Th., Biographie, s. Schmid, O.

Koschat, Thomas

— aus den Kärntner Bergen. Singspiel 8. (III, 75 S.) Leipzig 890. F. E. C. Leuckart. n. 2. —

Koschat, Thom., aus den Kärtner Bergen. Singspiel in 6 Bildern. Zum ersten Male aufgeführt am 14. Mai 1890 im „Deutschen Volkstheater" zu Wien. 8. (III, 75 S.) Leipzig 891. F. E. C. Leuckart's Verl. n. 2. —; Liedertext hieraus - 25

Koschat, Tom., Dorfbilder aus Kärnten. 8. (VIII, 160 S.) Leipzig 878. Leuckart. n. 2. —

— Erinnerungs-Bilder. Gesammelte Feuilletons. 8. (XII, 272 S.) Klagenf. 889, v. Kleinmayr. * 3 —

— am Wörther See. Kärntnerisches Liederspiel in 1 Akt. Regiebuch. 8. (24 S.) Ebend. 882. — 75

— dasselbe. Text der Lieder u. Gesänge. 8. (12 S.) Ebend. 882. — 25

Koschate, Car. Mart. Eduard. Gust. *(geb. Breslau 10. 11. 1799)*: Observationes nonnullae circa osteosarcoseos naturam et indolem adnexis tribus hujus morbi historiis. Vratislaviae (1826). (42 S.) 8°
Breslau, Med. Diss. v. 30. Dez. 1826

Koschate, Paul, im Forsthause. Singspiel in 1 Akt. Musik v. Adb. Spiller. gr. 8. (24 S.) Berlin (901). M. Böhm. 1. 50

Koschate, Paul, 25 neue kathol. Grablieder f. d. Schulgebrauch. (47 S.) 8. Breslau (906). F. Goerlich. n. — 60

— die hl. Hedwig. Dichtung. (40 S.) 8. Breslau (904). (Müller & Seiffert.) n. — 50

— hin zu Rom!, s.a. Theater, kleines.

Hin zu Rom! Festspiel z. Papstfeier von Paul **Koschate**. *Paderborn: B. Kleine [1902]*. (15 S.) 8° [F.]
— Theater, Kleines. II. 334. [03. 9069

Koschate, über die sicheren Kennzeichen von Tod und Scheintod, und über die Maßregeln zur Verhütung gegen voreilige Beerdigung. Ein ernstes Wort zur Beherzigung. Breslau 858. Kern. gr. 8. (30 S.) 5 ngr.

—— über Kometen und Kometen-Furcht. Ein ernstes Wort an das Volk. gr. 8. (8 S.) Breslau 857, (Dülfer.) *

— Lebenswogen. Gedichte. 8. (114 S.) Großenhain (903). Baumert & Ronge. n. 1.—; geb. n. 1.50

— Lebenswogen. Gedichte. (114 S.) 8. Großenhain (903). Baumert & Ronge. n. 1.—; geb. n. 1.50

— fürs Schulhaus. Gelegenheitsgedichte. 8. (VII, 149 S.) Breslau (901). F. Goerlich. n. 1.20; geb. n. 1.50

Kosche, Christian Traugott. Charaktere, Sitten und Religion aller bekannten Völker unseres Erdbodens. Leipzig 1789—91. V (Bd. 2—4): *Leonhardi, Frdr. Gottlieb.* (Ky)

Kosche, Chr. Traug., (†d. 10. Mai 1789.) Charaktere, Sitten u. Religion aller bekannten Völker unseres Erdbodens. 4 Bde. (der 2e, 3e u. 4e Bd. fortges. v. F. G. Leonhardi). gr. 8. Leipz. 789—91. (Brockhaus). 5 ℛ 20 gl

KOSCHE, Christian Traugott 1754 - 1789
Karakter, Sitten und Religion aller bekannten Völker unsers Erdbodens ein Handbuch für die Jugend und ihre Erzieher von C. T. Kosche ... [fortgesetzt von F. G. Leonhardi].
Erster [- Vierter] Band.
Leipzig: Junius. 1789 [- 1791]. 8°.
Universitätsbibliothek Münster
Baginsky 991. Palmer: mit Leonhardi.
Friedrich Gottlieb Leonhardi, 1751-1814.

— Encyklopädie zum Nutzen d. Jugend, fortges. von Gli. S. Forbiger. 2 Bde. gr. 8. Leipz. 789—90. Weidmann. 3 ℛ

Kosche, Christian Traugott s. Hammerdörfer, Carl. und Kosche, Christian Traugott.

(—) Felsheims Jugend u. seine Fragmente. 8. Manh. 784.

— Lesebuch, s. K. Hammerdörfer.

— s. Lieblingslektüre f. Kinder.

— s.a. Religion od. Tugend f. Kinder.

* Kosche, C. D., Religion u. Tugend, f. Kinder. 8. Lpz. Weidmann. 782.

— Religionsgesänge zur Erweckung der Andacht. 8. Leipz. 786. Büschel. (Joachim). 6 gl

Koschek, J(oseph), a. Bauerwitz in Ober-Schlesien: Die Klosterreform Ludwigs des Frommen im Verhältnis zur Regel Benedikts von Nursia. Greifswald 1908: H. Adler. (76 S.) 8° [F.]
Greifswald, Phil. Fak., Ref. Bernheim, Diss. v. 23. Juli 1908
[Geb. 21. Nov. 83 Bauerwitz, Kr. Leobschütz; Wohnort: Bauerwitz; Staatsangeh.: Preußen; Vorbildung: Gymn. Leobschütz Reife O. 04; Studium: Breslau 2, Greifswald 6 S.; Rig. 19. Febr. 08.]

Koschel, Ernst: Die Syphilis der Speicheldrüsen. *Berlin (1898): E. Ebering.* (40 S.) 8°
Berlin, Med. Diss. v. 15. März 1898

Koschel, Gust., Heimatkunde des Kreises Koschmin. Unter Benutzg. amtl. Quellen bearb. gr. 8. (80 S.) Lissa 899. F. Ebbecke. (Umschl.: *1900*). n. — 20; m. Karte n. — 60

Koschel, Gust., dreißig Psalmen in ausgef. Lektionen. Bearb. f. d. Oberstufe d. Volksschule z. Gebr. f. Lehrer u. Seminaristen. gr. 8. (XVI, 199 S.) Dresden 897. G. Kühtmann. n. 2.40; geb. n. 2.90

Koschel, Hans, Referendar: Das Rechtsverhältnis unter den Parteien beim Erbschaftskaufe. Borna-Leipzig 1909: Noske. IX, 55 S. 8°
Leipzig, Jur. Diss. v. 11. März 1909
[Geb. 27. Dez. 83 Gleiwitz; Wohnort: Breslau; Staatsangeh.: Preußen; Vorbildung: Gymn. Guben Reife O. 03; Studium: Breslau 4, München 1, Breslau 1 S.; Rig. 20. Juli 06.] [U 09. 2573

Koschel, Otto, u. L. Marschner, Leitfaden f. Fleischbeschauer. Gemeinfaßliche Belehrg. üb. die Fleischbeschaugesetze u. die Untersuchg. der Schlachttiere u. des Fleisches, nebst e. Anleitg. zur Ausführg. 3. Aufl. (VIII, 331 S. m. 10 Abbildgn.) 8. Breslau 908. Maruschke & Berendt. Geb. in Leinw. 4.—

Koschel, Otto u. L. Marschner, Leitfaden für Laienfleischbeschauer. Kurze, gemeinfaßl. Belehrung üb. die Fleischschaugesetze u. die Untersuchung der Schlachttiere u. des Fleisches, nebst einem Anhang über die Ausführung der Trichinenschau. 2. Aufl. 3. u. 4. Taus. (VIII, 258 S. m. 10 Abbildgn.) 8. Breslau 903. Maruschke & Berendt. Geb. in Leinw. n. 3.—
1. Aufl. (VIII, 219 S.) 903. Geb. n. 2 40.

Koscheleff, A. J.

Koscheleff, Feldgemeinschaft in Russland. (In russischer Sprache.) 8°. Berlin, B. Behr's Buchhdlg., 1875.

Koscheleff, A., unsere Lage (russisch). gr. 8. (V, 189 S.) Berlin 874. Behr's Buchh. 3. 50

— dasselbe. Aus dem Russ. gr. 8. (VII, 139 S.) Berlin 875. Dümmler's Verl. n. 1. 60

Koscheleff, A. J., Memoiren. (In russ. Sprache.) gr. 8. (XII, 282 S. mit photogr. Portr.) Berlin 884, Behr's Verlag. *

Кошелевъ, А., конституція, самодержавіе и земская дума. (**Koscheleff,** Constitution, Monarchie und Volksvertretung.) gr. 8. (59 S.) Leipzig 862, Wagner. *

Koscheleff, A., was nun? August 1882. (In russischer Sprache.) gr. 8. (III, 96 S.) Berlin 882. Behr's Verl. n. 2.—

—— какой исходъ для Россіи изъ нынѣшняго ея положенія? (Welcher Ausweg für Russland aus gegenwärtiger Lage?) gr. 8. (IV und 83 S.) Leipzig 862, Wagner. *

Koschella, Hans, üb. d. Todesursachen bei croupöser Pneumonie, s.a. **Abhandlungen**, Münchener, medicin.

Koschella, Hans [app. Arzt]: Aus d. Patholog. Institut zu München. Ueber die Todesursachen bei croupöser Pneumonie ... München, J. F. Lehmann, 1895; 32 S. 8.
München, Med. Fak., Inaug.-Diss. v. 1895

Koschembahr, Benno v., landwirtschaftl. Tabellen-Buchführung f. Güter jeder Größe. (103 S.) 44×41,5 cm. Nebst: Leitfaden zur Einrichtg. u. Durchführg. der landwirtschaftl. Tabellen-Buchführg. f. Güter jeder Größe. (16 S. m. 2 Tab.) Lex. 8. Lederose bei Dromsdorf 907. (Striegau, R. Mitschke.) Geb. u. geh. 20. 50

Die Condictio als Bereicherungsklage im klassischen römischen Recht. Von Dr. I[gnaz] v. **Koschembahr-Lyskowski**, Prof., Lemberg. Bd 1. *Weimar: H. Böhlau's Nachf. 1903.* 8° [03. ...

Koschembahr-Lyskowski, J. v., die Condictio als Bereicherungsklage im klassischen römischen Recht. 1. Bd. (XI, 227 S.) gr. 8. Weimar 905. H. Böhlau's Nachf. n. 7. —

Koschembahr-Lyskowski, J. v., die Condictio als Bereicherungsklage im klassischen römischen Recht. 2. Bd. (XXVIII, 368 S.) gr. 8. Weimar 907. H. Böhlau's Nachf. 11. —
Bd. I. Ebd. 905. 7.—

Koschembahr-Lyskowski, J. v., die Theorie der Exceptionen nach klassischem römischen Recht. 1. Bd. 1. Hft.: Der Begriff der exceptio. gr. 8. (XXIII, 173 S.) Berlin 893. J. Guttentag. n. 6. —

Koschenhaschen, s.a. Kossenhaschen.

Koschenhaschen, Unsere Spiele, Jever 1892, 4 S., Gr.-8°.

Koscheny, A., lateinisch-deutsches Taschenbuch medicinischer Fremdwörter. gr. 16. (III, 127 S.) Graz 872, Leuschner und Lubensky. *

Koschinsky, Carl, s. Koschinsky, Karl

Koschinsky, Jos., schulgemäße Auslegung der Perikopen. (IV, 109 S.) 8. Braunsberg 903. E. Bender. Geb. n. 1. 20

Koschinsky, Karl

Koschinsky, Carl, ein Beitrag zur Kenntniss der Bryozoenfauna der älteren Tertiärschichten des südlichen Bayerns. I. Abthl.: Cheilostomata. gr. 4. (III, 73 S. mit 7 Taf. und 7 Bl. Erklärungen.) Stuttgart 886, Schweizerbart'sche Verlagsh. *
Aus: Palaeontographica, besonders abgedruckt.

Koschiř, s.: Prag.

Koschitz, Moritz —. Der kleine Rechner, oder Unterrichts- und Wiederholungsbüchlein für Anfänger im Kopfrechnen. Als Anhang: Das große Ein-Mal-Eins. Von — —. 8. (6l S.) Wien. Druck von Leopold Sommer. Bei Sallmayer und Komp. 1854.

Koschitzky, Max von, Deutsche Kolonialgeschichte. Th. 1. 2. (Mit in den Text gedr. Karten.) Leipzig 1887—88. 8. . . . . (LHK.; BRG.; HC.; RPA.)

Koschitzky, Max v., deutsche Colonialgeschichte. 2 Thle. gr. 8. (III, 301; III, 333 S. mit in den Text gedr. Karten.) Leipzig 888, [Frohberg.] Baldamus. *

Koschke, Heinr.: Der Effektenterminhandel und die Börsenreform, mit bes. Berücks. des neuen Börsengesetzes für das deutsche Reich vom 22. Juni 1896. Leipzig 1896.

v. Koschkull, Gerh., († d. ... 1770.) s. Poesien.

Koschland, Simon, appr. Arzt a. Ichenhausen ⟨Bayern⟩: Aus d. kgl. Univ.-Augenklinik in München ⟨Prof. Dr. Eversbusch⟩. Ein kasuistischer Beitrag zu den Hemmungsbildungen des Auges. München 1904: C. Wolf & Sohn. (23 S.) 8°
München, Med. Fak., Ref. Eversbusch, Diss. v. 24. Okt. 1904
[Geb. 11. Sept. 79 Ichenhausen, Bayern; Wohnort: Ichenhausen; Staatsangeh.: Bayern; Vorbildung: Luitpoldgymn. München Reife Juli 99; Studium: München 10 S.; Coll. 21. Sept. 04; Approb. 4. Juli 04.]

Koschlau, Karl v. Kraatz-
s. Kraatz-Koschlau. [09. 2046

Koschmieder, Herm., die Erzeugung u. Verwendung des Steinkohlengases, s.a. Bibliothek der gesamten Technik. 7. Bd.

Koschmieder, H., Die Erzeugung und Verwendung des Steinkohlengases. Hannover, 1906. 230 S. mit 186 Abb.

Koschmieder, Herm., die techn. Gasarten, s.a. Bibliothek der gesamten Technik.

Die technischen Gasarten mit Ausschluss des Steinkohlengases und Azetylens. Von Hermann **Koschmieder**. Mit 9 Abb. Hannover: M. Jänecke 1907. (39 S.) 8°
= **Bibliothek** d. gesamten Technik. Bd 39. [08. 11036 7

Der praktische Gasinstallateur. Erzeugung u. Verwendung d. Steinkohlengases ... bearb. von Hermann **Koschmieder**, Zivil-Ing. Mit 198 Abb. Hannover: Jänecke [1910]. 262 S. 8°
(Bibliothek d. gesamten Technik. Bd 158.) [11. 11745 7

— Die Müllbeseitigung, s.a. Bibliothek der gesamt. Technik.

Die Müllbeseitigung. Von Hermann **Koschmieder**. Mit 72 Abb. Hannover: M. Jänecke 1907. (69 S.) 8°
= **Bibliothek** d. gesamten Technik. Bd 73. [08. 11064 7

Koschmieder, Herm., die Tätigkeit der Gesundheits-Kommissionen in den J. 1906/1908 nach den Berichten in der Zeitschrift „Gesundheit". (56 S.) 8. Leipzig 909. F. Leineweber. 1. —
Sonderabdruck aus: „Gesundheit".

— die Verwendung elektrischer Energie zur Reinigung u. Sterilisierung v. Abwasser. (27 S. m. Abbildgn.) gr. 8. Leipzig 903. F. Leineweber. n. 1. —

— die Verwertung des Schlammes v. Kläranlagen f. Abwässer. (14 S.) gr. 8. Ebd. 903. n. 1. —
2 Sonderabdrucke aus: „Gesundheit".

Koschmin [Schlagwort]

Koschmin, Kreis, s.a. Forstkarten. — Posen, Reg.-Bez.

Koschmin. Baron, Paul, Spezial-Karte des Kreises Koschmin. 1 : 125,000. 36×30,5 cm. Farbdr. Lissa 899. F. Ebbecke. n. — 50

Koschnitzky, Michael: Ueber die Einwirkung von Brom auf die wässerige Lösung der α- und β-p-Cymol-sulfosäure. 1888. 31 S. 8°
Karlsruhe, Dipl.-Diss. v. 25. 7. 1887

Koschny, Car. Frid. Joan. (geb. Ostrowo in Posen 25. 10. 1829): De carcinomate testis nonnulla. Berolini (1854). (32 S.) 8°
Berlin, Med. Diss. v. 23. März 1854

Prinz Louis Ferdinand-Marsch (nach Original-Themen aus Werken d. Prinzen Louis Ferdinand von Preußen komp.) von Ernst **Koschny**. Ausg. f. Pianof. Berlin: A. Parrhysius [1907]. (5 S.) 4° [o7. 8923]

Th. F. **Koschny**: Die Kultur des Castilloa-Kautschuk. Mit 1 Abb. *Berlin: Tropenpflanzer 1901.* (S. 119–172.) 8°
= **Tropenpflanzer**. Beihefte. Bd 2, No 3. [01. 7090]

Koschstky, Deutsche Kolonialgeschichte. T. 1. S. 77 bis 88: Deutsche Kolonien in Rußland. Leipzig 1888

M. Jo. Werzeslai Koschubi Elementa phys. mechanico-perspectivae., cum appendice de geniis concinnata. c. figur. Jenae apud Jo. Fel. Bielckium. 1718.

Koschützki, C. von: „Kritische Beleuchtung der neuerdings in verschiedenen Schriften aufgestellten Ansichten und Behauptungen über die gedrückte Lage und die große Verschuldung unserer Landgüter und die Mittel, dieselbe zu beseitigen", Breslau 1838 (Max & Comp.).

v. Koschützki, C., vom Geldmangel u. dessen Abhülfe im Allgemeinen u. in besond. Beziehung auf den Preuß. Staat. 8. Bresl. 825. (Schwetschke u. S. in Halle). 8 Gr

v. Koschützki, C., unser Geld- u. Abgabenwesen. Abhandlungen. Auf's Neue hrsg. v. Ed. Pelz (Treumund Welp). 12. (240 S.) Leipzig 847, Literar. Museum. n. 1 Rthlr

Koschützki, C. v., Was wir wünschen, was wir wollen. Was wir dürfen, was wir sollen. 2. Ausg nebst Noten und ausführlicheren Erörterungen über dasjenige, was uns vorzugsweise Noth thut. 8°. Tarnowitz, Reimann'sche Buchdr., 1849.

Koschützki, F. von: „Versuch über die eigentlichen Ursachen des Sinkens der Preise aller Producte ....", Breslau 1825.

Koschuetzki, Friedericke v., geb. v. Heyne, der Sohn der Freiheit. Eine Erzählung. 8. (28 S.) Gera 851, Illgen's Erben.

Koschützki, Rud. v., auf der Schicksalsfährte. Mehr oder minder humorist. Lebensreise. (III, 228 S.) 8. Dresden 903. C. Reißner. n. 3. —; geb. n. 4. —

Koschützki, Rudolf v.: Siehdichum. Roman. Jauer: O. Hellmann 1908. (394 S.) 8°.

Koschützki, Rud. v., Siehdichum. Roman. (394 S.) 8. Jauer (908). Hirschberg i/Schl., P. Röbke. 4.—; geb. 5. —

Koschwitz, C., Vorlegeblätter zum Blumen-Zeichnen. Ein Geschenk für die Jugend, für Schulen und zum Selbstunterricht. (16 lithogr. Blätter.) qu. gr. 8. Breslau 838. H. Richter. 1/2 Rthlr

Koschwitz, Eduard

Koschwitz, Ed., Anleitg. z. Studium d. französischen Philologie f. Studier., Lehrer u. Lehrerinnen. gr. 8. (VIII, 148 S.) Marburg 897. N. G. Elwert's Verl. n. 2. 50; geb. in Leinw. n.n. 3. —

Koschwitz, Ed., Anleitung zum Studium d. französ. Philologie f. Studierende, Lehrer u. Lehrerinnen. 2., verm. u. verb. Aufl. gr. 8. (VIII, 181 S.) Marburg 900. N. G. Elwert's Verl. n. 3. —; geb. n. 3. 50

Koschwitz, Eduard, Anleitung zum Studium der französischen Philologie f. Studierende, Lehrer u. Lehrerinnen. 3., verm. u. verb. Aufl. v. Gust. Thurau. (VIII, 268 S.) 8. Marburg 907. N. G. Elwert's Verl. 4.—; geb. 4. 60

Koschwitz, E., zur Aussprache d. Französischen in Genf u. Frankreich, s.a. Zeitschrift f. französische Sprache u. Litteratur.

Zur Aussprache des Französischen in Genf und Frankreich v. Dr. E[duard] **Koschwitz**, Prof. and. Univ. Greifswald. *Berlin: W. Gronau 1892.* (x S., 1 Bl., 79 S.) 1 Bd 8.
= **Zeitschrift** f. französische Sprache u. Litteratur. Suppl.-H. vii. [98. 10436]

Koschwitz, Ed., sechs Bearbeitungen des altfranzösischen Gedichts von Karls des Grossen Reise nach Jerusalem u. Constantinopel. 8. (XIX, 186 S.) Heilbronn 879. Henninger. n. 5. 40

— s.: Beiträge zur romanischen Philologie.

Koschwitz, E., über die Chanson du Voyage de Charlemagne à Jérusalem et à Constantinople, s.a. Studien, romanische.

Koschwitz, Eduard *(geb. Breslau 7. 10. 1851)*: Über die Chanson du Voyage de Charlemagne à Jérusalem et à Constantinople. Strassburg: K. J. Trübner; London: Trübner & Co. 1875. (28 S.) 8° *[Vollst. in: Roman. Studien hrsg. v. E. Boehmer Bd 2. 1875-77.]*

Breslau, Phil. Diss. v. 7. Apr. 1875

Koschwitz, Eduard, Chrestomathie provençale, s.: Bartsch, Karl.

— üb. die provenzalischen Feliber u. ihre Vorgänger. Rede, bei der Uebernahme des Rektorats geh. in der Aula der Universität Greifswald am 11. Mai 1894. gr. 8. (38 S.) Berlin 894. W. Gronau. n. — 60

—— neufranzösische Formenlehre, nach ihrem Lautstande dargestellt. gr. 8. (VIII, 34 S.) Oppeln 888, Franck's Buchh. *

Les Français avant, pendant et après la guerre de 1870–71. (Französische Volksstimmungen während des Krieges 1870–71.) Étude psychol. basée sur des documents français par Le Dr. Edouard **Koschwitz**, Prof. à Marbourg. Trad. franç. par Jules Félix, Prof., Berne. *Paris & Leipzig: H. Welter 1897.* (vii, 233 S.) 8° [01. 7648]

— grammaire historique de la langue des Félibres. gr. 8. (VII, 183 S.) Greifswald 894. J Abel. n. 4. —

— Grammatik der neufranzösischen Schriftsprache. [16.—19. Jahrh.] 1. Thl.: Lautlehre. gr. 4. (VII, 132 S.) Ebd. 889. n. 5. —

— s.: Karl's des Grossen Reise nach Jerusalem u. Constantinopel.

Koschwitz, Ed., Commentar zu den ältesten französischen Sprachdenkmälern, s. Bibliothek, altfranzösische.

— s.: Mistral, Frédéric, Mirèio.

— les plus anciens monuments de la langue française publiés pour les cours universitaires. 2. éd. 8. (45 S. m. 1 autogr. Taf. in Fol.) Ebend. 879. n. 1. 50

Koschwitz, Ed., les plus anciens monuments de la langue française publiés pour les cours universitaires. 2e édit. 8. (VII, 48 S. mit 1 autogr. Taf.) Heilbronn 880, Gebr. Henninger. *

—— dass. — Die ältesten französ. Sprachdenkmäler, zum Gebrauch bei Vorlesungen hrsg. 3. verm. und verb. Aufl. 8. (IV, 52 S. mit 1 Facs.) Ebendas. 884. *

—— les plus anciens monuments de la langue française, publiés pour les cours universitaires. 4e édit. corrigée et augmentée. Avec un fac-similé. 8. (VIII, 50 S.) Heilbronn 886, Gebr. Henninger. *

Koschwitz, Ed., les plus anciens monuments de la langue française publiés pour les cours universitaires. 5. éd. revue et augmentée. Avec 2 fac-similé. 8. (III, 53 S.) Leipzig 897. O. R. Reisland. n. 1. 20

Les plus anciens monuments de la langue française publ. pour les cours universitaires par Edouard **Koschwitz**. 1. 2. Leipzig: O. R. Reisland 1902. 2 Bde 8°
1. Textes diplomat. 6. éd. rev. & augm. Avec 2 facs.
2. Textes crit. et glossaire. [e7. eol 5

— Les plus anciens monuments de la langue française, publiés pour les cours universitaires. 2 vols. 8. Leipzig 907. O. R. Reisland. 2. 70
I. Textes diplomatiques, notices bibliographiques et corrections. 7. éd. revue et augmentée. Avec 2 fac-similé. (V, 53 S.) 1.20; kart. n 1. 50
II. Textes critiques et glossaire. 2. éd. (VIII, 92 S.) 1. 50

Französische Notgrammatik von Berthold Lachnit [d. i. **Eduard Koschwitz**]. *Marburg in H.: N. G. Elwert 1904.* (28 S.) 8° [J.]

— die französische Novellistik u. Romanlitteratur üb. den Krieg v. 1870/71. [Aus: „Zeitschr. f. französ. Sprache u. Litt."] gr. 8. (III, 220 S.) Berlin 893. W. Gronau. n. 4. 50

— les parlers parisiens d'après les témoignages de MM. de Bornier, Coppée, A. Daudet, Desjardins, Got, d'Hulst, le P. Hyacinthe, Leconte de Lisle, G. Paris, Renan, Rod, Sully-Prudhomme, Zola, et autres. Anthologie phonétique. gr. 8. (V, XXXII, 147 S.) Paris 893. H. Welter. Kart. n. 3. 60

Les parlers Parisiens d'après les témoignages de MM. de Bornier, Coppée, A. Daudet ... et autres. Anthologie phonétique p. Eduard **Koschwitz** ... 3. Mille. *Marburg: N. G. Elwert 1898.* (Deckelt.. Les parlers ... Proben Pariser Aussprache. Specimens of Parisian pronunciation. 2. éd. revue et corr.) (2 Bl., XXXI, 153 S.) 1 Bd 8.

— s.: Studien, französische.

— Ueberlieferung und Sprache der Chanson du voyage de Charlemagne à Jérusalem et à Constantinople. Eine krit. Untersuchung. gr. 8. (VIII, 92 S.) Ebendas. 876. *

— altfranzösisches Übungsbuch, s.: Foerster, W.

— über e. Volksdichter u. die Mundart v. Amiens. gr. 8. (38 S.) Halle 899. M. Niemeyer. n. 1.20
Sonderabdruck aus: „Beiträge z. roman. Philologie".

— französische Volksstimmungen während d. Krieges 1870/71. 8. (VIII, 132 S.) Heilbronn 891. E. Salzer. n. 1. 50: geb. n. 2. —

— dasselbe. 2. Aufl. 8. (VIII, 138 S.) Ebd. 894. n. 1. 50; geb. n. 2. —

— s.: Zeitschrift f. französ. Sprache u. Litteratur.

— s.: Zeitschrift f. französ. u. engl. Unterricht.

Koschwitz, Georg Daniel, s. Coschwitz

Koschwitz, Mart., Pfarrlent. Dramat. Dichtung in 5 Aufzügen. (45 S.) 8. Leipzig (905). (G. Wittrin.) n. — 60

Koscielski, Wladislaus, Widerlegung der offiziellen Nachweisung des General v. Colomb, den Bruch der Convention vom 11. April betreff. und einige Worte über die aktenmäss. Darstellung der polnischen Insurrection im J. 1848 des Majors v. Voigts-Rhetz. gr. 8. (64 S.) Berlin 848, (Stargardt.) *

Kościeszа-Stetkiewicz, Lydia v., „Portepeeflitter". Erzählungen. (III, 110 S.) 8. Dresden (906). E. Pierson. n. 1. 50; geb. n.n. 2. 50

Kościński, Konstanty

Przyczynki do historyi Ziemi Michałowskiej. Miasto Lidzbark opisał Konstanty **Kościński**. Poznań: Autor 1906. (99 S.) 8°
[Beiträge z. Geschichte d. Landes von Michałowo. Die Stadt Lidzbark.]

Kościński, Konstanty: Deutsch-polnisches Wörterbuch der gerichtlichen und administrativen Ausdrücke aus dem Gebiete der deutschen, besonders aber der preußischen Gesetzgebung. Niemiecko-polski Słownik wyrazów sadowych i administracyjnych z dziedziny prawodawstwa niemieckiego a w szczególności pruskiego, opracowal –. Poznań: Nakl. Autora 1905. (134 S.) 8°.

Kóściół i Szkoła. Pismo miesięczne. Rok I. 12 Hfte. 8. Leszno 846, Günther. *

Kościół i szkoła. Pismo miesięczne. Rok II. und III. 1847 und 1848. à 12 Hefte. 8. Lissa, Günther. à Rok *
Rok I. Ebendas. 1846. * 2 Thlr.

Kosciusko's Todten-Feier bei den Gräbern der Könige zu Krakau. Dem kleinen heroischen Gemälde des Grafen v. Lagarde aus d. Französ. nachgebildet, (v. Frz. v. P. J. J. v. Keller). kl. Fol. Heidelb. 824. Groos. 1 ß

Kościuszko's Todten-Feyer bei den Gräbern der Könige zu Cracau. Dem kleinen heroischen Gemälde des Grafen v. Lagarde aus d. Franz. nachgeb. kl. Fol. Heidelb. 825, Groos.

Koscky. Plan von den auf beiden Ufern der Oder gelegenen Theilen der Stadt Frankfurt a. O. 1 Bl. c. I.

Kose, A. Der Geschwindigkeitsmesser für Lokomotiven. Preisgekrönt vom Vereine deutscher Eisenbahn-Verwaltungen. 1879. In-8°. Mit 2 Tfln. St. Gallen, Zollikofer'sche Buchdruckerei.

Kosec, France. Kršansko katoliško nravoslovje. V Celovcu. St. Hermagoras-Druck.. 1879. 268 S.

Kosegarten, Gotthard Ludwig, ein Lebensbild, s. Franck, H.

Kosegarten, Examen jurid.-philos. contractuum jure positivo constitutorum secundum rationis sanae principia. Lpz. (C. F. E. Richter) 1801. 39 S. (6.—) 19209

Kosegarten, Aloys, s. Geheimnisse, die, v. London.

Kosegarten, Bernhard Chr.

— Beantwortung der sogenannten Vertheidigung Ziegras. 8. Rostock 753. Bödner. 3 ß

Kosegarten, Bhrd. Chr., († d. 17. Juni 1803.) erbaul. Betrachtungen. 8. Rostock 757. Bödner. 12 ß

Kosegarten, Bernh. C., erbaul. Betrachtungen. 8. Rost. Bödner. 758.

— Erklärung d. Sünden wider des Menschen Sohn u. den heiligen Geist. 8. Rostock 751. Bödner. 4 gr.

— s. Was hat Jesus.

Kosegarten, Bhrd. Geo., s. Fr. Frz. Kosegarten, Darstellung.

Kosegarten, Chr.

— Ansichten f. den deutschen Staatenbund. gr. 8. (Hamb.) 816. (Hoffmann u. Campe). 6 gr.

— Memnons Bildsäule, in Briefen an Ida. 8. Berl. 799. (Reimer). 16 gr.

Kosegarten, Chr., († d. 21. Apr. 1821.) der Freistaat. 8. Hamb. 809. Hauff 8 gr.

— meine Freuden in Sachsen. 8. Leipz. 801. (Brockhaus). 21 gr.

— Grundzüge unsers Zeitalters in Deutschland. 8. Leipz. 819. (Brockhaus). 9 gr.

— — Grundzüge unsers Zeitalters in Deutschland. 8. Leipzig, Glebitsch (in Comm.) 819.

— der Schattenkönig. 8. Leipz. 800. Rein. 6 gr.

— der Staat u. die Juden, e. wichtige Angelegenheit. 8. ... 800.

— s. Was soll der Fürst sein!

Kosegarten, D. C., meine Freuden in Sachsen. 8. Leipz. Glebitsch. 801.
s.a. Kosegarten, Chr.

Kosegarten, C. H., der Mann in gesellschaftlichen Verhältnissen, eine Anleit. z. Weltklugheit, Umgangskunst und prakt. Lebensweisheit überhaupt. 8. Pesth, i. Hartleben. 816.

Kosegarten, Friedrich Franz [wirkl. Name], s.a. Florello, Jul. [Pseud.]

— die Amts-Jubelfeier B. G. Kosegartens, nebst e. Skizze seines Lebens u. seinem Bildniß. 8. Wismar 801. (Albanus in Berl.) 1 Rthlr. 8 gr.

— d. Amts-Jubelfeyer B. C. Kosegartens, n. e. Skizze s. Lebens. 8. Neustrel. Albanus. 802.

— Ansichten über Studium, Plan u. Darstellung d. allgemeinen Kirchengeschichte rc. 8. Reval 824.

— s. Bemerkk. über d. Küblersche Schauspiel.

FLORELLO, Julius (d. i. *Friedr. Franz Kosegarten*, Stiefbruder des Dichters Ludw. Theobul K., 1772—1849. — Goedeke VII, 487, 46), Die Charakter-Probleme, oder Waldhütte u. Ringe. Ein Pendant zu den Erscheinungen menschlicher Leidenschaften. (Stellenw. sehr schlüpfriger Roman.) 3 Bdchn. (in 1 vol.). Gotha, Ettinger, 1800. 8°. (30 Mk., saüberes Expl., Adolf Weigel, 1907.) Höchst selten!
647 fortlaufend gez. Seiten. (I, S. 168—175 breit ausgemalte Verführungsscene.) Der Roman K's ist 3 Freundinnen, Luise v. Ketel, Sophie Piper u. Luise Fischer gewidmet.

— Darstellung des französisch-russischen Vernichtungskrieges im J. 1812. Zum Druck besorgt v. B. G. Kosegarten. gr. 8. St. Petersb. 814. (Ebd.) 2 Rthlr.

— Darstellung des französisch-russischen Vernichtungskrieges im J. 1812. gr. 8. Ebend. 815.

Kosegarten, F. F., d. Fest der Kinder am Geburtstag ihr. Mutter, dramat. bearb. f. Kind. 8. Bremen, Müller. 805.

— s. Flammenberg.

Kosegarten, Fr. Frz., die Geburtstagsfeier. Eine dramat. bearbeit. Jugendhandlung. 8. Berl. u. Schwerin 797. N. Aufl. unt. dem T.: das Fest d. Kinder am Geburtstag ihrer Mutter, dramat. bearb. für Kinder. 8. Bremen 805. Müller 7 gr.

— Gedichte. 8. ... 798.

— s.a. Iris, Botin f. Hamburg.

IRIS, die leichtfüßige, windschnelle, goldgeflügelte Botin von und für Hamburg, Bremen und Lübeck. Eine Wochenschrift von Justus Jucundus Jocosus (d. i. Friedr. Franz [von] Kosegarten, 1772—1849). Nr. 1—9 (soviel ersch.). Hamburg 1804. 8°.
Goedeke VII, 485, 46, 10.

— s. Magnetismus, d. thier.

Kosegarten, Dr. F. F., Predigten. 8. Wenden und Reval, Compt. f. Kunst und Literatur. 816.

— Reminiscenzen aus Napoleons Kriegs- u. Regentenleben. gr. 8. Petersb. 813. (Fr. Fleischer in Leipz.) 10 gr.

v. Kosegarten, Fr. Frz., Spät-Rosen. Eine Sammlung Gedichte in 2 Bdchn. Ein Vermächtniß für die Seinigen u. für seine ehemal. Zöglinge. Lex.-8. Reval 842, 43. (Leipzig, Schrey.) n. 2 Rthlr. Mit Kosegarten's Portrait n. 2½ Rthlr.

STEINAU, Julie von. Eine interessante Geschichte aus der letzten Hälfte des jetzt laufenden Jahrhunderts (von *Friedr. Franz* [*v.?*] *Kosegarten*). 2 Theile. Berlin, Unger, 1796—97. 8°.
Anon.-Lex. II. p. 345 (nach Goedeke, Kayser, Meusel).

KOSEGARTEN (Friedr. Franz [v.], 1772—1849), Gräfin Julie von Steinau, oder die Wege des Schicksals. 2 Thle. 2. Aufl. Mit TKpf. (Cl. Kohl sc. Viennae 1797). Mainz u. Hamburg, bei Gfr. Vollmer. 1803. 8°.
I: 5 Bll. Vorst. u. 400 S. Die Dedic. („an meine theure Schwester Marie Luise") ist dat.: Kleinen Wosik, den 8. des Thaumonds (o. J.). II: Tit. u. 478 S. — Hierauf bezieht sich: „Ein par Worte über Schriftsteller- und Buchhändler-Rechte bei Gelegenheit eines Processes zwischen dem Schriftsteller Kosegarten und dem Buchhändler und französischen Bürger (Dieder. Gottfr. Leberecht) Vollmer dem Senat der Stadt Hamburg ehrfurchtsvoll übergeben". — Goedeke VII, 484, 46, 2.
Die erste Ausgabe des stellenweise etwas freien Romans erschien anonym mit d. Titel: Julie von Steinau. Eine interessante Geschichte aus der letzten Hälfte des jetztlaufenden Jahrhunderts. 2 Thle. Berlin, Hartmann, 1796—97.

— Dasselbe, s.a. Julie v. Steinau.

Kosegarten, Gotthard Ludwig Theobul

Kosegarten, Ldw. Theob., († d. 26. Oct. 1816 oder 1818?) des Herrn Abendmahl; drei Unterhaltungen mit Serena. 8. Leipz. 790. 2e Aufl. 802. 3e Aufl. 819. (Wienbrack). 4 gr.

— Memnons Bildsäule in Br. an Ida. 8. Berlin, Lange. 799.

— — Memnons Bildsäule. 8. Berlin. 799. Jetzt Reimer.

— Blumen. 8. Berl. 801. Reimer. 1 rthl. 8 gr. Velinp. 1 rthl. 18 gr.

— Eudamons Briefe an Psyche, od. Untersuchungen über das Urschöne, Urwahre u. Urgute. 8. Leipz. 796.

— Hainigs Briefe an Emma. 2 Bde. Mit Kpf. 8. Leipz. 791. (Wienbrack). 2 rthl. 8 gr.

Kosegarten, L. Theob., Adele Cameron. 2 Bde. N. Aufl. 8. Leipz. 818. Hinrichs. 1 rthl. 12 gr.

– [Praes.], s. C a r l s t e d t, Sveno Er.: De moribus a teneris sapienter formandis.

Kosegarten, Ldw. Theob., Darmund u. Allwina; ein Trspl. 8. Frankf. 779.

— Denkmal der Widmung des auf Arkona erbaueten Ufer-Bethauses. gr. 8. Stralsund 817. Löffler. 8 gr.

— über den Dichtergeist d. heil. Schriftstell. u. Jesu. 8. Greifsw. (Lange in Berl.) 794.

— üb. den Dichtergeist d. heil. Schriftstellen u. Jesu. 8. Greifsw. 794. (Reimer in Berl.) 4 gr.

— Dichtungen. Neue Ausgabe in 8 Bdchen. 8. Greifsw. 812—15. (Leipz., Wienbrack). 8 rthl.

— Dichtungen. 12 Bde. 5e Ausg. 8. Greifsw. 823—25. Koch. Pränum.: Pr. 4 rthl. 12 gr. Ladenpreis 6 rthl. (12r Bd. Auch u. dem T.: Leben L. T. Kosegarten's, herausgeg. (v. J. G. L. Kosegarten).

— romant. Dichtungen. 6 Thle. (1r, 2r Thl. A. u. d. T.: Ida v. Plessen. 2 Thle. 8. Dresden 800, 801. ... 3r, 4r Thl. Auch u. dem T.: Bianca del Giglio. 2 Thle. 8. Dresden 801. ...) 5r u. 6r Thl. Auch u. dem T.: Adele v. Commore. 2 Thle. 8. Ebd. 806. Leipz. 818. Hinrichs. 1 rthl. 12 gr.

– [Praes.], s. D r o t t y, Friedrich: Cassandra Fidelis saeculi et sexus sui Phönix e cineribus revirescens.

— Edda von Medem. Tragödie. gr. 8. Hamb. 800. Fr. Perthes. 16 gr.

– [Praes.], s. E d w a l l, Lorenz: Hymnus Cleanthis, denuo recens., notis illustr., rhythmis donatus Teutonicis, nec non Suecanis.

— de poëtarum effatis Graecorum in sacro Nov. Foed. codice laudatis. Meletema academicum. P. I.—IV. 12. Greifsw. 811.

(—) an die Erwählten des zweiten Standes. Von einem ihrer nicht erwählten Brüder. 8. Greifsw. 806.

— Eusebia, e. Jahrsschrift zur Beförderung d. Religiosität. gr. 8. Leipz. 797. (Wienbrack). 1 rthl. 8 gr.

– s. Jb. G a r n e t t, Reise.

– s. J. G a st, Geschichte v. Griechenland.

— das tausendjährige Gedächtniß Kaiser Karls d. Großen. An des Königs 67. Geburtsfeste begangen. gr. 8. Leipz. ... Weygand. 10 gr.

— Gedichte. 2 Thle. 8. Leipz. 788. (Wienbrack). 2 rthl.

— drei Gelegenheitsreden. gr. 8. Leipz. 793. (Wienbrack). 8 gr.

— Vaterländ. Gesänge. Verfaßt im Frühjahr des 1813 Jahres. gr. 8. Berl. 813. 4e Aufl. 814. Maurers B. 8 gr.

— G e s c h i c h t e d. Oström. Kaiserth. s. a. G o l d s m i t h Römer 3r u. 4r.

K o s e g a r t e n, L. Th., Geschichte des oströmischen Kaiserthums. Leipzig 795. 2 Thle. 8. 2 rthl. 20 gr. Ebend. 802. 2 Theile. 8. 2 rthl. 20 gr. Dieses sind die zwei letzten Theile der oben angeführten Übers. von G o l d s m i t h.

— Geschichte seines 50sten Lebensjahres. gr. 8. Leipz. 816. Weygand. 1 rthl. 16 gr.

— die höchste Glückseligkeit; e. Ode. 4. Stralsund 779.

– s. O. G o l d s m i t h, Geschichte d. Römer.

— die wahre Größe der Fürsten; e. Rede u. Hymne. 4. Greifswald 777.

— die Inselfahrt, oder Aloysius u. Agnes; e. ländl. Dichtung in 6 Eklogen. Mit Kpf. 8. Berl. 804. Voß. 1 rthl. 8 gr. Schrbp. 2 rthl.

K o s e g a r t e n, L. Th., Jucunde, s. a. U n i v e r s a l - B i b l i o t h e k.

— Jucunde, e. ländl. Dichtung in 5 Eklogen. gr. 8. Berl. 803. N. Aufl. 808. Unger. 1 rthl. 12 gr. Schrbp. mit Kupfern. 2 rthl. 12 gr. Velinp. mit Kupfern. 5 rthl. Neue (3te) Ausg. mit 6 Kpf. gr. 8. Berl. 822. Christiani. (Kosmar u. Krause). 2 rthl. Neue (6te) Aufl. mit 1 Kpfr. gr. 12. Berl. 827. L. Oehmigke. 20 gr.

Kosegarten, Ldw. Theob., Jucunde. Eine ländliche Dichtung in fünf Eklogen. 4e Aufl. breit 8. Berlin 834. L. Oehmigke. 1 rthl. — 5e Aufl. 8. Ebd. 838. 1 rthl.

K o s e g a r t e n, Ludw. Theobul, Jucunde. Eine ländliche Dichtung in 5 Eklogen. 6. Aufl. gr. 16. (12½ B. u. 1 Stahlst.) Berlin 843, L. Oehmigke, Berl.

K o s e g a r t e n, Ludw. Theobul, Jucunde. Eine ländliche Dichtung in fünf Eklogen. 7. Aufl. 16. (VII und 158 S.) Berlin 854(55,) L. Oehmigke's Verlag.

– s. J u c u n d e v. Castell.

Kosegarten, Ldw. Theob., die Jungfrau v. Nicodemia. 16. Berl. 808. Weiß. 12 gr.

– [Praes.], s. K n ö s, Johann Peter: Orthei Hymnus in Tellurem, notis illustratus, rhythmis auctus, Latialibus, Germanicis atque Suecanis.

— Legenden. 2 Bde. 8. Berl. ... 2e Aufl. 810. N. Aufl. 816. Voß; (a. Plahn). 3 rthl.

– [Praes.], s. L i n d b o r g, Christ. M.: De auriflamma, vexillo quondam Francorum auspicatissimo et sacratissimo.

– s. M e l a n c h o l i e n.

– s. K. Kernst, Wanderungen.

— Ode dem Preuß. Staatsminister von Ingersleben am 27. Nov. 1815 zu Greifswald dargebracht. gr. 4. Berl. 1e — 3e A. 815.

— Britisch Odeon, oder Denkwürdigkeiten aus dem Leben d. neuesten britischen Dichter. 2 Thle. gr. 8. Berl. 800. (Reimer). 4 ℛ 8 ℊ Velinp. 6 ℛ

— — brittisches Odeon. gr. 8. Berlin. 809. Jetzt Ebend.

— Poesien. 2 Bde. Mit Kpf. gr. 8. Leipz. 798. 3e Aufl. in 3 Bden. 802. (Wienbrack). 3 ℛ 3r Bd., f. die Besitzer der 1n Aufl. Mit Kpf. gr. 8. Ebd. 802. 1 ℛ 8 ℊ

— — dieselben a. engl. Druckpapier u. geglätt. m. Portr. d. Verf. Ebend.

– s. Pratt: Der Freudenzögling.

— der Prediger, wie er seyn sollte, od. Leben Robert Robinsons, nach d. Engl. des Geo. Dyer. 8. Leipz. 800. (Wienbrack). 1 ℛ

— Predigten. 2 Sammll. gr. 8. Berl. 794, 95. Hartmann; (a. Steinacker in Leipz.) 1 ℛ 18 ℊ Engl. Pap. 2 ℛ 2 ℊ

— Probe d. verdeutschten Odyssee, nebst Ankündigung. 4. ... 780.

— Psyche, e. Mährchen d. Alterthums. 8. Leipz. ... 2e Aufl. 789. (Wienbrack). 9 ℊ

— de pulcro essentiali. Ex placitis veterum. Commentatio philosoph.-aesthetica. Leipz. 785.

— quo sensu philosophia meditatio in morbis a veteribus dicta sit ac dici queat. Oratio parentalis in memoriam And. Bratti. 8. Greifsw. 811.

— Rede, gesprochen am Napoleonstage d. Jahres 1809. gr. 8. Rostock 809. Stiller. 6 ℊ 2e Aufl. 812. Stralsund, Löffler. 8 ℊ

—— Reden u. kl. pros. Schriften. Hrsg. v. Gtli. Chrstn. Friedr. Mohnike. 1. Bd. — A. u. d. T.: Uferpredigten u. hymnolog. Aufsätze. gr. 8. (17 B.) Stralsund 831, Struck.

—— dass. 2. Bd. — A. u. d. T.: Akadem. Reden. gr. 8. (21½ B. u. K's. Facsimile gr. 4.) Ebds. 832.

—— dass. 3. Bd. — A. u. d. T.: Dissertationes academicae. 8 maj. (18¼ B.) Ebds. 832.

— Rhapsodieen. 2 Bde. gr. 8. Rostock 790 — 94. 3r Bd. 801. (1r Bd. 2e Aufl. 801.) (Wienbrack in Leipz.) 3 ℛ 18 ℊ

– s. Richardson: Clarissa.

— d. Römer, s. Goldsmith.

TELLOW (d. i. *Ludw. Kosegarten*), Ewalds Rosenmonde. Beschrieben von ihm selber. Mit hübscher Titelvignette. Berlin, bei Chr. Fr. Himburg 1791. 8⁰. (2 Kr. 40 H., Ausrufspreis, Franz Malota's Wiener Nov.-Auct. 1909, no. 673.)

— d. Schattenkönig. 8. Lpz. Rein. 800.

— Sendschreiben an G. Merkel in Berlin. 8. Leipz. 801. Weygand. 2 ℊ

– s. W. Smith. Theorie d. sittl. Gefühle.

— der Staat u. die Juden, eine wichtige Angelegenheit. 8. Hamb. 799. Perthes u. B. 3 ℊ

— s.a. Ströme, die.

— die Ströme. Mit 1 Kpf. Neue Ausg. gr. 8. Stralsund 823, Löffler.

– s. D. Suebilius, Erklärung rc.

— der Tag bei Clermont; eine Rede. gr. 8. Greifsw. 814. Mauritius. 6 ℊ

– s. Tellow, ..., Ewalds Rosenmonde.

— Thränen u. Wonne, drei Bücher. 8. Strals. 778. Koppe in Rostock. 9 ℊ

Kosegarten, L. G., de auctorum sacrorum ipsiusque J. Christi vi atque indole poetica. Rost. 1793. 4; rep. in ejsd. dissertt. acad. p. 243–278.

— Wunne, od. d. Thränen des Wiedersehens. Schspl. mit Ges. 8. Stralf. 780. Koppe. 5 ℊ

Kosegarten, H. G. L., s. Kosegarten, Johann Gottfried Ludwig

Kosegarten, Johann Gottfried Ludwig

Kosegarten, Joannes Godofredus Ludovicus: De academia Pomerana ab doctrina Romana ad evangelicam traducta. Sacra saecularia restitutae academiae Gripesvoldensis celebranda indicturus scripsit –. Gripesvoldiae 1839. 4⁰

—— de Lucis Evangelicae in Pomerania exorientis adversariis. Sacra saecularia publice recitatae ante hos Trecentos annos Confessionis August. inde a d. XXV mensis Junii celebr. 4. (4 B.) Gryphisvaldiae 830, (Koch.)

— s. K. M. Agrell, Supplementa.

– s.a. Alii Ispahanensis liber cantilenarum.

Kosegarten, Joh. Gtfr. Ludw., morgenländ. Alterthumskunde od. Beschreibung d. Religion, Gesetze, Sitten u. Wissenschaften d. alten morgenländ. Völker. 1. Bdchn. 8. (7 B.) Dresden 831. [Zittau, Nauwerck.] 9 Gr., hrbgs. Pr.

– s. Amrui ben Kalthlem Taglebitae Moallacem.

Kosegarten, (J. G. L.,) Bemerkk. üb. den ägyptischen Text eines Papyrus aus der Minutolischen Sammlung. gr. 4. Greifsw. 825, Koch.

—— Chrestomathia arabica ex codicibus mspt. Parisiensibus, Gothanis et Berolinensibus collecta atque tum adscriptis vocalibus, tum additis lexico et adnotat. explanata. 8 maj. (36 B.) Lipsiae 828, Vogel.

Kosegarten, Joh. Gfried. Ludw., Codex Pomeraniae diplomaticus, s. Codex.

— commentat. crit. exeget. in loc. Job. XIX. 25 — 27. 4. Greifsw. 815.

—— Geschichte der Universität Greifswald mit urkundlichen Beilagen. 2 Thle. gr. 4. (XXVII und 642 S.) Greifswald 856,57, Koch's Verlag. *

—— Pommersche u. Rügische Geschichtsdenkmäler, od. alte histor. Berichte u. Urkunden, welche d. Geschichte Pommerns u. Rügens betr. 1. Bd. M. 1 ill. Pommerschen Wappen u. 1 Lithographie (mit Schriftproben.) gr. 8. (24 B.) Greifswald 834, Koch.

Kosegarten, Jh. Gf. Ldw., (eigentl. Hans G. L.,) commentatio exhibens historiam crit. principiorum, quae J. Law Scotus et Philippus dux Aurelianensis regni Franco-Gallici Vicarius in tractandis debitis publicis secuti sunt. 8 maj. Götting. 815. Dieterich. 8 ℛ

Kosegarten, J. G. L., Commentatio exhibens historiam crit. principiorum quae J. Law Scotus et Philippus dux Aurelianensis regni franco-Gallici Vicarius in tractandis debitis publicis secuti sunt. 8maj. Gottingae, Dieterich. 816.

– – Vgl. Kosegarten, Wilhelm

— de Mohammede Ebn Batuta, Arabe Tingitano, ejusque itineribus commentatio academ. 4 maj. Jena 818. Cröcker. 16 ℛ

– s. Th. Kantzow, Pomerania.

— L. Th. Kosegarten's Leben, s. L. Th. Kosegarten, Dichtungen, 12r Bd.

– s. v. Lewis.

— libri coronae legis, id est Commentarii in Pentateuchum Karaitici ab. Aharone ben Elihu conscripti aliquot particulas, ex binis cod. MSs. alt. Jenensi, alt. Lugdunensi primus edid., latine vertit. et illustr. 4. maj. Jenae 824, Schmid.

—— linguae hebraicae litterae, accentus, pronomina, conjugationes, declinationes, numera numeralia et particulae congessit et dispos. Edit. II. emend. 4maj. (2 B.) Jenae 829, Crocker.

—— de prisca Aegyptiorum litteratura Commentat. I. 4maj. (10 B. u. 14 Kpfrt. Fol. u. 4.) Vimariae 828, Landes-Ind.-Compt.

— Nachricht von d. Entstehung u. ersten Beschaffenheit d. Stadt Greifswald. Vorgetr. im Verein der Gewerbfreunde am 23. April 1846. Lex.-8. Greifswald 846, Otte. n. 1/6 ℛ

Kosegarten, Jh. Gttfr. Ldw., Nachricht von der Wiederauffindung der durch Thomas Kantzow eigenhändig geschriebenen zweiten hochdeutschen Abfassung seiner Pommerschen Chronik. Nebst lithogr. Proben der Handschriften Thomas Kantzows u. Niklaus von Klemptzens (auf 1 Blatt). gr. 8. Greifswald 842. (Koch.) n. 1/3 ℛ

– s. Nechschebi.

– s. Taberistanensis Annales, ejusd, id est Abu Dschaferi Mohammed ben Dscherir etc.

Kosegarten, H. G. L., carminum orientalium triga arabicum Mohammedis Ebn seid-ennâs Jaameritae Persicum Nisami Kendschewi Turcicum Emri. 8maj. Stralsund, Löffler. 815.

– (Hrsg.), s. Viṣṇuśarman: Pantschatantrum.

– s. Wiasa, Nala.

—— Wörterbuch der niederdeutschen Sprache älterer und neuerer Zeit. (In ca. 26 Lfgn.) 1. Bd. 1. Lfg. (a—ai.) 4. (XX und S. 1—160.) Greifswald 855(56,) Koch's Vrlgsh. *

Kosegarten, Joh. Gfried. Ludw., Wörterbuch der niederdeutschen Sprache älterer und neuerer Zeit. 1. Bd. 2. und 3. Lfg. 4. (IV und S. 161—440.) Greifswald 859. 60, Koch's Verlag. [2. Lfg. * 1 Thlr. 15 Ngr., 3. Lfg. * 28 Ngr.] *
1. Lfg. Ebendas. 1855. * 1 Thlr. 15 Ngr.

Kosegarten, L. G., s. Kosegarten, Gotthard Ludwig Theobul

Kosegarten, Ludwig, s. Kosegarten, Gotthard Ludwig Theobul

Kosegarten, Ludwig Gotthard, s. Kosegarten, Gotthard Ludwig Theobul

Kosegarten, Ludwig Theobul, s. Kosegarten, Gotthard Ludwig Theobul

Kosegarten, Theodor: Über höher substituierte Glyoxalone. Kiel 1909: Lüdtke & Martens. 38 S. 8°
Kiel, Phil. Diss. v. 4. Sept. 1909, Ref. Harries
[Geb. 3. Nov. 80 Schönhagen, Kr. Eckernforde; Wohnort: Kiel; Staatsangeh.: Preußen; Vorbildung: Gymn. Plön Reife O. 03; Studium: Freiburg i. B. 4, Berlin 2, Kiel 8 S.; Rig. 8. Mai 09] [U 10. 2511

Kosegarten, W., Betrachtungen üb. die Veräusserlichkeit u. Theilbarkeit des Landbesitzes, m. besond. Rücks. auf einige Provinzen der preuss. Monarchie. gr. 8. (8 B.) Bonn 812, König.

Kosegarten, W.: Über eine künstliche Gehörsverbesserung bei grossen Trommelfelloperationen. Kiel 1884.

Kosegarten, W., Rousseau geg. Hobbes, od. üb. d. Dogma d. Souverainetät d. Volkes u. üb. d. wahren Grund d. Herrschergewalt im Staate. 8. (4½ B.) Hamburg 832, (Perthes u. Besser.)

Kosegarten, Wilh., der Einfluss des Kalichloricum u. des Borax auf niedere pflanzliche Organismen untersucht rücksichtlich ihrer Anwendung beim Soor. Inaugural-Dissertation. gr. 4. (61 S. m. 1 Tab.) Kiel 878. v. Maack. n. 1. 20

— **Wilhelm** (Palaeogammensis / Hamburg), Commentatio exhibens historiam criticam principiorum quae Joh. Law Scotus et Philippus dux Aurelianensis regni Francogallici vicarius in tractandis debitis publicis secuti sunt. Götting. (Heinrich Dieterich) 1815. 40 S. (6.—) 19210

– – Vgl. Kosegarten, Johann Gottfried Ludwig

Kosegarten, Wilh., geschichtliche und systematische Uebersicht der National-Oekonomie oder Volkswirthschaftslehre, als Grundlage der Volkswirthschaftspolitik. Ein Leitfaden für Vorlesungen. Lex.-8. (IV und 296 S.) Wien 856, Beck'sche Universitäts-Buchh.

Kosegarten, Wilhelmus (geb. am 28 Nov. 1792 in Altengamm in d. Vierlanden): De valoris et pretii vi et momentis in oeconomia politica ... Bonnae, typ. F. Baaden 1838. 1 Bl., 61 S. 8. ¶ Ein Exemplar mit Vita (vgl. Leser in d. Allgem. D. Biogr.) hat sich nicht auftreiben lassen. — Erschien zugleich selbstandig bei Weber in Bonn.
Bonn, Phil. Fak., Diss. v. [Aug.] 1838

Kosegarten, Wilh., de valoris et pretii vi et momentis in oeconomia politica. Dissert. 8maj. (3½ B.) Bonnae 838, (Weber.) *

Kosel [Schlagwort]

Kosel, s. a. Cosel.

Koser, Rhold., König Friedrich der Große. 1. Bd. 8. Aufl. (XII, 647 S. m. 4 Plänen u. 1 farb. Karte.) Lex.-8. Stuttgart 904. J. G. Cotta Nachf. n. 12.—; geb. in Halbfrz. n. 14.—

— dasselbe. II. Bd. 8. Aufl. (VI, 696 S. m. 5 Taf.) Lex.-8. Ebd. 905. n. 12.—; geb. in Halbfrz. n. 14.—

Koser, R., Friedrich der Große im Jahrzehnt vor dem Siebenjährigen Kriege, s. Taschenbuch, historisches.

Friedrich der Grosse als Kronprinz. Von Reinhold **Koser.** Stuttgart: Cotta 1886. 267 S. 8⁰

— Friedrich der Große als Kronprinz. 2. Aufl. gr. 8. (III, 272 S.) Stuttgart 901. J. G. Cotta Nachf. n. 4.—; geb. in Halbfrz. n. 5. 50

— zur Geschichte der Berufung der Brüder Grimm nach Berlin. (11 S.) Lex.-8. Berlin 905. (G. Reimer.) n. — 50
Sonderabdruck aus: „Sitzungsber. d. preuss. Akad. d. Wiss."

— der Kanzleienstreit, s. a. Abhandlungen, Halle'sche, zur neueren Geschichte.

Koser, Reinh., der Kanzleienstreit. Ein Beitrag zur Quellenkunde der Geschichte des 30jähr. Krieges. gr. 8. (88 S.) Halle 874, Gesenius. * 1 80

Koser, Reinhold: Der Kanzleienstreit. Ein Beitrag zur Quellenkunde des dreissigjährigen Krieges. (T. 1.) Halle (1874): Heynemann. 30 S. 8⁰
Halle-Wittenberg, Phil. Diss. v. 18. Juni 1874
Geb. Schmarsow (Kr. Prenzlau) 7. 2. 1852. V.
Die eingereichte „volumineuse" Arbeit behandelte: Die Anhaltische und Spanische Kanzlei. — Ersch. vollst. im Buchhandel Halle: Gesenius 1874. 88 S. 8⁰ (Hallesche Abhandlungen zur neueren Geschichte. H. 1.)

Die Katastrophe der Schweden in Schleswig-Holstein im Jahre 1713. Von Reinhold **Koser.** Separat-Abdruck aus der Zeitschrift für Preussische Geschichte und Landeskunde. Berlin. 1875. 8⁰.

— die Neuordnung des preuss. Archivwesens durch den Staatskanzler Fürsten v. Hardenberg, s. a. Mitteilungen der kgl. preuss. Archivverwaltung 7. Hft.

Die Neuordnung des Preußischen Archivwesens durch den Staatskanzler Fürsten v. Hardenberg. Von Dr. Reinhold **Koser**, Generaldir. d. Staatsarchive. *Leipzig: S. Hirzel 1904.* (XVIII, 72 S.) 8⁰
= Mitteilungen d. K. Preußischen Archivverwaltung. H. 7. [04. 4932

— Über e. ungedruckte Ode Friedrichs des Grossen v. 1742 „Sur les jugements que le public porte sur ceux qui sont chargés dans la société civile du malheureux emploide politiques". (21 S.) Lex. 8. Berlin 908. G. Reimer. 1.—
Sonderabdr. aus: „Sitzungsber. d. preuss. Akad. d. Wiss."

Das neue Reich und seine Begründer. Festrede geh. zu Bonn 1896 von Reinhold **Koser**. *Bonn 1896: C. Georgi.* (20 S.) 8⁰ [J] [97 1337 11

— über e. Sammlung v. Leibniz-Handschriften im Staatsarchiv zu Hannover. gr. 8. (24 S.) Berlin 902. (G. Reimer.) n. 1.—
Sonderabdruck aus: „Sitzungsber. d. preuss. Akad. d. Wiss."

Koser, Reinhold: Staat und Gesellschaft der neueren Zeit ..., s. Bezold, Friedrich von

— Staat u. Gesellschaft der neueren Zeit, s.: Kultur, die, der Gegenwart II. 5, I. (Bezold, Fr. v.)

Koser, R., s.: Staatsschriften, preussische, aus der Regierungszeit König Friedrichs II.

— über den gegenwärt. Stand der archival. Forschung in Preussen, s. a. Mitteilungen d. k. preuss. Archivverwaltung. 1. Hft.

Über den gegenwärtigen Stand der archivalischen Forschung in Preussen. Von Dr. Reinhold Koser, Gen. Dir. d. Staatsarchive. *Leipzig: S. Hirzel 1900.* (40 S.) 8⁰
= Mittheilungen d. K. Preussischen Archivverwaltung. H. 1. [00. 3333

Koser, Reinhold, Heinrich von Catt's Unterhaltungen mit Friedrich dem Grossen. Memoiren und Tagebücher. Leipzig 1884. 8.

— Aus der Vorgeschichte der ersten Teilung Polens. (7 S.) Lex. 8. Berlin 908. G. Reimer. — 50
Sonderabdr. aus: „Sitzungsber. d. preuss. Akad. d. Wiss."

Koeser, Eugenius, Gissensis: De captivis Romanorum. *Gissae 1904: de Muenchow.* (135 S.) 8⁰
Gießen, Phil. Diss. v. 1904

Koseritz, Karl von (Red.), s. Acacia.

Koseritz, C. v., Bilder aus Brasilien. Mit e. Vorwort v. A. W. Sellin. Mit 19 Illustr. nach Orig.-Aufnahmen. gr. 8. (XIII, 379 S.) Leipzig 885. Friedrich. n. 9.—

Porto-Alegre: Local-Statuten der ger. u. vollk. St. Johannisloge zur Eintracht im Or. von Porto Alegre. [Bearb. von Karl **v. Koseritz.**] [Porto Alegre ca 1875: Buchdr. der deutsch. Ztg.] V, 70 S. 8⁰ [Umschlagtit.]
Tt. 1210.

Koseritz, C. v., O. Dörffel und A. W. Sellin, Rathschläge für Auswanderer nach Südbrasilien. Auf Veranlassung des Vereins für Handelsgeographie und Förderung deutscher Interessen im Auslande zu Porto Alegre [Provinz Rio Grande do Sul] bearb. 2. umgearb. und verm. Aufl. 8. (V, 97 S. mit 1 lithogr. und color. Karte von Henry Lange.) Berlin 885, Allgem. Verlags-Agentur. *M. 1.60.; geb. *

Rathschläge für Auswanderer nach Südbrasilien. Auf Veranl. d. Central-Ver. f. Handelsgeogr. u. Förderg deutscher Interessen im Auslande zu Berlin hrsg. v. dessen Vorsitzenden, Dr. R[obert] Jannasch, bearb. v. Carl v. **Koseritz** in Porto Alegre ..., O. Dörffel, weil. deutscher Consul in Joinville ... u. A[lfred] W. Sellin, vorm. Colonie-Dir. v. Nova Petropolis .. 3. umgearb. u. verm. Aufl. M. 3 Kt. ... *Berlin: Allgem. Verlags-Agentur 1897.* (XI, 93 S., 3 Kt.) 1 Bd 8. [98. 2430

Koseritz' deutscher Volkskalender f. Brasilien auf d. J. 1903. 30. Jahrg. Red. v. Emil Gans. 8. (424 S.) Porto Alegre, Krahe & Co. n. 1. 50

Koseritz' deutscher Volkskalender f. Brasilien auf d. J. 1907. 34. Jahrg. (450 S.) kl. 8. Porto Alegre, Krahe & Co. n. 1. 50

Koseritz' deutscher Volkskalender f. Brasilien auf d. J. 1910. 37. Jahrg. (536 S.) kl. 8. Porto Alegre, Krahe & Co. 1. 50

Koseritz' deutscher Volkskalender für die Prov. Rio Grande do Sul auf die J. 1880—1885. 7.—12. Jahrg. 8. (à Jahrg. ca. 180 S. mit je 1 Portr.) Porto Alegre, Gundlach und Comp. à Jahrg.

Koserow [Schlagwort]

Koserow, s.: Usedom.

Košetický, Evermoda, kázaní na neděle celého roku. Rukopis sedmnáctého století. Vydali Ervin Weyrauch a Egon K. Brém. Prag 864. Hess. gr. 8. (262 S.) 28 ngr

Kosewitz, Al., s.: **Kossowicz, Alex.**

Koesfeld [Schlagwort]

Koesfeld, s.: Deutschland. Karte. (Abt. Preussen.) — Münster. — Westfalen. Grundkarte.

Kosi, Anton. Umni kletár. Celovec, St. Hermagoras-Druck., 1901. 128 S.

Kosič, M., Kraljevica (Porto-Ré). (130 S. m. Abbildgn., 2 Taf. u. 1 Karte.) kl. 8. Agram (906). (G. Trpinac.) n.n. 1. —

Kosjek, Jul., aus den Papieren eines Vertheidigers. gr. 8. (62 S.) Graz 884. (Leipzig, Roßberg'sche Buchh.) *

Kosima, Urasaburo [aus Japan]: Aus d. chirurg. Klinik zu Göttingen. Über den Verlauf und Ausgang der tuberkulösen Erkrankung des Ellenbogengelenkes ... Leipzig, Druck v. J. B. Hirschfeld, 1892; 2 Bl., 80 S. 8.
Göttingen, Med. Fak., Inaug.-Diss. v. [14. März] 1892

Kosin, C., practischer **Leitfaden** zum Erlernen der russischen Sprache. 3 Curse. gr. 8. Libau, Zimmermann. [1. Cursus. (XVII, S. 1—172.) 878; 2. Cursus. (S. 173—348.) 878; 3. Cursus. (S. 349—528 und X S.) 880.]
à Cursus * M 1,80. *

— **Leitfaden** zum Unterricht in der russischen Sprache. 1. Lfg. gr. 8. (XVI, 32 S.) Riga 876, Kymmel. cart. *
Nicht weiter erschienen.

— russisches **Lesebuch**. 2 Thle. in 1 Bde. gr. 8. (VI, 30; 98 S.) Libau 879, Zimmermann. *

— russisch-deutsches **Wortregister** zum „Practischen Leitfaden" und zum „Lesebuch". gr. 8. (IV, 99 S.) Ebendas. 879. *

Kosinski, Ad. Am., Powiastki i opowiadania żołnierskie z wojen od 1799 do 1812 R. 3 Tomy. 8. Lipsk 845, Librairie étrangère. 4 1/2 ₰

Kosiński, Ignacy: Die Athmung bei Hungerzuständen und unter Einwirkung von mechanischen und chemischen Reizmitteln bei Aspergillus niger. Mit Taf. III. *Leipzig: Gebr. Borntraeger 1901.* (68 S.) 8° ¶(Aus: Jahrb. f. w. Botanik, Bd 37.)
Leipzig, Phil. Diss. v. [2. Jan.] 1902

Kosinsky, B[enzion], a. Kiew: Aus d. kgl. Univ.-Frauenklinik München. Vorstand: Prof. Dr. Döderlein. Eklampsiefälle der kgl. Universitäts-Frauenklinik München von 1884—1907. München 1908: M. Ernst. (59 S.) 8°
München, Med. Fak., Ref. Döderlein, Diss. v. 11. Mai 1908
[Geb. 14. Aug. 81 Kiew; Wohnort: Kiew; Staatsangeh.: Rußland; Vorbildung: Gymn. Kiew Reife Juni 00; Studium: Kiew 4, München 4, Wien 1, München 1 S.; Rig. 11. Mai 08.]

Kosiolek, Paul, Erwägungen über die Arbeiterfrage. Den deutschen Arbeitern und Arbeiterfreunden gewidmet. 8. (42 S.) Breslau 872, Geerlich und Coch. * — 40

Kositzky, Karl Ernst

Kositzky, Carl Ernst, Abhandlung von dem Schaden des Einwickelns u. Tragens der Kinder, wie auch der Schnürbrüste. Uebers. (aus d. Latein.) mit Anmerkgn. von P. G. Jördens. Erlangen, Heyder, 1788. 8°. (1/4 Rthl.)
Kayser, B.-Lex. 1827. I. p. 668.

— v. **Schaden des Einwickelns der Kinder und der Schnürbrüste.** 8. Erl. Breuning. 788.

Kositzki, C. E., noxae fasciarum gestationis et thoracum. 8. maj. Gött. Dieterich. 775.

Kosius, Frid.

(—), F. K. Commentatio de corporibus dissimilaribus et præcipue quantitatibus, quae illis accedunt. Kilonii. U. A. 4.

Kosius, Frid., Commentatio de situ loci geographici diversis modis determinando et trigonometricis præceptis eo pertinentibus. Kiliae. 1746. 4. P. (M. 2 Tvl.).

— Chronologiae historicae subsidia mathematica. Kilonii. 1748. 4.

(—), F. K. Commentatio de superficiebus geometricis earumque generibus, proprietatibus, complanationibus et sectionibus. Kilonii. 1749. 4. P. (M. 1 Tvl.).

Koska, F., die Bäder der Grafschaft Glatz u. ihre Umgebungen. 15 (lith.) Ansichten nach der Natur gezeichnet, lithogr. von Loeillot. Breslau (853.) E. Trewendt. qu. Fol.
n. 3 ₰. 20 ngr.; einzelne Blätter à 7 1/2 ngr.

— **Salzbrunn,** Altwasser u. Charlottenbrunn. 14 (lith.) Ansichten nach der Natur gezeichnet, lithogr. von Loeillot. Ebend. (853.) qu. Fol. n. 3 ₰. 10 ngr.
einzelne Blätter à 7 1/2 ngr.

Koska, F., Sudeten-Album. Die Schlesischen Bäder u. ihre Umgebungen. Nach der Natur gezeichnet. 1. Lfg.: Salzbrunn mit Altwasser u. Umgebungen. qu. Fol. (8 lith. Bl.) Breslau 848, Trewendt & Granier. 2 ₰; color. n. 5 1/3 ₰ Einzelne Bl. 1/4 ₰; color. n. 2/3 ₰

— **Warmbrunn** mit Umgebungen. 18 (lith.) Ansichten nach der Natur gezeichnet, lithogr. von Loeillot. Ebend. (853.) qu. Fol. n. 4 ₰. 10 ngr.; einzelne Blätter à 7 1/2 ngr.

Koska, Ferd., der Jugendlehrer 2c., s. **Jugendlehrer.**

Koska, Fd., Vorlegeblätter im Landschaftszeichnen. Enthalt.: Eine stufenweise u. zweckmäßig geordnete Auswahl von landschaftlichen Gegenständen, welche vom Leichten zum Schweren übergehend, Lust und Freude am Zeichnen erwecken u. sowohl für Schulen- als zum Selbstunterricht bestimmt sind. 2 Hefte. qu. gr. 8. Breslau 833. Aderholz. (à Hft. 1/2 ₰) 1 ₰

— dass. 2 Hefte. (à 18 lithogr. Blätter.) qu. gr. 8. Breslau 838. Heinr. Richter. (à 1/2 ₰) 1 ₰

Kosmann, F. W. A., das gerichtl. Kosten- u. Rechnungswesen in d. Preuß. Staaten, od. Zusammenstell. d. Salarienkassen-Reglements u. sämmtl. gerichtl. Gebühren-Taxen mit d. dies. ergänz. Verordn. 2 Bde. gr. 8. (58½ B.) Magdeburg 829, Rubach.

— die Präjudizien des Königl. Ober-Tribunals seit dem Schlusse des Jahres 1848. bis zum Anfange des Jahres 1855, mit Ausschluß der auf die Strafgesetze bezüglichen, gesammelt u. nach der Paragraphenfolge der Gesetzbücher geordnet. Stettin 855. Nagel. gr. 8. (2 Bl., 152 S.) n. 20 ngr.

Kosmann, F. W. A. Statutar-Recht der Stadt Alt-Stettin, vgl.: Zelter. Das Statutarrecht.

Kosmann, F. W. A.: Das Statutar-Recht der Stadt Alt-Stettin unter Benutzung amtl. Quellen dargestellt. Stettin 1845.

Kosmann, H. B., Geognostische Beschreibung des Spiemont bei St. Wendel. Ein Beitrag zur Kenntnis des Überkohlengebirges und des Melaphyrs. Bonn, 1868. 60 S. mit 2 Taf.

Kosmann, H. B., Die Entsäuerung der Röstgase durch Schwefelkalziumlauge. Essen 1894. 9 S.

Kosmann, H. B., Die Entwicklung und die Zukunft der westfälisch-rheinischen Eisenindustrie. Berlin, 1901. 16 S.

Kosmann, H. B., Der Metallbergbau im Schmiedeberger und Katzbachgebirge. Breslau 1867. 14 S.

Kosmann, H. B., Die Toneisensteinlager in der Bentheim-Ochtruper Mulde. Düsseldorf, 1896. 3 S. mit 2 Abb.

Johann Wilhelm Andreas Kosmann

Des Herrn Ritters Pinetti de Merci physikalische Belustigungen oder Erklarung der saamtlichen in Berlin angestellten Kunststücke desselben. Von J[ohann] W[ilhelm] A[ndreas] Kosmann. Berlin: Belitz & Braun 1796. VIII, 160 S. 8°

— des Ritters v. Pinetti de Merci physikal. Belustigungen, od. Erklärung sämmtl. Kunststücke desselben. 2 Stcke. 8. Berl. 797. Belitz. (à 12 gr) 1 rthl

— Beschreibung der Dienstjubelfeier d. General-Maj. v. Merkatz. 8. Berl. 797. Belitz. 6 gr

Kosmann, Joh. Wilh. Andr., Beschreibung des den 6. Dec. 1796 von den Offizieren der Artillerie gef. 50jähr. Dienstjubiläums des Hrn. Joh. Friedr. von Merkatz. Königl. Preuss. Generalmajors. (Mit 1 Kupfert.) Berlin. 8.

Kosmann, Jh. Wlh. Andr. Betrachtung der Gründe für und wider die General-Tabaks-administration. 8°. Berlin (Fr. Fleischer in Leipzig) 1797.

— Betrachtung der Gründe für u. wider d. Tabaksadministration. 8. Berl. 797. (Fr. Fleischer in Leipz.) 4 gr

— philosoph. Betrachtt. über den Differential- u. Integralkalkul. 8. Gotha 795.

— Beweis, daß d. Raum kein allgem. Begriff, sondern eine reine Anschauung sei rc. gr. 8. Bresl. u. Leipz. 790.

— Beweis, daß die Gruson'sche Rechenmaschine keine neue Erfindung sei. 8. Berl. 794.

Kosmann, Jh. Wlh., Andr., Berlin. Blätter. 1s—3s Hft. 8. Berl. 803. Schöne. 3 rthl Hbg. Pr. 1 rthl 12 gr

— s. Buat: Grundlehren der Hydraulik.

Kosmann, Jh. Wlh. Andr., (†d. 10. Sept. 1804.) Denkwürdigkeiten d. Mark Brandenburg. 8. Berl. 783. Sander. 1 rthl 6 gr

— s.a. Denkwürdigkeiten und Tagesgeschichte der Mark Brandenburg.

Denkwürdigkeiten und Tagesgeschichte der Mark Brandenburg. Herausgegeben von J. W. A. Kosmann und Th. Heinsius. 8 Jahrgänge (10 Bde.). Berlin 1796—1803. 8.

— Elemente der Stereotomie u. deren Anwendung auf d. Steinschnitt. 2 Thle. Mit Kpf. gr. 8. Berl. 798, 99. Belitz. 1r Thl. 1 rthl 4 gr

— Erdbeschr. v. Egypten — ist alte Erdbeschr. rc.

* Kosmann, J. W. A., Erdbeschreibung von Aegypten. Neue Aufl. 8. Leipz. Sommer. 805. Rthlr.

— Geschichte der Stadt Schweidnitz; ein Lesebuch für die Jugend. 8. Bresl. 786. W. G. Korn. 8 gr

— Geständnisse üb. meine Schrift: „Für die Juden" betreff. 8. Berl. 804. Schöne. 6 gr

— Handbuch der alten Erdbeschreib. für Erzieher u. Jünglinge. 1s Bdchn. (Aegypten.) 8. Bresl. 788. N. Aufl. 805. (W. Rauck in Leipz.) 10 gr

— für die Juden; ein Wort zur Beherzigung an die Freunde der Menschheit. 8. Berl. 1e u. 2e A. 803. 3e A. 804. Schöne. 6 gr

— histor. Kleinigkeiten. 8. Frkf. u. Lpz. 791. (Belitz in Berl.) 4 gr

— Leben u. Thaten Friedrich Wilhelms II. 8. Berl. 798. Belitz. 6 gr

— s. Lebensgeschichte Friedrich Wilhelm's II., Königs von Preußen.

— Lehrbuch d. Hydraulik, ist: W. J. Mönnich, Lehrbuch d. Mathematik. 2n Thls. 2r Abschn.

* Kosmann's Lehrbuch der Hydraulik. Berlin, b. Lange. 454 S. 8. 1797

— allgem. Magazin f. krit. u. populäre Philosophie. 1r Bd. u. 2n Bds. 1s Stck. 8. Bresl. 791—94. (W. Rauck in Leipz.) 1 rthl 18 gr

— satyrische Skizzen. 8. Frankf. u. Leipz. 787. Gutsch. 8 gr

SPITZBART der zweite oder die Schulmeisterwahl. Ein Gemählde menschlicher Entwürfe, Leidenschaften und Thorheiten. Nicht Roman, sondern Beytrag zur Philosophie u. Geschichte der Menschheit. Als ein Pendant zum Leben des Herrn M. Sebaldus Nothanker. (Vf.: *Joh. Wilh. Andr. Kosmann.*) Mit Titelvignette. Berlin und Halle (Breslau, Gutsch) 1785. 8°. (8 Mk. Adolf Weigel, 1911.)
Anon.-Lex. IV. p. 108 (nach Goedeke); Weller, fing. Dr. Der Roman enthält einige freie Stellen im IX. Kap., „welches alle Frauenzimmer gebeten werden zu überschlagen". — Kap. IV. Der Mopsorden. — Freie und bissige Satire auf das Treiben der Geistlichen im Norddeutschland gegen Ende d. XVIII. Jahrh.

Kosmann; Für und wider die Tabacks-Administration. Berlin, 1797.

— geograph.-polit.-statist. Tabellen v. Deutschland. 8. Bresl. 785.

— histor.-polit.-geograph. Tabellen von Europa. 8. Schweidnitz 785. (Belitz in Berl.) 2 K

— Theophron; zum ersten Unterricht in d. Religion. 16 Hft. 8. Schweidnitz 784. Gutsch. 3 K

— Versuch üb. die Befestigungskunst ꝛc. 2 Bde., s. v. Bousmard.

Kosmann, J. W. A.: „Versuch einer Darstellung der Cameralverfassung in den königlich preussischen Staaten, als Probe eines grösseren unter diesem Titel nächstens erscheinenden Werkes", Berlin 1800.

— Versuch e. Darstell. der Kameralverfassung in d. Preuß. Staaten. 8. Berl. 800. Belitz. 3 K

— Versuch eines Handbuchs d. Religion f. Kinder nied. Schulen. 16 Hft. 8. Schweidnitz 784. (Sommer in Leipz.) 4 K

Kosmann, W., Vers. e. Theorie d. deutsch. Styls. 3 Thle. 8. Berlin, Himburg. 794—95. (1r 2r à 16 gr. 3r 20 gr.) Rthlr.

— Versuch e. Theorie des deutschen Styls. 3 Thle. 8. Berl. 794, 95. (Reimer). 2 ℛ 4 K

— Versuch einer vollständ. Theorie d. Gewölbe. 16 Hft. (Auch u. dem T.: Gene's Anweis., den Inhalt d. Kugelgewölbe ꝛc. zu berechnen.) Mit Kpf. 8. Berl. 799. Belitz. 14 K

Kosmann, Constantin Philipp (Neubreisach)
Recherches sur la Résine du Bonleau (Betula alba, L.).
[In: Journal de Pharmacie et des Sciences accessoires. Paris. Vol. 26, 1854, S. 197-208.]
Dr. phil. Giessen 2.3.1854.

Kosmann, Todres

Kosmann, T., (Odessa): Zur Kasuistik der Beckenfrakturen bei Kindern. ⟨Aus der Kinderklinik in Basel. Prof. Hagenbach-Burckhardt.⟩ Odessa 1908. 30 S. 8°.
Basel. Med. Diss. 1907/08.

Kosmann, T[odres]. Zur Kasuistik der Beckenfrakturen bei Kindern. ⟨Aus der Kinderklinik in Basel, Prof. [Eduard] Hagenbach-Burckhardt⟩. Diss. Med. Basel. 30 S. 8. Odessa, Buchdr. «Gutenberg», 1908.

Kosmann, V., s. Kosmann, Johann Wilhelm Andreas

Kosmann, W., s. Kosmann, Johann Wilhelm Andreas

Kosmar, s. Cosmar.

Kosmas u. Damian. Texte u. Einleitg. v. Ludw. Deubner. (VII, 240 S.) gr. 8. Leipzig 907. B. G. Teubner. 8.—; geb. in Halbfrz. 9.—

Rede am Sylvester-Abend zum Jahr 1813 in der Loge zu den drey Degen in Halle gesprochen vom Br. [Joh. Traugott Mich.] Kosmeli. Halle 1813: Schimmelpfennig. 16 S. 8°
Wesen e. in Geist u. Gemüt vollendeten Menschen, d. h. e. Maurers.

Kosmeli, Michael

Kosmeli, M., s. Cosmeli (eigentlich ist Kosmeli richtiger).

— s.a. Aeffin, Die.

AEFFIN, Die Zwei und vierzig jährige. Das vermaledeiteste Märchen unter der Sonne (von *Michael Kosmeli*). 2 Thle. Wien u. Berlin (Hamburg, Vollmer) 1800. 8°.
Satyr. Roman, zum Theil freien Inhalts. I: TKpf., VIII u. 184 S. II: VI u. 189 S. Kayser p. 3 giebt den Titel ungenau; Weller, fing. Druckorte.

Kosmeli, Michael, harmlose Bemerkungen auf einer Reise nach Petersburg, Moskau, Kiew nach Jassy. 8. Berlin 822. (A. Förstner.) $1^1/_4$ ℛ

Kosmeli, (M.,) harmlose Bemerkungen über Petersburg, Moskau, Kiew nach Jassy. 8. Berlin 823, Schüppel.

BIOGRAPHIE einer Aeffin (von *Michael Kosmeli*, oder *Cosmeli*). Altona 1800.
Anon.-Lex. I. p. 241 (nach Meusel u. Neuer Necrolog d. Deutschen).

Kosmeli, Rhapsodische Briefe auf einer Reise in d. Krimm u. die Türkey. 1r. 8. Halle, Gebauer. 813.

— s. Le Suire: Mirabeau's erstes Abentheuer.

— s.a. Lindor: Seitenstück zu Schlegels Lucinde.

LINDOR. Seitenstück zu Fr. Schlegels Lucinde (von *Mich. Kosmeli*). Altona 1799. 8°.
Ziemlich zahm. — Sehr rare erste Ausgabe.

— — Dasselbe, tit.: Lindor. Seitenstück zur Lucinde von Schlegel. (Portr. des Helden.) Mainz u. Hamburg, bei Gottfried Vollmer: 1801. 8°.
Gestoch. Tit. u. 142 S., nebst 1 Bl. Anz.

Kosmeli, Mch., Osterblumen. Erzählungen. 1) Die Sekretärs. 2) Die zufällige Heirath. 3) Der Traum. 4) Die verwelkte Blume. 8. Halberst. 827. Helm. 1 ℛ

REISE ins Paulinerkloster im Fürstenthum Scheerau. (Jocoser und freier Roman von *Michael Kosmeli*.) Hamburg, 1801. Bei Friedr. Herm. Nestler u. in Commiss. d. Hilscherschen Buchh. in Leipzig. 8°. ($^1/_2$ Rthl. Scheible, vor 1875; jetzt theurer!)
Titel u. 125 S. — Fehlt in Kayser's Roman-Verzeichnissen von 1827 u. 1836.

— — Dasselbe. Hamburg und Mainz 1801. 8°.
Anon.-Lex. III. p. 359 (nach Schröder, Engelmann, Recke-Napiersky, Kayser, Meusel, Goedeke).

Kosmeli (auch Cosmeli), Mich., die Waise. 2 Thle. 8. ($20^1/_2$ B.) Leipzig 832, Nauck.

Kosmely, Michael
s. Cosmeli, Michael

Kosmetik. Kurzgefasste Anleitg. f. die Schönheitspflege. Von e. Mediziner. Für Jedermann. 8. (16 S.) Strassburg i/E. 890. (Schultz & Co. Sort.) — 60

Kosmetik. Kurzgefasste Anleitg. zur Schönheitspflege. Von e. Mediziner. 2. Aufl. 12. (16 S.) München 893 Münchner Handelsdruckerei u. Verlagsanstalt, M. Poessl. — 60

Kosmik, Karl: Das Dreieck, vornehmlich betrachtet in Bezug auf die ihm zukommenden besonderen Kreise und deren Radien. S. 3 bis 27. 8. Progr. K. k. Staats-Gymn. *Mähr.-Weißkirchen* 1905.

—: Pythagoreische Dreiecke und diesbezügliche Vierecke. (Zum großen Teile im engen Anschlusse an die Abhandlung . . ., welche im Jahresberichte . . . 1904—1905 enthalten ist.) (Umschlagtitel: . . . Vierecke.) S. 3—41. 8. K. k. Staats-Gymn. *Mähr.-Weißkirchen* 1906. Progr.

Kosmos, Berliner. Monatsschrift f. Litteratur, Kunst u. Wissenschaft. Hrsg. v. Bruno Eichholz u. Rich. Hennig. Red.: Wilib. A. Conard. 1. Jahrg. Apr. 1894—März 1895. 12 Hfte. (3 Bog.) gr. 8. Berlin, J. Bohne. n. 4.20; einzelne Hfte. n. — 50

Kosmos f. die Jugend. 1. Serie. Neue gänzlich umgestalt. Aufl. 1. Gruppe. 1—3. u. 8. Bd. u. 2. Gruppe. 1—3. Bd. gr. 8. Leipzig 872. Spamer. Subskr.-Pr. à Bd. n. 2. —; Einzelpr. n. 15. 50

I. 1. Himmel u. Erde. Einführung in die Himmelskunde. Für die reifere Jugend. Von Jak. Rey. Mit üb. 100 Text-Illustr. (in Holzschn.), 4 Tonbildern u. e. bunten Titelbilde. (VIII, 216 S.) n. 2. —

2. Die Schöpfung der Erde. Die Urwelt u. die Urgeschöpfe bis zum Auftreten d. Menschen. Blicke in das Erdinnere, Wandergn. in die Gebirgswelt, namentlich unseres Vaterlandes, nach Kreuz u. Quer. Mit reiferen Schülern unternommen v. Ed. Hintze. Mit üb. 200 Text-Illustr. (in Holzschn.), 5 (lith.) Tonbildern, e. Frontispice, e. bunten Titelbilde u. 6 Karten. (XII, 328 S.) n. 2. 50

3. Räthselhafte Dinge od. wie sich die Steine bewegen. Einführung in die Grundgesetze der Natur. Erlebnisse u. Schildergn. während e. Ferienreise. Von Rich. Röhrich. Mit üb. 70 Text-Illustr., 5 Tonbildern u. e. bunten Titelbilde. (XII, 248 S.) n. 2. 50

8. Thiergeschichten f. die Jugend. Unsere lieben Hausfreunde in Heimat u. Fremde; was sie nützen u. womit sie uns erfreuen. In Charakterzügen, Schildergn. u. Anekdoten aus der Thierwelt f. die Jugend v. Herm. Pösche. II. Mit 110 Text-Abbildgn., 5 Tonbildern u. e. Titelbilde. (VIII, 264 S.) n. 2. 50

II. 1. 2. Die denkwürdigsten Erfindungen bis zu Ende d. 18. Jahrh. Schilderungen f. die reifere Jugend. In Verbindung m. F. Luckenbacher hrsg. v. Louis Thomas. 2 Bde. 5. verm., gänzlich umgearb. Auflage. Mit 340 Text-Illustr., 8 Tonbildern u. 2 bunten Titelbildern. (VIII, 232 u. VI, 220 S.) à Bd. n. 2. —

3. Buch der denkwürdigsten Entdeckungen aus dem Gebiete der Länder- u. Völkerkunde. In Schildergn. f. die Jugend hrsg. v. Louis Thomas. I. Die älteren Land- u. Seereisen bis zur Auffindg. der Seewege nach America u. Indien. 4. gänzlich umgearb. Aufl. Mit üb. 100 Text-Illustr., 4 Tonbildern u. e. bunten Titelbilde. (X, 232 S.) n. 2. —

Kosmos, neuer. Familienblatt f. die schönwissenschaftl. Litteratur aller Völker. Hrsg. von F. v. Khaynach und L. Stein. 1. Jahrg. Apr. 1889—März 1890. 12 Hfte. gr. 8. (1. Hft. 106 S. m. 2 Bildnissen.) Münster i/W., Verlag d. „Neuen Kosmos". à Hft. n. 1. —

Kosmos, Poetischer. Natur und Mensch im Spiegel deutscher Dichtungen. Stuttg. 1868. H: *Mayer, F.* (Russell XVI, III, 2, 2192)

Kosmos, poetischer. Natur u. Mensch im Spiegel deutscher Dichtgn. Stuttgart 868. Grüninger. 16. (XVI, 536 S.) In engl. Einb. mit Goldschn. 2 ₰

Kosmos-Adreßbuch der deutschen Jndustrien für das Jahr 1898. Karlsruhe i. B. 1898

Kosmos-Jahrbücher. Jahrbuch der Vogelkunde v. Kurt Floericke. 1. u. 2. Bd.: Die Forschungsergebnisse u. Fortschritte der paläarkt. Ornithologie in d. J. 1907 u. 1908. gr. 8. Stuttgart, Franckh. 4. 80
I. (94 S.) 908. 2.—. — II. (130 S.) 909. 2.80.

Kosog, Rede am „goldenen Blücherfeste" den 30. Aug. 1863 gehalten auf dem Buchholzberge bei Löwenberg. 8. (10 S.) Bunzlau 863, Appun's Buchh.

Kosovel, V.: Warenkunde u. Technologie, s. Reichl, Eduard.

Kösporer, Joh. Nepom.

Kösporer, J. N., alte u. neue Kirchenlieder zum Gebrauche beim öffentl. kathol. Schulgottesdienste für ein- oder zweistimm. Chor mit oder auch theilweise ohne Orgelbegleitung. Freysing 868. Datterer. 16. (80 S.) geb. n. 6 ngr.

— Leitfaden beim Gesang-Unterricht für die Hand der Schüler. 2. verm. Aufl. Ebend. 868. gr. 8. (55 S.) n. 6 ngr.

Kösporer, Joh. Nep., Leitfaden beim Gesang-Unterricht für die Hand der Schüler. 4. Aufl. 8. (55 S.) Freising 882. Datterer. — 30

Kösporer, Joh. Nep., Leitfaden beim Gesang-Unterricht für die Hand der Schüler. 5. Aufl. 8. (55 S.) Freising 886, Datterer.

Kösporer, Joh. Nepom., Leitfaden beim Gesang-Unterricht f. die Hand der Schüler. 6., vollständig umgearb. u. verm. Aufl. 8. (100 S.) Freising 892. Dr. F. P. Datterer. n. — 60

Kösporer's Leitfaden beim Gesangunterricht f. die Hand der Schüler in Mittelschulen, Instituten rc. 7. vollst. umgearb. u. verm. Aufl. v. Herm. Meilbeck. 8. (IV, 116 S.) München 900. Dr. F. P. Datterer & Co. n. — 75

Kösporer, Joh. Nep., deutsche Schul-Messe für 1 oder 2 Singstimmen mit Orgelbegleitung in Musik gesetzt. (Partitur und Stimmen.) Freysing 861. Datterer. qu. Fol. (8 S.) 10 ngr.

Die Geschichte der Möpse; dem Lieblingshunde Sr. Kön. Hoheit des Herrn Marggrafen von Schwedt, Hanswursten, zugeeignet vom Kammerherrn, Baron v. Kospoth. Schleiz: Mauke 1781. 72 S. 8°
Kl. 3699.
[Heinsius: Allg. Bücher-Lexikon. 2 (1812) Sp. 644.]

KOSPOTH, Baron von, Karl und Charlotte, eine Geschichte. Verfertigt u. in Musik gesetzt vom Kammerherrn —. O. O. 1787. 12°. 8 Bll., enth. 24 achtzeil. Str. (Im Besitze des Univ.-Prof. Albert Köster in Lpz.)

Charlotte war von Jugend auf
Das Muster guter Mädchen,
Untadelhaft ihr Lebenslauf,
Der Liebling in dem Stadtchen. etc. etc.

Graf v. Kospoth. *August* (Curator): *Ansprache bei Übergabe des von Sr. Maj. dem Kaiser und König gestifteten Allerhöchsten Bildnisses.* 4 (S. 10–11 d. Schuln.)
Progr. Kgl. Ritter-Akademie *Liegnitz* 1899

KOSPOTH, Otto Karl Frhr. v.: Abbildung und Beschreibung aller in Deutschland wildwachsenden Bäume und Gesträuche. Nebst einigen bei uns im Freien fortkommenden ausländischen Holzarten. - Erfurt, Gotha 1802

v. Kospoth, Frhr. Otto Karl Erdm., († d. 23. Juli 1817.) Beschreib. u. Abbildung aller in Deutschland wildwachs. Bäume u. Sträucher; nebst einigen bei uns im Freien fortkomm. ausländ. Holzarten. 14 Hft. Mit ill. Kpf. 4. Erfurt (u. Gotha) 802. Hennings. 12 ℛ

KOSPOTH, Otto Karl Frhr. v.: Sammlung von Holzarten, der deutschen sowohl als derjenigen ausländischen, die im deutschen Klima fortkommen. 1. H. mit 10 Holzarten in einer Pappkapsel, worin Rinde, Ast, Saamen, Blüthe, Blatt sowohl in natura, als in Abbildung sich befinden nebst Beschreibung. - Weimar 1801

Kospoth, William Graf, Schloß Lémorand. Roman. 8. (231 S.) Leipzig (902). H. Seemann Nachf. n. 4. —; geb. n. 5. —

Koss, v., Geneal. Nachrichten von der adeligen Familie von Koss. Rostock 1789. fol.

Koß, Augustus, Auge um Auge —! Ein amerikan. Roman. (183 S.) 8. Gotha (905). Verlagsanstalt u. Druckerei (H. Bartholomäus). n. 1. —

Koss, H., Lesebuch z. Unterrichts-Buch der deutschen Einheits-Stenographie, s.: Reuter, Wilh.

Koss, H., Unterrichtsbuch der deutschen Einheits-Stenographie nach Gabelsbergers System, s.: Reuter, Wilh.

– Unterrichts-Buch der deutschen Kurzschrift, s. Reuter, Wilh.

Koss, Henning, v., Führer durch die Opern, s.: Melitz, Leo.

Vademecum für Gabelsberger'sche Stenographen. Kurzer Lehrgang d. Deutschen Einheits-Stenogr. von H[ubert] **Koss**, Lehrer zu Aachen. *Aachen: A. Jacobi & Cie. 1899.* (34 S.) 8° [Umschlagt.]

Kimmtiefen-Beobachtungen, ausgeführt von Karl **Koss**, k. u. k. Linienschiffs-Lt. (Mit 8 Taf. u. 2 Textfig.) *Wien: K.-k. Hof- u. Staatsdr. 1899.* (26 S.) 4°
Aus: Denkschriften d. Kais. Akad. d. Wiss. Math.-naturw. Cl. Bd 69.
– **Expedition** S. M. Schiff 'Pola' in d. Rothe Meer. Südl. Hälfte. Wiss. Ergebnisse. 10.
(Berichte d. Comm. f. oceanograph. Forschungen.)

Koss, Karl, Kimmtiefen-Beobachtungen. gr. 8. (10 S. m. 1 Fig.) Pola 900. (Wien, C. Gerold's Sohn.) n. —50
Sonderabdruck aus: „Mitth. a. d. Geb. d. Seewesens".

— u. Emerich Graf Thun-Hohenstein, Kimmtiefen-Beobachtungen zu Verudella. gr. 4. (82 S. m. 6 Fig. u. 13 Taf.) Ebd. 900. n. 7.90
Sonderabdruck aus: „Denkschr. d. k. Akad. d. Wiss."

Zeit- und Orts-Bestimmungen, ausgeführt von Karl **Koss**, k. u. k. Linienschiffs-Lt. (Mit 1 Taf.) *Wien: K.-k. Hof- u. Staatsdr. 1898.* (129 S.) 4°
Aus: Denkschriften d. Kais. Akad. d. Wiss. Math.-naturw. Cl. Bd 65.
– **Expedition** S. M. Schiff 'Pola' in d. Rothe Meer. Nördl. Hälfte. Wiss. Ergebnisse. 1.
(Berichte d. Comm. f. oceanograph. Forschungen.)

Zeit- und Orts-Bestimmungen, ausgeführt von Karl **Koss**, k. u. k. Linienschiffs-Lt. Mit 4 Textfig. *Wien: K.-k. Hof- u. Staatsdr. 1899.* (118 S.) 4°
Aus: Denkschriften d. Kais. Akad. d. Wiss. Math.-naturw. Cl. Bd 69.
– **Expedition** S. M. Schiff 'Pola' in d. Rothe Meer. Südl. Hälfte. Wiss. Ergebnisse. 11.
(Berichte d. Comm. f. oceanograph. Forschungen.)

Koss, Morduch, aus Byten, Rußl.: **Beiträge zur Abscheidung und Bestimmung des Cers.** *(Berlin 1904: E. Ebering.)* (46 S.) 8°
Berlin, Phil. Diss. v. 23. März 1904

Koß, R., das Gastspiel der Meidinger, s.: Fastnachts-Bühne.

Koß, Rich., Im Dunkeln, s. Preis-Humoresken, drei.

— englisch Lessons, s. Bloch's, E., Theater-Correspondenz.

Koß, Rich., gesammelte humoristische Vorträge. 1. Heft. gr. 8. (61 S.) Berlin 884, Polytechn. Buchhandlung. *

— dass. — 2. Heft. gr. 8. (68 S.) Berlin 885, (Gropius'sche Buchh.) *

— gesammelte humoristische Vorträge. 1. Hft. 2. Aufl. 16. (101 S.) Berlin 889. Gropius. n. 1.—

Koß, Rich., gesammelte humoristische Vorträge. 2. Hft. 2. Aufl. 12. (87 S.) Berlin 893. Gropius. n. 1.— (1. 2.: n. 2.—) Einbd. zum 1. u. 2. Hft. n.n. 1.—

Rudolf KOSS Über die Entstehung des Prager Landrechtes
Diss., Prag 1906/1907.

Zur Kritik der ältesten böhmisch-mährischen Landesprivilegien. Von Dr. Rudolf **Koss**. Prag: Rohlicek & Sievers 1910. 143 S. 8°
(Prager Studien aus d. Gebiete d. Geschichtswissenschaft. H. 15.)

Koss, Rudolph. Milwaukee. Milwaukee, 1871. UC

Kossack, s.a. Kossak

Kossack, E. Observationes de ablativi, qui dicitur absolutus, usu apud Caesarem. 16 S.
Gumbinnen, Progr. 1858

Kossag, G., Turnfahrten u. Turnerreisen, s.a. Volks-Turnbücher, deutsche. N. F. 1.

Kossag, G.: Turnfahrten und Turnerreisen. Leipzig 1910. 61 S. (Deutsche Volks-Turnbücher. N. F. 1.)

Kossak, s.a. Kossack

Kossak. Hydrographische Karte der örtlichen Lage des Weichselstromes nebst Environs bei Danzig und dem See-Dünen-Durchbruch. Danzig 1840. 1 Bl. 1.. Ff.

Kossak, E. R., eine Stimme wider die Branntweinseuche unserer Zeit. Ein Aufruf an alle Freunde der menschlichen Wohlfahrt, diesem Volksübel zu steuern. 8. Danz. 839. (Homann.) n. 1/6 ß

Kossak, Ernst, s.a. Kossak, Ernst Ludw.

Kossak, Ernst, das Additionstheorem der ultraelliptischen Functionen erster Ordnung. gr. 4. (20 S.) Berlin 871. Nicolai's Verl. n. 1. 50

Kossak, E.: Die Elemente der Arithmetik. 27 S. – Berlin, Fr.-Werd.G., Progr. 1872.

— die Elemente der Arithmetik. gr. 4. (29 S.) Ebend. 872. n. 1. 50

— — Zur Theorie der elliptischen Transscendenten. Berlin 1812. 8°. brosch.

— zur Theorie der elliptischen Transcendenten. gr. 8. (13 S.) Berlin 872. Nicolaische Verlagsh. n. — 60

Kossak, Ernst Ludw.

Kossak, L. Er., Aphorismen üb. Rellstab's Kunstkritik. gr. 8. Berlin 846, Esslinger. 6 ngl

Kossak, E(rnst), Bade-Bilder. gr. 16. (170 S.) Berlin 858, Schlingmann.

Kossak, (L.) Ernst, Berlin und die Berliner. Humoresken, Skizzen und Charakteristiken. 8. (IV und 248 S.) Berlin 851, Hofmann und Comp.

— ein Deputirter. Fliegendes Blatt für das Landtags-Album. gr. 8. (31 S. mit Illustr. von Wilh. Scholz.) Potsdam 847, Janke. *

Kossak, Ernst, Berliner Federzeichnungen. I—IV. (Thl.) Berlin 859—63. Janke. 16. (231 S.; 203 S.; 3 Bl., 211 S.; 3 Bl., 220 S.) Jeder Theil n. 10 ngr.

Kossak, E. Berliner Federzeichnungen. 2. Aufl. Berlin, Otto Janke [1860].
3 Teile. 8°.
1. 203 S., 2. 201 S., 3. 211 S.
1. Aufl. 1859. Enthält sittengeschichtliche Schilderungen

Kossak, E(rnst), Berliner Federzeichnungen. 5. Bd. 2. Aufl. u. 6. Bd. Berlin 865. Janke. 8. (116 S. u. 227 S.) Jeder Bd. n. 10 ngr.

Kossel, A., zur Erinnerg. an Eugen Baumann. [Aus: „Hoppe-Seyler's Ztschr. f. physiolog. Chemie.] gr. 8. (22 S. m. Bildnis.) Strassburg 897. K. J. Trübner, Verl. n. 1.50

— zur Erinnerung an Felix Hoppe-Seyler, s.: Baumann, E.

Kossel, A., die Gewebe d. menschlichen Körpers, s.: Behrens, W.

— s.: Hoppe-Seyler's Zeitschrift f. physiologische Chemie.

Kossel, A., Leitfaden für medicinisch-chemische Curse. 2. verm. Aufl. gr. 8. (63 S.) Berlin 888, Fischer's medicin. Buchh. *ℳ 2.—.; geb. *

— Leitfaden f. medicinisch-chemische Curse. 3., veränd. Aufl. gr. 8. (63 S.) Berlin 892. Fischer's medicin. Buchh. n. 2. —; geb. in Leinw. n. 2.50

— Leitfaden f. medicinisch-chemische Curse. 4. verb. Aufl. gr. 8. (71 S.) Berlin 898. Fischer's medicin. Buchh. n. 2.—; geb. n. 2.50

— Leitfaden f. medicinisch-chemische Kurse. 5. verb. Aufl. (71 S.) gr. 8. Berlin 904. Fischer's medicin. Buchh. n. 2.—

— Leitfaden f. medicinisch-chemische Kurse. 6. veränd. Aufl. (71 S.) gr. 8. Berlin 911. Fischer's medicin. Buchh. 2.—

BAUMANN, EUGEN.
A. KOSSEL. Nekrolog auf E. B. Ber. d. chem. Ges., xxx, 3197. (1897.)
Portrait and bibliography.

Kossel, Albrecht, Dr., Geh. Hofrat u. o. ö. Prof. d. Physiol., d. Zt. Prorektor: Die Probleme der Biochemie. (Enth. auch: Chronik d. Universität f. 1907/08, und Preis-Verteilung.) Heidelberg 1908: Hörning. 51 S. 4°
Heidelberg, Rede z. Erinnerung an Karl Friedrich Großherzog von Baden am 21. Nov. 1908 [U 09. 2071

— Synthese des Agmatins, s.a. Sitzungsberichte der Heidelberger Akademie der Wissenschaften. Mathem.-naturwiss. Kl. 1910. XII.

Synthese des Agmatins. Von Albrecht **Kossel**. Heidelberg: Winter 1910. 4 S. 8°
(Sitzungsberichte d. Heidelberger Akad. d. Wiss. Math.-naturw. Kl. Jg. 1910, Abh. 12.) [10. 10878

Kossel, A., Untersuchungen über die Nucleine u. ihre Spaltungsprodukte. gr. 8. (19 S.) Strassburg 881. Trübner. n. — 80

Kossel, A.: Über die chemischen Wirkungen der Diffusion. Strassburg 1878.

Kossel, Andreas [aus Stavenhagen]: Zur Kenntnis der Phenylamidoessigsäure.... Berlin, Druck v. M. Oldenbourg, 1891; 44 S., 2 Bl. 8°
Berlin, Phil. Fak., Inaug.-Diss. v. 14. Aug. 1891

Kossel, F. W., Diss. inaug. jur. de causis obligationis ad edenda instrumenta in genere, annexis vindiciis immunitatis rei ab editionis onere. 4. Götting 796. Dieterich. 6 ℋ

Kossel, H., die Behandlung der Diphtherie m. Behring's Heilserum. 3. Aufl. gr. 8. (39 S.) Berlin 895. S. Karger. n. 1. —

Kossel, Hermann [aus Rostock]: Beiträge zur Lehre vom Auswurf.... Berlin, gedr. bei L. Schumacher, 1887; 29 + 1 S. + 1 Bl. 8°.
Berlin, Med. Fak., Inaug.-Diss. v. 27. Jul. 1887.

Kossel, Hermann, Beiträge zur Lehre vom Auswurf. Diss. Berlin 1887, Mayer & Müller. 8°. 29 S.

Vergleichende Untersuchungen über Tuberkelbazillen verschiedener Herkunft. Von Reg.R. Prof. Dr. H[ermann] Kossel, Dr. A[ugust] Weber, Stabsarzt, u. Dr. [Karl] Heuss, Oberveterinär. 1. *Berlin: J. Springer 1904.* 4°(8°)
= Tuberkulose-Arbeiten aus d. Kaiserl. Gesundheitsamte. H. 1, [1.] 104. 9038

Kossen v Sterneck, hippologische Karte v. Oesterreich. Auf Veranlassg. d. hohen k. k. Ackerbau-Ministeriums bearb. Chromolith. gr. Fol. Mit Text. gr. 4. (8 S.) Wien 874. F. Beck. n. 3. —

Kossenblatt [Schlagwort]

Kossenblatt, s.: Preussen. Messtischblätter.

Kossenhaschen, Addick, s.a. Koschenhaschen

[F.] **Kossenhaschen, A.**: Unsere Spiele. Jever, Druck v. C. L. Mettcker & Söhne, 1892; 13—16 S. 4.
Jever, grossh. Marien-G, P 1892 (665)

Kosser, Ernst, die Bauchrednerkunst, s.: Volksbibliothek, deutsche.

Kösser, Fritz: Holzgedeckte Landkirchen in der Normandie. Dresden: Kühtmann 1909. IV, 139 S. 4° Buchausg. 1910.
Dresden, Dr.-Ing.-Diss. v. 21. 7. 1909

Kösser, Fritz, holzgedeckte Landkirchen in der Normandie. (IV, 140 S. m. 160 Abbildgn.) 31×21,5 cm. Dresden 910. G. Kühtmann. 8. —

Kossew, Peter, a. Tirnovo ⟨Bulgarien⟩: Die Staatsschulden Bulgariens. Erlangen 1907: E. Th. Jacob. (VIII, 81 S.) 8°
Erlangen, Phil. Fak., Ref. v. Eheberg, Diss. v. 5. Dez. 1907
[Geb. 1. Sept. 81 Tirnovo (Bulgarien); Wohnort: Erlangen; Staatsangeh.: Bulgarien; Vorbildung: Realgymn. Tirnovo Reife Juni 00; Studium: Leipzig 8, Erlangen 1 S.; Rig. 24. Juli 07.]

KOSSIACH Fr( ) von. Von der Stärke eines Staats in ihrem wahren Gesichtspunkte. Von –. Ghelen, Wien 1782.
1 vol 46 S

v. Kossiach, Frhr. ..., von der Stärke e. Staats in ihrem wahren Gesichtspunkte; gegen v. Herzberg. 8. Wien 783.

Kossima, s. Kossinna

Koessing, Friedrich

Dr. Fr. Koessing. Academiae Friburgensi Saecularia quarta rite celebranda gratulantur Lycei Heidelbergensis Collegae: Inest dissertatio de anno, quo mortem obierit Jacobus frater Domini. 4°. 24 S. Heidelberg, P 1857

Koessing, Fr., Dissertatio de anno quo mortem obierit Jacobus frater Domini. gr. 4. (24 S.) Heidelberg 857, [Emmerling.] *

Koessing, Fried., Dissertatio de anno, quo mortem obierit Jacobus, frater Domini. Heidelberg, (Groos' Univ.-Buchh.) 1857, gr. 4°. 24 S., 80 Pf.

Derselbe. De suprema Christi coena. 72 S. Heidelberg, P 1858

—— **de suprema Christi coena. gr. 8. (72 S.) Heidelberg 858, (Emmerling.)** *

Koessing, F., das christliche Gesetz. Ueber Jakobus II, 8—12. Heidelberg 862. Weiß. gr. 8. (V, 152 S.) n. 20 *ngr.*

Kössing, Fr., Das christliche Gesetz. Über Jak. 2, 8—12. Heidelberg, Weiß, 1863, 8°, V u. 152 S., 2 Mk.

Koessing, F., das christliche Gesetz. Ueber Jakobus II, 8—12. 2. (Titel-)Ausg. Heidelberg 867. Weiß. gr. 8. (VII, 152 S.) n. 20 *ngr.*

— der reiche Jüngling im Evangelium. Erörterungen über die Grundlehren der allgemeinen Moral. Freiburg i. B. 868. Wagner. gr. 8. (VI, 397 S.) n. 2 *℔* 15 *ngr.*

Koessing, Fr., üb. die Wahrheitsliebe. Moral-theolog. Abhandlgn. 1. Abtlg. gr. 8. (VII, 262 S.) Paderborn 893. F. Schöningh. n. 5. —

Kössing, Jos., liturgische Erklärung der heiligen Messe. 3. Aufl. Regensburg 869. Manz. gr. 8. (XVI, 589 S.) n. 2 *℔* 16 *ngr.*

Kössing, Jos., liturgische Vorlesungen über die heil. Messe. gr. 8. Villingen 841. Förderer. 1½ ℔

Kössing, Jos., liturgische Vorlesungen über die heil. Messe. gr. 8. (36¼ B.) Villingen 843, Förderer.

Kössing, Jos., liturgische Vorlesungen über die heil. Messe. 2., umgearb. und verm. Aufl. 1—3. Lfg. gr. 8. (S. 1—288.) Villingen 850—52, Förderer. à Lfg. 10 Ngr.

Kössing, J., liturgische Vorlesungen über die heilige Messe. 2., umgearb. und verm. Aufl. 4. Lfg. gr. 8. (S. 289—381.) Regensburg 853, Manz.
1—3. Lfg. Ebendas. 1850—52. 1 Thlr.

—— dass. — 2., umgearb. und verm. Aufl. gr. 8. (XIV und 600 S.) Ebds. 856. •

Kossinna, Gust., s.: **Darstellungen** üb. früh- u. vorgeschichtliche Kultur-, Kunst- u. Völkerentwicklung.

Kossinna, Gust., s.: **Festschrift zur 50jähr. Doktorjubelfeier Karl Weinholds.**

— s.: Forschungen zur Früh- u. Vorgeschichte Europas.

Kossinna. Ueber die Kriegsmacht der Spartaner und Athener in der ersten Periode des Peloponnesischen Krieges. 21 S.
Tilsit, Progr. 1856

Kossinna: Ueber die Kriegsmacht der Spartaner und Athener in der ersten Periode des peloponnesischen Krieges. 21 S. –Tilsit. Progr. 1857

— s.: Mannus.

Kossinna, Gust., über die ältesten hochfränkischen Sprachdenkmäler, s.a. Quellen und Forschungen zur Sprach- und Culturgeschichte der german. Völker.

Kossinna, Gustaf: Über die ältesten hochfränkischen Sprachdenkmäler. Ein Beitrag zur Grammatik des Althochdeutschen. (Theilabdruck aus den Quellen und Forschungen zur Sprach- und Culturgeschichte der germanischen Völker, Heft XLVI.) Strassburg, Karl J. Trübner, 1881. 8. IV, 35 S.

Kosska, M., u. Zöphel, Otto, **Förderung der Wohnungsfrage durch Baugenossenschaften. 8⁰. Leipzig, O. Zöphel, 1905, (Flugschriften des deutschen Mieterverbandes, 1.)**

– Dass., s.a. Flugschriften des deutschen Mieterverbandes.

Kössler, Instituteur, Méthode de lecture et de prononciation française. 5 Blätter in Roy.-Fol. mit 11 ill. Vign. Strasbourg 840. Levrault. ⅔ ℔

Kößler, Hans, Anweisung vom 14. Juli 1909 f. die amtliche Feststellung des Wertes v. Grundstücken im Königr. Bayern (Schätzerinstruktion), s.: Verordnungen, bayerische.

Die Dienstvorschriften für die Gerichtsschreiber im Königreich Bayern mit Erl. u. Bemerkungen, sowie Anfügung d. betr. Gesetzesstellen, von Beispielen u. s. w., der gerichtl. Register mit Mustereintragen in ihrer Gestaltung nach d. 1. Jan. 1900 bearb. von **Hans Kössler**, Gerichtssekr. in München. Lfg 1. *Erlangen: Palm & Enke 1900.* 8° [F.] [... 6...]

Kössler, H., Die Dienstesvorschriften f. die Gerichtsschreiber im Königr. Bayern, m. Erläutergn. u. Bemerkgn., sowie Anfügg. der betr. Gesetzesstellen, v. Beispielen u. s. w., der gerichtl. Register m. Mustereinträgen in ihrer Gestaltg. nach dem 1. I. 1900 2. Lfg. gr. 8. (S. 97—128 u. Formulare 96 S.) Erlangen, Palm & Enke. 2. 40.

Kößler, Hans, Familien-Handbuch. Praktisches Hilfsbuch f. alle Stände u. Berufsklassen, zugleich Ratgeber in allen Rechts- u. Geschäftsangelegenheiten in Anlehg. der bayer. Justiz- u. Verwaltungsrechtspflege. (VIII, 468 S.) gr. 8. München 906. J. J. Lentner.
Geb. in Leinw. n. 4. 80

— Geschäfts- u. Familien-Handbuch. Praktisches Rechtsbuch f. alle Stände u. Berufsklassen, Rat- u. Auskunftsmittel f. alle Rechts- u. Geschäftsangelegenheiten m. besond. Berücksicht. der besteh. Gesetze u. der neueren Rechtsprechg. 2. Aufl. 3. u. 4. Taus. (VIII, 468 S.) gr. 8. München 908. J. J. Lentner. Geb. in Leinw. 4. 80

Kößler, Hans, die Geschäftsordnung f. die Gerichtsschreibereien im Königr. Bayern. Mit e. Anh. üb. die Führg. der sämmtl. gerichtl. Register m. Mustereinträgen. Erläutert. 1.—5. Lfg. gr. 8. (S. 1—352 u. Formulare 176 S.) Erlangen (900—902). Palm & Enke. n. 10.—
Die Lfgn. 1 u. 2 erschien. u. d. T.: Kößler, Hans, die Dienstesvorschriften f. die Gerichtsschreiber im Königr. Bayern.

— die Geschäftsordnung f. die Gerichtsschreibereien im Königr. Bayern. Mit e. Anh. über die Führg. der sämmtl. gerichtl. Register m. Mustereinträgen. Bearb. u. erläutert. 6.—9. Lfg. (XXIV, S. 353—640, Formulare 126 S. u. Sachregister XIX S.) gr. 8. Erlangen (903. 904). Palm & Enke. n. 11. —; (kplt. n. 21. —).

— dasselbe. Neue [Titel-]Ausg. (Ohne Registerformulare.) (XXIV, 640 u. XIX S.) gr. 8. Ebd. [904]. 906. n. 12. —

Kößler, Hans, Gesetz über die Haltung u. Körung der Bullen, Eberziegenböcke u. Schafböcke vom 13. VIII. 1910. Text-Ausg. m. Einleitg., Anmerkgn. u. Sachregister. (Bayerische Gesetze, Textausg. m. Anmerkgn. u. Register.) (IV, 51 S.) kl. 8. Ansbach 910. C. Brügel & Sohn. — 50

Kößler, Hans, Handbuch f. d. Praxis bei d. Gerichten, im Anwalts-, Notariats- u. Gerichtsvollzieher-Dienste. In prakt. Fällen unt. Festsetzg. bestimmter Normen m. Erläutergn., Allegierg. d. gesetzl. Bestimmgn. u. Entschliessgn. dargest. 2., vollst. umgearb. u. verm. Aufl. d. Werkes: „Protokolle d. Gerichtsschreibers". 8. (VI, 592 S.) München 896. J. Schweitzer Verl.
Geb. in Leinw. n. 6.—

— Handbuch f. die Praxis bei den Gerichten u. f. den Anwalts- u. Notariatsdienst. Unter Vorführg. prakt. Fälle sowie Festsetzg. bestimmter Normen, versehen m. Erläutergn., Anmerkgn. u. unter Berücksicht. der ministeriellen Entschliessgn. bearb. 3. vollständig umgearb. Aufl. 1.—4. Lfg. (S. 1—320.) 8. München 906. J. Schweitzer Verl. à n. 1.—

— Handbuch f. die Praxis bei den Gerichten u. f. den Anwalts- u. Notariatsdienst. Unter Vorführg. prakt. Fälle, versehen m. Erläutergn., Anmerkgn., den Gebührennormen u. den ministeriellen Entschliessgn. bearb. 3. vollständig umgearb. Aufl. 5.—9. Lfg. (VIII u. S. 321—989.) 8. München 907. J. Schweitzer Verl.
7.70 (Kplt.: 11.70; geb. 12.50; erm. Pr. 6.—)

Der Münzenfranz. Volksoper in 3 Akten. Frei bearb. nach d. Volksstück Bauernlieb von Anny Schaefer. Musik von Hans **Koeßler.** (Textbuch.) Berlin: Bote & Bock [1903]. 32 S. 8° [11. 1133o

Kößler, Hans. Sämmtliche Protokolle d. Gerichtsschreibers, dargestellt an prakt. Fällen u. unter Feststellg. bestimmter Formularien m. Noten u. Verweisgn. auf die einschläg. Bestimmgn. der Reichsjustizgesetze, Allerhöchsten Verordngn. u. Entschliessgn. d. k. Staatsministeriums der Justiz. 12. (XVI, 468 S.) Münch. 889, [Stahl sen.] O. Galler.
geb. * 4 —

Sextett (in F moll) für 2 Violinen, 2 Violen u. 2 Celli von Hans **Koeßler**, Prof., Budapest. [Partitur.] *Straßburg i. E.: Süddeutscher Musikverl. (1902).* (55 S.) 4° [c4. m18

Symphonische Variationen für grosses Orchester komp. von Hans **Koessler.** Partitur. *Leipzig: H. Seemann Nachf. [1901].* (87 S.) 4° [lithogr.] [o4. 1136a

— Weingesetz v. 7. IV. 1909, nebst den Ausführungsbestimmungen vom 9. VII. 1909 u. der k. allerhöchsten Verordnung vom 17. VII. 1909 m. Bekanntmachungen u. Vollzugsvorschriften. Text-Ausg. m. Einleitg., Anmerkgn., Musterformularen u. Sachregister. (Deutsche Reichsgesetze. Textausg. m. Anmerkgn. u. Register.) (X, 119 S.) kl. 8. Ansbach 909. C. Brügel & Sohn.
Kart. 1.—

Kössler, Karl, Gustav Theodor Fechner. Gedächtnisrede zur Säcularfeier seines Geburtstages, geh. im „Naturwissenschaftl. Verein" an der k. k. Universität in Wien. gr. 8. (26 S.) Wien 901. F. Deuticke. n. 1.—

Kößler, Ludw., deutsche Schreib-Lese-Fibel mit Berücksichtigung der badischen Normalschrift. Unter Mitwirkung prakt. Schulmänner bearb. 9. Aufl. gr. 8. (96 S. mit Abbild.) Bühl 888, Konkordia, Aktiengesellschaft für Druck und Verlag.
geb. **

Kößler, Ludw. Deutsche Schreib-Lese-Fibel m. Berücksicht. der badischen Normalschrift. Unter Mitwirkg. prakt. Schulmänner bearb. 12. u. 13. Aufl. gr. 8. (96 S. m. Abbildgn.) Bühl 891,92, Konkordia, A.-G.
geb. ** — 50

Kößler, Ludw., deutsche Schreib-Lese-Fibel m. Berücksicht. der badischen Normalschrift (Steilschrift). Unter Mitwirkg. prakt. Schulmänner bearb. 15. Aufl. gr. 8. (88 S. m. Abbildgn.) Bühl 898. Konkordia. Geb. n.n. — 50

Kößler, Ludw., deutsche Schreib-Lese-Fibel m. Berücksicht. der badischen Normalschrift (Steilschrift). Unter Mitwirkg. prakt. Schulmänner nach neuer Orthographie bearb. 24. Aufl. (88 S. m. Abbildgn.) 8. Bühl (908). Konkordia. Geb. — 50

Kössler, Paul Über die Entstehung eines Kegelschnittbüschels aus einem Strahlenbüschel nach der Methode von Newton. XXVIII S. u. 4 Taf. Progr. Matth. G. *Breslau* 1881.

Catalog Nr. II des Antiquarischen Bücher-Lagers der Kössling'schen Buchhandlung (Gustav Wolf) in Leipzig. Inhalt: Freimaurerei und die mit ihr in Verbindung gesetzten geheimen Gesellschaften. Leipzig, Druck von Metzger & Wittig (1880). 8. 32 S.
502 alphabetisch verzeichnete Schriften, zumeist aus der Bibliothek des Appellationsgerichts-Vicepräsidenten O. Bretschneider.

Catalog Nr. V des Antiquarischen Bucher-Lagers der Kössling'schen Buchhandlung (Gustav Wolf) in Leipzig. Inhalt: Freimaurerei, Rosenkreuzer, Illuminaten, Jesuiten, Tempelherren, Ritterwesen. Leipzig, Druck v. Metzger & Wittig (1880). 8. 36 S.
546 Nummern.

Catalog Nr. X des Antiquarischen Bücher-Lagers der Kössling'schen Buchhandlung (Gustav Wolf) in Leipzig. Inhalt: Freimaurerei, Rosenkreuzer, Illuminaten, Jesuiten, Tempelherren, Ritterwesen. Leipzig, Druck v. Metzger & Wittig (1881). 8. 56 S.
Verzeichnet sind 832 Schriften in alphabetischer Ordnung.

Catalog Nr. XV des Antiquarischen Bücher-Lagers der Kössling'schen Buchhandlung (Gustav Wolf) in Leipzig. Inhalt: Freimaurerei, Rosenkreuzer, Illuminaten, Jesuiten, Tempelherren, Ritterwesen. Leipzig, Druck von Findel 1882. 8. 2 Bl. 80 S. nebst bedrucktem Umschlag.
Enthält 1190 Nummern mit Bemerkungen in 3 Sprachen und Vorwort von Findel.

Koßmaly und Carlo, Tonkünstler-Lexikon, s. a. Tonkünstler-Lexikon.

Kossmaly und Carlo. Schlesisches Tonkünstler-Lexikon. Breslau 1846. 1847.

Koßmaly, C., über die Anwendung des Programms zur Erklärung musikalischer Compositionen. Ein Vortrag gehalten zu Stettin am 29. Decbr. 1857. Stettin 858. Cartellieri. 8. (15 S.) 3 ngr

Koßmaly, C., über Richard Wagner. 8 Abhandlungen. 8. (35 S.) Leipzig 873, Leuckart. *

Alfred und Nanny **Koßmann** zum 19. Juni dargebracht. Frankfurt a. M. 1905. (7 Bl.) 4° [Umschlagt.] [o5. 10221

Kossmann, Plan für tactische Uebungen. 1 : 12,500. Fol. Potsdam 868, Riegel. [Stein.] *

Koßmann, Major, die Terrainlehre, Terraindarstellung und das militärische Aufnehmen. Mit Berücksicht. der neuesten Bestimmungen der königl. preuß. Landesaufnahme bearb. 5. sehr verb. Aufl. gr. 8. (VIII, 288 S. mit über 100 eingedr. Fig. in Holzst.) Potsdam 880, Stein's Verlag.
1.—4. Aufl. erschienen anonym. Vgl. Terrainlehre, die.

Kossmann, die Terrainlehre, Terraindarstellung u. das militärische Aufnehmen. Mit Berücksicht. der neuesten Bestimmungen der königl. preuß. Landesaufnahme bearb. Mit mehr als 100 Fig. in Holzst. 6. Aufl. gr. 8. (VIII, 280 S.) Potsdam 891. Stein. n. 4.—

Kossmann, die Terrainlehre, 7. Aufl., s.: Nicolai, A., die Feldkunde.

Koßmann, A., d. Arbeitslosigkeit u. e. neuer Vorschlag zu ihrer Bekämpfg. [Aus: „Berichte d. Freien deutschen Hochstiftes".] gr. 8. (20 S.) Frankfurt a/M. 895. Gebr. Knauer. n. — 35

Kossmann, B., die Bauernhäuser im badischen Schwarzwald. [Aus: „Zeitschr. f. Bauwesen".] gr. Fol. (26 S. m. 108 Holzschn. u. 5 Kpfrtaf.) Berlin 894. W. Ernst & Sohn. Kart. n. 12. —

Kossmann, Bernhard

Koßmann, Bernh., die Bedachung am Heidelberger Otto Heinrichsbau vor 1689. Architekturgeschichtliche Untersuchg. als Beitrag zur Klärg. schweb. Fragen. Lex.-8. (23 S. m. 15 Abbildgn.) Karlsruhe 902. G. Braun'sche Hofbuchdr. n. 1.20

Kossmann B, Entwurf-Skizzen (Landhäuser). (18 T) fol Leipzig (1902)

— Entwurf-Skizzen. gr. Fol. (18 Taf. m. VIII S. Text.) Leipzig (902). Seemann & Co. In Leinw.-Mappe n. 12.—

Koßmann, Bernh., Ergebnisse einiger neuerer Forschungen üb. das Heidelberger Schloß. Zugleich als Fortsetzg. der Schrift: Die Bedachg. am Heidelberger Otto-Heinrichsbau vor 1689. Architekturgeschichtliche Untersuchg. als Beitrag zur Klärg. schweb. Fragen. (16 S. m. 2 Abbildgn.) schmal Lex.-8. Karlsruhe 903. Buchdr. der bad. Landeszeitg. n. — 80
Sonderabdr. a.: „Bad. Landeszeitg." nebst einigen Erweitergn.

— Neubauten, s.: Neumeister, A., u. Häberle.

— der Ost-Palast, sogenannter „Otto Heinrichsbau" zu Heidelberg, s.a Studien zur deutschen Kunstgeschichte. 51. Hft.

Der Ostpalast, sogenannter 'Otto Heinrichsbau' zu Heidelberg von B[ernhard] Koßmann, Prof. in Karlsruhe i. B. Mit 4 Taf. *Straßburg: J. H. E. Heitz 1904.* (VI, 58 S.) 8°
— Studien z. Deutschen Kunstgeschichte. H. 51. [04. 1577

— zur Zukunft des Heidelberger Schlosses. Betrachtungen am Vorabend endgült. Entscheidg. (15 S.) 8. Karlsruhe 906. G. Braunsche Hofbuchdr. n. — 40

Kossmann, E., die altdeutsche Exodus, s. Quellen und Forschungen zur Sprach- und Culturgeschichte der germanischen Völker.

Kossmann, Ernst: Untersuchungen über die altdeutsche Exodus.... Strassburg, Karl J. Trübner, 1885; 4 + 83 S. 8°.
Strassburg, Phil. Fak., Inaug.-Diss. v. 1885.

Kossmann, E[rnst] F.

Kossmann, E. F., s.: Faustspiel, das niederländische, des 17. Jahrh.

Kossmann, E. F., Festrede, s.: Schillerfeier te's-Gravenhage.

Kossmann, E. F., Holland u. Deutschland. Wandlungen u. Vorurteile. Antrittsrede. gr. 8. (38 S.) Haag 901. M. Nijhoff. n.n. 1.—

— Der deutsche Musenalmanach 1833—1839. (XXXII, 253 S.) gr. 8. Haag 909. M. Nijhoff. nn 13.50

Schillerfeier te 's-Gravenhage 1805 – 9 mei – 1905. Festrede von E. F. Kossmann. Met eene Nederlandsche Schiller-Bibliogr. door Wouter Nijhoff. 's-Gravenhage: M. Nijhoff 1905. (83 S.) 8° [05. 6296

Koßmann, Heinr., Bemerkungen über die Bildung im Allgemeinen und die Jugendbildung in Rußland. St. Petersburg 861. (Minlos.) gr. 8. (IV, 47 S.) n. 10 ngr.

Koßmann, Hnr., s. D. Lardner u. H. Kater, Lehrbuch der Mechanik.

Kossmann, Robby

Kossmann, R., üb. d. Abort-Behandlg., s.a. Klinik, Berliner.

Ueber die Abort-Behandlung. Von R[obby] Kossmann in Berlin. (36 S.) 8.
— Klinik, Berliner. H. 107. [97. 3013

Kossmann, Robby, Bericht über eine im Auftrage der königl. Akademie der Wissenschaften zu Berlin ausgeführte Reise in die Küstengebiete des rothen Meeres zur Erforschung der dortigen Fauna von Wirbellosen. — War Göthe ein Mitbegründer der Descendenztheorie? gr. 8. (26 S.) Heidelberg 875, C. Winter's Universitäts-Buchh. *
Aus: Verhandlungen des naturhistorisch-medicinischen Vereins in Heidelberg, besonders abgedruckt.

— Elemente der wissenschaftlichen Zoologie zum Zweck der ersten Orientirung sowie der Repetition dargestellt. gr. 8. (VIII, 334 S.) München 878, Bassermann'sche Verlagsh. *

Kossmann, Robby, zoologische Ergebnisse einer im Auftrage der königl. Academie der Wissenschaften zu Berlin ausgeführten Reise in die Küstengebiete des Rothen Meeres. Hrsg. mit Unterstützung der königl. Academie. 1. Hälfte. Mit 12 (lithogr., chromolithogr. und phototyp.) Taf. gr 4. (VI, 36, 66, 66, 24 S. mit 12 Bl. Tafelerklärungen.) Leipzig 877, Engelmann. *

Kossmann, Robby, zoologische Ergebnisse einer im Auftrage der königl. Academie der Wissenschaften zu Berlin ausgeführten Reise in die Küstengebiete des Rothen Meeres. Hrsg. mit Unterstützung der königl. Academie. 2. Hälfte. 1. Lfg. gr. 4. (S. 67—144 mit 12 lithogr. Taf.) Leipzig 880, Engelmann.
1. Hälfte. Ebendas. 1877. *M 25.

Koßmann, Robby, s.: Gesundheit, die.

Kossmann, R., allgemeine Gynaecologie. Lex.-8. (XI, 612 S. m. 51 Abb.) Berlin 903. A. Hirschwald. n. 16.—

— s.: Heilkunde, die.

Kossmann, Robby [Dr. phil., Mag. bon. art., Gr. Bad. a. o. Prof. aus Danzig]: Zur Histologie der Chorionzotten des Menschen ... (Aus: Festschr. f. Leuckart. 1892.) Leipzig, W. Engelmann, 1892; 16 S., 1 Bl., 1 Taf. 4.
Göttingen, Med. Fak., Inaug.-Diss. v. [17. Nov.] 1892

[Kopft.:] [J. u. Ant.] Hypothesen und Konjekturen zum 'Gaudeamus igitur' v. Prof. Dr. Robby Kossmann ... SA. aus d. 'Frankfurter Zeitung' Nr. 311 u. 312, Jg. 1897. *(Frankfurt: Dr. d. Soc.-Dr. 1897.)* (15 S.) 1 Bd 8. [97. 7803

— s.a. Mann u. Weib.

KOSSMANN, R. und J. WEISS., Mann und Weib. Ihre Beziehungen zu einander und zum Kulturleben der Gegenwart. 3 Bde. Mit 979 Abbildgn. u. 48 Kunstbeilagen. Stuttgart, o. J. 8°. (Mk. 36—.) (24 Mk., sehr schönes Expl. im Origlwdbdn., Lipsius & Tischer, Kiel. c. 1910.)

Koßmann, Robby, Märchen. 8. (VII, 98 S.) Berlin 896. Nicolai's Verl. Kart. n. 1.50

— Lord Nelson u. d. Herzog Franz Caracciolo, s.a. Sammlung gemeinverständl. wissenschaftl. Vorträge.

. Kossmann R, Lord Nelson und der Herzog Franz Caraccioli. (44 S) (Sammlung gemeinverständlicher wissenschaftl. Vorträge N F 224) Hamburg 1895

— die gynaecolog. Nomenolatur. Krit. Erörtergn. [Aus; „Monatsschr. f. Geburtshülfe u. Gynäkol.“] gr. 8. (XVI, 48 S.) Berlin 896. S. Karger. n. 1.60

— d. geburtshülfl. Praxis, s.: Bibliothek, medicin., f. prakt. Ärzte.

—— War Göthe ein Mitbegründer der Descendenztheorie? Eine Warnung vor E. Häckel's Citaten. 1. und 2. verm. Abdr. gr. 8. (32 S.) Heidelberg 875,77, C. Winter's Universitäts-Buchh. *

— Züchtungspolitik. (XVI, 251 S.) gr. 8. Schmargendorf-Berlin 905. Verlag „Renaissance“. n. 5.—; geb. n. 6.—

Koßmann, Walter: Arbeiterwohnhaustypen ⟨Einfamilienhäuser⟩. Ein Beitrag zum Arbeiterwohnungswesen. Mit 18 Abb. Dresden: Kühtmann 1912. 151 S. 4°
¶ Auch als Buch.
Dresden, Dr.-Ing.-Diss. v. 20. 12. 1910

Kossmat, Frz., Geologie der Inseln Sokótra, Sámha u. 'Abd el Kûri. gr. 4. (62 S. m. 18 Fig., 5 Taf. u. 5 Bl. Erklärgn.) Wien 902. (C. Gerold's Sohn.) n. 8.—
Sonderabdruck aus: „Denkschr. d. k. Akad. d. Wiss.“

Kossmat, Frz., Geologie des Wocheiner Tunnels u. der südlichen Anschlusslinie. Mit 7 Taf., 1 farb. geolog. Karte, 15 Textfig. u. e. Beitrage von Max v. Klodič. (102 S. m. 3 Bl. Erläutergn.) 31,5×25 cm. Wien 908. A. Hölder. 15.—
Sonderabdruck aus: „Denkschriften d. k. Akad. d. Wiss.“

Kossmat, Frz., üb. einige Kreideversteinerungen vom Gabun. [Aus: „Sitzungsber. d. k. Akad. d. Wiss.“] Lex.-8. (16 S. m. 2 Taf.) Wien 893. (F. Tempsky.) n. —80

— s.: Naturgeschichtsunterricht, der moderne.

— Paläogeographie, s.a. Sammlung Göschen.

Paläogeographie. ⟨Geolog. Geschichte d. Meere u. Festlander.⟩ Von Dr. Franz Kossmat. Mit 6 Kt. Leipzig: Goschen 1908. 136 S. 8°
(Sammlung Goschen. 406.) A 13. 1297 11

Kossogol-Becken. 1,800,000. G. M. 1860.

Kossow, Alexandrine Marie, geb. Calpus, Heimatsklänge. (32 S.) kl. 8. Jurjew 904. (C. Glück.) —60

Kossow, Friedrich, aus Marlow: Zur Scheitelpunktsbestimmung des Paraboloids. Rostock 1903: C. Boldt. (58 S.) 8°
Rostock, Phil. Diss. v. [29. Mai] 1903

Kossow, H., die Hebung u. Förderung der Volksbildung. Ein Mahnruf an alle Teile d. deutschen Volkes. gr. 8. (31 S.) Güstrow 891. (Opitz & Co.) n. —50

Kossow, H., das Züchtigungsrecht der Volksschullehrer in Mecklenburg-Schwerin und Strelitz, nebst einer kurzen Zusammenstellung der das strafrechtl. Verfahren betreffenden Vorschriften von W. Pöhl. 8. (V, 44 S.) Güstrow 888, Opitz und Comp. cart. *

[F.] Humoresken und Skizzen v. Alexander Kossowicz (Al. Kosewitz)'. *Berlin: H. Steinitz (1898).* (159 S.) 1 Bd 8. [98. 2944

— die Keuschheit. 8. (16 S.) Ebd. 897. —30

Kossowicz, Alexander: Untersuchungen über das Verhalten der Hefen in mineralischen Nährlösungen. – 1902. 46 S., 8 Tab.
Diss. Wien, TH

Kossowicz, Gajetanus, canticum canticorum ex hebraeo convertit et explicavit. gr. 8. (VIII, 59 S.) Petropoli 879. (Leipzig, Brockhaus' Sort.) n. 8. 50

– Dass., s.a. Canticum canticorum.

—— decem Ṣendavestae excerpta latine vertit, sententiarum explicationem et criticos commentarios adjecit, textum Archetypi ad Westergaardii, Spiegelii aliorumque lucubrationes recensuit. gr. 8. (XIII, 280 S.) Paris 865. (Leipzig, Brockhaus' Sortiment und Antiq.) *

Kossowicz, Cajetanus, s. Gâta Ustavaiti.

—— Inscriptiones Palaeo-Persicae Achaemenidarum quot hucusque repertae sunt ad apographa viatorum criticasque Chr. Lassenii, Th. Benfeyi, J. Oppertii nec non Fr. Spiegelii editiones archetyporum typis primus ed. et explicavit commentarios criticos adjecit glossariumque comparativum Palaeo-Persicum subjunxit. gr. 8. (XXXVI, 415 S. mit in den Text gedr. Holzschn.) Petropoli 872. (Leipzig, Brockhaus' Sortiment und Antiq.) (*ℳ 54.) **

Kossowicz C.: Das Princip der virtuellen Bewegungen. (38.) Suczawa. 82. Progr.

— s. Saratustricae Gatae.

Kossowicz, C., s. Sendavestae, decem, excerpta.

Kossowska, Maria, aus Smolensk: Complicationen von Retropharyngeal-Abscessen. Zürich 1910. 30 S. 8°. [6. V. 10.]
Zürich. Univ. Med. Diss. 1909/10.

Kossowski, H., Antrittspredigt gehalten in der römisch-kathol. Universitäts-Kapelle zu Dorpat am 25. Septbr. 1860. gr. 8. (14 S.) Dorpat 860(62), (Gläser's Verlag.) *

Kossowski, Stanisław: Christophorus Hegendorphinus in der bischöflichen Akademie zu Posen. (1530—1535.) (Ein Beitrag zur Geschichte der Renaissance und Reformation in Polen.) S. 3–43. 8. Progr. K. k. zweites Obergymn. *Lemberg* 1903.

Kossuth. Sechs Kapitel. Von einem Ungar. Leipzig 854. Gerhard. 8. (52 S.) 10 ngr.

Kossuth, Battbyányi, Görgey. Hamb. 1853. V: *Szemere, Bartholomaeus.* (WBL 42, 63)

—— in England. Ein Beitrag zur Geschichte unserer Zeit. 8. (99 S.) Grimma 851(52,) Verlags-Comptoir.

—— in England und seine Reden vor dem britischen Volke. Mit einer histor. Einleitung. gr. 16. (XVIII und 130 S.) Braunschweig 851, J. H. Meyer. *

Kossuth nach der Capitulation von Vilagos bis zu seiner Einschiffung nach Amerika. Weimar 1852. V: *Alvensleben, Ludw. von.* (Pr)

—— nach der Capitulation von Világos, seine Flucht nach der Türkei und sein Aufenthalt alldort. Verhandlungen über seine Freilassung, seine Reise von Kiutahia nach England und sein dortiger Aufenthalt bis zur Einschiffung nach Amerika. Nebst allen darauf bezügl. Actenstücken und einer histor. Einleitung. 1. Heft. 8. (VI und 162 S. mit 1 Portr. in Holzschn.) Weimar 851(52,) Voigt.

Kossuth, Ludwig, Dictator von Ungarn. Als Staatsmann und Redner. Nebst seinen 5 bedeutendsten Reden. 8. (47 S.) Mannheim 847, Grohe. Thlr. *

— **Ludwig**, Dictator von Ungarn. Als Staatsmann u. Redner. Nebst seinen 5 bedeutendsten Reden. 8. (47 S.) Mannheim 849, Grohe. n. 8 ngl

[Ludwig] **Kossuth** als Gefangener und als freier Mann. — Hamburg: Volksbuchhandl. in St. Pauli in Comm.; Altona: Sievers in Comm. 1851. 24 S. 8°

—— und die jüngste Revolution in Ungarn und Siebenbürgen. Umfassende Biographie des Hauptführers der magyar. Bewegung von J—A—M—h—. gr. 8. (191 S.) Wien 850, [Keck und Pierer.] *

Kossuth, Mazzini, Garibaldi. Leben und Streben dieser freien Männer des Tages, offen und frei dargestellt von den Tagen ihrer Jugend bis auf die jüngste Gegenwart nebst einer vertraulichen geheimen Rücksprache mit dem Leser zum Schluße. Wien 861. Mechitharisten-Congreg.-Buchhdlg. in Comm. gr. 8. (48 S.) n. 8 ngr

—— unter dem Sezirmesser eines Schwarzgelben. gr. 8. (35 S.) Leipzig 849, O. Wigand.

Kossuth als Staatsmann gegenüber von Österreich und Deutschland. Wien 1848. V: *Rosenfeld, Carl Ludw. Freih.* (WBl.)

— als Staatsmann gegenüber von Oesterreich u. Deutschland. 8. (26 S.) Wien 848. (Wenedikt.) n. 2 ngl

Kossuth, F. W., jesuitische Mohrenwäsche. Ein Versuch des Herrn Dechanten N. Faust in Birkenfeld, den Jesuiten Gury weiß zu waschen. Wirschweiler 867. Kossuth's Selbstverlag. gr. 8. (57 S.) 6 ngr

[**Kossuth, Franz.**] Der wahre Franz Kossuth. Hrsg. v. der Red. der „Reichspost". (2.—5. Aufl.) (54 S.) kl. 8. Wien 909. A. Opitz Nachf. —50

Kossuth, Friedr. Wilh., mein Kerker und mein Exil. Ein Beitrag zur österreich. Justiz. 8. (80 S.) Elberfeld 860. [Köln,] Hassel.

Kossuth, Ludw. v., Ungarns Anschluß an den deutschen Zollverband. Votum. Aus d. Ungar. des „Pesti Hirlap" (Pesther Zeitung) übertragen v. G. St. gr. 8. (4 B.) Leipzig 842. [Brandstetter.]

— siehe: Aus Kossuth's Memoiren.

Kossuth, Ludw.: Bericht über die erste ungarische Gewerbeausstellung im Jahre 1842. Aus dem Ungar. übers. von Emrich Henszlmann. Pesth 1843. 8°

Kossuth's, Ludw., Briefe an F.-M.-L. Bem 1849. März bis Juni. Hrsg. von Aladár Makray. gr. 8. (VIII, 98 S.) Pest 872, Heckenast. *

—— Gebet am Grabe der in der Schlacht bei Kapolna gefallenen ungar. Helden. 1 lithogr. Bl. in gr. 4. Düsseldorf 849, (Kampmann.) *

—— die Katastrophe in Ungarn. Originalbericht. Lex.-8. (42 S.) Leipzig 849, O. Wigand.

Aus Kossuths Memoiren. Ins Deutsche übertragen vom Grafen S. Leipzig. Verlags-Comptoir 1850. 56 S. 8.

—— Rede vom 3. März, s. Oesterreich's Wiedergeburt.

— Rede gehalten vor dem Stadt-Rath von New-York bei dem Ehrengastmahl am 11. Dezember 1851. Zum Besten des Kossuth-Fonds gedruckt von den deutschen Buchhändlern in New-York. New-York 1851. 35 S. 8.

Kossuth, Ludwig. Reden in England. A. d. Engl. 16. Braunschweig 1851

Kossuth's, Ludwig, Schriften aus d. Emigration. Autoris. deutsche Ausgabe mit dem Porträt d. Verfassers. 2. billige Subscription. gr. 8. Lief. 1—12. (XXI u. S 1—356). Pressburg, C. Stampfel. à 20 kr. 1885.

Kossuth's, Ludwig. Schriften aus der Emigration. Autorisirte deutsche Ausgabe mit Porträt. 2. billige Subscription. gr. 8. Lief. 13—30. (S. 357—560 d. I. u. S. 1—348 d. II. Bd.) Pressburg, C. Stampfel. à 20 kr. 1885.

Kossuth's, Ludwig: Schriften aus der Emigration. Autoris. deutsche Ausgabe. Mit dem Porträt des Verfassers. 2. billige Subscription. (Vollständig in 60 wöchentl. Lieferungen.) Liefg. 31 bis 60 Schluss. (S. 385—715.) Pressburg: Stampfel. 1886. 8°

Kossuth, Ludwig. Meine Schriften aus der Emigration. Autorisirte deutsche Ausg. I. Bd. Die Periode des 1859-er italienischen Krieges. (Mit dem Portrait des Verfassers.) II. Bd. Nach dem Frieden von Villafranca. III. Bd. Die Zeit der Hoffnungen und Schicksalsschläge. 1860—1862. (3 Bde.) 8. Pressburg und Leipzig 1880—1882.

Kossuth, Ludw., meine Schriften aus der Emigration. Autoris. deutsche Ausg. 1. Bd. gr. 8. (560 S. m. Portr. in Kpfrst.) Pressburg 880. Stampfel. n. 10. —

— dasselbe. 2. Bd. gr. 8. (1. Hälfte 320 S.) Ebend. 881. n. 11. —

— dasselbe. 3. Bd. gr. 8. (715 S.) Ebend. 882. n. 12. —

— gesammelte Werke, s.: Bibliothek, Europäische, 322. 348 u. 349. Bd.

Kossuth jr., Pet., das Newton'sche Gesetz als Grundprinzip der Erklärung der mediumistischen resp. spiritistischen Phänomene. gr. 8. (41 S.) Leipzig 900. O. Mutze. n. 1. —
Sonderabdruck aus: „Psych. Studien".

Kosswig, Moritz (Finsterwalde), Ueber Knochenabscesse. Diss. med.-chir. Bln. (Gustav Lange [Paul Lange]) 16. III. 1876. 32 S. mit Biogr. (5.50) 19215
Oppon.: Ernst Kaehler, Gustav Spieker, Felix Klingner. — Gew.: C. G. Bötticher.

Koswig, Reinhard, appr. Arzt a. Hannover, Marine-Unterarzt: Über Anästhesie im Feldzuge. Berlin (1908): G. Schade. (30 S.) 8°
Berlin, Med. Fak., Ref. Hildebrand, Diss. v. 6. Febr. 1908
[Geb. 27. März 82 Hannover; Wohnort: Köpenick; Staatsangeh.: Preußen; Vorbildung: Gymn. Fürstenwalde a. Spree Reife M. 01; Studium: Berlin 10 S.; Coll. 3. Febr. 08; Approb. 25. Jan. 08.]

Kost, gesunde. Eine Sammlg. v. Wochenspeisezetteln, hrsg. v. der Redaction d. Neuen Dresdner Tageblatts. Ergebnis c. v. derselben erlassenen Preisausschreibens. gr. 8. (56 S.) Dresd. 890, (Minden). * — 50

Kost, Chrn., Schreiblesefibel. 1. und 2. Stufe. 8. (94 S.) Wolfenbüttel 853, Holle's Verlag.

Kost, Chrn., Schreiblesefibel. 1. Stufe. 4. Stereot.-Aufl. u. 2. Stufe. 3. Stereot.-Aufl. Wolfenbüttel 858, 60. Holle. 8. (96 S.) 3 sgr

Kost, Chrn., Schreib-Lese-Fibel. Ausg. in neuer Orthographie. 8. (106 S.) Wolfenbüttel 882, Zwißler.

—— Schulwandfibel nach der Schreiblesemethode bearb. 12 Taf. in gr. Fol. Wolfenbüttel 854, Holle's Verlag.

Kost, G., System d. Seelenwissenschaft. — Zugleich als Grundlage einer Geistes-Philosophie, gegenüber und entsprechend der Natur-Philosophie, 1r Bd. gr. 8. Leipzig 840. Gebhardt u. Reisland. n. 1⅓ ß

Kost, Gotthelf [approb. Arzt aus Hildburghausen]: Ueber eine Modification der Methylviolettreaction zum Nachweis freier Salzsäure im Magensaft .... Erlangen, Druck d. Univ.-Buchdr. v. E. Th. Jacob, 1887; 31 S. 8°
Erlangen, Med. Fak., Inaug. Diss. v. 8. Aug. 1887

Kost, Heinrich. Ueber die Structur und chemische Zusammensetzung einiger Muschelschalen. (Würzburg) Hildburghausen, 1853.

Kost, Johann Gotthilff (Halle), De moderno testamentorum abusu. Diss. jur. Präs. Heinrich Bodin. Halle (Johann Gruner) 21. IV. 1704. 24 Bl. (6.50) 19216
Widm. v.: Präs., Jo. Fridemann Schneider.

Kost, Karl (Offenbach)
Das Ding der Sinneswahrnehmung.
Giessen: Wenzel 1882. 44 S.
Diss. phil. 15.8.1882. vorh. 26. 7. 1a.

Kost, Karl Über den physikalischen Kraftbegriff. S. 7—26. 8.
Progr. Bg.*Giessen 1885.

Kost, Karl, Referendar: Die kirchenrechtlichen Verhältnisse der früher reichsunmittelbaren Fürstlich Fürstenbergischen Lande im XVI. Jahrhundert. Hagen 1908: Butz. VII, 80 S. 8°
Münster, Rechts- u. staatsw. Diss. v. 13. Nov. 1908, Ref. Jacobi, v. Savigny
[Geb. 21. Juli 85 Attendorn; Wohnort: Attendorn; Staatsangeh.: Preußen; Vorbildung: Gymn. Attendorn Reife O. 03; Studium: Heidelberg, München, Berlin, Münster 2 S.; Rig. 31. März 08.] [U 09. 3559

[F.] **Kost,** *Karl* [Dr.]: Der logische Zusammenhang in der Physik. Büdingen, A. Heller'sche Hofbuchdr., *1893*; 3—20 S. 4.
Büdingen, grossh. G, OP 1893 (624)

Kost, Otto *Andreas* [app. Arzt aus Wolmirsleben]: Aus d. chirurg. Poliklinik zu Kiel. Beitrag zur Lehre von der Hydrocele im Kindesalter ... Kiel, Druck d. Holsatia-Dr., 1895; 29 S., 1 Bl. 8.
Kiel, Med. Fak., Inaug.-Diss. v. [15. Aug.] 1895

Kost, W. A., meine Amtsniederlegung bei der hiesigen städtischen Armen-Verwaltung am 19. Novbr. 1890. gr. 8 (15 S.) Elberfeld 891. (Johs. Faßbender.) — 50

Kost, Paul, approb. Arzt aus Sonneberg i. Meiningen: Ein kryptogener Fall von idiopathischer Herzhypertrophie. *München 1901: Kastner & Lossen.* (30 S.) 8°
München, Med. Diss. v. 1901

Kost, Rudolf: Die Pyurie beim Weibe und ihre Beziehungen zu den Generationsvorgängen. Klin. Untersuchungen aus d. Univ.-Frauenklinik zu Freiburg i. B. Freiburg i. B.: Hammerschlag & Kahle 1908. 79 S. 8°
Freiburg i. B., Med. Diss. v. 1909, Ref. Krönig
[Geb. 1. Okt. 84 Pforzheim; Wohnort: Freiburg i. B.; Staatsangeh.: Baden; Vorbildung: Gymn. Pforzheim Reife Juli 02; Studium: München 5, Tübingen 1, Freiburg i. B. 4 S.; Coll. 23. Juli 08.] [U 10. 980

Kost, Woldemar, Pfarrer zu Gellershausen in Sachsen-Meiningen. Der Bericht über die Geschichte Salomos und seine Zeit in 1 Regum I—XI. Eine historisch-kritische Untersuchung. Zür. Zürcher u. Furrer Dr. 1888. 48 S. 8⁰.
Zürich, Phil. Diss. I. S. [v. 29. Juli 1886].

Jan Alois KOŠŤÁK **Göthes Iphigenie und ihr Verhältnis zu dem gleichnamigen Drama des Euripides**
Phil. Diss., Prag 1893/94.

Košťál Cl.: Eine Dreiecks-Construction aus dem Vierecke. Braunau 76. Progr.

Košťál C.: Regula falsae positionis u. ihre Anwendung. 30. Braunau 86. Progr.

Košťál Cl.: Untersuchung des Grenzwertes der Function $F(x) = \left(\frac{x+1}{x}\right)^x$ für $x = \infty$. 7. Braunau 76. Progr.

Koštál, J., note sur une espèce nouvelle d'Arion, s.: Babor, J.

Kostanecki, Anton von

Kostanecki, Ant. v., das Aktienindossament. gr. 8. (III, 188 S.) Berlin 900. C. Heymann. n. 3. —

Kostanecki, Ant. v., Arbeit u. Armut. Ein Beitrag zur Entwicklungsgeschichte sozialer Ideen. (VI, 210 S.) gr. 8. Freiburg i/B. 909. Herder. 3. 50; geb. in Leinw. 4. 30

von Kostanecki, Anton: Der öffentliche Kredit im Mittelalter nach Urkunden der Herzogtümer Braunschweig-Lüneburg. ... (Aus: Staats- u. socialwiss. Forsch. hrsg. v. G. Schmoller, Bd. IX Hf. 1) *Altenburg, Pierer'sche Hofbuchdr. Stephan Geibel & Co.* (1889); 1 Bl. + 32 S. + 1 Bl. 8°
Berlin, Phil. Fak., Inaug.-Diss. v. 29. Jun. 1889

Kostanecki, A. v. Der öffentliche Kredit im Mittelalter, s. Forschungen, staats- u. socialwissenschaftliche.

Kostanecki A v, der öffentliche Kredit im Mittelalter. (Forschungen, Staats- und sozialwissenschaftliche IX, 1) Leipzig 1889

Der Lagerschein als Traditionspapier. Im Hinblick auf d. kontinentale Zweischeinsystem u. mit bes. Berücks. d. österr. Rechts dargest. von Anton v. Kostanecki. *Berlin: C. Heymann 1902.* (175 S.) 8° ...

— der wirthschaftliche Werth vom Standpunkt der geschichtl. Forschung. Versuch e. Morphologie des wirthschaftl. Werthes. gr. 8. (XII, 218 S.) Berlin 900. Puttkammer & Mühlbrecht. n. 4. —

von Kostanecki, Kasimir *Telesphor:* Beiträge zur vergleichenden Anatomie der Tubengaumenmusculatur. ... (Aus einer gröss. Abh. üb. d. Morphologie der Mm. palato-pharyngeus ... u. tensor tympani.) Berlin, Buchdr. v. G. Schade, *1890*; 31 S. 8⁰
Berlin, Med. Fak., Inaug.-Diss. v. 7. Okt. 1890

Kostanecki Stanislaus von. Über das Gentisin 1 Mitteilung S 100. IIb 231 . . . vgr.
Separatabdruck

— und Schmidt E. Über das Gentisin. 2. Mitteilung S. 100. IIb. 267 . . . . . vgr.
Separatabdruck

Kostanecki, St[anislaus] v[on]. Über die Konstitution des Brasilins und des Hämatoxylins. Von Prof. Dr. St. v. K' in Bern. ⟨Vortrag gehalten in der chemischen Gesellschaft Basel-Freiburg-Mülhausen-Strassburg am 7. November 1903 in Mülhausen i. E.⟩ Sonder-Abdruck aus der «Zeitschrift für Farben- und Textil-Chemie». Jahrg. 3, [1904,] Heft 1. [11 S.] 4. [Sorau, Verlag für Textil-Industrie.]

— und Tambor Josef Synthese des Gentisins S. 102. IIb. 720 . . . . vgr.
— — Über einen weiteren synthetischen Versuch in der Gentisinreihe. S 104. IIb. 791 . . . . vgr.
Separatabdruck

Kostanzer Hans, eine schwäb. Gaunergesch. 8. Stuttgart, Erhard. 789.

Kostbarkeiten für das Herz und den Verstand, e. Reihe von Sentenzen, Aphorismen und Maximen ꝛc. 8. Neub. Comm. Bür. 802.

— für Kopf und Herz ꝛc. 2 Bände. 8. Breslau, Barth. 804.

Kostbarkeiten zum Mitnehmen in die Ewigkeit . . . Augsburg 1834. V: *Blum, Georg.* (schmal)

Kostbarkeiten zum Mitnehmen in die Ewigkeit. Eine Sammlung religiöser Betrachtungen über die heiligen Geheimnisse der Menschwerdung, des Leidens, des Todes, der Auferstehung und Himmelfahrt unsers göttl. Erlösers Jesus Christus, des Sohnes Gottes. Von d. Verfass. d. Andachtsbücher: Schritte zur vollkomm. Liebe Gottes. — Herr, Dein Wille geschehe ꝛc. 8. Augsburg 834. Kollmann. (Landshut, Krüll.) 3/8 Thlr.

— zur Unterhalt., gesammelt an Pregollens Ufern, a. d. deutsch. Literat. 8. Köng. Fasch. 797.

Kostbarkeiten zur angenehmen Unterhaltung gesammlet an Pregollens Ufern aus der deutschen Litteratur, mit 1 Kupf. 8. Königsb. 797. Fasch. 1 Rthl.

KOSTECKI, Eduard v.: Untersuchungen über die Verteilung der Gasblasen in den Leitungsbahnen des Holzes von Fagus silvatica und Picea excelsa. Freiburg/Schweiz 1910. 104 S. - Diss. Math. -nat. Fak.

Petrus Kostecki

De monstrositatum Origine. Berolini (1819:) Brüschcke. 24 S. 8°
Berlin, Med. Diss. v. Juli 1819

Kostelff, E., Gaudeamus igitur. Liedersammlg. f. Schüler höh. Lehranstalten. gr. 16. (VIII, 191 S.) Mainz 896. F. Kirchheim. In Wachstuch kart. n. 1.20

Kosteletzky, Victor v., Gedenkblatt zum 200jähr. Jubiläum der Befreiung Wiens von den Turken. Lithochromie. Gr.-Qu.-Folio. Ebds 2 fl 1883 S. 367

Kosteletzky, Vinzenz Franz

Kosteletzky, D V. Fr., Clavis analytica in floram Bohemiae phanerogamicam, s. Conspectus plantarum phanerogamicarum in Bohemia sponte nascentium, sec. method. analyticam. 4. Prag 824. Borrosch et A. 1 Thlr.

Kosteletzky, (V. Fr.,) Clavis analytica in floram Bohemiae phanerogamicam; sive Conspectus plantarum phanerogam. in Bohemia sponte nascentium, sec. methodum analytic. 8 maj. Pragae 825, Borrosch.

Kosteletzky, V(inzenz) F(ranz): Allgemeine und pharmazeutische Flora, enthaltend die systematische Aufzählung und Beschreibung sämmtlicher bis jetzt bekannt gewordenen Gewächse aller Welttheile in ihrer Beziehung auf Diätetik, Therapie und Pharmazie...
Bd 1 - 6, gbd.

Mannheim: Hoff 1831 - 1836

JB 1.504

Kosteletzky, V. Fr., allgem. medizin.-pharmaceut. Flora, enthalt. d. systemat. Aufzählung u. Beschreib. sämmtl. bis jetzt bekannt geword. Gewächse aller Welttheile in ihrer Bezieh. auf Diätetik, Therapie u. Pharmazie, nach d. natürl. Familien d. Gewächsreiches geordnet. 1—4. Bd. gr. 8. (98½ B.) Prag 831—35, Borrosch u. André.

Kosteletzky, V. F., allgem. medizin.-pharmazeut. Flora, enth. d. systemat. Aufzähl. u. Beschreib. sämmtl. bis jetzt bekannt geword. Gewächse aller Welttheile in ihrer Bezieh. auf Diätetik, Therapie u. Pharmazie, nach d. natürl. Familien d. Gewächsreiches geord. 5. u. 6. (letzt.) Bd. gr. 8. (43¼ B.) Prag 836. [Mannheim, Hoff.] Thlr.
1—4. Bd. Ebendas. 1831—35. 6 Thlr. 10 Gr. — Vollständ. hrbgs. Pr. 4 Thlr. 12 Gr.

— dass. Werk in 24 Lfrgg. gr. 8. Ebd. 836. (à 11 gr) 11 Thlr.

Kostelezky, Rud. E., s.: Fremdenführer, neuer mitteleuropäischer.

Kostelesky, Theodor, approb. Arzt aus Stuttgart: Über die Malignität der Ovarialcystome. *Rudolstadt [1902]: F. Mitzlaff.* (26 S.) 8°
Tübingen, Med. Diss. v. 1902

Kostella, Johann Michael, oder der Tugend Anmuth dargestellt an e. amerikan. Jüngling. Aus den Engl. übersetzt von e. Priester der Diöcese Milwaukee in Nord-Amerika. Innsbruck 870. F. Rauch. 8. (X, 99 S. m. lith. Portr.) 7½ ngr.

Kostelletzky, Vict. v., mit der Südbahn. Führer durch die steirischen, Krainer, Kärntner und Tiroler Alpen. 8. (69 S.) Wien 884, (C. A. Müller.) *

Kosten [Schlagwort]

Kosten, Kreis, s. a. Forstkarten.

Kosten, Kreis, s. a. Posen, Reg.-Bez.

Kosten. Baron, Paul, A. Hilscher's Nachf., Spezial-Karte d. Kreises Kosten. 1:125,000. 30,5 × 34 cm. Lith. u. Farbdr. Lissa 898. F. Ebbecke. n. — 50

— — Wandkarte des Kreises Kosten, entworfen nach den Messtischblättern der kgl. preuss. Landes-Aufnahme. 1:40,000. 6 Blatt à 50 × 38,5 cm. Farbdr. Ebd. 898. n. 12. —; auf Leinw. m. Stäben n. 15. —

Kosten [Verfasser]

Kosten, E., De Avieno Dionysii interprete. Diss. 1888. 42 S.

Kosten-Anschlag zum Bau einer neuen massiven Kirche zu Tarritz (Amt Alt-Ruppin.) Fol. (41 lithogr. S.) — Kosten-Anschlag zum Bau einer Fluth-Brücke über die Warthe im Landstraßen-Fahrdamm zwischen der Festung Cüstrin und der kurzen Vorstadt, an Stelle der jetzigen sogenannten Hohen Junfern- und Steindamm-Brücken. Fol. (27 lithogr. S.) — Kosten-Anschläge zur Erbauung eines Chausseegeld-Erhebungs-Etablissements für die Hebestelle bei Neuhof zwischen Zossen und Baruth auf der Berlin-Cottbusser-Kunststraße. Fol. (58 S.) — Kosten-Anschlag des neu erbauten Gymnasial-Gebäudes in Berlin, gr. Friedrichs-Str. Nr. 120. Fol. (28 lithogr. S.) Berlin 853, (C. Heymann.) *

Kosten-Anschlag und Erläuterungs-Bericht zum Project der Verbindung der Eisenbahnen bei Breslau mit der Oder... Breslau o. J. V: *Hoffmann. Ernst* (?) (Kat. d. Druckschr. üb. Breslau. Bresl. 1903. S. 190.)

Kostenanschlag zur Turnhalle für Elbing, mit Zeichn. v. Eduard Birnitz, 4 Bl., 2°.

Kostenanschlag u. Zeichnung zum Neubau einer Turnhalle für den T. V. Meischeid, 1 Bl., Hs., 2°.

Kostenanschlag und Zeichnungen der Turnhalle in Höchst (Vorarlberg), 1895, 3 Bl., Hs., 2°.

Kostenbader, Erwin, a. Tübingen: Über die Methode der Esterkondensation und eine Erweiterung derselben. Plieningen 1909: Find. 48 S. 8°
Tübingen, Naturw. Diss. v. 8. Juni 1909, Ref. Wislicenus
[Geb. 18. Nov. 82 Brackenheim; Wohnort: Hohenheim b. Stuttgart; Staatsangeh.: Württemberg; Vorbildung: Oberrealsch. Reutlingen Reife 00; Studium: Stuttgart Techn. Hochsch. 2, München 2, Tübingen 11 S.; Coll. 8. Juni 09.] [U 09. 4008

Kostengesetz, braunschweigisches, f. Gerichte u. Notare u. braunschweigische Gebührenordnung f. Rechtsanwälte u. Gerichtsvollzieher. Amtliche Ausg. (XIII, 256 S.) gr. 8. Braunschweig 908. F. Vieweg & Sohn. 3.—; geb. 4. —

Kostengesetz vom 6. Novbr. 1890. Mit den Ausführungs-Bestimmgn. u. dem Gesetz, die Zustellg. u. Bestellg. v. Schriftstücken in Angelegenheiten der nichtstreit. Gerichtsbarkeit betr., vom 10. Novbr. 1890. 8. (III, 46 S.) Leipzig 891. Roßberg. n. — 60; kart. n. — 80

Kostengesetz, d. sächs., vom 6. 11. 90. Leipzig 891.

Kostengesetze, die deutschen u. preußischen, in der v. 1. I. 1900 ab gültigen Fassung. Deutsches und preuß. Gerichtskostengesetz nebst den sonst. gesetzl. Bestimmgn. üb. das gerichtl. Kostenwesen, Gebührenordngn. f. Rechtsanwälte u. Notare, Gebührenordng. f. Gerichtsvollzieher — nebst d. landesgesetzl. Vorschriften, Gebührenordng. f. Zeugen u. Sachverständige, Gebühren der Verwalter bei Zwangsverwaltgn., Gebühren der Dorfgerichte. Text-Ausg. unter Hervorhebg. der durch die neue Gesetzgebg. abgeänd. Paragraphen, nebst ausführl. Inhaltsverzeichnisse, Sachregister u. Kostentabellen z. amtl. Gebrauche. gr. 8. (IV, 120 S.) Berlin (900). R. v. Decker. n. 1. 50; kart. n. 2. —

Kostengesetze, die deutschen u. preußischen. Deutsches u. preuß. Gerichtskostengesetz nebst den sonst. gesetzl. Bestimmgn. üb. das gerichtl. Kostenwesen, Gebührenordngn. f. Rechtsanwälte u. Notare, Gebührenordng. f. Gerichtsvollzieher nebst den landesgesetzl. Vorschriften, Gebührenordng. f. Zeugen u. Sachverständige, Gebühren der Verwalter bei Zwangsverwaltgn., Gebühren der Ortsbehörden. Text-Ausg. m. Hinweisen auf die einschläg. Ministerialverfüggn. u. Entscheidgn. der höchsten Gerichtshöfe nebst ausführl. Inhaltsverzeichnisse, Sachregister u. Kostentabellen. 3. Aufl. (IV, 220 S.) gr. 8. Berlin 909. R. v. Decker. 2.50; geb. 3. —
2. Aufl. (IV, 218 S.) 908. 2.50; geb. 3. —

— dasselbe. 3. Aufl. Anh.: Gesetz betr. Ändergn. des etc., des Gerichtskostengesetzes u. der Gebührenordng. für Rechtsanwälte. Vom 1. VI. 1909. (RGBl. S. 475 ff.) gr. 8. Ebd. 909. — 20

— dasselbe, in ihrer neuesten Fassung. I. Tl. Deutsches Gerichtskostengesetz nebst den sonst. reichsgesetzl. Bestimmgn. üb. das gerichtl. Kostenwesen, Gebührenordng. f. Rechtsanwälte, Gebührenordng. f. Gerichtsvollzieher nebst den landesgesetzl. Gebühren-Vorschriften zu den beiden letzteren, Gebührenordng. f. Zeugen u. Sachverständige, Gebühren der Verwalter bei Zwangsverwaltgn., Gebühren der Ortsbehörden. Text-Ausg. m. Hinweisen auf einschläg. Ministerialverfüggn. u. Entscheidgn. der höchsten Gerichtshöfe nebst ausführl. Inhaltsverzeichnisse, Sachregister u. Kostentabellen. 4. Aufl. (IV, 220 S.) gr. 8. Berlin 910. R. v. Decker. 2. —

Kostengesetze, die deutschen u. preußischen in ihrer neuesten Fassung. II. Tl. Preußisches Gerichtskostengesetz, Gebührenordng. f. Notare, landesgesetzl. Gebühren-Vorschriften f. Rechtsanwälte u. Gerichtsvollzieher. Text-Ausg. m. Hinweisen auf einschläg. Ministerialverfüggn. u. Entscheidgn. der höchsten Gerichtshöfe nebst ausführl. Inhaltsverzeichnisse, Sachregister u. Kostentabellen. 4. Aufl. (IV u. S. 121—264.) gr. 8. Berlin 910. R. v. Decker. 2. —

Die Preussischen **Kostengesetze**. Preussisches Gerichtskostengesetz. Gebührenordnung f. Notare, Gebühren d. Rechtsanwälte u. d. Gerichtsvollzieher. In d. Fassung d. Bekanntmachung vom 6. Okt. 1899. Textausg. mit Anm., Tab. u. Sachreg. *Berlin: A. Nauck & Co. 1901.* (IV, 204 S.) 8° [F.]
— Bureau-Blatt f. gerichtliche Beamte. Jg. 1900/01, Beilage. [01. 104]

Kostengesetze, die preußischen. Preuß. Gerichtskostengesetz, Gebührenordng. f. Notare, Gesetz, enth. d. landesgesetzl. Vorschriften üb. die Gebühren der Rechtsanwälte u. Gerichtsvollzieher. In der Fassg. der Bekanntmachg. vom 6. X. 1899. Textausg. m. Anmerkgn., Tabellen u. Sachregister. gr. 16. (IV, 204 S.) Berlin 901. A. Nauck & Co. Kart. n. 1. 60

— die preußischen. Preußisches Gerichtskostengesetz u. Gebührenordng. f. Notare vom 25. VII. 1910. Gesetz, enth. die landesgesetzl. Vorschriften üb. die Gebühren der Rechtsanwälte u. der Gerichtsvollzieher vom 21. III. 1910. Textausg. m. Anmerkgn., Tabellen u. Sachregister. 2. Aufl. der Kosten- u. Gebührengesetze v. 25. VII. 1895 u. 27. IX. 1899, hrsg. v. J. Becker. (IV, 217 S.) 16. Berlin 910. A. Nauck & Co. Kart. 1. 60

[F.] Die Preussischen **Kostengesetze** vom 25. Juni 1895. Preussisches Gerichtskostengesetz u. Gebührenordng f. Notare. M. Kommentar in Anm. u. m. Kostentab. hrsg. v. Oskar Mügel, Geh. Justizr. ... 2. verm. u. verb. Aufl. *Berlin: F. Vahlen 1897.* (x S., 1 Bl., 451 S.) 1 Bd 8. [97. 80

Kostengesetzgebung, die, im Großherzogl. Hessen u. zwar 1. Gebührenordnung f. die großherzogl. Notare, 2. Gesetz, die Gerichtskosten betr., beide vom 30. XII. 1904, s.: Rechtspflege. 1. Hft.

Kostenitsch, J., über die Entwickelungsgeschichte der Keimblätter und des Wolff'schen Ganges im Hühnerei, s. Dansky, J.

Kostentafeln zu den braunschweigischen Gerichtskosten-Gesetzen. Amtliche Ausg. (38 S.) gr. 8. Braunschweig 902. J. H. Meyer. n. — 75

Kostenvoranschlag für die Brücke über die Limmat bei der Limmatburg. Zürich 1861. fol. Lithogr.
Vgl. auch: Vorschriften, Spezielle.

Kostenvoranschlag und Rentabilitäts-Berechnung für die Strassenbahn Frauenfeld-Wyl. Frauenfeld 1884. V: *Ehrensberger, J.* (BSchwLk V 9h)

Kostenzer, L., der Weg zum Wohlstand od. das wahre Goldbuch f. jedermann. Ein prakt. Wegweiser u. Leitfaden zum Gelderdienen f. jedermann, m. üb. 100 neuen Erwerbsquellen, Ratschlägen u. prakt. Anleitgn. f. allerlei Erwerb u. Nebenerwerb. (Kostenzers industr. Jahres-Almanach. Internat. Bibliothek der prakt. Erwerbslehre. 1. Bd.) 4. Aufl. gr. 8. (223 S.) Brixlegg-Reith (902). (Linz, E. Mareis.) n. 5. —

Kostenzer, Ludw., auf eigenen Füssen od. Neue Wege zur Selbständigkeit m. zahlreichen prakt. Anleitungen, Ratschlägen u. Winken zur Gründung e. eigenen Existenz u. Vermehrung des Einkommens durch eigene Hilfe. (156 u. III S. m. Bildnis.) gr. 8. Brixlegg-Reith (906). L. Kostenzer. n. 2. 50

— gewerblich-industrielles Geheimarchiv. Praktisch erprobte Rezepte u. Geheim-Vorschriften f. Industrie, Gewerbe u. Hausgebrauch. I. Serie. (21 u. 7 S.) gr. 8. Brixlegg-Reith (903). (Linz, Zentraldruckerei vorm. E. Mareis.) Kart. n. 1. 20

Koster, über die Gesetze des periodischen Irreseins u. verwandte Nervenzustände. gr. 8. (V, 139 S.) Bonn 882. Strauss. n. 4. —

Koster, Fridericus (geb. 1822 in Trier): Quomodo in insaniam valeat febris intermittens ... Bonnae, form. F. P. Lechneri 1848. 45 S., 1 Bl. 8.
Bonn, Med. Fak., Diss. v. 3 Jan. 1848

Koster G. W.: Beiträge z. Lehre v. Glaukom. [Wiesb. 1900]. (93) S. 2 Tvl. (Særtr.).
— Beiträge z. Tonomatrie u. Manometrie d. Auges. [Sst. o. A.]. (46) S. (Særtr.). P.

— Ueber die percipirende Schicht d. Netzhaut beim Menschen. [Wiesb. 1900]. 27 S. (Særtr.). P.

Koster's, H., Reisen in Brasilien, s. Bibliothek, neue, d. Reisebeschreibb. 11r Bd.

Koster, H. Mart. Gf., s. Köster, Heinrich Martin Gottfried

Koster, Josef Die Mineralien im Gebiete des Egerlandes. 8 (29 S.). **Progr.** Staats-Ober-G. *Eger* 1886.

Koster, Jos. Die animalen Organe der Tiere. (Eine vergleichende Skizze.) 28 S. 8. **Progr.** G. *Budweis* 1877.

Koster Josef: Die deutsche Staatsrealschule in Pilsen 1873—1898. 23. Pilsen R. 99.
Progr.

Koster, Josef Zweck, Umfang und Methode des naturgeschichtlichen Unterrichtes an den österreichischen Gymnasien. (Auf Grund des neuen Lehrplanes vom Jahre 1881.) 8 (27 S.). **Progr.** Staats-Ober-G. *Eger* 1888.

Koster, Willem [Gzn. Arzt. Geb. zu Boskoop '(Holland)']: Untersuchungen über die Ursache der chronischen Lungentuberculose beim Menschen ... Leiden, P. W. M. Trap, 1893; 3 Bl., 74 S. 8.
Freiburg i. B., Med. Fak., Inaug.-Diss. v. 1893

Köster, s.: Braun, Sixtus, Naumburger Annalen.

Köster. Kurze Darstellung der Dichtungsarten. Barmen, H. B., 1837. Progr.

— s.: Krottenschmidt, Nic., Naumburger Annalen.

— s.: Lange, Paul, Chronik d. Bist. Naumburg u. seiner Bischöfe.

Köster, über die Persönlichkeit des Horaz in seinen Oden. Vortrag, geh. am 24. IV. 1901 in der ordentl. Versammlg. der königl. Akademie gemeinnütz. Wissenschaften zu Erfurt. (29 S.) gr. 8. Erfurt 903. C. Villarot. n. — 80
Sonderabdruck aus: „Jahrbb. d. kgl. Akad. gemeinnütz. Wiss. zu Erfurt".

Köster (Notar). Vortrag über die Armee-Ausgaben. Gehalten am 2. Mai 1822 in der Stände-Versammlung des Kgr. Baiern. gr. 8°. München, Fleischmann, 1823.

(**Koester.**) Das wohlgemeinte Wahlbüchlein. Eine Ansprache an die schlesischen Urwähler und Wahlmänner vom Lande. Geschrieben im Dez. 1848. (Berlin, Decker 1848.) 32 S. 8.

Köster, A.

— Jesus Christus, unser Gott u. Herr. Ein Wort zur Verständigung üb. den Hauptartikel d. Schmalkald. Bekenntnisses. gr. 8. (IV, 96 S.) Ebd. 892. n. 1. 60

Köster, A., wer ist „gläubig", wer „ungläubig?" Ein Protest gegen die herkömml. Unart falscher Anwendg. dieser Bezeichngn., gegründet auf Luthers Hauptartikel im schmalkald. Bekenntnis. 2. (Titel-)Aufl. v. („Jesus Christus, unser Gott u. Herr"). gr. 8. (IV, 96 S.) Braunschweig 894. C. A. Schwetschke & Sohn. — 90

(A.) **Köster's** Gesammelte Werke. 1. Briefe an Bekannte u. Verwandte. 2. Die Soldatenzeit. 3. Kleine Geschichten. (Baerwalde): Selbstverl. 1894. (165 S.) 8° [J.] [07, 16987 9

Koester, Ad.

Koester, A. Handbuch für Unteroffiziere der Infanterie u. Kavallerie. T. 1. (Mehr nicht erschienen.) Hannover 1832. 271 S.
— — 2. umgearb. Aufl. 1846.

Koester, (Capitain) Ad., Handbuch für Unteroffiziere der Infanterie u. Cavallerie. 1r Thl. 8. Hannov. 832. (Hahn). 16 gl.

Koester, Ad., (Capitain), Handbuch f. Unterofficiere d. Infanterie u. Cavallerie. 2. umgearb. Aufl. 12. Hannover 846. Hahn'sche Hofb. 7/12 Thlr

Köster, (Dr.) Ad., Nachweis der Spuren einer Trinitätslehre vor Christo. Mit besond. Berücksichtigung der Cabala. gr. 8. Frankfurt a/M. 845. Brönner. n. 1/3 Thlr

Köster, Adolf, a. Verden: Die Ethik Pascals. Tübingen 1908: H. Laupp jr. (VIII, 173 S.) 8° ¶ (Erschien 1907 b. Mohr, Tübingen.)
Erlangen, Phil. Fak., Ref. Falckenberg, Diss. v. 22. Juli 1908
[Geb. 8. März 83 Verden a. d. Aller; Wohnort: Marburg; Staatsangeh.: Hamburg; Vorbildung: Matthias-Claudius-Gymn. Wandsbek Reife O. 02; Studium: Heidelberg 1, Halle 1, Marburg 4 S.; Rig. 22. Juli 07.]

Köster, Adph., die Ethik Pascals. Eine histor. Studie. (XV, 172 S.) gr. 8. Tübingen 907. J. C. B. Mohr. n. 8.—

Köster, Adf., die zehn Schornsteine. Erzählungen. (252 S.) 8. München (909). A. Langen. 3.50; geb. n 5.—; in Halbfrz. 6.50

Köster, Adph., die jauchzende Welt. Predigt gehalten am 18. Sept. 1859 in der französisch-reformirten Kirche zu Erlangen über Psalm 100. gr. 8. (16 S.) Erlangen 859, Bläsing. *

Köster, Albert: Die Wormser Annalen. Eine Quellenuntersuchung .... Leipzig, Druck v. Hesse & Becker, 1887; V+I+106 +1 S. 8°
Leipzig, Phil. Fak., Inaug.-Diss. v. 1. Sept. 1887

Köster, Alb., die Wormser Annalen. Eine Quellenuntersuchung. gr. 8. (106 S.) Leipzig 887, Fock. *

Köster, Alb., das Bild an der Wand. Eine Untersuchg. üb. das Wechselverhältnis zwischen Bühne u. Drama, s.: Abhandlungen der königl. sächsischen Gesellschaft der Wissenschaften. Philol.-histor. Kl. 27. VIII.

— s.: Briefe v. Goethes Mutter.

[F.] Der Dichter der geharnschten Venus. E. litterar-hist. Untersuchg v. Albert **Köster.** *Marburg: N. G. Elwert 1897.* (4 Bl., 114 S.) 1 Bd 8.
[96. 9063

Köster, Alb., Festrede zur 500jährigen Geburts-Feier Johannes Gutenbergs, gesprochen in Mainz am 24. VI. 1900. 4. (30 S.) Leipzig (900). B. G. Teubner. n. 1.20

Köster A, Gedächtnisrede zur Feier der 100jähr. Wiederkehr von Herders Todestag 1803. (32 S) (Hamburgische Liebhaberbibliothek) Hamburg 1904

Köster, Alb., Gedächtnisrede zur Feier der 100jährigen Wiederkehr v. Schillers Todestag am 9. V. 1905. (20 S.) 8. Leipzig 905. Insel-Verlag. n. — 80

Gedächtnisrede zur Feier der hundertjährigen Wiederkehr von Schillers Todestag am 9. Mai gesprochen von Albert **Köster.** Leipzig: C. E. Poeschel 1905. (19 S.) 8° [F.]
[illegible]

— s.: Goethe, Frau Rath (Elisabeth), Briefe.

Gottfried Keller. 7 Vorlesungen von Albert Köster. *Leipzig: B. G. Teubner 1900.* (141 S.) 8° [F.]
[illegible]

— Gottfried Keller. 7 Vorlesgn. 2. Aufl. (VI, 160 S. m. 1 Bildnis.) 8. Leipzig 907. B. G. Teubner. Geb. in Leinw. n. 3.20

Köster, Albert, approb. Arzt aus Neutz b. Halle a. S.: Knochenbildungen in den Meningen. *Würzburg 1903: A. Boegler.* (35 S.) 8°
Würzburg, Med. Diss. v. 1903

Köster, Alb., der Massenmord, s. Bloch's, E., Theater-Correspondenz.

— s.: Probefahrten.

Köster, Alb. Schiller als Dramaturg. Beiträge zur deutschen Litteraturgeschichte d. 18. Jahrh. gr. 8. (VII, 343 S.) Berl. 891, Hertz. * 6 —

— s.: Storm, Thdr., u. Gottfr. Keller, Briefwechsel.

Köster, Arno: Zur Umlagerung der Oximido-Verbindungen Leipzig, gedr. bei E. Polz, 1892; 45 S., 1 Bl. 8.
Leipzig, Phil. Fak., Inaug.-Diss. v. [15. März] 1893

Köster, Arnold

— Herrn Pastor Glages gründliche Abweichung vom lutherischen Bekenntnis u. ungründliche Darstellung der Ritschl'schen Theologie. Der Gemeinde zum Zeugnis f. die Freiheit u. Herrlichkeit des luther. Bekenntnisses gezeigt. (39 S.) gr. 8. Ebd. 903. n. — 60

Köster, Arnold, das rechte Advents-Bekennen. Predigt üb. Matth. 10, 32—42. Zwei Tage nach der v. Herrn Pastor Höck im Vereinslokal am Pferdemarkt geleiteten Versammlg. geh. zur Warng. u. Aufklärg. (10 S.) gr. 8. Hamburg 902. Grefe & Tiedemann. n. — 30

— offener Brief an Herrn Pastor Glage zu St. Anschar. (14 S.) gr. 8. Hamburg 903. Grefe & Tiedemann. n. — 30

Köster, Arnold, zum rechten Gebrauch des Katechismus. Ein Wort der Verständigg. (III, 162 S.) 8. Hamburg 908. O. Meißner's Verl. 1.—

— neue Menschen, s.: Predigt-Bibliothek, neue. II. 4.

— Oster-Seligkeit f. alle, die nicht sehen u. doch glauben! Predigt, geh. am Sonntage nach Ostern (18. IV.) 1909 üb. Joh. 29, 19—31. (15 S.) 8. Ebd. 909. — 30

— worin besteht die bleibende Bedeutung Ritschls f. die protestantische Theologie? Vortrag, geh. in der „Konferenz liberaler Theologen zu Hamburg" am 22. VI. 1904. (VII, 78 S.) 8. Leipzig 904. Göttingen, Vandenhoeck & Ruprecht. n. 1.20

Köster, Arnold: W o r i n besteht die bleibende Bedeutung Ritschls für die protestantische Theologie? Vortrag geh. in d. 'Konferenz liberaler Theologen zu Hamburg' 1904 von Arnold Köster, Pastor in Hamburg-Borgfelde.
Leipzig: R. Wöpke 1904. (VI, 78 S.) 8°

Köster, Arnold, worin sind hinsichtlich der Erzählung von der Hochzeit zu Kana alle wahrhaft evangelischen Christen einig? Predigt, geh. am 27. I. 1901 in der hl. Dreieinigkeits-Kirche zu St. Georg. gr. 8. (15 S.) Hamburg 901. A. Frederking. n. — 50

Köster, Arnold L. Fr., die Erde ist voll der Güte d. Herrn. Wahlpredigt, am Feste d. Heimsuchg. Maria's d. 6. Juli 1884 in der Kirche zu Moorfleth unweit Hamburg geh. M. e. Vorbemerkg. v. Hirsche. gr. 8. (16 S.) Hamburg 884. Hoffmann & Campe's Sort. n. — 40

Köster, Aug., Fachzeichnen f. Schuhmacher, s.: Lehrhefte f. den Einzelunterricht. III. 1.

Koester, August, appr. Tierarzt: Über die Giftwirkung der Caltha palustris. Alfeld a. L. 1909: Stegen. 49 S. 8°
Gießen, Veterinär-Med. Diss. v. 12. Nov. 1909, Ref. Geppert
[Geb. 8. Okt. 83 Zimmersseifen; Wohnort: Cöln; Staatsangeh.: Preußen; Vorbildung: Gymn. Neuwied Reife O. 05; Studium: Hannover Tierärztl. Hochsch. 7 S.; Rig. 28. Juli 09.] [U 10. 1218

Köster, Aug., das Pelargikon, s. a. Zur Kunstgeschichte des Auslandes. 71. Heft.

Das Pelargikon. Untersuchungen z. ältesten Befestigung d. Akropolis von Athen. Von August Köster. Mit 6 Lichtdrucktaf. Strassburg: Heitz 1909. 42 S. 4°(8°)
(Zur Kunstgeschichte d. Auslandes. H. 71.) [09. 10519

Köster, August: Die ägyptische Pflanzensäule der Spätzeit (vom Ausgange des neuen Reiches bis zur römischen Kaiserzeit). *Paris: E. Bouillon 1903.* (36 S.) 4° ¶ Aus: Recueil de Travaux rel. à la Philologie et à l'Archéol. égypt. et assyr., Vol. 25.
Straßburg, Phil. Diss. v. 1902

Das Stadion von Athen. Von Dr. A[ugust] Köster. Berlin. Berlin: Albrecht Dürer-Haus (1906). (30 S.) 8°

Köster, Aug., Vorlagenwerk m. anleitendem Text f. das Fachzeichnen der Schuhmacher. Zum Gebrauch f. gewerbl. Fortbildungsschulen hrsg. 2. bedeutend verm. u. verb. Aufl. (60 zum Tl. farb. Taf.) 38><47 cm. Nebst Leitfaden. (16 S.) gr. 8. Hannover (907). (Bolm & Lockemann.) In Mappe nn 16. —

Koester, Bernhard, prakt. Arzt aus Medebach (Westf.): Über das Wachstum des Magencarcinoms in der Magenschleimhaut. *Würzburg 1901: P. Scheiner.* (23 S.) 8°
Würzburg, Med. Diss. v. 1901

Köster, C, zerstreute Gedanken-Blätter üb. Kunst. Eine Zugabe zu d. Hftchn. üb. Restauration alter Oelgemälde. (1.) u. 2. Hft. gr. 12. (2⅔ u. 3½ B.) Heidelberg 833, 34, Winter. à

Köster, C., zerstreute Gedanken-Blätter üb. Kunst. 3—5. Hft. breit gr. 8. Berlin 839, Nicolaische Buchh. [3. (3 B. u. 1 Abbild.) 839., 4. (4 B. u. 1 Abbild.) 840. à ½ Thlr., 5. (7 B.) 842. ⅔ Thlr.]
1. u. 2. Hft. Heidelberg, C. F. Winter. 1833, 34. 16 Gr.

Köster, C., zerstreute Gedanken-Blätter über Kunst. 8. (VI und 102 S.) Mannheim 848, Götz.

Köster, (C.,) über Restauration alter Oelgemälde. 1s Heft. gr. 8. Heidelb. 827, Winter.

—— über Restauration alter Oelgemälde. 2. u. 3. Hft. gr. 8. Heidelberg, Winter. [2 (3 B.) 828. 8 Gr., 3. (2 B.) 830. 6 Gr.]

Koester, E., De captivis Romanorum. Diss. 1904. 136 S.

Koester, Eduard [aus Hunsheim]: Aus d. chirurg. Klinik zu Bonn. Ueber einen neuen Fall von hereditären, multiplen Exostosen mit Wachstumsanomalien ... Bonn, Buchdr. J. Bach Wwe, 1894; 27 S. 8.
Bonn, Med. Fak., Inaug.-Diss. v. [16. Juni] 1894

Köster, Ernst, a. Velbert (Rhld.): Aus d. Königl. Universitäts-frauenklinik zu Bonn. Ueber Spätgeburten und andere Beobachtungen an besonders schweren Früchten. Bonn 1907/08: S. Foppen. (40 S.) 8°
Bonn, Med. Fak., Ref. Fritsch, Diss. v. 25. Juni 1908
[Geb. 17. Dez. 81 Velbert; Wohnort: Elberfeld; Staatsangeh.: Preußen; Vorbildung: Gymn. Essen (Ruhr) Reife O. 02; Studium: Marburg 1, Bonn 4, Berlin 3, Bonn 3 S.; Coll. 6. Dez. 07; Approb. 1. Juni 08.]

Koester, Eug., Natur und bildende Kunst. Anregungen z. Pflege d. Kunstsinns in höh. Schulen. Paderborn 1905. 8°.

Köster, F., biblische Geschichten d. alten u. neuen Testaments, zur Wiederholg. u. übersichtl. Behandlg. in zweifacher Weise kurz zusammengef. 1. Tl. gr. 8. (96 S.) Wetzlar 896. Schnitzler. n. — 60; kart. n. — 75

Köster, Fel., die alten Lieder des Quintus Horatius Flaccus in nouom Gewande. gr. 8. (VIII, 156 S.) Würzburg 877. Woerl in Comm. n. 3. —; geb. mit Goldschn. n. 4. —

—— Spruch- und Liederbuch für Freimaurer. gr. 16. (111 S.) Naumburg 876, (Schirmer.) geb. mit Goldschn. *

Spruch- und Liederbuch für Freimaurer von Felix Köster. Naumburg a./S.: Sieling 1876. 111 S. 8°
Auszug in: Schröder, R.: Geschichte d. Frmrei i. O. Naumburg a. d. S. 1896 S. 250 bis 251.
Recens: FZ. 30 (1836) S. 373; L. 1 (1878) S. 136 (Grenzboten entn.).
Tt. 2353. Die Lieder u. Sprüche sind vorher grösstenteils in der FZ. erschienen.

Koester, Franz

Koester, F., die Gesetze des Drachenfluges in Darstellung u. Berechnung. gr. 4. (18 S. m. Fig.) Berlin 900. (Mayer & Müller.) n. 1.80

Die Gesetze des Drachenfluges in Darstellung und Berechnung von F[ranz] Koester, Stadtingenieur, Berlin. *(Berlin:) Selbstverl. 1900.* (18 S.) 4°

Koester, Franc. (Augustus Guil.) (geb. Medebach in Westf. 13. 9. 1823) De ruptura perinaei. Berolini (1848). (31 S.) 8°
Berlin, Med. Diss. v. 2. Aug. 1848

Deutschlands Zukunftverkehr. Von F[ranz] Koester, Stadtingenieur, Berlin. *(St. Johann a. d. S. 1900: Saardruckerei.)* (8 S.) 4° [Kopft.]

Köster, Franz Adolf, Antrittspredigt, s. Installationsrede.

Köster, Friedr., Alterthümer, Geschichten und Sagen der Herzogthümer Bremen und Verden. Gesammelt u. herausg. Mit 3 lith. Abbildgn. (in gr. 8. u. 4.). 2. Abdr. Stade 856. Pockwitz in Comm. gr. 8. (VIII, 273 S.) n. 1 ₰.

Köster, Friedr., Auswahl geistlicher Lieder f. d. öffentl. Gottesdienst. gr. 8. (6 B.) Hannover 843, Hahn'sche Hofbh. 5 Ngr.; feines Pap.

Köster, Frdr., Geschichte des Königl. Consistoriums der Herzogthümer Bremen u. Verden. Aus den Quellen mitgetheilt. gr. 8. (75 S.) Stade 852. (Schaumburg.) n. ⅓ ₰

Köster, Friedr., die christl. Glaubenslehre d. Dr. Dav. Friedr. Strauß (1. Bd. 1840). Auf d. Standpunkte evangel. Prediger krit. beleuchtet. gr. 8. (4¾ B.) Hannover 841, Hahn'sche Hofbh.

Köster, Frdr., das Greisenalter. Ein Gespräch. Stade 862. Steudel. 8. (54 S.) 7½ ngr.

— die biblische Lehre von der Versuchung. Ein Beitrag zur theologischen Moral. Gotha 859. F. A. Perthes. gr. 8. (XII, 184 S.) n. 24 ngr.

—— Predigten u. kleinere geistl. Reden aus ein. einjähr. Amtsführung. gr. 8. (10¾ B.) Stade 841, (Schaumburg.) *

Köster, Friedr., Worte des Friedens an den evangel. Verein der Gustav-Adolf-Stiftung in Beziehung auf die Rupp'sche Streitfrage. gr. 8. (19 S.) Stade 847, Schaumburg. *

Köster, Friedrich Burchard

— Carmen seculare. 4 maj. Götting. 817. Vandenhöck u. Ruprecht. 2 gGr.

Carmen saeculare. Tertio Confessionis Augustanae iubilaeo VII. Cal. Jul. 1830. sacrum. [Scripsit Johann Friedrich Burchard Köster.] (Kiel.) 1830. 4°.

Köster, F. B., Charakteristik der neutestamentl. Wundererzählungen. Leipz. 1821. 8.

Köster, (Fr. B.) das Christenthum die höchste Vernunft. Ein Beitrag zur Verständigung über die neuesten theolog. Streitigkeiten. Nebst 2 Anhängen, Henhöfer u. Limmer betreffend. 8. Kiel 825, Universitätsbuchhl.

Koester, Frid. Burcard, Conferuntur inter se orientalium et occidentalium sententiae de viribus hominum moralibus. Comment. histor.-philos. Götting. (Heinrich Dieterich) 15. IV. 1818. 68 S. (6.—) 19066

— Denkschrift des homiletischen Seminars auf der Universität zu Kiel seit dem J. 1825. Kiel. 1839.

Köster, Friedr. Burchh., Erläuterungen d. heil. Schrift Alten u. Neuen Testaments aus d. Klassikern, besond. aus Homer. gr. 8. (16 B.) Kiel 833, Universitäts-Buchh.

Köster, Frider. Burchard., Eusebius sive de emendando statu eccles. Slesvico-Holsaticae hodierno. Quaestiones acad. 8maj. (2½ B.) Altonae 836. (Hamburgi, libr. Herold.) *

— Geschichte des Studiums d. prakt. Theologie auf der Universität zu Kiel. Nebst Beschreibung d. jetzigen Einrichtung des homilet. Seminariums daselbst, u. Probestücke aus demselben. gr. 8. Altona 825, Hammerich.

– s.a. Hiob, Das Buch.

—— das Buch Hiob u. d. Prediger Salomo's nach ihrer strophischen Anordnung übers. Nebst Abhandl. üb. d. stroph. Charakter dieser Bücher. Zum Gebr. bey akadem. Vorlesungen. gr. 8. (10¼ B.) Schleswig 831, Taubstummen-Inst. (Hermann u. Langbein.)

— Immanuel, oder Charakteristik der neutestamentl. Wundererzählungen. gr. 8. Leipz. 821. Barth. 1 ₰ 12 ℊ

— **Johann Friedrich Burcard** (Nienburg), Commentatio de jurejurando ejusque usu hodierno. Götting. (Heinrich Dieterich) 15. XI. 1811. 43 S. (6.—) 19067

Köster, J. F. B., Commentatio de jurejurando ejusque usu hodierno. 4maj. Gotting. Dieterich. 812.

— Lehrb. d. Pastoralwissenschaft. gr. 8. Kiel 827. Univers.-B. 2 ₰

— Lehrbuch der Pastoral-Wissenschaft mit besonderer Rücksicht auf Pastoral-Weisheit. Als Leitfaden zu seinen Vorlesungen entworfen. Kiel. 1827.

— Meletemata crit. et exegetica in Zachariae prophetae partem posteriorem, Cap. IX.—XIV. pro tuenda ejus authentia. 8. Gotting. 818. Vandenhöck u. R. 16 ℊ

— De fidei modestia nostris temporibus maximopere commendanda disp. quo J. C. R. Eckermanno gratulatur. Kiliæ. 1832. 4. P.

—— de fidei modestia nostris temporibus maximopere commendanda. Dissertat. 4maj. (6¼ B.) Kiliae 832, libr. Universitatis.

— 2 Predigten auf Veranlassung des 1000jähr. Jubelfestes der Einführung d. Christenthums in den königl. Dän. Staaten, in der Schloßkirche zu Kiel gehalten. 8. Kiel 826. Univers.-B. 5 ℊ

—— die Propheten d. alt. u. neu. Testam., nach ihrem Wesen u. Wirken dargest. gr. 8. (21½ B.) Leipzig 838, Barth.

—— die Psalmen nach ihrer stroph. Anordnung übers. Mit Einleitn. u. Anmerkn. gr. 8. (30½ B.) Königsberg 837, Gebr. Bornträger.

— De religionis ac poeseos confinio recte dignoscendo questiones. Kiliæ. 1825. 4. P.

— De servo Jehovæ apud Jesaiam commentatio. Kiliæ. 1838. 4. P. (Univ.-Progr.).

— s. Eph. C. Weidemann, Geschichte des Klosters Loccum.

Köster, G., (Kaufmann in Rostock,) Gesänge für freundschaftl. Zirkel. 8. Hamb. 821.

Köster, G. L. Ueber Gefängnisse und Zuchthäuser; ein Auszug aus dem Englischen des John Howard, mit Zusätzen und Anmerkungen. 8 *Leipzig, Weygand.* 1780

Köster, G. L. W., s. Joh. Howard, üb. Gefängnisse u. Zuchthäuser.

Die Verbindung des Teufels mit den Gespenstern, nebst Anecdoten von Erscheinungen desselben (von G. M. G. Köster, Prof. zu Gießen). 777. 8.

Köster, Georg

Köster, Fettresorption im Darme u. Gallenabsonderung nach Fettdarreichung, s.a. Bibliothek medizin. Monographien. V.

Fettresorption im Darme und Gallenabsonderung nach Fettdarreichung. Zugleich e. Vorschlag z. Verbesserung d. Ölkur von Dr. Georg Köster, Prof. Mit 6 Taf. Leipzig: Klinkhardt 1908. IV, 98 S. 8°
(Bibliothek medizinischer Monographien. Bd 5.)

Köster, (Geo.), s.: Fortschritte der Medizin.

Köster, Georg [Kammergerichts-Referendar aus Potsdam]: Die Haftung des Vaters aus Delikten der Kinder .... Rathenow, A. Haase's Buchdr. (Max Babenzien), 1888; 5 Bl. + III + 49 S. + 2 Bl. 8°
Berlin, Jur. Fak., Inaug.-Diss. v. 23. Jun. 1888

Köster, G., die Haftung d. Vaters aus Delikten der Kinder. Inaug.-Diss. gr. 8. (49 S.) Rathenow 888. (Leipzig, Fock.) n. 1.20

Köster, Geo., zur Physiologie der Spinalganglien u. der tropischen Nerven sowie zur Pathogenese der Tabes dorsalis. (III, 116 S. m. 1 Abbildg. u. 8. Taf.) Lex.-8. Leipzig 904. W. Engelmann. In Mappe n. 6. —

Köster, H. De Graecae comoediae parabasi. 18 S. . . . .
Stralsund, Progr. 1835

Köster, H., s.: Verhandlungen des 4. u. 5. nordischen Kongresses f. innere Medizin.

Köster, Hans, Alcibiades, Trauerspl. 8. Berlin 839. Behr. 1 ₰

Koester, Hans, Erlebnisse und Gestaltungen. Novellen. 2 Bde. 8. Berlin [Breslau] 872, R. Hoffmann. à Bd. * ℳ 4. *
Inhalt:
Bd. 1. Der Kurier. — Circe an der Spree. — Eine deutsche Frau. (III, 319 S.)
» 2. Die drei Herren Vettern. — Katharina. (340 S.)

Koester, über die Gefahren des deutschen Verfassungs-Entwurfes vom 26. Mai 1849 für den preuß. Staat. Vortrag gehalten am 17. Jan. 1850 im 7. Kreisvereine. gr. 8. (17 S.) Berlin 850, Behr's Buchh. *

Koester, Hans, Heinrich IV. von Deutschland. Eine Trilogie. gr. 8. (27 B.) Leipzig 844, Brockhaus. *

Koester, Hans, Hermann der Cherusker. Dramatisches Gedicht in 2 Thln. (Den Bühnen gegenüber Mscr.) 8. (VIII und 264 S.) Berlin 861, G. Reimer.

Koester, Hans, Hiob. Episches Gedicht in 12 Gesängen. Die Bergpredigt. Biblisches Idyll in 5 Gesängen. 8. (160 S.) Bielefeld 885. Velhagen & Klasing. n. 2. —; geb. n. 3. —

Köster, Hans, s.: Huchown's pistel of sweto Susan.

— Ulrich v. Hutten. Ein histor. Trauersp. 12. (6 B.) Breslau 846, Graß, Barth u. Comp., Verl.

Koester, Hans, Ulrich v. Hutten. Trauerspiel in 5 Akten. 8. (111 S.) Berlin 865, G. Reimer.

— Kaiser und Reich. Poetisches Tagebuch aus Deutschlands großer Zeit. 8. (IV, 164 S.) Berlin 872, Hertz. *

Koester, Hans, Liebe im Mai, oder: Calandrino im Fegefeuer. Komödie in 5 Akten. Weimar 866. Böhlau. gr. 16. (151 S.) n. 15 ngr.

— Lieben und Leiden. Novelle in 6 Büchern. 8. (826 S.) Berlin (861)62, Guttentag.

Köster, Hans, Luther. Tragödie. 1. Thl. 12. (147 S.) Breslau 847, Graß, Barth und Comp., Vrlgsh.

Köster, Hans *L. F.* [aus Hamburg]: Huchown's Pistel of swete Susan. Krit. Ausgabe: Tl 1 ... [Erschien vollst. als Heft 76 von: Quellen u. Forsch. z. Sprach- u. Culturgesch. d. german. Völker.] Strassburg, K. J. Trübner, 1895; 4 Bl., 62 S., 1 Bl. 8.
Strassburg, Phil. Fak., Inaug.-Diss. v. 1894

— Polo und Francesca. Trauerspiel in 5 Akten. 2. Aufl. 8. (104 S.) Breslau 874, R. Hoffmann. *

— Schauspiele. 8. (26½ B.) Leipzig 842, Brockhaus. *
Inhalt: Maria Stuart. Schauspiel. — Konradin. Trauerspiel. — Luise Amidei. Trauerspiel. — Polo und Francesca. Trauerspiel. — Jedes in 5 Aufzügen.

— vaterländische Schauspiele. 1. Bdchn.: Prolog. — Der große Kurfürst, histor. Schauspiel in 5 Akten. (Den Bühnen gegenüber als Mscr. gedr.) 8. (VIII und 124 S.) Berlin 851, Hertz. *

— König Wilhelm u. sein Heer, in Gedichten. Berlin 868. Hertz. 8. (42 S.) n. 8 ngr.

Köster, Heinrich. Ein Ber an alle Bekenner u Schrsteller. NY, 1896.

Köster, Heinr., die poetische Literatur d. Deutschen von ihrem Beginn bis auf die Gegenwart, in ausgewählten Beispielen chronolog. geordnet f. höhere Schulen u. zum Selbstgebrauch. gr. 8. (51½ B.) Gießen 846, Heyers Verl. *

Köster, Heinr., die poetische Literatur der Deutschen von ihrem Anbeginn bis auf die Gegenwart, in ausgewählten Beispielen chronologisch geordnet für höhere Schulen und zum Selbstgebrauch. 2. (Titel-)Ausg. br. gr. 8. (XV und 808 S.) Mainz 851, Wirth Sohn.

Köster, Heinrich, pract. Arzt in Orsoy a. Rh.: Die charakteristischen pathologisch-anatomischen Merkmale der syphilitischen Erkrankungen der Gehirn- und Rückenmarks-Häute. *Bonn 1900: C. Georgi.* (39 S.) 8°
Bonn, Med. Diss. v. [22.] Dez. 1900

Köster, Heinrich, aus Heeren (Rheinl.): Über den Zusammenhang zwischen Cholelithiasis und Fettnekrose. *Greifswald 1901: J. Abel.* (29 S.) 8°
Greifswald, Med. Diss. v. 7. Febr. 1901

Köster, Heinrich Martin Gottfried

Köster, Hnr. Mart. Gf., († d. 6. Dec. 1802.) Anleit. zur franzöf. Sprache, verbess. von Frz. Th. Chastel. 8. Frankf. a. M. 775. Hermann; (a. Gebhard u. K.) 8 gr.

— Anweis. die Sprachen und Wissenschaften vernünftig zu lernen. 8. Frft. Eßlinger. 764.

— Anweis., die Sprache u Wissenschaften vernünftig zu lernen. 8. Frankf. a. M. 764. (Schäfer). 20 gr.

— Ausz. d. polit. Gesch. v. Urspr. all. Völker. 4. Frkft. Eßlinger. (a. Varrentrapp u. W.) 764.

— Auszug d. polit. Geschichte v. Ursprung aller Völker. 4. Frkf. a. M. 764. (Schäfer); (a. Varrentrapp). 20 gr. 2e umgearb. Aufl. unter d. T.: Die polit. Geschichte d. vornehmsten Völker in e. Auszuge. 8. Ebd. 776.

— kurzer Begriff d. Weltweisheit in Tabellen. gr. 8. Frkf. a. M. 768. (Gebhard u. K.) 12 gr.

— kurz. Begr. d. Weltweish. in Tabell. gr. 8. Frft. Hermann. (Gebhardt u. K. a. Brönner.) 768.

– s.a. Bitte, Demüthige, um Belehrung ...

(Köster, H. Mart. Gfr.), demüthige Bitte um Belehrung an die großen Männer, welche keinen Teufel glauben. A. 3. Gießen 775. 8.

– s. Briefe eines Predigers an seinen Sohn über die Gottesgelahrtheit.

— Einleit. in alle Wissenschaften, für Frauenzimmer. 8. Frankf. 762. Raspe. 5 gr.

— Einleit. in alle Wissensch., f. Frauenz. 8. Frft. Raspe. 763.

Köster, H. M. G., s.: Encyclopädie, deutsche.

– s. Erziehungsbegebenheiten.

— Gedanken von hohen und niedern Schulen. 8. Frft. Eßlinger. 765.

— Gedanken v. hohen u. niedern Schulen. 8. Frankf. a. M. 765. (Schäfer). 5 gr. 2e Aufl. unter d. T.: Gedanken von d. Schulen. gr. 8. Frankf. a. M. 776. Varrentrapp. 20 gr.

— Gedanken von Schulsachen. gr. 8. Frft. Varrentrapp u. W. 777.

KÖSTER, Heinrich Martin Gottfried 1734 - 1802
Die Politische Geschichte der vornehmsten Völker aller Zeiten in einem Auszug herausgegeben von Heinrich Martin Gottfried Köster ...
zweite ganz umgearbeitete Auflage.
Frankfurt: Varrentrapp. 1776. XVI, 553 S. u. 55 Tabellen. 8°.
Hessische Landesbibliothek Darmstadt
1. Aufl. 1764 u. d. T. Auszug der politischen Geschichte vom Ursprung aller Völker.
Die fehlende Ausg., vermutlich zwischen 1777 und 1788 erschienen, konnte nicht gefunden werden.
Weitere Ausg. Wien 1781.
Frankfurt-Leipziger Meßkatalog, Ostermesse 1777, S. 240.

— Geschichte d. heut. vornehmsten Reiche und Staaten in Tabellen. 8. Gießen, Krieger. 775.

— Gesch. d. heut. europ. Staaten. 8. Ebend. 774.

— Geschichte d. heutigen europ. Staaten im Auсz. mit genealog. Tabb. 8. Gießen 775. Krieger. 12 gl.

— Lehrbuch der philosophischen Moral. 8. Marburg, Krieger. 785.

– s. Lucian, Samosat.: Urtheil d. Paris.

— üb. die Philosophie der Historie. 8. Marb. 775. Krieger. 3 gl.

— recueil de pieces div. en prose et en vers à l'usage de la Jeunesse. 8. Frankf. 762. Ed. II. par Chastel. 778. Ed. III. 790. Esslinger. 20 gl.

— Recueil de pièces div. en prose et en vers à l'usage de la Jeunesse. 8. Frft. Esslinger. 772.

— — le même. 8. Marburg. Krieger. 760.

– s. Religionsbegebenheiten, Die neuesten ...

– s. Samml. erbaul. Predigten über die Glaubenslehren ...

– s. Staatsbegebenheiten, Neueste.

– s.a. Teufeleien des 18. Jahrh.

§ TEUFELEIEN des achtzehenten Jahrhunderts von dem Verfasser der demüthigen Bitte um Belehrung an die grossen Männer, welche keinen Teufel glauben. (von *Heinr. Mart. Gottfr. Köster*). 2 Stücke. Leipzig, Schneider, 1778—79. 8⁰. (Im British Museum.) (4 Mk. 40 Pfg., unbeschn., List & Francke, Lpz., 1909.)
Anon.-Lex. IV. p. 163 (nach Adelung, Meusel, Strieder, Kayser u. Scriba).

Köster, Heinrich Martin Gottfried. Das Urtheil des Paris aus dem Griechischen des Lucians (!) übersetzt und verglichen mit der Wielandschen Erzohlung (!). Gießen, Krieger, 1770. 8⁰. 82 S.
Kat. G. Weißstein Nr. 3342.

– s.a. Verbindung, Die, des Teufels mit den Gespenstern.

VERBINDUNG, Die, des Teufels mit den Gespenstern, nebst Anecdoten von Erscheinungen derselben (von *Heinr. Martin Gottfr. Köster*). Mit Titelvignette. Gedruckt in Deutschland (Giessen, Krieger) 1776. 8⁰. (Im British Museum.)
Citirt Carl Wallstein; auch im Anon.-Lex. IV. p. 283 (nach Strieder, Meusel, Weller, Graesse u. dem Cat. genannten Museums), wo auch der folg. Druck (nach Adelung u. Kayser).
— — Dasselbe. Neue Auflage. Ebd. 1777. 8⁰. 118 S. (3 Mk. 50 Pfg. O. Rauthe, Friedenau-Berlin, 1908.)

— — Dasselbe. Neue Aufl. Ebd. 1777.
Anon.-Lex. IV. p. 283 (nach Weller etc.).

– s. Vorschläge den Krieg der Protestanten mit ihren Verbesserern beizulegen ...

– s. Vorurtheile für und wider die christl. Religion.

– s. Weltangelegenheiten, Die neuesten.

– s. Wochenblatt, Christliches.

Koester, Hermann, s. Bericht. Gelehrtenschule zu Flensburg 1842.

Koester, Herm. (geb. Crempe in Schlesw.-Holst. 4. 4. 1807): De cantilenis popularibus veterum Graecorum. Berolini 1831. (80 S.) 8⁰
Berlin, Phil. Diss. v. 25. Febr. 1831

Koester, H., de cantilenis popularibus veterum Graecorum. 8 maj. (5½ B.) Berolini 831, Reimer.

Geschichte der evangelischen Gemeinde Velbert. Festschrift z. Einweihung d. Christuskirche von Pfarrer Hermann **Köster.** Velbert: Selbstverl. d. evang. Gemeinde (1910). 93 S. 8⁰ [11. 7655

Köster, Hermann: Morphologie und Genese der Spermatozoen von Gammarus pulex. Mit 2 Taf. Marburg 1909: (Breitkopf & Härtel, Leipzig). 44 S. 8⁰ ¶(Aus: Zeitschr. f. wiss. Zool. Bd 93.)
Marburg, Phil. Diss. v. 8. Juli 1909, Ref. Korschelt
[Geb. 17. Dez. 77 Elberfeld; Wohnort: Elberfeld; Staatsangeh.: Preußen; Vorbildung: Oberrealsch. Barmen-Wupperfeld Reife M. 04; Studium: Bonn 2, Marburg 6 S.; Rig. 4. Aug. 08.] [U 09. 3188

Über die Originalität des Byronschen Manfred, eine philologische Untersuchung v. Hermann **Koester.** Flensburg. 1842. 4⁰. Gymn.-Progr.

Commentationis de scoliis fasciculum primum scripsit Hermann **Koester.** Flensburgi. 1846. 4⁰. Gymn.-Progr.

Köster, H., Commentationis de scoliis fasc. I. Pr. 1846. 14 S. 4⁰.

Köster, Herm. L., kritische Betrachtungen üb. Hauslehrerbestrebungen u. Altersmundart, s.: Monographien zur Jugendschriftenfrage.

Koester, Herm. L, Geschichte der deutschen Jugendliteratur in Monographien. 1. Tl. (VIII, 196 S.) 8. Hamburg 906. A. Janssen. n. 2.50

— Geschichte der deutschen Jugendliteratur in Monographien. 2. Tl. (VII, 191 S.) 8. Hamburg 908. A. Janssen. 2.50
I. Tl. Ebd. 906. 2.50

— das Geschlechtliche im Unterricht u. in der Jugendlektüre. Ein Vortrag. (64 S.) 8. Leipzig 903. E. Wunderlich. n. — 60

— Leitfaden zur Geschichte der deutschen Jugendliteratur. (86 S.) 8. Ebd. 909. Kart. 1. —

— Reineke Fuchs, s.: Jugendbücherei, deutsche.

Koester, Hugo: „Über den Einfluss landschaftlicher Verhältnisse auf die Entwickelung des attischen Volkscharakters.“ *Saarbrücken 1898: Gebr. Hofer.* (3—17 S.) 4⁰ [Umschlagt.]
Saarbrücken, k. G u. VS, P 1898 (483)

Koester, Hugo, Gedichte. 8. (VII, 161 S.) Braunschweig 897. R. Sattler. n. 2. —; erm. Pr. 1.50; geb. n. 3. —

[F.] Gedichte. Von Hugo Koester. *Saarbrücken: Kommv. v. Klingebeil & Pröller; Dr. d. Paulinus-Dr., Trier [1897?].* (VI S., 1 Bl., 151 S.) 1 Bd 8. [97. 6081

[F.] Gott. E. lyr.-ep. Gedicht in 3 Gesängen v. Hugo Koester. *Saarbrücken: Kommv. v. Klingebeil & Pröller; (Paulinus-Dr., Trier) [1897?].* (36 S.) 1 Bd 8. [97. 6080

Koester, Hugo, Cothurn u. Leyer. Dramatische u. lyr. Dichtgn. 3 Bde. 8. Leipzig-Gohlis (910). B. Volger. à 3. —
1. Dramatische Gedichte. (323 S.)
2. Lyrische u. epische Dichtungen. (241 S.)
3. Dramatische Dichtgn. (Napoleon, Bernhard v. Weimar, Jena, Kinderliebe. Tragödie der Irrgn.) (VIII, 347 S.)

Koester, Hugo. Poesien. 8. (84 S.) Dresd. 890, Pierson. * 1 — geb. * 2 —

Koester, Hugo, Rosen u. Dornen. Lyrische u. satir. Poesien. 16. (96 S.) Berlin 884. Bruno Lehmann. n. 1. 50; geb. n. 2. 25

Ruinen und Scherben. (Ein Sang vom Rhein u. Bilder d. Lebens.) Lyr.-epische Dichtungen von Hugo Koester. *Giessen: A. Frees 1900.* (120 S.) 8° [J.] [w. 3:68 B

—— Stunden der Einsamkeit. Gedichte und Lieder. 8. (XI, 91 S.) Marburg 881, (Elwert'sche Verlagsh.) *

[J.] Wider den Türken. Gedichte f. Armenien u. Kreta v. Hugo Koester ... 2. Ausg. *Saarbrücken: Commv. v. Klingebeil & Pröller [1897].* (15 S.) 1 Bd 8. [97. 6123

Köster, J. C., s. a. Staats-Kalender, Hamburgischer.

Köster, J. C., Hamburgischer Staats-Kalender auf d. J. 1833. gr. 4. (13½ B.) Hamburg, Nestler u. Melle.

Köster, J. C., hamburg. Staats-Kalender auf d. J. 1835. 4. (13½ B.) Hamburg, Nestler u. Melle. * 5/12 Thlr., Schrbpap. *

Köster, J. D., De combustione corporis humani spontanea. Diss. Jenae. 1805.

Köster, J. F. B., s. oben: Fr. Burk. Köster.

Köster, J. Just., Erläuterung d. Worte Jesu, Matth. 8. 8, 9. gr. 8. Götting. 757. Vandenhöck u. R. 8 ℊℊ

Köster, Johann Daniel (Obersaulheim, Pfalz)
Dissertatio inauguralis medico-obstetrica de abortu.
Gissae 8. Oct. 1788: J. J. Braun. 26 S. 8°
pro summis in medicina honoribus ... consequendis.

Köster, Joh. Friedrich Burchard, s. Köster, Friedrich Burchard

Köster, Jh. Conr., s. Segondat, Holztabellen.

Koester, Johann Martin [Praes.], s. Mellmann, Johann Dietrich: Cautionum, quae in juris Germanici privati studio et applicatione sunt adhibendae.

Köster, Jos., Streik u. Terrorismus der sozialdemokrat. Gewerkschaften. Kritische Betrachtg. des Treibens innerhalb der sozialdemokrat. Gewerkschaften u. seine gesetzl. Abwehr. gr. 8. (40 S.) Berlin 899. H. Walther. n. — 20

Köster, Julius: Festschrift zur 200jährigen Jubelfeier des Iserlohner Bürger-Schützen-Vereins. Iserlohn, 1905. 1430

Geschichte der Schützenvereine in Iserlohn. Von Prof. Dr. Jul. Köster. Jh. 1. 2. Im Auftr. d. Fest-Ausschusses bearb. (Iserlohn 1905: R. Wichelhoven.) (93 S.) 8° [J.]
1. 1705–1805. 2. 1805–1905.
Festschrift z. 200j. Jubel-Feier d. Iserlohner Bürger-Schützen-Vereins. [06. 6907

Köster, Jul., biblische Geschichten, s.: Halfmann, H.

Köster, Jul. Über Klopstocks Gleichnisse aus der Natur. 64 S. *Progr.* *Iserlohn* 1878.

— Hilfsbuch f. den evangel. Religionsunterricht, s.: Halfmann, H.

Köster, Jul., Hohenzollernfahrten zum hl. Lande im Mittelalter u. in der Neuzeit. Nach Berichten v. Mitreisenden. gr. 8. (64 S.) Berlin 899. Reuther & Reichard. n. 1. —

— kleines Quellenbuch f. den evangel. Religionsunterricht, s.: Halfmann, H.

— die Iserlohner Revolution u. die Unruhen in der Grafsch. Mark Mai 1849. Nach amtl. Akten u. Berichten v. Zeitgenossen dargestellt. gr. 8. (VII, 249 S.) Berlin 899. Reuther & Reichard. n. 3. —; geb. n. 4. —

Köster, Jul., s.: Zeitschrift f. d. evang. Religionsunterr.

Köster, Just., Beiträge zur Statistik der Herzklappenfehler. Inaugural-Dissertation. gr. 8. (33 S.) Göttingen 883, (Vandenhoeck und Ruprecht's Verlag.) *

Koester, Karl, die Entwicklung der Carcinome und Sarcome. 1. Abthl.: Krebs der Haut [Epithelialkrebs], alveolarer Gallertkrebs des Magens. gr. 8. (VIII, 100 S. mit 4 lithogr. Taf. Abbildungen in qu. gr. 4.) Würzburg 869, Stuber. *

Sacram memoriam Regis Serenissimi Divi Friderici Guilelmi III universitatis Fridericiae Guilelmiae Rhenanae conditoris munificentissimi ab eadem universitate d. III m. Aug. a. 1888 ... pie recolendam victorumque renuntiationem e litterarum certaminibus prodeuntium indicit Carolus Koester, ord. med. h. a. decanus. — Inest eiusdem dissertatio: Ueber Myocarditis. Bonnae, form. Caroli Georgi univ. typogr. (1888); 34 S. + 1 Bl. 4°

Sachsen unter Herzog Magnus. Von Karl Köster. 1. Marne. (1881.) 4°. Progr. d. Höh. Bürgersch.

Köster, K. Sachsen unter Herzog Magnus I. 24 S. *Marne* 1881. Progr.

—— über die feinere Structur der menschlichen Nabelschnur. Inaugural-Dissertation. gr. 8. (34 S. mit 2 lithogr. Taf. in Buntdr. in qu. 4.) Ebendas. 868. *

Köster, Karl: Zur Vermögensverwaltung des Stifts Meschede im Mittelalter. Münster: Regensberg 1909. 119 S. 8°
¶ (Aus: Zeitschrift f. vaterl. Gesch. u. Altertumsk. Bd 67, Abt. 1.)
Münster, Phil. Diss. v. 6. Nov. 1909, Ref. Meister
[Geb. 11. Aug. 83 Meschede; Wohnort: Meschede; Staatsangeh.: Preußen; Vorbildung: Gymn. Wattenscheid Reife O. 04; Studium: Freiburg i. B. 1, Münster 6 S.; Rig. 31. Juli 09.] [U 10. 3786

Systematisches Verzeichnis der Musikalien-Bibliothek des verstorbenen Geh. Medizinalr. Prof. Dr. K[arl] Koester in Bonn. Bonn 1905: J. F. Carthaus. (36 S.) 8° [06. 8178

Koester, Car. Felix (geb. Stolberg im Rheinl. 2. 6. 1834): De morbis contagii gonorrhoici secundariis eorumque therapia. Berolini (1858). (32 S.) 8°
Berlin, Med. Diss. v. 19. Aug. 1858

Köster, Karl Mart. Ludw., der Apostel Johannes nach d. Entstehung, Fortbildung u. Vollendung seines christl. Lebens dargest. 8. (12¾ B.) Leipzig 833, K. Tauchnitz.

Köster, Ludw. Alb. Wilh., s.a. Beiträge, Diplomatisch-praktische, zum deutschen Lehnrecht ...

(Köster, L. Alb. W.): Diplomat.-prakt. Beytr. zu d. deutschen Lehnrechten u. zu d. westphäl. Fehm-Gerichtsverfass. *Dortm.* u. *Lpz.*, Blothe u. C. 797—98. 2 Thle. 4. (3 Thl. 20 Gr.)

(Köster, L. Alb. W.,) Diplomatisch-praktische Beiträge zu den deutschen Lehnrechten und zu der westphälischen Fehmgerichtsverfassung. Th. 1—3. Dortmund u. Leipzig 1797—98. 4. . . . . (D.; BRG.)

Köster, Ludw. Alb. Wilh.: Etwas über die Verfassung der Herzogthümer Engern u. Westphalen, bes. in Bezug auf d. Steuerwesen. *Osnabrück*, Blothe. (Andrä in *Leipzig*.) 802. gr. 4. (12 Gr.)

— s. Nebenstunden, niederrhein.

Köster, Ludw. Alb. Wilh.: Auserlesene Rechtsschriften mit beigefügten Anleitungen in würklichen und belehrenden Rechtsfällen . . . hauptsächlich für anfangende Praktiker. T. 1. [einz.] Mainz 1790.

Köster, Ldw. Alb. Wlh., († d. 6. Febr. 1822.) auserlef. Rechtsschriften mit beigefügter Anleit. in wirkl. u. belehrenden Rechtsfällen. 1r Thl. gr. 8. Mainz 790. (Streng in Frankf.) 14 ℊ

Koester, Lud. Alb. Wilh.: Systematisches Repertorium über die für das Herzogthum Westphalen von alten Zeiten her, bis zu Ende des Jahres 1812 erlassenen Gesetze, Verfügungen, Generalien. Arnsberg 1813. fol.

Köster, L. A. W. Ueber die Verfassung des Herzogthums Engern und Westphalen, besonders über das Steuerwesen. 4⁰. Osnabrück 1802.

Koester, Lud. Alb. Wilh.: Chronologisches Verzeichniß der für das Herzogthum Westphalen bis zu Ende 1812 erlassenen Gesetze, Verfügungen, Generalien . . . welche in der Polizeiordnung u. Edictensammlung nicht eingerückt sind. Arnsberg 1814.

Köster, Mart., der prakt. Maurer, s.: Menzel, C. A.

Köster, Max: Die Hautkrankheiten und ihre Beziehungen zum Nervensystem. Halle a. S. (1876): Plötz. 31 S. 8°
Halle-Wittenberg. Med. Diss. v. 11. März 1876
Geb. [La Grange (Texas)] 14. 2. 1845. V.

Köster, Max, die Juden bei Bismarck. Dichtung nach e. Artikel der „Deutsch-socialen Blätter". 12. (14 S.) Braunschweig 893. (Nossen, P. Westphal.) n. — 30

Köster, P., theoret.-prakt. Küß- u. Pfänderspiel-Schule in 45 Ges., od.: vollständ. Unterr. im Küssen u. Pfänderspielen. Ein treues Hülfsbüchlein z. gesellschaftl. Unterhalt. u. Belustig., vorzügl. in d. langen Winterabenden. 8. (7 B.) Fürth 833, (Korn.) 8 Gr., Blnd.

—— Lieder d. Liebe. Eine Anthologie d. trefflichsten Dichtn. dieser Gattung. Deutschlands Jünglingen u. Jungfrauen geweiht. 16. (14½ B.) Quedlinburg 832, Basse.
Ist eine neue Ausg. von nachsteh. Schrift.

— Venus, Amor u. Hymen, oder der Tempel der Liebe. Eine Anthologie der herrlichsten Dichtungen üb. Liebe u. eheliches Glück. 12. Quedlinb. 830. Basse. 16 ℊ Neue Ausg. unter dem T.: Lieder d. Liebe. Eine Anthologie d. treffl. Dichtungen dieser Gattung rc. 16. Ebd. 832. 16 ℊ

Köster, Philipp Christian Ludw. (Wallertheim)
Dissertatio inauguralis juridica de evictionis praestatione bonorum familiae in emphyteusin datorum.
Giessae [14.] Febr. 1733: E. H. Lammers. 26 S. 4°
pro summis in utroque jure honoribus ... consequendis

Köster, Richard, aus Schwerin i. M.: Aus d. Hygien. Institut d. Landes-Universität Rostock. Kritische und experimentelle Beiträge zur Kenntnis der Gallenfarbstoffe. *Rostock 1901: C. Hinstorff.* (51 S.) 8°
Rostock, Phil. Diss. v. [20. Juli] 1901

Die Schrift bei Geisteskrankheiten. Ein Atlas mit 81 Handschriftenproben von Dr. Rudolf **Köster**, Oberarzt, Giessen. Mit e. Vorw. von Prof. Dr. R[obert] Sommer. *Leipzig: J. A. Barth 1903.* (VII, 169 S.) 8° [03. 198]

Köster, Rudolf *Friedrich Karl* [aus Lübeck]: Über Stichverletzungen des Unterleibs ... Berlin, C. Vogts Buchdr., *1895*; 28 S., 2 Bl. 8.
Berlin, Med. Fak., Inaug.-Diss. v. 26. Juli 1895

Köster, Rud. Gf., († d. 3. März 1818.) Predigten. 8. Celle 783. (Hahn in Hannov.) 8 ℊ

Köster, R. Gf., Predigten. 8. Zelle, Richter. (Hahn in Hannover.) 784.

Köster, T.: Nautische Hülfstafeln, s. Freeden, W. von

Köster, T. E., Aufgaben aus dem Gebiete der Arithmetik u. Algebra für Mittelschulen, gesammelt u. systematisch geordnet. 1. Thl. Begriff u. Anwendung der einfacheren Zahlenverbindungen; das Operiren mit Summen, Differenzen, Produkten u. Quotienten; geometrische Proportionen u. Gleichungen des 1. Grades. gr. 8. (IV, 94 S.) Oldenburg 882. Schmidt's Verl. n. — 80

Köster, T. E., Aufgaben aus dem Gebiete der Arithemetik u. Algebra f. Mittelschulen. 2. Tl. Das Rechnen m. Potenzen u. Wurzelgrößen, Wurzelziehg., quadr. Gleichgn., diophant Gleichgn., Logarithmen, Progressionen u. Zinseszinsen-Rechng. gr. 8. (IV, 66 S.) Oldenburg 883. Schmidt's Verl. n. — 80 (1. u. 2.: n. 1. 60)

Köster, T. E., Aufgaben aus d. Gebiete d. Arithmetik u. Algebra f. Mittelschulen. 1. u. 2. Tl. 2. Aufl. gr. 8. Oldenburg, Schulze. à n. — 80
1. Begriff u. Anwendg. d. einfacheren Zahlenverbindgn.: das Operieren m. Summen, Differenzen, Produkten u. Quotienten, geometr. Proportionen u. Gleichgn. d. ersten Grades, Quadratwurzeln aus bestimmten Zahlen. (IV, 96 S.) 896.
2. Das Rechnen m. Potenzen u. Wurzelgrößen, Wurzelausziehg., quadrat. Gleichgn., diophant. Gleichgn., Logarithmen, Progressionen u. Zinseszinsen-Rechng. (80 S.) 897.

— dasselbe. I. u. II. Tl. 2. Aufl. Resultate. gr. 8. (39 S.) Ebd. 897. n. — 40

Köster, T. E., Material für den Unterricht in der Arithmetik und Algebra. Mit besond. Rücksicht auf die Bedürfnisse und den Zweck der Navigationsschule gesammelt und systematisch geordnet. gr. 8. (IV und 176 S.) Oldenburg 861,62. Schmidt. *

Köster, T, E., Material f. den Unterricht in der Arithmetik u. Algebra. Für den Schulgebrauch u. m. besond. Rücksicht auf die Bedürfnisse u. den Zweck der Navigationsschule gesammelt u. systematisch geordnet. 3. verb. Aufl. gr. 8. (VIII, 240 S.) Oldenburg 876. Schmidt's Verl. n. 2. 50

Köster, Teunis, Material für den Unterricht in der Arithmetik u. Algebra. Für den Schulgebrauch u. mit besond. Rücksicht auf die Bedürfnisse u. den Zweck der Navigationsschule gesammelt u. systematisch geordnet. 2. verb. u. verm. Aufl. Oldenburg 868. Schmidt. gr. 8. (VI, 226 S.) n. 25 ngr.

Köstor, Theod., de uteri functionibus. Dissertatio inauguralis. 8maj. (4 B.) Frankfurt a. M. 842, Sauerländer's Verl. *

Köster, W. A. H. Eine Ehescheidung. Als Beitrag zum Capitel vom geschriebenen u. natürl. Recht dargestellt. gr. 8. (48 S.) Freib. i. Br. 891, Fehsenfeld. * 1 —

Koester, Walth., mit dem Schläger in der Rechten, s. a. Eckstein's Miniaturbibliothek, Nr. 84.

Koester, Walth., mit dem Schläger in der Rechten. Roman aus dem korpsstudent. Leben. 2. Aufl. (122 S.) 8. Leipzig (909). G. Müller-Mann. 1. —

Köster, Wlh., († ...) allgem. Altarliturgie. gr. 8. Manh. 799. Schwan u. G. 1 ꝛß 4 K

Köster, Wilhelm, aus Borgstedt: **Beiträge zur Kenntnis der Landwirtschaft in Mittelchile am Ende des neunzehnten Jahrhunderts.** *Merseburg 1902: F. Stollberg.* (111 S.) 8° [J.]
Leipzig, Phil. Diss. v. [10. Juli] 1902

— neueste protestant. Bekenntnisse üb. Sektengeist u. Kanzelkrieg, veranlaßt durch d. Reinhard'sche Reformationspredigt v. 1800. gr. 8. Stuttg. 802. (Hofmann). 20 K 8. Karlsr. 802. Müller. 18 K

Koester, Wilhelm, prakt. Arzt aus Dortmund: **Aus d. Tübinger Universitäts-Augenklinik. Klinisch-statistischer Bericht über 773 Enucleationen des Augapfels.** *Tübingen: F. Pietzcker 1899.* (32 S.) 8°
Tübingen, Med. Diss. v. 1899

— s. Briefe über die projektirte Religionsvereinigung ...

ERKENNTNISSE, Neueste protestantische, über Sittengeist und Kanzelkrieg (von *Wilh. Köster*). Deutschland (Hoffmann in Stuttgart) 1802.
Anon.-Lex. II. p. 47 (nach Weller, fing. Dr.).

Köster, Wilhelm, approb. Arzt aus Gnarrenburg b. Bremen: **Ueber einen Fall eines Gehirngummas von ungewöhnlicher Größe.** Mit 1 Taf. *München 1903: C. Wolf & Sohn.* (23 S.) 8°
München, Med. Diss. v. 1903

— Kanzelkrieg, od. neueste protestantische Bekenntnisse ꝛc. 8. Carlsruhe, Müller. 802.

Köster, Wilhelm, appr. Arzt: **Aus d. psychiatr. u. Nervenklinik zu Kiel. Zur Casuistik der männlichen Hysterie.** Bielefeld 1909: Siedhoff. 24 S. 8°
Kiel, Med. Diss. v. 16. Sept. 1909, Ref. Siemerling
[Geb. 1. Sept. 78 Bielefeld; Wohnort: Bielefeld; Staatsangeh.: Preußen; Vorbildung: Gymn. Gütersloh Reife O. 99; Studium: Leipzig 5, Berlin 1, Kiel 4 S.; Coll. 30. Juli 09; Approb. 1. Juni 09.] [U 10. 2448

Köster, [Wilhelm]: Direktor Dr. Klausing †. S. 3—6. 4.
Progr. Städt. Oberrealschule *M. Gladbach* 1908 (658).

— Leitfaden z. Gebrauch bei d. Confirmationsunterricht d. Dorfkinder, für Lehrer u. Schüler. 8. Karlsr. 806. Müller. 3 K

— Leitfaden z. Gebr. b. Religionsunterricht d. Dorfkinder f. Lehrer und Schüler. 8. Carlsruhe, Müller. 806.

— Leitfaden zum Gebrauch beim Religionsunterricht f. Confirmanden. 8. Stuttg. 803. (Hofmann). 3 K

Köster, deutsches Lesebuch f. höhere Lehranstalten, s.: Schulz, Bernh.

— Liturgie bei Beerdigungen. gr. 8. Manh. 797. Schwan u. G. 20 K

— poetischer Nachlaß. 8. Regensb. 806. Montag u. W. 20 K

Köstering, J. F. Auswanderung der sächsischen Lutheraner im Jahre 1838, ihre Niederlassung i Perry Co, Mo, u ... Nachr ... StL, 1866.

Köstering, J. F., Auswanderung der sächsischen Lutheraner im J. 1838, ihre Niederlassg. in Perry-Co., Mo., u. damit zusammenhängende interessante Nachrichten, nebst e. wahrheitsgetreuen Bericht von dem in den Gemeinden zu Altenburg u. Frohna vorgefallenen sog. Chiliastenstreit in den J. 1856 u. 1857. 2. Aufl. St. Louis, Mo. 869. (Dresden, Naumann.) 8. (XXVII, 279 S.) In engl. Einb. n. 1 ꝛp 5 ngr.

Köstering, J. F., Leben und Wirken des ehrw. Ernst Gerhard Wilh. Keyl, weil. Pastor der Synode von Missouri, Ohio u. a. St. Auf Wunsch seiner Hinterbliebenen und vieler anderen dem Druck übergeben. 8. (152 S.) St. Louis, Mo 882. (Dresden, H. J. Naumann.) geb. *

Köstering, J. F., Predigt, gehalten bei der Einführung des Hrn. Past. W. Müller in Chester, Ills., am zweiten Advents-Sonntage 1875. 8. (14 S.) St. Louis, Mo. 876. (Dresden, H. J. Naumann.) *

Kosterlitz, Arthur, Kammergerichtsrefer.: **Die Ergänzung des handelsgeschäftlichen Werklieferungsvertrages (§ 381² H.G.B.) durch das bürgerliche Recht.** Berlin 1909: Koenig. x, 76 S. 8°
Heidelberg, Jur. Diss. v. 27. April 1909, Ref. Schröder
[Geb. 9. Aug. 85 Gr.-Strehlitz; Wohnort: Berlin; Staatsangeh.: Preußen; Vorbildung: Friedrichs-Gymn. Berlin Reife M. 04; Studium: Berlin 5, München 1 S.; Rig. 10. Juli 08.] [U 09. 1830

Kösternitz [Schlagwort]

Kösternitz, s.: Geologische Karten (Preussen).

Kosters-Leiden, W. H., d. Wiederherstellung Israels in d. pers. Periode. E. Studie. M. Genehmigg. d. Verf. übers. v. A. Basedow. gr. 8. (III, 127 S.) Heidelberg 895. J. Hörning. n. 2. 80

Kösters, die deutschen Missionare u. ihre wissenschaftl. Tätigkeit in China während des XVII. u. XVIII. Jahrh. Vortrag, geh. in der deutschen Kolonialgesellschaft, Abteilg. Tsingtau. (21 S.) kl. 8. Tsingtau (909). (Leipzig, R. Streller.) — 50
Sonderabdruck aus: „Tsingtauer neueste Nachrichten".

Kösters, August, approb. Arzt aus Bocholt (Westf.): **Aus d. chirurg. Klinik zu Gießen. Appendicitis im Bruchsack.** *Gießen 1904: Brühl.* (36 S.) 8°
Gießen, Med. Diss. v. 1904

Kösters, Eugen: Natur und bildende Kunst. Anregungen zur Pflege des Kunstsinns in höheren Schulen. Brühl 1905: P. Weinheimer. (37 S.) 8°
Brühl, G P 1905 (513)

Natur und bildende Kunst. Anregungen z. Pflege d. Kunstsinns in höheren Schulen. Von Eugen **Kösters,** Oberl. Paderborn: F. Schöningh 1905. (37 S.) 8° [06. 1484

Kösters, Heinrich

Kösters, H., pädagogische Lesestoffe, nach sachlichen Gesichtspunkten ausgewählt, geordnet u. hrsg. (In 2 Tln.) 1. Tl.: Stoffe aus der Psychologie u. aus der allgem. Unterrichts- u. Erziehungslehre. (VIII, 309 S.) gr. 8. Breslau 910. F. Hirt. 4.—; geb. in Leinw. 4. 60

Koesters, Henricus [Rhenanus]: Quaestiones metricae et prosodiacae ad Valerium Flaccum pertinentes ... Monasterii, ex typogr. Theissingiana, 1893; 96 S., 2 Bl. 8.
Münster, Phil. Fak., Inaug.-Diss. v. [20. Dez.] 1893

Koesters, Heinr., quaestiones metricae et prosodiacae ad Valerium Flaccum pertinentes. Diss. gr. 8. (96 S.) Monasterii 893. (Leipzig, G. Fock.) n. 2. —

Kösters, Heinr., Dr.: Das Parmenideische Sein im Verhältnis zur Platonischen Ideenlehre. *Viersen 1901: J. H. Meyer.* (S. 3—15.) 4°
Viersen, PG m. Realkl., P 1901 (512)

Kösters, Hubert

Kösters, H., die Besichtigung d. Pferdes m. Rücksicht auf die Ausführung d. Hufbeschlages. [Aus: „Zeitschr. f. Veterinärkde."] gr. 8 (16 S. m. Abbildgn.) Berlin 893. E. S. Mittler & Sohn. n. — 40

Die Besichtigung des Pferdes mit Rücks. auf d. Ausführung d. Hufbeschlages. Von Prof. H[ubert] **Kösters**, Korpsstabsveterinär. 3. Aufl. Berlin: E. S. Mittler & Sohn 1906. (16 S.) 8° [F.]
Aus: Zeitschrift f. Veterinärkunde. Jg. 4. 1892. No 6.

— Beurteilung u. Behandlung der Fohlenhufe. 8. (29 S. m. 17 Abbildgn.) Berlin 894. P. Parey. n. — 50

Kösters, H., Beurteilung u. Behandlung der Fohlenhufe. Im Auftrage des kgl. Ministeriums f. Landwirtschaft, Domänen u. Forsten bearb. 2. Aufl. 8. (31 S. m. 18 Abbildgn.) Berlin 902. P. Parey. n. — 50

— — Lehrbuch des Huf-Beschlages. Mit 210 Abb. Berlin 97. Geb. M. 6.—

Kösters H.: Lehrbuch d. Hufbeschlages. 3. Aufl. Berl. 1905. 259 S. Fig.

Kösters, J., Leitfaden der Geschichte f. höhere Mädchenschulen, s.: Hilfsbücher f. den Geschichtsunterricht an höh. Mädchenschulen.

Kösters, Johannes: Ein neuer Fall von Hermaphroditismus spurius masculinus. *Berlin (1898): G. Schade.* (29 S.) 8°
Berlin, Med. Diss. v. 25. Febr. 1898

Kösters, Joseph: Studien zu Mabillons römischen Ordines. Münster i. W.: H. Schöningh 1905. (VIII, 100 S.) 8°
Freiburg i. B., Phil. Fak., Ref. Finke, Diss. v. 7. Juli 1905
[Geb. 6. Febr. 82 Saalhoff (Rheinprovinz); Wohnort: Freiburg i. B.; Staatsangeh.: Preußen; Vorbildung: Gymn. Duisburg; Studium: München 4, Freiburg 3 S.; Rig. 9. Juli 04.]

Kösters, Ludw., S. J., Maria, die unbefleckt Empfangene. Zur Jubelfeier der 50jähr. Erklärg. des Dogmas. Geschichtlich-theolog. Darstellung. (VIII, 274 S.) gr. 8. Regensburg 905. Verlagsanstalt vorm. G. J. Manz. n. 3. 60; geb. in Leinw. n. 4. 60

Kösters, Wilhelm, aus Münster i. W.: Ueber die elektrische Ladung elektrolytisch frisch hergestellter Gase. *Bonn 1899: K. Drobnig.* (2 Bl.) 8° ¶ Nur Titelblatt, Vita u. Thesen. —

Bonn, Phil. Diss. v. 7. März 1899
(Nicht für den Austausch)

Kösters, Wilh., der Gummidruck, s. a. Encyklopädie der Photographie. 51. Hft.

Der Gummidruck. Von Dr. Wilhelm Kösters. Mit 1 Titelbild, 8 Bildertaf. u. 22 Fig. *Halle a. S.: W. Knapp 1904.* (VI, 108 S.) 8°
— Encyklopädie d. Photographie. H. 51.

Kösters, Wilhelm, aus Münster i. W.: Über die elektrische Ladung elektrolytisch frisch hergestellter Gase. *Leipzig: J. A. Barth 1899.* (36 S.) 8° ¶

Bonn, Phil. Diss. v. 7. März 1899

Kostersitz, Karl, über Bergobservatorien u. das projectirte astrophysikal.-meteorolog. Höhenobservatorium im Semmeringgebiete bei Wien. Vortrag, geh. am 22. III. 1901 im österr. Touristen-Club. gr. 8. (35 S. m. 15 Abb.) Wien 901. (C. Gerold's Sohn.) n. 1.—

Kostersitz, Karl, über das projektierte Bergobservatorium auf dem Sonnwendstein. Nach e. Vortrage, geh. zu Lund (Schweden) am 8. IX. 1904 bei der XX. Versammlg. der astronom. Gesellschaft. (7 S.) 8. Wien 904. (C. Gerold's Sohn.) n. — 20

Kostersitz, Karl, Kometen u. Bergobservatorien. (23 S. m. Fig.) Lex. 8. Wien 910. W. Frick. 1. —
Erweit. Sonderabdr. aus: „Vierteljahrsber. d. Wiener Ver. z. Förderg. d. physikal. u. chem. Unterr."

Die Photographie im Dienste der Himmelskunde und die Aufgaben der Bergobservatorien. Mit 12 Gutachten von Fachgelehrten Oesterreichs, Deutschlands und Amerikas über das Project d. Errichtung einer Sternwarte auf d. Schneeberg. Von Dr. Karl **Kostersitz**. Mit 23 Ill. u. 2 Taf. *Wien: C. Gerold's Sohn 1900.* (53 S.) 8°

— über die totale Sonnenfinsternis vom 30. VIII. 1905, s. a. Vorträge des Vereines zur Verbreitg. naturwiss. Kenntnisse in Wien. 46. Jahrg. 14. Heft.

Kostersitz, K., Über die totale Sonnenfinsternis vom 30. August 1905. 8°. (ill. 45 S.) Wien: Braumuller 1906. K 1.50

Kostersitz, Karl, die Spectralanalyse der Himmelskörper u. deren Förderung durch Bergobservatorien, s.: Vorträge des Vereines zur Verbreitung naturwissensch. Kenntnisse in Wien. 42. Jahrg. 16. Hft.

— neue Sterne (Novae). Mit besond. Berücksicht. der Nova (3. 1901) Perseï. Erweit. Bearbeitg. e. am 19. III. 1903 im wissenschaftl. Klub in Wien geh. Vortrages. Mit 8 Fig. auf 3 Taf. (22 S.) Lex.-8. Wien 903. (W. Frick.) n. 3. —
Sonderabdruck aus: „Monatsblätter d. wiss. Klub in Wien".

— eine Sternwarte auf dem Schneeberg. gr. 8. (8 S. m. 2 Abbildgn.) Wien 899. Manz. n. — 20
Sonderabdruck aus: „Neue freie Presse".

Übersichts-Karte der Sanitäts-Gemeinden in Nieder-Österreich, bearb. v. Dr. Karl **Kostersitz**, n. ö. Landes-Secr. Aus d. Specialkarte v. Öst.-Ung. 1 : 75.000. Hergest. im k. u. k. milit.-geogr. Inst. in Wien. *Wien: Comm.-V. v. R. Lechner 1896.* 1 Ktnbl. quer-gr. 2. (☐) in 13 Bl.

— Astrospektrographische Untersuchung der Sterne γ Cygni usw., s.: Haschek, Ed.

— dasselbe des Sternes ε Pegasi, s.: Haschek, Eduard.

Kostersitz, Ubaldus, monumenta sepulchralia eorumque epitaphia in collegiata ecclesia B. M. Virginis Claustroneoburgi. gr. 4. (XV, 317 S. mit 46 Stein- u. 2 Lichtdr.-Taf.) Wien 881. Mayor & Co. n. 18. —

Kösterus, Friedr., Beichtbüchlein für Schulkinder. 32. (32 S.) Leipzig 875, Peter's Verlag. cart. *
Aus: Das Gotteskind, besonders abgedruckt.

Kösterus, Friedrich: Frauenbildung im Mittelalter. Eine cultur.-hist. Studie. — Würzburg: Woerl 1877. 39 S. 8° (Kathol. Studien. Jg. 3, H. 4.)

—— das Gotteskind. Gebetbuch für Schulkinder. Ausg. Nr. 1. 32. (238 S. mit 2 Tondruckbildern in Holzschntaf.) Leipzig 875, Peter's Verlag. * 40 Pf.; geb. in Halbleinw. * geb. in Leinw. * 80 Pf.; geb. in Leinw. mit Goldschn. *
—— dass. — Ausg. Nr. 2. 32. (238 S. mit 16 Tondr.-Bildern in Holzschn.) Ebendas. 875. *
geb. in Leinwand mit Goldschn. *
geb. in Leder mit Goldschn. *
geb. in Chagrinleder *

Kösterus, Friedr., das Gotteskind. Gebetbuch für Schulkinder. Ausg. Nr. 1. 3. Aufl. 32. (238 S. mit 16 Holzschn.) Leipzig 888, Peter's Verlag. *
geb. * 60 Pf., * 80 Pf. und *

Kösterus, Friedr., das letzte Jahr vor dem größten Tag im Kinderleben. Ein Hilfsbuch für Seelsorger zur Vorbereitung des Geistes und Herzens der Erstkommunicanten. gr. 8. (VI, 241 S.) Mainz 873, Kirchheim.

Kösterus, Friedr. Das letzte Jahr vor dem größten Tag im Kinderleben. Ein Hilfsbuch f. Seelsorger zur Vorbereitg. d. Geistes u. Herzens der Erstkommunikanten. 2. neubearb. u. verm. Aufl. gr. 8. (VIII, 288 S.) Mainz 892, F. Kirchheim. * 2 40

— gemeinsame Meßandachten in Wechselgebeten für die Schuljugend. 24. (128 S. mit eingedruckten Holzschn. u. 1 Chromolith.) Einsiedeln 880. Benziger. geb. m. Goldschn. — 50

— dasselbe. Kl. Ausg. 2. 32. (118 S. mit 1 Chromolith.) Ebend. 880. — 15; geb. n. — 40

—— Natur und Früchte des liberalen Schulwesens, s. Studien, katholische.

—— zur Seelsorge der Schulkinder. Ein Büchlein für Geistliche und Lehrer. 8. (96 S.) Köln und Neuß 871, Schwann'sche Verlagsh.

—— zur Seelsorge der Schulkinder. Ein Büchlein für Geistliche und Lehrer. 2. umgearb. Aufl. 8. (96 S.) Düsseldorf 878, Schwann. *

—— die deutsche Sprache in der Kirche des Mittelalters, s. a. Broschüren, Frankfurter zeitgemäße.

Kösterus, Frdr., Die deutsche Sprache in der Kirche des Mittelalters. Eine culturhistor. Studie. Frankfurt a. M. 1884. 8.
Ist: Frankfurt. zeitgem. Broschüren. Bd. 5. H. 2.

—— der Streiter Christi. Gebet- und Betrachtungsbüchlein für Firmlinge. 32. (319 S. mit 1 Stahlst.) Einsiedeln 884, Gebr. Benziger.

Kösterus, Friedr. (Pfarrer.) Der Streiter Christi. Gebet- und Betrachtungsbüchlein für Firmlinge. Mit App. des Hochw. Ordinariats von Mainz. In-32°, 320 S. Einsiedeln, K. & N. Benziger. 1893.
Broch. — 75, in Lwd. 1 20
in unechtem Saffianleder 2 —
in imit. Juchtenleder 3 —

Kösterus, Frdr., Vorträge f. christl. Müttervereine, zugleich Lesungen f. kathol. Mütter. 1.—6. Hft. gr. 8. Regensburg u. München, Nationale Verlags-Anstalt. à n. — 80
1. (75 S.) 892. — 2. Scenen aus der Kinderstube. (S. 77—131.) 892. — 3. Die heiligen Sakramente in der Familie. (S. 133—202.) 892. — 4. Die heilige Monika. (S. 203—270.) 892. — 5. Heiligenbildchen m. Denksprüchen. (S. 271—342.) 893. — 6. Vorbilder f. Mütter. (71 S.) 894.

Kösterus, Frdr., Vorträge f. christl. Müttervereine, Fortsetzg., s.: Vorträge.

Kösterus, Frdr., Vorträge f. christliche Müttervereine, zugleich Lesgn. f. katholische Mütter. 2., verb. Aufl. (VII, 403 S.) gr. 8. Regensburg 908. Verlagsanstalt vorm. G. J. Manz. 4. —

Kösterus, Fr. Das grosse Werk. Gebet- und Betrachtungsbuch für Erst- und Neu-Communicanten. In-32°, 440 S. mit 2 Stahlstichen. Einsiedeln, Benziger. 1883. — 85

—— Das Züchtigungsrecht d. Lehrers während d. Mittelalters, s. Broschüren, Frankfurter zeitgemäße.

Kösterus, M. C. J., aktenmäßige Darstellung der mir bei dem Landgericht Alsfeld widerfahrenen unwürdigen Behandlung. Ein Seitenstück zu dem Weidig'schen Inquisitions-Prozeß und Beitrag zu der Geschichte des geheimen Gerichtsverfahrens. gr. 8. (VIII und 67 S.) Gießen 849, (Ferber's Universitäts-Buchh.) *

(Kösterus.) Geschichtliche Darstellung der Entwickelung der Militair-Verfassung der Hessen-Darmstädtischen Truppen. Darmstadt 1840. 8°.

Kösterus, M. C. J. Erinnerungen aus dem Feldzuge von 1813 in Schlesien. (Darmstadt c. 1835.) 8°.

Kösterus, M. C. J., Index zur Stempel- u. Taxordnung für d. Gerichtsstellen d. Provinzen Starkenberg u. Oberhessen vom 27. Aug. 1832 mit den darüber erschien. Erläuterungen u. Verfügungen ꝛc. 2e Aufl. 4. Darmstadt 837. Pabst. 7/12 ℔

Koesterus, M. C. J. Die Großh. hessischen Truppen in dem Feldzuge 1813 in Schlesien. Darmstadt 1840. 123 S.

Kösterus, M. C. J., s. 1) Schicksale e. deutschen Offiziers. 2) Stempel- u. Taxordnung f. d. Gerichtsstellen d. Provinz Starkenburg u. Oberhessen.

Kostetzki, s. Kostetzky

Kostetzky, Dominik

— theoret. prakt. Anleitung z. Behandlung d. Erbschaftssachen, sammt Aufsätzen u. Formularen. 2 Bde. gr. 8. Wien, v. Mösle. 815.

Kostezky, M. K., theoret.-prakt. Anleit zur Behandlung d. Erbschaftssachen, welche sowohl die Lehre von dem dreifachen Erbrechte, als auch die Verlassenschafts-Abhandlungspflege bei jeder Art Erbfolge enthält, nach dem neuen allgem. bürgerl. Gesetzbuche, sammt den dazu gehörigen gerichtl. u. außergerichtl. Aufsätzen u. Formularien. 2e viel verm. Aufl. 2 Thle. gr. 8. Wien 818. v. Mösle. 4 ℔ 12 K

Kostezky, D., die Gerichtsbarkeit in streitigen und nicht streitigen Rechtssachen, in prakt. Regeln u. Beispielen dargestellt. 8. Prag, Enders. 814.

KOSTETZKI, M. R.: Die Gerichtsbark. in streit. u. nicht streit. Rechtssachen, in prakt. Regeln u. Beispielen dargestellt. *Prag*, Enders. 858. 8. (1 Thl.)

KOSTETZKY, Dominik: Praktisches Handbuch der Gesetze im Landwirthschaftsfache, für Kreisämter, andere politische Behörden, Grundherrschaften ... im Königreich Böhmen. - Prag 1817. 629 S., Register. - (System d. politisch. Ges. Böhmens 7. Tl.)

Kostezby, D.: „Praktisches Handbuch der Gesetze in Unterthanssachen für Kreisämter, andere politische Behörden, Grundherrschaften, Aemter, Advokaten, Justitiare und Unterthanen im Königreiche Böhmen", Prag 1815 (Enders); 2. verm. und verb. Auflage ebenda 1819.

Kostezky, (D.,) prakt. Regeln z. Auslegung u. Anwendung der Civil-, Criminal- u. polit. Gesetze; größtentheils aus d. Commentaren über d. österr. Gesetze selbst zusammengestellt u. erläutert. gr. 8. Wien 823, v. Mösle. Rthlr

KOSTETZKY, Domin.: System d. polit. Gesetze Böhmens, zum bequemen Gebrauche für den Geschäfts- u. Privatmann. 12 Thle. *Prag*, Enders. 816—25. gr. 8. (28 Thl. 16 Gr.)

1. Th. Die Staatsverfass. d. Kön. Böhmen. 813. (2 Thl.)
2. — 1. Abth. Landespolizei. 817. (8 Gr.)
2. — 2. — Poliz. in Sicherheitss. 2. Hauptabth. (3 Th.)
2. — 3. — Von den, z. Handhab. der Sicherheit angestellt. Behörden u. d. Verfahren bei denselb. 3. Hauptabth. 818. (1 Thl. 16 Gr.)
3. Th. Prakt. Handb d. Gesetze in Unterthanssach. 2. Aufl. (815.) 818. (1 Thl. 12 Gr.)
4. — — — — — — in Stiftungssachen. (1 Thl. 8 Gr.)
5. Th. 1. Abth. Prakt. Handb. der Gesetze in Gewerbssach. (1 Thl. 16 Gr.)
5. — 2. — — — — — in Handelssachen. (2 Thl.)
6. — — — — — — — im geistl. Fache. (2 Thl. 8 Gr.)
7. — — — — — — — im Lndwthschaftsf. (2 Thl. 16 Gr.)
8. — — — — — — — die Universitätsstudien betr. 825. (1 Thl. 18 Gr.)
9. — Prakt. Handb. d. Gesetze, polit. Stellen u. Beamten betr. (2 Thl.)
10. — — — — — in Militairischen. 816. (2 Thl. 8 Gr.)
11. — 1. u. 2. Abth. Prakt. Handb. d. Geschäftsbehandl. in polit. Angelegenheiten. (3 Thl. 8 Gr.)

— System der polit. Gesetze Böhmens 2c. 1r Thl., die Staatsverfassung des Königr. Böhmen. gr. 8. Prag 816. Enders. 2 ℛ 2n Thls. 1r Bd., Landes-Polizei. gr. 8. Ebd. 817. 1 ℛ 8 ℊ 2n Thls. 2r Bd., Polizei- u. Sicherheitssachen. 2e Haupt-Abtheil. gr. 8. Ebd. 818. 3 ℛ 2n Thls. 3r Bd., von den z. Handhabung der Sicherheit aufgestellten Behörden. 3e Haupt-Abtheil. gr. 8. Ebd. 818. 1 ℛ 16 ℊ 3r Thl., prakt. Handbuch der Gesetze in Unterthanssachen. gr. 8. Ebd. 815. 2e A. 818. 1 ℛ 12 ℊ 4r Thl., prakt. Handbuch der Gesetze in Stiftungssachen. gr. 8. Ebd. ... 1 ℛ 8 ℊ 5r Thl. 1r u. 2r Bd., Gewerbs- u. Handelssachen. gr. 8. Ebd. ... 3 ℛ 16 ℊ 6r Thl., Gesetze in geistl. Sachen. gr. 8. Ebd. ... 2 ℛ 8 ℊ 7r Thl., Landwirthschaftsfach. gr. 8. Ebd. 817. 2 ℛ 16 ℊ 8r Thl. Auch u. dem T.: prakt. Handbuch der Gesetze, die Universitäts-Studien betreffend. gr. 8. Ebd. 825. 1 ℛ 16 ℊ 9r Thl., polit. Stellen u. Beamte betreffend. gr. 8. Ebd. ... 2 ℛ 10r Thl., prakt. Handb. d. Gesetze in Militairsachen. gr. 8. Ebd. 816. 2 ℛ 8 ℊ 11r Thl. 1e u. 2e Abtheil., prakt. Handbuch der Gesetze der Geschäftsbehandl. in polit. Angelegenheiten. gr. 8. Ebd. ... 3 ℛ 8 ℊ (1r — 11r Thl. in 15 Abtheill. 28 ℛ 20 ℊ)

Kostezky, (D.,) System d. polit. Gesetze Böhmens. 5r Thl. A. u. d. T.: Prakt. Handbuch d. Gesetze, die Universitäts-Studien betreffend. gr. 8. Prag 825, Enders.

Kostezky, s. Kostetzky, Dominik

Kostgänger von Haus und Hof. 16. (4 Chromolithogr.) Leipzig 880, Baldamus.

Kostgängerin, die,. Lustsp. in 3 A. 8. Brschwg. Schröder. 803.

Kostgängerin, Die, im Nonnenkloster. Schauspiel. Gotha 1797. V: *Müller, Elise.* (Ky) (GGr)

— die, im Nonnenkloster. Schspl. (v. Elise Müller). 8. Gotha 797. Ettinger. 8 ℊ

Kosthaus, Das staatliche, für Kantonsschüler in Aarau. Aarau 1890. V: *Fuchschmid, August.* (Cat. d. Stadtbibl. Zürich. Zürich 1864—97.)

Kostheim, Auguste von, u. Eduard v. Volny, oder die Franzosen in Deutschland. Erzählung von Philibert. 8. Erfurt, Müller. 814.

Kostial, J. C., Herzliebchen mein unter'm Rebendach, s. Wallner's allgem. Schaubühne.

Kostić Dimitrije: Die Einflüsse der Staatsbehörde durch die Kurzböcksche Buchdruckerei auf das serbische Geistesleben des 18. Jahrhunderts.
H. 1909 PN 2742 Diss. Wien, Univ. 2749

Programm des k. k. Staatsgymnasiums zu Essek am Schlusse des Schuljahres 1856/57. Essek, 1857. Druck von Karl Lehmann und Kompag. (41 S. 4.)
Enthält: 1. C. Lucilius, Q. Horatius Flaccus und die satirische Poesie bei den Römern. Von J. Jurković. — 2. Kratka razmatranja o Homeru. (Kurze Abhandlungen über Homers) von J. Kostić.

Kostić, Lazar, südslavische Volksschauspiele primitivster Art. [Aus: „Wissenschaftl. Mittheilgn. aus Bosnien u. d. Hercegovina", 3. Bd.] Lex.-8. (6 S.) Wien 895. (C. Gerold's Sohn.) n. — 30

KOSTIN, Emanuel von (Schippenitz/Bukowina): Ueber das essigsaure Morphium, dessen Wirkung und Anwendung am Krankenbette und seine Bereitungsart.- München: Poessenbacher 1838. 20 S. 31.8.1838 - Urk; F 64
Diss. Ingolst.-Landsh.-Mchn.

Kösting, Karl, Columbus. Ein histor. Trauerspiel. 8. (XV und 139 S.) Wiesbaden 863, (Schellenberg'sche Hofbuchh.) *

— dass. — 2. Aufl. 8. (XV und 158 S.) Wiesbaden 863, Niedner. *

Kösting, Karl, zwei Könige. Ein histor. Trauerspiel. (Bühnen-Mscr.) Wiesbaden 863. Niedner. gr. 8. (VI, 100 S.) n. 17 ngr

— Shakespeare, ein Winternachtstraum. Dramatisches Gedicht. Ebend. 865. 8. (XXVI, 152 S.) n. 25 ngr

Kösting, Karl, die Tragödien des neuen Weltalters. Ein Lebenslied u. seine Geschichte. 1. Stück. (XXXI, 182 S.) 8. Dresden 906. E. Pierson. n. 2. 50

Kösting, Karl, der Weg nach Eden. Epische Dichtung in 5 Büchern. 8. (350 S.) Leipzig 884, C. Günther's Verlag. * geb. *

Kösting, Karl, ausgewählte Werke. Hrsg. v. Frdr. Kummer. 3 Bde. (IV, 396; III, 314 u. III, 251 u. 132 S. m. 2 Bildnissen.) gr. 8. Dresden (909). C. Reissner. 7.50; geb. 10. 50

Kostinsky, S., Observations faites à l'instrument des passages établi dans le premier vertical, s.: Nyrén, M.

Kosti's Reise, s. K. v. Eckartshausen.

Kostjurin, S. u. N. Kraïnsky, Heilung d. Milzbrandes durch Fäulnisstoxine bei Tieren. S.-A. Jena 91. Fischer.

Kostka, Divus Stanislaus. Variis iconismis depictus ... Paderb. et Monast. 1716. H: *Callenberg, Caspar.* (SO)

Kostka, der hl. Stanislaus, s. a. Kinderlegende, Laumann'sche.

Kostka, der heilige Stanislaus, ein Muster und Vorbild der Jugend. Eine Erzählung vom Verfass. des Thomas Morus. 12. Augsburg 840. (Kollmann.) $^{1}/_{12}$ ℛ

Kostka, S. Stanislaus, innocentiae speculum semper intaminatum Das ist: Der H. Stanislaus Kostka ... Cöllen 1727. V: *Schulte, H.* (Jes)

Kostka: Abhandlung enthaltend eine Einleitung zum Homer. – 40 S. Progr. Lyck 1851.

Kostka. Die leiblich und menschlich gedachten Götter bei Homer. 34 S. Lyck, Progr. 1857

(**Kostka,**) Thomas Morus, s. Morus.

Kostka De praeconibus Homericis. 34 S. Lyk, Progr. 1844

Kostka, Johann, Generalauditor-Lieut. Observationes zu dem k. Articuls-Brief Leopoldi I. 4. Wien 1724.

— — Observationes militares theoretico-practicae, über den Articuls-Brief Leopoldi Primi. 2. Aufl. 4. Wien 1738.

Kostka, I., observat. militar. theoret. pract., über d. kais. Artikelbrief Leopolds I. 4. Wien, Krauss. 738. Rthlr.

Kostka, Karl, Das Hausiergewerbe in Nordböhmen. (Handelskammerbezirk Reichenberg.) Schriften d. Vereins f. Sozialpol., Bd. 82. gr. 8⁰. Leipzig 1899.

— Die Heimarbeit in der Hohlglasindustrie Nordböhmens. Schriften des Vereins f. Socialpol., Bd. 86. gr. 8⁰. Leipzig 1899.

Kostka, Carl: Tafeln für symmetrische Funktionen bis zur elften Dimension. Mit kurzen Erl. Leipzig 1908: Teubner. 10 S., 5 Tab. 4⁰
Insterburg, k. G u. RG OP 1908 (5) [S 08. 250

Köstl, Frz.

Köstl (Fr.), Die Euganeen und ihre unter dem allgemeinen Namen Bäder von Albano berühmten heissen und kalten Mineralquellen-Gruppen nebst dem kräftigsten Schwefel-Mineralschlamme, den man von dieser Classe besitzt. Eine geschichtliche, topographische, naturhistorische und medicinische Abhandlung für Naturforscher, Aerzte und Curgäste. Wien 1843. 8.

Köstl, Frz., die Euganeen u. ihre unter dem allgemeinen Namen Bäder von Abano berühmten heißen u. kalten Mineralquellen-Gruppen, nebst dem kräftigsten Schwefel-Mineralschlamme, den man von dieser Klasse besitzt rc. gr. 12. Wien 843, Gerold u. Sohn. $1^{1}/_{3}$ ℛ

Köstl, Dr. Franz — Der endemische Cretinismus als Gegenstand der öffentlichen Fürsorge. Denkschrift an Seine Excellenz den Herrn Minister des Innern, Dr. Alexander Freih. v. Bach, von — —. Wien, 1855. Aus der k. k. Hof- und Staatsdruckerei. (VIII. 179 S. 8.)

Köstl, Frz., der endemische Cretinismus als Gegenstand der öffentlichen Fürsorge. Denkschrift an Se. Exc. den Hrn. Minister des Innern Dr. Alexander Frhrn. v. Bach. Wien 855. (Leipzig, Brockhaus.) gr. 8. (VIII, 179 S.) n. 15 ngr

— observationes et experientiae, quas circa remedia eorumque formulas in Instit. med.-clinico Patav. a Prof. Lippich directo, 7 annor. ($18^{34}/_{35}$—$18^{40}/_{41}$) cursu praescribi solita conscripsit, et medicor. usui adcomm. 8maj. Viennae 843, Braumüller et Seidel. 1 ℛ

Köstl, Franz: Observationes et experientiae, quas circa remedia eorumque formulas in Instituto medico-clinico Patavino...septem annorum (1834/35 - 1840/41) cursu praescribi solita... 208 S., gbd.

Viennae: Braumüller & Seidel 1843

JB 1.634

Köstl, F(ranz), Winke zur Würdigung und Behandlung der genesenen Seelenkranken. gr. 8. (VIII und 95 S.) Gratz 848, Dirnböck.

Kostlan, A., s.: Jahres-Bericht üb. usw. Landwirtschaft.

Koestler, Andenken an die Tage der Wassersnot im Septbr. 1890. Erntedankfestpredigt, geh. am 18. p. Tr. 1890 in der Kirche zu Zwethau. gr. 8. (12 S.) Torgau 890. (Jacob.) n.n. — 25

Köstler, (A. L.,) medicin. Abhandl. über d. Egerische Salzquelle. Mit 1 Steindr. u. 1 Vign. gr. 8. Wien 827, Mörschner u. J.

— aus d. Erfahrung geschöpfte Andeutungen z. Erkenntniss u. Behandl. d. epidem. Cholera. 8. (2 B.) Wien 831, Mörschner u. Jasper.

Köstler, A. L., Anweisung sich geg. d. epidem. Cholera zu schützen, u. dies. bey ihrem Beginn zweckmäßig zu behandeln. 8. (2 B.) Wien 831, Mörschner u. Jasper.

Köstler, A. Leop., Bemerkungen über mehrere Irrenanstalten von England, Frankreich und Belgien. gr. 8. Wien 839, (Mechitaristen-Congreg.-Buchh.) n. 2/3 ß

Koestler, Alfred Friedrich Richard Karl, s. Koestler, Karl

Köstler, Ed., und F. Pfeiffer, internationales Adreßbuch der Textil-Industrie. gr. 8. (XVI, 637 S.) Wien 876. (Leipzig, Twietmeyer.) *

Koestler, Guido, aus St. Gallen: Der Einfluss des Luftsauerstoffes auf die Gärtätigkeit typischer Milchsäurebakterien. Mit 18 Figuren. Jena 1907. VI + 74 S. 8°. S.-A. a. d. Centralblatt f. Bakteriologie, Abt. II. Bd. 19. [29. VII. 07.]
Zürich. Phil. Diss. II. S. 1906/1907.

Koestler, Guido. Der Einfluss des Luftsauerstoffes auf die Gärtätigkeit typischer Milchsäurebakterien. Diss. Phil. [II.] Univ. Zürich. Mit 18 Figuren. [Sep.-Abdr. aus: Centralblatt für Bakteriologie, Parasitenkunde und Infektionskrankheiten. Abteilung II.... Band 19.] VI + 74 S. 8. Zürich (Jena, Frommannsche Buchdr.,) 1907.

Köstler, H[ermann Julius]

Koestler, H., Leitfaden f. den Anfangsunterricht in der Mathematik an höheren Lehranstalten. 1. Thl. 1. u. 2. Hft. u. 2. Thl. gr. 8. Halle 874. 75. Nebert. n. 2. 65
I. 1. Anfangsunterricht in der Geometrie. (50 S.) n. 1. 25
2. Anfangsgründe in der Geometrie. 2. Hft. Der Flächeninhalt der Figuren. Mit vielen in den Text eingedr. Holzschn. (32 S.) n. — 65
II. Anfangsunterricht in der Arithmetik. (87 S.) — 75

Köstler, H., Leitfaden für den Anfangsunterricht in der Arithmetik an höheren Lehranstalten. 2. verm. und theilweise umgearb. Aufl. gr. 8. (42 S.) Halle 885, Nebert. *

Köstler, H., Leitfaden der ebenen Geometrie für höhere Lehranstalten. 1. Heft: Kongruenz. 2. teilweise umgearb. Aufl. gr. 8. (VII, 64 S. mit vielen in den Text gedr. Holzschn.) Halle 883, Nebert.

Köstler, H., Leitfaden der ebenen Geometrie f. höhere Lehranstalten. Mit vielen in den Text gedr. Holzschn. 1.—3. Hft. gr. 8. Halle, Nebert. cart. n. 3. 5
1. Kongruenz. 3., teilweise umgearb. Aufl. (IV, 66 S.) 889. cart. n. 1. 25
2. Lehre vom Flächeninhalt. Konstruktionslehre. 2., teilweise umgearb. Aufl. (42 S.) 888. n. — 75; cart. n. — 80
3. Die Ähnlichkeit der Figuren. 2., teilweise umgearb. Aufl. (64 S.) 890. cart. n. 1. —

Köstler, H., Leitfaden d. ebenen Geometrie f. höh. Lehranst. 1. u. 2. Hft. gr. 8. Halle, L. Nebert. Kart. n. 2. 05
1. Kongruenz. 4. Aufl. (IV, 66 S. m. Holzschn.) 896. n. 1. 25
2. Lehre v. Flächeninhalt. Konstruktionslehre. 3., teilweise umgearb. Aufl. (42 S. m. Fig.) 898. n. — 80

Köstler, H., Leitfaden der ebenen Geometrie f. höh. Lehranstalten. 3. Hft. Die Ähnlichkeit der Figuren. 3., teilweise veränd. Aufl. gr. 8. (65 S. m. Holzschn.) Halle 899. L. Nebert. Kart. n. 1. —

Leitfaden der ebenen Geometrie für höhere Lehranstalten von Prof. H[ermann Julius] **Köstler**, neu hrsg. von Prof. A[lfred] Holtze. Mit vielen Holzschn. H. 1–3. Halle: L. Nebert 1905–06. 3 Bde 8° [J.]
1. Kongruenz. 6., teilw. umgearb. Aufl. 1906.
2. Lehre v. Flächeninhalt. 4., teilw. umgearb. Aufl. 1905.
3. Ahnlichkeitslehre [!]. 4., teilw. umgearb. Aufl. 1906. [06. 1905,8 3

Köstler, H., Leitfaden der ebenen Geometrie f. höhere Lehranstalten, neu hrsg. von A. Holtze. Mit vielen in den Text gedr. Zeichngn. 1.—3. Heft. 8. Halle, L. Nebert. Kart. n. 3. 75
1. Kongruenz. 6., teilweise umgearb. Aufl. (86 S.) 906. n. 1. 35
2. Lehre vom Flächeninhalt. Konstruktionslehre. 4., teilweise umgearb. Aufl. (49 S.) 905. n. — 90
3. Aehnlichkeitslehre. 4., vielfach umgearb. Aufl. (108 S.) 906. n. 1. 50

Koestler, H., Leitfaden für den Unterricht in der Geometrie an höheren Lehranstalten. 3. Heft: Die Aehnlichkeit der Figuren. gr. 8. (IV, 48 S. mit 24 in den Text eingedr. Holzschn.) Halle 878, Nebert. *
Das 1. und 2. Heft bildet: Koestler, H., Leitfaden für den Anfangsunterricht in der Mathematik an höheren Lehranstalten. 2. Thl.

Köstler, Herm. Jul. Über den Unterricht in der Naturkunde und besonders in der Botanik. 39 S. Progr. G. *Naumburg* 1884.

—— Vorschule der Geometrie. 2. und 3. teilweise umgearb. Aufl. gr. 8. (24 S. mit 49 in den Text gedr. Holzschn.) Ebendas. 882,84. *
1. Aufl. bildete: Leitfaden für den Anfangsunterricht in der Geometrie.

—— Vorschule der Geometrie. 4.—6. verb. Aufl. gr. 8. (IV, 21 S. mit 47 in den Text gedr. Holzschn.) Ebendas. 885—87. cart. *

Köstler, H., Vorschule der Geometrie. 7., verb. Aufl. gr. 8. (IV, 21 S. m. 47 Holzschn.) Halle a/S. 892. L. Nebert. Kart. n. — 50

— Vorschule d. Geometrie. 8., verb. Aufl. gr. 8. (IV, 21 S. m. 47 Holzschn.) Ebd. 897. Kart. n. — 50

— Vorschule der Geometrie. 9. u. 10. verb. Aufl. (IV, 22 S. m. 47 Fig.) 8. Ebd. 902. Kart. n. — 50

Koestler, Hugo, die Sicherungs-Anlagen der Wiener Stadtbahn, s. a. Schriften üb. Verkehrswesen, I. 2.

Die Sicherungs-Anlagen der Wiener Stadtbahn. Von Hugo Koestler, Ober-Baurath. Mit 1 Taf. *Wien: A. Hölder 1903.* (56 S.) 8°
= Schriften über Verkehrswesen. Reihe 1, H. 2. [03. 9338

Koestler, Hugo, üb. nordamerikan. Strassenbahnen. gr. 8. (III, 184 S. m. 98 Illustr. u. 4 Tab.) Wien 896. L. Pollak. n. 6. —

Köstler, K., Diphtherie. — Dieckerhoff, F., der Keuchhusten u. seine Komplikationen. (Schumann's medizin. Volksbücher.) (77 S.) 11. 8. Leipzig 903. [W. Schumann Nachf.] Ulm, J. Ebner. Geb. in Leinw. 1. 50

Köstler, Maj. K., Geschichte des deutsch-französischen Krieges 1870 und 1871, für die deutschen Soldaten bearb. Mit 19 (eingedr.) Plänen und 1 (chemityp.) Uebersichtskarte. (VII, 143 S.) 1881; 2. unveränd. Aufl. 8. (V, 143 S.) München 882, Lindauer'sche Buchh. cart. *

Köstler. Die Ungarnschlacht auf dem Lechfelde 955. Gräfenhainichen 1880. 8°.

—— die Ungarnschlacht auf dem Lechfelde am 10. Aug. 955 und die Folgen der Ungarnkriege überhaupt. gr. 8. (39 S.) Augsburg 883, (Rieger'sche Buchh.) *

Köstler, Major im k. bayer. 3. Inft.-Reg. Die Ungarnschlacht auf dem Lechfelde am 10. August 955 und die Folgen der Ungarnkriege überhaupt. 8. Augsburg 1884.

Koestler, Karl

Koestler, *Alfred Friedrich Richard* Karl [app. Arzt]: Über die Behandlung des Lupus ... Leipzig, Druck v. A. Edelmann, Univ.-Buchdr., *1895*; 35 S., 1 Bl. 8.
Leipzig, Med. Fak., Inaug.-Diss. v. 21. Juni 1895

Köstler, Karl, Handbuch zur Gebiets- u. Ortskunde d. Königr. Bayern, m. Unterstützg. d. kgl. bayer. Ministeriums d. Innern f. Kirchen- u. Schulangelegenheiten u. d. kgl. bayer. Kriegsministeriums hrsg. I. Abschn. Urgeschichte u. Römerherrschaft b. z. Austreten d. Bajoarier. 2 Tle. M. 1 (farb.) Karte. gr. 4. München, J. Lindauer. n. 22.—
1. (XVI, 152 S. m. 1 [farb.] Karte.) 895. n. 10.—
2. (XI, 189 S.) 896. n. 12.—

Koestler, Lorenz

Koestler (von Strohmberg), A.Lorenz: Medizinische Abhandlung über die egerische Salzquelle. 102 S., gbd., Abb.

Wien: Moerschner & Jasper 1827

JB 2.756

Koestler (von Strohmberg, A.) Lorenz: Ein Blick auf Eger-Franzensbad in seiner jetzigen Entwicklung. 80 S., gbd., 1 Tab.

Wien: Gerold 1847

JB 2.757

Köstler, Laur., les effets thérapeutiques des eaux minérales et des marais de sels martiaux d'Eger-Franzensbad avec un abrégé de leur usage. Berlin 854. (Schroeder.) gr. 8. (16 S.) n. 5 ngr.

—— über die Füllung und Versendung der Mineralwasser im Allgemeinen nebst einer kurzen Schilderung des ganzen Versandtgeschäftes der Mineralwasser zu Eger-Franzensbad. gr. 8. (15 S. mit 1 Stnt.) Berlin 853, Schroeder's Verlag. *

— ein Handbuch für alle Besucher des Curortes Eger-Franzensbad und dessen Umgebungen. Mit 12 (lith.) Ansichten des Curortes u. der Umgegend nebst 1 (lith.) Situationsplane (in 4.). 3. Aufl. Eger 858. (Berlin, Schroeder.) 16. (2 Bl., 126 S. u. 1 Tab. in 4.) n. 1 ₰.

Köstler, Lor., ein Handbuch für alle Besucher des Curortes Eger-Franzensbad und dessen Umgebungen. Mit 12 (lith.) Ansichten des Curortes und der Umgegend nebst 1 (lith.) Situationsplane (in 4.). 3. Aufl. Eger 859. (Berlin, Schroeder in Comm.) 16. (2 Bl., 126 S. u. 1 Tab. in 4.) n. 1 ₰

Köstler, L., Edler von Strohmberg, Handbuch für Eger-Franzensbad u. seine Umgebungen. 4., verm. u. verb. Aufl. Eger 865. Kobrtsch & Gschihay. 12. (130 S. mit 10 Photographien des Kurortes u. einem Situationsplane.) geb. n. 1 ₰ 6 ngr.
Ohne Photographien n. 16 ngr.

Köstler, Dr. L. — Die Heilwirkungen der Eger-Franzensbader Mineralwasser und des Eisensalzmoores, nebst einer kurzen Gebrauchsanzeige derselben, in Uebersicht dargestellt von — —. 8. (16 S.) Eger. Druck von J. Kobrtsch und Gschihay. 1854.

Köstler, Dr. L. — Die Heilwirkungen der Eger-Franzensbader Mineralwasser und des Eisensalzmoores nebst einer kurzen Gebrauchsanzeige derselben in Uebersicht dargestellt von — —. Vierte Auflage. Eger, 1855. Druck von J. Kobrtsch und Gschihay. (15 S. 8.)

— — Die Heilwirkungen der Eger-Franzensbader Mineralwasser und des Eisensalzmoores nebst einer kurzen Gebrauchsanzeige derselben in Uebersicht dargestellt, IX. Aufl. *Prag* 1858. *Gottl. Haase Söhne.* 19 S. 8°.

— die Heilwirkungen der Eger-Franzensbäder u. des Eisensalzmoores nebst einer kurzen Gebrauchsanzeige derselben in Uebersicht dargestellt. 13. Aufl. Franzensbad 865. Brunnen-Versendung. 8. (20 S.) — —

—— a treatise on Eger-Franzensbad, its mineral waters and its iron-salt-moor, together with a short description of the manner to use them. gr. 8. (14 S.) Berlin 854, (Schroeder's Verlag.) *

Köstler, Rud., die väterliche Ehebewilligung, s.a.Abhandlungen, kirchenrechtliche. 51. Heft.

Die väterliche Ehebewilligung. Eine kirchenrechtl. Untersuchung auf rechtsvergleich. Grundlage von Dr. jur. Rudolf **Köstler** in Czernowitz. Stuttgart: F. Enke 1908. (XXX, 184 S.) 8°
— Abhandlungen, Kirchenrechtliche. H. 51.

Köstler, Rud., Huldentzug als Strafe, s.a.Abhandlungen, kirchenrechtliche. 62. Heft.

Huldentzug als Strafe. Eine kirchenrechtl. Untersuchung mit Berücks. d. röm. u. d. deutschen Rechtes. Von Dr. jur. Rudolf **Köstler**, Privatd. Stuttgart: Enke 1910. XV, 118 S. 8°
(Kirchenrechtliche Abhandlungen. H. 62.)

Koestler, Waldemar, von St. Gallen: Beiträge zu Reihen-Entwicklungen nach Bessel'schen Zylinderfunktionen. Bern 1907. 111 S. 8°. [24. X 06.]
Bern. Phil. Diss. 1907/08.

Kœstler, Waldemar. Beiträge zu Reihen-Entwicklungen nach Bessel'schen Zylinderfunktionen. Diss. Phil. Bern. [Mit 1 Figur.] 111 S. 8. Bern, Borger & Albrecht, 1907.

Koestler, W[aldemar]. Blitzgefahr und Blitzschutz im Lichte der neueren Forschungen. Vortrag, gehalten in der Sektion Burgdorf des Schweizerischen Techniker-Verbandes. [Mit Figuren. Separatabdruck aus der Schweizer. Techniker-Zeitung, Jahrg. 1908, № 16.] 74 S. 8. Basel, Schweizer. Verlags-Druckerei G. Böhm, 1908. [fr. 1.—]

Koestler von Strohmberg, A. Lorenz, s. Koestler, Lorenz

Köstlich, Ferdinand, Oberlieut., Director der Anstalt. Programm und Lehrplan des ersten concessionirten Militär-Lehrcurses in Lemberg. 8. Lemberg 1871.

Kostlin, Karl, s. Köstlin

Köstlin, Jul. Autobiographie, s. Denker, deutsche, u. ihre Geistesschöpfungen.

Köstlin, s.: Predigten, 9, bei d. 50. Hauptversammlg. d. evang. Vereins d. Gustav-Adolf-Stiftg.

Köstlin, über die Zulässigkeit des Zweckbegriffes in den Naturwissenschaften. gr. 4. (57 S.) Stuttgart 854. (Tübingen, Fues' Sortimentsh.) *.

Köstlin A u A Battig, Memoire uber Eisenbahnoberbau ohne Holz. 4° Wien 1861

Köstlin, Adolf, Rechtsanwalt in Esslingen a. N.: Die Haftung für Tierschaden nach dem Bürgerlichen Gesetzbuch. Stuttgart: W. Kohlhammer 1906. (VI, 56 S.) 8°
Heidelberg, Jur. Fak., Ref. Endemann, Diss. v. 31. Mai 1906
[Geb. 31. Dez. 69 Treherz, O.A. Leutkirch; Wohnort: Esslingen; Staatsangeh.: Württemberg; Vorbildung: Gymn. Ulm Reife 88; Studium: Tübingen 3, Leipzig 1, Berlin 1, Tübingen 3 S.; Rig. 4. Mai 06.]

Köstlin, Bertha, Gedichte. 8. (VIII, 196 S. m. Bildnis.) Dresden 901. E. Pierson. n. 3. —; geb. n. 4. —

Köstlin, C. H., fasciculus animadversion., physiol. atq. mineralog. - chemici argum. 4. Stuttg. Metzler. 780.

Köstlin, Christian Reinhold, s.a. Köstlin, Karl Reinhold

Köstlin, C. Reinhold: Abhandlungen aus dem Strafrechte. Nach des Verf. Tode hrsg. von Th. Geßler. Tübingen 1858. (Köstlin: System d. deutsch. Strafrechts. [2.])

Köstlin, C. Reinhold, Abhandlungen aus dem Strafrechte. Nach des Verf. Tode hrsg. von Th. Geßler. gr. 8. (VII und 436 S.) Tübingen 858, Laupp'sche Buchh.

Köstlin, C. Reinhold. Auerswald und Lichnowsky. Ein Zeitbild, nach den Akten des Appellat.-Gerichts zu Frankfurt a. M. Tübingen 1853. 287 S. 8.

Köstlin. Chn. Rhold: Auerswald und Lichnowsky. Ein Zeitbild nach den Akten des Appellations-Gerichtes zu Frankfurt a. M. Tubingen. Laupp 1853.

—— **Geschichte des deutschen Strafrechts in Umriß.** Nach des Verf. Tod hrsg. von Th. Geßler. gr. 8. (V und 261 S.) Tübingen 859, Laupp'sche Buchh.

Köstlin, C. Reinhold, das Geschwornengericht für Nichtjuristen dargestellt. 1. und 2., unveränd. Aufl. gr. 8. (VII und 216 S.) Tübingen 849, Laupp'sche Buchh.

Köstlin, C. Reinhold, die Geschworenengerichte, s. a. Belehrungen, unterhaltende.

— Die Geschworenengerichte. Leipzig. Brockhaus 1851. 71 S. 8.

Köstlin, Chrstn. Reinhold, die Lehre v. Mord u. Todtschlag, ein. histor.-philosoph. Kritik unterworfen, zugleich dogmatisch, dogmengeschichtl., u. mit Rücksicht auf d. neueren Gesetzgebungen dargest. 1. Thl. Die Ideen d. röm. Rechts. 8. (15 B.) Stuttgart 838, Metzler'sche Buchh.

—— die Perduellio unt. d. röm. Königen. Abhandl. gr. 8. (9 1/2 B.) Tübingen 841, Laupp'sche Buchh.

Köstlin, Chrstn. Reinh., neue Revision der Grundbegriffe des Criminalrechts. 2 Abthlgn. gr. 8. Tübingen 845, Laupp'sche Buchh. [1. (40 1/2 B.) 3 Thlr., 2. (19 1/4 B.) 1 3/4 Thlr.]

—— der Wendepunkt des deutschen Strafverfahrens im 19. Jahrh., kritisch und geschichtlich beleuchtet, nebst ausführl. Darstellung der Entstehung des Geschwornengerichts. gr. 8. (VIII und 393 S.) Tübingen 849, Laupp'sche Buchh. Thlr.

——, Wilhelm I., König v. Wirtemberg u. d. Entwicklung d. wirtemberg. Verfass. vor u. unt. seiner Regierung. gr. 8. (35 3/4 B. u. Wilhelm I. Bildn.) Stuttgart 839, [Scheible, Rieger u. Sattler.] * 2 Thlr., Vlnp. *

— Wilhelm der Erste, König von Wirtemberg und die Entwicklung der wirtemberg. Verfassung vor und unter seiner Regierung. Mit des Königs Bildniß. — Jubiläumsausgabe (oder 2. Ausg.). gr. 8. Stuttgart 841, Brodhag'sche B. n. 1 ß — Velinp. n. 1 1/3 ß

Köstlin, Coßmann Friedrich

- Hrn. M. Coßmann Friederich Köstlins, ehemaligen Special-Superintendenten und Stadtpfarrers zu Heidenheim, nunmehrigen Oberpfarrers und Senioris des Minist. Eccles. zu Eßlingen ERBAULICHE ABSCHIEDSPREDIGT über die Wort. Hebräer am 13. Cap. vers 7. 8. am 9. Sonntag nach dem Fest der H. Dreyeinigkeit vor einer zahlreichen Gemeind in Heidenheim gehalten samt zerschiedenen Predigten von Hrn. Jeremias Friedrich Reuß. - Franckfurt & Leipzig 1751. 24 S.

- KIRCHEN-GESANGBUCH begreiffend vierhundert so wol alte als neue Lieder, welche mit beygefügten Beicht- und Abendmahls-Andachten, auch Evangelien, Abend-Lectionen und der Passions-Historie zum Gebrauch der Eßlingischen Gemeinden in Ordnung gebracht von M. Cosmann Friedrich Köstlin, Ober-Pfarrer, des Ministerii Senior, Consistorialis und Ehe-Richter. - Esslingen 1763. 624 S.
- - Eßlingen: Hoffmann 1775. 622 S.

Köstlin, C. Glo., († d. 25. Febr. 1824.) s. P. Lotichius Sec. Elegien.

Köstlin, Eberhard, a. Schw. Gmünd: Über eine Deutung der Gleichung, die zwischen dem Bogen und dem Neigungswinkel der Tangente im Endpunkt des Bogens einer ebenen Kurve besteht. Borna-Leipzig 1907: R. Noske. (60 S.) 8°
Tübingen, Naturw. Fak., Ref. v. Brill, Diss. v. 2. Aug. 1907
[Geb. 11. Sept. 77 Langenbeutingen, O.-A. Öhringen; Wohnort: Gmünd; Staatsangeh.: Württemberg; Vorbildung: Sem. Blaubeuren Reife 95; Studium: Tübingen 9 S.; Coll. 2. Aug. 07.]

Köstlin, Ernst: Die Donaukriege Domitians. Tübingen: Heckenhauer in Komm. 1910. VIII, 101 S. 8°
Tübingen, Phil. Diss. v. 17. Mai 1910, Ref. Kornemann
[Geb. 7. Juli 86 Linsenhofen; Wohnort: Tübingen; Staatsangeh.: Württemberg; Vorbildung: Gymn. Kannstatt Reife M. 04; Studium: Tübingen 10 S.; Coll. 12. Juni 09.] [U 10. 4185

Köstlin, F., die unüberwindliche Armada, s. Für die Feste und Freunde des Gustav-Adolf-Vereins.

Köstlin, [Friedr.], die außerordentliche Generalsynode der evangelischen Landeskirche in Preußen, s. Beyschlag, W.

Köstlin, Frdr., Jesaia u. Jeremia. Ihr Leben u. Wirken aus ihren Schriften dargestellt. Mit einer (lith.) Karte von Südpalästina. gr. 8. (VIII, 184 S.) Berlin 879. G. Reimer. n. 8. —

Köstlin, Friedr. Leitfaden zum Unterricht im Alten Testament f. höhere Schulen. gr. 8. (VIII, 123 S. m. 6 Abbildgn.) Freib. i. Br. 892, J. C. B. Mohr. * 2 —

Köstlin, Frdr., Leitfaden zum Unterricht im Alten Testament f. höhere Schulen. 2., durchgeseh. Aufl. gr. 8. (VIII, 126 S. m. 6 Abbildgn.) Freiburg i/B. 894. J. C. B. Mohr. n. 1. 60; geb. in Halbleinw. n.n. 2. 10

Köstlin, Frdr., Leitfaden zum Unterricht im Alten Testament f. höh. Schulen. 3., verb. Aufl. gr. 8. (VIII, 134 S. m. 6 Abbildgn.) Freiburg i/B. 899. Tübingen, J. C. B. Mohr. n. 1. 80; geb. n.n. 2. 30

Köstlin, Frdr., Leitfaden zum Unterricht im Alten Testament f. höhere Schulen. 5., verb. Aufl. (VIII, 142 S. m. 10 Abbildgn.) gr. 8. Tübingen 907. J. C. B. Mohr. 2. —; geb. n 2. 50

— **Leitfaden zum Unterrichte im Neuen Testament f. höhere Schulen.** gr. 8. (VIII, 187 S.) Ebd. 893. n. 2. —; geb. n.n. 2. 50

Köstlin, Frdr., Leitfaden z. Unterricht im Neuen Testament f. höh. Schulen. 2., verb. Aufl. gr. 8. (VIII, 134 S.) Freiburg i/B. 897. Tübingen, J. C. B. Mohr. n. 2. —; geb. n.n. 2. 50

— Leitfaden zum Unterricht im Neuen Testament f. höh. Schulen. 3., verb. Aufl. gr. 8. (VIII, 136 S.) Tübingen 902. J. C. B. Mohr. n. 2.—; geb. n.n. 2. 50

Köstlin, Frdr., Leitfaden zum Unterricht im Neuen Testament f. höhere Schulen. 4. Aufl. (VIII, 138 S. m. 6 eingedr. Karten.) gr. 8. Tübingen 906. J. C. B. Mohr. n. 2. —; geb. n.n. 2. 50

— Leitfaden zum Unterricht im Neuen Testament f. höhere Schulen. Mit 6 Karten im Text. 5., verb. Aufl. (VII, 138 S.) gr. 8. Ebd. 909. 2.—; geb. n 2. 50

— Schülerheft zur Kirchengeschichte. 1. Tauf. (VIII, 79 S.) 8. Ebd. 908. — 75

— Schülerheft zum Religionsunterricht f. Klasse III —V der höh. Lehranstalten. Ausg. (B) f. Württemberg. 8. Ebd. à — 20

III. Klasse. Evangelium Matthäi, Apostelgeschichte u. das Wichtigste aus der Reformationsgeschichte, insbesondere Luthers Leben. 2. Tauf. (19 S.) 910.

IV. Klasse. Bibelkunde des Alten Testaments m. e. Anh. v. kirchengeschichtlichen Abschnitten. 3. Tauf. (28 S.) 910.

V. Klasse. Bibelkunde des Neuen Testaments m. e. Anh. v. kirchengeschichtlichen Abschnitten. 1. Tauf. (27 S.) 908.

— Schülerheft zum Unterricht in der Bibelkunde Alten Testaments f. die Mittelklassen der höheren Lehranstalten. 1.–4. Tauf. (24 S.) 8. Ebd. 904. 905. n. — 20

— dasselbe Neuen Testaments. 1.—3. Tauf. (19 S.) 8. Ebd. 904. 905. n. — 20

— Schülerheft zum Unterricht in der Bibelkunde Alten Testaments f. die Mittelklassen der höh. Lehranstalten. 5. u. 6. Tauf. (24 S.) 8. Ebd. 907. — 20

— dasselbe Neuen Testaments. 4. u. 5. Tauf. (19 S.) 8. Ebd. 907. — 20

— was die Päpste lehren, s.: Schriften f. das evangelische Volk.

— was die Päpste thaten. II. Clemens VII., s.: Schriften f. das evangelische Deutschland.

Köstlin, Heinrich: Experimentelles über die acute infectiöse Osteomyelitis Halle a/S. 1880: Plötz. 31 S. 8°

Halle-Wittenberg, Med. Diss. v. 14. Febr. 1880

Geb. Göttingen 23. 6. 1856. V.

Köstlin, Heinrich Adolf

Köstlin, H. A., Antrittspredigt üb. das Evangelium d. zweiten Pfingstfeiertags, in der Stadtkirche zu Darmstadt am 18. Mai 1891 geh. gr. 8. (16 S.) Darmstadt 891. J. Waitz. n.n. — 25

Köstlin, Heinr. Adf., im Felde. Bilder und Erinnerungen aus dem J. 1870/71. 1. und 2. Aufl. 8. (III, 59 S.) Friedberg 886, (Bindernagel.) *

— im Felde. Bilder u. Erinnergn. aus d. J. 1870/71. 3. Aufl. 8. (63 S.) Darmstadt 895. J. Waitz. n. — 50

Koestlin, H. A., Geschichte d. christlichen Gottesdienstes. Ein Handbuch f. Vorlesgn. u. Übgn. im Seminar. Mit 2 Tab. gr. 8. (X, 263 S.) Freiburg i/Br. 887. J. C. B. Mohr. n. 6. —

Köstlin, Heinr. Adf., Geschichte der Musik im Umriß für die Gebildeten aller Stände dargestellt. gr. 8. (XIII, 367 S.) [Tübingen 875, Laupp'sche Buchh.] Freiburg i. Br., Mohr. *

—— Geschichte der Musik im Umriß. 2. umgearb. Aufl. gr. 8. (XVI, 468 S.) [Tübingen 880, Laupp'sche Buchh.] Freiburg i. Br., Mohr. *M 6.; geb. *

—— dass. — 3. durchges. und ergänzte Aufl. gr. 8. (XVI, 523 S.) Freiburg i. Br. 884, Mohr. *

—— Geschichte der Musik im Umriß. 3. Aufl. Neue durchgeseh. und verb. Ausg. gr. 8. (XVI, 525 S.) Berlin 888, Reuther. *M 7.—; geb. *

Köstlin, H. A., Geschichte d. Musik im Umriss. 5., vollst. neu bearb. Aufl. gr. 8. (XV, 636 S.) Berlin 898. 99. Reuther & Reichard. n. 8. —; geb. n. 10. —
Erschien auch in 8 Lfgn. à n. 1. —.

Köstlin, Heinr. Adf., Geschichte der Musik im Umriß. 6., vollständig neu bearb. u. wesentlich ergänzte Ausg. Hrsg. v. Wilib. Nagel. (XVI, 746 S.) gr. 8. Leipzig 910. Breitkopf & Härtel. 10.—; geb. in Leinw. n 12.—; in Halbfrz. 13. —

— nach 25 Jahren! Predigt, am 1. Septbr. 1895 in d. Stadtkirche zu Darmstadt geh. (Zugl. Abschiedswort an d. Gemeinde.) gr. 8. (13 S.) Darmstadt 895. J. Waitz. n.n. — 25

Köstlin, Heinr. Adf., Candidatenfahrten. Nach den Papieren eines schwäb. Pfarrers. 2. (Titel-)Ausg. 8. (VII, 133 S.) Freiburg i. Br. 884, Mohr. *
1. Aufl. s. Candidatenfahrten.

Köstlin, H. A., Kandidatenfahrten. 2. Aufl. 8. (IV, 134 S.) Freiburg i/B. 899. Tübingen, J. C. B. Mohr. n. 1. 20; geb. n. 2. —

—— Josefine Lang, } s. Sammlung musikalischer Vorträge.

Köstlin, H. A. Joseline Lang.
(Aus: Sammlung musikalischer Vorträge (Waldersee). Ser. III, 26/27.)

— die Lehre v. d. Seelsorge nach evang. Grundsätzen, s. a. Sammlung v. Lehrbüchern d. prakt. Theologie.

Die Lehre von der Seelsorge nach evangelischen Grundsätzen v. Heinrich Adolf Köstlin, Dr. d. Theol. u. d. Philos. ... *Berlin: Reuther & Reichard 1895.* (XI, 407 S.) 1 Bd 8.
= Sammlung v. Lehrbüchern d. prakt. Theologie. Bd v. [96. 511

Köstlin, Heinr. Adf., die Lehre v. der Seelsorge nach evangelischen Grundsätzen. 2. neubearb. Aufl. (In 8 Lfg.) 1. Lfg. (S. 1—64.) gr. 8. Berlin 906. Reuther & Reichard. n. — 75

— Die Lehre v. der Seelsorge nach evangel. Grundsätzen. (Sonderausg.) 2., neubearb. Aufl. 2.—7. (Schluss-) Lfg. (XIV u. S. 65—432.) gr. 8. Berlin 906. 07. Reuther & Reichard. à Lfg. — 75

Die Lehre von der Seelsorgo nach evangelischen Grundsätzen von D. Dr. Heinrich Adolf Köstlin, Prof. 2., neubearb. Aufl. Berlin: Reuther & Reichard 1907. (XIV, 432 S.) 8°
= Sammlung von Lehrbüchern d. prakt. Theologie. 5. [07. 10813

Köstlin, H. A. Luther als der Vater des evangelischen Kirchengesanges. = Sammlung musikalischer Vorträge (Waldersee). Ser. III, 34.

– Dass., s.a. Sammlung musikalischer Vorträge.

— s.: Monatsschrift f. Pastoraltheologie.

—— die Musik als christliche Volksmacht, s. Zeitfragen des christlichen Volkslebens.

— drei Predigten am 3. Epiphaniensonntag, Karfreitag u. Osterfest geh. gr. 8. (29 S.) Ebd. 893. n. — 50

— Predigten u. Reden. gr. 8. (VIII, 271 S.) Gießen 901. J. Ricker. n. 3. 40; geb. in Leinw. n. 4. 20

Predigten und Reden von D. H[einrich] A[dolf] Köstlin, Prof. 2. wohlf. Ausg. Gießen: A. Töpelmann 1905. (VIII, 271 S.) 8° [F.] (ef. 843 11

— von d. Armen Reichtum u. d. Reichen Armut. Von d. Vereinsamung. Zwei Predigten. gr. 8. (22 S.) Ebd. 895. n. — 30

Köstlin, Heinr. Adf., aus ernsten Tagen. Eine Reihe Feldpredigten gehalten im J. 1870 und 1871. gr. 8. (VII, 120 S.) Stuttgart 871, Greiner. — Leipzig, Amelang's Verlag. [Stuttgart, Ullrich.] (ℳ 1,50.)

— die Tonkunst. Einführung in die Aesthetik der Musik. gr. 8. (XII, 370 S.) Stuttgart 879. Engelhorn. n. 7. —

– Die deutsche Tonkunst, s.: Meyer's Volksbücher.

—— Carl Maria v. Weber und Friedrich Silcher, s.a. Volks-Bibliothek, neue.

Köstlin H A, Karl Maria von Weber, Friedrich Silcher. (Neue illustrierte Volksbibliothek II, 19-20) Stuttgart 1877

Köstlin, Dr. Im. F., s. F. G. Gmelin, d. Behandl. der ostind. Cholera.

Köstlin, (Diak.) Imm. F., zur Amts-Jubelfeier des ehrwürd. Greises M. F. Köstlin, Stadtpfarrers zu Eßlingen. 4. Stuttgart 824.

— d. Katharinenschule zu Stuttgart Trauer um ihre früh vollendete königl. Mutter, einige gehaltvolle Vorträge nebst einer Zugabe. 8. Stuttg. 819. (Löflund). 5 K

— Trauerrede am Sarge des Superint. J. H. Scholl. 8. Stuttg. 813. Steinkopf. 2 K

— Worte d. Rührung u. des Trostes z. Andenken C. F. A. Brotbeck's. 8. Stuttg. 814. Steinkopf. 2 K

Die Baccalaurei und Magistri der Wittenberger philosophischen Fakultät 1503—1517 aus der Fakultätsmatrikel veröffentlicht von Julius Köstlin. Osterprogramm der Universität Halle-Wittenberg 1887. Halle, Max Niemeyer, 1887; IV + 29 S. 8°.

Die Baccalaurei und Magistri der Wittenberger philosophischen Facultät 1518—1537 und die ordentlichen Disputationen 1536—1537 aus der Facultätsmatrikel veröffentlicht von D. Julius Köstlin. Osterprogramm der Universität Halle-Wittenberg 1888. Halle, Max Niemeyer, 1888; 26 S. 8°

Die Baccalaurei und Magistri der Wittenberger philosophischen Facultät 1538—1546 und die öffentlichen Disputationen derselben Jahre aus der Facultätsmatrikel veröffentlicht von D. Julius Köstlin. Osterprogramm der Universität Halle-Wittenberg 1890. Halle, Max Niemeyer, 1890; 24 S. 8°

Die Baccalaurei und Magistri der Wittenberger philosophischen Facultät 1548—1560 und die öffentlichen Disputationen derselben Jahre aus der Facultätsmatrikel veröffentlicht von D. Julius Köstlin. Osterprogramm der Universität Halle-Wittenberg 1891. (Forts. d. Osterprogr. v. 1887, 88 u. 90.) Halle, M. Niemeyer, 1891; 30 S. 8°

— die Begründung unserer sittlich-religiösen Überzeugung. gr. 8. (IV, 124 S.) Berlin 893. Reuther & Reichard. n. 2. —

Köstlin, Jul., christliche Ethik. gr. 8. (VIII, 699 S.) Berlin 898. 99. Reuther & Reichard. n. 10.—; geb. n. 12.—
Erschien in 10 Lfgn. à n. 1. —.

— Friedrich der Weise u. die Schloßkirche zu Wittenberg. Festschrift zur Einweihg. der Wittenberger Schloßkirche am Tage d. Reformationsfestes, den 31. Oktbr. 1892. 4. (111 S. m. Bildern.) Wittenberg 892. R. Herrosé. n. 2. 50

— der Glaube u. s. Bedeutung f. Erkenntnis, Leben u. Kirche m. Rücksicht auf d. Hauptfragen d. Gegenwart. gr. 8. (VIII, 343 S.) Ebd. 895. n. 6. —; geb. n. 7. —

Köstlin, Jul., der Glaube, sein Wesen, Grund und Gegenstand, seine Bedeutung für Erkennen, Leben und Kirche. gr. 8. (XIII und 522 S.) Gotha 859, Besser. *

— die Glaubensartikel der Augsburger Confession, erläutert, s.: Schriften f. das deutsche Volk.

Köstlin, Jul., die schottische Kirche, ihr inneres Leben und ihr Verhältniß zum Staat, von der Reformation bis auf die Gegenwart. Ein Beitrag zur Geschichte des Protestantismus. gr. 8. (VIII und 447 S.) Hamburg und Gotha 852, [Fr. A. Perthes.] *

—— Luthers Leben. Mit authent. Illustr.: 59 Abbild. im Text und 6 Beilagen. gr. 8. (XV, 615 S.) Leipzig 882, Fues's Verlag. *ℳ 8.; geb. *

—— dass. — Mit authent. Illustr.: 64 Abbild. im Text und 5 Beilagen. 2. Aufl. (XV, 623 S.); 3. Aufl. 8. (XVI, 623 S.) Ebendas. 883. *
geb. *

Köstlin, J., Luther's Leben. Mit authent. Illustr.: 65 Abbildgn. im Text u. 5 Beilagen. 7. Aufl. 8. (XVI, 623 S.) Leipzig 889. Reisland. n. 8. —; geb. n. 10. 40

— Luthers Leben. Mit authent. Illustr.: 64 Abbildgn. im Text u. 5 Beilagen. 9. Aufl. [34.—37. Taus.] gr. 8. (XVI, 623 S.) Leipzig 891. O. R. Reisland. n. 8. —

Köstlin, Jul., Luther's Lehre von der Kirche dargestellt. Stuttgart 853. S. G. Liesching. 8. (2 Bl., 218 S.) n. 24 ngr.

Köstlin, Jul., Luther's Lehre von der Kirche. Neue (Titel-) Ausg. Gotha (853) 868. Schloeßmann. 8. (IV, 218 S.) n. 24 ngr.

—— Luther und J. Janssen, der deutsche Reformator und ein ultramontaner Historiker. 1. und 2. durchges. Aufl. gr. 8. (72 S.) Halle 883, Niemeyer. *
Nachwort. (S. 73—99.)

—— dass. — 3. Aufl. Mit einem Nachwort über Janssens Schrift: „Ein zweites Wort an meine Kritiker 1883“. gr. 8. (99 S.) Ebendas. 883. *

— Martin Luther, s.a. König, Gust.

Köstlin, Jul., Martin Luther, s.a. Leben und ausgewählte Schriften der Väter und Begründer der luther. Kirche.

Köstlin, Jul., Martin Luther. Sein Leben und seine Schriften. 2 Bde. 2. neu durchgearb. Aufl. und 3. Aufl. [unveränd. Abdr.]. gr. 8. (XII, 818; X, 733 S.) Elberfeld 883, Friderichs. *

—— Martin Luther. Sein Leben und seine Schriften. 4. unveränd. (Titel-)Aufl. 2 Bde. gr. 8. (XII, 818; X, 733 S. mit 1 Stahlst.-Bild.) Berlin 888, Wiegandt und Schotte. * geb. *

— Martin Luther. Sein Leben u. seine Schriften. 4., unveränd. (Titel-)Aufl. 2 Bde. gr. 8. (XII, 818 u. X, 733 S. m. 1 Stahlst.-Bild.) Berlin 889. Wiegandt & Schotte. n. 18. —; geb. 21. —

Martin Luther von Julius Köstlin, Prof. in Halle a. S. 5., neubearb. Aufl., nach d. Verf. Tode fortges. von Gustav Kawerau, Prof. in Breslau. Lfg 1. *Berlin: A. Duncker 1902.* 8° (02. 14875 2

Köstlin, Jul., Martin Luther. Sein Leben u. seine Schriften. 5. neubearb. Aufl., nach des Verf. Tode fortgesetzt v. Gust. Kawerau. (In 20 Lfgn.) 1.—10. Lfg gr. 8. (1. Bd. XVI, 797 S. m. 1 Bildnis.) Berlin 903. A. Duncker. à n. — 50

Köstlin, Jul., Martin Luther. Sein Leben u. seine Schriften. 5. neubearb. Aufl., nach des Verf. Tode fortgesetzt von Gust. Kawerau. 11.—20. Lfg. (2. Bd. XII, 728 S.) gr. 8. Berlin 903. A. Duncker. à n. — 50 (Kplt. 2 Bde. n. 10. —; geb. in Leinw. n. 12 —)

Ⓢ Köstlin, Jul., Martin Luther. 903. (ABV 31. 33.) Jetzt: Berlin-Charlottenburg, A. Glaue.

— Martin Luther, der deutsche Reformator, s.a. Bibliothek der Gesamtlitteratur des In- u. Auslandes.

—— dass. — s.a. Neujahrsblätter, hrsg. von der Histor. Commission der Prov. Sachsen.

—— Martin Luther, der deutsche Reformator. Festschrift zur Feier des 400jähr. Geburtstages Martin Luthers, 10. Novbr. 1883, hrsg. von der histor. Commission der Prov. Sachsen. Mit dem Bilde Luthers in Lichtdr. nach einer Zeichnung von Schnorr v. Carolsfeld. 1.—20. unveränd. Aufl. gr. 8. (VIII, 77 S.) Halle 883,84, Hendel. cart. *

—— dass. — 21. und 22. unveränd. Aufl. Mit dem Bilde Luthers in Lichtdr. nach einer Zeichnung von Schnorr v. Carolsfeld. 8. (VIII, 126 S.) Ebendas. 883. *ℳ 1.; geb. *

Koestlin, Julius: De miraculorum, quae Christus et primi ejus discipuli fecerunt, natura et ratione. Vratislaviae: J. Max et soc. 1860. (69 S.) 8° *[Buchausg. ebenda.]*

Breslau, Ev.-theol Fak., Antr.-Progr. als ord. Prof. v. 15. Dez. 1860

—— de miraculorum, quae Christus et primi ejus discipuli fecerunt, natura et ratione. Commentatio theologica. gr. 8. (III und 70 S.) Breslau 860, (Max und Comp.) *

—— Luthers Rede in Worms am 18. April 1521. Osterprogramm der Universität Halle-Wittenberg. gr. 8. (36 S.) Halle 874, Buchh. des Waisenhauses. *

— Religion u. Reich Gottes. Abhandlungen zur Dogmatik u. Ethik. [Aus: „Theol. Studien u. Kritiken".] gr. 8. (VIII, 258 S.) Gotha 894. F. A. Perthes. n. 3. 60

— s.: Studien u. Kritiken, theologische.

Köstlin, Jul., Luthers Theologie in ihrer geschichtlichen Entwicklung und ihrem inneren Zusammenhange dargestellt. 2 Bde. gr. 8. (IV und 978 S.) Stuttgart 863, J. F. Steinkopf. *

— Luthers Theologie, in ihrer geschichtlichen Entwicklung u. ihrem inneren Zusammenhange dargestellt. 2 Bde. 2. Ausg. gr. 8. (IV, 390 u. 588 S.) Stuttgart 883. J. F. Steinkopf. n. 9. —

— Luthers Theologie in ihrer geschichtlichen Entwicklung u. ihrem inneren Zusammenhange dargestellt. 2., vollst. neubearb. Aufl. 2 Bde. gr. 8. (IX, 491 u. IV, 366 S.) Stuttgart 901. J. F. Steinkopf. n. 12. 80; in 1 Halbfrz.-Bd. n. 15. —

—— das Wesen der Kirche beleuchtet nach Lehre und Geschichte des neuen Testamentes mit vornehmlicher Rücksicht auf die Streitfrage zwischen Protestantismus und Katholicismus. gr. 8. (VII und 128 S.) Stuttgart 854, S. G. Liesching. *

—— das Wesen der Kirche nach Lehre und Geschichte des Neuen Testamentes mit vornehml. Rücksicht auf die Streitfrage zwischen Protestantismus und Katholicismus. 2., vollständig umgearb. Aufl. gr. 8. (VIII, 144 S.) Gotha 872, Schloeßmann. *

Köstlin, Jul., worin hat die evangelische Kirche in der gegenwärtigen kirchen-politischen Lage ihre unentbehrliche Stärkung zu suchen? Vortrag auf dem VIII. Vereinstag der landeskirchl. evangel. Vereinigung zu Potsdam am 8. Juni 1887. gr. 8. (32 S.) Halle 887, Strien. *

Köstlin, Karl

Köstlin, Karl, Aesthetik. 1. Hälfte. Tübingen 863. Laupp. Lex.-8. (XVI, 352 S.) n. 1 ₰ 20 ngr.

Köstlin, Karl, Aesthetik. 2. Hälfte. Tübingen, Laupp'sche Buchh. Lex.-8. 2. Hälfte 1. Liefg. (S. 353—704.) 866. n. 1 ₰ 20 ngr., 2. Hälfte 2. Liefg. (XXVII u. S. 705—1036.) 868. n. 1 ₰ 20 ngr.] n. 3 ₰ 10 ngr.

Köstlin, Carl, Goethe's Faust, seine Kritiker und Ausleger. gr. 8. (VI und 186 S.) Tübingen 860, Laupp'sche Buchh.

—— Fichte. Ein Lebensbild. Rede am 19. Mai 1862 zu Tübingen gehalten. gr. 8. (29 S.) Tübingen 862, Laupp'sche Buchh.

Köstlin, Karl, Geschichte der Ethik. Darstellung der philosoph. Moral-, Staats- und Social-Theorien des Alterthums und der Neuzeit. 1. Bd.: Die Ethik des classischen Alterthums. 1. Abthl.: Die griechische Ethik bis Plato. gr. 8. (XII, 493 S.) Tübingen 887, Laupp'sche Buchh. *

Köstlin, Karl, chronologischer Grundriß der Kunstgeschichte in Tabellen. 2 Tabellen in Imp.-Fol. Tübingen 879, Laupp'sche Buchh. In 8. gefalzt *

Köstlin, Karl, chronologischer Grundriß der Kunstgeschichte in Tabellen, 2 Tabellen in Imp.-Fol. Tübingen 880. Laupp. In 8. gefalzt. n. 1. —

— Hegel in philosophischer, politischer u. nationaler Beziehung für das deutsche Volk dargestellt. Ebend. 870. 8. (VIII, 203 S.) n. 24 ngr.

Köstlin, K., Shakespeare's Drama „Der Kaufmann von Venedig". Ein Vortrag. gr. 8. (27 S.) Tübingen 882, Fues. *

Aus: Correspondenz-Blatt für die Gelehrten- und Realschulen Württembergs, besonders abgedruckt.

— Prolegomena zur Aesthetik. 4. (104 S.) Tübingen 889. (Fues' Verl.) n. 2. 80

— Richard Wagner's Tondrama: Der Ring des Nibelungen. Seine Idee, Handlung und musikal. Komposition. gr. 8. (IV, 105 S.) Tübingen 877, Laupp'sche Buchh. *

— über den Schönheitsbegriff. gr. 4. (60 S.) Tübingen 879, (Fues'sche Sortimentsh.) *

Verzeichnis der Doktoren welche die philosophische Fakultät der k. württembergischen Eberhard-Karls-Universität in Tübingen im Dekanatsjahr 1888—1889 ernannt hat. Nebst einer Abhandlung: Prolegomena zur Ästhetik. Von Karl Köstlin. Tübingen, L. Fr. Fues'sche Buchdr., 1889; IV + 103 + 1 S. 4°

Koestlin, Car. H. Ant., De effectibus electricitatis in quaedam corpora organica. 36 pp. Tub. 4°. Auch: *Moscati*, Neue Beob. d. Verf. üb. d. Blut. Stuttg. 1780. 8°. *Haller*, Bibl. anat. II, 721.

Köstlin, Karl Hnr., († d. 8. Sept. 1783.) fasciculus animadversion., physiol. atq. mineralog.-chemici argumenti. 4. Stuttg 780. Metzler. 4 gr

— lettre sur l'hist naturelle de l'Isle d'Elbe. 8. Wien 780.

— von d. Methode, die mineralischen Wasser vermittelst der fixen Luft durch d. Kunst eben so wirksam, als die natürl. sind, auf eine wohlfeile Art nachzumachen. 4. Stuttg. 780.

– s. Volta, Alex.: Briefe über die entzündbare Luft.

Köstlin, Karl Reinhold, s.a. Köstlin, Christian Reinhold

Köstlin, Carl Reinhld., Abhandlungen aus dem Strafrechte. Nach des Verf. Tod herausg. von Th. Geßler. Tübingen 858. Laupp. gr. 8. (VII, 436 S.) 2 ℛ. 7½ ngr

— Auerswald und Lichnowsky. Ein Zeitbild, nach den Akten des Appellations-Gerichtes zu Frankfurt a. M. mit Genehmigung dieses h. Gerichtshofes dargestellt. Nebst 1 (lith.) Plan (in 4.). Tübingen 853. Laupp. 8. (2 Bl., 287 S.) 1 ℛ. 10 ngr

— Gedichte, s. Reinhold.

Köstlin, Carl Reinhold, Geschichte des deutschen Strafrechts in Umriß. Nach des Verf. Tod herausg. von Th. Geßler. Tübingen 859. Laupp. gr. 8. (V, 261 S.) 1⅓ ℛ

Köstlin, Carl Reinh., der Lehrbegriff des Evangeliums u. der Briefe Johannis u. die verwandten neutestamentl. Lehrbegriffe. gr. 8. (32¾ B.) Berlin 843, Gust. Bethge. Thlr.

— System des deutschen Strafrechts. 1. Abth. A. u. d. T.: System des deutschen Strafrechts. Allgemeiner Theil. Tübingen 855. Laupp. gr. 8. (XII, 647 S.) 3 ℛ. 7½ ngr

Köstlin, C. Reinhold: System des deutschen Strafrechts. Abth. 1. [2.] Tübingen 1855. 58. 2 Bde

Köstlin, Karl Reinhld., der Ursprung und die Komposition der synoptischen Evangelien. Stuttgart 853. Mäcken. gr. 8. (VIII, 401 S.) 2 ℛ.

Köstlin, Car. Guil. Theoph., de immortalitatis spe, quae in libro Jobi apparere dicitur. 4maj. (47 S.) Tubingae 846, Fues'sche Sortimentsh. *

Koestlin, Nathanael Friedrich (Nürtingen). De jurium humanorum origine ac fundamento cogitationes. Präs. August Friedrich Bock. Tübing. (Fues) Sept. 1796. 28 S. mit Widm. v. Präs. (5.50) 19068

— — Symbolas ad illustrandam novi testamenti de divina eaque morali mundi gubernatione doctrinam. Präs. Friderich Gottlieb Süskind. Tübing. (Fues) Sept. 1799. 36 S. mit Widm. v. Präs. (5.50) 19069

Köstlin, Otto, der Bau des knöchernen Kopfes in den vier Klassen der Wirbelthiere. gr. 8. (32¼ B. u. 4 Taf.) Stuttgart 844, Schweizerbart'sche Buchh.

Köstlin, Otto, die mikroskop. Forschungen im Gebiete d. menschl. Physiologie. Eine von d. medic. Fakultät zu Tübingen gekr. Preisschr. gr. 8. (19¾ B.) Stuttgart 840, Schweizerbart's Vrlsh.

Köstlin, Otto, Gott in der Natur. Die Erscheinungen und Gesetze der Natur im Sinne der Bridgewaterbücher als Werke Gottes geschildert. Mit zahlreichen Abbildungen in eingedr. Holzschn. 2 Bde. gr. 8. Stuttgart, Neff. [1. (VIII und 482 S.) 2. (543 S.) 851.]

Köstlin, Otto, über die Gränzen der Naturwissenschaft. gr. 4. (18 S.) Stuttgart 872. (Tübingen, Fues'sche Sortimentsh.) *

— dass. — Eine Abhandlung. 2. durchgeseh. Aufl. gr. 8. (34 S.) Tübingen 874, Fues'sche Sortimentsh. *

Köstlin, Otto, Studien zur Naturgeschichte des Menschen u. der Thiere. Stuttgart 869. Metzler's Verl. gr. 8. (VIII, 164 S.) n. 24 ngr

Köstlin, Otto, über die Unveränderlichkeit der organischen Species. gr. 4. (37 S.) Stuttgart 860. (Tübingen, Fues'sche Sortimentsh.) *

Köstlin R. Belehrung über die freiwillige Invalidenversicherung der Betriebsunternehmer und der Hausgewerbetreibenden. (16 S.) Grunewald-Berlin 1904

Köstlin, Reinh., unser öffentliches Fürsorgewesen. — Unser Heimatrecht, s.: Bazille, Wilh.

— Heimatrecht, s. Bibliothek f. Rechts- u. Staatskunde

— das Invalidenversicherungsgesetz, s.: Bazille, Wilh.

— das Recht der Staatsangehörigkeit, s.: Bazille, Wilh.

— Verfassungsurkunde f. d. Königr. Württemberg, s.: Bazille, Wilh.

Köstlin, Rudolf *Heinrich Wilhelm* [aus Breslau]: Ueber den Einfluss warmer 4°, Soolbäder auf den Eiweissumsatz des Menschen ... Halle a. S., Hofbuchdr. v. C. A. Kaemmerer & C., 1892; 23 S., 2 Bl. 8.
Halle, Med. Fak., Inaug.-Diss. v. 11. Aug. 1892

Köstlin, Rud., die Nervenendigungen in den weiblichen Geschlechtsorganen. Mit 9 Abbildgn. gr. 8. (21 S.) Berlin 895. Fischer's medicin. Buchh. n. 1. —

Köstlin, Th., Bilder aus Geschichte u. Leben in Gedichten. gr. 8. (V, 72 S.) Gießen 899. J. Ricker. n. 1. —

Köstlin, Theodor [app. Arzt aus Stuttgart]: Zur Behandlung der Granulationsstenose der Trachea nach Tracheotomie. . . . (Aus: Beiträge z. klin. Chirurgie. Bd. IV.) Tübingen, Druck v. H. Laupp jr., 1888; 16 S. 8°
Tübingen, Med. Fak., Inaug.-Diss. v. 1888

Köstlin, Therese, gib acht auf die Gassen! Sieh nach den Sternen! Gedichte. (X, 130 S.) 12. Stuttgart 904. M. Kielmann. n. 2. —; geb. n. 3. —

Köstlin, Therese, s.: In der Stille erblüht.

— Traum u. Tag. Neue Gedichte. (93 S.) kl. 8. Ebd. (906). n. 1. 50; geb. n. 2. 50

— der Wahrheitsucher. Ein Weihnachtsspiel in 3 Abtlgn. 12. (III, 36 S.) Darmstadt 902. J. Waitz. n. — 40

Köstlin, U., die Metallwaaren-Industrie, s.a. Schauplatz, neuer, der Künste und Handwerke. 277. Bd.

Köstlin U. die Metallwarenindustrie u ihre Betriebseinrichtungen. II. (Schauplatz der Künste und Handwerke 277) Weimar 1866

Köstlin, W., Beiträge z. Statistik d. Geisteskrankheiten in Würtemberg. gr. 8. (2¼ B.) Stuttgart 840, Köhler.

Köstlin, Wilhelm [aus Stuttgart]: Ueber Singularitäten ebener algebraischer Curven … [Sep.-Abdr.] Dresden, Druck v. B. G. Teubner, 1895; 36 S., 1 Taf. 8.
Tübingen, Naturw. Fak., Inaug.-Diss. v. 1895

Kostlivy, Alois: Die Anfänge der deutschen antikisierenden Elegie mit besonderer Berücksichtigung der Entwicklungsgeschichte des elegischen Versmafses. 8 (15 S.).
Progr. K. k. Staats-Oberg. Eger (Böhm.) 1898.

Kostlivy, Alois, die Anfänge d. deutschen antikisier. Elegie m. bes. Berücksicht. d. Entwicklungsgeschichte d. elegischen Versmaszes. Progr. gr. 8. (16 S.) Eger 898. (J. Kobrtsch & Gschihay.) n. 1. —

Alois KOSTLIVÝ — Geschichte des elegischen Vermasses aus der Elegie im 18. Jahrhunderts
Phil. Diss., Prag 1896/97.

Kostlivy, Josef: Übersicht der an der meteorologischen Beobachtungsstation in Eger im Jahre 1897 angestellten Beobachtungen. 8 (S. 16–19). … 1898 angestellten Beobachtungen. 8 (S. 33–36). … 1899 angestellten Beobachtungen. 8 (S. 1–4).
Progr. K. k. Staats-Oberg. Eger (Böhmen) 1898. 1899. 1900

Kostlivy, Josef: Übersicht der an der meteorologischen Beobachtungsstation in Eger im Jahre 1900. 1901. 1902. 1903. 1904. 1905. 1906 angestellten Beobachtungen. 3 S. 8. S. 15–17. 8. S. 15–17. 8. S. 23–25. 8. S. 19–21. 8. S. 26–28. 8. S. 38–40. 8. S. 22–24. 8. S. 13–15. 8.
K. k. Staats-(Ober)gymn. Eger (Böhmen) 1901. 1902. 1903. 1904. 1905. 1906. 1907. 1908. 19[illegible]

Progr.

Kostlivy, Stanisl., der tägliche u. jährliche Gang der Temperatur zu Port Said u. Suez. [Aus: „Sitzungsber. d. k. Akad. d. Wiss."] Lex.-8. (86 S.) Wien 878. (Gerold's Sohn.) n. — 80

Kostlivý, St., Namen- u. Sachregister, s.a. Zeitschrift d. österr. Gesellschaft f. Meteorologie.

Kostlivý, Dr. St., Namen- und Sachregister zu den Bänden I—XX, 1866—1885, der Zeitschrift der österreichischen Gesellschaft für Meteorologie. Lex.-8. (152 S.) 2.50
Wien: Hölzel 1896.

Kostlivý, Stanislaus: Ueber die Temperatur von Prag. (Abhandlungen der Königlichen Böhmischen Gesellschaft der Wissenschaften. 7. F. Bd. 2. Mathematisch-naturwissenschaftliche Classe. No. 4.) Prag 1887. 32 S. 4°.

Kostlivý, Stanisl. Ueber die Temperatur v. Prag. gr. 4. (32 S.) Prag 889, (Calve). * 1 20
Aus: Abhandlgn. d. k. böhm. Gesellsch. d. Wissensch., besonders abgedruckt.

Kostlivý, Stanislav, der tägliche Temperaturgang von Wien, Hohe Warte, f. die Gesammtheit aller Tage, sowie an heiteren u. trüben Tagen. Zum Jubiläum der k. k. Centralanstalt f. Meteorologie u. Erdmagnetismus in Wien. gr. 4. (35 S.) Wien 901. (C. Gerold's Sohn.) n. 2. 30
Sonderabdruck aus: „Denkschr. d. k. Akad. d. Wiss."

Untersuchungen über die klimatischen Verhältnisse von Beirut, Syrien. Von Dr. Stanislav **Kostlivý**. Vorgelegt in d. Sitzung d. Kgl. Böhm. Ges. d. Wiss. in Prag 1904. Prag: Kgl. Böhm. Ges. d. Wiss. (1904). (159 S.) 8° [o4. 7997 9

Untersuchungen über die klimatischen Verhältnisse von Beirut, Syrien. Von Dr. Stanislav **Kostlivý**. Vorgelegt in d. Sitzung d. Kgl. Böhm. Ges. d. Wiss. in Prag am 14. Okt. 1904. Prag: Kgl. Böhm. Ges. d. Wiss. 1905. (159 S.) 8° [o6. 5047 9

Kostlivý, Stanislav, Untersuchungen über die klimatischen Verhältnisse v. Beirut, Syrien. (159 S.) Lex.-8. Prag 905. (F. Řivnáč.) n. 2. —
Sonderabdr. aus: „Sitzungsber. d. böhm. Gesellsch. d. Wiss."

— normale 5tägige Wärmemittel in Réaumur-Graden für 24 Stationen, bezogen auf den 20jährigen Zeitraum 1848—1867. [Aus: „Sitzungsberichte d. k. Akad. d. Wiss."] Lex.-8. (12 S.) Ebend. 878. n.n. — 30

— über Witterungs-Telegraphie im Dienste der Landwirthschaft. Vortrag, geh. im Vereine zur Verbreit. naturwissenschaftl. Kenntnisse in Wien am 15. Jänner 1879. Mit 2 (lith.) Karten. [Aus: „Schriften d. Vereins".] 8. (37 S.) Wien 879. (Braumüller.) n.n. — 80

Kostomarow, N., russische Geschichte in Biographien. Nach der 2. Aufl. d. russ. Originals übers. v. W. Henckel. (In ca. 18 Lfgn.) 1—6. Lfg. gr. 8. (1. Bd. S. 1—480.) Leipzig 885. 86. F. Duncker. à n. 1. 50

Kostomarow, N., russische Geschichte in Biographien. Nach der 2. Aufl. d. russ. Originals übers. von W. Henckel. (1. Bd.) Die Herrschaft d. Hauses Wladimir's d. Heiligen. X.—XVI. Jahrh. gr. 8. (V, 695 S.) Leipzig 889. [Levien.] Giessen, Ricker'sche Buchhandlg. n. 11. —; geb. n. 13. —
Ursprüngl. Preis: n. 8. —; geb. n. 10. —.

Kostomarow, N. J., Kudejar. E. histor. Chronik aus d. Zeit Iwans d. Schrecklichen. In 3 Büchern. Deutsch v. P. N. Kuptschke. 8. (III, 347 S.) Berlin 895. Neufeld & Henius. n. 4. —

Kostomarow, Nikolaj, das Gewissen, s.: Tolstoj, Leo Graf.

Kostrenčić, Ivan (Hrsg.). s.a. Beiträge, Urkundliche, zur Geschichte der protestantischen Literatur der Südslaven in den Jahren 1559 - 1565.

Kostrencic, Ivan, urkundliche Beiträge zur Geschichte der protestantischen Literatur der Südslaven in d. J. 1559—1565. gr. 8. (VII, 244 S.) Wien 874. Gerold's Sohn. n. 6. —

Kosttochter, d., od. Carolinens Familienkorrespondenz, herausgegeben, v. J. J. Zimmermann. 8. Basel, Schweighäuser. 783.

Kostüm, das moderne. Zeitschrift f. Kunst in der Mode. Jahrg. 1904. 2 Hefte. (à 32 S. m. m. Abbildgn.) 4. Leipzig, W. Diebener. à 1. 50
Erscheint nicht mehr.

Kostüm-Aufführungen. Nr. 1 u. 2. kl. 8. Leipzig, Rauh & Pohle. à 1. —
Hunger, M., ein Wintertag in der Großstadt. Kostüm-Aufführung. (Verbindung v. Pantomimen u. Reigen.) (15 S. m. 1 Taf.) (909.) (Nr. 1.)
Thomas, K., die Mühle im Schwarzwald. Charakter-Reigen m. Gesang u. Tanz. (Auf der Bühne aufzuführen.) (11 S.) (909.) (Nr. 2.)

Die Costüm-Ausstellung im k. k. Oesterr. Museum 1891. Ihre wichtigsten Stücke ausgewählt und beschrieben von Dr Karl Masner, Custos-Adjunct im k. k. Oesterr. Museum. In Lichtdrucken herausgegeben von J. Löwy, k. u. k. Hof-Photograph. Lieferung 3. Tafel 21—30. (3 Bl Text.) Quer-Fol. Wien: Löwy 1892. 10 —

Kostüme, s.a. Costüme.

Kostüme aus den Münchener Bilderbogen in photographischer Vergrösserung. (79 T) 4° (München)

Kostüme auf dem Kön: National-Theater in Berlin. Unter der Direction des Herrn Aug Wilh. Iffland. Berlin, L. W. Wittich 1812.
Tit., 1 Bl., 175 Taf in kol. Aquatinta 4°

Kostüme der kaiserl. königl. National- und der anderen privil Theatern in Wien Wien. bey Jos. Geistinger 1807[—1812(?)]. [Umschlagtit.]
138 Taf in kol. Kupferst. 4°
Erschienen in einzelnen Heften mit je sechs Taf. Einzelne Taf bez · V Grüner inv et sc

Kostüme, neue, auf den beyden Königl. Theatern in Berlin. s.a. Costüme.

Kostüme, neue, auf beiden königl. Theatern in Berlin, unter d. Direkt. d. Grafen v. Brühl. 16—20s Heft. kl. Fol. Berlin, Wittich.

Kostüme, neue, auf d. beiden Kgl. Theatern in Berlin, unt. d. General-Intendantur d. Gr. v. Brühl. 23. Hft. 8 ill. Kpfr. Darstelln. aus d. lyrischen Drama: Agnes v. Hohenstaufen enthalt., gez. v. Stürmer. kl. Fol. (Mit Text.) Berlin 830, Wittich.
1—22. Hft. Ebendas. 1813—29. 68 Thlr. 12 Gr.

Kostüme aus Würzburg und seiner Umgebung. 11 kolorierte Kupferstiche von Artaria & Co. in Wien (ca. 1820). Folio. (60 Mk., Expl. mit Benutzungsp., K. Th. Völcker, Frf. a. M., 1905:)

Kostümes, s. Costümes.

Kostümfest-Aufführungen. 1.—4. Heft. 8. Mühlhausen i/Th., G. Danner. à 1. 50
Baumgärtner, Otto, im Reiche des Märchens. Großes Kostümfest. Idee u. Ausarbeitg. (31 S.) (910.) (Heft 4.)
Schäfer, O., Alt-Heidelberg. Anleitung u. Arrangement zu e. Vereins-Kostümfest „Ein Studententag in Alt-Heidelberg". (14 S.) (910.) (Heft 1.)
— Fahnenweihe der „Bläraria" in Singsanghausen. Komische Kostümfest-Aufführung. (18 S.) (910.) (Heft 3.)
— Schützenfest in Trippsdrill. Anleitung zum Arrangement e. Kostümfest-Aufführg. im Stile e. Schützenfestes (Vogelschießen). (10 S.) (910.) (Heft 2.)

[**Kostümfiguren** zu Oper und Ballett.] o. O. u. J. [um 1840].
102 Taf. in kol. Lithogr. 4°.

Kostüm-Reigen. Nr. 1—34. kl. 8. Leipzig, Rauh & Pohle à 1. —
Amberg, Adf., Clown-Reigen u. Clown-Pyramiden (f. Bühne) auf Stelzen ausgeführt. (8 S. m. Abb. u. 1 Taf.) (904.) (Nr. 2.)
Brückelt, Const., Zigeuner-Quadrille f. 8 Herren u. 8 Damen. (8 S. m. 1 Taf.) (904.) (Nr. 3.)
Geyer, W., Dekorations-Reigen. Für 8 Damen u. 8 Herren. (8 S. m. 1 Taf.) (904.) (Nr. 15.)
Hunger, Max, Gärtnerinnen-Reigen f. 16 Turnerinnen. (7 S. m. 1 Taf.) (904.) (Nr. 5.)
Kotzian, Ant., die lustigen Babys. Humorist. Tanzreigen für 8 Herren in Wickelkind-Kostümen. (4 S. m. 6 Fig.) (904.) (Nr. 14.)
— die dressierten Bären. Glanznummer im Zirkus Busch. Tanz-Fechtreigen für 8 Turner in Bärenkostüm. (6 S. m. 4 Fig.) (904.) (Nr. 13.)
— Clown-Tanz-Reigen. Auf Händen gelaufen v. den „Augusts", „Habakuks", „Kaspars" usw. Humorist. Tanz-Reigen für 8 Herren. (7 S. m. Fig.) (906.) (Nr. 32.)
— Humoristische Feuerwehr. Humorist. Tanzreigen f. 8 Herren. (6 S. m. 5 Fig.) (906.) (Nr. 20.)
— am goldenen Horn. Huldigungsreigen der Moslemen zu Ehren des Padischah. Zusammengestellt f. 8 Turner. (7 S. m. 4 Fig.) (904.) (Nr. 16.)
— der kleine Kohn im Turnverein. Humorist. Tanzreigen für 8 Turner u. den kleinen Kohn. (8 S. m. 5 Fig. u. 1 Abbildgn.) (904.) (Nr. 9.)
— Lumpengigerl-Tanz. Humorist. Tanzreigen für 8 Herren. (4 S. m. 4 Fig.) (906.) (Nr. 19.)
— Max u. Moritz. Humorist. Reigentanz f. das edle Brüderpaar u. 16 Turner in Turner- oder auch Clownkostümen. (8 S. m. 8 Fig.) (904.) (Nr. 17.)
— Polka-Mazurka. Tanzreigen f. 8 Turnerinnen in poln. Nationalkostümen. (6 S.) (906.) (Nr. 29.)
— Rußland u. Japan. Tanz- u. Kampfreigen für 16 Herren. (8 Russen u. 8 Japaner.) (8 S. m. 4 Fig.) (904.) (Nr. 12.)
— dasselbe. Großer Tanzreigen m. Fahnengruppierungen für 16 Damen. (8 Russinnen u. 8 Japanerinnen.) (8 S. m. 4 Fig.) (904.) (Nr. 8.)
— die tanzenden Schweine. Humorist. Tanzreigen f. 8 geübte Turner. (7 S. m. Fig.) (906.) (Nr. 33.)
Liebers, Kurt, Chinesenreigen. Charakterreigen f. 8 Turner in Chinesenkostümen. (7 S. m. 1 Taf.) (906.) (Nr. 27.)
— unsere Leut! Charakterreigen f. 8 Turner in Judenkostümen. (8 S. m. 1 Taf.) (906.) (Nr. 25.)
— Schuljungen. Humorist. Reigen f. 16 Turner. (8 S. m. 1 Taf.) (906.) (Nr. 26.)
— lustig Volk aus Afrika. Humorist. Reigen f. 8 geübtere Turner m. Gesangseinlage. (8 S. m. 1 Taf.) (906.) (Nr. 28.)
Müller, R., Buren-Reigen. Kostüm- u. Gesangreigen für 16 Turner. 2. Aufl. (7 S.) (904.) (Nr. 18.)
Pohle, Ernst, Dekorations-Verwandlungs-Reigen für 8 Turnerinnen u. 8 Turner. (8 S.) (904.) (Nr. 6.)
— Gnomen- u. Elfenreigen für 8 Turnerinnen u. 8 Turner. (10 S. m. 1 Taf.) (906.) (Nr. 23.)
— Heinzelmännchen-Reigen für 8 Turner. (6 S. m. 1 Taf.) (906.) (Nr. 22.)
— Irrlichter-Tanz. Reigen für 8 Turner. (4 S. m. 1 Taf.) (906.) (Nr. 21.)
— Schneeball-Reigen f. Turnerinnen. (7 S.) (904.) (Nr. 4.)
— die Wunderteufel. Humorist. Tanzreigen f. 8 Turner. (6 S. m. 1 Taf.) (904.) (Nr. 7.)
Sittig, Emil, Clown-Reigen f. 8 Turner. (7 S. m. 2 Fig.) (906.) (Nr. 24.)
Thomas, Karl, die lustigen Bauernjungen. Reigen f. 16 Turner. (8 S. m. 1 Taf.) (906.) (Nr. 31.)
— Fischerinnen-Reigen f. 16 Turnerinnen. (8 S. m. 1 Plan.) (906.) (Nr. 30.)
— in der Heuernte. Reigen m. Musik u. Gesang f. 8 Turnerinnen. (8 S. m. 1 Taf.) (904.) (Nr. 10.)
— Kostüm- u. Blumen-Reigen f. 16 Personen. (8 Damen u. 8 Herren.) (7 S. m. 1 Taf.) (904.) (Nr. 11.)
— Ruderer- u. Schwimmerinnen-Reigen f. 8 Turner u. 16 Turnerinnen in Rudersport- u. Schwimm-Kostümen. (11 S. m. 1 Plane.) (906.) (Nr. 34.)

Thomas, Karl, lustige Turner aus dem Reiche der Mitte. Humorist. Chinesen-Reigen f. 8 geübte Turner. (Auf der Bühne aufzuführen.) (8 S. m. 1 Taf.) (903.) (Nr. 1.)

Kostüm-Reigen Nr. 35—42. kl. 8. Leipzig, Rauh & Pohle. à 1.—
Hunger, M., Fischerinnen-Reigen. Kostüm-Reigen f. 24 Turnerinnen. (8 S. m. 1 Taf.) (909.) (Nr. 41.)
— Humorist. Müller-Reigen. Kostüm-Reigen f. 4 Turnerinnen u. 4 Turner (auf der Bühne aufzuführen). (8 S. m. 1 Taf.) (909.) (Nr. 42.)
Liebers, Kurt, in der Backstube. Humorist. Reigen f. 9 Pers. (auf d. Bühne aufzuführen.) (8 S. m. 1 Taf.) (907.) (Nr. 35.)
Pohle, E., Feuerwehr-Reigen f. 16 Turner. (7 S. m. 1 Taf.) (907.) (Nr. 39.)
Rauh, H., Neger-Quadrille. Humorist. Kostümtanz f. 8 geübte Turner (darstellend: 4 Neger u. 4 Negerinnen). (Auch auf der Bühne aufführbar.) (8 S.) (909.) (Nr. 40.)
Thomas, K., Blumen-Reigen. Reigen f. 8 Turnerinnen. (7 S. m. 1 Taf.) (907.) (Nr. 36.)
— Harlekin-Reigen. Reigen f. 8 Turner. (6 S. m. 1 Taf.) (907.) (Nr. 37.)
— Kameruner-Festspiel. Reigen f. 12 Turner. (6 S. m. 1 Taf.) (907.) (Nr. 38.)

KOSTÜM-SKALA. Zusammenstellung des kostümlichen Bedarfs durch alle Zeitalter mit Rucksicht auf den Personenbestand grosser, mittlerer und kleiner Buhnen und der durch Anschaffung der erforderlichen Kostüme, Rüstungen, Waffen usw entstehenden Kosten. Fur den deutschen Bühnenverein entworfen von Hofrath LUDWIG RAUPP, Ober-Inspektor am Konigl. Hoftheater zu Berlin. Berlin 1907 Druck von Hermann Kuhz.) 8°.

Kosub, G., Accord-Lohn-Tabelle für die Aufstellung und Revision der periodischen Lohn-Rechnungen bei Hoch-, Tief-, Strassen-, Kanal-, Wasser-, Tunnel- und Eisenbahn-Bauten, sowie Bergwerks- und Hütten-Betrieb. Unter Beachtung der einschlägigen gesetzl. und calculatorischen Bestimmungen mit Genehmigung Hoher Staats-Behörden zu dienstl. Gebrauch ausgearbeitet. Revidirt von H. Kosub. gr. 8. (208 S.) [Meiningen (885), Selbstverlag.] Frankfurt a. M., Osterrieth. [*M 5.—.] *

Kosub, G., Accord-Lohn-Tabelle f. die Aufstellung u. Revision der periodischen Lohn-Rechnungen bei Hoch-, Tief-, Strassen-, Kanal-, Wasser-, Tunnel- u. Eisenbahnbauten, sowie Bergwerks- u. Hütten-Betrieb. Unter Beachtg. der einschlägl. gesetzl. u. calculator. Bestimmgn. m. Genehmigg. hoher Staats-Behörden zu dienstl. Gebrauch ausgearb. Rev. v. H. Kosub. gr. 8. (208 S.) Meiningen 889. (Frankfurt a/M., Osterrieth.) 3. —

— und G. Kosub, der Bureau-, Kassen- und Kalkulatur-Dienst bei Eisenbahn-Neubauten. Handbuch für Eisenbahn-Beamte. 8. (VIII, 211 S.) Berlin 884, Siemenroth. cart. *

Kosub, Herm., Eisenbahn-Almanach für Staats- und Privatbahnen in Preußen pro 1883. 12. (848 S.) Berlin 883, E. Mecklenburg. *ℳ 2,25.; geb. *
Nicht weiter erschienen.

Kosub, H., der Eisenbahn-Bureaudienst, prakt. Handbuch zum Selbstunterricht f. Eisenbahnbeamte u. Aspiranten d. Eisenbahndienstes. gr. 8. (VIII, 144 S.) Breslau 876. Maruschke & Berendt. n. 2. 50

Kosub, H., der Eisenbahn-Bureaudienst, praktisches Handbuch zum Selbstunterricht für Eisenbahnbeamte u. Aspiranten des Eisenbahndienstes. 2., verb. Aufl. gr. 8. (VIII, 148 S.) Breslau 877. Maruschke & Berendt. n. 2.50

Kosub, H., s.: Eisenbahn-Kalender, deutscher.

—— das **Gesetz**, betr. die Fürsorge für die Wittwen und Waisen der unmittelbaren Staatsbeamten. Vom 20. Mai 1882. [Ges.-S. S. 298], nebst Ausführungs-Bestimmungen und den Vorschriften der königl. Ober-Rechnungskammer über die formelle Einrichtung der Jahresrechnungen und Justifikatorien in Ansehung der Einnahmen und Ausgaben aus diesem Gesetz, unter Anschluß einer Tabelle über die Wittwen- und Waisengelder zusammengestellt. gr. 8. (VI, 109 S.) Berlin 882, W. Peiser's Verlag. cart. *

Kosub, Herm., s. Kalender für Eisenbahn-Verwaltungs- und Betriebsbeamte.

—— das **Kassen- und Rechnungswesen** bei den preußischen Staats- und unter Staats-Verwaltung stehenden Eisenbahnen nach der Instruction vom 11. Mai 1858 und nach den Einrichtungen bei der unter Staats-Verwaltung stehenden Oberschles. Eisenbahn, nebst einschläg. Bestimmungen und einem Anhang enth. die Gesetze, Verordnungen ꝛc. über Tagegelder und Reisekosten, sowie über Umzugskosten, den Wohnungsgeld-Zuschuß und die Cautionen, bezüglich der Beamten der Staats- und unter Staats-Verwaltung stehenden Privat-Eisenbahnen, als Leitfaden zur Vorbereitung zum Eisenbahn-Subalternbeamten, sowie als Nachschlagebuch ausgearb. und zusammengestellt. 1. Aufl. (VIII, 184 S.) 1875. *ℳ 4,70.; 2. veränd. Aufl. gr. 8. (VIII, 196 S.) Ebendas. 876.

— das **Kassen- u. Rechnungswesen** bei den preußischen Staats- u. den unter Staats-Verwaltung steh. Privat-Eisenbahnen. Nachtrag. gr. 8. (31 S.) Ebend. 877. — 75; (Hauptwerk mit Nachtrag: n. 4. 50)

— die **Organisation** der Staats-Eisenbahn-Verwaltung in Preußen, nebst den auf die Anstellung im Staats-Eisenbahn-Dienst u. auf die Disciplinar-Verhältnisse der Beamten ꝛc. Bezug habenden Bestimmungen. gr. 8. (XV, 204 S.) Berlin 881. C. Heymann's Verl. n. 4. —

Kosub, Herm., Reglements über das Civil-Supernumerariat im Staats-Eisenbahndienst, sowie über die Ausbildung und Prüfung der Militär- und Civilanwärter für alle Dienstzweige des Eisenbahn-Subalterndienstes [einschließlich der mittleren und niederen Staats-Eisenbahn-Beamten] und als Telegraphen-Inspektor. In der durch die angezogenen Ministerial-Erlasse abgeänderten Fassung. Nebst Special-Bestimmungen. 8. (XV, 101 S.) Berlin 885, Siemenroth und Worms. cart. *

—— **Tabellen** zur Berechnung der Beiträge für die Kranken- und Unfall-Versicherung, sowie der zu gewährenden Kranken-Unterstützungen und Sterbegelder, der Renten an Verletzte und Hinterbliebene Getödteter, und der Abfindung von Wittwen bei deren Wiederverheirathung. Auf Grund der Reichs-Gesetze vom 15. Juni 1883 und 6. Juli 1884 für den prakt. Gebrauch von Kassen-Beamten, Aufsichts-Behörden und Versicherern entworfen und berechnet. Fol. (V, 81 S.) Berlin 885, Kortkampf. **ℳ 4.—; geb. **

Kosub, Herm., die Verwaltung der preußischen Staats-Eisenbahnen und der unter Staatsverwaltung stehenden Privatbahnen in finanzieller Beziehung. Handbuch für Eisenbahn-Beamte. gr. 8. (XII, 407 S.) Berlin 880, Guttentag. *

—— dass. — 2. mit einem Nachtrage vers. Ausg. gr. 8. (XII, 407; Nachtrag VIII, 135 S.) Ebendas. 881. (*ℳ 12.) ** Nachtrag allein *

— die **Verwaltung** der Werkstätten u. Werkstatts-Materialien, sowie der Betriebs-, der Oberbau- u. der Baumaterialien. [einschließlich Buch- u. Rechnungswesen], bei den preußischen Staats- u. unter Staatsverwaltung stehenden Eisenbahnen, nebst anderen gemeinsamen Bestimmgn. f. diese Bahnen. Zum Handgebrauch zusammengestellt. gr. 8. (V, 268 S.) Berlin 882. W. Peiser's Verl. n. 5. —

Košut, Jaromír, fünf Streitfragen der Basrenser und Kûfenser über die Abwandlung des Nomen aus Ibn El-Anbârî's
النحويين البصريين والكوفيين كتاب الانصاف
في مسائل الخلاف بين. Nach der Leydener Handschrift hrsg. und bearb. Lex.-8. (94 S.) Wien 878, (Gerold's Sohn.) *
Aus: Sitzungsberichte der k. Akademie der Wissenschaften, besonders abgedruckt.

Kosutány, Thomas. Analytische Bestimmung und Pflanzenphysiologische Bedeutung einiger Bestandtheile der Tabakpflanze. Leipzig, 1873.

Kosutány, Thom., chemisch-physiologische Untersuchung der charakteristischeren Tabakssorten Ungarns. Im Auftrage der königl. ungar. naturwissenschaftl. Gesellschaft bearb. Aus dem Ung. im Auszug übers. gr. 4. (47 S.) Budapest 882. (Kilian.) n. 2. —

Kosutány, Thom., der ungar. Weizen u. das ungarische Mehl vom Gesichtspunkte d. Landwirtes, des Müllers u. d. Bäckers. (356 S. m. 1 Karte.) gr. 8. Budapest 907. (F. Kilián's Nachf.) Geb. in Leinw. 10. —

Koeszegh, C. M. v., Versuche über den Seitendruck der Erde, ausgeführt auf höchsten Befehl des etc. Erzherzogs Johann u. verbunden mit einer theoret. Abhandl. über diesen Gegenstand nach Coulomb u. Français nebst einer Nachweisung älterer Versuche dieser Art. Mit 19 Tfln. Wien 1828. 4°.

Nemes Családok Pestvármegyében Irta Köszeghi Sandor. *Budapest 1899 Hungaria.* (447 S.) 8°
[Adelige Familien im Pester Komitat]

Koszick, F., ut mienem Unkel siene Lischke. Plattdeutsche Gedichte heiteren Inhalts in samländ. u. ostpreuß. Mundart. 12. (144 S.) Königsberg i/Pr. 890. Hartung. n. 1. —

[Lithogr.] **Kosztka, Jos.: Vortrag** am 6. Maerz 1871 in der Commissions-Sitzung der Loge Humboldt [in Budapest], gelegenheitlich der Berathung des Csáky'schen Constitutions- u. Statuten-Entwurfes zur Gründung des Grossorients von Ungarn. Pest [1871]. 4 S. 8°
Abgedr. in: U. 1 (1871) S. 186—189.
cf. Bh. 14 (1871) S. 107; U. 1 (1871) S. 190 (M. Niamessny), 219—222 (J. Kosztka).
Tt. 2093. Richtet sich gegen die Hochgrade.

Kosztolányi, Gyula, architekton. Skizzen u. Studien. (40 Lichtdr.-Taf. m. III S. Text.) Lex. 8. Wien (910). A. Schroll & Co. Geb. in Leinw. 10. —

Koszutski, Joseph. (geb. Mąkownica in Posen 11. 3. 1837): De valvulae tricuspidalis insufficientia ac stenosi nonnulla. Berolini (1862). (32 S.) 8°
Berlin, Med. Diss. v. 9. Aug 1862

Koszutski, Ks. Hilar., żywot błogosławionego Wincentego Kadłubka, biskupa Krawskiego, patrona królestwa polskiego. Gneson 870. Lange. 8. (216 S.) n. 12½ ngr; geb. n. 15 ngr.

— **żywoty świętych sług**. Oddział 4. Ebend. 870. 16. (335 S.) cart. n. 15 ngr.

Koszutski, Nestor, die polnische Frage im Lichte der Socialwissenschaft. Sendschreiben an Hrn. Schulze-Delitzsch. gr. 8. (62 S.) Paris 862. (Berlin, Behr's Buchh.) *

— die Grundlagen des Realcredits oder Woher die Verschuldung des Grundbesitzes? und Wie ist dem permanenten Bankrott zu entgehen? Berlin 860. Wagner. gr. 8. (127 S.) n. 20 ngr.

Kotalla, Eduard, Domvikar in Breslau: Fünfzig babylonische Rechts- und Verwaltungsurkunden aus der Zeit des Königs Artaxerxes I ⟨464—424 v. Chr.⟩. *Leipzig 1901: A. Pries.* (28 S.) 8° ¶ (Erscheint vollst. in: Beiträge zur Assyriologie u. semit. Sprachwiss., Bd 4, H. 4.)
Berlin, Phil. Diss. v. 7. Aug. 1901

Kotányi, Else, s. a.: Jerusalem-Kotányi.

— Venus am Kreuz. 3 Novellen. 8. (III, 115 S.) Leipzig 899. Berlin, G. H. Meyer. n. 2.50

Kotányi, Ludw., zur Reduction hyperelliptischer Integrale. Lex.-8. (17 S.) Wien 883, (Gerold's Sohn.) *
Aus: Sitzungsberichte der k. Akademie der Wissenschaften, besonders abgedruckt.

Kotátko, Wenzel,
Clowek w podobenstwi, s. Frost, W.

Kotátko, Wenzel: Der Mensch im Symbole. Ein Spiegel für Jeden, dem daran liegt, Mensch zu seyn. Prag: 1846

s.: Frost, Wenzel

JB 4.355

Kote, B., die Erfahrungs-Natur-Lehre. Ein Conspectus f. d. Unterricht. 1. od. physikal. Theil. — A. u. d. Ttl.: Grundzüge der Physik. 8. (6 B.) Magdeburg 842. [Baensch.]

Kote, Bernh.

—— Gesangbuch f. d. Gottesdienst d. Deutsch-Katholiken. Nebst e. Anh. v. Gebeten f. häusl. Andacht. Zusammengest. u. m. Genehmigung d. Vorstandes zunächst bestimmt f. d. magdeburger Gemeinde. 8. (9½ B.) Magdeburg 846, Baensch. * -

— Grundzüge der Gewerbskunde, z. Gebr. beim Unterrichte. 8. Magdeb. 827, Creutz.

— Grundzüge der Gewerbskunde. Zum Gebrauch beim Unterrichte. Ein Versuch nach Koelle's System d. Technik. 8. Magdeb. 828. Creutz. 1 ℛ

Kote, ..., Katalog der höheren Gewerb- u. Handlungs-Schule zu Magdeburg gehörigen Mineralien u. Petrefacten. Geordnet nach d. Systeme v. Werner u. v. Leonhardt; mit Angabe des specifischen Gewichts der Bestandtheile u. des Gebrauchs etc. .. Magdeburg 833. Rubach in Berlin. 5/12 ℛ

Kote, Bernh., Catalog d. zur Handlungsschule zu Magdeburg gehör. Mineralien u. Petrefacten, nach Werner u. Leonhard geordnet mit Angabe d. specif. Gewichts, d. Bestandtheile u. d. Gebrauchs. 8. ... Magdeburg 831, Creutz.

Kote, Bhrd., Leitfaden beim Unterricht in d. prakt. Geometrie, zunächst für d. höhere Gewerbs- u. Handlungsschule zu Magdeburg entworfen. Mit 2 Steindr. 8. Magdeb. 823. Creutz. 8 gr

— das Mineralien-Kabinett der höhern Gewerb- und Handlung-Schule. Leitfaden für den Unterricht in der Mineralogie. 2. Aufl. gr. 8. Magdeburg 844, Schmillinsky. 1/2 ℛ

Kote, Bernh., das Thierreich. Nach A. F. Schweigger's Systeme. Als Leitfaden beim Unterr. in d. Naturbeschreibung d. Thiere, zunächst f. d. Magdeburger höh. Gewerb- u. Handlungsschule. 8. (4 B.) Magdeburg 832, Rubach. Thlr.

Kote, Bernh., das Thier-Reich. Als Leitfaden f. d. Unterr. entworfen. 2., verm. Aufl. 8. (6½ B.) Magdeburg 841, Schmilinsky.

Alten-Stettin. Henricus **Kote** pictor et civis Stetin. pinxit. Petrus Rollos fecit in Berolin. In Verlegung Georg Schultzen, Buchhendlern In alten Stettin A. 1625. Nach d. Orig. gez. von Prof. Dr. C[arl] Fr[iedrich] Meyer, lith. von O. Kempny. Berlin [1906]: B. Gisevius. (1 Kartenbl. 44 × 21 cm.) [07. 1119 D

Kotek, Ferdinand: Anklänge an Ciceros „de natura deorum" bei Minucius Felix und Tertullian. S. 3—49, 1 Bl. 8.
Progr. K. k. Ober-Gymn. zu den Schotten *Wien* 1901.

Kotek Ferdinand: De usu particularum quarundam apud Isacum oratorem.
H. 1890 PN 599 Diss. Wien, Univ. 1492

Kotek, G.: Historisches in den Tragödien des Sophokles. 19. Linz 75. Progr.

Kotelmann: Palästina nebst dem Gebiet des Libanon mit Rücksicht auf die h. Schrift, besondes des n. T. 27 S. 4° – Demmin, G., Progr. 1871.

Kotelmann, Albert, Candidat der Theologie. Aufruf zur Reorganisation der Kirche. Dem Schutze des Volkes anvertraut. Protestantische Brüder! Im Namen des Gottes, der ein Gott der Freiheit und des Rechtes ist, — Druck von Reichardt u. Co. 1 Bl. Fol.
Flugblatt. Berlin, 4. Aug. 1848.

Kotelmann, Alb., Geschichte der älteren Erwerbungen der Hohenzollern in der Niederlausitz. Vornehmlich nach ungedr. Aktenstücken der geh. Staatsarchive zu Berlin, Dresden und Weimar dargestellt. gr. 4. (62 S.) Berlin 864, G. Reimer.

Kotelmann, A(lbert), die preußische Landwirthschaft nach den amtlichen Quellen statistisch dargestellt und mit besonderer Beziehung auf Besteuerung und Zollgesetzgebung betrachtet. gr. 8. (XVI und 336 S.) Berlin 853. [Leipzig,] Förstner'sche Buchh. *

—— vergleichende statistische Uebersicht über die landwirthschaftlichen und industriellen Verhältnisse Oestreichs und des deutschen Zollvereins so wie seiner einzelnen Staaten. gr. 8. (289 S.) Berlin 852, Th. Enslin. *

Kotelmann, L. Die Augen der Gymnasiasten und Realschüler in Wandsbeck. 8 S. Progr. *Wandsbeck* 1879.

Kotelmann, L., die Geburtshülfe bei den alten Hebraeern aus den alttestamentlichen Quellen der תורת נביאים וכתובים dargestellt. gr. 8. (50 S.) Marburg 876, Elwert'sche Verlagsh. *

Kotelmann, L., Gesundheitspflege im Mittelalter. Kulturgeschichtliche Studien nach Predigten d. 13., 14. u. 15. Jahrh. gr. 8. (VIII, 276 S.) Hamburg 890. Voss. n. 6.—

Kotelmann, L., ist die heutige Jugend der höheren Lehranstalten mit Schularbeit überbürdet? gr. 8. (31 S.) Hamburg 881. Boysen. n. — 60

—— die Körperverhältnisse der Gelehrtenschüler des Johanneums in Hamburg. Ein statist. Beitrag zur Schulhygiene. gr. 8. (56 S.) Berlin 879, Verlag des königl. statist. Bureaus. *
Aus: Zeitschrift des königl. preussischen statistischen Bureaus, besonders abgedruckt.

— die Vivisectionsfrage. Vortrag geh. in öffentl. Sitzung des naturwissenschaftlichen Vereins zu Hamburg-Altona. 8. (48 S.) Hamburg 880. Grädener. n. — 50

Kotelmann, (Ludw.), die Ophthalmologie bei den alten Hebräern. Aus den alt- u. neutestamentl. Schriften unter Berücksicht. des Talmuds dargestellt. (VIII, 436 S.) gr. 8. Hamburg 910. Leipzig, L. Voss. 15. —

Kotelmann, Ludw., Schulgesundheitspflege, s. a. Handbuch der Erziehungs- u. Unterrichtslehre. II. 2. II.

Schulgesundheitspflege von Dr. Ludwig Kotelmann, Augenarzt in Hamburg. 2. neubearb. Aufl. *München: C. H. Beck 1904.* (VI, 216 S.) 8° = Handbuch d. Erziehungs- u. Unterrichtslehre f. höh. Schulen. Bd 2, Abt. 2, Hälfte 2.

— s: Zeitschrift f. Schulgesundheitspflege.

Kotelmann, Paul, a. Treptow (Tollense): Beiträge zur Kenntnis des Phenyl- und p-Tolylmethyl-3-pyrazolons. Rostock 1906: C. Hinstorff. (72 S.) 8°
Rostock, Phil. Fak., Ref. Michaelis, Diss. v. 1. Aug. 1906
[Geb. 16. Aug. 78 Treptow a. Tollense; Wohnort: Rostock; Staatsangeh.: Preußen; Vorbildung: Gymn. Neubrandenburg Oberseikunda-Reife O. 96; Studium: Rostock 8 S.; Rig. 23. Juli 06.]

Kotelmann, W., Pfirsiche u. Aprikosen, deren Anzucht, Schnitt u. Pflege. s. a. Gartenbau-Bibliothek.

Kotelmann, W.: Pfirsiche und Aprikosen, deren Anzucht, Schnitt u. Pflege. Von W. Kotelmann, Obergärtner in Königsberg i. Pr. Mit 13 Abb. Berlin: K. Siegismund (1899). 83 S. 8°
= Gartenbau-Bibliothek. Bd. 12.

Kotelmann, W., gärtnerisches Zeichnen u. Malen v. Blumen u. Früchten. Anleitung f. Unterricht u. Praxis. gr. 4. (20 farb. Taf.) Nebst Text. gr. 8. (32 S. m. Fig.) Berlin 894. P. Parey. In Mappe. n. 12. —

Kotentafeln für die entfernungmessende Kippregel. 8. (36 S.) Berlin 856, (Schropp und Comp.) *

Kotentafeln für die entfernungsmessende Kippregel. 8. (45 S. m. eingedr. Holzschn.) Berlin 876. (Mittler & Sohn.) n.n. — 30

Kotentafeln zum Gebrauch bei Meßtischaufnahmen. 12. (48 S. m. Fig.) Berlin 899. (E. S. Mittler & Sohn.) n.n. — 25; geb. in Leinw. n.n. — 50

Kotěra, Jan, meine u. meiner Schüler Arbeiten 1898—1901. (100 S. m. Abbildgn. u. 4 farb. Taf.) gr. 4. Wien (903). A. Schroll & Co. Geb. in Leinw. n. 15. —

Koterba, Leopold

Koterba, L., de sermone Pacuviano et Acciano, s. a. Dissertationes philologae Vindobonenses. III. 3.

Koterba Leopold: De sermone Pacuviano et Acciano. D: Diss. phil. Vindobonensis, VIII. Bd., 1905. 1903 PN 1556 Diss. Wien, Univ. 1584 a

Kötgen, E. Die berechtigten höheren Bürgerschulen. Schwelm, H. B., 1862. 14 S. Progr.

Köth, D[ael]: Die Prüfung australischer Weine von der Ausstellung zu Melbourne im Jahre 1870. Heidelberg 1872. -- [Zit. nach Simon: Bibliotheca vinaria]

Koeth, Johann Anton (Kelbra/Thüring.), De litteris requisitorialibus ex usu Germanorum antiquiori et recentiori. Diss. secunda. Präs. Christian Jac. v. Zwierlein. Götting. (Schulz / F. A. Rosenbusch) April 1758. 78 S. (7.—) 19070

Koeth, Joseph: Beschreibung und Abbildung eines neu zusammengesetzten chirurgischen Instrumenten-Apparates für das Schlachtfeld. Nebst einem Anhang über die Brauchbarkeit desselben für den Landwundarzt. 47 S., gbd., 2 Taf.
Wien: Gerold 1831

JB 3.655

Köth-Wanscheid, Frhr. Dael v., zur Agrarfrage. In wie weit trägt der Bauernstand selbst die Schuld an seinem Rückgang?, — dasselbe. Ueb. d. von uns. Bauernstand nicht verschuld. Gründe s. Rückgangs, } s. a. Broschüren, Frankfurter zeitgem.

Köth-Wanscheid, Dr. Frhr. Dael, Zur Agrarfrage. Ueber die von unserem Bauernstand nicht verschuldeten Gründe seines Rückganges. Frankfurter zeitgemässe Broschüren, N. F. Bd. 17, Heft 2. gr. 8°. Frankfurt a. M. 1896.

– Christliche Bauernvereine und die berufsgenossenschaftliche Organisation des Bauernstandes, s. Broschüren, Frankfurter zeitgem.

Köth-Wanscheid, Ueber Getreidezölle zum Schutz der deutschen Landwirthschaft. gr. 8°. Augsburg 1885.

Köth-Wanscheid, Dael v.: Sind die ländlichen Spar- u. Darlehnskassenvereine nach Raiffeisenschem System besser wie andere Genossenschaften u. Kassen? Neuwied 1897. 13 S. P.

Kothe, zur klimatischen Behandlg. d. Neurasthenie. Vortrag, geh. in d. 17. öffentl. Versammlg. d. balneolog. Gesellschaft zu Berlin am 11. März 1896. [Aus: „Deutsche Medizinalzeitg."] gr. 8. (13 S.) Berlin 896. E. Grosser. — 30

Kothe, Aloys, Adoramus te, Christe. Offertorium für Sopran, Alt, Tenor u. Bass (mit willkürl. Begleitung der Orgel). Partitur u. Stimmen. Braunsberg 862. Leipzig, Peter's Verlag. hoch 4. (11 S.) n. 10 *ngr.*

Kothe, Bernh., Abriss der Musikgeschichte. 1. Aufl. (II, 140 S.) 1878; 2. verb. Aufl. 8. (V, 202 S.) Leipzig 877, Leuckart. *

Kothe, Bernh., Abriss der Musikgeschichte. 3., verb. u. verm. Aufl. Mit Notenbeilagen u. zahlreichen Porträts in (eingedr.) Holzschn. nach Zeichngn. v. Adf. Neumann u. A. 8. (IV, 218 u. Notenbeilagen 8 S.) Leipzig 882. Leuckart. n. 1. 50

Kothe, Bernh., Abriss der Musikgeschichte, nebst einem Wegweiser für den Klavier- und Orgelunterricht. Mit Notenbeilagen. 4. verb. und verm. Aufl. 8. (IV, 244 S. mit zahlreichen Portr. in Holzschn. nach Zeichnungen von Adph. Neumann u. A.) Leipzig 885, Leuckart. * 1 50
geb. * 2 —

Kothe, Bernh. Abriss der Musikgeschichte. Mit vielen in d. Text gedr. Abbildgn. u. Portraits, e. Wegweiser f. den Klavierunterricht, sowie zahlreichen Notenbeilagen. 5. verm. u. verb. Aufl. gr. 8. (IV, 303 S.) Lpz. 890, Leuckart's Verlag. * 2 —; geb. * 2 80

Kothe, Bernh., Abriss der Musikgeschichte. Mit vielen in den Text gedr. Abbildgn. u. Porträts, e. Wegweiser f. den Klavierunterricht, sowie zahlreichen Notenbeilagen. 6., verm. u. verb. Aufl. gr. 8. (IV, 316 S.) Leipzig 894. F. E. C. Leuckart's Verl. n. 2. —

Kothe, Bernh., Abriss der Musikgeschichte. Mit vielen Abbildgn., Porträts u. Notenbeilagen. 6., verm. u. verb. Aufl. v. F. Gust. Jansen. gr. 8. (VI, 351 S.) Leipzig 901. F. E. C. Leuckart. n. 2. —; geb. n. 2. 80

Abriss der Musikgeschichte von Bernhard Kothe. Mit vielen Abb., Portr. u. Notenbeil. 7., verm. u. verb. Aufl. von F. Gustav Jansen. *Leipzig: F. E. C. Leuckart 1901.* (VI, 351 S.) 8°

Kothe's, (Bernh.), Abriss d. allgemeinen Musikgesch. 8., auf Grund d. neuesten Forschgn. vollständig umgearb. Aufl. v. Rud. Frhrn. Procházka. Mit viel. Abb., Porträts u. Notenbeilagen. (XV, 452 S.) gr. 8. Leipzig 909. F. E. C. Leuckart. 3. —

Kothe, B., Anhang zu Bernard Hahn's Kirchenliedern. gr. 4. (8 S.) (Breslau 856, Leuckart.) *

—— Auswahl von katholischen Kirchenliedern. Nebst den Responsorien. Ausg. mit Noten. 6. Aufl. 8. (34 S.) Breslau 888, Goerlich's Verlag. * — 20

Kothe, Bernh., Auswahl v. kathol. Kirchenliedern. Nebst d. Responsorien. Ausg. m. Noten. 10. Aufl. 8. (34 S.) Breslau 898. F. Goerlich. n. — 20

— Auswahl v. kathol. Kirchenliedern. Nebst den Responsorien. Ausg. m. Noten. 13. Aufl. 8. (34 S.) Breslau (901). F. Goerlich. n. — 20

Kothe, Bernh., Auswahl derjenigen Kirchen- und Schullieder, welche der amtl. Lehrplan-Entwurf für die kathol. Schulen der Reg.-Bez. Breslau und Liegnitz zu lernen vorschreibt. Nebst den Responsorien. Ausg. für die Diöcese Breslau. 16. (48 S.) Breslau 871, Goerlich und Coch. *

Kothe, Bernh., Auswahl derjenigen Kirchen- u. Schullieder, welche der amtl. Lehrplan-Entwurf f. die kathol. Schulen der Regierungsbezirke Breslau u. Liegnitz zu lernen vorschreibt. Nebst den Responsorien u. den nothwendigsten Schulgebeten. Ausg. m. Noten. 16. (V, 74 S.) Breslau 872. Goerlich. n. — 30; Ausg. ohne Noten. (48 S.) n. — 10

—— Auswahl von Kirchen- und Schulliedern für kathol. Schulen. Nebst den Responsorien und den nothwendigsten Schulgebeten. Ausg. mit Noten. 8. (80 S.) Breslau 874, Görlich. *

—— Auswahl von Kirchen- und Schulliedern für katholische Schulen. Nebst den Responsorien. Ausg. mit Noten. 2. verb. und verm. Aufl. 8. (48 S.) Breslau 877, Görlich's Verlag. *

— Auswahl von Kirchen- u. Schulliedern für katholische Schulen. Nebst den Responsorien. Ausg. m. Noten. 3., verb. u. verm. Aufl. 8. (IV, 32 u. 48 S.) Breslau 881. Görlich. n. — 40

— dasselbe. Nebst den Responsorien u. Gebeten. 6. Ster.-Aufl. Ausg. ohne Noten. 16. (36 u. 27 S.) Ebend. 881. n. — 15

—— Auswahl von Kirchen- und Schulliedern für katholische Schulen. Nebst den Responsorien. Ausg. mit Noten. 4. [Ster.-] Aufl. 8. (98 S.) Ebendas. 885. * — 40

—— dass. — Nebst den Responsorien und Gebeten. 11.—14. [Ster.-]Aufl. Ausg. ohne Noten. 16. (71 S.) Ebendas. 885—87. ** — 15

—— Auswahl von Kirchen- u. Schulliedern f. kathol. Schulen. Nebst den Responsorien. Ausgabe mit Noten. 6. Aufl. 8. (34; 64 S.) Bresl. 888, Goerlich. * — 40

—— dass. — Nebst den Responsorien u. Gebeten. 17.—21. Aufl. Ausg. ohne Noten. 16. (36; 35 S.) Ebd. 890—92. * — 15

— Auswahl v. Kirchen- u. Schulliedern f. katholische Schulen. Nebst den Responsorien u. Gebeten. 24. Aufl. Ausg. ohne Noten. gr. 16. (36 u. 35 S.) Breslau 894. F. Goerlich. n.n. — 15

Kothe, Bernh., Auswahl v. Kirchen- u. Schulliedern f. kathol. Schulen. Nebst d. Responsorien u. Gebeten. Ausg. m. Noten. 9. resp. 10. Aufl. 8. (34 u. 66 S.) Breslau 896. F. Goerlich. n. — 40

— Auswahl v. Kirchen- u. Schulliedern f. kathol. Schulen. Nebst d. Responsorien u. Gebeten. 28. Aufl. Ausg. ohne Noten. 12. (36 S.) Ebd. 896. n. — 15

— dasselbe. 31. Aufl. Nebst: Sängerlust. Auswahl v. Schul- u. Volksliedern. gr. 16. (36 u. 36 S.) Ebd 898. n. — 15.

— dasselbe. Nebst: Sängerlust. Auswahl v. Schul- u. Volksliedern. 8. (34 u. 66 S.) Ebd. 898. n. — 40

Kothe, Bernhard: Auswahl von Kirchen- und Schulliedern für kathol. Schulen. Nebst d. Responsorien u. Gebeten. Hrsg. v. Bernhard Kothe, kgl. Musikdir. 32. Aufl. Ausg. ohne Noten ... Breslau: F. Goerlich 1899. (36,36 S.) 1 Bd. 8°

— Auswahl v. Kirchen- u. Schulliedern f. kathol. Schulen. Nebst den Responsorien u. Gebeten. 36. Aufl. Ausg. ohne Noten. Nebst: Sängerlust. Auswahl v. Schul- u. Volksliedern. gr. 16. (36 u. 36 S.) Ebd. 901. n. — 15

— dasselbe. Ausg. m. Noten. 12. Aufl. Nebst: Sängerlust. Auswahl v. Schul- u. Volksliedern. 13. Aufl. 8. (34 u. 66 S.) Ebd. 900. n. — 40

Auswahl von Kirchen- und Schulliedern für katholische Schulen. Nebst d. Responsorien. Hrsg. von Bernhard Kothe, Musikdir. Ster. Aufl. Ausg. ohne Noten. Breslau: F. Goerlich [1907]. (32 S.) 8° [ʃ.]

—— Caecilia. Sammlung von Gradualien, Offertorien, Antiphonen und Hymnen für gemischten Chor. 1.—4. Lfg. hoch 4. (40; 44 S.) Regensburg 872, Coppenrath. à Lfg. * ℳ 1,50. *

Kothe, B., Choräle und Lieder zum Gebrauche bei dem öffentlichen Gottesdienste an Gelehrtenschulen bearb. qu. gr. 8. (VI und 89 S.) Breslau 863, Leuckart. *

—— Choräle und Lieder zum Gebrauche bei dem öffentlichen Gottesdienste auf Gymnasien und Realschulen bearb. 2. verm. und umgearb. Ausg. gr. 16. (X, 165 S.) Breslau [Leipzig] 869, Leuckart. * 1 25

Kothe, Bernh., Choräle und Lieder zum Gebrauche bei dem öffentlichen Gottesdienste auf Gymnasien und Realschulen. 3. verm. und umgearb. Aufl. gr. 16. (VI, 159 S.) Leipzig 876, Leuckart. *

—— Choräle und Lieder zum Gebrauche bei dem öffentlichen Gottesdienste auf Gymnasien und Realschulen. 4. verm. und verb. Ausg. 12. (IV, 152 S.) Leipzig 884, Leuckart. *

— Choräle u. Lieder, zum Gebrauche bei dem öffentl. Gottesdienste auf Gymnasien u. Realschulen bearb. 5., verm. Ausg. 12. (IV, 152 S.) Leipzig 891. F. E. C. Leuckart's Verl. n. 1. 25

— u. Th. Forchhammer, Führer durch die Orgel-Litteratur. 8. (VIII, 182 S.) Leipzig 890. Leuckart's Verl. n. 1. 80

— Führer durch d. Orgel-Litteratur. 2. Bdchn. (Fortsetzg. d. Führers durch d. Orgel-Litteratur. bearb. v. B. Kothe u. Th. Forchhammer.) 12. (VIII, 128 S.) Leipzig 895. F. E. C. Leuckart.
Geb. in Leinw. n. 1. 40 (1. u. 2.: n. 3. 20; in 1 Bd. geb. n. 3. —)

— u. Forchhammer, Führer durch d. Orgel-Literatur. Vollständig neubearb. u. bedeutend erweitert v. Otto Burkert. (VIII, 338 S.) kl. 8. Leipzig 909. F. E. C. Leuckart.
Geb. in Leinw. 3. —

—— katholisches Gebet- und Gesangbuch. 9., verb. und verm. Aufl. 16. (VI und 218 S. mit 1 Stahlst.) Leobschütz 867, (Kothe.) *

—— katholisches Gebet- und Gesangbuch. 10. und 11. Aufl. 16. (VI, 218 S.) Leobschütz 879,80, Kothe. *
Mit Nachtrag, Begräbniß-Gesänge. (64 S.) *
Nachtrag allein *

— katholisches Gebet- u. Gesangbuch. 13., resp. 10. Aufl. 16. (VI, 218 u. IX, 240 S. m. Titelbild.) Leobschütz 894 u. 95. C. Kothe's Erben.
Geb. in Halbleinw. n. 1. 20

[F.] Katholisches Gebet- und Gesangbuch. (M. 1 Sondertitel.) Hrsg. v. Bernhard Kothe. 13. Aufl. . . . *Leobschütz: C. Kothe 1894(– 96).* (VI, 216, IX, 240 S., 2 Bl.) 1 Bd 8.

—— katholisches Gesangbuch. 6. verb. und verm. Aufl. 16. (IX, 230, 4 S.) Leobschütz 879, Kothe. *
Mit Anhang [Begräbnißgesänge] (64 S.) *
Anhang allein *

Die früheren Aufl. erschienen u. d. T.: Katholische Kirchenlieder und Litaneien.

—— katholisches Gesangbuch. 7. verb. und verm. Aufl. 16. (IX, 232 S.; Nachtrag 64 S.) Ebendas. 883. *
Ohne Nachtrag *

— kathol. Gesangbuch. 10., verb. u. verm. Aufl. 16. (IX, 240 u. Nachtrag 64 S.) Ebd. 895.
Geb. in Halbleinw. n. — 60

Kothe, Bernhard: Kathol. Gesangbuch. 11. verb. u. verm. Aufl. *Leobschutz 1896.*
in: Kothe, B.: Kathol. Gebet- u. Gesangbuch. 13. Aufl.

– Gesanglehre

—— dass. — für Gymnasien, Real-, Bürger- und höhere Töchterschulen, Seminarien rc. bearb. 2. umgearb. Aufl. 8. (IV, 88 S.) Ebendas. 874. * — 80

—— Gesanglehre für Gymnasien, Real-, Bürger- und höhere Töchterschulen, Seminarien rc. 3. verm. und verb. Aufl. 8. (IV, 92 S.) Breslau 877, Görlich's Verlag. *

—— Gesanglehre für Gymnasien, Real-, Bürger- und höhere Töchterschulen, Seminarien rc. 4. und 5. [Ster.-]Aufl. (96 S.) 1880,82; 7. [Ster.-]Aufl. 8. (104 S.) Breslau 884, Goerlich's Verlag. *

—— Gesanglehre für Gymnasien, Latein-, Real-, Bürger- und höhere Töchterschulen, Seminarien rc. 8. [Ster.-]Aufl. 8. (104 S.) Ebendas. 885. * — 80

—— Gesanglehre f. Gymnasien, Latein-, Real-, Bürger- u. höhere Töchterschulen, Seminarien rc. 11. Aufl. 8. (108 S.) Bresl. 891, Goerlich. * — 80

— Gesanglehre f. Gymnasien, Latein-, Real-, höhere Bürger- u. Töchterschulen, Seminarien rc. 12. Aufl. gr. 8. (108 S.) Breslau 892. F. Goerlich. n. — 80

— Gesanglehre f. Gymnasien, Latein-, Real-, höhere Bürger- u. Töchterschulen, Seminarien rc. 15. Aufl. 8. (108 S.) Ebd. 898. n. — 80

— Gesanglehre für Gymnasien, Latein-, Real-, höhere Bürger- u. Töchterschulen, Seminarien rc. 17. Aufl. 8. (108 S.) Ebd. (901). n. — 80; kart. n. — 90

Kothe, Bernh., Gesanglehre für die oberen Klassen der Volksschule mit Benutzung der Notenschrift. Für die Hand des Lehrers. 16. (VIII, 55 S.) Breslau 872. Goerlich. * — 60

Gesanglehre für höhere und mittlere Lehranstalten bearb. von Bernhard Kothe, Kgl. Musikdirektor. 18. Aufl. *Breslau: F. Goerlich [1903].* (108 S.) 8° [F.]

Gesanglehre für höhere und mittlere Lehranstalten bearb. von Bernhard Kothe, Kgl. Musikdir. 19. Aufl. Breslau: F. Goerlich [1904]. (108 S.) 8° [F.]

Gesanglehre für mittlere und höhere Lehranstalten bearb. von Bernhard Kothe, Kgl. Musikdir. 20. Aufl. Breslau: F. Goerlich [1905]. (108 S.) 8° [F.]

Gesanglehre für mittlere und höhere Lehranstalten bearb. von Bernhard Kothe. 20. Aufl. Breslau: F. Goerlich [1906]. (108 S.) 8° [F.]

Kothe, Bernh., Gesanglehre f. mittlere u. höhere Lehranstalten. 21. Aufl. (108 S.) 8. Breslau (906). F. Goerlich. n. — 80; geb. n. — 90

— Gesanglehre f. mittlere u. höhere Lehranst. 22. Aufl. (108 S.) 8. Breslau (908). F. Goerlich. — 80; geb. n — 90

— Handbuch f. Organisten. Sammlung v. Orgelstücken in allen Tonarten zum Gebrauche beim öffentl. Gottesdienste, insbesondere auch zur Benutzg. in Schullehrer-Seminarien u. Präparanden-Anstalten hrsg. qu. gr. 4. (VI, 125 S.) Leipzig 871. Leuckart. n. 4. —

—— Katechismus der Gedächtnißkunst oder Mnemotechnik, s. Weber's, J. J., illustrirte Katechismen.

— Kathol. Kirchenlieder. Nebst d. Responsorien. Ausg. m. Noten. Ster.-Aufl. (34 S.) kl. 8. Ebd. (910). — 20

— katholische Kirchenlieder u. Litaneien, s. Kirchenlieder, katholische.

—— auserlesene Lieder der katholischen Kirche für alle Zeiten des Kirchenjahres. Nebst einem Anh. von Marienliedern für die Maiandacht. Zum Gebrauche für höhere Töchterschulen und geistl. Genossenschaften dreistimmig bearb. br. 8. (IV und 68 S.) Breslau 865, Leuckart.

—— Liederstrauß. Sammlung von Uebungen, Liedern und Gesängen für Gymnasien, höhere Bürger- und Töchterschulen. 8. (IV, 92 S.) Breslau 874, Görlich. * — 80

— Liederstrauß. Sammlung v. Uebgn., Liedern u. Gesängen f. Gymnasien, höhere Bürger- u. Töchterschulen. 8. (IV, 92 S.) Berlin 875. Goerlich. n. — 80

—— Liederstrauß. Sammlung von Uebungen, Liedern und Gesängen für Gymnasien, Latein-, Real-, Bürger-, höhere Töchterschulen, Seminarien rc. 2. verb. und verm. Aufl. 8. (IV, 92 S.) Ebendas. 877. *

—— dass. — Ausg. für Oesterreich-Ungarn mit einem Anhang von Karl Hussak. 8. (IV, 92 S. und Anhang 15 S.) Ebendas. 877. *

—— dass. — 2. Thl.: Sammlung von Liedern und Gesängen für gemischten Chor. Zum Gebrauche für Gymnasien, Latein-, Real-, höhere Bürgerschulen ꝛc. 8. (124 S.) Ebendas. 878. *

— Liederstrauß. 1. u. 2. Thl. 8. Ebend. 878. 80. n. 1. 80
1. Sammlung von Uebungen, Liedern u. Gesängen für Gymnasien, Latein-, Real-, Bürger-, höhere Töchterschulen, Seminarien ꝛc. 3. [Ster.-]Aufl. (96 S.) n. — 80; Ausg. für Oesterreich-Ungarn m. einem Anh. von Karl Hussak. (IV, 92 S., Anh. 15 S.) n. — 90
2. Sammlung von Liedern u. Gesängen für gemischten Chor. Zum Gebrauche für Gymnasien, Latein-, Real-, höhere Bürgerschulen ꝛc. (124 S.) n. 1. —

—— Liederstrauß. 1. Thl.: Sammlung von Uebungen, Liedern und Gesängen für Gymnasien, Latein-, Real-, Bürger-, höhere Töchterschulen, Seminarien ꝛc. 3. und 4. [Ster.-]Aufl. (96 S.) 1880,81; 5. [Ster.-]Aufl. 8. (112 S.) Breslau 883, Goerlich's Verlag. *
2. Thl. Ebendas. 1878. *ℳ 1.

—— Liederstrauß. 2 Tle. 8. Ebendas. * 1 80
Inhalt:
Tl. 1. Sammlung von Uebungen, Liedern und Gesängen für Gymnasien, Latein-, Real-, Bürger-, höhere Töchterschulen, Seminarien ꝛc. 6. und 7. [Ster.-]Aufl. (112 S.) 885,87. * 80 Pf.
„ 2. Sammlung von Liedern und Gesängen für gemischten Chor. Zum Gebrauche für Gymnasien, Latein-, Real-, höhere Bürgerschulen, Seminarien und Präparanden-Anstalten. 2. verm. Aufl. (IV, 155 S.) 886. *ℳ 1.—.

— Liederstrauß. 1. u. 3. Tl. 8. Ebd. n. 1. 80 (1—3.: n. 2. 80)
1. Sammlung v. Übungen, Liedern u. Gesängen f. Gymnasien, Latein-, Real-, Bürger-, höhere Töchterschulen, Seminarien ꝛc. 7. [Ster.-]Aufl. (112 S.) 887. n. — 80
3. Sammlung v. Liedern u. Gesängen f. Gymnasien, Latein-, Real-, höhere Bürgerschulen, Seminarien, Präparanden-Anstalten ꝛc. Mit besond. Berücksicht. der vaterländ. Gedenktage hrsg. (IV, 188 S.) 889. n. 1. —

—— Liederstrauß. 1.- 3. Tl. 8. Ebd. * 2 80
1. Tl. Sammlung v. Übungen, Liedern u. Gesängen f. Gymnasien, Latein-, Real-, Bürger- u. Töchterschulen, Seminarien ꝛc. 9. Aufl. (112 S.) 892. * 80.
2. Tl. Sammlung v. Liedern u. Gesängen f. gemischten Chor. Zum Gebrauche f. Gymnasien, Real-, höhere Bürgerschulen, Seminarien u. Präparanden-Anstalten. 3. Aufl. (IV, 155 S.) 891. * 1 —.
3. Tl. Sammlung v. Liedern u. Gesängen f. Gymnasien, Latein-, Real-, höhere Bürgerschulen, Seminarien, Präparanden-Anstalten ꝛc. Mit besond. Berücksicht. der vaterländ. Gedenktage hrsg. (IV, 188 S.) 889. * 1 —.

— Liederstrauß. 1. u. 2. Tl. 8. Ebd. n. 1. 80
1. Sammlung v. Übgn., Liedern u. Gesängen f. Gymnasien, Latein-, Real-, höhere Bürger- u. Töchterschulen, Seminarien ꝛc. 10. Aufl. (112 S.) 893. n. — 80
2. Sammlung v. Liedern u. Gesängen f. gemischten Chor. Zum Gebrauche f. Gymnasien, Real-, höhere Bürgerschulen, Seminarien u. Präparanden-Anstalten. 3. Aufl. (IV, 155 S.) 891. n. 1. —

— Liederstrauß. 1. u. 2. Tl. 8. Ebd. 896. n. 1. 80
1. Sammlg. v. Übgn., Liedern u. Gesängen f. Gymnasien, Latein-, Real-, höh. Bürger- u. Töchterschulen, Seminarien ꝛc. 11. Aufl. (112 S.) n. — 80
2. Sammlg. v. Liedern u. Gesängen f. gemischten Chor. Zum Gebr. f. Gymnasien, Real-, höh. Bürgerschulen, Seminarien- u. Präparanden-Anst. 4. Aufl. (IV, 155 S.) n. 1. —; kart. n. 1. 20

— Liederstrauß. 1. u. 2. Tl. 8. Ebd. n. 1.80; geb. n. 2. 10
1. Sammlung v. Übgn., Liedern u. Gesängen f. Gymnasien, Latein-, Real-, höh. Bürger- u. Töchterschulen, Seminarien ꝛc. 12. Aufl. (112 S.) 899. n. — 80; geb. n. — 90
2. Sammlung v. Liedern u. Gesängen f. gemischten Chor. Zum Gebrauche f. Gymnasien, Real-, höh. Bürgerschulen, Seminarien u. Präparanden-Anstalten. 5. Aufl. (IV, 155 S.) (900.) n. 1. —; kart. n.n. 1. 20

Liederstrauß. Sammlung von Übungen, Liedern u. Gesängen für höh. u. mittlere Lehranst. Hrsg. von Bernhard **Kothe**, Kgl. Musikdirektor. 14. Aufl. T. 1. *Breslau: F. Goerlich [1903].* 8° [F.] [illegible]

Liederstrauß. Hrsg. von Bernhard **Kothe**, Kgl. Musikdir. 15. Aufl. T. 1. Breslau: F. Goerlich [1905]. 8° [F.] [illegible]

Liederstrauß. Hrsg. von Bernhard **Kothe**, Kgl. Musikdir. T. 1–3. Breslau: F. Goerlich [1906]. 3 Bde 8° [F.]
1. Sammlung von Übungen, Liedern u. Gesängen f. mittl. u. höh. Lehranst 15. Aufl.
2. Sammlung von Liedern u. Gesängen f. gemischten Chor zum Gebr. f. mittl u. höh. Lehranst. 7. Aufl.
3. Sammlung von Liedern u. Gesängen f. mittl. u. höh. Lehranst. Mit besond Berücks. d. vaterländ. Gedenktage. 2. Aufl. [illegible]

— Liederstrauß. 1.—3. Tl. 8. Ebd. n. 2.80; geb. n. 3.30
1. Sammlung v. Uebungen, Liedern u. Gesängen f. mittl. u. höh. Lehranstalten. 16. Aufl. (112 S.) (906.) — 80; geb. — 90
2. Sammlung v. Liedern u. Gesängen f. gemischten Chor. Zum Gebrauche f. mittlere u. höh. Lehranstalten. 7. Aufl. (IV, 155 S.) (906.) 1. —; geb. 1. 20
3. Sammlung v. Liedern u. Gesängen f. mittlere u. höh. Lehranstalten. Mit besond. Berücksicht. der vaterländ. Gedenktage. 2. Aufl. (IV, 188 S.) (906.) 1. —; geb. 1. 20

— Liederstrauß. 2. Tl. kl. 8. Ebd. (908). 1.—; kart. n 1.20
Sammlung v. Liedern u. Gesängen f. gemischten Chor. Zum Gebr. f. mittlere u. höh. Lehranstalten. 8. Aufl. (IV, 155 S.)

Kothe, Bernh., katholische Männerchöre für alle Zeiten des Kirchenjahres zum Gebrauch für Kirchen-, Clerical- und Lehrerseminare, Gymnasien und Realschulen bearb. gr. 4. (IV und 79 S.) Oppeln 858, (Clar.) Thlr.

— der Meistersänger. Sammlung von 2-, 3- u. 4stimm. volkstümlichen Liedern u. Gesängen für katholische Vereine. 8. (VIII, 152 S.) Ebend. 882. n. — 80; geb. n. 1. —

Kothe, Bernh., der Meistersänger. Sammlung v. 2-, 3- u. 4stimm. volkstüml. Liedern u. Gesängen f. kathol. Vereine. 2., verb. Aufl. 8. (VIII, 152 S.) Breslau 892. F. Goerlich. n. — 80; kart. n. 1. —

Kothe, Bernh., der Meistersänger. Eine Sammlg. v. 2-, 3- u. 4stimm. volkstüml. Liedern u. Gesängen f. kathol. Vereine. 3. Aufl. 8. (VIII, 152 S.) Breslau (901). F. Goerlich. n. —80; geb. n. 1. —

Kothe, B., Melodien zu dem Oppelner kathol. Gesangbuche, für die Orgel bearb. u. hersg. 1. Aufl. Oppeln 1865. u. 2., verm. u. verb. Aufl. Leobschütz 868. (Kothe.) qu. 4. (VIII, 72 S.) n. 20 *ngr.*

—— Melodieen zu dem katholischen Gesangbuche. 3. Aufl. (56 S.) 1876; 4. verm. und verb. Aufl. qu. gr. 4. (VI, 58 S.) Leobschütz 881, Kothe.

—— Melodien zu dem katholischen Gesangbuche. 5. verm. und verb. Aufl. qu. gr. 4. (VIII, 58 S.) Leobschütz 886, Kothe. * 2 80

— die Musik in der katholischen Kirche. Wegweiser durch das gesammte Gebiet der katholischen Kirchenmusik, nebst Abhandlungen uber Regeneration derselben und den kirchlichen Verordnungen. Ein Handbuch fur Chordirigenten und Kirchen-Vorstände. Ebend. 862. gr. 8. (VI, 236 S.) n. 25 *ngr.*

Kothe, Bernhard. Die Orgel und ihr Bau . . . s. Seidel, Joh. Jul.

—— kleine Orgelbau-Lehre zum Gebrauche in Lehrer-Seminarien und Organisten-Schulen. gr. 8. (IV, 24 S.) Leobschütz 874, Kothe. * — 40

— kleine Orgelbau-Lehre zum Gebrauche in Lehrer-Seminarien u. Organisten-Schulen. 2., verm. u. verb. Aufl. Mit in den Text gedr. Abbildungen, hergestellt von der xylogr. Anstalt Emil Singer in Leipzig. gr. 8. (IV, 40 S.) Ebend. 880. n.n. — 65

— kleine Orgelbau-Lehre zum Gebrauche in Lehrer-Seminarien u. Organisten-Schulen. 3. verm. u. verb. Aufl. Mit in den Text gedr. Abbildgn. gr. 8. (IV, 44 S.) Leobschütz 883. Kothe. n.n. — 65

— kleine Orgelbau-Lehre zum Gebrauche in Lehrer-Seminaren u. Organisten-Schulen. 6. verm. u. verb. Aufl., bearb. v. Karl Walter. (IV, 129 S. m. Abbildgn.) 8. Leobschütz 904. C. Kothe's Erben. Kart. n.n. 1. 30

— prakt. Orgelschule. Für Präparandenanst. u. Lehrerseminare bearb. 6. Aufl. qu. gr. 4. (III, 107 S.) Ebd. 897. n. 4. —; geb. n.n. 4. 50

— praktische Orgelschule. Für Präparandenanstalten u. Lehrerseminare bearb. 7. Aufl. qu. gr. 4. (III, 107 S.) Ebd. (899). n. 4. —; geb. n.n. 4. 50

Praktische Orgelschule. Für Präparandenanstalten u. Lehrerseminare bearb. von Bernhard Kothe, kgl. Musikdir. 8. Aufl. *Breslau: F. Goerlich [1900].* (107 S.) quer-8° [00. 5975

— praktische Orgelschule. Für Präparandenanstalten u. Lehrerseminare bearb. 11. Aufl. (III, 107 S.) qu. gr. 8. Breslau (906). F. Goerlich. n. 4. —; geb. n. 4. 50

— Prakt. Orgelschule. Für Präparandenanstalten u. Lehrerseminare bearb. 14. Aufl. (III, 107 S.) 23×27,5 cm. Ebd. (910). 4. —

—— Sängerlust. Auswahl von Schul- und Volksliedern. 8. (48 S.) Ebendas. 877. *

—— Sängerlust. Auswahl von Schul- und Volksliedern. 2. Aufl. 8. (48 S.) Breslau 882, Goerlich's Verlag.

—— dass. — Auswahl von Schul- und Volksliedern für Elementarschulen und die Unterklassen höherer Lehranstalten. Ausg. ohne Noten. 16. (27 S.) Ebendas. 880.

—— Sängerlust. Auswahl von Schul- und Volksliedern. 3. und 4. Aufl. 8. (64 S.) Breslau 885,87, Goerlich. * — 30

—— Sängerlust. Auswahl v. Schul- u. Volksliedern f. Elementarschulen u. die Unterklassen höherer Lehranstalten. Ausg. ohne Noten. 2. Aufl. 16. (35 S.) Ebd. 892. * — 10

—— dass. — Ausg. m. Noten. 6. Aufl. 8. (64 S.) Ebd. 891. * — 30

— Sängerlust. Auswahl v. Schul- u. Volksliedern. Ausg. m. Noten. 12. Aufl. 8. (66 S.) Ebd. 898. n. — 30

— Sängerlust. Auswahl von Schul- u. Volksliedern. Ausg. m. Noten. 13. Aufl. 8. (66 S.) Ebd. (900). n. — 30; geb. n.n. — 40

— dasselbe. Für Volksschulen u. die Unterklassen höh. Lehranstalten. Ausg. ohne Noten. 3. Aufl. 12. (III, 86 S.) Ebd. (900). n. — 10

Sängerlust. Auswahl von Schul- u. Volksliedern. Hrsg. von Bernhard Kothe, Kgl. Musikdir. Ausg. mit Noten. Neue, verm. Aufl. ⟨32.-34. Taus.⟩ *Breslau: F. Goerlich (1903).* (96 S.) 8° [F.] [04. 7633 2

Sängerlust. Auswahl von Schul- u. Volksliedern. Hrsg. von Bernhard Kothe, Kgl. Musikdir. Ausg. ohne Noten. Neue, verm. Aufl. Breslau: F. Goerlich [1904]. (39 S.) 8° [F.] [05. 11,0 2

Sängerlust. Auswahl von Schul- u. Volksliedern. Hrsg. von Bernhard Kothe, Kgl. Musikdir. Ausg. mit Noten. Neue verm. Aufl. Breslau: F. Goerlich [1905]. (96 S.) 8° [F.] [06. 20891 2

— Sängerlust. Auswahl v. Schul- u. Volksliedern. Ausg. m. Noten. Neue, verm. Aufl. (35.—37. Taus.) (96 S.) 8. Ebd. (906). n. — 40; geb, n. — 50

— Sängerlust. Auswahl v. Schul- u. Volksliedern. Ausg. m. Noten. Neue, verm. Aufl. (41.—43. Taus.) (96 S.) 8. Ebd. (910). — 40; geb. n — 50

— 30 Singtafeln f. Volks-, Mittel- u. höhere Töchterschulen. 2., verm. Aufl. m. Ziffern u. Noten. qu. gr. Fol. Ebd. 887. n. 10. —; auf 15 Pappen aufgezogen n. 18. —

Kothe, Bernh., Singtafeln zum Gebrauche bei dem Gesangunterrichte in den oberen Klassen der Volksschule. Imp.-Fol. (28 Steintaf.) Breslau 872. Görlich. In Mappe. n. 9. —

34 Singtafeln für Volks-, Mittel- und höhere Töchterschulen hrsg. von Bernh. Kothe. 3., verm. Aufl. mit Ziffern u. Noten. Neu bearb. von Joseph Schink. [Nebst] Method. Bemerkungen f. d. Benutzung. Breslau: F. Goerlich [1906]. 1 Bd gr. 2°, 1 Bd 8° [Umschlagt.] [07. 4336

— 34 Singtafeln, f. Volks-, Mittel- u. höh. Töchterschulen hrsg. 3., verm. Aufl. m. Ziffern u. Noten. Neu bearb. v. Jos. Schink. Je ca. 57,5×78 cm. Nebst: Method. Bemerkgn. (8 S. u. 1 Notenzeichen.) gr. 8. Ebd. (907). In Mappe 10. —; auf 17 Pappen aufgez. n 22. —

—— Uebungen für Clavier-Spieler zur gleichmäßigen Ausbildung der Finger und des Handgelenks gesammelt. qu. gr. 4. (23 lithogr. S.) Oppeln 854, (Clar.) *

—— Vademecum für Gesanglehrer. Eine Zusammenstellung des Theoretischen und Methodischen in Bezug auf Gesang und Gesangunterricht. 8. (IV, 104 S. mit 4 eingedr. Holzschn.) Ebendas. 875. * 1 —

—— Vademecum für Gesanglehrer. Eine Zusammenstellung des Theoretischen und Methodischen in Bezug auf Gesang und Gesangunterricht. 2. verb. und verm. Aufl. 8. (IV, 124 S. mit 4 eingedr. Holzschn.) Ebendas. 880.

— Vademekum f. Gesanglehrer. Eine Zusammenstellg. des Theoretischen u. Methodischen in Bezug auf Gesang u. Gesangunterricht. 3., verm. Aufl. 8. (II, 126 S. m. 7 Holzschn.) Ebd. 888. n. 1. 20

— Vademekum f. Gesanglehrer. Eine Zusammenstellg. des Theoretischen u. Methodischen in Bezug auf Gesang u. Gesangunterricht. 4. Aufl. (IV, 124 S. m. 7 Holzschn.) 8. Ebd. (903). n. 1. 20

—— Vademecum für Klavierspieler. Eine Zusammenstellung des Theoretischen und Methodischen inbezug auf den Klavierunterricht. 8. (IV, 98 S.) Wolfenbüttel 880, [Holle's Nachf.] Zwißler.

— der Volkssänger. Eine Sammlg v. Gesängen u. volkstüml. Liedern f. Männerstimmen. 8. (VIII, 132 S.) Ebend. 882. n. 1. —; geb. n. 1. 20

— der Volkssänger. E. Sammlg. v. Gesängen u. volkstüml. Liedern f. Männerstimmen. 2., verm. Aufl. 8. (VIII, 204 S.) Ebd. (892). n. 1. —

— der Volkssänger. Eine Sammlg. von Gesängen u. volkstüml. Liedern f. Männerstimmen. 3. Aufl. 8. (VIII, 204 S.) Ebd. (901). n. 1. —; geb. n. 1. 20

— s.: Weihnachten in Lied u. Bild.

Kothe, Bernh. Musikalisch-liturgisches Wörterbuch. Für alle Freunde der Kirchenmusik, insbesondere zum Handgebrauche für Chordirigenten bearb. 8. (IV, 167 S.) Bresl. 890, Goerlich. * 1 60; geb. * 1 80

Kothe, Erdmannus (geb. Rosenberg in Schles. 14. 6. 1845): De rhachitide. Berolini (1867). (30 S.) 8°
Berlin, Med. Diss. v. 23. März 1867

Kothe, Ernst, Rübezahl der Herr d. Riesengebirges. Die schönsten Sagen v. Berggeist Rübezahl. Der Jugend erzählt. (78 S. m. 1 Farbdr.) kl. 8. Reutlingen (908). R. Bardtenschlager. Kart. — 40; geb., m. 3 Farbdr. — 50

— **Rübezahl-Erzählungen.** Die schönsten Erzählgn. u. Sagen v. Berggeist Rübezahl. Große Ausg. D. Jugend erzählt. (127 S. m. 2farb. Vollbildern.) 8. Ebd. (909). Geb. 1.10

Kothe, Frdr., u. Wilh. Kothe, Fibel nach d. verein. Schreiblese- u. Normalwörter-Methode. gr. 8. (68 S. m. Abb.) Hannover 898. Manz & Lange. Geb. n. — 50

Kothe, Frdr., u. Wilh. Kothe, Fibel nach der vereinigten Schreiblese- u. Normalwörter-Methode. 2., vielfach verb. Aufl. gr. 8. (68 S. m. Abbildgn.) Hannover 900. Manz & Lange. Kart. n. — 50

Kothe, G., das Wesen u. die Behandlung der Neurasthenie. Nach e. im ärztl. Verein zu Gotha am 22. März 1894 geh. Vortrag. gr. 8. (32 S.) Jena 894. G. Fischer. n. 1. —

Kothe, Gust., Alexisbad im Harz als Stahlbad und klimatischer Gebirgskurort mit Beziehung auf das Harzklima. Eine balneo-klimatolog. Studie. gr. 8. (VI, 82 S.) Berlin 883, Hirschwald.

Kothe, Herm., Anwendung der Gedächtnißkunst auf die Geographie. Die Einwohnerzahlen der wichtigeren Städte und die Flächenräume und Einwohnerzahlen der Welttheile und vornehmeren Länder nach Albr. v. Roon's Völker- und Staatenkunde mnemon. bearb. gr. 8. (VIII und 87 S.) Wesel 848, Bagel.

Kothe, Herm., Bosco. Teufeleien des 19. Jahrh. 1. Heft: „Bosco hier, Bosco da, Bosco dort." Mit dem Portrait u. Facsimile des Magiers. — 2. Heft: Krieg den Schnurrbärten. Die Visite d. Teufels. 8. Leipzig 844, 45. (Thomas.) 1.: n. 1/3 ℛ 2.: 1/4 ℛ

Kothe, Herm., Bosko, Teufeleien des 19. Jahrh. 2 Hefte. Leipzig 844; ist Verlag von Berger's Buchh. 1/12 ℛ

Kothe, Herm., u. Geo. Pietsch, Katechismus der Gedächtnißkunst, s. a. Weber's illustr. Katechismen. 17. Bd.

Kothe. Katechismus der Gedächtnisskunst oder Mnemotechnik. (Aus: „J. J. Weber's Illustrierte Katechismen" Nr. 17.) — Leipzig 1873.

Kothe, Herm., Katechismus der Gedächtnißkunst oder Mnemotechnik. 4., verm. u. verb. Aufl., zum Gebrauch für Lehranstalten u. zum Selbstunterricht bearbeitet von J. B. Montag. 8. (VIII, 152 S.) Leipzig 877. Weber. n. 1. 20

— dasselbe. 5. Aufl., bearb. von J. B. Montag. 8. (VIII, 128 S.) Ebend. 882. geb. n. 1. 50

Kothe, H., Katechismus der Gedächtniskunst od. Mnemotechnik. 6., verm. Aufl., bearb. v. J. B. Montag. 8. (VII, 112 S.) Leipzig 887. J. J. Weber. geb. n. 1. 50

Katechismus der Gedächtniskunst oder Mnemotechnik. Von Hermann Kothe. 7., verb. u. verm. Aufl., bearb. von Dr. Georg Pietsch. Leipzig: J. J. Weber 1893. VII, 111 S. 8°
(Webers Ill. Katechismen. Nr 17.) [10. 14101

Kothe, H., Katechismus der Mnemotechnik, s. Weber's, J. J., illustrirte Katechismen.

Kothe, Herm., Katechismus der Mnemonik oder Gedächtnißlehre. 8. (V und 124 S. mit Portr. in Holzschn.) Leipzig 854, Weber. *

— **Lehrbuch d. Mnemonik od. Gedächtnißkunst.** gr. 12. (279 S.) Hamburg 848, Schuberth & Co. 1 ℛ — 2. (Titel-)Ausg. gr. 12. (279 S.) Ebd. (848) 852. 5/6 ℛ (siehe auch: Omnibus f. Wissenschaft ꝛc. 3–5. Lfg.)

Kothe, Herm., Lehrb. der Mnemonik od. Gedächtniskunst. Neu hrsg. u. bearb. v. W. Walt. Gebhardt. (147 S.) 8. München (908). M. Kupferschmid. 3. —

— Mnemonik der Bibel. Praktische Anleitung für Religionslehrer und Bibelfreunde aller Confessionen, sich zu sämmtlichen Capiteln alten und neuen Testaments Buch und Capitelnummer, so wie zu den vornehmsten Bibelstellen (über 400) die genaue Angabe von Buch, Capitel und Vers in wenigen Tagen fest einzuprägen. gr. 12. (XVI und 199 S.) Kassel 853, J. G. Luckhardt. *

Kothe, Herm., Mnemonik der griechischen Sprache. Prakt. Anleitung für angehende Schüler im Griechischen, sich die nothwendigsten Vocabeln u. Wurzelwörter dieser Sprache (ungefähr drittehalb tausend) in wenigen Tagen fest einzuprägen. Ebend. 853. 8. (82 S.) n. 10 ngr.

— Sphinx. Alte Wahrheit in neuen Versen. 32. (95 S.) Friedberg 852, Bindernagel. *

Kothe, Herm., der Nebelriese. Buntes f. Freunde der Laune. (Mit 6 Federzeichn. v. Burchard Giesewell.) 8. (23 1/2 B.) Hannover 843. (Helwing'sche Hofbuchh.) *

— System der Mnemonik oder Gedächtnißlehre. Theoretisch-praktische Anleitung zur raschen Erlangung eines vorzüglichen Kunstgedächtnisses. gr. 8. (40 S.) Cassel 853, J. G. Luckhardt. *

Kothe, Hermann Timaeus Tauromenitanus quid historiis suis profecerit. 4 (XV S.). Kath. St. Matthias-G. *Breslau* 1887 (165).
Progr.

Kothe, Hermannus *(geb. Oppeln 21. 1. 1852)*: De Timaei Tauromenitani vita et scriptis. Vratislaviae (1874). (51 S.) 8°
Breslau, Phil. Diss. v. 22. Dez. 1874

Kothe, J., Predigt zur Feier des Friedensfestes und des 25jähr. Papstjubiläums Pius IX., gehalten in der Pfarrkirche zu Leobschütz den 18. Juni 1871. 8. (14 S.) Leobschütz 871, Kothe. — 15

Kothe, Johann August (Fehrbellin/Mittelmark), De tumore lymphatico. Diss. med. Bln. (Brüschck) 6. I. 1825. 43 S. mit Biogr. (6.30) 19217
Oppon.: F. Beltz, A. Huegel, L. Siedmogrodzki. — Gew.: Wilh. Kothe (Bruder).

— **Karl Gustav** (Leipzig), Ueber das Initialstadium der typischen Krankheiten, mit besonderer Beruecksichtigung der Temperaturverhaeltnisse. Diss. med. Lpz. (Huethel & Legler) 12. II. 1868. 16 S. mit Biogr. (5.50) 19218
Oppon.: Reinhard, Hänel.

Kothe, Konrad: Entwicklungsgeschichtliche Untersuchungen über das Zungenbein und die Ohrknöchelchen der Anuren. (Aus d. zool. Inst. d. Univ. zu Berlin.) Berlin: Nicolai (1910). 38 S. 8° ¶(Ersch. mit Taf. in: Archiv f. Naturgesch. Jg. 76.)
Berlin, Phil. Diss. v. 12. April 1910, Ref. F. E. Schulze
[Geb. 29. März 82 Bromberg; Wohnort: Berlin; Staatsangeh.: Preußen; Vorbildung: Realgym. Bromberg Reife O. 06; Studium: Berlin 7, Halle 2 S.; Rig. 18. Nov. 09.] [U 10. 196

Kothe, P., Anleitung zum Gebrauch des Gerichtskostengesetzes vom 18. Juni 1878 u. der Novelle vom 29. Juni 1881. 8. (71 S.) Schwerin 881. Schmale. n. 1. —

Kothé, Paul Fritz, Referendar: Die Besitzstörung im römischen, im gemeinen und im bürgerlichen Recht. Schwerin i. M. 1910: Sengebusch. XV, 93 S. 8°
Rostock, Jur. Diss. v. 10. Juni 1910, Ref. Matthiaß
[Geb. 5. Febr. 84 Schwerin i. M.; Wohnort: Schwerin; Staatsangeh.: Mecklenburg-Schwerin; Vorbildung: Gymn. Schwerin Reife O. 04; Studium: Heidelberg 1, Berlin 3, Rostock 3 S.; Rig. 10. Febr. 10.] [U 10. 3857

Kothe, Richard, cand. med. aus Friedrichroda: **Ueber den Darmkrebs mit besonderer Berücksichtigung des Dickdarmkrebses.** *München 1899: Kastner & Lossen.* (45 S.) 8°
München, Med. Diss. v. 1899

Kothe, Richard: Über neue Synthesen von Dialkylphtaliden ....
Leipzig, Druck v. Alexander Edelmann, Univ.-Buchdr., 1887; 25 + 1 S. 8°.
Leipzig, Phil. Fak., Inaug.-Diss. v. 13. Aug. 1887.

Kothe, Richard, über neue Synthesen von Dialkylphtaliden. Diss. Leipzig 1887, Gustav Fock. 8°. 25 S.

Kothe, Rob., Gedichte. 8. (VIII, 100 S.) Dresden 894. E. Pierson. n. 1. 50; geb. m. Goldschn. n. 2. 50

Kothe, Rob., trabe, Rößlein, trabe. Gedichte. (Farbige Titelzeichng. v. Kurt Tuch.) (57 S.) 8. Jena (910). E. Diederichs. Geb. 2. —

— **Victor Johann (Bernburg), De legato rei propriae et alienae. Diss. jur. Präs. Heinrich Coccej. Frankfurt a. O. (Christoph Zeitler) 11. VI. 1701. 24 S. (6.—)** 19219

Kothe, W., Wanderbuch f. Lothringen u. d. angrenzend. Gebiete (Frankreich, Luxemburg, Rheinland, Haardt, Vogesen), enth. 133 Wandergn. m. 7 Karten. 2., verm. Aufl. (168 S.) kl. 8. Metz 908. G. Scriba. Geb. 1. 60

Kothe, Walther: Der junge Goethe und die Bühne. T. 1. (Berlin: Mayer & Müller 1910.) 88 S. 8° ¶ (Ersch. vollst. als: Palaestra. Bd 105.)
Berlin, Phil. Diss. v. 13. Aug. 1910, Ref. E. Schmidt
[Geb. 16. Juni 85 Metz; Wohnort: Berlin; Staatsangeh.: Preußen; Vorbildung: Lys. Metz Reife Sommer 03; Studium: Marburg 4, Berlin 8 S.; Rig. 23. Juni 10.] [U 10. 197

Auswahl von Orgel-Kompositionen. Vor-, Nach- u. Strophen-Zwischenspiele z. Gebr. b. öffentl. Gottesdienste, sowie b. Unterr. im Orgelspiel, insbes. in Präparandieen u. Lehrer-Seminarien, zsgest., bearb. u. m. Finger- u. Fusssatz versehen v. Wilhelm **Kothe**, Kgl. Musikdir. u. Seminar-Oberl. ... Op. 24. Tl 1. (In 2 Heften.) *Habelschwerdt: J. Wolf [1898].* quer-8. [illegible]

Kothe, Wilh., Auswahl der gebräuchlichsten Schul- u. Kirchenlieder. Nach dem amtlichen Lehrplan-Entwurf für katholische Schulen zusammengestellt u. hrsg. 16. (64 S.) Habelschwerdt 882. Franke. n. — 10

— dasselbe. [Mit in den Text gedr. Melodien.] Nebst den üblichen Schulgebeten. Nach dem amtlichen Lehrplan-Entwurf für die katholischen Schulen der Grafschaft Glatz zusammengestellt u. hrsg. 2., verm. u. verb. Aufl. 8. (48 u. 36 S.) Ebend. 882. n. — 30; cart. n. — 40

Kothe, Wilh., Auswahl der gebräuchlichsten Schul- u. Kirchenlieder. Nach dem amtl. Lehrplan-Entwurf f. kathol. Schulen zusammengestellt u. hrsg. 2. Aufl. 16. (64 S.) Habelschwerdt 883. Franke. n. — 10

Kothe, Wilh., Auswahl der gebräuchlichsten Schul- und Kirchenlieder. Nach dem amtl. Lehrplan-Entwurf für kathol. Schulen zusammengestellt und hrsg. A. Ausg. mit Noten, im Anhang die übl. Schulgebete. 3. Aufl. 12. (36, 48 S.) Habelschwerdt 886, Franke. * — 30
—— dass. — B. Ausg. ohne Noten. 3. und 4. verm. und verb. Aufl. (64 S.) 1887; 5. und 6. Aufl. 16. (80 S.) Ebendas. 888. * — 10

Kothe, W., Auswahl der gebräuchlichsten Schul- u. Kirchenlieder. Nach dem amtl. Lehrplan-Entwurf, u. unter Berücksicht. einschläg. Verordngn. hoher Schulbehörden, f. kathol. Schulen zusammengestellt u. hrsg. Ausg. B ohne Noten. 10. Aufl. 16. (80 S.) Habelschwerdt 890. Franke. n. — 10

Kothe, Wilh. Auswahl der gebräuchlichsten Schul- u. Kirchenlieder. Nach dem amtl. Lehrplan-Entwurf u. unter Berücksicht. einschläg. Verordngn. hoher Schulbehörden f. kathol. Schulen zusammengestellt u. hrsg. Ausg. A. m. Noten. 4. verm. u. verb. Aufl. 8. (104 S.) Habelschwerdt 892, J. Franke. * — 45

—— dass. — Ausg. B. ohne Noten. 7.—14. Aufl. 16. (80 S.) Ebd. 889—92. * — 10

— dasselbe. Ausg. B. Ausg. ohne Noten. Nach dem amtl. Lehrplan-Entwurf u. unter Berücksicht. einschläg. Verordngn. hoher Schulbehörden f. kathol. Schulen zusammengestellt u. hrsg. 19., verm. Aufl. (103.—113. Taus.) 16. (82 S.) Ebd. 894. n. — 10

Kothe, Wilh., Auswahl d. gebräuchlichsten Schul- u. Kirchenlieder. B. Ausg. ohne Noten. Nach d. amtl. Lehrplan-Entwurf u. unt. Berücksicht. einschläg. Verordngn. hoh. Schulbehörden f. kathol. Schulen zusammengest. u. hrsg. 33., verb. Aufl. (179.—183. Taus.) 16. (80 S.) Habelschwerdt 898. Franke. n. —10

Auswahl der gebräuchlichsten Schul- und Kirchenlieder. B. Ausgabe ohne Noten. Nach d. amtl. Lehrplan-Entwurf u. unter Berücks. einschläg. Verordnungen hoher Schulbehörden f. kath. Schulen zsgest. u. hrsg. von Wilhelm **Kothe**. 34. verb. Aufl. *Habelschwerdt: Franke 1899.* (87 S.) 8° [Umschlagt. F.] [illegible] 2

Auswahl der gebräuchlichsten Schul- und Kirchenlieder. B. Ausgabe ohne Noten. Nach d. amtl. Lehrplan-Entwurf u. unter Berücks. einschläg. Verordnungen hoher Schulbehörden f. kath. Schulen zsgest. u. hrsg. von Wilhelm **Kothe**. 36. verb. Aufl. *Habelschwerdt: Franke 1899.* (80 S.) 8° [Umschlagt. F.] [illegible] 2

Auswahl der gebräuchlichsten Schul- und Kirchenlieder ... B. Ausg. ohne Noten. Nach d. amtl. Lehrplan-Entwurf u. unter Berücks. einschläg. Verordnungen hoher Schulbehörden zsgest. u. hrsg. von Wilhelm **Kothe**. 40., verb. Aufl. *Habelschwerdt: Franke 1901.* (80 S.) 8° [Umschlagt. F.] [illegible] 2

Auswahl der gebräuchlichsten Schul- und Kirchenlieder ... B. Ausg. ohne Noten. Nach d. amtl. Lehrplan-Entwurf u. unter Berücks. einschläg. Verordnungen hoher Schulbehörden f. kath. Schulen zsgest. u. hrsg. von Wilhelm **Kothe**. 43., verb. Aufl. *Habelschwerdt: Franke 1901.* (80 S.) 8° [Umschlagt. F.] [illegible] 2

Kothe, Wilh., Auswahl der gebräuchlichsten Schul- u. Kirchenlieder. B. Ausg. ohne Noten. Nach dem amtl. Lehrplan-Entwurf u. unter Berücksicht. einschläg. Verordngn. hoher Schulbehörden f. kathol. Schulen zusammengestellt u. hrsg. 49. verb. Aufl. (241.—245. Taus.) gr. 16. (80 S.) Habelschwerdt 902. Franke. n. — 10

Auswahl der gebräuchlichsten Schul- und Kirchenlieder. Nach d. amtl. Lehrpl.-Entwurf u. unter Berücks. einschläg. Verordnungen f. kath. Schulen zsgest. u. hrsg. von Wilhelm **Kothe**. B. Ausg. ohne Nöten. 50., verb. Aufl. *Habelschwerdt: Franke 1902.* (80 S.) 8° [Umschlagt. F.]. [illegible]

Kothe, Wilh., Auswahl der gebräuchlichsten Schul- u. Kirchenlieder. A. Ausg. m. Noten. Nach dem amtl. Lehrplan-Entwurf u. unter Berücksicht. einschläg. Verordngn. hoher Schulbehörden f. kathol. Schulen zusammengestellt u. hrsg. Op. 2b. 5., verm. u. verb. Aufl. (112 S.) 8. Habelschwerdt 904. Franke. n. — 45

Auswahl der gebräuchlichsten Schul- und Kirchenlieder. Nach d. amtl. Lehrplan-Entwurf ... f. kath. Schulen zsgest. u. hrsg. von Wilhelm **Kothe**. B. Ausg. ohne Noten. 52., verb. Aufl. Habelschwerdt: Franke 1904. (80 S.) 8° [Umschlagt. F.] [illegible] 2

Auswahl der gebräuchlichsten Schul- und Kirchenlieder. Nach d. amtl. Lehrpl.-Entwurf ... f. kath. Schulen zsgest. u. hrsg. von Wilhelm **Kothe**. B. Ausg. ohne Noten. 55. verb. Aufl. Halbelschwerdt: Franke 1905. (88 S.) 8° [Umschlagt. F.] [illegible] 2

Auswahl der gebräuchlichsten Schul- und Kirchenlieder. Nach d. amtl. Lehrpl.-Entwurf ... f. kath. Schulen zsgest. u. hrsg. von Wilhelm **Kothe**. B. Ausg. ohne Noten. 56. verb. Aufl. Habelschwerdt: Franke 1905. (80 S.) 8° [Umschagt. F.] [06. 1198 2

— dasselbe. B. Ausg. ohne Noten. 57., verb. Aufl. (299.—303. Tausf.) (80 S.) 16. Ebd. 906. n. — 10

Auswahl der gebräuchlichsten Schul- und Kirchenlieder. Nach d. amtl. Lehrpl.-Entwurf u. unter Berücks. einschlägiger Verordnungen hoher Schulbehörden f. kath. Schulen zsgest. u. hrsg. von Wilhelm **Kothe**. B. Ausg. ohne Noten. 58., verb. Aufl. Habelschwerdt: Franke 1907. (80 S.) 8° [Umschlagt. F.] [07. 3727

Auswahl der gebräuchlichsten Schul- und Kirchenlieder. Nach d. amtl. Lehrpl.-Entwurf u. unter Berücks. einschlägiger Verordnungen hoher Schulbehörden f. kath. Schulen zsgest. u. hrsg. von Wilhelm **Kothe**. B. Ausg. ohne Noten. 59., verb. Aufl. Habelschwerdt: Franke 1907. (88 S.) 8° [Umschlagt. F.] [07. 3728

Auswahl der gebräuchlichsten Schul- und Kirchenlieder. B. Ausg. ohne Noten. Nach d. amtl. Lehrplan-Entwurf u. unter Berücks. einschlägiger Verordnungen hoher Schulbehörden f. kath. Schulen zsgst. u. hrsg. von Wilhelm **Kothe**. 61., verb. Aufl. Habelschwerdt: Franke 1907. (80 S.) 8° [Umschlagt. F.] [08. 8170 2

Auswahl der gebräuchlichsten Schul- und Kirchenlieder. B. Ausg. ohne Noten. Nach d. amtl. Lehrplan-Entwurf u. unter Berücks. einschlägiger Verordnungen hoher Schulbehörden f. kath. Schulen zsgest. u. hrsg. von Wilhelm **Kothe**. 62., verb. Aufl. Habelschwerdt: Franke 1908. (80 S.) 8° [Umschlagt. F.] [08. 8171 2

Auswahl der gebräuchlichsten Schul- und Kirchenlieder. B. Ausg. ohne Noten. Nach d. amtl. Lehrplan-Entwurf u. unter Berücks. einschlägiger Verordnungen hoher Schulbehörden f. kath. Schulen zsgst. u. hrsg. von Wilhelm **Kothe** 63. verb. Aufl. Habelschwerdt: Franke 1908. (80 S.) 8° [Umschlagt. F.] [08. 8172 2

Kothe, Wilh., Auswahl der gebräuchl. Schul- u. Kirchenlieder. A. Ausg. m. Noten. Nach d. amtl. Lehrplan-Entw. u. unter Berücks. einschläg. Verordngn. hoher Schulbehörd. f. kathol. Schulen zusammengest. u. hrsg. Op. 2 b. 6. Aufl.,

durchgeseh. v. Geo. Amft. (112 S.) kl. 8. Habelschwerdt 909. Franke. — 45

Kothe, Wilh., Auswahl der gebräuchl. Schul- u. Kirchenlieder. B. Ausg. ohne Noten. Nach d. amtl. Lehrplan-Entwurf u. unter Berücksicht. einschläg. Verordngn. hoh. Schulbehörden f. kathol. Schulen zusammengest. u. hrsg. 67., verb. Aufl. (349.—353 Taus.) (80 S.) 16. Habelschwerdt 910. Franke. — 10

Kothe, Wilh., Auswahl der im amtlichen Lehrplan-Entwurf für die katholischen Schulen der Regierungsbezirke Breslau und Liegnitz vorgeschriebenen Schul- und Kirchenlieder. Mit in den Text gedr. Melodieen. Nebst den Responsorien und den gebräuchl. Schulgebeten. gr. 16. (68 S.) Leipzig 873, C. Peter's Verlag. * — 25

—— Auswahl der im amtlichen Lehrplan-Entwurf für die katholischen Schulen der Grafschaft Glatz vorgeschriebenen Schul- und Kirchenlieder. Mit in den Text gedr. Melodieen. Nebst den Responsorien und den gebräuchl. Schulgebeten. gr. 16. (52 S.) Ebendas. 873. * — 30

Kothe, Wilh., 20 Chorlieder für das reifere Knabenalter. Zum besond. Gebrauch in Elementar-, Bürger- u. Realschulen, sowie in den mittleren Gymnasialklassen. Nachtrag zu dem Schulgesangbuch. Braunsberg 870. Leipzig, Peter's Verl. 8. (24 S.) n. 2 ngr.

Wilhelm Kothe: Darstellung und Würdigung der Curmethoden der Afterfisteln. 8°

(= Rust Magazin [für Heilkunde]. Bd 1. H. 2. 1816.)

— Friedrich der Große als Musiker, sowie als Freund u. Förderer der musikalischen Kunst. Ein Vortrag, gehalten am 18. Octbr. 1868 zur Feier des Stiftungsfestes des königl. Lehrer-Seminars zu Liebenthal. Ebend. 869. 8. (VIII, 60 S.) n. 10 ngr.; Velinp. mit 1 Stahlst. n. 12 ngr.

— u. Edm. Scholz, katholisches Gesang- u. Gebetbuch zum Gebrauch beim öffentlichen Gottesdienste, sowie bei Privat-Andachten. Im Auftrage des hochwürd. Dekanat-Amtes der Grafsch. Glatz zusammengestellt u. hrsg. 3., verm. Aufl. 12. (XVI, 206 u. VIII, 211 S.) Habelschwerdt 894. J. Franke. n. 1. 20; geb. in Halbldr. n.n. 1. 50; in Ldr. n.n. 2. —; in Chagrinldr. m. Goldschn. n.n. 2. 50

Katholisches Gesang- und Gebetbuch z. Gebr. beim öffentl. Gottesdienste sowie bei Privat-Andachten. Im Auftr. d. Hochw. Dekanat-Amtes d. Grafschaft Glatz zsgest. u. hrsg. von Wilhelm **Kothe**, weil. Sem. Oberl., u. Edmund Scholz, Pfarrer. 4., verm. u. verb. Aufl. Gesangbuch bearb. von Georg Amft, Sem. Musikl. Habelschwerdt: Franke 1905. (VI, 216, 484 S.) 8° [F.] [06. 8357

— u. Edm. Scholz, kathol. Gesang- u. Gebetbuch zum Gebrauch beim öffentlichen Gottesdienste, sowie bei Privat-Andachten. Im Auftrage des hochwürd. Dekanat-Amtes der Grafsch. Glatz zusammengestellt u. hrsg. 4., verm. u. verb. Aufl. Gesangbuch bearb. v. Geo. Amft. (Ausg. m. Noten.) (XVI, 184 S.) kl. 8. Habelschwerdt 905. Franke. n. 1. 20; Einbd. in Halbldr. n.n.n. — 30; in Ldr. n.n.n. — 80; in Chagrin m. Goldschn. n.n. 1. 30

— Kathol. Gesangbuch f. d. Grafsch. Glatz. Volksausg. Zusammengest. u. hrsg. v. Geo. Amft. (VIII, 103 S.) kl. 8. Habelschwerdt 909. Franke. — 40

Katholisches Gesangbuch zum Gebrauche beim öffentlichen Gottesdienste, sowie bei Privat-Andachten. Zzgest. im Auftr. d. Hochwürd. Dekanat-Amtes d. Grafschaft Glatz. Orgelbegleitg. Zugl. partiturgemässer Gesangsatz f. 4 gemischte Stimmen. Bearb u. hrsg. v. Wilhelm Kothe, Kgl. Musikdir. ... Op. 7. 4., verb. Aufl. ... *Habelschwerdt: Franke 1899.* (VIII, 136 S.) 1 Bd.) [99. 3[illegible]

Kothe, Wilh., Gesangbuch für katholische Schulen. Eine Sammlung von 115 ein- und mehrstimmigen Schul- und Volksliedern mit Berücksichtigung der im Ermländischen Lesebuche befindlichen Liedertexte. 1. Heft. Untere Stufe. Braunsberg 861. Peter in Comm. 8. (24 S.) nn. 1½ ngr.

— — 2. Heft. Mittlere und obere Stufe. Ebend. 861. 8. (76 S.) n. 4 ngr.

— — 1. u. 2. Thl. Ausgabe für Lehrer. Ebend. 861. 8. (VIII, 111 S.) n. 7½ ngr.

— Gesangbuch für katholische Schulen. Eine Sammlung von 120 ein- u. mehrstimm. Schul- u. Volksliedern. Ausg. für Schüler. Ebend. 865. 70. 8. (96 S.) n. 5 ngr.

— — Ausg. für Lehrer. Nebst e. kurzgefaßten Leitfaden für die method. Behandlung des Gesangunterrichts in der Volksschule. Ebend. 865. 8. (120 S.) n. 8 ngr.

—— Gesangbuch für katholische Schulen. Eine Sammlung von 120 ein- und mehrstimm. Schul- und Volksliedern. Ausg. für Schüler. 3. verm. und verb. Aufl. 8. (96 S.) Ebendas. 870. * — 50

—— dass. — Eine Sammlung von 127 ein- und mehrstimm. Schul- und Volksliedern. Ausg. für Schüler. 4.—6. verm. und verb. Aufl. 16. (100 S.) Ebendas. 873—76. * — 50
cart. ** — 65

—— dass. — nebst einem kurzgefaßten Leitfaden für die method. Behandlung des Gesangunterrichts in der Volksschule. Ausg. für Lehrer. 3. verm. und verb. Aufl. 8. (142 S.) Ebendas. 870. * 1 —

—— Gesangbuch für katholische Schulen. Eine Sammlung von 127 ein- und mehrstimm. Schul- und Volksliedern. Ausg. für Schüler. 7. und 8. verb. Aufl. 8. (102 S.) Ebendas. 877, 78. * 50 Pf.; geb. *

—— Gesangbuch für katholische Schulen. Eine Sammlung von 127 ein- und mehrstimm. Schul- und Volksliedern. Ausg. für Schüler. 9. und 10. Aufl. 8. (102 S.) Leipzig 879,80, Peter's Verlag. * 50 Pf.; cart. *

—— Gesangbuch für katholische Schulen. Eine Sammlung von 136 ein- und mehrstimmigen Schul- und Volksliedern. Ausg. für Schüler. 11.—16. Aufl. 8. (100 S.) Leipzig 881—88, Peter's Verlag. * 50 Pf.; cart. * — 65

— Gesangbuch f. katholische Schulen. Eine Sammlg. v. 140 ein- u. mehrstimm. Schul- u. Volksliedern. 18., verb. Aufl. 8. (II, 117 S.) Leipzig 893. C. Peter. n. — 50; kart. n. — 65

— Gesangbuch f. kathol. Schulen. E. Sammlg. v. 140 ein- u. mehrstimm. Schul- u. Volksliedern. 21., verb. Aufl. 8. (II, 117 S.) Leipzig 898. C. Peter. n. — 50; kart. n.n. — 65

— Gesangbuch f. kathol. Schulen. Eine Sammlg. v. 140 ein- u. mehrstimm. Schul- u. Volksliedern. 23. verb. Aufl., durchgesehen v. Augustin Apel. 8. (II, 120 S.) Leipzig 901. C. Peter. n. — 50; kart. n.n. — 65; Ausg. B m. Anh.: Apel, Augustin: Spiel- u. Wanderlieder. (II, 120 u. 16 S.) Kart. n.n. — 75; Anh. allein n.n. — 10

— Gesangbuch f. kathol. Schulen. Eine Sammlg. v. 140 ein- u. mehrstimm. Schul- u. Volksliedern. 26. Aufl., besorgt v. Augustin Apel. (120 S.) kl. 8. Leipzig 910. Dürr'sche Buchh. — 50; geb. n — 65; Ausg. B m. Anh.: Apel, Augustin: Spiel- u. Wanderlieder. (120 u. 16 S.) — 60; kart. n — 75; Anh. allein nn — 10

—— Gesangbuch für ein- und mehrklassige Volksschulen. Eine Sammlung von 117 ein- und mehrstimm. Schul- und Volksliedern. Ausg. für Schüler. 4. verm. und verb. Aufl. br. 8. (90 S.) Ebendas. 873. * — 40

Rothe, Wilh., Gesangbuch für ein- und mehrklassige Volksschulen. Eine Sammlung von 105 ein- und mehrstimm. Schul- und Volksliedern. Ausg. für Schüler. 5. verb. Aufl. 8. (78 S.) Leipzig 876, Peter's Verlag. * 35 Pf.; geb. *

—— Gesangbuch für ein- und mehrklassige Volksschulen. Eine Sammlung von 105 ein- und mehrstimm. Schul- und Volksliedern. 6. verb. Aufl. 8. (78 S.) Ebendas. 881. * geb. *

—— Gesangbuch für ein- und mehrklassige Volksschulen. Eine Sammlung von 115 ein- und mehrstimmigen Schul- und Volksliedern. 7. und 8. verb. Aufl. 8. (86 S.) Ebendas. 884,88. * — 35 geb. * — 45

— Gesangbuch f. ein- u. mehrklass. Volksschulen. E. Sammlg. v. 115 ein- u. mehrstimm. Schul- u. Volksliedern. 10., verb. Aufl. 8. (II, 86 S.) Ebd. 898. n.n. — 35; geb. n.n. — 45

— Gesangbuch f. ein- u. mehrklassige Volksschulen. Eine Sammlg. v. 115 ein- u. mehrstimm. Schul- u. Volksliedern. 11., verb. Aufl. 8. (II, 86 S.) Ebd. (902). n.n. — 35; geb. n.n. — 45

— Gesangbuch f. ein- u. mehrklass. Volksschulen. Eine Sammlg. v. 115 ein- u. mehrstimm. Schul- u. Volksliedern. 12., verb. Aufl., besorgt v. Augustin Apel. (II, 86 S.) 8. Ebd. 909. — 35; geb. n — 45

— kurzgefaßter Leitfaden für die methodische Behandlung des Gesangunterrichts in der Volksschule. 2. Aufl. 1865. n. 4 ngr. u. 3. u. 4. verm. Aufl. Ebend. 868. 70. 8. (36 S.) n. 5 ngr.

—— theoret.-prakt. Leitfaden für die method. Behandlung des Gesangunterrichts in Volks- und gehobenen Bürgerschulen. 5. verm. Aufl. 8. (95 S.) Ebendas. 876. * 70 Pf.; cart. * — 80

— theoretisch-praktischer Leitfaden für die methodische Behandlung des Gesangunterrichts in Volks- u. gehobenen Bürgerschulen. Ausg. A. Nach unterrichtlich bewährten Grundsätzen zusammengestellt. 6., verm. Aufl. gr. 8. (80 S.) Ebend. 880. n. — 70; geb. n. — 80

— dasselbe. Ausg. B. [Vereinfachte Ausg. des unter gleichem Titel erschienenen größeren Handbuchs.] gr. 8. (48 S.) Ebend. 880. cart. n. — 40

— theoretisch-praktischer Leitfaden f. die methodische Behandlung d. Gesangunterrichts in Volks- u. gehobenen Bürgerschulen. Ausg. A. Nach unterrichtlich bewährten Grundsätzen zusammengestellt. 7., verm. Aufl. gr. 8. (101 S.) Ebd. 890. n. — 80; geb. n. 1. —

— theoret.-prakt. Leitfaden f. d. method. Behandlg. d. Gesangunterrichts in Volks- u. gehob. Bürgerschulen. Ausg. A. Nach unterrichtl. bewährten Grundsätzen zusammengest. 8., verm. u. verb. Aufl. gr. 8. (101 S.) Ebd. 898. n. — 80; geb. n. 1. —

— dasselbe. Ausg. B. (Vereinfachte Ausg. d. unter gleichem Titel erschienenen größeren Handbuchs.) Nach unterrichtl. bewährten Grundsätzen zusammengest. u. bearb. (48 S.) 8. Ebd. (1900). — 40

— theoretisch-praktischer Leitfaden f. die method. Behandlung des Gesangunterrichts in Volks- u. gehob. Bürgerschulen. Ausg. A. Nach unterrichtlich bewährten Grundsätzen zusammengestellt. 9. Aufl. gr. 8. (101 S.) Ebd. (902). Geb. n. 1. 20

— Theoretisch-prakt. Leitfaden f. die methodische Behandlung d. Gesangunterrichts in Volks- u. gehob. Bürgerschulen. Ausg. A. Nach unterrichtlich bewährten Grunds. zusammengestellt. 10. Aufl., besorgt v. Augustin Apel. (101 S.) gr. 8. Leipzig 910. Dürr'sche Buchh. Geb. 1. 20

—— Sangesblüthen für die deutsche Volksschule. 38 der schönsten und beliebtesten Schul- und Volkslieder. Auszug aus dem Gesangbuch für mehrklass. Schulen. 1. und 2. Aufl. 8. (32 S.) Ebendas. 875,79. *

— Sangesblüthen für die deutsche Volksschule, 38 der schönsten u. beliebtesten Schul- u. Volkslieder, Auszug aus dem Gesangbuch für mehrklassige Schulen. 3. Aufl. 8. (32 S.) Ebend. 881. n. — 13

— Sangesblüten f. die deutsche Volksschule. 38 der schönsten u. beliebtesten Schul- u. Volkslieder. Auszug aus dem Gesangbuch f. mehrklass. Schulen. 4. Aufl. 8. (32 S.) Leipzig 884. Peter. n. — 13

—— Sangesblüten für die deutsche Volksschule. 63 der schönsten und beliebtesten Schul- und Volkslieder. 5. verm. und verb. Aufl. 12. (48 S.) Ebendas. 888. * — 16

— Sangesblüten f. d. deutsche Volksschule. 62 der schönsten u. beliebtesten Schul- u. Volkslieder. 7., verb. Aufl. (26.—30. Taus.) 12. (48 S.) Ebd. 897. n. — 16

— Sangesblüten für die deutsche Volksschule. 62 der schönsten u. beliebtesten Schul- u. Volkslieder. 9., verb. Aufl. (56.—60. Taus.) 12. (48 S.) Ebd. 902. n. — 16

— Sangesblüten für die deutsche Volksschule. 70 der schönsten u. beliebtesten Schul- u. Volkslieder. 10., verb. u. verm. Aufl. (61.—65. Taus.), besorgt v. Augustin Apel. (48 S.) kl. 8. Leipzig 905. Dürr'sche Buchh. n. — 20

— Sangesblüten f. d. deutsch. Volksschule. 70 d. schönst. u. beliebtesten Schul- u. Volkslieder. 12. Aufl. (71.—75. Taus.), besorgt v. Augustin Apel. (48 S.) 8. Ebd. 911. — 20

Kothe, Wilh., Singtafeln, enthaltend die wichtigsten Elementar-Übungen für den Gesangunterricht in Volksschulen. 14 Doppelblätter. Imp.-Fol. Habelschwerdt 882, Franke's Buchh. *

— Singtafeln, enth. die wichtigsten Elementar-Ubgn. f. den Gesangunterricht in Volksschulen. 2. Aufl. 14 Doppelblätter in qu. gr. Fol. Habelschwerdt (900). Franke. In Mappe n. 7.50

Kothe, Wilhelm, aus Habelschwerdt: Kirchliche Zustände Straßburgs im vierzehnten Jahrhundert. Ein Beitrag zur Stadt- u. Kulturgeschichte d. Mittelalters. Abschn. 1. *(Freiburg i. B. 1902: Herder.)* (VI, 54 S.) 8° ¶ [Erschien vollst. 1903 ebenda.]
Breslau, Phil. Diss. v. 8. Nov. 1902

Kothe, Wilh., kirchliche Zustände Strassburgs im 14. Jahrh. Ein Beitrag zur Stadt- u. Kulturgeschichte des Mittelalters. (VIII, 126 S.) gr. 8. Freiburg i/B. 903. Herder. n. 2.50

Köthe, (C. G.,) die christliche Glaubenslehre. Nach d. zweiten Hauptstück des luther. Katechismus erkl. u. mit bibl. Sprüchen belegt für den Schulunterricht. 8. Leipzig 825, Göhring.

Köthe, Friedr., das Ganze d. Fechtkunst ꝛc. 1. Bd. — A. u. d. T.: Das Stoßfechten. 12. (5½ B. u. 1 Stnt., qu. ½ gr. Fol.) Nordhausen 841, Fürst.

Köthe, Frdr., das Stoßfechten, od. deutl. u. gründl. Anweisung, die Fechtkunst auf Stoß ohne weitere Hülfe kunstgerecht erlernen zu können. Sowohl f. den Selbstunterricht, als zum Hülfsbuch f. den Lehrer der Fechtkunst hrsg. [Mit 16 Figuren auf 1 (lith.) Tafel (in Fol.)] (Neue Titelausg.) 12. (VIII u. 120 S.) Leipzig 849, Schmidt. n. 7/12 ℳ

Ueber den neuen Abdruck der heiligen Schrift nach Luthers Uebersetzung unter Zustimmung des Generalsup. Adler bearb. u. hrgg. v. Nicolaus Funk. Bemerkungen v. Friedrich August **Koethe.** o. O. 1817. 8°

– s. Ansichten von der Gegenwart und Aussicht in die Zukunft.

Köthe, Ritter Fr. Aug., histor. Archiv, s. H. K. Dippold.

Koethe, Friedr. Aug., Concordia. Die symbol. Bücher, s. Concordia.

Köthe, Fr. A., histor. Darstellungen, s. Darstellungen.

Historische Darstellungen. Erste Versuche der historischen Gesellschaft zu Jena herausgegeben vom Professor KOETHE. Jena 1812. Friedrich Frommann. 8°.

— vom Einfluß d. kirchenhistorischen Studiums auf die Bildung des Gemüths u. des Lebens. 3 Vorlesungen. 4. Leipz. 810. Reclam. 12 gℓ

— für häusl. Erbauung. 1r Bd. gr. 8. Leipz. 821. Brockhaus. 2 ℳ 8 gℓ weiß Pap. 2 ℳ 16 gℓ Schrbp. 3 ℳ

Koethe, Friedrich August, Gedächtnißrede auf D. Johann Jacob Griesbach, weyl. Herzogl. Sachs. Weim. Geheim. Kirchen=Rath, . . . — Nebst einer Skizze seines Lebenslaufs. Jena (Friedrich Frommann) 1812. 39 S. (6.50) 19071

— Gedächtnißrede auf Dr. Jh. Jak. Griesbach. gr. 8. Jena 813. Frommann. 5 gℓ

— das Haus des Herrn, unser aller Vaterhaus auf Erden; eine Predigt zur Einweihung d. neuen Kirche in Kalbsrieth. gr. 8. Jena 823. Bran. 6 gℓ

— das Jahr 1616, oder die Lage Europa's vor dem Beginnen des 30jähr. Krieges. 12. Leipz. 817. Brockhaus. 1 ℳ 8 gℓ

— das Jahr 1715, oder wie es vor 100 Jahren in d. Welt aussah. 8. Leipz. 815. Brockhaus. 20 gℓ

– s. Kempis, Thomas von: Von der Nachfolge Christi.

Koethe, Friedr. Aug., über d. Kircheneinigung. Sieben Sendschr. an d. Lutherischgesinnten in d. preuß. Provinzen. gr. 8. (10 B.) Leipzig 837, C. H. Reclam.

— üb. Dr. Franz Volkmar Reinhard's Leben u. Bildung. Zwei Vorlesungen. gr. 8. Jena 812. Frommann. 8 gℓ Mit Reinhard's Portrait 12 gℓ

Koethe, Friedr. Aug., geistliche Lieder. Nach des Verf. Tode hrsg. von Conr. Benj. Meißner. Nebst einer Biographie Koethe's. gr. 12. (LII und 248 S.) Leipzig 851, Brockhaus. *

—— Lieder und Sprüche eines Kranken für Kranke und Gesunde. Nach des Verf. Tode hrsg. von Conr. Benj. Meißner. gr. 12. (XXIII und 280 S.) Leipzig 851, Brockhaus. *

— 2 Predigten, veranlaßt durch die im Großherzogthum Sachsen-Weimar-Eisenach eingetretenen Regierungswechsel. gr. 8. Jena ... Frommann. 4 gℓ

Koethe, Friedr. Aug., die Psalmen. In Kirchenmelodieen übergetragen. gr. 8. (10⅞ B.) Leipzig 845, Brockhaus.

— Schutzschrift f. die evangel. Kirche, mit besond. Rücksicht auf die Weimar'schen Landtagsverhandlungen. 8. Leipz. 820. Brockhaus. 1 ℳ 8 gℓ

— Stimmen d. Andacht. Eine Neujahrsgabe f. Christen. gr. 8. Leipz. 823. Brockhaus. 1 ℳ 12 gℓ

—— zur Todtenfeier Dr. Mart. Luther's am 18. Febr. 1846. 12. (9¾ B.) Leipzig 846, Brockhaus.

—— die christl. Volksbildung, nach ihren Hauptgesichtspuncten dargest. gr. 8. (59½ B.) Leipzig 831, Barth.

– s. Zeitgenossen ...

— Zeitschrift für Christenthum u. Gottesgelahrtheit. 1r Bd., 1s bis 3s Hft. gr. 8. Stuttg. 816 u. 17. v. Cotta. 2 ℳ 2r Bd. gr. 8. Jena 818. Bran. 2 ℳ

Kothen, Carl, approb. Arzt aus Stuhr i. Gr. Oldenb.: ⟨Aus d. Universitäts-Frauenklinik zu Gießen.⟩ Ueber die Morbidität im Wochenbett nach Geburt von macerirten Früchten. *Berlin 1903: L. Schumacher.* (25 S.) 8° ¶ ⟨Aus: Archiv f. Gynäkol., Bd 70, H. 3.⟩
Gießen, Med. Diss. v. 1903

Köthen [Schlagwort]

Köthen s.: Cöthen.

Köthen [Verfasser]

Köthen, I. Iac. de, principia quaed. philos. et metaphys. Wolfianae. 8. Colon. 737.

Kother, Franz, a. Hüls, z. Zt. Referendar am Kgl. Amtsgericht zu Moers: Der Rechtsbegriff des Schatzes insbesondere im Verhältnis zum Bestandteile und zum Begriff der verlorenen Sache nach gemeinem Recht und B.G.B. Borna-Leipzig 1905: R. Noske. (IX, 45 S.) 8° [F.]
Rostock, Jur. Fak., Ref. Bernhöft, Diss. v. 25. Mai 1905
[Geb. 17. Juli 80 Hüls, Kreis Kempen; Wohnort: Moers a/Rh.; Staatsangeh.: Preußen; Vorbildung: Gymn. Kempen Reife M. 01; Studium: München 1, Freiburg i. B. 1, Bonn 4 S.; Rig. 26. Jan. 05.]

Kother, Joseph (geb. am 28 Apr. 1848 in Hüls Rgbz. Düsseldorf): Ueber Meningitis tuberculosa ... Bonn, Druck v. J. F. Carthaus (1872). 25 S., 1 Bl. 8.
Bonn, Med. Fak., Diss. v. 1 Aug. 1872

Kothing, Mart., die eidgenössischen Abschiede, s. Sammlung, amtliche, der älteren eidgenössischen Abschiede.

Kothing, M., die Bisthumsverhandlungen der schweizerisch-konstanzischen Diözesanstände von 1803—1862 mit vorzüglicher Berücksichtigung der Urkantone urkundlich dargestellt. Schwyz 863. (Basel, Bahnmaier's Verlag.) gr. 8. (X, 428 S.) n. 1 ℛ 24 ngr.

Kothing, M., die Rechtsquellen der Bezirke des Kantons Schwyz, s. Rechtsquellen.

— Sammlung der Verfassungen, Gesetze, Verordnungen und Beschlüsse des Kantons Schwyz. Von 1803—1832. Einsiedeln 860. Gebr. Benziger. 12. (VI, 198 S.) 27 ngr.

Koethke, W., die deutsche Sprache im Ausland. Der Anfangsunterr. im Deutschen bei fremdsprach. Kindern. Ein methodisch-prakt. Lehrgang f. d. 1. Schulj. zweisprach. Schulen. (58 S.) 8. Frankfurt a/M. 910. M. Diesterweg. 1.20

Köthner, Franz, aus Berlin: Über die Anlagerung von Malonester an Pulegon. *Halle a. S. 1902: (G. Schade in Berlin).* (63 S.) 8°
Halle, Phil. Diss. v. 1902

Köthner, Paul

Köthner, P., aus d. Chemie d. Ungreifbaren, s. a. Natur, die II.

Aus der Chemie des Ungreifbaren. Ein Blick in d. Werkstätten moderner Forschung von Dr. P(aul) Köthner. Mit 5 farb. & 3 schwarzen Taf., sowie 8 Textabb. Osterwieck-Harz: A. W. Zickfeldt [1907]. (147 S.) 8°
— Natur, Die. Eine Sammlung naturwiss. Monographien. Bd 2.

Köthner, Paul, die Goldmacherkunst im Mittelalter u. in der Gegenwart. (24 S.) gr. 8. Stuttgart 902. E. Schweizerbart. n. — 40
Sonderabdruck aus: „Ztschr. f. Naturwiss."

Gott-Menschentum. Den Freien und Führern gewidmet (Von Mitraton [d. i. Paul Koethner].) Leipzig: Altmann 1910. IV, 49 S. 8°.
Recens: H. 22 (1911) S. 204 (L. Fenger). 358.

Köthner, Paul, selbststrahlende Materie. gr. 8. (16 S.) Stuttgart 900. E. Schweizerbart. n. — 40

— Naturkonstanten, s.: Erdmann, H.

Köthner, Paul [aus Berlin]: Über Rubidium. Anh.: Einige Beobachtgn über Acetylen ... Halle a. S., Gebauer-Schwetschke'sche Buchdr., *1896*; 2 Bl., 31 S., 1 Bl. 8.
Halle, Phil. Fak., Inaug.-Diss. v. 5. Juni 1896

— Studien üb. Tellur. gr. 8. (12 S. m. 1 Doppeltaf. u. 1 Bl. Erklärgn.) Ebd. 901. n. — 50
2 Sonderabdrucke aus: „Zeitschr. f. Naturwiss".

Köthner, Paul, Dr. phil.: Das reine Tellur und sein Atomgewicht. *Halle a. S. 1901: (Leipz. Tagebl., Leipzig).* (58 S.) 8°
(Aus: Liebig's Annalen d. Chemie, Bd 319.)
Halle, Phil. Hab.-Schr. v. 1901

Koethner, Paul: Warum gehört die Frau nicht in die Loge? Beitrag zur Lösung eines Menschheitsproblems. — Berlin 1909: Mittler. 24 S. 8°
Aus: Zirkelcorrespondenz. 1909, 7 u. 8.

Kotjakow, Eutychy, aus Schilka (Russland): Ueber die operierten eitrigen Adnexentzündungen im Frauenspital Basel-Stadt 1901—1907. Basel 1909. 25 S. 8°.
Basel. Med. Diss. 1908/09.

Kotik, Naum, die Emanation der psychophysischen Energie, s. a Grenzfragen d. Nerven- u. Seelenlebens.

Die Emanation der psychophysischen Energie. Eine experiment. Untersuchung über d. unmittelbare Gedankenübertragung im Zusammenhang mit d. Frage über d. Radioaktivität d. Gehirns. Von Dr. Naum Kotik, Moskau. Wiesbaden: J. F. Bergmann 1908. (VI, 130 S.) 8°
— Grenzfragen d. Nerven- u. Seelenlebens. H. 61.

Kotik, Naum, aus Odessa: Ueber die Verwachsung des Herzbeutels mit dem Herzen. *Berlin: M. Günther 1901.* (33 S.) 8°
Berlin, Med. Diss. v. 12. Juli 1901

Kotik, Naum, über die Verwachsung des Herzbeutels m. dem Herzen. Diss. gr. 8. (36 S.) Berlin 901. M. Günther. — 60

Kotikovsky, über die Nicht-Einfachheit der Metalle, des Schwefels, der Kohle, des Chlors... und überhaupt: über die Nicht-Einfachheit der gegenwärtig sogenannten „einfachen Stoffe" mit Angabe ihrer nächsten Bestandtheile wie diese aus den Grundsätzen echter Naturforscher von selbst und zwar zunächst sich ergeben; sammt nächsten Folgerungen über das Wesen der nachweislich-zusammengesetzten Stoffe. Auszug aus dem I. Buche einer umfassenderen noch nicht veröffentlichten Abhandlung. gr. 8. (X und 118 S.) Wien 854, (Manz.)

Der unerschöpfliche Kotillontänzer [Wenedikts Tanzbücher. Nr. 3] 8°. (54 S.) Wien: Mickl 1908. K —.60

Koetl, E., De Diomedis artis poeticae fontibus. Diss. 1904. 50 S.

Kotlarewsky, Anna: Physiologische und mikrochemische Beiträge zur Kenntnis der Nervenzellen in den peripheren Ganglien. Bern 1887. 23 S.
Bern, Med. Diss. v. 1887.
(Mittheilungen z. Anatomie d. Nervensystems. II.)

Kotliarewsky, [N]atan, aus Elisabethgrad (Russland): Die Nagelextension bei Frakturen. (Aus der Basler chirurgischen Universitäts-Klinik. Vorsteher: Prof. Wilms.) Basel 1909. 35 S. 8°.
Basel, Med. Diss 1908/09

Kotliarewsky, N[atan]. Die Nagelextension bei Frakturen. Diss. Med. Basel. *Kopftitel:* Aus der Basler Chirurgischen Universitäts-Klinik.... 35 S. 8. Basel, Brin & Cie., 1909.

KOTNIG Josef. Medicinischpolitischer Vorschlag der Lustseuche in großen Städten, vorzüglich in Wien Einhalt zu thun. Von — der Arzneykunde Doktor. o. V. o. O. 1786. 1 vol. 78 S

Kotnig, Jos., medicin. polit. Vorschl., d. Lustseuche in den Städten Einh. z. thun. 8. Wien, Wappler. 787.

Kotnik, Franz: Beiträge zur Volksliteratur Kärntens.
S. 3—21. 8. Progr. Staats-Obergymn. *Klagenfurt* 1910.
Kurze Biographie des Volkspoeten Andreas Schuster, vulgo Droboznjak. Bibliographie. „Svovenji Obace" (Slow. ABC). Ein bisher unbekanntes Büchlein Schusters. Die schöne Magelone. Marienpassion. Das alphabetische Akrostichon.

7 japanische **Koto-Lieder** hrsg. v. Anna Reiss, Grossh. Sächs. Kammersängerin. *Mannheim: Th. Sohler 1896.* (23 gez. Bl.) 1 Bd 4. [Text autogr.]
(96. 241)

Kotowski, *August: Kurzer Lebensabriß des am 6. Juni 1899 verstorbenen Oberlehrers Dr. Johannes Dembowski.* 1 (S. 17—18). Progr. Kgl. G. *Lyck* 1900

Kotowski, Jos., Hilfsbuch f. d. kathol. Religionsunterricht a. d. untern Jahrgängen bei einf. sprachl. Verhältn. (VIII, 160 S.) gr. 8. Breslau (908). F. Goerlich. 1.60; geb. 2.—

Kotpaczkiewicz Vladimir: Boleslaws des Kühnen Fall und Untergang des Absolutismus in Polen.
H. 1904 PN 1798 Diss. Wien, Univ. 895

Kotrbelec: Das Christenthum und die Naturwissenschaften, besonders die Geologie und Chemie. 13 S. – Jiczin, Progr. 1856.

Kotrbelec, Leop., Dějepis zjevení Božího. Díl I. gr. 8. (481 S.) Jičín 853. (Prag, Credner.) *

KOTRBELETZ, Leopoldus: De prophetismo in genere et de ejusdem ad legem Mosaicam relatione in specie. — (1844) 90 S. 8° (Handschr.)
Diss. Wien, Univ. Diss. 146

Kotsch, v., der Unteroffizier als Vorgesetzter. (32 S.) 8. Dresden 903. C. Damm. Kart. n. —50

Kötschach und das obere Gailthal. Kötschach, Fromme in Wien, 1895. 36 S.

Kötschach u. d. obere Gailthal. Hrsg. v. Verschönerungsverein Kötschach. 8. (36 S. m. Bild.) Kötschach 895. (Klagenfurt, J. Heyn.) n.n. 1.—

Kötschau, Georg [aus Weimar]: Studien über Flüssigkeitsbewegungen.... Halle, Plötz'sche Buchdr. (R. Nietschmann), 1885; 2 + 45 S. u. 3 Taf. 8°.
Halle, Phil. Fak., Inaug.-Diss. v. [1. Okt.] 1885.

Kötschau, Georg, Studien über Flüssigkeitsbewegungen. Diss. Halle 1885, Lippertsche Buchh. 8°. 45 S. mit 3 Taf.

Kötschau, J. [pract. Arzt aus Zwickau i. S.]: Geschichte, Ursachen, bisherige Casuistik und vier neue Fälle von Vesico-Cervicalfisteln.... Würzburg, Becker's Univ.-Buchdr., 1886; 42 S. u. 2 Taf. 8°.
Würzburg, Med. Fak., Inaug.-Diss. v. 1886.

Kötschau, J., Geschichte, Ursachen, bisherige Casuistik und vier neue Fälle von Vesico-Cervicalfisteln. Diss. Würzburg 1886, Stahelsche Univ.-Buchh. 8. 42 S. mit 2 Taf.

Koetschau, Carl [aus Ohrdruf bei Gotha]: Barthel Beham und der Meister des Messkircher Altars ... Strassburg, Universitätsbuchdr. v. J. H. E. Heitz, 1893; 1 Bl., 94 S., 1 Bl. 8.
Leipzig, Phil. Fak., Inaug.-Diss. v. [12. Apr.] 1893

Koetschau, Carl, Barthel Beham u. der Meister v. Messkirch. Eine kunstgeschichtl. Studie. gr. 8. (VII, 94 S. m. 10 Lichtdr.) Strassburg i/E. 893. J. H. E. Heitz. n. 5.—

Koetschau, Karl, s.: Goethe's Schweizer Reise 1775.

Koetschau, Karl, Max Jähns, s.: Jähns, Max, geschichtl. Aufsätze.

— s.: Jahrbuch, Dresdner.

— s.: Museumskunde.

Koetschau, P., De Ciceronis oratione in toga candida habita. Diss. 1880. 43 S. 1.50

Koetschau, P., Moriz Schmidt Ein Nekrolog. S.-A. 1889. 50 S.

Kötschau, P. J., kurzer Beitrag zur Ichthyol-Therapie bei Frauenkrankheiten. [Aus: „Frauenarzt".] gr. 8. (8 S.) Neuwied 891. Heuser's Verl. n. — 35

— Zur Ichthyolbehandlung in der Frauenheilkunde, s. Sammlung klinischer Vorträge.

Koetschau, Paul, Direktor Dr.: Antrittsrede, gehalten den 12. April 1904. Eisenach 1905: Hofbuchdruckerei. (S. 13—23.) 4°
Eisenach, Carl Friedrichs-G OP 1905 (813)

Koetschau, Paul: Antrittsrede, gehalten bei seiner Einführung Dienstag, den 13. Oktober 1908. Weimar 1909: Hof-Buchdr. S. 1—7. 4°
Weimar, Wilhelm-Ernstisches G OP 1909 (914) [S 09. 258

Koetschau, Paul, Beiträge zur Textkritik v. Origenes' Johannescommentar, s. a. Texte u. Untersuchungen zur Geschichte der altchristlichen Literatur. N. F. XIII. 2.

Beiträge zur Textkritik von Origenes' Johannescommentar von Paul Koetschau. Leipzig: J. C. Hinrichs 1905. (VI, 76 S.) 8°
= Texte u. Untersuchungen z. Gesch. d. altchristl. Lit. Bd 28, H. 2. [1.] (05. 6.6)

Koetschau, Paul, kritische Bemerkungen zu meiner Ausgabe v. Origenes' Exhortatio, Contra Celsum, De Oratione. Entgegnung auf die v. Paul Wendland in den Göttingischen gelehrt. Anzeigen 1899 Nr. 4 veröffentl. Kritik. gr. 8. (82 S.) Leipzig 899. J. C. Hinrichs' Verl. n. 1. 60

Koetschau, Paul, e. Fragment des Origenes, s. a. Symbolum doctorum Jenensis gymnasii in honorem gymnasii Isenacensis collecta.

Koetschau, Paul [Dr.]: Ein Fragment des Origenes. '(Philokalia, Cap. XV 19 = p. 84,15—86,3 ed. Robinson)'. (In: Gust. Richter, Symbola doctorum Ienensis gymn. ... Partic. post.) Jena, Univ.-Buchdr. G. Neuenhahn, 1895; 49—50 S. 4.
Jena, G Carolo-Alexandrinum, OP 1895 (700)

Koetschau, Paul: [Professor Dr. Paul Meinhard † am 28. Januar 1910.] S. 2—3. 4. Wilhelm-Ernstisches Gymn. *Weimar* 1910 (931).
Progr.

Koetschau, P., die Textüberlieferung der Bücher d. Origenes gegen Celsus in den Handschriften dieses Werkes u. der Philokalia, s.: Texte u. Untersuchungen zur Geschichte der altchristl. Literatur.

Kötschau, [Paul]: [Worte des Abschieds für den in den Ruhestand tretenden Prof. Dr. Oesterheld.] S. 18. 4.
Progr. Karl Friedrich-Gymn. *Eisenach* 1909 (910).

Kötschau, Richard [pr. Arzt aus Krippendorf]: Beitrag zur Trigeminusresektion nach Krönlein; Entfernung eines Fibroms der Fossa pterygopalatina nach derselben Methode ... Jena, Frommannsche Hofbuchdr., 1893; 54 S. 8.
Jena, Med. Fak., Inaug.-Diss. v. [19. Juli] 1893

Koetschau, Rudolf: I. Über das Aethylenozonid. II. Über die Einwirkung von Ozon auf gesättigte Aldehyde. Kiel 1910: Lüdtke & Martens. 66 S. 8°
Kiel, Phil. Diss. v. 6. Juni 1910, Ref. Harries
[Geb. 9. Aug. 86 Jena; Wohnort: Weimar; Staatsangeh.: Sachsen-Weimar; Vorbildung: Gymn. Eisenach Reife O. 05; Studium: Kiel 1, Jena 5, Kiel 4 S.; Rig. 22. Jan. 10.]
[U 10. 2509

Hilfsbuch für den Klavierschüler. Die notwendigsten Regeln u. theoret. Erklärungen. Von V[aleska] Kotschedoff. 3. Aufl. *Berlin: G. Plothow in Komm. 1901.* (20 S.) 8° [Umschlagt.] [01. 14877

③ **Kotschedoff,** V., Hilfsbuch f. d. Klavierschüler. 901. (KBL 31.) Jetzt: Berlin, E. Bote u. G. Bock.

Kotscheer, homilet. Frühlehren a. alle Sonnt. 1e. gr. 8. Cilli. (Korn d. ält. in Bresl.) 796.

– Dass., s.a. Kotscher

Kotschenreuther, Aloys, Medizinalprakt.: Über Serumtherapie bei epidemischer Genickstarre. Erlangen 1909: Junge. 20 S. 8°
Würzburg, Med. Diss. v. 1. April 1909, Ref. v. Leube
[Geb. 13. Dez. 82 Bamberg; Wohnort: Witten a. R.; Staatsangeh.: Bayern; Vorbildung: Gymn. Bamberg Reife Juli 02; Studium: Erlangen 5, Würzburg 5 S.; Coll. 22. Dez. 08; Approb. 9. März 08.] [U 09. 4126

Kotschenreuther, Ant., Renner zur Berechnung der Gemeinde-, Schul- u. Districts-Umlagen von 1 Pf. bis 100 Pf. Umlagen aus 1 Mk. bis 1000 Mk. Steuern. gr. 16. (112 S.) Sulzbach 876. v. Seidel. — 75

Kotschenreuther, Ant., Renner zur Berechnung der Gemeinde-, Schul- u. Distrikts-Umlagen von 1 Pf bis 100 Pf Umlagen aus 1 M bis 1000 M Steuern. Neue Ausg. Nebst e. Anh.: Auszug aus dem Gesetze üb. das Gebührenwesen vom 26. Mai 1892. Abdruck der kgl. Allerhöchsten Verordng. vom 20. Sept. 1879 hinsichtlich der Angelegenheiten, in welchen bei den e. Distrikts-polizei-Behörde untergeordneten Gemeinde-Behörden Gebühren zur Erhebg. gelangen. Auszug aus der Sammlg. wicht. Entscheidgn. des k. Verwaltungs-Gerichtshofes: „Gebührenpflicht der Quittgn. v. Geschäftsleuten etc. f. gelieferte Waaren od. Arbeiten an e. öffentl. Armen- od. Krankenanstalt". Formular zu e. gemeindl. Gebühren-Register m. Mustereinträgen. 12. (116 S.) Sulzbach 894. J. E. v. Seidel. — 75

Kotschenreuther, Th., Erinnerungen an den Hochw. Hochsel. Kaspar Bonifacius von Urban, Bischof von Bamberg. Bamberg 858. Züberlein in Comm. 8. (45 S. u. Bildniß in Stahlst.) n. 10 ngr.

Kotscher, ..., homilet. Frühlehren auf alle Sonntage d. ganzen Jahres. 1e Jahrhälfte. gr. 8. Cilli 796. (J. F. Korn in Bresl.) 10 K

– Dass., s.a. Kotscheer

Kötscher, Louis Max

Kötscher, L. M., über das Bewusstsein, seine Anomalien u. ihre forensische Bedeutg., s.a. Grenzfragen des Nerven- u. Seelenlebens. 35. Heft.

Über das Bewußtsein, seine Anomalien und ihre forensische Bedeutung. Von Dr. med. L[ouis] M[ax] **Kötscher.** Wiesbaden: J. F. Bergmann 1905. (109 S.) 8°
= **Grenzfragen** d. Nerven- u. Seelenlebens. 35. [05. 4397

Kötscher, L. M., das Erwachen des Geschlechtsbewusstseins u. seine Anomalien, s.a. Grenzfragen d. Nerven- u. Seelenlebens. 52. Heft.

Das Erwachen des Geschlechtsbewusstseins und seine Anomalien. Eine psycholog.-psychiatr. Studie von Dr. med. L[ouis] M[ax] **Kötscher.** Wiesbaden: J. F. Bergmann 1907. (82 S.) 8°
— **Grenzfragen** d. Nerven- u. Seelenlebens. H. 52. [07. 9396

Koetschet, Jos., Osman Pascha, der letzte grosse Wesier Bosniens, u. seine Nachfolger, veröffentl. v. Geo. Grassl, s.a. Zur Kunde d. Balkanhalbinsel. 9. Heft.

Osman Pascha, der letzte grosse Wesier Bosniens, und seine Nachfolger. Hinterlassene Aufzeichnungen von Dr. Josef **Koetschet.** Veröff. von Dr. Georg Grassl. Sarajevo: Kajon 1909. II, 87 S. 8°
(Zur Kunde der Balkanhalbinsel. H. 9.) [10. 3593

Koetschet, Jos., aus Bosniens letzter Türkenzeit, hrsg. v. Geo. Grassl, s.a. Zur Kunde der Balkanhalbinsel. 2.

Aus Bosniens letzter Türkenzeit. Hinterlassene Aufzeichnungen von Dr. Josef **Koetschet.** Veröffentl. von Dr. Georg Grassl. Mit Dr. J. Koetschets Bildn. Wien & Leipzig: A. Hartleben 1905. (VII, 109 S.) 8°
— **Kunde,** Zur, d. Balkanhalbinsel. H. 2. [05. 9978

Kotschetkowa, L., d. Untergang d. männl. Geschlechtes in Pflanzen-, Tier- u. Menschenwelt. (16 S.) gr. 8. Zürich (909). (Buchh. d. schweiz. Grütlivereins.) — 25
Sonderabdr. aus: „Polis".

Kotschetkowa, Lydia [aus Samara (Russland)]: **Beiträge zur pathologischen Anatomie der Mikrogyrie und der Mikrocephalie.** Berlin 1901. 70 S. 2 Taf. 8°. (S.-A. aus Archiv für Psychiatrie und Nervenkrankheiten. Bd. 34.)
Zürich. Med. Diss. 1900/1901.

Kotschetkowa, Lydia. **Beiträge zur pathologischen Anatomie der Mikrogyrie und der Mikrocephalie. Mit 2 lithographirten Tafeln und 8 Holzschnitten.** *Kopftitel:* **Aus dem hirnanatomischen Universitätslaboratorium in Zürich (Prof. Dr. C[onstantin] v. Monakow). — Diss. Med. Univ. Zürich. (Sonder-Abdruck aus dem Archiv für Psychiatrie und Nervenkrankheiten. Band 34. Heft 1.) 70 S. 8. Berlin, L. Schumacher, 1901.**

Koetschke, Christian Gottlob (Düben), De speciebus quibusdam motus corporis certis morbis accommodandis. Diss. med. Präs. D. Andreas Elias Büchner. Halle (Joh. Christian Hendel) 7. XII. 1745. 58 S. mit Widm. v. Präs. (6.20) 19072

— Friedrich Gottlob (Düben), Ad modum constituendi portionem statutariam viduae praestandam. Quaestio juris controv. Präs. D. Christian Heinr. Breuning. Lpz. (Rumpf) 10. IV. 1773. 8 Seiten. (4.—) 19073

Die Berliner Waldverwüstung u. verwandte Fragen. Von Hermann **Kötschke.** Berlin-Schöneberg: Ansiedlungsverein Groß-Berlin 1910. 103 S. 8°
(Schriften d. Ansiedlungsvereins Groß-Berlin. [4].) A 11 4316

Kötschke, Herm., die Berliner Waldverwüstung u. verwandte Fragen. Die Waldfrage. Der kommunale Besitz. Oeffentl. Parks u. Anlagen. Scheunenviertel. Tempelhofer Feld. Staats- u. Etatsrechtliches. Reformwege. Andere Städte. (103 S. m. 1 Karte.) gr. 8. Berlin-Schöneberg 910. (Grunewald, Renaissance-Verl.) 1. 30

Kotschovits, Jefrem [aus Bolgrad]: **Erfolge der operativen Behandlung der Struma maligna ....** Jena, Druck v. B. Engau, 1887; 41 + 1 S. 8°.
Jena, Med. Fak., Inaug.-Diss. v. [28. März] 1887.

Kotschovits, Jefrem, Erfolge der **operativen Behandlung der Struma maligna.** Diss. Jena 1887, G. Neuenhahn. 8°. 41 S.

Kotschul, Ant., teoretyczna i praktyczna grammatika niemiecka. Wydanie (5.) nowe i poprawne. 8. (XVI und 412 S.) Breslau 849, Korn.

Kotschula, Ant.

Kotschula, A., theoretisch und prakt. deutsche Sprachlehre, in welcher die Regeln deutsch und polnisch erklärt sind etc. zum Gebrauch der Polen. 8. Breslau, W. G. Korn. 818.

Kotschula, (A.,) theoret. u. praktische deutsche Sprachlehre, in welcher d. Regeln deutsch u. polnisch erklärt u. durch Beispiele in diesen beiden Sprachen erläut. sind, mit deutsch. u. poln. Aufgaben zum Uebersetzen, nebst Gesprächen u. Aufsätzen aus den besten deutsch. Schriftstellern u. s. w. Neue Ausg. gr. 8. Breslau 823, W. G. Korn.

Kotschula, Ant., theoretische und praktische deutsche Sprachlehre, in welcher die Regeln deutsch und polnisch erklärt und durch Beispiele in diesen beiden Sprachen erläutert sind, mit deutschen und polnischen Aufgaben nebst Gesprächen und Aufsätzen aus den besten deutschen Schriftstellern 2c., zum Gebrauch der Polen, die entweder mit Hülfe eines Lehrers oder allein die deutsche Sprache leicht und in kurzer Zeit zu erlernen wünschen, und nach welcher Deutsche auf diese Art Polnisch lernen können. Neue verb. Orig.-Ausg. Breslau 860. Korn. 8. (XX, 380 S.) 1 ß

Kotschwar, J., Abgeblitzt, s.: Lustspiele, turnerische, Nr. 18.

Kotschy, A., Johann Tobias Kießling, s.: Für die Feste u. Freunde d. Gustav-Adolf-Vereins.

Kotschy, Fr. Tr., Reden u. Predigt bei Einweih. e. Bethauses, s. Reden u. Predigt b. d. Einweihung d. evangel. Bethauses in Eiferding.

Kotschy, Frdr. Traug., gedenket der vorigen Tage! Versuch einer Chronik der evangelischen Kirchen-Gemeinden in Obersteiermark u. ihrer Schulen; nebst einem Rückblick auf ihre Vorgeschichte von der Reformation bis zur Toleranz. Den Alten zur Erinnerung — den Jungen zur Lehre. gr. 8. (152 S.) Ramsau 881. (Klagenfurt, Heyn.) n. 1. 60

Kotschy, Friedrich Traugott. Letzte Predigt am 7. Mai 1882. Klgft., Bertschinger, (1882). 15 S.

Kotschy, Heinrich J. G. Dankbares Andenken an Friedrich Traug. Kotschy vom 29. Juni 1818 bis 11. Februar 1856. Pastor der evangel. Kirchengemeinde Eferding in Oberösterreich. Allen, denen das Gedächtniß des Verewigten werth ist, zur freundlichen Erinnerung gewidmet von — —. Linz, 1856. Aus der Buchdruckerei des Josef Wimmer. (40 S. 8)

(F) Kotschy, J., Heimat. Bilder aus Niederösterreich. Gr.-8°. (168 S.) Wien: Tempsky 1910. geb. K 2.80

Kotschy, Jos., der freie Aufsatz in d. Volksschule. Über 200 Aufsatzstoffe nebst 200 Schüleraufsätzen. Mit e. Geleitworte v. Frz. Wichtrei. (58 S.) 8. Wien 910. F. Tempsky.— Leipzig, G. Freytag. Geb. — 80

Kotschy, Karol, piesni pogrzebne i szkolne. Teschen 853. Prochaska. 8. (115 S.) n. 10 ngr.

Kotschy, Karl Georg Theodor: Coniferen des Cilicischen Taurus, s. Antoine, Franz

Kotschy, Thdr.

— s.a. Abbildungen u. Beschreibungen neuer Thiere.

Kotschy, Th., Abbildungen u. Beschreibungen neuer seltener Thiere u. Pflanzen in Syrien u. im westl. Taurus gesammelt. Hrsg. v. Fenzel, Heckel u. Redtenbacher. 1. Lfg. Botanik: Taf. I—XIV. Zoologie, Fische. Taf. I—VI. Fol. (u. 14 B. Text in gr. 8.) Stuttgart 843, Schweizerbart'sche Buchh. *

Kotschy, Th., Abbildungen und Beschreibungen neuer und seltener Thiere und Pflanzen in Syrien und im westl. Taurus gesammelt. Hrsg. von Fenzl, Heckel und Redtenbacher. 2. (letzte) Lfg. Imp.-4. (25 Stnt. und Text. S. 107—258 in gr. 8.) Stuttgart 849, Schweizerbart'sche Vrlgsh. *
1. Lfg. Ebendas. 1843. * 3 Thlr. 10 Ngr.

Kotschy (T.). Acdemone mirabilis. Wien, 1858. 8°.

Kotschy (T.). Butyrospermum Parkii, nov. gen. Vindob. 1865. fol.
Privately printed.

Kotschy, Theod., d. Eichen Europa's u. d. Orients. 10 Lief. à 5 Taf. gr. Fol. Olmütz, 1858. Hölzel. à 4. —

Kotschy, Thdr., die Eichen Europa's und des Orients. Gesammelt, zum Theil neu entdeckt u. mit Hinweisung auf ihre Cultur-Fahigkeit für Mittel-Europa etc. beschrieben. (In 10 Liefgn.) 1. Liefg. Olmutz 858. Holzel. gr. Fol. (5 lith. Taf. in Farbendr. mit 5 Bl. Text.) n. 4 ß.; Prachtausg. n. 5 ß.

Kotschy, Thdr., die Eichen Europa's und des Orients. Gesammelt, zum Theil neu entdeckt und mit Hinweisung auf ihre Cultur-Fahigkeit fur Mittel-Europa etc. etc. beschrieben. 2—8. Liefg. Olmutz 859—62. Hölzel. gr. Fol. Jede Liefg. (à 5 lith. Bl. in Farbendr. u. 5 Bl. Text.) n. 4 ß; Prachtausg. n. 5 ß

Kotschy, T. Der westliche Elbrus bei Teheran. (Aus d. Mittheil. der k. k. geogr. Gesellsch.) Wien. 1861. 8.

Kotschy, Theodor, Coniferen, s. Antoine, Franz

Kotschy, Theodor: Der Nil, seine Quellen, Zuflüsse, Länder und deren Bewohner. Zusammengestellt für einen populären Vortrag. Mit einer Nilkarte. (Schriften des Vereins zur Verbreitung naturwissenschaftlicher Kenntnisse in Wien. Bd. 5.) Wien 1866. 70 S. 8°.

— *Plantae Arabiae in ditionibus Hedschas, Asyr et El Arysch a medico germanico nomine ignoto, in El Arysch defuncto, annis 1836—1838 collectae. (Additae sunt tabulae VII.)* S. 52. 1. 2/4 . . . . 2.40
Separatabdruck

— Plantae Arabiae in ditionibus Hedschas, Asyr et El Arysch a medico germanico nomine ignoto, in El Arysch defuncto, a. 1836—1838 collectae, quas determinavit. (Additae sunt tabb. VII lithogr.) [Aus den Sitzungsber. der k. Akad. d. Wiss.] Wien 865. (Gerold's Sohn.) n. 20 ngr.

— *Plantae Binderianae nilotico-aethiopicae. (Additae sunt tabulae IV., V., VI., a, b, VII., VIII cum Appendice plantarum quas cl. Hansal in regno Boghos, Abyssiniae borealis 1861 collegit et Dr. Th. Kotschy determinavit.)* S. 51. 1. 2/0 . . . . 3.—
Separatabdruck

— Plantae Binderianae nilotico-aethiopicae. Additae sunt tabb. VI (lithogr. in Fol.). [Aus den Sitzungsber. der k. Akad. der Wiss.] Ebend. 865. Lex.-8. (23 S.) n. 1 ß

— Plantae Tinneanae, s.a. Plantae.

Kotschy (T.). Plantae Tinneanae . . . Vindob. 1867. fol.

— *De plantis nilotico-aethiopicis Knoblecherianis* (mit 3 Taf.). S. 50. 1. :81 . . . 1.80
Separatabdruck

—— de plantis nilotico-aethiopicis Knoblecherianis. (Additae sunt 3 tabb. lithogr. in 4. und Fol.) Lex.-8. (15 S.) Wien 864, (Gerold's Sohn.) * *
Vorstehende Schrift des Verf. wurde aus: Sitzungsberichte der k. Akademie der Wissenschaften, besonders abgedruckt.

—— Reise in den cilicischen Taurus über Tarsus. Mit Vorwort von Carl Ritter. gr. 8. (X und 445 S. mit 1 Stnt. und 2 lithogr. Karten in Fol. und qu. Imp.-Fol.) Gotha 858, J. Perthes. *

Kotschy (T.). Ueber Reisen und Sammlungen . . . in der Asiatischen Tuerkei, in Persien, und den Nillaendern. Wien, 1864. 8°.

— s. Reliquiae Kotschyanae.

Kotschy, Theodor. Topographische Skizze des Bulghar Dagh, im cilicischen Taurus. Mit einer Karte. *Wien* 1857. Druck v. *M. Auer*. 15 S. gr. 8°.
Aus den Mittheilungen der k. k. geograph. Gesellschaft, I. Jahrg. 1857, II. Heft, besonders abgedruckt.

Kotschy, Theodor. Allgemeiner Ueberblick der Nilländer und ihrer Pflanzenbekleidung. *Wien* 1857. Druck von *M. Auer*. 26 S. gr. 8°.
Aus den Mittheilungen der k. k. geograph. Gesellschaft, I. Jahrg. II. Heft, besonders abgedruckt.

Kotschy, Thdr., Ueberblick der Vegetation Mexico's. gr. 8. (11 S.) Wien 852, (Gerold's Sohn.) *
Aus: Sitzungsberichte der k. Akademie der Wissenschaften J. 1852, besonders abgedruckt.

Kotschy (T.). Umrisse von Sued-Palaestina im Kleide der Fruehlingsflora. Wien, 1861. 4°.

Kotschy, Theodor. Umrisse aus den Uferländern des weissen Nil. Meist nach Hrn. Hansal's Briefen. (Mit einer Karte.) *Wien* 1858. Druck von *M. Auer*. 29 S., 8°. Nicht berechn.
Separatabdruck aus den Mittheilungen der k. k. geogr. Gesellschaft. II. Jahrg. 1. Hft.

Kotschy, Theodor, *Custos-Adj. am k. k. botan. Hofkabin. etc.* Die Vegetation und der Canal auf dem Isthmus von Suez. *Wien* 1858. Druck v. *C. Ueberreuter*. 16 S. 4°.
Abgedr. a. d. österr. botan. Monatschrift.

— und F. Unger, die Insel Cypern, s. Unger, F.

Kotsmich, A.

— Ueber die Composita im Griechischen, insbesondere bei Sophokles. 16 S.–Brünn, Progr. 1865

Kotsmich V.: Karel Ševčik †. 3. Olmütz b. G. 85. Progr.

Kotsonopulos, Nikolaus E.: Ueber Sarcoma tonsillae. *München 1898: Kastner & Lossen.* (31 S.) 8°
München, Med. Diss. v. 1898

Koetsveld, Cornelis Elisa van

Koetsveld, C. E. van, das apostolische Evangelium. Aus dem Holl. übers. v. O. Kohlschmidt. 2 Tle. in 1 Bde. (IV, 164 u. 166 S.) gr. 8. Leipzig 904. F. Jansa. n. 4. —; geb. n. 5. —

[J.] Die Frau in der Bibel v. C[ornelis] E[lisa] van Koetsveld. A. d. Holländ. übs. v. Pfarrer Dr. O. Kohlschmidt in Mönchenholzhausen. *Leipzig: F. Jansa 1898.* (2 Bl., 331 S., 1 Bl.) 1 Bd 8.

Koetsveld, C. E. van, Die Frau i. d. Bibel. (331 S.) Leipzig 1901. Fr. Jansa.

Koetsveld, C. E. van. Die Gleichnisse d. Evangeliums, als Hausbuch f. die christliche Familie bearb. Mit Genehmigg. d. Verf. aus dem Holl. übers. v. Otto Kohlschmidt. Mit e. Vorworte v. F. Nippold. gr. 8. (XVIII, 346 S.) Jena 892, Mauke. * 4 80; geb. ** 6 —

— die Gleichnisse d. Evangeliums, als Hausbuch f. d. christl. Familie bearb. M. Genehmigg. d. Verf. aus d. Holl. übers. v. Otto Kohlschmidt. Mit e. Vorworte v. F. Nippold u. e. biograph. Abriß v. Übersetzer. 2.–5. Taus. gr. 8. (XXIV, 316 S.) Ebd. 896. n. 3. —; geb. n. 4. —

— die Gleichnisse des Evangeliums, als Hausbuch f. die christliche Familie bearb. Mit Genehmigg. des Verf. aus dem Holl. übers. von Otto Kohlschmidt. 6. u. 7. Taus. (IV, 316 S.) gr. 8. Ebd. 904. n. 3.50; geb. n.n. 4.50

Koetsveld, C. E. van, Herr, wohin sollen wir gehen? Eine Konfirmationsgabe. Aus d. Holl. übers. v. Ernst Müller. 8. (IV, 131 S.) Leipzig 898. F. Jansa. Geb. n. 2. —

— die Kinder in d. Bibel. Für uns. Kinder geschildert. Aus d. Holl. übers. v. C. Th. Müller. gr. 8. (VIII, 176 S.) Ebd. 897. Geb. in Leinw. n. 2. 50

— Kinderpredigten. Aus d. Holl. übers. v. O. Kohlschmidt. 2 Bde. gr. 8. Ebd. à n. 1. 50; geb. à n. 2. —
1. 10 Kinderpredigten üb. alttestamentl. Texte. (IV, 101 S.) 895.
2. Zehn Kinderpredigten üb. neutestamentl. Texte. (III, 115 S.) 896.

— der Krankenfreund. Ein bibl. Hausbuch. Nach d. Holl. frei bearb. v. Ernst Müller. 2., verm. Aufl. gr. 8. (XII, 263 S.) Ebd. 896. n. 3. —; geb. n. 4. —

Koetsveld, C. E. van, ernste Novellen. Aus dem Holl. übers. v. O. Kögler. 8. (III, 323 S.) Leipzig 901. F. Jansa. Geb. in Leinw. n. 4. —

Koetsveld, C. E. van, Gottes Rath und Vorsehung, s. Volksschriften, Berner.

Koetsveld, C. E., Skizzen aus dem Pastorat zu Mastland, s. a. Skizzen.

Koetsveld, Cornelis Elisa van

Skizzen aus dem Pfarrhause in Mastland. Ernstes und Heiteres aus dem Leben eines niederl. Dorfpfarrers. Aus dem Holländ. übers. von O. Kohlschmidt.
Leipzig: Jansa 1896. XV.383 S. 8°

— Skizzen aus dem Pfarrhause in Mastland. Ernstes u. Heiteres aus d. Leben e. niederländ. Dorfpfarrers. Aus d. Holl. übers. v. O. Kohlschmidt. 4. u. 5. Taus. 8. (XVI, 383 S. m. Bildn.) Ebd. 897. Geb. in Leinw. n. 4. —

— Skizzen aus dem Pfarrhause in Mastland. Ernstes u. Heiteres aus dem Leben e. niederländ. Dorfpfarrers. Aus dem Holl. übers. v. O. Kohlschmidt. 3. Aufl. (V, 383 S. m. Bildnis.) kl. 8. Ebd. 905. Geb. in Leinw. n. 4.—

— Vater Thomas. E. Erzählg. f. art. Kinder. Aus d. Holl. übers. v. E. Kleinschmidt. 8. (30 S.) Ebd. 897. n. — 30

— evangelischer Unterricht. Aus dem Holl. übers. v. O. Kohlschmidt. (84 S.) gr. 8. Ebd. 904. n. 1.20; kart. n. 1.60

— Religiöse Vorträge. (Einbandtitel: D. Apostelkreis u. andere Vorträge.) Aus d. Holl. übers. v. O. Kohlschmidt. 8. (III, 117 S.) Ebd. 898. Geb. n. 1. 50

Kott: Erläuterung einer Stelle in Virgils Georg. II, 140-41. 3 S. 8° – Goerz, Progr. 1858

Kott, Fr, Česko-německý slovník etc. (Böhmisch-deutsches gramat.-phraseolog. Wörterbuch.) Heft 58—61. IV. Bd. 6—9. Lex.-8. (297 bis 552.) Prag, Fr. Šimáček. à 60 kr. 1883.

Kott, Fr., Böhm.-deutsches grammatisch-physiolog. Wörterbuch. 62.—65. Heft. (IV 10—13.) Lex.-8. (S. 653—616; 7—808.) Prag, Fr. Simaček. à 50 kr. 1883.

Kott, Fr., Böhmisch-deutsches, gramm.-phraseolog. Wörterbuch (Česko-německý slovník etc.). 66. Heft. IV. Bd. 14. Heft. Lex. 8. (S. 809—872.) Prag, Fr. Simaček. 50 kr. 1884.

Kott, Fr., Böhmisch-deutsches grammat.-phraseol. Wörterbuch. (Česko-německy slovník etc.) Heft 70—72. IV. Bd. Heft 18—20. Lex.-8. (S. 1065—1254.) Prag, Fr. Šimáček. à 50 kr. Der IV. Bd. compl. (1255 S.) 10 fl. 1884.

Kott, Fr., Böhm.-deutsches grammatisch-phraseolog Wörterbuch. Česko-německý slovník zvláště grammaticko-fraseologický. Heft 74—77. V. Bds. Heft 2—5. Lex.-8. (S. 65—320.) Prag, Fr. Simaček. à 50 kr. 1885.

Kott, Fr., Böhmisch-deutsches grammatisch-phraseologisches Wörterbuch. (Česko-německý slovník zvláště grammaticko-fraseologický.) (Heft 78—81. V. Bdes. Heft 6—9.) Lex.-8. (S. 321—576.) Prag, Fr. Simáček. à 50 kr. 1885.

Kott Ludwig: Vorstudien zur geographischen Monographie der Julischen Alpen I. T. (34). Görz R. 96. Progr.

Koett, Engelbertus, Spalensis: De Diomedis Artis poeticae fontibus. Jenae 1904: G. Neuenhahn. (50 S.) 8°
Jena, Phil. Fak., Ref. Goetz, Diss. v. 22. Okt. 1904
[Geb. 25. Jan. 77 Spahl; Wohnort: Spahl; Staatsangeh.: Sachsen-Weimar; Vorbildung: Gymn. Fulda Reife O. 98; Studium: Münster 2, Berlin 3, Marburg 1, Jena 5 S.; Rig. 30. Juli 04.]

Kottal, Franz

Kottal, F., Analyse des Epidots aus dem Untersulzbachthale in Salzburg, s.a. Untersuchungen aus Prof. Lieben's Laboratorium.

Kottal Franz: Analyse des Epidots aus dem Untersulzbachtale in Salzburg. S. 66. II. 90 . . . . —.10
Separatabdruck

— Über gärungscapronsaure Salze. S. 68. II. 90 . . . . ngr.
Separatabdruck

Kottas Karl: Thomas Randophs Leben und Werke. D: Wiener Beiträge, Bd. XXIX. 1909.
1907 PN 2302 Diss. Wien, Univ. 1974

Kottas, Karl, Thomas Randolph, sein Leben u. seine Werke, s.a. Beiträge, Wiener, zur engl. Philologie. 29. Bd.

Kottas, K., Thomas Randolph, sein Leben und seine Werke. [Wiener Beiträge zur englischen Philologie, XXIX.] Gr.-8°. (VII, 105 S.) Wien: Braumüller 1909. K 3.60

Kottbus [Schlagwort]

Kottbus, s.: Europa. Liebenow. — Radfahrerkarten. Karte.

Kottbus, s.: Europa. Spezialkarte. — Wanderkarten.

Kottbus, s.: Preussen. Messtischblätter. — Radfahrerkarten. Mittelbach.

Köttchen, A., Marie Rübel, die Hellseherin in Langenberg, mit Anmerk. herausgeg. von D. G. Kieser. gr. 8. Halle, Hemmerde und S. 819.
(Aus d. Archiv f. thier. Magnetismus bes. abgedruckt)

Kottcke, Wilhelm: Beiträge zur französischen Stilistik. Berlin: Weidmann 1910. 27 S. 4°
Berlin, 2. st. R OP 1910 (158) [S 10. 233

Kottcke, [Wilhelm]: [Nachruf auf den am 4. November 1908 verstorbenen Professor Karl Otto Kaumann.] S. 20—22. 4.
Progr. Zweite Realschule *Berlin* 1909 (154).

Kotte, A., Gleichnisse und Sinnbilder zur christkatholischen Lehre. Oder katholische Glaubens- und Sittenlehren erklärt und erläutert durch Gleichnisse und Sinnbilder. Alphabetisch geordnet und mit einem ausführlichen Wort- und Sachregister verbunden. Ein Handbuch für Prediger, Katecheten und Religionslehrer rc. 2 Bde. Schaffhausen 863, 64. Hurter. gr. 8. (VII, 526 S.; VIII, 548 S.)
2 ₰ 12 ngr

Kotte, A., die große Sünderin Maria von Aegypten. Ein Roman aus dem 4. und 5. Jahrhundert. 8. (133 S.) Luxemburg 874, (Brück.) ** — 60

Kotte, A., Rom u. Berlin oder Kaplan u. Lieutenant. Erzählung aus der Gegenwart für gute Katholiken. (In ca. 24 Hftn.) 1. Hft. gr. 8. (48 S.) Köln 877. Schultze. — 50

Kotte, A., Rom und Berlin oder Kaplan und Lieutenant. Erzählung aus der Gegenwart für gute Katholiken. gr. 8. (576 S.) Köln 878, Schultze.

Kotte, A., christliche Schule der Weisheit od. Aussprüche u. Erklärungen der Heiligen u. anderer vorzügl. Geisteslehrer der kathol. Kirche üb. verschiedene Gegenstände d. geistl. Lebens. Alphabetisch geordnet u. m. e. ausführl. Wort- u. Sachregister versehen. Ein Handbuch f. Beichtväter, Prediger u. Religionslehrer, zugleich e. Hausbuch zur Belehrg. u. Erbaug. f. christl. Familien. 1.—9. Hft. gr. 8. (1. Bd. 670 S.; 2. Bd. S. 1—192.) Kempten 888—890. Kösel. à Hft. n. — 80

Kotte, A., christliche Schule der Weisheit od. Aussprüche u. Erklärgn. der Heiligen u. anderer vorzügl. Geisteslehrer der kathol. Kirche üb. verschiedene Gegenstände des geistl. Lebens. Alphabetisch geordnet u. m. e. ausführl. Wort- u. Sachregister versehen. Ein Handbuch f. Beichtväter, Prediger u. Religionslehrer, zugleich e. Hausbuch zur Belehrg. u. Erbaug. f. christl. Familien. 10.—18. Hft. gr. 8. (2. Bd. S. 193—668 u. 3. Bd. S. 1—384.) Kempten 891—894. J. Kösel. à n. — 80
(2. Bd. kplt.: n. 5. 60; geb. in Halbfrz. n. 7. 40)

Kotte, A., christliche Schule d. Weisheit od. Aussprüche u. Erklärgn. d. Heiligen u. and. vorzügl. Geisteslehrer d. kathol. Kirche üb. verschiedene Gegenstände d. geistl. Lebens. Alphabet. geordn. u. m. e. ausführl. Wort- u. Sachreg. vers. E. Handbuch f. Beichtväter, Prediger u. Religionslehrer, zugl. e. Hausbuch zur Belehrg. u. Erbaug. f. christl. Familien. 19.—21. (Schluß-) Hft. gr. 8. (3. Bd. S. 385—698). Kempten 895. 96. J. Kösel.
à n. — 80 (Kplt. 3 Bde. à n. 5. 60; geb. in Halbfrz. à n. 7. 40)

Kotte, A., die reumüthige Seele im Gebete und in der Betrachtung oder Anweisung zur Erlangung einer vollkommenen Liebesreue. Nebst prakt. Uebung, einen heilsamen und der göttl. Liebe ganz entsprechenden Affect der Reue zu erwecken. 16. (264 S.) Dülmen 888, Laumann'sche Verlagsh. * — 50
geb. * — 75

—— himmlischer Wegweiser für christl. Dienstboten beiderlei Geschlechts. Ein Unterrichts- und Erbauungsbuch. 1. Thl. gr. 16. (VIII, 152 S. mit 1 Stahlst.) Neu-Ulm 874, Helb'sche Verlagsh. * 1 20

Kotte, Ant., die heilige Mission, oder ausführliche Erwägungen jener Heilswahrheiten, welche bei den Missionen vorgetragen werden. 8. (774 S. mit 1 Stahlst.) Regensburg 857, Manz.

Kotte, Erich, aus Auerbach i. Voigtl.: **Aus d. Zool. Institut zu Leipzig. Beiträge zur Kenntniß der Hautsinnesorgane und des peripheren Nervensystems der Tiefsee-Decapoden.** Mit 5 Taf. *Jena: G. Fischer 1902.* (40 S.) 8° ¶(Aus: Zool. Jahrbücher, Abth. f. Anat. u. Ontog. d. Thiere, Bd 17.)
Leipzig, Phil. Diss. v. [9. Okt.] 1902

Kotte, Erich, Lehrbuch der Chemie f. höhere Lehranstalten u. zum Selbstunterricht. Ein Lehrgang auf modern. Grundlage nach method. Grundsätzen. 1. Tl., 2. Tl. Ausg. A. u. B. u. 3. Tl. gr. 8. Dresden-Blasewitz, Bleyl & Kaemmerer. Geb. nn 10. 55
1. Einführg. in die Chemie. Mit 117 in den Text gedr. Fig. (VIII, 205 S.) 908. Geb. nn 3. —
2. Ausg. A. Systemat. anorgan. Chemie. Mit 96 in den Text gedr. Fig. (VIII, 284 S.) 909. Geb. nn 2. 80
2. Ausg. B. Systemat. anorgan. Chemie m. Einschluss der Elemente der Mineralogie. Mit 180 in d. Text gedr. Fig. (VIII, 228 S.) 909. Geb. 2. 50
3. Organische Chemie. (VII, 160 S. m. 15 Fig.) 911. Geb. nn 2. 25

Kotte, Erich, **Die Reform d. naturwissenschaftl. Unterrichts** im sächs. Seminar, s.: **Zur Pädagogik der Gegenwart.**

Kotte, Ignaz: Einige neue Fälle von Nebensymbiose ⟨Parasymbiose.⟩ Mit 3 Taf. u. 1 Textfig. Jena: Fischer 1909. 24 S. 8°
Münster, Phil. Diss. v. 22. Juli 1909, Ref. Zopf
[Geb. 30. Aug. 84 **Messingen; Wohnort: Münster i. W.; Staatsangeh.: Preußen;** Vorbildung: Gymn. Carolinum Osnabrück Reife O. 05; **Studium: Münster** 8 S.; Rig. 27. Febr. 09.] [U 09. 3598

Kotte, Carl Friedr., Brasilien und seine Bedeutung für die deutsche Auswanderung. Mit besonderer Rücksicht auf die Mucury-Colonie in der Provinz Minas Geraës. gr. 8. (VIII und 88 S.) Leipzig 855, Voigt und Günther. *

Kotte, Richard [aus Adorf in Sachsen]: Zur Kenntnis der physiologischen und therapeutischen Wirkung der Schilddrüsenpräparate ... Erlangen, k. b. Hof- u. Univ.-Buchdr. v. F. Junge, 1896; 40 S., 2 Bl. 8.
Erlangen, Med. Fak., Inaug.-Diss. v. 6. März 1896

Kottek, Fanny, Papier-Flora, oder Anleitung zur Erzeugung künstlicher Blumen aus Papier. Neutitschein 865. Enders. 16. (32 S.) n. 2½ ngr.

Fortschritt oder Rückschritt in der jüdischen Wissenschaft von Dr. H. Kottek, Rabbiner in Homburg v. d. H. *Frankfurt a. M. 1902: L. Golde.* (VI, 80 S.) 8°

Kottek, H., Fortschritt od. Rückschritt in d. jüdischen Wissenschaft. gr. 8. (VI, 80 S.) Frankfurt a/M. 902. (J. Kauffmann.) n.n. 1. 50

Kottek, H., Fortschritt od. Rückschritt in der jüdischen Wissenschaft. II. Bachers Besprechg. des Doroth Harischonim. (104 S.) gr. 8. Frankfurt a/M. 905. J. Kauffmann. n. 2. 50
Sonderabdruck aus: „Jahrb. d. jüd.-lit. Gesellsch."
I. Ebd. 902. n.n. 1. 50.

Kottek, Heimann, das 6. Buch des Bellum judaicum, nach der von Ceriani photolithographisch edirten Peschitta-Handschrift übers. und krit. bearb. gr. 8. (45, 30 S.) Berlin 886, Rosenstein. 3 —

Kottek, Heimar [aus Pleschen, Prov. Posen]: **Das sechste Buch des bellum judaicum nach der von Ceriani photolithogr. edirten Peschitta-Handschrift übers. u. kritisch bearbeitet .... Berlin, Druck v. H. Itzkowski, 1886;** 45 + 1 + 30 S. 8°.
Leipzig, Phil. Fak., Inaug.-Diss. v. 30. Apr. 1886.

Kottenau, August = L'Origine, A. de [Autorname].

Kottenbach Rudolf: Zur didaktischen Behandlung einiger Fragen der Mechanik. 27. Troppau R. 02.
Progr.

KOTTENBACH, WERNER. Ueber das Isodinitrobenzil, das Metabrombenzophenon und ihre Oxime. Heidelberg, 1893.

Kottencamp, Christian Friedrich: „Kurtzer Abriss und wahres Ebenbild eines grossen Fürsten und erhabenen Geistes, worinnen die allgemeinen Grundlehren der gesunden Staatskunst in natürlicher Ordnung abgehandelt . . . ., mit allerlei Anmerkungen wider Macchiavelli", Berlin und Leipzig 1747 (bei Daniel Pietsch). — Vorh.: StB Nürnberg.

Kottenhahn, E. **Mittelhochdeutsch für Lateinisch auf** Realschulen. Ein pädagogischer Versuch. Ruhrort, R., 1866. 25 S. 4. **Progr.**

Kottenhahn, E. L., das Realgymnasium sollte das Latein erst in Obersecunda beginnen. Ein pädagog. Versuch. gr. 8. (26 S.) Bernburg 883, Bacmeister. *

Kottenhahn, Hermann *Ernst Ferdinand* [aus Sayn]: Aus d. chirurg. Universitätsklinik zu Bonn. Ein Beitrag zur Casuistik der Cholelithiasis-Operationen ... Bonn, Buchdr. J. Bach Wwe, 1896; 40 S., 1 Bl. 8.
Bonn, Med. Fak., Inaug.-Diss. v. [5. Aug.] 1896

Kottenhahn, Werner *Ludwig* [aus Ruhrort]: Über das Isodinitrobenzil, das Metabrombenzophenon und ihre Oxime ... Heidelberg, Univ.-Buchdr. v. J. Hörning, 1894; 36 S., 1 Bl. 8.
Heidelberg, Naturw.-math. Fak., Inaug.-Diss. v. [14. Febr.] 1894

Kottenhoff, R., bedarf der Religionsunterricht e. Umgestaltung? Nach e. Vortrag. (31 S.) gr. 8. Haspe (908). P. Basse. — 50
Sonderabdruck aus: „Ev. Schulblatt".

Kottenkamp, s.: Obstgarten. — Wunder d. Pflanzenwelt. —

Kottenkamp, C. F., Abr. e. Fürsten. 2 Thle. 8. Breslau. Seidel. 747.

Kottenkamp, Frz., die ersten Amerikaner im Westen. — Daniel Boone u. seine Gefährten. (Die Gründung Kentucky's.) — Tecumseh u. dessen Bruder. Für die reifere Jugend bearb. Mit 1 Titelbild (in Holzschn.) 855. — 2. Ausg. mit 8 (lith. u.) color. Bildern. Stuttgart 858. Schmidt u. Spring. gr. 8. (XII, 540 S.) 1 ℛ. 22½ ngr.

Kottenkamp, Frz., Anti-Menzel, od. Wolfgang Menzel v. Standpunkte d. histor. Kritik aus betrachtet. gr. 8. (2¼ B.) Stuttgart 835, Balz'sche Buchh. Thlr.

— Biographie Hogarth's, s. W. Hogarth, Zeichnungen.

– s. Borrego, A.: Der National-Reichthum.

Kottenkamp, Franz [Übers.]
s. Bulwer, E.G.: Sämmtliche Romane. 1845 - 46.

—— die Engländer. 8. (23½ B.) Mannheim 836, Hoff.

Kottenkamp, F.: Erholungsspiele im Hause. A. d. Engl. Stuttgart 1851. 51 S. (Wochenbände f. d. geistige u. materielle Wohl. 34.)

—— Erklärung zu Hogarth's Zeichnungen, s. Hogarth.

—— allgem. Geschichte d. neuesten Zeit rc., s. Münch, E.

Kottenkamp, Franz, Geschichte der Colonisation Amerika's. Nach den Quellen bearb. I. Bd.: Spanische Colonisation und Herrschaft von der Entdeckung bis 1809. gr. 8. (VIII und 606 S.) Frankfurt a. M. 850, Literarische Anstalt. *

—— dass. — 2. Bd.: Colonisation der Portugiesen, Franzosen, Engländer und Holländer bis zur neuesten Zeit. gr. 8. (III und 459 S.) Ebds. 850. *

Kottenkamp, Frz., Geschichte Rußlands, s. **Geschichte unserer Tage, 22. Bd.**

Kottenkamp, Frz., die Geschichte unserer Tage, s. **Geschichte.**

– s. Hugo, Viktor: Sämmtliche Werke. 8., 13. u. 15. Bd.

Kottenkamp, Franz [Übers.]
s. Marsh-Caldwell, Anne: Emilie Wyndham. 1853.

– s. Milton, John: Verlorenes Paradies.

– s. Reibisch, Fr. Mart. v.: Der Rittersaal.

– s. Ségur: Geschichte Napoleons.

– s. Swift, Jonathan: Gülliver's Reisen.

– s. Swift, Jonathan: Humorist. Werke.

Kottenkamp, Franz. Die verschiedenen Trachten. Aus dem Englischen Stuttgart [1847], Scheible, Rieger & Sattler.
121 S. m. 31 Holzschn. 8°.
(Wochenbände für das geistige und materielle Wohl des deutschen Volkes. Nr. 50—52.)

Kottenkamp, F.: Die gymnastischen Übungen oder Erholungen außerhalb des Hauses. A. d. Engl. Stuttgart 1851. 49 S. (Wochenbände f. d. geistige u. materielle Wohl. 33.)

— der Unabhängigkeitskampf der spanisch-amerikanischen Colonien, s. Fr. Münch, Geschichte der neuesten Zeit. Supplement-Band.

— die neuesten Weltbegebenheiten. Nach authent. Quellen bearb. 1. Thl.: Die Pariser Ereignisse vom Febr. 1848 mit Rückblick auf die Veranlassung derselben. 8. (136 S.) — 2—9. Thl.: Deutschland in seiner Erhebung. 8 Hfte. 8. — 10—28 Thl.: Deutschland in seiner Entwicklung. 1—XIX. Hft. 8. Stuttgart 848—50, Rieger. à Hft. 1/6 ℳ

– s. Wochenbände für das ... Wohl des deutschen Volkes.

Kottenkamp, Johs., zur Kritik u. Erklärung des Tristan Gottfried's v. Strassburg. Inaugural-Dissertation. gr. 8. (36 S.) Göttingen 879. (Vandenhoeck & Ruprecht.) n. 1. —

Koetter, Adolf [app. Arzt aus Halver]: Zur Casuistik der Ovarial-Carcinome ... München, Buchdr. J. B. Grassl, 1895; 24 S., 1 Bl. 8.
München, Med. Fak., Inaug.-Diss. v. 1895

Kötter, Ernst (Rudolf) (geb. 7. 8. 1859): Beiträge zur Theorie der Osculationen bei ebenen Curven dritter Ordnung. Berlin (1884). (70 S.) 8°
Berlin, Phil. Diss. v. 14. Juni 1884

Kötter, Ernst, Beiträge zur Theorie der Osculationen bei ebenen Curven dritter Ordnung. Inaugural-Dissertation. gr. 8. (70 S. mit 1 Stnt.) Berlin 884, (Mayer und Müller.) *

Kötter, Ernst, d. Entwickelg. d. synthet. Geometrie, s. a. Jahresbericht d. deutschen Mathematiker-Vereinigung.

Die Entwickelung der synthetischen Geometrie von Monge bis auf Staudt ⟨1847⟩. Erster Band e. Berichtes, erstattet d. Deutschen Mathematiker-Vereinigung von Ernst **Kötter**, Prof., Aachen. *Leipzig: B. G. Teubner (1898–)1901.* 8°
— **Jahresbericht** d. Deutschen Mathematiker-Vereinigung. Bd 5, H. 2.

Kötter, Ernst, Grundzüge einer rein geometrischen Theorie der algebraischen ebenen Curven. Eine von der königl. Akademie der Wissenschaften zu Berlin am 1. Juli 1886 gekrönte Preisschrift. gr. 4. (303 S.) Berlin 887, (G. Reimer.) * 20 —
Aus: Abhandlungen der k. preuss. Akademie der Wissenschaften zu Berlin, besonders abgedruckt.

Kötter (F.), Ueber eine Darstellung der Richtungscosinus zweier orthogonalen Coordinatensysteme durch Thetafunctionen zweier Argumente etc. (Seperat-Abdruck aus dem Journal für reine Mathematik. Band 116). Berlin 1896. 4.

Kötter, Fritz, Bemerkungen zu F. Kleins u. A. Sommerfelds Buch üb. die Theorie des Kreisels. gr. 8. (26 S.) Berlin 899. Mayer & Müller. n. — 80

Kötter, Fritz, Bericht üb. die Entwickelung der Lehre vom Erddruck, s.: Jahresbericht der deutschen Mathematiker-Vereinigung.

Kötter, Fritz, die Bestimmg. des Drucks an gekrümmten Gleitflächen, e. Aufgabe aus der Lehre vom Erddruck. (5 S.) gr. 8. Berlin 903. (G. Reimer.) n. — 50
Sonderabdruck aus: „Sitzungsber. d. preuss. Akad. d. Wiss."

Kötter, Fritz, über d. Druck v. Sand geg. Öffnungsverschlüsse im horizontalen Boden kastenförmiger Gefässe. (S. 493—510.) Lex. 8. Berlin 909. G. Reimer. 1. —

— die v. Steklow u. Liapunow entdekten integrablen Fälle der Bewegung e. starren Körpers in e. Flüssigkeit. gr. 8. (9 S.) Berlin 900. (G. Reimer.) n. — 50
Sonderabdruck aus: „Sitzungsber. d. preuss. Akad. d. Wiss."

Kötter, Fritz: Ueber das Gleichgewicht biegsamer, unausdehnbarer Flächen. Halle a/S. 1883: (Schade in Berlin). 66 S. 8°
Halle-Wittenberg, Phil. Diss. v. 6. Febr. 1883
Geb. Berlin 3. 11. 1857. V.

Kötter, Fritz, über das Gleichgewicht biegsamer, unausdehnbarer Flächen. Inaugural-Dissertation. gr. 8. (66 S.) Halle a. S. 883. (Berlin, Mayer und Müller.) *

— Über die Spannungen in e. ursprüngl. geraden, durch Einzelkräfte in stark gekrümmter Gleichgewichtslage geh. Stab. (S. 895—922.) Lex. 8. Ebd. 910. 1. —

— Über die Torsion des Winkeleisens. (S. 935—955.) gr. 8. Ebd. 908. 1. —
3 Sonderabdr. a.: „Sitzungsber. d. preuss. Akad. d. Wiss."

Kötter, Gust.

— und Emil Czaschke, Hecht im Karpfenteich. Lustspiel in 4 Akten. (62 S.) 8. Mühlhausen i. Th. 886, C. Andres. * 1 —

Kötter, Gust., in Moll und Dur, s. Abrie, Willy Bruno Walter

Koetter, Hermann: Aus der medicinischen Klinik zu Bonn. Zwei Fälle von Blutung ins Rückenmark. *Bonn 1898: A. Henry.* (39 S.) 8°
Bonn, Med. Diss. v. [19. Febr.] 1898

Kötter, Xaver [aus Wewer (Westfalen)]: Über Störungen in der Nachgeburtsperiode .... Paderborn, Druck v. Ferdinand Schöningh, 1887; 23 S. 8°
Würzburg, Med. Fak., Inaug.-Diss. v. 1887

Kotterba, Konrad

Kotterba, C., Amt u. Pflichten des Gemeindewaisenrats; nach den Bestimmgn. des bürgerl. Gesetzbuches u. dem Reichsgesetze üb. die Angelegenheiten der freiwill. Gerichtsbarkit unter Berücksicht. der gesetzl. Bestimmgn. betr. die Unterbringg. verwahrl. Kinder u. der hierzu ergang. (preuß.) Ministerial-Erlasse, sowie kirchl. Verordngn., f. Waisenräte, Vormünder, Geistliche u. Verwaltungsbeamte ausführl. dargestellt. 2. erweit. u. verm. Aufl. 8. (VIII, 80 S.) Leipzig. Dresden, Fr. Richter. n. — 80

Kotterba, Amt u. Pflichten d. Waisenrats, nach d. gesetzl. Bestimmgn. unt. Berücksicht. d. Gesetzes v. 13. März 1873, betr. d. Unterbringg. verwahrloster Kinder u. d. hierzu ergang. Ministerial-Erlasse ausführl. dargest. 8. (56 S.) Leipzig 896. Fr. Richter. n. — 75

— Anstalts- u. Familienerziehung in Ausführung d. Fürsorgeerziehung. Ein neues Wort z. alten Streit. gr. 8. (81 S.) Hamburg 902. Agentur d. Rauhen Hauses. — 80

— die Ausführung der Fürsorgeerziehung u. die hierbei erforderliche Mitwirkung v. Kirche, Schule u. Haus, gemäß dem Gesetz vom 2. VII. 1900 u. den ministeriellen Ausführungsbestimmgn. vom 18. XII. 1900 unter Beigabe v. Formularen ausführlich dargestellt. 8. (48 S.) Dresden 901. F. Richter. n. — 70

Kotterba, C., der religiöse Lernstoff f. den evangel. Religionsunterricht in den Volksschulen nach der im Einverständnis m. dem königl. Konsistorium zu Posen erlassenen Verfigung der kgl. Regierung zu Posen vom 23. XI. 1903, enth. den kl. Katechismus Luthers, das Kirchenjahr, Bibelsprüche, Psalmen, Kirchenlieder m. Angabe der bibl. Grundlage sowie der Melodien u. Nachrichten über die Dichter, die Liturgien des Hauptgottesdienstes u. der Abendmahlsfeier, die Taufhandlg., die Konfirmation, das allgem. Kirchengebet, den Segen, aus dem Leben Jesu: Messian. Weissaggn. u. Erfüllgn. u. a. 2., durchgesch. (Ster.-)Aufl. (72 S.) gr. 8. Breslau 904. F. Hirt. n.n. — 20

Der religiöse Lernstoff für den evangelischen Religionsunterricht in den Volksschulen nach der im Einverständnis mit d. Kgl. Konsistorium zu Posen erlassenen Verfügung d. Kgl. Regierungen zu Posen u. Bromberg v. 23. Nov. 1903 ... hrsg. von Pfarrer C[onrad] **Kotterba**. 3. durchges. Ster.-)Aufl. Breslau: F. Hirt 1907. (72 S.) 8° [Umschlagt. F.] [08. 6,052]

Kotterba, C., der religiöse Lernstoff f. d. evangel. Religionsunterricht in den Volksschulen nach der im Einverständnis m. dem kgl. Konsistorium zu Posen erlassenen Verfügung der kgl. Regiergn. zu Posen u. Bromberg v. 23. XI. 1903, enth. den kleinen Katechismus Luthers, das Kirchenjahr, Bibelsprüche, Psalmen, Kirchenlieder, die Liturgien des Hauptgottesdienstes u. der Abendmahlsfeier, die Taufhandlg., die Konfirmation, das allgem. Kirchengebet, den Segen, aus dem Leben Jesu: Messianische Weissaggn. u. Erfüllgn. u. a. 4. (Ster.-)Aufl. (72 S.) 8. Breslau 909. F. Hirt. nn — 20

Kotterba, die evangelisch-kathol. konfessionellen Verhältnisse Berlins. (32 S.) gr. 8. Berlin 906. G. Nauck. — 30

Kotterheidt, Hugo, aus Velbert, Referendar am Kgl. Landger. zu Düsseldorf: Ueberschreitung des vom Auftraggeber gesetzten Grenzpreises bei der Einkaufs- und Verkaufskommission. *Bonn 1900: K. Drobnig.* (71 S.) 8°
Erlangen, Jur. Diss. v. 4. Mai 1899

Kötteritz, Johannes, aus Tennstädt i. Th.: Sprachliche und textkritische Studien zur anglonormannischen Reimchronik vom schwarzen Prinzen. *Greifswald 1901: F. W. Kunike.* (65 S.) 8°
Greifswald, Phil. Diss. v. 12. Juli 1901

Kötteritzsch, Erhard, Referendar: Das Konnossement. ⟨HGB. §§ 642—661.⟩ Borna-Leipzig 1909: Noske. IX, 40 S. 8°
Leipzig, Jur. Diss. v. 5. Juli 1909
[Geb 6. Juli 80 Leipzig; Wohnort: Zwickau i. S.; Staatsangeh.: Sachsen; Vorbildung: Thomassch. Leipzig Reife O. 01; Studium: Leipzig 10 S.; Rig. 5. März 06.] [U 09. 2570

Koetteritzsch, Ernst August (Bischofswerda), De venaesectione quid sibi velit, quid efficiat. Diss. med. Lpz. (E. Stange) 28. III. 1848. 38 S. mit Biogr. (M.: A. W. Seyffert.) (5.50) 19078
Gew.: Julius Clarus, Friedrich Theodor Koetteritzsch (Bruder).

Kötteritzsch, Ernst Theod. Die Ermittelung der Potentialkoordinaten und der Krümmungslinien einer gegebenen Niveaufläche durch bloſse Quadraturen. 40 S. Rg. *Freiberg Sa.* 1876. Progr.

Kötteritzsch, die Ermittelung der Potentialcoordinaten u. der Krümmungslinien einer gegebenen Niveaufläche durch bloße Quadraturen. gr. 4. (40 S.) Freiberg 877. (Engelhardt.) n. 1. 25

Kötteritzsch, Ernst Thdr., Lehrbuch der Electrostatik. gr. 8. (X, 335 S.) Leipzig 872, Teubner. * 7 —

—— Zusammenhang zwischen Form und physikalischem Verhalten in der anorganischen Natur. gr. 4. (IV, 32 S.) Grimma 871, (Gensel.) * 1 —

Kötteritzsch, Th., Beitrag zur Potential- und Krümmungs-Theorie. 4. (40 S.) Leipzig 885, Webel. * 1 —

Köttgen: Die geometrischen Oerter der ausgezeichneten Punkte des Ellipsen- und Hyperbeldreiecks. 22 S. u. Figt. – Duisburg, Progr. 1852.

Köttgen, A.

– s. Heilmann, Nik. Lhrd.: Lazarus von Bethanien. (K. ist der wahre Verfasser u. Heilmann nur Herausgeber.)

Köttgen, A., die November-Assise in Düsseldorf 1829. Zeichnung nach d. Leben v. 18 Angeklagten d. verschiedenartigsten Verbrechen. 8. (3 B.) Elberfeld 830, Weise. (Iserlohn, Langewiesche.)

Köttgen, A., (nicht Köntegen, Kaufmann,) Marie Rübel, die Hellseherin in Langenberg, mit Anmerkk. herausgeg. von D. G. Kieser. gr. 8. Halle 819. Schwetschke u. S. 1 ₰ (Aus d. Archiv f. thier. Magnetismus besond. abgedruckt.)

Köttgen, Adolph, Gedichte. Hrsg. v. J. P. Lange. gr. 8. (18⅚ B.) Essen 839, Bädeker.

– s. Gedichte, Sieben lyrische ...

Köttgen, Anna [med. pract. aus Liestal (Kt. Baselland)]: Klinische Katatonien bei organischer Erkrankung des Schädelinhaltes. Zürich 1899. 35 S. 1 Taf. 8°.
Zürich. Med. Diss. 1899/1900.

Köttgen, Aug. Studien üb. Getreideverkehr u. Getreidepreise, s. a. Studien, staatswissenschaftliche.

Köttgen, Aug., Studien über Getreideverkehr und Getreidepreise in Deutschland. Jena 1890. 8.
A. u. d. T.: Staatswiss. Studien. Bd. 3. H. 4.. (D.; HC.)
— , — — Jena 1890. 8.
Bonner Inaug.-Diss.

Köttgen, C., Elektrotechnik u. Landwirtschaft. E. Beantwortg. d. Frage: Ist d. Elektrotechnik nach d. heut. Stande ihrer Entwicklg. schon befähigt, m. begründ. Aussicht in d. Dienst d. Landwirtschaft zur Erhöhg. d. wirtschaftl. Reinertrages zu treten? Preisgekrönt v. mecklenburg. patriot. Verein. [Aus: „Landw. Jahrbb."] Lex.-8. (59 S. m. 6 Abb. u. 15 Taf.) Berlin 897. P. Parey. n. 3. —

Köttgen, Eduard Der Lehrplan des Realprogymnasiums zu Schwelm. 14 S. Progr. *Schwelm* 1883.

Köttgen, Emil [Gerichtsref. aus Bonn]: Zulässigkeit der Bürgschaft ohne Hauptschuld ... Bonn, Buchdr. J. Bach Ww., 1896; 38 S. 8.
Erlangen, Jur. Fak., Inaug.-Diss. v. 1896

Köttgen, H., & Co.: Preisliste über Transportgeräte. Berg-Gladbach und Köln. 1904

Koettgen, Julius. Die dt-anischen Arbeiter u d Kriegs-Problem. Chi. 191-[?].

Köttgen, Paul *Gustav* [aus Bonn]: Aus d. Univ.-Frauenklinik zu Bonn. Zur Statistik des engen Beckens ... Bonn, Univ.-Buchdr. v. C. Georgi, 1895; 23 S. 8.
Bonn, Med. Fak., Inaug.-Diss. v. [22.] Febr. 1895

Kotthaus, Carl, das menschliche Gesicht als Spiegel des Körpers u. der Seele. Physiognomische Betrachtungen. Mit 4 Orig.-Zeichngn. (31 S.) gr. 8. Leipzig (909). O. Wigand. 1. —

Kotthoff, Wilhelm

Kotthoff, W., griechisch-römische Altertumskunde, s.: Hense, Jos.

Kotthoff, Wilh., griechische Grammatik. Mit Rücksicht auf die neuesten Anforderungen. an den Unterrichtsbetrieb der Gymnasien bearb. gr. 8. (IX, 180 S.) Paderborn 891. F. Schöningh. n. 1. 40

Kotthoff, W. Quaestiones aeschyleae. 18 S. Progr. *Paderborn* 1885.

Kottié, J. Ritter v., die Zeit der Reformen in Absicht auf die Vorbereitungen f. e. Krieg. Politische Betrachtgn. gr. 8. (32 S.) Graz 894. P. Cieslar. n. — 80

Kottié, J. A. Leitfaden zur Service-Gebahrung und -Verrechnung nach dem Localitäts-Principe auf Grund des a. h. sanctionirten Gebühren-Reglements. *Wien* 1858. *J. Dirnböck's* Verl. 47 S. 4°.

– Dass., s.a. Kottié, J. N.

Kottié, J. N. Ritter v., die Gefahren d. Krieges u. die Bedingungen d. Friedens. Beitrag zur Zeitgeschichte 8. (62 S.) Graz 890. Verlag „Leykam". n. 1. —

Kottié, J. N., Handbuch der Bau-Oekonomie mit specieller Rücksicht für militär. Zwecke und Objekte. Lex.-8. (VI und 322 S. mit eingedr. Holzschn.) Wien 859(61), (Dirnböck.)

Kottié, J. N., Handbuch der Bau-Oekonomie mit specieller Rücksicht für militär. Zwecke und Objekte. 2. Ausg. gr. 8. (VI, 321 S. mit eingedr. Holzschn.) Wien 875, Dirnböck's Buchh. *

—— Leitfaden zur Service-Gebahrung und Verrechnung nach dem Localitäts-Principe auf Grund des A. h. sanction. Gebühren-Reglements. gr. 4. (48 S.) Wien 858, Dirnböck.

– Dass., s.a. Kottié, J. A.

— die Natural-Contribution als System f. die Verpflegung der Armee im Felde. Studie. gr. 8. (IV, 142 S. m. 1 farb. Karte.) Graz 890. Styria. n. 2. 50

Koettig, R. F., geschichtliche, technische und statistische Notizen über den Steinkohlen-Bergbau Sachsens, s.a. Steinkohlen, die, des Königreichs Sachsen.

Koettig, R. F: Geschichtliche, technische und statistische Notizen über den Steinkohlen-Bergbau Sachsens. Leipzig 1861

Kotting, Seinsysteem. (1 Tafel.) 4°.

Kötting, Georg: Lehrplan für den französischen Unterricht am Realgymn. zu Trier
in: **Lehrpläne** f. d. verschied. Unterrichtsfächer an d. Realgymn. zu Trier. Heft V. Trier 1891

Kötting, G. Lehrplan für den französischen Unterricht am Realgymnasium zu Trier. Trier, Rg., 1891. 42 S. Progr.

Kötting, Georg: Studien über altfranzösische Bearbeitungen der Alexiuslegende mit Berücksichtigung deutscher und englischer Alexiuslieder. Trier, F. Lintz'sche Buchdr., 1890; 44 S. 8°
Trier, st. RG, OP 1890 (480)

Kötting, G(eorg): Etymologische **Studien über Deutsche** Flussnamen. T. 1. *Kreuznach 1899: R. Voigtländer.* (24 S.) 4°
Kreuznach, k. G, OP 1899 (477)

Kötting, Wilhelm, a. Oespel b. Dortmund: Der Tiefstand und die landwirtschaftliche Bedeutung der deutschen Schafhaltung. Halle a. S. 1907. (56 S., 1 Taf.) 4° [F.]
Halle, Phil. Fak., Ref. Wohltmann, Diss. v. 29. Nov. 1907
[Geb. 1. Juni 82 Oespel, Kr. Dortmund; Wohnort: Halle a. S.; Staatsangeh.: Preußen: Vorbildung: Realgymn. Dortmund Reife O. 02; Studium: Halle 8 S.; Rig. 6. Aug. 07.]

Kottinger: Studien für die Schule aus der Mathematik. 33 S. und 2 Fgt.–Salzburg, Progr. 1856

Kottinger, H. M. Leitfaden für den Unterricht in den Sonntags-Schulen freier Gemeinden, sowie überhaupt für die Gemütbildung und religiöse Aufklärung der Jugend. Milwaukee: G. P. Roth, 1871. DLC

[Kottinger, Hermann Marcus.] Meine Erfahrungen über Klöster und über katholische Geistliche überhaupt. Ein Beitrag zur Lösung der Aargauischen Klosterfrage. Von dem Verfasser des Gutachtens [Huldreich] Zwingli's über die Klöster. 8. Neumünster bei Zürich 1842.

[Kottinger, Hermann Marcus.] Gutachten des Reformators Huldreich Zwingli über die Klöster nach wörtlichen Auszügen aus seinen Schriften. Allen Eidgenossen, insbesondere dem Volke des Kantons Zürich und seinem Grossen Rathe so wie der Zürcherischen Gesandtschaft auf der Tagsatzung dargestellt.... ⟨Von Freunden des Fortschritts zum Druck befördert.⟩ 8. Zürich 1841.

[Kottinger, Hermann Marcus.] Die Jesuiten in der Unterwelt. Vom Bearbeiter des "Gutachtens [Huldreich] Zwingli's über die Klöster". 8. Zürich 1847.

Kottinger, Hermann Marcus *s.* Strauss, Doktor (David Friedrich) St' und seine Lehre. [Zürich] 1839.

Kottinger, H. M., die höheren Volksschulen nach ihrer Organisation u. Lehrmethode; nebst ein. Samml. der Gesetze über die h. Volksschulen der Schweiz u. statist. Notizen über dieselben. gr. 8. (13½ B. u. 1 Tab.) Schaffhausen 844, Brodtmann'sche Buchh.

Kottinger, H. M., Weltgeschichte für höh. Volksschulen und zur Selbstbelehrung. gr. 8. (IV und 259 S.) Zürich 849, Schultheß. *

Kottinger, H. M., Weltgeschichte für höhere Volksschulen und zur Selbstbelehrung. 3., unveränd. Aufl. gr. 8. (XII und 252 S.) Zürich 859, Schultheß. *

Kottinger, H[ermann] M[arcus]. Weltgeschichte.... 3. Aufl. Zürich 1873 s. Müller, J[ohann] J[acob], und Dändliker, C(arl). Lehrbuch der allgemeinen Geschichte.... [1. Aufl.]

[Kottinger, Hermann Marcus.] (Huldreich) Zwingli vor dem Grossen Rathe in dem Jahre 1522. Dramatische Scenen aus dem Leben des Reformators. Mit einem Nachspiele: Zwingli vor dem Grossen Rathe in dem Jahre 1839. 8. [Zürich] 1839.

Kottinger, Hermenegild, Studien für die Schule aus der Mathematik. gr. 4. (33 S. mit 2 Stnt.) Salzburg 856, Glonner. *
Aus dem 6. Programm des k. k. Gymnasiums in Salzburg, besonders abgedruckt.

Kottinger, Hermengild, Ueber den Thermometerstand in Wien nach 60jährigen Beobachtungen. (Aus dem XV. B. d. Ann. d. k. k. Sternw. zu Wien. Fol.

Kottler Friedrich: Über die Raumzeitlinien der Minkowskischen Welt. S. 121. IIa. 1GM . . . . 3.—
Separatabdruck

Kottmann

— Schillerbüchlein. Ein Lebens- u. Charakterbild zum 9. V. 1905. 1. u. 2. Aufl. (Je 48 S. m. Abbildgn.) 8. Stuttgart 905. Muth. n. — 25

Kottmann, A., die Arzneimittel, s.a. Vorträge, öffentliche, gehalten in der Schweiz.

Kottmann A. die Arzneimittel. (Vorträge, Öffentliche VIII, 4) Basel 1884

Kottmann, A. Die Arzneimittel. In-8°. Basel, Schwabe. 1883.

Kottmann, Aug., die Symptome der Leukämie. Eine histor. Studie. gr. 8. (IV, 116 S.) Bern 872. Jent & Reinert. n. 2. —

Kottmann, J. A., s. Kottmann, Johann Karl

Kottmann, I. B., de influxu situs locorum in morbis. 4. Nürnb. Lechner. 803.

Kottmann, J(oh[ann]) C(arl). Ueber die warmen Quellen (*Umschlag 2. Aufl.:* Die Bad- und Trinkkur) zu Baden im Aargau. Oder die Trink- und Badkuren daselbst. Von J. K. K'.... Zum Besten der Badarmen. 8. Aarau.
[1. Aufl.] 1826.
2., mit einem Nachtrag vermehrte Aufl. 1842.

Kottmann, J. K., über die warmen Quellen zu Baden im Aargau, oder die Trink- u. Badekuren daselbst. 2. Aufl. 12. Aarau 842, (Sauerländer's Sort.-Buchh.) 1/2 ₰

Kottmann, J[ohann] C[arl]. Der Weissenstein. Die Milch- und Molkenkuren, auch Molkenbäder auf dem Jura bei Solothurn. [Mit 1 Tafel und 1 Plan.] 8. Solothurn 1829.

Karl Kottmann Geschichte des Medicinalwesens im Canton Solothurn aus den letzten Jahrhunderten in einer Eröffnungsrede bei der Hauptversammlung der ärztlichen Gesellschaft zu Solothurn vorgetragen. Solothurn 1829. 8. — *Excerpt. in* Verhandlungen der vereinigten ärztlichen Gesellschaften der Schweiz, 1829. II. S. 246.

Kottmann, Carolus. Solodoranus: Nonnulla de neuralgiis. Tur. typ. Or. Fuessl. et soc. 1835. 21 S., 1 Bl. 8°.
Zürich, Med. Diss. v. 14. Dec. 1835.

Kottmann, Curt. Zur Dosierung des Digalens bei intravenöser Anwendung. Nebst Bemerkungen über einen foudroyanten Todesfall durch eine intravenöse Strophantininjektion, von Dr. K' K', Privatdozent. Aus der medizinischen Klinik Bern. Separatabdruck aus dem Correspondenz-Blatt für Schweizer Aerzte, [Jahrg. 37,] 1907, Nr. 10. 4 S. gr.-8. [Basel, Schweighauser.]

Kottmann, Kurt, üb. die Fortschritte der Digitalisbehandlung. s.a. Klinik, Berliner.

Über die Fortschritte der Digitalisbehandlung. Von Dr. Kurt **Kottmann**, Privatd. Berlin: Fischer 1908. (38 S.) 8° [Umschlagt.]
— **Klinik**, Berliner. H. 237. [08. 17386

Kottmann, [Maximilian], Prof. Dr.: De elocutione L. Junii Moderati Columellae. *Rottweil 1903: M. Rothschild.* (III, 71 S.) 4°
Rottweil, k. G, P 1903 (678)

Kottmann, de elocutione L. Junii Moderati Columellae. (III, 71 S.) gr. 4. Rottweil 903. (Tübingen, F. Fues.) n. 3. —

Kottmann, Oskar [Arzt in Bern]: Beitrag zur Lehre von den Fibromyomen gestützt auf Beobachtungen von 416 Krankengeschichten. Berlin 1897. 34 S. 8°. (S. A. aus Archiv für Gynäkologie. Bd. 54, H. 3).
Bern. Med. Diss. 1897/98.

Kottmann, Walther [prakt. Arzt aus Solothurn]: Über Kernveränderungen bei Muskelatrophie. Berlin 1900. 15 S. 1 Taf. 8°. (S.-A. aus Archiv für patholog. Anatomie und Physiologie und für klin. Medizin, Bd. 160.)
Bern. Med. Diss. 1899/1900.

Kottmann. Guil. (geb. Delbrück in Westf. 17. 11. 1840): De fractura colli femoris. Berolini (1863). (31 S.) 8°
Berlin, Med. Diss. v. 12. Aug. 1863

Kottmar, der. Von H. S. gr. 8. (41 S.) Löbau 882. (Oliva.) n. — 35

Kottmeier, „Fraget nach den vorigen Wegen, welches der gute Weg sey, und wandelt darinnen; so werdet ihr Ruhe finden für eure Seele." Predigt über Jeremias 6, 16. bei dem Abschiede von Rastatt am 30. Juni 1850 daselbst gehalten. 8. (15 S.) Rastatt 850, Hanemann.

Kottmeier, Adph., Christenbekenntniß u. Christenbitte im Angesichte der Kriegsnoth. Predigt über Jerem. 14, 7–8 gehalten den 27. Juli 1870. Harburg & Uelzen 870. Elkan. gr. 8. (14 S.) n. 2 ngr.

Kottmeier, Adph., Philipp Melanchthon, der Lehrer Deutschlands. Ein Lebensbild, auf Veranlassung der 300jähr. Wiederkehr seines Todestages entworfen für Schule und Haus. 12. (40 S.) Harburg 860, Danckwerts'sche Buchh. *

— des Christen Samariterdienst in der Kriegszeit. Predigt über Luc. 10, 23–42 gehalten am 13. Sonntage nach Trinitatis 1870. Ebend. 870. 8. (14 S.) n. 2 1/2 ngr.

Kottmeier, Ado. Geo.

Kottmeier, Ad. Geo., Entwurf eines christl. Religionsunterrichts der Katechumenen. 8. Brem. 813. 2e Aufl. 820. Heyse. 5 gr.

Kottmeier, Ado. Geo., Entwurf ein. christl. Religionsunterr. d. Katechumenen. 3., verb. Aufl. 8. (6 B.) Bremen 835, Heyse.

— Erhebung u. Ermunterung für Christen, in Predigten, gehalten im Dom zu Bremen. 8. Bremen 819. Heyse. 1 ₰ 16 gr.

— Brockelmann u. Rischmüller, Gesangbuch f. das Fürstenthum Minden. 8. Minden 806.

Kottmeier, Ado. Geo., der Kampf im Völkerleben. Predigt. gr. 8. (1 B.) Bremen 830, Heyse.

— — nicht Erasmus, sondern Luther! Analekten aus dem Leben beyder Männer. (Zum Jubelfeste der 50jähr. Amtsführung d. Hrn. Dr. Th. J. D. Nicolai am 25. April 1821.) gr. 8. Ebend. 821

— üb. die extemporane Redekunst, oder über die Kunst d. freien Vortrags rc. gr. 8. Leipz. 808. 3e Aufl. 820. Barth. 12 gr

— Texte u. Materialien zu Religionsvorträgen bei Sterbefällen. 1s — 3s Bdchn. gr. 8. Leipz. 798 — 802. 2e Aufl. 807—9. 3e Aufl. 819 — 24. Barth. (1s, 2s Bdchn. à 1 Thlr 8 gr 3s Bdchn. 1 Thlr 12 gr) 4 Thlr 4 gr

—— Weihe junger Christen u. Christinnen z. heil. Leben. Gabe f. Confirmanden u. Confirmirte. gr. 12. (1½ B.) Bremen 836, Heyse.

Kottmeier, A. G., Luthers Wiedererscheinung in seiner evang. Kirche an ihrem 3ten Jubelf. 8. Bremen, Rthlr.

– s. Wörterbuch, Kurzgefaßtes, zur Erläuterung der luther. Übersetzung der heil. Schrift.

Kottmeier, D., kirchliche Weihworte zur Feier des 50jährigen vaterländischen Jubelfestes am 17. März 1863, vor alten und jungen Kriegern geredet in der Garnisonkirche zu Düsseldorf. Düsseldorf, de Haen. gr. 8. (9 S.) n. 2½ ngr.

Kottmeier, Dav., die Darstellung des Heiligen durch die Kunst, vornehmlich in ihrer Anwendung auf den evangelischen Cultus. Bremen 857. Schünemann's Verlag. gr. 8. (VI, 142 S.) 22½ ngr.

Kottmeier, Ehrh. Dav. Guil. Bernh., quid de periculo Jesu Christi historiam mythice interpretandi nuper facto judicandum sit. Dissert. 4maj. (2½ B.) Bremae 836, Heyse.

Kottmeier, H., d. Aufforstung d. Öd- u. Ackerländereien unt. Berücksicht. d. dem Landwirt zur Verfügung steh. Hilfsmittel. Vortrag, geh. im Klub der Landwirte zu Berlin im Jan. 1897. gr. 8. (30 S.) Neudamm 898. J. Neumann. n. — 80

Kottmeier, H. Kurzer Leitfaden zum forstlichen Unterricht an landwirthschaftlichen Schulen u. practisches Handbuch f. den Privat-Waldbesitzer. 2. (Titel-) Ausg. gr. 8. (122 S.) Hannov. 882, Helwing's Verlag. * 2 —

Kottmeier, H., kurzer Leidfaden zum forstlichen Unterricht an landwirthschaftlichen Schulen und pract. Handbuch für den Privat-Waldbesitzer. gr. 8. (122 S.) Hannover 888, Helwing's Verlag. * 2 —

Kottmeier, H., kurzer Leitfaden zum forstlichen Unterricht an landwirthschaftlichen Schulen u. practisches Handbuch f. den Privat-Waldbesitzer. 2. (Titel-) Ausg. gr. 8. (122 S.) Hannover 892. Helwing's Verl. n. 2. —

Kurzer Leitfaden zum forstlichen Unterricht an landwirtschaftlichen Schulen und prakt. Handbuch f. den Privat-Waldbesitzer von H. Kottmeier, Kgl. Forstmeister zu Berlin. 3. Aufl. *Hannover: Helwing 1903.* (104 S.) 8° [F.] [03. 7

Kottmeier, H., kurzer Leitfaden zum forstlichen Unterricht an landwirtsch. Schulen u. prakt. Handbuch f. den Privat-Waldbesitzer. 3. verm. u. verb. Aufl. (160 S.) gr. 8. Hannover 906. Helwing. n. 2. —; geb. n. 2. 50

Kottmeier, Hermann

Kottmeier, H., u. Frz. Uhlmann, das Holz. s. a. Wissenschaft u. Bildung.

Das Holz. Von Forstmeister H[ermann] Kottmeier u. Dr. scient. pol. Franz Uhlmann. Leipzig: Quelle & Meyer 1910. IV, 143 S. 8° (Wissenschaft u. Bildung. 72.) [10. 2004

KOTTMEIER, Peter (München): Ueber Fremdkörper.- München: Wolf 1884. 102 S. 29.10.1884 - Urk (Titel: De corporibus alienis.); Chr 1884/85,20
Diss. Ingolst.-Landsh.-Mchn.

Kottmeier, Theodor, Referendar in Bremen: Die Entlastung des Vorstandes der Aktiengesellschaft. Leipzig: O. Wigand 1907. (77 S.) 8° [F.]
Leipzig, Jur. Fak., Diss. v. 3. Juni 1907
[Geb. 24. Mai 81 Bremen; Wohnort: Bremen; Staatsangeh.: Bremen; Vorbildung: Altes Gymn. Bremen Reife M. 00; Studium: Freiburg i. B. 2, München 2, Leipzig 3 S.; Rig. 25. Juli 04.]

Kottmeyer, Ad. G., s. Seelenruh u. Menschenglück.

Kottnauer, ..., der Tausch, oder Liebe macht doch nicht jeden Mann zum Narren. Ein Origin.-Lstspl. in 4 Aufz. 8. Wien 789. v. Mösle. 6 gr

Kottnauer, Alexander

Kottnauer, Alex., Schlüssel z. Berechng. d. Besoldungssteuer v. höh. Dienstbezügen nach § 233 d. Gesetzes v. 25. X. 1896, R.-G.-Bl. Nr. 222. 8. (30 S.) Wien 898. A. Hölder. n. — 40

— Schlüssel z. Berechng. d. Personaleinkommensteuer nach § 172 d. Gesetzes v. 25. X. 1896, R.-G.-Bl. Nr. 220. 8. (47 S.) Ebd. 898. n. — 40

Kottnauer, Alex., Schlüssel zur Berechnung der Personaleinkommensteuer, sowie der Besoldungssteuer v. höheren Dienstbezügen nach § 172, bezw. 233 des Gesetzes v. 25. X. 1896, R.-G.-Bl. Nr. 220. 2., auf Grund der kaiserl. Verordng. v. 21. IX. 1899, R.-G.-Bl. Nr. 176, u. des m. Erlaß des k. k. Finanz-Ministeriums v. 3. XII. 1899, R.-G.-Bl. Nr. 234, kundgemachten VII. Nachtrages zu der Vollzugsvorschrift z. IV. Hauptstücke des Gesetzes v. 25. X. 1896, R.-G.-Bl. Nr. 220, umgearb. Aufl. 8. (33 S.) Wien 900. A. Hölder. n. — 64

Kottnauer, A., Schlüssel zur Berechung der Personaleinkommensteuer sowie der Besoldungssteuer von höheren Dienstbezügen nach § 172, bezw. 233 des Gesetzes vom 25. Oktober 1896, R.-G.-Bl. Nr. 220. 3. Aufl. 8°. (33 S.) K —.72
Wien: Heller 1910.

Kottnauer, Josef

Kottnauer, J., vollst. neue Prag. Briefsteller für alle Fälle rc. 8. Prag, Barth. 803.

Schreibv.

— vollst. kathol. Gebetbuch. m. K. 8. Prag, Neureutter. 797.

Kottnauer, J.: „Der ökonomische Hausvater, Künstler und Manufakturist in einer getreuen Unterweisung in mancherlei Vortheilen ....", Leipzig 1805 (Joachim).

— Kunst, auf e. leichte Art glücklich zu seyn. 8. Prag 797. Neureutter. 3 K

KOTTNAUER Josef. Bewährte ... Kunststücke zum Gebrauche für Oekonomen, Hauswirthe und Hausmutter gesammelt von – . o. V. Prag 1792. 1 vol. 2 Bl. + 328 S. + 1 Kupferstich

— bewährte u. leicht zu bewerkstelligende Kunststücke z. Gebrauch f. Oekonomen, Hauswirthe rc. 8. Prag 792. Barth. 1 ß

KOTTNAUER, Joseph, Lustig-Lebendig; oder: Lächerliche Begebenheiten zum gesunden Genuss aller Lustigmacher, Spassvögel, Zeitverkürzer und Launisten. Prag 1797. 12°.
Dr. Franz Schnitzer's Bibl. München 1902, No. 252. — Rar!

— Lustig Lebendig, od. lächerl. Begebenh. f. Lustigmacher. 4 Bändch. (d. 4te h. a. d. Tit.: Nahrung für Spaßvögel. 1s. 8. Prag, Neureutter. (Joachim in Lpzg.) 797–801. (à 8 g.)

— die Menschen, wie sie sind, dargestellt in e. Reihe von Geschichten. 8. Linz 797. Haslinger. 16 K

— d. Menschen, wie s. sind, dargest. in e. Reihe v. Gesch. 8. Linz, Haslinger. 808.

MORITZ und Henriette; eine wahre Geschichte (von *Josef Kottnauer*). Prag 1791.
Anon.-Lex. III. p. 164 (nach Kayser).

— d. Oekonom, Hausvater, Künstler u. Manufacturist, in e. getr. Unterweis. mancherl. Vortheile rc. 8. Lpz. Joachim. 805.

Kottnauer, J.: „Der Oekonom, Hausvater, Manufakturist und Künstler in einer getreuen Unterweisung in mancherley Vortheilen bey der Land- und Hauswirthschaft, nützlichen Handgriffen und Vervollkommnung in Gewerben", Leipzig 1805 (Joachim). Neue Aufl. Prag 1809.

— — Der Rechtschaffne im Schurkengedränge, ein Beitrag zur Klugheitslehre unsers Jahrzehends. Mit Titelkpf. (von Frentzel). Neu-Ruppin, J. B. Kühn (c. 1797). 8°. (5/6 Rthl.)
Anzeige des Verlegers.

RECHTSCHAFFENE, Der, im Schurkengedränge. Ein Beytrag zur Klugheitslehre unsers Jahrhunderts. (Zieml. zahmer Roman von *Joseph Kottnauer*.) Ruppin 1802. 8°. (2/3 Rthl.)
Fehlt im Anon.-Lex.

— Rezept für Hypochondristen, rc. 8. Presburg, Lippert. 805.

— hundert Taschenspielerkünste rc. z. Unterhalt. in Gesellsch. 8. Presb. Lippert. 805.

— d. lustige Vademecum für Gesellschaft munteren Scherzes. 4 Bdchn. (3s Bdchn. Auch u. dem T.: Nahrung für Spaßvögel. 2s Bdchn.) 8. Prag 801, 2. Joachim. 1 ß 8 K

— — Das lustigste Vademecum für Gesellschafter muntern Scherzes oder spasshafte Anekdoten und Histörchen etc. 4 Thle. (cplt.?). Leipzig 1802. 8°. Selten! (Th. 4 apart, 151 S., 1 Mk. Taussig, c. 1905.)

— woran liegt's, daß unsere Zeiten nicht besser sind? 8. Köthen 798. Aue. 8 K

— Wünsche in Brief. auf alle im menschl. Leb. mögl. Fälle. 8. Prag, Neureutter. 797.

Koettnitz, A., üb. Beckenendlagen, s.: Sammlung klinischer Vorträge.

Koettnitz, Albin: Beiträge zur Pneumonie im Kindesalter. Halle a. S. 1882: Plötz. 90 S., 5 Taf. 8°
Halle-Wittenberg, Med. Diss. v. 12. Aug. 1882
Geb. Hohenmölsen (Kr. Weissenfels) 24. 3. 1857. V.

Koettnitz, Curt, aus Teuchern: Über die Bildung von Indigo aus Anthranilsäurederivaten. *Halle a. S. 1901: O. Thiele.* (36 S.) 8°
Halle, Phil. Diss. v. 1901

KOETTNITZ, MAX. Ueber einige Schleimsäurederivate. Leipzig, 1872.

Kottowitz, Gustav von

—— der klimatische Winter-Curort Arco in Süd-Tirol. 8. (VI, 82 S.) Wien 883, Braumüller.

Kottowitz, Gust. v., der klimatische Winter-Curort Arco in Südtirol. 2. ergänzte Aufl. 8. (VIII, 107 S. mit 4 Abbild.) Arco 887, Emmert. 1 50

Kottowitz, Gust. v., Bericht nebst einer monographischen Skizze über das Bad Neuhaus nächst Cilli in Steiermark vom J. 1849. 8. (77 S.) Gratz 850, Ferstlsche Buchh.

Kottowitz, Gust. v., der Curort Gleichenberg mit seinen Heilquellen im Herzogthum Steiermark. gr. 8. (VIII und 144 S.) Wien 847, [Leo.] Thlr. *

Kottowitz, Gust. v., Curort Ischl in Oesterreich [Salzkammergut]. 2. verm. und verb. Aufl. Mit 1 (lithogr.) Karte von Ischl und Umgebung. 12. (V, 52 S.) Linz 882, Ebenhöch'sche Buchh. +

Kottowitz, Gust., Curort Ischl in Österreich (Salzkammergut). 2., verm. u. verb. Aufl. M. 1 Karte v. Ischl u. Umgebg. 12. (52 S.) Linz 895. F. I. Ebenhöch. — 60

Kottowitz, Gust. v., der landschaftliche Curort Tobelbad bei Graz in Steiermark und seine Heilquellen. [Braumüller's Bade-Bibliothek.] 8. (IV, 131 S.) Wien 870, Braumüller. * 1 60

Kottowitz, Edler v. Kortschak, G. A. B.,
der Feudal-Demokrat,
— aus der Gesellschaft,
— die schlimme Jugend,
— im Schooße der Erde,
— Weltmoser,
} s.: Bibliothek, neue, f. das deutsche Theater.

Koettschau, C., Irrtümer des Friedenssoldaten im Feld. 1. 2. Hft. gr. 8. (144; 119 S.) Strassburg i/E. 889. 890. Strassburger Druckerei u. Verlagsanstalt. à n. 2. —

Koettschau, C., der nächste deutsch-französische Krieg. Eine militärisch-polit. Studie. 2 Thle. gr. 8. Strassburg, Strassburger Druckerei und Verlagsanstalt, vorm. Schultz und Comp., Verlag. [1. Thl. (188 S.) 886. *ℳ 3.—; 2. Thl. (256 S.) 887. *ℳ 3.60.] * 6 60

Köttschau, C., nolito turbare circulos Imperatoris. Die Ursachen der Militär-Vorlage v. 1892 in Form e. Kritik d. „Heureka“. 8. (37 S.) Wiesbaden 893. C. Schnegelberger & Co. —75

Koettschau, C., Westeuropa kosakisch oder geeint. Die Notwendigkeit e. französisch-deutschen Versöhnung, dargelegt. gr. 8. (86 S.) Strassburg i/E. 890. Strassburger Druckerei u. Verlagsanstalt. n. 1.50

Kottsiepe, Rob., der Berggeist v. Hohensyburg, s.: Jugendperlen.

Köttstorfer, J., s. Bericht an die königl. ungarische Seebehörde zu Fiume über physikalische Untersuchungen des adriatischen Meeres.

– Bericht an ... Seebehörde ..., s. Wolf, Julius

Kottwitz, Baron Ernst v., Erinnerungen an denselben, s.: Jacobi, Justus Ludwig

Kottwitz, Baron v., das königl. preußische Garde-Husaren-Regiment im Feldzug gegen Frankreich 1870—71. Ein Beitrag zur Geschichte des Regiments, auf Veranlassung des Regimentskommandeurs Hrn. Oberstlieuten. v. Krosigk zusammengestellt. gr. 8. (IV, 141 S.) Berlin 878, Mittler und Sohn. *

Kottwitz-Kalicki, S. G. v., Typhus, Nervenfieber oder sichere Kennzeichen nebst Verhaltungsmaßregeln zur Vorbeugung und Verhütung desselben, wie auch eine Anweisung, wodurch Jedermann ohne Arzt und Arzneien mittelst angemessener Diät, durch Schwitzen und Anwendung von Wasser, sich selbst und Andere von dieser Krankheit radical heilen kann. Nach berühmtesten Physiotherapeuten Europa's und eigener in Asien und Afrika gesammelten Erfahrungen bearb. 8. (VIII und 53 S. mit 6 Abbild. in eingedr. Holzschn.) Quedlinburg 861, Ernst'sche Buchh. *

Kottwitz Kalicki, Stanislaus v., die Krankheiten, welche aus Onanie oder Selbstbefleckung entstehen. Sichere Kennzeichen der Onanie, Behufs rechtzeitiger Entfernung des Uebels und Vorbeugung der Folgen, sodann die radicale Heilung der Onanie und der daraus entstehenden Schwächen. Eine Anweisung, wodurch ein Jeder ohne Gebrauch von Arzneimitteln mit angemessener Diät, durch Schwitzen und Anwendung von Wasser sich selbst gründlich heilen kann. Aus vieljähr. Erfahrungen populär dargestellt. 8. (VIII und 104 S. mit 1 Stnt. in qu. Fol.) Quedlinburg 851, Ernst'sche Buchh.

Kottwitz und Köben, Carl Siegmund von. Moralische Gedichte und Uebersetzungen, Sonderlich die Beschreibung der Heyratsinsel und Turteltaube aus des Mr. LE NOBLE Promenaden. Leipzig und Breßlau, J. J. Korn. 1736. 8°. 8 Bl. 336 S. Alterer HPgtbd.
G. III, 354, 27. Nicht bei FdF. Sehr seltene erste (und wohl einzige) dem Grafen Erdmann Henkel Donnersmark gewidmete Ausgabe. Der 1. Teil umfaßt eigene Gedichte, Oden, geistliche Lieder, Cantaten, Liebesgedichte und Gelegenheitsverse.

Kotula, Bolesław, distributio plantarum vasculosarum in montibus Tatricis. (In poln. Sprache.) Lex.-8. (VII, 512 S.) Krakau 891. (Buchh. d. poln. Verlags-Gesellschaft.) n. 10.—

Kotyka, R[ichard]: Katalog der Lehrerbibliothek. (Umschlagtitel: ... des deutschen Staatsgymnasiums Prag-Neustadt (Stephansgasse.) I. Theil. S. 1—32. 8. II. Theil. S. 33—64. 8. III. Teil. S. 65—96. 8.
K. k. Staats-(Ober)gymn. mit deutscher Unterrichtssprache
Progr. *Prag-Neustadt*, Stephansgasse 1902. 1903. 1904.

Kotz, Frhr. v., systematischer Vorgang bei der Ausbildung der Escadron im Nachrichten- und Sicherungs-Dienste, s. Rott.

KOTZ, B. W.: Skizze einer Forsteinrichtung für freie Waldbesitzer auf Herrn Hofrat Pressler's "neue" forstliche Hülfen gestützt und entworfen. - Prag 1872. 45 S., 2 Tab.

– Dass., s.a. Kotz, W. B.

Kotz, Daniel. Seebad Millstatt u. der Millstätter See in Kärnten. Klgft., Lankus (typ. Bertschinger). (1895). 35 S.

Kotz, Dan., Seebad Millstatt u. d. Millstätter See in Kärnten, s.a. Heimatsbilder, österreichische.

Kotz, Daniel, Seebad Millstatt und der Millstätter See in Kärnten. (Oesterreichische Heimatsbilder. Nr. 1 u. 2.) Mit zahlreichen Illustrationen. 8. (35 S.) —.30
Klagenfurt: A. Raunecker's Buchhdlg. 1895.

Kotz, Dan., Millstatt und seine Umgebung. 12. (43 S. mit 6 Holzschn.-Illustr.) Millstatt 884. (Klagenfurt, Heyn.)

Kotz, Ernst, Grammatik des Chasu in Deutsch-Ostafrika (Pare-Gebirge), s.a. Archiv f. das Studium deutscher Kolonialsprachen. X.

Grammatik des Chasu in Deutsch-Ostafrika (Pare-Gebirge) von Ernst Kotz. Berlin: G. Reimer in Komm. 1900. VII, 70 S. 8°
(Archiv f. d. Studium deutscher Kolonialsprachen. Bd 10.) 09. 1851 B

Kotz, J. B., unsere Zeit u. die Schulreform. Augsburg 865. Kollmann'sche Buchh. gr. 8. (40 S.) n. 4 ngr.

Kotz, Johann B.

Kotz, J. B., Die Armenpflege bei den ersten Christen. (Apostelg. 4, 34.) Regensburg, 1839, 4°.

Die Armenpflege bei den ersten Christen. Eine kirchengeschichtliche Abhandlung von J. B. Kotz, P. der Theol. — 1840. Amberg, Carl Klöber. — S. 3—12.
Progr. Amberg

Kotz, Joh. Bapt., auch die Berge predigen. Pred. am vierten Tage d. 200jähr. Jubelfeier in d. Mariahilfberg-Kirche bei Amberg d. 5. Juli 1834. gr. 8. (1½ B.) Sulzbach 834, v. Seidel.

Kotz, J. B., der priesterl. Beruf. Primiz-Pred. gr. 8. (1½ B.) Sulzbach 840, (v. Seidel'sche Buchh.)

Kotz, Joh. Bapt., ist die katholische Kirche in Glaubens-Irrthümer verfallen? Predigt. M. ein. Vorw. u. ein. Zugabe von Anmerkungen. gr. 8. (1¾ B.) Regensburg 842, Manz.

—— Lehre d. Kirchenväter üb. d. Wort Gottes u. dess. Interpretation; mit Beylagen. gr. 8. (30½ B.) Sulzbach 830, v. Seidel.

—— Passionspredigten, gehalten in d. Stadtpfarrkirche zu Amberg. gr. 8. (6 B.) Sulzbach 831, v. Seidel.

Kotz, Baronin Louise, Was ich erlebte! Was mir auffiel! Erinnerungen vermischten Inhaltes. 3 Abthlgn. Lex.-8. (IV und 624 S. mit 23 Stnt. in Tondr.) Prag 859—61, (Credner's Verlags-Conto.) à Abthl. * 1 Thlr. 10 Ngr. *

Kotz, Louise, Was ich erlebte! Was mir auffiel! Erinnerungen vermischten Inhaltes. 3 Abthlgn. Mit 23 Lithogr. Prag 861. Credner in Comm. Lex.-8. (IV, 624 S.) Jede Abth. n. 1 ℛ 10 ngr.

Kotz, Marquard Joseph von, s.a. Kötz

Kotz, Marquard Joseph Freiherr von: Die Gesundheitspolizei des österreichischen Kaiserstaates, nach den bestehenden gesetzlichen Anordnungen, öffentlichen Staats-Anstalten, wissenschaftlichen und praktischen Bemerkungen. Ein Hülfsbuch für Grund- und Ortsherrschaften, Magistrate, Staats- und Privatbeamte, Seelsorger und Familienväter, Aerzte, Wundärzte und Apotheker in systematischer Ordnung bearbeitet. Bd 1 - 2, gbd.

Wien: Wallishausser 1821 - 1822

JB 5.459
K 423

v. Kotz, Mar. Jos.: Die gesetzl. Verfass. d. Zehentabgabe von Frucht u. Kalk in den österr. Staaten, als Commentar der in *Hauer's* prakt. Darstell. der Unterthansgesetze aufgestellt. Behaupt., dass diese Abgabe der Cultur nachtheilig und deren Abschaffung nothwendig sei. 2e verm. Aufl. *Wien*, (Morelli. 818.) (v. Mösle u. Braum.) 819. gr. 3. (16 Gr.)

Kotz, M. J. von: „Die gesetzliche Verfassung der Zehendabgaben im österreichischen Kaiserstaate", Wien 1818, 1819 (Morelli).

Kotz, Rudolf, appr. Arzt: Aus d. Univ.-Frauenklinik zu München. Beitrag zur Kasuistik der mit dem Darm kommunizierenden extrauterinen Fruchtsäcke. München 1908: Wolf. 21 S. 8°
München, Med. Diss. v. 16. Dez. 1908, Ref. v. Winckel
[Geb. 28. Juni 82 München; Wohnort: München; Staatsangeh.: Bayern; Vorbildung: Maximilians-Gymn. München Reife Juli 01; Studium: München 2, Berlin 1, München 7 S.; Coll. 16. Dez. 08; Approb. 30. Nov. 08.] [U 09. 3352

Kotz, W. B., e. Frage an Jedermann. gr. 8. (110 S. m. 1 Holzschntaf.) Prag 872. André in Comm. n. 2. —

— Skizze e. Forsteinrichtung f. freie Waldbesitzer auf Herrn Hofr. Pressler's „neue" forstl. Hülfen gestützt. gr. 8. (V, 45 S. m. 2 Tabellen in qu. Fol.) Ebend. 872. n. 2. 40

– Dass., s.a. Kotz, B.W.

Kotz, Wilh. Baron, 50 zur Erkenntniss des „kräftigsten" Blutstromes nach dem Zahlensystem v. „Bruce Lowe" zusammengestellte Ahnentafeln. qu. schmal Fol. Nebst Text. gr. 8. (47 S.) Wien (900). F. Beck. n. 5. —

Kotz, Wilh., Baron, verschiedene Begriffsbildungen. (220 S.) gr. 8. Wien 904. Verlagsanstalt Pallas. n. 2.50

Kotz, Wilh. Baron, s.: Für unsere guten Pferde.

Kotz, Wilh. Baron, Tokio—Saphir—Ganache. 8. (156 S.) Wien 898. F. Beck. n. 2. —

— Zucht nach Leistung. 8. (184 S.) Ebd. 895. n. 2. —

— dasselbe. Eine hippolog. Polemik. (Neue Folge.) 8. (127 S.) Ebd. 896. n. 2. —

WIEN—BERLIN. Berlin—Wien (von *Wilhelm* Frhrn. *Kotz v. Dobrz*). (Wien 1893.)
Anon.-Lex. V. p. 331 (Eigenbericht).

[F.] **Kötz,** Franz Theodor [Seminaroberl. in Waldenburg]: Die pädagogische Bedeutung Herders ... Waldenburg, Druck v. E. Kästner, 1891; 99 S. 8.
Leipzig, Phil. Fak., Inaug.-Diss. v. [14. Sept.] 1891

Kötz, Friedrich Arthur: Beiträge zur Kenntniss des Benzoylenharnstoffes ... Leipzig-R., Druck v. O. Schmidt, 1894; 42 S., 1 Bl. 8.
Leipzig, Phil. Fak., Inaug.-Diss. v. [28. Mai] 1894

Kötz, Gustav, Dr.: Beiträge zur Quellenkunde der Danziger Kirchengeschichte. *Neumark Wpr. 1901: J. Koepke.* (34 S.) 8° ¶(Enth. d. Litteratur zu d. phil. Diss. Königsb. 1901: Die Danziger Konkordienformel üb. d. Hl. Abendmahl ... — Soll fortgesetzt werden.)
Neumark i. Westpr., k. PG m. st. VS, P 1901 (36)

Kötz, Gustav, aus Neumark-Westpr.: Die Danziger Konkordienformel über das Heilige Abendmahl, Notel genannt, und ihre Apologie. (1561—1567.) 1. *Königsberg i. Pr. 1901: H. Jaeger.* (65 S.) 8° ¶(Der Rest erscheint an anderer Stelle.)
Königsberg, Phil. Diss. v. 5. Jan. 1901

Kötz, Gustav, Dr.: Die Verlegung der Stadt Schwetz aus der Weichselniederung auf die Höhen am linken Schwarzwasserufer (1830—1885). T. 1. Schwetz a. W. 1905: Büchner. (15 S.) 8° ¶T. 2. ersch. in H. 44 der Zeitschr. des histor. Vereins f. d. Rgsbz. Marienwerder.
Schwetz a. W., k. PG OP 1905 (41)

Die Verlegung der Stadt Schwetz aus der Weichselniederung auf die Höhen am linken Schwarzwasserufer. (1830—1885.) Von Dr. Gustav **Kötz,** Oberl. Schwetz: C. Büchner [in Komm.] 1908. (95 S.) 8°
S. 1–15 = Progr. Beil. d. Kgl. Gymn. zu Schwetz 1905; S. 17–95 aus: Zeitschrift d. hist. Ver. f. d. Reg.Bez. Marienwerder. H. 46. [08. 5445

Kötz, Gust., die Verlegung der Stadt Schwetz aus der Weichselniederung auf d. Höhen am linken Schwarzwasserufer. (1830—1885.) (95 S. m. 1 Plan.) 8. Schwetz 908. (W. Moeser.) 1. —

[Umschlagt.:] [F.] Fahret auf die Höhe! Freuet euch mit Jerusalem! Zwei Predigten v. Carl Kötz ... *Greifenberg i. P.: In Komm. b. E. Meiche 1897.* (38 S.) 1 Bd 8. [98. 3454 Gr

Kötz, Leonhard P. [Médecin de seconde classe de l'Etat Indépendant du Congo aus Eichelsdorf, Grossh. Hessen]: Beobachtungen über 300 Fälle von Beckenendlagen aus der Universitäts-Frauen-Klinik zu Berlin ... Kiel, Druck v. H. Fiencke, 1893; 66 S., 1 Bl. 8.
Kiel, Med. Fak., Inaug.-Diss. v. [11. Okt.] 1893

Kötz, Leonh. P., Beobachtgn. üb. 300 Fälle v. Beckenendlagen aus der Universitäts-Frauen-Klinik zu Berlin. Diss. gr. 8. (66 S.) Kiel 893. (Berlin, O. Enslin.) n. 1. 20

Kötz, Mar. Jos. von, s.a. Kotz

– s. Gedanken, Freie, eines böhm. Edelmanns über verschiedene Gegenstände der Agricultur ...

v. **Kötz,** (M. J.,) Gesundheits-Polizey des österreich. Kaiserstaates, nach den besteh. gesetzl. Anordnungen öffentl. Staats-Anstalten etc. in systemat. Ordnung bearbeitet. 2 Thle. gr. 8. Wien 822, Wallishauser.

Kötz, Mar. Jos. v., Die gesetzliche Verfassung der Zehentabgaben von Frucht und Kalk im österr. Kaiserstaate. 2. verm. Aufl. gr. 8°. Wien, v. Mösle, 1819.

Kötz, Otto, aus Leipzig: Faerie Queene und Pilgrim's Progress. Ein Beitrag zur Quellenfrage Bunyans. *Halle a. S. 1899: E. Karras.* (48 S.) 8° ¶[Aus: Anglia.]
Leipzig, Phil. Diss. v. [3. Juni] 1899

Kötz, Otto [Hrsg.], s. La Fontaine, Jean de: Ausgewählte Fabeln.

Kotzauer, Wenzel

Kotzauer, W., s. a. Irrthümer, 100jähr., auf astronom. u. naturwissenschaftl. Gebiete.

Kotzauer, W., Hundertjährige Irrthümer auf astronomischem und naturwissenschaftlichem Gebiete und Rückführung derselben auf ihre wahren Verhältnisse. Gr.-8. (69 S.) 1.—
Wien: Spielhagen & Schurich 1897.

— d. Luftschifffahrt u. ihre Zukunft. gr. 8. (40 S. m. 16 Fig.) Wien 895. (Spielhagen & Schurich.) n. 2.—

Kotzde, Wilh., gute Bekannte a. d. Tierreiche, s.: Kappstein, Carl.

Kotzde, Wilhelm (Hrsg.), s. Bilderbücher, Vaterländische.

— Wode Brausebart. Nach alten Volkssagen erzählt. Hrsg. unter Mitwirkung der freien Lehrervereinigg. f. Kunstpflege zu Berlin. Mit (z. Tl. farb.) Bildschmuck v. Ernst Liebermann. (97 S.) 8. Reutlingen (909). Enßlin & Laiblin. Geb. in Leinw. 3.—

— Die Geschichte des Stabstrompeters Kostmann, s.: Volks- u. Jugendbücher, Mainzer. 11. Buch.

Kotzde, Wilh., Horst u. Heide. Lieder u. Balladen. (48 S.) kl. 8. Berlin 905. Albrecht Dürer-Haus. n. —75

Horst und Heide. Lieder u. Balladen von Wilhelm Kotzde. Berlin: Märkischer Bund 1905. (48 S.) 8° [J.]

— s.: Jugendbuch, deutsches.

— Kiwitt! Ein Scherzbuch f. Kinder. Mit Bildern v. O. Gebhardt. (24 farb. Bl.) Lex.-8. Berlin (906). J. Räde. Geb. 3.—

— kleine Leute. Geschichten aus der Heimat. (118 S. m. Titelbild.) 8. Berlin (906). Verlag des Märk. Bundes (durch Albrecht Dürer-Haus). 1.20; kart. 2.—

— Lustige Märchen. Mit (z. Tl. farb.) Bildern v. Arpad Schmidhammer. [Aus: „Das deut. Bilderb."] (21 S.) Lex. 8. Mainz (909). J. Scholz. Kart. 3.—

— der Schwedenleutnant. (104 S.) 8. Berlin (905). Schall & Rentel. n. 1.20; geb. n. 1.50

— s.: Segantini, Giovanni.

— Der Tag v. Rathenow, s.: Volks- u. Jugendbücher, Mainzer.

— s.: Tage, goldene.

— s.: Thoma, Hans, e. Buch seiner Kunst.

— s.: Thoma, Hans, u. seine Weggenossen.

— Schulmeister Wackerath. Roman. (425 S.) 8. Berlin (904). J. Räde. n. 3.—; geb. n.n. 3.50

— s.: Weihnachtsbüchlein, deutsches f. den Schulgebrauch.

— Herzog Wittekind. Nach den alten Volkssagen erzählt. Mit (farb.) Bildschmuck v. Ernst Liebermann. (96 S.) 8. Reutlingen (910). Enßlin & Laiblin. Geb. in Leinw. 3.—

— s.: Wundergarten, der.

— Im Schillschen Zug, s.: Volks- u. Jugendbücher, Mainzer. 2.

Kotze, Johann Christoph August (Grochwitz/Anhalt), De sacramenti baptismatis administratione, civium neonatorum sanitati accommodanda. Specim. med.-polit. Präs. Friedrich Ludwig Kreysig. Wittbg. (Christian Phil. Meltzer) 24. XI. 1800. 21 S. (5.50) 19221

Kotze, Otto, die Baupolizei im Reg.-Bez. Bromberg. Enth. die sämtl. baupolizeil. Vorschriften I. f. das Reich u. f. Preußen (allgemeine Vorschriften), II. Die Sondervorschriften f. die Prov. Posen (Provinzialvorschriften), III. Die Sondervorschriften f. den Reg.-Bez. Bromberg (Bezirksvorschriften), IV. Die Sondervorschriften f. das platte Land des Reg.-Bez. Bromberg, V. Die Sondervorschriften f. d. Städte d. Reg.-Bez. Bromberg, VI. Die Sondervorschriften f. die Regierungshauptstadt Bromberg. (XXIII, 347 S.) gr. 8. Bromberg 906. (Mittler.) 3.—

— dasselbe in der Regierungshauptstadt Bromberg. Enth. die allgemeinen baupolizeil. Vorschriften f. das Reich u. f. Preußen, die f. den Umfang der ganzen Prov. Posen u. d. Reg.-Bez. Bromberg m. Einschluß d. Stadt Bromberg ergangenen allgemein gült., sowie die f. die Stadt Bromberg erlassenen Spezialvorschriften. (XX, 246 S.) gr. 8. Ebd. 906. 1.75

Kotze, Otto, die Baupolizei auf dem platten Lande des Reg.-Bez. Bromberg. Enth. die sämtl. baupolizeil. Vorschriften, welche betreffs der ländl. Ortschaften f. das Reich u. f. Preußen im allgemeinen, sowie f. die Prov. Posen u. den Reg.-Bez. Bromberg im besond. ergangen sind. (XVI, 192 S.) gr. 8. Bromberg 906. (Mittler.) 1.75

— dasselbe auf dem platten Lande des Reg.-Bez. Posen. Zusammenstellung der reichs- u. landesgesetzl. Bestimmungen, der Ministerial-, Ober-Präsidial-, Regierungs-Präsidial- u. Oberbergamts-Verordnungen u. Bekanntmachungen, welche in den zum platten Lande gehör. Ortschaften des Reg.-Bez. Posen gelten. (XVI, 219 S.) gr. 8. Ebd. 906. 1.75

— dasselbe im Reg.-Bez. Posen. Zusammenstellung der im Reg.-Bez. Posen gelt. reichs- u. landesgesetzl. Baupolizeivorschriften, der Ministerial-, Ober-Präsidial-, Regierungs-Präsidial- u. oberbergamtl. Baupolizei-Verordnungen u. Verfüggn., u. zwar sowohl f. die Städte wie der f. das platte Land ergangenen, sowie endlich der in der Regierungshauptstadt Posen u. in d. bedeutenderen Städten des Bezirks besteh. ortspolizeil. u. ortsstatutar. Sonderbestimmgn. (XXIII, 406 S.) gr. 8. Ebd. 906. 3.—

— dasselbe in d. Regierungshauptstadt Posen. Zusammenstellung der in der Regierungshauptstadt Posen gelt. allgemeinen Reichs- u. Landesgesetze, Ministerial-, Ober-Präsidial-, Regierungs-Präsidial- u. Oberbergamts-Verordngn., sowie d. ortspolizeil. u. ortsstatutar. Bestimmgn., welche in baupolizeil. Beziehg. ergangen sind. (XX, 274 S.) gr. 8. Ebd. 906. 2.25

— dasselbe in den Städten d. Reg.-Bez. Bromberg. Enth. die allgemeinen baupolizeil. Vorschriften f. das Reich u. f. Preußen, die f. den Umfang der ganzen Prov. Posen u. des Reg.-Bez. Bromberg ergangenen baupolizeil. Vorschriften, soweit solche in den Städten Geltg. haben, sowie die in den größeren Städten des Bezirks gelt. ortspolizeil. u. ortsstatutar. Sonderbestimmgn. (XX, 299 S.) gr. 8. Ebd. 906. 2.50

— dasselbe in den Städten des Reg.-Bez. Posen (ausschl. der Stadt Posen). Zusammenstellg. der in den Städten des Reg.-Bez. Posen gelt. reichs- u. landesgesetzl., Ministerial-, Ober-Präsidial-, Regierungs-Präsidial- u. Oberbergamts-Verordngn., sowie der f. die größeren Städte des Regierungsbezirks ergangenen ortspolizeil. u. ortsstatutar. Bestimmgn. (XX, 295 S.) gr. 8. Ebd. 906. 2.50

Kotze, Otto, die Fischereigesetzgebung im Preuß. Staate. Enth., das Fischereigesetz v. 30. V. 1874/30. III. 1880, sowie die sämmtl. Ausführungsverordngn. u. die dazu ergangenen Ministerial-Erlasse u. Entscheidgn. der höchsten ordentl. u. Verwaltungsgerichtshöfe, u. die auf die Fischerei bezügl. reichs- u. landesgesetzl. Bestimmgn. gr. 8. (VII, 175 S.) Leipzig 900. Roßberg'sche Verlagsbuchh.
In Leinw. kart. n. 2. —

Kotze, Otto, die Gemeinde- u. Gutsvorsteher im Geltungsbereiche des allgem. Landrechts als Hilfsbeamte der Gerichte. Enth. die bezügl. durch die einschläg. Bestimmungen des bürgerl. Gesetzbuches, des preuß. Ausführungsgesetzes, des allgem. Landrechts u. zahlr. Reichs- u. Landesgesetze erläut. minister. Anordgn. (VII, 51 S.) gr. 8. Berlin 905. A. W. Hayn's Erben. n. — 75

— Gesetz, betr. die Anstellung u. Versorgung bei Kommunalbeamten v. 30. VII. 1899, nebst der Begründg. des Gesetzes u. den auf dasselbe bezügl. Gesetzen. Bearb. v. K. gr. 8. (IV, 102 S.) Ebd. 900. In Leinw. kart. n. 1.50

— Gesetz betr. die Besteuerung des Branntweins in der durch das Abänderungsgesetz vom Juni 1902 bedingten Fassung. Nebst den wichtigsten Ausführungsbestimmgn. (183 S.) 12. Berlin 902. F. Dümmler's Verl.
n. 1.50; geb. n. 1.75

Kotze, Otto, Gesetz-Entwurf betreffend die Aufbringung der Gemeindesteuern in Preußen, nebst der dazu ergangenen Denkschrift, einer Einleitung, einer Darstellung der z. Z. in dieser Beziehung gültigen Bestimmungen u. einem Verzeichniß aller bisher bezüglich des Gemeindesteuerwesens ergangenen Gesetze, Instructionen u. Ministerial-Rescripte. 8. (95 S.) Berlin 877. Vahlen. n. 1.50

– Gesinde-Ordnung, s. Höinghaus, R.

Kotze, Otto, Gewerbeordnung f. d. Deutsche Reich, s.: Höinghaus, R.

Kotze, Otto, Katechismus d. Wandergewerbebetriebes. Enth. d. bezügl. d. Gewerbebetriebes im Umherziehen ergang. Gesetzes- u. Ausführungsbestimmgn. in systemat. Anordng. 8. (II, 64 S.) Breslau 897. Preuß & Jünger.
n. — 75

— Landgemeindeordnung f. die sieben östlichen Provinzen der preuß. Monarchie u. f. Schleswig-Holstein in d. Fassung des Gesetzes v. 1902. Nebst Kommunalabgabengesetz u. Gesetz betr. die Anstellg. u. Versorgg. der Kommunalbeamten. Durch die Entscheidgn. des königl. Ober-Verwaltungsgerichts, die einschläg. Gesetze, Ausführungsanweisgn. u. Ministerial-Erlasse erläutert. 12. (184 S.) Berlin 902. F. Dümmer's Verl. n. 1.20; kart. n. 1.50

Kotze, Otto, die Lehrergehälter in der Prov. Schlesien. Eine Zusammenstellung der bezügl. Gehaltsverzeichnisse in sämmtl. Kreisstädten und einigen anderen Städten Schlesiens. 12. (26 S.) Breslau 883, Woywod.

— die Neubelebung der Innungen auf der Grundlage der Gewerbeordnung vom 21. Juni 1869. Eine Zusammenstellung der bezügl. neueren und älteren gesetzl. Vorschriften, zum Gebrauch für die mit der Neubelebung des Innungswesens beauftragten Behörden und Beamten, für Innungsvorstände, Innungsmeister und Gewerbtreibende überhaupt. gr. 8. (III, 64 S.) Breslau 880, Korn.

Kotze, Otto, die Polizei-Gesetze u. Verordnungen d. Reg.-Bez. Breslau. Sammlung der allgemeinen Reichs- u. Landesgesetze, sowie der Ober-Präsidial- u. Präsidial-Verordgn., welche im Reg.-Bez. Breslau Gültigkeit haben. 2. Aufl. gr. 8. (XXXI, 1008 S.) Breslau 893. (Schletter.) n. 15. —; geb. in Leinw. n. 17.50

— d. Polizei-Gesetze u. Verordngn. d. Reg.-Bez. Breslau. Sammlg. d. allgem. Reichs- u. Landesgesetze, sow. d. Ober-Präsidial- u. Präsidial-Verordngn., welche im Reg.-Bez. Breslau Giltigkeit haben. 2. Aufl. Nachtrag. gr. 8. (V, 134 S.) Breslau 895. (Schletter.) n. 3. —
(Kplt. m. Nachtrag: n. 18. —)

— dasselbe. Sammlg. d. polizeil. Reichs- u. Landesgesetze, sowie d. Oberpräsidial-, Regierungs- u. Oberbergamts-Verordnungen, welche im Reg.-Bez. Breslau Giltigkeit haben. 2. Aufl. 2. Nachtrag. Abgeschlossen am 1. V. 1898. gr. 8. (VIII, 207 S.) Breslau 898. Preuß & Jünger. n. 5.50; geb. in Leinw. n. 6. —
(Kplt. m. 1. u. 2. Nachtrag, ermäß. Preis, Hauptwerk geb., Nachträge brosch.: n. 18. —)

— die Polizei-Gesetze u. Verordnungen des Reg.-Bez. Breslau. Sammlung der allgemeinen Reichs- u. Landesgesetze, der Ausführungsanweisgn. der Reichs- u. Landes-Zentralbehörden, sowie der Oberpräsidial- u. Präsidial-Verordngn., welche im Reg.-Bez. Breslau Gültigkeit haben 2 Thle. 3. Aufl. gr. 8. Leipzig 900. Roßberg'sche Verlagsbuchh. Geb. in Halbfrz. n. 35. —
1. Reichs- u. Landesgesetze. (XXXIII, 1547 S.) n. 23. —
2. Provinzielle u. Bezirks-Verordnungen. (XXI, 559 u. VI, 48 S.) n. 12. —

— Die Polizei-Gesetze u. Verordnungen f. d. Reg.-Bez. Breslau. 2 Bde. gr. 8. Berlin, A. W. Hayn's Erben. 17.—; geb. 19. —
I. Allgem. Reichs- u. Landesgesetze, Verordngn., Ministerial-Anweisungen usw. 2. Aufl. (XXVIII, 649 S.) (906.) 8.—; geb. 9. —
II. 1. Tl. Buch I. Enth. in 7 Abtlgn. die Verordnungen üb. I. die Organisation, Geschichte u. Zuständigkeit der Polizei. II. Sicherheitspolizei. III. Sitten- u. Ordnungspolizei. IV. Baupolizei. V. Feuerpolizei. VI. Gewerbepolizei. VII. Gesindepolizei. (XII, 218 S.) 906. 4.—. — 2. Tl. Enth. die Verordnungen üb. VIII. Gesundheitspolizei. IX. Veterinär-(Viehseuchen-)Polizei. X. Verkehrspolizei. XI. Deich- u Wasserpolizei. XII. Landwirtschafts- (Feld-), Forst- u. Jagdpolizei. XIII. Fischereipolizei. (XVI, 278 S.) 906. 4.50. — 3. Tl. Enth. die Verordnungen üb. Bergwerkspolizei. (VIII, 96 S.) (906.) 1.20; II zusammen bezogen 9.—; geb. 10. —

Die Polizei-Gesetze und Verordnungen für den Regierungsbezirk Breslau. Bearb. von Otto **Kotze**, Bürgermeister a. D. 2. Aufl. Bd 1. Berlin: A. W. Hayn's Erben (1906). 8° [J.]
— **Sammlung**, Hayn'sche, d. Polizei-Verordnungen u. poliz. Vorschriften f. d. Reg.Bez. Breslau. Bd 1. [07. 3037

— die Polizeigesetze u. Verordgn. des Reg.-Bez. Bromberg. Mit Genehmigg. des Hrn. Regierungspräsidenten hrsg. (959 S.) gr. 8. Bromberg 906. Mittler.
Geb. in Leinw. n. 12. —

— dasselbe f. den Reg.-Bez. Danzig. 2 Bde. gr. 8. Ebd. 14.—; geb. 16. —
1. Allgemeine Reichs- u. Landesgesetze, Verordnungen, Ministerial-Anweisungen usw. 2. Aufl. (XXVIII, 649 S.) (907.) 8.—; geb. 9. —
2. Die im Reg.-Bez. Danzig geltenden Ministerial-, Oberpräsidial- u. Regierungs-Polizeiverordngn. (XXXV, 374 S.) 907. 6.—; geb. 7. —

Die Polizeigesetze und Verordnungen für den Regierungsbezirk Danzig. Bd 2. Die im Reg.Bez. Danzig geltenden Ministerial-, Oberpräsidial- u. Regierungs-Polizeiverordnungen. Bearb. von Otto **Kotze**, Bürgerm. a. D. Berlin: Hayn 1907. XXXIV, 374 S. 8°
(Hayn'sche Sammlung d. Polizei-Verordnungen ... der Reg.Bez. d. östl. Prov. d. preuß. Monarchie. [10.]) [09. 17633

Die Polizei-Gesetze und Verordnungen des Regierungsbezirks Frankfurt a. O. Sammlung der im Reg.Bez. Frankfurt a. O. geltenden, auf d. Polizeiwesen bezügl. allg. Reichs- u. Landesgesetze ... Hrsg. von Otto **Kotze**, Bürgerm. a. D. Bd 1. 2. *Berlin: A. W. Hayn's Erben 1901.* 2 Bde 8° [F.]

1 Allg. Reichs- u. Landesgesetze, Verordn., Ministerial-Anweisungen u. s. w.
2 Provinz u. Bezirks-Verordn., Anweisungen, Reglements u. Bekanntmachungen.

— [Sammlung, Hayn'sche, d. Polizei-Verordnungen ... d. Reg.Bez. d. östl. Prov. d. preuss. Mon. 1.] [illegible]

— dasselbe des Reg.-Bez. Frankfurt a. O. Sammlung der im Reg.-Bez. Frankfurt a. O. gelt., auf das Polizeiwesen bezügl. allgemeinen Reichs- u. Landesgesetze, der Bekanntmachgn. u. Ausführungsanweisgn. der Reichs- u. Landes-Zentralbehörden (Bd. I), sowie der Verordngn., Anweisgn. u. Bekanntmachgn. des Herrn Oberpräsidenten der Prov. Brandenburg, des Herrn Regierungspräsidenten u. der kgl. Regierg. zu Frankfurt a. O., des kgl. Oberbergamts u. s. w. (Bd. II.) 2 Bde. gr. 8. Berlin 901. A. W. Hayn's Erben. n.n. 18.—; geb. n.n. 20.—

1. Allgem. Reichs- u. Landesgesetze, Verordnungen, Ministerial-Anweisungen u.s.w. (XXIII, 726 S.) n.n. 8.—; geb. n.n. 9.—
2. Provinzielle u. Bezirks-Verordngn., Anweisgn., Reglements u. Bekanntmachgn. (XXIII, 793 S.) n.n. 10.—; geb. n.n. 11.—

Kotze, Otto, die Polizei-Gesetze u. Verordnungen des Reg.-Bez. Köslin. Sammlung der im Reg.-Bez. Köslin gelt., auf das Polizeiwesen bezügl. allgemeinen Reichs- u. Landesgesetze, der Bekanntmachgn. u. Ausführungsanweisgn. der Reichs- u. Landes-Zentralbehörden (Bd. I), sowie der Verordngn., Anweisgn. u. Bekanntmachgn. des Herrn Oberpräsidenten der Prov. Pommern, des Herrn Regierungspräsidenten u. der kgl. Regierg. zu Köslin, des königl. Oberbergamts u. s. w. (Bd. II.) 2 Bde. gr. 8. Ebd. 902. n. 17.—; geb. in Leinw. n. 19.—

1. Allgem. Reichs- u. Landesgesetze, Verordnungen, Ministerial-Anweisungen u. s. w. (XXIII, 726 S.) n. 7.—; geb. n. 8.—
2. Provinzielle u. Bezirks-Verordngn., Anweisgn., Reglements u. Bekanntmachgn. (XXX, 797 S.) n. 10.—; geb. n. 11.—

Die Polizei-Gesetze und Verordnungen des Regierungsbezirks Koslin. Hrsg. von Otto **Kotze**, Burgerm. a. D. Bd 2. *Berlin: A. W. Hayn's Erben 1902.* 8° [F.]

— Sammlung, Hayn'sche, d. Polizei-Verordnungen ... d. Reg.Bez. d. östl. Prov. d. preuss. Monarchie. [6,] 2. [illegible]

Die Polizei-Gesetze und Verordnungen des Regierungsbezirks Liegnitz. Sammlung der auf d. Polizeiwesen bezügl. allgem. Reichs- u. Landesgesetze, sowie der Ober-Präsidial- u. Präsidial-Verordnungen, welche im Reg.Bez. Liegnitz Gültigkeit haben. Hrsg. von Otto **Kotze**, Bürgermeister a. D. [Nebst] Nachtrag. *Breslau: S. Schottlaender 1894–1900.* 2 Bde 8° [F.]

Nachtrag umfassend d. Zeit von 1893 bis Juni 1900. [01. [illegible]

— dasselbe, d. Reg.-Bez. Liegnitz. Sammlung d. auf d. Polizeiwesen bezügl. allgem. Reichs- u. Landesgesetze, sow. d. Ober-Präsidial- u. Präsidial-Verordngn., welche im Reg.-Bez. Liegnitz Giltigkeit haben. gr. 8. (XXXIII, 1021 S.) Breslau 894. Schles. Buchdruckerei rc. n. 15.—

— dasselbe des Reg.-Bez. Liegnitz. Sammlung der auf das Polizeiwesen bezügl. Reichs- u. Landesgesetze, sowie der Ober-Präsidial-, Regierungs-Präsidial- u. sonst. Polizei-Verordngn., welche im Reg.-Bez. Liegnitz Giltigkeit haben. Nachtrag, umfassend die Zeit von 1893 bis Juni 1900. gr. 8. (V, 179 S.) Breslau 900. Schles. Buchdruckerei rc. n. 3.—

Hauptwerk. Ebd. 894. n. 15.—.

— dasselbe f. den Reg.-Bez. Liegnitz. 2 Bde. gr. 8. Ebd. 17.—; geb. 19.—

I. Allgemeine Reichs- u. Landesgesetze, Verordnungen, Ministerial-Anweisungen usw. 2. Aufl. (XXVIII, 649 S.) (906.) 8.—; geb. 9.—
II. 1. Tl. Enth. die Verordnungen üb. I. Die Organisation, Geschäfte u. Zuständigkeit der Polizei. II. Sicherheitspolizei. III. Sitten- u. Ordnungspolizei. IV. Baupolizei. V. Feuerpolizei. VI. Gewerbepolizei. VII. Gesindepolizei. (XVI, 232 S.) 906. 3.—. — 2. Tl. Enth. die Verordnungen üb. VIII. Gesundheitspolizei, IX. Veterinär-(Viehseuchen-)Polizei. X. Verkehrspolizei. XI. Deich- u. Wasserpolizei. XII. Landwirtschafts- (Feld-), Forst- u. Jagdpolizei. XIII. Fischereipolizei. (XIX, 287 S.) 906. 5.—. — 3. Tl. Enth. die Verordnungen üb. Bergwerkspolizei. (VIII, 96 S.) (906.) 1.20; II zusammen bezogen 9.—; geb. 10.—

Die Polizeigesetze und Verordnungen des Regierungsbezirks Liegnitz. Bearb. von Otto **Kotze**. Bd 2, T. 1–3. Berlin: A. W. Hayn's Erben 1906. 3 Bde 8° [F.]

— **Sammlung**, Hayn'sche, d. Polizei-Verordnungen ... d. Reg.Bez. d. östl. Prov. d. preuß. Monarchie. Bd [8.] [07. 14777

Die Polizeigesetze und Verordnungen des Regierungsbezirks Liegnitz. Bearb. von Otto **Kotze**. Bd 2, T. 1–3. Berlin: A. W. Hayn's Erben 1906. 3 Bde 8° [F.]

— **Sammlung**, Hayn'sche, d. Polizei-Verordnungen u. poliz. Vorschriften f. d. Reg.Bez. Breslau. Bd [8.] [07. 10030

— dasselbe des Reg.-Bez. Magdeburg. 2 Bde. gr. 8. Berlin 901. A. W. Hayn's Erben. n.n. 19.—; geb. n.n. 21.—

1. Allgem. Reichs- u. Landesgesetze, Verordnungen, Ministerial-Anweisungen u. s. w. (XXII, 726 S.) n.n. 8.—; geb. n.n. 9.—
2. Provinzielle u. Bezirks-Verordngn., Anweisgn., Reglements u. Bekanntmachgn. (XXI, 918 S.) n.n. 11.—; geb. n.n. 12.—

Die Polizei-Gesetze und Verordnungen des Regierungsbezirks Magdeburg. Hrsg. von Otto **Kotze**, Burgerm. a. D. Bd 2. *Berlin: A. W. Hayn's Erben 1902.* 8° [F.]

— Sammlung, Hayn'sche, d. Polizei-Verordnungen ... d. Reg.Bez. d. östl. Prov. d. preuss. Mon. [2, 2.] [illegible]

— dasselbe des Reg.-Bez. Oppeln. Sammlung der allgemeinen Reichs- u. Landesgesetze, der Ausführungsanweisgn. der Reichs- u. Landes-Zentralbehörden, sowie der Oberpräsidial- u. Präsidial-Verordngn., welche im Reg.-Bez. Oppeln Gültigkeit haben. 2 Thle. gr. 8. Leipzig, Roßberg'sche Verlagsbuchh. Geb. in Halbfrz. n. 35.—

1. Reichs- u. Landesgesetze. (XXXIII, 1547 S.) 900. n. 23.—
2. Provinzielle u. Bezirks-Verordnungen. (XXVIII, 752 u. VI, 85 S.) 901. n. 12.—

Die Polizeigesetze und Verordnungen des Regierungsbezirks Oppeln. Bearb. von Otto **Kotze**. Bd 2, T. 1–3. Berlin: A. W. Hayn's Erben 1906. 3 Bde 8° [F.]

— **Sammlung**, Hayn'sche, d. Polizei-Verordnungen u. poliz. Vorschriften f. d. Reg.Bez. Breslau. Bd [9.] [07. 10031

Die Polizeigesetze und Verordnungen des Regierungsbezirks Oppeln. Bearb. von Otto **Kotze**. Bd 2, T. 1–3. Berlin: A. W. Hayn's Erben 1906. 3 Bde 8° [F.]

— **Sammlung**, Hayn'sche, d. Polizei-Verordnungen ... d. Reg.Bez. d. östl. Prov. d. preuß. Monarchie. Bd [9.] [07. 14778

Kotze, Otto, die Polizei-Gesetze u. Verordnungen f. den Reg.-Bez. Oppeln. 2 Bde. gr. 8. Berlin, A. W. Hayn's Erben. 19.—; geb. 21.—; erm. Pr. 15.—; geb. 17.—

I. Allgemeine Reichs- u. Landesgesetze, Verordnungen, Ministerial-Anweisungen usw. 2. Aufl. (XXVIII, 649 S.) (908.) 8.—; geb. 9.—; erm. Pr. 7.—; geb. 8.—
II. 1. Tl. Enth. die Verordnungen üb. I. Die Organisation, Geschäfte u. Zuständigkeit der Polizei. II. Sicherheitspolizei. III. Sitten- u. Ordnungspolizei. IV. Baupolizei. V. Feuerpolizei. VI. Gewerbepolizei. VII. Gesindepolizei. (XVI, 301 S.) 906. 5.—. — 2. Tl. Enth. die Verordnungen üb. VIII. Gesundheitspolizei. IX. Veterinär-(Viehseuchen-)Polizei. X. Verkehrspolizei. XI. Deich- u. Wasserpolizei. XII. Landwirtschafts- (Feld-), Forst- u. Jagdpolizei. XIII. Fischereipolizei. (XX, 299 S.) 906. 5.—. — 3. Tl. Enth. die Verordnungen üb. Bergwerkspolizei. (VIII, 96 S.) (906.) 1.20; II zusammen 11.—; geb. 12.—; erm. Pr. 8.—; geb. 9.—; dasselbe, Nachtrag, abschließ. m. Juli 1908. (VI, 170 S.) (909.) 3.—

— dasselbe des Reg.-Bez. Posen. 2 Bde. gr. 8. Berlin 902. A. W. Hayn's Erben. n.n. 19.—; geb. n.n. 21.—

1. Allgem. Reichs- u. Landesgesetze, Verordnungen, Ministerial-Anweisungen u.s.w. (XXIII, 726 S.) n.n. 8.—; geb. n.n. 9.—
2. Provinzielle u. Bezirks-Verordngn., Anweisgn., Reglements u. Bekanntmachgn. (XXIV, 862 S.) n.n. 11.—; geb. n.n. 12.—

Die Polizei-Gesetze und Verordnungen des Regierungsbezirks Posen. Hrsg. von Otto **Kotze**, Burgerm. a. D. Bd 2. *Berlin: A. W. Hayn's Erben 1902.* 8° [F.]

— Sammlung, Hayn'sche, d. Polizei-Verordnungen ... d. Reg.Bez. d. östl. Prov. d. preuss. Mon. [3, 2.] [illegible]

— dasselbe im Reg.-Bez. Posen. Sammlg. der im Reg.-Bez. Posen in Geltg. befindl. Oberpräsidial-, Regierungspräsidial- u. oberbergamtl. Polizeiverordngn. 2. Aufl. (XXI, 870 S.) gr. 8. Ebd. (910). 9.—; geb. 10.—

Die Polizei-Gesetze und Verordnungen im Regierungsbezirk Posen. Bearb. von Otto **Kotze**. 2. Aufl. Berlin: Hayn [1910]. XXI, 870 S. 8°
(Hayn'sche Sammlung d. Polizei-Verordnungen ... d. Reg. Bez. d. östl. Prov. d. preuss. Monarchie. [3.]) [10. 18031

Die Polizei-Gesetze und Verordnungen in den östlichen Provinzen der preußischen Monarchie. Bearb. von Otto **Kotze**. Bd 1. 2. Aufl. Berlin: A. W. Hayn's Erben 1906. 8° [F.]
(Hayn'sche Sammlung d. Polizei-Verordnungen in d. östl. Prov. d. preuss. Monarchie.) [07. 9909

— dasselbe des Reg.-Bez. Stettin. 2 Bde. gr. 8. Ebd. 902. n. 16.—; geb. in Leinw. n. 18.—
1. Allgem. Reichs- u. Landesgesetze, Verordnungen, Ministerial-Anweisungen u. s. w. (XXIII, 726 S.) n. 7.—; geb. n. 8.—
2. Provinzielle u. Bezirks-Verordngn., Anweisgn., Reglements u. Bekanntmachgn. (XXVI, 787 S.) n. 9.—; geb. n. 10.—

Die Polizei-Gesetze und Verordnungen des Regierungsbezirks Stettin. Hrsg. von Otto Kotze, Bürgerm. a. D. Bd 2. *Berlin: A. W. Hayn's Erben 1902.* 8° [F.]
— Sammlung. Hayn'sche, d. Polizei-Verordnungen ... d. Reg.Bez. d. preuss. Mon. [5.] 2.

Die Polizei-Gesetze und Verordnungen des Regierungsbezirks Stettin. Hrsg. von Otto **Kotze**. 2. Aufl. Berlin: Hayn (1910). XXX, 691 S. 8°
(Hayn'sche Sammlung d. Polizei-Verordnungen ... d. Reg. Bez. d. östl. Prov. d. preuss. Monarchie. [5.]) [10. 18032

— dasselbe des Reg.-Bez. Stralsund. Sammlung der im Reg.-Bez. Stralsund gelt., auf das Polizeiwesen bezügl. allgemeinen Reichs- u. Landesgesetze, der Bekanntmachgn. u. Ausführungsanweisgn. der Reichs- u. Landes-Zentralbehörden (Bd. I), sowie der Verordngn., Anweisgn. u. Bekanntmachgn. des Herrn Oberpräsidenten der Prov. Pommern, des Herrn Regierungspräsidenten u. der kgl. Regierg. zu Stralsund, des königl. Oberbergamts u. s. w. (Bd. II.) 2 Bde. gr. 8. Ebd. 902. n. 16.—; geb. n. 18.—
1. Allgem. Reichs- u. Landesgesetze, Verordnungen, Ministerial-Anweisungen u. s. w. (XXIII, 726 S.) n. 7.—; geb. n. 8.—
2. Provinzielle u. Bezirks-Verordngn., Anweisgn., Reglements u. Bekanntmachgn. (XXXII, 767 S.) n. 9.—; geb. n. 10.—

Die Polizei-Gesetze und Verordnungen des Regierungsbezirks Stralsund. Hrsg. von Otto **Kotze**, Bürgermeister a. D. 2. Aufl. Berlin: Hayn [1910]. XXVIII, 773 S. 8°
(Hayn'sche Sammlung d. Polizei-Verordnungen ... d. Reg.Bez. d. östl. Prov. d. preuss. Monarchie. [4.]) [10. 13731 9

Die Polizeiverordnungen im Regierungsbezirk Breslau. Bearb. von Otto **Kotze**. Bd 2, 1–3. Berlin: A. W. Hayn's Erben 1906. 3 Bde 8° [F.]
— Sammlung. Hayn'sche, d. Polizei-Verordnungen ... d. Reg.Bez. d. östl. Prov. d. preuß. Monarchie. Bd [7.] [07. 14771

Die Polizeiverordnungen im Regierungsbezirk Breslau. Bearb. von Otto **Kotze**. Bd 2, 1–3. Berlin: A. W. Hayn's Erben 1906. 3 Bde 8° [F.]
— Sammlung. Hayn'sche, d. Polizei-Verordnungen u. poliz. Vorschriften f. d. Reg.Bez. Breslau. Bd [7.] [07. 10049

Die für die Strom-, Schiffahrts- und Hafenpolizei im Regierungsbezirk Coslin ergangenen Polizeiverordnungen, Anweisungen, Regulative usw. Zsgest. von Otto Kotze, Bürgerm. a. D. *Berlin: A. W. Hayn's Erben 1902.* (VIII, 196 S.) 8° [F.]
— Kotze: Die Polizei-Gesetze u. Verordnungen d. Reg.Bez. Coslin. Bd 3.
— Sammlung. Hayn'sche, d. Polizei-Verordnungen ... d. Reg.Bez. d. östl. Prov. d. preuss. Monarchie. [6.] 3.

Die für die Strom-, Schiffahrts- und Hafenpolizei im Regierungsbezirk Stettin ergangenen Polizeiverordnungen, Anweisungen, Regulative usw. Zsgest. von Otto Kotze, Bürgerm. a. D. *Berlin: A. W. Hayn's Erben 1902.* (XVII, 307 S.) 8° [F.]
— Kotze: Die Polizei-Gesetze u. Verordnungen d. Reg.Bez. Stettin. Bd 3.
— Sammlung. Hayn'sche, d. Polizei-Verordnungen ... d. Reg.Bez. d. östl. Prov. d. preuss. Monarchie. [5.] 3.

Die für die Strom-Schiffahrts- und Hafenpolizei im Regierungsbezirk Stralsund ergangenen Polizeiverordnungen, Anweisungen, Regulative usw. Zsgest. von Otto Kotze, Bürgerm. a. D. *Berlin: A. W. Hayn's Erben.* (XI, 378 S.) 8° [F.]
— Kotze: Die Polizeigesetze u. Verordn. f. d. Reg.Bez. Stralsund. Bd 3
— Sammlung. Hayn'sche, d. Polizei-Verordnungen ... d. Reg.Bez. d. östl. Prov. d. preuss. Monarchie. [4.] 3.

— dasselbe im Reg.-Bez. Stralsund. (3. Bd. der Polizei-Gesetze u. Verordngn. f. den Reg.-Bez. Stralsund.) gr. 8. (XI, 378 S.) Ebd. 902. n. 5.—

— Polizei-Verordnungen u. polit. Vorschriften f. d. Reg.-Bez. Posen, Nachtrag, s.: Sammlung, Hayn'sche, d. Polizei-Verordngn. usw.

— das Reichsgesetz vom 6. II. 1875, üb. die Beurkundung des Personenstandes u. die Eheschließung, in der vom 1. I. 1900 an gelt. Fassg., nebst Ausführungsverordng. vom 25. III. 1899, erläutert v. K. 8. (114 S.) Breslau 900. Preuß & Jünger. Geb. in Leinw. n. 2.50

— Reichsgesetz, betr. die Schlachtvieh- u. Fleischbeschau. Vom 3. VI. 1900. Nach amtl. Materialien bearb. u. durch die einschläg. Gesetze u. Verordngn. ergänzt u. erläutert. (Mit Sachregister.) 12. (64 S.) Berlin 900. F. Dümmler's Verl. n. —60

— Reichsgesetz betr. den Verkehr m. Wein, weinhaltigen u. weinähnlichen Getränken. Vom 24. V. 1901. In Verbindung m. den bisher zum Schutz der Nahrungsmittel ergangenen Gesetzen u. Ausführungsbestimmgn. ergänzt u. erläutert durch die amtl. Materialien der Gesetzgebg. Mit Sachregister. 12. (93 S.) Berlin 901. F. Dümmler's Verl. n. 1.—

Kotze, Otto, Reichsgesetz, betr. den Verkehr m. Wein, weinhaltigen u. weinähnlichen Getränken. Vom 24. V. 1901. Beilage. Bekanntmachung, betr. Bestimmungen zur Ausführg. des Gesetzes üb. den Verkehr m. Wein, weinhalt. u. weinähnl. Getränken. Vom 2. VII. 1901. 12. (4 S.) Ebd. 901. —10; f. Abnehmer der 1. Ausg. des Hauptwerkes unentgeltlich.

— dasselbe. In Verbindg. m. den bisher zum Schutz der Nahrungsmittel ergangenen Gesetzen u. Ausführungsbestimmgn. ergänzt u. erläut. durch die amtl. Materialien der Gesetzgebg. Mit Sachregister. (2. Ausg. m. Ausführungsbestimmgn.) 12. (93 u. 4 S.) Ebd. 901. n. 1.—

— Reichsseuchengesetz. Gesetz, betr. die Bekämpfg. gemeingefährl. Krankheiten v. 30. VI. 1900. Nebst den vom Reichskanzler den Bundesregiergn. zur Einführg. empfohlenen Maßregeln gegen die Cholera. Nach amtl. Materialien bearb. u. durch die einschläg. Gesetze u. Verordngn. ergänzt u. erläutert. Mit Sachregister. 12. (120 S.) Ebd. 900. n. —80

—— Sammlung der allgemeinen Gesetze und Verordnungen, welche sich auf das Polizeiwesen beziehen, unter besond. Berücksicht. der im Reg.-Bez. Breslau giltigen Polizei-Strafvorschriften. gr. 8. (XXVIII, 940 S.) Breslau 882, [Bremer und Minuth.] Woywod. (ℳ 15.)

Kotze, Otto, Sammlung der allgemeinen Gesetze und Verordnungen, welche sich auf das Polizeiwesen beziehen, unter besond. Berücksicht. der Polizei-Strafvorschriften im Reg.-Bez. Breslau. Nachtrag. gr. 8. (VIII, 312 S.) Breslau 887, Woywod. * 6 —
Hauptwerk. Ebendas. 1882. *ℳ 10.—.

– s. Sammlung, Hayn'sche, der Polizei-Verordnungen und polizeilichen Vorschriften der Regierungsbez. der östl. Provinzen der preuss. Monarchie.

— s.: Sammlung, Hayn'sche, der Polizei-Verordnungen u. polizeil. Vorschriften f. den Reg.-Bez. Stettin.

— die Seemannsordnung vom 2. VI. 1902, nebst Gesetz, betr. die Verpflichtg. der Kauffahrteischiffe zur Mitnahme heimzuschaffender Seeleute, vom 2. VI. 1902, Gesetz, betr. die Stellenvermittelg. der Seeleute, vom 2. VI. 1902, Gesetz, betr. Abänderg. seerechtl. Bestimmgn. des Handelsgesetzbuchs, vom 2. VI. 1902. 8. (59 S.) Berlin 902. A. W. Hayn's Erben. —75

— revidirte Städte-Ordnung f. die Prov. Hannover, vom 24. VI. 1858, in der durch die neuere u. neueste Gesetzgebg. bedingten Fassg. Mit 3 Anlagen: I. Titel IV des Zuständigkeitsgesetzes v. 1. VIII. 1883, II. Kommunalabgabengesetz v. 14. VII. 1893, III. Gesetz, betr. die Anstellg. u. Versorgg. der Kommunalbeamten v. 30. VII. 1899. Durch die einschläg. Oberverwaltungs- u. Ministerial-Entscheidgn. pp. ergänzt u. erläutert. 8. (III, 127 S.) Breslau 900. Preuß & Jünger. Kart. n. 2.50

— Städteordnung f. die östlichen Provinzen der Preußischen Monarchie vom 30. Mai 1853. Hrsg. u. erläutert. gr. 16. (XII, 98 S.) Ebd. 892. n. 1. —

— Städteordnung f. d. östl. Provinzen d. preußischen Monarchie v. 30. Mai 1853 in ihrer durch d. neueren u. neuesten Gesetze bedingten Fassung, m. 3 Anlagen: 1. Instruktion v. 30. Juni 1853, 2. Tit. IV des Zuständigkeitsges. v. 1. Aug. 1883, 3. Kommunalabgabengesetz v. 14. Juli 1893. Durch d. einschläg. Gesetze, d. Entscheidgn. d. Oberverwaltungsgerichts, d. ergangenen Ministerial-Entscheidgn. u. s. w. ergänzt u. erläutert. II., verm. Aufl. 8. (IV, IV, 170 S.) Breslau 895. (Preuß & Jünger.) n. 1. 50

— dasselbe f. die sieben östlichen Provinzen der Preuß. Monarchie v. 30. V. 1853 in ihrer durch die neuere u. neueste Gesetzgebung bedingten Fassung. Mit 4 Anlagen: I. Instruktion v. 30. VI. 1853 (Auszug), II. Tit. IV des Zuständigkeitsgesetzes v. 1. VIII. 1883. III. Kommunalabgabengesetz v. 14. VII. 1893, in der Fassg. des Gesetzes v. 30. VII. 1895. IV. Gesetz, betr. die Anstellg. u. Versorgg. der Kommunalbeamten, v. 30. VII. 1899. Durch die Entscheidgn. der höchsten ordentl. Verwaltungsgerichtshöfe, Ausführungsanweisgn., Ministerialerlasse 2c. erläutert. III. verm. Aufl. 8. (VIII, 163 S.) Ebd. 901. Geb. in Leinw. n. 2. 50

— Städteordnung f. die sieben östlichen Provinzen der Preuß. Monarchie vom 30. V. 1853 in ihrer durch die neueste Gesetzgebg. bedingten Fassung. Mit 3 Anlagen: I. Titel IV des Zuständigkeitsgesetzes vom 1. VIII. 1883. II. Kommunalabgabengesetz vom 14. VII. 1893, in der Fassg. des Gesetzes vom 30. VII. 1895, unter Hinweis a. d. Ausführungsanweisg. vom 10. V. 1894. III. Gesetz, betr. d. Warenhaussteuer, vom 18. VII. 1900. Durch die Entscheidgn. der höchsten ordentl. u. Verwaltungs-Gerichtshöfe, Ausführungs-Anweisgn., Ministerialerlasse usw. erläutert u. bis auf die neueste Zeit ergänzt. 4. wesentlich verm. Aufl. (VIII, 190 S.) 8. Neusalz 905. J. Pröbster. n. 2. —; geb. in Leinw. n. 2. 50

— dasselbe für die Rheinprovinz vom 15. V. 1856 in ihrer durch die neuere u. neueste Gesetzgebg. bedingten Fassg. Mit 4 Anlagen: I. Instruktion v. 18. VI. 1856. II. Titel IV des Zuständigkeitsgesetzes, III. Kommunalabgabengesetz, IV. Gesetz betr. die Anstellg. u. Versorgg. der Kommunalbeamten. Durch die einschläg. Gesetze, Entscheidgn. des Reichs- u. Oberverwaltungsgerichts, Ministerialanweisgn. 2c. erläut. (VI, 157 S.) 8. Breslau 900. Preuß & Jünger. Kart. n. 2. 50

— dasselbe f. die Prov. Westfalen v. 19. III. 1856 in ihrer durch die neuere u. neueste Gesetzgebung bedingten Fassg. Mit 4 Anlagen: I. Instruktion v. 9. V. 1856, II. Titel IV des Zuständigkeitsgesetzes, III. Kommunalabgabengesetz, IV. Gesetz, betr. die Anstellg. u. Versorgg. der Kommunalbeamten, durch die einschläg. Gesetze, Entscheidgn. des Reichs- u. Oberverwaltungsgerichts, Ministerialanweisgn. 2c. ergänzt u. erläutert. 8. (VI, 152 S.) Ebd. 900. Kart. n. 2. 50

—— die preußischen Städte-Ordnungen, nebst allen ergänzenden Gesetzen, Ministerial-Reskripten, Instruktionen und Entscheidungen. Unter Berücksicht. der durch die neue Verwaltungsgesetzgebung bedingten Abänderungen erläutert. Mit einem Anhang, enthaltend die einzelnen mit der Städte-Ordnung in enger Verbindung stehenden Gesetze und Ministerial-Erlasse. 2. bis auf die neueste Zeit ergänzte Aufl. 8 Lfgn. gr. 8. (631 S.) Berlin 883, Hempel. à Lfg. * 75 Pf. *

— die preußischen Städte-Verfassungen für die sechs östlichen Provinzen, Neuvorpommern u. Rügen, Westfalen, die Rheinprovinz, Frankfurt a/M. u. Schleswig-Holstein, nebst allen bis auf die neueste Zeit in Bezug auf dieselben ergangenen Gesetzen, Ministerial-Rescripten, Instruktionen u. Entscheidungen, unter Berücksichtigung der durch die neue Verwaltungsgesetzgebung bedingten Abänderungen erläutert. Mit einem Anhang, enthaltend die einzelnen mit der Städte-Ordnung in enger Verbindung stehenden Gesetze u. Ministerial-Erlasse. gr. 8. (XIII, 631 S.) Berlin 879. Hempel. n. 10. —

— d. Strafgesetzbuch f. d. Deutsche Reich, s.: Hölinghaus, R.

Taschenbuch für Berg- und Hüttenleute, mit besond. Berücks. d. Bestimmungen f. d. Bezirk d. Kgl. Oberbergamts Breslau. Zsgest. von O[tto] Kotze, Bürgermeister a. D. [Nebst] Anh. *Kattowitz: G. Siwinna (1903).* (XIV, 582, 78 S.) 8° [F.]
Anh. Allgem. Berggesetz f. d. Preuß. Staaten v. 24. Juni 1865 ...
(Siwinna'sche Sammlung polizeilicher Taschenbücher.) [04. 9230

— Taschenbuch f. Verwaltungsbeamte der östl. Provinzen. Zusammenstellung der wichtigsten allgemeinen u. der f. die östl. Provinzen der Preuß. Monarchie ergang. besond. Verwaltungsgesetze nebst Ausführungsanweisgn., Regulativen u. s. w. 8. (VIII, 435 S.) Glogau (899). C. Flemming. Geb. in Leinw. n. 4. 50

Kotze, Otto, Verordnungen über Bergwerkspolizei (d. Reg.-Bez. Breslau). Berlin [1906]. 8°.
(Kotze, Otto. D. Polizeigesetze u. Verordn. d. Reg.-Bez. Breslau. Bd 2, Tl 3.)
(Hayn'sche Samml. d. Polizei-Verordn.)

Kotze, Otto, Verordnungen über Bergwerkspolizei (d. Reg.-Bez. Liegnitz). Berlin [1906]. 8°.
(Kotze, Otto. D. Polizeigesetze u. Verordn. d. Reg.-Bez. Liegnitz. Bd 2, Tl 3.)
(Hayn'sche Samml. d. Polizei-Verordn.)

Kotze, Otto, Verordnungen über Bergwerkspolizei (d. Reg.-Bez. Oppeln). Berlin [1906]. 8°.
(Kotze, Otto. D. Polizeigesetze u. Verordn. d. Reg.-Bez. Oppeln. Bd 2, Tl 3.)
(Hayn'sche Samml. d. Polizei-Verordn.)

Baupolizeiliche Vorschriften für den Regierungsbezirk und die Provinzial-Hauptstadt Posen. Zsgest. von Otto Kotze, Bürgermeister a. D. *Berlin: A. W. Hayn's Erben 1903.* (IV, 183 S.) 8° [F.] [03. 9460

Baupolizeiliche Vorschriften für den Regierungsbezirk und die Provinzial-Hauptstadt Posen. Zsgest. von Otto Kotze, Bürgerm. a. D. [Nebst] Nachtrag ... enth. 1. Die Baupolizeiverordnung f. d. Städte d. Reg.-Bez. Posen v. 28. April 1904. 2. Die Baupolizeiverordnung f. d. platte Land d. Reg.-Bez. Posen v. 28. April 1904. Berlin: A. W. Hayn's Erben 1903–04. 2 Bde 8° [F.] [05 4748

— dasselbe, Nachtrag, s. a. Vorschriften, baupolizeiliche.

Kotze, Otto, die baupolizeilichen Vorschriften f. die Haupt- u. Residenzstadt Breslau. gr. 8. (IV, 176 S.) Berlin 902. A. W. Hayn's Erben. n. 3. 50

— Die baupolizeilichen Vorschriften der kgl. Haupt- u. Residenzstadt Breslau. 2. Aufl. (VII, 126 S.) gr. 8. Ebd. 908. 2. 20

— dasselbe im Reg.-Bez. Breslau. gr. 8. (IV, 156 S.) Ebd. 902. n. 3. 50

— die baupolizeil. Vorschriften im Reg.-Bez. Breslau. 2., verm. Aufl. (VI, 257 S.) gr. 8. Berlin 906. A. W. Hayn's Erben. n. 3. 50

— dasselbe f. das platte Land des Reg.-Bez. Liegnitz. (VIII. 89 S.) gr. 8. Ebd. (908.) 1. 20

— dasselbe f. das platte Land im Reg.-Bez. Oppeln. (28 S.) gr. 8. Ebd. 903. n. — 50

Die baupolizeilichen Vorschriften im Regierungs-Bezirk Liegnitz. Zsgest. von Otto Kotze, Bürgerm. a. D. *Berlin: A. W. Hayn's Erben 1902.* (IV, 158 S.) 8° [F.] [illegible]

— dasselbe im Reg.-Bez. Liegnitz. 2., verm. Aufl. (VIII, 326 S.) 8. Ebd. 905. n. 3. 75

— dasselbe im Reg.-Bez. Oppeln. gr. 8. (IV, 164 S.) Ebd. 902. n. 3. 50

Die baupolizeilichen Vorschriften im Regierungs-Bezirk Oppeln. Zsgest. von Otto Kotze, Bürgermeister a. D. 2. umgearb. Aufl. *Berlin: A. W. Hayn's Erben 1903.* (IV, 180 S.) 8° [F.] [03. 9460

— die Wasser-, Deich- u. Schiffahrts-Polizei im Stromgebiete der Oder. (VIII, 256 S.) gr. 8. Breslau 905. Trewendt & Granier. n. 3. 50

Kotze, Stef. v., Altjungfernkoller, s.a. Broschüren-Folge „Continent". Nr. 10.

Kotze, Stefan v.: Altjungfernkoller. Randbemerkungen z. Feministik. — Berlin: Continent [1904]. 55 S. 8⁰ (Broschüren-Folge „Continent". Nr 10.)

— die Antipoden. Stimmungen v. Da Drunten. 1. u. 2. Aufl. (Je 176 S.) 8. Berlin 906. F. Fontane & Co. n. 2. —; geb. n. 3. —

Stefan v. Kotze. Fern im Süd. Austral. Skizzen. *Berlin: Dr. M. Sklarek & Co. [1902].* (318 S.) 8° [F.]

— Australische Skizzen. (Fern im Süd.) (VII, 318 S.) 8. Berlin (903). Verlag Continent. n. 3. —; geb. 4. —

Kotze, Stefan v., Australische Skizzen. (Fern im Süd.) 2. Aufl. Berlin [1907]. 8°. *[1. Aufl. 1902.]*

— die gelbe Gefahr, s.a. Broschüren-Folge „Continent". Nr. 3.

Die gelbe Gefahr. Von Stefan v. Kotze. 2. Taus. *Berlin-Charlottenburg: Continent [1904].* (45 S.) 8°
= Continent, Broschüren-Folge. No 3.

Kotze, Stef. v., Geschichten aus Australien, s.: Volksbücher der deutschen Dichter-Gedächtnis-Stiftung.

— das erste Gesicht. Roman. Deutsch v. Fred Schirokauer. (316 S.) 8. Berlin (905). Verlag Continent. n. 3. —; geb. n. 4. 50

— Das Gift des Vergessens. Roman aus der Südsee. (353 S.) 8. Berlin (910). F. Fontane & Co. 4. —; geb. 5. —

— Im europäischen Hinterhaus. Reiseskizzen aus dem Orient. (193 S.) 8. Ebd. 908. 2. —; geb. 3. —

— aus Papuas Kulturmorgen. Südsee-Erinnerungen. (227 S.) 8. Ebd. 905. n. 3. —; geb. 4. —

— ein afrikanischer Küstenbummel. (286 S.) 8. Berlin 904. F. Fontane & Co. n. 4. —; geb. n. 5. —

— dasselbe, 2., durchgeseh. Aufl. (VIII, 310 S.) 8. Ebd. 906. n. 4. —; geb. n. 5. —

— Aus e. neuen Literatur. Australische Erzählgn. u. Plaudereien. Gesammelt u. bearb. (XXII, 452 S.) 8. Ebd. (909). 6. —; geb. 7. 50

Kotze, Stef. v., der letzte Mensch. Ein Cyklus. 8. (140 S.) Berlin (902). Dr. M. Sklarek & Co. Geb. in Leinw. n. 3. —

(S) — Der letzte Mensch. 902. (KVL 31.) Jetzt: Berlin, Verl. Continent.

— Ruth. Ein afrikan. Roman. (175 S.) 8. Berlin (904). Verlag Continent. n. 2. —; geb. n. 3. —

— Schwarz in Schwarz, s.a. Kriminal-Romane „Continent". 4.

Schwarz in Schwarz. Roman von Stefan v. Kotze. Berlin: Continent [1906]. (248 S.) 8° [F.]
= Continent, Kriminal-Romane. 4.

— Der Seelenalchimist, s.a. Kriminal-Romane „Continent". 9. Bd.

Der Seelenalchymist. Roman von Stefan v Kotze. Berlin: Kontinent [1908]. 192 S. 8°
(Kriminal-Romane Continent. 9)

— Australische Skizzen. 2. Aufl., s. Kotze: Fern im Süd.

— Auch e. Verschollener, s.a. 1 Mark-Bibliothek „Continent".

Auch ein Verschollener! Tragi-komische Novelle von Stefan v. Kotze. Berlin: Continent [1905]. (94 S.) 8° [F.]
= 'Continent', 1 Mark-Bibliothek. No 9.

Kotzebuana, od. Anekdoten u. Charakterzüge aus A. v. Kotzebue's Leben, nebst den lustigen Schwänken, Bonmots ꝛc. über u. aus seinem Leben. (A. u. d. T.: Bibliothek Aufsehen erregender Männer ꝛc.) 8. Hamb. 809. (Herold jun.) 12 gr.

Kotzebue, über u. an Hrn. v., nebst e. Postscript an d. heil. Inquisition ꝛc. (Von H. Rudow.) 8. Hannov. u. Reval 792. (Leipz., Hartknoch). 3 gr.

Kotzebue. Skizze seines Lebens und Wirkens. Leipzig 1819. V: *Becker, Gottfried Wilhelm.* (EE) (GGr) (MGT)

— Skizze seines Lebens u. Wirkens. (Von K. Nicolai oder G. W. Becker?) 8. Leipz. 819. (Kollmann). 4 gr.

Kotzebue, August von, aus seinen eigenen schriftlichen Mittheilungen wahrhaft und treu dargestellt. Weimar 1819. V: *Ackermann.* (GGr)

— aus seinen eigenen schriftl. Mittheilungen wahrhaft u. treu dargestellt von einem seiner Jugendfreunde. 8. Weimar 819. Hoffmann. 6 gr.

v. Kotzebue, Aug., als Knabe, Jüngling, Mann, Schriftsteller u. Exulant, s. Darstellungen, biographische.

Kotzebue, August von, als Knabe, Jüngling, Mann, Schriftsteller, und Exulant. Breslau 1803. V: *Geiser, Johann Chn Daniel.* (Ky) (EE) »1802« (GGr)

Kotzebue, August von, als Knabe, Jüngling, Mann, Schriftsteller und Exulant. mit K. 8. Breslau, Schall. 803.

Kotzebue, Aug. v., sein Leben, Wirken und tragisches Ende. Eine biographische Skizze. 8. Frankfurt a. M., Gebr. Sauerländer. 819. Rthlr.

Kotzebue u. Sand. Versuch einer dramat. mimischen Darstellung v. Kotzebues Ermordung, von L. Hiepe. 12. Bamberg, Lachmüller. 820.

Kotzebue im Schlafrocke, oder d. Redacteur in tausend Aengsten. 8. Arnheim 803.

v. Kotzebue, Herr, in Sibirien. Schspl. in 5 A. 8. Leipz. 802. Schmidt. 12 gr.

Kotzebue, Herr von, in Sibirien. Ein Schauspiel in drei Aufzügen . . . O. O. 1803. V: *Frey.* (GGr)

— über, in den vorzügl. Verhältnissen als Mensch, Dichter u. Geschäftsmann. 8. Frankf. a. M. 802.

Kotzebue, Der vertheidigte Herr von, oder letzter gelungener Versuch die Werke des besagten Mannes gleichsam zu entschuldigen. Teutschland [Leipzig] 1819. V: *Rabe.* (Wr) (EE) (GGr) (Ky) (MGT)

— d. vertheidigte, oder letzter gelungener Versuch, d. Werke des besagten Mannes gleichsam zu entschuldigen, (von ... Rabe). 8. (Leipz. 819. Lauffer). 8 gr

— — der vertheidigte, oder letzter gelungener Versuch, die Werke des besagten Mannes gleichsam zu entschuldigen. 8. (Nordhausen, Happach.) 819. 79 S.

Kotzebue's Romanesken. 2 Bde. 8. Wien 816. K. Haas. 1 ℛ 4 gr

Kotzebue, August von

Napoleons, Des grossen Schauspielers —, Abschiedsrede an die Deutschen (von *August v. Kotzebue*). Amsterdam 1816. (l. c.)

Kotzebue, August von, vom Adel, Bruchstück e. größ. hist. philosoph. Werks üb. Ehre u. Schande, Ruhm u. Nachruhm aller Völker aller Jahrhunderte. gr. 8. Leipzig, Kummer. 792.

Velinp.

— Adelheid v. Wulfingen. Ein Denkmal d. Barbarei des 13n Jahrh. 8. Reval u. Leipz. 788. 2e A. 791. 3e A. 792. Kummer. 12 gr

de Kotzebue, (Aug.,) les Aiguilles à tricoter. Drame en quatre actes, traduit de l'allemand p. Mde. Mauláz. gr. 12. Zürich 827, (Orell, F. u. C.)

— Almanach der Chroniken für das Jahr 1804. Mit 15 Kpf. u. 14 Vign. 12. Leipz. 830. Kummer. 2 ℛ 16 gr

Kotzebue, Aug. (Friedr. Ferd.) v., Almanach dramat. Spiele, s.a. Almanach.

<u>Kotzebue</u>, August von

Almanach Dramatischer Spiele.

s.a. <u>Lebrun</u>, K.: Almanach Dramatischer Spiele. 1831, 1832.

— Almanach dramat. Spiele z. geselligen Unterhaltung a. d. Lande. 1r bis 5r Jhg. f. d. J. 1803 bis 7. m. K. 12. Berl. Lagarde. (à 1 Rthlr. 16 gr.) (I. enth. 1) d. barmherz. Brüder. 2) Cleopatra. 3) Unser Fritz. 4) d. schlaue Wittwe, od. d. Temperamente. 5) d. Hahnenschlag. 6) Ariadne auf Naxos. II. 1) d. Urtheil d. Paris. 2) die Tochter Pharaonis. 3) Rübezahl. 4) Incognito. 5) die Uhr u. die Mandeltorte. 6) Sultan Bimbam. III. 1) d. hübsche kleine Putzmacherin. 2) d. Gimpel auf d. Messe. 3) d. Sparbüchse od. d. arme Candidat. 4) Hygea. 5) Mädchenfreundschaft od. d. turkische Gesandte. 6) d. Trunkenbold. IV. 1) d. Beichte. 2) d. gefährliche Nachbarschaft. 3) das Köstlichste. 4) Eulenspiegel. 5) die Brandschatzung. 6) d. verlohrne Kind. V. 1) d. Sammtrock. 2) d. liebe Dorfchen. 3) d. Kater u. d. Rosenstock. 4) Kaiser Claudius. 5) d. Lustspiel am Fenster. 6) d. Strandrecht. Ntl.

Kotzebue, Aug. von, Almanach dramat. Spiele ic. 6r Jhg. enth. 1) d. Posthaus in Treuenbrietzen. 2) d. Leinweber. 3) d. Stumme. 4) d. Erbschaft. 5) d. Graf v. Gleichen. 6) d. Deserteur.) m. K. 12. Leipzig, Kummer. 808.

— — desselb. 7r 8r 9r Jhg. f. d. J. 1809. 10. u. 11. m. K. 12. Riga, Hartmann. (à 1 Rthlr. 16 gr.) (VII. enth.: 1) die englischen Waaren. 2) die Seeschlacht u. d. Meerkatze. 3) d. Landhaus an der Heerstraße. 4) d. kleine Declamator. 5) d. Hagestolz und die Körbe. 6) die Abendstunde. VIII. 1) Herr Gottlieb Merks. 2) Pandorens Büchse. 3) d. Zerstreuten. 4) d. häusliche Zwist. 5) der Eselsschatten. 6) der Harem. IX. 1) d. Feuerprobe. 2) Blindgeladen. 3) der arme Minnesinger. 4) die Komödiantin aus Liebe. 5) d. zugemauerte Fenster. 6) die Glücklichen.)

— — desselb. 7r 8r u. 9r Jahrg. Ebend. a. Schweizp. in seidnem Einb. (à 2 Rthlr. 12 gr.)

in Marroquin (à 3 Rthlr.)

Velinp. in seidn. Einb. (à 3 Rthlr. 16 gr.

Velinp. in Marroquin (à 4 Rthlr.)

Kotzebue, Aug. v., Almanach, dramat. Spiele z. geselligen Unterhaltung auf d. Lande. 10r—14r Jahrg. für die Jahre 1812—16, mit K. 12. Riga, Hartmann. (à Rthlr. 16 gr.)

(Xr Jahrg. enth. 1) Feodore. 2) die alten Liebschaften. 3) das Thal v. Almeria. 4) der Lügenfeind. 5) die Quäker. 6) das unsichtbare Mädchen. XIr Jahrg. enth. 1) die Rosen d. Hrn. v. Malesherbes. 2) die beiden kleinen Auvergnaten. 3) die Masken. 4) der arme Poet. 5) das getheilte Herz. 6) die respectable Gesellschaft. XIIr Jahrg. enth. 1) der Fluch eines Römers. 2) die Nachtmütze des Propheten Elias. 3) die seltene Krankheit. 4) zwei Nichten f. eine. 5) Braut u. Bräutigam in e. Person. XIIIr Jahrgang enth. 1) der Kosak u. d. Freiwillige. 2) Bäbbel od. aus zwei Uebeln das kleinste. 3) der schelmische Freyer. 4) die Rückkehr d. Freiwilligen. 5) wer weiß wozu das gut ist. 6) der Schawl. XIVr Jahrg. enthält: 1) die Großmamma. 2) der Verschwiegene wider Willen. 3) die Seelenwanderung od. d. Schauspieler wider Willen. 4) der Educationsrath. 5) drei Väter auf einmal. 6) die Uniform des Feldmarschall Wellington.)

Kotzebue, Aug. v., Almanach dramatischer Spiele. 15r bis 18r Jahrg. 12. Leipzig, Kummer. 817 — 20. à 1 Rthl. 16 Gr.

(15r Jahrg. enthält: der Ruf — der Citherschläger u. d. Gaugericht — d. Bestohlenen — der gerade Weg der beste.)

(16r Jahrg. enth.: die Wüste — der Freymaurer — u. A. w. g., oder die Einladungskarte — Marie — der Spiegel, oder laß das bleiben — La Peyrouse.)

(17r Jahrg. enth.: die Verkleidungen — d. fürstliche Wildfang, od. Fehler und Lehre — d. Rosenmädchen d. Selbstmörder.)

(18r Jahrg. enth.: die eifersüchtige Frau — Verlegenheit und List — d. Frau vom Hause.)

— — Derselbe 19r Jahrg. auf 821. s. Almanach.

v. Kotzebue, Aug., Almanach dramat. Spiele. 1r Jahrg. 1803. Enth.: die barmherzigen Brüder. — Die schlaue Wittwe. — Der Hahnenschlag. — Ariadne auf Naxos. — Unser Fritz. 12. Berl. 802. (Köchly). 1 ℛ 16 gr

— 2r Jahrg. 1804. Enth.: das Urtheil des Paris. — Die Tochter Pharaonis. — Rübezahl. — Incognito. — Die Uhr u. die Mandeltorte. — Sultan Bimbambum. 12. Berl. 803. Ebd. 1 ℛ 16 gr

— 3r J. 1805. Enth.: die hübsche Putzmacherin. — Der Gimpel auf der Messe. — Die Sparbüchse, oder der arme Candidat. — Hygea. — Mädchenfreundschaft, oder d. türk. Gesandte. — Der Trunkenboldt. 12. Berl. 804. Ebd. 1 ℛ 16 gr

— 4r J. 1806. Enth.: die Beichte. — Die gefährliche Nachbarschaft. — Das Köstlichste. — Eulenspiegel. — Die Brandschatzung. — Das verlorne Kind. 12. Berl. 805. Ebd. 1 ℛ 16 gr

— 5r Jahrg. 1807. Enth.: der Sammtrock. — Das liebe Dörfchen. — Der Kater und der Rosenstock. — Kaiser Claudius. — Das Lustspiel am Fenster. — Das Strandrecht. 12. Berl. 806. Ebd. 1 ℛ 16 gr

v. Kotzebue, Aug., Almanach dramat. Spiele. 6r Jahrg. 1808. Enth.: das Posthaus in Treuenbriezen. — Der Leinweber. — Der Stumme. — Die Erbschaft. — Der Graf von Gleichen. — Der Deserteur. 12. Leipz. 807. Kummer. 1 ₰ 16 ℊ

— 7r Jahrg. 1809. Enth.: die engl. Waaren. — Die Seeschlacht u. d. Meerkatze. — Das Landhaus auf d. Heerstraße. — Der kleine Deklamator. — Der Hagestolz u. die Körbe. — Die Abendstunde. 12. Riga 808. (Kummer in Leipz.) 1 ₰ 16 ℊ

— 8r Jahrg. 1810. Enth.: Herr Gottlieb Merks. — Pandorens Büchse. — Die Zerstreuten. — Der häusliche Zwist. — Des Esels Schatten, oder d. Prozeß in Krähwinkel. — Der Harem. 12. Riga 809. (Ebend.) 1 ₰ 16 ℊ

— 9r Jahrg. 1811. Enth.: die Feuerprobe. — Blind geladen. — Der arme Minesänger. — Die Komediantin aus Liebe. — Das zugemauerte Fenster. — Die Glücklichen. 12. Riga 810. (Ebd.) 1 ₰ 16 ℊ

— 10r Jahrg. 1812. Enth.: Feodora. — Die alten Liebschaften. — Das Thal von Almeria. — Der Lügenfeind. — Die Quäker. — Das unsichtbare Mädchen. 12. Ebd. 811. (Ebd.) 1 ₰ 16 ℊ

— 11r Jahrg. 1813. Enth.: die Rosen d. Herrn von Malesherbes. — Die beiden kleinen Auvergnaten. — Die Masken. — Der arme Poet. — Das getheilte Herz. — Die respectable Gesellschaft. 12. Riga 812. (Ebd.) 1 ₰ 16 ℊ

— 12r Jahrg. 1814. Enth.: der Fluch eines Römers. — Die Nachtmütze d. Propheten Elias. — Die seltene Krankheit. — Zwei Nichten für Eine. — Braut u. Bräutigam in einer Person. 12. Ebd. 813. (Ebd.) 1 ₰ 16 ℊ

— 13r Jahrg. 1815. Enth.: der Kosak u. d. Freiwillige. — Bäbbel, oder aus zwei Uebeln das kleinste. — Der schelmische Freier. — Die Rückkehr der Freiwilligen, oder d. patriotische Gelübde. — Wer weiß wozu das gut ist. — Der Shawl. 12. Leipz. 814. (Ebd.) 1 ₰ 16 ℊ

— 14r Jahrg. 1816. Enth.: die Großmamma. — Der Verschwiegene wider Willen, oder die Fahrt von Berlin nach Potsdam. — Die Seelenwanderung, oder der Schauspieler wider Willen auf eine andere Manier. — Der Edukationsrath. — Drei Väter auf einmal. 12. Leipz. 815. (Ebd.) 1 ₰ 16 ℊ

— 15r Jahrg. 1817. Enth.: der Ruf. — Der Citherschläger und das Gaugericht. — Die Bestohlenen. — Der gerade Weg ist der Beste. 12. Leipz. 816. Ebd. 1 ₰ 16 ℊ

— 16r Jahrg. 1848. Enth.: die Wüste. — Der Freimaurer. — U. A. W. G. oder d. Einladungskarte. — Maria. — Der Spiegel, oder laß das bleiben. — La Peyrouse. 12. Leipz. 817. Ebd. 1 ₰ 19 ℊ

— 17r Jahrg. 1819. Enth.: die Verkleidungen. — Der fürstliche Wildfang. — Die Rosenmädchen. — Die Selbstmörder. 12. Leipz. 818. Ebd. 1 ₰ 16 ℊ

— 18r Jahrg. 1820. Enth.: die eifersüchtige Frau. — Verlegenheit u. List. — Die Frau vom Hause. 12. Leipz. 819. Ebd. 1 ₰ 16 ℊ

— 19r Jahrg. 1821. nach Kotzebue's Tode fortgesetzt von Mehreren. Enth.: Wanderer u. Pächterin. — Der Wunderring. — Briefe u. Antwort, von C. Lebrun. — Ich bin meine Schwester von Contessa. — Der Segen d. Eifersucht, v. Th. Hell. 12. Ebd. 820. Ebd. 1 ₰ 16 ℊ

— 20r Jahrg. 1822. Enth.: Nummer 777. v. C. Lebrun. — Floritto v. Deinhardstein. — Das Erntefest. — Der Bruder u. die Schwester. — Die Wittwe u. d. Wittwer, v. Holbein. — Die Macht der Zeit, v. B. G. Wetterstrand. 12. Leipz. 821. Ebd. 1 ₰ 16 ℊ

— 21r Jahrg. 1823. Enth.: die Intrigue aus dem Stegreif, von Lebrun. — Das Bild der Danae, von Deinhardstein. — Die Allgefällige, v. St. Schütze. — Die neue Delila, v. Geyer. — Der Schulmeister u. seine Frau, v. Döring. 12. Leipz. 822. Ebd. 1 ₰ 16 ℊ

— 22r Jahrg. 1824. Enth.: die falsche Braut; Lstspl. v. C. A. E. v. Ernsthausen. — Der Weiberfeind; Posse von Lebrun. — Drei Erben u. Keiner; Lstspl. v. Costenoble. — Simon Kanning; Drama v. G. v. Gaal. — Die Heimkehr; Lstspl. v. St. Schütze. 12. Leipz. 823. Ebd. 1 ₰ 16 ℊ

— 23r Jahrg. 1825. Enth.: Sympathie; Lstspl. v. Lebrun. — Die Herzensprobe, von v. Ernsthausen. — Die verschleierte Dame, v. Deinhardstein. — Der Alte muß, von Costenoble. — Schwärmer, Sansfaçon und Gleichgültiger, v. L. Halirsch. 12. Ebd. 824. Ebd. 1 ₰ 16 ℊ

— 24r Jahrg. 1826. Enth.: das diamantene Kreuz; Original-Lspl. von Deinhardstein. — Die Verstorbenen; Posse v. Lebrun. — Hans Sachs; Schspl. v. L. Halirsch. — Der Unschuld Sieg; Lstspl. v. Costenoble. — Wie du mir, so ich dir; Lstspl. aus d Französ. 12. Leipz. 825. Ebd. 1 ₰ 16 ℊ

v. Kotzebue, Aug., Almanach dramat. Spiele. 25r Jahrg. 1827. Enth.: Warum? Lstspl. v. W. Jürgensen. — Der König von Gestern; Lstspl. v. St. Schütze. — Staatspapiere; Lstspl. v. G. N. Bärmann. — Hans Michels u. Meerrettigs Liebes- u. Ehestandssachen, Fastnachtstrilogie von E. Raupach, (1r Thl. die Mondsucht, Posse.) Ein Tag Karl des Fünften; hist. Gemälde in Versen v. Castelli. 12. Hamb. 826. Hoffmann u. Campe. 1 ₰ 16 ℊ

— 26r Jahrg. 1828. Enth.: Das Heirathsgesuch; Original-Lstspl. von C. Krickeberg. — Eine Charade in 3 Originalscenen, v. G. N. Bärmann. — Hans Michel Meerrettig's Liebes- und Ehestandssachen, Fastnachtstrilogie v. E. Raupach. (2r Thl. das Fastnachtsspiel; Posse in 3 A.) 12. Ebd. 827. Ebd. 1 ₰ 16 ℊ

— 27r Jahrg. 1829. Enth.: der versiegelte Bürgermeister von Er. Raupach. — Scherz um Scherz. — Der Phlegmatiker, von W. Marsano. — Joko am Styx, von Frhrn. G. A. v. Maltitz. — Der eilige Zauberer, v. J. F. Castelli. — Es ist die rechte Zeit, v. Aug. Lewald. 12. Ebd. 828. Ebd. 1 ₰ 16 ℊ

— 28r Jahrg. 1830. Enth.: der Platzregen als Eheprocurator. Eine dramatisirte Anekdote von E. Raupach. — Einer für Drei; Lstspl. von N. Bärmann. — Die Helden; Lstspl. von W. Marsano. — Mutter u. Tochter; Lstspl. v. St. Schütze. — Der Vatersegen. Drama von A. Lewald. Hamb. 829. Ebd. 1 ₰ 16 ℊ

— 29r Jahrg. 1831. Enth.: ein Tag vor Weihnacht, Gemälde aus dem Bürgerleben, von Karl Töpfer. — Das Spiegelbild; Lstspl. von W. Marsano. — Der Degen. Dramat. Scherz von E. Raupach. — Die 4 Jahreszeiten, oder die Badereise eines Hypochondristen. Lstspl. von Charron. — Die Sonnette. Lstspl. Hamb. 830. Ebd. 1 ₰ 16 ℊ

— 30r Jahrg. 1832. Enth.: die Hamburger in Wien. Liederposse von A. Lewald. — Der Bettler. Schspl. von E. Raupach. — Seldsame Ehen. Eine Posse für den Carneval, von Albini. — Der letzte April. Posse von Prof. Gerle. Hamb. 831. Ebd. 1 ₰ 16 ℊ

— 31r Jahrg. 1833. Enth.: Jugendstreiche. Lstspl. von Nabehl. — Alter schützt vor Thorheit nicht. Lstspl. von D. Wagener. — Allzueifrig. Lstspl. von A. Gathy. — Ein Stündchen Incognito. Versspiel v. Karl Töpfer. — Vater Dominique oder Sauer ist süß. Drama von C. Lebrun. 12. Hamb. 832. Ebd. 1 ₰ 16 ℊ

v. Kotzebue, Aug., Almanach dramat. Spiele, fortgesetzt v. Mehrern. 32r Jahrg. 1834. Enth.: Der Liebe u. des Zufalls Spiel, oder Maske für Maske. Lstspl. von G. Lebrün. — Der vierzigste Geburtstag. Lstspl. von K. G. Prätzel. — Die Parlamentswahl. Lstspl. von Lorbeer. — Das Blatt hat sich gewendet. Lstspl. Vom Ritter Ballan. Mit 5 ill. Abbildd. 12. Hamburg 834. Hoffmann u. Campe. 1 2/3 ℛ

— ders. 1r Jahrg. Darin ist noch enthalten: Cleopatra. — Im 14n Jahrg.: Die Uniform d. Feldmarschall Wellington. — Im 19n Jahrg.: „Wanderer u. Pächterin," ist von Peucer. — desgl. der „Wunderring," von Stein. — Im 20n Jahrg. fehlt: Die 4 Tanten, von Döring. — Das „Erndtefest" ist von Geyer u. der „Bruder" von Tuckermann;

– Une année mémorable, s. Kotzebue: Das merkw. Jahr.

— une année mémorable de sa vie, trad. de l'allem. 2 Vol. gr. 8. Berl. Lagarde. 802.

Pap. colls.

— une Année mémorable de sa vie, traduite de l'allem. II Vol. 12. Lps. Voss. 802.

— kurze u. gelassene Antwort auf eine lange u. heftige Schmähschrift d. Hrn. v. Masson. 8. Berl. 802. Sander. 10 Ⰳ Dass. französ.: réponse courte et honnête à un gros libelle malhonnête de Mr. de Masson. gr. 8. Berl. 802. Küchly. 8 Ⰳ

Kotzebue, A. v., Armuth und Edelsinn. Die Pagenstreiche. Due commedie. Colla traduzione delle parole men nota e di tutte le frasi appiè di pagina. Un libro di lettura ad uso degli studiosi della lingua tedesca. (Auch zum Gebrauche für Deutsche als Uebersetzungs-Uebung in's Italien. geeignet.) 3. edizione. gr. 8. (180 S.) Wien 858, F. Manz.

Kotzebue, A. di, Armuth u. Edelsinn. Die Pagenstreiche. Duo commedie. Colla traduzione delle parole men note e di tutte le frasi appiè di pagina. Un libro di lettura ad uso degli studiosi della lingua tedesca. [Auch zum Gebrauche für Deutsche als Uebersetzungs-Uebung ins Italienische geeignet.] 5. ed. gr. 8. (138 S.) Leipzig 877. Gebhardt. n. 1. 20

— üb. meinen Aufenthalt in Wien, u. meine erbetene Dienstentlassung. gr. 8. Lpz. Kummer. 799.

Kotzebue, Aug. v., Ausbruch der Verzweiflung. Gedicht. Neuer Abdr. 8. (16 S.) Leipzig 864, Kummer.

Kotzebue, A. v., Ausbruch der Verzweiflung, ein Gedicht. Mit e. Anh. „Die Büßende" vom Grafen zu Stollberg. Bremen 866. Tannen. 8. (16 S.) 1½ ngr.

— — Neuer Abdr. Leipzig 869. Kummer. 8. (14 S.) 3 ngr.

— Ausbruch der Verzweiflung. Gedicht. 8. (8 S.) Chemnitz 880. Hager. — 10

— dasselbe. 3. Abdr. 8. (14 S.) Leipzig 881. Kummer. — 20

Kotzebue, Aug. v., Ausbruch der Verzweiflung. Gedicht. 3. Abdr. 8. (14 S.) Leipzig 883, Kummer.
—— dass. — 8. (8 S.) Chemnitz 883, Hager.

Kotzebue, Aug. v., Ausbruch der Verzweiflung. Gedicht. 8. (8 S.) Neu-Weißensee (902). E. Bartels. — 10

Kotzebue, Aug. v., Ausbruch der Verzweiflung. Gedicht. (7 S.) 8. Leipzig (910). W. Radestock. — 10

– Dass., s.a. Universal-Bibliothek.

—— Auswahl dramatischer Werke. 10 Bde. gr. 8. Leipzig 867,68, Kummer. à Bd. 15 Ngr.

Inhalt:

Bd. 1. Das Epigramm. — Die beiden Klingsberg. — Der arme Poet. — Das Posthaus von Treuenbrietzen. (260 S.)

Kotzebue, Aug. v., Auswahl dramatischer Werke 2c.

Bd. 2. Armuth und Edelsinn. — Der Rehbock. — Der Verschwiegene wider Willen. (203 S.)
" 3. Menschenhaß und Reue. — Don Ranudo de Calibrados. — Die Tochter Pharaonis. — u. A. w. g., oder: die Einladungskarte (195 S.)
" 4. Die Kreuzfahrer. — Der weibliche Jakobiner-Klub. — Der Wildfang. (202 S.)
" 5. Der Vielwisser. — Der Freimaurer. — Der alte Leibkutscher Peter des Dritten. — Die Rosen des Herrn von Malesherbes. — Das Landhaus an der Heerstraße. (203 S.)
" 6. Das Intermezzo, oder: Der Landjunker zum ersten Male in der Residenz. — Der Taubstumme, oder: Der Abbé de l'Epée. — Der todte Neffe. — Die Uniform des Feldmarschalls Wellington. (208 S.)
" 7. Pachter Feldkümmel von Tippelskirchen. — Der gerade Weg der beste. — Die respectable Gesellschaft. — Die gefährliche Nachbarschaft. (169 S.)
" 8. Blinde Liebe. — Der häusliche Zwist. — Die Organe des Gehirns. — Die Zerstreuten. (208 S.)
" 9. Die deutschen Kleinstädter. — Pagenstreiche. (181 S.)
" 10. Der Wirrwarr. — Die Stricknadeln. — Der Gefangene. (184 S.)

Knigge, Adf. Frhr. v., Doctor Bahrdt m. der eisernen Stirn od. Die deutsche Union gegen Zimmermann, s. a. Literatur-Pasquille, deutsche.

Doctor Bahrdt mit der eisernen Stirn, oder Die deutsche Union gegen [Joh. Georg] Zimmermann. Ein Schauspiel in vier Aufzügen, von [Adolf] Frh. v. **Knigge.** o. O. [Dorpat:] 1790. 92 S. 8°
cf. Alxinger, J. B.: Anti-Hoffmann. 2 (1792) S. 41—45; Obscuranten-Almanach. 1798 S. 275 bis 283; Goedeke: Grundriss zur Gesch. der deutschen Dichtung. 2. Aufl. 5 (1893) S. 276.
TB. 74. Verf. war nicht Knigge, sondern A. v. Kotzebue u. Heinr. Matth. Markard.

v. Knigge, Frhr., (Aug. v. Kotzebue), der Doctor Bahrt mit d. eisernen Stirn, od. die deutsche Union gegen Zimmermann. Ein Schspl. in 4 Aufz. 8. Leipz. 790. Barth. 6 Ⰳ

— — Dasselbe. O. O. 1791. 8°. (3 Mk. 50 Pfg. Paul Neubner, Cöln, c. 1893; jetzt theurer!)

— Bayard, s. a. Universal-Bibliothek.

— Bayard, Schauspiel in 5 Aufz. Neue Aufl. 8. Leipzig 824, Kummer.

– s. Bericht an den König von Schweden.

— der Besuch oder die Sucht zu glänzen. Lustsp. in 4 Aufz. Neue Aufl. 8. Leipz. 824, Kummer.

– s. Bibliothek der Journale.

— die Biene, eine Quartalschrift f. 1808. 4 Hefte. 8. Königsberg, Nicolovius. (à 1 Rthlr. 4 gr.)

— die Biene, eine Quartalschrift für 1808. 4 Hefte. 8. Königsb. (Kummer in Leipz.) 4 ℛ Die Biene, oder neue kleine Schriften. 2r Jahrg. für 1809. 12 Hefte, u. für 1810. 16—36 Heft. o. O. (Königsb.) (Ebd.) 10 ℛ

— die Biene u. die Biene oder neue kleine Schriften, ist eins u. dasselbe.

– Blind geladen, s.a. Gesellschafts- u. Haustheater, Neues.

— Blind geladen, s. Universal-Bibliothek Nr. 668.

— blind geladen. Posse in 1 Akt. In vollständig neuer Bearbeitg. v. Mart. Böhm. gr. 8. (28 S.) Berlin (901). M. Böhm. n. 1. 50

— Clio's Blumenkörbchen. 3 Bde. 8. Darmst. 810. u. ff. N. A. 3 Bde. 8. Ebd. 814. Leske. 3 ₰ Fein Pap. 5 ₰ 6 gl

Bonaparte, der du bist im Himmel, geheiligt werde dein Name! (Vf.: *Aug. Friedr. Ferd. v. Kotzebue.*) Rom in der päpstl. Buchdruckerey 1806. Kl. 8°. 96 S. (3 Mk. G. Priewe, Heringsdorf, 1895; jetzt theurer!) Weller, fing. Druckorte. — Sehr selten!

– s. Bouilly, Jean Nicolas: Geschichten für meine Töchter.

— — Briefe der Generalin Bertrand. s. Bertrand.

– s. Derschawin, Gabr. Roman. v.: Gedichte.

– s.a. Deutschen, An die ...

— an die Deutschen u. an die deutschen Fürsten. 8. Leipz. Rein. 814.

— das Dorf im Gebirge. Schspl. mit Gesang. 8. Wien 798. Schaumburg u. C. 8 gl

Kotzebue, Aug. v., der Edukationsrath; die Witwe und das Reitpferd, s. Universal-Bibliothek Nr. 1659.

Kotzebue, A. v., das Epigramm, zum Uebersetzen in's Französische, — dass. — zum Uebersetzen in's Italienische, } s. Edelknabe.

— das Epigramm, s. Engel, J. J.

ER und Sie. Vier romantische (stellenweise etw. freie) Gedichte (von *Aug. v. Kotzebue*). Eisenach, bey J. G. E. Wittekindt. 1781. 8°.
Eines der ersten Produkte Kotzebue's. Sehr selten! — Inh.: 1. Theobald u. Amelinde. 2. Graf Gustav v. Sternberg u. Daura. 3. Karl u. Fanny. 4. Kalmar u. Elwina. (Brümmer, Deutsch. Dichter-Lex. I. p. 469.)

— Er u. Sie. Vier romantische Gedichte. 8. Eisenach 784. (Bärecke). 4 gl

— Er u. Sie, 4 romantische Gedichte. 8. Eisenach, Wittekind. 784.

— der Eremit auf Formentera. Schspl. mit Gesang in 2 Aufz. 3e Aufl. 8. Leipz. 805. Kummer. 12 gl

– s. Erheiterungen.

— Erinnerungen aus Paris im J. 1804. 2 Bde. 8. Berl. Frolich. (Dunker u. H.) 804.

ERINNERUNGEN aus Paris im Jahre 1804 (von *August v. Kotzebue*). Mit Titelkpfr. u. gestoch. Titel. Berlin, Fröhlich, 1804. 8°. 590 S. (2½ Rthl.) (4 Mk. 25 Pfg., schönes Expl. im Orig.-Ppbd., Oscar Rauthe, 1909.)
U. a.: über Bonaparte, Madame Recamier, Lustmädchen, Palais royal, Lustseuche, Rechtspflege etc.

— — Dasselbe. 2. Auflage. Ebd. 1804. 8°. VI u. 591 S. (3 Mk. 80 Pfg., Taussig, Prag, c. 1905.)

— Erinnerungen aus Paris im J. 1804. 2 Bde, mit 1 Holzschn. 1e u. 2e A. 8. Berl. 804. 3e A. 805. (Duncker u. H.) 2 ₰ Hdg. Pr. 1 ₰ 8 gl

— — Dasselbe. (Nachdruck.) Carlsruhe 1810. 8°. 263 u. 262 SS. (5 Mk. 20 Pfg., Hugo Streisand, Berlin, 1908.)

— Erinnerungen von einer Reise aus Liefland nach Rom u. Neapel. 3 Thle. 8. Berl. 805. (Duncker u. H.) 5 ₰ 12 gl Hdg. Pr. 3 ₰

— Erzählungen, nebst einigen lyrischen Gedichten. 8. Lpz. Dyk. 781.

— — Erzählungen (meist in Versen). Mit hübsch. Titelkpf. u. Titelvign. (sign. G. [Geyser?]). Leipzig, im Verlage der Dykischen Buchhandlung. 1792. 8°. (4 Mk. 50 Pfg. Frdr. Kluber, 1892; 8 Mk. Taussig, 1907.)
291 S. (incl. 5 Bll. poet. Widm. an Prof. Musäus), 2 S. Inh., 1 S. Druckf.
1. Phyllis, Königin v. Thrazien, an Demophoon, des Theseus Sohn. (Freie Uebers. v. Ovid. Heroid. ep. II.). (S. 15 bis 29.) 2. Periander. (74 achtzeil. Str.; ep. Gedicht nach Herodot, Buch 3, u. Diogenes Laertius' Leben P's.) (S. 30—63.) 3. Edwin u. Athelstan (nach Meissner's Skizzen). (S. 64—75.) 4. Die eherne Tafel, od. Geschichte eines indianischen Genie's (Prosa, S. 76 bis 174, enth. 19 Cap.) 5. Zoroaster. (Fragment a. d. Cyropädie, Verse u. Prosa, S. 175—200). 6. Das wundersame Hündlein. Ein (pikantes) Feenmärchen. Nach la Fontaine. 6. Anhang. (Lyr. Gedichte, 9 an der Zahl.)

Kotzebue, August von, kleine Erzählungen und Anecdoten, 8. Frankfurt und Leipzig, 790. 10 sgl.

— Der hyperboreeische Esel od. Die heut. Bildg., s. a. Literatur-Pasquille, deutsche. 3.

Kotzebue, A. v., Der hyperboreeische (!) Esel, oder Die heutige Bildung. Ein drastisches Drama und philosophisches Lustspiel für Jünglinge, in 1 Akt. (Persiflage der Schlegel'schen „Lucinde" mit gelegentl. Ausfällen gegen Goethe.) Mit (satyr.) TVign. Saltantes Satyros imitabitur — Virgil Ecl. 5,73. Leipzig, bei Paul Gotthelf Kummer, 1799. 8°. (In Marburg, Univ.-Bibl.) (6 Mk. Baer & Co., vor 1885; 12 Mk. H. Streisand, Berlin, 1908:)
Scharfe Satire gegen die Romantiker. A. W. Schlegel antwortete durch „Ehrenpforte und Triumphbogen."

— — Dasselbe. (Nachdruck.) Mit TVign. Wien, auf Kosten u. im Verlag bey Joh. Bapt. Wallishausser. 1801. 8°. (8 Mk. Max Perl's Oct.-Auct. 1907, no. 832.)
49 SS. u. 1 S. Erklär. d. TVign.

— Fanchon, s.: Rode's G., Operntextbibliothek.

— Pachter Feldkümmel von Tippelskirchen, s. Theater-Bibliothek, classische. — Universal-Bibliothek.

Kotzebue, A. v., Pachter Feldkümmel von Tippelskirchen, s. Volksbibliothek des Lahrer Hinkenden Boten.

— Schneider Fips, s. Liebhaber-Theater, das.

– Schneider Fips, s. Universal-Bibliothek.

— — Meine Flucht nach Paris im Winter 1790. Für bekannte und unbekannte Freunde geschrieben. Leipzig 1791. 8°. 8 Bll., 310 S. (4 Mk. Ferd. Schöningh, Osnabr., 1911.)

v. Kotzebue, Aug. Fr. Fd., meine Flucht nach Paris im Winter 1790. 8. Leipz. 791. Kummer. 20 gl

— — Dasselbe. (Mit einer betrachtenden Einleitung von D. P. Cassel.) Berlin. 1883. 8°.

Kutzebue, der Flüchtling nach Paris; aus d. Französ. 2 Thle. 8. Erfurt u. Gotha ... Hennings. 1 ℛ 16 ℊ

— Flugblätter. 1r u. 2r Bd. 8. Königsb. Nicolovius. 814 u. 15. (jeder Bd. 1 Rthlr. 12 gr.)

— polit. Flugblätter. 2 Bde. 8. Königsb. 814 u. 15. (Kummer in Leipz.) 3 ℛ Hbg. Pr. 2 ℛ

— Fragmente üb. Recensentenunfug. Eine Beylage zu d. Jenaer Litteraturzeitung. gr. 8. Ebend. 797.

— die eifersüchtige Frau, s. Universal-Bibliothek.

— der Freimaurer, | s.a. Universal-Bibliothek.

Der Freimaurer von Aug. v. Kotzebue. Leipzig: [Kummer] 1818. 8°
(Almanach dramatischer Spiele 16.)
Kl. 4050.

[N. Ausg. u. d. Tit.:]
Der Freimaurer. Ein Lustspiel in einem Aufzuge. Von Aug. v. Kotzebue. Leipzig: Reclam jun. [1875]. 31 S. 12°
(Univ.-Bibliothek 341).
cf. Fm. 1889 S. 30.
Kl. 4050, Tt. 2683.

— d. Freymüthige, s. Freymüthige.

— Gedanken, Bemerkk. u. Witzworte. Aus seinen Schriften gesammelt u. herausg. von K. Müchler. 8. Berl. 819. Stuhr. 1 ℛ

— Gedanken über die Freiheit des Willens. Dichtung. Aufschluß u. Verklärung über u. nach dem Ausbruch der Verzweiflung. Nach einem hinterlass. Mscr. Neuschönefeld 866. Thust jun. gr. 8. (15 S.) 3 ngr.

v. Kotzebue, (Aug.,) Gedichte 2 Bdchen. 16. Wien 818, Wallishaußer.

Kotzebue, A. F. F. v. Lyrische Gedichte, zum ersten Male gesammelt. Wien 1818. H: *Gräffer*, *Franz*. (WBL)

— der Gefangene, | s.: Gesellschafts- u. Haustheater, neues.

— der Gefangene. — Die Feuerprobe, s.: Universal-Bibliothek. Nr. 1190.

— für Geist u. Herz, e. Monatsschrift für d. nord. Gegenden. 1r—3r Bd. à 3 Stücke. 8. Reval 786. ... ℛ 4r Bd. 8. Leipz. 786. Kummer. 4 ℛ

— f. Geist u. Herz, eine Monatschrift f. die nordischen Gegenden, 12 Hfte. 8. Leipz. Kummer. 786.

— Geist aller Journale. Juli—Dec. 1809. 6 Hefte. 4. Riga 809. Hartmann. 4 ℛ

— s.a. Gemälde, Philosoph., der Regierung Ludwigs XIV ...

Kotzebue, August v. Philosophisches Gemälde der Regierung Ludwigs des Vierzehnten, oder Ludwig der Vierzehnte vor dem Richterstuhle der Nachwelt. Aus dem Französischen. 8. Strassburg 1791.

— der gerade Weg ist der beste, } s.a. Bloch's, E., Dilettanten-Bühne.

— der grade Weg der beste, s.a. Bloch's, E., Theater-Correspondenz.

— der gerade Weg ist der beste, s.a. Theater-Bibliothek s. Vereine.

– Der gerade Weg der beste, s.a. Universal-Bibliothek.

— der gerade Weg der beste, s.a. Vereins-Theater.

— der gerade Weg der beste. Lustspiel in 1 Aufzuge. Neuer Abdr. 8. (40 S.) Leipzig 863, Kummer.

Der gerade Weg der beste. Lustspiel in 1 Akt von August v. Kotzebue. Für d. Aufführung durchges. u. neu bearb. von Demetrius Schrutz. *Mühlhausen i. Th.: G. Danner [1899].* (39 S.) 8° [F.]
— Vereinstheater. 82. [illegible]

— Geschichte Kaiser Ludwig des Vierten. gr. 8. Leipz. (Riga, Hartmann.) 812.

— Preußens ältere Geschichte. 4 Thle. gr. 8. Riga 808. Hartmann. 10 ℛ Hbg. Pr. 8 ℛ Schrbp. 12 ℛ Velinp. 15 ℛ Leske in Darmst. Hbg. Pr. 4 ℛ

— Preußens ältere Geschichte, 4 Thle. gr. 8. Riga, Hartmann. 809.
Schreibp.
Velinp.

Kotzebue, August v. Preussens ältere Geschichte (bis 1466). (4 Bde.) 8. Hamburg 1811.

— Geschichte d. deutschen Reichs, von dessen Ursprung bis zu dessen Untergange. 1r u. 2r Bd. gr. 8. Leipz. 814 u. 15. Kummer. 2 ℛ 12 ℊ 3r u. 4r Bd. Fortges. von F. A. Rüder. gr. 8. Ebd. 832. 3 ℛ 6 ℊ

Kotzebue, Aug. (Friedr. Ferd.) v., Geschichte d. Deutschen Reiches, v. dess. Ursprunge bis zu dess. Untergange. 3. u. 4. Bd. Fortges. v. F. A. Rüder, bis z. J. 1832. gr. 8. Leipzig 832, Kummer. [3. (16½ B.) 1 Thlr. 6 Gr., 4. (28½ B.) 2 Thlr.]
1. u. 2. Bd. Ebendas. 1814, 15. 2 Thlr. 12 Gr.

— die Geschichte meines Vaters, od. wie es zuging, daß ich geboren wurde. 8. Reval u. Leipz. 788. Kummer. 10 ℊ

— Geschichten f. meine Söhne. 1r Bd. 8. Tübing. 811. b. Cotta. 1 ℛ 12 ℊ

— Geschichten f. meine Söhne. 1s Bdchen. 8. Tübing. Cotta. 812.

— Geschichtchen f. meine Söhne. (Neue Aufl.) gr. 8. (20¼ B.) Stuttgart u. Tübingen 839, Cotta'sche Buchh.

— die respectable Gesellschaft, s. Universal-Bibliothek.

— s. Gesellschafts- u. Haustheater, neues.

— Gottesgericht; eine Neujahrsgabe für erwachsene Jünglinge u. Mädchen. 12. (Frankf. a. M.) 817. Körner. 4 gr

— die Grille, in zwanglosen Heften. 18 Hft. (ist die Forts. d. Biene.) 8. Königsb. Nicolovius. 811.

— die Grille, in zwangl. Heften. 26—68. (ist die Forts. der Biene.) 8. Königsberg, Nicolovius. 811—13. (à 1 Rthlr.)

— d. Grille, in zwanglosen Heften. 8 Hefte od. 2 Bde. 8. Königsb. 811—12. (Kummer in Leipz. (à 1 ℛ) 8 ℛ

– s. Guelden, Jh. Geo.: Lord Pittel.

— das merkwürdigste Jahr meines Lebens, s. a. Bibliothek der Gesamt-Litteratur d. In- u. Auslandes.

— d. merkwürdigste Jahr meines Lebens, in 2 Abschnitten, mit 3 Kpf. 8. Berl. 801. 2e A. 802. 3e A. 803. Sander. 1 ℛ 12 gr Erste u. letzte Beilage dazu. 8. Berl. 802. Dass. französ.: une annee mémorable etc. II Vols. gr 8. Berl. 802 (Köchly). 2 ℛ 20 gr 12. II Vols. Leipz. 802. Voss. 1 ℛ 12 gr

— das neue Jahrhundert, s. a. Universal-Bibliothek.

— das neue Jahrhundert. Eine Posse in 1 Akt. Neue Aufl. 8. Leipz. 826; Kummer.

Der weibliche Jacobiner-Clubb. Ein politisches Lustspiel in einem Aufzug von Aug. v. Kotzebue. Frankfurt u. Leipzig: Kummer 1791. 72 S. 8°
[Dasselbe.] Leipzig: Kummer 1792. 72 S. 8°
Abgedr. in: Theatralische Sammlung Bd 21. Erwähnt auf S. 58 die Frmrei u. zwar bei der Wahl eines Zeichens u. einer Losung für den neuen Klub. Übers. ins Dänische, Schwedische, Italienische und Ungarische.

ICH, eine (liederliche) Geschichte in Fragmenten, zu Nuz und Frommen der mannbaren Jugend, ans Licht gebracht von mir selbst (von *August v. Kotzebue*). Eisenach, Wittekindt, 1781. 8°. (6 Mk., cart., unbeschn., papiergebräunt, Mart. Breslauer's Berliner Oct.-Aukt. 1910.)
A. d. Rucks. d. Titlbl. gedruckt: „Dem Insekt, genannt Ufer-Aas, in tiefster Unterthänigkeit gewidmet". Goedeke V, 275, 1, der aber diese Einzelausg. nicht kennt.
Anon.-Lex. II. p. 314 nach Meusel u. Adelung).

v. Kotzebue, Aug. Fr. Fd., Ildegerte, Königin v. Norwegen. 8. Leipz. 788. N. A. 792. Kummer. 21 gr

— les Indiens en Angleterre. Trad. de l'Allem. gr. 8. Lpz. 791. (Wienbrack). 12 gr

— die jüngsten Kinder meiner Laune. 6 Bde. 8. Leipz. 793—97. Kummer. 6 ℛ

— die teutschen Kleinstädter, s. a. Meyer's Volksbücher.

— die deutschen Kleinstädter, s. a. Theater-Bibliothek, class. — Universal-Bibliothek.

— die deutschen Kleinstädter. Lustspiel in 4 Akten. Neue Aufl. 8. Leipz. 825; Kummer.

— die franz. Kleinstädter. Lustspiel in 4 Akten; aus d. Franz. des Picard frei übers. Neue Aufl. 8. Leipz. 824. Kummer.

– Die beiden Klingsberg, s. Bibliothek der Gesamt-Litteratur. – Meyer's Volksbücher. – Theater-Bibliothek, Klass. – Universal-Bibliothek.

— i due Klingsberg. Comedia in 4 Atti. gr. 8. Salzb., Oberer. 5 gr

— zwei Combattanten, neu bearb. von Reglow, s. a. Theater-Album, militär.

Zwei Combattanten, oder Der gerade Weg der beste. Schwank in 1 Akt von A[ug.] v. Kotzebue. In neuer Bearb. von Reglow *Landsberg a. W.: Volger & Klein [1900].* (20 S.) 8° [F.]
= Theater-Album, Militärisches. No 90.

Kotzebue, Aug. v., T. Williams, M. Hankel, tri unuaktaj komedioj. Ludataj dum la 4a internacia esperantista kongreso en Dresden, Augusto 1908. (III, 96 S.) kl. 8. Berlin 908. Esperanto Verlag Möller & Borel. — 75

— die Comödiantin aus Liebe, s. Bloch's, E., Dilettanten-Bühne.

— Kostbarkeiten für d. Herz u. d. Verstand. Eine Reihe von Sentenzen, Aphorismen u. Maximen aus dem Gebiete d. Lebensphilosophie, Natur- u. Menschenkenntniß. Zusammengetragen von P. M. G. Mit 1 Kpf. 8. St. Petersb. (Neuburg) 802. (Leipz., Joachim). 10 gr 2e A. unt. d. T.: Kostbarkeiten für d. Herz u. d. Verstand. Eine Samml. d. vorzügl. u. gewählt. Aufsätze in Stammbücher; Sentenzen u. Aphorismen. Herausg. von C. W. Petri u. K. A. Gerlach. 2e verm. Aufl. Taschenform. Prag 817. Enders. 20 gr

– (Hrsg.), s. Kotzebue, Mor. v.: Der russ. Kriegsgefangene ...

– (Hrsg.), s. Kotzebue, Wlh. v.: Versuch einer Beschreibung.

— die Kreuzfahrer, s. Theater-Bibliothek, classische.

Kotzebue, A. v., Elias Krumm od.: Der gerade Weg der beste. Lustsp. in 1 Aufz. Neu bearb. v. Mart. Böhm. 8. (36 S.) Berlin (896). M. Böhm. 1.50

— das Landhaus an der Heerstraße, s. a. Theater-Bibliothek, classische. — Bloch's, E., Dilettanten-Bühne. — Universal-Bibliothek.

Das Landhaus an der Heerstrasse: Ein Schwank in 1 Aufz. Nach A[ug.] v. Kotzebue. 2. Aufl. *Paderborn: Bonifacius-Dr. [1900].* (32 S.) 8° [F.]

— das Landhaus an der Heerstraße. Ein Schwank in 1 Aufzuge. 2. Aufl. 12. (32 S.) Paderborn (901). Bonifacius-Druckerei. — 80

— ausführl. Lebensbeschreibung, aus seinen eigenen Schriften dargestellt u. bis zu seinem Tode fortgeführt rc. 8. Köln 819. Rommerskirchen. 5 gr

— Leiden d. Lindenstein. Familie. 2 Thle. 8. Wien 801. Pazowsky. 1 ℛ (Ist nicht v. Kotzebue).

— die Leiden der Ortenberg. Familie. 1r Thl. 8. Petersb. 785. 2 Thle. 8. Leipz. 787, 88. 2e A. 792. Kummer. 1 ℛ 12 gr

— Leontine. 2 Bde. Mit 2 Kpf. 8. Riga 808. (Hinrichs in Leipz.) 4 ℛ Hbg. Pr. 2 ℛ

— Literatur-Briefe aus d. Unterwelt, von A. Müllner. 8. Braunschw. 827, Vieweg.

— s. 1) Louise, od. die Folgen d. Leichtsinns. 2) Louvet Faublas Abentheuer.

—— ausgewählte Lustspiele. 8. (III und 519 S.) Leipzig 863, Kummer.

—— ausgewählte Lustspiele. 2. Aufl. 8. (516 S.) Leipzig 873, Kummer. 3 —

— Ausgewählte Lustspiele. 3. verm. Aufl. Neu hrsg. u. eingeleitet v. Geo. Böttcher. Mit 2 Bildnissen Kotzebues u. e. alphabet. Verzeichnis seiner sämtl. Theaterstücke. (XII, 627 S.) 8. Leipzig (907). E. Kummer. 3.—; geb. n 4. —

Hieraus einzeln, à —20:
Pachter Feldkümmel v. Tippelskirchen. Fastnachtsspiel in 5 Aufzügen. (60 S.)
Die respektable Gesellschaft. Posse in 1 Aufzuge. (28 S.)
Die deutschen Kleinstädter. Lustspiel in 4 Akten. (86 S.)
Die beiden Klingsberg. Lustspiel in 4 Aufzügen. (74 S.)
Die gefährliche Nachbarschaft. Lustspiel in 1 Aufzuge. (24 S.)
Der arme Poet. Lustspiel in 1 Aufzuge. (21 S.)
Das Posthaus in Treuenbrietzen. Lustspiel in 1 Aufzuge. (26 S.)
Der Rehbock od.: Die schuldlosen Schuldbewußten. Lustspiel in 3 Aufzügen. (58 S.)
Die Rosen des Herrn v. Malesherbes. Ländliches Gemälde in 1 Aufzuge. (24 S.)
u. A. w. g. od.: Die Einladungskarte. Schwank in 1 Aufzuge. (19 S.)
Der gerade Weg der beste. Lustspiel in 1 Aufzuge. (26 S.)
Der Wildfang. Lustspiel in 3 Aufzügen. (72 S.)
Der Wirrwarr od.: Der Mutwillige. Posse in 5 Akten. (68 S.)
Die Zerstreuten. Posse in 1 Aufzuge. (21 S.)
Der häusliche Zwist. Lustspiel in 1 Aufzuge. (38 S.)

— Menschenhaß u. Reue, s.a. Meyer's Volksbücher.

—— Menschenhaß und Reue, s.a. Theaterbibliothek, klassische.

—— Menschenhaß und Reue, s.a. Universal-Bibliothek.

— Menschenhaß u. Reue. 2r Thl., v. Graf. J. F. Jul. H. v. Soden. gr. 8. Osnabrück 807. Blothe. 12 gr

— Menschenhaß u. Reue. Schspl. in 5 Aufz. Neue Ausg. 8. Lpz. 820. Kummer. 16 gr

—— Menschenhaß und Reue. Schauspiel. Zum Uebersetzen aus dem Deutschen in das Französische. Mit entsprechenden Noten und einem Wörterbuche. Für Schulen und zum Selbstunterricht. Von C. Schnabel. 8. (119 S.) Leipzig 850, Baumgärtners Buchh.

— Misantropie et repentir; trad. de l'allem., par Weiss. gr. 8. Strassb. 810. Levrault. 1 Rß 8 gr

– (Hrsg.), s. Musäus, Jh. Karl Aug.: Nachgelassene Schriften.

— die gefährliche Nachbarschaft, s.a. Bloch's, E., Dilettanten-Bühne.

— die gefährliche Nachbarschaft. Posse in 1 Act. Neu bearb. v. Mart. Böhm. 8. (22 S.) Ebd. 895. n. 1. 50

[J.] ... Die gefährliche Nachbarschaft. Posse in 1 Act v. A[ugust] v. Kotzebue. Neu bearb. v. Martin Böhm. 3. Aufl. ... *Berlin: M. Böhm [1897?].* (22 S., 1 Bl.) 1 Bd 8. [98. 0565

Kotzebue, Aug. v., s.: National-Litteratur, deutsche.

v. Kotzebue, Aug., d. Flußgott Niemen. 8. Bresl., J. F. Korn. 4 gr

— der Flußgott Niemen u. noch Jemand. Posse. 8. Riga 812. (Arnold in Dresd). 8 gr Hbg. Pr. 2 gr (Rein in Leipz.) 3 gr

— Octavie; Tragédie. Trad. de l'Allem. par Kentzinger, avec des Notes. 8. Wien 803. Geistinger. 8 gr

— Opernalmanach für das Jahr 1815. 16. Leipz., Kummer. 1 Rß 8 gr (Enth. 1) die Prinzessin v. Cacombo, kom. Oper in 2 A. 2) Pervonte oder die Wünsche, kom. Oper in 3 A. 3) die Alpenhütte, Oper in 1 A. 4) Hans Max Giesbrecht von der Humpenburg, kom. Oper in 1 A. 5) der Käficht, Oper in 1 A.)

— 2r Jahrg. f. d. J. 1817. (Enth.: die Brilleninsel. — Der Kiffhäuser Berg. — Alfred. — Die hölzernen Säbel.) 12. Leipz., Kummer. 1 Rß 8 gr

– Pagenstreiche, s.a. Meyer's Volksbücher.

—— Pagenstreiche, s.a. Universal-Bibliothek.

Kotzebue, Aug. v., Pagenstreiche. Eine Posse in 5 Aufzügen. Neue Aufl. 8. (150 S.) Leipzig 856, Kummer.

Kotzebue, August Friedrich Ferdinand von. Hinterlassene Papiere. Leipzig 1821. H: *Knorring, Ludwig Joh. von.* (Ky) (EE)

— hinterlassene Papiere, (herausg. von Ldw. Jh. v. Knorring). 8. Leipz. 821. Kummer. 1 Rß 16 gr

– (Hrsg.), s. Papiere, Hinterlassene, eines Unglücklichen.

— Philibert, od. die Verhältnisse.. 8. Königsb. 809. (Kummer in Leipz.) 1 Rß 12 gr Schreibp. 2 Rß 6 gr

— Philibert, ou les Rapports de la Société. 8. Wien 810, a. 814. Binz. 20 gr

— Pizarro, a trag. in five acts, adopted to the engl. stage by R. B. Sheridan. 8. Lond. 799. (Perthes u. B. in Hamb.) 10 gr

— der arme Poet. Ausbruch der Verzweiflung, s.a. Universal-Bibliothek.

[J.] ... Der arme Poet. Schauspiel in 1 Aufz. v. A[ugust] v. Kotzebue. Neu bearb. v. Martin Bohm ... *Berlin: M. Bohm [1895].* (20 S.) 1 Bd 8. [95 0366

— das Posthaus in Treuenbritzen, s.: Universal-Bibliothek.

– s. Pudenda.

—— der Rehbock, s. Universal-Bibliothek.

— Reiseabentheuer. Heroisch-tragische Comödie. 8. Königsb. 814. Nicolovius. 8 gr

Kotzebue, Aug. de, Réponse courte et honnête à un gros libelle malhonnête de Mons. de Masson. gr. 8. Berlin, Lagarde. 802. Rthlr.

– (Übers.), s. Rikord: Erzählungen von seiner Fahrt.

— kleine Romane, Erzählungen, Anecdoten u. Miscellen. 6 Bde. Mit Kpf. 8. Leipz. 805—10. Kummer. 9 Rthlr 20 gr

—— die Rosen des Herrn v. Malesherbes, s.a. Bloch's, E., Dilettanten-Bühne.

– Die Rosen von Malesherbes, s.a. Universal-Bibliothek.

[F.] Die Rosen des Herrn v. Malesherbes. Ländl. Gemälde in 1 Act v. A[ugust] v. Kotzebue. Neu bearb. v. Martin Böhm ... *Berlin: M. Böhm [1895].* (19 S.) 1 Bd 8. [98. 8567

— die Ruinen von Athen, s.a. Breitkopf und Härtel's Text-Bibliothek Nr. 74.

— die Ruinen von Athen. Musik von L. van Beethoven. op. 113. Für gemischten Chor, Deklamation u. Klavier bearb. u. zum prakt. Gebrauche an höh. Lehranstalten eingerichtet von Fr. Kriegeskotten. Textbuch, bearb. von Fr. Ahrens. 8. (11 S.) Quedlinburg (902). Gr.-Lichterfelde, Ch. F. Vieweg. n. — 20

— Schauspiele 5 Bde. 8. Leipz. 797. Kummer. 6 Rthlr (I. enth. 1) Menschenhaß u. Reue. 8 gr N. A. 16 gr Die edle Lüge. 4 gr 3) die Indianer in England. 8 gr 4) Sultan Wampum. 7 gr II. 1) die Sonnenjungfrau. N. A. 807. 12 gr 2) das Kind der Liebe. 12 gr III. 1) Bruder Moritz, der Sonderling. 12 gr 2) Graf Benjowsky. 12 gr 3) der Mann von 40 Jahren. 4 gr IV. 1) Armuth und Edelsinn. 12 gr 2) der Papagey. 8 gr 3) die Spanier in Peru. N. A. 826. 12 gr V. 1) d. Negersclaven. 10 gr 2) der Verläumder. 14 gr 3) der weibl. Jacobiner-Clubb. 5 gr)

— neue Schauspiele. 23 Bde. 8. Leipz. 798—819. Kummer. 42 Rthlr Enthalten: Adelheid von Wulfingen. 12 gr Der verbannte Amor; Lstspl. in 4 A. 20 gr Bayard; Schspl. in 5 A. ... N. A. 824. 20 gr Belas Flucht; Schspl. in 2 A. 6 gr Die Belagerung von Saragossa, oder Pachter Feldkümmels Hochzeittag; Lstspl. in 4 A. 16 gr Der Capitain Belronde nach Picard; Lstspl. in 3 A. 14 gr — Der Besuch, oder die Sucht zu glänzen; Lstspl. in 4 A. N. A. 824. 15 gr — Der Brief aus Cadix; Drama in 3 A. 10 gr — Der Graf von Burgund; Schspl. in 5 A. 12 gr — Carolus Magnus (Fortsetz. d. deutschen Kleinstädter). 14 gr — Die Corsen; Schspl. in 4 A. 12 gr — Don Ranudo de Colibrados; Lstspl. in 4 A. Frei nach Holberg bearb. 12 gr — Das Dorf im Gebirge; Schspl. mit Gesang. ... — Eduard in Schottland; histor. Drama in 3 A. 9 gr — Das Epigramm; Lstspl. in 4 A. 18 gr — Der Eremit auf Formentera; Schspl. 12 gr — Der hyperboreische Esel. 6 gr — Fanchon, das Leyermädchen; Vaudeville in 3 A. 14 gr — Die kluge Frau im Walde; Zauberspiel in 5 A. 16 gr — Die neue Frauenschule; Lstspl. in 3 A. 9 gr — Der entlarvte Fromme, oder ein Pröbchen von Zeitgeist. 1r u. 4r A. 8 gr — Der blinde Gärtner, oder die blühende Aloe; Liederspiel. 6 gr — Der Gefangene; Lstspl. in 1 A. 5 gr — Das Gespenst; romant. Schspl. in 4 A. mit Chören u. Gesang. 14 gr — Gisela; Schspl. in 4 A. 18 gr — Des Haßes und der Liebe Rache; Schspl. in 5 A. 18 gr — Die deutsche Hausfrau; Schspl. in 3 A. 12 gr — Pfalzgraf Heinrich. 1r A., nebst dem Plane zum ganzen Trspl. 7 gr — Heinrich Reuß von Plauen; Trspl. in 5 A. 16 gr — Herrmann u. Thusnelde; heroische Oper in 3 A. 10 gr — Die silberne Hochzeit; Schspl. in 5 A. 14 gr — Hugo Grotius; Schspl. in 4 A. 16 gr — Die Hussiten vor Naumburg im Jahre 1432. Schspl. in Chören in 3 A. 12 gr — Das neue Jahrhundert; Posse in 1 A. N. A. 826. 8 gr — Das Intermezzo; Lstspl. in 5 A. 18 gr — Johanna von Montfaucon. Romantisches Gemälde in 5 A. 14 gr — Die deutschen Kleinstädter; Lstspl. in 4 A. N. A. 825. 16 gr — Die französ. Kleinstädter; Lstspl. in 4 A. N. A. 824. 12 gr — Die beiden Klingsberge; Lstspl. in 4 A. 14 gr — Die Kreuzfahrer; Schspl. in 5 A, 12 gr — la Peyrouse; Schspl. in 2 A. 5 gr — Ueble Laune; Lstspl. in 4 A. 12 gr — Der alte Leibkutscher Peter des Dritten. Wahre Anekdote. 4 gr — Blinde Liebe; Lstspl. in 3 A. 12 gr — Lohn der Wahrheit; Schspl. in 5 A. 14 gr — Der deutsche Mann und die vornehmen Leute; Sittenspiel in 4 A. 16 gr — Max Helfenstein; Lstspl. in 2 A. 8 gr — Der todte Neffe. Lstspl. in 1 A. 5 gr — Octavia; Trspl. in 5 A. 18 gr — Der Opfertodt; Schspl. in 3 A. 8 gr — Die Organe des Gehirns. Lstspl. in 3 A. 12 gr — Pachter Feldkümmel von Tippelskirchen. Fastnachtsposse in 5 A. 15 gr — Pagenstreiche. Posse in 5 A. 16 gr — Das arabische Pulver. Posse in 2 A. 810. 8 gr — Der Rehbock, oder die schuldlosen Schuldbewußten; Lstspl. in 3 A. 12 gr — Der Rothmantel. Nach Musäus für für d. Bühne bearb. in 4 A. 16 gr — Rudolph von Habsburg und König Ottokar von Böhmen. Hist. Schspl. in 5 A. 18 gr — Die Ruinen von Athen, s. unten Ungarns Wohlthäter. — Falsche Schaam. Schspl. in 4 A. 12 gr — Der Schauspieler wider Willen. Lstspl. in 1 A. 6 gr — Das Schreibepult, oder die Gefahren der Jugend; Schspl. in 4 A. 16 gr — Die Schule der Frauen; Lstspl. in 5 A. 14 gr — Der Schutzgeist in 6 A., nebst einem Vorspiele. 1 Rthlr — Sorgen ohne Noth, u. Noth ohne Sorgen; Lstspl. in 5 A. 20 gr — Die Stricknadeln; Schspl. in 4 A. 12 gr — Das Taschenbuch. Drama in 3 A. 12 gr — Des Teufels Schloß. Natürliche Zauberoper in 3 A. 7 gr — Ubaldo; Trspl. in 5 A. 18 gr — Ungarns erster Wohlthäter; Vorspiel mit Chören. Und: die Ruinen von Athen. Nachspl. mit Chören u. Gesang. 6 gr — Die Unglücklichen; Lstspl. in 1 A. N. A. 824. 5 gr — Die Unvermählte. Drama in A. 15 gr — Der Vater von ungefähr; Lstspl. in 1 A. 6 gr — Die Versöhnung; Schspl. in 5 A. 12 gr — Die Verwandtschaft; Lstspl. in 5 A. 8. 10 gr — Der Vielwisser; Lstspl. in 5 A. 18 gr — Gustav Wasa; Schspl. in 5 A. N. A. 827. 20 gr — Die Westindier; Lstspl. in 5 A. nach Cumberland. 815. 16 gr — Der Wildfang; Lstspl. für die Verdauung in 3 A. 12 gr — Der Wirrwarr, oder der Muthwillige. Posse in 4 A. 14 gr — Die kleine Ziegeunerin; Schspl. in 4 A. 20 gr — Die Zukunft des Vaters. Vorspl. 4 gr

– Der Schauspieler wider Willen, s. Bloch's, E.: Theater-Correspondenz.

— — magnetisirtes Scheidewasser. gr. 8. Weimar, Hoffmann. 819.
(Ist früher unter dem Titel: Pudenda erschienen.)

Kotzebue's August v., jüngste Schicksale, seine vermeintliche Transportation u. Verhaftung, v. e. Augenzeugen, in einer Reihe vertrauter Briefe erzählt, aus dem Italien. 8. Erfurt, Hennings. 805.

Kotzebue's jüngste Schicksale, seine Verhaftung u. Transportation; aus d. Italien. 8. Gotha, Hennings. 16 gr

– s. Schlegel, Tr. Fr.

Kotzebue, August von —. Das Schreibepult oder: Die Gefahren der Jugend. La scrivania, o i pericoli della gioventù. Dramma in quattro atti. Ein Schauspiel in vier Aufzügen von — —. Mit italienischen Erläuterungen vom Prof. Karl Käßner. Milano, 1856. Giacomo Gnocchi editore-librajo. (119 S. 8.)

— kleine gesammelte Schriften. 4 Bde, mit Kpf. 8. Reval 787—91. 2e A. 8. Leipz. 792-94. Kummer. 5 Rthlr 16 gr

— kleine gesammelte **Schriften**, m. K. 4 Bde. 8. Ebend. 792. (I. II. u. IV. à 1 Rthlr. 8 gr. III. 1 Rthlr. 16 gr.) (I. enth.: 1) Zaide, od. d. Entthronung Muhamed d. IV. 2) d. schöne Unbekannte, eine dramatisirte Erzählung. 5) Greuel d. Fanatism. zu Thorn 1724. 4) Maria, Franziska, Vitteria, Salmon, od. d. Triumph d. Unschuld. 5) d. Schein trügt 2c. 6) alles Glück ist Täuschung 2c. 7) Spaziergang d. arabischen Philosophen Al-Raschid. II. enth.: 1) Ildegerte, Königin v. Norwegen. 2) Nachrichten v. einem theatralischen Institut zu Reval, welches d. Welt bekannt zu werden verdient. 3) d. Liebhabertheater v. d. Parlament, ein Nachspiel mit Gesang. III. enth.: 1) d. Gesch. m. Vaters, oder wie es zuging, daß ich gebohren wurde. 3) kurze Geschichte d. Flibustier erzählt nach Raynal. 3) Adelheit v. Wulfingen, ein Denkmal d. Barbarey d. XIII. Jahrh. Trauersp. 4) d. Eremit auf Formentera, ein Schauspiel mit Gesang in 2 Akt. IV. enth.: 1) meine Flucht nach Paris im Wintermonat 1790. 2) d. Spiegelritter, eine Oper in 3 Aufz.)

Kotzebue, Aug. v., neue kleine **Schriften**. 1r bis 6r Bd. 8. Königsberg, Nicolovius. 808. 809. (1r und 2r à 2 Rthlr. 8 gr. 3r—6r à 2 Rthlr.) Rthlr.

— neue kleine Schriften. 7 Bde. 8. Königsb. 808—10. Nicolovius. 7 ℛ 8 ℊ

— — **Schriftstellerteufel**, **Der**. Ein klassisches Original-Lesebuch für unglückliche Autoren. **Nebst einem Appendix: Bahrdt mit der eisernen Stirn betreffend**. Mit 1 Vignette. Berlin, Matzdorf, 1791. 8°. 141 S. (8 Mk. Taussig, 1907.)

— die Schweizerstudenten, s.: Lang, Arnold.

Kotzebue, A. F. F. v. Selbstbiographie. Wien 1811. H: *Gräffer, Franz.* (GGr) (VLBS V, 149—151)

— **Selbstbiographie**. gr. 8. Wien, Gräffer. (Leipz. Gräff in Comm.) 811.

— le nouveau siècle; trad. de l'Allem., par de Bréa. 8. Halberst: 801. Dölle. 8 ℊ

— die Sonnen-Jungfrau. Schauspiel in 5 Akt. Neue Aufl. 8. Leipz. 827, Kummer.

– s. **Sophisterei**, Die, in Esthland.

— die Spanier in Peru, oder Rolla's Tod. Ein romant. Trauerspiel in 5 Akten. Neue Aufl. Mit 1 Vign. 8. Leipz. 826, Kummer.

– (Vorr.), s. **Statuten** des deutschen Ordens.

– s. **Stourdza**, Alex. v.: Betrachtungen ...

– Die **Stricknadeln**, s. **Universal-Bibliothek**.

—— die **Stricknadeln**, s. **Volksbibliothek** des Lahrer Hinkenden Boten.

— — **Switrigail**, ein Beytrag zu den Geschichten von Litthauen, Rußland, Polen und Preußen. gr. 8. Leipzig, Kummer. 820.

– s. **Taschenbuch** für 1807.

— der Taubstumme, oder der Abbé del'Epée. Histor. Drama in 5 Akt., nach d. Französ. des Bouilly. 8. Leipz. 800. Kummer. 12 ℊ

—— **Theater**. 40 Bde. Rechtmäß. Orig.-Aufl. 16. (786½ B., K's. Portr. u. Facsim., Stahlst.) Leipzig 840, 41, Kummer. *

Bd. 1. Der Eremit auf Formentera. Schausp. in 2 Aufz. — Menschenhaß u. Reue. Schausp. in 5 Aufz. — Die Indianer in England. Lustsp. in 3 Aufz.

" 2. Die Sonnenjungfrau. Schausp. in 5 Aufz. — Das Kind d. Liebe. Schausp. in 5 Aufz. — Der weibl. Jakobiner-Klubb. Lustsp. in 1 Aufz.

" 3. Der Spiegelritter. Oper in 3 Aufz. — Bruder Moritz, der Sonderling. Lustsp. in 3 Aufz. — Die edle Lüge. Schausp. in 1 Aufz. (Fortsetz. v. Menschenhaß u. Reue.) — Der Papagei. Schausp. in 3 Aufz.

" 4. Sultan Wampum. Scherzsp. in 3 Aufz. — Graf Benjowsky, od. d. Verschwörung auf Kamtschatka. Schausp. in 5 Aufz. — Die Spanier in Peru, od. Rollas Tod. Romant. Trauersp. in 5 Aufz.

" 5. Armuth u. Edelsinn. Lustsp. in 3 Aufz. — Der Mann v. vierzig Jahren. Lustsp. in 1 Aufz. — Die Negersclaven. Histor.-dramat. Gemälde in 3 Aufz. — Die Verläumder. Schausp. in 5 Aufz.

" 6. Die Wittwe u. d. Reitpferd. Dramat. Kleinigkeit. — Der Wildfang. Lustsp. in 3 Aufz. — Der Graf v. Burgund. Schausp. in 5 Aufz. — Falsche Scham. Schausp. in 4 Aufz.

" 7. La Peyrouse. Schausp. in 2 Aufz. — Die Versöhnung. Schausp. in 5 Aufz. — Die Verwandtschaften. Lustsp. in 5 Aufz. — Die Unglücklichen. Lustsp. in 1 Aufz.

" 8. Der Opfertod. Schausp. in 3 Aufz. — Das Dorf im Gebirge. Schausp. in 2 Aufz. — Die silberne Hochzeit. Schausp. in 5 Aufz.

" 9. Die Corsen. Schausp. in 4 Aufz. — Der alte Leibkutscher Peter III. Eine wahre Anekdote. — Ueble Laune. Schausp. in 4 Aufz. — Johanna v. Montfaucon. Romant. Gemälde a. d. 14. Jahrh. in 5 Aufz.

" 10. Das Schreibepult, od. die Gefahren d. Jugend. Schausp. in 4 Aufz. — Der Gefangene. Lustsp. in 1 Aufz. — Der hyperboräische Esel, od. d. heutige Bildung. Drastisches Drama in 1 Aufz. — Das neue Jahrhundert. Posse in 1 Aufz. — Der Taubstumme, od. d. Abbé de l'Epée. Histor. Drama in 5 Aufz., v. Bouilly. Uebers.

" 11. Lohn d. Wahrheit. Schausp. in 5 Aufz. — Das Epigramm. Lustsp. in 4 Aufz. — Die kluge Frau im Walde, od. d. stumme Ritter. Zaubersp. in 5 Aufz.

" 12. Die Rückkunft d. Vaters. Vorsp. — Octavia. Trauersp. in 5 Aufz. — Die beiden Klingsberg. Lustsp. in 4 Aufz.

" 13. Gustav Wasa. Schausp. in 5 Aufz. — Bayard. Schausp. in 5 Aufz.

" 14. Der Besuch, od. die Sucht zu glänzen. Schausp. in 4 Aufz. — Des Teufels Lustschloß. Zauberoper in 3 Aufz. — Die barmherzigen Brüder. Wahre Anekdote. — Cleopatra. Tragödie. — Unser Fritz. Schausp. in 1 Aufz. — Die schlaue Wittwe, od. d. Temperamente. Posse in 1 Aufz. — Der Hahnenschlag. Schausp. in 1 Aufz. — Ariadne auf Naxos. Tragikom. Triodrama.

Kotzebue, Aug. (Friedr. Ferd.) v., **Theater**. 40 Bde. 2c.

Bd. 15. Die deutschen Kleinstädter. Lustsp. in 4 Aufz. — Die französ. Kleinstädter. Lustsp. in 4 Aufz. Uebers. — Der Wirrwarr, od. der Muthwillige. Posse in 5 Aufz. — Die Hussiten vor Naumburg im J. 1432. Schausp. in 5 Aufz.

" 16. Hugo Grotius. Schausp. in 4 Aufz. — Der Schauspieler wider Willen. Lustsp. in 1 Aufz. — Das Urtheil d. Paris. Heroische Komödie. — Die Tochter Pharaonis. Lustsp. in 1 Aufz. — Rübezahl. Schausp. in 1 Aufz. — Incognito. Posse in 2 Aufz. — Die Uhr u. d. Mandeltorte. — Sultan Wampumlum, od. d. Triumph d. Wahrheit. Moral. Heroi-Tragi-Komödia.

" 17. Don Ranudo de Colibrados. Lustsp. in 4 Aufz. — Pagenstreiche. Posse in 5 Aufz. — Der todte Neffe. Lustsp. in 1 Aufz. — Die hübsche kleine Putzmacherin. Lustsp. in 1 Aufz. — Der Gimpel auf d. Messe. Posse in 2 Aufz. — Hygea. Vorsp. — Die Sparbüchse od. d. arme Kandidat. Lustsp. in 1 Aufz.

" 18. Mädchenfreundschaft, od. d. türk. Gesandte. Lustsp. in 1 Aufz. — Der Trunkenbold. Schnurre in 2 Aufz. — Eduard in Schottland, od. die Nacht e. Flüchtlings. Histor. Drama in 3 Aufz. — Der Vater v. ungefähr. Lustsp. in 1 Aufz. — Der Abschied. Nachsp. — Heinr. Reuß v. Plauen, od. d. Belagerung v. Marienberg. Trauersp. in 5 Aufz. — Die Stricknadeln. Schausp. in 4 Aufz.

" 19. Die Schule d. Frauen. Lustsp. in 5 Aufz. v. Moliere, frei, doch getreu übers. — Fanchon, d. Leiermädchen. Vaudeville in 3 Aufz. A. d. Franz. d. Bouilly. — Die gefährl. Nachbarschaft. Lustsp. in 1 Aufz. — Das Köstlichste. Schausp. in 1 Aufz. — Eulenspiegel. Dramat. Schwank in 1 Aufz.

" 20. Die Brandschatzung. Lustsp. in 1 Aufz. — Das verlorne Kind. Schausp. in 1 Aufz. — Die Organe d. Gehirns. Lustsp. in 3 Aufz. — Blinde Liebe. Lustsp. in 3 Aufz. — Carolus Magnus. Lustsp. in 3 Aufz. (Fortsetz. d. deutsch. Kleinstädter.) — Der Sammtrock. Lustsp. in 1 Aufz.

" 21. Das liebe Dörfchen. Dramat. Idylle. — Der Kater u. d. Rosenstock. Lustsp. in 1 Aufz. — Kaiser Claudius. Schausp. in 1 Aufz. — Das Lustspiel am Fenster. Posse in 1 Aufz. — Das Strandrecht. Schausp. in 1 Aufz. — Das Posthaus in Treuenbrietzen. Lustsp. in 1 Aufz. — Der Leineweber. Schausp. in 1 Aufz. — Die Stumme. Lustsp. in 1 Aufz. — Die Erbschaft. Schausp. in 1 Aufz. — Der Graf v. Gleichen. Spiel f. lebende Marionetten. — Der Deserteur. Posse in 1 Aufz.

" 22. Der Russe in Deutschland. Lustsp. in 4 Aufz. — Die Unvermählte. Drama in 4 Aufz. — Das Gespenst. Romant. Schausp. in 4 Aufz. — Die englischen Waaren. Posse in 2 Aufz.

" 23. Die Seeschlacht u. d. Meerkatze. Posse in 1 Aufz. — Das Landhaus an d. Heerstraße. Fastnachtsp. in 1 Aufz. — Der kleine Deklamator. Schausp. in 1 Aufz. — Der Hagestolz u. d. Korbe. Ein Intermezzo. — Die Abendstunde. Drama in 1 Aufz. — Ubaldo. Trauersp. in 5 Aufz. — Das Intermezzo, od. d. Landjunker zum ersten Male in d. Residenz. Lustsp. in 5 Aufz.

" 24. Der blinde Gärtner, od. die blühende Aloe. Liedersp. — Herr Gottlieb Merks, der Egoist u. Kritikus. Burleske in 2 Aufz. — Pandoras Büchse. Burleske Tragödie. — Die Zerstreuten. Posse in 1 Aufz. — Der häusliche Zwist. Lustsp. in 1 Aufz. — Des Esels Schatten, od. d. Prozeß in Krähwinkel. Posse. — Der Harem. Lustsp. in 1 Aufz.

- 25. Die kleine Zigeunerin. Schausp. in 4 Aufz. — Der verbannte Amor, od. d. argwohn. Eheleute. Lustsp. in 4 Aufz. — Die Feuerprobe. Lustsp. in 1 Aufz. — Blind geladen. Lustsp. in 1 Aufz.

- 26. Der arme Minnesinger. Schausp. in 1 Aufz. — Die Komödiantin aus Liebe. Lustsp. in 1 Aufz. — Das zugemauerte Fenster. Lustsp. in 1 Aufz. — Die Glücklichen. Lustsp. in 1 Aufz. — Sorgen ohne Noth u. Noth ohne Sorgen. Lustsp. in 5 Aufz. — Das arab. Pulver. Posse in 2 Aufz. — Feodore. Singsp. in 1 Aufz.

- 27. Die alten Liebschaften. Lustsp. in 1 Aufz. — Das Thal v. Almeria. Schausp. in 1 Aufz. — Der Lügenfeind. Lustsp. in 1 Aufz. — Die Quäker. Schausp. in 1 Aufz. — Das unsichtbare Mädchen. Ein Intermezzo. — Pachter Feldkümmel v. Tippelskirchen. Fastnachtssp. in 5 Aufz. — Die neue Frauenschule. Lustsp. in 3 Aufz.

- 28. Die Belagerung v. Saragossa, od. Pachter Feldkümmels Hochzeitstag. Lustsp. in 4 Aufz. — Max Helfenstein. Lustsp. in 2 Auf. — Die Rosen d. Hrn. v. Malesherbes. Ländl. Gemälde in 1 Aufz. — Die beiden kleinen Auvergnaten. Drama in 1 Aufz. — Die Masken. Schausp. in 1 Aufz. — Der arme Poet. Schausp. in 1 Aufz. — Das getheilte Herz. Lustsp. in 1 Aufz. — Die respectable Gesellschaft. Posse in 1 Aufz.

- 29. Der Brief aus Cadix. Drama in 3 Aufz. — Die deutsche Hausfrau. Schausp. in 3 Aufz. — Belas Flucht. Schausp. in 2 Aufz. — Ungarns erster Wohlthäter. Vorsp. — Die Ruinen v. Athen. Ein Nachsp. — Der Fluch ein. Römers. Schausp. in 1 Aufz. — Die Nachtmütze d. Propheten Elias. Posse in 1 Aufz. — Die seltene Krankheit. Eine Posse in 2 Aufz.

- 30. Zwei Nichten f. Eine. Lustsp. in 2 Aufz. — Braut u. Bräutigam in Einer Person. Posse in 2 Aufz. — Die Prinzessin von Cacambo. Kom. Oper in 2 Aufz. — Pervonte, od. die Wünsche. Kom. Oper in 3 Aufz. — Die Alpenhütte. Oper in 1 Aufz. — Hans Max Giesbrecht v. d. Humpenburg, od. d. neue Ritterzeit. Kom. Oper in 1 Aufz. — Der Käficht. Kom. Oper in 1 Aufz.

Kotzebue, Aug. (Friedr. Ferd.) v., **Theater.** 40 Bde. ꝛc.

Bd. 31. Adelheit v. Wulfingen. Schausp. in 4 Aufz. — Der Kosak u. d. Freiwillige. Liedersp. in 1 Aufz. — Babbel, od. aus zwei Uebeln d. Kleinste. Histor. Posse in 1 Aufz. — Der schelmische Freier. Lustsp. in 1 Aufz. — Die Rückkehr d. Freiwilligen, od. d. patriot. Gelübde. Lustsp. in 1 Aufz. — Wer weiß wozu das gut ist. Schwank in 1 Aufz. — Der Shawl. Lustsp. in 1 Aufz.

- 32. Die Kreuzfahrer. Schausp. in 5 Aufz. — Der Schutzgeist. Dramat. Legende in 6 Aufz., nebst e. Vorsp. — Die Großmama. Lustsp. in 1 Aufz.

- 33. Die Beichte. Lustsp. in 1 Aufz. — Der Westindier. Lustsp. in 5 Aufz. v. Cumberland. Auf's Neue bearb. — Der Verschwiegene wider Willen, od. d. Fahrt v. Berlin nach Potsdam. Lustsp. in 1 Aufz. — Die Seelenwanderung, od. d. Schauspieler wider Willen auf eine andere Manier. Schwank in 1 Aufz. — Der Edukationsrath. Lustsp. in 1 Aufz. — Drei Väter auf Einmal. Posse in 1 Aufz. — Die Uniform d. Feldmarschalls Wellington. Lustsp. in 1 Aufz.

- 34. Der Rehbock, od. die schuldlosen Schuldbewußten. Lustsp. in 3 Aufz. — Rudolph v. Habsburg u. König Ottokar v. Böhmen. Histor. Schausp. in 6 Aufz. — Des Hasses u. d. Liebe Rache. Schausp. in 5 Aufz.

- 35. Der Freimaurer. Lustsp. in 1 Aufz. — Der Ruf. Dramat. Lehrgedicht in 3 Aufz. — Der Citherschläger u. d. Gaugericht. Altdeutsch. Lustsp. in 2 Aufz. — Die Bestohlenen. Lustsp. in 1 Aufz. — Der gerade Weg d. beste. Lustsp. in 1 Aufz. — Die Brillen-Insel. Fantast. Oper in 2 Aufz. — Der Kiffhäuser-Berg. Oper in 1 Aufz.

- 36. Alfred. Oper in 3 Aufz. — Der hölzerne Säbel od. d. Heerschau. Liedersp. in 1 Aufz. — Die Wüste. Dramat. Gedicht in 1 Aufz. — u. A. w. g. od. d. Einladungskarte. Schwank in 1 Aufz. — Marie. Dram. Idylle in 1 Aufz. — Der Vielwisser. Lustsp. in 5 Aufz.

- 37. Der Spiegel, od. laß das bleiben. Lustsp. in 1 Aufz. — La Peyrouse. Schausp. in 1 Aufz. (Gänzl. umgearb.) — Der Rothmantel. Volksmähr. v. Musäus, f. d. Bühne bearb. in 4 Aufz. — Der Kapitän Belronde. Lustsp. in 3 Aufz. v. Picard. — Die Verkleidungen. Posse in 2 Aufz. — Der fürstl. Wildfang, od. Fehler u. Lehre. Lustsp. in 2 Aufz.

- 38. Die Selbstmörder. Drama in 1 Aufz. — Die Rosenmädchen. Kom. Oper in 3 Aufz. v. Theaulon. Bearbeitung. — Gisela. Schausp. in 4 Aufz. — Das Taschenbuch. Drama in 3 Aufz. — Die entlarvte Fromme, od. e. Pröbchen vom Zeitgeiste. Lustsp. (Unvollendet.)

- 39. Der deutsche Mann u. die vornehmen Leute. Sittengemälde in 4 Aufz. — Hermann u. Thusnelde. Heroische Oper in 3 Aufz. — Menschenhaß u. Reue. Schausp. in 5 Aufz. (Umgearb.) — Die eifersüchtige Frau. Lustsp. in 2 Aufz., nach d. Engl.

- 40. Biograph. Nachrichten üb. Aug. v. Kotzebue. — Pfalzgraf Heinrich. 1. Act., nebst d. Plane z. ganzen Trauersp. — Verlegenheit u. List. Lustsp. in 3 Aufz. — Die Frau vom Hause. Lustsp. 1. u. 5. Act. — Der Flußgott Niemen u. noch Jemand. Freudensp. in Knittelversen. — Noch Jemands Reise-Abenteuer. Heroische Tragi-Komödie. Seitenstück z. Flußgott Niemen ꝛc. — Das Liebhaber-Theater vor dem Parlament. Nachsp. m. Gesang. — Die schöne Unbekannte. Dramat. Erzählung. — Alphabet. Verzeichniß aller Theaterstücke dieser Ausg. in 40 Bänden.

— **Theater.** Neue elegante u. höchst wohlf. Ausg. Schiller-Format in 30 Bänden. Mit Portr. u. Facsimile d. Verfassers in Stahlst. 8. Leipzig 840, 41. Kummer. (Für Oesterreich: Wien, Klang.) Subscr.-Pr. 8 ℛ︀

— dass. 31.—40. Bd. (Supplemente. X Bde. Mit biograph. Nachrichten über Aug. von Kotzebue u. Bildn. u. Facsimile in Stahlstich.) 16. Ebend. 841. Pränum.-Preis $2^2/_3$ ℛ︀
40 Bde. n. $14^2/_3$ ℛ︀

— sechs ausgewählte **Theaterstücke.** Neue Ausg. Wien 866. Leo. 8. (III u. 303 S. mit Kotzebue's Bildniß in Stahlst.) n. 10 ngr.

— **Théâtre**, trad. de l'allemand par Weiss et Jauffret. Tom. I. part. 1 u. 2. conten. Misanthropie ou le repentir, et la réconciliation ou les deux frères. 8. Strasbourg, König. 800.

– U. A. w. g., s. **Gesellschaftstheater**, Neues, u. Haustheater.

— U. a. w. g., s. **Universal-Bibliothek.**

— kurze **Uebersicht** d. Manufact. in Rußland, s. Uebersicht, kurze, der Manufacturen.

—— die **Unglücklichen**, s. Universal-Bibliothek Nr. 2012.

— d. **Unglücklichen.** Lustspiel in 1 Akt. Neue Aufl. 8. Leipz. 824, Kummer.

— die **Unglücklichen.** Lustsp. in 1 Aufz. Neu bearb. v. Mart. Böhm. 8. (22 S.) Ebd. (896). 1.50

—— die **Uniform** des Feldmarschalls Moltke, s. Bloch's, E., Dilettanten-Bühne.

– s. **Untersuchung(en)**, Unpartheiische, über die Folgen ...

— die **Verschwiegene** wider Willen, s. Bloch's, E., Dilettanten-Bühne.

— der **Verschwiegene** wider Willen, s.: Böhm, Mart.

— der **Verschwiegene** wider Willen, s.: Universal-Bibliothek.

— die **Verzweiflung.** Königsberg 865. Richter. 16. (8 S.) $2^1/_2$ ngr.

—— der **Vielwisser**, } s. Universal-Bibliothek.

— russisch-deutsches **Volksblatt** u. Ergänzungsblätter. Nr. 1—39. 4. Berl. 813. Dümmler. 2 ℛ︀ 12 𝒦 Hdg.-Pr. 1 ℛ︀ 16 𝒦

— russisch-deutsches **Volksblatt** u. Ergänzungsblätter. 16 Heft. 4. Berl. Dümmler. 814.

— the silver wedding, siehe: **Works.**

— **Gustav Wasa.** Schauspiel in 5 Akten. Neue Aufl. 8. Leipz. 827, Kummer.

—— **Wer weiß**, wozu das gut ist, s. Bloch's, Ed., Theater-Gartenlaube.

— **wer weiß**, wozu das gut ist. Posse in 1 Act. Neu bearb. von Mart. Böhm. gr. 8. (23 S.) Berlin (901). M. Böhm. 1.50

—— sämmtl. dramat. **Werke.** 44 Thle. Nebst e. alphabet. Register üb. sämmtl. Thle. M. 44 Kpfr. 16. ($757^1/_4$ B.) Leipzig 827—29, Kummer.
18 Thlr., Franz. Schrbp. 24 Thlr., Vlnp.

—— Supplementbd. (Kotzebue's Leben), s. **Döring**, (Joh. Mich.) Heinr.

v. Kotzebue, Aug., sämmtliche dramatische Werke. N. Ausg. 44 Thle. Nebst e. alphabet. Register üb. sämmtl. Theile. Mit Kpfrn. 16. Leipz. 828 — 32. Kummer. 18 ß Französ. Schreib- oder Velinp. 24 ß

— die gefährl. Wette. 8. Leipz. 790, Kummer. 8 gl

— der Wirrwarr, s.: Theater-Bibliothek, classische.

— der Wirrwarr, s. Universal-Bibliothek.

— die Wittwe u. das Reitpferd. Eine dramat. Kleinigkeit. 8. Leipz. 796. Kummer. 4 gl

— — liter. Wochenblatt. s. a. Wochenblatt.

Kotzebue, August v., Literarisches Wochenblatt, Weimar 1818, 415 u. 416 S., 4°. 2 Bde.

KOTZEBUE, Aug. v., Literar. Wochenblatt. Bd. 2. 2te Aufl. Weimar, Hof-Buchh. d. Gebr. Hoffmann, 1819. 4°.
S. 55—56 über die Schlauheit der Pariser Kammermädchen.

— d. Würgengel; e. Kreuzpredigt gegen d. Teufel. 8. Reval 813.

— Zaide. 8. Leipz. 786.

— Die gute, alte Zeit in Krähwinkel, s.: Dilettantenbühne, kathol. (Hohnerlein, Max.)

— die Zerstreuten, s. a. Bloch's, E., Dilettantenbühne

— die Zerstreuten, s. a. Bloch's, E., Theater-Correspondenz.

– Dass, s.a. Gesellschaftstheater, Neues, und Haustheater.

— dasselbe, s. a. Theater-Bibliothek, classische.

– Dass., s.a. Universal-Bibliothek.

— die Zerstreuten. Posse in 1 Akt. Neu bearb. v. Mart. Böhm. 8. Aufl. 8. (18 S.) Berlin (896). M. Böhm. 1.50

—— der häusliche Zwist, s. Universal-Bibliothek.

Kotzebue, Aug. Fr. Fd. von, s. Kotzebue, August von

v. Kotzebue, Christiane, geb. v. Krusenstern, († d. ... 1802.) s. *Fabré* d'Eglantine.

v. Kotzebue, Christ., geb. von Krusenstern, († 1803.), s. Fabré d'Eglantine.

Kotzebue (E. H.), Geognostische Beobachtungen, angestellt auf einer Reise um die Welt. Berlin 1829. 8.

Kotzebue, Georg Christian, De lege commissoria contractui pignoratitio illicite et emtioni venditioni aliisque contractibus licite adjecta. Diss. jur. Präs. Jo. Wilhelm Engelbrecht. Helmstedt (Paul Dietrich Schnorr) 7. V. 1729. 48 Seiten. (6.80) 19222
Gew.: Graf v. Bothmar. — Wdm. v. Präs.

Kotzebue, Gustav, neueste hypochondr. Reise in Niedersachsen, von ihm selbst beschrieben. 8. Leipz. 794. Weygand. 20 gl

v. Kotzebue, Karl, s. M. Danilewsky, Darstellung des Feldzugs rc.

Kotzebue, Moriz von

Kotzebue, M. v. Der russische Kriegsgefangene unter den Franzosen. Hrsg. von seinem Vater A. v. Kotzebue. Leipzig 1815. 299 S.

v. Kotzebue, Mor., d. russ. Kriegsgefangene unter d. Franzosen, herausg. von A. v. Kotzebue. 8. Leipz. 815. Kummer. 1 ß

— Reise nach Persien mit d. kais. russ. Gesandtschaft im J. 1817. Mit 9 color. u. schwarz. Kpft. in gr. 4. gr. 8. Weimar 819. Hoffmann. 2 ß 21 gl Für d. Jugend bearb. von d. Verf. d. Reisebeschreibb. von Columbus, Cook, Dodwell rc. Mit 3 Kpf. 8. Leipz. 826. Lauffer. 18 gl

Kotzebue, Otto von

v. Kotzebue, (O.,) Entdeckungsreise in d. Südsee rc. f. d. Jugend bearb. v. C. Hildebrandt. 2 Bde. M. Kpf. 8. Hannov. 821, Hahn.

Kotzebue, Otto von. Entdeckungsreise in die Südsee . . . Weimar 1821. H (Bd. 3): *Chamisso, Adalb. v.* (Ky)

Kotzebue, Otto von. Entdeckungs-Reise in die Sud-See und nach der Berings-Straße zur Erforschung einer nordöstlichen Durchfahrt. Unternommen in den Jahren 1815, 1816, 1817 und 1818 ... auf dem Schiffe Rurick unter dem Befehle des Lieutenants der Russisch-Kaiserlichen Marine Otto von Kotzebue . Weimar, verlegt von den Gebrudern Hoffmann 1821.
3 Bde 4°
I: Tit., 2 Bl., XVIII S., 2 Bl., 168 S., 1 Bl. nach S. 92; 2 Taf. in kolor. Aquatintast., 2 Karten in Kupferst.
II: 178 S.; 5 Taf. in kolor. Aquatintast., 3 Karten in Kupferst.
III: Bemerkungen und Ansichten von dem Naturforscher der Expedition Adalbert von Chamisso. Tit., 240 S.; 13 Taf., davon 12 kol. Aquatintast., 1 Karte in Kupferst., 1 Tabelle
Stecher: C. Ermer und P. Skerl

—— neue Reise um d. Welt, f. d. Jugend bearb. v. C. Fr. Dietzsch, s. a. Taschenbuch d. neuern f. d. Jugend bearb. Entdeckungs-Reisen, 1. Bd.

von Kotzebue, Otto: Neue Reise um die Welt in den Jahren 1823, 24, 25 und 26. Mit zwei Kupfern und drei Charten. Bd. 1. 2. Weimar 1830. 1 Bd. 176; 177, (34) S. 8°.

Kotzebue, Otto v., Reise um d. Welt, in d. J. 1823, 24, 25 u. 26. — A. u. d. T.: Neue Reise rc. 2 Bde. M. 2 Kpfr. u. 3 Charten. (Nebst e. Anh.: Uebersicht d. zoolog. Ausbeute, v. J. Fr. Eschscholtz.) Lex.-8. (27 B.) Weimar 830. [Leipzig, Böhme.] 3 Thlr. 12 Gr., starkes Drckp. 4 Thlr. 12 Gr., Velinp.

Kotzebue, W. v., kleine Geschichten aus der großen Welt. Novellistische Studien. 2., verm. Aufl. 8. (VI, 291 S.) Leipzig 880. Duncker & Humblot. n. 5. —; geb. n. 6. 40

v. Kotzebue, W., s. Gretsch, N., über das Werk: La Russie en 1839.

– August v. Kotzebue. Urtheile der Zeitgenossen u. der Gegenwart. gr. 8. (V, 184 S.) Dresden 881. Baensch. n. 3. 50

Kotzebue, W. v., Baron Fritz Reckensteg. Roman. 2 Bde. 8. (228; 244 S.) [Leipzig 885, Grunow.] Gera, Griesbach's Verlag. * 7 —
geb. in Leinw. ** ℳ 9.50.; in Halbfrz. ** 12 —

Kotzebue, Wilhelm von

Kotzebue, W. v. Versuch einer Beschreibung der Schlacht bei Dürnstein am 11. Novbr 1805. Hrsg. von A. v. Kotzebue. Mit 1 Schlachtpl. Königsberg 1807. 64 S.

v. Kotzebue, Wlh., († d. ... Oct. 1812.) Versuch e. Beschreib. d. Schlacht bei Dürnstein, d. 11. Nov. 1805, nebst Plan, herausg. von A. v. Kotzebue. 8. Königsb. 807. (Michelsen in Lpz.) 10 gr

v. Kotzebue's, A. F. F., vollständ. Biographie, oder Leben, Thaten, Schicksale u. trauriges Ende d. großen deutschen Dichters; nebst Beurtheilung seiner Schriften. 8. Leipz. ... Müller. 2 gr

— Leben. Nach seinen Schriften u. nach authent. Mittheilungen dargestellt (von Fr. Cramer). 8. Leipz. 820. Brockhaus. 2 ₰ 12 gr

— — Tod, am 23. März 1819. Mit dessen Bildnisse. 2te Aufl. 8. (Dresden, Arnold.) 819.

— literar. u. polit. Wirken. (Von K. Nicolai.) 8. Tobolsk 819. (Leipz., Lauffer). 12 gr

Kotzenberg, F., genetisch-method. Vorlegeblätter; s. Vorschriften f. d. ersten Unterricht im Schönschreiben.

Kotzenberg, Fr., Blumenkörbchen. Frische Blüthen deutscher Dichter zu Gedächtniß-Uebungen u. zur Nahrung f. Verstand u. Herz f. Kinder v. 6 bis 10 Jahren gesammelt. 1 u. 2. Hft. 8. (à 16 S.) Rinteln 848. 52, Bösendahl in Comm. (à 1½ ngr) 3 ngr

— Rechenfibel. Erprobte Uebungsaufgaben u. Veranschauungsmittel f. den Elementarunterricht d. Rechnens im Zahlenraume v. 1 bis 100. In geordneter Stufenfolge bearb. 8. (16 S.) Ebd. 852, in Comm. 1½ ngr

Kotzenberg, H. W. A., Anleitung zur spanischen u. deutschen Umgangssprache. Guia de la conversacion española y alemana. gr. 8. (10¼ B.) Bremen 842, Heyse.

Kotzenberg, H. W. A., Anleitung zur spanischen und deutschen Umgangssprache. 2. bericht. u. erweit. Aufl. A. u. d. T.: Guia de la conversacion española y alemana. Bremen 854. J. G. Heyse. 8. (XI, 206 S.) 22½ ngr

Kotzenberg, H. W. A., Armin oder die teutoburger Schlacht. Dramatisches Gedicht in 5 Akten. 8. (123 S.) Bremen 850, Geisler. *

Kotzenberg, H. W. A., Gedichte. gr. 8. (11¼ B.) Bremen 837, [Schünemann's Vrlgh.] Thlr.

—— Grammatik der spanischen Sprache. gr. 8. (XVI und 476 S.) Bremen 855, Heyse's Verlag. *

Kotzenberg, H. W. A., Grammatik der spanischen Sprache. 2., umgearb. Aufl. gr. 8. (XXIV und 607 S.) Bremen 862, Heyse's Verlag. *

—— prakt. Handbuch d. span. Handels-Correspondenz, enth. e. Samml. kaufmänn. Briefe z. Uebersetzen aus d. Deutschen ins Spanische. gr. 12. (12 B.) Bremen 838, [Schünemann's Vrlgh.] *

Kotzenberg, H. W. A., practisches Handbuch der spanischen Handels-Correspondenz. 2. gänzlich umgearb., fast völlig erneuerte Aufl. gr. 8. (VIII, 207 S.) Bremen 869, Schünemann's Verlag.

—— dass. — 2. Thl. A. u. d. T.: Correspondencia mercantil española. Eine Auswahl von Musterbriefen und anderen Schriftstücken des kaufmänn. Geschäftslebens in span. Sprache. gr. 8. (VIII, 207 S.) Ebendas. 870.

Kotzenberg, H. W. A., praktisches Handbuch der spanischen Handels-Correspondenz. 3., sorgfältig durchgeseh. u. verb. Aufl. gr. 8. (VIII, 200 S.) Bremen 878. Schünemann. 3. —

— Lehr- und Uebungsbuch der englischen Sprache zum Schul- u. Privatgebrauch. 1. Thl. enthltd. die Etymologie. Bremen 857. Geisler. gr. 8. (XX, 344 S.) 1 ₰.

— Lehr- u. Uebungsbuch der englischen Sprache zum Schul- u. Privatgebrauch. 2 Thle. Bremen 868. Geisler. gr. 8. 1 ₰ 20 ngr
1. [Etymologie.] (XX, 344 S.) 1 ₰. — 2. [Syntax.] (VIII, 176 S.) 20 ngr

—— kleines spanisches Lesebuch zur Einführung in die Lectüre. Mit untergelegten Wörtererklärungen und zahlreicher Bezugnahme auf die 2. Aufl. seiner Grammatik der span. Sprache. gr. 8. (VIII und 120 S.) Bremen 862, Heyse's Verlag. *

—— Ob Bibel- oder Symbolglaube. Zur Beurtheilung des durch den Beschluß des St. Stephani Kirchenconventes am 25. Febr. 1852 gemachten Versuchs die Gemeinde vom Protestantismus und der ref. Kirche abfällig zu machen. gr. 8. (38 S.) Bremen 852, Geisler.

— die Bremische Verfassungskrisis nach ihrer Entstehung u. ihrem Ausgange. 8. (72 S.) Bremen 852, Kühtmann & Co. n. 7 ngr

— kleine spanische Vorschule zur Erlerng. der zur Lektüre u. der Uebg. im Briefschreiben u. Sprechen erforderl. Vorkenntnisse. gr. 8. (IV, 96 S.) Bremen 871. Heyse. n. 1. 60

Kotzenberg, H. W. A., kleine spanische Vorschule zur Erlernung der zur Lektüre u. Uebung im Briefschreiben u. Sprechen erforderlichen Vorkenntnisse. 3. Aufl. gr. 8. (IV, 96 S.) Bremen 890. Heyse. n. 1. 20

Kotzenberg, H. W. A., kleine Vorschule f. den ersten Unterricht im Englischen. gr. 8. (VI, 89 S.) Bremen 872. Müller's Verl. — 75

— deutsch-spanisches u. spanisch-deutsches Wörterbuch d. kaufmännischen Verkehrs u. der Handelscorrespondenz. Ein Contor- u. Reisehandbuch f. Kaufleute, Fabrikanten, Geschäftsreisende &c. 2 Thle. gr. 8. (IV, 268 u. 218 S.) Bremen 875. Schünemann. n. 7. 50

Kotzenberg, W., Beiträge zur Frage der Ernährungsstörgn. der Haut v. Amputationslappen, s.: Mitteilungen aus den hamburg. Staatskrankenanstalten. VII, 6.

— Zur Therapie u. Bakteriologie der eitrigen Perforationsperitonitis, s.: Mitteilungen aus den hamburg. Staatskrankenanstalten. IX, 3.

Kotzenberg, Walther, a. Berlin: man, frouwe, jungfrouwe. Drei Kapitel aus der mittelhochdeutschen Wortgeschichte. Kap. 1.) (Berlin 1906: E. Ebering.) (XII, 60 S.) 8° ¶ (Erscheint vollst. als Berliner „Beiträge zur german. u. roman. Philologie Bd 33. (germ. Abt. n. 20)*)
Berlin, Phil. Fak., Ref. Roethe, Diss. v. 30. Juni 1906
[Geb. 12. Okt. 83 Berlin; Wohnort: Berlin; Staatsangeh.: Preußen; Vorbildung; Augustagymn. Charlottenburg Reife O. 00; Studium: Berlin 2, Freiburg i. B. 1, München 1, Berlin 7 S.; Rig. 30. Nov. 05.]

*) = Nspr. A I, 59 [33]

Kotzenberg, Walth., man, frouwe, juncfrouwe, s. a. Beiträge, Berliner, zur german. u. roman. Philologie. XXXIII.

Man, frouwe, juncfrouwe. 3 Kapitel aus d. mittelhochdeutschen Wortgeschichte. Von Dr. Walther **Kotzenberg**. Berlin: E. Ebering 1907. (XII, 151 S.) 8°
— **Beiträge**, Berliner, z. germ. u. rom. Philologie. 33. Germ. Abt. 20. (et. 1713)

Kotzenberg, W[ilhelm]: (Aus d. Laboratorium d. Instituts f. vergleichende Anatomie, Embryologie u. Mikroskopie d. Universität Würzburg.) Untersuchungen über das Rückenmark des Igels. *Wiesbaden: J. F. Bergmann 1899.* (41 S.) 8°
Würzburg, Med. Diss. v. 1899

Kotzenberg, W., Untersuchungen üb. das Rückenmark des Igels. gr. 8. (42 S. m. 11 Abbildgn., 1 Taf. u. 1 Bl. Erklärgn.) Wiesbaden 899. J. F. Bergmann. n. 2.50

Kotzer, Chr. Hnr., s. 1) Jh. Chr. Dolz, katechet. Andachtsunterhaltungen. 2) Kinderbuch, neues moralisches. 3) Warnungstafeln, oder d. Gefahren d. jugendl. Unbedachtsamkeit.

– Warnungstafeln

— — oder die Gefahren der jugendlichen Unbedachtsamkeit ... (von *Chrn. Heinr. Kotzer*). Leipzig 1811.
Anon.-Lex. IV. p. 374 (nach Meusel u. Kayser).

Kotzer, Dr. Friedrich, Beiträge zur Palaeontologie des älteren Palaeozoicums in Mittelböhmen. Mit zwei Holzschnitten und zwei Tafeln. Gr.-8. (17 S.) —.45
Prag: Fr. Řivnáč 1895.

Kotzian, Ant., 12 neue Herren-Reigen, s. a. Aufführungen, Reigen u. Tänze.

Kotzian, Anton, Zwölf neue Herrenreigen (Aufführ., Reigen u. Tänze, H. 11), m. Abb., Mühlhausen i. Thür., 32 S., 8°.

— u. Frl. M. Thurm, Hülfsmittel f. den Turnunterricht d. Mädchen u. Frauen. 1. Barren in 3 Schwierigkeitsstufen. (63 S. m. Fig.) gr. 8. Krefeld 901. (G. Hohns.) n. 1.—

Sechs Kinder-Reigen. Hrsg. von Anton **Kotzian**. *Mühlhausen i. Th.: G. Danner [1901].* (18 S.) 8° [F.]
— **Aufführungen**, Reigen u. Tänze. H. 4.

Kotzian, Ant., s.: Kostüm-Reigen.

— 5 neue Marmorgruppen, Waffentänze u. Gruppierungen, s. a. Aufführungen, Reigen u. Tänze.

Kotzian, Anton, 5 neue Marmorgruppen, Waffentänze u. Gruppierungen, m. Abb., Mühlhausen i. Thür., 32 S., 8°.

Kotzian, Ant., Prüfung d. Ursachen von d. Hornviehseuche. gr. 8. Wien 769. (Heubner). 8 K

Kotzian, Ant., Reigen, s.: Aufführungen, Reigen u. Tänze.

Acht Reigen für Damen. Hrsg. von Anton **Kotzian**. *Mühlhausen i. Th.: G. Danner [1901].* (31 S.) 8° [F.]
— **Aufführungen**, Reigen u. Tänze. H. 1.

Elf Reigen für Herren. Hrsg. von Anton **Kotzian**. *Mühlhausen i. Th.: G. Danner [1901].* (55 S.) 8° [F.]
— **Aufführungen**, Reigen u. Tänze. H. 2.

— 5 Reigen f. Damen, besonders geeignet zu Aufführgn. bei Vereinsfestlichkeiten, Maskenbällen, Tanzausflügen rc. (20 S. m. Fig.) 8. Stuttgart 905. 906. P. Mähler. n. 1.20

Kotzian, Ant., humoristische Reigen f. Vereinsfestlichkeiten, Maskenbälle u. turn. Aufführgn. rc. (19 S. m. Fig.) 8. Stuttgart 905. P. Mähler. n. 1.20

Reigen und Reigentänze. Reigen, Charakter- u. Waffentänze f. Männer-, Damen-, Knaben- u. Mädchenabteilungen d. Turnvereine. Zsgest. von Anton Kotzian. *Mühlhausen: G. Danner [1901].* (130 S.) 8° [F.]

— 6 Reigen f. Herren, besonders geeignet zu Aufführgn. bei Vereinsfestlichkeiten, Maskenbällen rc. (22 S. m. Fig.) 8. Ebd. 905. 906. n. 1.20

Vier Reigen für Damen und Herren. Knappentanz, Kreisreigen, Kosakentanz, Zigeunertanz. Hrsg. von Anton **Kotzian**. *Mühlhausen i. Th.: G. Danner [1901].* (28 S.) 8° [F.]
— **Aufführungen**, Reigen u. Tänze. H. 3.

Kotzian, Anton, Vier humoristische Reigen für Vereinsfestlichkeiten, Maskenbälle und turnerische Aufführungen, 1. u. 2. Aufl., Stuttgart 1905 u. 1912, 8°. 2 Bde.

Kotzian, Aug., s.: Groteskscenen, turnerische.

Kotzin, W., bacteriologische Untersuchung d. Dorpater Universitätsleitungswassers in den Sommermonaten 1892. Diss. gr. 8. (56 S. m. 1 graph. Taf.) Jurjew (Dorpat) 892. (E. J. Karow.) n. 1.20

Koetzle, Arthur [aus Stuttgart]: Ueber Derivate des Diketohydrindens. ... Würzburg. Druck d. Ferdinand Röhrl'schen Buchdr., 1889: 33 S. 8°
Würzburg, Phil. Fak., Inaug.-Diss. v. 1889

Koetzle, Hans, a. Tübingen: **Aus d. Tübinger Univ.-Augenklinik.** Die medikamentöse Behandlung des Glaucoma simplex durch Miotica. Tübingen 1907: H. Laupp jr. (41 S.) 8°
Tübingen, Med. Fak., Ref. Schleich, Diss. v. 9. Juli 1908
[Geb. 15. Juni 82 Tübingen; Wohnort: Tübingen; Staatsangeh.: Württemberg; Vorbildung: Gymn. Tübingen Reife M. 01; Studium: Tübingen 3, Berlin 1, Tübingen 2, Berlin 1, Tübingen 3 S.; Coll. 23. Okt. 07; Approb. 4. Juli 08.]

Koetzle, Hermann, Assistenzarzt im Feldartillerieieg. König Karl (1. Württ.) No 13 in Ulm: Ein **Fall** von alveolärem Sarkom des Ovariums mit Dermoidcyste. *Tübingen 1898: H. Laupp jr.* (16 S.) 8°
Tübingen, Med. Diss. v. 1898

Kotzolt, Heinr., Gesang-Schule für den Acapella-Gesang in 4 Cursen für die unteren Klassen der Realschulen, Gymnasien, Seminarien rc. gr. 16. Berlin, Bahn's Verlag. [1. Cursus. 3. Aufl. (8 S.) 872. * 20 Pf.; 2. Cursus. 3. Aufl. (16 S.) 872. * 25 Pf.; 3. Cursus. 3. Aufl. (24 S.) 872. * 30 Pf.; 4. Cursus. 2. Aufl. (47 S.) 869. * 40 Pf.] *

—— dass. — Commentar. gr. 16. (77 S.) Ebendas. 869. *

Kotzolt, Heinr., Gesang-Schule für den Acapella-Gesang in 4 Cursen, für die unteren Klassen der Realschulen, Gymnasien und Seminarien, sowie für Volks- und höhere Töchterschulen, zum besond. Gebrauch für die zweite Gesangklasse des königl. Domchors, das königl. Joachimsthal'sche Gymnasium und die Königstädt'sche Realschule zu Berlin hrsg. 4 Curse. 8. Berlin 873–84, Bahn. [1. Curs. 4.–14. Aufl. (8 S.) ** 20 Pf.; 2. Curs. 4.–15. Aufl. (16 S.) ** 25 Pf.; 3. Curs. 4.–11. Aufl. (24 S.) ** 30 Pf.; 4. Curs. 3.–7. Aufl. (47 S.) ** 40 Pf.] **

Kotzolt, Heinr., Gesang-Schule für den Acapella-Gesang in 4 Cursen, für die unteren Klassen der Realschulen, Gymnasien und Seminarien, sowie für Volks- und höhere Töchterschulen, zum besondern Gebrauch für die zweite Gesangklasse des königl. Domchors, das königl. Joachimsthal'sche Gymnasium und die Königstädt'sche Realschule zu Berlin hrsg. 4 Curse. 8. Berlin 885–89, Bahn. [1. Curs 15.–17. Aufl. (8 S.) ** 20 Pf.; 2. Curs 16.–19. Aufl. (16 S.) ** 25 Pf. 3. Curs 12. und 13. Aufl. (24 S.) ** 30 Pf.; 4. Curs 8. und 9. Aufl. (47 S.) ** 40 Pf.] **

KOTZONOPULOS, Epaminondas (Nauplia): De febri intermittente. (Titel nach der Urkunde) 27.6.1835 - Urk; F 68
Diss. Ingolst.-Landsh.-Mchn.

Kötzschenbroda [Schlagwort]

Kötzschenbroda, s.: Geologische Karten (Sachsen).

Kötzschenbroda, s.: Geolog. Karten. Spezialkarte. (Sachsen.) — Sachsen. Karte.

Kötzschenbroda, s.: Sachsen. Messtischblätter.

Die Landwirtschaft und die Zölle. Von Pfarrer a. D. KÖTZSCHKE. Berlin 1902. Druck und Verlag Liebheit & Thiesen. 8°.

Kötzschke, H.

— Kindheitserinnerungen (von ihr selbst erzählt). Deutsch v. M. Kurella. (136 S.) Halle 1896. Hendel.

Kötzschke, Herm., offener Brief an den Hrn. Reichstagsabgeordneten Geh. Kommerzienrat Freiherrn v. Stumm u. Genossen. gr. 8. (82 S.) Leipzig 895. Hannov.-Münden, R. Werther. n. 1. —

— die Gefahren d. Neumalthusianismus. gr. 8. (IV, 65 S.) Ebd. 895. n. 1. 20

Die Gefahren des Neumalthusianismus von HERMANN KÖTZSCHKE. Berlin 1895. Verlag der deutschen Sittlichkeitsvereine (A. Dartsch). Kommissionsverlag von Reinhold Werther in Leipzig. 8°.

— der sozialwissenschaftliche Kursus in Halle a/S. v. 16.—20. Apr. 1895. gr. 8. (16 S.) Ebd. 895. n. — 30

— mein Prozeß m. dem Freiherrn v. Stumm, auf Grund d. Prozeßakten dargelegt. [Aus: „Christlich-soz. Volks-Zeitg."] 8. (26 S.) Erfurt 896. W. Wellendorf & Sohn. n. — 50

Kötzschke, Herm., der christliche Standpunkt in der Frauenfrage. 1.—3. Aufl. gr. 8. (IV, 91 S.) Leipzig 893. R. Werther. n. 1. —

— d. christl. Standpunkt in d. Frauenfrage. 4. (Titel-) Aufl. gr. 8. (IV, 91 S.) Leipzig (893) 895. Hannov.-Münden, R. Werther. n. 1. —

Kötzschke, Johs., Gedichte. 8. (IV, 87 S.) Dresden 900. E. Pierson. n. 1. 50; geb. n. 2. 50

— das erste Werk. Ein Lebensabschnitt. 8. (139 S.) Dresden 898. [A. W. Rost.] E. Pierson. 2. —

Kötzschke, Karl Rudolf [aus Dresden]: **Ruprecht von der Pfalz und das Konzil zu Pisa. . . .** Jena, Frommannsche Buchdr. (Hermann Pohle), 1889; 2 Bl. + 114 S. + 1 Bl. 8°
Leipzig, Phil. Fak., Inaug.-Diss. v. 18. Nov. 1889

Kötzschke, K. R., Ruprecht v. der Pfalz u. das Konzil zu Pisa. Inaug.-Diss. gr. 8. (114 S.) Jena 889. (Leipzig, Fock.) n. 2. —

Kötzschke, K[arl] Rud(olf), Dr.: **Studien zur Verwaltungsgeschichte der Grossgrundherrschaft Werden an der Ruhr.** *Leipzig 1899: B. G. Teubner.* (IV, 52 S.) 8° ¶(Erscheint vollst. im gleichen Verlag.)
Leipzig, Phil. Hab.-Schr. v. 29. Juli 1899

Kötzschke, Paul Richard [aus Dresden]: **Das Unternehmertum in der ostdeutschen Kolonisation des Mittelalters . . .** Bautzen, Buchdr. v. B. Ginzel, 1894; 2 Bl., 74 S., 1 Bl. 8.
Leipzig, Phil. Fak., Inaug.-Diss. v. [21. Dez.] 1894

Rudolf Kötzschke, Über Aufgaben vergleichender Siedlungsgeschichte der deutschen Volksstämme (in: Studium Lipsiense. Ehrengabe Karl Lamprecht), Berlin 1909.

Kötzschke, Rud., s.: Bibliothek der sächs. Geschichte u. Landeskunde.

— Staat u. Kultur im Zeitalter der ostdeutschen Kolonisation, s.a. Aus Sachsens Vergangenheit. 1. Heft.

Staat und Kultur im Zeitalter der ostdeutschen Kolonisation von Rudolf Kötzschke, Prof., Leipzig. Leipzig: Wörner 1910. VI, 85 S. 8°
(Aus Sachsens Vergangenheit. H. 1.) [10. 320]

Kötzschke, Rud., Studien zur Verwaltungsgeschichte der Grossgrundherrsch. Werden an der Ruhr. gr. 8. (VIII, 160 S.) Leipzig 901. B. G. Teubner. n. 6.—

— die Technik der Grundkarteneinzeichnung, s.: Über histor. Grundkarten.

Kötzschke, Rud., s.: Urbare, die, der Abtei Werden a. d. Ruhr.

— Zur Verfassungsgeschichte v. Stadt u. Stift Werden, s.: Beiträge zur Geschichte des Stiftes Werden. 10. Hft.

Koetzschke, Rudolf: Deutsche Wirtschaftsgeschichte bis zum 17. Jahrhundert. [Leipzig 1908] 4° (8°) *[Kopftit.]*

Kötzschke, Walt., zur Fürsorge für die männliche gewerbliche Jugend. Alte u. neue Wege. Vortrag, geh. auf der Gauversammlg. der Gewerbevereine des Flöhathalbundes in Olbernhau am 9. XI. 1902. (12 S.) gr. 8. Dresden 903. (Verbandsbuchh. [E. Zacharias].) n. — 30

— die Kirche u. die ihr entfremdeten Arbeitermassen. (12 S.) 8. Dresden 906. C. L. Ungelenk. n. — 15

Kötzschke, Walt., die Kirche u. die ihr entfremd. Arbeitermassen. Werbeschrift f. die sächs. evangel.-soziale Vereinigg. 2. Aufl. (55 S.) 8. Dresden 910. C. L. Ungelenk. — 50

— zur Neubelebung der Jugendgottesdienste (kirchliche Unterredungen). (20 S.) gr. 8. Dresden (903). Verbandsbuchh. (E. Zacharias.) n. — 50

Koetzschky, Gustav Ernst Wilh. (Wurzen), Quaestionem utrum in feudo franco foeminae succedant. Exercit. jur. Präs. D. Frid. Gottlieb Zoller. Lpz. (Loeper) 26. VI. 1779. 12 S. (4.—) 19082

Kotzschmar: Moderne Drahtseilbahnen und Verladevorrichtungen. Vortrag. Berlin 1903

Kotzur, C., der moderne Techniker, s.: Müller, Joh.

Programm, Drittes — der öffentlichen vereinigten Ober- und Unterrealschule zu Reichenberg, wodurch zugleich zu den öffentlichen Prüfungen eingeladen wird. 1854. 8. (50 S.) Reichenberg. Buchdruckerei von Philipp Gerzabek. 1854.
Inhalt: Ueber eine einfache Darstellung der Wechselkommissions-Rechnung, von Thaddäus Kotzura. — Schulnachrichten.

Kotzura, Thadd. Jos., Anfangsgründe der Markscheidekunst mit den wichtigsten Sätzen aus der ebenen Trigonometrie, zunächst für seine Schüler, sodann für Bergschulen, angehende Bergleute, Geometer rc. entworfen. gr. 8. (VI und 157 S. mit 4 Stnt. in qu. gr. Fol.) Weimar 848, Voigt.

—— erste Anleitung im Operiren mit den gebräuchlichsten Meßinstrumenten. Vorschule für Diejenigen, die sich der prakt. Geometrie widmen wollen. 8. (II und 66 S. mit 6 Stnt. in qu. Fol.) Leipzig 847, Liebeskind. (Reichenbach, Pfeiffner.)

Kotzurek: Methodius und Welehrad. 8 S.–Brünn, Progr. 1860.

Kotzurek: Versuch, die verschiedenen Lesearten in Cicero's Rede pro Ligario zu läutern. 5 S.–Brünn, Progr. 1856

Kotzurek, L.: Über die Notwendigkeit gleicher Schulausgaben der lateinischen Klassiker auf österr.Gymnasien. 1 Seite. – Brünn, Progr. 1856.

Kotzurek, Laur. Joh. Sarc., Lateinisch-deutsches Wörterbuch zum Gebrauche für Gymnasien nach den besten Quellen bearb. Ster.-Ausg. 1. Thl.: Lateinisch-Deutsch. 8. (877 S.) Brünn 864, Winiker.

Koubek, Jan Pravoslav, sebrané spisy veršem i prozou. K vydání sporádal Frant. Lad. Vorlíček. Díl IV. Prag 859. Bellmann. 16. (236 S. u. 1 Stahlst.) n. 16 ngr.

Koubert, Anna, holländ. Kleinbürger-Geschichten, s. a. Meisterwerke d. zeitgenöss. Novellistik.

Anna Koubert. Holländische Kleinbürger-Geschichten. Deutsch v. Anna Herbst. *Oppeln & Leipzig: G. Maske 1898.* (157 S.) 1 Bd 8.
— Meisterwerke d. zeitgenössischen Novellistik. Jg. 1. Bd 5. (98. 8819
Die Krankheit der Radfahrer. Von e. Arzt. *Köln a. Rh.: Rimbock & Licht 1897.* (23 S.) 1 Bd 8. (98. 8890 1..

Koubka, Jan., sebrané spisy veršem i prozou. K vydání spořádal Fr. Lad. Vorlíček. 1—3. Díl. Prag 857. Bellmann. 16. (VIII, 212; 2 Bl., 239; 254 S.) Jeder Thl. n. 16 ngr.

Kouble, Jos., zrnka české soli. Prag 862. Kober. 8. (2 Bl., 76 S.) n. 10 ngr.

Koudelka, Alfr. Frhr. v., unsere Kriegsflotte 1556—1908. Mit 25 (farb.) Bildern nach Orig.-Gemälden v. Alex. Kircher. (V, 92 S.) 44×58,5 cm. Laibach 908. I. v. Kleinmayr & F. Bamberg. In Leinw.-Mappe 90.—; in Ldr.-Mappe n 135. –

Koudelka, Alfr. Frhr. v., unsere Kriegs-Marine. Illustriert m. 4 Farbendr.-Bild., 3 doppelseit., 25 ganzseit. u. 90 Textabb. nach Aquarellen u. Zeichngn. v. Aug. Frhr. v. Ramberg. M. e. Karte. gr. 8. (V, 506 S.) Wien 899. A. Hölder. n. 9.—; geb. in Leinw. n.n. 11.—
Erschien in 16 Lfgn. à n. — 56.

Koueczny, J. N., der kleine Pole. Theoret.-prakt. Anleit. z. schnellen u. gründl. Erlern. d. poln. Sprache nach Mrongovius, Bandtke u. Mrozinski, mit Berücksichtig. d. gegenwärt. Zustandes d. poln. Sprache u. deren Literatur, sowohl z. öffentl. als Selbstunterr. f. Deutsche u. Polen bearb. 16. (16½ B.) Wien 841, Volke's Buchh.

KOUKAL, Gustav: Die Eneide Heinrichs von Veldeke im Verhältnis zu ihrer afr. Vorlage. — 1908. 164 Bl. Diss. Graz, Univ.

Koukoulares, P., Αἴλιος Ἀριστείδης ὡς ἀπομιμητὴς Δημοσθένους. Diss. 1890. 69 S.

Koula, J., Entwurf zu einem Garten-Pavillon, s.: Studien aus der Special-Schule von Th.R. v. Hansen.

Koulakovsky, Anna, aus Elisabethgrad (Russland): Aus dem Kinder-Spital Zürich. Beobachtungen über Scharlach. Zürich 1904. 31 S. 8°. [29. I. 05.]
Zürich. Med. Diss. 1904/1905.

Koulakovsky, Anna. Beobachtungen über Scharlach. Diss. Med. Univ. Zürich. [Mit 3 Figuren.] *Kopftitel:* Aus dem Kinder-Spital Zürich. 31 S. 8. Zürich, J. F. Kobold-Lüdi, 1904.

Koulen, Josef

Koulen, Jos., Junges Blut. Zwei Festspiele f. vaterländ. Schulfeierlichkeiten. Jung Deutschland. Ein Soldatenspiel f. die Allerkleinsten. — Militär u. Zivil. Ein vaterländ. Knabenspiel. (20 S.) 8. Düsseldorf (904). L. Schwann. n. — 50

Koulen, Jos., Frühlingsfahrten durch Italien. Dichtungen. 12. (98 S.) Köln (901). (J. P. Bachem). n. 1.20

— die Gänsehirtin am Brunnen. Märchenspiel nach Grimm. (30 S.) 8. Homburg v. d. H. (904). L. Staudt n. — 50

Koulen, Jos., Kaiser u. Kinder. Gedichte nebst e. Festspiel zu Kaisers Geburtstag u. zu andern vaterländ. Festen f. die Schule. (32 S.) 8. Neuwied 909. Heuser's Verl. — 40

Koulen, Jos., aus Kindermund. Ein Glückwunschbüchlein f. kleine u. große Kinder. 12. (VII, 102 S.) Düren 894. L. Vetter & Co. n. 1. —

— das neue Schulhaus. Festspiel zur Einweihung u. Hammerschläge zur Grundsteinlegg. e. neuen Schulhauses. (12 S.) 8. Düsseldorf (904). L. Schwann. n. — 30

— Silberzweige. Ein Schulfestspiel zur Silberhochzeit unseres Kaiserpaares am 27. II. 1906. (16 S.) kl. 8. Gelsenkirchen 906. E. Kannengießer. n. — 40

Koulen, Josef: Der Stabreim im Munde des Volkes zwischen Rhein und Rur. Düren, Hamel'sche Buchdr., *1896;* 38 S. 4.
Düren, G. P 1896 (446)

Hinter den Koulissen! Enthüllungen über das Leben, Treiben und Wogen der kleinen Schauspieler in Klesheim's Kindermährchen, vor, während und nach den Vorstellungen. In zierliche Reime gebracht von * * * Wien, 1855. Druck von U. Klopf sen. und Alex. Eurich. Verlag von Jaspers Witwe & Hügel. (24 S. 16.)

Koulle, H., Hülfstabellen f. die Berechnung schmiedeeiserner Stützen, zusammengestellt u. m. Erläutergn. u. Beispielen versehen. Nebst e. Anh., enth.: die Berechng. der Stützen in Gusseisen u. Holz. 8. (13 S m. 7 auf Pappe gezog. Tab.) Berlin 884. (Leipzig, Scholtze.) geb. n. 1. 20

Koumanoudes, J. A., Ποῦ σπεύδει ἡ τέχνη τῶν Ἑλλήνων τὴν σήμερον. Gel. 1845. 67 S. 1.20

Koumas, K. M., Weltgeschichte (in neugriech. Sprache). 12 Bde. gr. 8. Wien 831 u. 32. (Rohrmann u. Schw.) 22 rℓ 6 gr

Kouma's, K. M., Wörterbuch der altgriech. u. neugriech. Sprache. 2 Bde. 4. Wien ... (Rohrmann.) 16⅔ rℓ

Kountzévitch, Josaphat, archevêque uniate de Polotzk. Berlin 866. Schultze's Buchdruckerei. gr. 8. (30 S.) n. 5 ngr.

Kourier an der Donau. –
Passau. – 1803 – 30.VI.1847.
Vorh. u.d.T.: Kurrier an der Donau.
Fortges. u.d.T.: Donau-Zeitung.

Kourrier: Politisch-moralischer Kourrier
⑤ 1798 ⑧ Bern ⑩ Beat Ludwig Walthard ⑬ BGSZ: 973 ⑮ Der Politisch-moralische Kourrier besteht aus 6 Cahiers, 24 Kupferstichen, von Balth. Anton Dunker. Die Bilder nehmen zu Zeitgeschehnissen Stellung, die satirisch wiedergegeben werden.

Kourier: St. Gallischer Kourier
① Ein belletristisch-politisches Blatt für das Volk (nur auf dem Jahrestitelblatt) ④ Sarganser Hochwächter ⑤ 3. 7. 1844—28. 12. 1844 ⑥ 8° ⑦ wöchentlich 2× ⑧ St. Gallen: Rudolf Unteregger ⑩ Rudolf Unteregger ⑫ freisinnig ⑬ BGSZ: 1046—1047 ⑭ Zh: Z.

Koutny, Emil

Koutny, E.: Beleuchtung krummer Flächen vom 2. Grade. Brünn 1867.

Koutny, Emil, Beschreibung der Parabel aus gegebenen Punkten u. Tangenten. [Mit 1 (lith.) Taf. (in qu. Fol.)] [Aus „Sitzungsber. d. k. Akad. der Wiss."] Lex-8. (13 S.) Wien 871. (Gerold's Sohn.) n. — 60

Koutny, E.: Perspektivische Darstellung der ebenen Schnitte von Kegel- und Cylinderflächen. Leipzig 1867.

Koutny, Emil, Construction des Durchschnittes einer Geraden mit den Kegelschnittslinien. [Aus den Sitzungsber. der k. Akad. der Wiss.] Wien 867. (Gerold's Sohn.) Lex.-8. (13 S. mit 1 Steintaf. in Fol.) n. 6 ngr.

— Construction der Kegelschnittslinien aus Punkten u. Tangenten. [Mit 2 (lith.) Taff. (in qu. gr. 4.) u. 3 (eingedr.) Holzschn.] [Aus den Sitzungsber. der k. Akad. der Wiss.] Ebend. 868. Lex.-8. (30 S.) n. 8 ngr.

— Construction der Selbstschattengrenze von Rotationsflächen in der Perspective, unter Voraussetzung paralleler Lichtstrahlen. [Aus den Sitzungsber. der k. Akad. der Wiss.] Ebend. 867. Lex.-8. (48 S. mit 2 Steintaff. in 4. u. gr. 4.) n. 16 ngr.

Koutny, E., Graphische Lösung der Fundamentalprobleme der klinograph. Parallelperspective. Mit 2 Tafeln. 4°. brosch.

Koutny, Emil, die Normalenflächen der Flächen 2. Ordnung längs ebener Schnitte derselben. [Aus: „Sitzungsber. d. k. Akad. d. Wiss."] Lex.-8. (18 S. m. 2 Steintaf.) Wien 877. (Gerold's Sohn.) n. 1. 20

Koutny, E., Theorie der Beleuchtung krummer Flächen vom 2. Grad bei parallelen Lichtstrahlen. Brünn 1867. 8°. Perspectiv-Darstellung der ebenen Schnitte von Kegel- und Cylinderflächen. Construct. der Kegelschnittslinien aus Punkten und Tangenten. Construct. der Selbstschattengrenze von Rotationsflächen in der Perspective unter Voraussetzung paralleler Lichtstrahlen. Wien 1868. 8°. Zus. in 1 Bd.

—— s. Peschka, G. A. E., freie Perspektive.

— über die Sätze von Pascal und Brianchon und die Construction der Kegelschnittslinien. Lex.-8. (14 S. mit 1 lithogr. Taf. in qu. Fol.) (Ebendas.) 875. *
Vorstehende Schrift aus: Sitzungsberichte der k. Akademie der Wissenschaften, besonders abgedruckt.

Koutný, Wenz. Joh., der Přemysliden Thronkämpfe und Genesis der Markgrafschaft Mähren. Eine wissenschaftliche Abhandlung als Beitrag zur Erforschung vaterländ. Geschichte. gr. 8. (77 S.) Wien 877, Hölder. *

Koutorga, M. de, Recherches critiques sur l'histoire de la Grèce pendant la période des guerres médiques. 1861. 168 S. 4°. 3.-

Koutouzow, Comte Pierre, les vrais intérêts du monde slavo et la paix européenne. [Réponse au Général Skobelew.] gr. 8. (36 S.) Berlin 882. Wilhelmi. n. 1. —

Kovač, Karl, die Verzeichnisse des Lyoner Kreuzzugzehnten aus der Erzdiözese Salzburg, s. Quellenstudien aus dem histor. Seminar der Universität Innsbruck. 2. Heft.

Kovačevic, Ferd., Betriebsstörungen oberirdischer Telegrafen-Leitungen, deren Aufsuchung u. Behebung. Ein praktisch-theoretisches Handbuch für Telegrafenbeamte. Mit 242 in den Text eingedr. (Holzschn.-) Fig. 8. (VII, 262 S.) Agram 875. (Mučnjak & Senftleben.) n.n. 6. —

Kovačević, Ferd. Das halbpolarisirte od. Universal-Relais, dessen Theorie u. Anwendg. zur Duplex- u. Quadruplex-Correspondenz. Mit 38 in den Text gedr. Fig. 8. (VIII, 248 S.) Agram 889, (Hartman's Verlag). * 4 —

— Sammlung von Aufgaben aus der galvanischen Elektrizitätslehre mit besonderer Rücksicht für Telegraphen-Beamte. Mit 47 in den Text gedr. Holzschn. gr. 8. (V, 137 S.) Prag 881. Dominicus. n. 3. —

— Der elektro-magnetische Schreibe-Apparat in seiner Verwendung bei d. Telegraphen-Nebenstation. M. 3 Taf. 8°. Agram, Selbstverlag. 1878.

Kovaćević, Konst.

— u. Peter **Mirković**, die Ausgrabungen auf dem Jezerinafelde unterhalb Pritoka bei Bihać. [Aus: „Wissenschaftl. Mittheilgn. aus Bosnien u. d. Hercegovina" 1. Bd.] Lex.-8. (6 S. m. 9 Abbildgn.) Ebd. 893. n. 1. —

Kovačević, Const., Denkmäler u. Überlieferungen im Bezirke Bihać. [Aus: „Wissenschaftl. Mittheilgn. aus Bosnien u. d. Hercegovina" 1. Bd.] Lex.-8. (12 S. m. 2 Abbildgn.) Wien 893. (C. Gerold's Sohn.) n. — 60

Kovachich, Jos.: Lectiones variantes decretorum comitialium I. regni Hungariae, in corpore juris hungarici editorum, quas ex collatione textus eorum cum originalibus anthenticis eruit. *Pesth.* 816. 8maj. (1 Thl. 8 Gr.)

Kovachich, Mart. Georg., Formulae solennes styli in Cancellaria, curiaque Regum, foris minoribus ac locis credibilibus, authenticisque Regni Hungariae olim usitati. gr. 4. Pest, Eggenberger. 799.

— institutio grammatophylacii publici pro instituto diplomatico historico inclyti regni Hungariae. 8. Pest. (Trattner, Vien.) 792.

— Nuncium ad excelsos regni Hungariae proceros et univ. patriae cives de collect. et lucubrat. literariis quib. sinceram rer. Hungaric. notitiam e suo instituto diplomat. iurid. historico promere conatus. gr. 8. Budae. (Eggenberger, Pest.) 805.

— Sammlung kleiner noch ungedruckter Stücke, in welchen gleichzeitige Schriftsteller einzelne Abschnitte der ungarischen Geschichte aufgezeichnet haben. 1r Bd. gr. 8. Ofen. (Eggenberger in Pest.) 806.

— Scriptores rerum hungaricarum minores, hactenus inediti synchroni aut proxime coaevi. 2 Tmi. gr. 8. Budae. Typ. (Eggenberger in Pest.) 798–99.

— solennia inauguralia sereniss. ac potentiss. principum utriusque sexus, qui ex augusta stirpe Habsburgo-Austriaca sacra Corona Apostolica in reges Hungarorum reginasque periodo tertia redimiti sunt. Fol. maj. Ofen 790. Typogr. Soc. 2 ₰

— vestigia comitiorum apud Hungaros. 8maj. Ofen 790. Typ. Soc. (Eggenberger in Pesth). 4 ₰

— supplementa ad vestigia comitiorum apud Hungaros ab exordio regni eorum in Panonia usque hodiernum diem celebratorum. III Tom. 8maj. Ofen 798—801. Typogr. Soc. 4 ₰

KOVAČIĆ, ANTON: Das Ebenbild Gottes. Ein religiöses Gedicht. Von Anton Kovačić. Essek 1868. Druck v. Carl Lehmann u. Comp. 24 S. - 197 mm

KOVAČIĆ, ANTON: Ueber das Recht und die Pflicht der Katholiken den heiligen Vater in Rom zu vertheidigen mit Waffen des heil. Glaubens und der Wissenschaft. Von Anton Kovačić, Kaplan. Essek 1865. Druck v. Carl Lehmann & Cie. 95 S. - 210 mm

Kovács, Aladár v., üb. die einheitl. Pflege d. Hydrographie d. Verbandsländer, s.: **Lauda**, Ernst.

KOVACS, Antonius: De origine Italae et Vulgatae et de historia earum. — (1908) 100 Bl. 4° (Handschr.) Diss. 855
Diss.Wien, Univ.

Kovács, Emerich, Batthyany der letzte Magnat. Roman aus Ungarns neuester Geschichte. 2 Bde. 8. (476 S.) Grimma 851, Verlags-Comptoir.

—— Kampf und Verrath. Blätter aus dem Kriegstagebuche eines Honvédoffiziers. Nach der ungar. Originalhandschrift treu übertragen von Thdr. Navay. 8. (VIII und 343 S.) Grimma 850, Verlags-Comptoir. *

— s.: **Palatin** u. **Insurgent**.

Kovács, J., über Harnblasensteine, s. **Klinik**, Wiener.

Kovacs', J., chirurgische Klinik, s. **Antal**, G., und E. **Réczey**.

Kovács, Jenő, über Asphalt, sein Vorkommen, seine Verwendung u. einschläg. Untersuchgn. (Budapester Kongress 1901 des internat. Verbandes f. die Materialprüfgn. der Technik.) Übersetzg. aus d. Ung. gr. 8. (80 S.) Budapest 901. (F. Kilián's Nachf.) n. 1.—

KOVÁCS, JOSEPH: Sollen wir fasten? Und warum? Übersetzt von Andreas Hümpfner. Maria Theresiopel 1850: Druck Bittermann. 82 S. - 180 mm

Kovács, Carl v., der Aequator, oder Aussöhnung in Ungarn. Aus dem Ungar. übers. Wien 864. Schönewerk. gr. 8. (40 S.) n. 10 *ngr.*

Kovács, Károly, sprechen Sie ungarisch? Neuester ungar. Trichter, oder der beredte Ungar. Gründl. und leichtfaßl. Anleitung, die ungar. Sprache in 12 Tagen ohne Hilfe eines Lehrers sprechen zu lernen. Nebst einem Wörterverzeichnisse, vielen Redensarten, Gesprächen, Ortsbenennungen und einem Fremdenführer von Budapest. 2. Aufl. 16. (136 S.) Brünn 885, Karafiat's Verlag.

Kovács, Károly, neuester ungarischer Trichter oder der beredte Ungar. Gründliche u. leichtfaßliche Anleitung, die ungar. Sprache in 12 Tagen ohne Hilfe eines Lehrers sprechen zu lernen. Nebst einem Wörterverzeichnisse, vielen Redensarten, Gesprächen, Ortsbenennungen u. einem Fremdenführer v. Budapest. 16. (VI, 136 S.) Brünn 882. F. Karafiat's Verl. — 90

Kovács, Karoly, Neuester ungar. Trichter od. d. beredte Ungar. 2. Aufl. 12. (135 S.) Brünn, Fr. Karafiat. 45 kr. *1885*.

KOVACS, Colomannus: De Origenis interpretatione s. scripturae et hodierno ejusdem usu. — (1858) 34 S. 4° (Handschr.) Diss. 181
Diss.Wien, Univ.

Kovács, Ludwig v., Versuch einer detaillirten Lösung der Organisations-Fragen. Pest 864. Lauffer's Verlag. gr. 8. (132 S.) n. 20 *ngr.*

Kovács, Ödön, das ungar. **Ehegesetz** (G.-A. XXXI. v. J. 1894). M. Berücksicht. aller einschläg. Gesetze u. Verordngn. f. d. Rechtsverhältnisse d. auf d. croat.-slav. Territorium d. ungar. Königreiches, ferner in Oesterreich u. im übr. Auslande leb. ungar. Staatsangehörigen, sow. d. in Ungarn eheschliess. Ausländer bearb. 8. (65 S.) Wien 895. M. Perles. n. 1. 20

KOVACS, Pius: De relatione sancti Bernardi Claraevallensis ad Romanos pontifices. — (1908) X, 120 S. 8° (Handschr.) Diss. 560
Diss.Wien, Univ.

Kovács, Sam. Praktische ungarische Sprachlehre, bearbeitet nach dem Geiste der ungarischen Sprache etc. I. Die Formenlehre. *Klausenburg* 1857, bei *J. Stein*. 134 S. u. 1 Bl. 8°.

KOVACS, Sigismundus: De mythica interpretatione bibliorum. — (1844) 80 S. 8° (Handschr.) Diss. 144
Diss.Wien, Univ.

Kovácsházi, Steph., Pantographia. Ecriture universelle. (In französ. und ungar. Sprache). 8. (31 S.) Budapest 877, (Tettey und Comp.) *

Kovácsy, A., u. E. **Kvassay**, 23. Gesetzartikel vom J. 1885 üb. das Wasserrecht. Mit Erläutergn. u. Anmerkgn. 2. (Titel-)Ausg. gr. 8. (III, 83 S.) Budapest 889. Ráth. n. 2.—

Kovácsy, Joh., encyclopädisches Vademecum clinicum, enth. die Diagnostik u. Therapie zahlreicher in das Gebiet d. Mediz., Chirurgie u. Augenheilkunde einschlag. Krankheitsformen nebst e. reichhalt. Repertorium. 8. (45 ½ B.) Pesth 846. [Haendel.]

Kovåks, das ungarische Ehegesetz v. J. 1894. Wien 896.

Kovalevskij, A.

Kowalewsky, A., Anatomie des Balanoglossus delle Chiaje, s. **Mémoires** de l'acad. impér. des sciences de St.-Pétersbourg. 7. Série, Tome X. Nr. 3.

— Beitrag zur Entwicklungsgeschichte der Holothurien. St. Petersburg. 4. 9 p. mit 1 lithogr. Tafel. 1867.
Schul-/Univ.-Schrift

– Ein **Beitrag** zur Kenntniss der Excretionsorgane der Pantopoden, s. **Mémoires** de l'académie impériale des sciences de St.-Pétersbourg.

—— Beiträge zur **Anatomie** der **Entwickelungsgeschichte** des Loxosoma Neapolitanum, s. **Mémoires** de l'acad. impér. des sciences de St.-Pétersbourg. 7. Série, Tome X. Nr. 2.

Kowalevsky, A., einige Beiträge zur Bildung d. Mantels der Ascidien. — Ein Beitrag zur Kenntniss der Excretionsorgane der Pantopoden, s.: **Mémoires** de l'académie impériale des sciences de St.-Pétersbourg.

—— Beiträge zur **Entwickelungsgeschichte** der **Holothurien**, s. **Mémoires** de l'acad. impér. des sciences de St.-Pétersbourg. 7. Série, Tome XI. Nr. 6.

—— **Entwickelungsgeschichte** des **Amphioxus lanceolatus**, s. **Mémoires** de l'acad. impér. des sciences de St.-Pétersbourg. 7. Série, Tome XI. Nr. 4.

Kowalevsky, A., Entwicklungsgeschichte des Amphioxus lanceolatus. St. Petersburg. 4. *17 p. mit 3 lithogr. Tfln.* 1867.
Schul-/Univ.-Schrift

—— Entwickelungsgeschichte der einfachen Ascidien, s. a. Mémoires de l'acad. impér. des sciences de St.-Pétersbourg. 7. Série, Tome X. Nr. 15.

— Entwicklungsgeschichte der einfachen Ascidien. St. Petersburg 4. *19 p mit 3 lithogr. Tafeln.* 1867.
Schul-/Univ.-Schrift

— Entwickelungsgeschichte der Quallen, s. Mémoires de l'acad. impér. des sciences de St.-Pétersbourg.

—— Entwickelungsgeschichte der Rippenquallen, s. Mémoires de l'acad. impér. des sciences de St.-Pétersbourg. 7. Série, Tome X. Nr. 4.

Kowalevsky, A. Der Mantel der Ascidien. — Excretionsorgane der Pantopoden, s. Mémoires de l'académie impériale des sciences de St.-Pétersbourg.

Kowalevski, A., embryologische Studien an Würmern und Anthropoden, s. Mémoires de l'Acad. impér. des sciences de St.-Pétersbourg.

—— und Ph. Owsjannikow, über das Centralnervensystem und das Gehörorgan der Cephalopoden, s. Owsjannikow, Ph.

Die Ökonomische Entwicklung Europas bis zum Beginn der kapitalistischen Wirtschaftsform. Von Maxime Kowalewsky [Maksim Kovalevskij]. Mit Genehm. d. Verf. aus d. Russ. übers. von Leo Motzkin. 1. *Berlin: R. L. Prager 1901.* 8°
= Bibliothek d. Volkswirtschaftslehre u. Gesellschaftswissenschaft. 11.

Kowalewsky, Maxime, die ökonom. Entwicklung Europas bis zum Beginn d. kapitalist. Wirtschaftsform, s. a. Bibliothek d. Volkswirtschaftslehre. XI. XII. XIII. XIV.

Kowalewsky, Maxime. Die Ökonomische Entwicklung Europas bis zum Beginn der kapitalistischen Wirtschaftsreform. Mit Genehm. d. Verf. aus d. Russ. übers. von Leo *Motzkin.* (Tl 1—4. Berlin 1901—1909. 8°.
1 Röm. u. german. Elemente in d. Entwickl. d. mittelalterl. Gutsherrschaft u. d. Dorfgemeinde. 1901
2 D. Feudalisier. d. Grundbesitzes in ökonom. Bezieh. 1902.
3 [illegible] deutsche, italienische und spanische Wirtschaftsverfassung in d. 2 Hälfte d. Ma. 1905.
4 D. Zersetzung d. Grundherrschaft. [illegible] Prozess d. Bauernbefreiung. Übers. von Aug. *Scholz.* 1909.
(Bibliothek d. Volkswirtschaftslehre u. Gesellschaftswissenschaft begr. von F. *Stöpel*, fortges. von Rob. *Prager.* Bd 11. — 14.)

Kovalewsky, Maximus, Umriss einer Geschichte der Zerstückelung der Feldgemeinschaft im Kanton Waadt. gr. 8. (III, 52S.) Zürich 877. Schmidt. n. 1. 80

Kovalevskij, Pavel Ivanović

Kowalewskij, P. J., Wahnsinnige als Herrscher u. Führer der Völker. Psychiatrische Studien aus der Geschichte. Mit Genehmigg. des Verf. nach der 6. Aufl. aus dem Russ. übers. v. Wilh. Henckel. 1. Tl. gr. 8. München 910. Verlag der ärztl. Rundschau. 3. —
Peter III., Kaiser v. Russland. Paul I., Kaiser v. Russland. Nebukadnezar, König v. Babylonien. Saul, König v. Israel. Ludwig II., König v. Bayern. (167 S.)

Kowalewska [Kovalevskij], Sonja: Jugenderinnerungen. [Vospominanija dětstva; 1889.] Aus d. Russ. übers. v. Louise Flachs-Fokschaneanu. — Berlin: S. Fischer 1897. 205 S. 8°

Kowalewsky, Sonja, Kindheitserinnerungen, s. a. Bibliothek d. Gesamtlitteratur d. In- u. Auslandes.

[F.] Sonja Kowalewsky [Kovalevskij]. Tl I. II. (II.: Von Charlotte Leffler.) *Halle a. d. S.: O. Hendel [1896].* 2 Bde 8.
I. Kindheitserinnergn '(v. ihr selbst erzählt)'. Deutsch v. M. Kurella. (1 Bl., 136 S.)
II. Was ich mit ihr zusammen erlebt u. was sie mir von sich (selbst) erzählt hat. Von ... Leffler. Deutsch v. L. Wolf. (118 S.)
= Bibliothek d. Gesamtlitteratur d. In- u. Auslandes. No 935.938.

— die Nihilistin. Roman. Aus d. Russ. übers. v. Louise Flachs-Fokschaneanu. 12. (VI, 142 S.) Wien 896. Gesellschaft f. graph. Industrie. n. 1. 50

[F.] Die Nihilistin. Roman v. Sonja Kowalewska [Kovalevskij]. A. d. Russ. übs. v. Louise Flachs-Fokschaneanu. *Wien, Leipzig, Berlin, Stuttgart: 'Wiener Mode' [1896].* (1 Bl., VI, 142 S.) 1 Bd 8.

Kowalewsky, Sonja, Vera Woronzoff, s. a. Bibliothek der Gesamtlitteratur.

Vera Vorontzoff. Nach e. wahren Begebenheit aus d. russischen Leben von Sonja Kowalewsky [Kovalevskij]. Aus d. Schwed. übers. von Frieda Hoffmann. Mit e. Vorbemerkung u. d. Bilde d. Verf. *Halle a. d. S.: O. Hendel (1902).* (VIII, 62 S.) 8° [F.]
(Bibliothek d. Gesamtlitteratur d. In- u. Auslandes. No 1554.)

Kovalevsky, précis de l'introduction et des progrès de l'enseignement des langues orientales, à l'université de Casan. Trad. p. A. de Plagny. gr. in-8. (3⅛ B.) Casan 842. (Braunschweig, Leibrock.) *

Kovalevsky, P. J., ivrognerie, ses causes et son traitement, traduit par W. de Holstein. gr. 16. (113 S.) Kharkoff 889. (Wien, Braumüller.) cart. n. 1. 50

Kovalevsky, W., sur l'anchitherium aurelianense Cuv. et sur l'histoire paléontologique des chevaux, s.: Mémoires de l'académie impériale des sciences de St. Pétersbourg.

Kovalewsky, Maximus, s. Kovalevskij, Maksim

Kovař Franz: De Legum Platonicarum libri I. compositione.
H. 1886 PN 432 Diss. Wien, Univ. 1461

Kovařík, Othmar, s. a. Kleinschmied, Othmar.

Kovařík, Othmar, Beiträge zur Lösung d. europäisch. Gewehrfrage. (40 S. m. 11 Abbildgn. u. 13 Fig.) gr. 8. Leipzig 903. [F. Luckhardt.] O. Gracklauer. 1. 60

Kovařík, Otmar, Feldzeugmeister Benedek u. der Krieg 1866. Neue Daten zum österreichisch-preuß. Feldzuge. Mit Portr. u. Brief-Fksm., Übersichtsskizzen u. Textillustr. (116 S.) gr. 8. Leipzig 907. O. Gracklauer. 2. 50

— Chronik des österreichischen 6. Kürassier-Regiments 1701—1867. Derzeit Dragoner-Regiment Albrecht Prinz v. Preussen Nr. 6. (VIII, 150 S.) gr. 8. Ebd. 904. 3. —

— das kriegsmässige Infanterieschiessen. Direktiven zur Friedensschulung. (III, 64 S.) gr. 8. Ebd. 903. 1. —

— Versuch e. kriegsbrauchbaren Systems für den Munitionsersatz im Infanteriekampfe. (IV, 105 S. m. 6 Skizzen.) gr. 8. Ebd. 903. 3. —

Kovarz Karl. Kurze Erwiederung der Einigen Worte eines Oberungarischen Waldbürgers über den gegenwärtigen Kupfer- und Silberhüttenbetrieb in Oberungarn. 8. (18 S.) Kaschau, bei C. Werfer 1852.

Kovarž, Peter —. Die Gebote des Landmannes, als Fundament des Betriebes jeder Landwirthschaft. Von — — Wien, 1855. Druck von Karl Gerold's Sohn. (29 S. 8.)

KOVATS, Alexander: De immortalitate animae humanae. — (1899) 503 S. 4° (Handschr.) Diss. 544

Diss. Wien, Univ.

KOVÁTS, ANTON: Die Krone der Eltern und die Ehren der Kinder in einer Leichenrede vorgetragen zu Kronstadt den 14. Jänner 1837. Ofen 1837. Gedr. in der kön. Universitäts-Buchdruckerey. 23 S. - 200 mm

KOVÁTS, ANTON: Die Krone des Lebens, welche sich Kaiser Franz I. der von seinen gesammten Völkern kindlich beweinte Landesvater durch eine . . . Probe für die Ewigkeit erworben hat, vorgetragen in einer Trauerrede zu Clausenburg am 27. März 1835 Clausenburg 1835: Lyceum. 32 S. - 180 mm

Kováts, Edg., Puszta-Sage. — Barrikaden-Episode. gr. 8. (54 S.) Wien 893. (Manz. — Leipzig, Literar. Anstalt A. Schulze.) n. 1. —

Kováts, Edgar, die Art Zakopane. gr. Fol. (24 Lichtdr.-Taf. m. VII S. Text in böhm., deutscher u. französ. Sprache.) Wien 899. A. Schroll & Co. Geb. in Leinw. n. 10. —

KOVÁTS, JOHANN: Trauerrede auf Ludwig XVI. den unglücklichen König der Franken. Ofen 1793. Gedr. mit königl. Universitätsschriften. 15 S. - 8°

Kováts, Julius von — Arbeiten der geologischen Gesellschaft für Ungarn. Im Auftrage der Gesellschaft redigirt von — —. 1tes Heft, mit einer geologischen Karte und 8 Tafeln. (Aus dem Ungarischen übersetzt.) Pesth, 1856 Druck von Joh. Herz. (78 S. 8.)

Kovats, J. v.: Fossile Flora von Erdöbenye. Pest 1856. 8°

Kovats, J. v.: Fossile Flora von Talya. Pest 1856.

Kováts, Ludw., das Kinderheim. Zweck u. Nothwendigkeit desselben. (44 S.) 8. Pozsony (Preßburg) 906. (S. Steiner.) — 75

Sonderabdruck aus: „Preßburger Zeitg."

Kováts-Martiny, (G.,) Compendium matheseos purae, in us. auditor. suorum classes philosophicae. (Mit 4 lithogr. Taf., gr. 8. Pesth 823. (Andrä in Lpz.)

Kovatsch, M., der Bau der Arlbergbahn u. d. Arlbergtunnels. gr. 4. (15 S. m. Fig.) Berlin 883. Ernst & Korn. n. 2. —

Kovatsch, M: Die Bauarbeiten der Arlbergbahn nach dem Durchschlage des Haupttunnels. Berlin 1884 (Aus: Glaser's Annalen f. Gew. u. Bauw. Bd 15 H. 4—6)

Kovatsch, Mart., das obere Fellagebiet im Kanalthale in Kärnten u. die dortigen Wasserbauten, mit Untersuchungen über Steinkästen u. Thalsperren. Mit 1 Tab. u. 4 (lith.) Zeichnungsblättern. gr. 8. (55 S.) Wien 881. v. Waldheim. n. 2. 40

Kovatsch, Mart., der Großkapitalismus u. sein Einfluß auf die wirtschaftl. Lage in Oesterreich. (VII, 124 S.) 12. Klagenfurt 897. Buch- u. Kunsth. des St. Josef-Vereines. n. 1. 25

—— die Versandung von Venedig und ihre Ursachen. gr. 8. (VI, 223 S. mit 4 lithogr. Taf. und 4 Tab.) Leipzig 882, Morgenstern. *

Aus: Verhandlungen des naturforschenden Vereines in Brünn, besonders abgedruckt.

Johann Georg Ludolf Koven

Jo[annes] Georg[ius] Ludolphus Koven: De Ictero. Gottingae 1822: Baier. 63 S. 8°

Göttingen, Med. Diss. v. 1822

Köver, Anna, geprüftes Musterkochbuch der ungarischen Küche. Alles Vorzügliche der ungarischen Nationalküche, sowie auch der französischen und deutschen Kochkunst umfassend, nebst einer vollständigen Anweisung zum Einmachen der Früchte und Gemüse nach der neuesten, billigsten und zweckmäßigsten Verfahrungsweise und einer gründlichen Belehrung über die Tranchirkunst [mit 17 in den Text gedr. Illustr.] und das Arrangiren größerer Tafeln. Ein praktisches Handbuch für Hausfrauen und Feinschmecker. Wien 862. Hartleben. 8. (XII, 334 S.) 24 ngr.

Kövér, Anna, geprüftes Muster-Kochbuch der ungarischen Küche. Alles Vorzügliche der ungarischen Nationalküche so wie auch der französischen und deutschen Kochkunst umfassend unter Berücksichtigung des Thee's. Nebst einer vollständ. Anweisung zum Einmachen der Früchte und Gemüse nach der neuesten, billigsten und zweckmäßigsten Verfahrungsweise und einer gründl. Belehrung über die Tranchirkunst (mit 17 in den Text gedr. Illustr.) und das Arrangiren größerer Tafeln. Dazu ein Anhang auserlesener Speisezettel auf alle Tage des Jahres. Ein praktisches Handbuch für Hausfrauen und Feinschmecker. 2. verb. und verm. Aufl. 8. (XII, 384 S. mit eingedr. Holzschn.) Wien 869, Hartleben's Verlag. cart.

KOVERO, Martti

Valtion uutisasutus Ruotsin-Suomessa jälkeen Ison-Vihan. Asutuspoliittinen tutkimus. [Die staatliche Kolonisation im schwedischen Finnland nach dem grossen nordischen Kriege. Bevölkerungspolitische Untersuchung.] Helsinki [Helsingfors] 1909. IV + 258 + 64 pg. 8:o. Diss. Hels.

Kovert, Gustav [pr. Arzt in Festenberg]: Zur Kenntnis des Dermatols ... Breslau, Druck v. A. Schreiber, *1893;* 35 S., 1 Bl. 8.

Breslau, Med. Fak., Inaug.-Diss. v. 3. Dez. 1892

Kovert, Gust., zur Kenntnis des Dermatols. Diss. gr. 8. (35 S.) Breslau 894. (L. Köhler.) n. 1. —

Kövesi, Géza, u. Wilh. Róth-Schulz, Pathologie u. Therapie der Niereninsuffizienz bei Nephritiden. Auf Grund eigener Untersuchgn. Mit e. Vorrede von Alex. v. Korányi. Von der königl. Gesellschaft der Aerzte in Budapest m. dem „Balassa-Preise" gekrönte Preisschrift. (XII, 284 S.) Lex.-8. Leipzig 904. G. Thieme. n. 7. —; geb. n. 8. —

Kövesligethy, Rud. v., über den Farbenwechsel α ursae majoris. gr. 8. (3 S. m. 1 Steintaf.) Halle 881. Schmidt. n. — 60

Kövesligethy, Rud. v. Grundzüge e. theoretischen Spektralanalyse. Lex.-8. (XI, 327 S. m. 23 Holzschn. u. 7 Taf.) Halle a. S. 890, Schmidt. * 15 —

Kövesligethy, R. v., über eine neue Methode der Farbenbestimmung der Sterne. gr. 8. (8 S.) Halle 887, Schmidt's Verlagsh. *

Köress, Arnold, Rittmeister im 6. Hussaren-Reg. Das k. k. österr. 58. L.-Inft.-Reg. Erzherzog Stephan in den Jahren 1848 und 1849. Mit 4 Uebersichts-Tabellen. 8. Wien 1851.

Kövess v. Aszod u. Harkály, Albin. Der Munitions-Ersatz der Armee im Felde u. im Gebirgs-Kriege. Nach den neuesten organ. Bestimmgn. zusammengestellt. Tabelle m. farb. Fig. Imp.-Fol. Wien 892, Seidel u. Sohn. * — 80

Kövess v. Aszod u. Harkály, Albin, der Sanitäts-Dienst der Armee im Felde (u. im Gebirgskriege). Auf Grund der neuesten Vorschriften u. organ. Bestimmgn. zusammengest. Lith. Plakat. 94,5×60,5 cm. M. eingedr. u. 1 Bl. Text in Lex.-8. Wien 896. G. Freytag & Berndt. n. — 90

— s. Seling, Ed. Leitfaden in der Heeres-Organisation.

Köveß v. Aszod és Harkaly, Arn., Anleitung zur Ausbildung im Exerzieren und Manövriren nach den neuen Reglements der k. k. Cavallerie. 1. Bd. und 2. Bd. 1—4. Heft. Lex.-8. Lemberg. (Wien, Gerold's Sohn.) [Bd. 1. (III und 203 S. mit 18 lithogr. Plänen in 4. und qu. Fol.) 855. * 2 Thlr., 2. Heft 1—4. (IV und 263 S. mit 24 lithogr. Plänen in Fol.) 856. * 2 Thlr. 12 Ngr.] *

Köress von Aszód und Harkaly, Arnold, k. k. Oberstlieut. etc. Die Organisation und Militär-Administration der k. k. Armee. 1.—18. Heft. (In 1 Bde.) — Supplement-Heft für das Jahr 1862 der mit Ende December 1862 bereits erschienenen Hefte Nr. 1, 2, 3, 4, 5, 6, 7, 8, 9 und 10. — Supplement-Heft für das Jahr 1863. 1. Abth. Supplement zum 1., 2., 3. und 4. Hefte. 2. Abth. Supplement zum 5., 6., 7., 8., 9., 10., 11., 12. und 13. Hefte. — Supplement-Heft für das Jahr 1864. 1. Abth. Supplement zum 1., 2., 3., 4., 5., 6., 7., 8., 9., 10., 11., 12. und 13. Hefte. 2. Abth. Supplement zum 14. und 15. Hefte. (Alle Supplemente in 1 Bde.) 4. Wien 1862—1866.

Köveß v. Aszod u. Harkaly, Arn., die Organisation und Militär-Administration der k. k. Armee. 1—16. u. Supplem.-Heft. Wien 862—64. (Seidel & Sohn.) 4. (1463 S. m. Holzschn. im Text u. 3 Holzschntaf.) n. 8 ₰ 3½ ngr.

– Studien über die zweckmäßigste und einfachste Organisation der k. k. Armee mit Berücksichtigung der Staatsgrundgesetze und der Finanzen. 1. Heft. (29 S.) Wien: Geitler. 1868. 8°

– – Dasselbe 2. Heft (63 S.) Ebds. 8°

– – Dasselbe 3. Heft. (74 S.) Ebds. 8°

– Uebersicht der Organisation und Administration der k. k. Armee, nebst einem Schema über die sämmtlichen Armeebehörden, Anstalten, Truppenkörper, sammt den dabei Angestellten vom Stabsofficier aufwärts, dann der Rangliste der Generale und Stabsofficiere, sowie der Militärparteien und Militärbeamten. (LXVI u. 114 S.) Wien: Geitler 1867. 8°

Kóvy, neuester ungarisch-deutsch. Haus-Secretair, s. Farkas.

Kövy, Alex.: Elementa jurispr. hungar. loco mspti. edita. *Cassov.* (Eggenberger in *Pesth.*) 805. 8maj. (3 Thl.)

Id.: Summarium elementorum jurisprudentiae Hungaricae. *S. Patakini*, (Eggenberger in *Pesth.*) 823. 8. (1 Thl.)

Kow, Sidney: Die Regierung Englands. Übers. von Johs Hoops. M. e. Einl. von Georg Jellinek. Tübingen 1908. 8°

Kowal Alois: L'art poétique des Vauquelin de la Fresnaye und sein Verhältnis zur ars poetica des Horaz. (10). Wien III. R 02 Progr.

Kowalczyk, Geo., Denkmäler der Kunst in Dalmatien. Mit e. Einleitg. v. Cornel. Gurlitt. (132 Lichtdr.-Taf. nach Naturaufnahmen des Hrsg. sowie nach Kupfern aus dem Werke v. R. Adam: Ruins of the palace of the emperor Diocletian at Spalato 1763.) 2 Tle. (29 S. Text.) 46,5×35 cm. Berlin 910. Verlag f. Kunstwissenschaft. In 2 Leinw.-Mappen 125. —

Denkmaeler der Kunst in Dalmatien. Hrsg. von Georg **Kowalczyk.** Mit e. Einl. von Cornelius Gurlitt. (132 Lichtdrucktaf. nach Naturaufnahmen d. Herausgebers sowie nach Kupfern aus d. Werke von R. Adam: Ruins of the palace of the emperor Diocletian at Spalatro: erschienen im J. 1764. 1. 2.) Berlin: Verl. f. Kunstwiss. 1910. gr.2° Io. 8341

Kowalczyk, Geo., s.: Neuland.

— Dekorative Skulptur. Figur, Ornament, Architekturplastik, aus den Hauptepochen der Kunst ausgewählt. (148 S. m. Abbild. u. IV S.) 32,5×25 cm. Ebd. (910). Geb. in Leinw. 25. —

Catalog von 6041 Sternen zwischen 1° 50′ und 7° 10′ südlicher Declination für das Aequinoctium 1880.0. Hergeleitet aus d. Beobachtungen am Reichenbach & Ertel'schen Meridiankreise d. K. Univ.-Sternwarte zu Warschau. Von Dr. I[van Jakovl] **Kowalczyk.** Hrsg. von d. Sternwarte. Warschau 1904: Buchdr. d. Warschauer Schulbezirks. (V, 189 S.) 4°
(Sternkatalog d. K. Univ.-Sternwarte Warschau.) Io8. 14060

Kowaleck, *Hermann* Über Passiv und Medium vornehmlich im Sprachgebrauche des Homer. Eine Skizze. 4 (23 S.). **Progr.** Kön. G. *Danzig* 1887 (28).

Kowalek, Emerich, Nein! Sechs Präludien (Novellen). 8. (IX, 192 S.) Frankfurt a/M. 893. C. Koenitzer's Verl. n. 3. —

Kowalevski, A., s. Kovalevskij

Kowalevsky, A., s. Kovalevskij

Kowalevsky, O. Relations de la chimiotaxie et de la leucocytose avec l'action antiphlogistique de diverses substances. In-8°. 42 p. Berne. Thèse. 1897.

Kowalevsky, Sophie v., geb. v. Corvin-Krukovskoy, zur Theorie der partiellen Differentialgleichungen. Inaugural-Dissertation. gr. 4. (32 S.) Berlin 874. (Göttingen, Vandenhoeck und Ruprecht's Verlag.) *

Kowalevsky, W.: Monographie der Gattung Anthracotherium Cuv. und Versuch einer Classification der fossilen Hufthiere. 1873. 4°

Kowalevsky, Wladimir v.: Aus d. chemischen Institut d. Universität Breslau. Über wässerige Zinnchloridlösung. *Breslau 1902: H. Fleischmann.* (42 S.) 8°
Breslau, Phil. Diss. v. 31. Juli 1902

Kowalewicz, Stanislaus [Cand. med. aus Alt-Kloster]: Behandlung der Extrauterinschwangerschaft mit Morphium.... München, Buchdr. v. M. Ernst, 1889; 26 S. + 1 Bl. 8°
München, Med. Fak., Inaug.-Diss. v. 1890

Kowalewska, Sonja, s. Kovalevskij

Kowalewski, A. P., s. Kowalewski, Egor Petrowitsch

Kowalewski, Arnold *Christian Felix* [aus Sallewen]: Kritische Analyse von Arthur Colliers Clavis universalis ... Greifswald, Druck v. F. W. Kunike, 1897; 2 Bl., 51 S. 8.
Greifswald, Phil. Fak., Inaug.-Diss. v. 30. März 1897

Erler, Georgius, ord. phil. h. t. decanus: Lectiones cursorias, quas ... Arnoldus Kowalewski Phil. Dr. 'Begriff und Bedeutung der immanenten Philosophie' ad docendi facultatem rite impetrandam die VI. Martii ... habebit, indicit. *Regimonti Bor. 1899: Hartung.* (1 Bl.) 4°

Kowalewski, Arnold, üb. d. Kausalitätsproblem. E. philosoph. Studie. gr. 8. (II, 121 S.) Leipzig 898. O. Mutze. n. 2. 60

Kowalewski, Arnold, Moltke als Philosoph. (V, 85 S.) Lex. 8. Bonn 905. L. Röhrscheid. n. 1. 50

— die Philosophie des Bewusstseins v. Friedrich Michelis u. ihre Bedeutg. f. d. Philosophie überhaupt. gr. 8. (40 S.) Berlin 897. Mayer & Müller. n. 1. —

— Prodromos e. Kritik der erkenntnis-theoret. Vernunft. gr. 8. (II, 30 S.) Leipzig 898. O. Mutze. n. — 60

Kowalewski, Arnold, Arthur Schopenhauer u. seine Weltanschauung. (VII, 237 S.) gr. 8. Halle 908. C. Marhold. 4. 50

— Studien zur Psychologie des Pessimismus, s. a. Grenzfragen des Nerven- u. Seelenlebens. 24. Hft.

Studien zur Psychologie des Pessimismus von Dr. Arnold **Kowalewski.** Privatd., Königsberg. Mit 4 Fig. *Wiesbaden: J. F. Bergmann 1904.* (X, 122 S.) 8°
— Grenzfragen d. Nerven- u. Seelenlebens. 24. [03. 15339

Kowalewski, Eg., der Krieg Russlands mit der Türkei in den J. 1853 u. 1854 u. der Bruch mit den Westmächten. Mit Benutzg. der Aufzeichngn. des Fürsten Gortschakoff. Mit 4 (lith.) Plänen u. 1 (lith.) Karte (in 4.). Aus den Russ. von Chrn. v. Sarauw. Leipzig 869. Schlicke. gr. 8. (XV, 267 S.) n. 3 ₰

Kowalewski, Egor Petrowitsch

— — Petersburger Geheimnisse. 2 Bde.
C. A. Dempwolff (München), Leihbibl.-Cat., no. 2693—94, ohne Angabe von Ort u. Jahr.

Kowalewski, A. P., Petersburg am Tage u. bei Nacht, s. a. Ausland, das belletristische, 820—827. Bdchn.

Kowalewski, Egor Petrowitsch

Petersburg am Tage und bei Nacht. Roman. Aus dem Russischen von Philipp Löwenstein. Bd.chen 1 - 4. 5 - 8.
Stuttgart: Franckh 1847. 8°

Kowalewski, G.: Eisbosseln ..., s. Sieden, Fritz

Der Hülsbusch in der Heraldik. Mit besonderer Berücksichtigung der hamburgischen Wappen v. G. **Kowalewski.** Aus der Zeitschrift des Vereins für Hamburgische Geschichte Bd. 10. Hamburg. 1895. 8°.

Kowalewski, G.: Materialien zur Geologie Pommerns.
in: Jahresbericht des Vereins für Erdkunde zu Stettin. 1887. S. 1—105. Stettin 1888. 105 S. 8°.

Kowalewski, Gerhard

— Zur Differentialgeometrie der projektiven Gruppe einer Mannigfaltigkeit zweiten Grades. S. 120. IIa 30 . . . . —.40
Separatabdruck

— Eine Eigenschaft der Volterra-Gruppe. S. 121. IIa. 91 . . . . —.35
Separatabdruck

Kowalewski, Gerh., Einführung in die Determinantentheorie einschliesslich der unendlichen u. der Fredholmschen Determinanten. (V, 550 S.) gr. 8. Leipzig 909. Veit & Co. 15.—; geb. in Leinw. 16.—

Einführung in die analytische Geometrie von Dr. Gerhard **Kowalewski,** Prof. Mit 112 Fig. Leipzig: Veit 1910. 360 S. 8° [10. 17733

— Einführung in die Infinitesimalrechng., s. a. Aus Natur u. Geisteswelt.

Einführung in die Infinitesimalrechnung mit e. hist. Übersicht. Von Dr. Gerhard **Kowalewski,** Prof. Mit 18 Fig. Leipzig: B. G. Teubner 1908. (120 S.) 8° [F.]
— **Natur,** Aus, u. Geisteswelt. Bdch. 197. [08. 5110

Kowalewski Gerhard: Über Funktionenraume. 1. Mitteilung. S. 120. IIa 77 . . . . . . —.95
Separatabdruck

— Über Funktionenraume. 2. Mitteilung. S. 120. IIa. 185 . . . . 1.30
Separatabdruck

— Grundzüge der Differential- u. Integralrechng. (VI, 452 S. m. 31 Fig.) 8. Leipzig 909. B. G. Teubner. Geb. in Leinw. 12.—

— Das Integral u. seine geometrischen Anwendungen, s. a. Forschung u. Studium. I.

Das Integral und seine Anwendungen. Von Gerhard **Kowalewski.** Mit Fig. Leipzig: Veit 1910. 85 S. 8°
(Forschung u. Studium. H. 1.) [10. 9408

Kowalewski, Gerhard: Über eine Kategorie von Transformationsgruppen einer vierdimensionalen Mannigfaltigkeit. *Leipzig 1898: B. G. Teubner.* (52 S.) 8° ¶ [Aus: Berichte über die Verhandlungen der Königl. sächsischen Gesellschaft der Wissenschaften zu Leipzig, mathemat.-physikal. Cl. 1898 H. 1/2.]
Leipzig, Phil. Diss. v. [20. Juni] 1898

— Die klassischen Probleme der Analysis des Unendlichen. Ein Lehr- u. Übungsbuch f. Studierende zur Einführg. in die Infinitesimalrechng. (VIII, 383 S. m. 127 Fig.) gr. 8. Leipzig 910. W. Engelmann. 15.—; geb. in Leinw. 16. 50

Kowalewski, Gerhard, Dr. phil.: Die primitiven Transformationsgruppen in fünf Veränderlichen. *Leipzig 1899: B. G. Teubner.* (S. 69—144.) 8° ¶ (Aus: Berichte d. math.-phys. Cl. d. kgl. sächs. Ges. d. Wiss. zu Leipzig. Bd 51. Math. Th., H. 2.)
Leipzig. Phil. Hab.-Schr. v. 5. Mai 1899

Kowalewski, Gerh., die primitiven Transformationsgruppen in fünf Veränderlichen. gr. 8. (76 S.) Leipzig 899. (B. G. Teubner). n. 1. 60
Sonderabdruck aus: „Berichte d. sächs. Ges. d. Wiss."

— Projektive Transformationsgruppen, die nichts Ebenes invariant lassen und zweiteilige Normalgruppen enthalten. 1. Teil (mit 2 Textfiguren). S. 122. IIa. 1949 . . . . 2.—
Separatabdruck

Gesammtregister über die Veröffentlichungen des Vereins für Hamburgische Geschichte u. des Musealvereins in Hamburg, 1839 bis 1899. Zsgest. von G(ustav) **Kowalewski.** *Hamburg: 1900: Lütcke & Wulff.* (169 S.) 8° [F.] [00. 1466 9

[F.] Geschichte der Hamburgischen Gesellschaft zur Beförderung der Künste und nützlichen Gewerbe. '(Patriotische Gesellsch.)' Gestiftet im J. 1765. Im Auftr. d. Gesellsch. vf. v. Gustav **Kowalewski.** *Hamburg: Selbstv. d. Ges.; In Comm. b. H. Seippel 1897.* (3 Bl., 250, XIV S., 20 Portr., 1 Portr.-Taf., 5 Taf.) 1 Bd 4. [98. 354

Kowalewski, Gust., Geschichte der hamburgischen Gesellschaft zur Beförderung der Künste u. nützlichen Gewerbe. (Patriotische Gesellschaft.) Gestiftet im J. 1765. II. Tl.: Der innere Bau der Gesellschaft. 1. Heft: Die Satzgn. Die Häuser. (IX—XV u. 166 S. m. Abbildgn.) Lex.8. Hamburg 908. (Boysen & Maasch.) 5.—
1. Tl. 897. 15.—; geb. 20.—.

Kowalewski, Mieczyslaw von [aus Warschau, Privatassistent am zool. Institut zu Erlangen]: Über die ersten Entwickelungsprocesse der Knochenfische ... mit einer lithograph. Tafel. Leipzig, Druck v. Wilhelm Engelmann, 1886; 49 S. 8º.
Erlangen, Phil. Fak., Inaug.-Diss. v. 1886.

Kowalewski, Mieczyslaw von, über die ersten Entwickelungsprozesse der Knochenfische. Diss. Erlangen 1886. 8⁰. 49 S. mit einer lithograph. Taf.
Sonder-Abdruck aus: Zeitschrift für wissenschaftliche Zoologie, hrsg. von A. v. Kölliker und E. Ehlers. Leipzig 1886, Wilhelm Engelmann.

Kowalewski, Robert: Ein Beitrag zur Diagnose des internen Kehlkopfkrebses. *Leipzig (1898): A. Edelmann.* (25 S.) 8°
Leipzig, Med. Diss. v. 13. Juli 1898

Kowalewski, W. J., s.a. Produktivkräfte, die, Russlands.

Kowalewski, W. J. Direktor des Departements für Handel und Manufactur. Die Produktivkräfte Russlands. Zusammengestellt im kaiserl. russischen Finanzministerium unter der Redaction von ..... Deutsche autorisierte Ausgabe von E. Davidson.
8. Leipzig 1898.

Kowalewsky, P. J. Die Produktivkräfte Russlands. Zusammengestellt im Kais. russ. Finanzministerium unter der Redaction von W. J. K. Deutsche autorisirte Ausgabe von E. Davidson. gr. 8⁰. Leipzig, O. Wigand, 1898.

Kowalewskij, P. J., s. Kovalevskij, Pavel Ivanović

Kowalewsky, A., s. Kovalevskij

Kowalewsky, Maxime, s. Kovalevskij, Maksim

Kowalewsky, N., zur Histologie der Lymphdrüsen. Lex.-8. (5 S. mit 1 lithogr. Farbentaf. in 4.) Wien 864, (Gerold's Sohn.) * *
Aus: Sitzungsberichte der k. Akademie der Wissenschaften, besonders abgedruckt.

Kowalewsky, P. J., s. Kowalewski, W. J.

Kowalewsky, Paul v., Neurasthenie u. Syphilis. [Aus: „Centralbl. f. Nervenheilkde. u. Psychiatrie".] gr. 8. (12 S.) Coblenz 893. W. Groos. n. —40

Kowalewsky, Paul, das Verhältniss d. Linsenkernes zur Hirnrinde bei Menschen u. Thieren. [Mit 2 (lith.) Taf.] Lex.-8. (16 S.) Wien 888. (Gerold's Sohn.) n. 1.40

Kowalewsky, Sonja, s. Kovalevskij

Kowalk, Rud. (geb. Hammerstein in Westpr. 20. 11. 1850): Die Fracturen des Calcaneus. Berlin (1880). (41 S.) 8°
Berlin, Med. Diss. v. 31. Juli 1880

Kowalk, Rudolf Berthold

Das ärztliche Bildungs- und Sanitätswesen der Türkischen Armee. Von Dr. [Rud. Berth.] Kowalk, Stabsarzt ... *Berlin: O. Enslin 1893.* (27 S.) 1 Bd 8.

Kowalk, das ärztliche Bildungs- u. Sanitätswesen der türkischen Armee. gr. 8. (27 S.) Berlin 894. O. Enslin. n. —80

— militärärztlicher Dienstunterricht f. einjährig freiwillige Aerzte u. Unterärzte, sowie f. Sanitätsoffiziere d. Beurlaubtenstandes. gr. 8. (XII, 229 S.) Berlin 892. E. S. Mittler & Sohn. n. 4.—; geb. n.n. 5.—

— dasselbe. 2., verm. Aufl. gr. 8. (XII, 263 S.) Ebd. 894. n. 4.50; geb. n.n. 5.—

[F.] Militärärztlicher Dienstunterricht für einjährig-freiwillige Aerzte und Unterärzte sowie f. Sanitätsoffiziere d. Beurlaubtenstandes. Bearb. v. Dr. [Rudolf Berthold] Kowalk, Stabsarzt im 2. Garde-Regim. zu Fuss. 3. verm. Aufl. *Berlin: E. S. Mittler & Sohn 1896.* (XII, 282 S.) 1 Bd 8.

Kowalk, militärärztlicher Dienstunterricht f. einjährig-freiwill. Aerzte u. Unterärzte sow. f. Sanitätsoffiziere d. Beurlaubtenstandes. 4., verm. Aufl. gr. 8. (XV, 321 S.) Berlin 898. E. S. Mittler & Sohn. n. 5.60; geb. in Leinw. n.n. 6.25

Militärärztlicher Dienstunterricht für einjährig-freiwillige Aerzte und Unterärzte sowie für Sanitätsoffiziere des Beurlaubtenstandes. Bearb. von Dr. [Rudolf Berthold] Kowalk, Oberstabsarzt. 5. verm. Aufl. *Berlin: E. S. Mittler & Sohn 1900.* (XV, 346 S.) 8° [F.]

Kowalk, militärärztlicher Dienstunterricht f. einjährig-freiwillige Aerzte u. Unterärzte sowie f. Sanitätsoffiziere d. Beurlaubtenstandes. 6. verm. Aufl. gr. 8. (XII, 367 S. m. 1 farb. Taf.) Berlin 902. E. S. Mittler & Sohn. n. 6.75; geb. in Leinw. n. 7.50
5. Aufl. (XV, 346 S. m. 1 Taf.) 900. n. 6.—; geb. n.n. 6.60

Kowalk, militärärztlicher Dienstunterricht f. einjährig-freiwillige Ärzte u. Unterärzte sowie f. Sanitätsoffiziere des Beurlaubtenstandes. 8. verm. Aufl. Mit e. Plan des Kriegssanitätsdienstes in Farbendr. (XIII, 385 S.) gr. 8. Berlin 908. E. S. Mittler & Sohn. 7.—; geb. 7.75
7. Aufl. (XII, 378 S. m. 1 farb. Taf.) 904. 6.75; geb. 7.50.

Das Sanitätswesen der Griechischen Armee. Nach. e. in d. Militärärztl. Gesellsch. zu Berlin geh. Vortrage. Von Dr. [Rud. Berth.] Kowalk, Stabsarzt ... *Berlin: O. Enslin 1894.* (28 S.) 1 Bd 8.

Kowallek, Georg [cand. med.]: Ueber die Aufrichtung von Sattelnasen. ... Breslau, Druck d. Bresl. Gen.-Buchdr., 1891; 32 S., 1 Bl., 1 Taf. 8°
Breslau, Med. Fak., Inaug.-Diss. v. 1. Aug. 1891

Kowallek, Geo., üb. die Aufrichtung v. Sattelnasen. Diss. gr. 8. (32 S. m. 1 Taf.) Breslau 891. (L. Köhler.) n. 1.—

Kowallek, Herm., Festrede gehalten am Geburtstage des deutschen Kaisers in Stolp am 22. März 1871. gr. 8. (16 S.) Stolp 871, (Schrader.)

Kowalski, recherches sur les mouvements de Neptune suivies des tables de cette planète. Kasan 855. (Leipzig, Gerhard.) Lex.-8. (180 S.) n. 1 *ℛ*. 22½ *ngr.*

Kowalski, Repertorium der neueren deutschen Militär-Journalistik, s. Hirsch.

Kowalski, A., die Rectascensionen der Pulkowoer Hauptsterne aus den Catalogen 1845.0, 1865.0, u. 1885.0 abgeleitet u. auf die Epoche 1900.0 bezogen, s.a. Publications de l'observatoire central Nicolas. IX. 1.

Die Rectascensionen der Pulkowoer Hauptsterne aus den Catalogen 1845.0, 1865.0 und 1885.0 abgeleitet und auf die Epoche 1900.0 bezogen von A. Kowalski. *St. Pétersbourg 1903: Acad. Imp. d. Sciences.* (IX, 33 S.) 2°(4°)
— Publications de l'Observatoire central Nicolas. Sér. 2, Vol. 9, 2.

Kowalski, Adf., Formular-Musterbuch f. Rechtsanwalts-Bureau-Vorsteher u. Kanzlisten. gr. 8. (VIII, 160 S.) Berlin 893. C. Heymanns Verl. n. 3. —

v. **Kowalski**, Joseph: Untersuchungen ueber die Festigkeit des Glases. . . . Leipzig, Johann Ambrosius Barth, 1889; 31 + 1 S. 8°
Göttingen, Phil. Fak., Inaug.-Diss. v. 23. Jul. 1888

Kowalski, Ludwig: Biochemisch-anatomischer Beitrag zur Kenntnis der Trockenfäule des Holzes. – 1908. 34 S., 3 Zeichn.
Diss. Wien, TH

Kowalski, M., geographische Ortsbestimmungen, s. Ural, der nördliche.

Kowalski, Max, Referendar: Die Naturalobligation. Wiesbaden (1906): R. Bechtold & Co. (68 S.) 8°
Marburg, Jur. Fak., Ref. Leonhard, Diss. v. 3. Dez. 1906
[Geb. 10. Aug. 83 Kowal (Rußland); Wohnort: Langenschwalbach; Staatsangeh.: Preußen; Vorbildung: Lessinggymn. Frankfurt a. M. Reife O. 00; Studium: Heidelberg 1, Berlin 2, Marburg 3 S.; Rig. 16. Nov. 03.]

Kowalski, Rich., der Conjunctiv bei Wace. Inaugural-Dissertation. gr. 8. (51 S.) Breslau 882, Koebner. *

Kowalski, W., s.: Russlands Industrie u. Handel.

Kowalskiego, Fr., fraszki. Pisane od 1824 do 1828. 12. Lemberg 839. J. Millikowsky. 1/2 ₰

Kowalskij, Wasylyj. Ruska czytanka dla nysszoi Gymnazii. Czzst I. Sostawyl — — 8. (368 S.) W Wiany. 185?. (Ruthenisches Lesebuch für die unteren Gymnasien.) Gebunden in Leinwandrücken 41 kr. C. M.
Verlag der Schulbücher-Verschleiß-Administration.

Kowalsky, Emile: Die Klangfarbe. Ein Beitrag zur Geschichte der Akustik. S. 3–43. Diekirch, Gymn., Progr. 1899/1900

Kowalzig, Ernst [app. Arzt]: Aus d. chirurg. Klinik zu Kiel. Zur Aetiologie und Therapie der Encephalocele. . . . Kiel, Verl. v. Lipsius & Tischer, 1890; 26 + 1 S. + 1 Bl. 8°
Kiel, Med. Fak., Inaug.-Diss. v. 29. März 1890

Kowalzig, Ernst, chirurgische Technik, s.: Esmarch, Frdr. v.

Kowalzig, F., üb. Bestrafung d. Arbeitsvertragsbruche u. üb. Gewerbegerichte. Umschau u. Kritik. gr. 8. (44 S. Berlin 875. Guttentag. n. — 8

— Die Gesetzgebung über Schiedsgerichte. 8°. Berlin 1877.

— allgemeines deutsches Hadelsgesetzbuch m. Ausschlu d. Seerechts erläutert vornehmlich aus den Entscheidunge d. Reichs-Ober-Handelsgerichts. gr. 8. (462 S.) Berli 876. Springer's Verl. n. 7. 6

Kowalzig, F., allgemeines deutsches Handelsgesetzbuch mit Ausschluß des Seerechts erläutert vornehmlich aus den Entscheidungen des Reichs-Ober-Handelsgerichts. 2., verm. Ausg. gr. 8. (VIII, 560 S.) Berlin 879. Springer. cart. n. 10. —

— das reichsgesetzliche Urheberrecht an Schriftwerken, das Reichshaftpflichtgesetz, das reichs- und territorial-gesetzliche Versicherungsrecht, die altpreußischen und gemeinrechtlichen Bestimmungen über Schiedsgerichte erläutert vornehmlich aus den Entscheidungen des Reichs-Oberhandelsgerichts. gr. 8. (IV, 163 S.) Ebendas. 877. cart. *

Kowalzig, F., allgemeine deutsche Wechsel-Ordnung u. altpreuß. Wechselprozeß erläutert vornehmlich aus den Entscheidgn. d. Reichs-Ober-Handelsgerichtes. gr. 8. (164 S.) Ebend. 876. n. 2. —

— allgemeine deutsche Wechsel-Ordnung u. altpreußischer Wechselprozeß erläutert vornehmlich aus den Entscheidungen des Reichs-Ober-Handelsgerichtes. 2., verm. Ausg. gr. 8. (VII, 220 S.) Ebend. 877. cart. n. 3. —

Kowalzig, F., allgemeine deutsche Wechsel-Ordnung, erläutert vornehmlich aus den Entscheidungen des Reichsgerichts und des Reichs-Ober-Handelsgerichts. 3. verm. Ausg. gr. 8. (VII, 232 S.) Berlin 882, Springer. cart. *

Kowarik, Carl Phpp., Alpenrose u. Edelweiß. Volksstück m. Gesang in 3 Aufzgn. 12. (64 S.) Preßburg 897. (G. Heckenast's Nachf.) n. — 60

Kowarsky, A., Praktikum der klinischen, chemisch-mikroskopischen u. bakteriologischen Untersuchungsmethoden, s.: Klopstock, M.

Kowarz, Ferd., Fliegen (Diptera) Böhmens, s. a. Catalogus insectorum faunae bohemicae.

Fliegen (Diptera) Böhmens. Von Ferdinand **Kowarz**. Prag: Physiokrat. Gesellsch. 1894. (42 S.) 8°
— **Catalogus** insectorum faunae bohemicae. 2.

Kowarž, Pet., Keine Ernte ohne Ersatz. Hauptregeln zum zweckmäßigen Betriebe einer jeden Landwirthschaft. Mit 19 Abbildgn. (Holzschn.) 2., ganz umgearb. u. verm. Aufl. Wien 860. (Mechitharisten Congreg.-Buchhdlg.) gr. 8. (VIII, 335 S.) n. 1 ₰ 10 ngr.

Kowarz, Pet., die Gebote des Landmannes, als Fundament des Betriebes jeder Landwirthschaft. br. 8. (29 S. mit eingedr. Holzschn.) Wien 855, (Sallmayer und Comp.) *

— dass. — 1 Bog. mit eingedr. Holzschn. in gr. Fol. Ebds. 855. *

Kowarz, Wilh., Rechtskunde f. jedermann, e. Hilfsbuch f. den Selbst- u. Schulunterricht. 12. (XII, 298 S.) Linz 903. E. Mareis. n. 3. 50; geb. in Leinw. n. 4. —

Kowarz, Wilh. Maria, s.: Helm, W. M.

Rudolf KOWARZIK — Der Moschusochs im Diluvium Europas und Asiens. Diss., Prag 1908/1909.

Kowarzik Rudolf, Dr.: Der Moschusochs im Diluvium Europas und Asiens (mit 2 Taf., 2 Karten und 3 Textfiguren). D 87 . . . . 8 40
Separatabdruck

Kowarzik, V., Leitfaden f. den Unterricht in der Elektrotechnik an gewerbl. Lehranstalten elektrotechn. u. mechanisch-technischer Richtung, sowie zum Selbststudium f. Maschinentechniker, Meister u. Monteure. (VI, 185 S. m. 156 Abb.) gr. 8. Wien 910. F. Deuticke. Geb. in Leinw. 3. —

Kowatsch, A. Das Scheibbser Erdbeben vom 17. Juli 1876 (mit 3 Karten). Siehe I. Abt. Mitteilungen der Erdbeben-Komm. neue Folge Nr. 40 . . . . . . 1.70
Separatabdruck

Kowatsch, A., neuer illustrierter Führer durch die Stadt Gleiwitz, m. Beiträgen aus der geschichtl. Vergangenheit v. G. Seiler. (30 S. m. 20 Vollbildern u. 1 Plan.) kl. 8. Gleiwitz (909). B. Mittmann. — 50

Kowatsch, Max, feste Kürzungen im Stenographie-System Gabelsberger. (1 Bl.) 20,5×25,5 cm. Marburg a/D. 907. K. Scheidbach. — 20

Kowatsch, Otto, Wappenbüchlein zur Erklärung der auf den neuesten deutschen Geldstücken vergangener Währung vorkommenden Schilde u. Kleinode. 8. (35 S.) Leipzig 886. Th. Grieben. n. — 70

Kowel [Schlagwort]

Kowel, s.: **Europa. Uebersichtskarte.**

Kowerk, Hubert: Das Notwehrrecht der Militärpersonen nach deutschem und ausländischem Recht. Eine Rechtsvergleichung. Straßb. Diss. 1910.

von Kowerski, Stanislaus *Josef Camillus* [aus Józwów '(Gouv. Lublin)']: Der weisse Senf als Stickstoffvermehrer des Bodens ... Halle a. S., Hofbuchdr. v. C. A. Kaemmerer & C., 1895; 45 S. 8.
Halle, Phil. Fak., Inaug.-Diss. v. [3. Aug.] 1895

Kowler, A. L., Compendium der allgemeinen Zahnheilkunde in Fragen u. Antworten. Gesammelt u. zusammengestellt. gr. 8. (186 S.) München (901). (Berlin, Berlinische Verlagsanstalt). n. 6. —

Kownacki, Boleslaw, üb. Linum catharticum. Diss. gr. 8. (108 S.) Jurjew (Dorpat) 893. (E. J. Karow.) n. 2. —

Kownatzki [August], Prof.: Über tautologisch gebildete Wortzusammenstellungen in der deutschen Sprache. Hohensalza (1905): Buchdr. „Kujawischer Bote". (Festschrift z. Feier d. 50j. Bestehens d. Kgl. Gymnasiums zu Hohensalza. — Abt. 2. S. 1—7.) 4° [F.] **

Kownatzki, Erich [Volontärarzt an d. Kgl. med. Universitätsklinik]: Aus d. Klinik d. Hrn Geheimr. Kast zu Breslau. Zur Casuistik der subphrenischen Abscesse ... Breslau, Druck d. Bresl. Gen.-Buchdr., 1896; 26 S., 1 Bl., 1 kl. Bl. [ohne Tafel] 8.
Breslau, Med. Fak., Inaug.-Diss. v. 2. Nov. 1896

Kownatzki, Erich, z. Casuistik d. subphrenischen Abscesse. Diss. gr. 8. (26 S.) Breslau 896. Oppeln, G. Maske. n. — 60

Kownatzki, die Venen des weiblichen Beckens u. ihre praktisch-operative Bedeutung. Eine anatomisch-chirurg. Studie. (32 S. m. 2 Abbildgn. u. 13 Taf.) 42,5×32,5 cm. Wiesbaden 907. J. F. Bergmann. Kart. 18. 60

Kownatzki, Erwin, aus Tilsit: Ueber die Einwirkung von Amidosulfonsäure auf Ortho- und Paraanisidin. *Erlangen 1900: A. Vollrath.* (32 S.) 8°
Erlangen, Phil. Diss. v. 20. Febr. 1900

Kownatzki, F. A.: Essai sur Hardy. — Tilsit. — G. — 21 S. — (18).

Kownatzki, F. Aug. Étude sur Alexandre Hardy. 21 S. 4°
Progr. G. *Tilsit* 1885.

Kownatzki, Hugo, aus Tilsit: Die Ursachen der Verteuerung des städtischen Bodens nachgewiesen an London und Berlin. Borna-Leipzig 1905: R. Noske. (58 S.) 8° [F.]
Erlangen, Phil. Fak., Ref. v. Eheberg, Diss. v. 19. Juli 1905
[Geb. 9. April 09 Tilsit; Staatsangeh.: Preußen; Vorbildung: Gymn. Tilsit Reife M. 89; Studium: Berlin 9 S.; Rig. 19. Juli 05.]

Kowno [Schlagwort]

Kowno, s.: **Europa. Liebenow.**

Kowno, s.: **Europa. Uebersichtskarte.**

Kowski, Eugen: ... Über gebromte Propionsäuren ... Königsberg i. Pr., Druck v. M. Liedtke, 1895; 2 Bl., 45 S., 1 Bl. 8.
Königsberg, Phil. Fak., Inaug.-Diss. v. 19. Febr. 1895

Kowszewicz, W., illustrirter Führer durch die ungarischen Ostkarpathen, Galizien, Buckowina u. Rumänien, s.: Heksch, A. F.

Kowy, J., Sammlung von komischen Vorträgen, s. **Walter, Frz.**

Kowy's humoristische Vorträge. Allen Freunden echt wiener. Humors zugeeignet. Mit Umschlag-Vignette nebst Portr. 8. (VI, 196 S.) Wien 890. Daberkow. n. 2. —; cart. n. 2. 50

Kowy's, humoristische Vorträge. III. u. IV. Serie. 8. Wien; Th. Daberkow. à n. 2. —
III. Immer lustig. (V, 190 S.) 896.
IV. Resch u. fesch! (VIII, 206 S.) (902).

Kowy's humoristische Vorträge. V. Serie. Kreuzfidel! (VIII, 212 S. m. Bildnis.) 8. Wien (906). Th. Daberkow. n. 2. —; kart. n. 2. 50

Kowy's humoristische Vorträge. VI. Serie. In guter Laune! (VIII, 220 S.) 8. Wien (909). Th. Daberkow. 2. —; kart. 2. 50

Kowy's humoristische Vortrags-Abende. Eine Sammlg. v. Orig.-Declamationen u. Schildergn. aus dem Wiener Volksleben. Neue Folge v. Kowy's „Humorist. Vorträge". 8. (VIII, 198 S.) Wien 893. C. Daberkow. n. 2. —; kart. n. 2. 50 (1. 2.: n. 4. —; kart. n. 5. —)

Tafel - Lied zum Schwesternfeste der □ zur Akazie. [Unterz.:] [Cäsar Jos. Alexis] Kox. [Meissen] o. J.: [Klinkicht]. 1 Bl. 8⁰ [Kopftit.]
Ohne Noten: „Strömt herbei, Ihr Schwestern, Brüder."

Koye, Andreas. [Riga 1807.)
V: *Brotze, Johann Christoph.* (R-N)

KOYSTRAND, C., O diese Weiber!! 50 pikante (zieml. zahme) Illustrationen mit Text. Leipzig, o. J. (189*). 4°. (Eleg. Orig.-Lwdbd. Mk. 8—.) (2 Mk. Heinr. Lützenkirchen, Wiesbaden, 1897; 4 Mk. 50 Pfg. Heinr. Hugendubel, München, ca. 1905.)

Koystrand, C., o diese Weiber!! Lex.-8. (50 Bl. Illustr. m. eingedr. Text). Wien 893. M. Engel & Söhne. Geb. in Leinw. m. Goldschn. 7. —

FSC
www.fsc.org
MIX
Papier | Fördert gute Waldnutzung
FSC® C083411

Kolibri 360 GmbH
Ferdinand-Jühlke-Straße 7
99095 Erfurt, Deutschland
produktsicherheit@kolibri360.de